The
Grid City
The Origin, Formation & Transformation of Spanish Colonial Cities

# グリッド都市

スペイン植民都市の起源，形成，変容，転生

布野修司　　ヒメネス・ベルデホ ホアン・ラモン
*Shuji Funo*　　　*Juan Ramón Jiménez Verdejo*

京都大学学術出版会

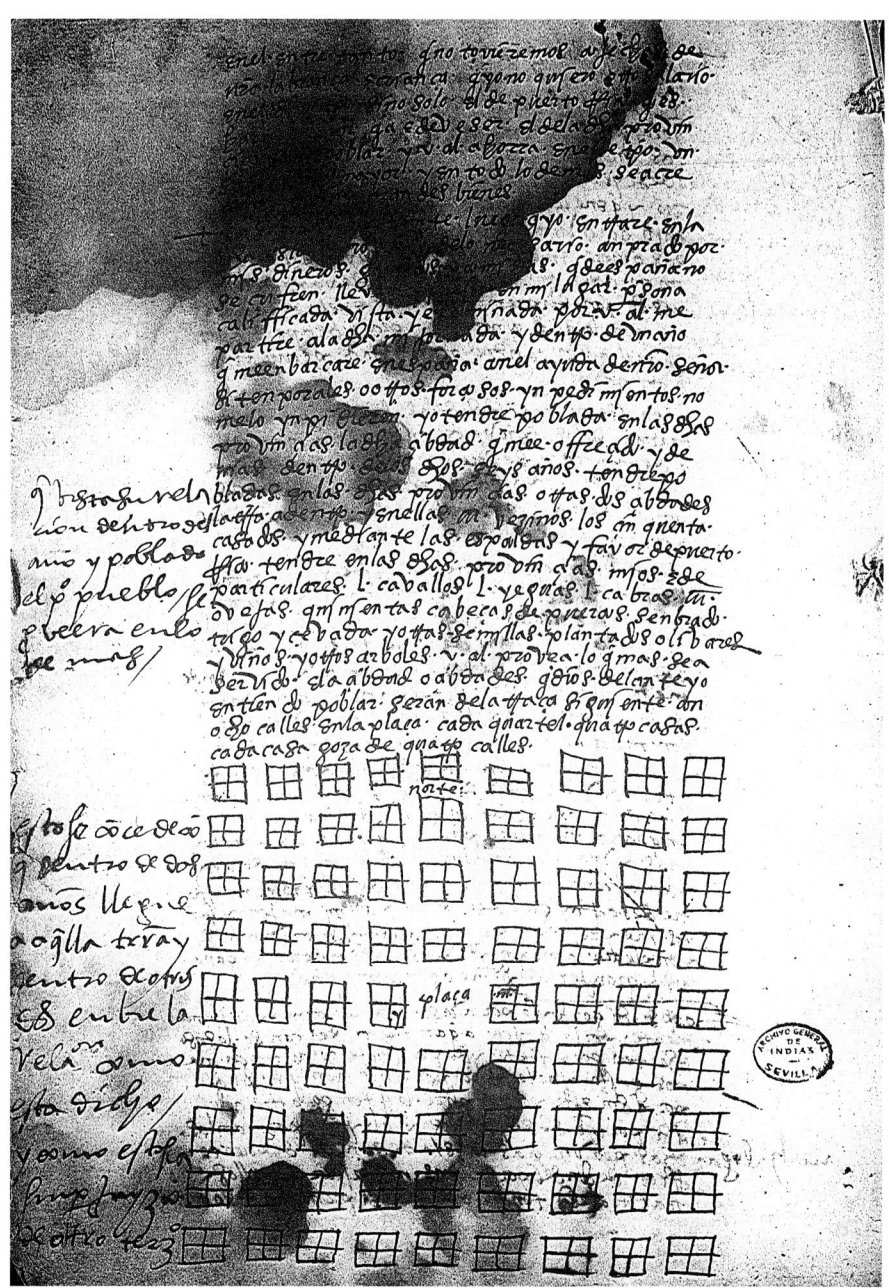

口絵-1 アルアカス 最古のスペイン植民都市計画図 1550年：AGI, MP-Venezuela, 2
アルアカス（ヴェネズエラ）の提案図（プロブエスタ）であり，手書きで9×9の正方形グリッドが描かれて，班給の単位カバジェリア，ペオニアなどの文字が記されている．中央にプラサが配置され，各街区は田の字型に分割されている．初期の計画案はこうした単線図で書かれるものがほとんどである．

口絵-2　サント・ドミンゴ　最初のスペイン植民都市　地図（上）：AGI, MP-Santo Domingo, 22，
　　写真（下）：布野修司撮影
　写真左はスペイン広場に立つオヴァンドの銅像とオサマ川を挟んでかつてのヌエヴァ・イサベラの地に建てられたコロンブス記念館．右は総督邸．クリストバル・コロンの次弟バルトレメオによって建設されたヌエヴァ・イサベラ（1496〜98年）が前身．ニコラス・デ・オヴァンドによってオサマ川の対岸に1502年に建設され，スペインと「新大陸」との間の拠点として，メキシコ征服やペルー征服などに際して，全ての遠征隊はサント・ドミンゴから出発した．プラサ・マヨールなど定型化される以前の形態である．

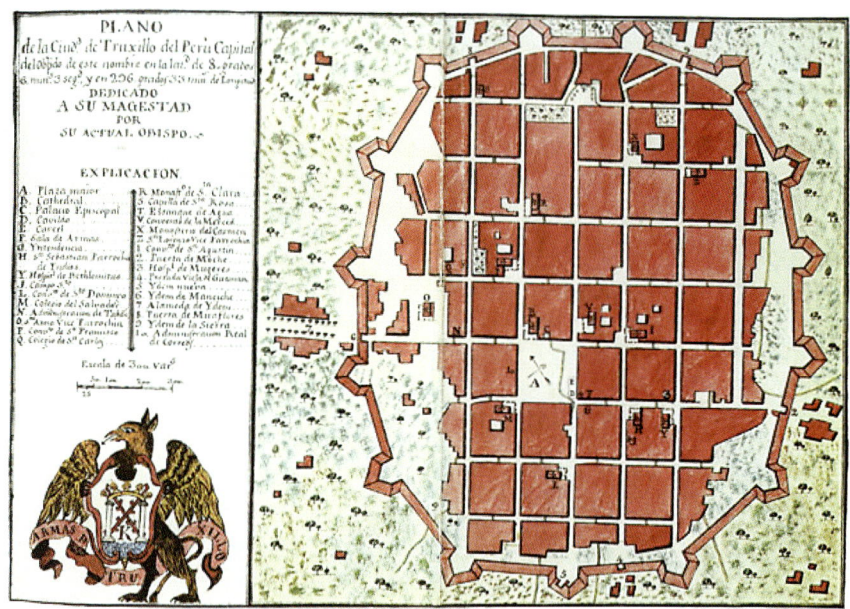

口絵-3 城壁都市 上 トルヒージョ：Biblioteca del Palacio Real E-112-Tomo II, 下左 パナマ 1673：AGI, MP-Panamà, 84, 下右 ヴェラクルス, 上 AGI, MP-México y La Florida, 224, 下 AGI, Mp-Mapas Impresos, 33

市壁に囲われたスペイン植民都市は全部で14建設された．1541年にサント・ドミンゴに市壁が設けられるが，要塞建設が本格化するのは1558年に建設されたハバナのレアル・フエルサ城塞以降である．いずれも海賊対策として都市建設以後に建設される．「インディアス法」は市壁あるいは都市の境界について一切規定していない．

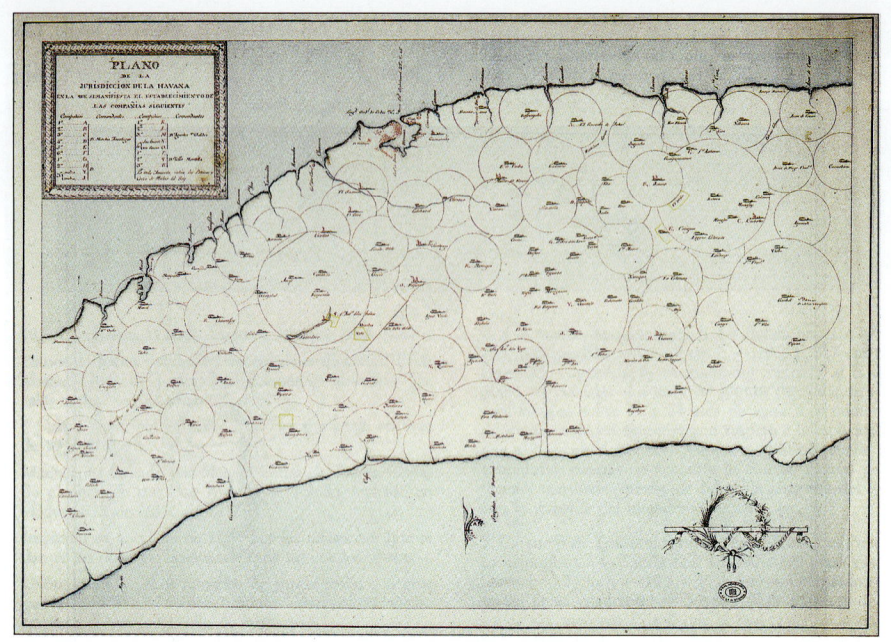

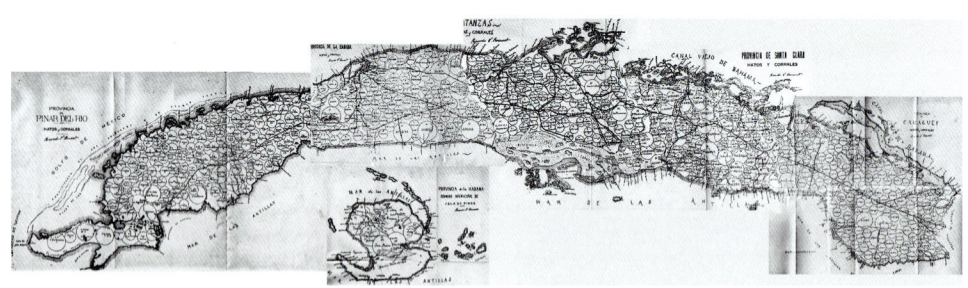

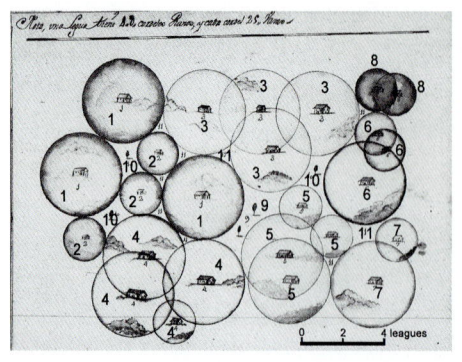
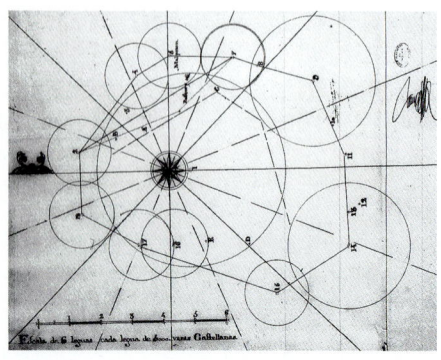

口絵-4 ハト・コラル図　上　ハバナのハト・コラル図：Manso Porto (1997)，中　キューバ島全体を覆うハト・コラル図　1742年：Ricardo V. Rousset (1918)，下左　ハト・コラルの諸形態：AGI, MP-Santo Domingo, 209, 下右　ハバナ州南部ハト・コラルのグルーピング：AGI, MP-Santo Domingo, 195.

　キューバでは，入植者に，ハトあるいはコラルという一定の囲い地，すなわち牧畜のための土地ないし農地が与えられた．コラルは半径1レグア（約4240 m），ハトは半径2レグアの円形の土地をいう．グリッド・パターンを基本理念としたスペイン植民地において，ハト・コラル・システムが用いられたのはキューバだけである．

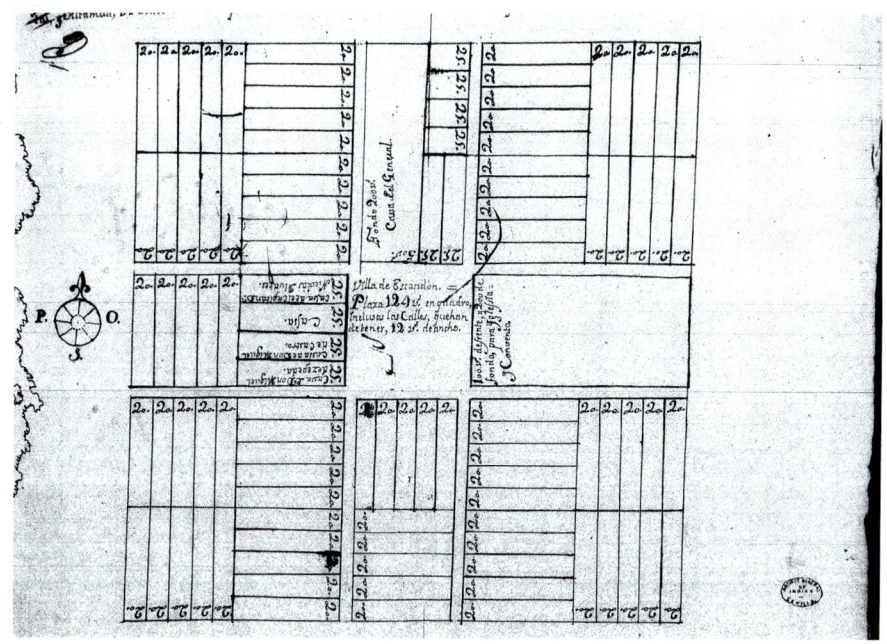

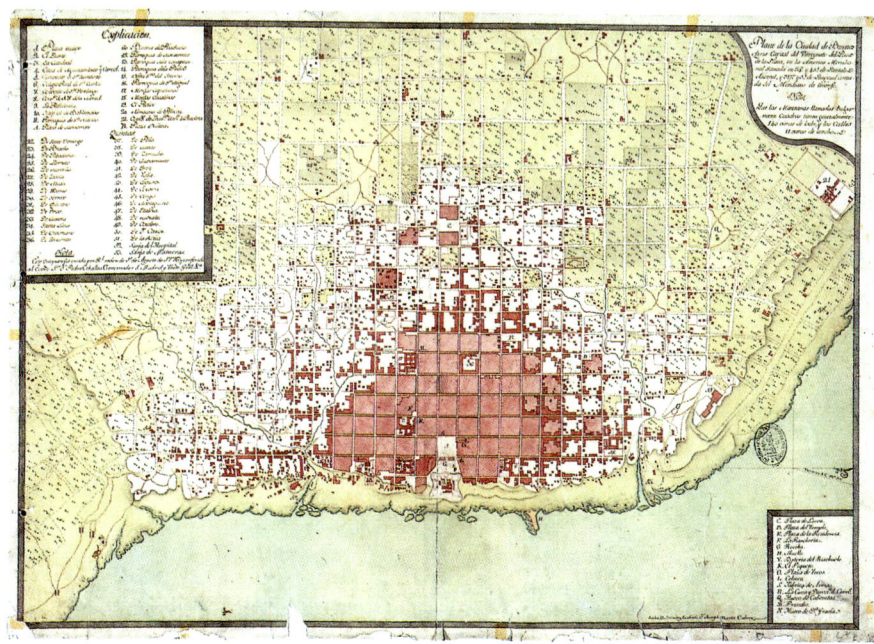

口絵-5　エスカンドンの都市　上　エスカンドン　1750年：AGI, MP-México, 193．下　ブエノス・アイレス　1720年：SHM No. 6268/E-16-8（CEDEX（1997））．

「フェリペⅡ世の勅令（1573）」に忠実に従うスペイン植民都市は実は皆無である．特にプラサ・マヨールの縦横比1：1.5に従うものはほとんどなく，単純なグリッド・パターンが用いられるのが一般的である．エスカンドンの15都市がその代表である．東西南北，前後左右にグリッドが延長していくその理念をよく示すのがブエノス・アイレスである．

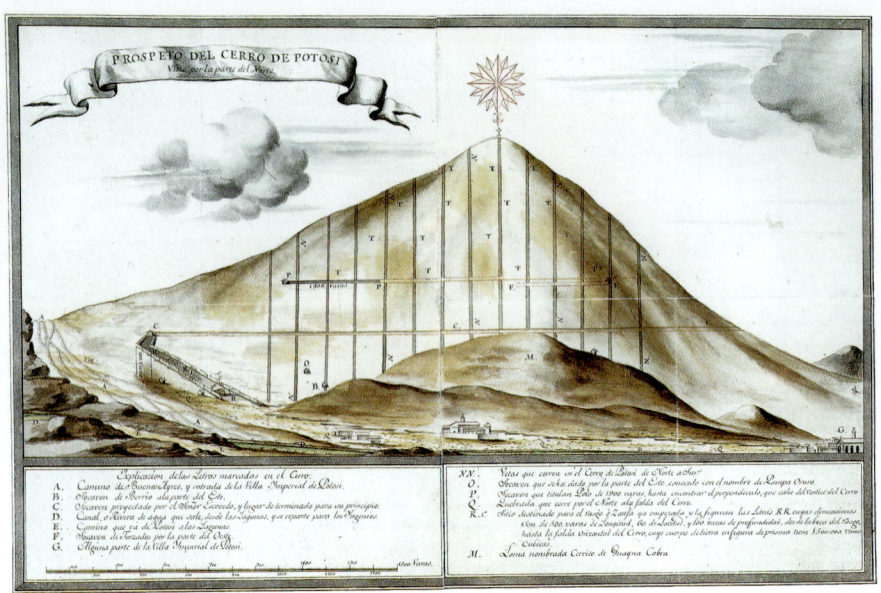

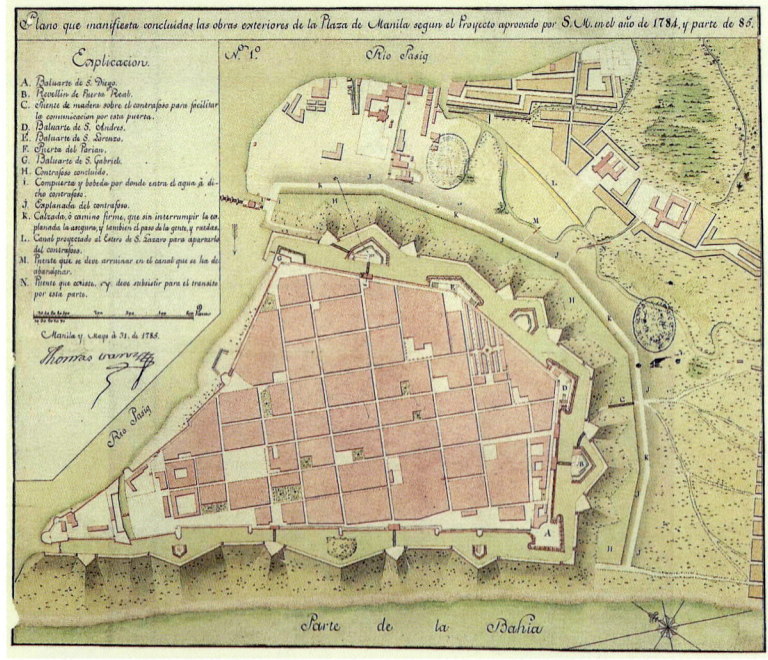

口絵-6 上 ポトシ 1779年：AGI, MP-Buenos Aires, 121, 下 マニラ 1784年：SH6583 (Hoja1) Ministevio de Defensa (1996b).

　メキシコでいくつかの銀鉱山が相次いで発見されたのち，ポトシ（1545），そしてサカステス（1546）など大鉱山が発見された．スペイン植民地帝国の鍵を握ったのは銀である．ポトシは人口10数万人を抱える最大の都市となった．ポトシの銀はリマの外港カジャオからパナマに向かい，そこから大西洋側のポルトベロ港（ノンブレ・デ・ディオス）へ陸上輸送され，セヴィージャに送られた．さらに，アカプルコ─マニラ─漳州のガレオン行路がアジアへ銀を運んだ．

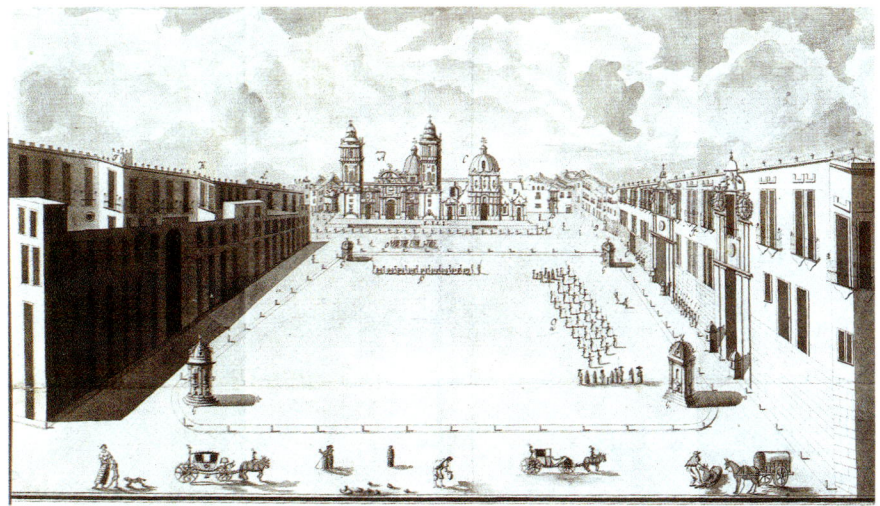

口絵-7　メキシコ・シティ　上：布野修司撮影，下　プラサ・マヨール　1793年：AGI, MP-México, 446

　コルテスが破壊したテノチティトランは，アステカのコスモロジーにもとづいた計画都市であった。湖上の島に水路をめぐらした実にユニークな生態循環都市であったと想われる．スペインは，その街路パターンを利用しながらも，プラサ・マヨールを中心とする全く異なる都市を廃墟の上に接木したのである．

口絵-8　ヴィガン（北ルソン，フィリピン）：布野修司撮影
初代フィリピン総督レガスピの孫フアン・デ・サルセドによって建設された（1572/74）．都市の発展を担ったのはチャイニーズ・メスティーソであり，バハイ・ナ・バト（石の家）という独特の住居形式が成立した．障子のようにみえるのはカピス貝を薄く切って嵌めたカピス窓である．

# 目　次

口絵　　i
図表リスト　　xv

## 序　章　　1

1　スペイン植民都市 ── グリッドとハト・コラル　　3

2　ヒッポダモス ── 都市と国制をめぐる最初の議論　　5

3　ミレトス ── 街区と基本尺度　　7

4　コロニア ── 支配システムとしてのグリッド　　12

5　理念と現実 ── 変わるものと変わらないもの　　15

## 第 I 章　スペイン植民都市の形成　　21

1　スペイン植民都市の起源　　23

 1-1　イベリア半島における都市形成　　24
 1-2　イベリア半島の都市モデル　　40

***Column 1***　ローマ・クアドラータ　　50

2　レコンキスタからコンキスタへ　　54

 2-1　スペイン植民地帝国の成立　　54
 2-2　1492　　56

***Column 2***　バスティード　　59

### 3 拡大する「新世界」── 発見,征服,植民　65

3-1 コンキスタドールの時代　65
3-2 コロンのインディアス事業　66
3-3 「新世界」探索　74
3-4 コンキスタドールと都市建設　88

***Column 3*** ラス・カサス　95

## 第II章　スペイン植民都市の空間理念とその形態　107

### 1 インディアス法と統治組織　110

1-1 インディアスの統治組織　110
1-2 インディアス法の形成　117

***Column 4*** スペイン植民都市計画と尺度　120

### 2 「フェリペII世の勅令」とスペイン植民都市モデル　123

2-1 「フェリペII世の勅令」　123
2-2 スペイン植民都市モデル　134

***Column 5*** ウィトルウィウス『建築十書』　140

### 3 スペイン植民都市の類型　145

3-1 スペイン植民都市地図　146
3-2 スペイン植民都市の類型　156

## 第III章　カリブ海 ── サント・ドミンゴ・アウディエンシア　185

### 1 イスパニョーラ島のスペイン植民都市　187

1-1 イスパニョーラ島の概要　187
1-2 イスパニョーラ島の都市図　191
1-3 イスパニョーラ島の植民都市　197

2　最初のスペイン植民都市 ── サント・ドミンゴ　199

2-1　サント・ドミンゴの都市建設過程　200
2-2　ソーナ・コロニアルの空間構成　205

3　キューバのスペイン植民都市 ── ハト・コラル・システム　212

3-1　概要　212
3-2　キューバ・スペイン植民都市の類型　213
3-3　ハトとコラル ── キューバにおける植民領域分割システム　220

4　スペイン植民都市の原像 ── ハバナ　233

4-1　ハバナの都市形成　234
4-2　ハバナ・ヴィエハの空間構成　240
4-3　ハバナ・ヴィエハの街区構成　247
4-4　ハバナ・ヴィエハの住居類型　250

5　キューバ・スペイン植民都市群像　258

5-1　ヌエヴァ・パス　259
5-2　サン・アントニオ・デ・ロス・バニョス　268
5-3　シエンフエゴス　279
5-4　カルデナス　293

## 第IV章　メソアメリカ ── ヌエヴァ・エスパーニャ副王領　305

1　先スペイン期の都市　308

1-1　オルメカ　309
1-2　マヤ　311
1-3　サポテカ　313
1-4　テオティワカン　314
1-5　トルテカ　318

2　廃墟の上のエルサレム ── メキシコ・シティ　318

2-1　テノチティトランの空間構成　319
2-2　シウダード・デ・メヒコの建設　324

2-3　ヌエヴァ・エスパーニャのスペイン植民都市　331

### 3　幻のインディオ共同体 ── アシエンダ　336

3-1　ヴァスコ・デ・キロガ　336
3-2　アシエンダ　339

### Column 6　トマス・モア「ユートピア」　341

### 4　エスカンドンの都市　345

4-1　ホセ・デ・エスカンドン　345
4-2　ヌエヴォ・サンタンデール入植地の建設　346
4-3　ホセ・デ・エスカンドンの都市モデル　349
4-4　ホセ・デ・エスカンドンの都市の変容　355

## 第Ⅴ章　アンデス ── ペルー副王領　363

### 1　古代アンデスの都市　365

1-1　モチェ　366
1-2　ナスカ　368
1-3　ティワナク　369
1-4　ワリ　370
1-5　チムー　371

### 2　インカ帝国の聖都 ── クスコ　373

2-1　インカ帝国の都市　373
2-2　インカ帝国の征服と都市建設　376
2-3　インカ帝国の首都クスコ　383
2-4　スペイン植民都市クスコ　386

### 3　銀の帝都 ── ポトシ　388

3-1　ミタ労働制　388
3-2　ヴィジャ・インペリアル　390
3-3　銀経済圏　391

## 4　レドゥクシオン　392

4-1　イエズス会　393
4-2　レドゥクシオンの構成　397

**Column 7　アントネッリ・ファミリー　398**

## 5　王たちの都 ── リマ　403

5-1　ペルー副王領のスペイン植民都市　403
5-2　王都リマ　406

# 第VI章　フィリピン ── マニラ・アウディエンシア　411

## 1　ラス・イスラス・フェリピナス　413

1-1　ポルトガルの海外進出　414
1-2　マニラ・ガレオン　417
1-3　マニラ・アウディエンシア　420

**Column 8　最初の世界周航者　426**

## 2　アジアへの橋頭堡 ── セブ　432

2-1　セブ島の植民地化　433
2-2　都市形成　435
2-3　中心街区の空間構成　440
2-4　初期都市計画　442

## 3　スペイン東インドの首都 ── マニラ　445

3-1　マニラの変遷　445
3-2　イントラムロスの空間構成　454
3-3　パリアンと日本町　461

## 4　バハイ・ナ・バトの都市 ── ヴィガン　475

4-1　ヴィジャ・フェルナンディナ　476
4-2　インディアス法とヴィガンの都市空間構成　483

4-3　バハイ・ナ・バトの類型　496

# 終　章 　　　　　　　　　　　　　　　　　　　　　　　　　　　511

　1　インディアス法 —— スペイン植民都市の理念モデル　514

　2　ハト・コラル・システム —— スペイン植民都市の原像　516

　3　イデアとヴァリアント —— スペイン植民都市の類型　517

　4　インディアスとスペイン —— 布教と交易　519

　5　アジアン・グリッド —— 都市とコスモロジー　521

　6　アーバン・ティッシュ —— 街区と住居類型　523

# Appendix 1　スペイン植民都市年表　　　　　　　　　　527

# Appendix 2　「インディアスの発見，植民，平定に関する新法令」　583

　あとがき　641
　参考文献　647
　関連論文　681
　索引　683

# 図表リスト

## 序章

図 0-1　スペイン植民地帝国と本書で扱う主要都市　梅谷敬三作成

図 0-2　ミレトスの都市空間構成　a. ミレトス 2012 (Google Earth), b. ヘプナー他による復元図, c. フォン・ゲルカンによる復元図, d. 都市核（ヘレニズム末期）, e. 都市核（紀元前 2 世紀中葉）（梅谷敬三作図＋Google Earth, Armin von Gerkan (1935), Höpfner, W, and Schwander (1994)）

## 第 I 章

図 I-1-1　イベリア半島のローマ都市の分布　ヒメネス・ベルデホ，ホアン・ラモン作製

図 I-1-2　イベリア半島のローマ都市　Montero Vallejo (1996) をもとにヒメネス・ベルデホ，ホアン・ラモン作製＋Google Earth

図 I-1-3　アンダルス（スペイン・イスラーム）都市の分布　Montero Vallejo (1996) をもとにヒメネス・ベルデホ，ホアン・ラモン作製

図 I-1-4　コルドバの変遷　Márquez Moreno (2005) をもとにヒメネス・ベルデホ，ホアン・ラモン作製＋Google Earth

図 I-1-5　セヴィージャの変遷　Vioque Cubero (1987) をもとにヒメネス・ベルデホ，ホアン・ラモン作製

図 I-1-6　グラナダの変遷　Isac (2007) をもとに梅谷敬三作製＋Google Earth

図 I-1-7　レコンキスタとキリスト教都市　Jimenéz Martín (1987) をもとに梅谷敬三作製

図 I-1-8　ハイメ II 世の都市：マジョルカ島の都市ペトラ　García Fernández (1987) をもとにヒメネス・ベルデホ，ホアン・ラモン作製＋Google Earth

図 I-1-9　エクシメニスの理想都市　García Fernández (1987) をもとにヒメネス・ベルデホ，ホアン・ラモン作製

図 I-1-10　イベリア半島のグリッド都市分布　Jiménez Martín (1987) をもとに梅谷敬三作製

図 I-1-11　スペイン・グリッド都市　Jiménez Martín (1987) をもとにヒメネス・ベルデホ，ホアン・ラモン作製＋Google Earth

図 I-1-12　サンタ・フェ　Jiménez Martín (1987) をもとにヒメネス・ベルデホ，ホアン・ラモン作製＋Google Earth

図 Column 1-1　ティムガド　CEDEX (1997) をもとに梅谷敬三作図＋Google Earth

図 Column 2-1　バスティードの分布　伊藤毅 (2009)

図 Column 2-2　A モンパジェ　B ヴィオレル・デュクによる図面　伊藤毅編 (2009)

図 Column 2-3　バスティードの類型　伊藤毅編 (2009)

図 Column 2-4　ミランド　伊藤毅編（2009）

図 I-3-1　征服の過程と拠点都市　CEDEX (1997) をもとにヒメネス・ベルデホ，ホアン・ラモン＋平沢陽作図

図 I-3-2　コロンの航路　a　コロンの航路　第 1 回，b　コロンの航路　第 3 回，c　コロンの航路　第 4 回，d　第 1 次コロンの航路　手書き地図：コロンブス，アメリゴ，ガマ，バルボア，マゼラン (1965)

図 I-3-3A, B　初期のスペイン植民都市　SHM-5840 (CEDEX (1997))，AGI, MP-Panamá, 273, AGI, MP-México, 155, 445, AGI, MP-Perú_Chile, 104, 152, SGE, J-80-3-60 (CEDEX (1997))＋Google Earth

図 I-3-4　アメリゴの航路　色摩力夫 (1993)

図 I-3-5A, B　初期のグリッド都市　AGI, MP-Perú_Chile, 141, 250, 236, MP-Buenos Aires, 224, MP-Venezuela, 6, MP-Guatemala, 319 ＋ Google Earth

図 I-3-6　コンキスタドールの航路 A　Gómez-Ferrer (1987) をもとに梅谷敬三作図

図 I-3-7　コンキスタドールの航路 B　Gómez-Ferrer (1987) をもとに梅谷敬三作図

図 I-3-8　コンキスタドールの航路 C　Gómez-Ferrer (1987) をもとに梅谷敬三作図

図 Column 3-1　ラス・カサスの 5 回の航海　ラス・カサス (1981〜1990) 他をもとに布野修司＋平沢陽作製

図 Column 3-2　一四の改善策　概念図　布野修司作成＋ヒメネス・ベルデホ，ホアン・ラモン・梅谷敬三作図

# 第 II 章

図 II-1-1　アウディエンシア　CEDEX (1997) をもとに中川祐輔作図

図 II-1-2　ゴベルナシオン　CEDEX (1997) をもとに中川祐輔作図

図 II-1-3　インテンデンシア　CEDEX (1997) をもとに中川祐輔作図

表 Column 4-1　ヴァラの値（国別）　ヒメネス・ベルデホ，ホアン・ラモン作成

図 II-2-1　「フェリペ II 世の勅令 (1573)」グリッド・パターン　加嶋彰浩 (2003) をもとに塩田哲也作図

図 II-2-2　「フェリペ II 世の勅令 (1573)」広場の位置　加嶋彰浩 (2003) をもとに塩田哲也作図

図 II-2-3　「フェリペ II 世の勅令 (1573)」広場の規模　加嶋彰浩 (2003) をもとに塩田哲也作図

図 II-2-4　「フェリペ II 世の勅令 (1573)」広場とポルティコ　布野修司＋ヒメネス・ベルデホ，ホアン・ラモン＋塩田哲也作成

図 II-2-5　「フェリペ II 世の勅令 (1573)」小広場と教会　加嶋彰浩 (2003) をもとに塩田哲也

作図

図 II-2-6　インディアス法（「フェリペ II 世の勅令（1573）」）の都市モデル　布野修司＋ヒメネス・ベルデホ，ホアン・ラモン＋塩田哲也作図

図 Column 5　ウィトルウィウス　方位図　Ortíz y Sanz（1787）

図 II-3-1　シウダード・デ・メヒコ（テノチティトラン）1524 年　Newberry Library, Chicago: Richard L. Kagan（2000）
図 II-3-2　都市図・地図の種類　1. 軍事地図：La Habana, SGE, J-5-4-110 (a)．ハト図　Xiaraco 1742 年：AGI, MP-Santo Domingo, 211　3. 都市図　La Habana Cristóbal de Roda 1603 年：AGI, MP-Santo Domingo, 20　4. 都市計画図　Talavera de la Reina 1576 年：AGI, MP-Buenos Aires, 6　5. 要塞図：AGI, MP-Perú,238
図 II-3-3　172 都市の位置 A，B　塩田哲也作成
図 II-3-4　プラサ・マヨールの類型　塩田哲也作成
図 II-3-5A　プラサ・マヨールの変化型　塩田哲也作成
図 II-3-5B　プラサ・マヨールの変化型　サント・ドミンゴ型　塩田哲也作成
図 II-3-6　広場の規模
図 II-3-7　市壁を持つスペイン植民都市　a. カルタヘナ　1600 年：AGI, MP-Panamá, 20．b. カジャオ　1728 年：SGE J-8-3-44．c. コロニア・デル・サクラメント　1762 年：SGE J-9-3-23．d. カンペチェ　1680 年：AGI, MP-México, 72
図 II-3-8　市壁，要塞を持つスペイン植民都市の分布　梅谷敬三作成
図 II-3-9　街区の形状と街路体系
図 II-3-10　敷地の規模
図 II-3-11　アルアカス（口絵 1）　AGI, MP-Venezuela, 2
図 II-3-12　バエザ（1559 年建設）　AGI, MP-Panamá, 275
図 II-3-13　メンドーサ（1560 年建設）　AGI, MP-Buenos Aires, 221
図 II-3-14　サン・フアン・デ・ラ・フロンテーラ（1561 年建設）　AGI, MP-Buenos Aires, 9
図 II-3-15　サンティアゴ・デ・キューバ（1511 年建設）　AGI, MP-Santo Domingo, 284

表 II-3-1　インディアス公文書館 AGI 第 XVI 部門の地図・計画図の下位分類
表 II-3-2　インディアス公文書館 AGI 第 XVI 部門の地図・図面類の地域別数
表 II-3-3　スペイン植民都市 172 の都市図
表 II-3-4　都市地図の分類　年代別・アウディエンシア別
表 II-3-5　広場の数と位置
表 II-3-6　プラサ・マヨールの類型とアウディエンシア
表 II-3-7　市壁・要塞を持つスペイン植民都市
表 II-3-8　市壁の建設年と取り壊し年
表 II-3-9　街路体系の類型
表 II-3-10　街区規模

表 II-3-11　スペイン植民都市の類型　広場と街路体系
表 II-3-12　街区分割のパターン

## 第 III 章

図 III-1-1　カリブ海域のスペイン植民都市　ヒメネス・ベルデホ，ホアン・ラモン作成
図 III-1-2　イスパニョーラ島の植民地化の過程　ヒメネス・ベルデホ，ホアン・ラモン作成
図 III-1-3　イスパニョーラ島の植民都市　ヒメネス・ベルデホ，ホアン・ラモン作成
図 III-1-4　イスパニョーラ島全島の古地図
図 III-1-5　イスパニョーラ島各地域の地図
図 III-1-6　イスパニョーラ島の都市地図
図 III-1-7　ポート・ナポレオンの計画図　Baye De Samana (1806) G4954. S3, 1807, P. Vault
図 III-2-1　サント・ドミンゴの歴史的都市図
図 III-2-2　サント・ドミンゴの都市形成過程　ヒメネス・ベルデホ，ホアン・ラモン作成
図 III-2-3　サント・ドミンゴ　シウダード・ヌエヴァ　1900 年 Casimiro Nemesio de Moy a (1900), Washington D.C. Library of Congress (Lombardi & Associati (2003))
図 III-2-4　初期のサント・ドミンゴ
図 III-2-5　サント・ドミンゴ　街路および街区寸法　ヒメネス・ベルデホ，ホアン・ラモン作成
図 III-2-6　サント・ドミンゴ　ソーナ・コロニアの現況　ヒメネス・ベルデホ，ホアン・ラモン作成
図 III-2-7　サント・ドミンゴの歴史的住居
図 III-3-1　キューバのスペイン植民都市
図 III-3-2　キューバのスペイン植民都市図
図 III-3-3　キューバ　都市基本モデルの街区割りパターン　ヒメネス・ベルデホ，ホアン・ラモン作成
図 III-3-4　キューバ　都市モデルの類型—プラサ・マヨールと街路のパターン　ヒメネス・ベルデホ，ホアン・ラモン作成
図 III-3-5　キューバ都市の街区分割のパターン　ヒメネス・ベルデホ，ホアン・ラモン作成
図 III-3-6　キューバ都市　現況＋Google Earth　1. サン・フェリペ，2. カルデナス，3. ヌエヴァ・パス，4. ハルコ　ヒメネス・ベルデホ，ホアン・ラモン撮影
図 III-3-7　キューバの領域分割の変遷　ヒメネス・ベルデホ，ホアン・ラモン作成
図 III-3-8　キューバ　1742 年のハト・コラル図　Ricardo V. Rousset (1918)
図 III-3-9　キューバ　年代別のハト・コラル数
図 III-3-10　キューバ　ハトとコラルの諸形態　AGI, MP-Santo Domingo, 209
図 III-3-11　キューバ　ハトとコラルのグルーピング　1. 全体分割　GIS data．B. 北東部，1729：AGI, MP-Santo Domingo, 153　A,C. 西部，1756：AGI, MP-Santo Domingo, 303　D. 南部，1739：AGI, MP-Santo Domingo, 195
図 III-3-12　ハバナ州のハトとコラル　Ricardo V. Rousset (1918) をもとにヒメネス・ベルデ

ホ．ホアン・ラモン作成
図 III-3-13　ハバナ州のハト・コラルの設置過程　Ricardo V. Rousset（1918）をもとにヒメネス・ベルデホ，ホアン・ラモン作成
図 III-3-14　グイラ・デ・メレナ郡の行政境界
図 III-4-1　ハバナの歴史地図　1. 1567：AGI, MP-Santo Domingo, 4　2. Cristóbal de Roda, 1603：AGI, MP-Santo Domingo, 20　3. Juan Siscara, 1691：AGI, MP-Santo Domingo, 97　4. Bruno Caballero, 1729：SH-5524　5. Paula Gelavert, 1785：SH-13135　6. A.M. de la Torre, 1819：SH-19750　7. J.M. de la Torre, 1866：AGI, MP-Santo Domingo, 843
図 III-4-2　フランシスコ・コロナ　都市図：Weiss（1966）
図 III-4-3　ハバナの都市形成
図 III-4-4　ハバナの要塞の分布
図 III-4-5　ハバナ旧市街の街路体系と主要施設
図 III-4-6　ハバナ旧市街　街路と街区寸法
図 III-4-7　ハバナ旧市街　建造物の階数
図 III-4-8　ハバナ旧市街　建築構造
図 III-4-9　ハバナ旧市街　街路規模
図 III-4-10　ハバナ旧市街　街区面積と宅地数
図 III-4-11　ハバナ旧市街　住居の間口と奥行
図 III-4-12　ハバナ旧市街　類型化対象住居の立地
図 III-4-13　ハバナの住居類型
図 III-4-14　ハバナの住居　55 例
図 III-4-15　ハバナ旧市街　住居類型間の関係
図 III-4-16　ハバナ旧市街　住居の間口と奥行
図 III-5-1　ヌエヴァ・パス　1943 年
図 III-5-2　ヌエヴァ・パスのハト・コラル図　AGI, MP-Santo Domingo, 231 + Ricardo V. Rousset（1918）
図 III-5-3　ヌエヴァ・パスと都市計画図
図 III-5-4　ヌエヴァ・パスの宅地建物分布図　2006 年
図 III-5-5　ヌエヴァ・パス：街区分割のパターン
図 III-5-6　ヌエヴァ・パス：宅地分割のパターン
図 III-5-7　ヌエヴァ・パス：宅地分割数の分布
図 III-5-8　ヌエヴァ・パス：街区の宅地数
図 III-5-9　ヌエヴァ・パス：歴史的建造物　ヒメネス・ベルデホ，ホアン・ラモン撮影
図 III-5-10　サン・アントニオ・デ・ロス・バニョス　1943 年 (Dirección General del Censo (1943)
図 III-5-11　アリグアナボのハト・コラル図　1. Ricardo V. Rousset（1918）　2. 1756 年：AGI, MP-Santo Domingo, 303
図 III-5-12　サン・アントニオ・デ・ロス・バニョスの歴史地図　1. 1787：AGI, MP-Santo Domingo, 533　2. 1792：AGI, Santo Domingo, 567　3. 1804：Archivo Nacional. La

Havana. legajo 1649.n.82670　4.　1841：Havana University. General Library.
図 III-5-13　1792年の街区分割および宅地分割
図 III-5-14　サン・アントニオ・デ・ロス・バニョスの発展過程
図 III-5-15　サン・アントニオ・デ・ロス・バニョスの中心部
図 III-5-16　サン・アントニオ・デ・ロス・バニョス：計画当初の街区分割のパターン
図 III-5-17　サン・アントニオ・デ・ロス・バニョス：宅地分割の数
図 III-5-18　サン・アントニオ・デ・ロス・バニョス：宅地の間口と奥行
図 III-5-19　シエンフエゴス州のハトとコラル　Ricardo V. Rousset（1918）
図 III-5-20　ハグア湾 1690　AGI, MP-Santo Domingo, 92
図 III-5-21　ヌエストラ・セニョーラ・デ・ラス・アンヘレス・デ・ハグア要塞 1770. Silvestre Abarca. AGI, MP-Santo Domingo, 373.
図 III-5-22　ハグア湾 1798. Anastasio Echevarría. MN. Ms552. MN-19-D-4.
図 III-5-23　アナスタシオ・エチェヴァリアによる計画案 1798. 出典：MN. Ms552. MN-19-D-5
図 III-5-24　フロレンティーノ・ロペスによる基本計画モデル案（1820）復元図（1956）MHC
図 III-5-25　臨地調査に基づく当初宅地割推定図
図 III-5-26　シエンフエゴスの都市計画図
図 III-5-27　シエンフエゴスの発展過程
図 III-5-28　シエンフエゴス　プラサ・マヨール周辺の建物　ヒメネス・ベルデホ, ホアン・ラモン撮影
図 III-5-29　シエンフエゴス　宅地分割図　ヒメネス・ベルデホ, ホアン・ラモン作成
図 III-5-30　シエンフエゴス　宅地のタイプと宅地分割　ヒメネス・ベルデホ, ホアン・ラモン作成
図 III-5-31　カルデナス 1943年　Cardenas Municipaly Map. Dirección General de Censo. 1943. Barrios 1. Cantel. 2. Fundición. 3. Guasimas. 4. Lagunillas. 5. Pueblo Nuevo. 6. Marina. 7. Varadero.
図 III-5-32　カルデナス　ハト・コラル図　1. カルデナスのコラル：AGI, MP-Santo Domingo, 72, 2. プンタ・ヒカコス図　1817.：Ricardo V. Rousset. La Habana 1918.
図 III-5-33　Andrés José del Portillo. カルデナスの都市計画図. AGI, MP-Santo Domingo, 797（1830.06.05）
図 III-5-34　カルデナス　街区割りのパターン
図 III-5-35　カルデナスの発展過程
図 III-5-36　街区規模と形状の変化
図 III-5-37　カルデナス　街区の類型
図 III-5-38　カルデナスの都市計画図
図 III-5-39　カルデナス　2006. Google Earth
図 III-5-40　カルデナス　a 詳細調査街区　b 宅地分割数の分布　c 街区の宅地数
図 III-5-41　宅地分割のパターン

表 III-1-1　イスパニョーラ島の各地域の地図のリスト
表 III-1-2　イスパニョーラ島の都市地図のリスト
表 III-1-3　イスパニョーラ島の植民都市関連建築図
表 III-3-1　キューバの都市図
表 III-3-2　ハバナ州のハトとコラル
表 III-3-3　対象住居の建設年　住所
表 III-5-1　ヌエヴァ・パスにおけるコラルとハト
表 III-5-2　ヌエヴァ・パスの都市図類
表 III-5-3　ヌエヴァ・パスの人口推移
表 III-5-4　サン・アントニオ・デ・ロス・バニョスの歴史地図
表 III-5-5　サン・アントニオ・デ・ロス・バニョス：宅地分割数
表 III-5-6　シエンフエゴスに関する都市計画図
表 III-5-7　シエンフエゴス　宅地タイプ別分割数
表 III-5-8　カルデナスのハト・コラル

## 第 IV 章

図 IV-1-1　オルメカ本土の遺跡分布図　狩野千秋（1990）
図 IV-1-2　ラ・ヴェンタの敷地図　狩野千秋（1990）
図 IV-1-3　16 世紀初頭のユカタン半島　ランダ『ユカタン事物記』（大時代航海叢書第 II 期 13．岩波書店，1982）
図 IV-1-4　モンテ・アルバン　Marquina, Ignacio. (1990) "Arquitectura Prehispánica", Instituto Nacional de Antropología e Historia, México
図 IV-1-5　テオティワカン　狩野千秋（1990）
図 IV-1-6　テオティワカンの方位標識　狩野千秋（1990）
図 IV-2-1　テノチティトラン周辺図　Sanders, Parsons & Santley（1979）をもとに梅谷敬三作図
図 IV-2-2　テノチティトランの中枢部の復元　Museo Nacional de Antolopología, Mexico
図 IV-2-3　シウダード・デ・メヒコ 1529　Benedetto Bordone, "La gran cittá di Temixtitan", 1529
図 IV-2-4　コルテスのテノチティトラン（シウダード・デ・メヒコ）　Cartas de relación (1545), Nuremberg（図 II-3-1）
図 IV-2-5　テノチティトラン中心部　1521-22　Mier（2005）
図 IV-2-6　シウダード・デ・メヒコ中心部の初期建設過程　Mier（2005）
図 IV-2-7　シウダード・デ・メヒコ 1524-1534　Valero de García LasCurain（1991）をもとに梅谷敬三作図
図 IV-2-8　シウダード・デ・メヒコ A　1545　B　1545　C　1628　D　1628　E　1758　F　1793　A. Alonso de Santa Cruz（16 世紀），Biblioteca Nacional, Madrid., B. (1550), Biblioteca de la ciudad de Uppsala, Suecia., C. Juan Gómez de Transmonte (1628), Biblioteca Medicea Laurenziana, Florencia., D. Tomás López de Vargas (1758), Museo Naval, Madrid., E. Diego

García Conde (1793), Museo de la Ciudad, Ciudad de México., F. (1816), AGI, MP-México 657
　図 IV-2-9　ヴェラクルス　1764　AGI, MP-México, 224
　図 IV-2-10　オアハカ　1777　AGI, MP-México, 543
　図 IV-2-11　プエブラ　1794　AGI, MP-México, 457
　図 IV-2-12　グアダラハラ　1732　AGI, MP-México, 127

　図 Column 6-1　トマス・モア　ユートピア島　布野修司作成＋ヒメネス・ベルデホ, ホアン・ラモン・梅谷敬三作図
　図 Column 6-2　トマス・モア　アモロート市　布野修司作成＋ヒメネス・ベルデホ, ホアン・ラモン・梅谷敬三作図

　図 IV-4-1　メキシコとタマウリパス地域
　図 IV-4-2　ホセ・デ・エスカンドンの入植ルートと建設した 25 都市
　図 IV-4-3　ホセ・エスカンドンの 15 の都市計画図　AGI. MP México 189, 194, 179, 183, 185, 187, 184, 191, 182, 180, 190, 188, 186, 192, 193.
　図 IV-4-4　ホセ・エスカンドンの 15 都市の街区分割図
　図 IV-4-5　ホセ・エスカンドンの都市モデル
　図 IV-4-6　ホセ・エスカンドンの 15 都市の変容 1，2
　図 IV-4-7　15 都市の人口変化
　図 IV-4-8　ゲメスに残る伝統的民家　ヒメネス・ベルデホ, ホアン・ラモン撮影

　表 IV-1-1　メソアメリカの古代都市

# 第 V 章

　図 V-1-1　古代アンデスの都市　梅谷敬三作図
　図 V-1-2　パンパ・グランデ　狩野千秋 (1990)
　図 V-1-3　チャン・チャンの都市核　狩野千秋 (1990)
　図 V-1-4　チャン・チャン　リベロ区　狩野千秋 (1990)
　図 V-1-5　チャン・チャン　ウーレ地区　狩野千秋 (1990)
　図 V-2-1　マチュ・ピチュ　Laurencich Minelli (1992)
　図 V-2-2　ピサロの航海　ペドロ・ピサロ, オカンポ, アリアーガ (1984) をもとに梅谷敬三作図
　図 V-2-3　パナマ　1673 年　AGI, MP-Panamá, 84
　図 V-2-4　カハマルカ　Biblioteca del Palacio Real, 112, Tl
　図 V-2-5　キト　1743 年　AGI, MP-Panamá, 134
　図 V-2-6　トルヒージョ　1687 年　AGI, MP-Perú y Chile, 14, 39
　図 V-2-7　インカ時代のクスコ　ペドロ・ピサロ, オカンポ, アリアーガ (1984) をもとに梅谷敬三作図

図 V-2-8　クスコ　1643 年　Gaspar de Villagra, Cusco：Instituto Nacional de Cultura, 1989
図 V-2-9　クスコ広場
図 V-2-10　クスコのイメージ 1606 年　Ramusio（1606）
図 V-2-11　クスコの現況　Google Earth
図 V-3-1　ポトシ 1. De Pedro Cieza de León (1553), Crónica de la conquista del Perú, Sevilla.　2. Plano de Potosí (ca, 1600), Hispanic Society of America (MS. K3 Atlas of the Sea Charts).　3. 1709, Museo del Ejército, Madrid.　4. Gaspar Miguel de Berrio (1758), Museo de Charcas, Sucre.
図 V-4-1　イエズス会のレドゥクシオン　梅谷敬三作成
図 V-4-2　レドゥクシオンのモデル　Juan de Matienzo, New York Public Library.
図 V-4-3　レドゥクシオンのモデル　Misiones, Candelaria（1767）

図 Column 7-1　モロ城塞　Antonio Arredondo (1739): AGI, MP-Santo Domingo, 201 ＋ AGI, MP-Santo Domingo, 202.

図 V-5-1　ブエノス・アイレスの都市図
図 V-5-2　リマの都市地図　1. Theodor De Bry (1614)：Grands voyages, tomo 11, parte II, Francfort　2. (1624)：AGI, Perú y Chile, 7　3. Juan Ramón Conock (1682)：AGI, Perú y Chile 11　4. Fr. P. Nolasco (1687)：AGI, Perú y Chile 13　5. Amédée François Frézier (1716)："Relation du Voyage de l'Amérique du Sud aux Côtes du Chily et du Pérou, fait pendant les années 1712, 1713 et 1714", Paris　6. Dionisio de Alcedo y Herrera (1740)：AGI, Perú y Chile 22
図 V-5-3　リマの変遷
図 V-5-4　リマの現況

# 第 VI 章

図 VI-1-1　ポルトガルの海外進出　コロンブス，アメリゴ，ガマ，バルボア，マゼラン（1965）をもとに梅谷敬三作図
図 VI-1-2　アカプルコ　a. 1619：Adrian Boot, Biblioteca Apostólica Vaticana　b. 1712：AGI, MP-México, 106
図 VI-1-3　フィリピンにおけるスペインの初期拠点　ヒメネス・ベルデホ，ホアン・ラモン作成

図 Column 8-1　マガリャンイス・エルカーノの世界周航航路 A　平沢陽作図
図 Column 8-2　マガリャンイスの世界周航航路 B（フィリピン周辺）　コロンブス，アメリゴ，ガマ，バルボア，マゼラン（1965）をもとに平沢陽作図
図 Column 8-3　エルカーノの航路　コロンブス，アメリゴ，ガマ，バルボア，マゼラン（1965）をもとに平沢陽作図
図 Column 8-4　マガリャンイス以降のフィリピンへの航海　塩田哲也作成・作図

図 VI-2-1　セブの都市図　a. 1521：Pigafetta. Ambrosian Musseum, Milan　b. 1699：AHN, Exp.43, Legajo 2174, Madrid　c. 1739：BN, MSS/19217 (H. 85V-86R), Madrid　d. 1840：SGE Q-3-3-353, Madrid　e. 1843, E. Bregante：AHN MR/22, Madrid　f. 1873, Domingo de Escondrillas：SH 14132, Madrid　g. 1914：Pedro Rivera-Mir Falek's Printing House, Cebu.

図 VI-2-2　セブの都市形成　ヒメネス・ベルデホ，ホアン・ラモン作成

図 VI-2-3　セブ 1699　AHN, Exp. 43, Legajo 2174, Madrid (Mojares, Resil B. (1983))

図 VI-2-4　セブの都市核の現況　ヒメネス・ベルデホ，ホアン・ラモン作成

図 VI-2-5　セブ　シウダードの街区割と寸法　ヒメネス・ベルデホ，ホアン・ラモン作成

図 VI-3-1　マニラの歴史地図　1. 1671：AGI, MP-Filipinas, 10　2. Antonio Fernández Rojas, 1715-1720　3. 1757：AGI, MP-Filipinas, 40　4. 1756：AGI, MP-Filipinas, 38　5. 1764：AGI, MP-Filipinas, 160　6. 1783：AGI, MP-Filipinas, 225　7. 1783：AGI, MP-Filipinas, 229　8. 1842：SH 6685　9. Manila Master Plan Daniel Hudson Burnham, 1904 from *Plan of Chicago*, the Commercial Club, 1909.

図 VI-3-2　マニラ・イントラムロスの形成　塩田哲也作成

図 VI-3-3　マニラ・イントラムロス　施設・構造・階数の分布　塩田哲也作成

図 VI-3-4　マニラ・イントラムロス　街路体系と街区寸法　塩田哲也作成

図 VI-3-5　マニラ・イントラムロス　宅地分割過程　塩田哲也作成

図 VI-3-6　マニラ　パリアンの立地　塩田哲也作成

図 VI-3-7　マニラ　日本町の立地　塩田哲也作成

図 VI-3-8　マニラ　1785　SH 6676（Hoja 6）　Ministerio de Defensa (1996b)

図 VI-3-9　マニラ　1806　SH 7414　Ministerio de Defensa (1996b)

図 VI-3-10　マニラ　1799　SH 6499（Hoja 1）　Ministerio de Defensa (1996b)

図 VI-4-1　ヴィガンの行政単位　ヒメネス・ベルデホ，ホアン・ラモン＋飯田敏史作成

図 VI-4-2　ヴィガン中心部の街路と街区割　ヒメネス・ベルデホ，ホアン・ラモン＋飯田敏史作成

図 VI-4-3　ヴィガン　街路幅測定地点　柳沢究作成

図 VI-4-4　ヴィガン　街区寸法　柳沢究作成

図 VI-4-5　ラ・パス　1781　Casa de Murillo, La Paz

図 VI-4-6　ヴィガン　街区分割の2つのパターン　布野修司作成

図 VI-4-7　ヴィガン　中心部の宅地規模（単位：ロアン）飯田敏史作成

図 VI-4-8　ヴィガンのバハイ・ナ・バト　布野修司撮影

図 VI-4-9　ヴィガン　施設・階数・構造の分布　飯田敏史作成

図 VI-4-10　バハイ・ナ・バトの基本型

図 VI-4-11　バハイ・ナ・バトの2階の基本平面

図 VI-4-12　バハイ・ナ・バト平面の類型

図 VI-4-13　バハイ・ナ・バトの間口と奥行き

図 VI-4-14　バハイ・ナ・バトの間口と敷地面積

表 VI-2-1　セブ：1699年の所有者

表 VI-3-1　マニラの都市図一覧
表 VI-3-2　マニラ・イントラムロスの建設年表
表 VI-3-3　マニラ・イントラムロスの宅地分割一覧
表 VI-3-4　マニラ・パリアンの立地
表 VI-3-5　マニラ　日本町の人口
表 VI-4-1　ヴィガン　街路幅員測定値
表 VI-4-2　ヴィガン　街区の縦横の分割数


AGI = Ministerio de Cultura, Archivo General de Indias（スペイン文化省，インディアス総合古文書館（セヴィージャ））

□本書は，QR コードに対応しております．
□本書中の QR コードをスマートフォン（iPhone, Android）で読み込むことで，京都大学地域研究統合情報センター（CIAS）のデータベース中の写真資料にアクセスすることができます．書籍に掲載できなかった各スペイン植民都市の風景や建造物の写真を，カラーでお楽しみいただけます．
□なお，全ての図版の著作権は，著者に帰属します．私的使用の範囲を超えて許可なく使用・複製・複写・改変・加工・転載等することを禁じます．
□本サービスの利用によって生じたあらゆる損害に関して，当会は一切の責任を負いかねます．また，本サービスは，予告なく変更，全部又は一部の利用停止，廃止されることがあります．あらかじめご了承ください．

# 序　章

●

## ザ・グリッド
### *The Grid*

*1*
スペイン植民都市 ── グリッドとハト・コラル

*2*
ヒッポダモス ── 都市と国制をめぐる最初の議論

*3*
ミレトス ── 街区と基本尺度

*4*
コロニア ── 支配システムとしてのグリッド

*5*
理念と現実 ── 変わるものと変わらないもの

# *1* スペイン植民都市 ── グリッドとハト・コラル

　本書が対象とするのは，スペインが1492年以降，南北アメリカそしてアジアに建設した植民都市である．共通のテーマとするのは，それぞれの都市の起源，形成，変容，転成の過程であり，焦点を当てるのは，都市組織（アーバン・ティッシュ urban tissues, アーバン・ファブリクス urban fabrics），すなわち，都市の形態あるいは空間構成（街路体系，街区構成，住居形式……）のあり方である．

　本書では，スペイン植民都市の全容，そしてその空間理念と基本型を明らかにする．しかし，本書が着目するのはむしろ，そこから逸脱していく，スペイン植民都市の多様な地域ヴァリエーションである．スペイン植民都市は，一般に思われているほど画一的ではない．インディアス法 Leyes de Indias[1]）が規定するスペイン植民都市の基本モデルをそのまま実現する都市は驚くべきことにひとつもないのである．理念と現実との間には，都市計画の本質に関わるテーマがある．

　本書の第一のキーワードはグリッド grid である．いうまでもなく，グリッド都市は古今東西あらゆる土地でみることができる．ではなぜスペイン植民都市かといえば，グリッド都市の代名詞とされるからである．すなわち本書では，スペイン都市を通じてグリッド都市そのものの本質を考えることになる．

　グリッドとは，文字通りにいえば，格子（状のもの），方眼（状のもの）のことである．グリッドアイアン gridiron というと，肉や魚を焼く格子状の金網である．すなわち，格子状，碁盤目（チェス盤）状，方格状の街路体系をとる都市が，さしあたりグリッド都市といえる．メッシュ（網目）という表現もある．

　都市の街路体系として，矩形以外にも，三角形，六角形，菱形などがありうるが，グリッド都市といえば，一般に街路が直交する街路体系をとる都市をいう．グリッド・パターン，グリッド・プランという言葉も使われる．

　グリッドという概念は，しかし，さらに拡張されて，多様体や二次元表面を一連の小さなセル（細胞）で充填し，セル単位に識別子をつけ，インデックスに利用するひとつのシステムをも指し示す．地球全体の表面を覆うようなグリッドはグローバル・

---

[1] インディアスと総称されたスペイン領アメリカの植民地律法の総体を指し，法源はカスティーリャ法と本国から発せられた植民地のための諸立法からなる．植民地の経営には，既存の制度や法のみでは不十分であり，新たな制度や機関が導入され，多くの法令が本国から発せられた．1573年の「フェリペ Felipe II 世の勅令」はそのひとつである．「新大陸での」富の開発とカトリックの布教という二大方針に集約されるが，多くの不備や欠陥があり，論理的な体系を欠いていた（佐藤（1999））．詳細は本書第 II 章に譲る．

序章
ザ・グリッド

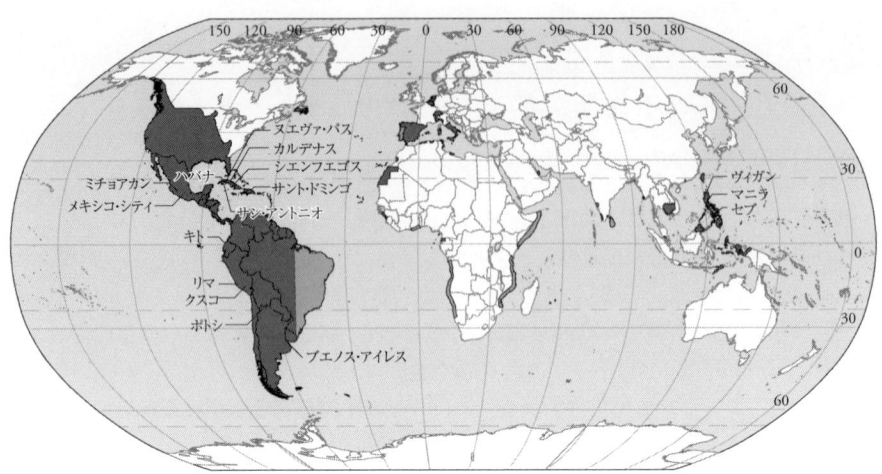

図 0-1　スペイン植民地帝国と本書で扱う主要都市
スペイン植民地帝国の最大版図　スペイン領（黒）＋ポルトガル領（灰色）

梅谷敬三作成

グリッドと呼ばれる．すなわち，グリッドについて考えることは世界を覆う空間システムを考えることと同義なのである．正方形または矩形のグリッドが多くみられるのは，直交座標（緯度と経度）との変換が容易であるからであり，直交するということがグリッドの本質を成すわけではない[2]．

　スペイン植民地帝国に建設された都市の全リストをAppendix 1に挙げた．本書では，この中から臨地調査を行った都市を中心に，スペイン植民都市建設の歴史におけるこれらの重要な都市についてとりあげる（図 0-1）．布野（2005）は，オランダ植民都市を焦点としており，ラテン・アメリカについては，オランダ西インド会社 West Indische Compagnie (WIC) によって建設されたレシフェ（ブラジル），ウィレムスタット（キュラソー），パラマリボ（スリナム）を扱うにとどまった．それに対し本書では，オランダに先行するスペイン植民都市全体を本格的に扱う．すなわち「イベロアメリカ Iberoamérica（イスパノアメリカ Hispanoaméricana）」および「スペイン東インド Indias Orientales Españolas」[3] を包括的に論じることになる．最大の史資料となるのが，セ

---

[2]　一般にこれらのグリッドは2種類に分類できる．1つは経線と緯線に沿って分割するもの（等角）で，各領域の面積は誤差を含む（高緯度ほど面積が小さくなる）．もう1つは面積が一定になるようにするもので（等積），一辺の長さが等しいが，緯度や経度は均等にはならない．

[3]　フィリピン諸島の他，マリアナ Mariana 諸島，カロリン Caroline 諸島，台湾，サバ，モルッカ諸島など，1565年から1898年にかけてスペインが支配したアジア太平洋地域をいう．1821年まではヌエヴァ・エスパーニャ副王領に属したが，メキシコの独立以降はスペイン王国が直接支配した．1898年の米西戦争で大半を失い，残った地域はドイツに売却された．

ヴィージャSevilla のインディアス総合古文書館 Archivo General de Indias（AGI）などに収蔵された植民都市関連地図・図面全 7,152 枚である．

## *2* ヒッポダモス —— 都市と国制をめぐる最初の議論

　さて，本書は，これらの地図を用いた個別の分析に先立って，グリッド都市をめぐる思想的歴史的背景の叙述にかなりの紙幅を割いている．本書が単にグリッド形状の街路体系を問題としているのではない以上，必須の前提といってもよい．しかし，このような前提が必要なのか．このことを説明するためには，古代ギリシャにまで遡る必要がある．

　都市計画の分野ではよく知られていることだが，グリッド・プランは，ヒッポダミアン・プランとも称される．グリッド都市が，紀元前 5 世紀に活躍したギリシャの政治家，哲学者，医者，数学者，気象学者であるヒッポダモス Hippodamus（前 498〜前 408）に由来するとされるからである．それは，アリストテレス Aristotelis（前 384〜前 322）が彼をグリッド・プランの発明者と呼び，さらには「都市計画」の創始者だと書いていることによる．まずはヒッポダモスに関するアリストテレスの記述を通じて，グリッド都市論の起源をさぐってみよう．

> 「エウリュポン Euryphon の息子，ヒッポダモスはミレトスの人である．彼は国を区画することを発明し，ペイライエウス Peiraieus の町に碁盤状の道路を設計した．……最善の国制について論じることを企てた最初の人である．」（アリストテレス『政治学』1267b22–29[4]）．

　ここでヒッポダモスは，ミレトス Miletus 生まれで，「碁盤状の道路を設計し」「国を区画することを発明し」，さらに「最善の国制について論じることを企てた最初の人」とされている．都市の形状の考察が，都市計画の起源ひいては「国制」の考察につながるという発想は，すでにアリストテレスのうちにあった．

　ヒッポダモスの生涯の詳細は知られていないが，アリストテレスだけでなく，ストバエス Stobaeus，ストラボン Strabon[5]，ヘシキウス Hesychius，ポチウス Photius，テ

---

[4]　ベッカー版『アリストテレス全集』の頁，欄，行を示す．なお，引用に際しては，今道友信による訳を用いた．

[5]　ストラボン（ギリシャ語：Στράβων，ラテン語：Strabo，前 64（63）頃〜後 23（24）頃）は，古

アノ Theano[6]らも彼に言及しており，それなりに名は知られていたことがわかる．いささか変わった人物であったらしく，アリストテレスは，上の引用の省略部で「彼は自負心のために普段の生活でも奇矯なところがあった．髪を長くたらして，高価な飾りをつけているのに，粗末で厚い衣服を冬ばかりか，夏の間でも着ているのをみて，あるひとびとは風変わりな暮らしをしていると思ったほどである．彼はまた，全自然についての知識に通暁していると自負していた」と書いている．

アリストテレスのヒッポダモス評を続けよう．

>「彼が構想した国の建設案はこうである．国家の人口は一万人とし，3つの部分にわける．1つは職人，1つは農民，第3は国を防衛し，武器を持つ者とする．国土も3つの部分に分ける．聖なる地区，公共用地，私有地である．慣例によって神々に奉献する犠牲獣を供給するのが聖なる地域であり，防衛者の生活を支えるのが公共用地であり，農民が所有するのが私有地である．」(『政治学』1267b30-38)

アリストテレスは，ヒッポダモスの「都市国家」の空間配置をこう要約したのち，この3つの区分を徹底的に批判している．職人と農民と武器を持つ者であれば，武器を持つ者が権力を握ることになるのは当然である．武器を持つ者が畑を耕すのであれば，農民が武器を持つのと変わらなくなるなどと，職人，農民，武器を持つ者の相互の関係をそれぞれ問題にした上で，さらに，ヒッポダモスの法制についての理論をまとめ，その国制論の問題点を列挙するのである．

『政治学』の別の箇所でも，彼はヒッポダモスを批判している．

>「個人の家の配置は，新式のヒッポダモス風の様式に従って［碁盤状］道路によって整然と区画されれば，もっと快適であるし，一般の活動のためにはもっと便利であると考えられる．しかし戦時の安全のためにはその反対に，むかしの時代にそうであったままの［入り組んだ］家並みがよい．なぜならそれは外国の軍勢に

---

代ローマ時代のギリシャ系の地理学者・歴史家．全17巻からなる「地理書」(または地理誌，Geographica) で知られる．この大著は，当時の古代ローマの人々の地理観・歴史観を知る上で重要な書物である．

6) Θεανώ，紀元前6世紀．彼女はピタゴラス Pythagoras の生徒であり，妻（ブロンチヌス Brontinus の娘あるいは妻という説もある）だといわれる．娘という説もあるが，その生まれ（クレタ島あるいはクロトン Croton 出身という説がある），父親（ピトナックス Pythonax という説がある）などは不明であり，2人以上いるのではないかともされる (Theano I, Theano II)．ピタゴラス派には28の女性がいたとされるが，彼女は教師のひとりであった．3人の娘と1人の息子がいたとされる．その著作は，部分的にしか残されていない．Kai Brodersen, Theano (2010), Reclams Universal-Bibliothek 18787, Stuttgart.

とって侵入しにくく，攻撃しようにも迷路が邪魔になるからである．それゆえ，都市は両方の方式を取りいれるべきである．というのは，農地で葡萄の樹の寄せ植えと呼ばれる植え方に倣って家屋を配置すれば，それは可能だからである．そして都市全体を整然と区画せずに，部分的にいくつかの地区にかぎってそうすればよい．このようにすれば，安全と美観の要求をともによく満たすことができるだろう．」(『政治学』1330b21-31).

この「葡萄の樹の寄せ植え」という語は，しばしば「五つ目植」と訳され，「サイコロの5の目のような配置で植えるやり方」と解釈されている[7]．この配置を連続するとグリッドと同じになる．しかしここでアリストテレスがいいたいのは，ヒッポダモスがいうようなグリッドを崩し，高密度に住居を配置せよということである．整然とした区画の地区は部分に限定し，全体はかつての都市のように入り組んだかたちにしたほうがいい，というのである．すなわち，アリストテレスの関心は，幾何学的な空間構成より，ポリス（都市国家）全体の構成（「国制」）に向けられていた．

## 3 ミレトス —— 街区と基本尺度

では，古代ギリシャの都市は，実際にはどのような構成になっていたのだろうか．ヒッポダモスが生まれたミレトス[8]は，典型的なグリッド・パターンの都市であった．ヒッポダミアン・プランのプロトタイプとされる．西欧グリッド都市の起源とされるミレトスの形態，空間構成について確認しておきたい（図0-2）．

まず確認しておきたいのは，ヒッポダモスが，必ずしもグリッド都市の発明者ではないことである．彼以前にグリッド都市が存在してきたことは考古学的遺構が示しており，都市文明の起源である古代オリエントにおいて，すでにグリッド都市の存在が

---

[7] たとえば，アリストテレス（2009）『政治学』田中未知太郎・北嶋美雪・尼ケ崎徳一・松居正俊・津村寛二訳，中央公論新社．

[8] ミレトス学派と呼ばれるタレス Thales（前624頃〜前546頃），アナクシマンドロス Anaximander（前610頃〜前546頃），アナクシメネス Anaximenes（前585頃〜前525頃）という，世界の根源を問うた3人の自然哲学者を生んだことで知られる．ミレトスに関する主要な文献として，Th. Wiegand (1906) "Milet Ergebnisse der Ausgrabungen und Untersuchunge seit Jahre 1899", 18vols や，A. G. Dunham (1915) "The History of Miletus down to the Anabasis of Alexander" などがある．

序　章
ザ・グリッド

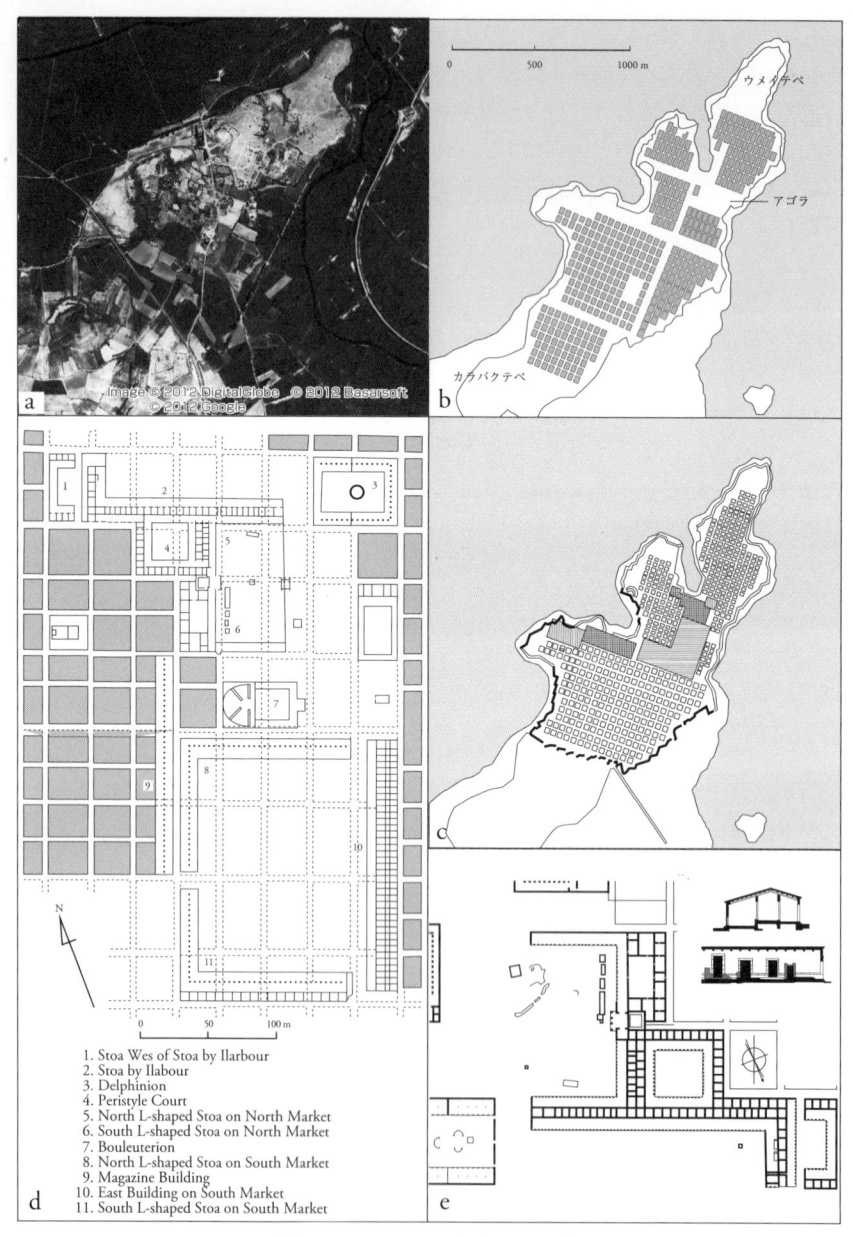

1. Stoa Wes of Stoa by Ilarbour
2. Stoa by Ilabour
3. Delphinion
4. Peristyle Court
5. North L-shaped Stoa on North Market
6. South L-shaped Stoa on North Market
7. Bouleuterion
8. North L-shaped Stoa on South Market
9. Magazine Building
10. East Building on South Market
11. South L-shaped Stoa on South Market

図 0-2　ミレトスの都市空間構成
a. ミレトス 2012（Google Earth），b. ヘプナー他による復元図，c. フォン・ゲルカンによる復元図，d. 都市核（ヘレニズム末期），e. 都市核（紀元前 2 世紀中葉）
梅谷敬三作図 + Google Earth，Armin von Gerkan (1935)，Höpfner, W. and Schwander (1994)

知られている．都市計画の教科書[9]を繙けば，エジプトのセンウセルト Senusert II 世（中王国第 12 王朝，在位前 1897〜79）がピラミッド建設のために建設した労働者居住区カフーン Kahoon（ホテプ・センウセルト）やアメンホテプ Amenhotep IV 世（アケナテン，在位前 1379〜62 もしくは前 1364〜47）が建設した王宮都市エル・アマルナ（al-ʾamārnah الأمارنة）がグリッド都市の例としてまず出て来る．続いてアルメニアのウラルトゥ王国のゼルナキ・テペ Zernaki Tepe がある．また，レヴァント Levant のメギド Megiddo がある．時代は下るが，メソポタミアでは，ネブカドネザル Nebuchadnezzar II 世（在位前 604〜前 561）が建設したバビロン Babylon も整然とした居住区を持っている．また，ネブカドネザル II 世がバビロニアを刷新すべく，ユーフラテス川の少し下流に建設したボルシッパ Borsippa も，明らかに規格的に設計されている．グリッド都市は，普遍的にみられる現象なのである．

　第 2 に指摘しておくべきは，ヒッポダモスがミレトスの都市計画に関わったかどうかさえ，疑問視されている点である．古代ギリシャにおいて，グリッド都市の建設が最初にこころみられたのは小アジアの西海岸地域，エーゲ海東部沿岸地域であることがわかっている．最も古い遺構は，古スミュルナと，このミレトスである．紀元前 546 年にミレトスはペルシアの統治下に入るが，紀元前 499 年の反乱の後，紀元前 494 年にペルシアに破壊され，紀元前 479 年，サラミスの戦いの直後に再建される[10]．ヒッポダモスが，この新ミレトスの再建に関わったことは十分ありうるが，後述するように遺構を観察すれば，旧ミレトスにおいてもグリッド・パターンが導入されていたことがわかるのである．そもそも彼は理論家であり，実務に直接携わった人物ではなかった．

　ヒッポダモスが，アテナイの外港ペイライエウスを計画した（前 475〜前 450）ことはアリストテレスが述べている通りであるが，その建設年代については諸説ある[11]．ヒッポダモスは，また，南イタリアの植民都市トゥリオイ Thurii（前 443）の建設に参

---

9) Lample, P. (1968).

10) Höpfner, W. and Schwander, E. L. (1994) "Haus und Stadt im Klassischen Griechenland", Wohnen in der Klassischen Polis 1., München.

11) アテナイの執政官（前 493〜前 492）を務めペルシア戦争を勝利に導いたテミストクレス Themistocles（前 524-520〜前 459-455）は，サラミスの海戦（前 480）後にペルシア軍の再来（第 2 次ペルシア戦争）に備えてペイライエウスを建設し，これとアテナイまでの間に防壁を築いたとされる．一方，ヒッポダモスは，ペリクレス（前 495〜前 429）の友人で，そのためにペイライエウスの建設に携わったとされる．ペリクレスがアテナイの第一人者の地位を独占したのは紀元前 463 年以降の 15 年間である．ペイライエウスで発見された都市の境界標によると紀元前 450 年前後であり，この時期に集中しているという．ペイライエウスの建設は，従って，いくつかの段階があったことになる．ここでもヒッポダモスの役割は必ずしも定かではない．なお，古代アテナイの喜劇作家，風刺作家アリストパネス Aristophanes（前 446 頃〜前 385 頃）の『騎士』（前 414）の古注解は，ペイライエウスの都市計画に関して，アルケプトレモスという人物に触れており，この人物はミレトスのヒッポダモスの息子だという．

加したとして，ヘロドトスやリュシアスといった名とともに挙げられる．トゥリオイの計画については，ディオドロス Diodoros Sikheliootees[12]が触れており，グリッド・パターンが街路体系として用いられ，全体的に統一がとれており，ペイライエウスとも類似している．さらに，ヒッポダモスはロードス Rhodes の建設（前408頃）にも加わったとされる．ストラボンが「ロードス市はペイライエウスを設計したのと同一人物によって設計された」ということが一般的に信じられていたことを記録しているのである．ただし，紀元前5世紀半ばのペイライエウスと，紀元前5世紀末のロードスの両方の建設に関わるということは，年代的には無理がある．

新ミレトスについては，フォン・ゲルカン Armin von Gerkan (1935)[13]の復元図（図0-2，c図）が知られてきたが，確定したわけではなく，近年ヘプナーら (Höpfner, W. and Schwander (1994)) によって新たな復元案（同，b図）が示された．芳賀満は，両案を比較して，後者の案を高く評価している[14]．実はヘプナーらの成果をもってしても，ミレトスの具体的な施設の規模や配置はわからない．しかしそれでも，限られた情報から，その都市設計思想をうかがい知ることはある程度可能である．

まず街路のパターンをみよう．新ミレトスは，半島の形状によって大きく3つの部分に分かれるが，街路のグリッドの方向は，南北でわずかに3度ほど異なっており，古ミレトスが位置した北部はその街区割に従ったと考えられる．このことから，新ミレトス以前にグリッド・パターンが存在していたことがうかがえる．

では街路で区切られる街区はどうか．フォン・ゲルカンは，南部と北部で街区の大きさが異なり，小さい北部には貧困層が，大きい南部には富裕層が住んだとした．一方ヘプナーらは，当時貧富の差がさほどあったとは考えられず，したがって北部の小路は，小さい街区ではなく「舗装された庭あるいは部屋」だとする．そして，北部の街区の大きさは，100ペス pes×180ペス[15]だとする．すなわち，その街区が50ペス×60ペスを単位として，2×3＝6つの宅地に分けられていたと考えた．このペスは，イオニア尺（すなわち英米のフット foot）で1ペス＝0.294 m とされる．ちなみに，スペイン植民都市で用いられる単位としてはピエ pie に当たる．尺度，その基本単位について，本書では一貫して注目したい．グリッドというとき，そのスケールが居住空間や街区の編成にとって決定的な意味を持つからである．スペイン植民都市計画における基本尺度については Column 4 にまとめている．

ペスの四分の一がパラステー（パルムス palmus），その四分の一がダクテュロス（ディ

---

12) 紀元前1世紀，ユリウス・カエサル，アウグストゥスと同時代の人物で，シケリア生まれの歴史家．歴史書として『歴史叢書』を残した．
13) Armin von Gerkan: Die Stadtmauern, 1935.
14) 芳賀満 (2003)「古代ギリシャ都市ミレトスヒッポダモス式都市計画の一例」『京都造形芸術大学歴史遺産研究センター』紀要第2号，2003年3月．
15) フォン・ゲルカンら発掘者は175ペスとする．

ギトゥス digitus) である．古代ギリシャの寸法単位は様々で，A・オルランドスによれば[16]，紀元前5世紀頃のアッティカ Attika 尺，ドーリス Doric 尺，フェイドン Pheidon 尺は 0.327～0.328 m，ソロン以降のアッティカ尺，アエギナ尺は 0.295～0.297 m である．これはイオニア尺といっていい．ギリシャ北西部では，ネメアのゼウス神殿などでは 0.312 m である．ヘプナーによると，ギリシアアッティカ尺は 0.296 m，ドーリス尺は 0.326～0.328 m，サモス尺は 0.350 m である．

　南部の街区については，遺構が少ないが，フォン・ゲルカンは幅約 35 m，奥行約 44 m とする．イオニア尺を 0.294 m とすると，120 ペス×150 ペスとなる．となると，南部の街区も，60 ペス×50 ペスの宅地 6 つに分けられることになる．すなわち，南北街区ともに，東西と南北の違いはあれど，同じ 50 ペス×60 ペスを単位に，2×3＝6 宅地で街区を構成していたのである．なお，街路の幅員は約 4.5 m（15.30 ペス），南地域の中央十字路は約 7.5 m（25.5 ペス）という．ヘプナーらは，さらに 150 ペスの南北の大通りがあったとする．2 つの復元案の妥当性はともかく，少なくとも 60 ペス×50 ペス×6 という街区の規模と街区割のパターン，そして街路幅員は，グリッド都市としてのひとつのモデルたりうるものである．

　次の問題は，その都市の中枢（都市核）を構成したものが何かである．これも都市設計思想を知る上で重要な情報である．現在ミレトスに残る建築遺構は，ヘレニズム時代，紀元前 4 世紀以降のものである[17]．それによると，獅子湾に面する中央区域は，小割にした部屋が整然と並ぶストアによって区画されている．経済の中心であるアゴラ（市場，広場），政治の中心であるブーレウテリオン Bouleuterion（評議会が開かれる議事堂），宗教的中心デルフィオン（アポロン神殿）が都市核を構成している．複数のストアを連結する中央建築複合体の構成はイオニア地方に典型的な特徴とされるが，中心に政治，経済，宗教の核を設置するのはスペイン植民都市の場合も同様であり，都市計画の基本的形態である．

　ペイライエウス，トゥリオイ，ロードスという 3 つの都市とヒッポダモスとの直接的な関係については議論が残されているが，土地を大きな地域に分けること，広い幹線道路によってそれらの地域を区切ること，それぞれの地域内に格子型道路網が張りめぐらされているなど，共通の特性が指摘できる．E・J・オーウェンズ（1992）は，「古典期の都市計画」すなわちヒッポダミアン・プランの特徴として，①都市を構成する諸要素の全体的統一，②理論的，数学的原則にもとづく土地の精密な分割，③公共建

---

[16]　Orlandos, A. (1966) "Les Materriaux de Construction et la Technique Architecturale des Anciens Grecs", vol. 1, Paris.

[17]　Tuchelet, K. (1975) "Buleuterion und Ara Augusti Bemerkungen zur Rathausanlage von Milet", IstMitt 25; Coulton, J. J. (1976) "The Architectural Development of the Greek Stoa", Oxford monographs on classical archaeology, Clarendon Press.

築の機能的配置と街路体系への組み込み，下水設備の完備，④地形を利用した記念碑的視覚的調和（特にロードス）を挙げている．

そして，本書のテーマとの関連でもうひとつ挙げるとすると，②③に絡むが，⑤街区がインスラ insula という集合住宅を基本単位として構成され，それが拡張していくかたちで都市が形成されることである．

このように，ヒッポダモス自身の関わりの程度は別にしても，古代ギリシャにおいて，グリッド・パターンを用いた人工的で精密な都市設計は一定の広がりをみせていた．

## *4* コロニア —— 支配システムとしてのグリッド

植民都市（コロニア）は，本書の第2のキーワードである．グリッド都市は，古今東西，植民都市として実現されることが多い．〈支配←→被支配〉〈ヨーロッパ文明←→土着文化〉の2つを拮抗基軸とする，都市の文化変容をテーマとする近代植民都市については布野（2005）に委ねるが，グリッド・パターンが，支配者がある地域を支配し管理する強力なツールとして，すなわち植民都市の基本的な空間形式として多用されてきたことは明確である．

ギリシャは，古来イオニア地方の中心地として知られるが，その位置には，紀元前2000年紀中頃からすでにミュケナイの植民都市があったとされ，紀元前11〜10世紀頃からギリシャ人が定住していた可能性があることが指摘されている．すなわち，古代ギリシャの都市国家は，紀元前11世紀頃には植民都市建設をはじめ，紀元前8世紀の半ば以降，地中海一帯に，続いて黒海沿岸に次々に植民都市（アポイキア apoikia）を建設し，住民を送り出していった．新しい都市を形成する過程は，一般的には，シュノイキスモス（集住）と呼ばれるが，全くの処女地に都市を建設する場合がアポイキアである[18]．古代ギリシャの30以上の都市国家が，地中海世界全体に複数の植民都市を持っていた[19]．この植民都市建設の伝統はローマに引き継がれる（Column 1）．ラテ

---

18) 植民都市はアポイキア（ἀποικία）とエンポリア（ἐμπορία）に分類される．前者は独立した都市国家で，後者は交易拠点である．

19) 紀元前5世紀にある一定の段階に達していたギリシャのグリッド都市の伝統は，アレクサンドロス大王（在位前336〜前323）の長征によって東方に伝えられる．大王が各地に自らの名を冠したアレクサンドリアを建設したことはよく知られる（エジプトのアレクサンドリアが第1号で，アレクサンドリア（ヘラート），アレクサンドリア・マルギアナ（メルヴ），アレクサンドリア・アリフォルム，アレクサンドリア・エスカタなど）．中央を幹線大路が南北に走り，それに直交

ン語ではコロニアという．のちに詳しく論じるように，この伝統がイベリア Iberia 半島を経由して，スペイン植民都市に受け継がれていく．

ミレトス自身，アポロニア Apolonia（現ソゾポル），オデッソス Odessos（現ヴァルナ），トミス Tomis（現コンスタンツァ），ヒストリア Histria，ティラス Tyras，オルビア Olbia，パンティカパイオン Panticapaeum（現ケルチ），テオドシア Theodosia，タナイス Tanais，ファナゴリア Phanagoria，ピティウス Pityus（現ピツンダ），ディオスクリア Dioscurias（現スフミ），ファシス Phasis（現リオニ川），トラペズス Trapezunt（現トラブゾン），ケラソス，コティオラ，アミソス Amisos（現サムスン），シノペ Sinope（現シノップ），キュトロス，セサモス，など 90 ものアポイキアを建設したされる．

ここで再び，議論はアリストテレスに戻る．ここまでみたとおり，グリッド状の都市自体は，普遍的にみられる．しかし，繰り返すが，単に碁盤状，格子状の直交型街路体系そのものが問題なのではない．それを採用する都市の理念，そしてそれを支える都市組織のあり方が問題となる．すなわち，植民都市の空間的編成の問題である．ヒッポダモスのグリッド都市を批判したアリストテレスは，いかなる都市像を描いていたのだろうか．

アリストテレスがヒッポダモスをとりあげたのは，前にも引用した『政治学（ポリティケー）』「ポリスに関する学（epistémé politiké）」においてである．アリストテレスは，「人間は生まれつきポリス的動物である」（『政治学』1253a2–3）といい，ポリス（都市国家）のあり方を論じている．ヒッポダモスの国制論，つまりグリッド都市論を批判したアリストテレスが「最善の国制」（『政治学』第 7 巻「最善の国制」）として提示するポリスのあり方は以下のようなものであった．

国家の規模は「自給自足できる」ことと「一目でみ渡せる」ことが前提である．また，「海に対しても領土に対しても都合のよい位置にあるのがいい」（第 4 章「国家の大きさと人口」，第 5 章「国家の領土」）．防衛しやすく，援軍を送り出す上で，また，農産物などの輸送に便利であることがその基準である．

そしてアリストテレスは，「共同会食」制と土地の配分について述べる．この「共同会食」制はクレタの制度（第 2 巻第 10 章，1272a12–21）を念頭においているとされる．「公共用地から得られるすべての農畜産物と，ペリオイコイが収める年貢とから，一部は神々に対する祭式と公共奉仕のために配分され，他は共同会食者に割当てられている．したがってすべての人が，妻も子も夫も公の費用で養われるのである．」というものである．なぜ「共同会食」制が優れているか，別の機会に検討するといいなが

---

して東西に小路を設ける魚骨（フィッシュ・ボーン）型の街路構成をとる．パキスタンのタキシラにある都市遺構としてシルカップが知られるが，ヘレニズム期に属し，ギリシャ人の影響のもとに建設されたとされている．グリッド都市は，短期間で敵国の領土に新たな都市を建設するのに適した形式であり，軍事都市の性格をもっていた．

13

ら，アリストテレスはそれを果たしていない．

　彼は単に，「国土を2つの部分にわけて，1つは公共のものとし，他は個人のものとする必要がある．それからこれら2つをさらにそれぞれ2つの部分にわけなければならない．公共地の方は，1つの部分は神々の奉仕のために当て，他の部分は共同会食の費用のために当てることにする．他方，私有地の方は，辺境にちかい部分と都市にちかい部分にわける．それは，市民のそれぞれに国境に近い地所と都市に近い地所を割当てることによって，全ての市民が双方の場所に利害関係を持つようにするためである．」(1330a9-17) というのみである．その際，「農耕に従事すべきものは，奴隷であるのがもっともいい」(1330a24) というのが前提であった．

　都市の立地は，健康，行政，軍事，水利を考慮し，①東に向かった傾斜地であること，すなわち，東から吹いて来る風を受けること，②冬にしのぎやすい，北風の風下にあること，③自分たちにとっては進出しやすく，敵にとっては近づきがたく，また包囲しがたい場所でなければならない，④水と水源は都市の内部に豊富にあらねばならない，孤立したときにけっして水不足に陥らないよう，雨水を溜めるたくさんの大きな貯水槽をつくる，といったことが条件であった（第11章「都市の立地とその防衛」）．

　そして，家屋の配置は，上述のように，「新式のヒッポダモス風の様式」に従って，ただし，部分的にいくつかの地区にかぎって行う．

　さらに，アリストテレスは，市壁の必要性を説き，都市に必要な設備を順次述べていく（第12章「都市の他の設備」）．①市壁は見張り所や塔によって区切られ，そこで共同会食が行われる，②神殿および公職者のための共同会食場は，防御しやすい特別な場所に設ける，③この場所の下に，農民，職人その他の入ることのできないアゴラ（「自由のアゴラ」）を設ける，④そこに年長者のための体育場があるとよい，⑤「自由のアゴラ」とは別に「商いのアゴラ」が運ぶのに便利な場所に設けられる，⑥祭司の共同会食場も神殿の近くに設置されるのがよい，⑦役所は，日常必要な市場となるアゴラや公共集会所のあたりに構えるべきである，⑧都市部以外の場所に国土を警護する監視所と共同会食場が設けられなければならない，⑨国土のいたるところに，神々や英雄をまつる社が配置されていなければならない，などである．

　確かに，アリストテレスは，グリッド状の都市形態を批判してはいる．しかし，以上のような「国制」，ポリスの理念は，無数の植民都市建設者たちが様々に思考し，実現しようとしてきたものと無縁ではない．アリストテレスは，最後に「しかし，いまこうした事柄に関してこまごまと語るのは時間の無駄である．なぜならこの種のことを考えるのは難しいことではないが，これを実行に移すのはもっと難しいからである．」という．都市計画の真実をアリストテレスはとっくに知っていたのである．

## 5　理念と現実 —— 変わるものと変わらないもの

　何度も述べるように，グリッド都市は，スペイン植民都市に固有のものではない．むしろ，都市計画の起源にまで遡る．また，植民都市に固有なものでもない．たとえば，スペイン植民都市建設以前のメキシコ・シティ，すなわちテオティワカンTeotiuacanはグリッド都市であった．古今東西，いたるところにグリッド都市は存在してきたし，存在している．そうした意味では，グリッド都市は，極めて普遍的である．

　一方，グリッド都市とは違う都市形態の系譜もある．E・J・オーウェンズ[20]は，グリッド都市の系譜をたどりながら，それとは別の都市計画の系譜をくっきりと浮かび上がらせている．その代表がペルガモンである．というより，アテナイにしても，デロスにしても，実際には整然と区画された都市ではないのである．

　グリッドとは，上で確認したように，多様体や二次元表面を一連の小さなセル（細胞）で充填し，セル単位に識別子を付け，インデックスに利用する，ひとつのシステムのことである．したがって，格子状，碁盤目（チェス盤）状，方格状の街路体系をとる都市のみをいうわけではない．

　たとえば，プラトン（Plato, Platon, 前427〜前347）が提案するのは，ヒッポダミアン・プランとは対照的に，同心円（放射線）状（極座標系）のパターンである[21]．プラトンが，『法律』第5巻14で述べるポリスの理念は，アリストテレスに比べると，極めて理念的であり図式的である．

①まず，都市（ポリス）をできるだけ国土の中央に，しかも都市として有利な他の諸条件を選んで，位置させなければならない．
②ヘスティア（竈の神）とゼウスとアテナのために1つの神域を定め，これをアク

---

20)　古代ギリシャ・ローマの都市計画をめぐっては，オーウェンズ（1992）以前に，ハーヴァーフィールド（1913），A・フォン・ゲルカン（1924）があり，F・カスタニョリ（1971），R・マルタン（1974）がある．
21)　円形都市というと，アリストパネスが『鳥』（前414）の中で揶揄するメトンMetonが有名である．メトンは，紀元前5世紀のアテナイ生まれの数学者，天文学者，技術者である．紀元前432年の夏至の日を観測し，これがアテナイの新年の始まりとしたことが伝えられている．19太陽年が235朔望月にほぼ等しいとするメトン周期に名が残されている．このメトンが，アテナイを円形に計画した風変わりな幾何学者として，アリストパネスによって登場させられているのである．ヒッポダモスとメトンは，グリッド都市と円形都市を考案した，いずれも風変わりな人物ということになる．

ロポリスと呼び,そのまわりを市壁で円く囲む.
③アクロポリスを中心として,都市そのものと全国土を 12 の部分に分割しなければならない.
④これらの 12 の部分は,よい土地よりなる部分は小さく,悪い土地よりなる部分は大きくすることによって,平等になるようにすべきである.
⑤それから 5,040 の分配地を分け,さらにおのおのを二分し,中心から遠いものと近いものとがおのおの一対を成すように,2 つの部分をそれぞれ組み合わせる.すなわち,都市に隣接した部分は国境に接した部分と,都市から 2 番目の部分は,国境から 2 番目の部分と組み合わせ,他もすべてこのようにする.この分割においても,土地の優劣について工夫し,平等になるようにする.
⑥住民も 12 の部分に分けられ,分配地以外の財産についても平等になるようにする.
⑦12 に分けられた分配地を 12 柱の神々に割り当て,それぞれの神に籤割り当てられた部分を,その神の名をとって名づけ,神に捧げ,これを部族(ピューレー)と呼ぶ.
⑧都市の 12 の部分も,国土を分けたのと同じ方法で分けねばならない.市民各自は 2 つの家を,すなわち中心に近いものと,周辺に近いものとを持つことになる[22].

何故 5,040 なのか.1 から 10 までのどの数でも割りきれ,分配に都合がよいからだという(第 5 巻 8).もっとも,プラトン(アテナイからの客人)は,続いて(第 5 巻 15)で,「いっさいが,言葉どおりすべて実現するような好機にめぐりあうことは,とうていないであろう」といい,「これは夢物語か,蠟細工で国家や国民をつくるようなものだ」という.しかし同時に立法者は,「理想にもっとも近く,なすべきものにもっとも似た性質を持つもの,それを実現すべく,工夫をこらさなければならない」「たとえどんな些細なものをつくる職人でも,言うに足るほどのものになろうとするなら,何であれ,首尾一貫したものをつくりあげなければならない」という.ここにグリッド都市の本質がある[23].

---

[22] プラトン(1993)『法律』森進一・池田美恵・加来彰俊訳,岩波文庫.
[23] アリストテレスは,このプラトンの『法律』を曖昧なところが多いと切り捨てている(『政治学』第 2 巻「最善の国政についての人びとの見解と評判の高い国政の吟味」「第 6 章 プラトン『法律』に対する批判」).たとえば市壁の有無について,「都市の市壁に関しては,市民の勇敢さを国是とする国はそういうものを持つ必要はないと主張する人々はあまりにも古い考え方をしている.しかも彼らは,そう誇った国が事実によって反駁されるのをみているのである.」(『政治学』1330b32-34)というのもプラトンへの批判である.プラトンは,「第 1 に,市壁というものは,国家にとって健康上少しも益がないし,またその中に住む人びとの魂に,一種の意気地のなさを

グリッド都市を厳密に定義するならば，都市全体が完全にグリッドで構成される都市ということになるだろう．わかりやすくいえば，一定の寸法体系によってグリッド（方格，碁盤目，網目）状に設計される都市ということになる．インディアス法が理念化する都市システムがそれを最も素朴に示している．

　しかし，完全なグリッド都市というのは実際にはありえない．本書を通じて，数多くのスペイン植民都市を検討するが，完全にグリッドによって構成され，維持され続ける都市は皆無である．しかしそれでも，スペイン都市は「グリッド都市」と総称されるべきである．

　都市（計画）の理念と実現される現実の都市の関係については，布野（2006）で提起した，以下の2つのテーゼを想起すべきである．

①都市の理念は理念であって，実際建設するとなると，立地する土地の形状や地形など様々な条件のためにそのまま実現されるとは限らない．
②都市の理念が理念通りに実現したとしても，時代を経るに従って，すなわち，人々に生きられることによって形状は様々に変化していく．

　極めて完結的なコスモロジーにもとづいて計画・設計されたと考えられる古代都市の場合も，理念型と現実の形態が異なるのはむしろ一般的である．また，時代とともに，人々が生活していく中で改変が加えられていくことは，むしろ自然である．「理念としての都市」と「生きられる都市」は，あるいは，都市の「かたち」と都市の「いきかた」は，レヴェルが異なるのである．

　したがって，グリッド都市についてテーマとなるのは，むしろ，その理念の実現を阻む諸要因，そして，グリッドを変容させていく諸要因ということになる．一方で，たとえばグリッド・パターンの街路体系が強固に維持され続けることも，本書に登場する多くの都市で確認できる．とすると，グリッド都市における「変わるもの」と「変わらないもの」とは何かが明らかにされねばならない．

　グリッド・パターンの街路体系や街区がかくも普遍的に身近に採用されるのは，端的にいえばわかりやすいからである．わかりやすいということは管理しやすいということである．具体的には土地の分配や道路の建設が容易なのである．しかし一方で，住民が自らの欲求と必要に応じて，グリッドという枠組みに対する違反をこころみるのも一般的にみられる行為であり，現象である．都市計画という行為は，古今東西，常に，管理するものと管理されるもの，支配するものと支配されるものの境界に位置している．

---

植えつけるのが常である」（『法律』第6巻20，779A）というのである．市壁も，グリッド都市をめぐって非常に重要な要素である．

序　章
ザ・グリッド

　本書の構成は以下のとおりである．
　第Ⅰ章では，イベリア半島における都市の伝統を踏まえてスペイン植民都市の起源をさぐった上で，植民地帝国の形成過程を，コンキスタドール conquistador（征服者）の軌跡に即しながら，拠点となった都市を中心に明らかにする．第Ⅱ章では，インディアスの統治組織の変遷を背景に，スペイン植民都市計画の規範となるインディアス法の成立とその内容を検討し，植民都市の基本モデルを明らかにする．さらに，収集した都市図をもとにスペイン植民都市の類型化をこころみる．続いて，個々のスペイン植民都市を取り上げて，起源，形成，変容，転生の過程を明らかにする．大まかな地域区分をした上で，第Ⅲ章から第Ⅵ章で，それぞれ，カリブ海域（サント・ドミンゴ・アウディエンシア），メソアメリカ（ヌエヴァ・エスパーニャ副王領），アンデス（ペルー副王領），フィリピン（マニラ・アウディエンシア）を扱う．
　臨地調査を展開したのは，スペインが最初に植民拠点としたカリブ海，サント・ドミンゴ Santo Domingo（現ドミニカ共和国，第Ⅲ章1節）およびハバナ Habana などキューバの諸都市（第Ⅲ章3節，4節，5節），そして，大陸支配の中心となるメキシコ，とりわけホセ・デ・エスカンドン José de Escandón（1700～1770）によるヌエヴォ・サンタンデール Nuevo Santander（現タマウリパス Tamaulipas 県）の15の都市（第Ⅳ章4），さらに，アジアにおける唯一のスペイン植民地フィリピンのセブ Cebu，マニラ Manila，ヴィガン Vigan といった都市（第Ⅵ章）である．
　第Ⅲ章に登場するサント・ドミンゴは，いうまでもなく，クリストバル・コロン Cristóbal Colón（コロンブス，1451～1506）が拠点とした「新世界 Mundus Novus」最初の植民都市である．スペインは，ここを拠点にして，次いでキューバを植民地化していく．スペインは，インディアス各地域に司法権および行政権を持つアウディエンシア Audiencia（聴訴院）と呼ぶ統治機関を置く（第Ⅱ章1節）が，それもまずはサント・ドミンゴに設置された（1511年）．1502年から1586年まで，サント・ドミンゴはスペインと「新世界」とを結ぶ軍事拠点として機能し，メキシコ征服，ペルー征服など全ての遠征隊はサント・ドミンゴから出発した．
　同じく第Ⅲ章では，キューバの諸都市を調査対象とした．これは，20世紀初頭までスペイン植民地であり続けたこと，そしてさらに，1950年代末のキューバ革命以降の社会主義体制のもと，他の中南米地域と比較して大きな変化がなかったことが大きい．今日世界文化遺産に登録されるハバナ，サンティアゴ・デ・キューバ Santiago de Cuba，トリニダード Trinidad などといったキューバの諸都市も，前述のとおり画一的なモデルに従っているわけではない．すなわち，キューバの諸都市については，スペイン植民都市の初期の形態，その原型をさぐる意味がある．
　そして何よりも，ハト hato とコラル coral という領域分割のシステムがキューバで行われてきたことが決定的に重要である．キューバの入植者は，一定の囲い地，すな

わち牧畜のための土地ないし農地を与えられた．それをハトあるいはコラルと呼んだ．コラルは半径 1 レグア legua（リーグ）[24]，ハトは半径 2 レグアの円形の土地をいう．スペイン植民都市＝グリッド都市という通説の中でスペインでも注目されないどころか，ほとんど知られてすらいない事実である．前述のインディアス総合古文書館 AGI 所蔵のスペイン植民都市関連地図の中には，かなりのハト・コラル図が含まれている．現在確認できた範囲では，ハト・コラル・システムが用いられたのはキューバだけである．本書の意義のひとつは，「グリッド都市」と題しながら，一見奇妙な主張ではあるが，このハト・コラル・システムを「発見」し，取り上げたことである．

　また，第 VI 章でフィリピンのスペイン植民都市を取り上げるのは，アジアにおけるスペイン植民都市の最前線であったこと，そして日本との関係が大きい．スペインがフィリピン諸島を訪れたとき，ルソン島にはすでに日本人たちが進出していた．ミゲル・ロペス・デ・レガスピ Miguel López de Legazpi がマニラを建設（1571 年）するとともに日本町も形成される．1982（天正 10）年，天正少年遣欧使節団がはじめてスペインを公式訪問している．この使節団が帰国する（1590 年）と，豊臣秀吉は，朝鮮出兵と並行して，1591（天正 19）年に原田孫三郎をマニラに送りスペイン総督に入貢を求めている．1596 年にはサン・フェリペ号事件が起こり，翌年 6 人のフランシスコ会士 Franciscanos[25] と 20 人の日本人キリシタンが長崎で処刑される．時代はキリシタン禁令に向かうことになる．

　キリシタン禁令（1613）によって高山右近がマニラに流された同じ年，伊達政宗が支倉六右衛門常長をローマのパウロ V 世のもとに派遣している．太平洋を渡り，アカプルコ Acapulco でヌエヴァ・エスパーニャ（現在のメキシコ）に上陸し，ヴェラクルス Veracruz から大西洋を横断するコースである．フィリピンのマニラとアカプルコを行き来したガレオン Galeón 航路は 1565 年に開かれ，19 世紀初頭まで維持された．このような日本も含めた国際秩序の中で植民都市を築いていった点は，他の植民都市とは異なるフィリピンの地域的特色である．

---

[24]　1 時間に歩く距離をいう．古代スペインでは 5572.7 m，英米では約 3 マイルとされる．キューバ・レグアは 1legua＝5,000varas＝4.24 km．詳しくは Column 4 を参照されたい．

[25]　アッシジのフランチェスコによってはじめられたカトリック教会の修道会の総称．フランチェスコは，1206 年にまず，サン・ダミアーノ教会の修復からはじめ，次第に互いに兄弟と呼ぶ同志を増やし，「小さき兄弟の修道会 Ordo fraterorum minororum」と名乗る．1215 年にはキアラを中心に第 2 修道会（女子修道会）を設立，1221 年には在俗の「償いの兄弟姉妹の会」（第 3 会，略称 OFS）を組織した．日本への布教は，1593 年にフィリピン総督の使節としてペドロ・バプチスタが送られたことによって始まるが，1597 年に二十六聖人の殉教を経験する．1603 年にルイス・ソテロが来日，徳川家康や秀忠に謁見，伊達政宗との知遇を得て東北地方にも布教を行った．ソテロは，1613 年，慶長遣欧使節団の正使としてバチカンのローマ教皇の元に派遣されたが，外交交渉は成功せず，1622 年（元和 8 年）に長崎に潜入をはかるが捕らえられ，1624 年（寛永元年）大村で殉教した．

このように，「グリッド都市」「スペイン植民都市」といっても，その様態は極めて多様である．そこに，いかなる地域的政治的特色，ひいては都市をつくる者と都市に生きる者のせめぎあいが読み取れるのか．個々の都市の，独自の歴史的過程を追いながら，この点に迫りたい．

# 第 I 章

## スペイン植民都市の形成
The Formation of Spanish Colonial Cities

*1*
スペイン植民都市の起源

*2*
レコンキスタからコンキスタへ

*3*
拡大する「新世界」── 発見，征服，植民

*Column 1*
ローマ・クアドラータ

*Column 2*
バスティード

*Column 3*
ラス・カサス

# *1* スペイン植民都市の起源

 スペイン植民都市の起源として，スペイン入植以前の南北アメリカ大陸やフィリピンにおける土着の都市の伝統 (A)，15 世紀末時点におけるイベリア半島の都市計画の伝統 (B)，それに大きく影響を与えてきたギリシャ・ローマの都市計画の伝統 (C)，そして，それを基礎にするルネサンスの都市計画理論の影響 (D) の 4 つを考えることができる．
 まず (A) について，スペイン植民都市が全く新たな土地に建設される場合と，既存の都市の上に，あるいは既存の都市を拡張するかたちで建設する場合を区別できる．意外かもしれないが，スペイン人たちは，名前を変えるだけで既存の集落をそのまま使用した例が少なくない[26]．既存の都市の上に建設された例の代表が，アステカ Aztec 帝国の首都テノチティトラン Tenochtitlán（現メキシコ・シティ）であり，インカ帝国の首都クスコ Cuzco である．第 IV 章と第 V 章で詳しく述べるように，ヌエヴァ・エスパーニャ副王領とペルー副王領の拠点都市は，これらの都市の上に築かれた．ただし，2 つの帝都の建設は対照的な経緯をたどっている．
 テノチティトランは，エルナン・コルテス Hernán Cortés によって完全に破壊されてしまう[27]．その上にシウダード・デ・メヒコが建設されるのであるが，街路パターンはテノチティトランを踏襲していた．クスコの場合，いくつかの建造物，寺院，宮殿を破壊したものの，残った壁は新都市建設の土台として利用され，インカの住民はそのまま同じ場所に住み続けた．テノチティトランやクスコの中心部は，比較的規則正しいグリッドをしており，それをそのまま利用するのであるが，こうした土着都市と植民都市とのあいだに，都市計画の形態・理論・方法における直接的な影響関係が認められるわけではない．スペインは，スペイン流の都市建設の方法を持ち込んだのである．「Column 1 ローマ・クワドラータ」で触れるが，「征服者であるスペイン人は，仲だちを介してではあるが，ローマエトルリアの幹に由来する伝統を，四方位定位の直交型計画がきわめて重要な役割を演じていた慣行や信仰とはあきらかにまったく無関係な強力な体系に接ぎ木した」という J・リクワートによる指摘は興味深い．植民

---

[26] セグラ・デ・ラ・フロンテラ Segura de la Frontera，チョルラ Cholula，テスココ Texcoco，トゥラスカラ Tlaxcala など．

[27] コルテスがテノチティトランを訪れたのは 1519 年 11 月 8 日であり数か月に渡る戦闘ののち，テノチティトランを征服したのは 1521 年 8 月 13 日である．街は完全に破壊された．1913 年，ソカロ広場から神殿の一部が発見されて掘り起こされ，野外博物館となっている．

都市と (A) との関係については，本論 (第 III 章～第VI 章) の各地域について，それぞれ確認したい．

さて，植民都市計画の源流として一般的に指摘されるのは (D) にもとづくインディアス法の諸規定である（第 II 章で詳述）．しかし，まずは (B) と (C)，すなわちスペインにおける都市計画の伝統を検討すべきである．無論，(B) (C) は必ずしも同じではない．さまざまな都市文化が層となって織り成すイベリア半島の歴史的経緯の中で，いかにルネサンスの都市計画理論 (D) が導入され，アメリカ大陸に移植されていったのだろうか．第 III 章以降の個別の都市分析に先だって，本章で明らかにすべきテーマである．

## 1-1　イベリア半島における都市形成

イベリア半島には，さまざまな文化が重層しながら，ユニークな都市が形成されてきた．大きくいえば，先住民の土着の都市，フェニキア，カルタゴによる植民都市などのローマ以前の都市，ローマの植民都市，イスラーム都市，キリスト教都市といった各層に分けて理解することができる．無論，そもそもスペインの都市が，カルタゴやローマの植民都市としての起源と伝統を持っていることも興味深いことであるが，何より焦点となるのはイスラーム都市の伝統である．セヴィージャにしても，コルドバにしても，グラナダにしても，イスラーム都市の特性が色濃く残されている．ところが，結論からいえば，スペインは，このイスラーム都市の伝統をイベロアメリカに持ち込んだようにはみえないのである．

以下，イベリア半島の都市形成史を振り返りながら，この経緯を確認しておきたい．

### (1)　ローマ以前の都市

ローマが入植するはるか以前のイベリア半島の土着の都市について，明らかになっていることは少ない．南スペインのグアダルキビル Guadalquivir 渓谷にタルテッソス Tartesos と呼ばれる王国を築いていたイベロ族[28]が，イベリア半島の先住民と考えられている[29]．

紀元前 1000 年頃から，ケルト Kelt (Celt) 族[30]がピレネー山脈を越えて北部から半

---

[28]　様々な流れが想定されるが，マグリブ（北アフリカ）のベルベル人と近く，共通の祖先を持つという説が有力である．

[29]　ヘロドトスの『歴史』，プリニウス（大プリニウス）の『博物誌』に引用されたストラボンの記述．タルテッソスの絶滅後ではあるがアヴィエヌスの紀行記にみられる．

[30]　青銅器時代に中央アジアから中部ヨーロッパに広がったインド・ヨーロッパ語族の民族と考えられている．ケルト族が鉄製武器を持ち，馬戦車を駆使したことは，ギリシャ・ローマの文献に記録されている．ギリシャ人はガラティア人と呼んだ．

島に進入し，半島全域に居住していく中でイベロ族と混血し，セルティベロ（ケルト・イベロ）族が形成される．ケルト族は，イベリア半島に鉄器をもたらし，小規模な丘に城塞集落カストロ castro を築いて周辺を支配した．カストロは，半島中部において，より大きな城塞集落オピドゥム opidum へ発展していく．考古学の知見によれば，オピドゥムは円形住居によって構成されていたが，紀元前 5 世紀頃から矩形の住居が出現するという．紀元前 3 世紀頃になるとさらに大きな城塞集落が現れ，より広域を支配するようになったが，その規模には地域差があったと考えられている（Montero Vallejo（1996））．

一方，それと平行してフェニキア人が半島南部に進入した．彼らは，ガディル Gadir（カディス Cádiz）を中心に，マラカ Malaca，セクシ Sexi，アブデラ Abdera といったいくつかの植民拠点を築く[31]．タルテッソス王国の豊かな鉱物資源は広く知られており，フェニキア人はアッシリア帝国が必要とする銀を半島の鉱山に求めて進入してきたと考えられる．フェニキア人の経済活動を通じてグアダルキビル川流域はオリエント文明圏に接続されることになった．

紀元前 6 世紀にフェニキアが衰亡すると，それにとって代わってカルタゴが半島全域を支配する．彼らはその最重要拠点をイビサ Ibiza 島およびカルタゴ・ノヴァ Cartago Nova（カルタヘナ Cartagena）に置いた．他方この時期，ギリシャ人たちが半島北東部地中海沿岸に，エンポリオン Emporion（前 580）を建設している．これは，半島東部が，紀元前 6 世紀には地中海の交易圏に組み込まれたことを意味する．彼らは，ポエニ戦争（第 1 次：前 264～前 241，第 2 次：前 218～前 201，第 3 次：前 149～前 146）の際に植民を進め，イベリア半島の地中海沿岸にローデ Rhode，エメロスコペヨン Hemeroskopeion，アロニス Alonis，アクラ・レウケ Akra Leuke，マイナケ Mainake などいくつかのコロニアを建設していく．イベリア半島におけるローマ時代のはじまりである．

## (2) ローマ都市 La Ciudad Romana

ローマは紀元前 206 年にカディスを占領し，カルタゴはマグリブ（北アフリカ）に退却していく．以後 600 年間，イベリア半島はイスパニア Hispania と呼ばれ，ローマの有力なプロヴィンシア provincia（州）としてその支配下におかれることとなる．しかし，ローマの軍事占領に対する半島諸族の反乱は続き，イベリア半島全土が征服されるのは，カエサル暗殺（前 44）後の内乱を収拾し，ローマ帝国初代皇帝に就いたアウグストゥスの時代である．

ローマは占領当初，東部をイスパニア・キテリオル州，南部をイスパニア・ウルテ

---

[31] 伝承では紀元前 1100 年とされるが定かではない．紀元前 800 年には港市が形成されていたとされる．

## 第 I 章
### スペイン植民都市の形成

図 I-1-1　イベリア半島のローマ都市の分布
ヒメネス・ベルデホ，ホアン・ラモン作製

リオル州とし，イタリカ Itálica（サンティポンセ Santiponce），カルティア Carteia（アルヘシラス Algeciras），コルドバといったコロニアを建設する（図 I-1-1. 主な都市のグリッド形態については図 I-1-2）．入植したのは，イタリア半島出身の退役兵であった．また，一部の先住者にはローマ市民権（ラテン権）と，ムニシピウム Municipium（自治都市）の資格が与えられた．

アウグストゥスの時代に，ウルテリオル州がバエティカ州とルシタニア州に分割され，半島は3つの属州に構成されることとなった．バエティカ州（首都コルドバ）はほぼ今日のアンダルシア Andalucía 地方に，ルシタニア州（首都エメリタ・アウグスタ（メリダ））はポルトガルのエストレマドゥーラ地方に相当する．残るキテリオル州（首都タラコ Tarraco（タラゴーナ））は，北西部のアストゥリアス地方とカッラエキア地方まで含み，後にイスパニア・タラコネンシス州と呼ばれるようになる．それぞれの属州は，元老院が派遣するプロコンスル（総督）によって統治された．

各州はさらに管区（コンヴェントゥス conventus）に分割された．キテリオル州（7区）のタラコ，カルタゴ・ノウァ，カエサル・アウグスタ（サラゴサ Zaragoza），クルニア（コルーニャ・デル・コンデ），アストゥリカ・アウグスタ（アストルガ Astorga），ルクス・アウグスティ（ルゴ），ブラカラ・アウグスタ（ブラガ（ポルトガル）），そしてバエティカ州（4区）のコルドバ，アスティギ Astigi（エシハ），イスパリス Hispalis（セヴィージャ），ガデス Gades（カディス），またルシタニア（3区）のエメリタ・アウグスタ，パクス・ユリア Pax Iulia（ベージャ），スカラビス Scalabis（サンタレン）は，この管区の中心都市として機能した．

もちろん，イタリカのように消失してしまった都市，またのちにイスラームによって支配され，ローマ時代の遺構を失ったエシハ Écija などもあるが，タラコ，アストルガ[32]，レオン León[33]，ルゴ Lugo[34] など，ローマ時代の形成当初の形態を維持する都

---

[32]　アウグストゥス時代の都市が基礎になっているが，459年にはテオドリコ Teodorico 大王によって，714年にはムスリムによって破壊されている．853年にキリスト教徒によって再建されるが987年にはマンスールによって再び破壊された．

[33]　レオンは古代のローマの軍営地をもとに845年に建設された．その市壁は紀元3世紀のもので，市域は約20haである．

[34]　ルゴは古代都市ルーカス・アウグストゥスをもとに759年に建設された．最初のキリスト教都市である．市壁は3世紀のもので，市域は約28haである．

1 スペイン植民都市の起源

バルシノ（バルセロナ），紀元前14年

エメリタ・アウグスタ（メリダ）紀元前25年

イタリカ（サンティポンセ）紀元前206年

カルタゴ・ノバ（カルタヘナ）紀元前229年

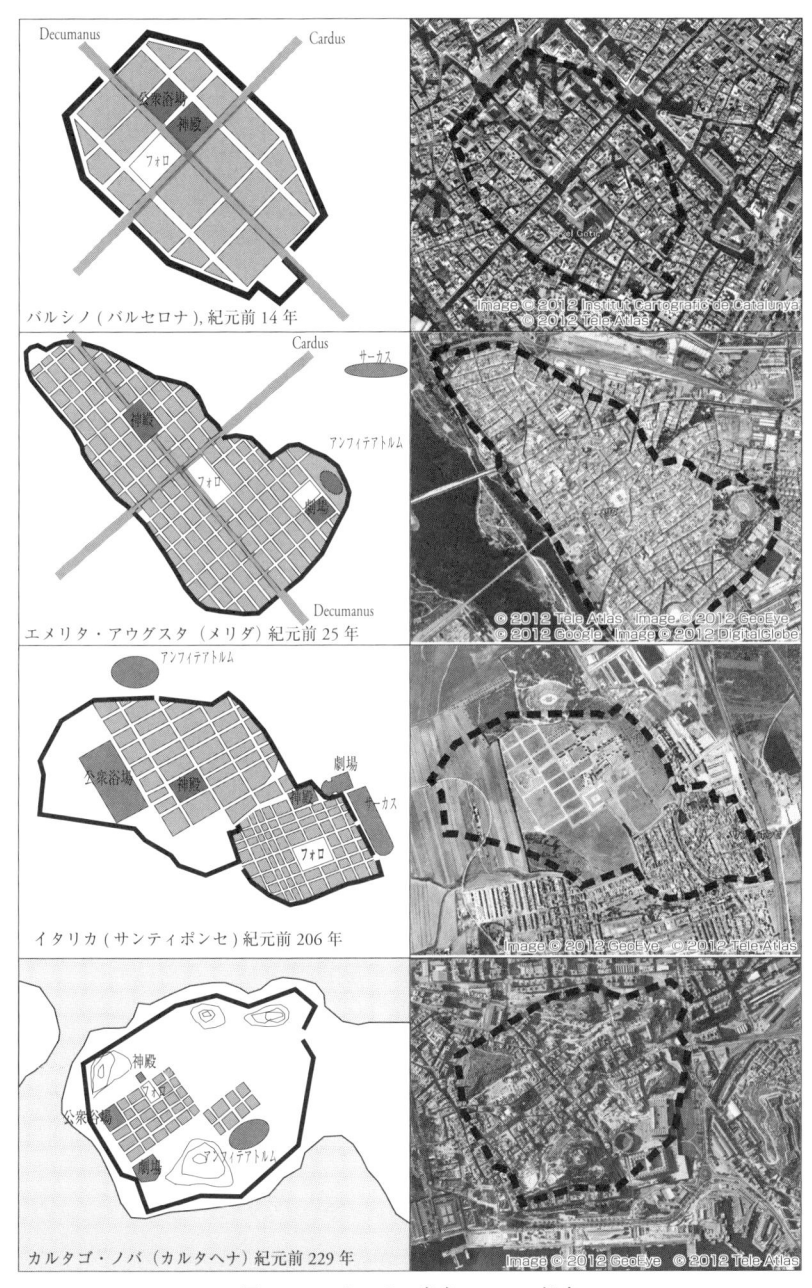

図 I-1-2　イベリア半島のローマ都市
Montero Vallejo（1996）をもとにヒメネス・ベルデホ，ホアン・ラモン作製＋Google Earth

27

市も少なくない．さらに，サラゴサ[35]，バルセロナ Barcelona（バルシーノ）[36]，パンプローナ Pamplona[37] などは，イスラームによって支配されながらも，ローマ時代の遺構を残している．イベリア半島を代表するセヴィージャ，コルドバ，グラナダは，ローマ時代の都市骨格を継承しながら，アラブ人郊外居住地を加えて形成，改変されていったかつてのローマ都市である（Alfonso（1987））．

こうした各地域の中心都市は，軍道（ウィア・ミリタリス）によって結ばれ，各地の植民都市建設はさらに進んでいった．大プリウス Gaius Plinius Secundus（23〜79）によると―すなわちアウグストゥス時代には―，バエティカ州には9の植民都市に，ローマ市民自治都市と旧ラテン都市[38]が1つ，ルシタニア州には5つの植民都市に，やはりローマ市民自治都市と旧ラテン都市が1つ，キテリオル州にいたっては12の植民都市に加え，15のローマ市民自治都市と20の旧ラテン都市が存在していたという[39]．

68年にネロが自殺してユリウス・クラウディウス朝が断絶し，内乱を制してフラウィウス朝を建てたウェスパシアヌスは，イスパニア全土の都市にラテン権を与えている．こうして，紀元1世紀後半にはローマの都市とそのネットワークによって半島は帝国に完全に組み込まれた．事実，五賢帝のうち，トラヤヌス Trajanus（在位98〜117），ハドリアヌス Hadriano（在位117〜138）の2人はイスパニア出身である．

デオクレチアヌス（在位284〜305）とコンスタンティヌス（在位306〜337）による行政改革によって中央集権的な専制君主制（ドミナトゥス）に移行すると，キテリオル州はガラエキア，カルタギネンシス，タラコネンシスの3州に分割され，さらにマグリブのティンギナ州，マジョルカ島のインスラエ・バレアレス州が加わり，イスパニアは7属州体制となった．コンスタンティヌスはキリスト教を公認するが，イベリア半島のキリスト教化が一気に進んだわけではない．初期のキリスト教はユダヤ人によって広められ，1世紀のイスパニアの諸都市にもユダヤ人が居住したと考えられている．また，迫害が激化した3世紀にはイスパニアでも殉教者が出ている．4世紀には，エルビーラ（グラナダ），サラゴサで教会会議が開催されており，徐々にイスパニアはキリスト教化していった．

---

35) イスラーム化されることなく，ローマ時代の遺構がよく残っている．ヴェロナ Verona，ピアチェンツア Piacenza あるいはルカ Lucca に匹敵する．エメリタ Emerita あるいはメリダも紀元前25年にアウグストゥスによって建設されたものをよく維持している．

36) ローマ時代はバルシーノ Barcino，イスラーム時代はバシルーナ Basiluna と呼ばれた．

37) 先住民はイルニア Irunia と呼び，ローマ時代はポンパエロ Pompaelo，イスラーム時代はバンバルーナ Banbaluna と呼ばれた．719年以降キリスト教徒の都市となり，ローマ時代の街路体系を維持している．

38) 旧ラテン都市とは，カエサル以前，先住民公職者に対しラテン権（ローマ市民権）が与えられていた都市のことである．

39) 阪本浩「第1章 古代のイベリア半島」（関哲行・立石博高・中塚次郎（2008a））

### (3) 西ゴートの都市

375年，東方の遊牧民フン族がローマ帝国東端の草原に到来する[40]．このいわゆるゲルマン民族大移動がイスパニアに及ぶのは5世紀初頭であった．409年にヴァンダル族，アラン族，スエヴィ族が相次いで侵入したことを皮切りに，北東のタラコネンシス州を除いてイベリア半島はあっという間に席巻された．ゲルマン系の諸族には属州の領地が与えられ，同盟者としてローマ帝国の支配秩序に組み込まれる．そして，415年に西ゴート族が進入・定住し，419年に西ゴート Visigodos 王国を建設して以降300年間半島を支配することになる（415〜711）．

西ゴート時代の都市あるいは社会経済について明らかになっていることは少ない．ゲルマン諸民族同様，西ゴート王国もアリウス派キリスト教を信仰し，統治の基盤とした．カトリックのローマ系住民とは相容れず，異なる法体系のもと，融合はなかなか進まなかったとされる．そのためか，基本的には，ローマ時代と大きな変化はなかったと考えられている．

西ゴート王国は，トロサで建国され，首都はメリダに移された一時期を除き，トレド Toledo に置かれた．それによってカルタギネンシス州の中心都市がカルタヘナからトレドに移ったことを除けば，属州の州都はローマ帝国時代のまま維持された．ただし，西ゴート時代に建設された都市としてマドリード東近郊のレコポリス，ピクトリアム，オロギスクが知られる．

### (4) アンダルス（スペイン・イスラーム）都市

イベリア半島の都市形成に決定的な変化を与えたのが，イスラームの進入である[41]．711年，ターリク・ブン・ジヤードに率いられたおよそ5万人（1万2,000という説もある）のムスリム兵士がジブラルタル Gibraltar 海峡を渡り，カディス近郊のグアダレーテ Guadalete の戦いでロドリーゴ Rodrigo に率いられた西ゴート軍を破る．ターリクは続いてトレドへ進軍，占領し，西ゴート王国は滅亡した．

641年はじめにエジプトが征服され，ミスル misr（軍営都市）としてフスタート Fustāt が建設されたのち，さらなる西方「大征服」は開始される．663年あるいは664年にイフリーキヤ[42]が支配され，カイラワーン Qayrawān が建設された（670）．イフリーキヤは，すなわちアフリカであり，カイラワーンとは，キャラヴァン，すなわち隊商という意味である．カイラワーンを建設した遠征軍を率いたウクバは，その帰

---

40) 本項は主として玉置さよ子「第二章　西ゴート王国の時代」（関・立石・中塚編（2008a））を参照している．
41) 本項は主として佐藤健太郎「第三章　イスラーム期のスペイン」（関・立石・中塚編（2008a））を参照している．
42) 現在のチュニジア地域．中心都市カイラワーンは，ウマイヤ朝のマグリブ支配の拠点となる．

路，ベルベル人によって殺され，マグリブ征服は一頓挫するが，再びマグリブに侵攻し，カルタゴをおさえチュニスを建設 (698) してビザンツの海軍に対抗．イフリーキヤがムスリムの手に落ちたのは，イベリア半島へ侵攻するわずか3年前のことであった．マグリブにおけるイスラーム都市の建設過程については，布野修司・山根周 (2008) を参照されたい．

　711年以降，わずか数年でイスラーム軍はほぼ全半島を占領する．ダマスクスを拠点としたウマイヤ朝のカリフは，支配した領域をアル・アンダルス Al-Andalus と呼び，イフリーキヤ総督がアミールを送って統治させた．その拠点は，当初はセヴィージャに置かれ，まもなくコルドバに移された．アンダルスの名前は，半島を通過してマグリブに渡ったヴァンダル族に由来するという説，伝説の大陸アトランティスに由来するという説，西ゴート族に割り当てられたランダラウツ Landhalauts (土地) に由来するという説がある．当初は半島全体を指したが，今日のアンダルシア地方にその名が残る．

　アンダルスのムスリムはガリア方面へ遠征軍を送ってさらに侵攻をこころみるが，ピレネー以北への支配域の拡大，また，半島最北部にはムスリムの入植は及ばなかった．サラゴサ，トレド，メリダの3都市はキリスト教徒勢力圏への前線基地とされた．

　半島の征服に大きな役割を果たしたのは改宗したベルベル人たちである．そして，キリスト教徒，ユダヤ教徒は「啓典の民アール・アル・キターブ ahl al-kitāb」とされ，ズィンミー dhimmi (ズィンマの民 ahl al-dhimma (保護民)) として扱われた．イスラーム勢力は，その拡大を目指し，各地に向かって諸部族と盟約を結んでジャマーアを形成する．ジャマーアとは，ムハンマドがアラビア半島の様々な部族，集団と個別に盟約 (アフド) を結ぶことによって形成した緩やかな政治構成体のことである[43]．盟約によって与えられた安全保障をズィンマといい，それにもとづく庇護民をズィンミーという．イベリア半島でも同様で，アンダルスにおける盟約としてよく知られているのが，アンダルス東部のオリウエラを拠点としていた西ゴート系貴族とのトゥドミール (テオドミーロ) の契約である[44]．

　征服軍そして入植者は，アラブ人とベルベル人によって構成されたが，アラブ人がグアダルキルビル川流域など肥沃なアンダルス南部に入植したのに対して，ベルベル人は半島北方の辺境地帯，山岳地帯に入植した．アラブ人兵士はミスルを中心に居住したが，アンダルスでは，アラブ，ベルベルの区別なく，農村部にも入植したことが特徴とされている．

---

[43] ジャマーアは，文字通りには人々の集まりや共同体を意味するアラビア語であり，ウンマと同義で用いられることも多い．

[44] 佐藤健太郎「第3章 イスラーム期のスペイン」(関哲行・立石博高・中塚次郎 (2008a))．以下，イスラーム・イベリア都市の背景をめぐっては，佐藤の論考に多くを負っている．

## (5) 後ウマイヤ朝

イスラーム軍の侵入によって，各地で反乱が巻き起こり，ベルベル人とアラブ人の対立が顕在化していった．ダマスクスのウマイヤ朝の混乱もあって，8世紀前半のアンダルスは不安定であった．そうした中で，アッバース革命 (750) によって倒れたウマイヤ朝の王子（アブド・アル・ラフマーンⅠ世）が逃れてきて，後ウマイヤ朝を建てることになる (756)．すなわち，8世紀から11世紀にかけてイベリア半島はアラブ世界からも独立したイスラーム王国に支配されることになるのである．アブド・アル・ラフマーンⅠ世が各地の抵抗，反乱を鎮圧し，その統治が安定すると，半島は栄え，多くの都市が発展することになる（図 I-1-3）．

イスラーム・イベリア都市，すなわちイスラームによって基礎がつくられたアンダルスの諸都市は「イスラーム都市」の一類型を成している．グアダルキビル川の中流域に位置する都市コルドバに即して，その展開をみてみよう．

すでに何度か登場したが，コルドバ（図 I-1-4）は，フェニキア人の植民都市を起源とし，ローマ，特にカルタゴの拠点都市ともなり，続いて西ゴートの支配を受けてきた[45]．

アブド・アル・ラフマーンⅠ世は，サン・ヴィセンテ教会を買い取り，コルドバのモスク建設を開始する (785)．このメスキータは，その後様々に拡張，改築され，西方イスラーム圏を代表するモニュメントとなり，13世紀には大聖堂に改造される．教会，モスク，カテドラルという数奇な運命をたどったメスキータは，この都市がたどった歴史を象徴している[46]．

---

[45] 前1世紀の歴史地理学者ストラボンによれば，コルドバはローマ人がイタリアからの入植者のために建てたイスパニア最初の植民都市であった．一説には，前169年か前152年に国務官M・クラウディウス・マルケルスの命令で創設されたといわれる．

[46] コルドバのメスキータは，当初 (785〜787頃)，幅広の中庭と，東西11列×南北12列の列柱の建ち並ぶ礼拝室から為る単純な構成であった．材料としては，ローマや西ゴートの建物のものが転用されている．アブド・アル・ラフマーンⅡ世 (822〜852) の時代になると，南側に礼拝室は拡張され (832〜848頃)，柱列は8列伸び，円柱は211本になる．さらに，アブド・アル・ラフマーンⅢ世 (912〜961) は，さらに南に礼拝室を拡張，中庭に回廊を設け，高さ34mのミナレットを建設する．さらに，ハカムⅡ世 (961〜976) は，さらに列柱を追加，南に二重壁をつくる．そして，その形式を確定するのがヒシャームⅡ世 (976〜1013) の宰相マンスールである．彼は東側に列柱の間を増築，中庭も拡張された (987〜)．このような増築に次ぐ増築を経て，コルドバのメスキータは，サーマッラーの2つのモスクに次ぐ世界第3位の規模にまで発展した．611本近くの円柱の林立する様はまさに森のようである．馬蹄形のアーチの上に半円形のアーチを組んだ二重アーチは他に例のない空間をつくり出している．

このメスキータの起源については，シリアの影響が指摘できる．というのも，キブラ壁に直交する形式がエルサレムのアクサー・モスクにみられるのである．創建者アブド・アル・ラフマーンⅠ世がシリアのウマイヤ家の出であり，側近にシリア人が多く，切妻屋根や馬蹄形アーチ，中庭周りのアーケードなど細部にその影響がみられることもその背景としてある．しかし，このコルドバのメスキータの形式は西方イスラーム世界に共通にみられる．そうした意味で注目される

第 I 章
スペイン植民都市の形成

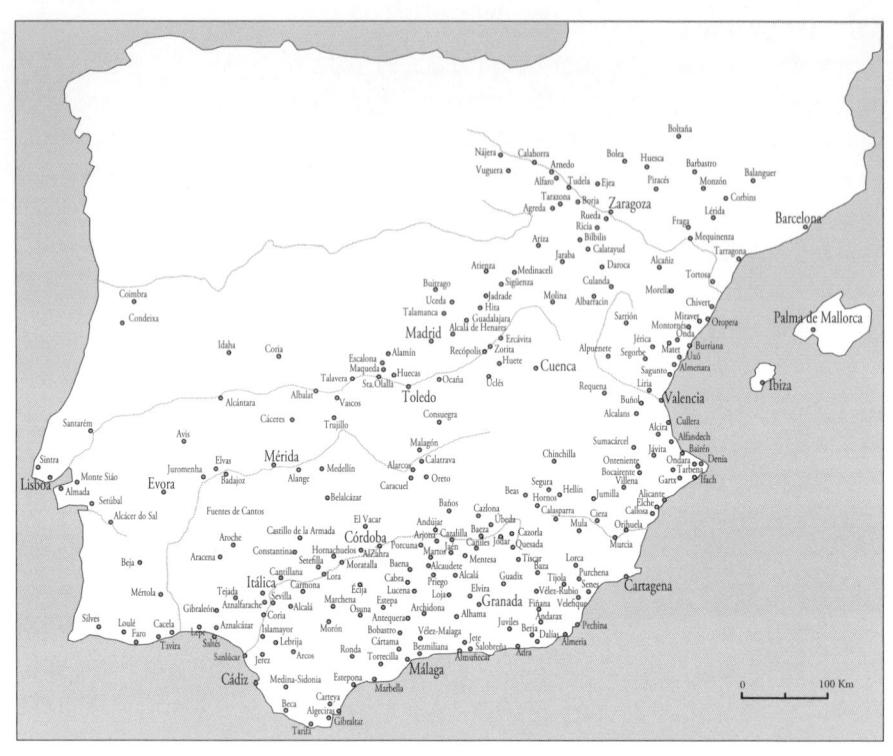

図 I-1-3　アンダルス（スペイン・イスラーム）都市の分布
Montero Vallejo（1996）をもとにヒメネス・ベルデホ，ホアン・ラモン作製

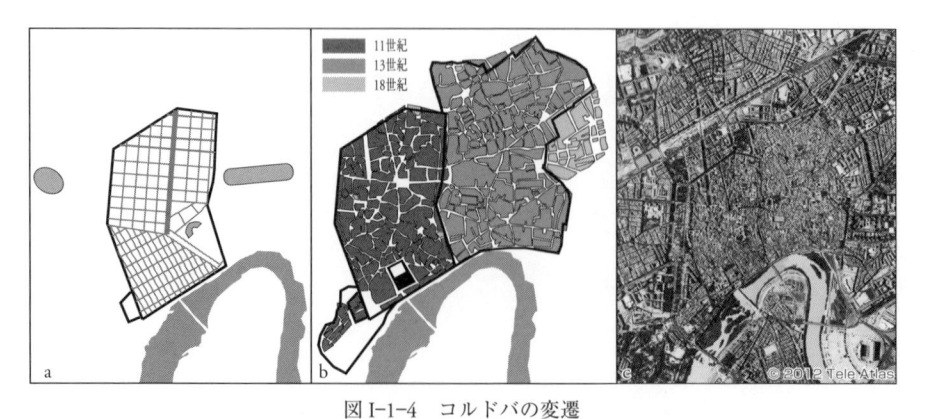

図 I-1-4　コルドバの変遷
a　ローマ時代のグリッド　b　イスラーム期の拡張　c　コルドバ 2012
Márquez Moreno（2005）をもとにヒメネス・ベルデホ，ホアン・ラモン作製 + Google Earth

スペイン植民都市の起源

コルドバへ移住したムスリムの多くはシリア出身であり，その初期の都市形態や景観にはシリアの都市の影響があったと考えられている．10世紀には，全長12km市壁の中に約50万の人口を擁していたともいわれ，バグダード，コンスタンティノープルと並ぶ三大都市のひとつとして，「西方の宝石」とも称された．4度の拡張工事で収容人員2万5,000人に達したメスキータとそれに隣接する王宮（アルカサル）を中心に，蔵書数40万冊とも伝えられる王宮図書館をはじめとした70の図書館，1,600のモスク，800のハンマーム（公衆浴場），多数のマドラサがあったとされる．また，城内はハーラ（街区）に分かれ，キリスト教徒やユダヤ教徒もハーラを形成していた．郊外には21のバラート balāt（郊外居住区）があったという（ワット (1976)）．

929年，アブド・アル・ラフマーン III 世は，アンダルス各地を平定し，カリフを宣言する．ここに後ウマイヤ朝は最盛期を迎える．アブド・アル・ラフマーン III 世は，カリフに相応しい新都として，コルドバ北西近郊のシエラ・デ・コルドバ山麓に宮廷都市マディーナ・アッザフラーを建設した．東西南北 1.5 km × 0.5 km の長方形をしており，1 km 四方のコルドバに匹敵する規模を有していた．イスラームが幾何学的形態を好まないという説の誤りはここからもわかる．また，アブド・アル・ラフマーン III 世の孫のヒシャーム II 世（在位 976～1009，1010～13）の治世に際し，ハージブ（侍従）として実権を握ったマンスール（在位 978～1002）はコルドバの東郊にマディーナ・ザヒーラを新たに造営し，行政の中心としている．

アブド・アル・ラフマーン III 世以降，後ウマイヤ朝は，北方のキリスト教圏に軍事遠征を繰り返している．マンスールが，キリスト教徒の聖地サンティアゴ・デ・コンポステーラ Santiago de Compostela を略奪したのは 997 年である．かさねて，マグリブにも侵攻し，セウタを占領して支配の拠点としている．

しかし，11世紀になると，後ウマイヤ朝は衰退をはじめ，1031年には崩壊してタイファ Taifas と呼ばれる小国に分裂する．マンスールに遡るアーミル家がその権力の基礎としていたベルベル人兵士軍団の伸張がその原因とされる．ウマイヤ家とアーミル家の対立に加え，8世紀初頭以降アンダルス社会に溶けこんできたベルベル人の子孫たちと「新ベルベル」人の対立が決定的になるのである[47]．コルドバは，しばしば内乱の戦場と化し，損害を受けている．

---

のは，フスタートのアムル・モスクである．642年に征服者アムル・ブン・アルアースによって建設され，その後，破壊，再建が繰り返されて698年に現在の規模に達する．結果としてキブラ壁に直交する柱列が実現されている．アーチの下部，柱頭を木製の梁でつないでいるのが特徴である．

47) 佐藤健太郎前掲論文 pp. 96-105.

### (6) タイファ諸王朝

「新ベルベル諸族」は，グラナダ，カルモナ，アルコス，モロン，ロンダといったアンダルス南部に拠点を設け，それぞれタイファ政権を形成した．北方辺境部に成立したのは，サラゴサのトゥジーブ朝，フード朝，トレドのズンヌーン朝，バダホスのアフタス朝である．

タイファ政権の中で最も有力となるのはセヴィージャに成立したアッバード朝である．グアダルキビル川の河口近くに位置し，肥沃な平野と水利水運に恵まれたセヴィージャもまた，その起源はコルドバ同様有史以前に遡る[48]．ユリウス・カエサルが占領して「ヒスパリス Hispalis」と命名，ローマの自治都市となって「小ローマ Romula」と呼ばれた．ヴァンダル族やスエヴィ族の支配を経て，西ゴート王国成立当初には首都となっている (441)．イスラーム時代に入ると首都コルドバと繁栄を競った．後ウマイヤ朝崩壊後は，セヴィージャ王国 (1023〜93) の首都として，コルドバを凌ぐまでになる．セヴィージャの繁栄は，次に触れるマグリブ王朝のムワッヒド朝 (1130〜1269) で頂点に達した (図 I-1-5)．のちに，フェルナンド III 世によって「奪回」されたのちも，セヴィージャは，カスティージャ Castilla 王国でも重要な都市としてあり続けた．

1503 年通商院が設置されることで，セヴィージャは植民地貿易を独占する．結果として，スペイン最大の商業都市に発展し，スペインの黄金の世紀の中心都市となる．黄金の塔 (13 世紀)，ヒラルダの塔はムワッヒド朝下の建設であり，アルカサル (王宮) は，レコンキスタ Reconquista (国土回復) 後の 14 世紀にモサラベ mozárabe[49] の職人によって建てられたものである．

「新ベルベル」諸政権の中で最大の勢力を誇ることになるのがグラナダのジーリー朝であった．グラナダもまた，その起源がローマ時代に遡る都市である．アルハンブラ宮殿のある丘に 8 世紀に築かれたユダヤ人居住区ガルナータ Gharnāta に由来する．シエラネバダ山脈に囲われた自然の要害にあることから，キリスト教徒が 1236 年にコルドバを奪回して以後，イベリア半島最後のイスラーム王国ナスル朝の首都として，1492 年まで存続することになった．

### (7) マグリブ王朝

以降，イスラーム王朝は，次第にイベリア半島における支配権を，キリスト教国に奪われていくことになる．レコンキスタである．後述するように，レコンキスタは，イスラームの侵攻直後から開始されたと考えることができるが，本格化するのは後ウ

---

48) 伝説上ヘラクレスが建設者とされ，また古代タルテソス王国の首都とも考えられている．
49) アラビア語のムスターリバ (アラブ化した人々) が転訛したもの．イスラーム・スペインにおいて，キリスト教徒でありながら，言語・文化的にはアラブ化したスペイン人を指す．

*1*

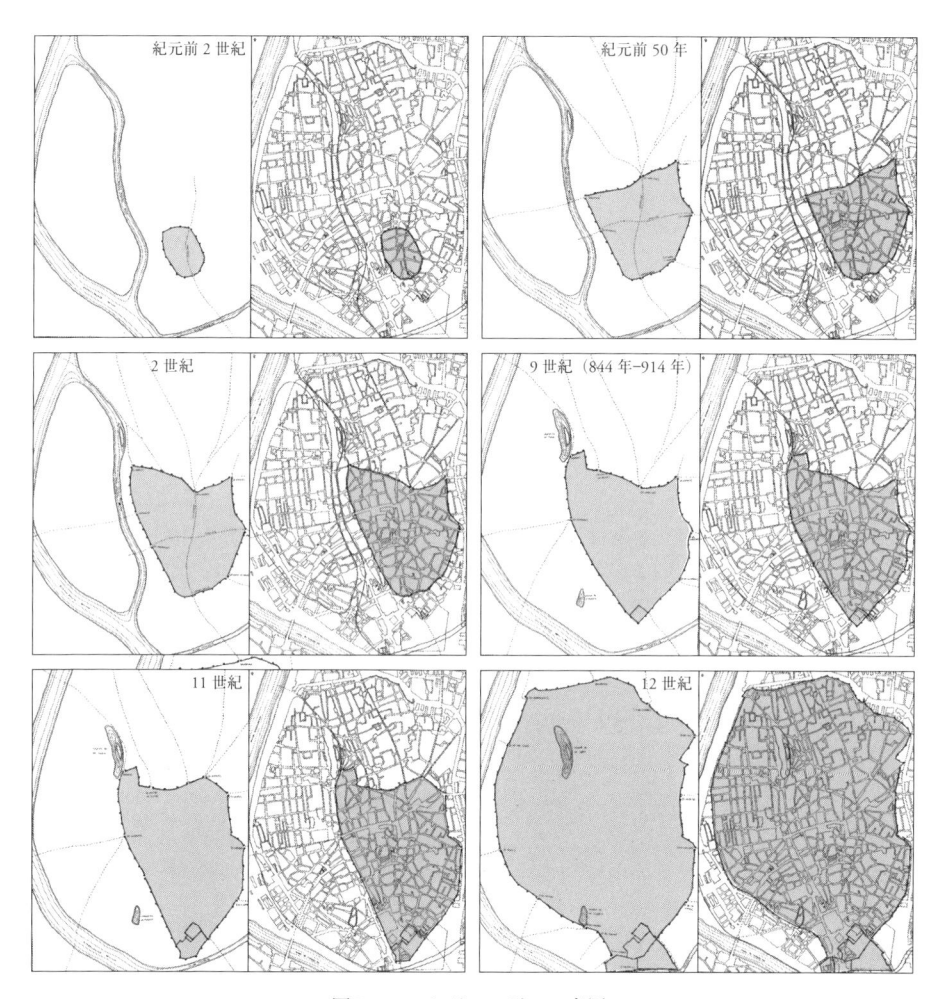

スペイン植民都市の起源

図 I-1-5　セヴィージャの変遷
Vioque Cubero (1987) をもとにヒメネス・ベルデホ，ホアン・ラモン作製

マイヤ朝が衰退し，アンダルスが分裂して以降である．1064 年，コインブラがカスティージャ＝レオン王フェルナンド I 世によって征服され，バルバストロもフランス人騎士団によって占領されている．1085 年にはトレドが征服された．

トレドが陥落すると，バダボス，グラナダ，セヴィージャのタイファ諸王は，マラ

35

ケシュを拠点としてマグリブに興ったムラービト朝（1056〜1147）に救援を要請するにいたる．結果，アンダルスそのものがムラービト朝の支配下に入ることとなった．ムラービト朝は，征服したばかりのサラゴサをアラゴン Aragón 王アルフォンソ Alfonso I 世に奪還されるなど，軍事面での損害に加え，王朝内部の諸問題によって崩壊する．ムラービト朝の崩壊によって，キリスト教徒のレコンキスタはさらに進んだ．1147年には，ポルトガル王国（1143〜1910）がリスボンを征服，カスティージャ＝レオン王アルフォンソ VII 世がアルメリアを占領した．

ムラービト朝にとって代わったムワッヒド朝（1130〜1269）は，セヴィージャから支援要請でアンダルスに侵攻，1156年にグラナダに依拠していたムラービト朝の残党を倒して，アンダルス支配に乗り出す．カリフのアンダルス滞在中の首都としたのはセヴィージャであり，セヴィージャは，ムラービト朝下で盛んに建設活動が行われている．

しかし，ムワッヒド朝も，キリスト教徒の軍事的攻勢によって衰退していく．カスティージャ王フェルナンド王は，「大レコンキスタ」を開始，バダホス（1230），コルドバ（1236），ハエン（1246），セヴィージャ（1248）といった諸都市を矢継ぎ早に征服した．アラゴン連合王国のハイメ Jaime I 世[50]も1230年にマジョルカ島，1238年にヴァレンシア Valencia を征服した．アンダルス西部は，1249年までにポルトガル王国によって征服された．アンダルスの首都であったコルドバは，以降一地方都市に低落し，次第に衰退して，イスラーム都市の特性も失っていくことになる．

こうして，キリスト教国に包囲される中，グラナダのナスル朝（1232〜1492）などわずかな地方王朝がカスティージャ王国と臣従関係を結ぶことで存続するかたちとなった．ムワッヒド朝を滅ぼしたマリーン朝（1258〜1465）は，断続的にアンダルス介入（ジハード）をこころみるが，カスティージャ王アルフォンソ XI 世が1344年にアルヘシラスを征服することによって，マグリブ王朝によるアンダルス支配は終焉を迎えることとなった．

### (8) ナスル朝

イベリア半島最後のイスラーム国となったグラナダのナスル朝は，カスティージャ王国とマリーン朝の狭間で，相対的自立と繁栄を維持する（図 I-1-6）．アルハンブル宮殿が象徴するように，ユースフ I 世（在位1333〜54），ムハンマド V 世（在位1354〜59，62〜91）の治世に最盛期を迎える．グラナダ市街の東南に位置するサビーカの丘には代々城塞が築かれてきたが，ナスル朝の創始者であるムハンマド I 世（在位1237(38)〜1257）が宮殿を建設して以来，ナスル朝の歴代王も宮殿を造営してきた．ユー

---

50) Jaime はスペイン語でハイメ，カタルーニャ語では Jaume ジャウメ．

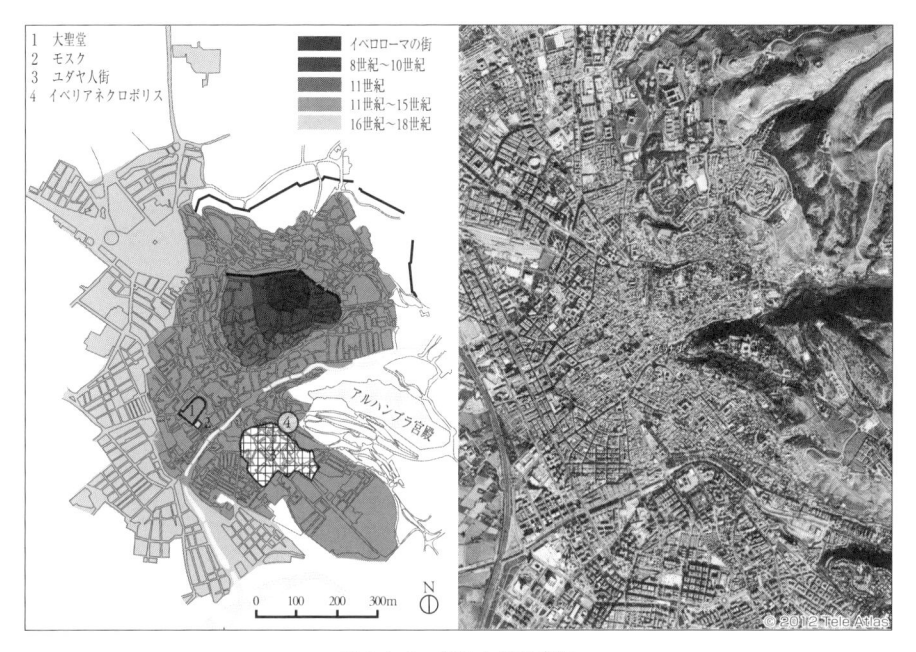

図 I-1-6　グラナダの変遷
Isac（2007）をもとに梅谷敬三作製＋Google Earth

スフI世はコマーレス宮を，ムハンマドV世は「ライオンの間」を増築している．

こうして，アンダルスのイスラーム諸都市は，ローマ時代の都市を基礎とし，イスラーム文化の華を咲かせた後，再びキリスト教圏の支配化に入る（レコンキスタ）という共通の歴史的展開をたどっている．イスラーム時代のモサラベの存在と，レコンキスタ後のムデハル mudéjar[51] の存在が，その特性を象徴している．彼らの多くはコルドバ，セヴィージャ，トレド，ヴァレンシアなどの大都市に居住し，建築業，革細工，金属細工，彫刻業，織物業，文筆業などに従事した．彼らの活動を通じて，イスラーム文化と中世スペイン・キリスト教文化が融合されることとなったのである．

### (9) キリスト教都市

レコンキスタは，イスラーム王朝が隆盛を誇る影でかろうじた存続したキリスト教国によって開始された（図 I-1-7）．その嚆矢となったのが，西ゴート王国崩壊後，半島北西部のカンタブリア山中に逃れた西ゴート王国貴族ペラーヨによって建てられた

---

51) アラビア語のムダッジャンがスペイン語に転訛したもので，残留者すなわちキリスト教徒に再征服された後のイベリア半島で，自分たちの信仰・法慣習を維持しながらその地に被支配者として残留を許可されたムスリムをいう．

## 第 I 章
### スペイン植民都市の形成

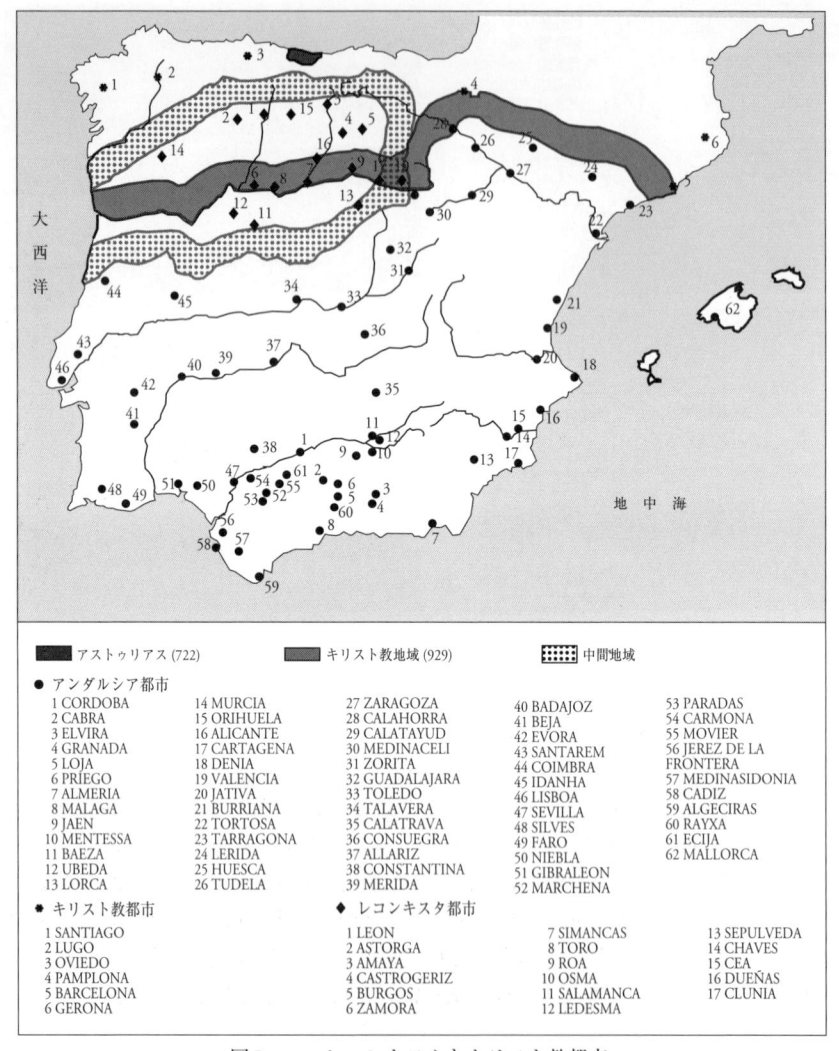

**図 I-1-7　レコンキスタとキリスト教都市**

Jimenéz Martín (1987) をもとに梅谷敬三作製

凡例：
- アストゥリアス (722)
- キリスト教地域 (929)
- 中間地域

● アンダルシア都市

| | | | | |
|---|---|---|---|---|
| 1 CORDOBA | 14 MURCIA | 27 ZARAGOZA | 40 BADAJOZ | 53 PARADAS |
| 2 CABRA | 15 ORIHUELA | 28 CALAHORRA | 41 BEJA | 54 CARMONA |
| 3 ELVIRA | 16 ALICANTE | 29 CALATAYUD | 42 EVORA | 55 MOVIER |
| 4 GRANADA | 17 CARTAGENA | 30 MEDINACELI | 43 SANTAREM | 56 JEREZ DE LA FRONTERA |
| 5 LOJA | 18 DENIA | 31 ZORITA | 44 COIMBRA | 57 MEDINASIDONIA |
| 6 PRIEGO | 19 VALENCIA | 32 GUADALAJARA | 45 IDANHA | 58 CADIZ |
| 7 ALMERIA | 20 JATIVA | 33 TOLEDO | 46 LISBOA | 59 ALGECIRAS |
| 8 MALAGA | 21 BURRIANA | 34 TALAVERA | 47 SEVILLA | 60 RAYXA |
| 9 JAEN | 22 TORTOSA | 35 CALATRAVA | 48 SILVES | 61 ECIJA |
| 10 MENTESSA | 23 TARRAGONA | 36 CONSUEGRA | 49 FARO | 62 MALLORCA |
| 11 BAEZA | 24 LERIDA | 37 ALLARIZ | 50 NIEBLA | |
| 12 UBEDA | 25 HUESCA | 38 CONSTANTINA | 51 GIBRALEON | |
| 13 LORCA | 26 TUDELA | 39 MERIDA | 52 MARCHENA | |

● キリスト教都市　　◆ レコンキスタ都市

| | | | |
|---|---|---|---|
| 1 SANTIAGO | 1 LEON | 7 SIMANCAS | 13 SEPULVEDA |
| 2 LUGO | 2 ASTORGA | 8 TORO | 14 CHAVES |
| 3 OVIEDO | 3 AMAYA | 9 ROA | 15 CEA |
| 4 PAMPLONA | 4 CASTROGERIZ | 10 OSMA | 16 DUEÑAS |
| 5 BARCELONA | 5 BURGOS | 11 SALAMANCA | 17 CLUNIA |
| 6 GERONA | 6 ZAMORA | 12 LEDESMA | |

アストゥリアス王国 (718〜910) である[52]．カンタブリア山中には古来，バスク系先住民（アストゥリアス人，カンタブリア人）が居住し，ローマの実効支配も西ゴート王国の支配も及んでいなかったと考えられている．この地で彼らが築いた都市に視点を移

---

[52] 722年頃，ペラーヨがイスラーム軍をはじめて撃破したコバドンガの戦いが，レコンキスタの始まりであるとされる．

スペイン植民都市の起源

し，その変遷と概要を追ってみよう．これは同時に，イスラーム都市の上に建設されたキリスト教都市の起源を探ることにも通じよう．

アストゥリア王国は，イスラーム支配地域への略奪を繰り返し，多くのモサラベを王国内に招致した．それとともに国内の再開発とキリスト教化が進行していった．その過程でキリスト教都市が次々と建設されていくことになる．それを象徴するのがサンティアゴ・デ・コンポステーラである．アルフォンソ II 世（在位 791〜842）が聖ヤコブの墓の発見をうけてサンティアゴ教会を建設し，西方教会の聖地となるのである．また，王国の首都はオヴィエド Oviedo に置かれた．ブルゴスを中心とするカスティージャ地方がレコンキスタの対象となるのは 9 世紀末以降であるが，イスラーム軍の進入経路となったことから，カストロヘリスなど多くの城塞都市が建設された．

ガルシア I 世（在位 910〜914）によって首都はレオンに移され，以降，アストゥリア王国はレオン王国（910〜1037）と呼ばれる．王国はドゥエロ川流域の占有をめぐって，後ウマイヤ朝と熾烈な攻防を繰り広げた．レオンは，上で触れたようにローマの軍営都市を起源とする都市である．11 世紀初頭には 1,500 人ほどの都市であった．なお，レオンについては 1017（1020）年の「都市法（フェロ）」が知られる．

カスティージャ王フェルナンド I 世（在位 1035〜65）がレオン王位を継承し，カスティージャ＝レオン王国が成立したことで，レコンキスタは飛躍的に進展する．アンダルスがタイファ諸王朝に分裂していったことは上でみたとおりである．1085 年のトレド占領は，軍事拠点として，また，キリスト教諸国の宗教的中心として大きな意味を持った．レコンキスタの帰趨を決定したとされるのは，アルフォンソ VIII 世（在位 1158〜1214）の率いるキリスト教徒連合軍がハエン北部のラス・ナバス・デ・トロサでムワッヒド軍を破った 1212 年とされる．1230 年には，フェルナンド III 世（在位 1217〜52）がカスティージャ王位を継承し，さらにレオン王位も継承した．カスティージャ王国の成立である．

レオン・カスティージャ王国に建設された拠点都市は，サンティアゴ巡礼路都市とメセータ（中央台地）都市に大別される（前掲図 I-1-7）．サンティアゴ・デ・コンポステーラを目指すサンティアゴ巡礼は，十字軍遠征——レコンキスタは「西方十字軍」と位置づけられる——と平行する中世ヨーロッパの一大宗教運動のひとつであり，その巡礼路にはブルゴス，レオンのような主要都市以外に多くの人口 2,000〜3,000 人の小都市が形成された．

メセータ都市はイスラームとの境界域に位置し，軍事的拠点としての性格が強い．同時に，周辺地域の開発の拠点としての機能を担った．トレドがその代表であるが，やがて農村地域にも拠点都市，集落が建設されていく．11 世紀後半以降，フランス人，とりわけ南フランスからの移住者が増え，出生率の増加もあいまってカスティージャの人口は急増する．レコンキスタの進展とともに，領主の開墾政策によって農業生産

力も増大した．この時期，各地に建設された拠点都市，集落は明らかに，13世紀から14世紀にかけて，フランスのラングドック Languedoc，ガスコーニュ Gascony，アキテーヌ Aquitqine 地域に建設されたバスティード bastide (Column 2) と並行するものとみなすことができる．いいかえればイスラームの支配に対して，キリスト教都市設計の新たな展開が持ち込まれるのであって，この点はスペイン植民都市とイスラーム都市との「断絶」を説明する上でも重要である．

## 1-2　イベリア半島の都市モデル

　1492年以前のイベリア半島は，以上のように，ローマ都市の伝統の上にイスラーム都市の伝統が重層しながら形成されてきたとみることができる．さらにその上に，レコンキスタの過程でキリスト教都市が移植されていく．スペイン植民都市の計画に直接につながるのはレコンキスタの過程で建設されたキリスト教都市である．レコンキスタは「西十字軍」と呼ばれたように，キリスト教世界の拡張の一環であり，スペイン王国はそのさらなる延長としてコンキスタ conquista (征服) へと向かっていくのである．ここで注目すべきは，レコンキスタの過程で，いくつかの都市モデルが提出されていることである．これらの都市モデルは，スペイン植民都市に直接つながっていったと考えることができる．

### (1)　ハイメ II 世の都市建設

　スペインにおいて最初に都市モデルを提案したとされるのが，マジョルカ Mallorca 王国のハイメ II 世 (在位 1276〜1311) の布告 Ordinacions (1300) である[53]．もちろん，その治世にスペインという国も概念も存在したわけではない．地中海の島の限られた経験である．しかし現在からみたとき，この布告は，スペイン植民都市計画のひとつの淵源とみなすことができる．

　マジョルカ王国は，ハイメ II 世の父であるアラゴン国王ハイメ I 世 (在位 1231〜76) によって建国される．ハイメ I 世は，イスラーム支配下にあった地域の奪回に邁進したことで「征服王」と呼ばれるが，1229年にマジョルカ島へ侵攻，1232年にはメノルカ Menorca 島，1235年にはイビサ島を制圧し，バレアレス Baleares 諸島支配を確立した．マジョルカ王国を相続したハイメ II 世は，兄のアラゴン王ペドロ III 世と対立し，抗争を繰り広げるものの，結果としてその管轄下に置かれる．その後，ペドロ III 世の子でアラゴン王位を継いだアルフォンソ III 世がバレアレス諸島を征服 (1285〜1287) し，ハイメ II 世は，マジョルカ王国の領土を失うが，1295年にバレア

---

53)　原文はカタルーニャ (カタラン) 語で書かれている．

スペイン植民都市の起源

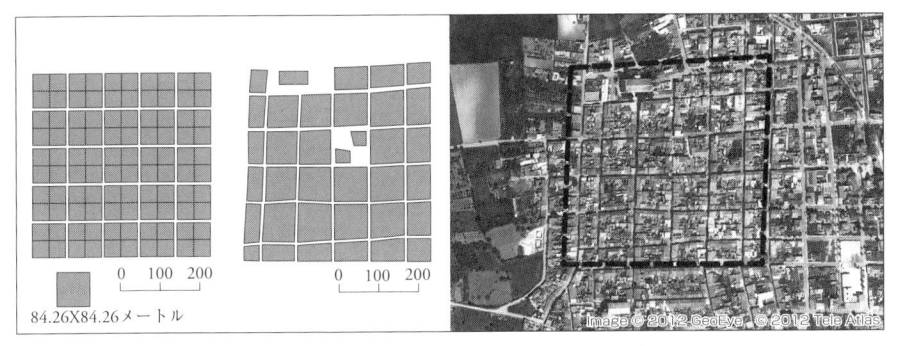

図 I-1-8　ハイメ II 世の都市：マジョルカ島の都市ペトラ
ペトラはほぼ 100 ヴァラ× 100 ヴァラの街区からなっている．García Fernández（1987）によれば，左図のようなモデルがマジョルカ全体で用いられたとされる．
　　　　　　　　　　　　　García Fernández（1987）をもとにヒメネス・ベルデホ，ホアン・ラモン作製＋Google Earth

レス諸島を返還される[54]．

　ハイメ II 世は，アラゴンの宗主権を認められて内政に専念することになった．その際，都市を再建し，農業を奨励し，経済を発展させるために出したのが 1300 年の布告である．布告は，戦乱で失われた領土の経済的，人的バランスを回復すること，そのために農業開発を行い，織物産業の原材料となる作物栽培を行うこと，海陸の防御を固めること，イスラーム都市の特性を改善してマジョルカを「近代化」すること，独自の貨幣を発行し王国の収入を増やすことを目的とし，14 の開発拠点を計画している．この開発拠点は，ほとんど[55]は灌漑設備を加えて既存の集落を拡張するかたちで形成されたが，サ・ポブラ Sa Pobla におけるフイアルファス Huialfas，新しい教区の設置に際して建設されたシネウ Sineu，イスラーム監視のためにカプ・デ・ピエドラ Cap de Piedra に建設されたカプデペラ Capdepera，海賊監視のためにバニェレス Banyeres に置かれたソン・セルヴェラ Son Servera といった都市群は，新規に建設された．これらは，基本的には農業開発の拠点計画であり，2 つの新しい町と既存の村に隣接するかたちをとったフェラニックスやペトラを除くと，既存の街路パターンが優先されている（図 I-1-8）．

　都市の計画規模はそれぞれ 100 家族とされた．農民は，各家族は区画内に住居建

---

[54]　地中海での紛争を解決するために，教皇ボニファティウス VIII 世，フランス王フィリップ IV 世，アラゴンおよびシチリア王ハイメ II 世（アルフォンソ III 世の弟），ナポリ王カルロ II 世らとの間でアナーニ条約が結ばれた．

[55]　マナコル Manacor，フェラニックス Felanix，カンポス Campos，サンタニイ Santanyi，アルガイダ Algaida，リュクマヨール Llucmajor，ポレレス Porreres，セルヴァ Selva，ペトラ Petra，ビニサレム Binissalem の 10 都市が該当する．

41

設用の宅地 1 クアルトン Cuartón（約 1,775 m²）[56] と耕作地 5 クアルテラダ Cuarteradas（3.55ha）を与えられる．また，さらに，牧畜用に 10 クアルテラダを与えられることもある．農民の他，工匠たちにも宅地が割り当てられた．入植者は 6 か月以内に住宅を建設し，最低 6 年居住することが義務づけられた．入植者には住宅建設用の費用が補助され，入植のための費用の貸し付けも行われた．6 年経つと住宅を得ることができ，10 年経つと誰にでも転売できた．

ハイメ II 世の布告は，都市の構造や形態については言及していない．ただし，実際に建設された町から推測することができる．ガルシア・フェルナンデスによると，街路の幅は 3 ブラサ・レアルス brazas reales（6.36 m）とされる[57]．フェラニックスの町の，アーケードのある広場を測った記録によると，広場の一辺は 100 パルマ palmas（約 21 m）である．また，街区としては，100 ヴァラ vara × 100 ヴァラの正方形区画（約 84 m 四方）が用いられたことが知られている（前掲図 I-1-8）．

このハイメ II 世による都市（集落）建設は，南フランスのバスティード（Column 2）と並行する活動と位置づけることができる．

## (2) エクシメニスの理想都市

スペインにおける最初の都市理論とされるのは 1385 年のエクシメニス Francesc de Eiximenis（1340 頃〜1409 頃）[58] の著作『キリスト教 12 書 Dotzè llibre del Crestià』[59] である．その著作[60]の大半はカタルーニャ語で書かれているが，中にはラテン語のもの

---

56) スペインの古い単位．50 ヴァラ（＝約 42.12 m）四方．

57) Fernandez, Garcia and Luis, Jose (1987).

58) エクシメニスはゲロナ Gerona 生まれのフランシスコ会士で，著作家として知られる．先祖はユダヤ人だったという説があるが定かではない．ヘブライ語を解し，ヴァレンシアではユダヤ人街でヘブライ語の文書の調査をしたことが知られている．バルセロナの教会に入り，ケルン，パリ，オックスフォードの大学で神学を修めた（1365〜70）後，スペインに戻ってまずバルセロナ，後にヴァレンシアに住んだ．ヴァレンシア時代には，市政に積極的に参加し，教育や裁判に関わったことで知られる．修道院も建設している．1408 年にはエルナ Elna（ルーシジョン Roussillon, France, 当時はアラゴン王国）の司教に任命されている．1409 年もしくは 1412 年にペルピグナン Perpignan で死んだとされる．エクシメネスについては，Viera David. J (1980) Viera, David J. and Jordi Piqué (1991), Albert (1990), Lluís (2004) がある．

59) Archivo De La Corona De Aragón, Manuscritos, Sant Cugat, ed. Lambert Palmart, Valencia, 1484. またV・ベルトランが多数の復刻書を紹介している．Vila Beltrán de Heredia, Soledad (1985) "El plan regular de Eiximenis y las Ordenanzas Reales de 1573", La ciudad iberamericana. Actas del Seminario Buenos Aires. CEHOPU. Madrid. 1987.

60) 全集，論集 に Eiximenis, Francesc (1982) "Psalterium alias laudatorium Papae Benedicto XIII dedicatum", ed. Curt J. Wittlin, Toronto, Pontifical Institute of Medieval Studies, Eiximenis, Francesc (1983) "Lo crestià", ed. Albert Hauf, Barcelona, La Caixa, Eiximenis, Francesc (1983) "De Sant Miquel Arcàngel: el quint tractat del "Libre dels àngels"", ed. Curt J. Wittlin, Barcelona, Curial, Eiximenis, Francesc (1985) "Scala Dei: devocionari de la reina Maria", ed. Curt J. Wittlin, Barcelona, Publicacions de

ある．最初の本はバルセロナで書かれ，他はヴァレンシアで書かれた．その著作の多くは貴族やヴァレンシア市の市政参事の依頼によっている．その代表作『キリスト教12書』はいくつかの言語に翻訳されている．

『キリスト教12書』は建築書でも都市計画書でもない．都市の理想が描かれているといっても，断片的でごく一部である．V・ベルトランが，都市に触れる箇所を抜き出して検討しているが，それは106章から114章のみであって，263頁中50頁から53頁の4頁にすぎない[61]．

エクシメニスは，まず，立地として自然，風と水に触れている．「風は冷たく，土地そして人間にダメージを与える」「都市は水の近くにあるべきである」「都市は川の側に立地するのがいい．分割される場合は2つまで，それ以上は都市が弱くなる」「海は，人々が広がっていく場所であり，裕福になるところである」（106章．p50）などという．さらに「主要道路には大きな下水道が必要である」（106章．p50）と排水に触れられている．

続いて「都市の構成は美しい形態をとるべきである」（106章．p50）とし，天文学が重要だという．「天文学を無視すれば，不幸になる．天をよく観察すれば，幸せになり，永続できる」（109章．p51）．そして「直線がより美しく，規則正しい」（110章．p51）とする．

そして，「ギリシャの哲学者に従えば」とした上で，「全ての都市は正方形（四角）であるべきだ」（110章．p51）という．「各辺中央に入口があり，各辺中央から市壁の角までが500パソ pasos すなわち1辺1,000パソ（1パソ＝5ピエ＝139.3 cm）である．東西の門は広くて大きい．また，南北も同様である」また「教会は中央にあるべきで，隣接して大きな美しい広場がある」「広場の四方には階段があって高くなっており，攻撃を受けた場合，防御しやすいようにしてある．広場は，また，聖なる場所として維持されなければならない」（110章．p51）という．

ベルトランの整理によれば，エクシメニスの理想都市モデルの基本は以下のようになる（図I-1-9）．

1）立地：平坦な地形で自由に拡張が可能なこと．

---

l'Abadia de Montserrat, El "Tractat d'usura" de Francesc Eiximenis (1985) edited by Josep Hernando i Delgado, Barcelona, Balmesiana, Eiximenis, Francesc (1993) "Prosa", ed. Xavier Renedo and Sergi Gascon, Barcelona, Teide, Eiximenis, Francesc (2003) "Àngels e demonis. Quart tractat del "Llibre dels àngels"", ed. Sadurní Martí, Barcelona, Quaderns Crema, Eiximenis, Francesc (2005) "Llibres, mestres i sermons. Antologia de textos", ed. David Guixeras and Xavier Renedo, Barcelona, Barcino, Eiximenis, Francesc (2008) "An Anthology", translated by Robert D. Hughes, introduction by David Guixeras and Xavier Renedo, London, Tamesis Books がある．

61) Vila Beltrán de Heredia, Soledad (1985) 前掲書．

# 第 I 章
## スペイン植民都市の形成

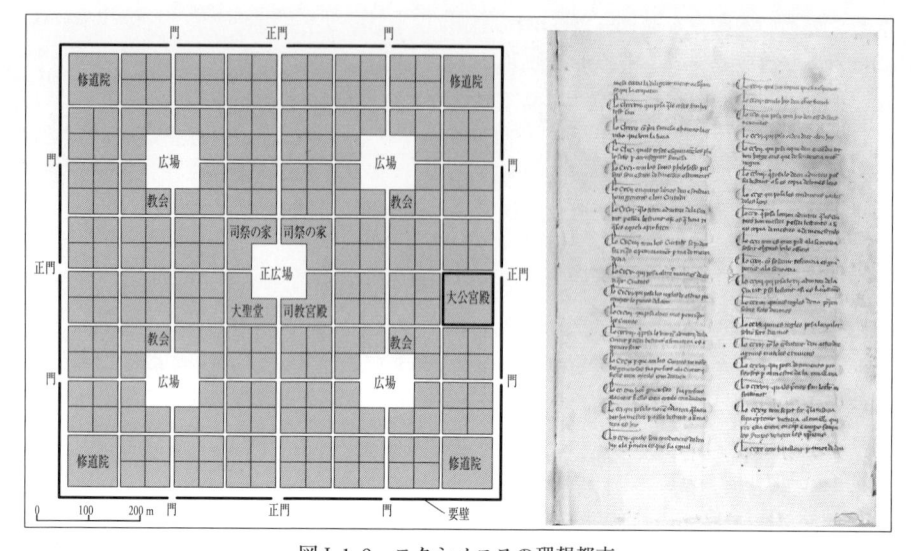

図 I-1-9　エクシメニスの理想都市
左　García Fernández (1987) によるモデル図　右　『キリスト教 12 書』原本
García Fernández (1987) をもとにヒメネス・ベルデホ, ホアン・ラモン作製

2) 方位：都市の主軸は南東向きとし，北風を防ぐこと．
3) 広場：一辺 1,000 パソの正方形．
4) 市壁と主門：各辺の中央に門を設ける．正門は東門．
5) 副門：正門と市壁角との間に 2 つの副門を設ける．
6) 街路は直線とする．
7) 主街路と住区：主門と主門（東西，南北）をつなぐ主街路によって 4 つの住区に分割する．
8) 広場：各住区は広場を持つ．
9) 教会：中心に位置し，主教，司祭の住居が近くにある．
10) 主広場：通路階段をもった主広場を教会の近くに設ける．ここでの市場の開設や処刑は禁止される．
11) 王宮：都市の境界に位置し（つまり市壁に接し），直接市外への出入口を持つ．
12) 住区：各住区はいくつかの教区からなる．修道院，肉屋，魚市場，店舗，宿屋がある．
13) 各住区は様々な労働階層が居住し，水が豊富であること．
14) 病院，ハンセン氏病収容所，売春宿，下水道は，風下に置く．
15) 日常生活のための小売業はいたる所に配される．
16) 農民は農園の近くに居住する．港がある場合，船員は海の近くに居住する．

エクシメニスにとっては，理想都市の計画図を作製する以前に，法的，倫理的基盤に従った秩序づけられた社会をつくりあげることが問題であった．秩序感覚がエクシメニスの理想都市計画の基礎であり，広場の形態や建設は次の問題であった．実際，これらの計画をみても，教会があって広場がそれに隣接するのか，広場とともにその中に教会が建設されるのかはっきりしない．エクシメニスのテキストから，その理想都市計画案を再現しようとしたこころみもあるが，広場を先に設けるガルシア・フェルナンデスや，教会が広場に含まれた案を提案したサルセド Salcedo[62] など，まちまちである．一辺 1,000 パソ = 5,000 ピエという広場の規模は，インディアス法が定める最低 200 ピエ×300 ピエ，最大 533 ピエ×800 ピエ，中間値 400 ピエ×600 ピエという規模と比べるとかなり大規模である．教会や市庁舎などのコンプレックスを含んだ規模の都市が構想されていたと考えられる．

いずれにせよ，広場は教会とセットであり，広場はひとつの空間と考えられている．エクシメニスの理想都市は，そのままイベリア半島において実現されることはなかった．しかしこの広場の概念は，イベロアメリカのスペイン植民都市に広く取り入れられていくことになる．

### (3) サンタ・フェ

イベリア半島において，都市計画がひとつの思想として表現されるのは，ハイメⅡ世やエクシメニスが最古である．しかし，イベリア半島におけるグリッド都市の伝統が，ローマ都市か，あるいはそれ以前に遡ることはすでに述べてきたとおりである．13 世紀から 15 世紀，南フランスのバスティードの建設と並行して，イベリア半島では，図 I-1-10 にみられるような数々のグリッド都市・グリッド街区が実際に建設されていた．簡単に経緯をまとめておこう．

ハイメⅡ世に先駆けて，新都市，集落の開発を行ったのがカスティージャ王アルフォンソⅩ世（1221～84）である．グラナダを中心とするアンダルシアのみを残して国土をほぼ回復し，死後，ローマ・カトリックから「エル・サント el Santo（聖王）」の称号を贈られた父王フェルナンドⅢ世と比べると，失政が多かったとされる[63]．一方で，文化面・行政面における功績は大きく，「エル・サビオ el Sabio（賢王）」と呼ばれる．また，天文学上の功績により「エル・アストロロゴ el Astrólogo（天文王）」とも呼ばれる[64]．そのアルフォンソⅩ世が，1252 年から 1284 年にかけて，アンダルシア南部，

---

62) Salcedo, Jaime (1999).
63) アルフォンソⅩ世は，父の功に便乗したアフリカ遠征に失敗，その結果，国内のイスラーム教徒の反乱を招くなど，政治的軍事的には恵まれなかった．また，その中央集権的姿勢は，世論，貴族らの反感を招き，王位継承権のある長男フェルナンドの病死をきっかけに，次男サンチョ王子と決裂，骨肉相食む政争の結果，セヴィージャに追い込まれ，1284 年に死去した．
64) アルフォンソⅩ世がローマ法にもとづいて編纂した『七部法典 Siete Partidas』は，その後のス

# 第 I 章
## スペイン植民都市の形成

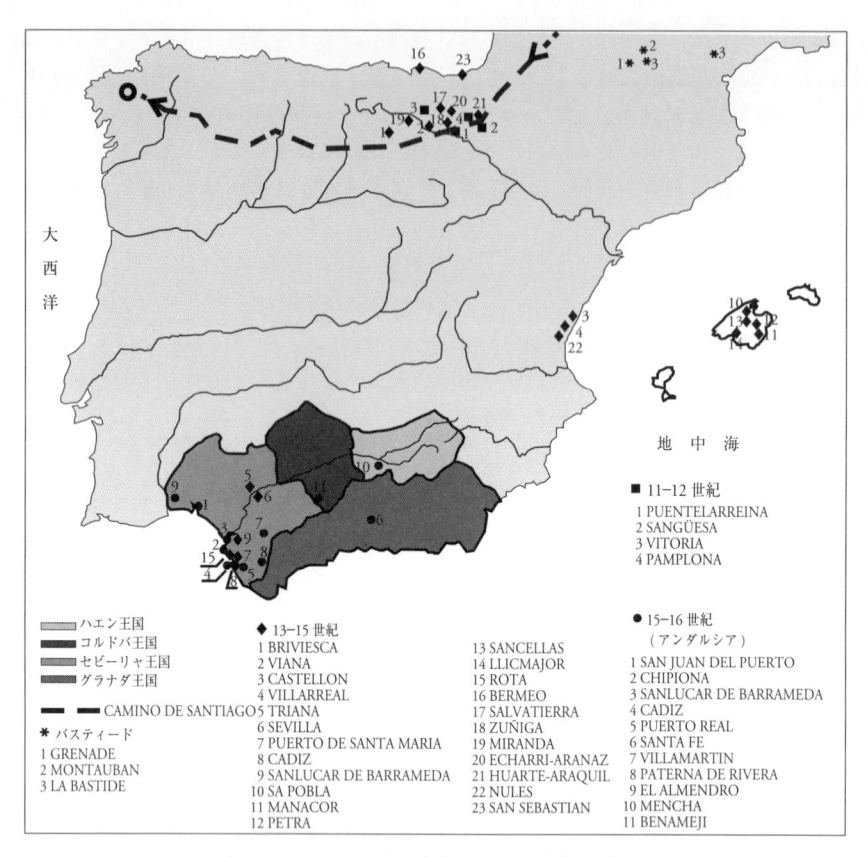

**図 I-1-10 イベリア半島のグリッド都市分布**
Jiménez Martín (1987) をもとに梅谷敬三作製

凡例:
- ハエン王国
- コルドバ王国
- セビーリャ王国
- グラナダ王国
- CAMINO DE SANTIAGO
- ✳ バスティード

11-12 世紀
1 PUENTELARREINA
2 SANGÜESA
3 VITORIA
4 PAMPLONA

バスティード
1 GRENADE
2 MONTAUBAN
3 LA BASTIDE

13-15 世紀
1 BRIVIESCA
2 VIANA
3 CASTELLON
4 VILLARREAL
5 TRIANA
6 SEVILLA
7 PUERTO DE SANTA MARIA
8 CADIZ
9 SANLUCAR DE BARRAMEDA
10 SA POBLA
11 MANACOR
12 PETRA
13 SANCELLAS
14 LLICMJOR
15 ROTA
16 BERMEO
17 SALVATIERRA
18 ZUÑIGA
19 MIRANDA
20 ECHARRI-ARANAZ
21 HUARTE-ARAQUIL
22 NULES
23 SAN SEBASTIAN

15-16 世紀（アンダルシア）
1 SAN JUAN DEL PUERTO
2 CHIPIONA
3 SANLUCAR DE BARRAMEDA
4 CADIZ
5 PUERTO REAL
6 SANTA FE
7 VILLAMARTIN
8 PATERNA DE RIVERA
9 EL ALMENDRO
10 MENCHA
11 BENAMEJI

ヘレス・デ・ラ・フロンテラ Jerez de la Frontera およびカディスで都市開発を行っている．カディスでは 2ha の市壁で囲われた矩形の住区を建設した．その地区には今日も多くの人々が居住している．1281 年には，エル・プエルト・デ・サンタ・マリア El Puerto de Santa María という，市壁を持たないグリッド・パターンの都市を建設している．それに先駆けて 1276 年には，セヴィージャの近郊に，3 本×3 本の街路が直行するかたちでトゥリアナ Triana が開発されている．また，トゥリアナとセヴィー

---

ペインにおける法律の基礎となった．優れた行政手腕を発揮するとともに『スペイン史 Historia de España』，『世界史 Historia General』，『アルフォンソ天文表』を編纂するなど文化的業績も残した．また，自らも詩を多数創作した．カスティーリャ語の普及にも尽力し，これはのちのスペイン語の基礎になったといわれている．

*1*　スペイン植民都市の起源

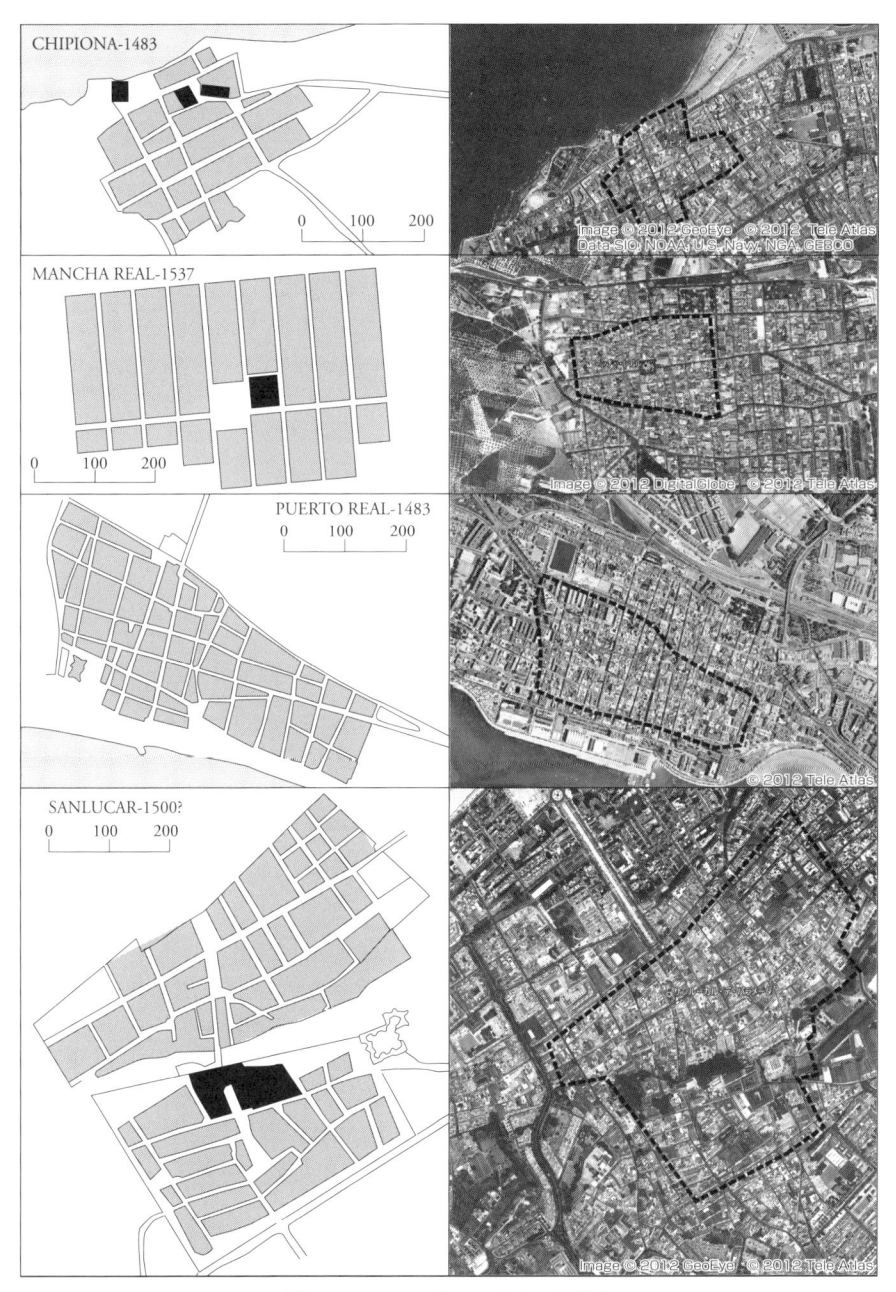

図 I-1-11　スペイン・グリッド都市
Jiménez Martín (1987) をもとにヒメネス・ベルデホ，ホアン・ラモン作製 + Google Earth

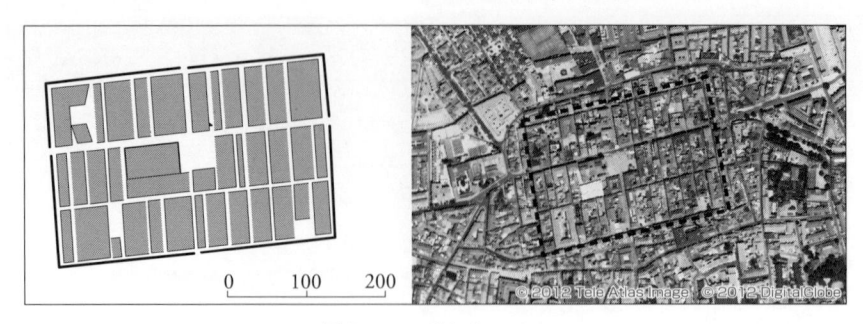

図 I-1-12　サンタ・フェ
Jiménez Martín（1987）をもとにヒメネス・ベルデホ，ホアン・ラモン作製＋Google Earth

ジャの間にエル・プエルト・デ・サンタ・マリアと同じモデルの住区が開発されている．

アルフォンソ X 世以降，イベリア半島には，アルバイダ・デル・アルハラフェ Albaida del Aljarafe（1302），エスペホ Espejo（1303），ウンブレテ Umbrete（1313），カハル Caxar，ヴィジャルバ Villalba，ヴィジャディエゴ Villadiego（1327），ベナカソン Benacazon（1332），ヴィジャヌエヴァ Villanueva（1334），カスティジェハ Castilleja（1334）といった，多数のグリッド都市，グリッド街区が形成された．15 世紀になると，より大規模で，整然としたものがつくられるようになる．ドナ・メンシア Doña Mencia（1415），イノハレス Hinojales（1435），ヴィジャラサ Villarasa（1439），グスマン Guzmán（1445），パラダス Paradas（1460），サン・フアン・デル・プエルト San Juan del Puerto（1468）などが該当する．チピオナ Chipiona（1477）は，広場の周囲に教会と市議会が立地するひとつの原型を示している（以下，図 I-1-11 参照）．

カトリック両王 Reyes Católicos が建設したプエルト・レアル（1483）は極めて規則的な形態をしているが，広場を 2 つ有している．サンルカル・デ・バラメダ Sanlúcar de Barrameda は 14 世紀初頭に建設され，市域は 15ha ほどの四辺形をしているが，教会，市会，市場が集まる中央の広場は細長い不整形なかたちをしている．川の北側にはアラブの集落 pueblo が下町地区を形成していた．サンルカルは「征服の時代」と 14 世紀の新たな都市計画をつなぐ事例と考えられている．

図 I-1-12 をご覧いただきたい．この極めて整然としたグリッド・パターンをみせる都市が，サンタ・フェ Santa Fe である．1491 年に，前述したグラナダ攻略のために建設された軍事キャンプである．セヴィージャやコルドバなどから動員された兵士たちによって，わずか 3 か月で建設されたという．4 つの門を持ち，それぞれコルドバ，ヘレス Jerez，セヴィージャ，ハエン Jaén と名づけられた．2 つの東西街路によって，

南北が3つの街区に大きく分けられている．このサンタ・フェ建設に，後に「新世界」最初のスペイン植民都市サント・ドミンゴの建設者となるニコラス・デ・オヴァンド Nicolás de Ovando がいたことは記憶されてよい．

　13世紀から15世紀にかけてイベリア半島に現れた，この四角い広場を中心とする都市計画の伝統は，16世紀に入っても途絶えることはなかった[65]．スペインは，イベリア半島における都市建設と併行して，というより，「新大陸」を自らの領土の拡張として，都市計画を展開していったのである．

---

[65] 15世紀初頭の例として，ヴィジャマルティン Villamartín (1502)，パテルナ・デ・リベラ Paterna de Ribera (1503) がある．

第 I 章
スペイン植民都市の形成

## *Column 1* ローマ・クアドラータ（正方形のローマ）

　古代ギリシャの植民都市建設の伝統がローマに引き継がれていったことはすでに述べた．しかしこのことは，都市構造がそのまま引き継がれたことを必ずしも意味しない．実際，ギリシャのヒッポダミアン・プランに対し，ローマ都市のグリッドは，より明快単純で，定型化されたものと考えられる[66]．しばしば，「ローマン・グリッド」あるいは「ローマ・クアドラータ quadrata」，すなわち「正方形（十字形）のローマ」と呼ばれる．この「ローマ・クアドラータ」は，ローマ帝国の拡張にともなってイベリア半島に伝えられることになる．

　正方形（矩形）をしており，中心でカルド cardo[67]（南北軸）とデクマネス decumanusu[68]（東西軸）とよばれる幹線街路が十字に交差する．その交点にフォーラム forum（広場）が置かれ，東西南北に 4 つの門を持つ．これが「ローマ・クアドラータ」の基本型である．なお，これはインディアス法が規定する形式とは異なるが，スペイン植民都市の中にはこのパターンを持つものも存在する．

　「ローマ・クアドラータ」といえば，一般にはパラティヌスの丘が想起されるが，わかりやすいのは帝政期マグリブのタムガディ（ティムガド，図 Column 1-1）である．あるいは，カストルム castrum と呼ばれるローマの軍営地も，明確な直交グリッドで構成されている．ガリア，ブリタニアには，数多くのカストルムが建設された．ちなみに，イギリスのチェスター，ウィンチェスター，マンチェスターなど「チェスター」が名称につく都市の起源は，ローマのカストルムである．

　この「ローマ・クアドラータ」はいかなる意味を持っていたのだろうか．エトルリアに起源を持つとする説が有力であるが，このエトルリア-ローマの都市の理念，都市の概念モデルについては，J・リクワート（1991）の考察が参考になる．

　リクワートは，プラトン，アリストテレス，またウィトルウィウスも含む古代の著述家たちの都市理論が，健康や防御，経済や水利といった機能的側面のみに関心を集中させていること，あるいはそうした観点からのみ近代人が古代のテキストを読んできたことによって，都市の形態を規定していたローマ人の慣習と信仰の体系やコスモ

---

[66]　ギリシャのグリッド都市の影響はもちろん西方にも及び，南イタリアにはギリシャ系植民都市が形成されてきた．それがイタリア半島のエトルリア，ローマの都市計画の伝統へと重なっていくことになる．エトルリア人については，マルツァボット，ウェイイ，カプアといった都市遺構が知られており，その植民活動が明らかにされている．ローマ人の都市計画は，ローマの創建，そしてそのイタリア半島の征服から始まる．半島各地への植民都市の建設がその起源である．ローマ人の都市計画には，ギリシャ人とエトルリア人の双方からの影響が考えられている．

[67]　回転軸，扉の蝶番の意．

[68]　語源は不明であるが，数字の 10 に関係があると考えられている．

*Column 1*

ローマ・クアドラータ

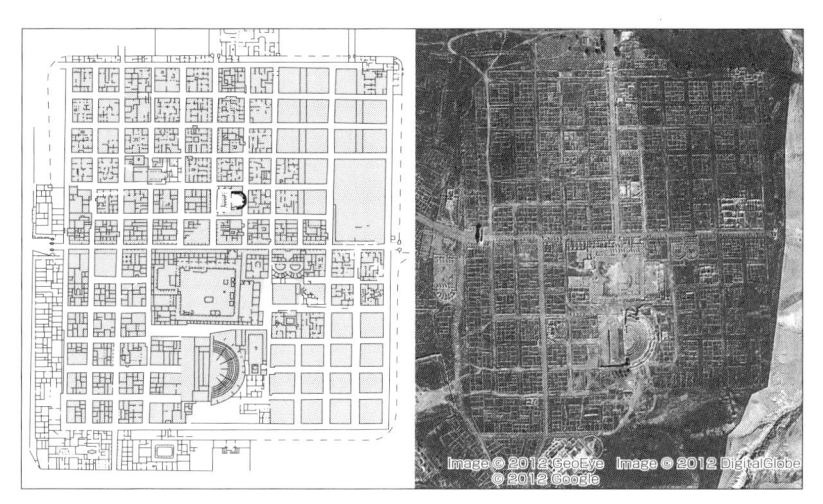

図 Column 1-1　ティムガド
CEDEX (1997) をもとに梅谷敬三作図＋Google Earth

ロジーがみおとされてきた点を批判する．それに対しリクワートが着目するのが，都市の選地，そしてそれに関わる鳥占，内蔵占，方位の決定，土地の測量と分割といった数々の創建儀礼である．さらに，アウグルと呼ばれる占い師が描く「テンプルム」という十字を円で囲む図形，「グローマ」あるいは「グノーモン」と呼ばれる道具を用いたカルドとデクマヌスの決定方法，「ムンドゥス」と呼ばれる都市の中心に設けられる穴といった諸要素から，より包括的に「ローマ・クアドラータ」の意味を読み解いている．

　ローマ人たちは，大地は円形であり，天空はその上にドームをかたちづくっていると信じていた．南北を貫くカルドは地軸，回転軸を，東西軸たるデクマヌスは太陽の通り道を示していた．つまり「ローマ・クアドラータ」は，単に「正方形のローマ」というのみにとどまらず，宇宙の中心たるローマにおいて二軸が直交し，宇宙が四分される，彼らのコスモロジーを表しているのである．

　ところで，しばしばギリシャの植民都市が先住民を排除して建設されるのに対し，ローマの植民都市は，先住民も取り込みながら建設されることが多いといわれる．しかし，ローマであっても，植民都市においては，その理念に沿って改変（「ローマ化」）されるのは当然であった．たとえば，南イタリアのポセイドニアには紀元前273年に植民都市が建設されたが，大きな改変が加えられている．また，トゥリオイはコピアと改名され，その位置までも移動させられている．

　E・J・オーエンズ (1992) が具体例を挙げてくれているが，ローマ帝国初期，紀元

51

前4世紀末から3世紀にかけて建設されたノルバ，アルバ・フケンス，コーサといった都市には，ギリシャあるいはエトルリアの影響がみられるのに対し，次第に上述の基本モデルが適用されるようになるという．コーサが建設された紀元前273年頃までに19のローマ植民都市が建設されている．植民都市建設の経験が積み重ねられる中で，創建儀礼における空間分割の理念が一般化していったと考えられる．共和政末期にカエサルやアウグストゥスによって建設された，アウグスタ・プラエトリア（アオスタ），アウグスタ・タウリノルム（トリノ），ウェロナ（ヴェロナ），コムム（コモ）などになるとかなり定型化されている．

こうした定型化した都市は，もちろん商業機能を持ち，農業活動も行っていたものの，基本的には軍事都市であったことは重要である．すなわち，植民拠点となる軍事都市において定型化がまず行われるのである．ただし，アキレイヤのように，都市の区画と農地の区画が一体的に行われている例もある．ローマでは，ケントゥリアティオとよばれる国土の測量（検地）[69]が行われ，そのモデュールに従って都市内部も区画される．また，あらかじめ，農地を含めて下水道設備が設置される場合もある．コロニアのコロは耕すという意味であり，植民都市建設は農業開発をも目的とするものであった．

さて，このようなローマの植民都市と，スペイン植民都市はいかに接続していくのであろうか．リクワートは，「ローマ・クアドラータ」の類例として，インド・チベットのマンダラ，マンデー族，ボロロ族，スー族，ドゴン族などのコスモロジーと空間分割，四方位定位を位置づけているが，これはいささか一般化しすぎである．しかし，「結び」の以下の記述は，本書のテーマと重なって重要である．

「中世の王侯たちは……まち創建とまち計画に関する古くからの伝統について知っていた．……スペインの王侯たちは直交型平面に従った様々な規模のかなりな数の町を創建した．最初は南部で，のちには—ブルゴス近郊のブリヴィエスカで始まって—北部でも，そのようなまちが王侯的な力と秩序との外的な印しであった．ブリヴィエスカそのものはローマの創建になるものであるが，1208年に再び敷地として選定され，1315年に再度計画された．この伝統はフェルナンドとイサベルによって継承された．「新世界」における最初の植民者たちそのものとともに，この政策はいまだ未知の巨大な領土に拡張された．……征服者であるスペイン人は，仲だちを介してではあるが，ローマエトルリアの幹に由来する伝統を，四方位定位の直交型計画がきわめて重要な役割を演じていた慣行や信仰とはあきらかにまったく無関係な強力な体系に接ぎ木した．」

単にグリッド・パターンを構成しているかいないか，といった問題を超えて，こう

---

[69] 一辺710 m で農地は区画された．一辺2ユゲルム＝75〜80 m

いった視点から諸都市群を検討する必要があるのである．

## 2 レコンキスタからコンキスタへ

### 2-1 スペイン植民地帝国の成立

スペイン（エスパーニャEspaña）は，もともとイベリア半島を一般的に示す言葉である．イベリアの名は，古代ギリシャ人が半島先住民をイベレス Iberes（Ιβηρία Ibēría）と呼んだことに由来し，ピレネー山脈の南側に広がる地域を指して用いられた．イベリア半島を属州としたローマ人たちはこの地域をイスパニアと呼称したが，このラテン語に由来して，スペインはイスパニアともエスパーニャとも呼ばれるようになる．すなわち，スペインという言葉は，今日のスペイン[70]のみならずポルトガルも含んだ地域を意味している．

「スペイン王国」という場合，カトリック両王によるカスティージャ王国とアラゴン連合王国（カタルーニャ，ヴァレンシア，アラゴン）の統合成立（1479）が起点となる．J・H・エリオット（2009）によるハプスブルグ朝スペインの歴史が『スペイン帝国 1469-1716』と題されるように，その起点となるのは，1469年，すなわちカスティージャ王国のイサベル王女とアラゴン王国のフェルナンド皇太子がヴァジャドリード Valladolid で結婚式をあげた年である[71]．

しかし，カトリック両王による連合体は，支配領域が複雑に関係する集合体であり，その時点でスペインには，ナバラ王国，グラナダ王国，そしてポルトガル王国が並立していた．スペイン，スペイン王，スペイン王国という名称が正式に使われていたわ

---

[70] スペインの正式な国名は1978年憲法でも定められていない．一般的には，エスパーニャ，スペイン国 Estado Español，スペイン王国 Reino de España が用いられる．

[71] この10年の間には紆余曲折がある．結婚を兄のエンリケIV世（在位1454〜74）は認めず，王位継承権を自らの娘ファナに移した結果，内戦状態となった．1474年にエンリケIV世が死去すると，イサベルはただちに女王即位を宣言するが，それに対抗して，ポルトガル王アルフォンソV世（在位1438〜81）がファナと結婚し，ファナもカスティーリャ女王を宣言する（1475）．これを機に王位継承戦争（1475〜79）が勃発するが，ここにはポルトガルとカスティーリャのカナリア諸島の領有をめぐる争いが絡んでいた．1402年にカスティーリャ王の支援を受けたフランス人騎士ジャン・ド・ベタンクールによって征服されたカナリア諸島では，以降，主としてセヴィージャの都市貴族たちが，砂糖生産と奴隷交易を中心に植民活動を展開してきた．入植者の多くはカスティーリャ人，とりわけ，アンダルシア人である．王位継承戦争は，結局，イサベル軍の優位が確定して終結し，アルカソヴァス条約が締結される．ポルトガルは王位継承権を放棄する代わりに，ボジャドール岬以南の排他的航行権，マデイラ，アソーレス，ヴェルデ岬諸島の支配権とアフリカ大陸沿岸における航海と貿易の独占権を得ることになり，カトリック両国にはカナリア諸島の支配権が認められることになった．

けではなく，また，スペイン語というものもなかった．スペインに，スペイン王国というひとつの国家体制が整うのはスペイン継承戦争（1701〜14）の結果，ブルボン王朝が成立して以降のことである．

スペイン帝国 Imperio Español という場合，「王権 crown」「王国 monarchy」「国家 state」「帝国 empire」という概念規定をめぐる議論はあるものの，一般にはカルロス Carlos I 世（在位 1516〜57）が神聖ローマ帝国皇帝カール V 世（在位 1519〜56）を兼ねて以降のハプスブルグ朝スペインを指す．カルロス I 世は，母方の祖父母，すなわちフェルナンド，イサベルのみならず，父方の祖父母，マクシミリアン（オーストリア），マリア（ブルゴーニュ）から遺産として領地を引き継ぎ，ハプスブルグ朝スペインは，イベリア半島のみならずヨーロッパ各地，オーストリアやネーデルラント，南イタリア（シチリア王国，ナポリ王国）などにわたって広大な領地を有した．それに，カトリック両王時代から獲得してきた「新大陸」の領地が加わる．1580 年から 1640 年にかけては，スペイン王がポルトガル王も兼ねたため，アジア・アフリカ沿岸に点在するポルトガルの海外植民地もスペインのものとなった．カルロス I 世からフェリペ II 世（在位 1556〜98），フェリペ III 世（在位 1598〜1621），さらにフェリペ IV 世（在位 1621〜1665）の時代は，スペインが史上最も繁栄した時期であり，「黄金の世紀 Siglo de Oro」と呼ばれる．俗に「太陽の沈まない国 El Imperio en el que nunca se pone el sol」と形容されたのはこの時期のことである．スペイン帝国が領有した海外植民地の集合体が，本書が対象とする「スペイン植民地帝国 Imperio Colonial Español」である．

1492 年に始まるスペインの海外植民地は，1898 年の米西戦争の敗北によってほぼ全てを失うまで存続する．しかし，絶頂期にあったフェリペ II 世の時代ですら，2 度にわたる破産，イタリア戦争，宗教改革，第 1 次ウィーン包囲といった脅威にさらされ，その治世は多難であった．アルマダの海戦（1588）でスペインの「無敵艦隊」がイングランド海軍に敗れると，その衰退は顕著になっていく．17 世紀半ばには衰退は決定的なものとなり，八十年戦争の末，1640 年にはネーデルラントが独立し，ポルトガルもまた，ポルトガル王政復古戦争によって独立する．さらにスペインは三十年戦争に介入するものの敗退し，フランスとの間に，著しくスペインに不利なピレネー条約を締結する（1659）．この段階でスペインの「黄金の世紀」は終焉を迎えた．ハプスブルグ朝の衰退以降のスペインは，「帝国」の名に値しないといえよう．

17 世紀末にハプスブルク家が断絶し，スペイン継承戦争がはじまる．戦争は 12 年におよび，戦後処理としてイギリスにジブラルタルとフロリダを譲るなど，スペインの影響力はさらに低下することになった．カルロス III 世（在位 1759〜1788）の時代に一定の中興が成されたものの，英・仏・蘭といった新興勢力の後塵を拝することとなる．アメリカ独立戦争におけるスペインの躍進は，スペインの強国としての活気を取り戻したかに思われたが，結果としてアメリカ合衆国の独立は，スペインによる植民

地支配から脱却へと転換していく契機となった．その後は，ナポレオン・ボナパルト率いるフランス帝国の侵攻（ナポレオン戦争）と王位簒奪，それに抵抗するスペイン独立戦争，1820年のリエゴ革命による王政の一時廃止といった相次ぐ混乱に乗じてスペイン領インディアス植民地が続々と独立し，スペインは苦難の歴史を歩むこととなる．1868年のスペイン九月革命，1873年のスペイン第一共和政成立を経て，1874年にスペインは王制復古を果たす．しかし，1898年に勃発した米西戦争でアメリカ合衆国に敗北し，パリ条約でキューバが独立，アメリカ合衆国へのプエルト・リコとフィリピンの割譲，米・独によるミクロネシア諸島が分割され，結果，残された海外植民地のほぼ全てを失う．こうして19世紀末までに，かつての「世界帝国」スペインの遺産はそのほとんどが消滅した．これ以後，スペインの海外活動は，わずかに残された北アフリカの植民地（スペイン領サハラ）の維持・拡大を，フランスとの提携を通じて模索するにとどまっていく．

## 2-2　1492

　スペインが海外進出を果たす1492年は，単にイベリア半島にとってだけではなく，ヨーロッパ世界全体の，さらには非ヨーロッパを含む世界全体の歴史的な画期，一大転換の年である．ジャック・アタリによれば，1492年は「捏造されたヨーロッパ」が「歴史を捏造した年」である[72]．1492年以降，ヨーロッパは「世界の支配者」となり，自分の思うままに歴史を語り，「進歩」という名において自らの「残虐行為」を覆い隠し，「発見から征服へ，征服から開発へ」「自分たちの価値」をヨーロッパ以外の世界におしつけていくことになる．

　アタリは，何十もの都市と国家に分割され互いに対立抗争してきたほんの小さなヨーロッパが，圧倒的な力を持つ「ひとつの空間」となっていく「歴史」を，衣食住，信仰，思想，経済，法律，文化，交通の各局面について議論した上で（第Ⅰ部　ヨーロッパを捏造する），1492年の出来事を一月ごとに丹念に振り返っている（第Ⅱ部　1492年）．そして，その後起こる非ヨーロッパ的なものの排除の歴史を明らかにすることで（第Ⅲ部　歴史を捏造する），1492年前後の転換を鋭く鮮やかに浮かび上がらせている．イベリア半島は，この世界史の大転換の最前線ということになる．

　1492年に何が起こったか．詳しくはアタリに委ねるとして，よく知られた事実をいくつか確認しておこう．1492年の年初に，カトリック両王のグラナダ王国攻略によって，レコンキスタが完了する．イサベル＝フェルナンド両王が，グラナダ王国のサアラ占領（1481）に対抗して，アラマを占領してレコンキスタ最終戦争を開始した

---

[72]　アタリ（2009）．なお，本書が刊行されたのは，コロンの「新大陸」「発見」500周年の年である．

のが1482年，その後，1485年にロンダを，1487年にマラガ Málaga を攻略し，同年4月にグラナダ王国西部の占領を終え，グラナダ入城を果たした．続いて王国東部の占領を開始し，バサ，グアディクス，アルメニアを1489年末に落とした．1490年初頭からグラナダ市包囲戦を開始，グラナダ近郊ヴェガを占領，1491年4月にグラナダ市を完全に孤立させるとともに，完全攻略のためにサンタ・フェ市の建設に着手した．スペイン植民都市建設のひとつのモデル，予行演習とも考えられる，このサンタ・フェの都市計画についてはすでにみたとおりである（第I章1-2）．

抵抗の無意味を悟ったグラナダ国王ボアブディルは降伏協定に調印（1491年12月25日）し，グラナダ市を明け渡す（1492年1月2日）．イサベル＝フェルナンド両王がアルハンブラ宮殿に入城したのは1月6日であった．グラナダ王国攻略には実に11年の年月を要したことになる．こうして1492年，レコンキスタが完了し，真の意味でのスペイン王国が成立した[73]．つまり，ヨーロッパ世界がムスリム勢力を撤退させた画期的な年が1492年ということになる．また，ユダヤ人がスペインから追放されたことも世界史にとって一大事件である．

さらに，アタリは必ずしも強調していないが，大砲の登場がある．西欧列強が近代植民地を築いていく大きな武器になったのが火器である．最初に大砲が使われたのは1331年のイタリア北東部におけるチヴィダーレ攻防戦，戦車，装甲車が考案され機動戦が展開されたのはボヘミヤの内戦，フス戦争（1419〜1434）[74]がはじめてであり，大砲が絶大なる威力を発揮したのがカトリック両王によるグラナダ王国攻略戦なのである．

さらに1492年は，クリストバル・コロンがグアナハニ Guanahani（サン・サルヴァドル San Salvador）島へ到達し（10月12日（グレゴリオ暦）），最初の植民拠点として，イスパニョーラ Hispaniola（Española）島にナヴィダー要塞（現ハイチのモレ・サン・ニコラス Môle Saint-Nicolas）[75]を建設した年でもある．以降，レコンキスタからコンキスタへ，カトリック両王は，スペイン王国を大きく拡張していくことになる．もちろん，これは単に「新世界」が発見されたということを意味しない．トウモロコシ，カカオ，ジャガイモ，カカオ，そして梅毒がヨーロッパに伝えられ，砂糖黍，馬，天然痘が大西洋を渡ってゆく．これが1492年なのである．

また，スペイン王国の成立にとっては，グラナダ陥落後まもなくの2月25日，サラマンカ大学のアントニオ・デ・ネブリハ Antonio de Nebrija が『カスティージャ語

---

73) ローマ教皇アレハンドロVI世がカトリック両王の称号を与えたのは1496年である．
74) ヤン・フスの開いたキリスト教改革派のフス派の信者と，それを異端としたカトリック，神聖ローマ帝国との戦争．ヨーロッパで最初にマスケット銃を使った戦いとして知られる．
75) クリスマスを意味する．後述するように，「新世界」最初の砦であったが，インディオによって破壊された．

文典』(『カスティージャ語における正書法の規則』Gramática castellana) を女王に提出したことも重要である．この文法書によってカスティージャ語は，その体系性，汎用性において，ギリシャ語，ラテン語に匹敵する言語となるのである．スペイン王国の統合にとって言語の統一は極めて大きな意味を持った．カスティージャ語は植民地帝国の言語となった．

　1492年の転換においては，地球儀の完成，ひいては地球観の形成も重要な意味を持った．コロンの友人でもあったマルティン・ベハイム Martín Behaim がニュールンベルクで最初の地球儀を完成させたのは，コロン出航のわずか1月半前であった．もちろん，地球儀そのものは，紀元前150年頃にはつくられていたことは有名である．イスラーム世界でも，ギリシャの地理学を継承し，天球儀とともに地球儀が作製されていた．古代ギリシャでも北極星の高さが地点によって異なることなどから，地球が球体となっていることは知られていた．紀元前3世紀頃，エラトステネスが太陽の高度から地球の円周の算出を行ったことは周知の事実である．ただ，コロンをはじめとするコンキスタドールたちを直接鼓舞することになったのは，フィレンツェ出身の天文・地理学者，数学者パオロ・ダル・ポッツォ・トスカネリ Paolo dal Pozzo Toscanelli が1474年に唱えた地球球体説である．ベハイムはそれを受けて地球儀をつくるのであるが，その地球儀には，1486年以前のポルトガルによる発見地の大部分が描かれている．そして，そこにはクリストバル・コロンの採ることになる「ジパング」への航路が描き込まれていた．

## *Column 2* バスティード

　古代におけるグリッド都市の伝統は，ルネサンスにおいて「再発見」され，その基本理念と計画手法がスペイン植民都市計画の基礎になったとされる．しかし，「再発見」というのは当たらないだろう．中世を通じて，というより，グリッド都市の理念と手法は一定の命脈を保ち続けたとみなすべきである．イベリア半島については本論でみる通りであるが，グリッド都市の伝統を明快に示すのが，南西フランスのバスティードである．

　バスティードは四周をアーケードで囲われた広場を核として構成される．バスティード建設の経験は，ピレネー山脈を越えて，あるいは地中海を通じてイベリア半島にも伝えられ，ハイメ II 世の計画やエクシメニスの理想都市計画につながったと考えられる．すなわち，スペイン植民都市計画の大きな源流ということになる．

　バスティードという言葉は，「建設する」を意味するバスティール bastir（オック語）に由来するという．一般的には，13 世紀半ばから 14 世紀半ばにかけて，南西フランスに新たに建設された都市，集落群を指して用いられる．中世グリッド都市の事例として，ヨーロッパではよく知られる存在であるが，フランス・アキテーヌ地方を中心にその全貌を明らかにしたのが伊藤毅編 (2009) である．

　10 世紀以降の人口増加を背景として，ヨーロッパ各地で 11 世紀後半から 12 世紀にかけて開墾と植民活動が活発に行われるようになる[76]．しかし，フランス南部については，植民活動は遅れていた．レコンキスタに参加するためにピレネー山脈を越えてイベリア半島へ，あるいは十字軍に参加するためにエルサレムへ人口が流失したことや，国王を含む諸伯の間の争乱が続いたことなどが理由と考えられる．13 世紀初頭から中葉にかけて，大規模な争乱が収まると，国王，教会，領主，諸伯が盛んに新都市，集落を建設しはじめた．その数およそ数百あるいは 700 にも及ぶとされる[77]（図 Column 2-1）．

　バスティード建設のより詳細な歴史的背景，その建設のプロセス，統治制度については，加藤玄がまとめている（「第 1 章　バスティードの歴史的背景」伊藤毅編 (2009)）．パレアージュ pareáge と呼ばれる土地と権利関係を定めた契約，領主と住民の関係を規定する慣習法証書 Les chartes de coutumes の具体的内容も明らかにされて興味深い．

　現存するバスティードの中で，最も理想的で規則的なグリッド・プランとされるの

---

[76] 1144 年に建設されたモン・デ・マルソン Mont-de-Marsan とモントバン Montauban が最初のバスティードとする主張がある．

[77] タルン Tarn 県に建設された 1222 年にはじまり，コルデ・スール・シエル Cordes-sur-Ciel から 1372 年のダンジョウ La Bastide d'Anjou にいたるという．

## 第 I 章
### スペイン植民都市の形成

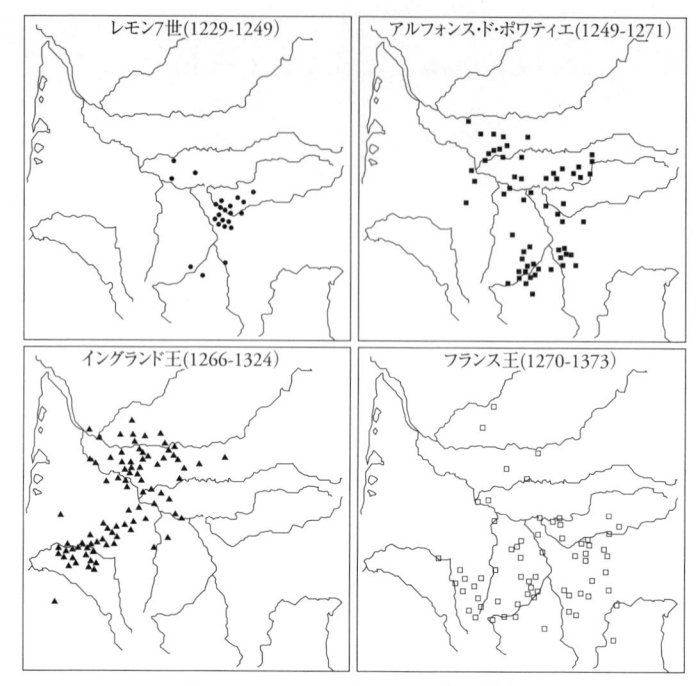

図 Column 2-1　バスティードの分布

伊藤毅編 (2009)

がモンパジェ Monpazier（図 Column 2-2）である．ゴシック建築の修復で知られる建築史家のヴィオレ・ル・デュク（1814～79）がバスティードに着目し，その代表として取り上げており，広く知られている．図にみえる，アーケードに囲まれた中央広場を中心にその東北街区に教会を配置する構成は，大まかにいえば，スペインの中世都市，さらには植民都市に繋がっていくことになる．ただし，街区の大きさに3種あり，宅地が東西に長い割り方になっているなど，興味深い特徴もみられる．バスティードといっても，個々にみると様々である．

バスティードの形態，計画手法，理念，モデルについて，坂野正則（前掲書「第2章　バスティードの都市空間」）を参照しながら，簡単にまとめておきたい．

① ヴィオレ・ル・デュクの『中世建築事典』（1854～68）に，バスティード（モンパジェ）のプランが示されている．完全な規則性をもって街区が並べられ，すべての住居が同じ寸法を持ち，同じ方法で配置されているとし，そうしたバスティードとしてモンパジェとともにギュイエンヌ，ペリゴールの名が挙げられている．現在のモンパジェのプランとは異なる部分はあるが，復元モデル，概念図と考え

*Column 2*

バスティード

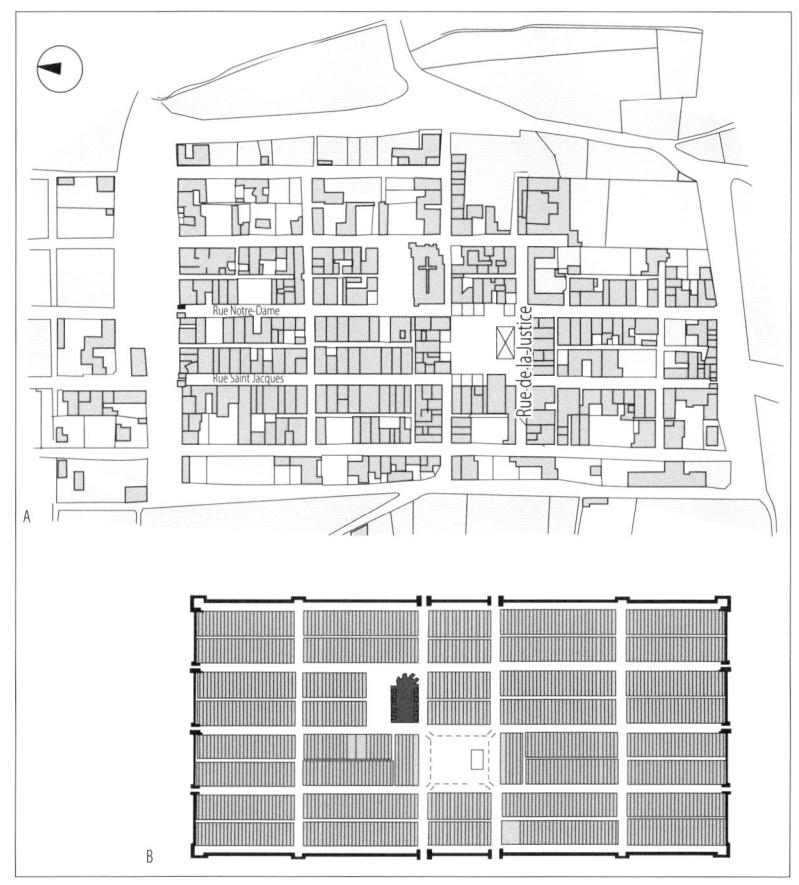

図 Column 2-2　A　モンパジェ　B　ヴィオレル・デュクによる図面
伊藤毅編（2009）

られる（図 Column 2-2B）．

東西南北 4 × 5（東西路 4（門 2），南北路 3（門 3））の街区に分けられ，街区の大きさは異なる（3種）．中央西街区にアーケード付き広場，その北東の街区に教会が建つ．その他の各街区は南北の小路で東西に二分され，東西に細長い短冊状の宅地に分割されている．このモデルをみるかぎり，カルドとデクマヌスという直行する東西南北軸が中央で交差するローマ都市のモデルとは異なっている．

② しかし実際には，完全な規則性を持つモデル化されたバスティードが存在するわけではない．バスティードの形態は様々である．というのも，バスティードは，全く新たに処女地に建設されるものばかりではなく，既存の集落の上に建設され

第Ⅰ章
スペイン植民都市の形成

| 対角型 | 隔離型 | 対面型 | 包含型 |
|---|---|---|---|
| Monpazier | Cologne | Grenade-sur-Adour | Trie-sur-Baise |
| Sauveterre-de-Guyenne | Mirande | Labastide-d' Armagnac | Briatexte |
| Montréal-du Gers | Marciac | Villefranche-de-Rouergue | |

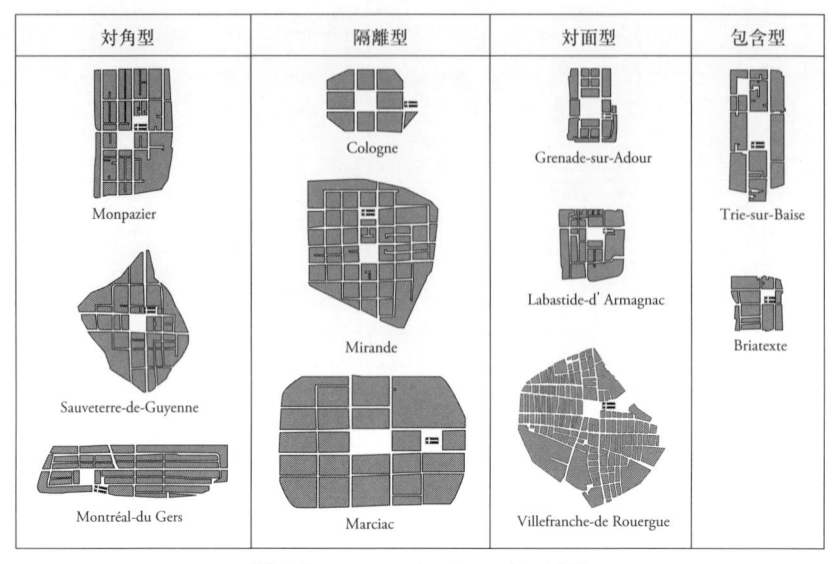

図 Column 2-3　バスティードの類型

伊藤毅編（2009）

る場合，それを核として拡張される場合が少なくない．また，その形態は地形の条件に大きく規定され，とりわけ，市壁の形態は整然とした形態をとるとは限らない．

③バスティード全体の形態についてはラヴダンとユグネー[78]の類型論がある．また，ロウレ，マーレブランシェ，セラファンの研究[79]がある．不整形なプラン，地形に規定されたプラン，円形のプラン，矩形のプラン，単軸のプラン，二軸のプラン……等々，分類軸に従って様々な分類ができる．そうした中で，地域的ないくつかの類型を認めることができる．その際，大きな指標となるのは，広場および教会の配置，街路体系，土地の分割である（図 Column 2-3）．

④バスティードの核になるのが矩形の広場である．広場は市場が建つ商業活動が設けられる場所である．この広場を中心として居住地が形成されていく．広場には屋根つきの東屋アル halle が建設され，やがて，行政の中心として役場が建設されるようになる．この矩形の広場は，ローマ都市にはみられない，バスティードの特徴である．

⑤バスティードの矩形の広場の四辺には，アンバン ambans，アルソー arceaux，ア

---

[78] Lavedan, P. and Hugney, J. (1974) "L'urbanisme au moyen age" Bordeaux.
[79] Lauret, A., and Malebranche, R., and Seraphin, G. (1988) "Bastides: villes nouvelles du moyen age", Toulouse.

*Column 2*

バスティード

図 Column 2-4　ミランド

伊藤毅編（2009）

ルカード arcades，コルニエール corniéres，クヴェール couverts，ガルランド garlande などと呼ばれるアーケードが設けられ，広場は極めて閉鎖的なかたちをとる．このアーケードは，のちに広場と一体的に建設されるようにもなるが，当初から計画的に設けられたものではなく，広場に面する敷地の所有者が公共の広場に張り出すことで，次第に形成されたと考えられている．すなわち，アーケードは基本的には公共的な空間であり，私的な用益権が認められる空間であるという特性を持つ．その幅，高さなどは細かく規定されるのが一般的であった[80]．

⑥バスティードの宗教的核としての教会は，必ずしも都市（集落）の中心に設けられてはいない．すなわち，広場とは街区を異に配置される例がある（隔離型）．しかし一般には，広場の中に設けられるもの（包含型），広場に面するもの（対面型），また広場の対角の街区に設けられるもの（対角型）の3つが区別されるが，広場に近接して設けられるのが一般的である．

⑦バスティードの街区（矩形街区）の規模，形（縦横比）は様々である．モンパジェのモデル・プランのように3種の街区からなるもの，ミランド Mirando（図 Column 2-4）のように正方形グリッドからなるものなど様々である．

---

80)　カステルノー・ド・レヴィの場合，奥行き3カンヌ（約5.36 m），高さ16ポム（2.4〜3.2 m）と定められていた（伊藤毅編（2009），p. 55）．

街路にはヒエラルキーがあり，荷馬車が通行可能な主要街路（ヴィア via，カレーラ carreyra，シャルティエール charretiére と呼ばれる），歩行者道路（カレルー carreyrous，カレロ carrerot，ヴェネル venelle と呼ばれる），路地（アンドローヌ androues，アントルミ entremis と呼ばれる）の3つに分けられる．長さの単位としてカンヌ，オーヌ，ブラス[81]などが用いられるが，主要街路は，2〜4カンヌ（6〜8 m）ほどで，10 m を超えるものもある．カレルーは慣用的に1カンヌあるいは1ブラス（約2 m）とされる．また，アンドローヌは，路地というよりは宅地の境界に生じる隙間程度の幅で，せいぜい30〜50 cm 程度である．

⑧土地は，宅地，菜園，耕作地の3種に分けられ，一般的に，菜園と耕作地は市壁外に割り当てられる．宅地の規模，形状は様々であるが，ヴィルヌーヴ・シュル・ロトの5カンヌ×10カンヌ（9.5 m×19 m），モンパジェの4スタッド×10スタッド（8 m×20 m）が規範的であったと考えられる．また，カステルノー・ド・ボナフの4カンヌ×6カンヌ，ブルージュの16ラーズ×62ラーズといったものもある．

---

81) バスティードの度量衡の単位については，Leblond, H. (1987) "Recherches metrologiques sur des plans de bastides medievales", Historie et Mesure, 2-3, pp. 55-87

## *3* 拡大する「新世界」── 発見,征服,植民

### 3-1 コンキスタドールの時代

　スペイン植民地帝国の形成のために活躍したのは,いわゆるコンキスタドールたちである.コロン以降,いち早く「新大陸」に向かったコンキスタドールについては上にみた.コンキスタドールには様々な出自のものがいた.遠征隊長をみても,エルナン・コルテスのような小貴族が多かったものの,ピサロ兄弟のような身分の低い層の出身者も含まれていた.兵力となったのはレコンキスタを戦った兵士や貧農であり,歩兵と砲兵,まれに騎兵が含まれた.また,スペインはポルトガルと異なり,天文学の知識によらず,経験則にもとづいて航海を行ったから,多くの水夫が必要であった.造船に関わる多くの職人も参加している.渡航者には正式の許可状を持たないものも多数含まれていた.

　コンキスタドールたちを駆り立てたのは一攫千金の夢である.航海は投機的であり,金と富への渇望が原動力になった.「エル・ドラド El Dorado」(黄金郷)[82] 幻想や『アマディス・デ・ガウラ Amadis de Gaula』[83] に代表される数々の騎士道物語がコンキスタドールたちを「新世界」へ向かわせたとされている.また,領土獲得による栄誉は,貴族への道を拓くものでもあった.その一方で,宣教や,福音伝道も重要な意味を持っていた.新たな土地が「コンキスタ(征服)」されると国王は宣教師を送った.コンキスタドールたちにとって,「新大陸」での異教徒との戦いは,イスラームとの戦いの延長と目されていた.また,政治的,宗教的な亡命として,植民活動を進めるものもいた[84].

　国王は,もともと「デスクブリール descubrir (発見する)」という目的のために探検の許可を与えた.そして続いて「ポブラール poblar (植民する)」ことを求めた.しか

---

82) ボゴタのチブチャ族の首長が年に一度グワタビタ湖の霊に供物をささげ,体中に金粉を塗って沐浴するという儀式に発するとされる.この「エル・ドラド」幻想に突き動かされたとされるのが,ケサダ Gonzalo Jiménez de Quesada (1500?〜79) のサンタ・マルタからの遠征隊,ベナルカサル Sebastián de Benalcazar (1480〜1551) 指揮のキトからの遠征隊,ドイツ人フェーダーマン Nicolaus Federmann (1501〜42) が率いたヴェネズエラからの遠征隊である.文学作品としては,E・A・ポーの『エル・ドラド』がある.
83) 1508年にガルシア・ロドリゲス・デ・モンタルボが著した騎士道物語の主人公であり小説のタイトル.セルバンテスの『ドン・キホーテ』の中でドン・キホーテが「憧れの騎士」としている.
84) 1521年のコムネロスの反乱に加わった人たちやユダヤ人の改宗者たちがいた.

し，先住民の労働力なくして生活できないことが明らかになるや，「エンコミエンダ encomienda（委託）」[85] もしくは「レパルティミエント repartimiento（分配）」[86] が行われることになった．インディオたちが植民者に「委託」され，その間で「分配」されるのである（Column 3）．

さて，1492年の「コンキスタ」開始から，16世紀の半ば，カルロスⅠ世が退位しフェリペⅡ世が即位する頃までに，南北アメリカの沿岸部の大半は探索されることになる．このコンキスタドールの時代は，大きく以下の各段階に分けて考えることができる（図I-3-1）[87]．

Ⅰ　コロンの「インディアス事業」が展開される．

Ⅱ　コロンを追って「新大陸」探索が様々に行われ，多くのコンキスタドールが育っていく．

Ⅲ　イスパニョーラ島を拠点に，カリブ海の島々が探索される．この時点で，太平洋は未だ認識されておらず，海峡を探しながら大陸沿岸部が探索されていく．……本書第Ⅲ章

Ⅳ　コルテスが「新大陸」に上陸し，メキシコとアステカ帝国が征服される．……第Ⅳ章

Ⅴ　パナマ地峡が根拠地となり，ピサロによってアンデス高地が征服される．さらに南北の大陸内部へと侵略が進む．……第Ⅴ章

Ⅵ　太平洋を越えて，フィリピンが征服される．……第Ⅵ章

以下，コンキスタドールたちの軌跡とスペイン植民都市の建設過程を上記の時代区分に従いながら詳しく述べる．

## 3-2　コロンのインディアス事業

クリストバル・コロン[88]が，西回りでアジアに向かう航海計画をカトリック両王に

---

[85]　征服者および入植者に，その功績や身分に応じて一定数のインディオを割り当て，一定期間その労働力を利用し，貢納物を受け取る権利を与えるとともに，彼らを保護しキリスト教徒に改宗させることを義務付ける制度．これを「委託する（エンコメンダール）」といい，エンコミエンダの信託を受けた個人をエンコメンデロ encomendero と呼んだ．

[86]　エンコミエンダ制下の私賦役が禁じられたのち，1549年にメキシコで採用された植民地当局統制下の有償強制労働制度．

[87]　増田義郎「「征服者」の時代」（サアゲン，コルテス，ヘレス，カルバハル（1980）解説）．

[88]　ジェノヴァの毛織職人の息子として生まれたコロンがリスボンに住むことになったのはある事件がきっかけである．カスティーリャ王位継承戦争の最中（1476），ジェノヴァの商船隊に乗り込んで，ポルトガル経由でイギリス，フランドルへ向かう途中，サン・ヴィセンテ沖で武装船団の攻撃を受け，甲板から海に飛び込み，ラゴスの浜にたどり着いたのである．翌年イギリスに渡

3
拡大する「新世界」

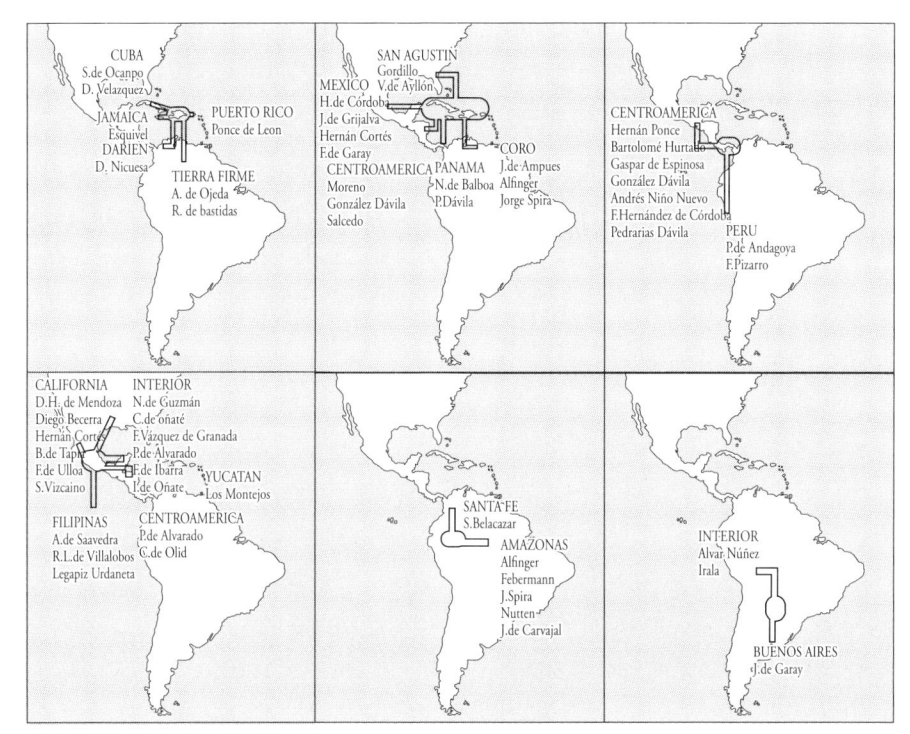

図 I-3-1　征服の過程と拠点都市
CEDEX（1997）をもとにヒメネス・ベルデホ，ホアン・ラモン＋平沢陽作図

売り込んだのは 1486 年，両王がグラナダ王国攻略に全力を注いでいるまさにその最中のことであった[89]．コロンを突き動かしていたのが「ジパング（黄金）」伝説[90]であったことはよく知られている．また，コロンがマルコ・ポーロの『東方見聞録』を

り，アイスランドまで行ったとコロン自身はいうが定かではない．結局ジェノヴァ人が多く住むリスボンに住みつくことになった．その後コロンは，砂糖の買い付けのためにマデイラ島へ渡るなどし，1479 年にリスボンの名門家の娘フェリパと結婚し，その兄が総督を務めていたマデイラ諸島のポルト・サント島へ渡って長男ディエゴをもうけている．結婚後コロンは，リスボンで航海術や天文学，船員修行をしながら，西回りアジア航海への計画を練ったとされる（青木康正 (1989))．

89)　アルカラー・デ・エナーレスで両王に謁見，航海計画を披瀝した．なお，それに先立って 1483 年末から 1484 年はじめ，コロンはポルトガル王ジョアン II 世にもその計画を売り込んでいる．

90)　伝説のもとになったのは，遣唐使が唐に貢納した陸奥の砂金であり，それが東南アジアから東アジアのムスリム商人の間に広がり，黄金島「ワクワク（倭国）」伝説となり，「ジパング」伝説の原型になったという（宮崎正勝 (2000))．

67

徹底して商品情報の書として読んだことが明らかにされている[91]．西回り航路によってジパング，カタイ（中国）にいたる計画は，グラナダ陥落直後に再度退けられるが，ルイス・デ・サンタンヘル以下，コロンを支持した人々の巻き返しによって交渉が成立する（1492年4月17日）．いわゆるサンタ・フェ協約[92]である．

両王は，コロンをアルミランテ almirante（提督），副王（ヴィレイ Virrey），ゴベルナドール gobernador（総督）の各職に任命し，十分の一の利益取得権および八分の一の出資権を与えた．コロンが企てたのは「インディアス事業 La Empresa de las Indias」であって，「カトリック両王＝コロンブス商会」という事業体によってアジアの富を独占的に得る交易事業である（青木（1989））．すなわち，植民地を統治し，経営するような発想は，少なくとも当初はなかった．両王の親書を携え，カタイのグラン・カンを尋ねて通商関係を構築することを目的に，コロンはザイトゥン（泉州）やキンサイ（杭州）を目指し出航したのである．

しかし，コロンの「インディアス事業」は当初の事業モデルのようには運ばないどころか，思いもかけない展開を迎えることとなる．

まずは，コロンの4回の航海の軌跡を振り返っておこう（図I-3-2）[93]．

**第1次航海**（1492年8月3日パロス発—12日カナリア諸島サン・セバスチャン着—9月6日出航—10月12日グアナハニ（サン・サルヴァドル）島上陸 10月24日出航—12月6日イスパニョーラ島着・ナヴィダー要塞建設—翌1月4日出航—3月15日パロス港着）[94]は，総

---

91) 大黒俊二，「『東方見聞録』とその読者たち」（『遭遇と発見　異文化への視野』岩波講座「世界歴史」12，岩波書店，1999年）．

92) サンタ・フェ協約では，以下のことが定められた．①両王は，コロンを，発見した全ての島嶼ならびに陸地のアルミランテに任じ，その死後は，相続者および後継者を順次未来永劫に同職に任ずる．②両王は，コロンを，発見した全ての島嶼ならびに陸地の両王の副王にしてゴベルナドールに任じ，島嶼ならびに陸地のそれぞれを統治するためにコロンが推挙する3人の中から1人を任用する．③真珠，貴石，金，銀，香辛料などアルミランテの管轄内で購入，交換，獲得，取得される全ての物産，商品について，両王は，要した費用を差し引いた上で，全体の十分の一をコロンに与える．④発見した全ての島嶼ならびに陸地で，持ち帰る商品が原因で起きた訴訟については，両王は訴訟の審理をアルミランテ，もしくはその代理人に委ね，他の判吏には委ねない．⑤交易のために仕立てられる全ての船舶について，それに要する総費用の八分の一をコロンが出資することを許可し，航海によって生じる利益の八分の一を与える．

93) コロンの航海については，「クリストバル・コロンの四回の航海」（林屋訳注（1965））を参照した（ラス・カサス（1981～1990））．

94) 第1次航海については，1492年8月3日から翌年3月15日までの航海日誌とルイス・デ・サンタンヘルへの書簡の記録がある．いずれも原本は失われているが，前者については，ラス・カサスが要約した手稿本がある（林屋訳（1977））．

## 3 拡大する「新世界」

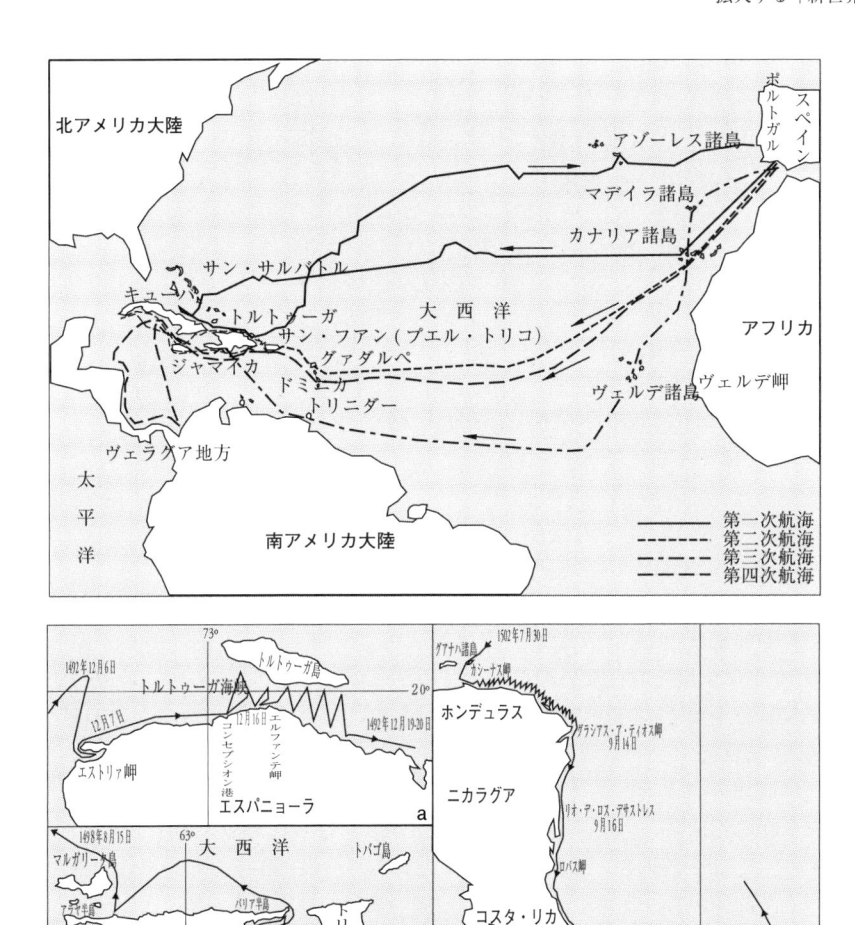

図 I-3-2　コロンの航路
a. コロンの航路　第1回　b. コロンの航路　第3回　c. コロンの航路　第4回

勢 90 名[95]が，サンタ・マリア[96]，ピンタ[97]，ニーニャ Niña[98] の 3 隻の船団を組んで出帆

---

95)　120 名説もあるが，90 名説が有力視されている．
96)　ナオ船，100〜120 積載トン．
97)　カラベラ船，80 積載トン．船長はマルティン・アロンソ・ピンソン．
98)　カラベラ船，60 積載トン．

第 I 章
スペイン植民都市の形成

図 I-3-2d　第 1 次コロンの航路　手書き地図
コロンブス，アメリゴ，ガマ，バルボア，マゼラン（1965）

した．のちに「フェリペ II 世の勅令」（第 II 章 2 節）は，湾内・沿岸・河川航行について，それぞれ定員 30 人以下とする（第 8 条），小型の軍船あるいはカラベル船あるいは容積 70 トン未満を超えない船舶を少なくとも 2 隻用意し（第 6 条），事故に備えて常に 2 隻航行する（第 7 条）といった諸規定を設けている．このコロンの初航海は，その船団の規模をイメージさせる．

　バハマ諸島のグアナハニ（サン・サルヴァドル）島に初上陸した後，コロンたちはキューバ北岸を探索し，イスパニョーラ島を足場にさらに周辺の島々を探索するが，サンタ・マリア号が座礁，放棄を余儀なくされる．全員帰国できない事態の中，近くのシバオ[99]に金があるとする情報を得た一部の乗組員は残留を希望，居留地としてナヴィダー要塞が建設された．1 年分以上の食糧やさまざまな種子，ボート，武器などとともに 39 名がイスパニョーラ島での生活を開始した．このナヴィダーが，植民地におけるスペインの最初の居留地であり，ここにスペイン植民地帝国は，その第一歩を踏み出すこととなった（図 I-3-2, a 図）．

　コロンがニーニャ号[100]で持ち帰ったものは，単にそれで交易事業の端緒が開かれたという次元のものではない．インディアスの「発見」という事実こそが決定的であった．拉致してきたインディオ，原色の野鳥オウム，香料らしき野鳥，黄金のかけらなどがその象徴である．

　コロンの「インディアス発見」によって問題となるのは，その領有がアルカソヴァ

99)　シバオという名前を聞いて，コロンはジパングを思い浮かべた，という．
100)　「黄金の島」発見の先駆けを目指して単独行動に出たピンソン指揮のピンタ号は，再びコロンと合流したのち，別々に帰国することになった．

拡大する「新世界」

ス条約に抵触するかどうかであった．カトリック両王は，すぐさまローマ教皇アレクサンデルⅥ世に，コロンが到達した島々の領有権と大西洋を西へ向かう航海権の独占を求めている．この要請に応えて，アレクサンデルⅥ世は3つの教書[101]を出した．この教書をもとに，ポルトガルとカスティージャの間でトルデシーリャス Tordesillas 条約が締結され，両国による二分線（デマルカシオン）が，さらに西へ270レグア移動された（西経46度37分の子午線）[102]．

　カトリック両王とコロンは，**第2次航海**へ向けて協議を開始，サンタ・フェ協約を正式に確認する（1493年5月28日）[103]．船隊の編成については，カトリック両王から全権を委託されたアルミランテにして副王兼総督であるコロンが一切を指揮・監督・命令・管理する体制がとられた[104]．

　**第2次航海**（1493年9月25日カディス発—10月5日ゴメラ島着，7日出航—小アンティル諸島発見—11月22日イスパニョーラ島着—28日ナヴィダー要塞到着—12月8日イサベラ市建設開始—翌4月24日キューバ島探索，ジャマイカ発見—9月29日イサベラ市帰着—1496年3月10日出航—6月11日カディス港着）は，乗組員集めに苦労した第1次航海と異なり乗船希望者が殺到，総勢1,500人[105]，17隻の大船団が組まれることになっ

---

101) 教書は以下の3つである．① 1493年5月3日付教書「インテル・セテラ（特権授与教書）」：コロンが到達し発見した島々と陸地の住民へのキリスト教の布教・改宗事業をカトリック両王に委託する．その上で，その土地および今後発見されるであろう一切の土地を両王に授与し，外国人の当地域への無断通行を禁止する．② 1493年5月3日付教書「エキシミエ・デボティオニス」：「インテル・セテラ」でカトリック両王に認めた独占航海域において，アフリカ西海岸方面でポルトガルに授与していた諸権利・諸特権をカトリック両王に認める（特権授与教書）．なお，ポルトガルがアフリカ西海岸南下海域に関してすでに取得していた教書は，1455年1月8日付教書「ローマヌス・ポンティフェクス」（領有権授与教書），1456年3月13日付教書「インテル・セテラ」（特権授与教書），1481年6月22日付教書「アエテル・レジス」（分界教書）の3つである．③ 1493年5月4日付教書「インテル・セテラ」：カトリック両王の独占航海域をアソーレス諸島およびヴェルデ岬諸島の西100レグアの地点を通過する子午線の以西および以南とする（分界教書）．
102) この時，東経133度23分の子午線が通過する（広島県福山辺り）日本は，東をスペイン領，西をポルトガル領に分割されたことになる．1500年にカブラルによって発見されたブラジルはポルトガルのものとなった．
103) 事業がカトリックの布教，改宗を第一の目的としていること，そのために修道士たち一行および第1次航海で連れてきたインディオを通訳として随伴すること，インディオとの交遊を深め，インディオに悪行を働く者を厳罰に処すことが定められている．
104) ただし，カスティージャ王国国務院メンバーであったフアン・ロドリゲス・デ・フォンセカが，総司令官コロンと共に陣頭指揮をとるよう命じられ，また，会計管理のために王室会計官フアン・デ・ソリアが指名されたことが示すように，王室の関与がより明確化された．船舶の選定こそコロンが行うものの，渡航者の選定，給料の支払いといった全ての支出については3人の連署が必要とされるなど，個々の権限については，王室によって一定の制限が設けられた．
105) 1,200名説もあるが，ラス・カサスの唱える1,500名説が一般的には認められている．ただし，3人の手によって乗組員の登録をチェックし給料を支払ったにもかかわらず，名簿に記載されていない者が200名以上いたとされる．

た[106].

　この**第2次航海**で，交易事業から植民事業への展開が開始されたといってよいが，1,500名のうち農夫は20名，灌漑夫1名が含まれるだけで，自給あるいは定住が目指されていたわけではない．登載した農耕獣もわずかで，あくまで実験的なものであったと考えられる．騎馬兵20名の他，1,000名以上の歩兵が随行している．そういう意味では「コンキスタ」の第一歩でもあった．

　ナヴィダー要塞に戻った船隊を迎えたのは，残留した39人が全員インディオによって殺害され，要塞も破壊されているという衝撃の事態であった．やむなく新たな拠点を建設することになる．選ばれたのは，シバオにも近いスペイン第2の拠点イサベラである．シバオにはサント・トーマス砦が築かれた．

　コロンの関心はあくまでカタイ，ジパングへの道であり，イスパニョーラ島到着後半年足らずで探索の航海に出発するが，イサベラ建設を開始して3か月たった時点で，深刻な食糧不足に見舞われた．コロンは，アントニオ・デ・トーレス Antonio de Torres を国王への使者として送っている（1494年2月2日～3月7日）が，同時に12隻が帰航している．人数は不明であるが，かなりの人数が帰国したことになる．

　この段階で，コロンの指揮によらなくても，カスティージャとイスパニョーラ島の間に行き来が1月余りで可能となっていることは重要である．スペインとの交通がコロンのコントロールを離れていくことは，渡航者の統率を失うことをも意味した．半年のキューバ探索から帰航したコロンは，勝手な彼らの行動に加え，頻発するインディオの反乱にも見舞われ，島の混乱を収拾するのに四苦八苦する[107]．インディオたちに金と綿の納入を義務づけるがままならず，食糧の供給も途絶えがちになると，金納制を廃し，農園での食糧生産のためにインディオに労役を課すようになる．その手配をカシーケ Cacique と呼ばれた集落の首長に委ねたが，このような，既存の統治秩序を取り込む手法は，のちのエンコミエンダ制やそしてレパルティミエント制[108]へとつながっていく．

　こうした事態に対して，カトリック両王がとったのは，王室のコントロールのもとにコロン以外の事業者の参入を認めて事業の活性化を目指す，渡航自由化政策[109]で

---

106) 第2次航海については，イスパニョーラ島の統治に関してアントニオ・デ・トーレスに託した国王への伝言と，航海に同行したチャンカ博士の書簡しか残されていない．
107) 1495年8月末にアントニオ・デ・トーレスを末弟ディエゴとともに再び本国へ送る際には，一時的な収入を得ることも企図して，反逆したインディオたちを奴隷として送っている．
108) アステカ国家の傭役制の後身であり，原地語でコアテキル coatequil とも呼ばれた．
109) 具体的には，1495年4月10日の「インディアスへの渡航および発見・交易の自由化令」．この法令は，王室の給料によらない自活者に対し，①イスパニョーラ島への渡航の自由と，島での公租賦役免除とともに，自活のための宅地と農地および自活ができるまでの1年分の食糧を無償で支給し，②発見した金のうち三分の一を，その他の物産については十分の九を与えることを認めている．また，イスパニョーラ島以外の島々の発見・交易の自由も認めるが，その条件として，

# 拡大する「新世界」

あった．

　直後，トーレスが再び帰航し，救援船が編成される．しかし，自由化令にもかかわらず思うように乗組員が集まらず，法令の諸条件は次々と緩和されていくこととなった[110]．これによって，コロン以後のコンキスタドールが積極的に参入を果たすようになる．これは，サンタ・フェ条約からの大きな路線変更であり，こうした王室の動きを知ったコロンは，協約を再確認すべく帰国の途に着く．帰国（1496 年 6 月）から**第 3 次航海**まで，コロンは 2 年の月日を要することとなった[111]．

　**第 3 次航海**（1498 年 5 月 30 日サンルカル発—マデイラ・ゴメラ・フィエロ島—ヴェルデ Velde 岬諸島，7 月 5 日出航—7 月 31 日トリニダード島発見—8 月 30 日サント・ドミンゴ着—1499 年 8 月 23 日ボバディージャ到着—コロン幽閉，本国送還，1500 年 10 月初旬出航—10 月 20（25）日カディス港着……図 I-3-2，b 図）[112]の渡航者の編成計画をみると，330 名のうち，農夫 50 名，野菜・果樹栽培者 10 名，職人 20 名が予定されており，食糧の自給が目されていることがわかる．各種農具とともに 20 頭の牛やロバも積み込まれ，定住者への土地の分与と，最低 4 年間の定住義務も定められていた．そして注目すべきは，女性 30 名が予定されていることである．明らかにカトリック両王が目指したのは植民開拓型の事業展開であった．

　しかし，実際に参加したのは 287 名にとどまった．6 隻の船団の中で，農夫，野菜・果樹栽培者は合わせて 28 名にすぎず，女性も 2 名にとどまった．このことは，結局，最後までコロンの念頭にあったのが，商館交易モデルであったことを意味する．カトリック両王の構想は中途半端にとどまらざるを得なかった．

　なお，コロンの帰国中にも，植民活動は着々と進行していた．島の南岸部にヌエヴァ・イサベラが建設され（1496），コロンが帰ってきたときには，ハリケーンで壊

---

　③王室が指名する係官 1，2 名を乗船させ，積載トン数の十分の一を超えない範囲で，王室の貨物をイスパニョーラ島に無償で輸送すること，④イスパニョーラ島以外の交易によって得られる利益の十分の一を王室に納めること，⑤インディアスへの通航はすべてカディスを唯一の出入港とすることを定めている．

110) 5 月 30 日付「自由化令」では，①王室から給料を得て渡航するものにも自由な活動を認め，入手した金については五分の一を与えること，②イスパニョーラ島以外への渡航をこころみる者にはイスパニョーラ島への寄港の義務を撤廃すること，③交易で得られた金については課税率を三分の二から四分の一に軽減すること，を定めている．

111) サンタ・フェ協約と「自由化令」の調整を行っていたとされる．結果として，コロンは両王の信任を得て，サンタ・フェ協約にもとづいたコロンによる一元的統制管理による「インディアス事業」の枠組みを確認することで合意に達する．ただし，イスパニョーラ島以外への「自由化令」（註 110）は維持されることになった．結果，第 3 次航海については，渡航者の数，編成を含め王室が大きくイニシアチブをとり，人件費の面から資金投入に歯止めをかけることとなる．

112) 第 3 次航海についてのコロンの記録として，イスパニョーラ島から国王に宛てた 1498 年 10 月 18 日付の書簡と，カトリック両王の王子フアンの保育女官フワナ・デ・ラ・トーレ宛に 1500 年末に書かれた書簡の二つが知られる．

滅したヌエヴァ・イサベラはオサマ Ozama 川の対岸に移転し，新たな町サント・ドミンゴが建設されつつあった．

　要するに，このコロンの 3 度目の航海も失敗に帰す．悲惨な結末といってよい．フランシスコ・ロルダンの叛乱によって，島は混乱を極め，ついに 1499 年，カトリック両王は監察官フランシスコ・デ・ボバディージャ Francisco de Bobadilla を派遣し，コロンを 2 人の弟とともに本国へ強制送還してしまうのである．

　コロンの最後の航海となった**第 4 次航海**（1502 年 5 月 9 日カディス発—6 月 29 日サント・ドミンゴ着—ヴェラグア（ホンデュラス・コスタリカ・パナマ）探索—1503 年 4 月ジャマイカ漂着—1504 年 6 月 28 日ジャマイカ発—8 月 13 日サント・ドミンゴ着，9 月 12 日出航—11 月 7 日サンルカル着……図 I-3-2，c 図）[113] に参加したのはわずか 140 名である．4 隻の船団で出航し，サント・ドミンゴに直行するが，総督に任命されていたニコラス・デ・オヴァンド（1460〜1518）[114] は入港を拒否する．その後ホンデュラス沖を探索した後，ジャマイカ沖で座礁，全ての船を失って 1 年の滞在を余儀なくされる．ようやく救援船を得てサント・ドミンゴに向かうが，オヴァンドはコロンを冷淡にあしらい，コロンは失意のまま帰国する．イサベルはコロンの謁見を許さないまま死去（1504 年 11 月 20 日），コロン自身も 1 年半後に，ヴァジャドリードで 54 歳の生涯を終えた（1506 年 5 月 20 日）．

## 3-3　「新世界」探索

　コロンの「インディアス事業」が軌道に乗らない中で，ヴァスコ・ダ・ガマ Vasco da Gama（1469 頃〜1524）のインド到達（1498）は，カトリック両王に大きな衝撃を与えた．ヘンリー VII 世が後押ししたジョバンニ・カボット Giovanni Caboto が 1497 年に北アメリカ北岸ラブラドールに到達し，イギリスが南下してくることも危惧された．一方，自前で航海をこころみようとする探検家も現れはじめた．そこでカトリック両王がインディアスへの渡航の自由化に踏み切ったのは上述のとおりである．

　コロンが第 3 次航海に出航して以降，第 4 次航海までの間に，「自由化令」のもと，計 8 隊が航海をこころみている．全ての航海は，上述のカスティージャ王国国務院メンバーであったフアン・ロドリゲス・デ・フォンセカ Juan Rodríguez de Fonseca がセヴィージャで取り仕切った．

---

113）　第 4 次航海についてコロン自身が書いたものは，ジャマイカ島から国王宛に書いた 1503 年 7 月 3 日付の書簡のみである．

114）　オヴァンドは，アルカサル・ヴィエホ Alcázar Viejo の城主の子として生まれた貴族であり，アルカンタラ Alcántara 騎士団の司令官としてカトリック両王に重用され，前述のとおりサンタ・フェ建設にも関わった．最初の妻はエルナン・コルテスの遠縁にあたる．

拡大する「新世界」

8隊の時期と主要構成員を以下にまとめておこう．
**航海 A**［1499.5.16〜1500.9.18］アロンソ・デ・オヘダ Alonso de Ojeda（1465〜1515），フアン・デ・ラ・コサ Juan de la Cosa（1460頃〜1509），アメリゴ・ヴェスプッチ Amerigo Vespucci（1454〜1512）の船隊．
**航海 B**［1499.6〜1500.6］ペドロ・アロンソ・ニーニョ Pedro Alonso Niño（Peralonso Niño, 1468〜1505），クリストバル・ゲーラ Cristóbal Guerra（？〜1504）の航海．
**航海 C**［1499.12〜1500.6］ヴィセンテ・ヤニェス・ピンソン Vicente Yáñez Pinzón（1462頃〜1514）の航海．
**航海 D**［1499.12〜1500.6］ディエゴ・デ・レペ Diego de Lepe（1460〜1515）の航海．
**航海 E**［1500］アロンソ・ペレス・デ・メンドーサ，ルイス・ゲーラの航海．
**航海 F**［1500夏〜1501.10］クリストバル・ゲーラ，ディエゴ・ロドリゲス・デ・グアヘーダの航海．
**航海 G**［1501.2〜9］ロドリゴ・デ・バスティーダ Rodrigo de Bastidas（1460〜1527），フアン・デ・ラ・コサ，ヴァスコ・ヌニェス・デ・バルボア Vasco Núñez de Balboa（1475〜1519）の航海．
**航海 H**［1502.1〜1503夏］アロンソ・デ・オヘダ，フアン・デ・ベルガーラ，ガルシア・デ・カンポスの航海．
それぞれの航海は，以下のように展開していった．

**航海 A**，すなわち許可第1号船隊のアロンソ・デ・オヘダ，フアン・デ・ラ・コサ，アメリゴ・ヴェスプッチは，それぞれスペイン植民帝国の形成に重要な軌跡を残している．順を追って検討しよう．
アロンソ・デ・オヘダは，クエンカ Cuenca の貴族の出とされるが，コロンの第2次航海に参加して以降，インディオとかかわるこの航海でトリニダードに上陸，オリノコ川周辺を探索，ヴェネズエラを発見した後，**航海 H** も指揮している．その後，フェルナンドが「カスティージャ・デ・オロ Castilla de Oro（黄金のカスティージャ）」と名づけ，ティエラ・フィルメの征服事業（1508）のために，1509年に3回目の航海を行うことになる．この最後の航海の4隻の船隊の中に，ペルー，メキシコを征服するコンキスタドールの象徴フランシスコ・ピサロ Francisco Pizarro（1471（1478）〜1541），エルナン・コルテスも参加していた．オヘダ隊は，マラカイボ Maracaibo とウラバ Urabá（ダリエン）の間の地域，ヌエヴァ・アンダルシア（現カルタヘナ）に上陸，多くのインディオを虐殺，奴隷とした．オヘダは，ヌエヴァ・アンダルシア総督を務めた[115]．

---

115) オヘダの残虐性については，後にラス・カサスが告発するところとなる．サン・セバスチャンを植民拠点として建設するが軌道に乗らず，ピサロにその経営を委ねてサント・ドミンゴに戻り，

## 第 I 章
### スペイン植民都市の形成

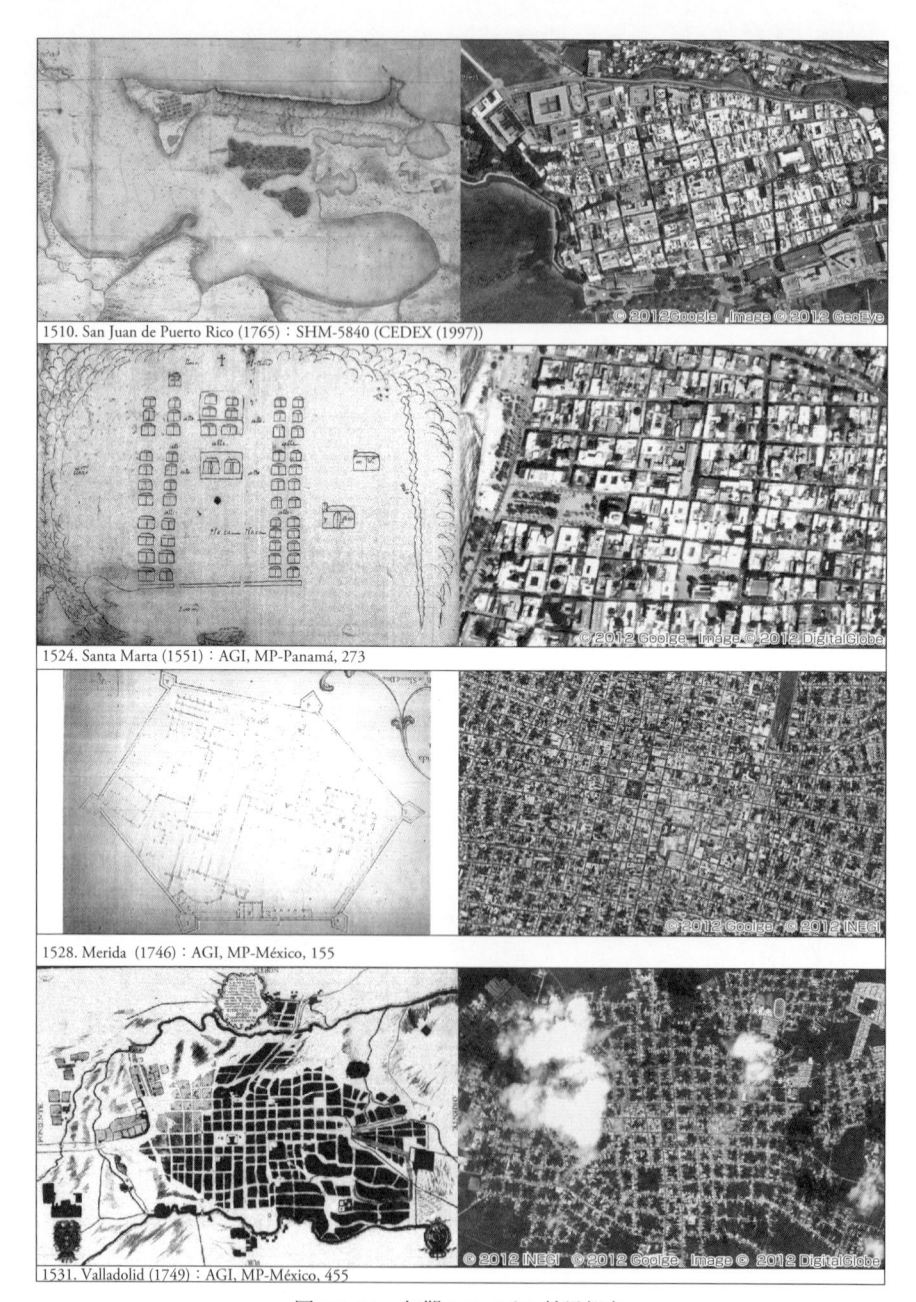

1510. San Juan de Puerto Rico (1765)：SHM-5840 (CEDEX (1997))

1524. Santa Marta (1551)：AGI, MP-Panamá, 273

1528. Merida (1746)：AGI, MP-México, 155

1531. Valladolid (1749)：AGI, MP-México, 455

図 I-3-3A　初期のスペイン植民都市

拡大する「新世界」

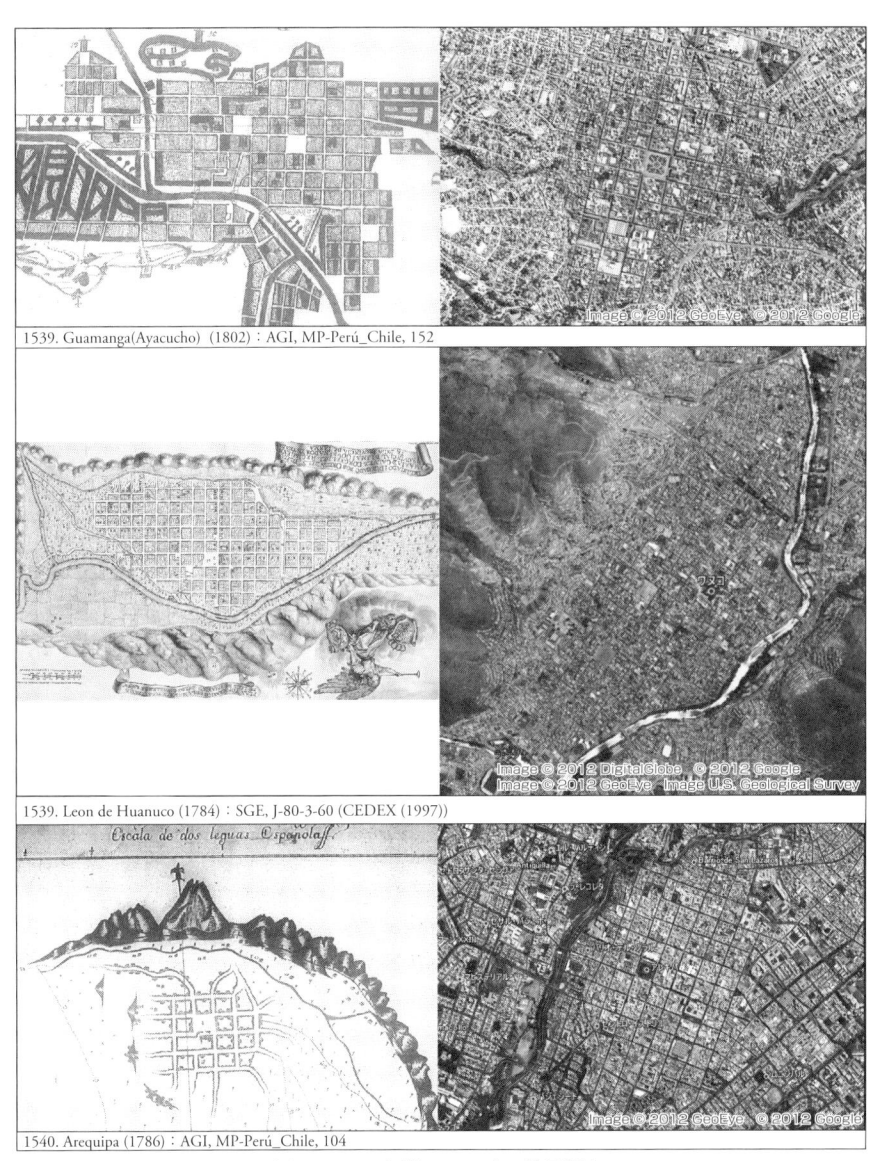

1539. Guamanga(Ayacucho) (1802)：AGI, MP-Perú_Chile, 152

1539. Leon de Huanuco (1784)：SGE, J-80-3-60 (CEDEX (1997))

1540. Arequipa (1786)：AGI, MP-Perú_Chile, 104

図 I-3-3B　初期のスペイン植民都市

そこで死去している．ラス・カサスは「彼は病に倒れて貧しく死んだ．インディオたちから多くの金，真珠を奪い，多くのインディオを奴隷にしたにもかかわらず，自らを埋葬する1セントも持ち合わせていなかった．」と書いている．

## 第 I 章
スペイン植民都市の形成

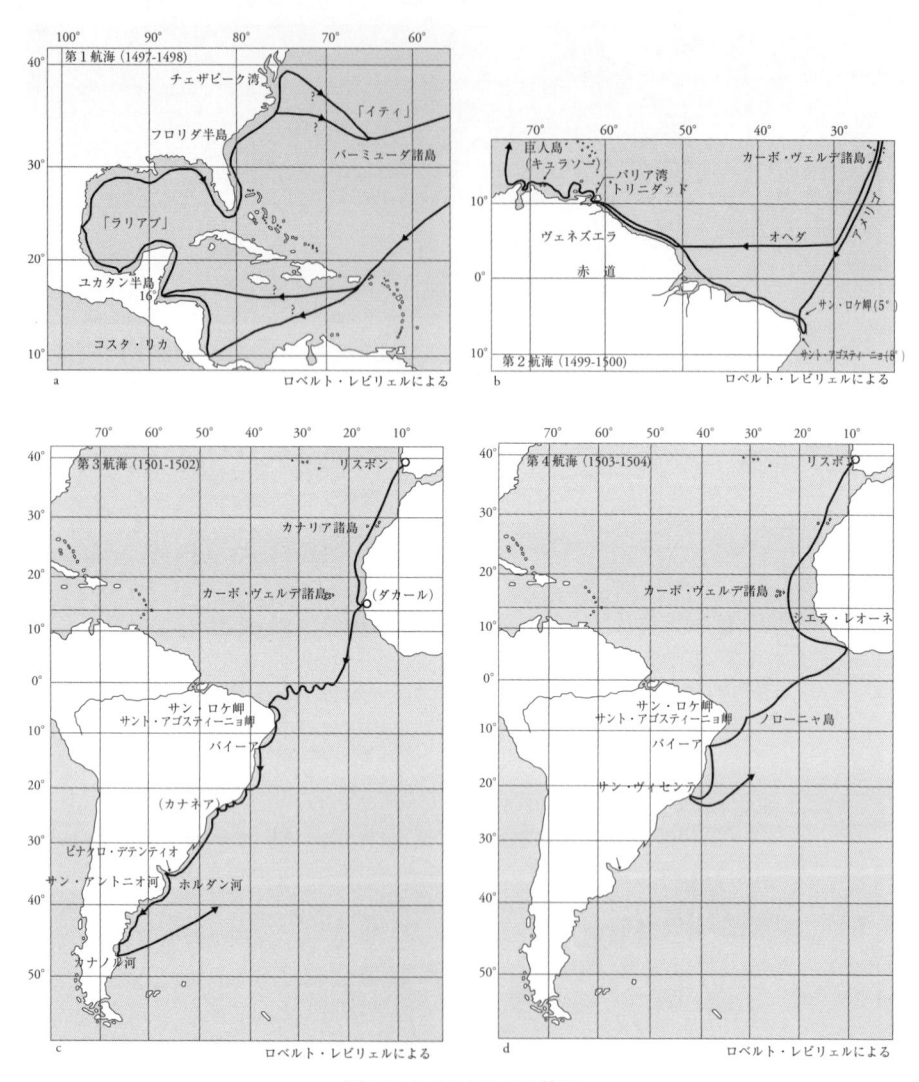

図 I-3-4　アメリゴの航路

色摩力夫（1993）

　2人目，フアン・デ・ラ・コーサは，カンタブリア，サンタ・マリア生まれで，船主であり，地図製作者[116]として知られる．西アフリカ沿岸への航海の経験があり，

---

116) いくつかの地図を製作しているが，ヨーロッパ最古の世界図（1500年）は彼の手になる．コロンが島だと認識していなかったキューバの輪郭が示されている．アレクサンダー・フォン・フンボルトがその重要性を指摘し，複製をつくっている．

3

拡大する「新世界」

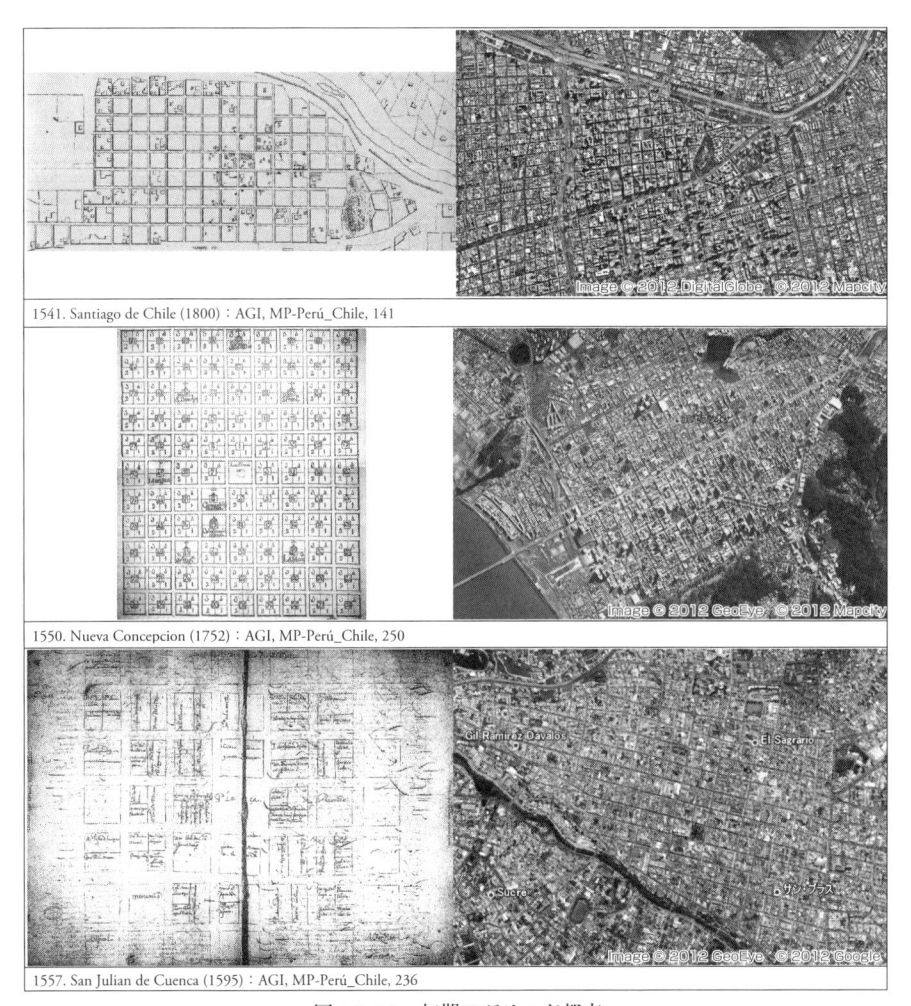

1541. Santiago de Chile (1800)：AGI, MP-Perú_Chile, 141

1550. Nueva Concepcion (1752)：AGI, MP-Perú_Chile, 250

1557. San Julian de Cuenca (1595)：AGI, MP-Perú_Chile, 236

図 I-3-5A　初期のグリッド都市

1488年にはポルトガルにいて，喜望峰に達したバルトロメウ・ディアス Bartolomeu Dias と面識があったことが記録に残されている．コロンの最初の3回の航海全てに参加しており，座礁したサンタ・マリア号の所有者であり，船長でもあった[117]．

コーサは，いくつかの地図を製作している．1500年の世界図 Mappa Mundi（マドリー

---

117) コロンの最初の航海でサンタ・マリア号はハイチ沖で難破する．コロンはその責をコーサに帰しているが，1494年にコーサは国王から補償金を得ている．第2次航海では地図製作者として参加，第3次航海ではラ・ニーニャ号に乗船した．

79

第 I 章
スペイン植民都市の形成

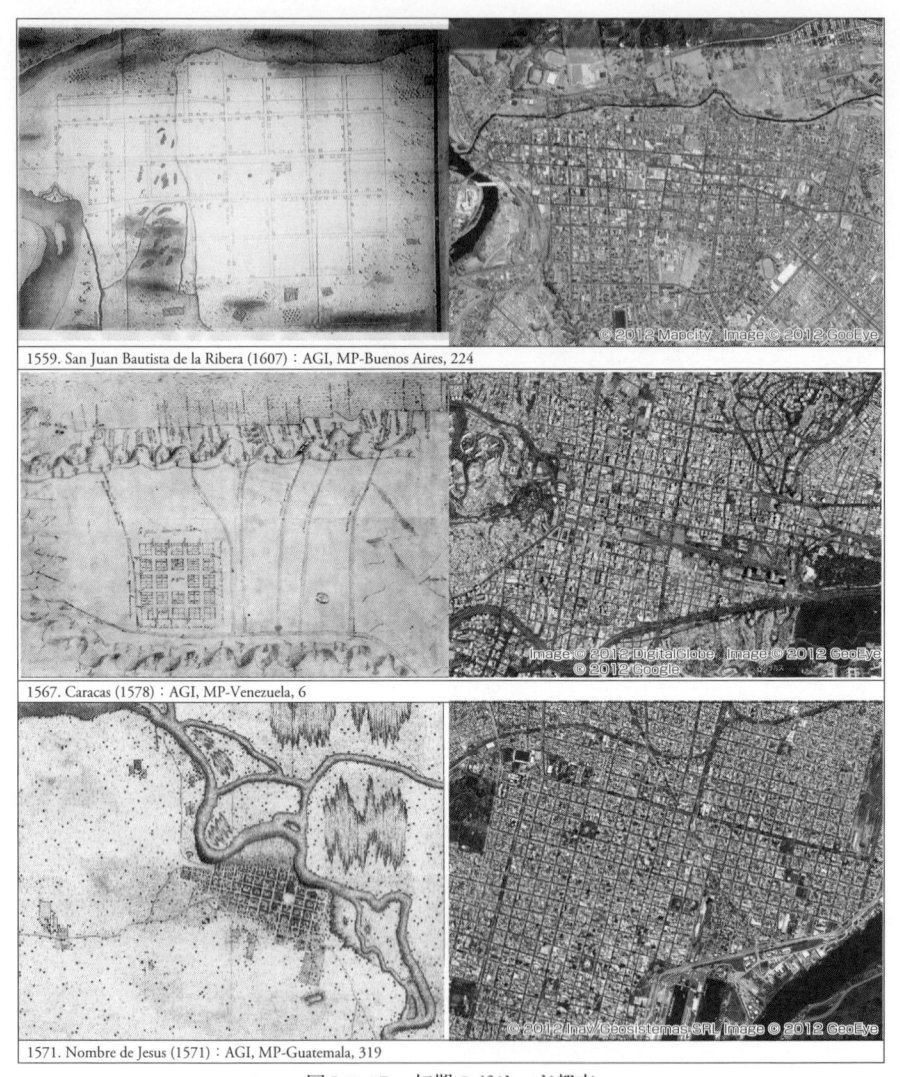

1559. San Juan Bautista de la Ribera (1607)：AGI, MP-Buenos Aires, 224

1567. Caracas (1578)：AGI, MP-Venezuela, 6

1571. Nombre de Jesus (1571)：AGI, MP-Guatemala, 319

図 I-3-5B　初期のグリッド都市

ド海事博物館所蔵）はアメリカ大陸を描いた現存最古の世界図である．緯線と経線を引き，その交点にコンパス・ローズ（方位盤）を置いて，そこから32分位線を放射させるポルトラーノ図である．応地利明（2007）は，コーサ図を，2年後に作られるカ

拡大する「新世界」

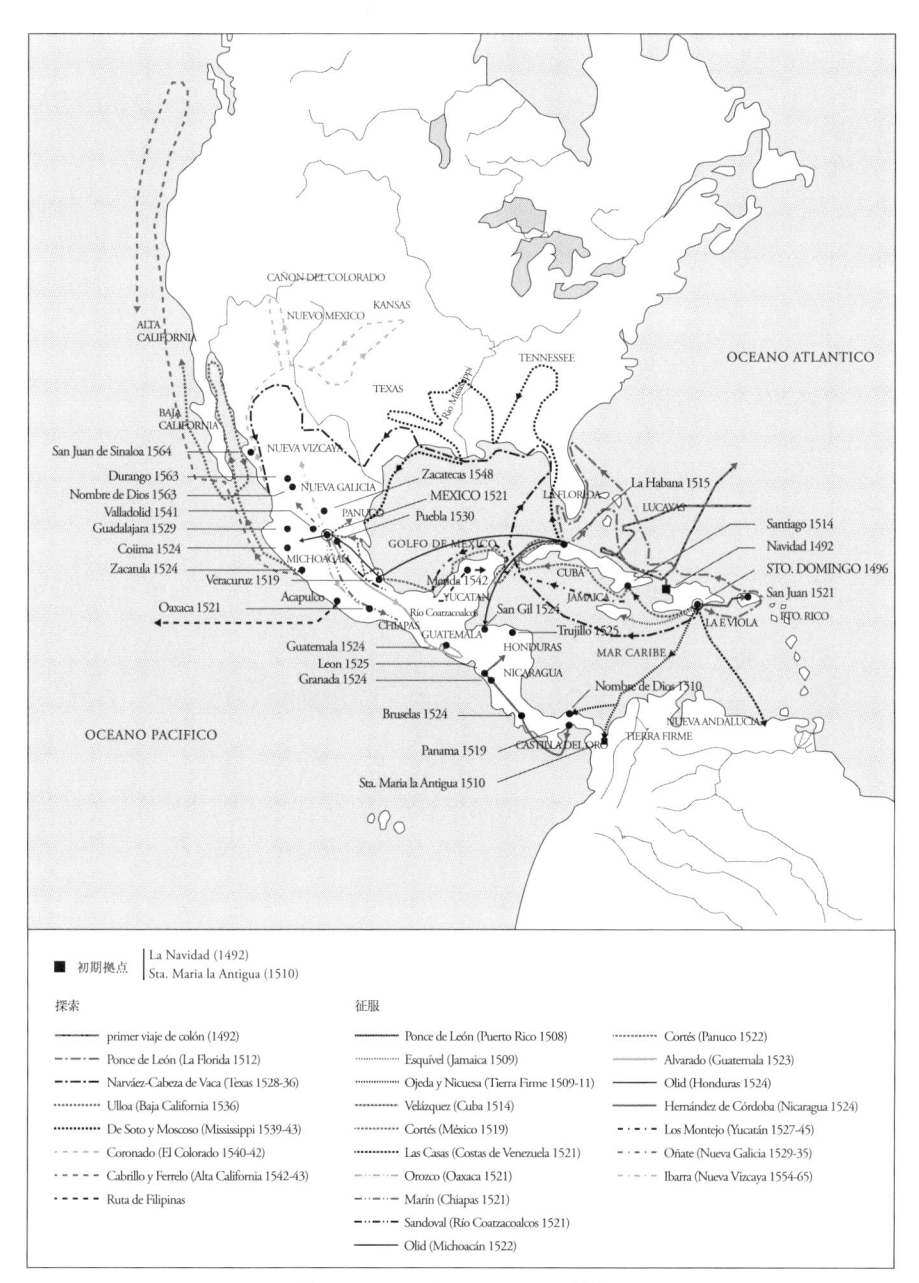

図 I-3-6　コンキスタドールの航路 A

Gómez-Ferrer (1987) をもとに梅谷敬三作図

■ 初期拠点　La Navidad (1492)
　　　　　　Sta. Maria la Antigua (1510)

探索
――――― primer viaje de colón (1492)
―・―・― Ponce de León (La Florida 1512)
―――― Narváez-Cabeza de Vaca (Texas 1528-36)
・・・・・・・ Ulloa (Baja California 1536)
・・・・・・・ De Soto y Moscoso (Mississippi 1539-43)
―――― Coronado (El Colorado 1540-42)
―‐―‐― Cabrillo y Ferrelo (Alta California 1542-43)
―‐―‐― Ruta de Filipinas

征服
――――― Ponce de León (Puerto Rico 1508)
・・・・・・・ Esquível (Jamaica 1509)
――――― Ojeda y Nicuesa (Tierra Firme 1509-11)
――――― Velázquez (Cuba 1514)
・・・・・・・ Cortés (México 1519)
・・・・・・・ Las Casas (Costas de Venezuela 1521)
――――― Orozco (Oaxaca 1521)
―・―・― Marín (Chiapas 1521)
―‐―‐― Sandoval (Río Coatzacoalcos 1521)
――――― Olid (Michoacán 1522)
・・・・・・・ Cortés (Panuco 1522)
――――― Alvarado (Guatemala 1523)
――――― Hernández de Córdoba (Nicaragua 1524)
―・―・― Los Montejo (Yucatán 1527-45)
――――― Oñate (Nueva Galicia 1529-35)
―‐―‐― Ibarra (Nueva Vizcaya 1554-65)

# 第 I 章
## スペイン植民都市の形成

**凡例**

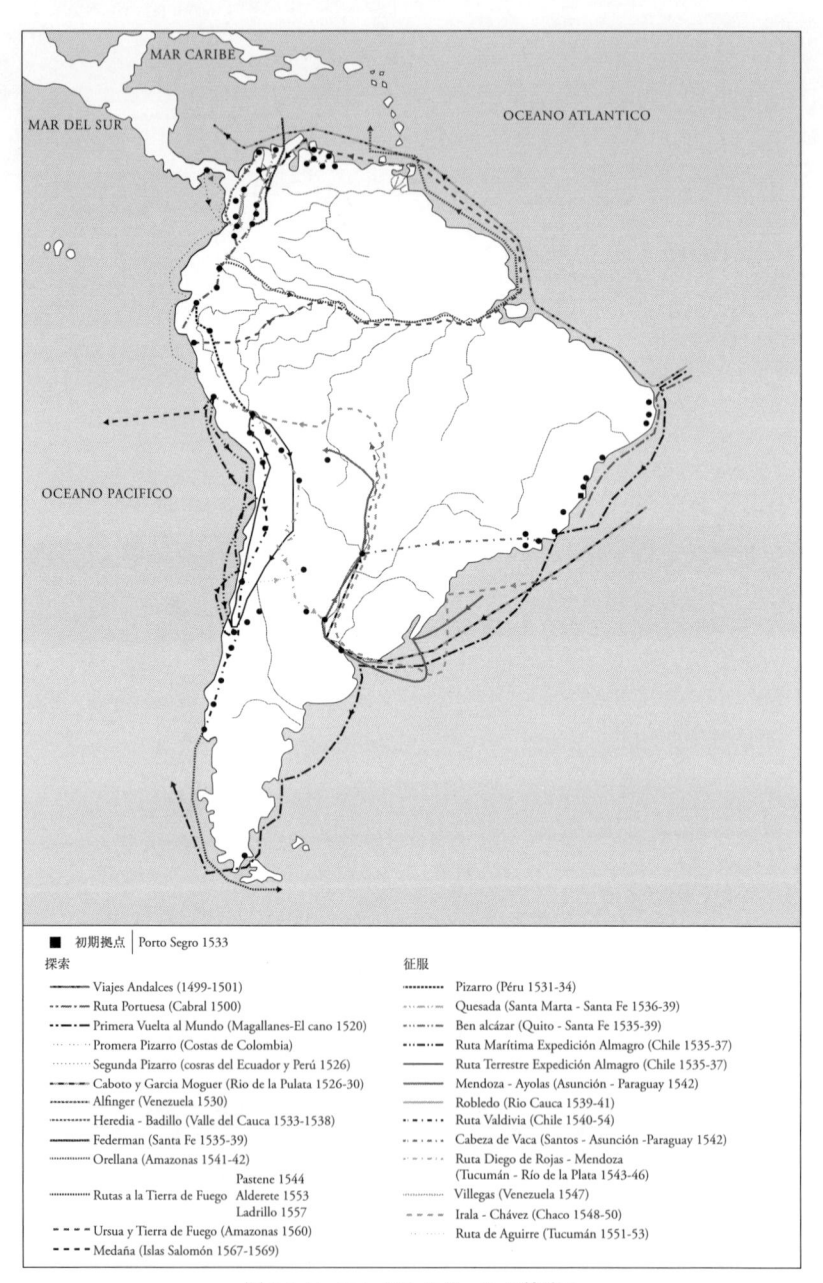

■ 初期拠点 | Porto Segro 1533

探索
- ——— Viajes Andalces (1499-1501)
- —·—·— Ruta Portuesa (Cabral 1500)
- ——— Primera Vuelta al Mundo (Magallanes-El cano 1520)
- ——— Promera Pizarro (Costas de Colombia)
- ········· Segunda Pizarro (cosras del Ecuador y Perú 1526)
- ——— Caboto y Garcia Moguer (Rio de la Pulata 1526-30)
- ——— Alfinger (Venezuela 1530)
- ——— Heredia - Badillo (Valle del Cauca 1533-1538)
- ——— Federman (Santa Fe 1535-39)
- ——— Orellana (Amazonas 1541-42)
-       Pastene 1544
- ——— Rutas a la Tierra de Fuego   Alderete 1553
-       Ladrillo 1557
- — — — Ursua y Tierra de Fuego (Amazonas 1560)
- — — — Medaña (Islas Salomón 1567-1569)

征服
- ············ Pizarro (Péru 1531-34)
- ············ Quesada (Santa Marta - Santa Fe 1536-39)
- ············ Ben alcázar (Quito - Santa Fe 1535-39)
- ——— Ruta Marítima Expedición Almagro (Chile 1535-37)
- ——— Ruta Terrestre Expedición Almagro (Chile 1535-37)
- ——— Mendoza - Ayolas (Asunción - Paraguay 1542)
- ——— Robledo (Rio Cauca 1539-41)
- —·—·— Ruta Valdivia (Chile 1540-54)
- ——— Cabeza de Vaca (Santos - Asunción -Paraguay 1542)
- — — — Ruta Diego de Rojas - Mendoza (Tucumán - Río de la Plata 1543-46)
- ——— Villegas (Venezuela 1547)
- — — — Irala - Chávez (Chaco 1548-50)
- ——— Ruta de Aguirre (Tucumán 1551-53)

図 I-3-7　コンキスタドールの航路 B

Gómez-Ferrer（1987）をもとに梅谷敬三作図

3
拡大する「新世界」

■ 初期拠点
1 Navidad
2 Sta. Maria la Antigua
3 Porto Seguro

● 主要拡張拠点
4 Sto. Domingo
5 Mexico
6 Panama
7 Cuzco
8 Asunción

◆ 開発拠点
9 La Habana
10 Sto. Marta
11 Tocuyo
12 Cartagena
13 Coro
14 Guatemala
15 San Miguel Piura
16 Quito
17 Lima
18 Bahia
19 San Vicente
20 Santiago
21 Zacatecas

探索
—— Primer Viaje de Colon
--- Ruta Portuguesa
-·-· Primera Vuelta al Mundo (Magallanes-Elcano)
---- Rio de la Plata (Caboto y Garcia)
······ Mississippi (De Soto)
-··-·· Texas (Cabeza de Vaca)
----- Cañon del Colorado (Coronado)
---- Amazonas (Orellana)
······ California (Cabrillo)
······ Tierra de Fuego
······ Pacifico y Oceanía

征服
······ Mexico (Cortes)
······ Guatemala (Alvarado)
······ Honduras (Olid)
-··-·· Nicaragua (Hdez. de Cordoba)
-··-·· Nueva Galicia (Oñate)
-··-·· Nueva Vizcaya (Ibarra)
—— Perú (Pizarro)
—— Nueva Granada (Quesada)
—— Nueva Granada (Benalcázar)
-··-·· Chile (Valdivia)

図 I-3-8 コンキスタドールの航路 C
Gómez-Ferrer（1987）をもとに梅谷敬三作図

83

# 第Ⅰ章
## スペイン植民都市の形成

ンティーノ図と比較しているが[118]，コーサ図は，左右で別個に方位線が引かれ，基準方位も異なっている．すなわち別個の地図をそのまま接合するかたちをとっており，全体の統一性を欠いているのである．そして何よりも興味深いのは，その分割（接合）線が，1479年のアルカソヴァス条約のスペイン・ポルトガルの分割線（デマルカシオン）に沿っており，トルデシーリャス条約（1494）のそれのはるか東方に設定されていることである．

コーサは，彼にとっての4度目の航海（**航海A**）で一等航海士を務め，パリアParia湾に面した南アメリカ大陸に最初の足跡を残した．また，エセキボEssequibo川からヴェラ岬Cape Velaにいたっている．この航海ののち，1500年のロドリゴ・デ・バスティードの**航海G**に参加し，今日のコロンビア，パナマを探索し，パナマ地峡を遡ってハイチにいたっている（1502）．この間，スペインが発見した土地にポルトガルが侵入するが，イサベル女王が抗議のために派遣したのもコーサであった．その後，コーサは独自の航海としてパール諸島およびウラバ湾を探索し拠点を築くとともに，ジャマイカ，ハイチに寄港している．1509年の「カスティージャ・デ・オロ」にも，参加していた[119]．コーサにとって7回目の航海であったが，この時インディオの毒矢にかかり死亡，これが最後の航海となった．

最後のアメリゴ・ヴェスプッチ[120]は，その名をアメリカ大陸という名に残すことになった[121]ことで永久に記憶される．しかし，アメリゴが「新大陸」を最初に発見したわけではないことは，後述するラス・カサスの厳しい糾弾のとおりであるが，ただし，ヴェスプッチ自身が「新大陸」の発見者であることを主張したわけではない．コロン以降の航海者たちが発見した島々や陸地が，アジアとは異なる「新世界」であると最初に気づいたのがアメリゴであった[122]．

---

118) 「Ⅲ なぜカンティーノ図は画期的な「世界地図」なのか 3 カンティーノ図の画期性②コーサ図 急造されたコーサ図」（応地（2007））．
119) コーサが3隻約200人を率い，オヘダが1隻約100名を率いた．
120) 6つの書簡が残されており，4回の航海が知られる．「アメリゴ・ヴェスプッチの書簡集」（1965），長南実訳・増田義郎注，大航海時代叢書Ⅰ『コロンブス アメリゴ ガマ バルボアマゼラン 航海の記録』岩波書店．色摩力夫（1993）も参照．
121) 新大陸をアメリカとしたのは，1507年に出版されたサン・ディエ修道院から出された『コスモグラフィエ・イントロドゥクティオ（世界地理入門）』にアメリカと記入されたのが最初で，アメリゴが航海士総監に任命される直前のことであった．
122) 1503年末，アルベリクス・ヴェスプシウスによる4枚綴りのラテン語のパンフレット『新世界Mundus Novus』が出版された．日付も出版社も不明であるが，パリとフィレンツェで出版されたと考えられている．そして，1505年か1506年に，フィレンツェで『四回の航海において新たに発見された陸地に関するアメリゴ・ヴェスプッチの書簡』という16枚綴りのイタリア語の小冊子が発行された．この冊子には，アメリゴの4回の航海が詳しく報告されている．そして，ヴァルトゼーミュラーが，プトレマイオスの『世界誌』に，この『四回の航海……』を加えて編纂した『世界誌入門』のなかで，「新大陸」を「アメリカ」と呼ぶことを提案し，地図に書き込んだ．

拡大する「新世界」

彼の航海は4回とされるが，その航海には謎が少なくない（図I-3-4）[123]．

第1航海（1497年5月10日カディス出航―カナリア諸島―コスタリカ・ニカラグア・ホンデュラス・ユカタン Yucatán 半島・メキシコラリアブ・フロリダ・カロライナ・ヴァージニア―バーミューダ諸島・イティ島―1498年10月15日カディス帰航）は，指揮官フアン・ディアス・デ・ソリス Juan Díaz de Solís（1470〜1516）のもと，アメリゴは天文地理学者として参加した．

第2航海（**航海A**，1499年5月16日カディス出航―カーボ・ヴェルデ岬諸島―ブラジル北東部―アマゾン河口―ヴェネズエラ・パリア湾・オヘダと合流―イスパニョーラ島―1500年9月18日カディス帰航）は，指揮官オヘダのもと3隻の船団が構成された．ヴェスプッチは航海士として参加した．

第3航海（1501年5月10日リスボン出航―ヴェルデ岬―ブラジル北東部―南米東岸を南下―シエラ・レオネ―アソーレス Azorez 諸島―1502年9月7日リスボン帰航）は，ポルトガル王室事業で，ゴンサロ・コエジョ Gonzalo Coello を指揮官に，指揮者代理，副官格で参加したと考えられる．

第4航海（1503年5月10日リスボン出航―ヴェルデ岬諸島―シエラレオネ―ブラジル・バイア―サン・ヴィセンテ―1504年6月18日リスボン帰航）もポルトガル王委託事業で，同じく指揮官を務めたコエジョの下，一隻の指揮を任された．

アメリゴは，コロンの3歳年下，フィレンツェ生まれのイタリア人で，スペイン人女性と結婚してセヴィージャに住んだ．40歳を過ぎて航海士となり，同世代のコロンとも交流があった．1507年に，フェルナンド王のブルゴスの宮廷に，コーサ，ヴィセンテ・ヤニェス・ピンソン，フアン・ディアス・デ・ソリスとともに呼ばれ，航海政策の抜本改革について諮問を受け，翌年には航海士総監に任命された．航海士の免許制，王立土地台帳の作成，さらには財政制度についてもアメリゴは関与している．アメリゴは，1512年セヴィージャで死去する．跡を継いだのが，フアン・ディアス・デ・ソリスであった．

アメリゴは，第3航海の際に，ヴェルデ岬で，インド遠征の帰路にあったペドロ・アルヴァレス・カブラル Pedro Álvares Cabral（1460（67，68）頃〜1520（26）頃）の船団に出会い，アジア事情を聴取，フィレンツェにその情報を送っている（第2書簡）．カブラルは，実は前年，インドへ向かう途中にブラジルを発見していた．アメリゴは，その情報も得ていたのであろう．第3航海では，ブラジル沿岸を南下するのである．

フアン・ディアス・デ・ソリスは，セヴィージャで生まれ[124]，ポルトガルで航海士

---

[123] 4次にわたる航海の第1，第4については，その存在を否定する主張がある．また，第2，第3についても，その内容については様々な議論がある．いずれの航海も公式の記録が残されておらず，航海日誌なども残されていないからである．

[124] ポルトガル生まれという説もある．

としての訓練を受け，航海Aに先立ってアメリゴが参加した第1の航海を指揮した後，ヴィセンテ・ヤニェス・ピンソンとともに，1506年から1507年にかけてユカタン半島近辺，1508年にはブラジル沿岸を探索している．そして，上述のように，アメリゴを引き継いで航海士総督となる．1515年には南米東岸を探索し，リオ・デ・ラプラタ La Plata の河口に達した．後にも触れるが，ラプラタ（銀）川と命名したのがソリスである[125]．

航海Bを指揮したペドロ・アロンソ・ニーニョはモゲール Moguer で生まれ，アフリカ沿岸の探検を経験した後，コロンの第3次航海に参加し，トリニダードを発見し，オリノコ川河口に達している．この航海ではマラカパーナ Maracapana にいたり，マルガリータ Margarita，コチェ Coche，クバグア Cubagua の諸島で交易し，相当の収益を得て帰国している[126]．

同じく航海Bに関わったクリストバル・ゲーラはトリアナ Triana 生まれで，カルタヘナで死去するが，真珠商人として知られていた．航海Fに加え，さらに1回の航海をこころみている．

航海Cを指揮したヴィセンテ・ヤニェス・ピンソンは，上述のように1507年に，フェルナンド王のブルゴスの宮廷に呼ばれ，航海政策の抜本改革について諮問を受けている．パロス・デ・ラ・フロンテラ Palos de la Frontera に生まれ，ピンソン三兄弟の末弟として知られる．コロンの最初の航海で長兄マーチン・アロンソ・ピンソンはピンタ号の船長，彼自身はニーニャ号の船長を務めた．この航海では，南アメリカ沿岸を進み，今日のブラジル北沿岸（プライア・ド・パライソ Praia do Paraíso）[127]に達している（1500年1月26日）．これはトルデシーリャス条約からは違反していたのであるが，ピンソンはカーボ・デ・サンタ・マリア・デ・ラ・コンソラシオン Cabo de Santa María de la Consolación と命名し，領有権を主張している．ブラジルの「発見」は，ペドロ・アルヴァレス・カブラルによる（1500年4月）とされるが，それより早いことになる[128]．

1505年に，ピンソンは，プエルト・リコ（サン・ファン）（図I-3-3，a図）[129]のコレヒドール corregidor（王室代理官，地方監督官，代官）に任命されるが，インディオの制

---

125) ソリスは，さらにウルグアイ Uruguay 川，パラナ Paraná 川を遡行し，現地人チャルーア族と交戦，1516年に殺害された．
126) ただし，その不正をとがめられ，逮捕もされている．
127) 今日のブラジル，ペルナンブコ州カーボ・サント・アゴスティンホ Cabo de Santo Agostinho．
128) ピンソンはまたアマゾン川を発見し，50マイル上流のサンタ・マリア・デ・ラ・マル・ドゥルス Santa María de la Mar Dulce まで遡行している．またピンソンは，オイポーク Oiapoque 川の発見者として知られる．
129) 現地人によってボリンケン Borinquén と呼ばれ，スペイン人によってサン・フアン・バウティスタ San Juan Bautista と呼ばれた．

拡大する「新世界」

圧に成功していない．1508 年にフアン・ディアス・デ・ソリスと南アメリカに渡るが 1514 年以降，ピンソンについての記録は残されていない．

　航海 D を指揮したディエゴ・デ・レペは，ピンソンと同じ大西洋に面したパロス・デ・ラ・フロンテラ出身である．最初カリブ海に向かうが失敗し，すぐさま再出航している．ヴィセンテ・ヤニェス・ピンソンとほぼ同じ航路を南下し，1500 年 2 月にブラジルのカーボ・デ・サン・アグスティン Cabo de San Agustín に上陸したとされる．これもまたペドロ・アルヴァレス・カブラルのブラジル発見より早いことになる．

　ロドリゴ・デ・バスティーダはコロンの第 2 次航海に参加した後，コーサやヴァスコ・ヌニェス・デ・バルボアとともに独自の航海 G を企てた．カナリア諸島から大西洋を横断，ヴェネズエラからコロンビア，パナマの東海岸北部にかけて，ティエラ・フィルメの沿岸部を探検して，カリブ海のシェラ・ネヴァダ・デ・サンタマリア Sierra Nevada de Santa Maria に進出，さらにコロンビアのマグダレーナ川の河口，続いてダリエン湾ディエゴ・フィルメに上陸し，中央アメリカパナマ沿岸地域をノンブレ・デ・ディオス Nombre de Dios と命名している[130]．一度スペインに戻ったのち，1504 年にティエラ・フィルメへの 2 度目の航海を行い，多くのインディオを捕らえて売りさばいている．スペイン国王カルロス I 世は 1520 年にバスティーダをトリニダード総督に任命する．1524 年にコロンビアへ出港，サンタ・マルタ（図 I-3-4，b 図）を建設している．

　ペドロ・アルヴァレス・カブラルが，ヴァスコ・ダ・ガマに続く第 2 回インド遠征隊[131]に加わり，リスボンを出航したのは 1500 年の 3 月 9 日である．カブラルの船は，ギニア湾に回り込むことができずに流され，陸地に漂着する．その地バイア Bahia 州ポルト・セグロ Porto Seguro を「イリャ・デ・ヴェラクルス島」と命名し，4 月 22 日ポルトガル領と宣言した（後の「サンタ・クルスの地（Terra da Santa Cruz）」）．カブラルの艦隊に同行していた貿易商たちは，「ブラジル木」（パウ・ブラジル Pau-Brasil = 赤色染料の原料となる植物）を見つけて，この地を"ブラジルの地"と呼び，これが今日の呼び名「ブラジル」の語源になる[132]．

　これら 8 隊の航海は必ずしも経済的な恩恵をもたらしたわけではなかったものの，

---

130) その後ジャマイカに流され，さらにハラグア Jaragua に漂着したのち，サント・ドミンゴにたどりついた．その間獲得した財宝を処分したことで監禁され，1502 年のオヴァンドの赴任によって釈放されている．
131) 13 隻の船と約 1500 人からなる艦隊の船長には，バルトレメウ・ディアス，ペロ・ヴァス・デ・カミーニャ Pêro Vaz de Caminha，サンチョ・デ・トーヴァ Sancho de Tovar やガマと航海を共にしたニコラウ・コエリョ Nicolau Coelho らがいた．
132) カブラルの船隊は，1500 年 5 月 3 日航海を再開，5 月末には喜望峰に接近するが，嵐に見舞われ，ディアスの船を含む 4 隻を失う．1500 年 7 月 16 日，モザンビーク・ソファラ，1500 年 7 月 26 日，タンザニアのキルワ Kilwa，1500 年 8 月 2 日，ケニアのマリンディに到着．1500 年 8 月 10 日，天候によりディエゴ・ディアスの船がはぐれ，マダガスカル島を発見した．

第I章
スペイン植民都市の形成

　カトリック両王は，コロンに一元化した「インディアス事業」を結局断念していった．1501 年 9 月 3 日，ニコラス・デ・オヴァンドを，コロンに代わるイスパニョーラ島総督に任命するのである．

## 3-4　コンキスタドールと都市建設

　コロンの後を引き継いだフランシスコ・ボバディージャが更送され，ニコラス・デ・オヴァンドがインディアス総督に任命されたのは 1501 年 9 月，サント・ドミンゴに到着したのが 1502 年である．オヴァンドが率いたのは，30 隻，2,500 人の大船団であった．スペイン社会の各層を入植者として含み，その基本的構成単位の移植を目するこの船団は，コロンの時代とは決定的に異なっていた．オヴァンドのサント・ドミンゴ赴任は，まさにスペイン植民地帝国形成の本格的第一歩としての意味を持っていたのである．名目上はコロン，ボバディージャに続く第 3 代総督であるが，実質的には植民地建設の初代総督，初代副王といってよい．オヴァンドのイスパニョーラ島派遣によってコロンの時代は終焉を迎え，「インディアス事業」を取り仕切るために，1503 年インディアス通商院 Casa de Contratación de las Indias がセヴィージャに設置される．オヴァンドの大船団の中に，インカ帝国を征服することになるフランシスコ・ピサロ，そして「インディオの庇護者」となるバルトレメ・デ・ラス・カサス Bartolomé de las Casas が乗船していたことはよく知られている．

　スペイン植民都市建設に関わる主なコンキスタドールの群像とその足跡を，植民地化の深度に従って挙げてみよう（図 I-3-5）．

### (1)　サント・ドミンゴ（第 III 章）

　オヴァンドの時代に，プエルト・リコ（当時サン・フアン・バウティスタ San Juan Bautista[133] と呼ばれていた）探索を担ったのが，フアン・ポンセ・デ・レオン Juan Ponce de León（1474〜1521）[134] である．コロンの第 2 次航海に参加した乗組員のひと

---

133)　インディオたちは，ボリケン Boriquén と呼んでいた．
134)　ヴァジャドリードのサンテルヴァス・デ・カンポス村生まれ．生年は 1460 年とされてきたが，新たな証拠が近年発見され，1474 年という説が有力である．その家系についてはわかっていないことが多い．貴族の出とされ，親戚にムーア戦争で勲功のあるカディス Marquess のマルケスであったロドリゴ・ポンセ・デ・レオン Rodrigo Ponce de León figure がいる．ポンセ・デ・レオン本人はグラナダ攻防戦に参加したと考えられている．イスパニョーラ島東部のタイノ族の反乱制圧の指揮官を命じられ，成果を収めたことで，農地を与えられる．食糧生産でも成功し，富を蓄えた．イスパニョーラ島のイグエイにサルヴァレオン Salvaleón de Higuey（1505）という都市の建設を手がけた実績がある．自ら建設に関わったこのサルヴァレオンに建てた邸宅は，現在も残っている．ポンセ・デ・レオンは，50 名ほどの要員でプエルト・リコのリャ・カペラに上陸，金の採取を行って，石造の要塞を建設し，1509 年初頭にはイスパニョーラ島に引き上げている．

拡大する「新世界」

りであり，プエルト・リコの沖合に停泊した経験があった．フアン・ポンセ・デ・レオンは，フロリダの「発見」者としても知られる[135]．フロリダ征服に当たっては，レケリミエント Requerimiento（勧降状）も用意され，スペインの植民拠点を攻撃するインディオたちを攻撃する軍隊を組織することを命じられている．レオンは，いわば，コンキスタドール第1号である．

フェルナンド王の「カスティージャ・デ・オロ」事業（1508）としてアロンソ・デ・オヘダがティエラ・フィルメに向かったこと，また，オヘダのこの3回目の航海の4隻の船隊の中にフランシスコ・ピサロ，エルナン・コルテスも参加していたことは上述のとおりである．オヘダは，マラカイボ Maracaibo とウラバ Urabá（ダリエン Darién）の間の地域，ヌエヴァ・アンダルシアの総督となる．一方，ウラバ湾より西のヴェラグア Veragua を統括したのが，1506年にダリエン（パナマ）近郊を探索した経験を持っていたディエゴ・デ・ニクエサ Diego de Nicuesa（?〜1511）である．そのニクエサが建設開始したばかりのパナマにたどり着いた（1510）ヴァスコ・ヌニェス・デ・バルボアが，パナマ地峡を横断し太平洋を発見する人物になる（1513）．この時の部下の1人が，後にインカ帝国の征服者として知られるフランシスコ・ピサロである．

1509年にオヴァンドが本国に呼び戻され，ディエゴ・コロン・イ・モニス・ペレストレージョ Diego Colón y Moniz Perestrello（1474? 1479・1480?〜1526）が派遣され，第3代インディアス総督（1509〜1518），さらには実質的な第2代インディアス副王（1511〜1518）となる[136]．

コロンがすでにジャマイカを発見し，第4次航海で1年にわたって滞在を余儀なくされたことは上述のとおりであるが，1509年になって，コロンの第2次航海に参

---

その後，サン・フアン・バウティスタ初代総督（1509〜1512，1515〜1519）に任命された．
135) プエルト・リコ征服の過程で，イスパニョーラ島の北西にベニミイ Benimy と呼ばれる未発見の土地があるという情報を得たレオンは，フェルディナンドⅡ世との契約をもとにフロリダ探索を行った（1513）．フロリダを発見したのちスペインに戻り，ヴァジャドリードの宮廷に参じてフェルディナンド王に報告，騎士の称号を与えられる（1514）．
136) クリストバル・コロンの長子であり，異母弟がフェルナンド（エルナンド）・コロン Ferdinand Columbus, Hernando Colón である．父が剥奪された様々な権利，称号など特権の回復に一生をかけた．ただしこの任命は，その回復の一環というよりは，スペイン国王フェルディナンドⅡ世の従兄弟第2代アルバ公爵ファドリケ・アルバレス・デ・トレドの姪，マリア・デ・トレド・イ・ロハス María de Toledo y Rojas との結婚が大きく作用したと考えられている．ディエゴの死後，1536年に国王との妥協が成立し，ディエゴの息子ルイス・コロン・デ・トレドがインディアス提督に任じられる．他のすべての権利を放棄する代わりに，年1万ダカットの永代収入，ジャマイカ島の領主としての支配権，当時ベラグアと呼ばれていたパナマ地峡における25レグア四方の領地とベラグア公爵の称号，ジャマイカ侯爵の称号，ラ・ベガ公爵の称号などを得ている．ルイスの死後，新世界における地代徴収権，役職，称号の継承は，ルイスの子孫たちのあいだで紛糾することになった．

# 第 I 章
## スペイン植民都市の形成

加した経験を持つフアン・デ・エスキヴェル Juan de Esquivel (?～1513)[137]がジャマイカに入植を開始する．セヴィージャ・ラ・ヌエバ (1509)，メリジャ Melilla (1514) が建設され，カリブ諸島への原料基地として，マニオク（キャッサバ），トウモロコシ，綿などが生産された．

1511年に，最初のアウディエンシアがサント・ドミンゴに置かれると，ディエゴ・コロンは，イスパニョーラ島を拠点に，キューバ，ジャマイカ，プエルト・リコなど他の島々への軍事遠征を積極的に展開していく．サント・ドミンゴを拠点に，海岸を舐めるように征服が行われていくことになる．

### (2) キューバ (第III章)

ディエゴ・ヴェラスケス・デ・クエジャル Diego Velázquez de Cuéllar (1465～1524)[138]が，ディエゴ・コロン総督の命でキューバ征服を開始するのが1511年である．この征服には，エルナン・コルテス，パンフィロ・デ・ナルヴァエス Pánfilo de Narváez，フアン・デ・グリハルヴァ Juan de Grijalba (1490～1527)，ペドロ・デ・アルヴァラド Pedro de Alvarado，ディエゴ・デ・オルダス Diego de Ordaz らが同行していた．ヴェラスケスに先立って，セバスチャン・デ・オカンポがキューバ沿岸部を全て探索し (1508)，良港となる湾としてカレナス Carenas (ハバナ)[139]とハグア Jagua (Xagua)（シエンフエゴス Cienfuegos）を発見している．

ヴェラスケスの友人であったラス・カサスは，翌年キューバに移り，定住している．ヴェラスケスはバラコア (1511) を皮切りに東から西へキューバ島を征服していくことになる．ヴェラスケスは，1518年に最初のキューバのアデランタード adelantado (先遣総督) に任命される．

1517年，ヴェラスケスに奴隷狩りを命じられたフランシスコ・エルナンデス・デ・コルドバ Francisco Hernández de Córdoba (1475頃コルドバ生まれ～1517) が，暴風に流

---

137) セヴィージャ生まれ．コロンの第2回航海に参加 (1493年)．イスパニョーラ島の植民地化に長く携わった．1513年ジャマイカで死亡．

138) ディエゴ・ヴェラスケスはスペインのセゴビアのクエジャルで生まれ，1493年にクリストファー・コロンブスの船団の一員としてはじめて新世界を訪れた．1511年，イスパニョーラ島に移り，キューバ征服を指揮したのち，初代キューバ総督に就任．キューバ島の各地にサンティアゴ・デ・クーバやハバナなど多くの植民地や都市を築いた．1513年，インディオの減少による労働力不足を補うために黒人奴隷の輸入を認可した．ヴェラスケスは西方の土地の調査のために，1517年のフランシスコ・エルナンデス・デ・コルドバのユカタン半島探検などの様々な探検を認可した．最初のうちはエルナン・コルテスのメキシコ探検も支援したが，コルテスはメキシコの占領と自身の領有権を主張するようになった．ヴェラスケスは，パンフィロ・デ・ナルヴァエス (註141) にコルテスの逮捕を命じたが敗北し，メキシコからの富をみぬまま1524年，サンティアゴ・デ・クーバで死去した．

139) 船の修理 (カレナ) をしたところから名づけられたという．

3

拡大する「新世界」

されて偶然にユカタン半島を発見する[140].

　これら最初期の探索は，そのままラス・カサスの『インディアス史』(ラス・カサス (1981)) が年代順に記すところである (図 I-3-6). 直後，1519 年にラス・カサスは，カルロス I 世の側近に，インディオに対するスペイン人の非人道的行為を告発していくことになる.

## (3) メキシコ (第 IV 章)

　ユカタン半島のマヤ文明についての情報を得たヴェラスケスは，フアン・デ・グリハルヴァに遠征を命じる (1518). そして，内陸部に帝国が存在するという情報を得て大陸に向かったのが，グリハルヴァに同行していたエルナン・コルテスであった. コルテスのメキシコ征服 (1521) はスペイン植民地帝国成立の歴史におけるひとつの「ハイライト」である (第 IV 章で詳述).

　コルテスのメキシコ征服に同行したペドロ・デ・アルヴァラド (1485 (1495) 頃〜1541) は，1510 年にイスパニョーラ島に移住，コルテスのメキシコ征服に際しては 11 隻のうちの 1 船隊の指揮を任され，1520 年に一旦退却する際には後衛を務めた. その後，1523 年から 1527 年にかけてグアテマラ Guatemala を征服し，ゴベルナドールに任命される. その間に，エル・サルヴァドルまで侵攻，サン・サルヴァドルを建設している.

　コルテスのメキシコ征服と並行して，フロリダ方面への征服がルーカス・バスケス・デ・アイヨン Lucas Vázquez de Ayllón (1475 頃〜1526 頃) によってこころみられる. 合衆国方面に向かったコンキスタドールに，パンフィロ・デ・ナルヴァエス (1470〜1528)[141] やアルバル・ヌニェス・カベサ・デ・ヴァカ Álvar Núñez Cabeza de Vaca (1490 頃〜1559 頃)[142] をはじめ，アロンソ・デル・カスティージョ・マルドナルド Alonso del Castillo Maldonado，アンドレス・ドランテス・デ・カランサ Andrés Dorantes de Carranza，フランシスコ・バスケス・デ・コロナド Francisco Vázquez de Coronado

---

140) 半島に上陸してチャンポトン Champotón 付近でマヤ軍と交戦，多くの兵士が殺害された.

141) パンフィロ・デ・ナルヴァエスは 1470 年にカスティーリャのクエジャル Cuéllar もしくはバリャドリッドで生まれた. 1509 年のジャマイカ征服に参加，1512 年にもディエゴ・ヴェラスケスの指揮下のもとで，キューバ征服に参加．ラス・カサス，フアン・デ・グリハルヴァとともに島の東端まで遠征した．イスパニョーラ島およびキューバに住んだのち，台頭するコルテスをおさえるため，ヴェラスケスの代理人としてメキシコに派遣された．しかし兵士は相次いでコルテスに寝返り，1520 年 5 月 24 日にセンポアラ (Cempoala，現在のヴェラクルス州) で敗北，負傷したナルヴァエスは，およそ 2 年間にわたって投獄されている．解放されたのち，カルロス I 世によってフロリダのアデランタードに任命された.

142) メキシコ・シティに到達後，1537 年スペインに帰還し，1542 年，その体験記『La Relación (報告)』を出版した. 1540 年にラプラタの総督に任命されている．のちに『Comentarios (注釈書)』という本も書いている.

91

(1510～54), ホアン・ロドリゲス・カブリロ João Rodrigues Cabrilho (1499頃～1543頃) といった人々がいる.

　最後の2人については, 重要な都市建設に関わった人物として特筆しておきたい. フランシスコ・バスケス・デ・コロナドは, ニュー・ガリシアの知事で, ナルヴァエス遠征隊の生き残りであるエステバニコを北方に派遣し, シボラと呼ばれる黄金の都市の情報を得て, 1540年から1542年にかけてニューメキシコおよび現在アメリカ合衆国領の南西部に遠征した. コロナドはシボラを征服し, 他の6つのズーニー族のプエブロを探索している. コロナドは様々な遠征隊を派遣したが, 北西部を探索したペドロ・デ・トヴァーが持ち帰った, 西部に大河があるとの情報をもとに派遣されたガルシア・ロペス・デ・カルデナス García López de Cárdenas は, グランド・キャニオンを発見した最初のヨーロッパ人となった. エルナンド・デ・アルヴァラドは東部に派遣され, リオ・グランデの沿岸で村を発見している. コロナドは1544年までニュー・ガリシアの知事を務め, 辞任後メキシコ・シティに移り, 同所で1554年に死去している.

　ポルトガル出身のホアン・ロドリゲス・カブリロの経歴には不明な点が多い. 船大工の出身で, 船を所有し, 航海ごとに利益を得ていたこと, 若い頃にハバナに渡り, メキシコのコルテスの軍に加わったことが知られている. コルテスの命による, フランシスコ・デ・ウジョア Francisco de Ulloa のカリフォルニア湾発見 (1539) をうけて出されたヌエヴァ・エスパーニャ副王アントニオ・デ・メンドーサ Antonio de Mendoza[143] の指令で, カブリロは太平洋岸を北上する遠征を行う. 1542年に出航して, サン・ディエゴ湾に上陸, サン・ミゲルと命名する. さらにサンタ・カタリーナ島 (サン・サルヴァドルと命名), サンタモニカ湾, サン・ミゲル島, そしてカリフォルニア北方に達している. 彼はまたメキシコのオアハカ Oaxaca の建設者としても知られる.

## (4) アンデス (第V章)

　パナマ地峡を拠点として, アンデス高地の征服が開始される (図I-3-7). その指揮をとったのがフランシスコ・ピサロである. ディエゴ・デ・アルマグロ Diego de Almagro, エルナンド・デ・ルク Hernando de Luque らが同行している. そして, 初代パナマ総督として送られたのがペドラリアス・ダヴィラ Pedro Arias (Pedrarias) de Ávila (Dávila) (1440頃～1531頃) である. 詳しい経緯は第V章を参照されたい.

　フランシスコ・ピサロは, 1530年にペルーへの侵入を開始し, 1533年にインカ軍を撃破, インカ帝国を滅亡させた. ピサロは, 新首都としてリマ市を建設する (1535年1月18日). しかし, ピサロはクスコの領有権をめぐってアルマグロと対立, アル

---

143) 1495年アルカラ・レアル生まれ, 1552年リマで死去. ヌエヴァ・エスパーニャ副王領の最初の副王 (1535～50), 第2代ペルー副王 (1950～52年).

拡大する「新世界」

マグロを処刑するも，自身もアルマグロの遺児一派にリマで暗殺された（1541 年 6 月 26 日）．

　一方，ペドラリアス・ダヴィラは，ヒル・ゴンザレス・ダヴィラ Gil González Dávila や前出のフランシスコ・エルナンデス・デ・コルドバに北方探索を命じている．ペルー副王領が置かれるのは 1542 年である．ディエゴ・デ・アルマグロが礎を築いたキトは 1541 年にシウダードとなり，1545 年にキト教区が設けられた．1556 年にサン・フランシスコ・デ・キトと改名，1563 年にキトはアウディエンシアとなり，リマを首都とするペルー副王領に組み入れられる．キトは，コンキスタドールがアマゾン各地などに出陣する根拠地になっていった．

　ブエノス・アイレスの建設者として知られるのが，ペドロ・デ・メンドーサ・イ・ルハン Pedro de Mendoza y Luján（1487 頃〜1537 頃）[144]である．メンドーサの一団は，インディオの反抗に遭い，ラプラタ川[145]の上流に追いやられることになる．このとき，メンドーサが指揮を委ねたフアン・デ・アヨラ Juan de Ayolas が 1537 年に建設したのがアスンシオン Nuestra Señora de la Asunción であった．アスンシオンは，1541 年にカビルド Cabildo（市政府）を構成し，シウダードとなる．この年，インディオがブエノス・アイレスを攻略したことで，多くのスペイン人がアスンシオンに移り住んだ．アスンシオンは，南アメリカで最も古い都市のひとつであり，そこから多くのコンキスタドールが出陣していく「母都市」となった．ブエノス・アイレスの再征服も，ヴィジャリカ Villarrica, コリエンテス Corrientes, サンタ・フェ，サンタ・クルス・デ・ラ・シエラ Santa Cruz de la Sierra などへの征服も，このアスンシオンを拠点に行われていった．

　対して，チリ方面へ向かったのがフランシスコ・ピサロの腹心であったペドロ・デ・バルディビア Pedro de Valdivia（1500〜54）である．1540 年，コンキスタドーラ（女性の征服者）のイネス・スアレス Inés Suárez（1507 頃〜1580）とともにクスコを出発，

---

[144] メンドーサは，アンダルシアの貴族の出で，1524 年にはアルカンタラ Alcántara 騎士に任命され，のちにサンティアゴ侯爵に叙せられる人物である．1529 年に南アメリカの植民地建設をカルロス V 世に申し出て，ヌエヴァ・アンダルシアのアデランタードに任命される．彼は大西洋からアプローチし，ラプラタ河を遡って（1535），1536 年 2 月 2 日，ヌエストラ・セニョーラ・サンタ・マリア・デル・ブエン・アイレ市 Ciudad de Nuestra Señora Santa María del Buen Ayre（良き空気の我々の聖母マリア市）を建設する．現在のブエノス・アイレス南部のサン・テルモ地区に比定される．

[145] メンドーサに先立って，ラプラタ川周辺を探索したのがフアン・ディアス・デ・ソリスである．彼が 1512 年，アメリゴ・ヴェスプッチの後継として航海士総監に任命されたことはすでにみた．ブラジル沖を南下してきたソリスは現在のプンタ・デル・エステの近くに上陸する（1516 年 1 月 20 日）．デ・ソリスは，インディオが銀の装飾具を身につけているのをみて大量の銀があると誤解，この巨大な川をラプラタ La Plata（銀）と名づけた．メンドーサがこの地を目指したのも，パラグアイに銀の山があるという勘違いによるものであった．

第 I 章
スペイン植民都市の形成

　ペルーの南に向かい，1541 年 2 月 12 日，マポチョ川辺，現在のサンタ・ルシア Santa Lucía の丘付近にサンティアゴ（サンティアゴ・デ・ヌエバ・エクストレマドゥラ Santiago de Nueva Extremadura）を建設した．サンティアゴは，スアレスに由来する．その後，さらに南へ遠征し，ビオビオ川の先（南緯 37 度）にまで到達した．1547 年に援軍を求めてペルーへ帰還．王党軍に加わりゴンサロ・ピサロの反乱鎮圧に功績を上げたのち，チリ総督になっている（図 I-3-8）．

　この後，マガリャンイス Magallanes（マゼラン）[146] の世界周航を経て，スペインはフィリピンの征服を進めていく．この経緯については，ポルトガルとの関係，中国・日本との関係を含めて第 VI 章でまとめたい．

　「コンキスタ（征服）」は，カルロス V 世の治世の末年 1556 年にはほぼ完了し，以降，「デスクブリミエント（発見）」という言葉が使われるようになる．そして，フェリペ II 世の勅令（1573）によって「コンキスタ」は禁止された．都市計画の指針を含むインディアス法が示されたのは翌 1573 年である．以降，本格的な植民都市建設の時代が来る．

---

[146]　ポルトガル語名（本名）はフェルナン・デ・マガリャンイス Fernão de Magalhães，スペイン語（カスティーリャ語）名はフェルナンド・デ・マガリャネス Fernando de Magallanes（名はエルナンド Hernando とも）．マゼランは英語での綴りをもとにした慣用表記で（発音は「マジェラン」），日本ではこの呼び方が浸透している．

## *Column 3* ラス・カサス

　コロンの「インディアス事業」の開始当初から一貫して問題になったのが，征服，特にエンコミエンダ制の非人道性である．コンキスタドールたちが暴力的な侵略を繰り広げる中，この問題に光を投げ続けたのが，ラス・カサスの告発である．
　彼の告発を契機のひとつとして，スペインはコンキスタドールたちの植民活動に，一定の歯止めをかけるべく次第に法体系を整備していく．ここでは，ラス・カサスの行動の軌跡を追うことで，スペイン植民地形成の空間的広がりの一断面をみておきたい．また，彼が提案する植民地についての具体的改善策，あるいは新たな植民地計画の具体的内容をみることで，スペインの植民地計画の異なる位相を知ることができる．コンキスタドールから「回心」を経て，植民政策への「告発」へと転換していくラス・カサスは，スペイン植民地帝国形成の象徴的存在なのである．
　エンコミエンダと呼ばれる仕組み自体は，レコンキスタ時代のイベリア半島にすでに存在し，カナリア諸島に導入されたのち，コロンによってカリブ海のイスパニョーラ島で実施されてゆく．ただし，コロン時代のエンコミエンダはあくまで土地配分の仕組みであり，インディオを対象とはしていない．制度としてのエンコミエンダは，インディアス総督オヴァンドの提起によって，イサベル女王が正式に導入する（1503年）．女王は，インディオをカトリックに改宗させること，インディオを貴金属の採集などの労働に従事させること，奴隷ではなく自由な臣民として働かせ，労働に対して相応の賃金を支払うこと，首長には必要とする一定数のインディオを常に確保させること，などを命じた．いわば，インディオのキリスト教化，文明化を条件に，強制労働を合法化するものであった．
　国王フェルナンドは 1512 年にインディアス関係最初の植民法である「ブルゴス法 Leyes de Burgos（インディオの処遇に関する法令）」を制定する．後述するエンコミエンダ制への強い批判を背景に，インディオを自由な人間と認め，エンコメンドーロ encomendoro の義務を詳細に規定したものであったが，実態は変わらず，西インド諸島の先住民はほぼ絶滅するにいたる．
　エンコミエンダ制は自然消滅すると思われたが，コルテスのメキシコ征服によって継続されることになった．1523 年にカルロス I 世も，コルテスにエンコミエンダ制の導入禁止を指示するが，結果として無視され，むしろさらに大規模に展開することになるのである．
　ところで，ここまでコンキスタドールに即して，スペイン植民地帝国の征服・拡大の様相を検討してきたが，植民地帝国の統治に当たっては，カトリック教会が大きな役割を果たしていた．「征服」の時代に「新世界」に移住してきた聖職者たちはフラ

ンシスコ会,ドミニコ会 Dominicos[147],アウグスティノ会 Agustinos[148],イエズス会 Jesuitas[149]など,様々な修道会に属する伝道師であった.彼らはインディオの改宗を第一の使命としたが,宗教的活動のみならず,全ての面で植民地拡張の役割を担った.都市建設や教会建設にも聖職者たちは大きな役割を果たしている.ラス・カサスは,1502 年のオヴァンドの着任航海に同行して以降,エンコメンドーロとして活動するが,インディオの悲惨な状況を目撃し続けたことで回心し,ドミニコ会に入会する(1514).植民事業家として,そしてドミニコ会士としての実践活動の末に,ラス・カサスは「征服」批判を激化させていくのである.

1516 年にラス・カサスは『一四の改善策』を上申する.その植民都市計画案は,同じ年に出されたトマス・モアの『ユートピア』(Column 6) と比較して,また,後の植民都市建設の歴史に照らして極めて興味深い,注目すべき内容を含んでいる.

## 1. ラス・カサスの足跡

ラス・カサスは,生涯に計 5 回,インディアスへ赴いている.ラス・カサス (1981〜1990) の他,染田秀藤 (1990),グティエレス,グスタボ (1991),伊東章 (2000),Lavallé, Bernard (2009) などを参照しながら,その軌跡を振り返っておこう (図 Column 3-1).

### (1) イスパニョーラ島 (1502〜06)

ラス・カサスが,ピサロらとともに,1502 年にセヴィージャを出航してイスパニョーラ島に渡ったオヴァンドの大船団に加わっていたことはすでに述べた.金の採掘を行うが,期待した成果は得られず,食糧難と熱帯の気候に悩まされて,1502 年 9 月頃,シバオ地域のコンセプシオン・デ・ラ・ヴェガに移住する.1503 年秋,ディエゴ・ヴェラスケスの軍のハラグラーからアニグアヤバ地方の征服に加わったのち,1504 年 3 月頃,奴隷 1 人を連れてラ・ヴェガに戻り,金採掘を続けた.また,同年夏に決起したインディオ制圧軍に加わり,さらにジャマイカを征服することになるフ

---

147) 1206 年に聖ドミニコ (ドミニクス・デ・グスマン) が創始,1216 年にローマ教皇ホノリウス 3 世によって認可されたカトリックの修道会.正式名称は「説教者修道会 Ordo fratrum Praedicatorum」で,略号は「OP」.
148) 聖アウグスティヌスの会則にもとづいて修道生活を送っていた修道士グループが,13 世紀半ばに合同して成立した修道会.ちなみに,宗教改革の火蓋を切ったマルティン・ルターもアウグスティヌス会の会員である.
149) 1534 年 8 月 15 日,イグナチオ・デ・ロヨラ (1491〜1556) とパリ大学の同窓生 6 名が,パリ郊外モンマルトルの丘のサン・ドニ聖堂で結成した.この「モンマルトルの誓い」のメンバーは,他にピエール・ファーヴル (1506〜46),フランシスコ・ザビエル (1506〜52),ディエゴ・ライネス (1502〜65:第 2 代総長),アルフォンソ・サルメロン (1515〜85),ニコラス・ポバディリャ (1507〜62),シモン・ロドリゲス (1510〜79).

*Column 3*

ラス・カサス

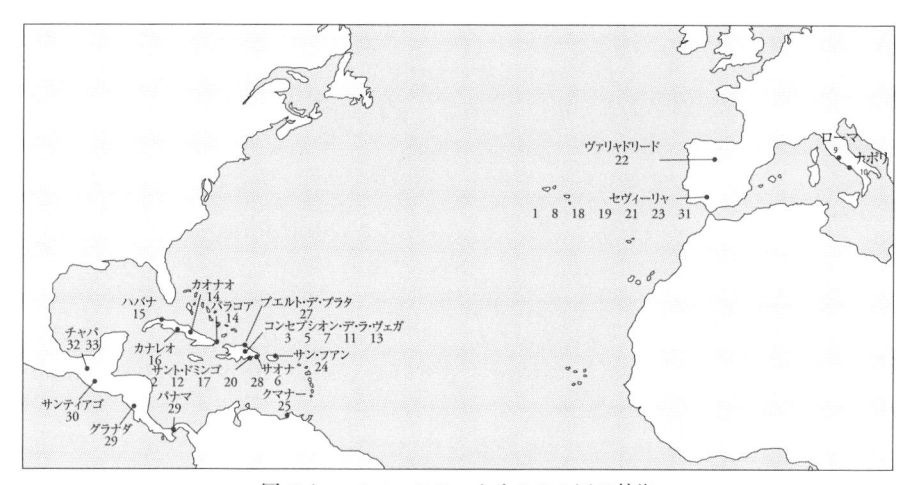

図 Column 3-1　ラス・カサスの5回の航海

1. 1502年　ニコラス・デ・オヴァンドの2500人の大船団に加わってセヴィーリャを出航
2. 1502年　サント・ドミンゴに渡る
3. 1502年　サント・ドミンゴに渡る
4. 1503年秋　ディエゴ・ヴェラスケスの軍のハラグアーからアニグアヤバ地方の征服に加わる
5. 1503年秋　ディエゴ・ヴェラスケスの軍のハラグアーからアニグアヤバ地方の征服に加わる
6. 1504年夏　フアン・デ・エスキヴェルの軍に加わってサオナに渡る
7. 1505年4月頃　コンセプシオン・デ・ラ・ヴェガに落ち着いて，私有地を得，数名の奴隷を使って，金の採取と農業に従事した
8. 1506年　セヴィーリャに戻る。直接ローマに赴いたという説もある
   バルトロメー・コロンに協力し，ディエゴ・コロンの特権回復に奔走する
9. 1507年　ナポリを経由しセヴィーリャに戻り，9月末にはイスパニョーラ島に向かった
10. 1507年末　イスパニョーラ島に戻り，コンセプシオン・デ・ラ・ヴェガで金採掘を行う一方，説教を行う
11. 1509年　第二代提督となるディエゴ・コロンが叔父バルトロメー・コロン，弟エルナンド・コロンを伴って着任する。
    この歓迎式にラス・カサスは出席し4ヶ月間サント・ドミンゴに滞在する1512年　ディエゴ・ヴェラスケスに誘われて従軍司祭としてキューバに渡る
12. 1510年末　コンセプシオン・デ・ラ・ヴェガに戻り，ディエゴ・コロン以下名士が出席するもとで初ミサを行う
13. フアン・デ・クリハルヴァ，続いてナルヴァエスの軍に従って，バラコアから西進するがカオナオ村で3000名のインディオが虐殺されたのを目撃する
14. ハバナに到達し，南下してプエルト・デ・ハグアで海路征服遠征を行ってきたヴェラスケスと合流
15. 1514年4月以降　アリマオ川に面したカナレオで農作業や金の採掘に従事
    週末はヴェラスケスが滞在するサンクティ・スピリトゥスへ赴いて聖職者としての活動を行った。
16. 1515年7月　国王に実態を訴えるため，帰国を決意しサント・ドミンゴに戻る1512年3月頃までエンコメンデーロとして，聖職者としてコンセプシオン・デ・ラ・ヴェガで生活する
17. 1515年10月6日　セヴィーリャに帰着
18. 1516年11月11日　ヒエロニムス会士たちとセヴィーリャを出航し，サント・ドミンゴに向かう
19. 1516年12月20日　サント・ドミンゴにラス・カサス一団は到着
20. 1517年6月末　セヴィーリャに着く
21. 9月中旬　ヴァリャドリードに着いて，宮廷で「インディオ問題」を訴える
    11月にはカルロス1世とインディアス会議に対して「島嶼部とティエラ・フィルメの改革に必要な改善策に関する覚書」を提出
22. 1520年　総勢70名のラス・カサス一行はサン・フアンに向けセヴィーリャを発つ
23. 1521年2月中旬　サン・フアンに着く
24. 1521年8月中旬　クマナーに向かったがインディオの反乱もあってクマナーの植民計画そのものが挫折する
25. 1522年9月　サント・ドミンゴのドミニコ会修道院に入る
26. 1526年9月頃　プエルト・デ・プラタの修道院の院長に任命されて赴任する
27. 1531年　サント・ドミンゴに召還され，説教を2年間禁止される
28. 1534年12月　ペルーでの伝道を活動を目的にパナマに向かうしかしパナマからペルーに向かう航海に失敗しニカラグアに到達，グラナダに滞在
29. 1536年7月中旬　サンティアゴに移住
30. 1540年2月　20年ぶりにスペインに帰国
31. 1543年3月　メキシコ南部チャパの司教となる
32. 1546年6月　メキシコでの司教会議に出席した後，帰国することになった1543年3月　メキシコ南部チャパの司教となる
33. 1540年2月　20年ぶりにスペインに帰国

ラス・カサス（1981〜1990）他をもとに布野修司＋平沢陽作製

アン・デ・エスキヴェルの軍に加わってサオナという小島に渡る．この間に，スペイン人のインディオに対する数々の残虐な行為を目撃することになった．1505年4月頃にはラ・ヴェガに落ち着き，私有地を得て，数名の奴隷を使って，金の採取と農業に従事した．その後，1506年末に帰国している[150]．そして，セヴィージャからローマへ向かい，司祭に叙品された後，ナポリを経由してセヴィージャに戻り，翌9月末に再びイスパニョーラ島を目指し出航した．

### (2) イスパニョーラ島，キューバ (*1507〜15*)

1507年末にイスパニョーラ島に戻ったラス・カサスは，ラ・ヴェガで金採掘を行う一方，説教をはじめている．とはいえ，この時期もラス・カサスは基本的にはインディオの割り当てを受けたエンコメンドーロであった．

1509年7月，オヴァンドに代わって第2代アルミランテとなるディエゴ・コロンが着任すると，ラス・カサスはこの歓迎式に出席し4か月間サント・ドミンゴに滞在している．1510年末にはラ・ヴェガに戻り，ディエゴ・コロン以下名士が出席する中で初ミサを行ったと，自身が記している．ラス・カサスの人生に大きな影響を及ぼすことになる，ペドロ・デ・コルドバ神父を団長とするドミニコ会伝道団が来島するのがこの頃で，1511年末に「インディアス論争」の発端となるドミニコ会士アントニオ・デ・モンテシーノスの説教が行われている[151]．ラス・カサスは，1512年3月頃まで，エンコメンドーロとして，聖職者として，ラ・ヴェガで生活している．

1512年3月，ラス・カサスはドミニコ会士に悔悛の秘蹟の授与を願い出るも，インディオの所有を理由に拒否されている．その直後，ラス・カサスはキューバに向かう．インディオ人口の減少，金の産出量の低下を背景に，ディエゴ・コロン総督がキューバ島入植を計画，前年ディエゴ・ヴェラスケスを指揮官に遠征隊を送っていた．この遠征隊にコルテスとともに，ラス・カサスも参加していたことはすでに述べた．

ラス・カサスは従軍司祭としてインディオの改宗に従事した．フアン・デ・グリハルヴァ，そしてナルヴァエスの軍に従って，バラコア Baracoa から西進する中で，カオナオ村での3,000名のインディオの虐殺を目撃する．「アンティル諸島でスペイ

---

150) 経緯は不明．司祭になることが目的であったとされる．直接ローマに赴いたという説もあるが，セヴィージャに向かい，そこで下級聖品に叙されたのちにローマに向かったと考えられている．ローマでは，バルトレメ・コロンと協力し，ディエゴ・コロンの特権回復に奔走している．これが目的とも考えられる．なお1507年4月にローマ教皇ユリウスII世は国王フェルナンドに対し，コロン家への特権譲与を求めている．

151) エンコミエンダ制を批判し，征服戦争の正当性を問い正し，インディオの人間性を訴えたモンテシーノスのドミニコ会に対して，1502年以来イスパニョーラ島で伝道活動に従事してきたフランシスコ会伝道師が反撥することになる．その対立がスペイン本国に持ち込まれ，議論の末に成立したのが「ブルゴス法」である．

人が犯した最大の残虐行為」と，彼はのちに記している．以降，スペインの征服事業に加担したことに良心の呵責を覚えるようになったという．

遠征軍はハバナに到達後，南下してプエルト・デ・ハグアで海路征服遠征を行ってきたヴェラスケスと合流する．キューバ島の征服が完了した 1514 年 4 月以降，彼は，アリマオ川に面したカナレオで農作業や金の採掘に従事した．週末にはヴェラスケスが滞在するサンクティ・スピリトゥス Sancti Spíritus へ赴き，聖職者としての活動も行っていた．

そして，8 月 15 日の聖母被昇天の祝日，第 1 回目の回心とされる行動をとる．ミサを行い，自らが所有するインディオの解放を公表，エンコミエンダ制への厳しい非難を開始するのである．回心以後，ドミニコ会士モンテシーノスが主導していた「正義を求める闘い」に積極的に参加，説教を繰り返していく．しかし，ディエゴ・ヴェラスケスをはじめ，エンコメンドーロたちが態度を改めることはなく，国王に実態を訴えるために帰国を決意する．1515 年 7 月にサント・ドミンゴに戻り，モンテシーノスとともにスペインに向かうのである．

1515 年 10 月 6 日にセヴィージャに帰着したラス・カサスは，12 月 23 日，国王フェルナンドにインディオの悲惨な状況を訴え，エンコミエンダ制の非道を告発するが，インディアス関係を仕切っていたフォンセカなどは興味を示さなかった．フェルナンドは翌年 1 月 23 日に死去してしまう．ラス・カサスは，カルロスへの直訴も考えるが，摂政トレド大司教フランシスコ・ヒメネス・デ・シスネロス Francisco Jiménez de Cisneros（1436〜1517）と，後のローマ教皇ハドリアヌス VI 世アドリアン（1459〜1523）に覚書を提出することを決める．そのために具体的な改善策をモンテシーノスらの協力を得て作成したのが，後述する『一四の改善策 Catorce remedios』(1516) である．ラス・カサスの改善策を受けたシスネロスは，新たな植民計画を実施するためにヒエロニムス Hieronymus 会士の派遣を決定，人選をラス・カサスに委ねた．ヒエロニムス会を指名したのは，ドミニコ会とフランシスコ会の対立を考慮したからである．ヒエロニムス会士には，暫定的にアンティル諸島の実質的統治権が与えられ，ラス・カサスの『一四の改善策』にもとづく訓令，指図書が与えられた．1516 年 11 月 11 日，ラス・カサスはヒエロニムス会士たちとセヴィージャを出航，再びサント・ドミンゴを目指す．

## (3) イスパニョーラ島 (1516〜17)

しかし，結果からいえば，ラス・カサスの統治は失敗に終わった．ヒエロニムス会士たちは当初から，ラス・カサスの改善策，すなわち「新しい村」の建設とインディオの集住策に慎重であったし，インディオの解放についても，エンコメンドーロや植民地官吏の大きな抵抗に遭った．結局，ヒエロニムス会士は，訓令の実施は不可能と

判断し，インディオの解放を断念してしまう．対立が決定的となったラス・カサスは，ヒエロニムス会士を告発すべくまたも帰国する．1516年12月20日のイスパニョーラ島到着からわずか半年後，1517年6月末のことであった．

しかし，病床にあったシスメロスとは交渉できず，ついにカルロスⅠ世への直訴を決意，9月中旬にヴァジャドリードの宮廷に出向き「インディオ問題」を訴えた結果，カルロスⅠ世とインディアス会議に対して，「島嶼部とティエラ・フィルメの改革に必要な改善策に関する覚書」を提出することになった．この内容についても，『一四の改善策』と比較しながら以下で検討しよう．結局，アンティル諸島への農民移住による植民計画のみが認められるものの，紆余曲折の末に断念，ティエラ・フィルメの植民計画に切り替えて，1520年中旬に再度出航する．

(4)　サン・フアン，クマナ，サント・ドミンゴ，ニカラグア (1520〜1540)

1520年にセヴィージャを発った総勢70名のラス・カサスの一行は，1521年2月初旬，サン・フアン（プエルト・リコ）に到着する．しかし，ティエラ・フィルメにおけるインディオの反乱とその懲罰遠征隊との確執，ラス・カサスの植民計画への妨害によって，またしても思うように農民を集めることができず，計画は大きな変更を余儀なくされる．ようやく8月中旬にクマナ Cumaná に向かったが，インディオの反乱もあってクマナの植民計画そのものが挫折してしまう．

クマナ計画が完全に挫折し，反ラス・カサス勢力に包囲される中で，ラス・カサスが唯一身を寄せることができたのは，サント・ドミンゴのドミニコ会修道院であった．1522年9月のことである．2度目の回心といわれる．『すべての人々を真の教えに導く唯一の方法について』3巻の執筆 (1522〜26) といった，修道生活の具体的内容については，染田秀藤 (1990, 1997) に委ねたい．ここでラス・カサスは，そのインディオ解放の信念を神学・法学理論によって固めることになる．修道生活の後，1526年9月頃に，プエルト・デ・プラタの修道院の院長に任命されて赴任している．本書でたびたび引用する『インディアス誌』の執筆は，この地で開始された．断片的に書き継がれ，1552年以降に2分冊として出版される．

1531年になって，ラス・カサスは，奴隷売買の不正を告発し，エンコミエンダ制の廃止を訴える説教を再開．ドミニコ会士となってはじめての書簡をインディアス諮問会議に送った．一度はサント・ドミンゴに召還され，2年間説教を禁止されるが，1533年のインディオのカシーケ，エンリキーリョの反乱を契機に[152]，聖職者を必要とするペルーでの伝道活動を決意する．パナマに向かったのは1534年12月である．

---

[152] ラス・カサスはエンリキーリョと親しく交わり，彼が部下とともに新しい村を建設することにいたったことに自信を深めた，というイスパニョーラ島のインディオが壊滅的状況になったことも，大陸に向かった理由である．

Column 3
ラス・カサス

しかし，パナマからペルーに向かう航海に失敗し，針路を変えてニカラグアに到達，偶然グラナダに滞在することになった．グラナダからメキシコに赴き，ドミニコ会の建て直しに協力した後，グラナダの司教代理に任命されている．そして，1535年10月，ペルー征服を激しく批判する書簡をスペインの宮廷へ送って，植民地支配体制の不法性を告発するのである．

ところが，ラス・カサスは，新たに赴任したロドリゴ・デ・コントレラス総督と対立，1536年7月中旬にはグアテマラのサンティアゴに移住することを強いられる．以後4年ほどは，サンティアゴを拠点にすることになった．そして，1540年2月，20年振りにスペインへ帰国することになる．サンティアゴ滞在中に教会会議に出席するためにメキシコを訪れてもいるが，伝道師募集をドミニコ会管区長から依頼されたこともあり，植民地実情をスペイン国王に直接報告しようとしたと考えられている．

帰国後，さらに宮廷やインディアス会議に対し，植民地社会の改革を訴え続けたラス・カサスは，ついに1542年4月中旬，ヴァジャドリードでカルロスⅠ世との謁見を果たす．この時献上したのが「インディアスの破壊を告発する報告書」と「改善策に関する覚え書き」(『インディアスの破壊についての簡潔な報告』1552) である．

そして1542年5月中旬，カルロスⅠ世臨席のもとでヴァジャドリード議会が開かれ，ラス・カサスは報告者として出席した．これを踏まえて制定されたのが「インディアス新法」である．この新法は，40ヵ条からなり，第1条～第9条はインディアス枢機会議関係，第10条～第20条はアンディエンシア関係を規定している．そして，第21条～第40条で，理由の如何を問わず奴隷にしてはならない (第21条)，インディオを荷物の運搬に使役してはならない (第24条)，強制して真珠採集に従事させてはならない (第25条) などインディオの保護をうたっている．エンコミエンダ制の即時撤廃やインディオ奴隷の即時解放を規定してはいないが，エンコメンドーロを大きく規制し，段階的に廃止する内容を含んでいた．

(5) メキシコ (1544〜1547)

「インディアス新法」を背景に，1543年10月，ラス・カサスは，メキシコ南部，シウダー・レアル・デ・ロス・リャノスのチャパ司教となることを受諾，翌年9月にインディアスへ向かう．サント・ドミンゴを経て，シウダード・レアルに着任したのは1545年3月である．ラス・カサスは，そこで激しい抵抗に遭うこととなる．結局「新法」の実施もままならない中，1546年6月のメキシコでの司教会議に出席したのち，帰国することとなった．

最後の航海を終えて帰国したラス・カサスは，「インディアス新法」のインディオ保護条項の完全実施を求めて活動することになる．そして，インディアスの征服・支配を全面的に正当化する『第2のデモクラテス，インディオに対する戦争の正当原因

101

に関する対話』(1545) を書いたフアン・ヒネース・デ・セプールペダと大論戦を戦わせる(「ヴァジャドリード論戦」1550年8月，1551年8月)．そして，チャパスの司教を辞任し(1552)，ヴァジャドリードのサン・グレゴリオ神学校を終の棲家と定め(1553)，『インディアス文明史』『インディアス史』などの執筆活動とともに，生涯「インディアス新法」の実施と，エンコミエンダの世襲化への反対運動に従事し続けた．1561年マドリードのアトチャ修道院に移住し，82歳で死去している(1566)．

## 2．『一四の改善策 Catorce remedios』(1516)

　1516年の『一四の改善策』は，エンコミエンダ制の廃止，インディオの生命と自由の保障，聖職者の役割の重視を柱とする[153]が，フィジカル・プランニングの観点から興味深いのが「第2の改善策」である．染田秀藤(1990)のまとめによると以下のような計画である(図 Column 3-2)．

① スペインの町を中心にして，インディオの村々を周辺に建設する．村は，スペイン人の町，鉱山，あるいは農作業の場所から15〜20レグア内に建設する．各村は5〜6名のカシーケに率いられ，1,000人が居住し，村と村の距離は5〜7レグアとする．
② 中心のスペイン人の町には，インディオのための各翼50のベッドを持つ，真ん中にミサのための祭壇を置く十字形の病院を建設する．
③ エンコメンドーロは，所有する農地・牧草地，家畜，農具などの半分をインディオの村に貸与する．
④ 島(キューバ)に行政官1名，集落ごとに聖職者10名，文法教授1名(スペイン人の町に居住)，医師，外科医，薬剤師各1名，法律顧問インディオ保護者1名，財務人口調査監督官5名，鉱山技術者20名を置く．
⑤ インディオには文明生活の方法，また，読み書きと文法を教える．
⑥ インディオの労働義務期間は年6か月とし，2か月の労働の後，2か月の休息期間をもうける．労働は輪番制で行い，一定数のインディオは村に留まって，農作業に従事する．鉱山労働の場合，インディオの数は2,000名とし，1,000名が2か月ごとに交替する．労働日には，計4時間の食事と休憩の時間を与える．インディオには充分に衣服を与え，25歳以下，また45歳以上のインディオは労働に従事させてはならない．各集落から該当する男性総数の3分の1以上を金の採

---

[153] インディオの強制労働の中止(1)，そのことのインディオへの周知(4)，インディオの移島の禁止(8)，インディオの生命を脅かす勅令・法令の撤回(9)，インディオの生産物から利益を得ることの禁止，インディオに苛斂誅求を働いたスペイン人を処罰する権限を聖職者に与える(5)，これまでインディオに対する業務に関わった人物の今後の関与の禁止(7) など．

*Column 3*

ラス・カサス

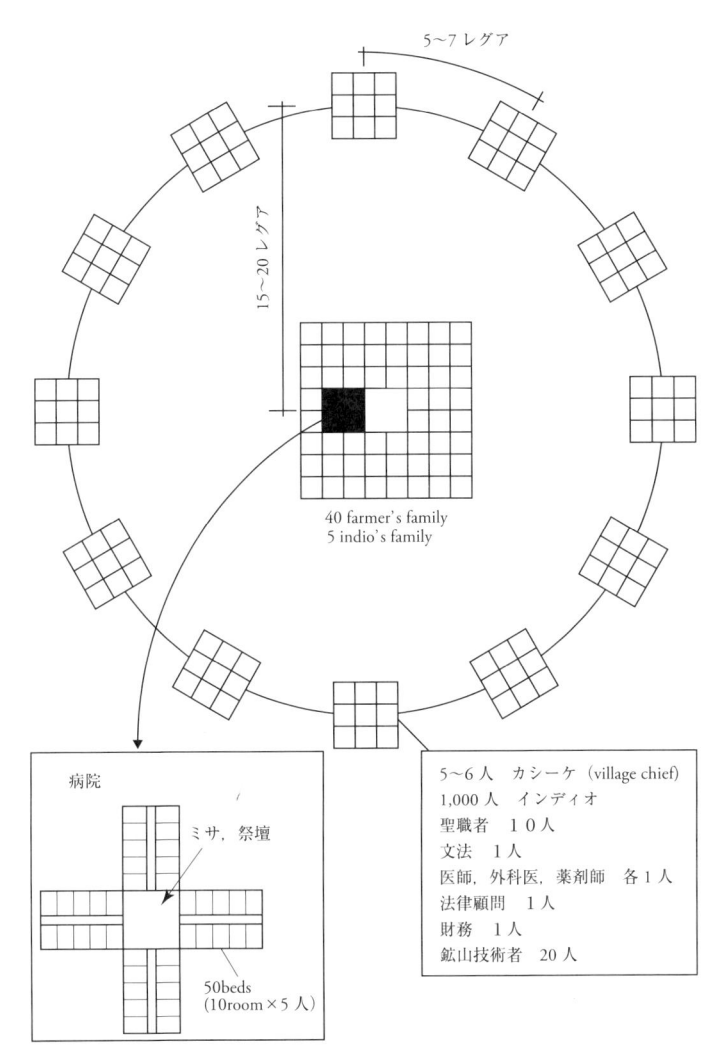

図 Column 3-2　一四の改善策　概念図
布野修司作成＋ヒメネス・ベルデホ，ホアン・ラモン・梅谷敬三作図

掘に徴用してはならない．鉱山から 15～20 以上離れた村からインディオを徴発してはならない．

⑦鉱山労働や農作業においては，鉄製の道具を使用させる．インディオを荷役に使用するのは禁止する．

⑧スペイン人の町に，カスティージャ人農夫を 40 名妻子とともに派遣し，それぞ

103

れインディオ5家族を割り当てる（第3の改善策）．

　基本的には，自給自足の村落による地域共同社会を構想している．コロンの「インディアス事業」が商館をベースとする交易事業を目指していた段階とは次元が異なっている．スペイン植民地計画のひとつの原型がここにある．しかし，後でみるように，ラス・カサスが基本的なモデルとしていたのは，むしろコロンの商館＝要塞建設による植民計画である．

　ラス・カサスは，以上の計画を実施するための収支計画も立てている．インディオの割当も認めるなど現実的な配慮も見せている．基本的には，「ブルゴス法」の条文も踏まえられていた．しかし，現実は，この『一四の改善策』の構想を許さなかった．この植民計画は「集産主義的かつ人道主義ユートピア」[154]と呼ばれることになる．上述のように，ラス・カサスの『一四の改善策』が出された1516年は，奇しくも，トマス・モアがアメリゴ・ヴェスプッチの航海に参加した水夫から聞いた話として書いた『ユートピア』がルーバンで出版された年であった．

　『一四の改善策』にもとづいてヒエロニムス会士に与えられた覚書あるいは指図書（インストルクシオン）は，集落の規模をより少なく300人前後としている．そして，「各集落の戸数は家族人数によって決まり，増えた場合にも居住できるように住居の大きさを考慮すること」としている．さらに，「各集落には立派な教会といくつかの街路とひとつの広場をつくって，型どおりの村とすること，カシーケの家は大きく立派につくり，広場の近くに建てること．また，病院を1つ設けること」とする．「集落の区域の規模に応じて，アドミニスタドールを任命し，インディオの居住区外の石造りの家に居住すること」「住民300人の各集落に対して，なるべくなら，10～12頭の雌馬，50頭の雌牛，500匹の雄豚，100匹の雌豚を割り当てる．各集落に食肉係カルニセーロを1人置く」（『インディアス史』五 p93）．

　しかしこれらの細々とした規定が遵守されることはなかった．ヒエロニムス会士たちにとって，インディオの解放を前提とする彼の計画は，そもそも不可能と判断されてしまうのである．

## 3. ティエラ・フィルメ植民計画 (1518)

　ラス・カサスがインディアス会議に宛てて提出した「島嶼部とティエラ・フィルメ

---

[154] 『一四の改善策』の中で，ラス・カサスは，インディオの強制労働に代わる黒人奴隷の導入を主張しており，黒人奴隷制の創始者と目され非難されてきた．しかし，インディアス向けの黒人奴隷貿易は1501年の勅令ですでにはじめられ，1513年の許可状制の導入によって本格的に開始されている．

Column 3
ラス・カサス

の改革に必要な改善策に関する覚書」(1518) の概要を，染田秀藤 (1990)[155] に従ってまとめておこう．

ティエラ・フィルメと島嶼部が分かれているのは，島嶼部がすでに荒廃しており改善が困難であるという状況認識からである．ラス・カサスの関心は，ティエラ・フィルメの荒廃を阻止することに向けられていた．

## ティエラ・フィルメに関して
①海岸に沿って 100 レグアごとに計 10 の要塞を建設し，要塞ごとに 100 人のキリスト教徒が居住する村を併設する．陛下の任命する指揮官が彼らを統治する．指揮官はインディオの土地に押し入ってはならない．
②ティエラ・フィルメから島嶼部やスペインへ奴隷として不正に運搬されたインディオを，男女を問わず，生地に送り帰し，完全な自由を与える．
③インディオに，金，真珠，その他の宝石とスペインの品との公益を奨励する．500 ドゥガの出費で 3 万カステリャーノの収益が得られるから，陛下は一銭も出費せずに済む．
④インディオが安心し，スペイン人到来の真の目的を理解できるようになれば，国王に租税として金を納めるよう命じる．
⑤100 ないし 150 レグアごと，もしくは要塞ごとに司教区を設定し，ドミニコ会もしくはフランシスコ会などから適切な人物を選び，司教に任命する．司教をインディオの改宗化のみならず，彼らの保護も任務とする．
⑥大勢のドミニコ会士やフランシスコ会士を派遣し，司教を補佐させる．200 名の兵士より修道士 1 名の方が平和を守るのに有効だからである．
⑦この計画を実施するのに必要な経費は，過去にインディオを虐待し，不安に陥れたスペイン人が不正に手に入れた金や真珠の 5 分の 1 もしくは 3 分の 1 を徴収すれば，充分に賄える．

## イスパニョーラ島，キューバ，プエルト・リコ，ジャマイカに関して
①イスパニョーラ島のインディオには充分な休養を与えてから，スペイン人到来の真の目的を正しく理解させる．その後，鉱山もしくは港の近郊に村を建設し，そこに居住させる．
②インディオが新しい村で落ち着いて生活し，国王の臣下として仕えるようになれば，既婚のインディオ男性は 1 カステリャーノの金を租税として差し出す．
③キリスト教徒からインディオを解放する（エンコミエンダ制の廃止）．

---
155) 染田 (1990)「第 4 章　植民事業家として」pp. 81-83.

### インディアス全域に関して

① インディアスへの渡航を希望する者に肥沃な土地と多くの免税特権与える旨をスペイン内外で布告し，渡航者を募る．
② 金を採掘する者は例外なく，最低，産出量の十分の一を国王に収める．
③ 現在各島に居住するキリスト教徒に男女に男女4名の黒人奴隷を所有させる．
④ 渡航を奨励するため，渡航を希望する農民には年1万ないし1万2,000マラベディ（当時，職人の日給が約30マラベディ，羊肉1ポンドが約7マラベディ）の給料を支払う旨を布告する．
⑤ 各島やティエラ・フィルメにおいて最初に一定量の絹，胡椒，丁子，小麦，ブドウ酒などを生産もしくは製造した者には報奨金を与えると布告する．
⑥ 砂糖生産に従事するために製糖工場（インヘニオ）を建設する者には融資を行ない，20名の黒人奴隷導入の許可を与える．

　ティエラ・フィルメに関する植民計画は，イスパニョーラ島における入植した農民による自給自足の植民地計画とは異なり，商館＝要塞建設方式といってよい．これは，コロンの「インディアス事業」あるいはポルトガルがギネアで行った事業と同じ方式であり，ラス・カサスが基本的に主張してきた方式であった．そして，聖職者の役割をここでは強調している（「200名の兵士より修道士1名の方が平和を守るのに有効」）．ドミニコ会士となってインディアス会議に送った最初の書簡（1531）でも同様の主張がみられる．

　注目すべきはインディアス全域について農民の移住を奨励していることである．『一四の改善策』が目指していたのはインディオとの協働体制であるが，インディオの村との分離，そして黒人奴隷の導入がこの「覚書」の前提であったことは記憶して置かれるべきである．

# 第 II 章

## スペイン植民都市の空間理念とその形態
*The Idea of Space and Form of Spanish Colonial Cities*

*1*
インディアス法と統治組織

*2*
「フェリペ II 世の勅令」とスペイン植民都市モデル

*3*
スペイン植民都市の類型

*Column 4*
スペイン植民都市計画と尺度

*Column 5*
ウィトルウィウス『建築十書』

スペイン植民都市計画の母胎となったのは，コンキスタドールたちの都市建設そのものを規定してきた制度的枠組みである．本章では，植民都市建設の背景をなすスペインの統治組織，そしてスペイン植民都市建設の直接的指針となったインディアス法の具体的内容を明らかにしたい[156]．

　アウディエンシア，副王領 virreinato，さらにはゴベルナシオン gobernaciones（総督領），インテンデンシア intendencia（行政区）といった統治組織の広がりは，スペインの植民地政策の展開過程を示すものである．当然，それぞれの中心都市はスペイン植民都市の中でも重要な位置を占めることとなる．

　インディアス法とは，1492 年のサンタ・フェ協約以降，スペインが，植民地統治のために制定した法律集成 leyes，法典 recopilación，条例 ordenanza，判例 pragmática，勅令 real cédula，訓令 instrucción などの総称である．国王が植民地に公布した諸法律のみならず，植民地の統治機関が独自に制定した諸法律も含む．

　スペイン国王は，植民地における統治体制の確立と並行して，統治のための法令を整備することになる．統治体制については，基本的には本国のそれを援用するかたちがとられ[157]，法体系についても，本国の既存の法，すなわち 13 世紀以降スペイン法の主流となってきたカスティージャ法[158]を移植するかたちがとられた．つまり，当初のインディアス法の骨格と条項の多くは，カスティージャ法にもとづきながら，新たな条項を付け加えたり，既存の条項を植民地の実情に合わせて修正されたりしながら形成されていった．その後，植民地化の進展とともに，インディアス固有の状況に即した法整備が行われるようになり，カスティージャ法は，インディアス法に規定が欠如する場合に補足的に適用されるような位置に後退する．最終的に，カスティージャ法がインディアス法に自動的に適用される事態はなくなっていく．

　本章の中心となるのは，一般に「フェリペ II 世の勅令」といわれる，「インディアスの発見，植民，平定に関する新条例 Nuevas Ordenanzas del Descubrimiento, Población

---

156) スペイン法の歴史については山田信彦（1992），ラテン・アメリカ法の基盤については中川和彦（2000）がある．さらに都市計画にかかわるインディアス法については，加嶋章博（2003，2007）がある．加嶋章博は，「フェリペ II 世の勅令」とウィトルウィウス，アルベルティの建築論の比較も行っている（2004，2006）．現在のところ，インディアス法の規定する都市計画について最も詳細な日本語論文といってよい．

157) フェリペ II 世はアラゴン王国にあった副王制を用い，帝国全体を統治した．各地に副王を置き，中央集権体制を整えた．1561 年，国土の中央に位置するという理由でヴァジャドリードからマドリードに宮廷を移し，スペインの「首都」がはじめて確定する．のちにマドリード郊外にエル・エスコリアルをつくり（1563 年着工，1584 年完成），この宮殿の中から広大な領土への命令を発した．前王と異なり，ほとんど宮殿に籠って政務に専念したため，「書類王」とも称される（Alvarez（1988）他）．

158) カスティージャ法の主要法源となっていた『シエテ・パルティダス（七部法典）』が参照されたとされる．第 1 部（信仰，法律，慣習法），第 2 部（政治，公法），第 3 部（訴訟法），第 4 部（親族法），第 5 部（相続法），第 6 部（契約法），第 7 部（刑事法）の 7 部からなる．

第 II 章
スペイン植民都市の空間理念とその形態

y Pacificación de las Indias」(1573 年 6 月 13 日) である．この全文を巻末の Appendix 2 に示した．これまで多くの研究において用いられた資料であるが，それぞれの関心に応じた断片的な分析にとどまっている．特に，プラサ・マヨール plaza mayor すなわち中央広場[159]の規模や形態のみに関心が集中してきた．ここではその全貌とともに，勅令があらわす基本モデルを明確に提示したい．

## *1* インディアス法と統治組織

### 1-1 インディアスの統治組織

　国王，王室が海外進出を直接主導し，インディア領について強力な権限を持つ総督制を敷いたポルトガルと異なり，スペインの海外進出は，ほとんどが個人事業であり，私的な性格が強かった．前章でみたように，コロンをアルミランテ，副王，ゴベルナドールの各職に任命し，十分の一の利益取得権や八分の一の出資権を与えたサンタ・フェ協約は，カトリック両王＝コロンブス商会という事業体によってインディアス事業を展開するものであった．以下にみるように，個々の事業をコントロールしたのはインディアス通商院であったが，全体を統括したのは，カスティージャ諮問会議の中に設けられたインディアス会議（委員会）Junta de Indias であり，それを引き継いだインディアス諮問会議 Consejo Real y Supremo de las Indias（インディアスに関する国王の最高諮問会議）であった．

　インディアスに関する機構として，インディアス通商院がセヴィージャに最初に設置されたのは 1503 年である．通商院の任務は，第 1 にインディアスとの通商・航海を指揮・監督すること．第 2 に商事裁判．第 3 に海図作製，調査，教育などの活動であった．カディスに係員が常駐し，出航する船舶，乗組員，乗客，貨物を監視，管理するのが通称院の主な目的であって，インディアスに渡航する乗客の許可証は通商院が発行し，インディアス向けの積荷の検査を行った．

　通商院は，インディアスとの交易が盛んになるにつれて裁判所としての役割を強め，国王の諮問機関としての絶大な権限を持った．通商院司法部の長は，ヴァジャドリードとグラナダのチャンシジェリア Chancilleria（高等裁判所）[160]の長と同じ地位に置か

---

159) プラサはスペイン語で「広場」を意味する．ギリシャ語 platea「広い通り」，ラテン語 platea「通り」より派生したとされる．
160) フアン I 世によって 1387 年にアウディエンシアがチャンシジェリアという名称に変えられる．

れるようになる．通商院は1717年にカディスに移転し，1790年から一時期廃止されるが，最終的には1834年まで存続する．

　植民地事業全体を統括したのは，前述のとおりインディアス諮問会議である．1524年にセヴィージャに創設され，18世紀後半の「ブルボン改革」と呼ばれる行政改革によって権限が縮小されて一時廃止されるが，再び復活して1834年に完全に廃止されるまでスペインの植民地経営に関する最高決定機関であり続けた．現在，インディアス総合古文書館AGIとして利用されており，本書で用いる地図資料を含む，多大な資料を所蔵している．

　インディアス諮問会議は会議体の組織であり，その権限は立法，行政，司法，財政，軍事の全般にわたる．立法に関しては，あらゆる種類の法規を立案し，諮問官の三分の二の同意にもとづいて王に提案する．設置当初はドミニコ会のガルシア・デ・ロアイサが長となり，4～5名の審議官Consejero，2人の書記の他，財務官，記録官からなっていたが，フェリペII世の時代になると，議長を筆頭に，7～9名の審議官，検察官，書記，3名の記録官，4名の会計官，2名の書記他から構成された．議長と審議官は，博識な神学者あるいは法学者が担当した．

　インディアス諮問会議は，行政については，副王，ゴベルナドール，通商員長官，コレヒドールなど役職候補者の推薦，査察官候補者の推薦，インディアス各地の大司教，司教候補者の推薦を，司法については，民事，刑事とも最高裁判所の役割を担った．アウディエンシアの判決を第二審として審理し，通商院裁判所の判決についても審理した．財政については，財政諮問会議がもっぱら所管したが，税についての訴訟はインディアス諮問会議が審理した．軍事についても，インディアス諮問会議が全面的に管轄し，随時査察を受けることが定められていた[161]．18世紀になると，インディアス顧問会議は統治部と司法部の2つに分割され，それぞれ多数の専門の審議官を擁する機関となる．

　インディアスにおける統治組織として，1511年に最初のアウディエンシア（聴訴院）がサント・ドミンゴに控訴裁判所jueces de apelaciónとして置かれたことは上述のとおりである．カスティージャのチャンシジェリアあるいはアウディエンシアがモデルとなった．

　アウディエンシアは，インディアス諮問会議に直属し，現地での司法権，行政権が与えられた．そのプレシデンテpresidente（長官）は本国から直接任命されることが多

---

　　　役人cancillerの役所Cancilleriaという位置づけである．チャンシジェリアの名を持つ裁判所はヴァジャドリードとグラナダ（当初シウダード・レアルに置かれ1505年にグラナダに移された）の2つだけである．
161）第1回の査察は1542年に行われ，諮問官の一部の職権濫用が明らかになり，法廷から追放されている．

## 第 II 章
スペイン植民都市の空間理念とその形態

く,その他数名のオイドール oidor(聴訴官)が置かれた.アウディエンシアの置かれる場所,管轄権,裁判官の定数,その他係官の定数など組織について定めたのが 1528 年 6 月 4 日付の条例である.

アウディエンシアは,16 世紀半ば過ぎまでに,以下の 10 箇所の拠点に置かれた(図 II-1-1)[162].

　サント・ドミンゴ(1511)
　ヌエヴァ・グラナダ(1518)
　メキシコ(1527)
　パナマ(1510, 1538)
　グアテマラ(1543)
　リマ(1543)
　グアダラハラ(1548)
　チャルカス(1559)
　キト(1563)
　チリ(1563)

「副王制」が導入されたのは 1535 年である.副王は上級貴族の中から選ばれ,スペイン国王の分身として,インディアスに君臨した.最初にヌエヴァ・エスパーニャ副王領が設けられ,カルロス I 世によってメンドーサが初代の副王に任命された.ただし,前章でみたように,国王の分身としての「副王」職自体は,それ以前にコロンが任命されている.コロンに次いで任命されたディエゴが 1523 年に帰国してのち,10 年余りは副王に相当する地位役職は置かれなかったことになる.ただし,一般的には,スペイン植民地における「副王」が公式に設けられたのは,ヌエヴァ・エスパーニャ副王領の設置以降とされている.

ヌエヴァ・エスパーニャ副王領に続いて,1542 年の「インディアス新法」でペルー副王領が置かれ(1543),ヌーニェス・ベラが初代副王となった.インディアスは,メキシコの副王が治めるヌエヴァ・エスパーニャ副王領とペルーの副王が治めるペルー副王領の 2 つに分割統治されることになる.そしてさらに,18 世紀にはブルボン改革によって,ヌエヴァ・グラナダ副王領(1717,一時廃止,1739 再設置)とラプラタ(ブエノス・アイレス)副王領が設置される(1776).

副王は,インディアス諮問会議が推薦する 3 名の中から王が指名する.その任期は,当初終身制であったが,まもなく 6 年と定められ,最終的に 3 年に短縮された.そ

---

162) ( )内は設立年.設置年については文献によって異説がある.

1
インディアス法と統治組織

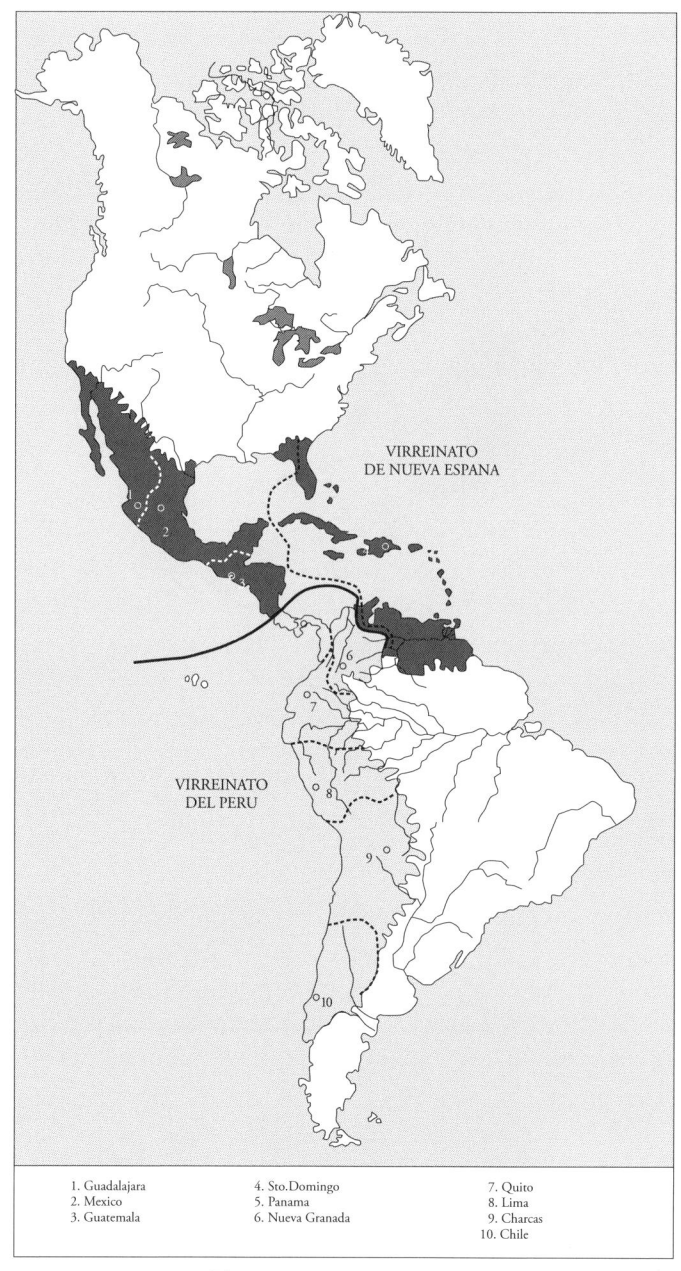

VIRREINATO DE NUEVA ESPAÑA

VIRREINATO DEL PERU

1. Guadalajara
2. Mexico
3. Guatemala
4. Sto.Domingo
5. Panama
6. Nueva Granada
7. Quito
8. Lima
9. Charcas
10. Chile

図 II-1-1　アウディエンシア
CEDEX（1997）をもとに中川祐輔作図

113

第 II 章
スペイン植民都市の空間理念とその形態

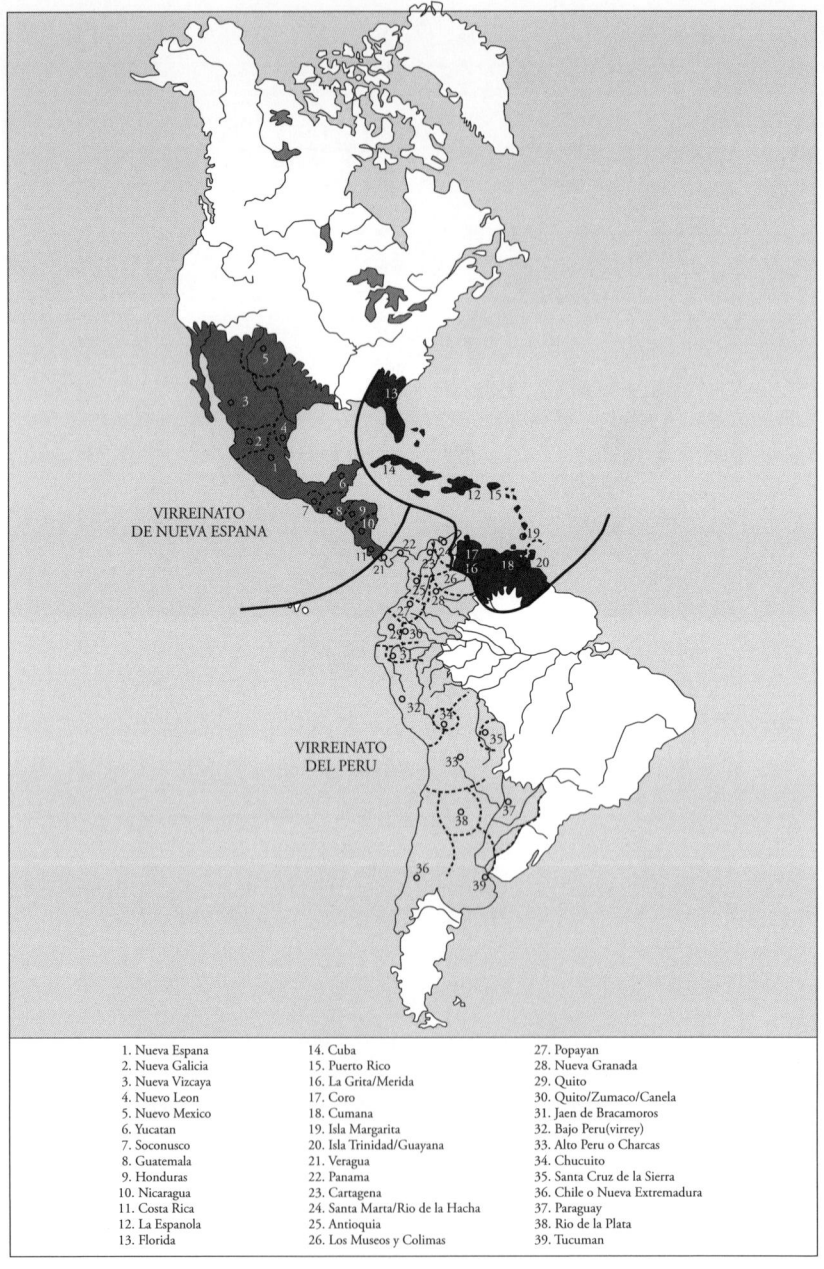

図 II-1-2  ゴベルナシオン

1. Nueva Espana
2. Nueva Galicia
3. Nueva Vizcaya
4. Nuevo Leon
5. Nuevo Mexico
6. Yucatan
7. Soconusco
8. Guatemala
9. Honduras
10. Nicaragua
11. Costa Rica
12. La Espanola
13. Florida
14. Cuba
15. Puerto Rico
16. La Grita/Merida
17. Coro
18. Cumana
19. Isla Margarita
20. Isla Trinidad/Guayana
21. Veragua
22. Panama
23. Cartagena
24. Santa Marta/Rio de la Hacha
25. Antioquia
26. Los Museos y Colimas
27. Popayan
28. Nueva Granada
29. Quito
30. Quito/Zumaco/Canela
31. Jaen de Bracamoros
32. Bajo Peru(virrey)
33. Alto Peru o Charcas
34. Chucuito
35. Santa Cruz de la Sierra
36. Chile o Nueva Extremadura
37. Paraguay
38. Rio de la Plata
39. Tucuman

CEDEX (1997) をもとに中川祐輔作図

インディアス法と統治組織

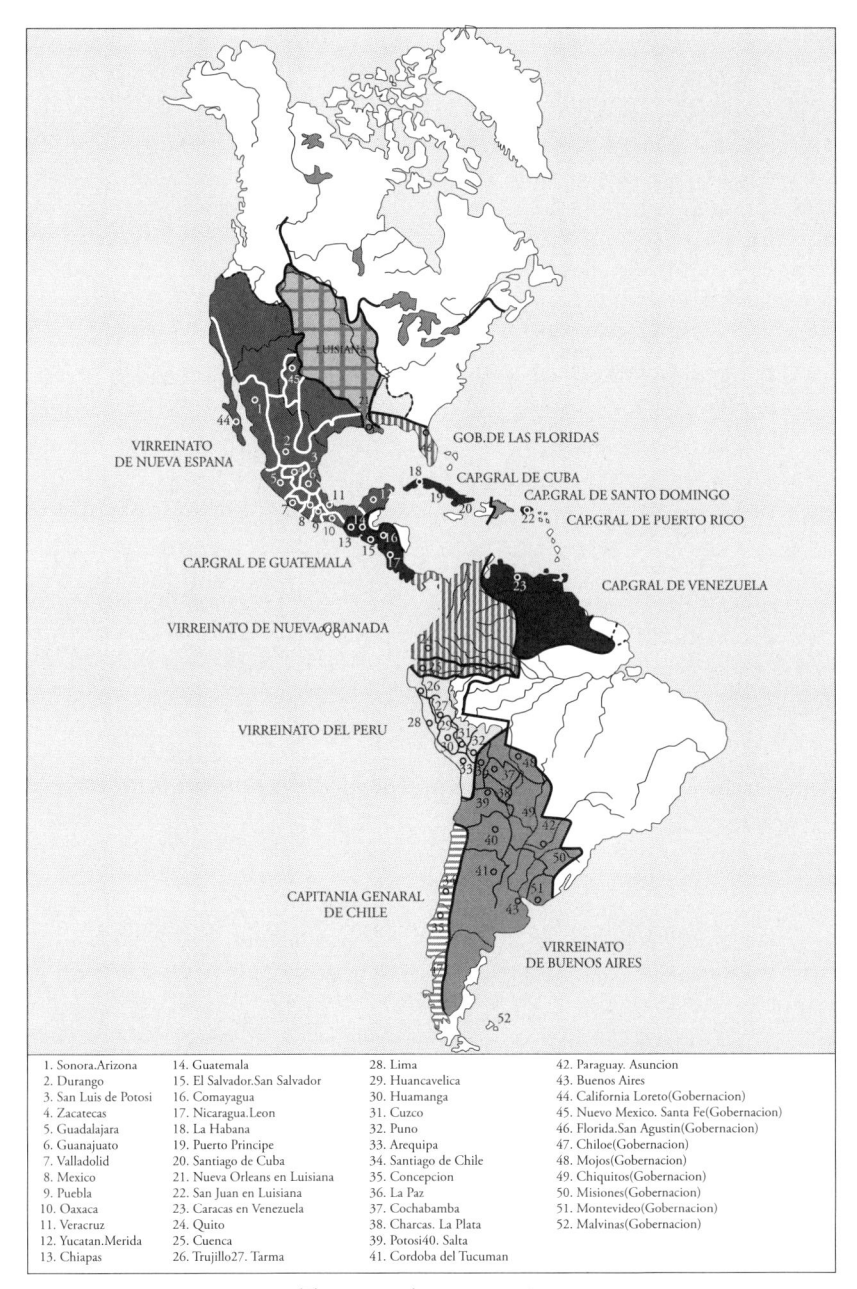

図 II-1-3　インテンデンシア

1. Sonora.Arizona
2. Durango
3. San Luis de Potosi
4. Zacatecas
5. Guadalajara
6. Guanajuato
7. Valladolid
8. Mexico
9. Puebla
10. Oaxaca
11. Veracruz
12. Yucatan.Merida
13. Chiapas
14. Guatemala
15. El Salvador.San Salvador
16. Comayagua
17. Nicaragua.Leon
18. La Habana
19. Puerto Principe
20. Santiago de Cuba
21. Nueva Orleans en Luisiana
22. San Juan en Luisiana
23. Caracas en Venezuela
24. Quito
25. Cuenca
26. Trujillo
27. Tarma
28. Lima
29. Huancavelica
30. Huamanga
31. Cuzco
32. Puno
33. Arequipa
34. Santiago de Chile
35. Concepcion
36. La Paz
37. Cochabamba
38. Charcas. La Plata
39. Potosi
40. Salta
41. Cordoba del Tucuman
42. Paraguay. Asuncion
43. Buenos Aires
44. California Loreto(Gobernacion)
45. Nuevo Mexico. Santa Fe(Gobernacion)
46. Florida.San Agustin(Gobernacion)
47. Chiloe(Gobernacion)
48. Mojos(Gobernacion)
49. Chiquitos(Gobernacion)
50. Misiones(Gobernacion)
51. Montevideo(Gobernacion)
52. Malvinas(Gobernacion)

CEDEX (1997) をもとに中川祐輔作図

115

の権限は，王権に留保される若干の事項を除いて，管轄地域の全域に及んだ．裁決，命令，条例を制定する権限を副王は与えられ，衛生，郵便，国勢調査，土地の配分，公共事業，財政政策，通貨政策，経済政策についての権限を持ち，コレヒドール，アルカルデ・マヨールの任命権も有した．さらに，軍隊の指揮権までも有し，インディオの布教も副王の任務であり，聖職者推挙権も持った．このような絶大な権限を持つ副王の恣意や専横を防止する制度として，第1にアウディエンシアによる監視，第2に国王の査察官の派遣，第3に任期満了の際のフシオ・デ・レシデンシア jucio de residencia（治績審問）があった．

ゴベルナシオンは，副王に準ずる役職であり，国王（インディアス諮問会議）から直接任命された．基本的には副王から独立した地位で，その権限は副王同様，行政，立法など全般に及んだ．もうひとつ副王に準ずる役職として，アデランタード（先遣総督）があった．探検にともなう協約によって国王から付与された称号で，これも副王からは独立した地位であった．この称号は世襲されたが，コンキスタの時代が終了すると名誉職としての性質を強めてゆく．

アウディエンシアは，したがって，副王が直轄する副王領と総督領に分かれる．各総督の中で最高の格にあるのが副王である．ゴベルナシオンは，機構上は副王に従属したが，実質的には副王とは独立にそのゴベルナシオンを統治した．17世紀末には39のゴベルナシオンが成立していた（図II-1-2）．

アウディエンシアの管轄区には，ゴベルナシオンの他，アデランタミエント（アデランタード領），プロビンシア（地方）が設けられた．そして，それぞれにはコレヒミエント corregimiento（長官領）とアルカルデ・マヨールという行政区が置かれた．住民が直接接触したのは，副王あるいはアウディエンシアによって任命されたコレヒドールである[163]．

王室に直結するこれらの統治機構とは別に，植民者たちが設立した自治機構も存在した．それがカビルドもしくはアユンタミエント ayuntamiento（市議会）であり，アルカルデ・オルディナリオ alcalde ordinario（判事）1名が司る法廷と，レヒドール regidor（市会議員）数名ないし十数名からなるレヒミエント regimiento（市参事会）で構成された．これらの自治機構は，王権が強まるに従って機能しなくなるが，19世紀初頭の独立運動の過程でその機能を回復させることになる．

ゴベルナシオン，コレヒミエント，アルカルデ・マヨールの区分は体系的には行われず，3つの型の行政単位が混在し，名称にも統一性がなかったからいささかわかりにくいが（染田1993），スペイン植民地帝国を支える大きな地域区分となったのは，ヌエヴァ・エスパーニャ副王領，グアテマラ長官領，キューバ長官領，ルイジアナ，

---

[163] 地方行政組織に関する説明は国本伊代（1992）による．

サント・ドミンゴ長官領，プエルト・リコ長官領，ヴェネズエラ長官領，ヌエヴァ・グラナダ副王領，ペルー副王領，チリ長官領，ラプラタ（ブエノス・アイレス）副王領である．そして，さらに下位の行政単位として，52 のゴベルナシオンもしくはインテンデンシアが設置された．インテンデンシア制（監察官僚制）は，フランス王制期のアンタンダンス（アンタンダン）にならって，スペイン・ブルボン王朝，カルロス III 世が植民地行政の中央集権化，コレヒドールなど植民地官吏の職権乱用の防止と植民地からの収入増加を目的として導入したものである（図 II-1-3）．これにともない，コレヒミエントとアルカルデ・マヨールは廃止されることになる．最初にキューバに導入され（1764），ブエノス・アイレス（1782），ペルー（1784），メキシコ（1786）と続いた．インテンデンシアを統轄する官吏はインテンデンテと呼ばれ，スペイン生まれの者に限られた．

## 1-2 インディアス法の形成

植民地化の当初からスペイン国王による訓令，勅令が次々に出されたことは前述したとおりである．サント・ドミンゴ総督として派遣されたニコラス・デ・オヴァンドに宛てた訓令（1501）以降，ヌエヴァ・エスパーニャ総督エルナン・コルテスに宛てた訓令（1523）など一連の訓令，勅令が知られる（Appendix 1 参照）．

インディアスの統治に際し，当初は公法も私法もカスティージャ法の直接的適用が想定されていた．しかし，広大なインディアス各地にカスティージャ法をそのまま適用できるわけはなく，様々な問題に場当たり的な対応を積み重ねることになる．試行錯誤を繰り返し，失敗すれば修整を加える．インディアス法は，試行錯誤の集大成である．

モンテシーノスの告発（1511）に代表されるエンコミエンダ制批判の中，インディアス法の核心となったのはインディオの扱いであり，その虐待，奴隷化，エンコミエンダ制の非人道性であった．

Column 3 で触れたように，1512 年に，スペイン人とインディオとの関係を規定する最初の法律として「ブルゴス法」が制定される．さらに翌年には，法学者ロペス・デ・パラシオス・ルビオスによってレケリミエント（勧降伏）が起草され（1513），インディアスにおける征服戦争の正当化がこころみられた．レケリミエントは，インディアスに対するスペイン支配の正統性が大きな問題となる中で考えだされたもので，ローマ法王が聖界および俗界の主権者であるキリストの代理人の立場に立って，法王の代理人であるスペイン国王の権威，またキリストの信仰を認めなければ懲罰を与えるという内容である．植民者たちは，インディオ狩りに際してこの文書を読み上げることを義務づけられた．公証人が同行し，インディオの承諾がなければ，インディオ

を強制連行することが許された．上述のように，起草者はブルゴス委員会の一員でもあった法学者ロペス・デ・パラシオス・ルビオスである．

ラス・カサスのインディオの解放のための活動は，インディアス新法 (1542) に結実していく (Column 3)．インディアス新法は，正式には「インディアスの統治ならびにインディオの正しい待遇とその生存のために国王陛下が新しく制定された法令および命令：諸諮問会議およびインディアスに置かれるアウディエンシアにおいて，ゴベルナドール，判事，および関係者全員により遵守されるべきもの」[164] (1542年11月) である．

「インディアス新法」は，第1に行政組織に関して，ペルー副王領，リマ・アウディエンシア，コンフィネス・アウディエンシアの新設，パナマ・アウディエンシアのロス・レイエスへの移転を定めるものであった．また，第2にエンコミエンダ制を改定し，租税エンコミエンダ encomienda de tributos を創設，エンコメンドーロは，インディオが国王の臣民として納付すべき税の徴収にのみあたるものとした．第3に，インディオは基本的に自由であり，王の臣民として処遇されることとし，奴隷制を廃止し，その労働条件の改善をはかることを規定するものであった．

1524年にセヴィージャにインディアス諮問会議が設立されると，植民地の行政，司法，立法は，インディアス諮問会議によって行われるようになる．そして，16世紀半ばに，一連の植民地関連法をまとめて公刊するこころみが，インディアス諮問会議の議長を務めたフアン・デ・オヴァンドによってなされる．オヴァンド法典は7巻から構成されたが，生前に公刊されたのは2巻であり，「フェリペII世の勅令」は，このオヴァンド法典の第2巻「世俗統治 Gobernación Temporal」がもとになっている．

インディアス諮問会議は，インディアス各地で生起する諸問題に対応するために，次々に場当たり的に法をつくっていったから，膨大な量の法令が累積することになった．当然そうした法令を法令集としてまとめる作業が必要となる．1548年，メキシコ副王アントニオ・デ・メンドーサがメキシコのアウディエンシアの法令を集めて編集した法令集 Ordenanzas y Compilación de Leyes がその嚆矢である．1563年に，スペイン本国で法令の索引の作成がこころみられ，さらに単に法令を羅列する法令集ではなく，体系的な整理補充，すなわち法典化が為されたのがオヴァンド法典である．その構成は次の7巻である．

---

[164] 原題 "Leyes y Ordenanzas nuevamente hechas por su magestad para la gobernación de la Indias y buen tratamiento y conservación de los Indios: que se han de guardar en el consejo y Audiencias reales que en ellas residen, y por todos los otros gobernadores, jueces y personas particulares de ellas.". カルロスI世がインディアス諮問会議のメンバーを一新し，バルセロナで交付された．さらに翌年3月ヴァジャドリードで交付されたものがあり，両者を合わせてレイアス・ヌエバス（新法）とされる．

第 1 巻 『宗教的統治』Gobernación Espiritual
第 2 巻 『世俗的統治』Gobernación Temporal
第 3 巻 『インディアスの司法』De la Justicia en Indias
第 4 巻 『インディオ社会』De la República de los Indios
第 5 巻 『スペイン人社会』De la República de los Españoles
第 6 巻 『国家財政』De la Hacienda Real
第 7 巻 『通商と航海』De la Contratación y Navegación

1569 年から 1571 年にかけて最初の 2 巻が完成するが，第 1 巻『宗教的統治』は教皇の許可を得られず，国王の裁可が下りなかったため，いくつかの章が個別に法令として出されることになった．第 2 巻『世俗的統治』を参照した，「インディアスの発見，植民，平定に関する新法令」がいわゆる「フェリペ II 世の勅令」である．オヴァンドの死後，その仕事を引き継いだのがディエゴ・デ・エンシナスで，1596 年に 4 巻からなる法令集 Cedulario de Encinas を印刷出版している．

インディアス諮問会議は，1603 年以降，本格的な法規集の編集をこころみるが，その作業がフェルナンド・J・パニアグワによって完成したのは，カルロス II 世治下の 1680 年のことであった．9 巻からなるこの法規集が『インディアス法令集』Recopilación de las Leyes de Indias（一般に『1680 年法集成 Recopilación de 1680』と呼ばれる）である．この『インディアス法令集』は，全てのインディアス法を厳選収録したものでインディアス法制史上最大かつ究極の集成とされている．植民地時代末期まで植民法典として利用された．

この「カルロス II 世法」は 4 巻 9 編 218 章 6,447 条から構成される．第 1 編「教会法，教育及び著作物」(24 章)，第 2 編「法律，インディアス諮問会議の構成」(34 章)，第 3 編「インディアスに対する統治権，副王州および知事州，軍事組織および王への報告」(16 章)，第 4 編「発見，植民，民衆の組織及び経済」(26 章)，第 5 編「裁判機構と訴訟手続き」(15 章)，第 6 編「インディオに関する事項」(19 章)，第 7 編「刑法」(8 章)，第 8 編「大農園経営」(30 章)，第 9 編「航行及び通商」(46 章) といったように，各編および各章に標題がつけられている．都市建設に関わる条項は第 4 編にまとめられている．『インディアス法令集』の都市計画に関する条項は，基本的にフェリペ II 世によるインディアス法を踏襲したものである[165]．

1680 年以後，インディアス法を網羅する法令集は，公的には編纂されることはなかった．ただし，広く利用されたものとして，たとえば，1791～98 年に刊行されたアントニオ・ハビエル・ペレス・イ・ロペスの私撰法令集のような例はみられる．

---

[165] 加嶋章博他（2002）「スペイン植民都市計画法におけるフェリペ 2 世法とカルロス 2 世法の継続性に関する研究」，日本建築学会計画系論文集，第 554 号，pp329-335.

## Column 4　スペイン植民都市計画と尺度

　序章で，ハト（半径1レグアの円形の面積）とコラル（半径2レグアの円形の面積）というキューバで用いられるユニークな土地分割システムに関連して，レグアという単位に触れた．また，ミレトスの都市計画についてペスという単位をもとに記述した．本書では，随所に尺度が用いられる．ここでは，スペイン植民都市計画の基本となる尺度についてまとめておきたい．

### レグア legua
　一時間に歩く距離をいう．トルデシーリャス条約において，ポルトガルとカスティージャの間の境界が，ヴェルデ岬諸島の西370レグアと設定されたように，大きな距離を示す単位として一般に用いられた．

　古代のイベリア半島，すなわち古代ケルトに起源し，ローマが採用することによって，西欧世界で一般的になったとされる．概算すれば，子供の足で1kmを15分で歩けば4km，早歩きして1kmを10分で歩けば6kmということになるが，時代や地域によってその長さは異なる．古代ローマでは2,220mと短い．古代イベリアでは5,573mであったとされるが，カスティージャでは5,078m，キューバでは1レグア4,240m（=5,000ヴァラ，1キューバ・ヴァラ=84.8cm）と，やや短い尺が用いられた．1レグアは，スペインでは1レグア=5,000ヴァラとされており，キューバ・レグアはそれをもとにしたと思われるが，1568年にフェリペII世は，それを廃している．

　なお，英米のリーグleagueは3マイルとされるが，海陸で異なっており，陸マイルは4,828m，海マイルは5,556mである．

### ピエ pie とヴァラ vara
　ミレトスの都市計画の基本尺度ペスにせよ，あるいは，第I章でハイメII世の都市計画と関わって登場したブラサ，パルマ，ヴァラにせよ，その基本となるのはピエであり，ヴァラである．「フェリペII世の勅令」でもっぱら用いられているのはピエである．

　ヴァラは，ピエとともに，身近なスケールについて用いられる．ピエは「足」を意味し，英米のフットや，中国・日本の尺と同じである．ヴァラは「木組，足場」に由来し，「細長い棒」を意味する．ヴァラは3尺，ほぼ半間であるが，それよりはやや短い．1ヴァラは3ピエで，現在は1ピエ=27.86cm，1ヴァラ=83.59cmとされているが，国や地域によって微妙に異なる．詳しくは，表Column 4-1を参照されたい．

　ブラサbrazaは2ヴァラで，約167cm，日本の尺度感覚でいえば，両手を広げた長

Column 4
スペイン植民都市計画と尺度

表 Column 4-1 ヴァラの値 (国別)

| Pollitical Divisions | cm | Authority for remarks |
|---|---|---|
| CURACAO | 84.7598 | Funk & Wagnalls |
| CUBA | 84.8026 | Herrera, Desiderio, Agrimensura aplicada al sistema de medida de la Isla de Cuba, 1835 |
| FLORIDA | 84.76488 | US War Department Educational Manual "Castilian" vara: Mitchel v US, 15 peters 51, 57 (1841) |
| HONDURAS | 83.8962 | Funk & Wagnalls |
| | 83.82 | Webstar |
| MEXICO | 83.9158342 | Humboldt (1803) (1 vara = 839.16 mm) |
| | 81.3758342 | Agreement between Mexican Republic and Bond Holders 9/15/1837, from Commissioner, General Land Office Report (1854) (1 vara = 837 mm) |
| | 83.8025248 | Same as abobe |
| | 83.8025248 | Orbezogo (about 1884) (1 vara = 838 mm) Also measured interval between marks on old standard rod from Arizpe, Sonora, Mexico (838 mm) |
| | 83.7328272 | Bustamente (1851) (1 vara = 837.33) |
| | 83.7375262 | US Coast Survey (1850) (1 vara = 837.377) |
| | 83.739228 | Standard from Mexico at close of Mexican War, in office of US Coast Survey. US v Perot, 98 US 428 (1878) |
| | 83.82 | US v Perot.. Commissioner, General Land Office Report (1854). Webstar |
| | 83.80476 | Webstar. (1 sq vara = 0.84 sq yds) |
| | 83.7946 | Funk & Wagnalls |
| | 83.79968 | Merriman, M.. American Civil Engineers' Pocket Book. |
| | 83.80222 | Tracy, J.C. .. Plane Surveying. David & Foote: Surveying |
| | 84.8023704 | Alexander, J.H.. Dictionary of Weights and Measures. |
| | 83.33232 | Haggard Handbook of Translators of Spanish Historical Documents. (Gerometrical foot = 10.936) (1 vara = 3 pies geometricos) |
| NEW MEXICO | 83.82 | Surveys of private claims: official recognition by of private land claims. |
| PARAGUAY | 83.82 | Funk & Wagnalls |
| | 86.36 | Webstar |
| PERU | 83.5914 | Funk & Wagnalls |
| | 84.7598 | Webstar |
| PHILIPPINES | 84.7852 | Webstar |
| PORTUGAL | 110.1852 | Funk & Wagnalls |
| | 109.22 | Webstar |
| SPAIN | 84.7344 | Funk & Wagnalls |
| | 84.7852 | Webstar |
| | 83.5905 | castilian vara, Real Orden de 9 de diciembre de 1852, por la que se determinan las tablas de correspondencia recíproca entre las pesas y medidas métricas y las actualmente en uso (Diccionario jurídico-administrativo. Madrid, 1858) (1 vara = 3 castellan feets [27,8635]) |
| TEXAS | 84.836 | Seth Ingram, Colonial Surveyor, in Document 8/18/1825. (Geogmetrical foot = 11.133333 inches–3 geometric feet = 1 vara[Spanish Bar]). |
| | 100.584 | Seth Ingram's chain used for measurement. (10 bars [varas] = 50 links [33 feet]) |
| | 84.6582 | Established by Texas law (1919). (36 varas = 100 feet) |
| VENEZUELA | 84.7852 | Funk & Wagnalls |

ヒメネス・ベルデホ, ホアン・ラモン作成

121

# 第 II 章
スペイン植民都市の空間理念とその形態

さ「尋」，あるいは1間に相当する．その他，ハイメ II 世の都市計画では5ヴァラ＝1クアルトン Cuartón という単位も使われている．エクシメニスの理想都市で用いられているパソ pasos は5ピエ（139.3 cm）である．

パルマ palmas は，親指と小指を広げた長さで，ヴァラの4分の1とされる．約21 cm である．さらに，ピエの下位単位としてプルガダ pulgada がある．プルガダは「親指の幅」を意味し，英米でいうインチである．1ピエは12プルガダで，約2.32 cm である．

「フェリペ II 世の勅令」にはヴァラという単位はみられない．プラサ・マヨールの規模などについては，もっぱらピエが用いられている．

## ペオニア peonia とカバジェリア caballería

宅地，農地の班給の単位，すなわち面積の単位として，さらにいくつかの異なる尺度が用いられている．「フェリペ II 世の勅令」によれば，幅50ピエ×長さ100ピエの宅地と，100ファネガの大麦または小麦の栽培用地，10ファネガのトウモロコシの栽培用地，2ウエブラの果樹園，8ウエブラのその他の乾燥した樹木の栽培用地，そして豚10頭，雌牛20頭，雌馬5頭，羊100頭，山羊20頭の放牧が可能な牧草地を，ひとまとまりにペオニアという（第105条）．また，カバジェリアとは，幅100ピエ×長さ200ピエの宅地とペオニア5つ分の土地をいう（第106条）．すなわち，カバジェリアは，イオニアの，宅地は4倍，その他の土地は5倍あることになる．ペオニアはペオン peon ＝歩兵，カバジェリアはカバジョ caballo ＝馬を語源とする．歩兵と騎馬兵とのランク分けに由来すると考えられる．1カバジェリアは，約13.5 ha とされるが，134,300 m$^2$（キューバ），785,800 m$^2$（プエルト・リコ），386,300 m$^2$（スペイン）と，地域によって異なる．

ファネガ fanega は，穀物（小麦，大麦）の体積あるいは作付面積の単位で，1ファネガ＝55.5リットル（地方によって22.5リットル），約64.4 a（アール）の面積とされる．ウエブラ huebra は1日に耕せる土地の広さをいう．

## 2 「フェリペII世の勅令」とスペイン植民都市モデル

### 2-1 「フェリペII世の勅令」

インディアスの統治のために数多くの法令，勅令，訓令が出されるが，すでに繰り返し言及してきたようにそれを最初に体系化したのが，フェリペII世の「インディアスの発見，植民，平定に関する新法令」であった．「フェリペII世の勅令」については，加嶋章博（2007）が全文邦訳，解題をこころみている[166]．この邦訳を Appendix 2 に掲げさせていただく．ただし，いくつかの単語にスペイン語を付記し，明示したうえで若干の改変を行っている．本書全体に関わる「フェリペII世の勅令」の基本的事項について，以下に明らかにしておきたい．

「フェリペII世の勅令」の原本は，カスティージャ語の手稿である[167]．冒頭に，「フェリペII世国王から我が海外領土における副王，プレシデンテ，アウディエンシア，ゴベルナドール（総督），そして以下に言及する者，また関係者すべてに向けて」とある．全体は148条からなる．ただし，原文には第91条が欠如している．また，第69条および第111条の段落を2つに分け，69条の2，111条の2とする研究者もいる．この場合，全体は149条からなることになり，実際，ソラノのように149条とみなす研究者もいる（Fracisco de Solano (1996a)）．しかしここでは，手稿の番号を優先する．発見 descubrimiento[168]（第1条～第31条），入植 población（第32条～第137条），平定 pacificación（第138条～第149条）の3つの部分（章）からなる．

### (A) 発見（第1条～第31条）

第1に，発見は全て国王の許可にもとづいて行わなければならないことが宣言される．自己の一存で発見を行うものは死刑に処せられ，全財産は国庫に没収される．副王，ゴベルナドールも例外でなく，すでに発見された土地については，報告書を提出しなければならない（第1条）．

---

166) 加嶋章博（2007）は"探索，新入植，平定に関する勅令 Ordenanzas del Descubrimiento, Nueva Población y Pacificación de las Indias"とするが，Solano (1996) に従う．

167) Diego-Fernández Sotelo, Rafael, "Mito y Realidad en las leyes de población de Indias"; Icaza Dufour, F. et al (eds.) (1987), "Recopilación de Leyes de los Reynos de las Indias", México.

168) ただし，第1章にはタイトルはつけられておらず，ここでは冒頭部分からつけた．

## (1) 入植の過程

インディアスにおいて統治を行うものは，入植，平定すべき土地について詳細に情報を集め（第2条），平穏で利便性の高い場所にまずスペイン人村 lugare を建設する（第3条）．入植した集落から，取引，物々交換，贈与，親睦を通じてまずインディオを送り込み，続いて修道士，スペイン人を送り込み，隣接地についての情報を得て，理解に努めて入植が可能である地域をみきわめる（第4，5条）．

## (2) 海洋探索

湾内，沿岸，河川航行のために，それぞれ定員30人以下とする（第8条）小型の軍船あるいはカラベル船あるいは容積70トン未満を超えない船舶を少なくとも2隻用意し（第6条），事故に備えて常に2隻航行する（第7条）．船1隻につき操縦士2名，可能であれば司祭あるいは修道士2名を搭乗させる（第9条）．船舶には最低12か月分の食料の他，ろうそく，アンカー，引き綱，漁具など艤装品を搭載し（第10条），インディオたちとの取引のために，はさみ，櫛，刃物，斧，釣り糸，鏡，鈴，ガラスビーズなどを積んでおく（第11条）．航行，停泊の仕方も，まず多量の搭載物資があるものを沿岸に停泊させたのち，小型船舶で探索し，最終上陸地を決めるなどが規定されている（第19条）．

## (3) 記録・報告書

操縦士，水兵は詳細に航海記録をつけることが義務づけられる（第12条）．この記録，報告書の作成については第1条に規定される他，第15条，第18条，第21条，第22条，第23条に重ねて規定されている．調査項目が列挙されるのは第15条で，土地の習慣，宗教，偶像，供犠，文書，統治方法，王の存在，継承システム，税収システム，産物（金属，スパイス類（コショウ，クローブ，シナモン，生姜，ナツメグなど，薬品，石)，動植物，自然（樹木）などが挙げられている．

## (4) 占有儀礼・命名

新たな土地に入植する場合，地区全ての土地を国王の名の下に所有することを宣言するために，公衆の面前で必要な儀式や聖史劇を行う（第13条）．また，発見した土地や，その地方，主要な山河，自ら建設した集落 pueblo や都市 ciudad を命名する（第14条）．

## (5) 食糧確保

食糧の確保は大きな問題とされ，入植地 población にある食糧を把握し，遠征時のために備えること（第16条），出発時の蓄えを半分消費した段階で引き返すこと（第

18条)が規定されている.

#### (6) インディオとの関係
インディオとの関係については,いかなる場合も戦争を引き起こしたり,征服を行ってはならないこと,インディオ同士の対立に介入してはならないこと,危害を加えてはならないこと,インディオの所有物を奪ってはならないことを規定する(第20条).布教が難しいと判断される場合は,そのままにし,再来を約束すること(第17条),いかなる状況であってもインディオを連れて帰ってはいけないこと—3~4名までの現地語通訳者は優遇し報酬を与える—(第24条)が規定される.すべては発見および,キリスト教の福音書を広め,先住民にキリスト教信仰を理解させるために行うのであり,そのためにのみ王室財源を充てるのであって(第25条),キリスト教福音書を流布したいという修道士を援助し(第26条),発見を行うものはキリスト教の熱心な信者であること(第27条),外国人には発見の任務を認めないこと(28条),発見に対して称号や名声は与えないこと(第29条)を定める.そして,発見にあたるものは法令を遵守し(第30条),入植に当たっての境界の設定については全てアウディエンシアおよびインディアス諮問会議に報告し,その決定に従うこと,それに従わなければ死刑もしくは財産没収となることが再確認される(第31条).

### (B) 入植 (第32章~第137条)
入植に際して,スペイン人およびインディオの双方社会の安定化をはかり,しっかり計画を立てること(第32, 33条)を前提に,まずは,入植の地域,地区の選定に関する条件を列挙する.

#### (1) 選地
- 交通の要所であること(入港,脱出,取引,政務,救援,防衛のために,出入りに都合のいい海路,陸路が確保できること)(第37条)
- 食糧が豊富であること(第34条)土地が肥沃であること(第35条)家畜の飼育のための牧草が豊富であること(第35条)有害なものが育たないこと(第34条)
- 衛生的であること(第34条)空気は澄み,温暖な気候であること,日が沈むと寒くなるほうがいい(第34条)
- 飲料用,灌漑用の良質な水が豊富であること(第35条)
- 住宅その他の建築物の建設のための資材,薪を採るための山や森があること(第35条)
- キリスト教を布教できるインディオが居住していること(第36条)年寄りから若者までがバランスよく集まっていること(第34条)

# 第 II 章
## スペイン植民都市の空間理念とその形態

続いて，集落の選地について条件を列挙する．

- 適度な標高にあること，標高の高い場所に村を建設しなければならない場合は，霧が問題にならない場所とする（第 40 条）北側から南側から快適な風を受ける土地がいい（第 40 条）山地や斜面がある場合は，東あるいは西の方向がよい（第 40 条）
- 川沿いに集落を建設する場合には東側に建設する（水面より先に集落の方角から太陽が昇ることになる）（第 40 条）
- 海辺はさける（海賊による危険性が高く，健康的でないから）．ただし，良好で重要な港となる場所は除く（第 41 条）
- 水源が近くにあること（第 39 条）
- 農耕，牧畜を行う土地に近いこと（第 39 条）
- 集落の建設に必要な資材が近くにあること（第 39 条）
- インディオに損害を与えない場所（第 38 条）

主都が選定されると，それが管轄する農園，農場，牧場，畑が選定される（第 42 条）．ここでも，インディオに損害を与えてはならないことが繰り返される．

### (2) 植民計画・組織

ゴベルナドールは，拠点を建設する際，都市，町 villa，村のレヴェルを設定し，それに応じて地方自治体を，共和政体に応じてそれを構成する役人や議員を任命する．首都を建設する場合，アデランタードあるいはゴベルナドール，あるいはアルカルデ・マヨール，あるいはコレヒドール，あるいはアルカルデ・オルディナリオの称号を持つ判事を任命し，完全な支配権を持つものとし，参事会とともに自治体の行政監理を行う．参事会は，公共財産監視官 3 名，レヒドール 12 名，視察官 2 名，陪審員 2 名，教区ごとに弁護士 1 名，財産監視官 1 名，参事会書記官 1 名，公証人 2 名（鉱山関係 1 名，登記関係 1 名），触れ口上役人 1 名，商品取引所仲介人 1 名，守衛 2 名からなる．司教管区あるいは首都大司教区の場合，上の参事会にレヒドール 8 名を加える．町や村の場合，アルカルデ・オルディナリオ，レヒドール 4 名，警吏 1 名，参事会および公証の書記官 1 名，財産管理人 1 名の任命を行う（第 43 条）．行政当局は，首長を含めて，都市の場合 28 名，拠点都市の場合 36 名，町や村の場合 8 名という規模である．

入植地における参事会および自治体の構成，組織化を終えると，いずれかひとつの都市あるいは町あるいは村がその入植地の統治を担当するものとして自治体を形成する（第 44 条）．参事会の書記官が入植希望者全員を記録し（第 45 条），定員に達した段

階で司法，参事会を組織し，全員の財産登録を行う（第46条）．

建設地，牧草地，農園などのレパルティミエントは，各植民者の出資金額に応じて行う．また，インディオその他の労働力については，彼らを扶養し，建設，耕作，栽培の道具を貸し与えることができる者に分配される（第47条）．自治体の役員には給与が与えられる（第48条）．

貴族は自らの負担で農民を連れて行き，土地を提供し，扶養する．農民は収穫物を納める（第49条）．家や土地を所有していないインディオは自らの意志で農民として，役人として働くことができる（第50条）．

充分な入植者を獲得できない場合，参事会は，スペイン本国の都市あるいは地方から植民する計画をたてる（第51条）．インディアスにもスペイン本国にも入植者を集められる都市がない場合，アデランタード，アルカルデ・マヨール，コレヒドールあるいはアルカルデ・オルディナリオが個人と協定を結んで入植を委託する．

アデランタードは，指定された期間内に3都市―教会管区の都市と首都大司教に属する教区の2都市―の創設，建設，教化，植民を行う協定を結ぶ（第53条）．アルカルデ・マヨールは，一定の期間に3都市―司教管区の1都市と首都大司教に属する2都市―を建設する．コレヒドールは，一定期間中に，首都大司教に属する都市とその管轄する2か所の土地に入植する協定を結ぶ．

## (3) アデランタード

アデランタードには数々の特権が認められており，実際多くの条項がアデランタードについて規定している．第1に，アデランタードは世襲である．国王との協定を遂行したアデランタードは，アデランタード，ゴベルナドール，総監の称号が一生涯認められ，その息子，後継者，アデランタードが指名したものにも同様の資格が認められる（第56条）．

そして，アデランタード（およびその息子あるいは後継者や相続者）は，政治，司法面においてインディアス諮問会議に直属した権限を持ち，副王やいかなるアウディエンシアにもその管轄内には干渉できない（第69条）とされるのである．アデランタードは，所有する地方をアルカルデ・マヨール，コレヒドール，アルカルデ・オルディナリオの管轄州として分割できる（第67条）．そして，市長となり，市長を任命，解雇する権利（第59条），王室財源に関わる役人の指名権（第64条）が与えられる．国王が任命していない場合にはレヒドールはじめ，他の役人を選任することができる（第72条）．また，アルカルデ・マヨール，コレヒドール，アルカルデ・オルディナリオによる控訴審で参事会に送る必要のないものについては，民事司法権および刑事司法権を行使する（第68条）のである．

行政に関する事柄は，インディアス諮問会議が審理する．地域間の紛争に関しては，

# 第II章
## スペイン植民都市の空間理念とその形態

6,000 ペソ以上の民事訴訟あるいは死刑もしくは手足切断の刑罰が科せられる刑事訴訟については，インディアス諮問会議が審理する（第69条-2）．アデランタードを承認する以前に指名された判事は，別の判事が選出されると司法権の行使ができなくなる（第70条）．

　経済的には，アデランタード（およびその息子あるいは後継者や相続者）は，給与が王室財源から支給され（第57条），エンコミエンダを受けることができ（第58条），インディオのレパルティミエントを自ら行うことができる（第61，62条）．また，烙印，打印器をつくり流通させることができる（第63条）．労働の統制について，効力を2年に限って条例を定めることができる（第66条）．協定に従ってあらゆる税を免除される使用人を用いることができる（第78条）．税については，10年間，（教会に対して）貴金属や宝石で十分の一税を払うが，それ以外は免除される（第80条）．売上税については20年間免除される（第81条）．アデランタードは武器や食糧を積載した船舶を毎年2艘，本国からティエラ・フィルメまたはヌエヴァ・エスパーニャへ向かう船団と同行するという条件で送ることができ，その際の関税は免除される（第79条）．インディアスでの輸出入関税については20年間―入植者一般は10年間―免除される（第82条）．

　軍事面では，3つの要塞の建設，維持管理，所有を永久に認められ（第60条），同意があれば，あらゆる蜂起の鎮圧のために必要な資金を王室財源から用いることができる（第65条）．また，カスティージャ王国およびレオン王国から徴兵し，指揮官を任命することができ（第73条），コレヒドールはこの指揮官を妨害してはならず（第74条），派遣軍に参加したものは指揮官に従わなければならない（第75条）．アデランタードは，派遣軍が遠征する地域で必要物資を得る権利を司法的に認めることができる（第76条）．セヴィージャのインディアス通商院の役人が派遣軍の援助を行い，報告の義務を課すことは禁じられ（第76条），家畜の移植も妨げられない（第77条）．

　アデランタード（およびその息子あるいは後継者や相続者）は，市議会の意向に従い，共有牧草地，水のみ場，道路を設けることができる（第71条）．すなわち，都市計画もアデランタードの任務である．

　アデランタードの権限についても，もちろん定められている．インディアス諮問会議に直属した権限を持ち，副王やいかなるアウディエンシアにもその管轄内には干渉できない（第69条）．とはいえ，副王あるいはアウディエンシアがすでに管轄する地域以外について，その任務が認められるものであった（第86条）．副王あるいはアウディエンシアに隣接する地域についての入植はアルカルデ・マヨール，コレヒドールの権限を持つもののみが行うことができ，副王あるいはアウディエンシアに従属したのである（第87条）．アデランタードの任務は査問を受け，権限を剥奪される場合がある（第83条）し，遠征を成功させ協定を果たしたものについて終身称号を与えるか

どうかが判定される（第84条）．その上で，牧草地，農地，住居の付与が検討され，定住を5年間行った場合に永久所有が認められる（第85条）．

(4) 入植地

入植，植民都市の建設は第89条以降に規定される．基本的には，入植の資格，許可の条件，農地・宅地・家屋・各地の分配について規定されている．

以下，条項は前後するが，プロセス順に整理しよう．入植地建設の全ての過程をインディアス諮問会議およびインディアス統治に関わる者が把握するのが前提である（第103条）．入植を認め，司法権を承認するゴベルナドールは，職務として訴訟を辞さず入植を遂行させるよう努めねばならないし，参事会のレヒドールおよび訴訟代理人は，任務を遂行しなかった入植者に対し，逃亡者を捕らえて連れ戻すといったあらゆる策を講じて，任務の完了を強制させる（第110条）．

ゴベルナドールが都市あるいは入植地のアデランタード，アルカルデ・マヨールあるいはコレヒドールと協定を結ぶと，協定を結んだ入植責任者は入植協働者個人それぞれと契約を結ぶ．入植責任者は，入植協働者に対して，それぞれがどれだけ建設の任務を希望するかに従って，住宅建設用地，牧草地，農耕地をペオニアあるいはカバジェリアを単位として与える義務がある（第104条）．ただし，1人につきペオニアは5か所まで，カバジェリアは3か所までとする．

ペオニアとカバジェリアについて定めた105条・106条についてはすでに触れた．カバジェリアは，宅地，農地とも測量して境界線を定め周囲を囲う．牧草地は共有地として与える（第107条）．

ペオニアおよびカバジェリアに居住する契約を結んだものは，住宅を建設し，居住し，農地を耕し，放牧を行わなければならない．遂行しなかった場合，宅地，農耕地を失うとともに罰金を支払わなければならない（第108条）．カバジェリアで建設，農耕，牧畜を行うものは協力してくれる農民と協定を結ぶことができる（第109条）．

最低30人が入植単位とされる（第89条）．これは，海洋探索の単位が1隻30人単位とされている（第8条）ことと照応している．厳密に適用されるわけではなく，30人前後が集まれば認められる．しかし，10人以下の場合は認められない（第101条）．入植責任者がいない場合も，既婚の大人がいれば10人以上であることを条件に入植が認められることがある（第102条）．入植準備が整うまではアデランタードあるいはアルカルデ・マヨール，コレヒドールの管轄下の居留地coloniaとされる（第88条）．

30人の入植者1人（世帯主）につき，住宅1軒，雌牛10頭，去勢牛4頭（もしくは去勢牛2頭と若い雄牛2頭）雌馬1頭，豚5頭，雄鶏6羽，雌羊20頭を所有させる（第89条）．入植者の息子，娘，子孫も入植者として認められ，結婚して別世帯を設ける場合は，最初の入植者の4親等を超えた親族も入植を認める（第93条）．土地は4レ

グア平方を与える．矩形もしくは長方形として境界を明確に定める．スペイン人の都市，町，村から最低5レグア離れさせる（第89条）．海港や王室，既存の共和政体（スペイン人町）に不利になる場合はその境界を認めない（第92条）．

　第1に，サクラメントを行う聖職者を選定し，教会堂を建設する（第89条）．また，集落の建設用地，エヒード ehido（家畜場，脱穀場，作業場として用いる共用の場），牧草地など公有地を指定する．残りの土地を4分割し，4分の1を入植責任者が所有し，4分の3を30人の入植者のために30区画に分割する（第90条）．牧草地は収穫物が取り入れされれば公共のものとなる（第95条）．

　以上が定められた期間内に行われなければ，建設した建物，収穫物，所有物は没収され，罰金が科せられるが（第89条），不可抗力の場合は期限の延長を行うこともできる（第94条）．

　入植責任者（ならびに息子もしくは後継者）は民事刑事の第一審における裁判権を有する．また，入植者のなかからアルカルデ・オルディナリオ，レヒドール，参事会他の役人を選任できる（第96条）．協定を遵守し遂行したものには長子相続権が与えられ（第97条），入植者とその子孫には名誉が与えられ，カスティージャ王国でそれによって保障される特権を享受できる（第100条）．領地内の鉱床，塩田，漁場などの所有が認められる（第98条）．入植者は，最初の渡航で運ぶ家財や食糧については一切の税を免除され（第99条），費用を差し引いた上で五分の一の税を金銀真珠などで物納する（第98条）．

(5)　植民都市建設

　第111条から第137条までが植民都市計画について規定している．スペイン植民都市計画として最も言及されるのがこの部分である．

i.　選地

　まず空地であること（第111条）が前提とされ，以下が条件とされる（第111条-2）．

・小高い場所にあり，要塞としやすいこと．
・衛生状態がよく，有害動物が棲息したり，空気や水の腐敗の原因となる潟や沼地が付近にないこと．
・土地が肥沃で，農地や牧草地，材木や薪その他の資材，淡水にめぐまれること．
・先住民に恵まれること．
・運搬や出入りに都合がいい場所であること．
・北のほうに方に広々とした土地があること．
・沿岸部の場合，海が南面，西面にこない位置とすること．

海から離れた内陸では，航行可能な河川沿岸に建設するのが便利である．沿岸は北風が吹く位置がよく，汚物やごみを出す施設はすべて川に面した最も低い場所に配置する（第123条）．

ii. 計画図

場所が決定されると，広場，道路 calle，宅地を直線状に規則正しく配置する計画図を作製する．建設する町の周囲には空地を残しておき，同じ形式で拡張できるようにしておく（第111条）．要するにグリッド・パターンで計画するということである．前もって平面図を作製することは第127条でも繰り返される．

iii. プラサ・マヨール（中央広場）

入植に際してはプラサ・マヨールが起点となる．沿岸部の場合は港の上陸地点に，内陸部の場合は入植地の中央に配置する．広場の形は長さが幅の1.5倍の長方形とする．理由は騎馬による祝典その他の催しに好都合だからである（第112条）．広場の大きさは住人の数にみあったものとするが，幅200ピエ×長さ300ピエ以上，長さ800ピエ×幅532ピエ以下とする．中間値で適切な比率は，長さ600ピエ×幅400ピエである（第113条）．

広場の各辺の主要道路には商人たちのためにポルティコ（アーケード）を設ける．広場の4隅にはポルティコを設けず道路を通す（第115条）．

iv. 主要道路

プラサ・マヨールの四辺の中央から2本，四隅のそれぞれから2本ずつ主要道路を設ける．これは，それぞれの道路が，風にさらされないための措置である（第114条）．道路の幅は，寒い地域では広く，熱い地域では狭くする．馬を集める場合は広くする（第116条）．道路はプラサ・マヨールから延長していく（第117条）．

v. 小広場

入植地の所々に小広場を割合よく設ける．そこに大聖堂，教区教会堂，修道院を設置する（第118条）．

vi. 大聖堂，教区教会堂，修道院

広場および道路が設定されたあと，大聖堂，教区教会堂，修道院の敷地を決定する．それぞれ1街区全体を占め，別の建物が近接しないようにする（第119条）．入植地が沿岸部にある場合，海から望めるように配置し，防御に役に立つ構造とする（第120条）．内陸の場合，教会はプラサ・マヨールに配置せず距離をとる．他の建物を併置

せず，独立した建物とし，四周からみわたせるようにすることで，権威を象徴する．基壇を設け，階段を上って建物に入るようにする（第 124 条）．

### vii. 王室，参事会，市庁舎，税関，造船所

次に王室，参事会，市庁舎，税関，造船所の敷地を港や教会との関係を考慮して決定する（第 121 条）．寺院とプラサ・マヨールに近い場所に王室，参事会，市庁舎，税関の建物を障害物にならないように配置する（第 124 条）．

施療院は教会に近接して回廊のように建設する．伝染病患者のための施療院は風による影響のない場所に設置する（第 121，124 条）．すなわち，北風が吹く所に設け，南面を享受できるようにする（第 124 条）．

肉屋，魚屋，製革屋など汚物やごみの出る施設はそれらを始末しやすい場所に設置する（第 122 条）．

以上の計画は，どんな内陸地においても，たとえ水辺がなくても遵守しなくてはならない（第 125 条）．

### viii. 宅地

広場に面して宅地を設けてはならない．広場に面しては，王室関係施設，公共建築，商店および商人のための住宅を最初に建設し，入植者全員が分担する．建設のために商品に税金を課す（第 126 条）．プラサ・マヨールに近い順に区画し，入植者に分配していく．残余地は，国家所有とし後の入植者のための恩恵地あるいは国王のための土地としておく（第 127 条）．住宅の建設用地の分配が済むとテントを持っている入植者は自分の宅地に張る．持っていない者は入手できる材料を使って小屋を建てる．いち早く広場周辺を柵で囲い込み，インディオに危害を加えられないようにする（第 128 条）．

### ix. 共有地・牧草地・農地他

入植地には共有地を指定し，入植地が拡大した場合にも対応できるようにする（第 129 条）．共有地に隣接して，牧草地を設ける．また，参事会が所有する土地を指定しておく．残った土地は農地とし，宅地と同様の大きさに区画する．灌漑可能な土地があれば同じように区画する．その他は後の入植者のための報償地として残しておく（第 130 条）．農地が分配されたらすぐに種を蒔く．牧草地ではまとめて各地を飼う（第 131 条）．以上を行ったうえで，質の高い住宅建設に着手する．

建築物は基礎と壁を丈夫に建造せねばならない．日干し煉瓦やそれをつくるための板，工具類を支給し，廉価で迅速な建設を行う（第 132 条）．宅地や住宅の配置は，南風と北風に恵まれるようにする．防御性を考慮し強固に造る．住宅では馬や作業用動

物を飼えるようにし，衛生面を考えてパティオや飼育場をできるだけ大きくとる（第133条）.

街の美観のために建築物は可能なかぎり同一形式に揃える（第134条）.

入植責任者，検査官，建築技師，その他ゴベルナドールが任命した者が監督を務め，できるだけ早く入植を完了する（第135条）．また，入植はインディオに損害を与えることなく平和裡に行われなければならない（第136条）．入植が終わり，集落や住宅の建設が終了するまでインディオとの交渉を避ける（137条）.

## (C) 平定（第138条～第148条）

入植地の建設を終えると，ゴベルナドールおよび入植者 pobladores は，地域周辺の先住民全てを，以下のように，キリスト教会とわれわれとの平和な関係に導く（第138条）.

まず，土地の民族，言語，宗派などをよく調べて，物々交換 rescate を通じて接触し，重要人物と友好関係を結び，同盟を確立する（第139条）．なお，物々交換は，第4条，第20条でも触れられている．同盟が成立すると,努めて一緒に集まりながら，プレディカドール predicadores（説教師）がカトリックの教えを説く．悪習や偶像崇拝をとがめたりすることなく，自らの意志でそれを放棄するように説教を行う（第140条）．土地と権限は神が与えてくれたものであり，それはカトリックの教義に従うことによって保護されていること，カトリックの教義とその信仰はインディオを救うものであって，これを受け入れることはとりわけ神の恩恵を蒙っていること，すべての土地は国王に従属するものであり，司法においてこの地全てを管理していることを理解させる．さらに，公安の概念─服を着て靴を履くこと─を教え，職業とその方策を伝授し，それがカトリックの教えを理解し，国王への従属心を持つことによって導かれることを説く（第141条）.

キリスト教の教義が平穏にインディオに受け入れられても，用心し，説教師に背かないように─背いたものは処罰─する．そして，教育する，衣装を支給する，歓待することを口実として，カシーケや主要人物の子供たちを，まずスペイン人入植地に連行する（142条）．教会堂を建て，安全に行き来できるようになるまで，彼らを教育する（第143条）.

キリスト教の教義を平穏に受け入れない地区では，以下のような順序で説教を行う（第143条）．まず首長に対し，近隣から敵対者が侵入してくるなどと気を引きつけるような情報を伝え，スペイン人に味方するインディオをスペイン人とともに密かに送り込み，機会を見計らって，自分たちは招かれたものだと表明し，土地の言語で通訳者がキリスト教の教義を説く．説教者はアルバ albas（ミサの時に着用する白麻の長衣），ソブレペリセス sobrepellices（聖職者が法衣の上に着る袖の広い短白衣），エストーラ

estolas（聖職者の頸垂帯）を纏い，手に十字架を持つ．

不信心者には，便利なものをみせたり，歌を歌ったり，楽器を弾いたりして集合させ，あらゆる手段を用いて敵対心を持つインディオを落ち着かせて従属させる．

危害を加えることは一切行ってはならない．国家が望むことは，その福利と改宗のみである．

インディオの村を平定し，インディオが服従の姿勢をみせるようになると，ゴベルナドールの同意の下に，入植者各自にその土地の分配 repartir を行う．入植者はそれぞれの土地を防衛保護し，レパルティミエントを規定した法令に従って，エンコミエンダ制に従って，インディオとともにその役割を果たす（第144条）．

レパルティミエントとして国王に従属するインディオには，国王によって土地の収穫物に対して税が課せられることを納得させる．税の管理はエンコミエンダ制によって委任されたスペイン人が行うのが望ましい．国家の中心集落や港市への配分などは別にとっておく（第145条）．先住民の平定のために必要であれば，税の免除をすることができる（第146条）．

インディオの平定のためにキリスト教の教義を教える聖職者を用意しなければならない（第144条）が，説教師が十分いる所にはその移入を認めない（第147条）．インディオをエンコミエンダ（委託）されたスペイン人は，インディオを集落に呼び寄せ，キリスト教の教義を定着するために教会堂を建設する（第148条）．

以上の全条の最後には次のように書かれ，国王他の署名がなされている．

「ここにあげた勅令をよく理解し，それらを組み合わせながら，述べられているとおりに遵守，履行しなければならず，また，させなければならない．これに反する行動はとってはならず，またそのような行為を認めてもならない．これに違反する者に我々は一切支援しない．　　セゴビア　1573年7月13日　国王」

## 2-2　スペイン植民都市モデル

「フェリペII世の勅令」は，以上のように，発見，入植，平定の過程を規定しながら，植民都市，町，村の物理的形態について極めて具体的な規定を定めている．これが，インディアスで発令された勅令，訓令，法令をまとめて体系的に編纂したオヴァンド法典第2巻「世俗統治」にもとづいていることはすでに触れたとおりである．「フェリペII世の勅令」以前・以後の都市計画関連の文書，規範，法令などについては，Solano（1996a, b）が網羅している（Appendix 1 年表に全て示した）．

加嶋章博（2003）は，「都市計画」に関わる規範について，上述の『1680年法集成』（「カルロスII世法」）と「フェリペII世の勅令」を比較して，後者の条項のほとんどが

前者に含まれていることを明らかにしている．厳密にいえば，「フェリペⅡ世の勅令」を典拠にした条文は，第4編第1章「発見」18条のうち15条，第4編第2章「海洋における発見」11条のうち9条，第4編第3章「陸地における発見」27条のうち25条，第4編第4章「平定」9条のうち6条，第4編第5章「入植」11条のうち10条，第4編第6章「発見者，平定車，植民者」7条のうち2条，第4編第7章「都市，町，村への入植」26条のうち25条を占めている．すなわち，スペイン植民地計画を規定する法令として最も体系的なのが「フェリペⅡ世の勅令」なのである．

さて，「フェリペⅡ世の勅令」が規定する都市モデルを加嶋（2007）に従って図示してみよう（図Ⅱ-2-1〜2-6）．加嶋のモデル図は，全体像を示すのではなく，各条を図化できる範囲で最も正確に示すものといってよい．ただし，図Ⅱ-2-4については，ポルティコ（アーケード）をプラサ・マヨールに面する部分に限定するよう，訂正を加えた．

図Ⅱ-2-1が，その全体図である．グリッド・パターンによって構成される．すなわち，全体の形は限定されず，同じ形式で延長可能である（第111条）．図Ⅱ-2-2が広場の2つの形態を示す．グリッドは，プラサ・マヨールを起点とする（第111，112条）．沿岸部の都市の場合は上陸地点に，内陸部の場合には中央に設ける．図2-3は，プラサ・マヨールの形を示す．長さが幅の1.5倍を成す長方形である（第112条）．大きさは，最低200ピエ×300ピエ，最大533ピエ×800ピエ，中間値を400ピエ×600ピエとする（第113条）．図Ⅱ-2-4は広場の周辺を示している．主要道路を広場の四辺の中央から1本ずつ，四隅から2本ずつ設け（第114条），広場に面してポルティコを設ける．ポルティコは主要街路によって切断されない．このポルティコについて，加嶋章博（2007）は主要街路の両側全てに想定するが，筆者はプラサ・マヨールに限定されたものとした（第114，115条）．市街地のところどころに小広場を設け，その広場に付随して教会を設置する（第118条）という規定については，必ずしも一般的な図は想定できないが，概念的にはダイアグラムに示せる．それが図Ⅱ-2-5である．

これらフィジカルな計画は，一見事細かに定められているかのようにみえるが，実は図Ⅱ-2-6で図示した以上のものにはなりえない．すなわち，これ以外に描かれた図には，必ず作製者の解釈が入り込んでいることになる．同時に，各地に建設されたスペイン植民都市もまた，建設者の解釈によって計画設計されたものといってよい．たとえば，あるひとつの具体的に建設された都市計画図をもとにモデル図が作製されてきたということである．

当然のことながら，実現した都市計画は現実の諸条件に規定されている．単一の都市モデルを定めながら，スペイン植民都市がまるで一様でないのは，このことに起因する．たとえば，インディアス法の都市モデルは都市の規模，その境界については触れていない．都市の規模を規定する城壁や市壁についての記述が全くないことは大い

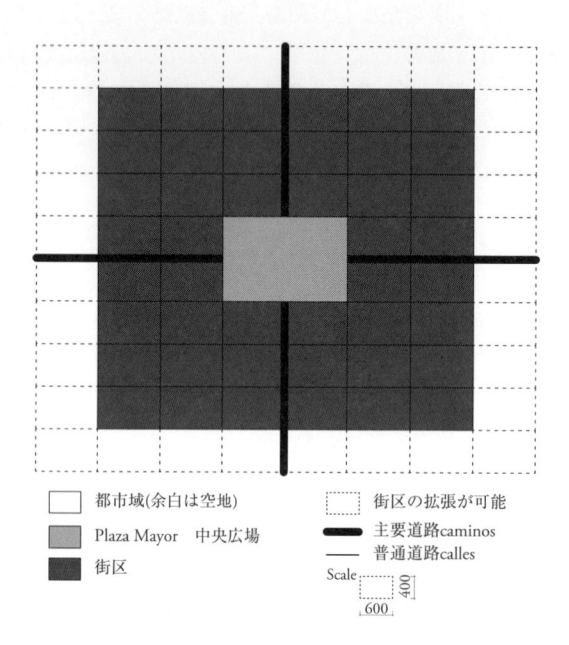

第 II 章
スペイン植民都市の空間理念とその形態

図 II-2-1 「フェリペ II 世の勅令 (1573)」グリッド・パターン
加嶋彰浩 (2003) をもとに塩田哲也作図

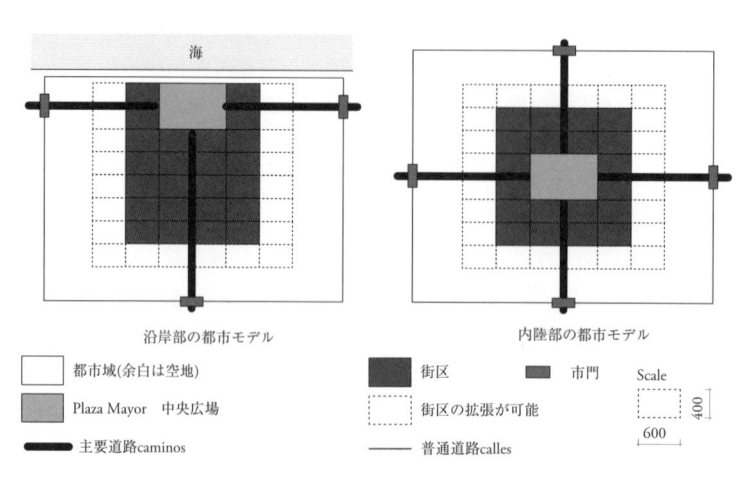

図 II-2-2 「フェリペ II 世の勅令 (1573)」広場の位置
加嶋彰浩 (2003) をもとに塩田哲也作図

2　「フェリペⅡ世の勅令」とスペイン植民都市モデル

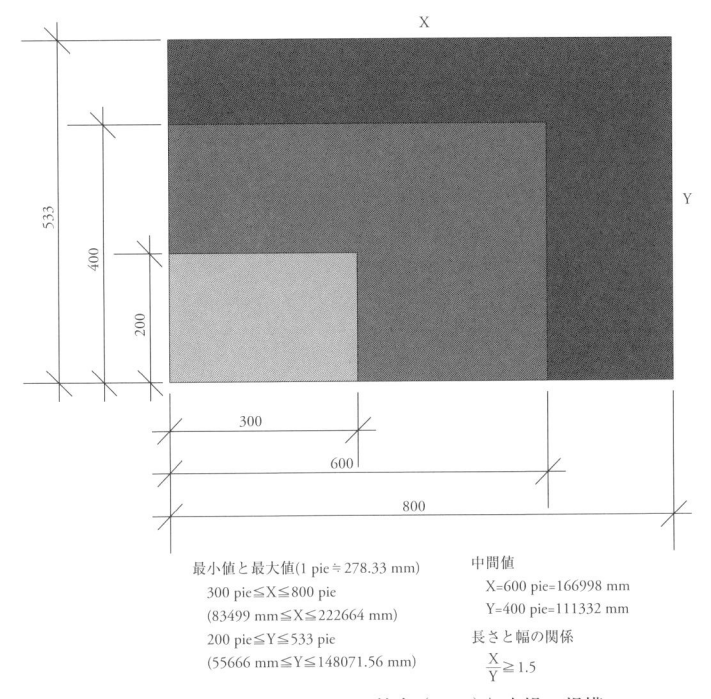

最小値と最大値(1 pie ≒ 278.33 mm)
300 pie≦X≦800 pie
(83499 mm≦X≦222664 mm)
200 pie≦Y≦533 pie
(55666 mm≦Y≦148071.56 mm)

中間値
X=600 pie=166998 mm
Y=400 pie=111332 mm

長さと幅の関係
$\frac{X}{Y} \geq 1.5$

図 II-2-3　「フェリペⅡ世の勅令(1573)」広場の規模
　　　　　　　加嶋彰浩(2003)をもとに塩田哲也作図

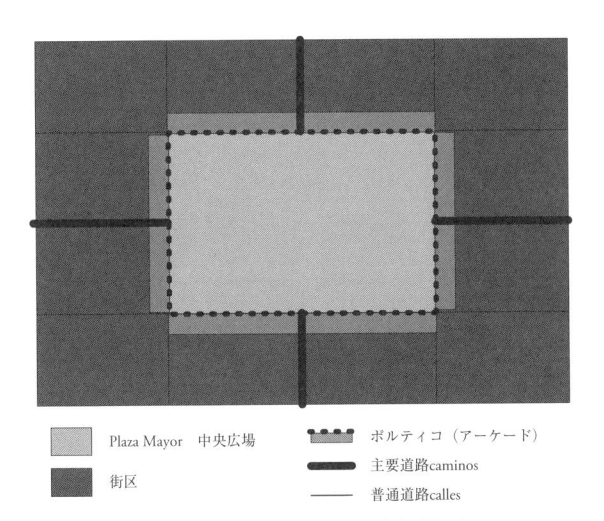

Plaza Mayor　中央広場
街区
ポルティコ(アーケード)
主要道路 caminos
普通道路 calles

図 II-2-4　「フェリペⅡ世の勅令(1573)」広場とポルティコ
　　　　　布野修司＋ヒメネス・ベルデホ，ホアン・ラモン＋塩田哲也作図

137

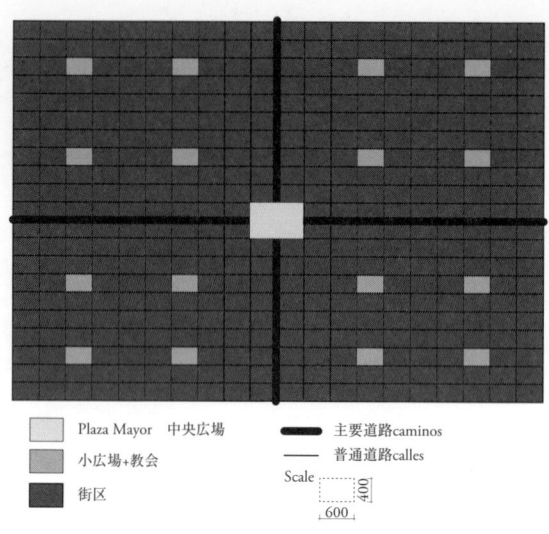

## 第 II 章
スペイン植民都市の空間理念とその形態

図 II-2-5 「フェリペ II 世の勅令 (1573)」小広場と教会
加嶋彰浩 (2003) をもとに塩田哲也作図

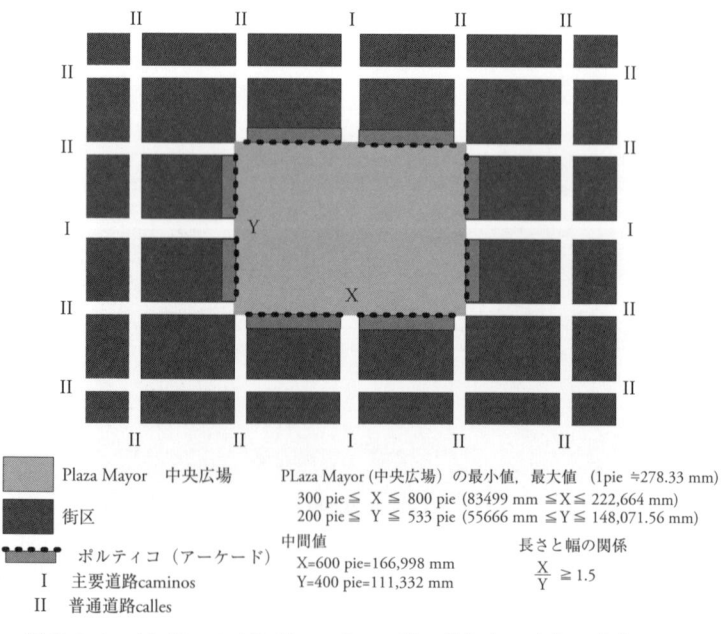

図 II-2-6 インディアス法 (「フェリペ II 世の勅令 (1573)」) の都市モデル
布野修司+ヒメネス・ベルデホ, ホアン・ラモン+塩田哲也作図

PLaza Mayor (中央広場) の最小値, 最大値 (1pie ≒ 278.33 mm)
300 pie ≦ X ≦ 800 pie (83499 mm ≦ X ≦ 222,664 mm)
200 pie ≦ Y ≦ 533 pie (55666 mm ≦ Y ≦ 148,071.56 mm)

中間値
X=600 pie=166,998 mm
Y=400 pie=111,332 mm

長さと幅の関係
$\dfrac{X}{Y} \geq 1.5$

に注目されていい．街路も，単に広場から四方に延長されるという規定があるだけである．都市の規模は入植に当たっての集団の規模によって想定されているに過ぎない．このことは，各地の植民都市建設に大きな影響をもたらすことになった．

## *Column 5* ウィトルウィウス『建築十書』

スペイン植民都市の始原が，古代ギリシャ・古代ローマに遡ることは冒頭からも述べてきた．中でも，「インディアス法（「フェリペⅡ世の勅令」）」の骨格をなす都市計画および建築理念の起源と考えられるものとして，ヨーロッパの建築家たちに参照されてきた最古の建築書であり，建築設計・都市設計のマニュアルであるマルクス・ウィトルウィウス・ポリオ Marcus Vitruvius Pollio（前80（70）〜前25）の『建築十書 De Architectura』がある[169]．

ウィトルウィウスは，紀元前1世紀，ローマ帝政初期に活動した建築家で，ガイウス・ユリウス・カエサル，アウグストゥスに仕えたことが知られるが，生没年，家系などは不詳である．

森田慶一（1979）に拠りながら『建築十書』の記述をみよう．

『建築十書』のうち都市計画に関わる部分は，基本的には「第1書」にまとめられている．ウィトルウィウスは，まず「第1書」で，建築家の備えるべき能力（第1章），建築の理念（第2章）を論じた上で，建築諸技術の領域について述べる．建築術は，建物，日時計，器械の3つの部門に分かれ，そのうち建物は，市壁を設け公用地に公共建築を建てることと，私人の家を造ることという2つに分かれ，さらにその中で公共建築は，防御的建築・宗教的建築・実用的建築の3つに分かれる（第3章）．そして続いて，都市計画について記述される（第4章〜第7章）．

「第2書」では建築材料，「第3書」ではイオニア式神殿，「第4書」ではドーリス式神殿とコリントゥス式神殿，「第5書」では公共建築の布置，「第6書」では私的な建物，「第7書」では仕上げ，「第8書」では水の利用，「第9書」では日時計あるいは時計の製作，「第10書」では器械の製作がそれぞれ述べられる．「第1書」に続いて，都市計画に大きくかかわるのは「第5書」ということになる．以下，「フェリペⅡ世の勅令」と同様の項目を立て，詳しく検討したい．

### 1. 選地

「第1書」第4章は，都市の選地について説いている．そのときテーマとなるのが，最も健康的な場所の選択である．霧，霜が少なく，温暖で，沼地に隣接しない地が望

---

[169] 『建築十書』が今日に伝わるのは，他のラテン語著作と同様，カール大帝によるカロリング朝ルネサンスにおいて作られた筆耕本によってである．写本は，大英博物館図書室所蔵のハーレイ写本2767番を定本としている．ウィトルウィウスの理論は中世においても知られていたが，ルネサンス期の建築家に特に注目され，新古典主義建築にいたるまで古典的建築の基準として影響を与え続けた．Column 5 の記述は全て，森田慶一（1979）『ウィトルーウィウス建築書』，東海大学出版会による．

*Column 5*

ウィトルウィウス『建築十書』

ましい．南か西に海が近接するのは暑いから健康的でない（1：番号は原著（定本）による．以下同様）．寒暑の交替が健康を損ねることは，酒庫や穀倉は北から光を採り，一定不変にしないと食料品や果物は長く保たないことからもわかる（2）．鉄は熱によって軟らかくなるが，冷やされると再び固くなる（3）．夏には，何処でも身体は熱のために弱くなるが，冬には健康な地方になる（4）．都市の立地については，だから，熱が人体に影響を及ぼす方位を考慮すべきである（5）．

ここでウィトルウィウスは，まず，熱を問題にするのであるが，その前提とする自然観は，人間の身体も，他の動物も，「ギリシャ人がストイケア」と呼ぶ，地・水（湿）・火（熱）・風（気）という元素からなっている，というものである（6）．そこで，場所の選択を入念に行うためには鳥や魚や陸上の動物の性質を考察する必要があるという（7, 8）．われわれはここで，ローマの創建儀礼における鳥占い，内臓占いの意味を知るのであるが，ウィトルウィウスは次のようにいう．

「9 それで，わたくしは何度でも古い方法が呼返されるのが至当であると考える．実に，昔の人たちは城砦または軍隊駐留の陣営が設けられる地に飼われた豚を殺してその肝臓の症状を検査した．そして，もし第1の豚においてそれが青黒く何か悪いところがあれば，それは病気が原因で損なわれているのであるかあるいは飼料の欠陥によって損なわれているのであるかを疑い，他の豚を殺した．多くの豚について実験が行われて水と飼料から来る肝臓の状態が健全で丈夫であることを照明した時，はじめてそこに砦を築いた．しかし，もし悪いところを発見したならば，この地に出る水と食物の大部分は不健全であろうとの判断を同じく人体にも移した．こうして，あらゆる点に健康性を求めて移動し場所を変えた．」

飼料や食物で土地の健康性を判断する例として，ウィトルウィウスは脾臓を小さくする薬草を発見したクレタの例を挙げている（10）．

沼沢地については，海に沿う場合は，小高い場所で北か北東に海がある土地がよい（11）とウィトルウィウスはいう．排水が可能で，海水によって沼沢生物が増えないからだという．流出口をもたない沼は悪臭を発し，重い不健康な気を辺りに発散するという（12）．

土地の健康性についての規定は共通するが，熱と身体の関係への着目，あるいは「内臓占い」といった方法などに比べると，「フェリペⅡ世の勅令」は，はるかに細かく，今日のわれわれの視点からみても理に適った項目が列挙されている．

## 2. 塔と市壁

「第1書」第5章は，健康的な場所が選ばれ，「収穫の点で市民を養うに足る地域

が選ばれ，道路の築造および河川の利用あるいは港による海運が城市への通運を自由にした時」を前提に，塔と市壁について書いている．「フェリペⅡ世の勅令」が，市壁や塔に関する規定を全く欠いていることの持つ重要性は，このことからもうかがえよう．

まず，基礎のために，堅固な地盤にいたるまで，壁の厚さより広く掘り下げる (1)．塔は市壁より外に張り出して，接近する敵を左右から攻撃する．城門の通路は直線ではなく曲折させる．市壁は方形や突稜形ではなく，敵を各所から見通すことができるよう円形とすべきである (2)．

市壁の厚さは上部を兵士が障害なく行き交う幅を持ち，火に炙ったオリーブの丸太を密に並べて両面をつくる (3)．塔と塔の間隔は，矢弾の届く範囲で決定される．市壁は塔のところで分離し，敵が市壁の上部に達した場合には，通路を切り落とす形にする (4)．塔は円形または多角形とする．方形のものは壊れやすい．塔や市壁は塁によって補強する (5)．塁はどんな地形でも用いてよいということではないが，まず，充分に深く広く濠を掘り，さらにそれより深く市壁の基礎を掘った上で，その盛土が容易に支えられるように設けられるべきである (6)．この土塁の内側に基礎が設けられる (7)．文章はわかりにくいが，技術的な詳細は「第六書」第八章6にある．市壁の材料は土地に応じて，切石またはシレクス（硬質石灰石），割石，焼成煉瓦，日干煉瓦を用いる (8)．

## 3. 街路体系

「第1書」第6章は，都市内の敷地の分割方法や，大路小路の街路の向きについて述べている．もっぱら問題にされるのは風の向きである．風の向きが人びとの健康に関わること (1) を，地水火風の自然の理法 (2) から確認した上で (3)，ウィトルウィウスは，先人に従いながら，風（の向き）を8つに分類する．それぞれ名前が与えられている (5, 6)．アテナイ（アテネ）の「風の塔」にも触れている．そして，方位決定について順次述べていく．

都市の中央に大理石の板を水平に置き（あるいは水平の地面に），その中心に垂直に青銅の針を立てる．午前5時にこの針の影の先端に印をつけ，コンパスでその点を通る円を書く．午後に針の影が円周を横切る点に印を付ける (6)．この2つの円周上の点を結ぶ線分の直角二等分線を作図すれば南北軸が得られる．以下順次，二等分線を引いていけば円は16等分され，正八角形の風の向きの区分図が作図できる（図Column 5-1）．都市の大路小路の街路は8つの風の向きの境界に沿って設けられるべきである (7)．すなわち，ウィトルウィウスは，プラトンが『法律』で示したような放射形の街路体系を想定しているのである．

彼が主張するのは，街路の方向を風の向きと合わせないということである (8)．風

の向きは 8 つに限定されず，様々な向きがありうることに触れた上で (9, 10, 11)，改めて風の向きと作図の関係について繰り返す (12, 13).

「フェリペⅡ世の勅令」は，グリッド・パターンの街路体系を前提としており，風の向きへの関心，また，同心円を 8 方向に区分する発想は全くない．ただし，ヌエヴァ・パス（キューバ）のように，そうした計画案がスペイン植民都市に全くみられないわけではない．

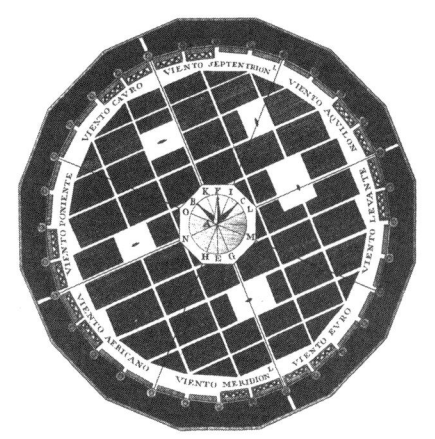

図 Column 5　ウィトルウィウス　方位図
Ortíz y Sanz (1787)

## 4. 公共施設の配置

「第 1 書」第 6 章は，神殿，フォーラム，その他の公共施設の敷地の選定について述べる．フォーラムの位置は，海沿いの都市の場合は，港の近くに，内陸の場合は都市の中心に選定する．これは，「フェリペⅡ世の勅令」が全く同様の規定を設けている．

神殿については「神々の殿堂については，その敷地は特にその都市がその神の守護の下にあると考えられる神々の殿堂およびユーピテルやユーノやミネルヴァの殿堂は，都市の大部分が見渡せるようないちばん高いとコロニー，しかしメリクリウスにはフォーラムに，あるいはイシスやセラピスと同じようにエムポリスムに，アポロとリーベルパテルには劇場の近くに，ヘルクレスには，ギムナジウムや円形劇場をもたない都市では，キルクスに，マルスには市外ではあるが練兵場に，同じくウェヌスは港に，それぞれ割り当てられる」という．

ウィトルウィウスは，続いてエトルリアの神官の教義書を引用して，「ウェヌスとウォルカーヌとマルスの神殿は，町の中にあって若者や主婦たちが色欲に駆られることがないようにまた……家々が火災の懼れから免れるように，との理由で城外に設けられる」と付け加えている (1)．また，ケレスも市街地に置かれるべきとする (2)．

以上のように，公共施設の配置においてまず問題とされるのはフォーラムである．これはスペイン植民都市において，まずプラサ・マヨールが配置されることと同じである．ただし，2 層の柱廊で囲まれ，2 階にマエニアヌム maenianum（バルコニー）が設けられる点は異なっている．

「第五書」でも，まずフォーラム（第 1 章）の構成が説明され，続いて，国庫・監獄・元老院議場（第 2 章），劇場（第 3 章〜第 9 章），浴場（第 10 章），パラエストラ（体育館）

(第11章),港(第12章)が順次記述される.ここでは,劇場についての記述が圧倒的な量を占めている.それぞれの立地について記述されることは少ないが,基本的には,健康であることとそのための風の向きが重視されていることが確認できる.

フォーラム(第1章)は,2層の柱廊で方形につくられる.代々伝えられる剣闘士の競技を行うために,ギリシャのアゴラとは異なる構成をとっている(1).競技の場を囲んで,なるべく広い柱間を設け,両替屋の店を配する.上層に競技を見物するマエニアヌムを設置する.フォーラムの規模は人数に応じ,競技見物のために長方形として幅と長さは2対3とする(2).このプロポーションは,極めて興味深いことにインディアス法の規定と一致する.

柱の長さ,太さについては上層のものを四分の一だけ小さくする(3).フォーラムにはバシリカ basilica が付設される.バシリカは,法廷として,あるいは市場として用いるための大きなホールを持つ施設であるが,できるだけ暖かい場所に設け,幅と長さの比は三分の一より大きく,二分の一より小さくする(4).その建築については,自ら設計した例を挙げながら述べている(5〜10).フォーラムにはさらに国庫,監獄,元老院議場が付属する(第2章).

劇場は,第1書の城市選定と同様,できるだけ健康な場所が選定されるべきである(第3章1).南から(太陽)の攻勢を受けないように,身体から湿気を出して減少させないように,健康的な方角が選ばれるべきである(第3章2).浴場は,できるだけ暑い場所すなわち北風または北東風に背を向けたところが選ばれるべきである.カルダーリウム,テピダーリウム(温湯浴室,後者の湯の温度が低い)の光は冬季西から採り,採れなければ南から採る(第10章1).パラエストラ(体育館)については,イタリアの伝統にはないとし,ギリシャの例をあげて説明がなされるが,都市における立地についての言及はない.港については,暴風雨から保護される,岬または半島が突出し,そこから奥の方へ曲線あるいは鍵の手の線が地勢上形成されているとよい,とする(第12章1).なおインディアス法に劇場についての規定はない.

## 3 スペイン植民都市の類型

　スペイン植民都市が極めて多様な形態をとることはすでに何度も述べてきたが，ようやく，その内実に迫る準備が整った．本節では，植民都市の全体的形態，プラサ・マヨールと街区の構成，街路体系などをインディアス法（「フェリペⅡ世の勅令」）が規定する基本モデルと比較しながら，各都市の差異を明らかにすると同時に，スペイン植民都市の類型化をもこころみたい．
　ホルヘ・エンリケ・アルドイ（Hardoy（1983））のリスト（Appendix 1）によれば，1492年にコロンが第1次航海の際に，イスパニョーラ島に建設したナヴィダー要塞以降，1810年のポトレシージョPotresillo（グアテマラ）にいたるまで，3世紀余りの間に約1,000に及ぶ市，町，村が設立されている．そのうち，1573年の「フェリペⅡ世の勅令」までに建設が着手された都市は362にのぼる．いうまでもなく，「フェリペⅡ世の勅令」によって，以後新たに基本モデルに従うスペイン植民都市が建設されはじめたと即断することはできない．362都市の中から，その原型となる事例を確認する必要がある．理念は理念であって，それが実現されるとは限らず，それが各都市のヴァリエーションに繋がっていることもすでに述べた．画一的といわれるスペイン植民都市であるが，規模や街路体系などについて，むしろその差異に着目しよう．各地域の代表的なスペイン植民都市については，第Ⅲ章～第Ⅵ章で詳しくみることとして，本章では，都市計画の理念と形態その類型をあらかじめ俯瞰的に明らかにしたい．
　資料とするのは，セヴィージャのインディアス総合古文書館AGIに集められ，収蔵保管されている都市図である．また，マドリードの陸軍博物館Servicio Histórico Militar（SHM）/ Servicio Centro Geográfico del Ejército（SGE）の地図資料全1,514枚（全10巻）を加えて基礎資料とする[170]．各都市に関する現地各種機関が所蔵する地図類については，各章ごとに挙げたい．都市図の中には計画図が含まれており，実際の形態を正確に示したものとは限らない．各都市について具体的な形態を問題とするが，その計画理念を理解するてがかりとして計画図を援用したい．幸いなことに，今日では

---

170）　スペイン植民地関連資料を所蔵する機関として，Archivo de la Corona de Aragón．Archivo de la Real Chancillería de Valladolid，Archivo General de la Administración，Archivo General de Simancas，Archivo Histórico Nacional，Archivo Histórico Provincial de Álava，Archivo Histórico Provincial de Bizkaia，Archivo Histórico Provincial de Guipuzkoa，Centro Documental de la Memoria Histórica，Sección Nobleza del Archivo Histórico Nacional などがある．

衛星写真 Google Earth と照合することによって，計画図との違いを確認できる．AGI および SHM，SGE 所蔵の地図・図面類の中には，172 都市の都市図が含まれている．スペイン植民地帝国において建設された都市の2割近くを対象とすることになる．都市図がつくられ残されてきたということは，スペイン植民都市の中でも有力で重要な役割を果たしてきた都市ということができるだろう．

## 3-1　スペイン植民都市地図

　インディアス総合古文書館 AGI 所蔵の地図類のうち，4,480 ラベル（7,152 枚）をマイクロ・フィルムのかたちで入手することができた[171]．まずは，植民都市関連の地図・図面類の全容についてまとめておこう．

　インディアス総合古文書館 AGI の建物は，かつてのインディアス通商院である．スペインのイタリア風ルネサンス建築の代表とされ，1987 年に，セヴィージャ大聖堂，アルカサルとともにユネスコの世界文化遺産に登録されている．エル・エスコリアル San Lorenzo de El Escorial 宮殿（1563）を設計し，フェリペ II 世のお抱え建築家として知られるフアン・デ・エレーラ Juan de Herrera（1530～97）[172]の作品である．1584 年にフアン・デ・ミハレス Juan de Mijares によって建設が開始され，実際に建物が使われはじめたのはフェリペ II 世が死去した 1598 年であった．工事自体は 17 世紀まで継続した．1629 年までは大司教フアン・デ・スマラガ Juan de Zumárraga が指揮を執り，ファルコネテ Falconete の代でようやく完成をみている．

　1785 年にカルロス III 世の勅令で，インディアス諮問会議がここに置かれることになったのが，インディアス総合古文書館 AGI の起源である．当時，シマンカス Simancas，カディス，セヴィージャに分散していた植民地に関する文書を一か所に集めて統括したのである．インディアス担当大臣のホセ・デ・ガルベス・イ・ガジャルド José de Gálvez y Gallardo がその任に当たり，実務は歴史家のフアン・バウティスタ・ムニョス Juan Bautista Muñoz が担当した．

---

171)　神戸芸術工科大学図書館および滋賀県立大学（ヒメネス・ベルデホ，ホアン・ラモン研究室）が所蔵している．

172)　フアン・デ・エレーラはスペイン・ルネサンスを代表する建築家（幾何学者）である．1548 年にヴァジャドリード大学を卒業，アランフェス王宮 Palacio Real de Aranjuez（1561）で建築家としてデビュー，代表作となるエル・エスコリアルをフアン・バウティスタ・デ・トレド Juan Bautista de Toledo とともに建設した．他に，トレドのアルカサル（1571～85），ヴァジャドリード・カテドラル（1589），エル・クエンシガル宮殿（1563），トレド議事堂（1575）などがある．マドリードのプラサ・マヨールも，もとはエレーラのデザインである．エル・エスコリアルに結晶化する，大理石そのものを素材として用い，古典建築の様式を配したその建築様式は，エレーラ Herrerian 様式と呼ばれるようになる．著書に "Libro del saber de astronomía（天文学書）" がある（1562）．

インディアス総合古文書館 AGI に保管されている大量の史料[173]は，コンキスタドールたちの初期から 19 世紀末にいたるまでの手書きの文書をはじめとして，植民地機構全体の日常業務を記した文書類[174]，様々な地図類など多岐にわたるものが，以下の 16 部門に分けられて整理されている[175]．

I 　財団 PATRONATO（307）
II 　会計 CONTADURÍA（2126）
III 　契約 CONTRATACIÓN（6,301）
IV 　裁判 JUSTICIA（1,207）
V 　統治 GOBIERNO（18,714）
VI 　議会公証人 ESCRIBANÍA DE CÁMARA（2,864）
VII 　入稿 ARRIBADAS（648）
VIII 　郵便 CORREOS（895）
IX 　報告書 ESTADO（110）
X 　海外領土 ULTRAMAR（1,013）
XI 　キューバ CUBA（2,956）
XII 　領事館 CONSULADOS（3,158）
XIII 　カスティージャの紋章 TÍTULOS DE CASTILLA（14）
XIV 　会計裁判 TRIBUNAL DE CUENTAS（2,751）
XV 　その他雑 DIVERSOS（50l）
XVI 　地図・計画図 MAPAS Y PLANOS（6,379）

地図類が収められているのは，第 XVI 部門の地図・計画図 Mapas y Planos 部門である．

この部門は，表 II-3-1 に示したように，地域ごとに 30 の部門に下位分類されている．「地図・計画図」と題されてはいるが，旗やコイン，スタンプ，切手，ポスターなど，さらには文書類も含まれている．

2001 年 4 月 1 日に入手することができた地図は表 3-1 の 11，14，20，24，30 を

---

173) 古文書館の棚の総延長は現在およそ 9 km にも及び，植民地などの政体が積み重ねてきた 4 万 3,000 巻，約 8,000 万ページもの文書を収蔵している．所蔵史料のデジタル化も進められており，2005 年段階で，1,500 万頁分がデジタル化されている．
174) インディアス諮問会議（16～19 世紀），商品取引所（16～18 世紀），セヴィージャ・カディス両領事館（16～19 世紀），カディス入港裁判所事務局（18～19 世紀），王立ハバナ会社（18～19 世紀）など．
175) ペドロ・トーレス・ランサ Pedro Torres Lanza が 1897 年に分類した．現在もこの分類に従って収集が続けられている．

第 II 章
スペイン植民都市の空間理念とその形態

表 II-3-1　インディアス公文書館 AGI 第 XVI 部門の地図・計画図の下位分類

| | 下位分類 | 年代 | ラベル数 |
|---|---|---|---|
| 1 | アメリカ一般 América. Generales | 1596–1801 | No 1–8 |
| 2 | ブエノス・アイレス Buenos Aires | 1544–1888 | No 1–301 |
| 3 | ヨーロッパ／アフリカ Europa y África | 1533–1892 | No 1–123 |
| 4 | フィリピン Filipinas | 1555–1897 | No 1–273 |
| 5 | フロリダ／ルイジアナ Florida y Luisiana | 1576–1814 | No 1–278 |
| 6 | グアテマラ Guatemala | 1571–1892 | No 1–344 |
| 7 | メキシコ México | 1519–1823 | No 1–768 |
| 8 | パナマ Panamá | 1541–1858 | No 1–373 |
| 9 | ペルー／チリ Perú y Chile | 1575–1818 | No 1–270 |
| 10 | サント・ドミンゴ Santo Domingo | 1519–1938 | No 1–916 |
| 11 | ヴェネズエラ Venezuela | 1547–1889 | No 1–286 |
| 12 | 印刷地図 Mapas Impresos | 1656–1966 | No 1–110 |
| 13 | 旗 Banderas | 1762–1898 | No 1–37 |
| 14 | 教皇文書 Bulas y Breves | 1493–1825 | No 1–580 |
| 15 | ポスター Carteles | 1636–1794 | No 1–12 |
| 16 | 国王文書 Documentos reales y solemnes | 1537–1787 | No 1–5 |
| 17 | 公正証書 Escritura y Cifra | 1598–1863 | No 1– 56 |
| 18 | 家系図 Escudos, Árboles Genealógicos | 1523–1842 | No 1–331 |
| 19 | スタンプ Estampas | 1533–1892 | No 1–268 |
| 20 | 機械器具と標本 Ingenios y Muestras | 1527–1848 | No 1–297 |
| 21 | 手稿本 Libros Manuscritos | 1595–1831 | No 1– 48 |
| 22 | 鉱山 Minas | 1644–1819 | No 1–119 |
| 23 | コイン Monedas | 1748–1863 | No 1–132 |
| 24 | 風刺文・画 Pasquines y Loas | 1779–1833 | No 1– 15 |
| 25 | 切手 Sellos | 1746–1825 | No 1– 14 |
| 26 | 織物 Tejidos | 1757–1826 | No 1– 36 |
| 27 | 理論書 Teóricos | 1580–1823 | No 1–106 |
| 28 | 紋章 Títulos | 1588–1808 | No 1– 39 |
| 29 | ユニフォーム Uniformes | 1763–1833 | No 1–149 |
| 30 | その他 Varios. | 1556–1897 | No 1– 48 |

除く部門である．地図・図面の全ラベル数 6,379 の内 4,480 ラベルを入手したことになる．ひとつのラベル中に同内容の複数の地図・図面を含む場合もあり，総数は 7,152 枚にのぼる．地図，都市図については表中の 1 から 12 が該当するが，印刷地図 (12) を除けば全て入手したことになる．印刷地図については，それぞれの都市に触れる中で補足するが，3,558 ラベルがいわゆるラテン・アメリカ（イベロアメリカ）およびフィリピンに関する地図および図面である．

　スペイン植民都市に関する地図類は，大きく，「新大陸」で作製されたものとヨー

スペイン植民都市の類型

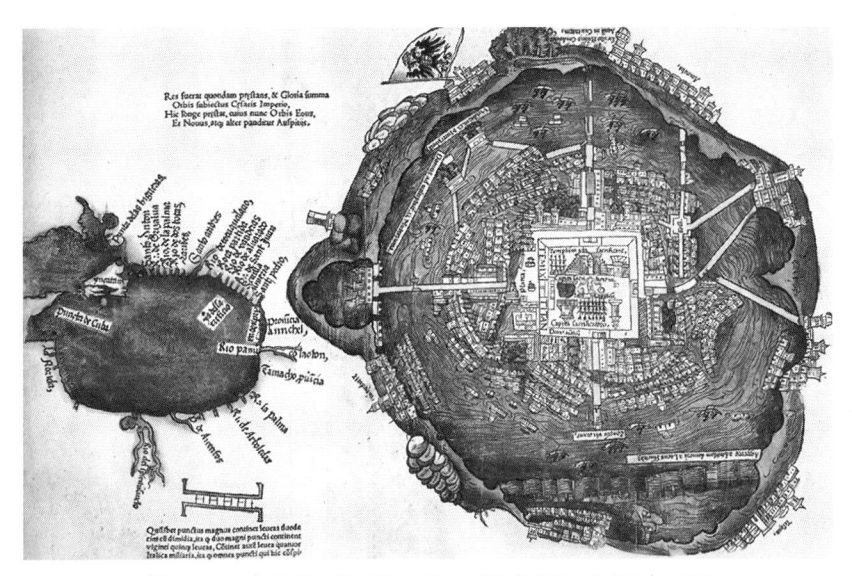

図 II-3-1　シウダード・デ・メヒコ（テノチティトラン）1524
Newberry Library, Chicago: Richard L. Kagan (2000)

ロッパで作製されたものの2種に分けられる．スペインは，当初，安全を考えて秘密主義に徹した．ヨーロッパでは，わざと間違えた場所に植民拠点をプロットする地図もみられる．また，極端な場合，イメージだけをもとに作製した例さえ存在する．年代についても誤っているものが少なくない．たとえば，18世紀のはじめまで，ヨーロッパ人たちはメキシコ・シティ（テノチティトラン）について，1521年のエルナン・コルテスの地図（図 II-3-1）のように理解していた．第 IV 章で詳しく述べるように，これはまるで事実と異なっていた（たとえば，329 ページの図 IV-2-8 と比較されたい）．18世紀半ばまでに，スペインは秘密主義を解くことになる．カルロス III 世がインディアス総合古文書館 AGI を創設したのは，それをうけてのことであった．

　インカの陶器に描かれた象徴的な図はみられるものの，1521年以前に描かれたインディアスに関する土着の地図や都市図はない．ヨーロッパの地図の図法が伝わると，インディアスたちも地図を描きはじめている．また，最初期に訪れたスペイン人にしても，絵画法や地図法を知っていたわけではなかった（Kagan (2000)）．したがって，植民地図の形式もまた一様ではない．

　図に描かれる様々な要素，用いられる言語，縮尺，色彩などを検討すると，地図類は，大きく①ヨーロッパ式，②土着式，③混合式の3つに分けられる．①は，線遠近法の利用，線の太さの調節，色彩を用いた陰影やヴォリュームの表現，説明文，自然の景観や教会など建造物のファサードの特性の表示といった特徴を持つ．土着の図像

第 II 章
スペイン植民都市の空間理念とその形態

などはその要素を含まず，遠近法を用いるのがヨーロッパ式である．②は，抽象的な要素よりは，比喩的な形象が用いられる．図像で埋め尽くされ，境界は概念的に示され，土地の支配者を示す人物像が描かれ，空間は二次元で示され，細かい様々な線で平面が埋め尽くされるなどといった特徴を有している．大多数は③に分類される．③は，地図表現の手法や形式などについて，土着の文化とスペインの文化の折衷・混合がみられるものである．透視図や海図についてはヨーロッパの地図方式が用いられるが，都市図については伝統的ヨーロッパの方式と土着の表現方式の両方が重層的に混交している．場合によっては尺度の違う地図さえもみられる．

地図には様々な土着の言語[176]とともにスペイン語が書かれている．インディアス総合古文書館 AGI のグアテマラおよびメキシコ部門の地図には，約 80 の都市建築関連用語が記されている．

さて，もう少し AGI 所蔵地図資料の整理を進めよう．7,152 枚の地図・図面類は，さらに次の 8 種に分類できる．主要なものについては，図 II-3-2 に例示した．都市図については，実際の都市を描いたもの（都市一般図）と計画図とを区別した．

A. 一般地図：新たに発見した領域を描く地図．山川など地理学的要素が記入される（図中番号 1）．
B. 軍事用地図．
C. 領域計画図（図中 2）．
D. 都市一般図（図中 3）．
E. 都市計画図（図中 4）．
F. 建築設計図（図中 5）．
G. 都市建築要素の詳細図．
H. その他．

なお，C「領域計画図」とは，ハト・コラル図と呼ばれる，入植者に割り当てられた農地・放牧地の範囲を円形に示す，興味深い図である．この図については第 III 章で詳しく検討する．

3,558 ラベルの地図および図面をこの分類に従って整理すると表 II-3-2 のようになる．

続いて，陸軍博物館 SHM/SGE の地図資料は，地域ごとに "CARTOGRAFIA Y RELACIONES HISTORICAS DE ULTRAMAR, MINISTERIO DE DEFENSA"（『海外植民地史関連地図資料集』）と題され，以下の全 10 巻（20 冊）にまとめられている（1 巻ご

---

[176] 最も重要で広く用いられたのはナフアトル語 Nahuatl で，他にミクステカ mixteca，タラスコ tarasco あるいはオトミ otomi 語がある．

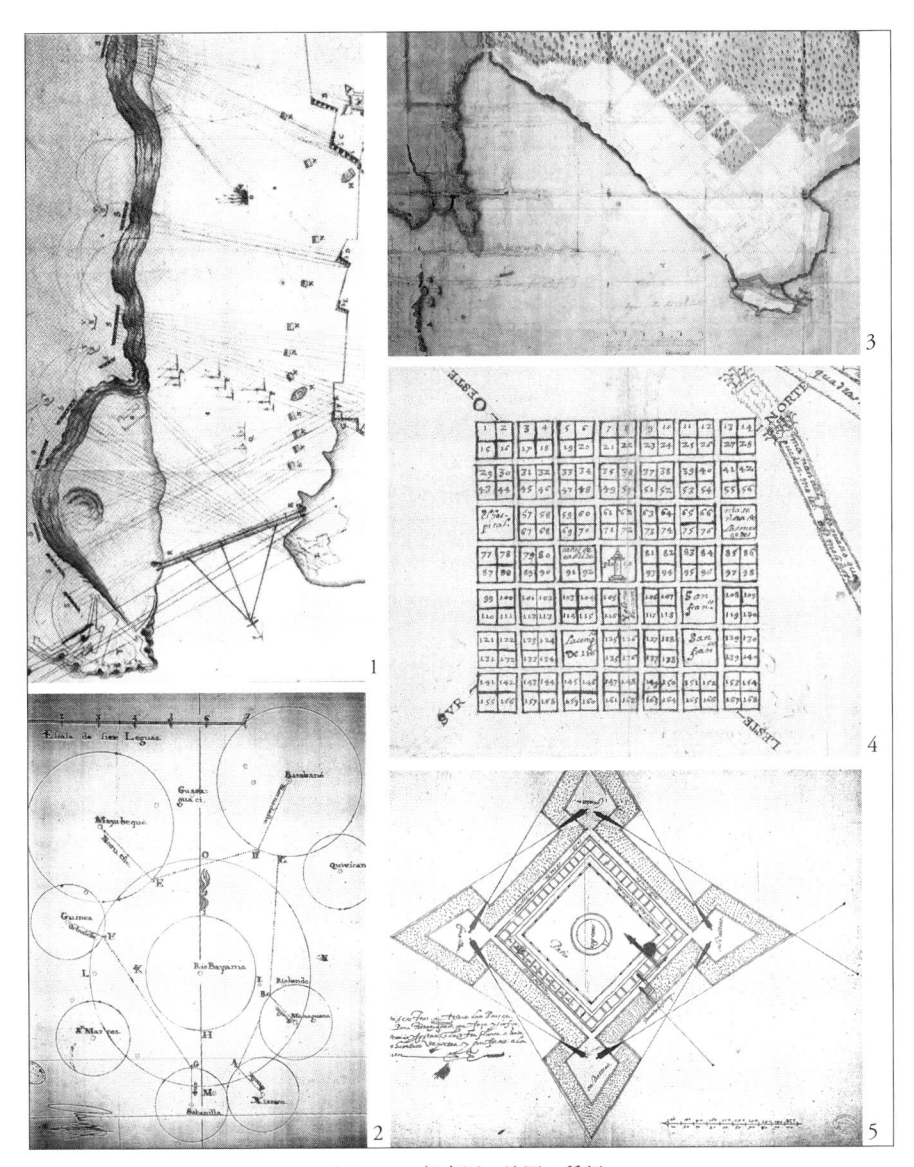

図 II-3-2　都市図・地図の種類
1. 軍事地図：La Habana Museo Naval, sec. Cartog. XVI-C-9　2. ハト図　Xiaraco 1742年：AGI, MP-Santo Domingo, 211　3. 都市図　La Habana Cristóbal de Roda 1603年：AGI, MP-Santo Domingo 20　4. 都市計画図　Talavera de la Reina. 1576年：AGI, MP-Buenos Aires, 6　5. 要塞図：AGI, MP-Perú, 238

第 II 章
スペイン植民都市の空間理念とその形態

表 II-3-2　インディアス公文書館 AGI 第 XVI 部門の地図・図面類の地域別数

|  | 1- Geographic general | 2- Geographic militar | 3- Geographic proyectual | 4- Urban Project | 5- Urban general | 6- Architectonic Project | 7- Details | 8- Other |  |
|---|---|---|---|---|---|---|---|---|---|
| América Generales | 8 | — | — | — | — | — | — | — | 8 |
| Guatemala | 183 | 40 | 9 | 7 | 6 | 79 | 9 | 12 | 345 |
| Santo Domingo | 199 | 46 | 177 | 41 | 44 | 349 | 42 | 18 | 916 |
| Panamá | 128 | 29 | 16 | 8 | 13 | 138 | 31 | 11 | 374 |
| México | 235 | 8 | 31 | 50 | 97 | 279 | 29 | 43 | 772 |
| Buenos Aires | 141 | 18 | 4 | 20 | 6 | 86 | 19 | 15 | 309 |
| Venezuela | 100 | 12 | 15 | 8 | 5 | 140 | 5 | 1 | 286 |
| Perú-Chile | 116 | 1 | 12 | 17 | 19 | 90 | 5 | 10 | 270 |
| Florida-Lusiana | 60 | 6 | 23 | 4 | 9 | 157 | 11 | 8 | 278 |
|  | 1,170 | 160 | 287 | 155 | 199 | 1,318 | 151 | 118 | 3,558 |
|  |  |  |  | 354 labels |  |  |  |  |  |

とに，地図資料編と解説編各 1 冊ずつからなる）．これら全部で 1,514 枚の地図資料が収録されている．

第 1 巻　アメリカ一般 Améria en General, 1983.
第 2 巻　アメリカ合衆国，カナダ Estados Unidos y Canadá.
第 3 巻　メキシコ Méjico.
第 4 巻　中央アメリカ América Central.
第 5 巻　コロンビア，パナマ，ヴェネズエラ Colombia, Panamá, Venezuela.
第 6 巻　ヴェネズエラ Venezuela.
第 7 巻　リオ・デ・ラプラタ Río de la Plata.
第 8 巻　ペルー Perú.
第 9 巻　アンティル諸島 Grandes y Pequeñas Antillas.
第 10 巻　フィリピン Filipinas.

インディアス総合古文書館 AGI 所蔵の地図類について，前項の D と E に絞ると，計 354 枚となる．さらに，都市図として分析に耐えうるものに限定すると，その数は減って 258 枚（113 都市）となる．陸軍博物館 SGE / SHM の地図資料全 1,514 枚のうち，同条件を満たす都市図は 179 枚（78 都市）である．陸軍博物館資料には，1 枚に複数の都市が描かれている地図もある．その場合は記載されている都市全てをカウントしている．

インディアス総合古文書館 AGI 資料（113 都市）と陸軍博物館資料 SGE / SHM（78

都市) には同一都市も含まれており，重複を除いてこの2つを合わせると172の都市を網羅している．本書の対象は，この172都市ということになる．なお，172都市のうち，インディアス総合古文書館 AGI と陸軍博物館資料 SGE / SHM に共通する都市は23都市で，アウディエンシアが設置された主要都市が7，現在の首都級の都市が9，市壁と要塞を持つ都市が12含まれている．これらは植民都市の中でも特に重要な役割を果たした都市群である．インディアス総合古文書館 AGI のみが所蔵するのは93都市，陸軍博物館資料 SGE / SHM のみ所蔵するのは55都市である．都市一般図 (D)，都市計画図 (E) は，それぞれ92枚と80枚の割合で含まれている．

表 II-3-3 [折込] は，この172都市の都市図について，都市名，建設年，アウディエンシア，国，建設者，地図作製年，地図の特性，立地，市壁，稜堡 bastion の有無，街路体系，グリッド形態，街区形状，街区規模，広場の数，プラサ・マヨールの位置，プラサ・マヨールの型，広場の規模，街路規模，街区分割などをまとめたものである．それぞれの項目の意味は，以下次第に明らかになるであろう．複数の都市図がある都市がほとんどであるが，その場合は，初期計画に近いものをリストアップした．

図 II-3-3A および B は，これらの都市を地図上にプロットしたものである．沿岸部に立地するのが49都市，内陸部に設置するのが123都市ある．

表 II-3-4 は，都市図を年代・地域・所蔵別に分類したものである．年代別にみると，インディアス総合古文書館 AGI と陸軍博物館資料 SGE / SHM に共通する都市図は，植民活動初期にあたる16世紀と18世紀に集中している．17世紀までの都市図は，陸軍博物館資料 SGE / SHM の方に，より多く残されている．陸軍博物館資料 SGE / SHM は，マニラ・アウディエンシアとサント・ドミンゴ・アウディエンシアに集中し，ヌエヴァ・グラナダ・アウディエンシアに関しては，共通する地図資料以外は全て陸軍博物館資料 SGE / SHM である．一方インディアス総合古文書館 AGI の地図資料は，年代別，アウディエンシア別に大きな偏りはない．18世紀の都市図に関しては，ほとんどがインディアス総合古文書館 AGI に所蔵されている．

サント・ドミンゴ・アウディエンシアに属する57都市の内訳は，キューバ28都市，ヴェネズエラ12都市，イスパニョーラ島10都市，プエルト・リコ3都市，ジャマイカ3都市，ハイチ1都市である．キューバの諸都市については，植民初期に建設された5都市 (1511～25) を除くと，1691年のサンタ・クララ建設まで都市図は残っておらず，18世紀前後から19世紀半ばまでに建設された都市が23都市ある．メキシコ・アウディエンシアにおいては，18世紀半ばホセ・デ・エスカンドンによる都市計画 (15都市) が最も多く，その他は，フエルテ・バカラル Fuerte Bacalar (1727) を除き16世紀の植民初期の都市である (11都市)．マニラ・アウディエンシアにおいては，その大半が，ルソン島中部から北部にかけての，イロコス Ilocos 地方 (11都市) とヌエヴァ・ヴィスカヤ Nueva Vizcaya (8都市) で，マニラ周辺が4都市，その他は

第 II 章
スペイン植民都市の空間理念とその形態

図 II-3-3A　172 都市の位置

塩田哲也作成

セブ，ホロ Jolo，バタンガス Batangas である．

## 3-2　スペイン植民都市の類型

　スペイン植民都市研究についての先駆者といってよい J・E・アルドイ (Hardoy (1983)) は，スペイン・アメリカ都市 Ciudad Hispano Americana を，

156

スペイン植民都市の類型

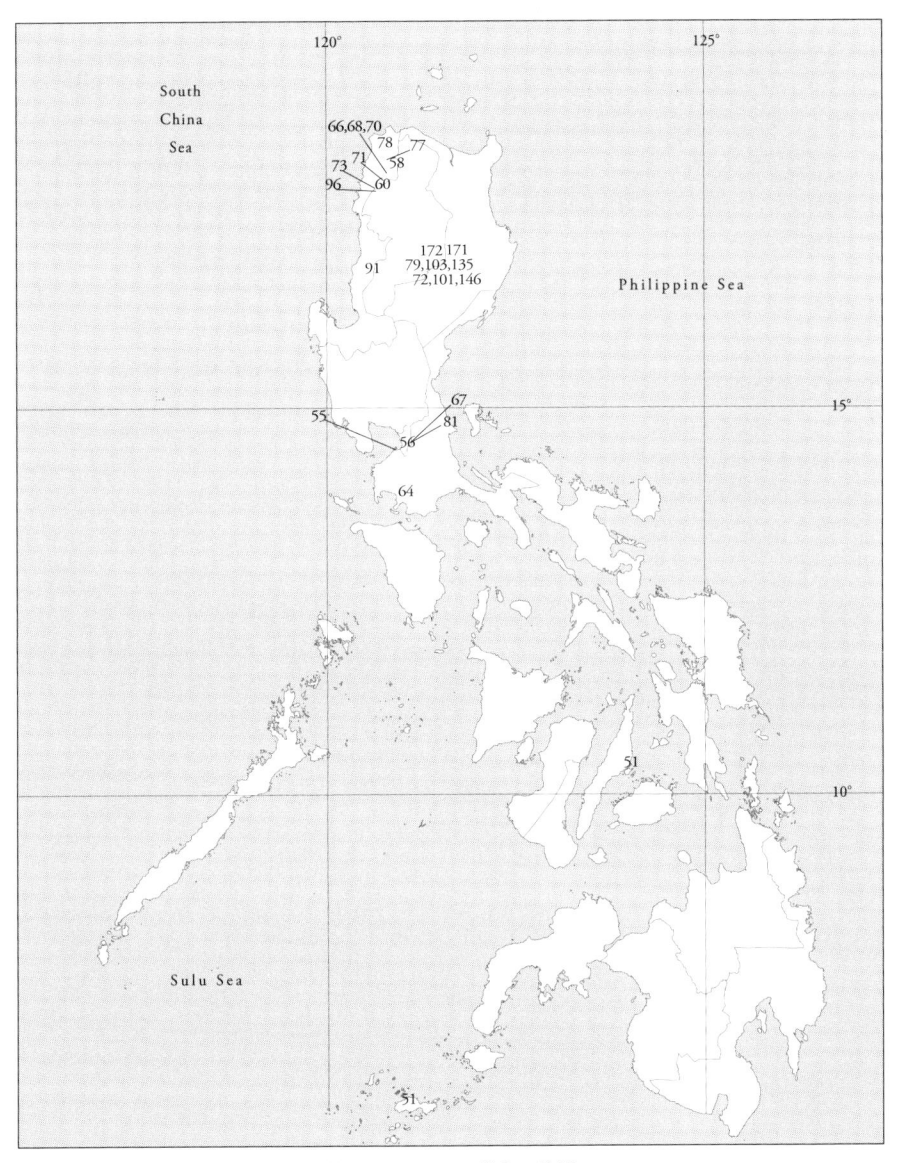

図 II-3-3B　172 都市の位置

塩田哲也作成

## 第 II 章
スペイン植民都市の空間理念とその形態

表 II-3-4　都市地図の分類　年代別・アウディエンシア別

| 年代 | 都市図数 | AGI | SGE/SHM | 共通 |
|---|---|---|---|---|
| 15 世紀後半 | 2 | 1 | 0 | 1 |
| 16 世紀後半 | 74 | 27 | 29 | 18 |
| 17 世紀後半 | 13 | 4 | 8 | 1 |
| 18 世紀後半 | 67 | 54 | 10 | 3 |
| 19 世紀後半 | 15 | 8 | 7 | 0 |
| 不明 | 1 | 0 | 1 | 0 |
| 合計 | 172 | 94 | 55 | 23 |

| アウディエンシア | 都市図数 | AGI | SGE/SHM | 共通 |
|---|---|---|---|---|
| サント・ドミンゴアウディエンシア | 57 | 30 | 19 | 8 |
| マニラアウディエンシア | 26 | 2 | 22 | 2 |
| メキシコアウディエンシア | 25 | 20 | 1 | 4 |
| カラカスアウディエンシア | 18 | 13 | 3 | 2 |
| チリアウディエンシア | 15 | 13 | 2 | 1 |
| リマアウディエンシア | 8 | 5 | 1 | 2 |
| キトアウディエンシア | 7 | 5 | 2 | 0 |
| ヌエヴァ・グラナダアウディエンシア | 7 | 0 | 5 | 2 |
| パナマアウディエンシア | 5 | 3 | 0 | 2 |
| グアテマラアウディエンシア | 4 | 4 | 0 | 0 |
| 合計 | 172 | 94 | 55 | 23 |

- A　古典モデル
  - A1　中央広場型，A2　偏心型（海・川沿い），A3　偏心型（中心にない），
- B　規則的モデル
  - B1　中央広場型，B2　偏心広場型，B3　二広場型（中央広場を持つ），B4　二広場型（中央広場を持たない），B5　拡大型
- C　不規則型
- D　線形型
- E　放射線型
- F　非計画型

の 6 つに分類している．

都市図に表現される都市モデルに焦点を当てると，その分類は，規則性―不規則性，中央広場―偏心広場の 2 軸で分類しているにすぎないことに気づく．A と B の区別も不明瞭で，A と B～F は分類軸として重なり合っている．

スペイン植民都市の類型

ここでは，徹底的に「フェリペII世の勅令」を基準に据えよう．「勅令」に記される都市モデルの主要な要素，すなわち，都市形態，広場の立地・数・形態・規模，街区形態・規模，宅地形態・規模を分類軸とするのである．これは，アルドイの類型をより限定的に厳密に行うのみならず，「フェリペII世の勅令」の都市モデルとの相違を具体的に明らかにし，実際に建設された都市形態とその後の変容を明らかにするための基礎的作業となる．

各地図の尺度はまちまちであり，21 もの単位が用いられている[177]が，ここでは，Column 4 で述べたように，最も多く用いられているヴァラおよびピエを基本としたい．

(1) プラサ・マヨールの類型

まずは，都市建設がプラサ・マヨールの建設によって開始されることに着目し，広場の立地・形態・規模を軸として 172 のスペイン植民都市を分類すると，以下のようになる．

a. 数と位置

プラサ・マヨールは，基本的には都市の中央に置かれ，そこから都市建設が開始される中心的存在である（「沿岸部の場合は港の上陸地点に，内陸部の場合は入植地の中央に配置する」（第 112 条））．

この規定に照らしながら，各都市を分類したものが表 II-3-5 である．まず，広場を持たない都市が 3 つある．バタンガス（1578，フィリピン）は要塞前の空き地が広場とみなせなくはないが，明らかに中央に広場を設ける計画の痕跡はみられない．サン・フェルナンド・デ・ディラオ San Fernando de Dilao（1639，フィリピン）は教会用地があるのみである．マタラ・バレ（1769，ジャマイカ）は沿岸部に位置するが，広場らしきものはない．

広場を 1 つだけ持つ 142 都市のうち，プラサ・マヨールが中心に位置している都市は 82 都市にすぎない．残る 60 もの都市が，中央に広場を持たないのである．内陸に位置する 117 都市に限っても，中心に位置しているのは 71 都市で約 6 割にとどまる．一方，沿岸部に位置している 49 都市のうち 23 都市は，前掲の規定にもかかわらず，中央に広場を有している．ここではむしろ，広場を中心に置くという理念が

---

[177] 列挙すると以下のようになる．Cordeles (Cords), Grados (Degrees), Leguas (Leagues), Leguas Americanas (American Leagues) Leguas Castellanas (Leagues Castellanas), Leguas Españolas (Leagues Espanolas), Leguas Francesas (French Leagues), Leguas Inglesas (English Leagues), Leguas Marinas (Marine leagues), Milla smarinas (Marine Miles), Paso (Step), Pie (Feet), Pie Castellano (Castilian feet), Pie Frances (France feet), Pie de Paris (Feet of Paris), Pie de Rey (King feet), Toesas, Varass, Varas castellanas, Varas Reales, MexicanVaras.

第 II 章
スペイン植民都市の空間理念とその形態

優先されているといえるかもしれない．いずれにせよ，「フェリペ II 世の勅令」の理念は，広場の位置については必ずしも反映されていない．

　広場を複数持つ都市は 26 ある．広場を 2 つ持つのがサント・ドミンゴ（第 III 章 2 節），カンペチェ（1540）など 9 都市，3 つ持つのがハバナ（第 III 章 4 節），カルデナス（第 III 章 5 節）など 7 都市，4 つ持つのがキト（1534，エクアドル）など 4 都市，サンティアゴ・デ・キューバ（第 III 章 3 節），グアテマラ（1776）など 7 都市にいたっては，5 つの広場を持つ構造になっている．

**b．形態**

　では，都市全体の形態は，どのように整理分類できるだろうか．プラサ・マヨールから街区が発展していくパターンを基本と考えると，実は，明快にいくつかの類型を区別できる．以下の A から E は，プラサ・マヨールおよび，それに接する街区・街路に着目した分類である（図 II-3-4）．

　A　広場の四辺が全て，それぞれひとつの街区に接し，プラサ・マヨールを囲む街路が東西南北に延びる「単純グリッド」（1 街区×1 街区）．
　B　広場の二辺（東と西，もしくは南と北）が 2 つの街区に接する形態（1 街区×2 街区）．
　C　四辺全てが 2 つの街区に接する形態（2 街区×2 街区）．
　D　東西，南北いずれかが 3 つの街区に接する形態（2 街区×3 街区）．
　E　広場各辺の中央からのみ 4 本の街路が街区へ延びる（L 字型街区×L 字型街区）．
　例外を F としよう．F は様々な形態が考え得るが，概ね，
　F　街路が斜行するもの，多角形のもの，広場が街区規模より小さく 1 街区内に含まれるものや街区より大きく広場が 1 街区を超えるものなど

ということになる．

　172 都市を A〜F に分類すると，A（101），B（8），C（12），D（2），E（6），F（40）（広場なし 3）となるが，その分布は表 II-3-6 のようになる．

　最も多いのは A 型（101 都市）で，このパターンは初期から建設されてきており，標準型といってよい．アウディエンシア別にみると，メキシコ 92.00％（23/25），キト 85.71％（6/7），リマ 87.50％（7/8），カラカス 83.33％（15/18），グアテマラ 75％（3/4），チリ 64.28％（9/14），ヌエヴァ・グラナダ 57.14％（4/7），サント・ドミンゴ 51.72％（30/58），パナマ 40％（2/5），マニラ 7.69％（2/26）である．特に注目すべき点は，メキシコ・アウディエンシアでは 9 割を超え，マニラ・アウディエンシアでは 1 割にも満たないことである．なお，マニラ自体は数少ない A 型である．

　B 型（8 都市）には，アルアカスに次いで古い地図が残るバエサ Baeza（1559），そして，

スペイン植民都市の類型

表 II-3-5　広場の数と位置

| 広場の数 | 都市数 | 中心に中央広場を持つ都市 (※) | 中心に中央広場を持たない都市 (※) | 内陸部 | 沿岸部 |
| --- | --- | --- | --- | --- | --- |
| 1 | 142 | 82 | 60 | 109 | 36 |
| 2 | 9 | 4 | 5 | 4 | 5 |
| 3 | 8 | 4 | 4 | 3 | 5 |
| 4 | 3 | 2 | 1 | 2 | 1 |
| 5 | 7 | 6 | 1 | 3 | 4 |
| 広場なし | 3 | — | — | — | — |
| 合計 | 172 | 96 | 72 (46) | 118 | 51 |

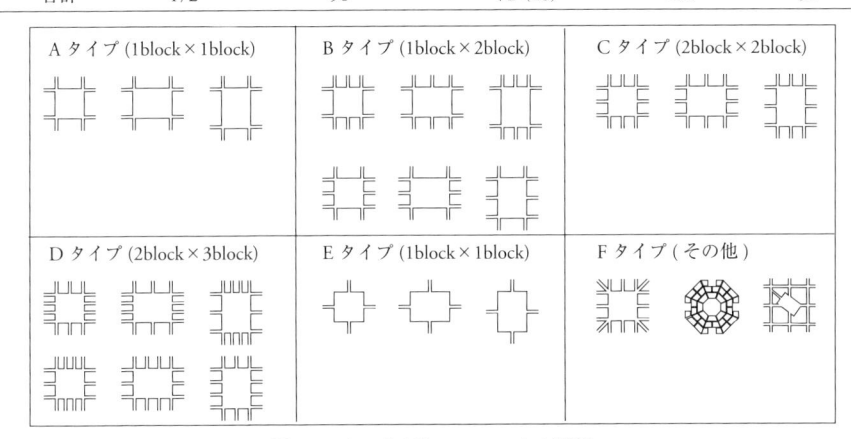

Aタイプ (1block×1block)　Bタイプ (1block×2block)　Cタイプ (2block×2block)

Dタイプ (2block×3block)　Eタイプ (1block×1block)　Fタイプ (その他)

図 II-3-4　プラサ・マヨールの類型

塩田哲也作成

表 II-3-6　プラサ・マヨールの類型とアウディエンシア

|  | A | | B | | C | | D | | E | | F | | 広場なし,不明都市 | |
| --- | --- | --- | --- | --- | --- | --- | --- | --- | --- | --- | --- | --- | --- | --- |
|  | 都市図 | 比率 | 都市図 | 比率 | 都市図 | 比率 | 都市図 | 比率 | 都市図 | 比率 | 都市図 | 比率 | 都市図 | 比率 |
| サント・ドミンゴ | 30 | 51.72 | 5 | 5.66 | 11 | 20.75 | 1 | 1.887 | 1 | 1.887 | 10 | 18.87 | | |
| メキシコ | 23 | 92 | | | | | | | | | 2 | 8 | | |
| マニラ | 2 | 7.692 | | | | | 1 | 3.846 | | | 20 | 76.92 | 3 | 11.54 |
| カラカス | 15 | 83.33 | | | | | | | 1 | 5.556 | 2 | 11.11 | | |
| チリ | 9 | 64.29 | | | 1 | 7.143 | | | 3 | 21.43 | 1 | 7.143 | | |
| リマ | 7 | 87.5 | 1 | 12.5 | | | | | | | | | | |
| キト | 6 | 85.71 | 1 | 14.29 | | | | | | | | | | |
| ヌエヴァ・グラナダ | 4 | 57.14 | | | | | | | | | 3 | 42.86 | | |
| パナマ | 2 | 40 | | | | | | | 1 | 20 | 2 | 40 | | |
| グアテマラ | 3 | 75 | 1 | 25 | | | | | | | | | | |
| 合計 | 101 | | 8 | | 12 | | 2 | | 6 | | 40 | | 3 | |

第 II 章
スペイン植民都市の空間理念とその形態

サンティアゴ・デ・ラスヴェガス Santiago de las Vegas (1725) が含まれる．

「フェリペ II 世の勅令」がモデルとして示すのは—すなわち，広場の各辺の中央から 4 本の主要道が延び，各頂点から 8 本の普通道路が延びる型—は C 型である．しかし，このパターンをとるのは，11 都市[178]にすぎない．中でも最も整然と完結した形態の都市計画図が残っているのはクマナ (1520, ヴェネズエラ) であるが，プラサ・マヨールが正方形であり，「フェリペ II 世の勅令」の基本モデルが貫徹しているわけではない．また，C 型の建設年代が，クマナを除いていずれも 18 世紀以降であることや，C 型が全てサント・ドミンゴ・アウディエンシアに属した都市 (しかも，うち 8 都市がキューバ) であることも興味深い特徴である．ただし，後述するように，都市図からは A 型に分類されるけれど，実際には C 型として建設されたメンドーサ (1560, Charcas, Argentina) のような事例も存在する．

D 型 (2 都市) は，アトチャ Atocha (1798) とイブン Ibung (1872) である．E 型 (6 都市) は，チリ・アウディエンシアなど，南米大陸にみられる形態である．

次に，A〜E に分類できない 40 都市 (F) について検討しよう．図 II-3-5a にその全てを図示した (以下，() 内の数字は図中番号を示す)．40 都市のうち 14 都市は，これらの分類の変型ととらえうる．メキシコ (7)，キアポ Quiapo (18)，マリニージャ Marinilla (28)，サン・フアン San Juan (30) は，A 型の変型であるし，B 型に近い広場の型をしているもの (プエルト・プリンシペ Puerto Príncipe (4)，アスンシオン Nuestra Señora de la Asunción de Baracoa (5)，サンタ・マルタ Santa Marta (9)，パスキン Pasuquin (25)) もある．また，D 型よりさらに接する街区数が増えた広場としてコロニア・デ・サクラメント Colonia del Sacramento (27) とキングストン Kingston (29) があり，さらに広場から中央道路が 1 本 (「フェリペ II 世の勅令」では 4 本) 伸びている．いわば E 型の範疇に含められる都市としてバヨンボン Bayombong (33)，バガバグ Bagabag (34)，アリタオ Aritao (35)，デイアディ Diadi (39) が挙げられる．

残る 26 都市のうち，そもそもプラサ・マヨールが 1 つの街区を占めていないものがある．その代表が，最初のスペイン植民都市であるサント・ドミンゴ (1) である．教会と広場が 1 つの区画にあって，区画が 2 分されている．すなわちプラサ・マヨールが位置すべき区画の半分に教会が建設されているのである．詳しくは次章でみるが，サント・ドミンゴの建設の段階では，必ずしもプラサ・マヨールから都市建設を開始することが前提にはなっていないのである．このような，中央の区画に教会と広場を合わせて配置するパターンをサント・ドミンゴ型 (O 型) としよう (サント・ドミンゴを基点とした広場の系統図が図 II-3-5b である．以下本図を参照されたい)．他にも，オリ

---

178) Manajay (1767), Charitast (1768), San Miguel (1769), Santa Bárbara de Samaná (1756), San Juan Jaruco (1773), Cumaná (1520), San Julián de los Guynes (1735), La Boca de Mariel (1819), Juan Tomás (1820), Manzanillo (1792), Santa Fe (Pinos) (1830)

スペイン植民都市の類型

サバ Orizaba (8) とサン・アレハンドロ San Alejandro (38) が O 型に該当する．厳密には街路の数や位置に違いがあるが，セブ (12)，ホロ Jolo (16)，バドック Badoc (22) もサント・ドミンゴ系といえよう．

　教会と広場が1つの区画をなすパターンは他にもある．街区の隅に広場が設けられるパターンである．結果として，L字形の街区と他の街区との間が広場になる（カルタヘナ・デ・インディアス Cartagena de Indias (10)，バタック Batac (14)，シナイト Sinait (15)，サン・ニコラス San Nicolás (17)，バカラ Bacarra (20)，カブガオ Cabugao (31))．これを O' 型とし，以上合わせて 12 都市を，サント・ドミンゴ系（O + O'）と総称しよう．そのうち 10 都市は 1591 年以前の建設である．プラサ・マヨールをまず設定し，それを中心として建設が行われたわけではなく，当初から教会と広場が一体となって建てられている．プラサ・マヨールよりも，要塞や教会の建設が先行したと思われるのがサント・ドミンゴ系の特色である．

　さらに，街区をまたがって広場が設けられるタイプがある．サント・ドミンゴ型の広場が向かい合うかたちで広場が形成されるのがポルトベロ Portobello (24)，カルデナス Cárdenas (37) である．さらに，サン・フアン・デ・プエルト・リコ (2) は，その向かい合った広場が接する街区が分割されている．カルデナスは 19 世紀の建設であるが（次章），それ以外のほとんどは，サント・ドミンゴ型と同様，植民地化初期のタイプで，この型には，さらにモンテゴ・ベイ Montego Bay (3)，パナマ (6) やラオアグ Laoag (19) がある．L字街区 2 つに囲われるのがパプド Papudo (11) である．いずれも，プラサ・マヨールが中心に置かれて建設された都市ではない．これらを O" 型としよう．

　残る 2 都市，グリッドに斜行する街路を導入するモンテヴィデオ Montevideo (32) とヌエヴィタス Nuevitas (36) はユニークなパターンといってよい．確かにスペイン植民都市の形態は多様であるが，F 型に分類された 40 都市のうち，字義とおりに「例外」といいうるのはこの 2 都市にすぎない．

## c．規模と形状

　「フェリペⅡ世の勅令」は，広場の大きさは東西南北の長さの比が 1.5：1 とするように推奨している（第 112 条）．しかし，表 Ⅱ-3-3「街区形状」項中の "S" の多さをみていただければ分かるように，実際，172 都市のうち 110 都市の広場は正方形である．

　「フェリペⅡ世の勅令」では，大きさは最低 200 ピエ×300 ピエ（66.7 ヴァラ×100 ヴァラ），最大 533 ピエ×800 ピエ（132 ヴァラ×200 ヴァラ），中間値を 400 ピエ×600 ピエ（176 ヴァラ×266 ヴァラ）としている（第 113 条）が，172 都市のうち，この条件を満たし，かつ東西南北の長さの比が 1.5：1 である都市は 1 都市しか存在しない．

163

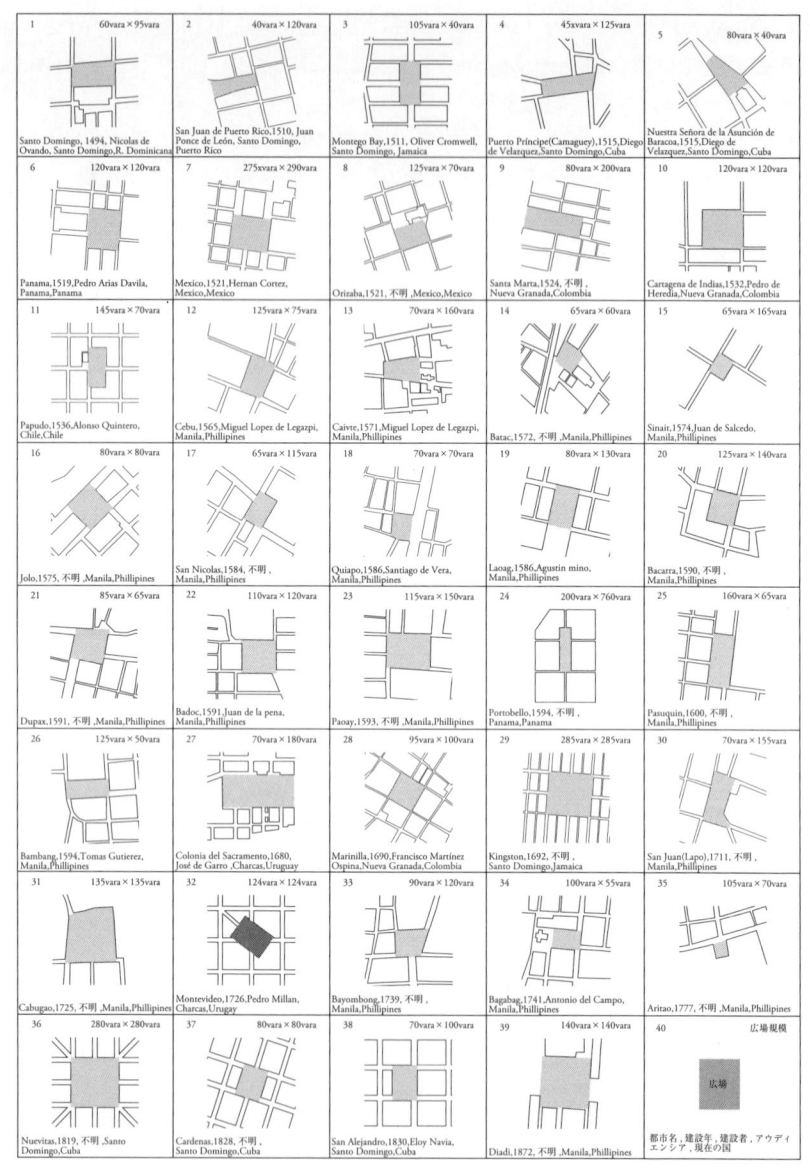

第Ⅱ章
スペイン植民都市の空間理念とその形態

図 Ⅱ-3-5A　プラサ・マヨールの変化型

塩田哲也作成

164

## スペイン植民都市の類型

サント・ドミンゴタイプ（原型）
- Santo Domingo1494
- Orizaba
- San Alejandro

Batac1572　Sinait1574　San Nicolas1584　Bacarra1590　Cabugao1725

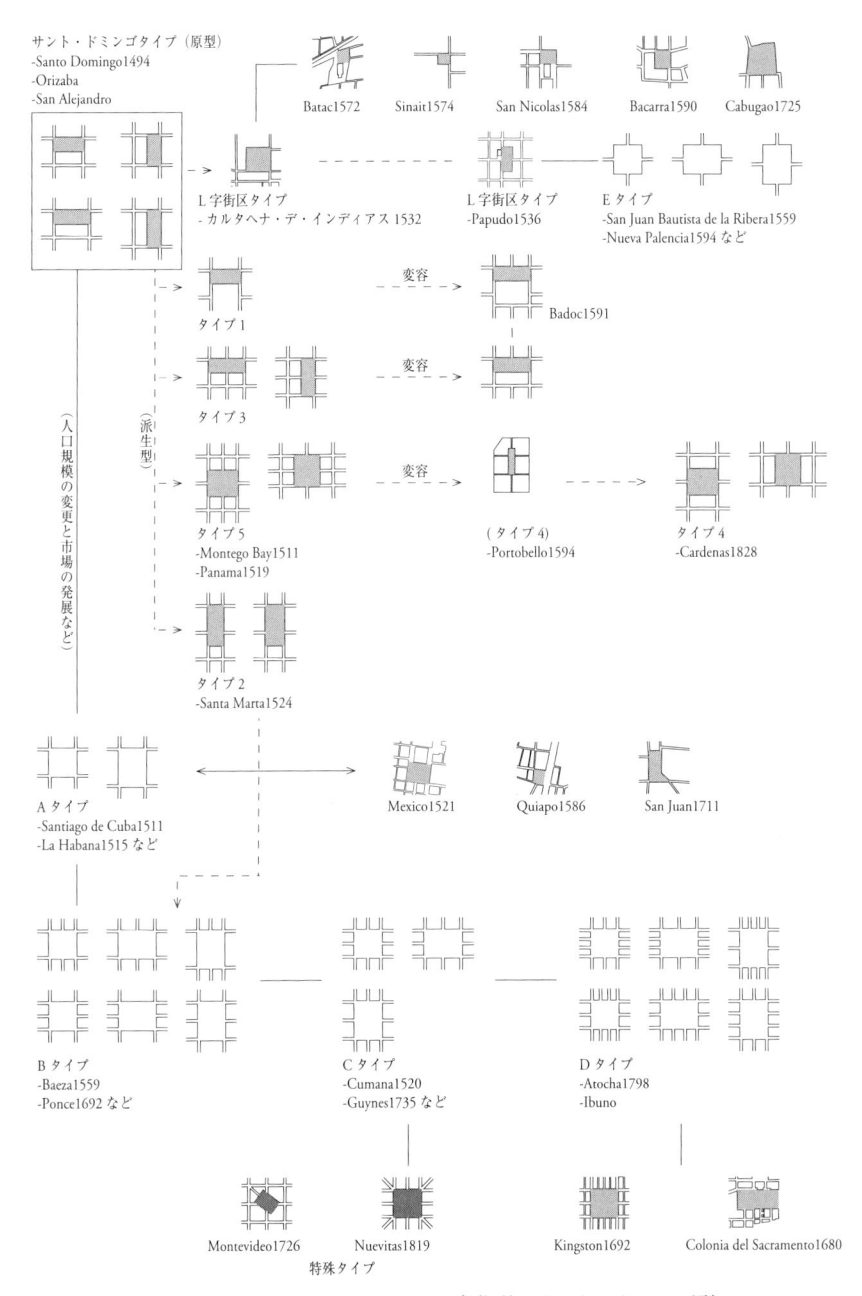

L字街区タイプ
- カルタヘナ・デ・インディアス 1532

L字街区タイプ
- Papudo1536

Eタイプ
- San Juan Bautista de la Ribera1559
- Nueva Palencia1594 など

（人口規模の変更と市場の発展など）

（派生型）

タイプ1　変容　Badoc1591

タイプ3　変容

タイプ5　変容　（タイプ4）　タイプ4
- Montego Bay1511　　-Portobello1594　　-Cardenas1828
- Panama1519

タイプ2
- Santa Marta1524

Aタイプ
- Santiago de Cuba1511
- La Habana1515 など

Mexico1521　Quiapo1586　San Juan1711

Bタイプ
- Baeza1559
- Ponce1692 など

Cタイプ
- Cumana1520
- Guynes1735 など

Dタイプ
- Atocha1798
- Ibuno

Montevideo1726　Nuevitas1819　Kingston1692　Colonia del Sacramento1680
特殊タイプ

図 II-3-5B　プラサ・マヨールの変化型　サント・ドミンゴ型

サント・ドミンゴ型　塩田哲也作成

第 II 章
スペイン植民都市の空間理念とその形態

それがフィリピンのアリタオ Aritao（1777）で，105 ヴァラ×70 ヴァラである．かぎりなく条件に近いものを挙げると，ラオアグ Laoag（130 ヴァラ×80 ヴァラ）は 10 ヴァラ足りず，プエルト・カベージョ Puerto Cavello（110 ヴァラ×80 ヴァラ）は 10 ヴァラ長い．デゥパ Dupax（85 ヴァラ×65 ヴァラ）は 12.5 ヴァラ長く，セブ（172 ヴァラ×125 ヴァラ）は 15.5 ヴァラ，サン・ニコラス（115 ヴァラ×65 ヴァラ）は 18.5 ヴァラ，オリサバ（125 ヴァラ×70 ヴァラ）は 20 ヴァラ基準に満たない．

広場の大きさをグラフで表したものが，図 II-3-6 である．広場の規模は，最小 35 ヴァラ×35 ヴァラで最大は 330 ヴァラ×330 ヴァラ，最も多いのが，124 ヴァラ×124 ヴァラ（24/156）である．124 ヴァラは，街区が芯々（街路の中心から中心）で 100 ヴァラ×100 ヴァラ，街路幅員が 12 ヴァラで計画されている．次に多いのは 120 ヴァラ×120 ヴァラ（11/156）で，100 ヴァラ×100 ヴァラ（6/156），110 ヴァラ×110 ヴァラ（5/156），135 ヴァラ×135 ヴァラ（5/156）と続く．

以上，プラサ・マヨールの形態，すなわちその数，位置，規模，形状について確認すると，以下のような驚くべき結論を得ることができる．

① 「フェリペ II 世の勅令」の規定，その基本モデルに従う都市図は全くない．特に，プラサ・マヨールの形状の規定（縦横比が 1：1.5）に従うものは 1 例しかない．
② 初期には，広場を最初に設定する建設のパターンは必ずしも一般的ではなく，要塞や教会の建設を一体的に行うサント・ドミンゴ系（O, O'）のタイプが多くみられる．
③ 全体として広場の各辺を延長する形の単純グリッドが圧倒的に多く，プラサ・マヨールは正方形のものが多い．基本モデルに従うもの（C）はわずかに 12 例にすぎない．しかも，その全てがプラサ・マヨールは，正方形で 1：1.5 というプロポーションに従っていない．

(2) グリッド・パターンの類型 ── 街路体系

「フェリペ II 世の勅令」は，市壁について何も規定していない．都市の境界については，「広場，道路，宅地を直線状に規則正しく配置する計画図を作製する．建設する町の周囲には空地を残しておき，同じ形式で拡張できるようにしておく（第 111 条）」というだけである．

以下に街路体系についてみるが，計画図を含んでいることから，分析には自ずと限定がある．

a. 境界 ── 市壁と要塞

172 都市について，まず，市壁あるいは要塞の有無を確認しよう（表 II-3-7）．スペ

スペイン植民都市の類型

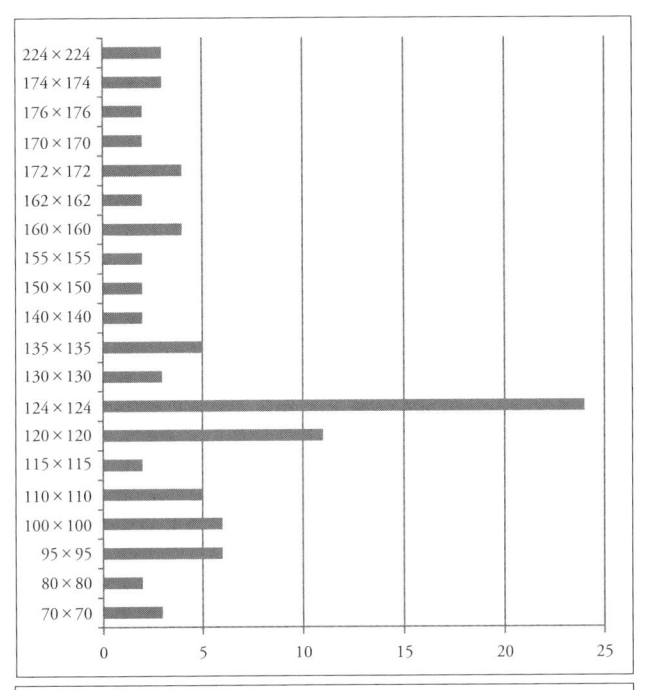

```
224×224 ▓▓▓
174×174 ▓▓▓
176×176 ▓▓
170×170 ▓▓
172×172 ▓▓▓▓
162×162 ▓▓
160×160 ▓▓▓▓
155×155 ▓▓
150×150 ▓▓
140×140 ▓▓
135×135 ▓▓▓▓▓
130×130 ▓▓▓
124×124 ▓▓▓▓▓▓▓▓▓▓▓▓▓▓▓▓▓▓▓▓▓▓▓▓
120×120 ▓▓▓▓▓▓▓▓▓▓▓
115×115 ▓▓
110×110 ▓▓▓▓▓
100×100 ▓▓▓▓▓▓
95×95 ▓▓▓▓▓▓
80×80 ▓▓
70×70 ▓▓▓
        0    5    10   15   20   25
```

1例のみのもの
100×55, 100×90, 104×104, 105×100, 105×40, 105×70, 107.5×130, 110×120, 112×112, 115×150, 120×60, 125×140, 125×235, 125×50, 125×70, 125×75, 126×126, 128×128, 140×120, 140×160, 144×144, 145×145, 145×70, 150×130, 155×165, 160×65, 165×165, 174×124, 180×180, 186×146, 186×186, 190×190, 200×135, 65×260, 205×205, 220×220, 220×220, 229×122, 230×130, 230×230, 264×264, 275×290, 280×280, 285×285, 312×312, 330×330, 350×200, 35×35, 40×120, 45×125, 60×95, 65×115, 65×165, 65×60, 70×100, 70×155, 70×160, 70×180, 75×145, 75×75, 78×78, 80×130, 80×200, 85×65, 90×120, 90×90, 95×100, 95×100.

図 II-3-6　広場の規模

　イン植民都市は，大きく「市壁で囲まれた都市」が16（うち，都市計画図のみが残るものが2都市），「市壁を持たず要塞を持つ都市」が19（同じく計画図は6都市），「市壁も要塞も持たない都市」が132都市（計画図は66都市）の3つに分類できる．市壁のみという都市は存在せず，必ずバルアルテ Baluarte と呼ばれる市壁に接している要塞が存在する．

　市壁あるいは要塞を持った都市がどのようなものか，図 II-3-7 を参照されたい（これらを地図上にプロットしたのが図 II-3-8 である）．16の「市壁で囲まれた都市」は，サント・ドミンゴ，サン・フアン・デ・プエルト・リコ，ハバナ，パナマ，ヴェラクルス，カルタヘナ，トルヒージョ Trujillo，リマ，カジャオ Callao，カンペチェ Campeche，マニラ，カヴィテ，ポルトベロ，コロニア・デル・サクラメント，モン

167

第 II 章
スペイン植民都市の空間理念とその形態

表 II-3-7　市壁・要塞を持つスペイン植民都市

| | 都市図数 | 内陸部 | 沿岸部 | サント・ドミンゴ | マニラ | メキシコ | カラカス | チリ | リマ | キト | ヌエヴァ・グラナダ | パナマ | グアテマラ |
|---|---|---|---|---|---|---|---|---|---|---|---|---|---|
| 街区のみで構成された都市 | 132 | 105 | 27 | 40 | 23 | 21 | 11 | 12 | 5 | 7 | 6 | 3 | 4 |
| 要塞を持つ都市 | 19 | 8 | 11 | 8 | 2 | 2 | 5 | 2 | | | | | |
| 城壁で囲まれた都市 | 16 | 2 | 14 | 5 | 1 | 2 | 2 | | 3 | | 1 | 2 | |
| 合計 | 167 | 115 | 52 | 53 | 26 | 25 | 18 | 14 | 8 | 7 | 7 | 5 | 4 |

テヴィデオ，サンタ・バーバラ・デ・サマナ，サン・ミゲルである．この中で，モンテヴィデオ，サンタ・バーバラ・デ・サマナ (市壁は実際には建設されなかった)，サン・ミゲルを除く 13 都市は，16 世紀末までの拠点都市である．実は，この 13 都市の大半の築城には，イタリア人建築家・軍事技術者 ingeniero militar であったバウティスタ・アントネッリ Bautista Antonelli (1547〜1616) が関わっている[179]．もちろん，当初から市壁が建設されたわけではない．サント・ドミンゴの場合，16 世紀中葉以降から 17 世紀にかけて市壁が建設されているし，ハバナの場合も，17 世紀初頭に建造された市壁が 18 世紀初頭に拡張されている．実は市壁建設には，西欧列強との植民地争奪が大きく関わっている．この点は，III 章以降個別に確認したい．

市壁を持つ植民都市で，かつ整然としたグリッド・パターンをとらない (不整形グリッド) サント・ドミンゴ，ハバナが，スペイン植民都市の原像である (第 I 類型)．そして，整然としたグリッド・パターンによって幾何学的に構成されるパナマ，ヴェラクルス，マニラ，そしてトルヒージョは，スペイン植民都市の理念モデルの原型となる (第 II 類型)．トルヒージョの場合，ルネサンスの理想都市の系譜を想わせる多角形をしており極めてユニークである．その市壁の形状は街路形状に残っている．これらも，次章以下で詳しくみたい．

スペイン植民都市における要塞の建設は，サント・ドミンゴのオサマ要塞 Fortaleza Ozama (1505〜67) に始まる．続いて，サン・フアン・デ・プエルト・リコのサン・フェリペ・デル・モロ城塞 Castillo de San Felipe del Morro (1539)，ハバナのレアル・フエルサ要塞 La Fortaleza de la Real Fuerza (1558) などが建設されていく．

要塞の建設の場所については，都市の中心，すなわち広場に隣接する形で建設され

---

179) 一家は代々ハプスブルグ家に仕えた著名なイタリア人軍事技師の家系．サント・ドミンゴの他，ハバナ，プエルト・リコ，サン・フアン・デ・ウルア，プエルト・デ・カバジョス，ポルトベロ，カルタヘナ，ノンブル・デ・ディオス Nombre de Dios，パナマ Panamá，サンタ・マリア，フロリダなど，多くの都市建設に関わっている．Anne W. Tennant (2003) "Arquitecto de las defensas del rey", Américas, pp. 6-15.　詳しくは Column 7 参照．

スペイン植民都市の類型

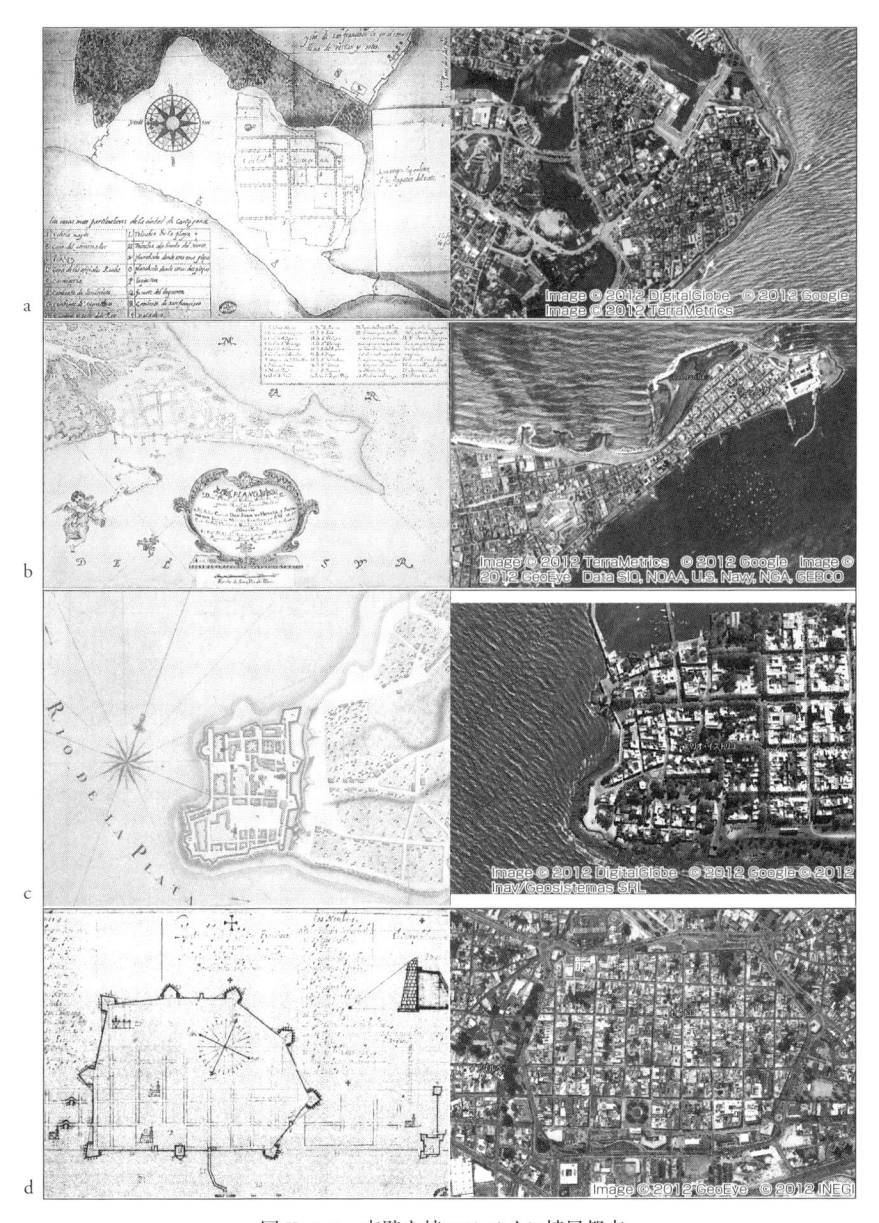

図 II-3-7　市壁を持つスペイン植民都市
a. カルタヘナ　1600 年：AGI, MP-Panamá, 20　b. カジャオ　1728 年：SGE J-8-3-44　c. コロニア・デル・サクラメント　1762 年：SGE J-9-3-23　d. カンペチェ　1680 年：AGI, MP-Mexico, 72

第II章
スペイン植民都市の空間理念とその形態

図II-3-8　市壁，要塞を持つスペイン植民都市の分布

梅谷敬三作成

るパターン (a)[180]，プラサ・マヨールからは少し離れた沿岸部，半島の先端や河口付近に建設されるパターン (b)[181]，都市の周縁部に隣接して建設されるパターン (c)[182]

180) Santo Domingo (1494), Santiago de Cuba (1511), La Habana (1515), Mérida (1528), Buenos Aires (1536), Chaco (1774) がある。

181) San Juan de Puerto Rico (1510), Nuestra Señora de la Asunción de Baracoa (1515), Buitrón (Veracruz) (1519), San Felipe (1550), Cebú (1565), Manila (1571), Cavite (1571), Bayaja (1575), San Diego de Alcalá de la Sabana de Ocumare (1683), Kingston (1692), Montevideo (1726), Nueva Guayana (1765) がある。

182) Osorno (1559), Fuerte Bacalar (1727), Carlota (1788), San Carlos San Teodoro de Colla (1788), Lusiana (1793), Concepción (Tucumán) (1794), Nueva Gerona (Pinos) (1830) がある。

がある.

沿岸部の,半島の先端部や河口などにできた要塞 (c) は,植民活動全体を通じて建設されるが,広場に隣接して建設される要塞 (a) は,初期に建設されたものがほとんどである.市街区周辺に要塞が建設される (b) は,オソルノ Osorno を除き植民活動中期から後期に多い.

市壁で囲まれる 16 都市のうち,全て市壁に接する要塞バルアルテのみの都市は 9 都市である.残りの 7 都市,サント・ドミンゴ,サン・フアン・デ・プエルト・リコ,ハバナ,ヴェラクルス,カンペチェ,マニラ,モンテヴィデオは,独立した要塞または城塞 Castillo を持つ.「市壁で囲まれた都市」16 のうち,実際に建設された 14 都市の市壁建設年と取り壊し年については,表 II-3-8 にまとめた.

35 都市 (16 の「市壁で囲まれた都市」と, 19 の「市壁を持たず要塞を持つ都市」) は,現状, 19 都市が「市壁も要塞ももたない都市」, 3 都市が「市壁で囲まれた都市」, 11 都市は「市壁を持たず要塞を持つ都市」となっている.つまりほとんどの都市では,市壁が取り壊されているのである.なお,市壁を完全に残している 3 都市とは,サン・フアン・デ・プエルト・リコとカルタヘナ・デ・インディアス,マニラである.

### b. 街路体系

表 II-3-3 中の「街路体系」項目にもあるように,都市の形態を大きく規定する街路体系は,大きく「正方形グリッド (GP)」「グリッド (G)」「不整形グリッド (NG)」に分けられる.長方形たることを定める「フェリペ II 世の勅令」に反して,「正方形グリッド (GP)」が 172 都市のうち 72 都市を占める.一般の「グリッド (G)」が 92 都市あり,合わせて 164 都市となる.街路が直交しない「不整形グリッド (NG)」が 8 都市存在する (表 II-3-9).

まず,「不整形グリッド (NG)」の 8 都市は,サンティアゴ・デ・キューバ (1511),ハバナ (1515),カルタヘナ・デ・インディアス (1532),プエルト・プリンシペ Puerto Príncipe (カマゲイ Camaguey) (1515),ヌエストラ・セニョーラ・デ・ラ・アスンシオン・デ・バラコア Nuestra Señora de la Asunción de Baracoa (1515),バタク Batac (1572),シナイト Sinait (1574),コロニア・デ・サクラメント Colonia del Sacramento (1680) である.これらは 16 世紀に集中しており,「フェリペ II 世の勅令」以前の都市が 6 つを占めている.

続いて,「正方形グリッド (GP)」パターンをとる 70 都市のうち,南北×東西の街区数をみると,以下のようになる (表記は,南北街区数×東西街区数=都市数となっている)

・$3×3=18$ 都市, $3×4=3$ 都市, $3×5=2$ 都市, $3×6=1$ 都市

第 II 章
スペイン植民都市の空間理念とその形態

表 II-3-8 市壁の建設年と取り壊し年

| | 都市図数 | 15世紀 | 16世紀 | 17世紀 | 18世紀 | 19世紀 | 不明 | AGI | SGE/SHM | 共通 |
|---|---|---|---|---|---|---|---|---|---|---|
| 街区のみで構成された都市 | 132 | | 53 | 10 | 54 | 14 | 1 | 80 | 45 | 7 |
| 要塞を持つ都市 | 19 | | 9 | 2 | 8 | | | 8 | 7 | 4 |
| 城壁で囲まれた都市 | 16 | 1 | 11 | 1 | 3 | | | 1 | 3 | 12 |
| 合計 | 167 | 1 | 73 | 13 | 65 | 14 | 1 | 89 | 55 | 23 |

| | 都市 | 建設年 | アウディエンシア | 国 | 建設者 | 城壁・市壁 建設年 | 取壊年 | 建設者 |
|---|---|---|---|---|---|---|---|---|
| 1 | Santo Domingo | 1494 | Santo Domingo | R. Dominicana | Nicolas de Ovando | 1541 | 1884 | Rodrigo Liendo |
| 2 | San Juan de Puerto Rico | 1510 | Santo Domingo | Puerto Rico | Juan Ponce de León | 1591 | | Bautista Antonelli |
| 3 | La Habana | 1515 | Santo Domingo | Cuba | Diego de Velázquez | 1587 | | Juan Bautista Antonelli |
| | | | | | | 1674 | 1863-1875 | Cristóbal de la Roda |
| 4 | Panamá | 1519 | Panamá | Panamá | Pedro Arias Dávila | 16th 後半 | | Bautista Antonelli |
| 5 | Veracruz | 1519 | México | México | Hernan Cortez | 1600-1620 | | Adrián Boot |
| | | | | | | 1764 | 1880 | Pedro Ponze |
| 6 | Cartagena de Indias | 1532 | Nueva Granada | Colombia | Pedro de Heredia | 1594 | 1811 (陸側) | Bautista Antonelli |
| 7 | Trujillo | 1533 | Lima | Perú | Diego de Almagro | 1687 | | José Formento |
| 8 | Lima | 1535 | Lima | Perú | Francisco Pizarro | 1682 | 1868-1872 | Juan Ramón Coninck |
| 9 | Callao | 1537 | Lima | Perú | 不明 | 1624 | 1641 | German engineer |
| | | | | | | 1641 | 1746 | Juan de Espinosa |
| 10 | Campeche | 1540 | México | México | Francisco de Montejo | 1680 | 1893 | Louis Bouchard |
| 11 | Manila | 1571 | Manila | Phillipines | Miguel López de Legazpi | 1583 | 1590 | Santiago de Vera |
| | | | | | | 1590 | — | Gómez Pérez Dasmariñas |
| 12 | Portobelo | 1594 | Panamá | Panamá | 不明 | 1731 | | Francisco Herrera y Sotomayor |
| 13 | Colonia del Sacramento | 1680 | Charcas | Uruguay | José de Garro | | | Bautista Antonelli |
| 14 | Montevideo | 1726 | Charcas | Urugay | Pedro Millán | 1789 | | José Pérez Brito |

172

# 3 スペイン植民都市の類型

表 II-3-9　街路体系の類型

| 年代 | 都市数 | グリッド | 碁盤状 | 不整形グリッド |
|---|---|---|---|---|
| 15世紀後半 | 1 | 1 | 0 | 0 |
| 16世紀 | 73 | 47 | 19 | 7 |
| 17世紀 | 13 | 9 | 3 | 1 |
| 18世紀 | 64 | 25 | 39 | 0 |
| 19世紀 | 15 | 7 | 8 | 0 |
| 不明 | 1 | 0 | 1 | 0 |
| 合計 | 167 | 89 | 70 | 8 |

| アウディエンシア | 都市数 | グリッド | 碁盤状 | 不整形グリッド |
|---|---|---|---|---|
| サント・ドミンゴアウディエンシア | 53 | 25 | 24 | 4 |
| マニラアウディエンシア | 26 | 23 | 1 | 2 |
| メキシコアウディエンシア | 25 | 7 | 18 | 0 |
| カラカスアウディエンシア | 18 | 6 | 11 | 1 |
| チリアウディエンシア | 14 | 7 | 7 | 0 |
| リマアウディエンシア | 8 | 8 | 0 | 0 |
| キトアウディエンシア | 7 | 5 | 2 | 0 |
| ヌエヴァ・グラナダアウディエンシア | 7 | 6 | 0 | 1 |
| パナマアウディエンシア | 5 | 2 | 3 | 0 |
| グアテマラアウディエンシア | 4 | 0 | 4 | 0 |
| 合計 | 167 | 89 | 70 | 8 |

| 都市形態 | 都市数 | グリッド | 碁盤状 | 不整形グリッド |
|---|---|---|---|---|
| 街区構成のみの都市 | 132 | 66 | 63 | 3 |
| 要塞を持つ都市 | 19 | 12 | 5 | 2 |
| 城壁に囲まれた都市 | 16 | 11 | 2 | 3 |
| 合計 | 167 | 89 | 70 | 8 |

- $4 \times 4 = 7$ 都市
- $5 \times 5 = 7$ 都市, $5 \times 7 = 3$ 都市
- $6 \times 3 = 1$ 都市, $6 \times 6 = 3$ 都市, $6 \times 7 = 1$ 都市, $6 \times 13 = 1$ 都市
- $7 \times 5 = 2$ 都市, $7 \times 6 = 1$ 都市, $7 \times 7 = 5$ 都市, $7 \times 8 = 1$ 都市
- $8 \times 8 = 2$ 都市
- $9 \times 5 = 1$ 都市, $9 \times 9 = 2$ 都市, $9 \times 11 = 1$ 都市
- $10 \times 10 = 2$ 都市
- $11 \times 11 = 1$ 都市

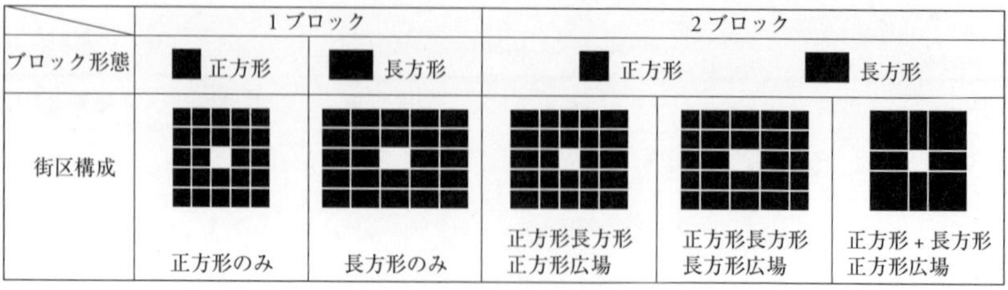

第Ⅱ章
スペイン植民都市の空間理念とその形態

| | 1ブロック | | 2ブロック | | |
|---|---|---|---|---|---|
| ブロック形態 | ■ 正方形 | ■ 長方形 | ■ 正方形 | | ■ 長方形 |
| 街区構成 | | | | | |
| | 正方形のみ | 長方形のみ | 正方形長方形 正方形広場 | 正方形長方形 長方形広場 | 正方形＋長方形 正方形広場 |

図 II-3-9　街区の形状と街路体系

・12×8＝1 都市
・13×11＝1 都市，13×13＝2 都市
・15×9＝1 都市

　広場を中心とし，その周辺街区と合わせた 3×3（ナイン・スクエア）の街区パターンが多い．このような，完結的なかたちをとるスペイン植民都市も同じく第 II 類型としよう．市壁の有無によってこの類型は大きく区分できるのだが，市壁のある都市の市壁の建設は市の建設後であり，「フェリペ II 世の勅令」は市壁を前提としていないので，さしあたり同じ類型に入れてよい．そして，「フェリペ II 世の勅令」が理念化する境界を前提せず，グリッドを延長するスペイン植民都市計画を第 III 類型としよう．

　街区の形状に着目すると，正方形グリッドでも街区形状はことなる場合があり，全て正方形街区で構成されている都市 (S) が 56，全て長方形街区で構成されている都市 (R) が 25，街区が変形している（台形）都市 (I) が 4，L 字街区がある都市 (L) が 6 存在する．残る 81 都市は，正方形と長方形の両方の街区を持つ都市である．ヴァリエーションこそ多いものの，「不整形グリッド (NG)」も含めて，街区形状とその組み合わせによって分類することができる（図 II-3-9）．

### c. 街区規模

　街区規模は，基本的にプラサ・マヨールの大きさによって規定される．上述のように，プラサ・マヨールの大きさは 124 ヴァラ×124 ヴァラ，街路幅員は 12 ヴァラであるパターンが最も多い．広場そして街路の大きさが 100 ヴァラ×100 ヴァラ，道路幅員は 12 ヴァラとして計画された可能性についてはすでに触れた．すなわち，一般的には，グリッド・システムとしては芯々制ではなく内法制がとられ，単純に 100 ヴァラ×100 ヴァラの面積が単位とされたと考えられる．

　実際に建設されず，また計画図にもスケール（基準寸法）が示されていない 12 都市を除く 160 都市について，その街区規模を検討してみよう．最小は 35 ヴァラ×15 ヴァ

## スペイン植民都市の類型

表 II-3-10　街区規模

| 街区規模 VARA | 数 | 16C | 17C | 18C | 19C | サント・ドミンゴ | メキシコ | マニラ | カラカス | チリ | リマ | キト | ヌエヴァ・グラナダ | パナマ | グアテマラ |
|---|---|---|---|---|---|---|---|---|---|---|---|---|---|---|---|
| 80×80 | 11 | 3 | 1 | 4 | 3 | 10 | 1 | | | | | | | | |
| 100×100 | 28 | 16 | 2 | 8 | 2 | 5 | 3 | 1 | 5 | 5 | 2 | 4 | 3 | | |
| 150×150 | 12 | 10 | | 3 | | 2 | 1 | | 3 | 4 | 1 | 1 | | 1 | |
| 200×200 | 16 | 1 | | 15 | | 15 | | | | 1 | | | | | |

| 街区規模 VARA | 数 | 街区のみで構成された都市 | 要塞がある都市 | 城壁に囲まれた都市 |
|---|---|---|---|---|
| 80×80 | 11 | 8 | 3 | 0 |
| 100×100 | 28 | 23 | 1 | 4 |
| 150×150 | 12 | 9 | 1 | 2 |
| 200×200 | 16 | 16 | 0 | 1 |

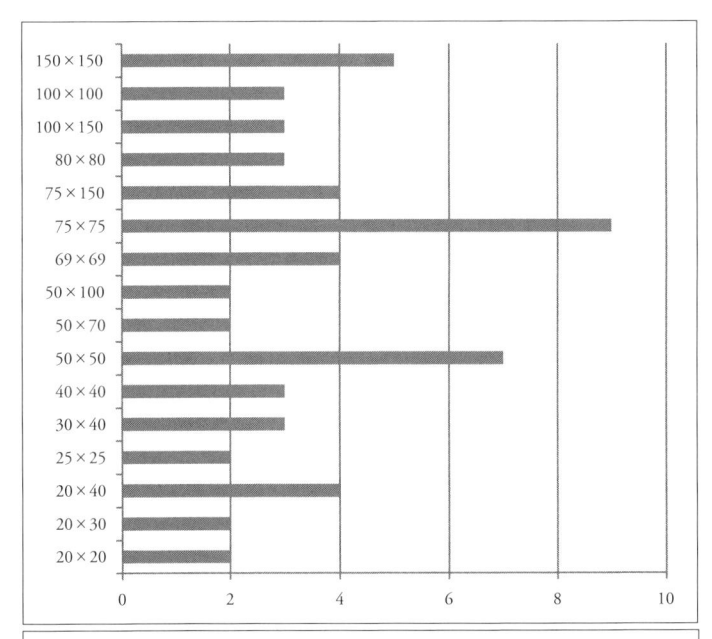

[Bar chart showing 敷地の規模 (site sizes) with the following categories and approximate counts:]

- 150×150: 5
- 100×100: 3
- 100×150: 3
- 80×80: 3
- 75×150: 4
- 75×75: 9
- 69×69: 4
- 50×100: 2
- 50×70: 2
- 50×50: 7
- 40×40: 3
- 30×40: 3
- 25×25: (none)
- 20×40: 4
- 20×30: 2
- 20×20: 2

1例のみのもの
140×140, 70×70, 70×140, 60×80, 60×78, 55×55, 51.25×55, 50×76, 45.54×50, 45.5×100, 44×50, 44×100, 43×80, 37.5×50, 35×50, 35×45, 35×35, 28×30, 27.5×55, 26.66×30, 25×75, 25×50, 25×37.5, 25×30, 17.5×45, 17.5×35, 17.5×17.5, 15×38, 15×17.5, 13.75×55, 12×16, 12.5×25, 10×40, 10×20, 8×42.

図 II-3-10　敷地の規模

ラ,最大は 500 ヴァラ×500 ヴァラである.多い順に挙げれば,100 ヴァラ×100 ヴァラ (28 / 160),200 ヴァラ×200 ヴァラ (16 / 160),150 ヴァラ×150 ヴァラ (12 / 160),80 ヴァラ×80 ヴァラ (11 / 160),140 ヴァラ×140 ヴァラ (6 / 160) である.全て正方形街区である(表II-3-10).最も多い 100 ヴァラ×100 ヴァラの街区は,16 世紀に多く,初期からある形態としてみることができる.100 ヴァラ×100 ヴァラ街区の起源は,ハバナ (1515) である.200 ヴァラ×200 ヴァラの街区は,18 世紀に多く,ホセ・デ・エスカンドンの計画がその代表である.150 ヴァラ×150 ヴァラの街区は,16 世紀に多く,また南米に多い.

#### d. 宅地 ── 街区分割

　172 都市のうち 66 都市の都市図には,街区分割すなわち宅地の形状が示されている.172 都市の,構成単位となる広場と街区については,すでにその全容をほぼ明らかにしたが,この 66 都市について,街区を構成する宅地のあり方,街区分割を検討しよう.同一都市でも複数の分割パターンがみられるが,街区の分割だけに着目してみると以下のようになる(表II-3-12).

　分割数についてみると,街区全体を1つの敷地とする教会や広場(1 分割)から,2 分割,3 分割と全部で 20 分割まで存在する.パターンは 73 にも及ぶ(正方形街区 43,長方形街区 25,L 字街区 4,変形型 1).最も多い分割パターンは 4 分割 (2×2) パターンで 27,9 分割 (3×3),いわゆるナインスクエア・タイプは 2 都市である.

　複数の分割パターンが都市図に示されているオラン Orán (1793) をみると,6・7・8・10・12 分割が混在している.もともと 6 分割で計画された街区(表中の 6-a)は,(7-a) または (8-d),(8-e, 8-f) にさらに分割される.また (6-a) から (10-a),(12-a) に分割される過程も推定される.あるいは,(4-a) から (6-e),(7-b) へと続く過程も考えられよう.もちろん,以上に挙げる街区分割は,あくまで概括的なものであり,実際にどのように分割が行われたかは,個別に都市をみていく必要がある.

　本書で「ヴォーバン割」[183]と呼ぶのは,街区の中心へのアプローチを考慮して,東西南北の割り方を変える宅地割のパターンである.表でいう,8-e, f, 10-a, 12-a, b, 14-a のようなパターンを指す.

　分割された敷地の規模をグラフ化したものが図 II-3-10 である.150 ヴァラ×150 ヴァラの街区を四分した,75 ヴァラ×75 ヴァラが最も多い.また,100 ヴァラ×100 ヴァラの街区を四分した 50 ヴァラ×50 ヴァラ,20 ヴァラ×40 ヴァラ,69 ヴァラ×69 ヴァラ (138 ヴァラ×138 ヴァラ街区の 4 分割) が多い.これも,個々の都市につい

---

[183] ヴォーバン (Sébastien Le Prestre, Seigneur de. Vauban (1633～1707)) は,ルイ XIV 世に仕えた軍人・軍事技術者.ヴォーバン式要塞と呼ばれる築城法を体系化したとされる.150 の要塞を建設し,53 の城塞包囲攻撃を指揮したといわれる.都市計画家としても知られる.

スペイン植民都市の類型

表 II-3-11　スペイン植民都市の類型　広場と街路体系

| ブロック形態 | 街区構成 | 広場モデル | | | | |
|---|---|---|---|---|---|---|
| | | A 型（道路8本） | B 型（道路10本） | C 型（道路12本） | D 型（道路14本） | E 型（道路4本） |
| 1ブロック 正方形 | 正方形のみ | ※下記に示す | Salcaja(Totonicapan)1776 Cienfuegos1819 Santiago de las Vegas1725 | San Julian de los Guynes1735 Tinguirica1740 Santa Barbara de Samana1756 La Boca de Mariel1819 Juan Tomas1820 Santa Fe(Pinos)1830 | | San Juan Bautista de la Ribera 1559 Triana(Rancagua)1740 Selva1742 Santa Rosa de Huasco1753 |
| 1ブロック 長方形 | 長方形のみ | Puebla1531 Trujillo1533 | Zaña(Lambayeque/Salaya)1776 | | Ibuno | |
| 2ブロック 正方形 | 正方形長方形 正方形広場 | Santiago de Cuba1511 Merida1528 Valladolid1531 Holguin1525 Monte Christi1752 Bangui 1605 Barquisimeto1552 Pedraza1662 Chuquisaca(Sucre)1810 Santo Tome de Guayana1588 | Baeza1559 | Cumana1520 Manajay1767 Charitast1768 San Miguel1769 San Juan Jaruco1773 | Atocha1789 | |
| 2ブロック 長方形 | 正方形長方形 長方形広場 | Rio Negro1541 San Diego de Alcala de la Sabana de Ocumare1683 Matanzas1693 San Felipe1751 San Carlos San teodoro de Colla1788 Ysabal(Izabal)1807 | Puerto cabello1734 Ponce1692 | Manzanillo1792 | | Nueva Palencia1594 |
| | 正方形＋長方形 正方形広場 | Llera1748, Burgos1749, Guemez1749, Padilla1749, Reinosa1749, San Fernando1749, Santa Barbara1749, Altamira1749, Aguayo1750, Escandon1750, Revilla1750, Soto de la Marina1750 Guatemala1776 | | | | Santa Clara1691 |

※
La Habana1515, Buitron(Veracruz)1519, Guadalajara1531, San Luis de Otavalo1534, Quito1534, Lima1535, Buenos Aires1536, Callao 1537, Bogota1538, Tunja1538, Narino(San Juan de Pasto o Villaviciosa)1539, León de Huanuco1539, Guamanga(Ayacucho)1539, Campeche1540, Arequipa1540, Santiago de Chile1541, Las Serena o Coquimbo1541, Loja1546, Puerto Plata1550, Nueva Concepcion1550, Aruacas (Puropuesta) 1550, San Julian de Cuenca1557, Osorno1559, Mendoza1560, San Juan de la Frontera1561, Cochabamba1563, La Palma1564, Caracas1567, Concepcion de Salaya（Celaya）1570, Nombre de Jesus(Cartago)1571, Manila1 571, Santa Fe1573, Bayaja1575, Talavera de Madrid1576, San Pedro Busto1581, San Miguel de Ibarra1597, Candelaria1627, Ntra.Sra. del Rosario 1722, Villa De Rosario1772, San Luis del Principe1724, Fuerte Bacalar1727, Bellavista1748, Santander1749, Camargo1749, Horcasitas1749, Dolores(Malvalaes)1750, Illapel1752, Santo Domingo de las Rozas1754, Lujan1755, San Carlos1763, Nueva Guayana1765, Daxabon1766, Guardatinajas1768, Chaco1774, San Carlos1777, Carlota(Arica)1788, Punitaqui1789, Lusiana1793, Carolina1793, Concepcion(Tucumán)1794, Oran1794, Nueva Paz1806, Nipes1822, Mayari1827, Nueva Gerona(Pinos)1830, Zaza1840

第Ⅱ章
スペイン植民都市の空間理念とその形態

表 II-3-12　街区分割のパターン

| 分割数 | 分割パターン | 都市リスト |
|---|---|---|
| 1 | a b c | [a]Buitron(Veracruz)(1519), Lima(1535), Buenos Aires(1536), Campeche(1540), Las Serena o Coquimbo (1541), San Julian de Cuenca(1557), Osorno(1559), San Juan de la Frontera(1561), Caracas(1567), Talavera de Madrid(1576), Candelaria(1627), San Luis del Principe(1724), Santiago de las Vegas(1725), San Julian de los Guynes(1735), Dolores(Malvalaes) (1750), Daxabon(1766), San Juan Jaruco(1773), Salcaja(1776), San Carlos(1777), Oran(1793), Nueva Paz(1806), Camargo, Horcasitas, San Carlos, Santander, Burgos,<br>[b]Campeche(1540), San Julian de Cuenca(1557), Baeza(1559), San Felipe(1751), Aguayo, Soto de la Marina, Escandon, Santa Barbara, Reinosa, Llera, Guemez, Padilla, Baeza, Revilla, Revilla, San Julian de Cuenca, San Fernando, San Juan Jaruco<br>[c]Selva(1742), |
| 2 | a b c d e | [a]Buenos Aires(1536), San Julian de Cuenca(1557), Mendoza(1560), San Pedro Busto(1581), Manajay (1767), Charitas(1768), Concepcion de Salaya(Celaya), Santiago de las Vegas, Lima, San Juan de la Frontera, San Julian de Cuenca, Talavera de Madrid, Candelaria(1627)<br>[b]Villa De Rosario(1722), Soto de la Marina,<br>[c]San Julian de Cuenca(1557), San Luis del Principe<br>[d]San Julian de Cuenca(1557), Concepcion de Salaya (Celaya) (1570), Nombre de Jesus(Cartago)(1571), Baeza(1559), Cardenas(1828), San Juan Bautista de la Ribera,<br>[e]Salcaja(1776) |
| 3 | a b c d | [a]Lima(1535), Buenos Aires(1536), San Julian de Cuenca(1557), San Juan de la Frontera(1561), Concepcion de Salaya (Celaya) (1570), Talavera de Madrid(1576), Santiago de las Vegas(1725), San Julian de Cuenca,<br>[b]San Juan Bautista de la Ribera(1559), Nueva Palencia(1594)<br>[c]Soto de la Marina, San Luis del Principe(1724),<br>[d]Matanzas(1693) |
| 4 | a b c d e | [a]Buitron(Veracruz)(1519), Lima(1535), Buenos Aires(1536), Campeche(1540), Las Serena o Coquimbo (1541), Nueva Concepcion(1550), Aruacas(Puropuesta)(1550), Barquisimeto(1552), San Julian de Cuenca(1557), Osorno(1559), Baeza(1559), San Juan Bautista de la Ribera(1559), Mendoza(1560), San Juan de la Frontera(1561), La Palma(1564), Caracas(1567), Concepcion de Salaya (Celaya) (1570), Nombre de Jesus(Cartago) (1571), Talavera de Madrid(1576), San Pedro Busto(1581), Nueva Palencia(1594), Pedraza(1662), Triana(Rancagua)(1740), Tinguirica(1742), Selva(1742), Manajay (1767), Charitas(1768)<br>[b]Pedraza(1662), San Felipe(1751)<br>[c]Villa De Rosario(1722), San Luis del Principe(1724),<br>[d]Cardenas(1828), Santiago de las Vegas(1725),<br>[e]Triana(Rancagua)(1740) |
| 5 | a b c | [a]Villa De Rosario(1722)<br>[b]Villa De Rosario(1722)<br>[c]Santiago de las Vegas(1725) |
| 6 | a b c d e f g h | [a]Oran(1793),<br>[b]Santiago de las Vegas(1725),<br>[c]San Juan Jaruco(1773)<br>[d]San Alejandro(1830)<br>[e]San Julian de los Guynes(1735),<br>[f]Villa De Rosario(1722)<br>[g]Candelaria(1627)<br>[h]San Luis del Principe(1724), |
| 7 | a b c d e f g | [a]Oran(1793),<br>[b]Oran(1793),<br>[c]Villa De Rosario(1722)<br>[d]Villa De Rosario(1722)<br>[e]Villa De Rosario(1722)<br>[f]Escandon(1750)<br>[g](San Fernando) Monte Christi(1752) |

表 II-3-12　街区分割のパターン

| No. | パターン | 該当都市 |
|---|---|---|
| 8 | a, b, c, d, e, f, g, h, i | [a]Puebla(1531), Ibuno<br>[b]San Juan Jaruco(1773), Nueva Paz(1806)<br>[c]Matanzas(1693), Ysabal(Izabal)(1807), Cardenas(1828)<br>[d]Oran(1793),<br>[e]Oran(1793), Santiago de las Vegas(1725),<br>[f]Oran(1793),<br>[g]Villa De Rosario(1722)<br>[h](San Fernando) Monte Christi(1752)<br>[i]Villa De Rosario(1722) |
| 9 | a, b, c, d, e, f | [a]San Carlos(1763), Nipes(1822),<br>[b]Villa De Rosario(1722)<br>[c]Santander(1749)<br>[d]Reinosa(1749), Burgos(1749), Guemez(1749), Padilla(1749), San Fernando(1749), Santa Barbara(1749), Altamira(1749), Aguayo(1750), Revilla(1750)<br>[e]Soto de la Marina(1750)<br>[f] Altamira(1749) |
| 10 | a, b, c, d | [a]Villa De Rosario(1722), San Julian de los Guynes(1735),Oran(1793),<br>[b]Llera(1749), Reinosa(1749), Guemez(1749), Padilla(1749), Burgos(1749), San Fernando(1749), Santa Barbara(1749), Altamira(1749), Escandon(1750), Revilla(1750), Aguayo(1750)<br>[c]Altamira(1749)<br>[d]Ibuno |
| 12 | a, b | [a]Oran(1793),<br>[b]Nuevitas(1819) |
| 13 | a, b | [a]San Carlos(1777)<br>[b](San Fernando) Monte Christi(1752) |
| 14 | a, b | [a]Zaña(Lambayeque/Salaya)(1776)<br>[b]San Fernando(1749) |
| 15 | a, b, c, d | [a]San Fernando(1749)<br>[b]Camargo(1749),<br>[c](San Fernando) Monte Christi(1752)<br>[d]San Carlos(1777) |
| 16 | a, b, c, d | [a]Santander(1749), Camargo(1749), Horcasitas(1749)<br>[b]Santander(1749), Camargo(1749), Horcasitas(1749)<br>[c]Camargo(1749), Horcasitas, San Carlos(1777)<br>[d]Nuevitas(1819) |
| 18 | a | [a]Soto de la Marina(1750) |
| 20 | a, b, c, d | [a]Llera(1749)<br>[b]Llera(1749), Guemez(1749), Padilla(1749), Santa Barbara(1749), Burgos(1749), Reinosa(1749), Altamira(1749), San Fernando(1749), Aguayo(1750),Revilla(1750), Escandon(1750)<br>[c]Llera(1749)<br>[d]Nuevitas(1819) |

て検討する必要がある．

　以上，プラサ・マヨールの型と街区構成の類型の2軸によって，F型のプラサ・マヨールを持つ都市を除く124の都市を類型化すると，表II-3-11のようになる．最も多いのは，A型のプラサ・マヨールの周囲に，正方形の街区が構成されるパターンで

ある (65 / 124).

### (3) 理念・計画・現実

　都市図の作製年は，一般には建設年と一致しない．また，建設とともに作製される都市計画図であっても，それがそのまま実現されるとは限らない．さらに，計画図には，建設時のもののみならず，第2次，第3次の計画図が含まれている場合があり，建設年と都市図作製年のずれについては注意深く検討する必要がある．また，建設後に描かれた都市図が都市のフィジカルな形態を正確に伝えているかどうかも検討する必要がある．たとえば最初の植民都市サント・ドミンゴも，AGI 所蔵のものとしては，最も古くても 1608 年までしか遡れない[184]．

　植民地最古の地図は，1550 年のアルアカスのものである（図 II-3-11）．「プロプエスタ Propuesta（提案）」とあるから図はモデル計画図である．手書きで田の字型ブロック（街区）が9行×9列並べられ，中央の空地に placa と書かれている．つまり，中央に広場があり，その周囲にグリッド・パターンが構成される理念モデルは 1550 年のこの図にすでに示されていることになる．ただし，「フェリペ II 世の勅令」の規定とは大きく異なる，極めて単純なコンセプトである．

　ロドリゴ・デ・バスティーダが 1521 年に建設したサンタ・マルタの地図（1551）も手書きの図であるが，より具体的な都市計画図になっている．3街区×3街区に大きく分けられ，各街区は2つの宅地を単位として6戸ずつ割り当てられている．これも極めて単純なコンセプトといえよう．海岸部に立地する都市であり，「フェリペ II 世の勅令」の規定に従って，プラサは海岸部に設けられている．ただし，教会が都市域外に描かれている点は，「勅令」のモデルからは外れているように思える．おそらく，教会がまず建設されて，それを基準に都市計画が為されたのであろう．

　図 II-3-12 は，1559 年のバエザ（エクアドル）の計画図である．これも同様に単純で，7行×7列のモデル図のかたちをしているが，街区は2×2で4分割されており，宅地にそこに割り当てられた人物の氏名が記入されていることからも，具体的な実施計画図として作製されたと考えられる．プラサ・マヨールに隣接して教会用地が設けられている点で，前2つの都市とは異なる．続くメンドーサ（図 II-3-13，1561 作製），サン・フアン・デ・ラ・フロンテーラ（図 II-3-14，1562 作製）もそうであるが，初期の都市図は単線で区画割を示すスタイルの都市図である．メンドーサもサン・フアン・デ・ラ・フロンテーラも5×5の街区構成で，中心にプラサ・マヨールを持つ．街区が2×2＝4分割されるのはバエザと同じである．これら，最初期の単純な街区割のパターンは，明らかに共通の要素を持っている．それが，街区を田の字型（2×2

---

[184) ただし，一般に流布するサント・ドミンゴの地図には，1588 年のものも存在する．

スペイン植民都市の類型

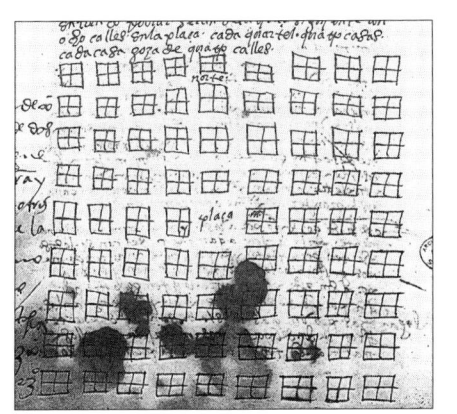

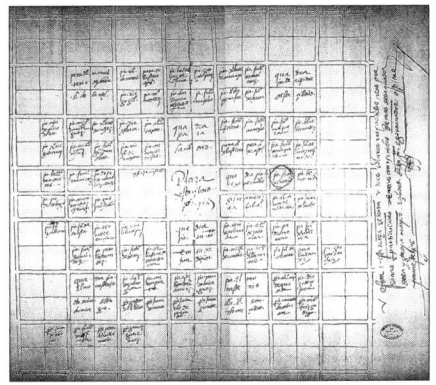

図 II-3-11　アルアカス（プロプエスタ）（口絵 1）
AGI, MP-Venezuela, 2

図 II-3-12　バエザ（1559 年建設）
AGI, MP-Panama, 275

=4）に分割する正方形グリッド基本モデルであり，これをスペイン植民都市の原型と考えることができる．表 II-3-12 に即して検討したように，分割パターンが判明している 66 都市のうち 27 都市において，この分割パターンをみることが出来る．次に古いのは 1567 年のサンティアゴ・デ・キューバの地図で，これは建設された後の都市図とみてよい（図 II-3-15）．サント・ドミンゴと同様，格子状の街路網が敷かれるが，不整形である．

　172 都市のうち，実際に建設された場所が特定でき，かつ衛星写真 Google Earth ではっきり確認できる都市は 149 都市である．13 都市は，建設された場所は特定できるが，衛星写真が不明瞭で，計画とおりに都市が建設されたか確認できない[185]．4 つの都市は，建設されたかどうかが不明でかつ衛星写真でも確認できず[186]，6 都市は実際には建設されなかったことが判明している[187]．実際に場所が特定でき，かつ衛星写真で確認できる 149 都市の中で，119 もの都市（79.9％）が，都市図あるいは都市計画図と一致する．26 都市では別の計画が実行され，3 都市は建設自体されなかった[188]．172 の都市地図の中で，76 の都市計画図のうち 58 都市は実際に建設されている．た

---

185) 13 都市は San Luis de Otavalo（1534），Tunja（1538），Loja（1546），Baeza（1559），La Palma（1564），Portobelo（1594），San Miguel de Ibarra（1597），San Diego de Alcalá de la Sabana de Ocumare（1683），Bellavista（1747），San Carlos（1763），Nueva Guayana（1765），San Carlos（1777）である．なお，10 都市が南米大陸の内陸部の都市である．

186) San Pedro Busto（1581），Ntra. Sra. del Rosario（1722），San Rafael（1761），Hincha（1704）である．

187) Aruacas（Propuesta）（1550），Nueva Palencia（1594），Manajay（1767），Charitast（1768），Atocha（1798），Nipes（1822）の 6 都市で，Nueva Palencia はパナマ・アウディエンシア，それ以外は，サント・ドミンゴ・アウディエンシアに属していた．

188) イサベル Ysabal（Izabal）（1807），フアン・トマス Juan Tomás（1820），ササ Zaza（1840））の 3 都市である．いずれも 19 世紀以降の計画である．

181

第 II 章
スペイン植民都市の空間理念とその形態

図 II-3-13　メンドーサ（1560 年建設）
AGI，MP-Buenos Aires, 221

図 II-3-14　サン・フアン・デ・ラ・フロンテーラ（1561 年建設）
AGI, MP-Buenos Aires, 9

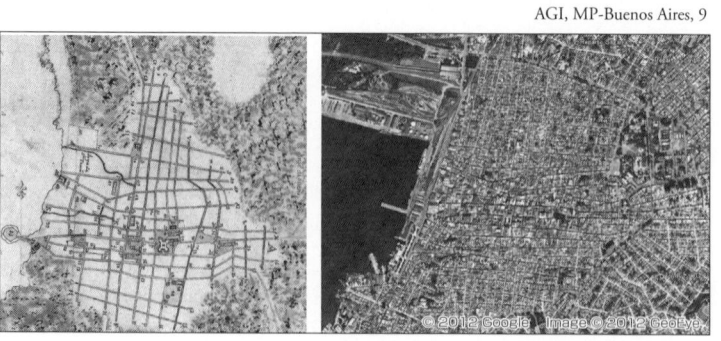

図 II-3-15　サンティアゴ・デ・キューバ（1511 年建設）
AGI, MP-Santo Domingo, 284

だし，グリッドの軸の方角についていえば，東西南北に軸をとっている都市は172都市中57都市である．80％近くの119都市が，計画どおりに実現したと先述したが，方角が整った都市が33.1％（57 / 172）しか存在しないことは，具体的な場所，地域における判断が優先されていることを物語る．このように，重要なのはむしろ，基本モデルや規定から逸脱する都市や点なのである．

都市の位置は確定できるものの，都市図あるいは都市計画図と異なっている26都市（都市一般図3都市，都市計画図23都市）のうち，街区構成が異なるのが22，プラサ・マヨールの形が異なるのが4あり，1都市は位置自体が異なっている．その26都市のうち，ホセ・デ・エスカンドンによる計画都市が15都市を占めているのだが，これらは全て，実施に際して街区が分割され，正方形街区に近いグリッド都市に変更されている．これについては第IV章で詳細にみたい．

プラサ・マヨールの形が変わった4都市についていえば，メンドーサ（1560）は，A型ではなく実際はC型で建設されている．また周囲には小規模広場が4つ新たに計画され，現在全部で5つの広場が存在する．サンタ・クララ（1691）は，L字街区によって成立するE型広場が構想されていたが，実際はL字街区が存在せず，広場からは10本の道路が延びるF型の広場となっている．またL字街区により都市の拡大が計画される特徴的な街区が構想されていたが，建設にはいたらず，不整形グリッドが形成されている．同じくE型のプラサ・マヨールが計画されていたサンタ・ローザ・デ・フアスコ Santa Rosa de Huasco（1753）は，現在，広場自体存在しない．したがって，L字街区にもならない．ヌエヴィタス（1819）は，フェリペII世が規定するC型の各広場の頂点から斜め45度の道路が延びて周辺の小規模広場をつなぐ非常にユニークな計画があった．ポルティコもユニークな計画図が残っている．しかしいずれも実際にはA型のプラサ・マヨールになっている．建設の場所自体が異なる唯一の都市が，リマの外港カジャオである．カジャオは，リマの外港として1624年に建設されるが，1746年のペルー大地震と津波で壊滅してしまう．この点は，第V章で詳しく検討したい．

都市の理念，それにもとづく計画，そして具体的に実現された都市の間のずれあるいは歪みは，本書が一貫してテーマとするところであり，以下の各章で個々の都市について具体的に考察したい．

# 第 III 章

●

## カリブ海
*Caribbean*

### サント・ドミンゴ・アウディエンシア
*Santo Domingo Audiencia*

*1*
イスパニョーラ島のスペイン植民都市

*2*
最初のスペイン植民都市 —— サント・ドミンゴ

*3*
キューバのスペイン植民都市 —— ハト・コラル・システム

*4*
スペイン植民都市の原像 —— ハバナ

*5*
キューバ・スペイン植民都市群像

イスパニョーラ島のスペイン植民都市

　本章では，スペインが最初に拠点を置いたカリブ海域のスペイン植民都市，すなわち 1511 年に設置されたサント・ドミンゴ・アウディエンシアの管轄地域を対象とする（図 III-1-1）．サント・ドミンゴ・アウディエンシアは，はじめて西インド諸島が浮かぶカリブ海域をひとつのまとまった世界とした枠組みであるが，『コロンブスからカストロまで —— カリブ海域史，1492-1696 ——』(E・ウィリアムズ (1978)) が書かれるまで，そうした視点から歴史を描くこころみはなかった．ウィリアムズは，まさに「パイレーツ・オブ・カリビアン」の時代から西欧列強の植民地争奪，そしてポスト・コロニアルの時代までをドラマティックに描き出している．スペインの植民地化の過程については第 I 章でその概要をみた．ここでは個々の都市に焦点を当てたい．

# *1*　イスパニョーラ島のスペイン植民都市

## 1-1　イスパニョーラ島の概要

　イスパニョーラ島はアンティル諸島においてキューバに次ぐ面積を誇る．キューバの東に位置し，さらに東にはモナ海峡を挟んでプエルト・リコがある．現在は東の三

図 III-1-1　カリブ海域のスペイン植民都市
ヒメネス・ベルデホ，ホアン・ラモン作成

# 第 III 章

## カリブ海(サント・ドミンゴ・アウディエンシア)

分の一をハイチ共和国,西の三分の二をドミニカ共和国が占めている.ドミニカ共和国の総人口は 1,009 万 (2008 年時) で,首都サント・ドミンゴに約 200 万人 (2006 年の統計で 2,253,437 人) が居住する.北海岸に面する人口約 60 万人のサンティアゴを除けば,人口 10 万人に満たない都市がほとんどである.ドミニカ共和国には,ハイチから続く中央山脈,セプテントリオナル山脈,オリエンタル山脈の 3 つの山脈があり,それぞれの山脈と海との間に 4 つの平野がある.中央山脈にはカリブ海最高峰のドゥアルテ山 Pico Duarte (3175 m) がある.85km 程南西には標高マイナス 40m の塩湖エンリキーリョ湖があるが,これもカリブ海で最大の湖である.中央山脈とセプテントリオナル山脈のあいだの裾野には同国で最も肥沃なシバオ平野が広がる.山がちな南西部に対して東部は平原地帯となっており,牧畜業が盛んである.

クリストバル・コロンがイスパニョーラ島に到達したのは,第 I 章で詳細にみたように,1492 年の最初の航海においてである.サン・サルヴァドル (グアナハニ) 島を発見したのち,さらにジパング島を目指して出航し,島々をめぐってキューバを発見,北海岸を探索しながら,イスパニョーラ島にいたるのである.コロンは島の北側に拠点ナヴィダー要塞を築いた.これがイスパニョーラ島征服の第一歩である.翌年,破壊されてしまっていたナヴィダー要塞の西方に第二の拠点イサベラが建設される.イサベラがアメリカにおけるヨーロッパ人による最初の植民拠点である.スペインは,徐々にイスパニョーラ島の内陸部を支配していく(図 III-1-2).

1496 年には,島の南岸部にヌエヴァ・イサベラが建設される.それがハリケーンによって破壊され,オサマ川の対岸に再建されたのが,アメリカ大陸最初の恒久的スペイン植民都市サント・ドミンゴである.

コロンがイスパニョーラ島に到達した当時,先住民であるタイノ・インディアン Taíno Indians は,イスパニョーラ島をキスケーヤ Quisqueya (母なる土地),そしてアイティ Ayiti (高地) と呼んでおり,カシーケ (首長) たちによって統治されるカシカスゴス Cacicazgos という首長システムのもと,マリエン Marién,マグア Maguá,マグアナ Maguana,ハラグア Jaragua,ヒギュエイ Higüey という五つの領域に分かれていた (図 III-1-2).このタイノ・インディアンたちは,スペイン人による過酷な扱いと疾病により急速に人口を減らし,絶滅してしまう.スペイン植民地当局は,早くも 1501 年よりアフリカ人奴隷の輸入を開始している.

しかし,スペインがその関心をアメリカ大陸本土に移すにつれて,イスパニョーラ島の価値は薄れていった.イスパニョーラ島全体の人口は 1520 年に 6,500 人,1,600 年に 7,500 人と推定されているように,そう増えていない.17 世紀初頭になると,イスパニョーラ島は単なる中継地になり,近接する小さな島々とともにカリブの海賊の巣窟となる.海賊対策として,1606 年に,スペイン国王はイスパニョーラ島の全ての住民をサント・ドミンゴ周辺に移住させるが,その結果,フランス,イギリス,

イスパニョーラ島のスペイン植民都市

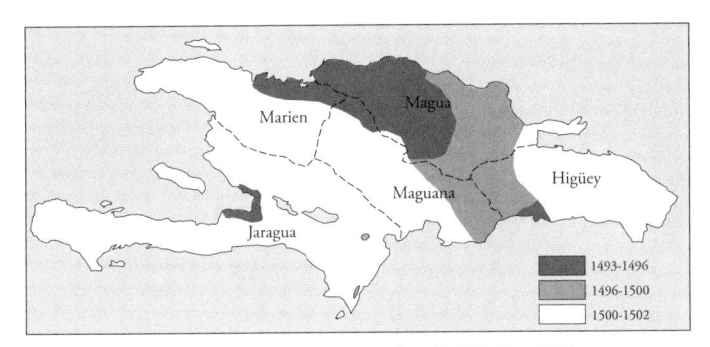

図 III-1-2　イスパニョーラ島の植民地化の過程
ヒメネス・ベルデホ，ホアン・ラモン作成

オランダの海賊たちは，島の北部および西部に拠点を築くことになる．イスパニョーラ島における初期の植民都市の位置関係は，図 III-1-3 に示すとおりである．

ルイ XIV 世は，1665 年にイスパニョーラ島西部における権利を主張し，サン・ドマング Saint-Domingue と名づけて西インド会社に統治を委ねた．スペインにそれに抗う術はなく，1697 年のレイスウェイク Rijswijk (Ryswick) 条約[189]によって，フランスのサン・ドマング領有権を認めさせられてしまう．サン・ドマングは，急速に，東のスペイン領を凌駕するほどの繁栄を見せる．「アンティルの真珠」と呼ばれて，ヨーロッパとアメリカを中継する西インドで最も豊かな植民地拠点となるのである．

1777 年 6 月 3 日のアランフェス Aranjuez 条約がスペインとフランスの間で締結され，全島をイスパニョーラ島と呼称することが合意され，境界線が確定される．図 III-1-3 にその境界を示した．なお，この時までに 32 の植民都市が建設されていた．さらに，1795 年のバーゼル条約によって，島の東部もフランスに譲渡された．

18 世紀末にいたると，フランス革命 (1789) に呼応するかたちでハイチ革命が勃発する (1791〜1804)．1801 年にトゥーサン・ルーヴェルチュール François-Dominique Toussaint Louverture が蜂起し，全島を占領，黒人奴隷を解放する．そして，1804 年にハイチが独立すると，サント・ドミンゴもハイチの一部として独立する．紆余曲折を経て[190]，ハイチより独立してドミニカ共和国が成立するのは 1845 年である．1855

---

[189]　1688 年に勃発した大同盟戦争（アウクスブルク同盟戦争，ファルツ継承戦争とも）を終結させるべく，オランダのレイスウェイクで締結された国際条約．1679 年のナイメーヘン条約以降に占領された地域の回復を基本的に定めた．条約締結によってフランスはストラスブールとサン・ドマング（ハイチ）を獲得し，インドのポンディシェリとカナダのノヴァスコシアを回復した．スペインはフランスに占領されたカタルーニャとルクセンブルクなどの地域を回復し，長くフランス領だったロレーヌ公国は一旦神聖ローマ帝国の封土としてロレーヌ公レオポルトに返還された．

[190]　ナポレオン・ボナパルトに送られたルクレール Charles-Victor-Emmanuel Leclerc 将軍（1772〜

第 III 章

カリブ海（サント・ドミンゴ・アウディエンシア）

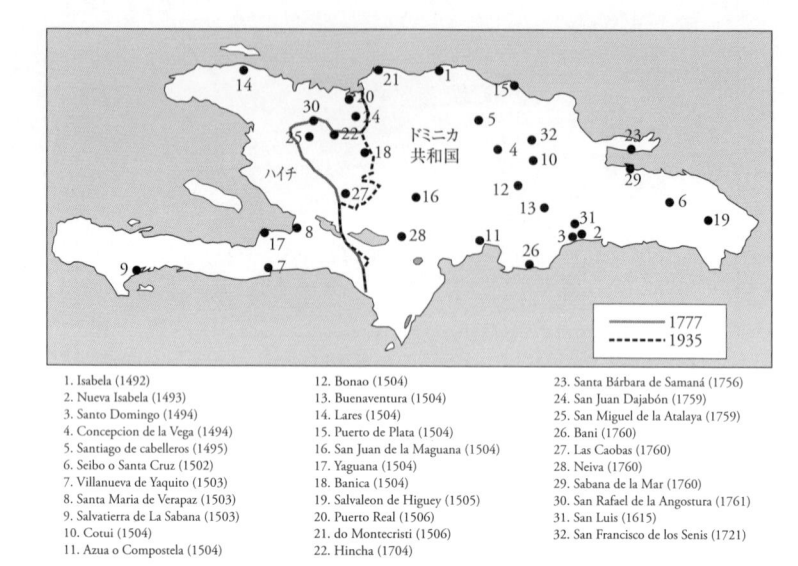

図 III-1-3　イスパニョーラ島の植民都市
ヒメネス・ベルデホ，ホアン・ラモン作成

1. Isabela (1492)
2. Nueva Isabela (1493)
3. Santo Domingo (1494)
4. Concepcion de la Vega (1494)
5. Santiago de cabelleros (1495)
6. Seibo o Santa Cruz (1502)
7. Villanueva de Yaquito (1503)
8. Santa Maria de Verapaz (1503)
9. Salvatierra de La Sabana (1503)
10. Cotui (1504)
11. Azua o Compostela (1504)
12. Bonao (1504)
13. Buenaventura (1504)
14. Lares (1504)
15. Puerto de Plata (1504)
16. San Juan de la Maguana (1504)
17. Yaguana (1504)
18. Banica (1504)
19. Salvaleon de Higuey (1505)
20. Puerto Real (1506)
21. do Montecristi (1506)
22. Hincha (1704)
23. Santa Bárbara de Samaná (1756)
24. San Juan Dajabón (1759)
25. San Miguel de la Atalaya (1759)
26. Bani (1760)
27. Las Caobas (1760)
28. Neiva (1760)
29. Sabana de la Mar (1760)
30. San Rafael de la Angostura (1761)
31. San Luis (1615)
32. San Francisco de los Senis (1721)

年にスペインはこの独立を認めるが，内戦が続き，スペイン支配が最終的に終焉するのは 1867 年であった．

その後も，19 世紀末の黒人大統領による独裁政治期（1882～99），20 世紀初頭のアメリカ軍政期（1906～24），さらにトルヒージョ時代（1930～61）と，サント・ドミンゴは混乱が続いた．なお，1800 年代後半から 1900 年代初頭にかけてはヴェネズエラ人，プエルト・リコ人の大規模な移民もあった．20 世紀の初頭にはレバノン人が移住し，中国人やインド人の移住も進んだ．

トルヒージョは個人崇拝を徹底させ，上述のように首都名をサント・ドミンゴからトルヒージョ市（シウダード・トルヒージョ）に改名，国内最高峰の山もトルヒージョ山とした．トルヒージョ大統領はドミニカを白人国家にすべく，ヨーロッパ系の移民を誘致した．1930 年代後半から第 2 次世界大戦にかけて，ユダヤ人の移民も多かった．

1961 年にトルヒージョは暗殺され，首都名もシウダード・トルヒージョからサント・ドミンゴに戻されている．トルヒージョ時代には日系移民の募集が行われ，1957

1802）によって，トゥサンは捕らえられ（1802），1804 年にフランスの支配は全島に及ぶ．この年，デサリーヌ Jean-Jacques Dessalines（1758～1806）はサン・ドマングの独立を宣言，国名をハイチとしている．1808 年，スペインはフランスに対する反撃（パロ・インカド Palo Hincado の戦い）を開始し，スペイン領を回復する．1821 年，カセレス José Núñez de Cáceres（1772～1846）は，スペイン領ハイチの独立を宣言するが，翌年ボイヤー Jean Pierre Boyer（1776～1850）がおさえる．ドミニカがハイチを排除し，再び独立を宣言するのである．

イスパニョーラ島のスペイン植民都市

年に渡航が開始されるが，入植した農地が農業に適さなかったこともあり，多数の入植者が苦しむこととなった．1961年のトルヒージョ失脚をきっかけに入植地から撤退することとなり，帰国事業が国費で行われた．トルヒージョ後も内戦，独裁が続き，1980年代末以降にようやく安定をみることとなる．

## 1-2　イスパニョーラ島の都市図

インディアス総合古文書館AGI所蔵の植民都市関連地図資料のうち，サント・ドミンゴ・アウディエンシアに関するものは916枚ある．そのうち，イスパニョーラ島に関するものは83枚である．年代は1531年から1938年に及び，16世紀のものが3枚，17世紀が16枚，18世紀が35枚，19世紀が28枚，20世紀のものが1枚ある．ただし，16世紀の2枚は正確な日付がわかっていない．83枚のうち31枚は地図であり，15枚が都市図，残りの37枚は建築図面である．

31枚の地図のうち，全島図が5枚存在する（図III-1-4）が，それぞれの目的は異なる．1図（1691）は，フランスとの戦争（1688〜97）[191]のために作製されたものである．2図（1719）は，西部のフランス植民地および，スペイン植民地との境界が示されている．フランス，スペイン，イギリスの三種のスケールが示されている．3図（1790）は，島の地形図である．4図（1799）は海図で沿岸部のみが描かれている．5図（1938）はトルヒージョ政府による地図である．

残る26枚は，イスパニョーラ島の地域図である．図III-1-5および表III-1-1に，その全てを示した．16世紀，17世紀の地図5枚（1〜5図）は沿岸部を描いており，他（6〜25図）は，18世紀の地図で，基本的には，①スペイン領とフランス領の境界であったマサニージャMazanillaや，バヤハBayaha，モンテクリスティ，ダハボンといった諸都市（6，7，9，10，12，15，16，19，21，22，24図），②境界の南部をなすネイバNeyba地区（8，11，23図），③サマナSamaná地区（14，18図）の3つの地域に集中する．

続いて，15枚の都市図をみてみよう（図III-1-6，表III-1-2）．都市図が残っているのは，8都市（沿岸部都市であるサント・ドミンゴ，モンテクリスティ，サンタ・バーバラSanta Bárbara，内陸都市であるサンティアゴ・デ・ロス・カバジェロスSantiago de los Caballeros，サン・ミゲル・デ・アタラヤSan Miguel de Atalaya，ダハボン，サン・ラファエルSan Rafael，ヒンチャHincha）である．28都市の都市図が残されているキューバと比べると少ない．なお，サン・ミゲル，サン・ラファエル，ヒンチャは現在ハイチに属している．15枚のうち，サント・ドミンゴの地図が8枚を占める．そのうち，街区割が示されるのは，最も古い1608年の地図のみで，これが最も詳細である．1679年

---

191)　大同盟戦争．註189を参照．

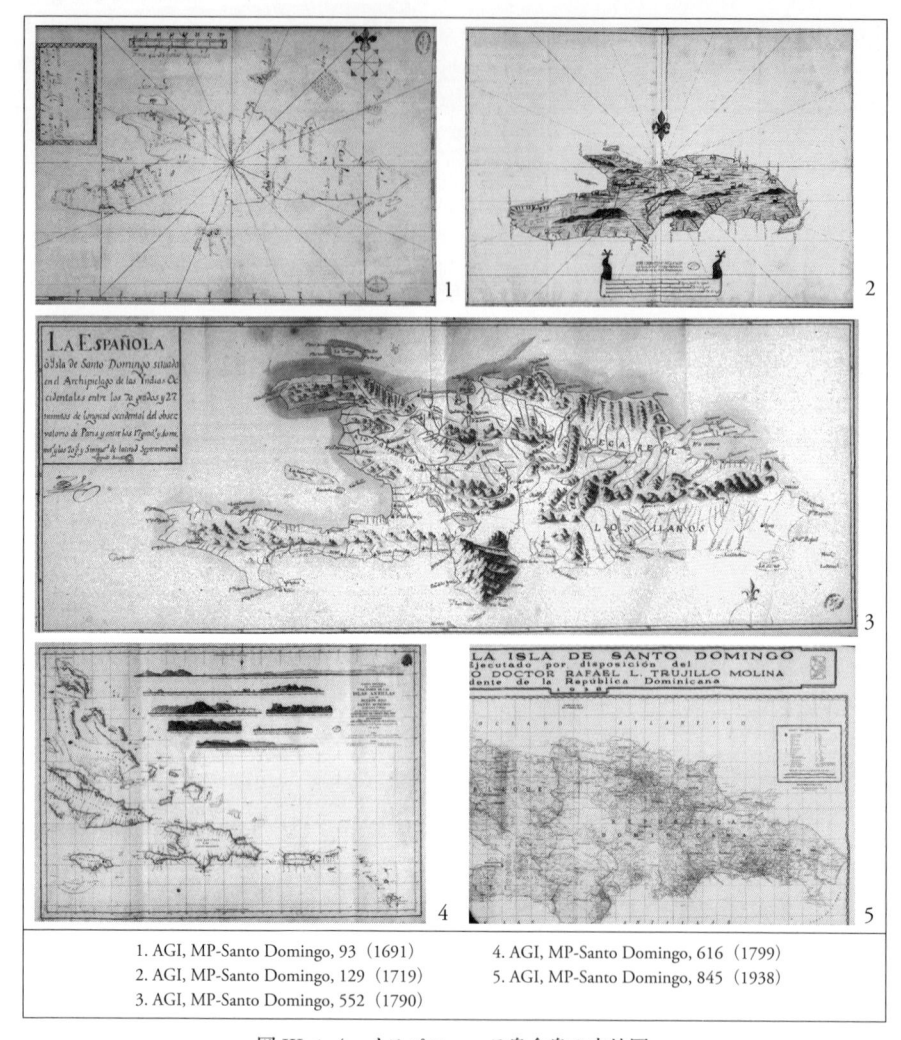

第 III 章
カリブ海（サント・ドミンゴ・アウディエンシア）

1. AGI, MP-Santo Domingo, 93（1691）
2. AGI, MP-Santo Domingo, 129（1719）
3. AGI, MP-Santo Domingo, 552（1790）
4. AGI, MP-Santo Domingo, 616（1799）
5. AGI, MP-Santo Domingo, 845（1938）

図 III-1-4　イスパニョーラ島全島の古地図

に描かれた5枚は市の拡張計画に関連しており，サント・ドミンゴの変遷の過程を如実に物語る．

　サント・ドミンゴのように，創建時の図面が残っていない都市も少なくない．しかし，サン・ミゲル・デ・アタラヤ（1769），ダハボン（1766），サンタ・バーバラ（1756），モンテクリスティ（1757）の4都市図は，創建時のものである．ただし，モンテクリスティは1504年に創建されたのち，別の場所に移動した時点の都市図が残っている．

イスパニョーラ島のスペイン植民都市

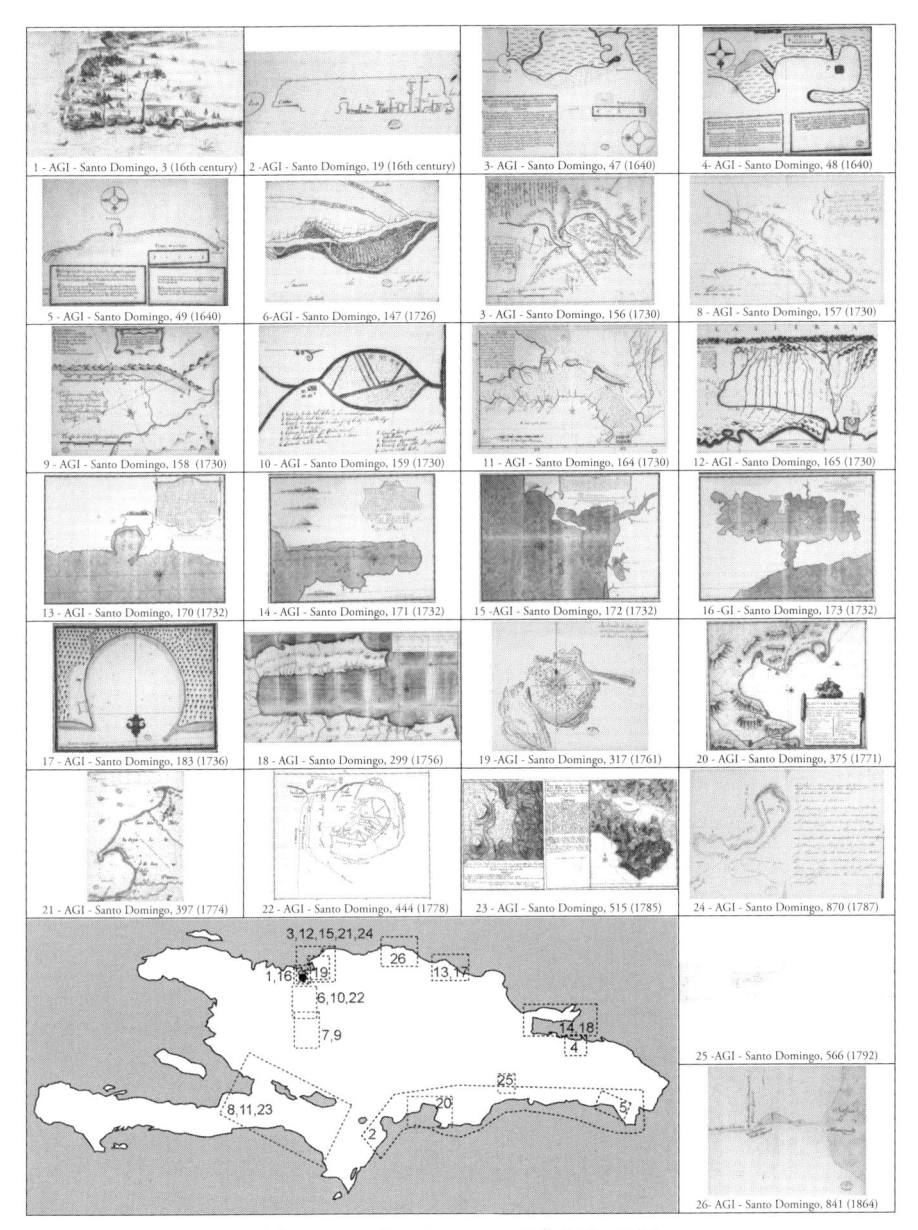

図III-1-5　イスパニョーラ島各地域の地図
1～26の都市名は表III-1-1参照

# 第 III 章

カリブ海（サント・ドミンゴ・アウディエンシア）

表 III-1-1　イスパニョーラ島の各地域の地図のリスト

| | 地図コード | 都市名 | 地図製作年 | 地図製作者 | |
|---|---|---|---|---|---|
| 1 | AGI-ST.D-3 | Bayaha | 1500-1600 | 不明 | 沿岸部 |
| 2 | AGI-ST.D-19 | Costa Meridional | 1500-1600 | 不明 | 沿岸部 |
| 3 | AGI-ST.D-47 | Manzanilla, Montecristi | 1640 | Francisco Ramírez | 沿岸部 |
| 4 | AGI-ST.D-48 | Guaua la Chica | 1640 | Francisco Ramírez | 沿岸部 |
| 5 | AGI-ST.D-49 | Ancón de Luiza | 1640 | Francisco Ramírez | 沿岸部 |
| 6 | AGI-ST.D-147 | French-Spanish border | 1726 | Manuel de Revenga | 内陸部 |
| 7 | AGI-ST.D-156 | French-Spanish border | 1730 | Oviedo y Valverde | 内陸部 |
| 8 | AGI-ST.D-157 | French-Spanish border | 1730 | Oviedo y Valverde | 内陸部 |
| 9 | AGI-ST.D-158 | French-Spanish border | 1730 | Oviedo y Valverde | 内陸部 |
| 10 | AGI-ST.D-159 | French-Spanish border | 1730 | 不明 | 内陸部 |
| 11 | AGI-ST.D-164 | Neyba | 1730 | Manuel Sánchez Valverde | 内陸部-沿岸部 |
| 12 | AGI-ST.D-165 | North Area Santiago-Bayaha | 1730 | 不明 | 内陸部-沿岸部 |
| 13 | AGI-ST.D-170 | Puerto Plata | 1732 | Manuel López Pintado | 沿岸部 |
| 14 | AGI-ST.D-171 | Guanavao Bay-Sanamá | 1732 | Manuel López Pintado | 沿岸部 |
| 15 | AGI-ST.D-172 | French-Spanish border | 1732 | Manuel López Pintado | 沿岸部 |
| 16 | AGI-ST.D-173 | Fort Dauphin | 1732 | Manuel López Pintado | 沿岸部 |
| 17 | AGI-ST.D-183 | Puerto Plata | 1736 | Santiago Morel | 沿岸部 |
| 18 | AGI-ST.D-299 | Samaná | 1756 | Lorenzo de Córdova | 沿岸部 |
| 19 | AGI-ST.D-317 | Montecristi | 1761 | 不明 | 沿岸部 |
| 20 | AGI-ST.D-375 | Ocoa Bay | 1771 | Antonio Álvarez Barba | 沿岸部 |
| 21 | AGI-ST.D-397 | Montecristi-Dajabón | 1774 | 不明 | 内陸部-沿岸部 |
| 22 | AGI-ST.D-444 | French-Spanish border | 1778 | Francisco Villasante | 内陸部 |
| 23 | AGI-ST.D-515 | Bauruco | 1785 | Antonio Ladrón de Guevara | 内陸部-沿岸部 |
| 24 | AGI-ST.D-870 | Massacre river | 1787 | 不明 | 沿岸部 |
| 25 | AGI-ST.D-566 | Santo Domingo | 1792 | Pedro Roig de Lluis | 内陸部 |
| 26 | AGI-ST.D-841 | Puerto Caballo | 1864 | Segundo de la Portilla | 沿岸部 |

番号は図III-1-5の番号に対応している．表中 ST. D = MP-Santo Domingo

また，ダハボンの図には縮尺がない．

　なお，第II章3節で挙げたように，陸軍博物館 SHM / SGE 所蔵の都市図として，さらにバヤハ Bayaja (1575)，アトチャ Atocha (1798)，プエルト・プラタ Puerto Plata (1550) のものがある．つまり，合わせて11都市の地図が残されていることとなる．

　残る37枚の建築図面であるが，表III-1-3に示したとおり，その大半はサント・ドミンゴの建造物，かつそのほとんど (31枚) が要塞 (7枚)，病院 (4枚) を含む軍事関連施設のものである．うち26枚は，1862～64年のものであるが，17世紀に描かれた図面も含まれており，それは全て要塞の図面である．軍に関するもの以外では，倉庫の図面1枚の他に，3枚の住宅図 (内ひとつはクリストバル・コロンの弟ディエゴ・コロンの住居で，残りの二つはオヴァンドによる「新大陸」最初の病院であった，サン・ニ

イスパニョーラ島のスペイン植民都市

1. Santo Domingo, 1608：AGI-ST.D-22
2. Santiago, 1864：AGI-ST.D-842
3. Montecristi, 1757：AGI-ST.D-312
4. Santa Barbara, 1756：AGI-ST.D-300
5. San Miguel, 1769：AGI-ST.D-369
6. Dajabon, 1766：AGI-ST.D-340
7. San Rafael, 1796：AGI-ST.D-579
8. Hincha, 1796：AGI-ST.D-580

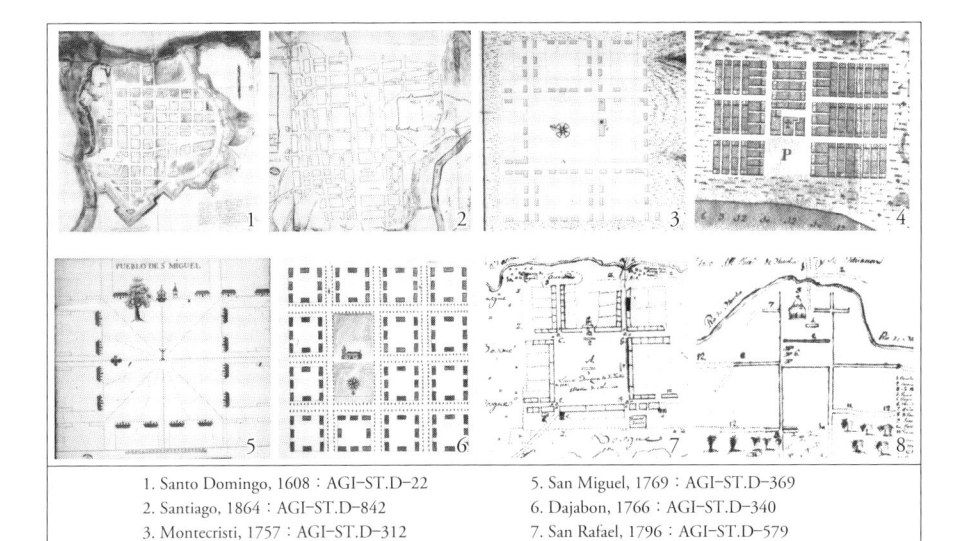

図 III-1-6　イスパニョーラ島の都市地図

表 III-1-2　イスパニョーラ島の都市地図のリスト

| | 地図コード | 都市名 | 建設年 | 建設者 | 製作年 | 地図製作者 | 立地 | 市壁稜堡 | 街路体系 |
|---|---|---|---|---|---|---|---|---|---|
| 1 | AGI-ST.D-22 | Santo Domingo | 1504 | Nicolás de Ovando | 1608 | Antonio Osorio | 沿岸部 | 有 | G |
| 2 | AGI-ST.D-29 | Santo Domingo | 1504 | Nicolás de Ovando | 1619 | Bernardo de Silva | 沿岸部 | 有 | G |
| 3 | AGI-ST.D-52 | Santo Domingo | 1504 | Nicolás de Ovando | 1656 | Conde de Penalua | 沿岸部 | 有 | G |
| 4 | AGI-ST.D-67 | Santo Domingo | 1504 | Nicolás de Ovando | 1674 | Juan Bautista Rugero | 沿岸部 | 有 | G |
| 5 | AGI-ST.D-75 | Santo Domingo | 1504 | Nicolás de Ovando | 1679 | J. B. Rugero, Segura | 沿岸部 | 有 | G |
| 6 | AGI-ST.D-77 | Santo Domingo | 1504 | Nicolás de Ovando | 1679 | 不明 | 沿岸部 | 有 | G |
| 7 | AGI-ST.D-78 | Santo Domingo | 1504 | Nicolás de Ovando | 1679 | J. B. Rugero, Segura | 沿岸部 | 有 | G |
| 8 | AGI-ST.D-871 | Santo Domingo | 1504 | Nicolás de Ovando | 1679 | 不明 | 沿岸部 | 有 | G |
| 9 | AGI-ST.D-842 | Santiago de los Caballeros | 1495 | Christopher Columbus | 1864 | Ignacio López | 内陸部 | 無 | G |
| 10 | AGI-ST.D-312 | Montecristi | 1506 | Nicolás de Ovando | 1757 | Antonio Alvarez Barba | 沿岸部 | 無 | GP |
| 11 | AGI-ST.D-300 | Santa Bárbara | 1756 | Francisco Rubio y Peñaranda | 1756 | Lorenzo de Cordova | 沿岸部 | 無 | G |
| 12 | AGI-ST.D-369 | San Miguel de Atalaya | 1768 | José Guzmán | 1769 | Antonio Alvarez Barba | 内陸部 | 無 | GP |
| 13 | AGI-ST.D-340 | Daxabon | 1759 | 不明 | 1766 | 不明 | 内陸部 | 無 | GP |
| 14 | AGI-ST.D-579 | San Rafael | 1761 | 不明 | 1795 | Matías de Armona | 内陸部 | 無 | G |
| 15 | AGI-ST.D-580 | Hincha | 1704 | 不明 | 1795 | Zarate, Latorre, Armona | 内陸部 | 無 | G |

G：グリッド，GP：基本モデル

195

# 第 III 章

カリブ海（サント・ドミンゴ・アウディエンシア）

表 III-1-3　イスパニョーラ島の植民都市関連建築図

| | 地図コード | 地図名 | 地図製作年 | 地図製作者 | 建物タイプ | 都市 |
|---|---|---|---|---|---|---|
| 1 | AGI-ST.D-2 | Plata de la ciudad de Santo Domingo... | 1531 | 不明 | housing | Santo Domingo |
| 2 | AGI-ST.D-33 | Planta del Fuerte de la Punta | 1625 | 不明 | Fort | Santo Domingo |
| 3 | AGI-ST.D-908 | Plano del Fuerte de Isla Tortuga | 1654 | F. Montemayor de Cuenca | Fort | Tortuga Island |
| 4 | AGI-ST.D-79 | Plano del Castillo de San Jerónimo | 1679 | Antonio Martínez Quijano | Fort | Santo Domingo |
| 5 | AGI-ST.D-84 | Plano del Castillo de la boca del rio Jaina | 1683 | Antonio Martínez Quijano | Fort | Santo Domingo |
| 6 | AGI-ST.D-370 | Casa del Almirante | 1770 | 不明 | housing | Santo Domingo |
| 7 | AGI-ST.D-378 | Muelle y casa del Almirante | 1772 | Antonio Abarca Barba | Fort | Santo Domingo |
| 8 | AGI-ST.D-341 | Asientos Real Audiencia | 1776 | González Villamar y Esineas | Interior | Santo Domingo |
| 9 | AGI-ST.D-487 | Hospital San Nicolás de Bari | 1783 | 不明 | Hospital | Santo Domingo |
| 10 | AGI-ST.D-488 | Almacén | 1783 | Antoni Ladron de Guevara | warehouse | Santo Domingo |
| 11 | AGI-ST.D-523 | Hospital San Nicolás de Bari | 1786 | Antoni Ladron de Guevara | Hospital | Santo Domingo |
| 12 | AGI-ST.D-878 | Cuartel | 1862 | Estanislao Soler | Militar building | Santo Domingo |
| 13 | AGI-ST.D-879 | 不明 | 1862 | 不明 | Militar building | 不明 |
| 14 | AGI-ST.D-880 | Cuartel de San Andrés | 1862 | Estanislao Soler | Militar building | Santo Domingo |
| 15 | AGI-ST.D-881 | Cuartel de Regina | 1862 | Estanislao Soler | Militar building | Santo Domingo |
| 16 | AGI-ST.D-882 | Cuartel de Caballería de la Merced | 1862 | Estanislao Soler | Militar building | Santo Domingo |
| 17 | AGI-ST.D-883 | Almacén | 1862 | Elías de la Casa y Navarro | warehouse | Santiago de los Caballeros |
| 18 | AGI-ST.D-884 | Hospital Militar | 1862 | Elías de la Casa y Navarro | Militar Hospital | Santiago de los Caballeros |
| 19 | AGI-ST.D-885 | Hospital Militar | 1862 | Elías de la Casa y Navarro | Militar Hospital | Puerto Plata |
| 20 | AGI-ST.D-886 | Hospital Militar | 1862 | Elías de la Casa y Navarro | Militar Hospital | Vega, Moca y Guayubin |
| 21 | AGI-ST.D-909 | Cuartel | 1862 | Elías de la Casa y Navarro | Militar Hospital | Puerto Plata |
| 22 | AGI-ST.D-910 | Hospital Militar | 1862 | Manuel Oliver | Militar Hospital | Samana |
| 23 | AGI-ST.D-911 | Barraca | 1862 | Manuel Oliver | Militar building | Cacaos |
| 24 | AGI-ST.D-840 | Casas | 1863 | Juan Agustín Choen | housing | Santo Domingo |
| 25 | AGI-ST.D-874 | Dependencias Militares | 1863 | 不明 | Militar building | Samana |
| 26 | AGI-ST.D-875 | Dependencias Militares | 1863 | 不明 | Militar building | Samana |
| 27 | AGI-ST.D-876 | Dependencias Militares | 1863 | 不明 | Militar building | Samana |
| 28 | AGI-ST.D-877 | Dependencias Militares | 1863 | 不明 | Militar building | Samana |
| 29 | AGI-ST.D-887 | Cuartel | 1863 | Elías de la Casa y Navarro | Militar building | Guayabin |
| 30 | AGI-ST.D-888 | Barraca | 1863 | Elías de la Casa y Navarro | Militar building | Dajabon |
| 31 | AGI-ST.D-889 | Barraca | 1863 | Manuel Oliver | Militar building | Samana |
| 32 | AGI-ST.D-890 | Cuartel | 1863 | 不明 | Militar building | San Miguel |
| 33 | AGI-ST.D-891 | Dormitorio | 1863 | 不明 | Militar building | San Miguel |
| 34 | AGI-ST.D-892 | Hospital Militar | 1863 | Manuel Oliver | Militar Hospital | Samana |
| 35 | AGI-ST.D-912 | Cuerpo de Guardia | 1864 | Carlos Barraquer | Militar building | Santo Domingo |
| 36 | AGI-ST.D-893 | Fuerte de San Jerónimo | 1864 | Mariano Vuelta | Fort | Santo Domingo |
| 37 | AGI-ST.D-894 | Barraca | 1864 | Mariano Vuelta | Militar building | Santo Domingo |

コラス・デ・バリ San Nicolás de Bari 病院（1503〜1508））が残されている．

## 1-3　イスパニョーラ島の植民都市

　都市図の残る 11 都市のうち，サント・ドミンゴについては，前章でスペイン植民都市の類型化をこころみる中で，「フェリペ II 世の勅令」によって定型化される以前の形態であることを明らかにし，プラサ・マヨールの形態に即してサント・ドミンゴ型（O）と名づけた．その形成過程については次節で詳細に述べるが，ここでは，他の 10 都市の都市図を参照しながら，その概要を明らかにしたい（前掲図 III-1-6）．

　陸軍博物館 SHM / SGE 所蔵の都市図が残る 3 都市のうち，アトチャについては，172 都市中 2 例しかない D 型のプラサ・マヨールを持つ都市として，すでに登場した（第 II 章 3-2）．ただし，アトチャは計画の段階にとどまり，実際に建設されてはいない．サン・ラファエル（7 図）およびヒンチャ（8 図）は，プラサ・マヨールを中心にグリッド・パターンの街路体系が計画されたことはわかるが，スケールはなく，都市図の形には必ずしもなっていない．

　要塞を持つ都市として，サント・ドミンゴ（1 図）以外に，サン・ルイ要塞を持つサンティアゴ（4 図）がある．両都市とも，コロンの時代の創建であり，不整形グリッド・パターン（NP）である．街区規模は，両都市とも，およそ 100 ヴァラ×100 ヴァラである（1 キューバ・ヴァラ＝0.848 m）．プラサ・マヨールは，サント・ドミンゴが 125 ヴァラ×75 ヴァラ，サンティアゴが 110 ヴァラ×110 ヴァラである．サンティアゴはコロンの時代の 1495 年に建設され，今日，第二の都市になっている．当初は，入植地ハカグア Jacagua にあったが，地震で破壊され，1506 年に現在の場所に移された．1562 年に再度地震によって破壊されたが復興され，しばらく首都として機能していたこともある．1844 年のドミニカ独立戦争のときには重要な戦略拠点となった．

　さて，正方形グリッド（GP）の極めて一般的なパターン（A 型）をとるのが，バヤジャ，プエルト・プラタ，サン・ミゲル，ダハボン（6 図）である．

　ヒンチャは 18 世紀初頭，ダハボンとサン・ラファエルは 18 世紀中葉の建設である．現在，サン・ラファエルは中心部のグリッドが残るのみであるが，ヒンチャとダハボンは，グリッドとしての発展を示している．

　なお，サン・ミゲル図は，4×4 の正確な正方形グリッドをしている．街区は 120 ヴァラ×120 ヴァラ，街路幅は 30 ヴァラである．広場は，中央の 4 街区分を占め，街路幅を合わせると 330 ヴァラ×330 ヴァラとなる．これはスペイン植民都市全体をみても最大級の規模である．各街区は，60 ヴァラ×60 ヴァラに四分され，住居は 40 ヴァラ（接道面）×10 ヴァラの規模で描かれている．しかし，この計画案は実施されず，現在のサン・ミシェル・ディ・ラタライエ Saint Michel de l'Atalaye（ハイチ）は，ほぼ

# 第 III 章
## カリブ海（サント・ドミンゴ・アウディエンシア）

100 ヴァラ四方の街区のやや崩れたグリッドで構成されている．

また，特に興味深いのは，「フェリペ II 世の勅令」の基本モデル（C 型）に従う 12 都市のうちの 2 つ，モンテクリスティとサンタ・バーバラ（4 図）である（ただし，プラサ・マヨールは正方形である）．サント・ドミンゴ同様，ニコラス・デ・オヴァンドによって建設された．

まず，モンテクリスティ（3 図）についてみよう．モンテクリスティは，正方形（70 ヴァラ×70 ヴァラ）と長方形（80 ヴァラ×70 ヴァラ）の 2 種の街区で構成されている．プラサ・マヨールは 100 ヴァラ×90 ヴァラで，街路幅は 10 ヴァラである．街区も，宅地 17.5 ヴァラ×17.5 ヴァラと，15 ヴァラ（接道前面）×17.5 ヴァラの 2 種類からなっている．住居は，10 ヴァラ（接道面）×5 ヴァラで描かれている．3×3 のナイン・スクエアの分割パターンであるが，ここでは正確なグリッドは意識されていない．

1757 年の都市図であるが，1506 年の創建であり，この図は「フェリペ II 世の勅令」によって定型化される以前の計画手法を示している．現在のモンテクリスティは，当初のグリッドが延長されるかたちで，整然としたグリッド・パターンの都市へと成長している．

一方，サンタ・バーバラは，第 II 章で触れたように，市壁に囲われ，5 つの稜堡を持つ五角形の都市図（1756）が残されている．このプラサ・マヨールが C 型パターンなのである．

しかし，この計画図は実施されなかった．4 図に示した，実際の計画図（1756）は，サマナ湾に面し，海岸部に接してプラサ・マヨールを持っている．これもスペイン植民都市のひとつの典型である．ただし，広場の規模は，72 ヴァラ×72 ヴァラと小さい．街区体系は必ずしも明確ではなく，12 ヴァラの幅の大通りで，大きく 7 つの街区（48 ヴァラ×81 ヴァラ，48 ヴァラ×126 ヴァラ，48 ヴァラ×108 ヴァラの 3 種）に分けられ，各街区は 3 種の小さな宅地（14 ヴァラ（接道面）×24 ヴァラ，12 ヴァラ（接道面）×24 ヴァラ，10 ヴァラ（接道面）×24 ヴァラ）で構成され，3 ヴァラの小道が設けられている．この計画は確かに実行されたが，その後放置されたようである．1806 年に，フランスによるポート・ナポレオンの計画に引き継がれるが，その都市図には「旧廃都」と書かれている（図 III-1-7，右上の点線四角の部分）．現在のサンタ・バーバラには，この見事なグリッド都市計画の面影は残されていない．

以上の 11 都市を，後述するキューバの 26 都市と比べてみると，スペイン植民都市計画の展開におけるそれぞれの都市の位相が明らかになる．

まず，サント・ドミンゴは，ヨーロッパ中世の要塞都市の伝統の影響下で築城され，その経験はキューバ島にも引き継がれたと考えられる．ハバナの建設にサント・ドミンゴの経験がどう生かされているか，その比較は興味深いテーマとなる．ヴェラスケ

図 III-1-7　ポート・ナポレオンの計画図
Bage De Samana (1806) G4954. S3, 1807, P. Vault

ス時代に建設されたキューバのバラコア，バヤモ Bayamo，プエルト・プリンシペ，トリニダードの街路体系もまた不整形である．

　両島を比較すると，整然としたグリッド・パターンが導入される最も早い例は，モンテクリスティ (1506) である．また，キューバでは，市壁のないサンティアゴ・デ・キューバ (1515) が最も早い例となる．

## 2　最初のスペイン植民都市 ── サント・ドミンゴ

　1502 年以降 1586 年まで，サント・ドミンゴはスペインと「新大陸」との間の軍事拠点であった．メキシコ征服，ペルー征服などに際し，名立たるコンキスタドールたちが，軒並みサント・ドミンゴから出発したのは第 I 章でみたとおりである[192]．サント・ドミンゴは最初のスペイン植民都市であり，スペイン植民都市の原型である[193]．

---

192)　サント・ドミンゴに即して改めて整理すると，フアン・ポンセ・デ・レオン（プエルト・リコ 1508，フロリダ 1512），フアン・デ・エスキヴェル（ジャマイカ 1509），アロンソ・デ・オヘダとディエゴ・デ・ニクエサ（ティエラ・フィルメ 1509），ペドラリアス・ダヴィラ（パナマ 1513），ヴェラスケス（キューバ 1514），エルナン・コルテス（メキシコ），ラス・カサス（ヴェネズエラ 1521），パンフィロ・デ・ナルヴァエスとカベサ・デ・ヴァカ（テキサス，1528～36）などが挙げられる．

193)　サント・ドミンゴに関する主要な文献として Palm, Erwin Walter (1984) および，Ricard, Tirso Mejía (1990) があるが，いずれもモニュメンタルな建築物，コロニアル住宅についてまとめたものである．イスパニョーラ島の都市史，都市計画史に関する研究はほとんどない．ただし，現在のイスパニョーラ島の都市に関する文献として Franch (1997), Zamaran (1985), Bennasar

## 第 III 章

カリブ海（サント・ドミンゴ・アウディエンシア）

　現在のサント・ドミンゴは，ドミニカ共和国の首都で最大の都市であり，カリブ地域でもキューバのハバナに次ぐ第二の都市である．サント・ドミンゴ旧市街（ソーナ・コロニアル，すなわち植民都市サント・ドミンゴ）は 1990 年にユネスコの世界文化遺産に登録されている．東をオサマ川，南をカリブ海，北と西をかつての市壁で囲まれた旧市街は，約 90 ha で 116 の街区からなり 1 万 2,133 人（2002）が居住する．なお，1981 年に 1 万 2,430 人，1993 年に 1 万 2,415 人と，近年ほとんど変化はみられない[194]．

　ちなみに，1992 年にクリストバル・コロンのアメリカ大陸到達 500 年記念として，かつてのヌエヴァ・イサベラのあったオサマ川東岸にコロンブス記念灯台 El Faro de Colon が建設され，同時にクリストバル・コロンの遺体もカテドラルから移された．盛大に祝賀行事が行われた一方で，反対運動も起こった．サント・ドミンゴでは，コロンは決して英雄ではない．

## 2-1　サント・ドミンゴの都市建設過程

　サント・ドミンゴの歴史的都市図は AGI に 8 枚収蔵されているが，その他のものも含めて主要なものは図 III-2-1 に示す通りである．この図群と建築物の建設年代を通じて，都市形成の過程を振り返ってみよう（図 III-2-2）．

　サント・ドミンゴの前身が，クリストバル・コロンの次弟バルトレメオ・コロンによって，1496 年から 1498 年にかけて建設されたヌエヴァ・イサベラであることはすでに述べた．ヌエヴァ・イサベラは，もともと，オサマ川の東岸から数キロ河口に近い場所にあったが，ハリケーンによって破壊された．新たにゴベルナドールに任命されたニコラス・デ・オヴァンドによって，1502 年，対岸に新たに建設されたのがサント・ドミンゴである．

　1501 年に，オヴァンドはスペイン国王からスペイン人たちを集住させるための要塞都市の建設を命ずる勅許状と指示書を受ける[195]．そして，スペインのサンルカ港を出発し，1502 年 4 月にヌエヴァ・イサベルに着いている．オヴァンドは，引き続

---

　　　（1993），Quijano and Antonio（1984），Pablo（1999），Antonio（1995），Acosta（2002），Gonzalez（1973），Ricard and Delgado（1990），Hardoy（1983），Montás（1980），Kagan（2000），Palm（1984），Solano（1990a, c），Vicente（1987）がある．

[194]　ソーナ・コロニアルにかかわる主要な統計データは以下の資料による．Plan Estratégico de Revitalización Integral de la Ciudad colonial de Santo Domingo. Banco Interamericano de Desarrollo. Secretariado técnico de la presidencia de la República Dominicana, 2003.

[195]　Colección de documentos inéditos relativos al descubrimiento, conquista y organización de las antiguas posesiones en América y Occeanía, 1864–1884. Tomo XXXI, pp. 17–18.

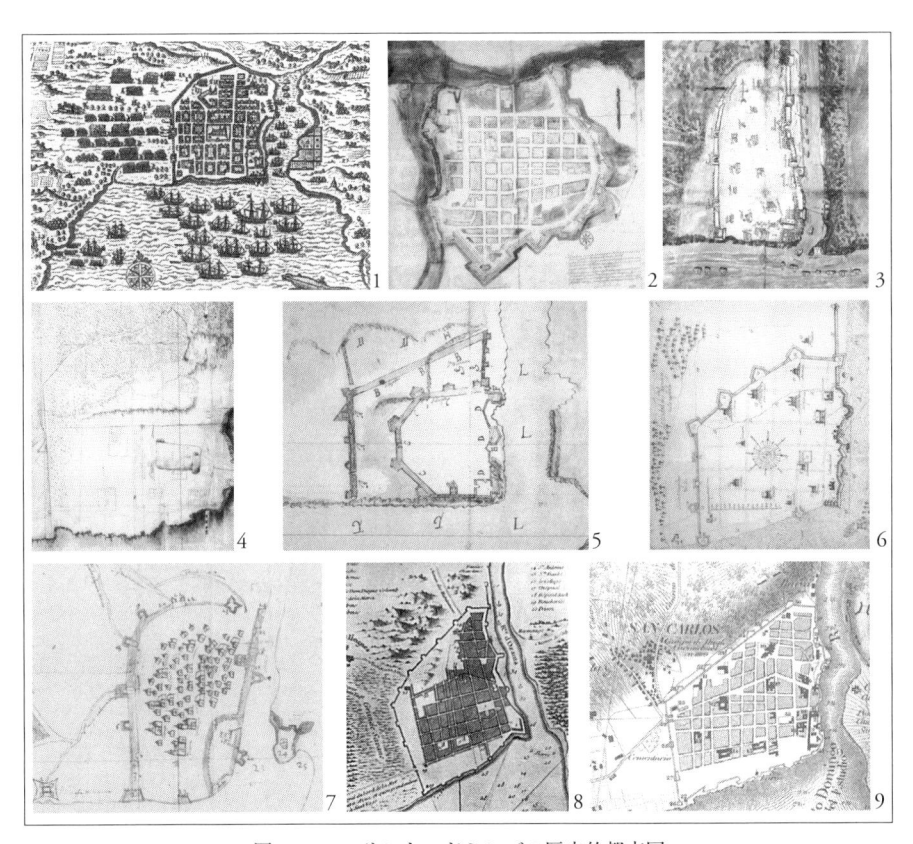

図 III-2-1　サント・ドミンゴの歴史的都市図

1. View of Santo Domingo：Batista Boazio, 1588. DeBray, America, Book VII (1599)　2. Plano de la ciudad de Santo Domingo. B. Antonelli. 1608：AGI, MP-Santo Domingo, 22　3. Defensa de Santo Domingo. Bernardo de Silva. 1619：AGI, MP-Santo Domingo, 29　4. Santo Domingo. Conde de Peñalva. 1656：AGI, MP-Santo Domingo, 52　5. Murallas proyectadas para la ciudad de Santo Domingo. J. B. Ruggero. 1674：AGI, MP-Santo Domingo, 67　6. Murallas de Santo Domingo. Segura. 1679：AGI, MP-Santo Domingo, 75　7. Ciudad de Santo Domingo en la Española：AGI, MP-Santo Domingo, 871　8. Santo Domingo. Butet. 1716：Cherlevoix.　9. Ciudad de Santo Domingo y de suyos contornos. R. Schomburgk, 1858：Washington DC, Library of Congress

いて，分散居住していたインディオたちを集住させ[196]，鉱山近郊に集落を建設するよう命じられた[197]．ただし，オヴァンドが受けた教書には，どのような形態の都市を建設するか，具体的な指示はない．都市形態について具体的な指示が出されるのは，オヴァンドが帰国した後の1513年で，その指令を受けたのはペドラリアス・ダヴィラであった．そこでは，都市とその地域に命名すること，交通の便を考慮し，川や海に接すること，そして，教会，広場，街路，私有地に土地を割り当てることなどが指示

---

196)　ibid. Tomo XXXIXX, pp. 29-30
197)　ibid. Tomo XXXIXX, p. 156

第 III 章

カリブ海（サント・ドミンゴ・アウディエンシア）

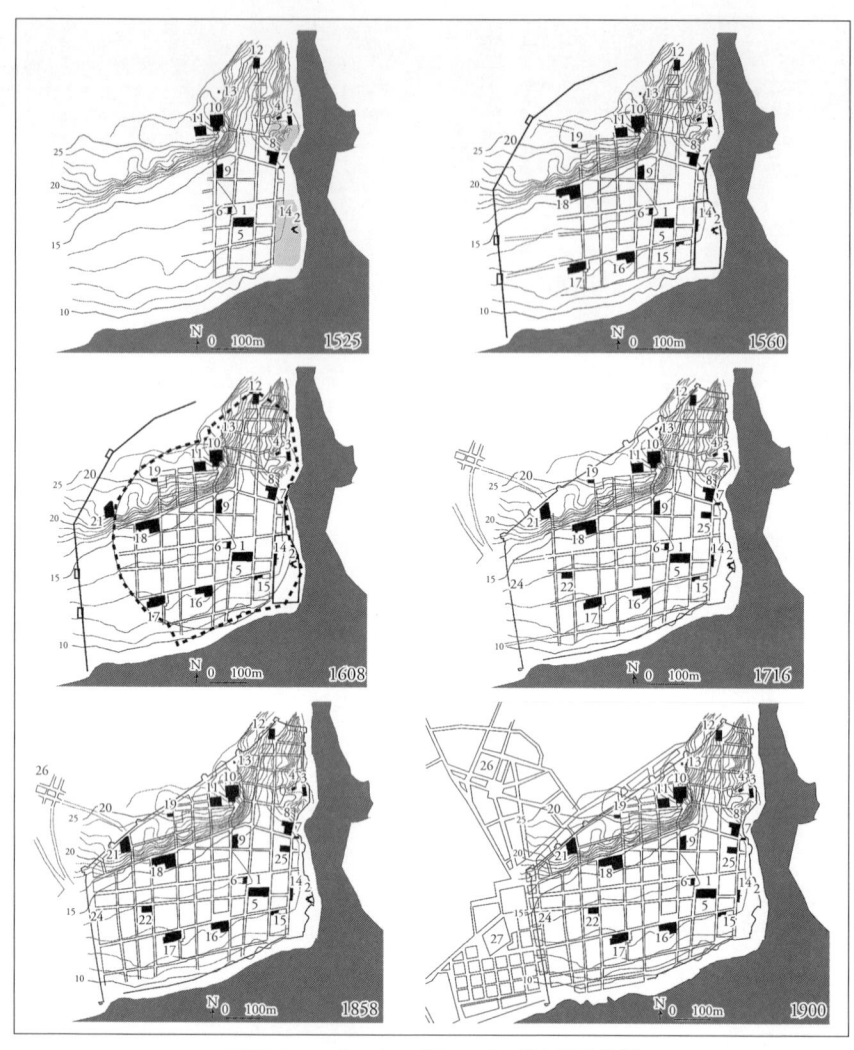

図 III-2-2　サント・ドミンゴの都市形成過程

1. 広場 (1502), 2. Torre del Homenaje (1507), 3. 提督邸 Casa del Almirante (1510-1514), 4. 造船所 Atarazanas (1508-1541), 5. Santa María 大聖堂 (1514-1540), 6. 市議会 (-1528), 7. Capilla de los Remedios チャペル (1513), 8. Casas Reales (-1528), 9. San Nicolás de Bari 病院 (1533-1552), 10. San Francisco 修道院 (1524-1535), 11. Dominicos 修道院・教会 (-1510), 12. Santa Bárbara 教会 (-1537), 13. San Antón 庵 (1502), 14. Fortaleza Ozama (1505-1567), 15. Santa Clara 修道院・教会 (1552), 16. Tercera Orden Dominica チャペル (-1550), 17. Regina Angelorum 修道院・教会 (1556), 18. Las Mercedes 修道院・教会 (1549-1555), 19. Santa María 教会 (1525-), 20. 城壁 Rodrigo Liendo (1543-), 21. San Lázaro 教会 (1573), 22. Carmen 教会 (1615), 23. 城壁 Antonelli 提案 (1608), 24. 城壁 Ruggero (1673-), 25. Capilla de los Jesuitas (1714-1745), 26. San Carlos, 27. Ciudad Nueva (1900)

ヒメネス・ベルデホ，ホアン・ラモン作成

されている[198]．ただし，ここにも都市の具体的な形状や規模についての指示はない．

1505年にサント・ドミンゴ（オサマ）要塞の建設が開始され，1507年にイタリア人建築家フアン・ラベ Juan Rabe[199] の設計によって，オメナヘ塔 Torre del Homenaje[200] が完成している（前掲図 III-2-2，図中2）．サント・ドミンゴ（ひいては「新大陸」）現存最古の建築である．要塞建設は，主門から開始された．1567年に完成するまで門が閉ざされることはなかったとされるが，これに従うなら，完成まで半世紀を要したことになる．

サント・ドミンゴの最も古い都市図は，1585年のフランシス・ドレイク Francis Drake（1540～1595）[201] の遠征の時にバティスタ・ボアシオ Batista Boazio によって描かれたものである（前掲図 III-2-1，1図）．この地図をみると，市街地は極めて整然とした矩形の街区によって構成されている．また，全体は市壁で囲われ，ほぼ建て詰まっているようにみえる．東南部には要塞が完成し，市街中央にはカテドラルがみえる．西側の市壁には3つの門が設けられ，近郊の集落が描かれている．

地図中に登場するこれらの市壁と門は，いつ完成したのであろうか．1541年にカルロスI世（在位1516～55）が港の稜堡建設への経済援助を行う際に，市壁の建設の必要を強調している[202]．その後1543年に，市壁の建設がスペイン人建築家ロドリゴ・リエンド Rodrigo Liendo によって開始された．当時の人口はおよそ6,000人であったと考えられている．町の北部には石灰岩の採掘場があり，周辺に労働者の村が形成された．サンタ・バーバラと呼ばれた．1564年までに3つの門プエルタ・グランデ Puerta Grande（現在のミセリコルディア Misericordia），プエルタ・チェラダ Puerta Cerrada（同じくプエルタ・コンデ Puerta Conde），プエルタ・デ・レンバ Puerta de Lemba が完成するが，北側については囲われていない．

16世紀末までに，教会・病院・大学といった諸建造物が建設されている．中心に位置するカテドラルはサンタ・マリア・ラ・メノール Santa María la Menor（1514着工～1540竣工）と呼ばれる（同，図中5の建物）．「新大陸」最初のカテドラルである．また，サン・ニコラス・デ・バリ San Nicolás de Bari 病院[203]（1533～52）とサント・ドミンゴ

---

198) ibid. Tomo XXXIXX, pp. 284-88.
199) Hugh Thomas, El imperio español, De Colón a Magallanes, (Buenos Aires, 2004), p. 300.
200) ヨーロッパの中世都市の主塔でフランス語ではドンジョン donjon，英語ではキープ keep と呼ばれる（Werner Muller and Gunther Vogel. Atlas de arquitectura, 2. Alianza Atlas, S. A. Madrid) p. 353.
201) 英国エリザベス朝の航海士，探検家，政治家．カリブ海で海賊として活躍した．ドレイクは1572年にパナマを攻撃し，1586年にイスパニョーラ島を侵略した．
202) Carta del 16-VII-1541, Colección de documentos Inéditos relativos al Descubrimiento, Conquista y Colonización de las Posesiones Españolas en América y Oceanía, Joaquín F. Pacheco, Francisco de Cárdenas, Luis Torres de Mendoza, Madrid, 1864-1889, 42 vols, p. 584.
203) オヴァンド時代の1503年から1508年にかけて建設された．木造で藁葺きであったが，1533

カリブ海（サント・ドミンゴ・アウディエンシア）

大学[204]（1518～38）（同，図中 9）は，「新大陸」最初の病院であり大学である．また，ラス・カサスが回心し，修道士になった聖ドミニコ会修道院（1510）（同，図中 11），サン・フランシスコ修道院（1524～35）（同，図中 10）など主要な修道院・教会も同時期に完成した．

その後，16 世紀末期から 18 世紀半ばにかけて，サント・ドミンゴを含むイスパニョーラ島は「新世界」の中で孤立し，衰退と貧困の時代を迎えた．ハリケーンや地震によって，サン・フランシスコ修道院やサン・ニコラス・デ・バリ病院など建物は被害を受けたが，修復する余裕すらなかった．1589 年にイタリア人技師バウティスタ・アントネッリ（Column 7）がサント・ドミンゴを訪れ，わずか 20 日間の滞在中に市壁再建の計画を行っている（図 III-2-1，2 図）．ハリケーンや地震で痛んだ市壁に変わる新しい市壁を構想したが，建設費のために実現をみることはなかった．

ただし，そのような状況下でも，サント・ドミンゴはいくつかの改造が構想されている．1619 年時点で，北側の市壁は完成していなかった（3 図）が，英西戦争（1655～56）の後，イスパニョーラ総督ベルナルディーノ・メネセス・デ・ブラカモンテ Bernardino Meneses de Bracamonte が東側のミセリコルディア門，レンバ門を閉じ，北部に新たに門を建設することを提案し，北のサンタ・バーバラ地区を取り囲んでいる（4 図）．ただし，この時は施工の質が悪く，すぐさま劣化している．

1673 年になって，イタリア人技師フアン・バウティスタ・ルゲロ Juan Bautista Ruggero が新たな設計を行う（5 図）．東の市壁を強化し，北の市壁は新設，南の市壁を移設して，市域規模を縮小する案であった．1679 年にセグラ・サンドヴァル Segura Sandoval 総督が赴任し，ルゲロの案を変更してさらに縮小する案を提案する（6 図）．他にも，17 世紀中に新しい北壁といくつかの要塞が建設されている（ラ・カリダード La Caridad，サン・ラサロ San Lázaro，サン・ミゲル，サン・フランシスコ，サンタ・バーバラ）．フランスの軍人ブテ Butet による 1716 年の地図（8 図）からは，これらの要塞が完成していたことがうかがえる（図 III-2-2，左下図）．

図 III-2-2 の下列 3 つの地図をみくらべればわかるように，18 世紀以降，19 世紀半ばまで，ハイチ革命と占領，その後の独立戦争のために，ほとんど市街は発展をみせていない．市壁内がほぼ建て詰まったため，サン・ラサロ，サン・ミゲル，サン・アントン San Antón，サン・カルロスといった，市壁に近接した周辺部が少しずつ発展していった．植民地時代が終わると，ますます市壁は市の発展の障壁となった．1884 年になって，メルセデス，サント・トーマス，ミセリコルディアの各通りを延長するために，市壁撤去のユリセス・ヒュロー Ulises Heureaux 将軍による大統領令が

---

年から 1552 年にかけて石造に建て替えられた．

204) The Bula In Apostolatus Culmine の設計．1499 年設立のマドリードのアルカラ Alcalá of Henares（Spain）大学がモデルとされ，医学，法律，神学，教養の 4 部門からなっていた．

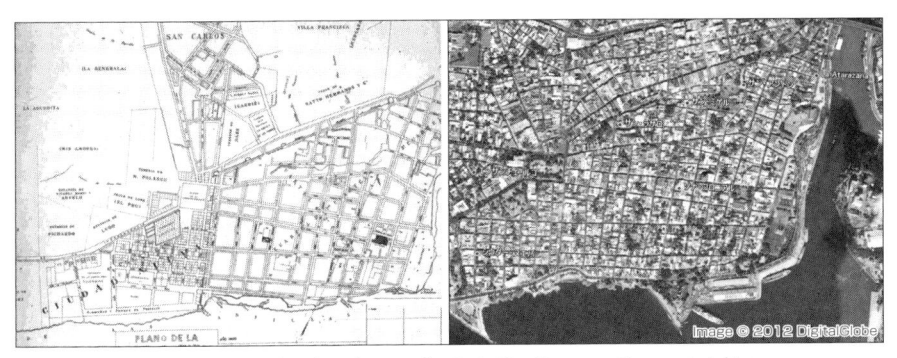

図 III-2-3　サント・ドミンゴ　シウダード・ヌエヴァ　1900 年
Casimiro Nemesio de Moya (1900), Washington D.C. Library of Congress.

出されている．そして，南西部にシウダード・ヌエヴァ（新都市）が建設される．最初の計画は 1884 年に J・M・カスティージョによって立案され，1900 年にカシミロ・ネメシオ・デ・モヤ Casimiro Nemesio de Moya によって実施案がつくられた（図 III-1-10）．カポティージョ Capotillo 通り（現在のメジャ Mella・アヴェニュー）の北側の市壁を越えて，低所得者向けの地域が開発された．また，コンデ通りは，独立した商店街として位置づけられた．主要な建物（セラメ・ビル，バケロ・ビル[205]）は 1920 年代に建設されたものである．また，1920 年代にオサマ川に最初の橋が架けられて，かつてヌエヴァ・イサベラがあった東岸と西岸がつながれている．

## 2-2　ソーナ・コロニアルの空間構成

サント・ドミンゴ旧市街（ソーナ・コロニアル），すなわちかつての市壁内について，施設配置，建築類型の分布を中心に臨地調査を行った[206]．ベースとしたのは，サント・ドミンゴ市が 2003 年に作製した都市計画図である．

### (1)　街路体系と施設分布

サント・ドミンゴは，後のスペイン植民都市同様，完全なグリッド・パターンの形状をしてはいない．前掲図 III-2-1 中の 3 図（1619）や，4 図（1656）など，全くグリッドを感じさせない都市図さえみられる．しかし，最古のバティスタ・ボアシオによる

---

205) セラメ・ビル（1923），バケロ・ビル（1927）は，1887 年プエルト・リコに生まれ，バルセロナで学んだ建築家ベニグノ・トゥルエバ Benigno Trueva の設計である．彼は 1916 年以降，新古典主義にもとづくコンクリート造の建築を数多く設計した．
206) 臨地調査は，施設分布調査，建築類型調査を中心として，2007 年 9 月 3 日～17 日に行った（J・R・ヒメネス・ベルデホ，布野修司）．

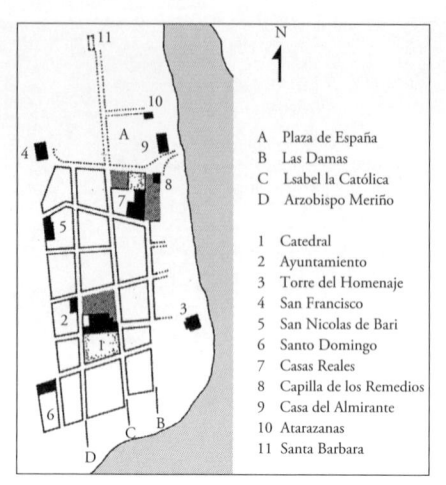

## 第 III 章
### カリブ海(サント・ドミンゴ・アウディエンシア)

図 III-2-4 初期のサント・ドミンゴ

都市図(1図)からは,グリッド状の街区への認識が推察される.

特に,フェルナンド・デ・オヴィエド[207]が1525年に「サント・ドミンゴはバルセロナよりよい.全て定規とコンパスによって測られ,街路は同じ寸法でつくられている」と記している[208]のは注目すべきである.測量の水準は別として,サント・ドミンゴはオヴィエドには整然と感じさせるようなものであった.

さらに興味深いことに,オヴァンドは,レコンキスタを完了させたグラナダ攻防戦に参加し,極めて整然とした軍事キャンプとして知られるサンタ・フェの建設(1492)を経験している.短い赴任期間のために実現できなかったにせよ,極めて計画的な都市建設を熟知していたとみてよい.E・W・パーム Palm の推定によれば,最初期に計画されたのは,プラサ・マヨールを中心に北へ3街区,南に1街区,東西に1街区という(図 III-2-4)[209].

しかし,プラサ・マヨールの周辺は,現在の地図をみるかぎり,明らかに矩形ではない.広場の内部に教会が建っている点も,後の原則とは異なっている(サント・ドミンゴ型(O)).広場周辺の建物はアーケードを持っていたとされるが,1673年の地震で壊れたという.当初の形状はよくわからないが,現状の広場周辺の街路幅員を実際に測ってみると(図 III-2-5),北辺(東 10.77 m,西 10.24 m),東辺(北 10.61 m,南

---
[207) ゴンサーロ・フェルナンデス・デ・オヴィエド『インディアス自然史要約』(1526年,『インディアス自然・前史』1535年,同増補版 1547年)など.ラス・カサスは,その著書においてオヴィエドを宿敵として随所で激しく批判している.
[208) 前掲書,p. 474.
[209) Palm (1984), p. 77.

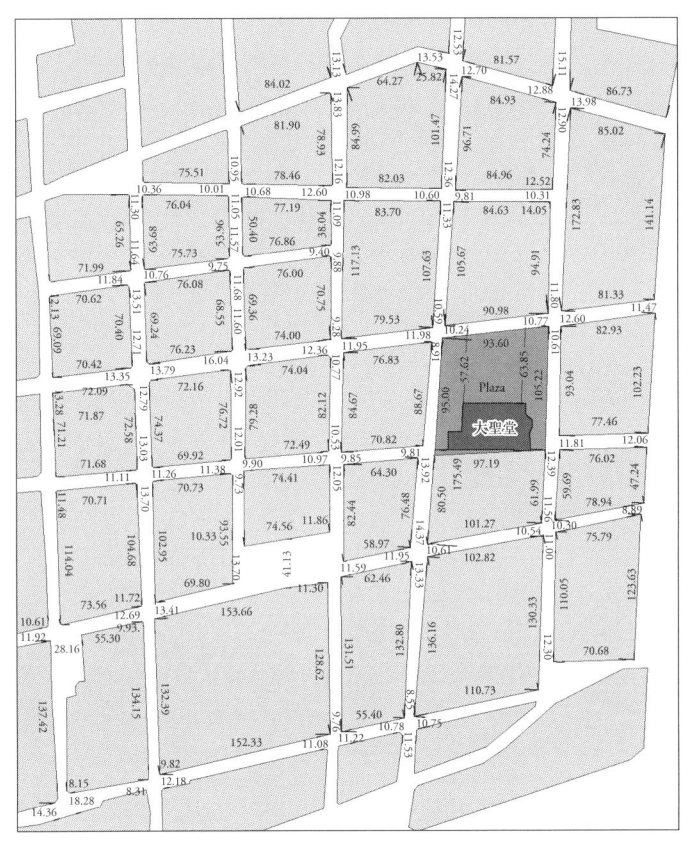

図 III-2-5　サント・ドミンゴ　街路および街区寸法
ヒメネス・ベルデホ，ホアン・ラモン作成

11.63 m)，南辺（東 10.54 m，西 10.61 m），西辺（北 8.87 m，南 14.34 m）と幅がある．平均すると 10.95 m，初期に用いられたと考えられるキューバ・ヴァラ（1 ヴァラ＝0.848 m）で換算すると，12.9 ヴァラ（1 ピエ＝0.283 m で換算すると 38.69 ピエ）となる．広場の規模は，カテドラルの敷地を含めて考えると北辺 93.6 m，南辺 97.2 m，東辺 105.2 m，西辺 95.0 m である．これも幅があるが，およそ一辺 112.0〜125.9 ヴァラとなる．第 II 章でみたように，124 ヴァラ×124 ヴァラが最も多い標準的な形態であって，サント・ドミンゴのプラサ・マヨールの規模は，ほぼそれと一致するといってよい．

前述のアントネッリやルゲロ，セグラ・サンドヴァルらの計画は，「フェリペ II 世の勅令」以降のものであり，整然とした街区割を意図していることは明確である．現状の街区および街路の寸法をみると，特に西部は約 100 ヴァラの間隔で区切られていることがわかる．しかし，上記の経緯からも明らかなように，具体的なモデルが想

207

定されていたわけではない．オメナヘ塔がまず建てられたように，当初は中世の城塞都市の築城術が踏襲されていた．それでもなお，主要施設の配置に際しては，グリッド状の街路体系が想定されていたのである．サント・ドミンゴの構造自体が，そのことを物語っている．

　もう一度，図III-2-4 を参照いただきたい．オサマ川の河口右岸に要塞が建設され，入植が開始されるが，上陸の際の波止場となったのは少し上流の現在のスペイン広場（図中A）を西へ下ったところである．カテドラルに先立って，波止場の周辺にアタラサナス Atarazanas（造船所）(1508〜41，図中10) が建設され，コロン兄弟が住んだカーサ・デル・アルミランテ（提督邸）(1510〜14，図中9) が建設されている．オサマ川沿いの2か所から建設が開始された．スペイン広場の南に総督邸 Casas Reales (1528，図中7)，近接してカピージャ・デ・ロス・レメディオス Capilla de los Remedios (1513，図中8) がほぼ同時に建設される．すなわち，サント・ドミンゴの建設は，まず，オサマ川沿いのフォルタレサ（現ラス・ダマス Las Damas）通り（図中B）を第一の軸としていた．

　そして，要塞の主門の西に広場が設けられ，そこにカテドラルが建設されることによって，フォルタレサ通りにほぼ直行するもうひとつの軸が形成される．パームが想定するように，最初に広場が設けられたのでは必ずしもない．前掲図III-2-2の左上，1525年図が物語るように，要塞の主門とカテドラルは正対しているのである．

　もうひとつ東西軸を形成するのがスペイン広場とサン・フランシスコ修道院・教会（図中4），そして聖ドミニコ会教会（図中6）を結ぶ軸で，高台に位置する2つの教会へ広場からまっすぐな道がつくられている．

　こうしてまず軍事，行政，宗教の核が設定され，市街が発展していくことになるが，その中心はもちろんカテドラルであり，あらかじめ勾配の緩やかな場所が選定された．ほぼ南北のフォルタレサ通りに並行してカテドラル東側に接してイサベル・ラ・カトリカ通り（図中C）が走るが，これはサンタ・クララ修道院教会とサンタ・バーバラ教会をつないでいる．そして並行して，カテドラルの西側にアルソビスポ・メリニョ Arzobispo Meriño 通り（図中B）が走る．

　サント・ドミンゴの選地には，以上のような軸線が意識されていたと考えられる．ただし，地形によって街路体系は大きく規定されていた．それをはっきり示すのが，丘の麓を斜めに走るラス・メルセデス修道院・教会とサン・ニコラス・デ・バリ病院を繋ぐラス・メルセデス通りである．

## (2) 地区特性

　ソーナ・コロニアル全体の建築物の分布を示したものが，図III-2-6である．建築物のほとんどが2階建てであるが，平屋建てもわずかにみられる．3階以上の建物は

コンデ通りに集中している．ほぼ1920年代に建設された建築物である．コンデ通りは商店街として重要である．また，3階建ての建物が全体に点々とみられるが，これはこの30年間に建設されたものである．

サント・ドミンゴ市の資料[210]によれば，サント・ドミンゴ旧市街（ソーナ・コロニアル）の建物の25.7%が専用住居，15%が店舗併用住居である．ごくわずか（3.3%）であるが，低所得者層が居住する色彩豊かな木造平屋（もしくは2階建）が，廃墟となったサン・フランシスコ修道院とサン・アントン広場の周辺に分布している．

商業施設は15%を占める．その大半はコンデ通りに集中する．多くは5〜6階建てで，1960年以前は，1階のみ店舗として上階は事務所になっていたが，事務所機能は，東部の現在新市街地に移転している．もうひとつの商店街はメジャ通りで，20世紀初頭から，レバノン人による多くの小規模な店舗が集中している．イサベル・ラ・カトリカ通りからヅアルテ通りまでの歴史的街区には，観光客のための店舗が立地する．

歴史的建造物は，ラス・ダマス通りとスペイン広場周辺に集中している．また，要所に教会が残っている．この他，20世紀までに建設された約半数の建物は東部および中央部に集中している．市の評価によれば，全体の14.1%は何らかの変更が加えられたものである．ソーナ・コロニアルの建物の半数，48.3%は20世紀以後，しかも近年に建てられたものであり，上述のように，コンデ通りとメヤ・アヴェニューの商業建築である．また，市壁沿いに多くみられる．なお，残り（3.5%）は，ホボ・ボニート Jobo Bonito と呼ばれる集合住宅と港湾施設である．

### (3) 住居類型

20世紀以前の住居は，ほとんどが2層以下の石造もしくは煉瓦蔵の中庭式住宅（パティオ・ハウス）である．現在でも旧市街の25.0%を占めている．主として，イサベル・ラ・カトリカ，アルソビスポ・メリニョ，ホストス，メルセデス，アルソビスポ・ノエル，パードレ・ベリーニに立地している．

最初期，1502〜09年に建設された住居はラス・ダマス通りにいくつか現存している（住居番号 Colón n. 13, Colón 42, Padre Bellini 10 など．図III-2-7に示した）が，基本はパティオを持つ中庭式住宅である．当初，16世紀は2階建てが基本であったとされるが，17世紀以降になると平屋建て（同図，図中2, 4）も少なくなかったとされる．邸宅（図中5, 8, 12, 13）を除けば，一定の形式をもった都市型住宅として，間口と奥行きによって類型化できる．

以上，いくつかの点から述べてきたこれらの点から読み取れる，サント・ドミンゴ

---

210) 註194と同資料．

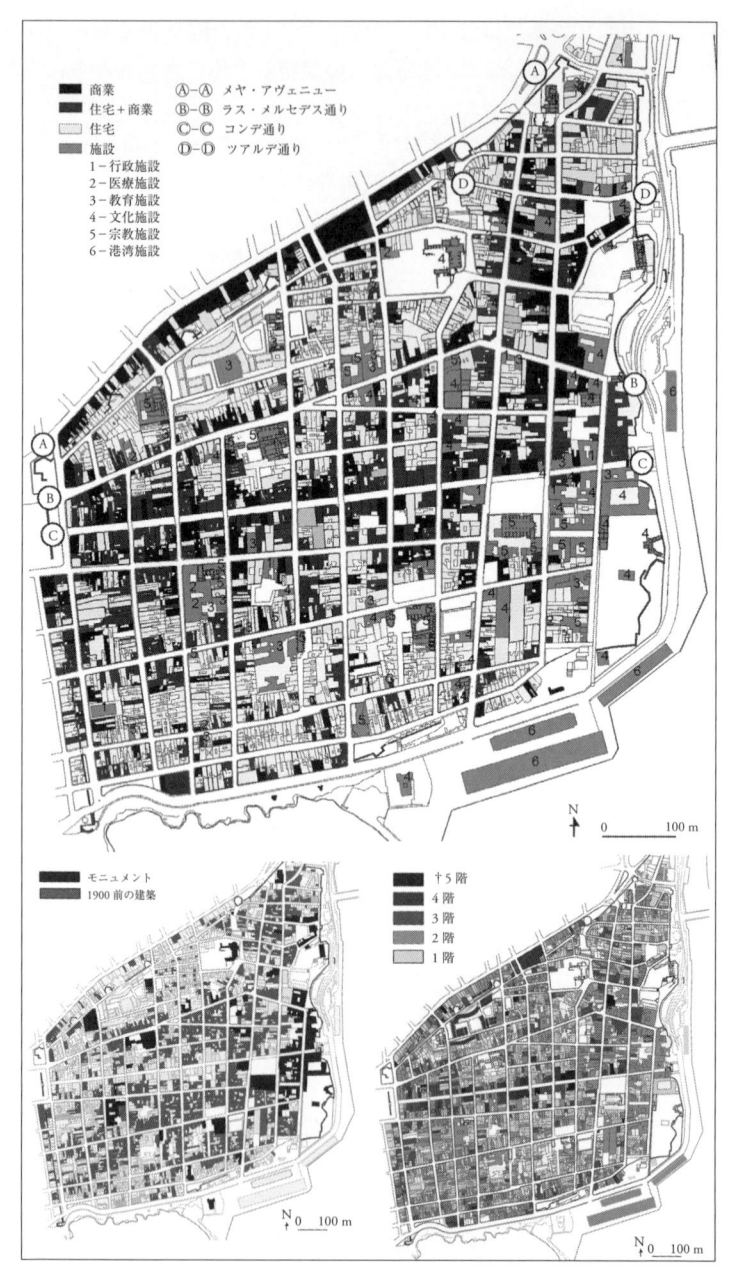

第III章
カリブ海（サント・ドミンゴ・アウディエンシア）

図III-2-6　サント・ドミンゴ　ソーナ・コロニアの現況
ヒメネス・ベルデホ, ホアン・ラモン作成

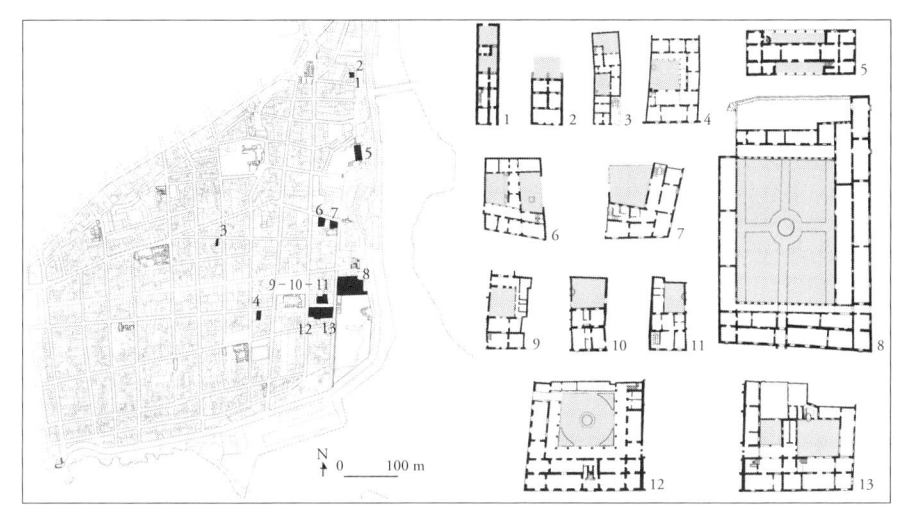

図 III-2-7 サント・ドミンゴの歴史的住居

のスペイン植民都市としての特性は，以下の5点である．

① サント・ドミンゴは，「アメリカ」(「新大陸」) 最初のスペイン植民都市であり，不整形ではあるものの，グリッド状の街路体系が導入されている．このことを示すバティスタ・ボアシオのサント・ドミンゴ図によって，イベロアメリカにおけるスペイン植民都市の典型とみなされてきた．

② しかし，必ずしも，一定のモデルを参照していたとは考えられない．すなわち，オヴァンドが建設に加わったサンタ・フェの都市計画やさらに先行するスペインにおける都市計画の理念型をあらかじめ採用しているわけではない．

③ むしろ，伝統的な築城術にもとづいて，要塞建設，港湾建設を先行する形で建設されたと考えられる．最も考慮されているのは，河川・海との関係であり，地形である．また，広場，教会など主要施設をグリッド状に配置していく手法である．

④ サント・ドミンゴは，港湾に接する広場とプラサ・マヨールの2つを核としている．また，プラサ・マヨールに教会が含まれるというパターン (サント・ドミンゴ型 (O)) をとっている．すなわち，まずプラサ・マヨールを設定するという，のちに「フェリペⅡ世の勅令」で体系化されるような計画的手法はとられていない．

⑤ そして，街路および街区寸法について，明快な寸法体系は前提とされていない．ただし，街区及び広場の規模は，以降の植民都市とほぼ同じである．すなわち，少なくとも，ハバナなど市壁で囲われた都市のような初期のスペイン植民都市の

211

建設に際しては，サント・ドミンゴの経験が引き継がれていったと考えられる．

特に⑤について，次節でキューバの事例に即して詳しく検討したい．

## *3* キューバのスペイン植民都市 ── ハト・コラル・システム

### 3-1 概要

スペイン人がキューバ島を最初に訪れた頃，キューバには少なくとも3種のインディオ[211]が居住したとされるが，詳細はわかっていない．また，考古学的な遺構も少なく，キューバ固有の先住民はいないとされる．フロリダ，ユカタン半島，あるいは南アメリカから移住してきたともされるが，多くの研究者は，ヴェネズエラのオリノコ川周辺から移住したと考えている（Navarro（2001））．

サント・ドミンゴに最初のアウディエンシアが置かれた（1511）のち，本格的な発見・征服が展開されていく．最初のターゲットになったのは東隣に位置するカリブ海最大の島キューバである．ヴェラスケスに先立って，セバスチャン・デ・オカンポがキューバ沿岸部を全て探索し（1508），良港となる湾としてカレナス（ハバナ）とハグア（シエンフエゴス）を発見したことは第Ⅰ章で触れた．征服は東部から為され，ヴェラスケスはバラコア Nuesta Señora de Asunción de Baracoa（1511）を皮切りに次々に植民拠点を建設していった．イスパニョーラ島から逃亡してきたハトゥアイ Hatuay の指揮のもと，インディオたちは抵抗するが，数か月後には鎮圧され，ハトゥアイは火炙りに処せられている．キューバ征服は極めて暴力的であった．この戦闘も含めて，キューバ植民の経緯については，ラス・カサスの『インディアス史』での告発も含めて，すでに述べた．

キューバは金の採掘によって一時繁栄するが，金はまもなく枯渇し，スペイン人の入植活動がメキシコ，ペルーなど大陸へ移行すると，活動は停滞する．その後18世紀末まで，キューバは人口も少なく，牧畜とタバコ，砂糖を生産する小農的な植民地にとどまった．ただし，ハバナは大陸のスペイン植民地と本国との間の貿易の中継地となり，それなりの地位を保つことになる．西欧列強の海賊が横行し，ハバナ周辺には要塞が建設される．実際，のちに詳しく述べるように，キューバのスペイン植民都

---

[211] シボネ—Ciboneyes（Siboneyes），タイノ Tainos もしくはアラワク Arawaks（Aruacos）そして，グアナハタベイェ Guanajatabeyes とされる．

市で唯一ハバナのみが市壁を持った．今日のハバナの骨格ができるのは1670年頃である．

18世紀末からは，大規模な奴隷制砂糖プランテーション産業が勃興する．契機としては，隣接するフランス領サン・ドマングで，奴隷の反乱によって砂糖産業が壊滅したことが大きい．また，アメリカ合衆国が独立して新たな市場となったことも大きな要因とされる．1840年代には鉄道や蒸気機関が導入され，60年代には世界最大の砂糖生産地となった．

19世紀初頭に，イスパノ・アメリカの地域は本国からの独立を次々に達成するが，クレオールの内部分裂などで，キューバの独立は遅れる．1868年に独立のための反乱が起こるが（十年戦争），反乱は功を奏せず，結局J・マルティの指導のもと独立を達成するのは，米西戦争（1898）を経た1902年5月のことであった．

スペインの植民地化の初期からキューバには都市が建設され，20世紀初頭までキューバはスペイン植民地であり続けた．これらの都市は20世紀に入って以降，1950年代末のキューバ革命を経たのちも，社会主義体制のもとで，その相貌を少なからず維持してきた．そうした意味では，キューバ島は，「新世界」におけるスペイン植民都市の原像をうかがうに適しているといえる．実際，スペイン植民都市として，ハバナの他，サンティアゴ・デ・キューバ，トリニダード，シエンフエゴスが世界文化遺産都市に登録されている[212]．

## 3-2 キューバ・スペイン植民都市の類型

バラコア以降，スペインが建設した拠点は58にのぼる．諸文献[213]をもとに年代順（番号順）に示したものが，図III-3-1である．最初期，ヴェラスケスの時代に建設された8都市は，今日もキューバの主要都市をなしている．

58都市のうち26都市については，AGIに都市図が残されている．サンティアゴ・デ・ラス・ヴェガスとヌエヴァ・パスは，都市計画図を2種類残すので，都市図は28枚あることになる[214]（図III-3-2，表III-3-1．図と表の番号はそれぞれ対応している．）．

---

[212] キューバを中心とするカリブ海史については，日本では研究の蓄積が薄いが，スペイン語の通史としては，Rousset (1918) などがある．

[213] Atlas Nacional de Cuba (1970) "Academia de Ciencias de Cuba y la URSS", Julio González (1973) "Catálogo de mapas y planos de Santo Domingo", Madrid. Comité de estadísticas, Instituto cubano de geodesia y cartografía (1985) "Atlas demográfico Nacional. Cuba", La Habana, Juan de las Cuevas Toraya (2001) "Servicos gráficos y editoriales". Real comisión de Guantánamo (1792～1802) "La Habana. Cuba Ilustrada", Quinto Centenario などを参照．

[214] 27枚が Maps of AGI cartography. Mapas y planos de Santo Domingo. 所蔵．1枚は Maps of Naval Museum. Spain 所蔵．

## 第 III 章
カリブ海（サント・ドミンゴ・アウディエンシア）

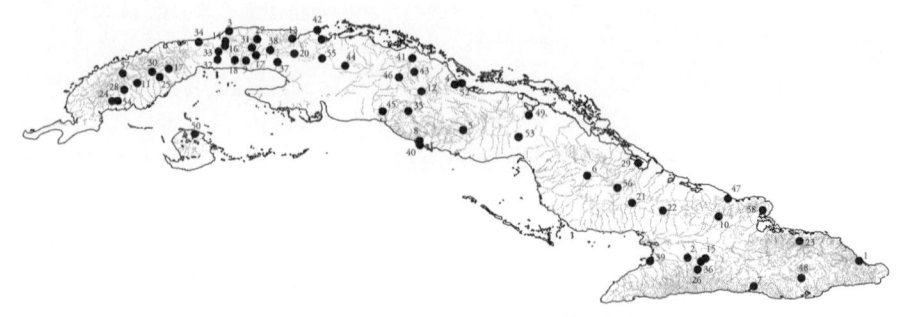

**図 III-3-1　キューバのスペイン植民都市**

1. Baracoa (1512), 2. Bayamo (1513), 3. La Habana (1515), 4. Remedios (1514), 5-Santi Spiritus (1514), 6. Puerto Príncipe (1515), 7. Santiago de Cuba (1515), 8. Trinidad (1515), 9. Melena del sur (1650), 10. Holguín (1523), 11. Consolidación del sur (1690), 12. Villa Clara (1690), 13. Matanzas (1693), 14. Santiago de las Vegas (1725), 15. Jiguani (1701), 16. Bejucal (1713), 17. Guines (1735), 18. San Felipe (1739), 19. San Cristóbal (1743), 20. Juan Alberto Gómez (1747), 21. Guaimaro (1750), 22. Las Tunas (1750), 23. Sagua de Tánamo (1750), 24. San Juan y Martínez (1750), 25. Los Palacios (1763), 26. Guisa (1766), 27. Jaruco (1770), 28. Pinar del Rio (1773), 29. Nuevitas (1781), 30. San Diego de los Bános (1775), 31. San José de las Lajas (1778), 32. Guira de Melena (1779), 33. San Antonio de los Bános (1782), 34. Mariel (1797), 35. Cumanayagua (1800), 36. Santa Rita (1800), 37. Nueva Paz (1802), 38. Madruga (1805), 39. Manzanillo (1792), 40. Casilda (1808), 41. Sagua la Grande (1812), 42. Varadero (1815), 43. Cifuentes (1817), 44. Colón (1818), 45. Cienfuegos (1817), 46. Santo Domingo (1819), 47. Gibara (1820), 48. Guantánamo (1820), 49. Morón (1827), 50. Nueva Gerona (1827), 51. Cárdenas (1828), 52. Caibarién (1832), 53. Ciego de Ávila (1840), 54. San Luis de los Pinos (1845), 55. Bemba (jovellanos) (1849), 56. Sibanicu (1849), 57. Viñales (1875), 58. Banes (1887).

　都市全体の形態についてみると，前述のとおり，唯一ハバナのみが，市壁および稜堡によって囲われている点がまず挙げられる．周辺に要塞を持つ都市は，ハバナの他，サンティアゴ・デ・キューバ，マタンサス Matanzas，シエンフエゴス，ヌエヴィタスがある．これらの都市は戦略上重要な拠点であったことがわかる．

　街路体系として，グリッド・パターンをとるものとそうでないものがあるが，後者については，バラコア，バヤモ，プエルト・プリンシペ，トリニダードなど，ほとんどがヴェラスケス時代に建設されたものである（第 I 類型）．ハバナ，サンティアゴ・デ・キューバにしても，全体的にはグリッド・パターンといえるが，直交グリッドにはなっていない．

　スペイン植民都市の特徴とされる直交グリッドの街路体系を持つ都市でも，完結的な形（矩形）をとるもの（第 II 類型）と，グリッドの延長を前提とするもの（第 III 類型）があることはすでに述べた．理念型（第 II 類型）がそのまま実施された場合も，グリッドに従って拡張が行われるのが一般的であった．

　この第 II 類型となる都市図が 12 ある．全体が正八角形をしており，放射状の街路体系をとるヌエヴァ・パス（図 III-3-2，21 図）は特異で目を引くが，実際の建設にはこの図は用いられなかった．12 の都市の東西×南北の街区数は，以下のようである．

キューバのスペイン植民都市

| | | | |
|---|---|---|---|
| 1 Baracoa (1512) AGI - Santo Domingo, 359 (1768) | 2 San Salvador de Bayamo (1513) AGI - Santo Domingo, 292 (1753) | 3 Puerto Principe - Camaguey (1515) AGI - Santo Domingo, 365 (1769) | 4 Trinidad (1515) AGI - Santo Domingo, 132 (1725) |
| 5 La Habana (1515) AGI - Santo Domingo, 20 (1603) | 6 Santiago de Cuba (1515) AGI - Santo Domingo, 191 (1738) | 7 Holguin (1523) AGI - Santo Domingo, 185 (1816) | 8 Guanabacoa (1607) AGI - Santo Domingo, 222 (1743) |
| 9 Santa Clara (1690) AGI - Santo Domingo, 94 (1691) | 10 Matanzas (1693) AGI - Santo Domingo, 323 (1764) | 11 Santiago de las Vegas (1725) AGI - Santo Domingo, 224 (1747) | 12 Santiago de las Vegas (1725) AGI - Santo Domingo, 302 (1756) |
| 13 Guines (1735) AGI - Santo Domingo, 503 (1784) | 14 San Felipe (1739) AGI - Santo Domingo, 119 (1751) | 15 Manajuay (1767) AGI - Santo Domingo, 342 (1767) | 16 Jaruco (1770) AGI - Santo Domingo, 381 (1773) |
| 17 San Antonio de los Baños (1782) AGI - Santo Domingo, 533 (1787) | 18 Nuevitas (1781) AGI - Santo Domingo, 731 (1819) | 19 Manzaniillo (1792) AGI - Santo Domingo, 790 (1829) | 20 Atocha (1798) AGI - Santo Domingo, 611 (1798) |
| 21 Nueva Paz (1802) AGI - Santo Domingo, 650 (1804) | 22 San Juan de Lagunillas (1802) AGI - Santo Domingo, 640 (1802) | 23 Nueva Paz (1802) AGI - Santo Domingo, 650 (1806) | 24 Cienfuegos (1817) Museo Naval, 19-D-5 (1798) |
| 25 Nipes (1822) AGI - Santo Domingo, 737 (1822) | 26 Mayari (1827) AGI - Santo Domingo, 770 (1827) | 27 Cardenas (1828) AGI - Santo Domingo, 797 (1830) | 28 San Alejandro (1830) AGI - Santo Domingo, 800 (1830) |

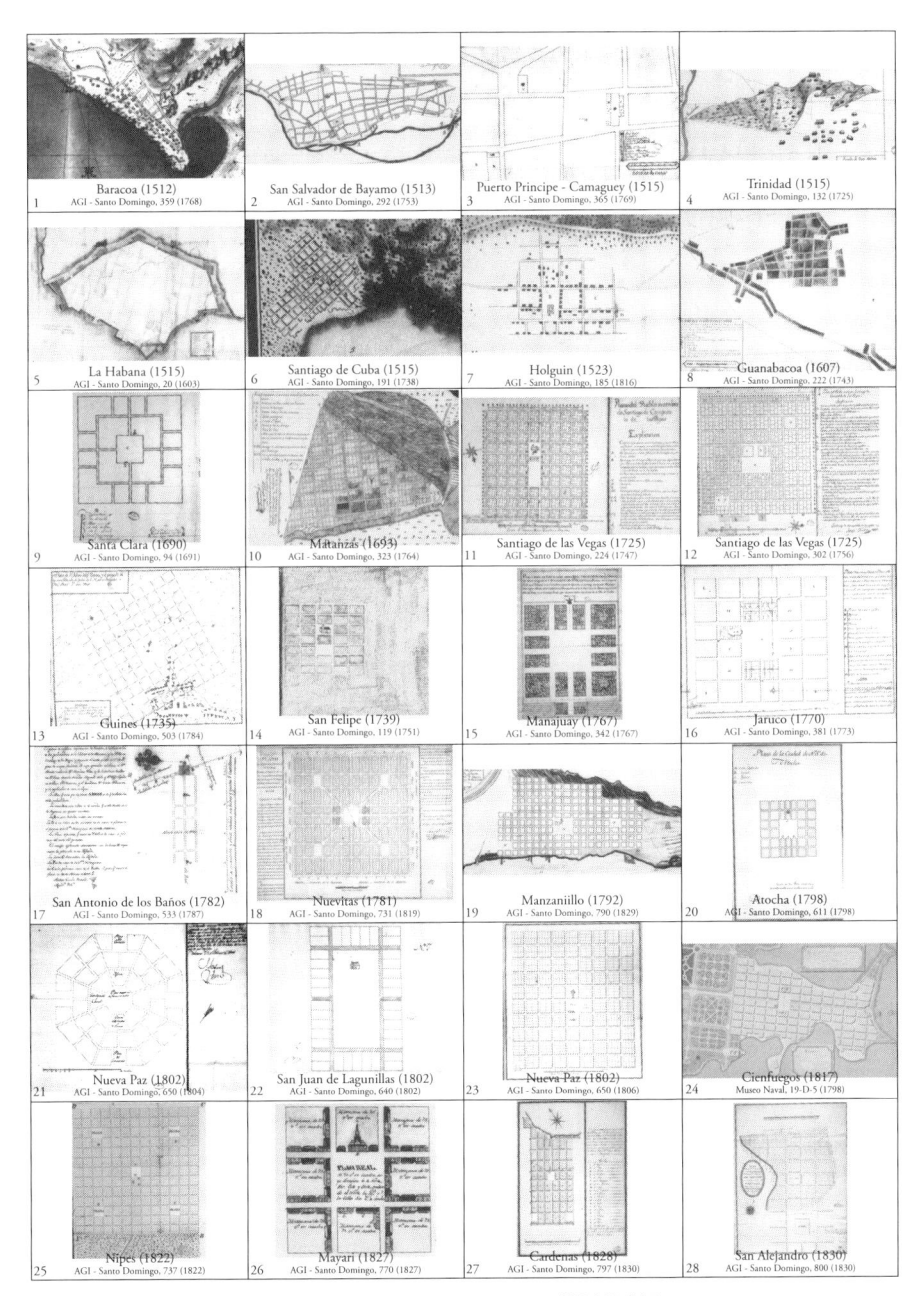

図 III-3-2　キューバのスペイン植民都市図

## 第 III 章

カリブ海（サント・ドミンゴ・アウディエンシア）

表 III-3-1　キューバの都市図

| 建設者 | 地図製作年 | 地図製作者 | 地図特性 | 立地 | 市壁稜堡の有無 | 街路体系: G:グリッド GP:碁盤状 NG:不規則 | 条坊数 | 街区形状 S=正方形 R=長方形 L=L型 I=その他 | 街区規模 東西 VARA | 街区規模 南北 VARA | 広場の数 | 中央広場の位置 C=中心 NC=偏心 | 中央広場の型 | 広場規模 | 街路幅 VARA | 街区分割数 | 地図の数 |
|---|---|---|---|---|---|---|---|---|---|---|---|---|---|---|---|---|---|
| 1. Diego Velázquez | 1763 | Francisco Calderín | 都市図 | 沿岸 | 無 | NG | | I | | | 1 | NC | I | | | | 5 |
| 2. Diego Velázquez | 1753 | Gregorio Joseph Franco | 都市図 | 内陸 | 無 | NG | | I | | | 2 | NC | I | | | | 4 |
| 3. Vasco Porcayo de Figueroa | 1769 | Carlos de Varona | 都市図 | 沿岸 | 無 | NG | | I | | | 2 | NC | I | | | | 5 |
| 4. Diego de Velázquez | 1725 | | 都市図 | 沿岸 | 有 | NG | | I | | | 1 | NC | I | | | | 5 |
| 5. Diego de Velázquez | 1603 | Cristóbal de Roda | 都市図 | 沿岸 | 有 | GI | | SR | 100 | 100 | 3 | NC | A | 120×120 | 10 | | 75 |
| 6. Diego de Velázquez | 1738 | Balthasar Díaz de Priego | 都市図 | 沿岸 | 無 | GI | | SR | 80 | 80 | 5 | NC | A | 100×100 | 10 | | 15 |
| 7. García Holguín | 1816 | Francisco de Zayas | 都市図 | 沿岸 | 無 | GI | | SR | 100 | 100 | 1 | NC | B | 120×120 | 10 | | 8 |
| 8. 不明 | 1743 | José Fernández y Sotolongo | 都市図 | 内陸 | 無 | NG | | I | | | 3 | NC | I | | | | 6 |
| 9. 不明 | 1691 | 不明 | 計画図 | 内陸 | 無 | GP | 6×6 | LLS | 110 | 40 | 1 | C | E | 90×90 | 10 | | 3 |
| 10. Severino de Manzaneda | 1764 | Jose Fernández y Sotolongo | 都市図 | 沿岸 | 無 | G | 5×7 | RR | 80 | 120 | 2 | NC | A1 | 100×100 | 12 | 8,3 | 2 |
| 11. 不明 | 1751 | Bartolomé Lorenzo de Flores | 計画図 | 内陸 | 無 | GP | 5×7 | R | 150 | 100 | 2 | C | A | 174×124 | 10 | 4 | 4 |
| 12. 不明 | 1747 | José Tantete | 計画図 | 内陸 | 無 | GP | 11×11 | S | 80 | 80 | 1 | C | B | 100×190 | 10 | 8,2 | 2 |
| 13. 不明 | 1756 | José Tantete | 計画図 | 沿岸 | 無 | GP | 8×9 | S | 92 | 92 | 2 | C | B | 229×122 | 15 | 8,6,5,4,3 | 2 |
| 14. José del Pozo Sucre | 1784 | José del Pozo Sucre | 都市図 | 沿岸 | 無 | GP | 10×10 | S | 80 | 80 | 1 | C | C | 205×205 | 15 | 10,6 | 9 |
| 15. 不明 | 1787 | Adrés García Pretelín | 計画図 | 内陸 | 無 | G | | RL | | | | NC | S! | | | | 2 |
| 16. Manuel García Barrera | 1767 | Manuel García Barreras | 計画図 | 内陸 | 無 | GP | 4×4 | RS | 40 | 20 | 1 | C | C | 70×70 | 15 | 4,2 | 2 |
| 17. Conde de Jaruco | 1773 | Luis Huet | 計画図 | 沿岸 | 無 | GP | 6×6 | RS | 80 | 60 | 1 | C | C | 150×150 | 10 | 8,6 | 5 |
| 18. Conde de Santa Clara | 1829 | 不明 | 都市図 | 沿岸 | 無 | G | | SR | 35 | 35 | 2 | C | C | 135×135 | 15 | | 2 |
| 19. 不明 | 1798 | 不明 | 計画図 | 不明 | 無 | GP | 7×6 | SRRS | 65 | 65 | 1 | C | D | 145×145 | 10 | | 1 |
| 20. Juan de Cequeira y Palma | 1802 | 不明 | 計画図 | 内陸 | 無 | GP | 3×4 | RS | | | 1 | C | B | | | 5,2 | 1 |
| 21. Mopox | 1804 | Mopox | 計画図 | 内陸 | 無 | NG | | I | | | | C | F | | | | 4 |
| 22. Mopox | 1806 | Rafael Gómez Roubaud | 計画図 | 内陸 | 無 | GP | 9×9 | S | 80 | 80 | 1 | NC | A | 100×100 | 10 | 8 | 4 |
| 23. Juan Luis Lorenzo D'Clouet | 1798 | Anastasio Echevarría | 計画図 | 沿岸 | 無 | G | | R | 135 | 85 | 3 | NC | B | 165×230 | 30,15 | | 4 |
| 24. 不明 | 1819 | Vicente Sebastian Pintado | 計画図 | 内陸 | 無 | GP | 12×8 | SRRS | 100 | 100 | 5 | C | F | 280×280 | 20-40 | 20,16,12 | 3 |
| 25. José Leyte Vidal | 1822 | José Leyre Vidal | 計画図 | 沿岸 | 無 | GP | 13×13 | S | 75 | 75 | 2 | C | A | 95×95 | 10 | 9 | 1 |
| 26. José Leyre Vidal | 1827 | Juan Ferrand | 都市図 | 内陸 | 無 | GP | 3×3 | S | 75 | 75 | 3 | C | A | 95×95 | 10 | | 1 |
| 27. Villanueva | 1830 | Andrés José del Portillo | 計画図 | 沿岸 | 無 | G | | RRS | 80 | 60 | 2 | C | B1 | 80×80 | 10-20 | 8,6,3 | 1 |
| 28. Eloy Navia | 1830 | José Maria Riesh | 計画図 | 不明 | 無 | G | | RS | 90 | 60 | 1 | NC | A1 | 70×100 | 10 | 6,2 | 1 |

キューバのスペイン植民都市

マヤリ：3×3
サン・フアン・デ・ラグニジャス：3×4
マナファイ：4×4
サン・フェリペ：5×7
サンタ・クララおよびハルコ：6×6
アトチャ：7×6
サンティアゴ・デ・ラス・ヴェガス：8×9
ヌエヴァ・パス：9×9
ギネス：10×10
サンティアゴ・デ・ラス・ヴェガス：11×11
ヌエヴィタス：12×8，ニペス：13×13

　以上を東西南北の分割数に従ってマトリックスにして示すと図III-3-3のようになる．キューバではホセ・デ・エスカンドンがメキシコのヌエヴォ・サンタンデールで用いたような統一的なモデル（第IV章4）は用いられなかったと考えられる．

　続いてプラサ・マヨールを検討しよう．直交グリッドの街路パターンを採る22の都市について，まず，街区と広場の形状に着目すると，図III-3-4に示したように，全て正方形の区画からなるSタイプが6都市，全て長方形の区画からなるRタイプが6都市あり，残る10都市は，正方形と長方形の2種類の区画からなる．第II章で明らかにしたように，「フェリペII世の勅令」は，東西南北の長さの比が1.5：1となることを推奨しているが，スペイン植民地帝国全体の都市でそうであったように，キューバでも正方形のプラサ・マヨールは少なくない．
　なお，22の都市のうち，広場を1つだけ持つものが12あり，そのうち中心に位置するのが8都市である．2つ以上の広場を持つ10都市のうち，中央と東北，西北，西南，東南の4か所，計5つの広場を持つのが，ギネス，ヌエヴィタス，ニペスである．これが，ひとつのプロトタイプを成している．
　図III-3-4に戻ろう．22の都市について，街区が正方形あるいは長方形の1種類からなるものと2種類以上からなるもの，そして，街区の形状が正方形か長方形かを軸として分類してみると，同じパターンをとるものは少なく，むしろ，多くのヴァリエーションがみられることに気づく．
　プラサ・マヨールの規模をみると，ヴァラを単位として，最小70ヴァラ×70ヴァラから最大280ヴァラ×280ヴァラまでまちまちである．100ヴァラ×100ヴァラが3都市，120ヴァラ×120ヴァラが2都市，95ヴァラ×95ヴァラが2都市であり，強いていえば，100ヴァラ×100ヴァラ近辺が多いといえる．基本的に100ヴァラ×

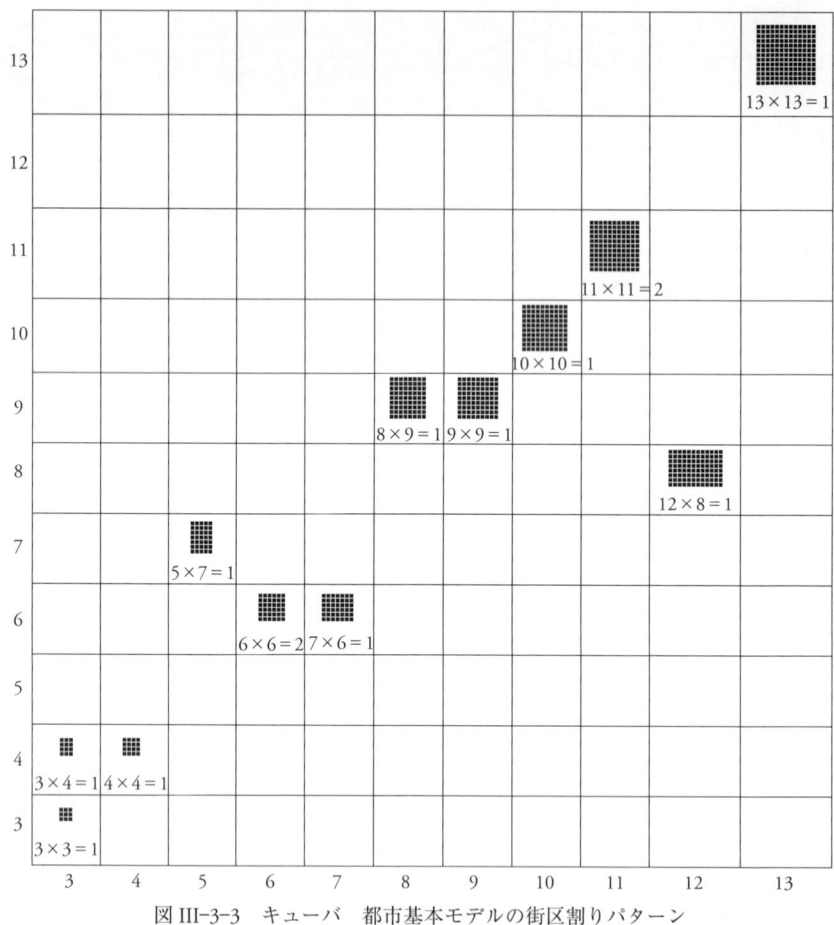

## 第III章
カリブ海（サント・ドミンゴ・アウディエンシア）

図III-3-3　キューバ　都市基本モデルの街区割りパターン
ヒメネス・ベルデホ，ホアン・ラモン作成

100ヴァラで計画され，両端に12ヴァラの街路幅を加えると124ヴァラとなる．都市図の残されているスペイン植民都市全体で最も多い広場の規模は124ヴァラ×124ヴァラである．キューバの場合も，およそ，「フェリペII世の勅令」が規定する範囲に収まっている（前掲表III-3-1参照）．

　街区の分割についてはどうか．28の都市図のうち，広場，街区，街路の規模が特定できるものについて，街区の分割パターンだけに着目すると，同一都市でも複数の分割パターンがみられ，43パターン抽出できる（図III-3-5）．広場や教会など一街区全体を用いるものから，2分割，3分割……20分割までみられるが，それぞれで想定されている分割モデルを理解することは難しくない．街区内部の土地の利用の問題か

キューバのスペイン植民都市

| NUMBER OF BLOCKS | BLOCK FORMS | CITY FORMS | PLAZA FORM-STREETS TYPES | | | | | | | | |
|---|---|---|---|---|---|---|---|---|---|---|---|
| | | | 8 STREETS | 10 STREETS | 12 STREETS | 14 STREETS | 4 STREETS | 16 STREETS | A, B, E VARIATIONS | | |
| | | | A | B | C | D | E | F | A1 | B1 | E1 |
| 1 BLOCKS | SQUARE | ONLY SQUARE BLOCKS | 3 | 2 | 1 | | | | | | |
| | RECTANGLE | ONLY RECTANGLE BLOCKS | 1 | | | | | | 2 | | 1 |
| 2 BLOCKS | SQUARE | SQUARE BLOCKS AROUND THE PLAZA | 1 | | | | | | | | |
| | SQUARE AND RECTANGLE | SQUARE+RECT. BLOCKS AROUND THE PLAZA | 1 | 2 | 3 | 2 | 1 | 1 | | | |

図 III-3-4　キューバ　都市モデルの類型―プラサ・マヨールと街路のパターン
ヒメネス・ベルデホ，ホアン・ラモン作成

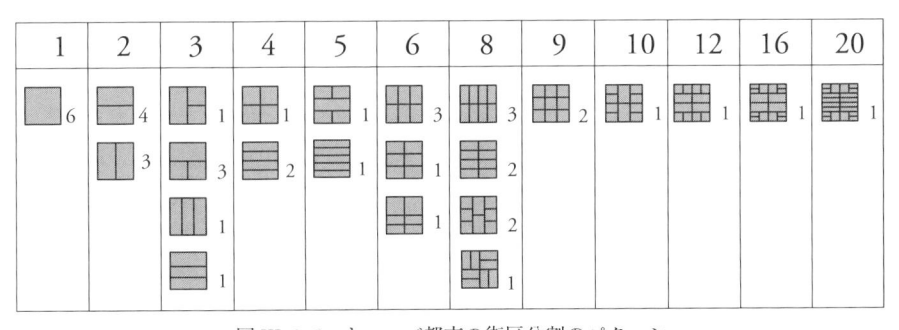

| 1 | 2 | 3 | 4 | 5 | 6 | 8 | 9 | 10 | 12 | 16 | 20 |
|---|---|---|---|---|---|---|---|---|---|---|---|
| 6 | 4 | 1 | 1 | 1 | 3 | 3 | 2 | 1 | 1 | 1 | 1 |
| | 3 | 3 | 2 | | | 2 | | | | | |
| | | 1 | | | 1 | 2 | | | | | |
| | | | | | | 1 | | | | | |

図 III-3-5　キューバ都市の街区分割のパターン
ヒメネス・ベルデホ，ホアン・ラモン作成

ら，3×3すなわちナイン・スクエア形の分割は極めて少ない（2例）．

街区分割のパターンには，シエンフエゴスおよびカルデナスのようにフランスの影響が認められるケースもある．初期の極めて単純な土地分割パターンが変わっていったことがうかがえるが，実際にどのような分割が行われたか，また，どのように再分割が進行したかについては，個々の都市について検討する必要がある（本章5節）．

キューバのスペイン植民都市58のうちかなりの都市については，衛星写真（Google Earth）によって，その現況をある程度うかがうことができる．ここでは都市図の残る，上記26都市の現況について確認したい．

世界文化遺産に登録された4都市の中で，シエンフエゴスについていえば，その計画理念とその後の発展過程に，極めて一貫するものがある．すなわち，グリッド・パターンの街路体系がものの見事に実現し，その後も体系的に都市計画が行われてきた典型がシエンフエゴスなのである．これは，同じように港湾都市として計画されたカ

ルデナス（図III-3-6, 2図）についても指摘できる．キューバの南岸と北岸を代表するのがこの2都市である．

　19世紀初頭に建設されたこの2つの都市に対し，17世紀後半から18世紀にかけて建設された都市の多くは，完結的な基本モデル（第II類型）を用いたとは思われるが，それをそのまま実現させたと思われるものは，サンティアゴ・デ・ラス・ヴェガス，ヌエヴィタスを除くと少ない．サン・フェリペの場合，測量技術が未熟であったことが明らかで，当初からグリッドが歪んでいる．また，ハルコ（図III-3-6, 4図）の場合，地形が急斜面にあり，基本計画はそのまま実現していない．さらに，ギネスの場合，既存集落があり，グリッドが既存の街路に引きずられて，当初から二重になっている．また，広場も新旧2つがそのまま維持されてきている．

　スペイン植民都市といっても，以上のように，その具体的な計画，建設過程，変容過程は実に多様である．個々の都市の起源，形成，変容の過程についてのモノグラフを積み上げる中で，変わるものと変わらないもの，都市，街区の骨格とその変化についての基本原理をみる必要がある．4節，5節でそれをみたい．

## 3-3　ハトとコラル ── キューバにおける植民領域分割システム

　キューバでは，入植者に一定の囲い地，すなわち牧畜のための土地ないし農地が与えられた．それをハトあるいはコラルという．コラルは半径1レグア，ハトは半径2レグアの円形の土地をいう．スペイン植民都市については，「フェリペII世の勅令」の規定にもとづいて，その基本理念が一般的に論じられるが，ハト・コラル図が取り上げられることはなかった．現在確認できた範囲では，ハト・コラル・システムが用いられたのはキューバだけである．

### (1)　キューバにおける領域分割・行政区分

　そもそも，なぜキューバでこのようなシステムが用いられたのか．以下，図III-3-7に挙げたAからFの6つの地図にもとづきながら，その歴史的経緯を振り返っておきたい．

　A図：ディエゴ・ヴェラスケスに率いられたスペイン人が入植しバラコアを建設した1512年の時点で，キューバ島は，グアニグアニカ Guaniguanica，マリエン Marién，ハバナ，サバネケ Sabaneque，ハグア，クバナカン Cubanacán，マゴン Magón，カマゲイ Camagüey，オルノファイ Ornofay，マニアボン Maniabón，バヤモ，クエイバ Cueiba，マカカ Macaca，バヤティキリ Bayatiquirí，バラコア，マイシ Maysí という16の先住民の領域からなっていたとされる．

*3*

キューバのスペイン植民都市

図 III-3-6　キューバ都市
1. サン・フェリペ　2. カルデナス　3. ヌエヴァ・パス　4. ハルコ
現況＋Google Earth　ヒメネス・ベルデホ，ホアン・ラモン撮影

第III章
カリブ海（サント・ドミンゴ・アウディエンシア）

B図：ヴェラスケスたちは，この16の領域をコントロールするために，バラコアに続いて，バヤモ（1513），トリニダード，サンクティ・スピリトゥス，ハバナ（1514），プエルト・プリンシペ（1515），サンティアゴ・デ・キューバ（1515）の7つの植民拠点を建設した．

C図：1774年，植民地政府はキューバ島を2つの行政区（デパルタメント departamento）に分ける．ハバナを中心とする西部行政区とサンティアゴ・デ・キューバを中心とする東部行政区である．

D図：1827年には，西部行政区を2つに分け，ハバナの西をピナール・デル・リオ Pinar del Rio を中心とする新たな西部行政区とし，ハバナを中心とする領域を中部行政区としている．すなわち，領域が3つに区分されたことになる．

E図：十年戦争（前述したキューバの独立戦争）後の1878年に，植民地政府は，さらに領域分割を行い，6つの州（プロヴィンシア）を設ける．これはスペイン本国の州制度を導入しようとしたものであり，州長の選定を政府が行うことが目されていた．西

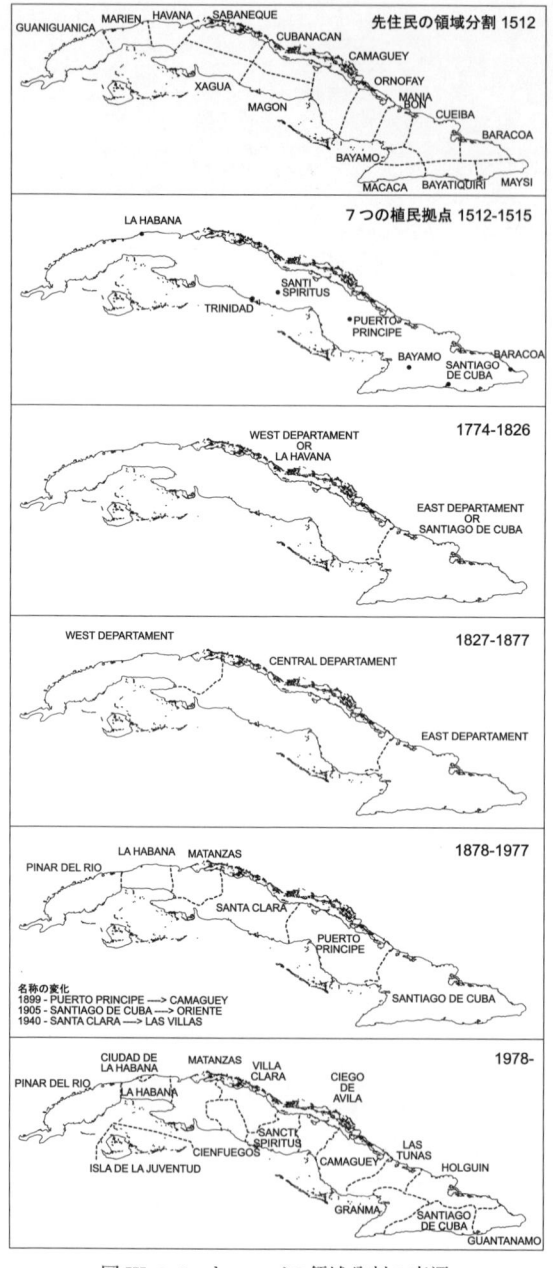

図III-3-7　キューバの領域分割の変遷
ヒメネス・ベルデホ，ホアン・ラモン作成

から順に，ピナール・デ・リオ，ハバナ，マタンサス，サンタ・クララ，プエルト・プリンシペ，サンティアゴ・デ・キューバの6州である．のちに，プエルト・プリンシペがカマグエイ（1899）に，サンティアゴ・デ・キューバがオリエンテOrienteに（1905），サンタ・クララがラス・ヴィジャLas Villasに（1940），それぞれ改称されている．

F図：1978年6月に樹立された現在のキューバ政権は，新たな行政区分を行っている[215]．結果として今日のキューバは，14の州と1つの特別州から構成され，各州は計169の自治体（ムニシピオ municipio）に分かれ，各ムニシピオがさらに居住区バリオ barrio[216]に分かれている．

## (2) 土地の分配

スペイン国王は，当初，ディエゴ・デ・ヴェラスケスに，征服した先住民の土地を分配する権力を与えていた．その際，ヴェラスケスは，カバジェリアとペオニアというスペインで用いていた単位を使っている．この単位が「フェリペII世の勅令」に規定されていたことは第II章およびColumn 4で詳しくみたとおりである．新たに分配された土地は4年間の耕作の義務が課せられた．また，私的な土地とともに住民組織のための共有の土地も分配されている．

1512年1月15日に自治法が施行されて以降は，カビルド（市政府）が土地の分配を行うようになる．土地の獲得は，メルセド Merced（土地の権利）の獲得によって行われたが，そのためには以下の条件が必要であった．

a) セヴィージャのインディアス枢密会議に規定の金銭を納める．
b) カビルドに規定の頭数の家畜を収める．
c) 土地の使用期限を決定する．
d) 所有地の近隣に旅人のための宿所（飲料水と薪の提供）を建設する．

このシステムは1690年まで179年間続くことになる．

メルセドの面積はハトあるいはコラルによって規定された．ハトとコラルの間の土地はレアレンゴ Realengoと呼ばれ，スペイン国王に属した．当初，メルセドの分譲に当たっては，ハトとコラルの面積を厳密に規定せず，要求された土地の場所を指定

---

215) 順に，①ハバナ州→ハバナ市とイスラ・デ・フヴェントゥード Isla de la Juventud 特別州，②ラス・ヴィジャス州→ヴィジャ・クララ Villa Clara 州，シエンフエゴス州，サンクティ・スピリトゥス州，③カマグエイ州→カマグエイ州，シエゴ・デ・アヴィラ州 Ciego de Ávila 州，④オリエンテ州→ラス・トゥナ Las Tunas 州，グランマ Granma 州，ホルギン Holguín 州，サンティアゴ・デ・キューバ州，グアンタナモ Guantánamo 州．
216) スペイン語で「区・地区」の意味．アラビア語の barrio「郊外の」より派生．

カリブ海(サント・ドミンゴ・アウディエンシア)

図III-3-8　キューバ　1742年のハト・コラル図
出典　Ricardo V. Rousset (1918)

するのみであった．重要なのは中心の決定であって，境界の決定は曖昧で不正確であった．時を経て新たな土地が譲渡されるようになると，土地の境界をめぐる紛争が頻発しはじめる．すなわち，他の所有者のハトあるいはコラルと重なるケースが生じてきたのである．

　植民地政府は，1579年になってようやく土地確定のための測量規則を制定することになる．そこで大きな役割を果たしたのが，土地測量士ルイス・デ・ラ・ペニャ Luis de la Peña であった．当初，メルセドは個人に分譲されたが，世襲が可能であった．次第に家族の各成員にも譲渡され，他人に権利を与える例もみられるようになっていく．結果として，共同所有のハトあるいはコラルも出現している．

　リカルド・V・ルーセットによれば，1509年から1742年にかけて分譲されたのは，コラル858，ハト100，ハト＋コラル26である．ハトとコラルは，ハバナ，ロス・ピノス，マタンサス，サンタ・クララ，カマグエイの5つの地域に大きくグルーピングできる．キューバ島東端部のオリエンテ地域ではハト・コラルによる領域分割は行われていない（図III-3-8）．ルーセットの調査によって，計548のハトとコラルは当初の名前が明らかになっているが，残りの310については，15世紀から16世紀にかけて英国の海賊の侵略を受け，古文書が失われているため明らかにできない（Rousset (1918)）．

　各州はいくつかの自治体を持っていた．具体的には，サンタ・クララは30，ハバナは20，マタンサスは19，ロス・ピノスは14，カマグエイは8の自治体からなる．そのうち，最も多くのハト・コラルを含むのが，カマグエイ州のカマグエイ自治体で，79ある．続いて，サンクティ・スピリトゥスが78，グアネ37，サンタ・クルス・デル・スル33，マントゥア32，イスラ・デ・ロス・ピノス32の順である．小さいものでは，2つのハトあるいはコラルからなる自治体が11，単一のハトないしコラル

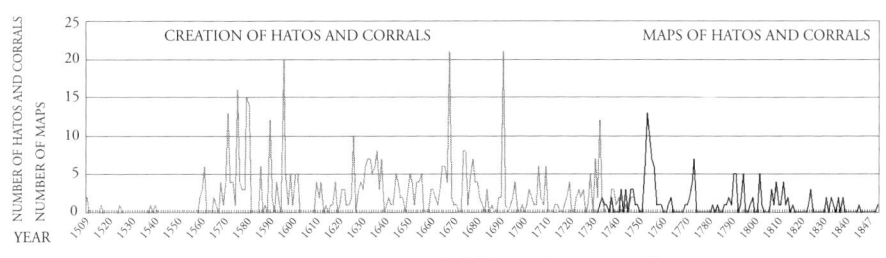

図III-3-9　キューバ　年代別のハト・コラル数

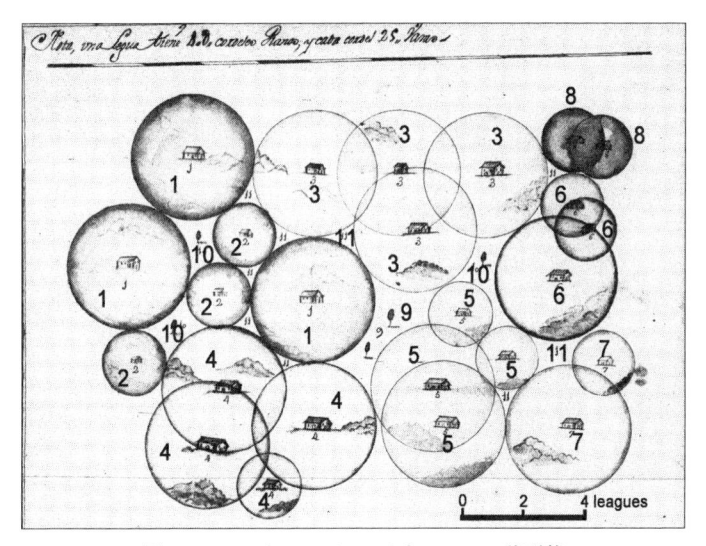

図III-3-10　キューバ　ハトとコラルの諸形態
図のタイトル（図左上）は「キューバ島農村の土地所有の諸形態」とある.

AGI, MP-Santo Domingo, 209

からなるものが8ある.

　セヴィージャのインディアス総合古文書館AGIには，計149のハト・コラル図があり，全部で287のハト・コラルが描かれている．古いものは1728年，新しいものは1847年のものである．図III-3-9は，ハト・コラルの分譲数のグラフと，地図の作製数のグラフとを重ね合わせたものである．これをみると，当初，かなり長い期間にわたって，ハト・コラル図が用いられなかったことがわかる．ハト・コラルによる領地分割がどのようなものであったか，図III-3-10が興味深い示唆を与えてくれる．これによると，ハトとコラルををひとつの単位として，11通りの土地所有のかたちが分類されている．1はハト1つ，2はコラル1つを所有するかたちである．3は4

225

第III章
カリブ海（サント・ドミンゴ・アウディエンシア）

つのハト，4は3つのハトと1つのコラル，5は2つのハトと2つのコラル，6は1つのハトと2つのコラル，7は1つのハトと1つのコラル，8は2つのコラルを所有するかたちであるが，それぞれは重なり合う部分を持っている．9は，ハトに相当するレアレンゴ，10はコラルに相当するレアレンゴである．11は，コラルに満たない面積の土地である．

日本の条里制，米国のマイル・グリッドなど，方格地割（グリッド・パターン）が古今東西に広くみられる中で，このような，円による分割は極めてユニークである．以下，具体的に現在のハバナ州について検討しよう．

### (3) ハバナ州のハトとコラル

Rousset (1918) をもとに，ハバナ州における123のハトとコラルの，所属自治体，分譲年，名称，所有者，そして土地分割のかたちをまとめたものが，図III-3-12および表III-3-2である．ルーセットによるハト・コラル図は中心の位置が不正確であるが，すべて現在の地図にもとづいて作製しなおすことで，ハト・コラルによる領域分割プロセスを明らかにすることができる（前掲図III-3-8）．譲渡年が不明のものがあるが，ハバナ州の58の植民拠点の建設時期は明らかなので，そこからハト・コラルの譲渡年がある程度推測可能である．たとえば，ハバナ（1515，3番目，以下建設順を併記する），メレナ・デル・スール Melena del sur（1650，9），サンティアゴ・デ・ラス・ヴェガス Santiago de las Vegas（1725，14），ベフカル Bejucal（1713，16），ギネス Guines（1735，17），サン・フェリペ San Felipe（1739，18），ハルコ Jaruco（1770，27），ギラ・デ・メレナ Guira de Melena（1779，32），サン・アントニオ・デ・ロス・バニョス San Antonio de los Baños（1782，33），マリエル Mariel（1797，34）などがわかる．

ハトとコラルの総数は，ハバナと上記の123を合わせて124となる．これらを，前述の11の分類項を用いて分類すると，ハト1つからなるもの（第1分類）が7つ，ハト1つとコラル1からなるもの（第7分類）が1つ，コラル1つからなるもの（第2分類）が115，ハバナを加えて計124の領域が18世紀半ばまでに分割譲渡されている．

年代別の変遷を示した図III-3-13および，その地域的グルーピングを示す図III-3-11に即して，その過程を述べよう．なお，ハト・コラルに付した番号は，前出の表III-3-2および図III-3-12に準拠している．

最初期の図（1550～75）をみると，最初にハト・コラルが設けられた地域がわかる．まず，ハトが全部で4つ（2, 11, 80およびハバナ）に設置されている．ハバナとその周辺およびハバナから西に向かう沿海部がひとつのグループとなる（図III-3-11のAグループ）．また，北岸では，アリグアナオ Ariguanao のハト (2) を中心とするリオ・バジャモ川の周辺が別のグループをなす（Bグループ）．南岸については，まず沿岸部，バタナモ地域とメレナ・デル・サン地域にひとつずつハトが設置されている．バタバ

3
キューバのスペイン植民都市

表 III-3-2　ハバナ州のハトとコラル

| | Municipality | 年 | Type | 名前 | Propietary | | Municipality | 年 | Type | 名前 | Propietary |
|---|---|---|---|---|---|---|---|---|---|---|---|
| 1 | Aguacate | 1739 | H | Los Príncipes | Blás Pita | 63 | Jaruco | 1568 | C | El Perú | Rodrígeuz velázquez |
| 2 | Aguacate | 1569 | H | San Lorenzo de Bainoa | Diego de Soto | 64 | Jaruco | 1662 | C | Casiguas | Luis López del Río |
| 3 | Aguacate | 1670 | C | Aguacate | Melchor de Gama | 65 | Jaruco | 1662 | C | Arroyo Blanco | María Cartagena de Leiva |
| 4 | Alquízar | 1617 | C | Aquízar | Sancho de Alquízar | 66 | Jaruco | 1635 | C | San Marcos de la Mandinga | Juan García |
| 5 | Alquízar | 1662 | C | San José de Guaibacoa | María Cabeza de Vaca | 67 | Jaruco | 1661 | C | Arroyo Palongas | Leonor de Sepúlveda |
| 6 | Alquízar | 1566 | C | San Juan de Guanimar | Hernán Rodríguez | 68 | Jaruco | 1578 | C | Santa Cruz | Luis de Pineda |
| 7 | Alquízar | 1573 | C | Jabacoa | Juan Alonso Saavedra | 69 | Jaruco | 1660 | C | Guaicame | Jacinta Cabrera |
| 8 | Alquízar | 1635 | C | San Andrés | Francisco Martínez | 70 | La Salud | 1670 | C | La Salud | Catalina Mejía |
| 9 | Alquízar | 1671 | C | La Giüra | Juana Maldonado | 71 | La Salud | 1652 | C | Buenaventura | Pedro de Quesada |
| 10 | Alquízar | 1682 | C | Sibarimar | A. Manuel de Rojas | 72 | Madruga | 1656 | H | Santo Domingo de Itabo | Cristóbal de Zayas |
| 11 | Batanamó | 1559 | H | Batabanó | J. Gutierrez Manibaldo | 73 | Madruga | 1671 | C | Santa Rita de Limones | Francisco Robles |
| 12 | Batanamó | 1721 | C | Sabana del Quemado | Nicolás Duarte | 74 | Mariano | 1587 | C | El Cano | Martín González |
| 13 | Batanamó | 1687 | C | Río Seco | Ambrosio de Soto | 75 | Mariano | 1575 | C | Sacalo Hondo | Martín Recio de Oquendo |
| 14 | Batanamó | 1670 | C | Cabeza de Toro | Diego de la Torre | 76 | Melena del Sur | 不明 | C | San Juan de Melena | 不明 |
| 15 | Batanamó | 不明 | C | Managuanó | 不明 | 77 | Melena del Sur | 1629 | C | Guara | Julián Estrada |
| 16 | Bauta | 1559 | C | Baracoa | Pedro Sánchez | 78 | Melena del Sur | 不明 | C | San Antonio de las Vegas | 不明 |
| 17 | Bauta | 不明 | C | Cangrejeras | 不明 | 79 | Melena del Sur | 不明 | C | Bayamo | Montería para Indios |
| 18 | Bauta | 1578 | C | Baut u Hoyo Colorado | Pedro Sánchez | 80 | Melena del Sur | 1557 | H | Mayabeque | Bartolomé Cepero |
| 19 | Bauta | 1578 | C | Ojo de Agua de Corrallito | Juan Gutiérrez | 81 | Melena del Sur | 1598 | C | El Pilar de Zaragoza | Marcelo Carmona |
| 20 | Bauta | 1675 | C | Guatao | Jacinto Pedroso | 82 | Melena del Sur | 不明 | C | San Luis de las Charcas | Manuel Duarte |
| 21 | Bejucal | 不明 | C | 不明 | Monerías para el Pueblo | 83 | Melena del Sur | 不明 | C | Guajenes | 不明 |
| 22 | Bejucal | 1661 | C | Aguas Verdes | Ana López de Avilés | 84 | Melena del Sur | 不明 | C | Seibabo | 不明 |
| 23 | Bejucal | 1569 | C | Quivicán | Gerónimo Barca | 85 | Melena del Sur | 不明 | C | La Culebra | 不明 |
| 24 | Bejucal | 1699 | C | Giüro Boñigal | Manuel Duarte | 86 | Nueva Paz | 1680 | C | Santa Rosalía | Juan M. Borroto |
| 25 | Bejucal | 1576 | C | Santa Rita de Guanao | G. Rojas Avellaneda | 87 | Nueva Paz | 1656 | C | La Jagua | Francisco Chirino |
| 26 | Bejucal | 1659 | C | San Antonio | Conde de Casa Barreto | 88 | Nueva Paz | 1714 | C | Nueva Paz | Conde Mopox |
| 27 | Bejucal | 1670 | C | Aguacate | Melchor de Gama | 89 | Nueva Paz | 1643 | C | Laguna de Palos | Ambrosio Sotolongo |
| 28 | Bejucal | 不明 | C | La Luisa | 不明 | 90 | Nueva Paz | 1687 | H | Guanamon | Juan Manuel Barreto |
| 29 | Bejucal | 1686 | C | Govea | Antonio Recio | 91 | Nueva Paz | 1698 | C | Bagaez | Manuel Borroto |
| 30 | Bejucal | 不明 | C | Sibanacan | 不明 | 92 | Nueva Paz | 不明 | C | Jagueyes | Antonio Díaz |
| 31 | Guayabal | 1569 | C | Banes | Julián Hernández | 93 | Nueva Paz | 不明 | C | El Flamenco | 不明 |
| 32 | Guayabal | 1626 | C | Caimito | Juan Pérez Oporto | 94 | S.A.Baños | 1672 | H | Ariguanabo | Juan de Rojas |
| 33 | Guanabacoa | 1569 | C | Guanabacoa | Juan Pascual | 95 | S.A.Baños | 1703 | C | Ceiba del Agua | Francisco Carvajal |
| 34 | Guanabacoa | 1577 | C | Cojimar | Juan Bta. Rojas | 96 | Lajas | 1698 | C | San José de las Lajas | Manuel Duarte |
| 35 | Guanabacoa | 1568 | C | Bucuranao | Bartolomé Cepero | 97 | Lajas | 1662 | C | Sabalo | Pedro Alvarez Oñate |
| 36 | Guanabacoa | 1620 | C | Bajurayabo | Luis de Céspedes | 98 | Lajas | 不明 | C | Poveda | 不明 |
| 37 | Guanabacoa | 1571 | C | Guanabo Alto | Juan Griego | 99 | Lajas | 不明 | C | Figueroa | 不明 |
| 38 | Guanabacoa | 不明 | C | Guanabito de la Luz | 不明 | 100 | Lajas | 1661 | C | La Jaula | Matías Sarmiento |
| 39 | Guanabacoa | 1727 | C | Guanal | José González Carvajal | 101 | Lajas | 1621 | C | Jiaraco | Melchor Rodríguez |
| 40 | Guanabacoa | 1618 | C | Guanabo de las Jutías | Mateo Rodríguez | 102 | Lajas | 1635 | C | Tapaste | Juan de Cárdenas |
| 41 | Guanabacoa | 1567 | C | San Juan de Juquiabo | Vñinculo Aróstegui | 103 | Lajas | 1627 | C | Chorrera | Mariana Manresa |
| 42 | Guines | 1598 | C | Guines | Diego de Ribera | 104 | Lajas | 1702 | C | Miraflores | a varios |
| 43 | Guines | 1656 | C | Candela | Lucas Herrera | 105 | Lajas | 1611 | C | Managua | Luis Aguilar |
| 44 | Guines | 1687 | C | Catalina | 不明 | 106 | Lajas | 1687 | C | Babiney Rojo | Pedro Berruel |
| 45 | Guines | 不明 | C | Rija Cruz | 不明 | 107 | Lajas | 1702 | C | Sabaniya | a varios |
| 46 | Guines | 不明 | C | Palenque | 不明 | 108 | Lajas | 1632 | C | Yaguas | Felipe Guillén |
| 47 | Guines | 1698 | C | Cangre | Leonor de Soto | 109 | Lajas | 不明 | C | Nazareno | 不明 |
| 48 | Guines | 1573 | C | Yamaraguas | Sebastián Cría Platero | 110 | Lajas | 1658 | C | Aguada de Pacheco | Bartolomé Juartiniani |
| 49 | Guines | 不明 | C | San Julián | 不明 | 111 | Lajas | 1674 | C | Seibon | Luis de Soto |
| 50 | Guines | 不明 | C | La Vija | 不明 | 112 | Lajas | 1578 | C | Río Hondo | Baltasar Rojas |
| 51 | Guines | 不明 | C | Nombre de Dios | 不明 | 113 | Lajas | 不明 | C | Concepción | 不明 |
| 52 | Melena | 1673 | C | Ursulica | Nicolás Castellón | 114 | Lajas | 1674 | C | Candelaria | Francisco Valderas |
| 53 | Melena | 1573 | C | Turibacoa | Juan Alonso Saavedra | 115 | Lajas | 1632 | C | Lajas | Juan Pérez Oporto |
| 54 | Melena | 1650 | C | Cajio | Cristóbal Sánchez | 116 | San Nicolás | 1658 | C | San Felipe Neri | Bartolomé Venegas |
| 55 | Melena | 1573 | C | Haiguan | Alonso Vives Saavedra | 117 | San Nicolás | 1692 | C | Barbudo | Francisco Justinieni |
| 56 | Melena | 不明 | C | Sibanicú | 不明 | 118 | San Nicolás | 1633 | C | San Francisco de Umoa | González de la Torre |
| 57 | Jaruco | 1622 | C | Chipiona | Catalina de Soto | 119 | San Nicolás | 1630 | C | Gramales | González de la Torre |
| 58 | Jaruco | 1623 | HyC | Río Blanco del Norte | Cristóbal Granados | 120 | San Nicolás | 不明 | C | El Jobo | Baltasar de Sotolongo |
| 59 | Jaruco | 1573 | C | Jibacoa | Amario Pérez | 121 | San Nicolás | 不明 | C | Guaranagua | 不明 |
| 60 | Jaruco | 1570 | C | Jiquiabo | Pedro lópez Durán | 122 | San Nicolás | 不明 | C | Grabiel | 不明 |
| 61 | Jaruco | 1635 | C | Jaruco | Juan de Orta | 123 | San Nicolás | 不明 | C | Ceiba | 不明 |
| 62 | Jaruco | 1569 | C | La Pita | Agustín la Pita | | | | | | |

227

# 第 III 章

カリブ海（サント・ドミンゴ・アウディエンシア）

表 III-3-3　対象住居の建設年　住所

| 住居番号 | 建設年 | 住所 |
|---|---|---|
| 1 | 17 世紀 | Cuba 74. |
| 2 | 17 世紀 | Obrapía e/ San Ignacio |
| 3 | 17 世紀 | Obrapía 158,e/ Mercaderes |
| 4 | 17 世紀 | Oficios 51-53,e/ Obrapía |
| 5 | 17 世紀 | Oficios 6 e/ Obispo |
| 6 | 17 世紀 | San Ignacio 559 |
| 7 | 17 世紀 | Tacón 12 |
| 8 | 1720 年 | San Ignacio 61 |
| 9 | 1728 年 | San Ignacio, 166 e/Obispo y Obrapía |
| 10 | 1732 年 | Oficios, 362, e/ Luz |
| 11 | 1737 年 | Muralla, 107-111, e/ San Ignacio |
| 12 | 1746 年 | Mercaderes, 16 e/Empedrado y O'Reilly, Plaza Catedral |
| 13 | 1759 年 | Tacón, 4, esq. Empedrado |
| 14 | 1770 年 | O'Reilly, 4, esq. Tacón, Plaza de Amas |
| 15 | 1776 年 | Tacón e/ Obispo y O'Reilly, Plaza de Armas |
| 16 | 1780 年 | San Pedro 262 |
| 17 | 1780 年 | Cuba, 64 e/ Peña Pobre y Cuarteles |
| 18 | 1784 年 | Baratillo, 9 e/ Narcio López y Obispo |
| 19 | 18 世紀 | Mercaderes111 |
| 20 | 8 世紀後半 | Tacón, 8 e/ Empedrado y O'Reilly |
| 21 | 1805 年 | San Ignacio, 352, e/ Teniente Rey |
| 22 | 1809 年 | Empedrado 215. |
| 23 | 1817 年 | Mercaderes 156 e/Obrapía y Lamparilla |
| 24 | 1844 年 | Amistad, 510 e/ Estrella y Reina |
| 25 | 1879 年 | Egido, 504 e/ Monte y Dragones |
| 26 | 19 世紀 | San Ignacio 364. |
| 27 | 不明 | Merced 207. |
| 28 | 不明 | Damas 869. |
| 29 | 不明 | Empedrado 359. |
| 30 | 不明 | San Isidro 168. |
| 31 | 不明 | Damas 862. |
| 32 | 不明 | Cuba 822. |
| 33 | 不明 | Inquisidor 456. |
| 34 | 不明 | San Ignacio 603. |
| 35 | 不明 | Cuba 467. |
| 36 | 不明 | Santa Clara 69. |
| 37 | 不明 | Damas 730. |
| 38 | 不明 | Teniente Rey 159. |
| 39 | 不明 | San Ignacio 503. |
| 40 | 不明 | Oficios 356. |
| 41 | 不明 | Prado 204. |
| 42 | 不明 | Habana 714. |
| 43 | 不明 | Damas 860. |
| 44 | 不明 | Habana 162. |
| 45 | 不明 | Merced 161. |
| 46 | 不明 | Luz 310. |
| 47 | 不明 | Prado 156. |
| 48 | 不明 | Lamparilla 463. |
| 49 | 不明 | Bernaza 160. |
| 50 | 不明 | Obispo 117 y 119 |
| 51 | 不明 | Acosta 158 |
| 52 | 不明 | San Ignacio 314 |
| 53 | 不明 | Cuarteles 9 y 11 |
| 54 | 不明 | Acosta e/ Plazoleta del Espíritu Santo |
| 55 | 不明 | Bernaza e/ Teniente Rey |

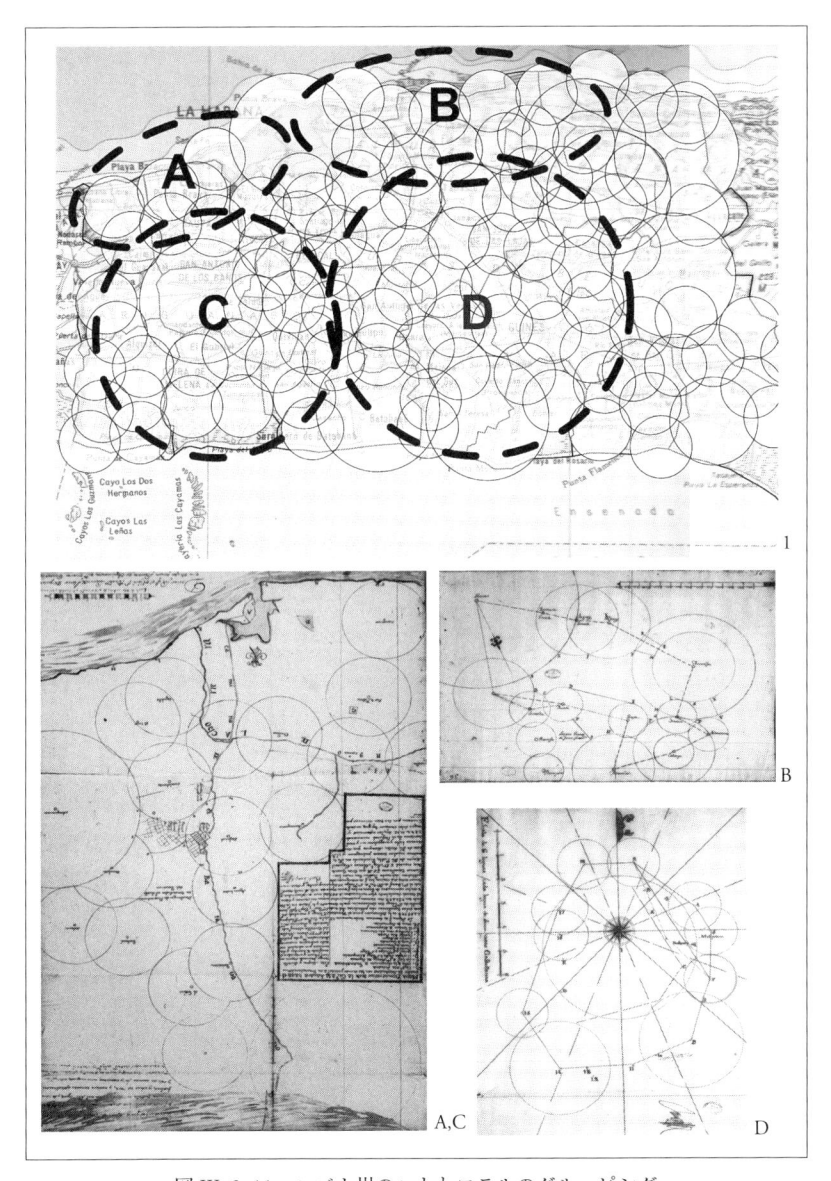

図 III-3-11　ハバナ州のハトとコラルのグルーピング
1. 全体分割　GIS data.　B. 北東部, 1729：AGI, MP-Santo Domingo, 153　A,C. 西部, 1756：AGI, MP-Santo Domingo, 303　D. 南部, 1739：AGI, MP-Santo Domingo, 195

第 III 章

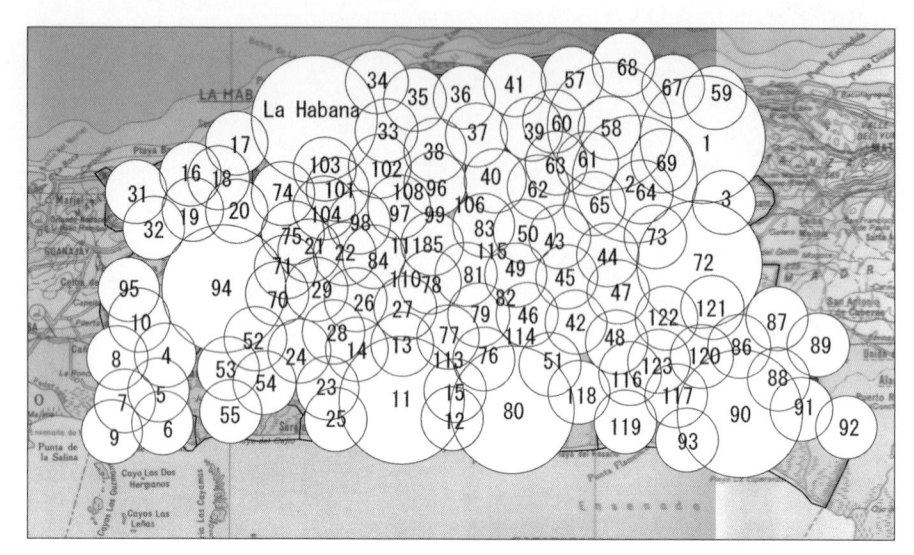

カリブ海（サント・ドミンゴ・アウディエンシア）

図 III-3-12　ハバナ州のハトとコラル
Ricardo V. Rousset（1918）をもとにヒメネス・ベルデホ，ホアン・ラモン作成

ノ Batabano（11）とマヤベク Mayabeque（80）である．さらに，バヤモ川に沿ってコラルが並ぶ．この一群が D グループである．興味深いのは西部で円弧状にコラルが並ぶ（C グループ）．この円弧状のコラルで取り囲まれた内部は森と湿地帯であり，それを避けるようにコラルが設けられている．当時，ハバナ州において接近可能であったのがこの 4 つの地域であったことがわかる．

　ハバナ州はハバナと 18 の郡からなる．バトゥア Batua，グアヤバル Guayabal，マリアナオ Marianao が A グループ，アグアカテ Aguacate，グアナバコア Guanabacoa，ハルコ Jaruco，マドゥルガ Madruga が B グループ，アルキザル Alquízar，ベフカル Bejucal，メレナ Melena，ラ・サルド La Salud，サン・アントニオ・デ・ロス・バニョスが C グループ，バタナモ Batánamo，ギネス Guines，メレナ・デル・スール Melena del Sur，ヌエヴァ・パス，サン・ホセ・デ・ラス・ラハス San José de las Lajas，サン・ニコラス San Nicolás が D グループに属する．

　図 III-3-13 に戻ろう．16 世紀末以降の展開は，比較的わかりやすい．以上の 4 つのグループの周辺に付加する形で，次々とコラルが設けられていくのである．C の中央部が開発されるのは，アリグアナボ Ariguanabo（94）が設けられた 1672 年のことである．18 世紀初頭になると，ほとんど空隙がないように全地域がハト・コラルで覆われているが，上述のように，ハト・コラル図が製作されはじめるのは 1730 年代からである．近接するハト・コラルの重複が判明することで，その境界設定がはじめて

キューバのスペイン植民都市

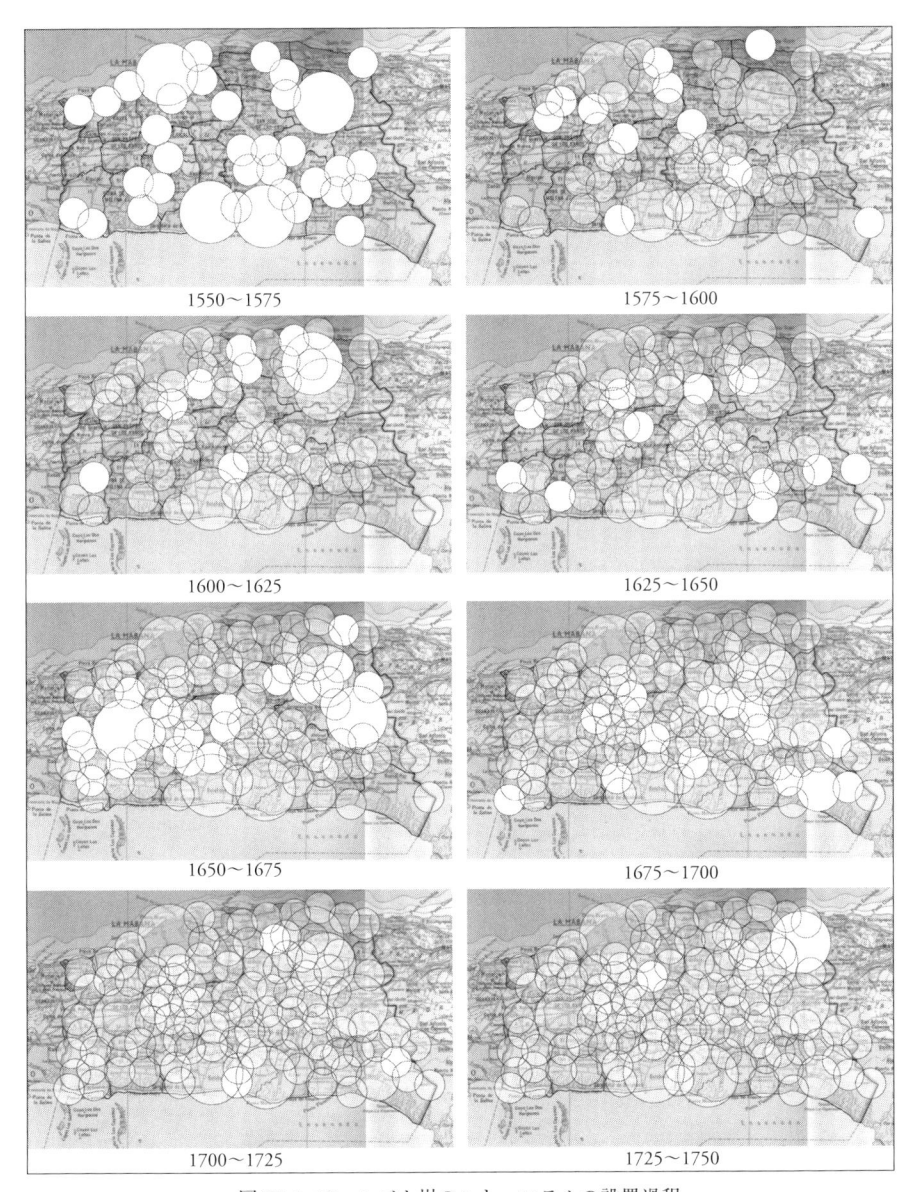

図 III-3-13　ハバナ州のハト・コラルの設置過程
Ricardo V. Rousset (1918) をもとにヒメネス・ベルデホ，ホアン・ラモン作成

第 III 章
カリブ海（サント・ドミンゴ・アウディエンシア）

問題となるのである．

　キューバでは 18 世紀末にサトウキビ栽培が急速に拡大するが，製糖工場が設置されたのは，必ずしも適切な場所ではなかった．というのも，すでに多くの場所が，ハト・コラル・システムで分譲され，市議会からメルセドを取得して私有化されていたからである．スペイン国王が一度メルセドを認めた土地は，売買のために分割することが出来ないことが，法的に定められていた．

　1819 年の法改正によって，土地の所有権が認められるようになる．この変更はアセンダード hacendados[217] のような富裕層には歓迎されたが，多くの小農たち，ヴェゲロス vegueros と呼ばれたタバコ栽培者やエスタンケロス estanqueros と呼ばれたタバコハト・コラル工場労働者にとっては大きな打撃となった．この小農たちは，しばしばアセンダードと争いを起こしてきたものの，自らの土地であるかのような立場を維持してきた．しかしアセンダードがメルセドを認められると，ヴェゲロスやエスタンケロスは土地から排斥されるか，あるいは大半がそうであったが，地代を払うことでかろうじて居住を続けた．

　1819 年以降，ハト・コラルの内部分割が行われるようになる．ハト・コラルの細分化が進行することによって，キューバの景観は大きく変わることになった．比較的大規模の砂糖工場が目立つようになるのである．

　1868 年から 1878 年にかけてのキューバの独立戦争，いわゆる 10 年戦争以前には，最大規模（42 カバジェリア程度）の砂糖工場はコラルの 10％にすぎなかった．そして，残りの大半は農地であった．独立戦争によって，ほとんど全てのアセンダードは没落することになる．キューバが独立し（1898），20 世紀初頭になると農地は再建され，外国からの投資も行われるようになる．疲弊した農地の地価は安く，労働賃金も安かったことから，外国資本による砂糖工場が数多く建てられることになった．土地の取得は大資本によって進められ，その多くは農民に貸与された．1949 年に大砂糖会社はそれぞれ平均 1,200 カバジェリアもの土地を所有していたが，その 43％しか利用されていなかったとされる．

　ハトとコラルによる領域分割の痕跡は，今日も残っている．たとえば，グイラ・デ・メレナ Guira de Melena 郡の行政境界（図 III-3-14）に円弧が残っているのである．図中の 1〜4 は図 III-3-12 左下の 52〜55 の領域を示している．

　ここまで，キューバのスペイン植民地におけるハト・コラルという極めてユニークな領域分割システムを明らかにした．以下に，その要点をまとめておきたい．

　キューバでは入植者に対し，ハト（半径 2 レグア）あるいはコラル（半径 1 レグア）という，一定の囲い地，すなわち牧畜のための土地ないし農地が与えられた．ハトとコ

---

217) アシエンダの所有者．アシエンダはもともと財産を意味するが，大土地所有のことをいう．

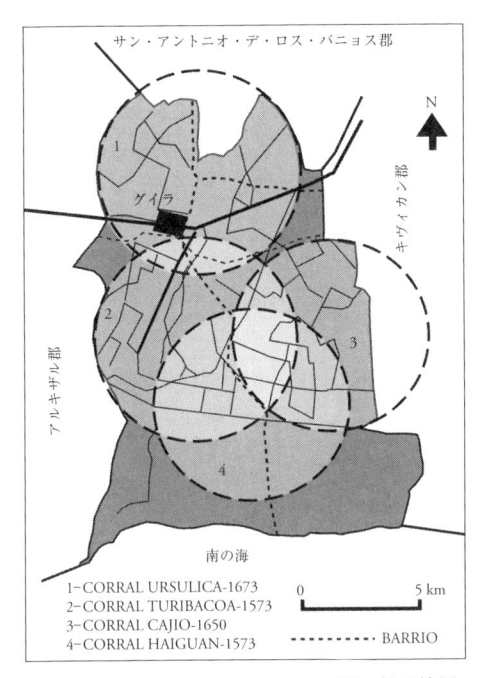

図 III-3-14　グイラ・デ・メレナ郡の行政境界

ラルによる領域分割によって，18世紀末までにキューバ島全域が分割された．

　ハト・コラルは，沿岸部の入植拠点にまず設置され，その周辺に付加する形で拡がっていったが，1730年代から，ハトとコラルの領域の重なりが問題となり，ハト・コラル図が製作されはじめた．

　1820年代以降，ハト・コラルの内部分割が進行したが，ハト・コラルによる領域分割の痕跡は，今日の行政境界に円弧の形で残っている．

## 4　スペイン植民都市の原像 ── ハバナ

　キューバのスペイン植民地について具体的にみよう．最初に取り上げるのは，その代表といってよいハバナである．
　1515年，ヴェラスケスによってキューバの6番目の拠点としてカレナスという都市が築かれた（定礎8月15日）．カレナスはメキシコ湾への入口に位置し，湾流に乗

第 III 章

カリブ海（サント・ドミンゴ・アウディエンシア）

りやすいことからスペイン植民地の主要な港湾都市に成長していくことになった．パンフィロ・デ・ナルヴァエス（1470〜1528）によって，カレナスが，サン・クリストバル・デ・ラ・ハバナ San Cristóbal de la Habana と改められたのは 1519 年のことである．ハバナは 1553 年にサンティアゴ・デ・キューバに代わってキューバの首都となり，さらにその影響力を失っていったサント・ドミンゴに代わってアウディエンシア随一の都市となる．18 世紀半ばには，イベロアメリカのスペイン植民都市の中で，リマやメキシコに並ぶ中心都市となっていた．

## 4-1　ハバナの都市形成

　AGI 収蔵のサント・ドミンゴ・アウディエンシアに関する植民都市関連地図資料 916 枚のうち，ハバナに関するものは 188 枚含まれている．また，陸軍博物館 SHM に収蔵されている地図資料のうち，44 枚がハバナに関係する．その他，マドリードにある海軍博物館 Museo Naval，ハバナにあるキューバ国立古文書館 Archivo Nacional de Cuba が所蔵する地図資料それぞれ 1 枚を加え，計 234 枚が本節で扱う資料となる．

　234 枚の内訳は，都市図 84 枚，要塞，市壁図 89 枚，建築図面 61 枚である．都市図のうち，街区構成や街路体系が描かれているものが 34 枚（AGI18 枚，SHM14 枚，その他 2 枚）で，宅地の分割が描かれているものが 36 枚（全て AGI），ハバナとその周辺環境は描かれているが，都市形態は描かれていない地図が 6 枚（AGI2 枚 SHM4 枚）ある．他は，公園 1 枚（AGI），港 4 枚（AGI3 枚，SHM1 枚），インフラ（橋梁，道路）関連図が 3 枚（AGI）ある．主な地図を図 III-4-1 に挙げた．ハバナ創建時の図は現存しない．最も古い地図は 1567 年に描かれたものである（1 図）．街区割が示される最古の地図が，1603 年に描かれた 2 図で，市の拡張と市壁計画を示している．今日のハバナの骨格が示される図としては，1691 年の 3 図が最も古い．

　これら都市図によって，ハバナの都市形成の歴史を，その形態の変化によっていくつかの段階に分けることができる．以下，図 III-4-3 をもとに，その過程を述べよう．

　初期は a 図（1519）に示すような形態であったと考えられる．1515 年に拠点建設の定礎が行われたのは，現在のギネスに近い島の南岸であった．しかし，港が浅く大型船が近づけず，多湿のために大量発生する蚊に悩まされ，この地はすぐに放棄される．続いて北岸のアルメンダレス河の河口付近に移るも，ここも居住に適さず放棄され，最終的にパンフィロ・デ・ナルヴァエスによって，1519 年現在の位置に移された．海岸近くの 1 本のセイバ Ceiba[218] の木（a 図，図中 1）のもとで，最初のミサが行われ，その前にはじめての広場（現アルマス広場 Plaza de Armas，図中 2）が設けられ，隣接し

---

218）アフリカ系宗教の聖木で，キューバにおいても聖なる木とされる．

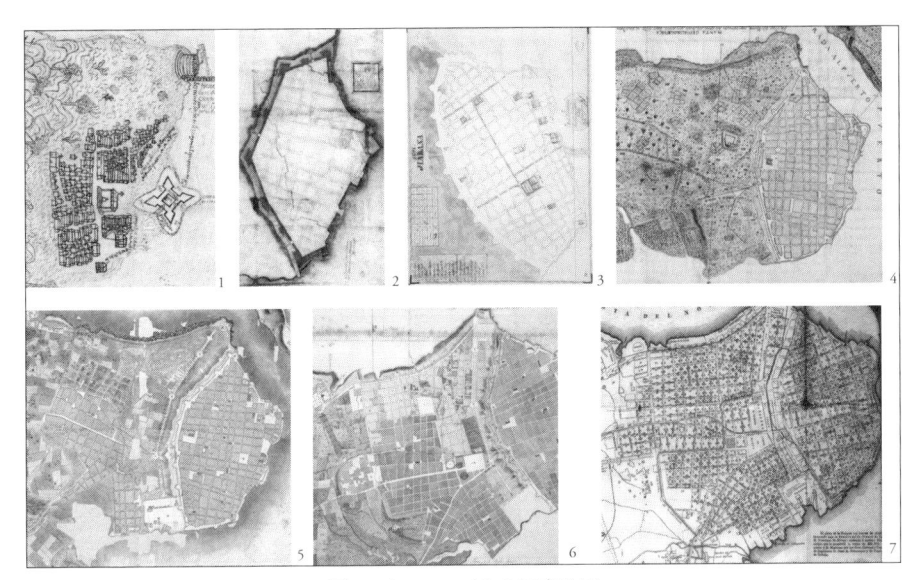

図 III-4-1　ハバナの歴史地図
1. 1567：AGI, MP-Santo Domingo, 4　2. Cristóbal de Roda, 1603：AGI, MP-Santo Domingo, 20　3. Juan Siscara, 1691：AGI, MP-Santo Domingo, 97　4. Bruno Caballero, 1729：SH-5524　5. Paula Gelavert, 1785：SH-13135　6. A. M. de la Torre, 1819：SH-19750　7. J.M. de la Torre, 1866：AGI, MP-Santo Domingo, 843

て教会（a 図中 3）が建設された．セイバの木は後に枯れるも，1754 年には記念柱が建てられ，19 世紀末にはテンプレテ El Templete が建設された．広場を基点に湾岸に沿って，ボイオ Bohío[219]と呼ばれる椰子葺きの小屋が建ち並び，オフィシオス Oficios（業務）通りが形成された（b 図，図中 4）．

　その後，広場を中心に，南北街路のメルカデレス Mercaderes（商人）通り（b 図中 5）とサン・イグナシオ San Ignacio 通り（b 図中 6），東西道路のバスレロ Basurero（ゴミ箱の意，のちにテニエンテ・レイ Teniente Rey）通り（図中 7）とレアル（のちのムラージャ Muralla）通り（図中 8）が計画される．初期には，しばしば海賊[220]の攻撃を受け，破壊

219) カリブ諸島の伝統的住居．ハバナ旧市街地では 18 世紀にいたるまで下級層の住居として存在し，ハバナ郊外に今も現存している．
220) キューバを攻撃した海賊として以下が知られる．フランスからは，ジャン・フランソア・デ・ラ・ロク Jean-François de la Roque de Roberval (1546)，ジャック・デ・ソル Jacques de Sore (1554, 1555)，フランソア・レクレ François Leclerc (1554)，リチャード・ホーキンス Richard Hawkins (1586)，ギルバート・ギロン Gilberto Girón (1604)，ジャック・ジャン・ダヴィッド・ナウ Jacques Jean David Nau (1667)．イギリスからは，ジョン・ホーキンス John Hawkins (1565)，フランシス・ドレイク Francis Drake (1596)，クリストファー・ミングス Christopher Mings (1662)，ヘンリー・モーガン Henry Morgan (1668)．オランダからは，ピーター・ピーテルスゾーン Pieter Pieterszoon (1628)，エドワード・マンスベルト Edward Mansveldt (1665)．

## 第 III 章

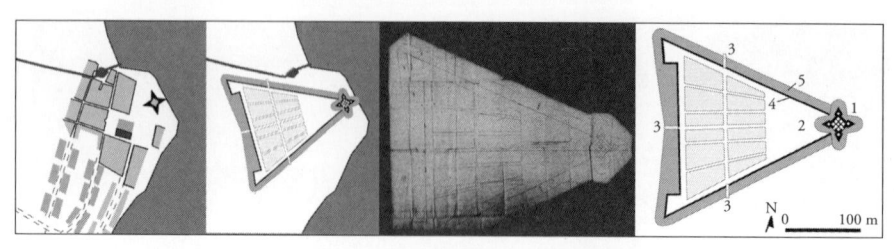

### カリブ海（サント・ドミンゴ・アウディエンシア）

図 III-4-2　フランシスコ・コロナ
1. 要塞　2. 広場　3. 橋と門　4. 城壁　5. 堀

都市図：Weiss (1996)

再建が繰り返されるが，街路は東西南北のグリッド状に形成されていく．

1553 年，サンティアゴ・デ・キューバに代わってキューバの首都となったことで，ハバナは大きく発展していくことになる．北部にはシエナガ Ciénaga 池（a, b 図，図中 9）があり地盤が悪かったため，当初市街は南部に向けて発展したが，16 世紀後半に小さい橋が建設されることで，北方への拡大が進んでいく．一方，カビルドは，祭典を開催できる規模の広場の建設を命じ，1584 年に，南北街路のメルカデレス通りとサン・イグナシオ通り，東西街路のテニエンテ・レイ通りとムラーニャ通りに囲まれるコロニープラサ・ヌエヴァ（現プラサ・ヴィエハ）が建設された（b 図，図中 10）．この第 2 のプラサは，都市発展の次の核としてつくられたと考えられる．

海賊に悩まされたスペインは，対策のために，主要な都市に要塞建設資金を供給する．それをうけて 1558 年，ハバナは広場周辺の住居を撤去し，「新世界」における最初の本格的石造要塞建築であるレアル・フエルサ城塞（b, c 図, 図中 11）を建設する．以後，広場はアルマス広場と呼称された．フエルサ城要塞は，バルトレメ・サンチェスが，1558 年から 1560 年にかけて最初の技師として建設に携わり，1560 年以降はフランシスコ・カロナが引き継ぎ，1577 年に完成した．要塞を完成させたカロナは，1582 年に都市計画図を残している（図 III-4-2）．実施されることはなかったが，レアル・フエルサ城塞（図中 1）を軸に，要塞の正面には広場が計画され（図中 2），市壁の三面に 1 つずつの出入り口がある（図中 3）．街区は幅 10 ヴァラから 15 ヴァラの放射状の通りによって計画されている．14 ha の三角形を基本に，周囲は市壁（図中 4）と堀（図中 5）で囲まれている．もしこのカロナによる計画が実施されていれば，ハバナは初の最も幾何学的なスペイン植民都市となったであろう．

話を戻そう．ハバナは 17 世紀に入って大きく拡張する．教会や病院などの公共施設も広場とともに建設されていった．アルマス広場，プラサ・ヴィエハに加え，1628 年に船着き場として整備されたサン・フランシスコ広場（図 III-4-3，d 図，図中 13），さらに 1640 年西側市壁付近にサント・クリスト教会と広場（図中 17）が建設された．多くの宗教施設や公共施設が，隣接するプラスエラ Plazuelas と呼ばれる小広場とと

もにつくられた．「フェリペII世の勅令」の第118条は「市街地のところどころに小広場を設け，その広場に付随して教会を設置する」と規定しているが，この規定はハバナでも実施されていたのである．続けて，ハバナ湾の入り口の警備を強化するため要塞が次々に建設されていった（図III-4-4）．バウティスタ・アントネッリ（Column 7）とその息子フアン・バウティスタ・アントネッリ Juan Bautista Antonelli，さらに従弟のクリストバル・デ・ロダ・アントネッリ Cristóbal de Roda Antonelli によって，西岸にプンタ要塞（1589～1600，図中2），東岸にモロ要塞（1589～1630，図中3）が建設された．また，フアン・バウティスタ・アントネッリにより建設されたラ・チョレラ La Chorrera（1645，図中4）とイタリア人マルコス・ルシオ Marcos Lucio により建設されたサン・ラザロ San Lázaro（1665，図中5）も続けて建設された．そして1674年，クリストバル・デ・ラ・ロダ Cristóbal de la Roda によって市壁建設が計画され，1740年に完成する．完成した市壁は，クリストバルの計画よりも広く，市壁の全長は約1700 m，高さ10 mを誇り，9つの砦，180の砲台を備え，建設当時は2つの城門があった（Capablanca（1998））．

18世紀半ばのハバナの人口は7万人以上であったと推測されている．カリブ海域の交易拠点として栄え，リマ，メキシコについでイベロアメリカ第三の都市であった．キューバ島には西アフリカから数千人の黒人奴隷が砂糖プランテーションのために投入される．七年戦争の最中，1762年にハバナは英国によって1年足らずの間占拠されたが，すぐさま奪還された．以降，ハバナの要塞化はさらに進められていく．シルベストレ・アバルカ Silvestre Abarca とペドロ・デ・メディナ Pedro de Medina により建設されたカバーニャ要塞 Fuerte de San Carlos de la Cabaña（1763～1774，図中8）は，「新世界」で最も大きいスペインの要塞である．西部には，造船所を防御するために，アグスティン・クラメ Agustín Crame とシルベストレ・アバルカ Silvestre Abarca によってアタレス城塞（1767，図中7）が建設された．また，2人にルイス・フエト Luis Huet が加わり，プリンシペ要塞 Castillo del Príncipe（1767～79，図中8）が建設された．東部には，サン・ディエゴ要塞 Hornabeque de San Diego（1770，図中6）が建設され，ハバナの防衛は次々に強化されていった．人口の増加とともに，市壁の外にも建物が建設されはじめる．1772年には，馬車の通行を考慮した2つの遊歩道が建設された．港沿いに建設されたパウラ並木道 Alameda de Paula と市壁外周沿いに建設されたプラド遊歩道である．1777年にカテドラルが完成し，前面にカテドラル広場（前出図III-4-3，e図，図中23）が建設されている．

19世紀前半，ハバナはさらに栄え「アンティルのパリ」と呼ばれるようになる．都市は，さらに西へ拡大していった．1802年，サン・フランシスコ広場にレコバ市場，1814年にサント・クリスト広場にヌエヴォ・デル・クリスト市場 Mercado Nuevo del Cristo，1835年，プラザ・ヴィエハにクリスティーナ市場 Mercado de Cristo が設置さ

第 III 章

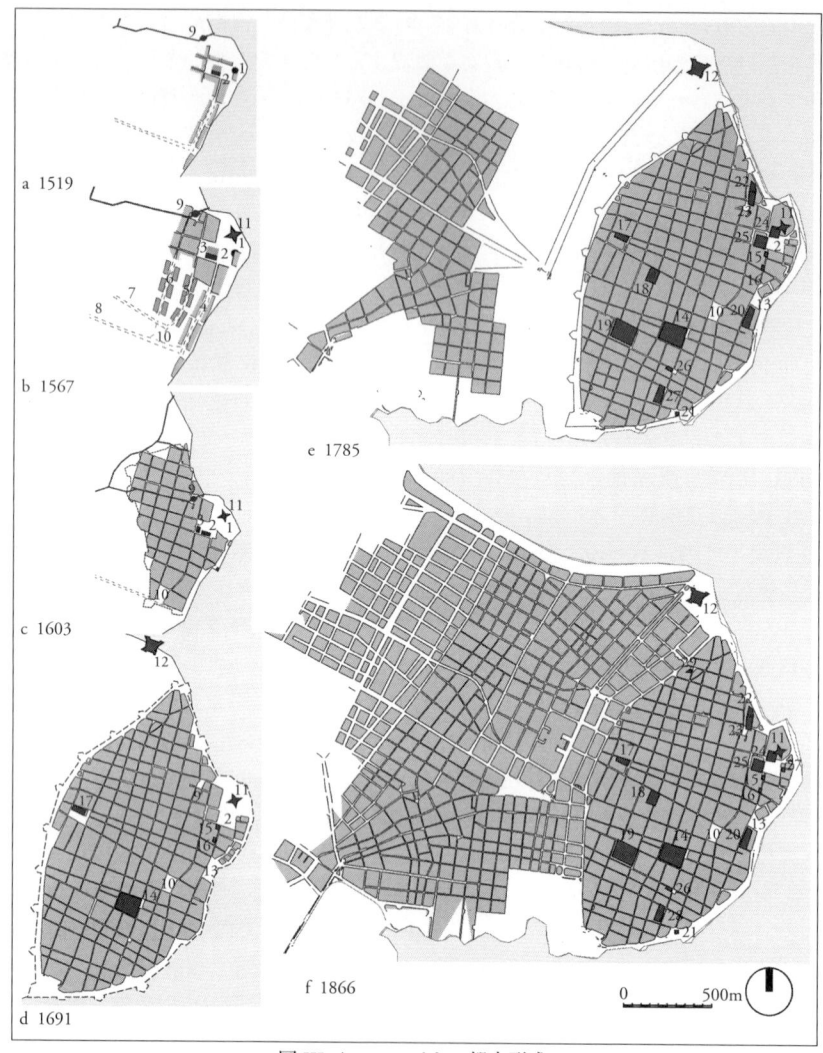

カリブ海(サント・ドミンゴ・アウディエンシア)

図 III-4-3　ハバナの都市形成

1. Ceiba の木，2. 広場，3. 教会，4. オフィシオ Oficios (業務) 通，5. メルカデレス Mercaderes (商人) 通，6. サン・イグナシオ San Ignacio 通，7. バスレロ Basurero (ゴミ箱) 通，8. レアル Real 通，9. Ciénaga (池)，10. プラサ・ヌエヴァ (プラサ・ヴィエハ)，11. フエルサ要塞 (1558-1577)，12. プンタ Punta 要塞 (1589-1600)，13. サン・フランシスコ San Francisco 広場，14. サンタ・クララ・アシス Santa Clara de Asís (1638-1650) 修道院，15. San Francisco de Sales (17 世紀) 学校，16. San Ambrosio (17 世紀) 学校，17. Santo Cristo del Buen Viaje (1640) 教会，18. Santa Teresa de Jesus (1707) 教会・修道院，19. ヌエストラ・セニョーラ・デ・ベレン Nuestra Señora de Belén (1712-) 教会・修道院，20. サン・フランシスコ・アシス San Francisco de Asis (1738) 教会・修道院，21. サン・フランシスコ・デパウラ San Francisco de Paula (1745)，22. サン・カルロス・イ・アンブロジオ San Carlos y San Ambrosio (1774) 神学校，23. カテドラルと広場 Catedral and Plaza de Catedral (1748-1777)，24. セグンド・カボ邸 Palacio del Segundo Cabo (1770)，25. 総督邸 Palacio de los Capitanes Generales (1776-1791)，26. エスペリトゥ・サント Espíritu Santo (1638-1720) 教会，27. テンプレテ Templete (1828)，28. ラ・メルセド La Merced (1755-1867) 教会・修道院，29. サント・アンゲル・デル・クストディオ Santo Ángel del Custodio (1871) 教会

4
スペイン植民都市の原像

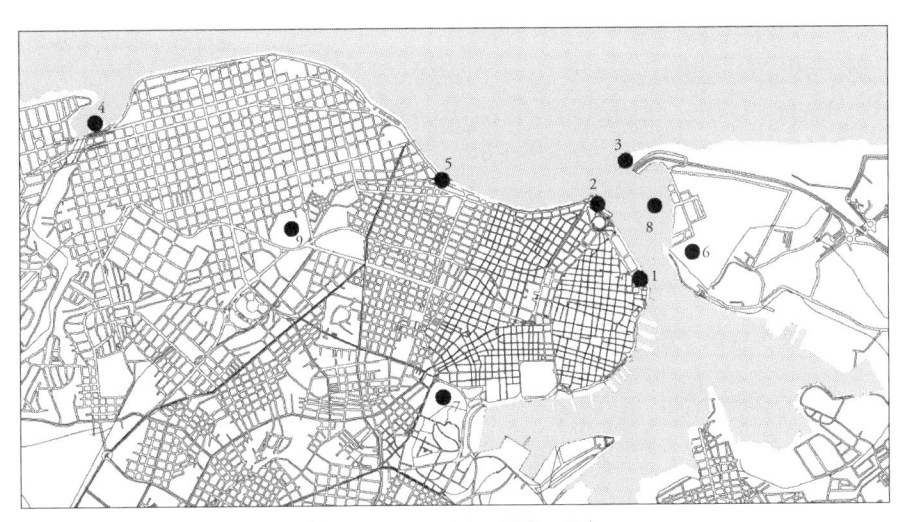

図 III-4-4　ハバナの要塞の分布
1. Castillo de la Real Fuerza (1577), 2. Castillo de San Salvador de la Punta (1600), 3. Castillo de los tres Reyes Magos del Morro (1630), 4. La Chorrera (1645), 5. San Lázaro (1665), 6. Hornabeque de San Diego (1770), 7. Castillo de Atares (1767), Fuerte de San Carlos de la Cabaña (1774), Castillo del Príncipe (1779).

れる．1834 年には，キューバの総督に就任したミゲル・タコン Miguel Tacón によって大規模な都市整備計画が実施される．主要道路が舗装され，下水の整備，街灯の設置，消防の整備，プラド通りの拡幅などが行われ，プリンシペ要塞とハバナ・ヴィエハ（旧市街）を直線で結ぶレイナ通りとカルロス III 世通り（現在サルヴァドール・アレンデ Salvador Allende）が建設された．1837 年に最初の鉄道が建設され，砂糖プランテーション農場とハバナが鉄道で結びつけられると人口がさらに増加する．19 世紀半ば頃から新たな要素として，ガス灯（1848），電報（1851〜1855），公共交通（1862），水道（アルベア・アクアダクト Acueducto de Albear，1874〜1893），電話（1881），電灯（1890）が次々と導入される．1863 年から 1875 年にかけて市壁は壊され，市街地はさらに西へ拡大していった．1859 年から 1883 年にかけてラ・コレーラ La Chorrera 城周辺が市街地化される．この時のフアン・バウティスタ・オルドゥーニャ Juan Bautista Orduña の計画図によると，新しく計画する道路は全て 15 m，新築の建物は間口 12 m 以上，敷地面積の半分は庭もしくは中庭としており，これが都市計画規定となっていた（1865）．ハバナは，スペイン植民地時代の終焉（1889）時期の骨格を今日までとどめている．

アメリカの保護国下に入ったキューバは，インフラ整備が進み，建築形態，建築用途が変化していく．プラド通り周辺までを含めたハバナ旧市街には，5 階建て以上建物の建物が数多く建設されていった（Segre, Coyula and Scarpaci (1997))．1772 年に建設

239

され，19世紀前半に拡幅整備が行われたプラド通りには中央分離帯が設けられた．通りの南端にある旧鉄道跡地には，カピトリオ Capitolio[221] が 1929 年に完成し，周辺が緑化されていった．また，レアル・フエルサ要塞とプンタ要塞間の沿岸部は埋め立てられ，プエルト遊歩道として公園化された．以後，大規模な都市開発はさらに西方面へ拡大していくこととなる．

## 4-2　ハバナ・ヴィエハの空間構成

### (1)　施設・用途分布

　ハバナ・ヴィエハ（旧市街），かつてのイントラムロスの現在の街路体系と街区構成は 1691 年に描かれた図（図 III-4-1 の 3 図，図 III-4-3 の d 図）とほぼ一致し，街路は，ほぼ東西南北の 2 軸に沿って計画されている．現在のハバナ・ヴィエハは，17 世紀末には形成されていた植民地時代の骨格を今日に伝えている[222]．まずは，その現在の姿を仔細に検討しておこう（図 III-4-5）．これと，今までに挙げた古地図とを併せることで，ハバナの設計思想に大きく迫ることができる．

　2009 年の敷地・建築物の用途をみると，全体の 68.9％（2,375 敷地（棟）/ 3449 敷地（棟））が専用住居で，店舗併用住居を含めると 81.6％が住居系用地・建物である．ルス Luz 通りより南の地区は，住居が密集し，平屋建てが多い（図 III-4-6）．

　店舗併用住居は 12.7％（総数 438）であり，全域にみられるものの，主要な通りに集中している．アマス広場を西端に東へ伸びるオレーリー通りとオビスポ通り，東端にサン・フランシスコ教会，西端にカピトリオがあり，プラサ・ヴィエハやクリスト広場とも繋がるテニエンテ・レイ通り，その南のムラーニャ通り，カテドラル大聖堂とプラサ・ヴィエハを繋ぐメルカデレス通りおよびサン・イグナシオ通りに多くみられる．主要の通りには店舗併用住居だけでなく，ホテル，銀行，レストラン，旅行代理店，地方物産店などの観光関連の商業施設も多い．5.7％（総数 198 棟）が商業施設である．プンタ要塞から南に伸びるプラド通りとその東のモンセラテ通り，東西街路のカプデビージャ通り Capdevilla，モンテ通り Monte と南北街路のカルデビージャ通り，エキド通り，コラレス通り Corrales，アーセナル通りには，商業施設と公共施設が多く集中している．

　プラド通りの西側には市壁の跡地があり，アメリカ時代の象徴的な建物であるカピ

---

[221]　アメリカの国会議事堂をモデルに建設され，現在は博物館である．
[222]　臨地調査は，2007 年 9 月 3 日〜9 月 17 日に J・R・ヒメネス・ベルデホと布野修司が，2009 年 10 月 21 日〜29 日に J・R・ヒメネス・ベルデホ，若松堅太郎，塩田哲也，菅野愛実が行った．調査に際しては，ハバナ旧市街・イントラムロスをくまなく歩き，敷地・建物，用途，構造，階数などの分布を明らかにした．

*4*

スペイン植民都市の原像

**図 III-4-5　ハバナ旧市街の街路体系と主要施設**

1. アルマス広場，2. プラサ・ヌエヴァ（プラサ・ヴィエハ），3. フエルサ要塞（1558-1577），4. プンタ Punta 要塞（1589-1600），5. サン・フランシスコ San Francisco 広場，6. サンタ・クララ・アシス Santa Clara de Asís 修道院（1638-1650），7. San Francisco de Sales 学校（17 世紀），8. San Ambrosio 学校（17 世紀），9. Santo Cristo del Buen Viaje（1640）教会，10. Santa Teresa de Jesús 教会・修道院（1707），11. ヌエストラ・セニョーラ・デ・ベレン Nuestra Señora de Belen 教会・修道院（1712-），12. サン・フランシスコ・アシス San Francisco de Asis 教会・修道院（1738），13. サン・フランシスコ・デパウラ San Francisco de Paula（1745），14. サン・カルロス・イ・アンブロジオ San Carlos y San Ambrosio 神学校（1774），15. カテドラルと広場 Catedral and Plaza de Catedral（1748-1777），16. セグンド・カボ邸 Palacio del Segundo Cabo（1770），17. 総督邸 Palacio de los Capitanes Generales（1776-1791），18. エスペリトゥ・サント Espiritu Santo 教会（1638-1720），19. テンプレテ Templete（1828），20. ラ・メルセド La Merced 教会・修道院（1755-1867），21. サント・アンゲル・デル・クストディオ Santo Angel del Custodio 教会（1871）

241

第 III 章
カリブ海（サント・ドミンゴ・アウディエンシア）

図 III-4-6　ハバナ旧市街　街路と街区寸法

スペイン植民都市の原像

図 III-4-7　ハバナ旧市街　建造物の階数

1階, 2階　　3階　　4階以上

第 III 章
カリブ海（サント・ドミンゴ・アウディエンシア）

レンガ造　　鉄骨造, RC造　　石造

図 III-4-8　ハバナ旧市街　建築構造

トリオをはじめ，教育機関，政府機関，警察署，博物館，美術館，劇場，病院，警察署，消防署など公共施設が立地する．全体の1.7%（総数57棟）を占める．

ハバナ湾沿岸部には，フェリー乗り場や倉庫があるが，19世紀から20世紀にかけて埋め立てにより建設されたものである．旧市街には，葉巻の生産工場も確認でき，倉庫，工場を合わせると全体の1.9%（総数65棟）である．

宗教施設は，総数22が確認できた．教会と修道院は一般に隣接していることが多い．旧市街全域に分散している．

ハバナ旧市街には，アルマス広場，プラサ・ヴィエハ，サン・フランシスコ広場，カテドラル広場，クリスト広場の5つの広場がある．また，教会や修道院などの宗教施設や公共施設に隣接してつくられたプラスエラが14ある．市壁跡地，プンタ要塞とレアル・フエルサ要塞の間の埋め立て地に多くの幾何学模様で描かれた広場がある．区画は大きく，19世紀，20世紀に計画されたものである．

(2) 街路体系

上述のように，アルマス広場を基点に南北街路と東西街路は計画されていった（図Ⅲ-4-6）．南北街路のオフィシオス通り（A）は，海岸に沿って形成され，また，メルカデレス通り（B）も大きく湾曲しており，当初から整然としたグリッドが計画されていたわけではない．東から3本目のサン・イグナシオ通り（C）は，ほぼ直線であり，初期の基準になったと考えられる．

東西街路は，アルマス広場から西に伸びるオレーリー通り（K）とオビスポ通り（L）が初期の基準である．

オビスポ通り沿いに南北街路の交点間の距離を測ると（図Ⅲ-4-6），オフィシオス通りとメルカデレス通り間89.18 m，メルカデレス通りとサン・イグナシオ通り間97.29 m，サン・イグナシオ通りとキューバ通り（D）間83.86 m，キューバ通りとアギア通り（E）間72.27 m，アギア通りとハバナ通り（F）間78.05 m，ハバナ通りとコンポステイア通り（G）間74.81 m，コンポステイア通りとアグアカテ通り（H）間78.41 m，アグアカテ通りとビリェガス通り（I）間79.76 m，ビリェガス通りとベルナサ通り（J）間115.66 mである．初期に形成されたA-B，B-C，C-Dはばらつきがあるが，寸法の単位としてヴァラ（0.848 m）が用いられていたと考えると，およそ100ヴァラが目安になっていたのではないかと推測できる．

キューバ通りからビリェガス通りまでの間隔は，ほぼ一定で，およそ90ヴァラである．初期に計画された街区より小さく計画されているが，街路幅を10ヴァラとみれば，80ヴァラが街区の単位になっていたのではないかと推測できる．ビリェガス通りからベルナサ通りの街区幅は大きい．両通りは，サンクリスト教会とその広場に接する街路であり，ビリェガス通りの北端，南端には市壁の出入口が設けられていた

# 第 III 章
カリブ海（サント・ドミンゴ・アウディエンシア）

ことから計画は遅れたと考えられる．つまり，南北街路は，三段階に分けて計画されたと考えられる．

　東西街路は，オレーリー通りとオビスポ通りを基準に計画されたが，オレーリー通りより北側は，ほぼグリッド状に構成されている．上述のように，以前は湿地帯であり，また，防衛上の理由から計画は遅れたが，16世紀後半に開発されている．東西はキューバ通り（D）からアグアカテ通り（H），南北はオレーリー通りからチャコン通りまでが4×4のグリッドに計画され，街区規模（街路間幅）をみると，ほぼ90ヴァラである．オレーリー道路を東からみると 75.78 m，76.08 m，74.44 m，73.91 m の間隔である．

　このグリッド区画が基準となって南の街区が形成されていったと考えられるが，オビスポ通りと平行に計画された南端の街路は，ムラーニャ通り（Q）である．この通りは古地図（図 III-4-1 の 1 図，図 III-4-3 の b 図，図中 8）にもみられ，初期に計画されていたことがわかる．ただし，ムラーニャ通りの北のテニエンテ・レイ通りは北東斜めあがりに傾いている．これも図 III-4-1 の 1 図にすでにみられる現象で，おそらく古来の交通路であったと考えられる．

　オビスポ通りからムラーニャ通りの間にある東西街路と，基準となったと思われる南北街路サン・イグナシオ通りの交点間の距離は，オビスポ通りとオブラピーア通り（M）間 91.19 m，オブラピーア通りとランパリージャ通り（N）間 61.73 m，ランパリージャ通りとアマルグア通り（O）間 63.41 m，アマルグア通りとテニエンテ・レイ通り（P）間 114.82 m，テニエンテ・レイ通りとムラーニャ通り 90.49 m である．明らかにグリッドは崩れている．

　ムラーニャ通りより南側は，オレーリー通りと平行に計画された街路は見当たらない．むしろ，基準として考えられるのは，テニエンテ・レイ通りと平行なルス通りである．南北街路のアグアカテ通りとビリュガス通りの南端は，ルス通りで中断されている．また，ダマス通り，ピコタ通り，クラサオ通り Curaçao など，ルス通りを北端に形成されている街路がある．南部街区の基準となっているのがルス通りであることはここからもわかる．

　南北街路であるコンポステラ通りとピタコ通り，東西通りであるメルセド通りとレアノール・ペレス通りに囲まれた「田の字」地区がある．その南北の街路がバヨナ Bayona 通り，東西の街路がコンデ通りである．この地区は，もともと 1 つの街区であり，空地であった．18 世紀末に街区を 4 つに分割し，新たに計画された地区である．実際，1785 年に描かれた地図（図 III-4-1 の 5 図，図 III-4-3 の e 図）に，この「田の字」地区を見出すことができる．

## (3) 広場

第II章3節でみたように，172都市のプラサ・マヨールの規模は，最小35ピエ×35ピエから最大330ヴァラ×330ヴァラであり，最も多いのは124ヴァラ×124ヴァラであった．ハバナ旧市街には，5つの広場があるが，建設当初から一度も修復が行われていない広場はクリスト広場だけである．サン・フランシスコ広場には，北側に施設が建設され，カテドラル広場には，18世紀はじめ，ルイ・チャコン総督邸が建設されるなど広場は初期計画とは異なる．アルマス広場は89ヴァラ×67ヴァラ，プラサ・ヴィエハは63ヴァラ×80ヴァラ，サン・フランシスコ広場は50ヴァラ×90ヴァラ，カテドラル広場は30ヴァラ×40ヴァラ，クリスト広場は94ヴァラ×40ヴァラである．5つの広場は，必ずしも定型化されておらず，キューバのスペイン植民都市の中でも規模は小さいといえる．

## 4-3　ハバナ・ヴィエハの街区構成

臨地調査を行った調査地域は，ハバナ旧市街を含んで，229の街区，3,449の敷地におよんでいる．229の街区のうち，ハバナ旧市壁内の街区に限定し，20世紀以降に大きな開発が行われた敷地や，教会・修道院など宗教施設を含む街区を除くと，158の街区，2,825の敷地が旧来のものといえる．

ハバナ旧市街の街路体系はグリッド状ではあるが不整形であり，街区は必ずしも一定の形をしているわけではない．また，街区も，一定のパターンで分割されているわけではない．ハバナが示すこのような姿は，「フェリペII世の勅令」で定型化される以前のスペイン植民都市の初期の形態を示している．

### (1)　建造物の分布

ハバナ旧市街がアルマス広場（前掲図III-4-5, 図中1）から海岸通りに沿って発展し，また，北から南へ向かって形成されてきたことは，上述のとおりである．また，前節においてハバナ旧市街の全ての敷地の用途について示した．全体の68.9％が専用住居で，店舗併用住居を含めると81.6％が住居系用地・建物である．店舗併用住居は全域に分散しているが，主要な通りに集中している．

ハバナ旧市街の2,825のうち，広場や空き地や駐車場といったオープンスペースが152 (4％) ある．その他の敷地には基本的に敷地一杯に建物が建設されている．ただし，99棟 (2.9％) は廃屋となっている．

旧市街の敷地の階数分布を示した（図III-4-7），建築構造の分布を示した図III-4-8を再び参照しよう．レンガ造が84％ (2,907棟) とほとんどを占め，RC造が7％ (247棟)，石造3％ (135棟)，鉄骨造が2％ (8棟) である．1階建てが17％ (589棟)，2階

建て 42%（1,454 棟），3 階建て 24%（809 棟），4 階建て 9%（307 棟），5 階建て以上 4%（138 棟）であり，2，3 階建ての建物が 66％を占めている．1 階建てから 4 階建ての建物のほとんどは住居，店舗，店舗併用住居である．5 階建て以上の建物は集合住宅やホテル，あるいは事務所である．

327 軒の建物に，アーケードが付属している．アーケードは公共空間を示すもので，主要な街路や広場に形成されている．アニマス広場の四面，プラサ・ヴィエハの四面，カテドラル広場は二面，サン・フランシスコ広場も二面，クリスト広場，ベレン修道院前のプラスエラには一面確認できた．18 世紀につくられたパウラ並木道，プラド遊歩道の両遊歩道にも確認できる．最も多く集中するのは，1863 年の市壁解体後に計画された跡地である．これは，1855 年に主要街路のアーケードが義務化されたことによるものである．

(2) 街区規模

158 の街区について，その規模を検討しよう．平均 4,598 m$^2$，最小 1,095 m$^2$，最大 11,796 m$^2$ である．最小のものは，ハバナを植民地化するスペイン人がはじめてミサを行った場所であり，現在は，テンプレテが建てられている街区である．最大のものは，海岸沿いのプンタ要塞とレアル・フエルサ要塞の間にある広場である．イベロアメリカのスペイン植民都市の場合，80 ヴァラ×80 ヴァラ（≒4,600 m$^2$）の街区が多いが，ハバナの街区規模の平均はスペイン植民都市に一般的な規模である．

ヴァラ単位で，街区の規模の分布をまとめたものが図III-4-9 である．これをみると，50 ヴァラ平方以下が 14，51〜60 ヴァラ平方が 18，61〜70 ヴァラ平方が 37，71〜80 ヴァラ平方が 56，81〜90 ヴァラ平方が 40，91〜100 ヴァラ平方が 25，101〜110 ヴァラ平方が 20 ある．ばらつきはあるものの，大半は 100 ヴァラ平方以下である．

小さな街区と大きな街区がそれぞれ集中している地区がみられる．小規模な街区が集中するのは，タコン Tacón 通りとキューバ通りの交点から南下し，オビスポ通りとの交点から西へ進み，モンセラテ Monserrate 通りの交点から北上しタコン通りとで結ばれる地区とアコスタ Acosta 通りを境に南の地区，これら 2 地区である．

大きな街区が集中してみられる領域はタコン通りを南下し，さらに，エンペラド Emperado 通りとタコン通りの交点から南下，アルマス Armas 広場を通り，オフィシオス Oficios 通りを南下し，ムラージャ Muralla 通りとの交点から西へ進み，モンセラテ通りの交点から一街区分北上し，テニエンテ・レイ Teniente Rey 通りの交点を東へ進み，キューバ通りとの交点からタコン通りまで北上し結ばれる地区である．この地区は，初期に計画でつくられた通りである南北街路のオフィシオス通り，メルカデレス Mercaderes 通りと東西街路のテニエンテ・レイ通り，ムラージャ通りに囲まれ，また，5 つの広場と接する領域でもある．

スペイン植民都市の原像

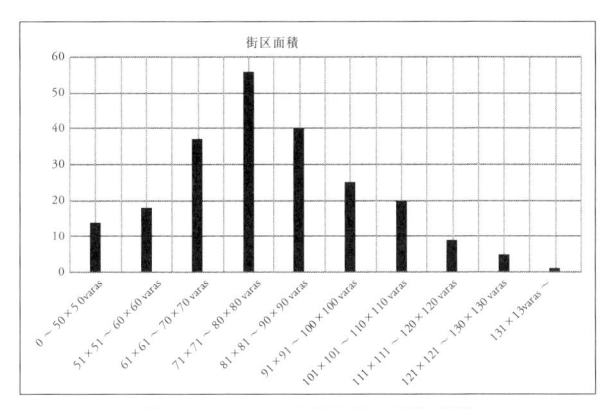

図 III-4-9　ハバナ旧市街　街路規模

### (3) 街区と宅地数

敷地（宅地）面積の分布については図 III-4-10 にプロットした．50 m² から 1,000 m² を超えるものまでみられるが，150 m²〜200 m² に多く集中していることがわかる．

比較的大きな規模の宅地が残る街区の領域は，エンペレアド通りとタコン通りの交点から南下，アルマス広場を通り，オフィシオス通りを南下し，アコスタ通りとの交点から西へ進み，キューバ通りの交点から北上し，ムラーニャ通りとの交点から西へ進み，コンポステイア通りとの交点を北上し，テニエンテ・レイ通りの交点から東へ進み，アギア通りとの交点を北上し，エンペレアド通りを西へ進みタコン通りとで結ばれる地区である．一方，南北街路のアグアカテ通り，モンセラテ通りと東西街路のテニエンテ・レイ通り，ムラーニャ通りに囲まれた一区画は，街区規模は大きいが，宅地規模は小さい．街区規模が小さいが宅地規模が大きな区画は，南北街路のサン・イグナシオ通り，アギア通りと東西街路のオレーリー通り，ムラーニャ通りに囲まれた一区画と南北街路のオフィシオス通り，キューバ通りと東西街路のムラーニャ通りとアコスタ通りに囲まれた一区画である．前者は，カテドラル広場，サンフェリペネリ教会，プラサ・ヴィエハが隣接し，後者は，プラサ・ヴィエハ，サン・クララ修道院，エスピリトゥ・サント教会に隣接し，海岸に沿った街区である[223]．

### (4) 敷地規模

2,825 筆の敷地（宅地）の間口・奥行について，図 III-4-11 にまとめた．間口は，最小 2.87 m，最大 53.86 m，平均 9.83 m である．奥行は，最小 4.77 m，最大 61.09 m，平均 22.37 m である．面積は，最小 27.29 m²，最大 2784.99 m²，平均 232.87 m² である．

---

223)　現在は，埋め立てによる新たな街区や街路があるが，建設当初はオフィシオス通りが最も海岸に近い街路であった．

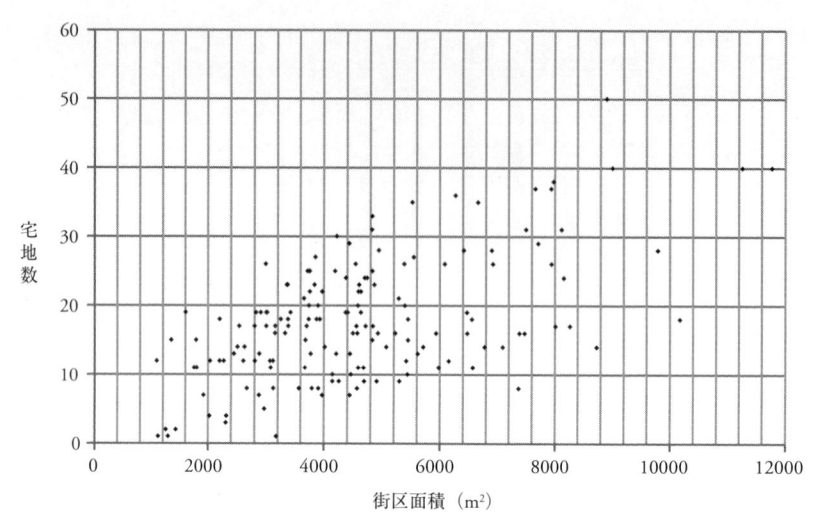

第 III 章
カリブ海（サント・ドミンゴ・アウディエンシア）

図 III-4-10　ハバナ旧市街　街区面積と宅地数

全体的には，間口 20 m 以下，面積 500 m² 以下の敷地が多数を占めていることになる．平均的宅地ということでは，10 m 弱の間口で 20 m 強の奥行きの敷地（宅地）が一般的な宅地形状である．ヴァラ単位でいうならば，12 ヴァラ×26 ヴァラということになる．

## 4-4　ハバナ・ヴィエハの住居類型

住居の実測は行うことができなかったが，4 つの文献（Puig（1947），Weiss（1996），Menéndez（2007），Coyula（1993））によって，ハバナ旧市街に点在する 55 軒の住居の平面構成が得られている．それを地図上で示したのが，図 III-4-12 である．

まず，単純な指標として，中庭の数と建物の階数に着目して，1 階建てのもの（I），2 階建てのもの（II），3 階建て以上のもの（III），そして中庭がないもの（0），中庭が 1 つのもの（1），中庭が 2 つのもの（2），中庭が 3 つ以上のもの（3），を区別する．3×4＝12 通りに分類できるが，3 つのタイプは存在せず 9 タイプに区別できる．

さらに，主要な構造壁，柱によって区切られる間口数に着目することで大きく 2 つに分類できる．細長い短冊形のタイプと間口と奥行きの長さが比較的近い大型のタイプである．仮に，間口数 4 以下（i），間口数 5 以上に（ii）に分類してみよう（図 III-4-14）．

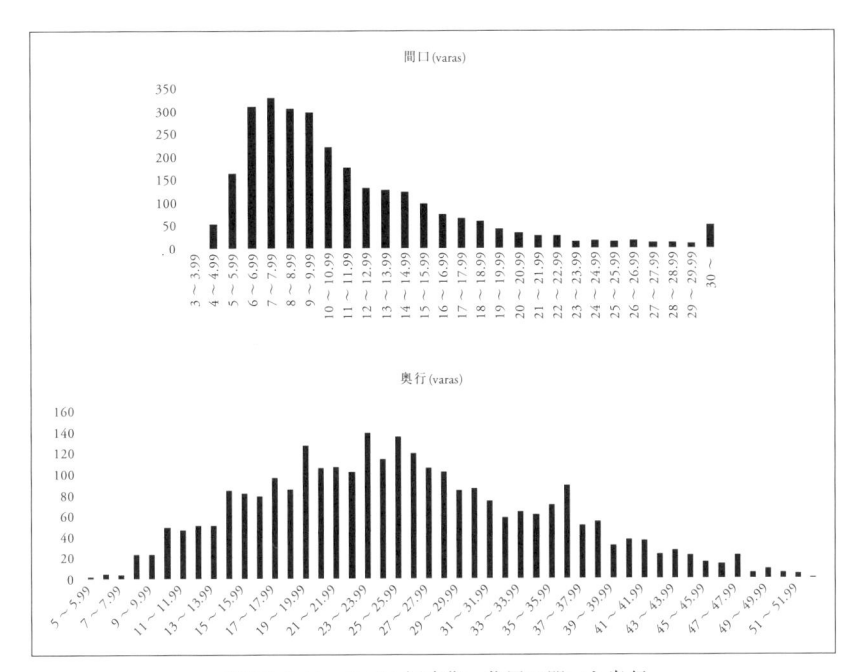

図III-4-11　ハバナ旧市街　住居の間口と奥行

## (1) 基本要素

　住居の平面構成は，宅地規模や宅地形状，宅地分割によって多様であるが，いくつかの共通した要素を確認でき，その有無によって，類型化ができる．

　まず，住居の基本要素として，通りに面するエントランスの空間（応接空間，クルヒア・マヨール Crujía Mayor (CM)），一般の部屋（クルヒア・メノール Crujía Menor (Cm)），中庭（パティオ Patio (P)），台所（コシナ Cocina (K)）がある．クルヒアとはスパンのことで，大きいスパンと小さなスパンが一般に区別される．奥行に応じて裏庭（トラスパティオ Traspatio (TP)）が設けられる．裏庭には，井戸，浴室，トイレが配置され，また，中庭と裏庭の間に台所と食堂（コメドール Comedor (C)）が設けられる．さらに多くのパティオが設けられる大規模な住居もある．

　中庭に接して半屋外のガレリア galería が設けられる場合がある．二階建ての住居には，その上部にバルコニーが設けられる．各室から中庭へのアプローチはガレリア Galería (G) を介する．

　街路に面する出入口としてザファン Zaguán (Z) という部屋が配置される場合がある．ザファンは内部空間と外部空間を結ぶための主動線となる．

　2階建ての場合，クルヒア・マヨールに階段が設けられる場合と，ガレリアに階段

## 第 III 章

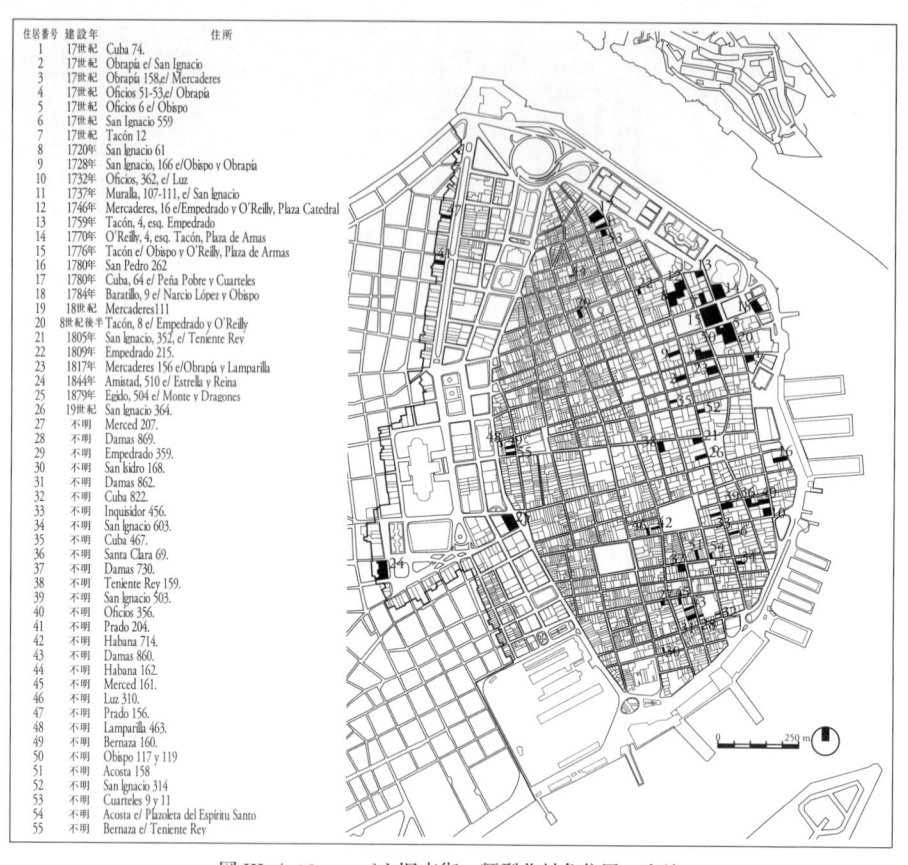

カリブ海（サント・ドミンゴ・アウディエンシア）

| 住居番号 | 建設年 | 住所 |
|---|---|---|
| 1 | 17世紀 | Cuba 74. |
| 2 | 17世紀 | Obrapía e/ San Ignacio |
| 3 | 17世紀 | Obrapía 158,e/ Mercaderes |
| 4 | 17世紀 | Oficios 51-53,e/ Obrapía |
| 5 | 17世紀 | Oficios 6 e/ Obispo |
| 6 | 17世紀 | San Ignacio 559 |
| 7 | 17世紀 | Tacón 12 |
| 8 | 1720年 | San Ignacio 61 |
| 9 | 1728年 | San Ignacio, 166 e/Obispo y Obrapía |
| 10 | 1732年 | Oficios, 362, e/ Luz |
| 11 | 1737年 | Muralla, 107-111, e/ San Ignacio |
| 12 | 1746年 | Mercaderes, 16 e/Empedrado y O'Reilly, Plaza Catedral |
| 13 | 1759年 | Tacón, 4, esq. Empedrado |
| 14 | 1770年 | O'Reilly, 4, esq. Tacón, Plaza de Armas |
| 15 | 1776年 | Tacón e/ Obispo y O'Reilly, Plaza de Armas |
| 16 | 1780年 | San Pedro 262 |
| 17 | 1780年 | Cuba, 64 e/ Peña Pobre y Cuarteles |
| 18 | 1784年 | Baratillo, 9 e/ Narcio López y Obispo |
| 19 | 18世紀 | Mercaderes111 |
| 20 | 8世紀後半 | Tacón, 8 e/ Empedrado y O'Reilly |
| 21 | 1805年 | San Ignacio, 352, e/ Teniente Rey |
| 22 | 1809年 | Empedrado 215. |
| 23 | 1817年 | Mercaderes 156 e/Obrapía y Lamparilla |
| 24 | 1844年 | Amistad, 510 e/ Estrella y Reina |
| 25 | 1879年 | Egido, 504 e/ Monte y Dragones |
| 26 | 19世紀 | San Ignacio 364. |
| 27 | 不明 | Merced 207. |
| 28 | 不明 | Damas 869. |
| 29 | 不明 | Empedrado 359. |
| 30 | 不明 | San Isidro 168. |
| 31 | 不明 | Damas 862. |
| 32 | 不明 | Cuba 822. |
| 33 | 不明 | Inquisidor 456. |
| 34 | 不明 | San Ignacio 603. |
| 35 | 不明 | Cuba 467. |
| 36 | 不明 | Santa Clara 69. |
| 37 | 不明 | Damas 730. |
| 38 | 不明 | Teniente Rey 159. |
| 39 | 不明 | San Ignacio 503. |
| 40 | 不明 | Oficios 356. |
| 41 | 不明 | Prado 204. |
| 42 | 不明 | Habana 714. |
| 43 | 不明 | Damas 860. |
| 44 | 不明 | Habana 162. |
| 45 | 不明 | Merced 161. |
| 46 | 不明 | Luz 310. |
| 47 | 不明 | Prado 156. |
| 48 | 不明 | Lamparilla 463. |
| 49 | 不明 | Bernaza 160. |
| 50 | 不明 | Obispo 117 y 119 |
| 51 | 不明 | Acosta 158 |
| 52 | 不明 | San Ignacio 314 |
| 53 | 不明 | Cuarteles 9 y 11 |
| 54 | 不明 | Acosta e/ Plazoleta del Espíritu Santo |
| 55 | 不明 | Bernaza e/ Teniente Rey |

図 III-4-12　ハバナ旧市街　類型化対象住居の立地

が設けられる場合がある．また，集合住宅の場合には，ヴェスティブロ Vestibulo（V）と呼ばれる階段室が設けられる場合がある．大規模な 2 階建ての場合，家事労働者の部屋が中 2 階に設けられるものがある．

　以上のような基本要素に着目すると，次のような住居類型を区別することができる．典型的なものを図 III-4-13 に示している（図中の NO は図 III-4-12 と対応）．

　まず，平屋のみについてみると，

A：原型＝CM ＋ Cm ＋ P ＋ K．No. 32（No. 31），2 階建ては，No. 10，29（No. 30）．
B：基本型＝A ＋ ガレリア．No. 27，28（No. 52）．
C：標準型 X＝B ＋ ザフアン．No. 34，36，37（No. 21，33，35），2 階建ては No. 9（No. 3，13，26，40，41，50，51，53，55）

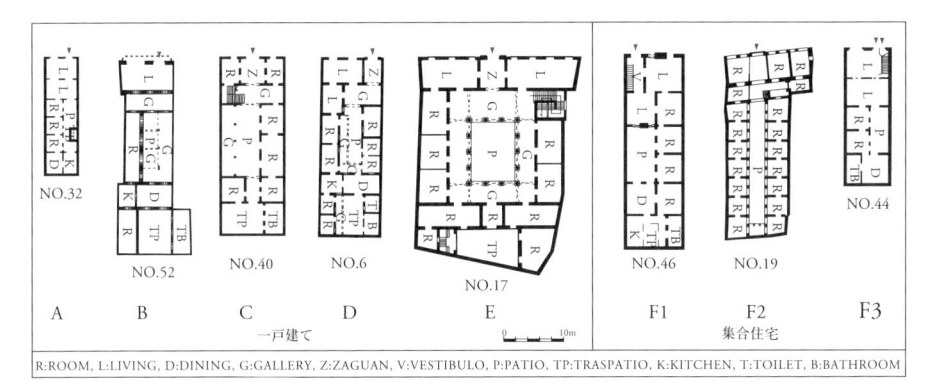

図III-4-13　ハバナの住居類型

の3つに区別できる．なお，トラスパティオがあるものは，( )内に示し，また，2階建てのものと区別している．ただし，Bに2階建てのものはみられない．

続いて，2階建て以上を検討しよう．平屋にはみられないものとして，以下を区別できる．

D：標準型Y＝CにCMとCmが付加されて中庭型となるもの．ギャラリーは中庭の一面のみに設けられる．No22, 39 (No. 1, 2, 4, 6, 7, 20, 38, 54)．

E：標準型Z＝中庭の周囲にギャラリーが設けられるNo14, 15, 16 (No. 5, 8, 11, 12, 17, 18, 23, 24, 25)

この，D，Eについても，それぞれにトラスパティオがあるものを( )内に別記している．そして最後に，

F：集合住宅＝専用の階段室ヴェスティブを持つもの (F1, No. 45, 46, 47)．

を区別できる．Fはさらに，集合住宅として共用のザフアンを持つものF2 (No. 19, 42) や，直階段で2階以上とつながるものF3 (No. 43, 44, 48, 49) を下位分類とすることができるが，基本型はA〜Eである．2例 (F3：No. 48, 49) を除いて全て中庭型住居である．店舗併設住居の場合は，1階が店舗，2階以上が住居の集合住宅である．1階がワンルームとなっており，RC造のため可能となった建築類型といえる．

以上を模式化すると図III-4-15のようになる．矢印は，あくまで推定であるが，類型間の関係を示す．実例としては，C，D，Eが多数を占めている．D，Eについても，現在はみられないものの，平屋のタイプもかつてのハバナには存在したと推定される．

## (2) 類型と規模

55の事例について，間口と奥行をプロットしたものが図III-4-16である．間口の

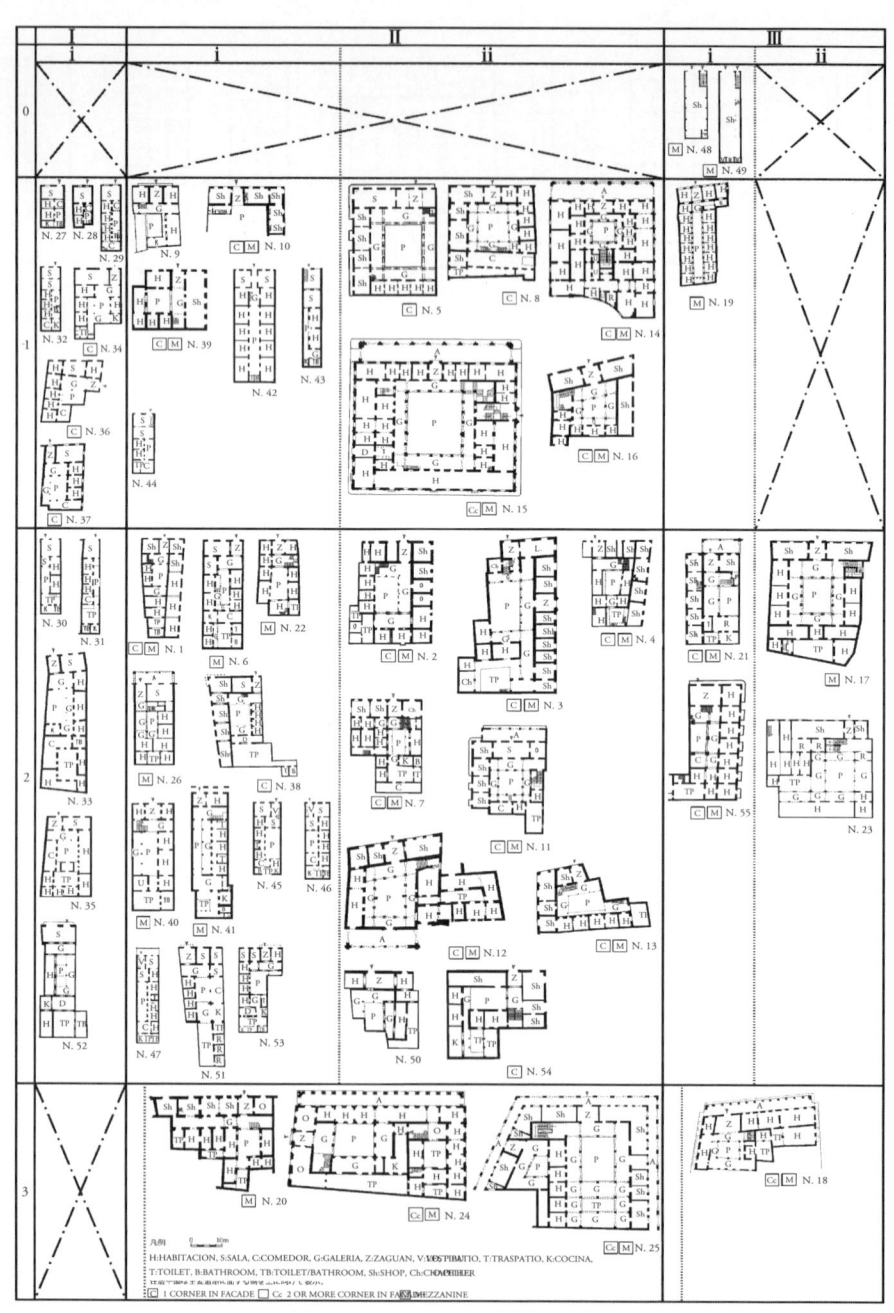

第Ⅲ章
カリブ海（サント・ドミンゴ・アウディエンシア）

図 Ⅲ-4-14　ハバナの住居　55例

平均は 23.10 ヴァラ (19.59 m), 最大 61.93 ヴァラ (52.52 m, No. 24), 最小 7.58 ヴァラ (6.43 m, No. 31) となっている. 奥行の平均は 36.57 ヴァラ (31.01 m), 最大 62.82 ヴァラ (53.27 m, No. 3), 最小 17.16 ヴァラ (14.55 m, No. 28) の範囲を示している. 平均面積は 612.57 $m^2$ で, 最大 2,554.44 $m^2$, 最小 94.38 $m^2$ である. 図 13 をみると, 間口が 6 m〜8 m, 12 m〜14 m, 20 m〜22 m にある程度集中していることがわかる.

そこで, 上で分けた類型 A〜F ごとに間口と奥行の平均をみると, ヴァラ単位で, A: 13.17×29.98, B: 10.22×26.55, C: 19.63×38.21, D: 25.47×35.48, E: 42.79×42.78, F: 9.80×34.03 となる.

間口, 奥行について, 10 ヴァラ, 20 ヴァラ, 25 ヴァラ, 30 ヴァラ, 35 ヴァラ, 40 ヴァラといった単位が用いられていることがわかる.

### (3) 立地

続いて, 55 軒の立地をみてみよう. まず指摘できるのは, E タイプの住居が, アルマス広場を中心としたハバナ旧市街の建設初期の街区に集中してみられることである. 上述のように間口・奥行が 40 ヴァラ強の正方形に近いタイプである. また, サン・イグナシオ通りに沿って, C タイプの住居が点々と分布していることがわかる. さらに, D タイプも含めて, 主要な C, D, E のタイプは東に偏って分布していることが指摘できる. それに対して, F タイプの集合住宅は, ハバナ旧市街の周辺部, 西部に分布している点が対照的である.

もちろん, 55 の住居の選定にもよるのだが, この 55 の中に代表的な歴史的建造物は含まれており, およその傾向を示していると考えられる. すなわち, 住居類型 C, D, E は, ハバナの街区を構成する主要な型として成立したと考えられる.

ハバナ旧市街の街区と住居類型についてまとめると以下のようになる.

① 街区規模の平均は 80 ヴァラ×80 ヴァラである. 全体はグリッド・パターンによって一律に計画されてはいないが, 街区規模について一定の単位が設定されていたことを示している. ハバナ以降, スペイン植民都市の多くが, 単純に芯々 100 ヴァラ×100 ヴァラを計画単位としていくことになるが, この場合, 街路幅を 10 ヴァラとすると, 街区面積は 90 ヴァラ×90 ヴァラということになる. すなわち, ハバナ旧市街は, 若干小さめに設定されていることがわかる.

② 敷地規模は, 平均 12 ヴァラ×26 ヴァラである. 単純に①と重ねてモデル化することは難しいが, 計算上, 街区を 7×3 に分割する規模となる. 街区当りの宅地数平均は 20 程度である.

③ 建造物の 81.6% が住居系であり, また, レンガ造が 84%, 59% が 2 階建て以下

## 第III章

カリブ海（サント・ドミンゴ・アウディエンシア）

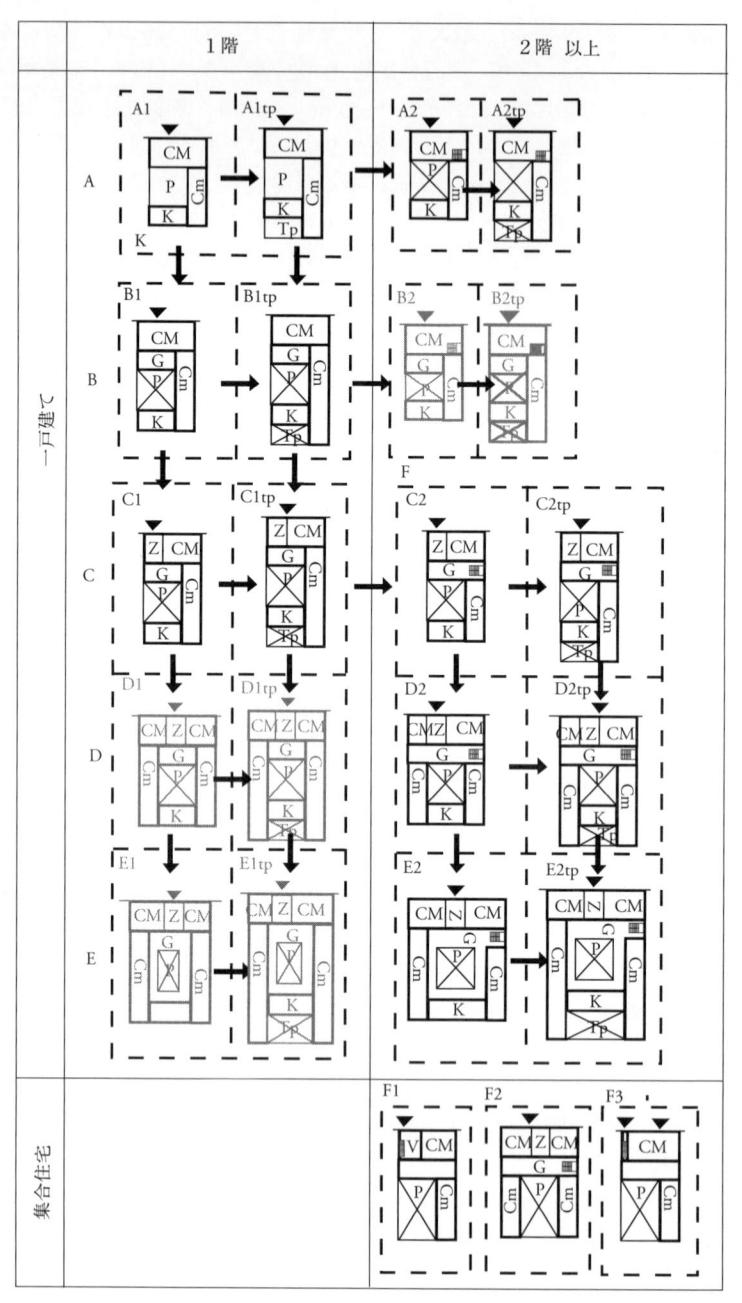

図III-4-15　ハバナ旧市街　住居類型間の関係

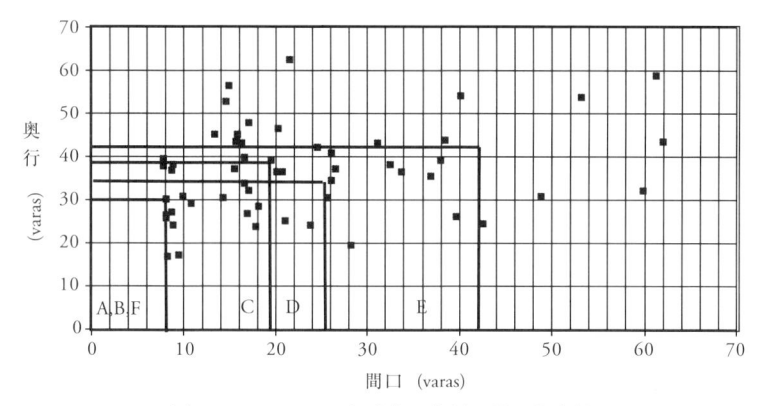

図III-4-16　ハバナ旧市街　住居の間口と奥行

である．これらの建造物が全体の基盤を形成している．
④住居は，平面構成要素（部屋）の組み合わせによって明快に類型化できる．また，その類型間の関係について，一定の変容（増改築）パターンを想定できる．集合住宅Fについては，基本的にA～Eをもとにして成立したと考えられる．
⑤住居類型の中でC，D，Eが主要な類型として成立している．それぞれの規模は，およそCが20ヴァラ×40ヴァラ，Dが25ヴァラ×35ヴァラ，Eが40ヴァラ×40ヴァラである．街区を80ヴァラ×80ヴァラとすると，Cタイプは，街区を8分割，Eタイプは街区を4分割する類型となる．C，D，Eについては，初期に建設された地区にみられる．つまり，住居類型と街区構成が当初から意識されながら，都市計画が行われたと考えられるのである．

ハバナは，サント・ドミンゴ，サンティアゴ・デ・キューバに続く，最初期のスペイン植民都市であり，市壁都市の中でも，整然としたグリッド・パターンの街路体系をとる以前の代表的都市である（第I類型）．最後に，ハバナのスペイン植民都市としての位置づけをまとめよう．

①広場を基点として都市計画が展開されるのは，スペインの伝統でもあり（第I章1節），1573年の「フェリペII世の勅令」で体系化されていくかたちである．ハバナはサント・ドミンゴと同様，海岸部に立地するパターンのひとつである．結果的に5つの広場を持つのはスペイン植民都市全体からみると珍しいが，「市街地のところどころに小広場を設け，その広場に付随して教会を設置する（第118条）」という規定が結実しているようにも見える．
しかし，

② 整然としたグリッド・パターンの街区割はハバナでは為されていない．西欧列強との攻防のためにその余裕がなかったと考えられる．ただし，フランシスコ・カロナの1582年の計画の存在が示すように，都市を整然と計画しようとする方針自体は存在した．その最初の一歩が，サン・イグナシオ通りであった．また，北部のグリッド街区，テニエンテ・レイ通りとルス通りが平行である事実に，コロニーグリッドへの意思をみることができる．ハバナ旧市街が何段階かの計画によって形成されたことは，その街路体系から読み取ることができるのである．

ただし，

③ グリッドの寸法，街区規模をみると必ずしも一定の単位が用いられてはいない．北部のグリッド街区は，サント・ドミンゴの場合と同様，およそ80ヴァラ四方であるが，南部の街区は，規模は大きく不整形である．

④ 広場については，「フェリペⅡ世の勅令」が規定する1.5：1の比例に厳密に従う例はない．規模はほぼ最小規模の規定に当たっている．

## 5　キューバ・スペイン植民都市群像

さらに4つのスペイン植民都市について，その理念的形態と実際とのずれ，その後の変容についてみたい[224]．

ディエゴ・ヴェラスケスに率いられたコンキスタドールたちによる「征服」は東部からなされ，最初に建設された町がバラコアである（1512）である．バラコア以下，バヤモ（1513），ハバナ（1514），レメディオス Remedios（1514），サンクティ・スピリトゥス（1514），プエルト・プリンシペ（1515），サンティアゴ・デ・キューバ（1515），トリニダード（1515）の8都市は，今日のキューバの主要な都市ともなっている．これらに関してはハバナに即して詳しく検討した．次に扱うのは，18世紀末から19世紀にかけて建設された都市群である．

---

224) 臨地調査は2度にわたって行われた．第1次調査（2005年6月6日～21日）はJ・R・ヒメネス・ベルデホが，第2次調査（2006年8月13日～9月3日）にはさらに，布野修司，応地利明，山田協太が参加した．

## 5-1　ヌエヴァ・パス

### (1)　歴史的形成

現在のヌエヴァ・パス[225]は，ハバナ州の 26 郡（自治体）のひとつで，州の南東に位置し，バタバノ Batabanó 湾に面している．北にマドゥルガ Madruga 自治体，西にサン・ニコラス San Nicolás 自治体が接し，東はマタンサス州となる．全面積は 503 km$^2$，全体は平坦で 4 本の川が南のバタバノ湾に注ぎ，海岸部は湿地帯，あるいはラグーンになっている（図 III-3-1）．

前節で述べたハバナは，キューバの北沿岸部の最も港湾に適した位置にあり，早くから植民活動の拠点となったが，南沿岸部，カリブ海側のヌエヴァ・パスに入植が行われるのは約 1 世紀後のことである．

入植に当たって，入植者には一定の囲い地，すなわち牧畜のための土地ないし農地が与えられたが，ヌエヴァ・パスに，最初に囲い地コラルがつくられ，アントニオ・ディアス Antonio Díaz のハグイェス Jagueyes という名称の所有地として分割されたのは 1578 年のことである．以後，順次，コラルおよびハトが設けられていく（図 III-5-2，表 III-5-1）．

コラル・ハトによる土地の分配が進展すると，それぞれが重なってくることはすでに述べた．それを調整するのが土地測量士（アグリメンソル agrimensor）である．キューバ全土について 1579 年に土地分割の調整を行ったアグリメンソルとしてルイス・デ・ラ・ペーニャが知られている（Zendegui (1997)）．

現在の州都 cabecera である集落 pueblo ヌエヴァ・パスが建設されたのは 19 世紀初頭のことである．1802 年に，モンポックス[226]によって建設されたとされる（León (1946)）．モンポックスは，1769 年にハバナに生まれているが，祖父のペドロ・ベルトラン・デ・サンタ・クルス Don Pedro Beltrán de Santa Cruz からバガエス Bagáez とパロス Palos のアシエンダ Hacienda を相続することになり，そのうちパロスの 4 カバジェリアをヌエヴァ・パスのために用いるのである[227]．

モンポックスは 2 つの都市計画案を残している．いずれも実施されたものとは異なるものの，彼自身が当初から都市建設に深く関わっていた．

彼はまず，広場前と教会前の 2 つの街区に 13 の住居を建設し，近隣から入植する家族に供与している．また，各宅地から年 4 ペソ徴収し，貧困層の子供たちのための学校を建設している．また別に，フランス人と契約して，40 件の石造住居を建設し

---

[225]　New Peace（新たな平和）という意味である．
[226]　ホアキン・デ・サンタ・クルス・イ・カルデナス don Joaquín de Santa Cruz y Cárdenas（モンポックス Santa Cruz de Mompox 伯爵，後にサン・フアン・デ・ハルコ San Juan de Jaruco 伯爵）．
[227]　Historia del Término Municipal de Nueva Paz. Pedro Ponce de León. Editorial "Clipper", 1946.

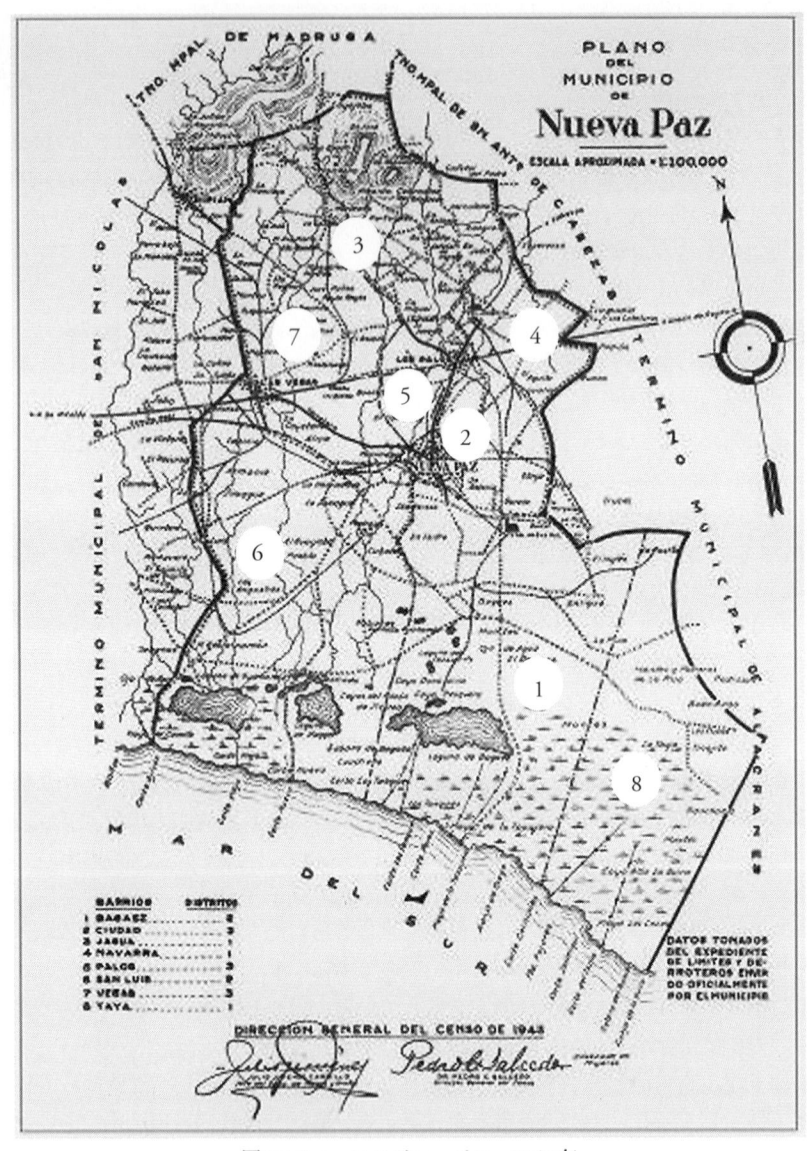

第 III 章
カリブ海（サント・ドミンゴ・アウディエンシア）

図 III-5-1　ヌエヴァ・パス　1943 年
Nueva Paz Municipaly Map. Dirección General de censo. 1943
1. Bagaez, 2. Nueva Paz, 3. Jagua, 4. Navarra, 5. Palos, 6. San Luís, 7. Vegas, 8. Yaya

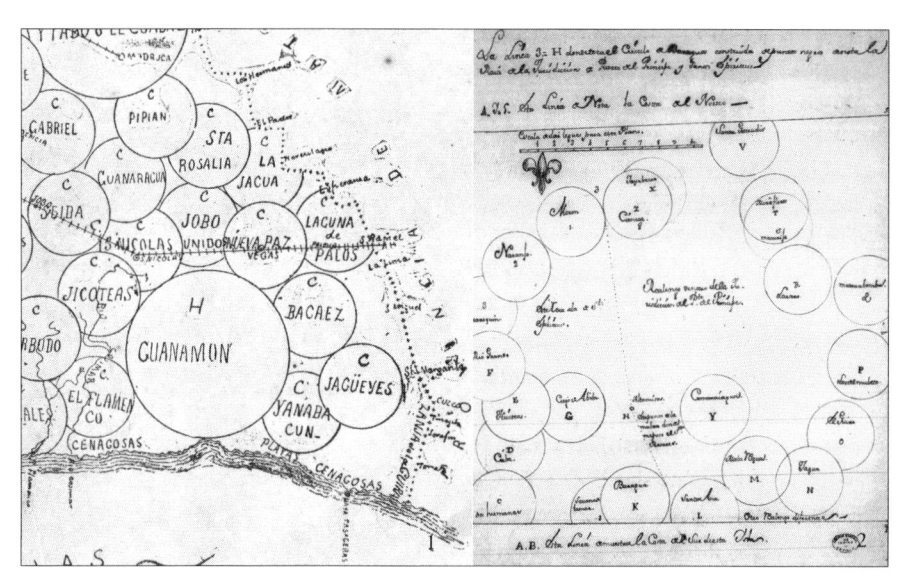

図 III-5-2 ヌエヴァ・パスのハト・コウル図
1. ハグアのコラル図 1747：AGI. MP-Santo Domingo, 231  2. ヌエヴァ・パスのハト・コラル図：Ricardo V. Rousset. (1918)

表 III-5-1 ヌエヴァ・パスにおけるコラルとハト

| Type | Name | date | first propietary |
| --- | --- | --- | --- |
| Corral | Jagueyes | 1578/1/31 | Antonio Díaz |
| Corral | Laguna de Palos | 1643/718 | Ambrosio Sotolongo |
| Corral | La Jagua | 1656/9/4 | Francisco Chirino |
| Corral | Santa Rosalía | 1680/3/28 | Juan M. Borroto |
| Hato | Guanamón | 1687/10/14 | Juan Manuel Barreto |
| Corral | Bagaez | 1698/3/7 | Manuel Borroto |
| Corral | Nueva Paz | 1714/12/16 | Conde Mopox |

ている．建設当時，全体の面積は 2,225 カバジェリアで，19 の工場，5 つのコーヒー工場，37 の放牧場，34 の農場があった．教会は，1828 年に建てられている．

ヌエヴァ・パスという命名もモンポックスによる．プリンシペ・デ・ラパス Príncipe de la Paz（平和公爵）の名に因んでいる[228]．

---

228) プリンシペ・デ・ラパスとは，マヌエル・デ・ゴドイ・イ・アールバレス・デ・ファリア Don Manuel Godoy Álvarez de Faria（アルクディア公爵，スエカ公爵，マルキス・デ・アールバレス，ソト・デ・ローマ卿，1767～1851）のことで，スペインの首相を務めた（1792～97，

カリブ海（サント・ドミンゴ・アウディエンシア）

その後のヌエヴァ・パスについては，限られた資料しかないが，表III-5-3のような人口推計がある．ヌエヴァ・パスの町は，1981年で人口6,480人であり，都市というより，今日も農村地帯に位置する集落の趣を残している．

### (2) 都市計画

ヌエヴァ・パスに関する都市計画図・地図類は，表III-5-2にまとめた通りである．AGIから4枚，キューバ国立古文書館ANCから4枚，キューバ国立図書館から6枚，ヌエヴァ・パスの歴史資料館から1枚の計15枚を入手することができた．そのうち，都市計画図は4枚．表III-5-2でいう1，4，5，6である．八角形案（表中1，5，6）と方形9×10のグリッド案（表中4）が存在したことがわかる．前者については図III-5-2，後者については図III-5-3を参照されたい．表中の2，3は，八角形案にかかわる建物，教会およびモンポックス邸の平面図である．表中4，5，6の製作者として，ラファエル・ゴメス・ロバウド Rafael Gómez Roubaud が知られるが，彼は，モンポックスのもとで働いた建築家あるいは土地測量士と考えられる．

当初，モンポックスは八角形案を構想していた（図III-5-3，1図）．この案は，スペイン植民都市としては珍しく，ルネサンスの理想都市計画案を思わせる案である．八角形のプラサ・マヨールの北に教会，南にモンポックス邸，西に市役所と刑務所用の土地が広場に接して設けている．また，北の境界に肉市場，南の境界に墓地が配されている．

しかし，理由は不明であるが，この八角形案は放棄され，実施されなかった．図面の日付をみると，方形案とほぼ同じであり，両案は同時に検討されていたとみていい．方形グリッド案（同，2図）は，広場も街区も40ヴァラ×40ヴァラで設定されている．10ヴァラ×20ヴァラの宅地に8分割されて街区が構成されている．これは，他のスペイン植民都市に比べるとかなり小さい割り方である．

臨地調査によると，現在の広場の大きさは80ヴァラ×80ヴァラである．街区の規模も同じで，計画の倍の大きさである．つまり結局，方形グリッド案についても当初の案は実施されなかったことになる．あるいは，大きさのみ変更されたとも考えられる．なお，1893年の都市図（同，3図）に，現状に近いものがあることから，それ以前から，おそらくは当初から80ヴァラ×80ヴァラが採用されてきたようだ．街路の幅員も計画案の10ヴァラから12ヴァラに拡大されている．長さの単位にコーデル cordel（=24ヴァラ，20.35 m）が設定されており，その半分の約10 mが現在の街路の幅員である．

そして，興味深いことに，街区分割のパターンも計画案から変更が加えられている．

---

1801～08）．バーゼルの和約によって生涯を通じて「平和公爵」の称号を授かり，その名前で広く知られる．

キューバ・スペイン植民都市群像

表 III-5-2　ヌエヴァ・パスの都市図類

| 番号 | Archive | 年 | コード | Type | スケール | 製作者 |
|---|---|---|---|---|---|---|
| 1 | AGI | 1804 | MP-S.D,650 | 都市計画図 | 18 cordeles/147 mm | Mompox |
| 2 | AGI | 1804 | MP-S.D,651 | 建築図面 | 20 varas/127 mm | Mompox |
| 3 | AGI | 1804 | MP-S.D,652 | 建築図面 | 40 varas/147 mm | Mompox |
| 4 | AGI | 1806 | MP-S.D,665 | 都市計画図 | 200 varas/127 mm | Rafael Gomez Roubaud |
| 5 | ANC | 1804 | Legajo 70, Num 15 | 都市計画図 | 18 cordeles/147 mm | Rafael Gomez Roubaud |
| 6 | ANC | 1804 | Legajo 1059, Num 9 | 都市計画図 | 18 cordeles/147 mm | Rafael Gomez Roubaud |
| 7 | ANC | 1804 | Legajo 446, Num 7 | 地形図 | | |
| 8 | ANC | 1881 | Legajo 45, Num 1887 | 地形図 | | |
| 9 | BNC | 1883 | 722, 9N85fh | 地形図 | 1/10,000 | |
| 10 | BNC | 1963 | 722, 9Nueva-fh | 地形図 | 1/7,500 | |
| 11 | BNC | 1963 | 722, 9Nueva-fh | 地形図 | 1/7,500 | |
| 12 | BNC | 1956 | 724, Nueva-a | 地形図 | 1/60,000 | |
| 13 | BNC | 1922 | 724, Nueva-n, | 交通路線図 | | |
| 14 | BNC | 1957 | 724, Nueva-hv | 地形図 | 1/10,000 | |
| 15 | MHNP | 1893 | | 地形図 | 1/10,000 | |

表 III-5-3　ヌエヴァ・パスの人口推移

| Name | 1981 | 1943 | 1931 | 1919 | 1862 | 1841 |
|---|---|---|---|---|---|---|
| Nueva Paz | 6.480 | 3.202 | 3.040 | 3.046 | 1.004 | 411 |
| Bagáez | | 1.496 | 1.457 | 1.572 | | |
| Jagua | | 1.022 | 684 | 646 | | |
| Navarra | | 773 | 731 | 671 | | |
| Palos | | 3.849 | 3.467 | 3.907 | | |
| San Luis | | 1.808 | 1.511 | 2.032 | | |
| Vegas | | 2.473 | 2.747 | 2.967 | | |
| Yaya | | 348 | 416 | 496 | | |

26.7 ヴァラ×40 ヴァラをひとつの宅地とする 6 分割が採用されているのである．80 ヴァラを 3 分割する 26.7 ヴァラを単位とするのは，ヌエヴァ・パスだけでなく，サン・アントニオ・デ・ロス・バニョス（1804），ギネス Guines（1816），ハルコ Jaruco（1773）もそうである．一見不自然と思われるかもしれないが，ピエを単位としていたと考えれば理解できる．1 ヴァラ＝3 ピエなので，すなわち宅地は 80 ピエ×120 ピエ（40 ヴァラ）を単位としているのである．

263

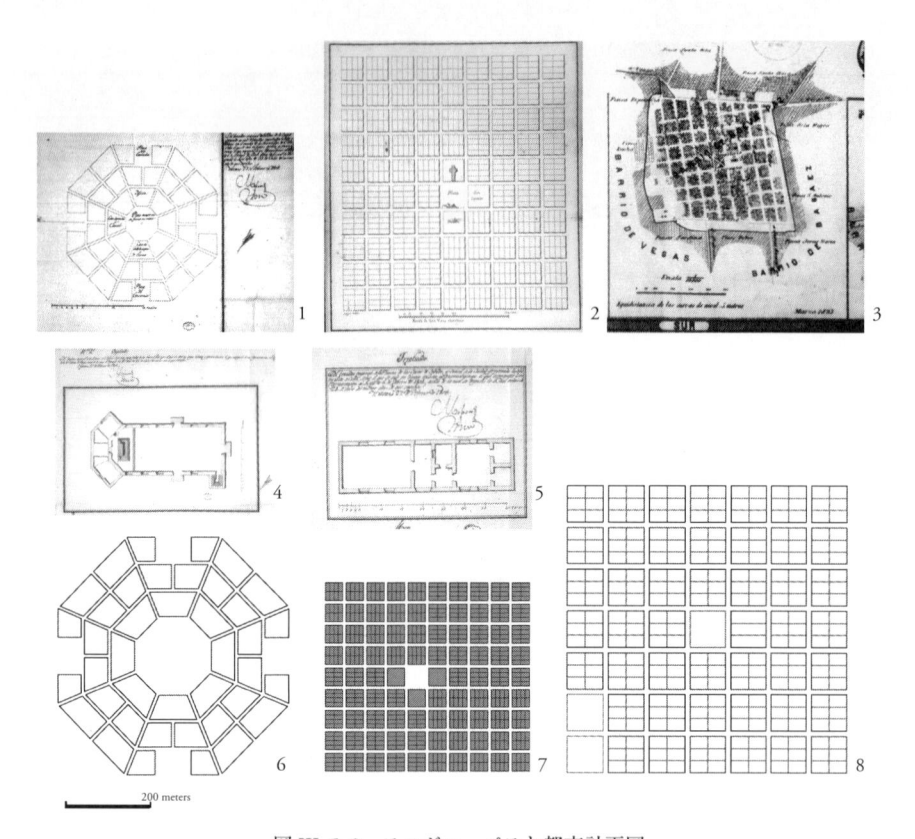

第 III 章
カリブ海（サント・ドミンゴ・アウディエンシア）

図 III-5-3　ヌエヴァ・パスと都市計画図
1. AGI, MP-Santo Domingo, 650（1804），2. AGI, MP-Santo Domingo, 665（1806），3. MHNP（1893），4. AGI, MP-Santo Domingo, 651（1804），5. AGI, MP-Santo Domingo, 652（1804），6,7,8 は，それぞれ 1,2,3 を同一スケールで概念化したものである

　現在の都市の様相を示したものが図 III-5-4 である．7×7 ＝ 49 区画において，整然とした区画割が為されていると思われる（図中点線部）．ただし，南西部の 2 区画は欠けているので街区は 47 になる．図 III-5-3 の 3 図（MHNP（1893））も，ほぼ現況と一致する．

## （3）　街区分割のパターン

　7×7 ＝ 49 区画から東南部の 2 区画を除いた 47 街区について，宅地分割のパターンを検討しよう．図 III-5-5 で示したように，80 ヴァラ × 80 ヴァラの街区を 3×2 ＝ 6 個の宅地（26.7 ヴァラ × 40 ヴァラ）に分割するのが当初の計画であったが，角地（K）と街区中央（I）の宅地では，当然分割パターンが異なってくる．これを示したものが図

キューバ・スペイン植民都市群像

図III-5-4　ヌエヴァ・パスの宅地建物分布図　2006年

III-5-6 である．

2 宅地を占める教会を除いて，1 宅地をそのまま用いているのが 19 ある．そのうち 11 は中央に位置する宅地である．以下，2 分割が 66，3 分割が 94，4 分割が 69，5 分割が 26 ある．平均すると 3.05 になる．

宅地の細分化が一貫して進行してきたことがわかるが，宅地分割のパターンとその立地には一定の傾向を指摘できる．区画ごとに，その分割数を示したのが図 III-5-7，図 III-3-6 にもとづいて宅地ごとの分割パターンを示したものが図 III-5-8 である．一般にプラサ・マヨールの周辺，そして北側の宅地は，分割数が少ない．街区全体の分割数も，その傾向を示している．

1959 年のキューバ革命以降，大きな変化は起こっておらず，少なくとも半世紀前の状況を現況から推定することができる．プラサ・マヨールの周辺から北部にかけて歴史的建造物（図 III-5-9）が多く残されている．図 III-5-4 に示したように，中央部は変化が少ない．町の北東部，西部など周辺部には，明らかに中央部と異なる街区分割パターンをみることができる．周辺部の街区には，背割りのパターン，街路の間を短冊状に分割する魚骨（フィッシュ・ボーン）型の宅地分割パターンがみられるのであ

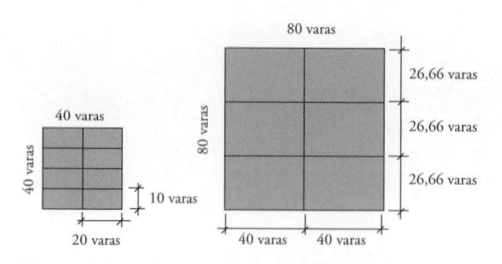

カリブ海（サント・ドミンゴ・アウディエンシア）

図 III-5-5　ヌエヴァ・パス：街区分割のパターン

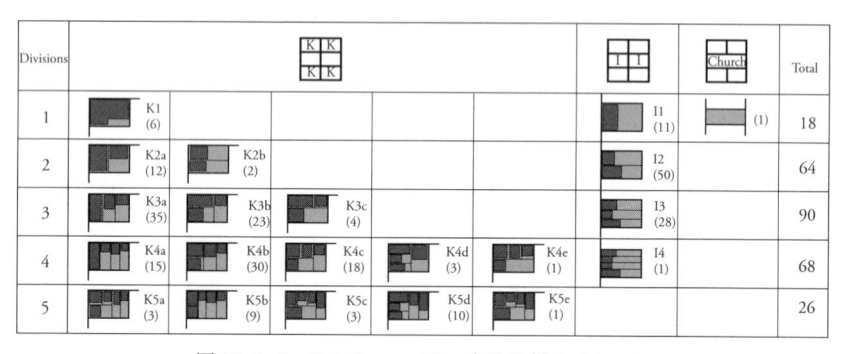

| Divisions | K\|K K\|K | | | | | I\|I I\|I | Church | Total |
|---|---|---|---|---|---|---|---|---|
| 1 | K1 (6) | | | | | I1 (11) | (1) | 18 |
| 2 | K2a (12) | K2b (2) | | | | I2 (50) | | 64 |
| 3 | K3a (35) | K3b (23) | K3c (4) | | | I3 (28) | | 90 |
| 4 | K4a (15) | K4b (30) | K4c (18) | K4d (3) | K4e (1) | I4 (1) | | 68 |
| 5 | K5a (3) | K5b (9) | K5c (3) | K5d (10) | K5e (1) | | | 26 |

図 III-5-6　ヌエヴァ・パス：宅地分割のパターン

る．これは明らかに当初の分割原理とは異なる．新たに拡張した際のパターンと考えられる．

ただし周辺部でも，東部の1列は，当初の分割パターンを踏襲している．これは当初のグリッドをそのまま延長して拡張された部分と考えられる．拡張部の街区が崩れているが，それは東部に流れるヌエヴァ・パス川の氾濫などが原因である．西南部に2街区が欠けているのは，当初の計画案が完成しなかったことを物語っていると思われる．

ヌエヴァ・パスは，整然としたスペイン植民都市の基本モデルを用いた典型的な都市である．19世紀初頭のキューバにおいて，依然として基本モデルが用いられていたことを示す事例といえる．

しかし，その建設に当たっては，2つの案が検討されており，しかも2案ともに採用されていない．このことは，キューバにおいて画一的なモデルが機械的に用いられていたのではないことを示している．

最後に，ヌエヴァ・パスの基本モデルをまとめておこう．

① 80ヴァラ×80ヴァラの街区（広場）を単位として，7×7＝49の街区からなる．

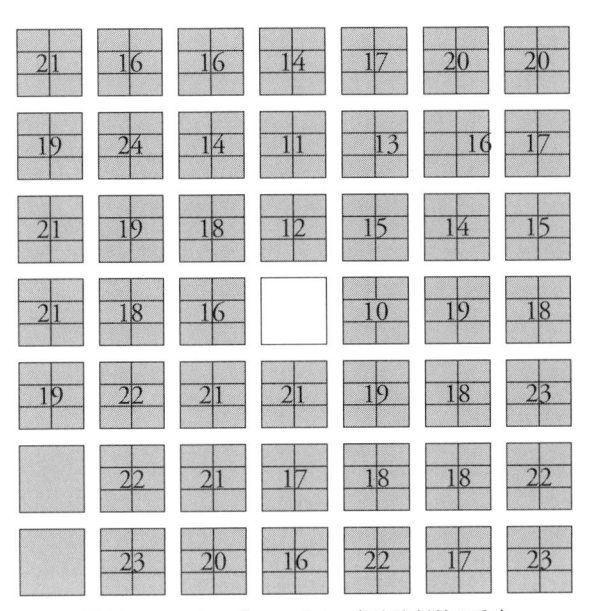

図 III-5-7　ヌエヴァ・パス：宅地分割数の分布

図 III-5-8　ヌエヴァ・パス：街区の宅地数

## 第 III 章
カリブ海（サント・ドミンゴ・アウディエンシア）

図 III-5-9　ヌエヴァ・パス：歴史的建造物
ヒメネス・ベルデホ，ホアン・ラモン撮影

街路幅は 12 ヴァラである．
②各街区は，26.7 ヴァラ×40 ヴァラを単位とする 6 宅地に分割される．
この基本モデルは，しかし，完全に実施されてはいない．墓地の置かれた西南の 2 街区の宅地割は当初のものとは異なる．
③プラサ・マヨールから順次建設していくというスペイン植民都市の建設過程はヌエヴァ・パスでも踏襲されている．
また，その歴史的変化として以下が指摘できる．
④市域の拡張は，同じシステムで東方面に行われた．しかし，河川との関係で，東南部の街区分割は歪んでいる．
⑤北西部，西部，西南部，東南部については，当初の街区分割とは異なるパターンが持ち込まれている．
⑥各宅地（26.7 ヴァラ×40 ヴァラ）は細分化され，最大で 5 分割されている．

## 5-2　サン・アントニオ・デ・ロス・バニョス

サン・アントニオ・デ・ロス・バニョスは，中心軸線上に広場を 2 つ持つとともに，異なった街区分割パターンを当初からいくつか採用する極めてユニークな例である（図 III-5-10）．

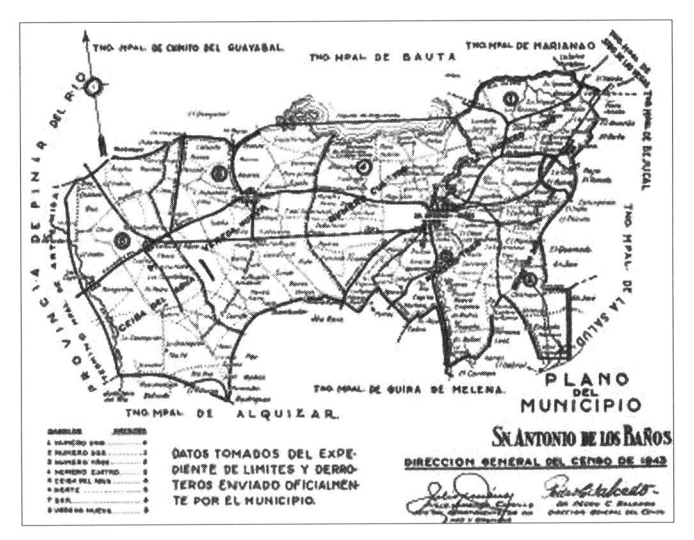

図 III-5-10　サン・アントニオ・デ・ロス・バニョス　1943

## (1)　都市形成

　サン・アントニオ・デ・ロス・バニョスは，首都ハバナに近接するハバナ州の 19 の自治体のひとつである．先住民はアリグアナボ Ariguanabo と呼んでいたが，これは「木の葉の川」を意味する．1515 年から 1519 年にかけて，アリグアナボ地域は，ヴェラスケスの部下であったフアン・デ・ロハス Juan de Rojas に与えられた．彼は市長でありレヒドール（行政官）であり，ハバナの総督（ゴベルナドール）でもあった．サン・アントニオ・デ・ロス・バニョスの都市形成の歴史を，分析に必要な範囲でまとめておこう[229]．

　初期入植が開始したのは 1723 年以降である．キューバのタバコ栽培者が分散して定住しはじめたのである．英西戦争の可能性が高まった 1760 年頃から，造船業が興る．当初はランチョ Rancho 地域から，1770 年以降，アリグアナボ地域（ハト）から，1775 年からはアルキサル Alquízar 地域（コラル）から，木材が調達された．入植後，入植者にはハト・コラル・システムに従って一定の囲い地，すなわち牧畜のための土地ないし農地が与えられた（図 III-5-11）．

　造船業の勃興とともに人口が増加していく．森林を切り拓くことで，農地も増加した．土地は肥沃であり，川も近かったことから水の確保も容易であった．主にサンティアゴ・デ・ラス・ヴェガスからの移住者によって，この地にサン・アントニア・アバ

---

[229]　主として Bergaza（1952）と Rousset（1918）を参照した．

第 III 章

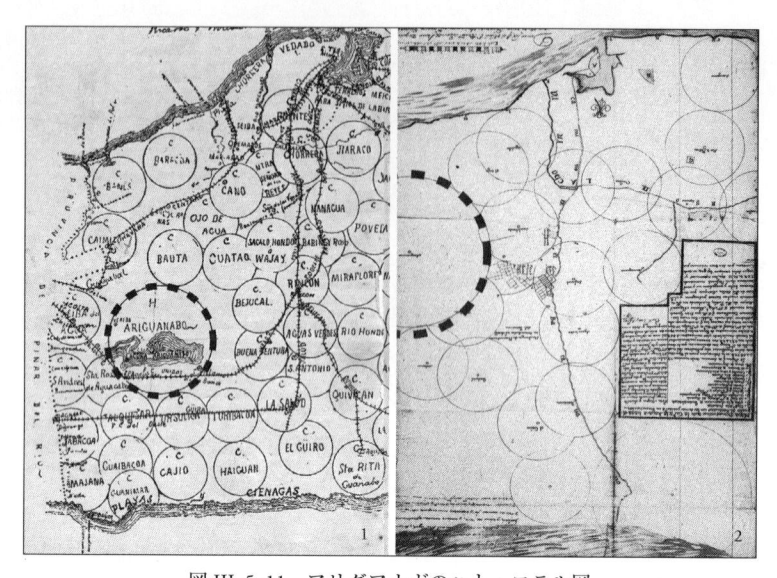

カリブ海（サント・ドミンゴ・アウディエンシア）

図 III-5-11　アリグアナボのハト・コラル図
1. Ricardo V. Rousset（1918）　2. 1756 年：AGI, MP-Santo Domingo, 303，波線部がアリグアナボ

ド San Antonio Abad 村が形成されることになった．

　1782 年に，モンテ・エルモソ Monte Hermoso の未亡人ドーニャ・バルバラ・サンタ・クルス Doña Bárbara Santa Cruz が，このサン・アントニオ・アバド村を買い，スペイン王に集落 pueblo 建設の許可を願い出たのが，サン・アントニオ・デ・ロス・バニョスの起源となる．許可申請と同年，彼女は木造の修道院[230]を建てている．現在も同じ場所に教会が存在している．

　プエブロ建設の許可は，しかし，なかなか下りなかった．息子のガブリエル・マリア・デ・カルデナス Gabriel María de Cárdenas が，1793 年にモンテ・エルモソ侯爵 marquis of Monte Hermoso II 世となって都市建設を願い出ることで，ようやく 1794 年に町 villa 建設が許可される（9 月 22 日の勅令 Real Cédula）．これを契機に，この地は発展をはじめる．なお，モンテ・エルモソ II 世は同時に，世襲の裁判官の地位を得ている．

　都市が発展するとともに，ハバナの富裕層が水浴びを楽しみに訪れるようになった．名称が，サン・アントニオ・デ・ロス・バニョスに改称されたのは，水浴 Baños に由

---

[230]　小さな石造の塔が建てられたのが 1814 年で，その塔は 1846 年のハリケーンで倒壊している．再建されたのは 1851 年でこのときにその規模を拡張し，1853 年には北側に増築が為された．1906 年にまたもハリケーンによって塔は傾き，1911 年に取り壊される．再建されたのは 1986 年のことである．

来している．モンテ・エルモソⅡ世は，町の出入口とともに，教会，市役所，刑務所，屠殺場を建造した．土地と宅地を提供したことで，人口は急増する．転入者の中にはハイチ革命（1791～1803）から逃れたフランス人入植者が含まれていたが，投資力もあり農業に秀でていたことから，スペイン王は受け入れる方針をとった．多くのスペイン人入植者やクレオールは富裕層であり，広大な土地を買い，フランス人の指導を受けながら大規模なコーヒー・プランテーション農業を展開した．ハバナに近いこともあって，この地域は大いに栄えることになった．1817 年には，4 つの砂糖工場，124 のコーヒー・プランテーション，76 の煙草農場が存在した．1830 年代の半ばまでに油を用いた街灯が設置され，1861 年にはガス灯が導入されている．1841 年にはすでに 4 つの煙草工場が建設されており，1795 年にわずか 61 人であった人口は 3000 人に達した．1858 年には，砂糖工場は 15 に，煙草工場は 25 に増加し，コーヒー・プランテーションは 84 と減少したものの，人口は 4053 人を数えた．

## (2) 都市計画

サン・アントニオ・ロス・デ・バニョスに関して入手できた都市図および古地図は，図 III-5-12 および表 III-5-4 に示した 4 枚である．ここから読み取れる都市計画の過程は，以下のとおりである．

最古の 1787 年の地図（1 図）をみると，当初から全体が計画されていたわけではないことがうかがえる．西端に教会が置かれ，その前に広場が置かれるが，その広場を中心とした全体の構成は描かれず，東西大通り（レアル通り）の軸線が強調されている．東端北側には「最初の家」と書かれている．レアル通りは，途中，南北に流れる川（リオ・デ・ロス・バニョス・サンティアゴ）で縦断される．モンテ・エルモソ侯爵の邸宅は，教会と向かい合うかたちで，レアル通りをまたがって描かれている．サン・アントニア・アバド村時代の初期には，道は舗装されず，彎曲していたが，まず，2 つの道が計画され，建設されている．それが，現在の東西方向の中央道路（レアル通り calle real = 通り No. 41 番地）とそれに直行する南北通り（通り No. 62 番地）である．この最初の十字路が，現在にいたるまで，基準の座標軸となっている．このように，サン・アントニオ・ロス・バニョスは，明らかに他のスペイン植民都市とは異なった都市計画，建設の方法をとる珍しい例といえる．他の諸都市においては，インディアス法にならい，プラサ・マヨールを中心に計画し，建設が開始されるのに対して，最初に教会を建て，そこから十字形に伸びる街路から計画・建設がはじまっているのである．

1792 年の地図（2 図）には，次の段階の計画が示されている．川の西側について，南北にそれぞれ 1 街区が拡張されているが，東部は川の影響を受けて，不完全なグリッドを形成している．1792 年時点での街区・宅地分割については，図 III-5-13 に示した．興味深いことに建設済みのコロニー F の記号が記入されている．F はファブリカ

第 III 章

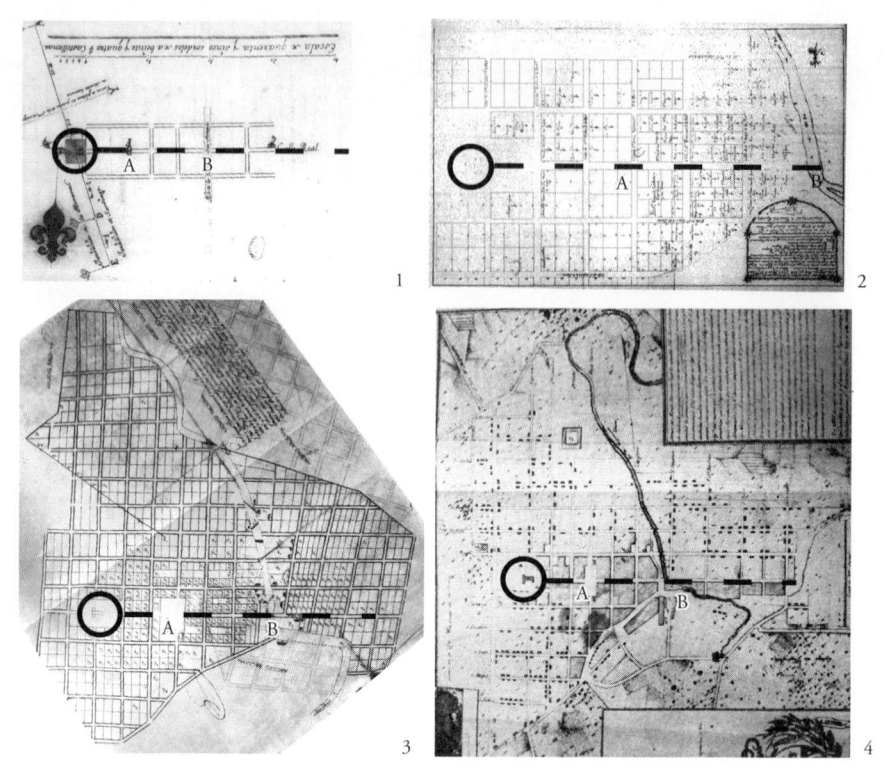

カリブ海（サント・ドミンゴ・アウディエンシア）

図 III-5-12　サン・アントニオ・デ・ロス・バニョスの歴史地図
1．1787：AGI, MP-Santo Domingo, 533　2．1792：AGI, MP-Santo Domingo, 567　3．1804：Archivo Nacional. La Havana. legajo 1649.n.82670　4．1841：Havana University. General Library.

表 III-5-4　サン・アントニオ・デ・ロス・バニョスの歴史地図

| N. | 年 | Author | Reference |
| --- | --- | --- | --- |
| 1 | 1787 | Andres garcia Pretelin | AGI, MP-Santo Domingo, 533 |
| 2 | 1792 | Guillermo Duncan | AGI, MP-Santo Domingo, 567 |
| 3 | 1804 | Desiderio José Rivero | Archivo Nacional. GS Civil. Legajo 1649 N.82670 |
| 4 | 1841 | Rafael Rodríguez | Universidad de la Habana. Blibioteca General. |

キューバ・スペイン植民都市群像

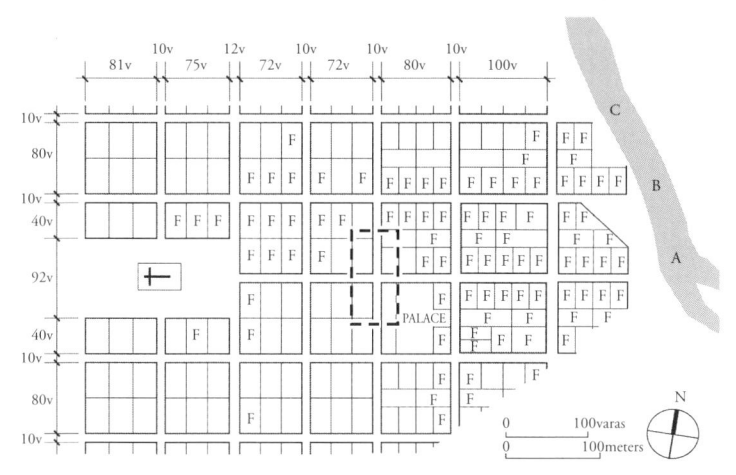

図III-5-13　1792年の街区分割および宅地分割
A　侯爵の浴場，B　女性の水浴場，C　男性の水浴場，F　建物 Fabricado

ド Fabricado, すなわち建物の意で, 入植者が居ることを示している. また, 街区寸法とともに, 街区ごとに宅地分割のパターンが記入されている. 仔細にこの地図を検討すると, 大きく2つの部分に分かれていることがわかる. すなわち, 4（東西）×4（南北）の正方形となっている西部と, 南北が抉られた東部である. 西部と東部では, 宅地分割のパターンも異なっている. 建設済みの宅地（F）は, はるかに東部に多い. すなわち, 建設は東部から開始され, 人口増加に合わせて, 西部に拡張されていったことがわかるのである.

　南北方向は, 80ヴァラを単位としているが, 東西方向の間隔は81, 75, 72, 72, 80, 100（単位ヴァラ＝0.848 m）とまちまちである. 街区の規模も, 40×75, 40×81, 80×72, 80×75, 80×81, 80×80（全て単位はヴァラ）の6種類が存在する. 宅地規模も, 侯爵邸のある街区を除いて, 40×25, 40×27, 40×24, 30×20, 20×40 の5種類から構成されている. なお, 侯爵邸の街区は, 20×20, 80×42, 80×17 からなっている. 街路幅は, 10ヴァラと12ヴァラの2種類ある. これは, キューバの都市の中では極めて珍しい. 他の都市では街区分割のパターンは1種類が普通なのである. 特に, 東西と南北で割り方を変える（3×4）, いわゆる「ヴォーバン割」（第II章 3-2）が導入されている点は目を引く.

　さて, 1804年の計画図（3図）をみると, 一気に市域が拡張されていることがわかる. 1805年に, これまでの木造の橋に代わって, 石造の橋が建設された[231]. 市街地の拡

---

231) 橋は1883年に鉄橋に立て替えられ, 現在の橋は1923年のものである.

273

張に備えたものである．上述のように，ハイチ革命以降，流入人口は急速に増加した．初期のグリッドを延長するかたちで，北は川に接する地点まで，南は斜めに走る道路まで延長されている．東部にも教会の東に一街区延長されているが，境界は記されていない．さらに川の西部にもグリッドが描かれるが，グリッドは斜めに歪んでおり，ただ定規で線を引いただけのようである．現状や1841年の地図（4図）と照らし合わせるかぎり，これが現実的なものではなかったことは明らかである．注目すべきは，モンテ・エルモソ侯爵邸の敷地が空白とされていることである．後に広場となるが，この段階ではまだ広場となっていない．

最初の教会前の広場は，1784年に市場も併設され，1814年には刑務所が侯爵邸に隣接するかたちで建設された．刑務所は，1860年に市庁舎に建て替えられた．1827年にはスペイン軍のための武器庫と兵舎も建てられている．そして，1849年に再び広場となり，樹木が植えられ，花壇も整備された．なお，最初の病院は1831年に建てられ，1906年まで使われている．

1841年の地図（4図）をみると，川の北西部に整然としたグリッドが延長されていることがわかる．この段階で，2つの広場が完成している．結果として，サン・アントニオ・デ・ロス・バニョスは，少なくとも地図の残るキューバの26都市の中では，3つの広場を持つハバナを除いて唯一，2つの広場を持つ都市となるのである．しかも，4図からわかるように，2つの広場が中央軸線上に並ぶ例は，他のスペイン植民都市にもみられない．

これらの地図を現在の地図に重ね合わせたのが図III-5-14である．サン・アントニオ・デ・ロス・バニョスの発展過程は，一目瞭然であろう．

(3) 都市核

サン・アントニオ・デ・ロス・バニョスの中心部，最初に建設された都市核について，臨地調査にもとづいて分析してみよう（図III-5-15）．施設分布，街区分割パターンなど「外回り」の調査に限定されたが，住民でもあるハバナ大学のフリオ・セザール・ペレス教授の協力を得て，様々な点を明らかにすることができた．以下にまとめておこう．

i. 施設分布

社会主義体制のもと，食料も配給されており，商業施設も含めて全て公共施設といってよい．地区には市役所，郵便局，病院，銀行などが立地している（右上図）．

ii. 住居形式

3階建ての建物は1棟しかなく，2階建ても少ない（235棟中31棟）．また，RC造

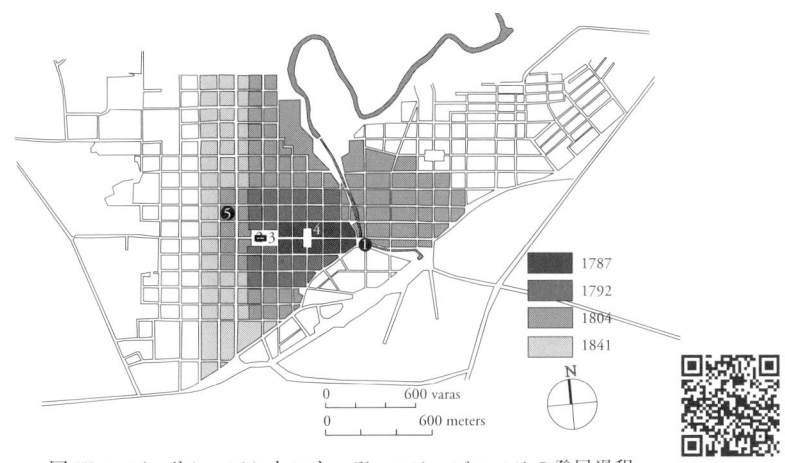

図 III-5-14　サン・アントニオ・デ・ロス・バニョスの発展過程
1-橋，2-教会，3-広場，4-刑務所，5-病院

の建物も少なく，大半は煉瓦造もしくは木造である．すなわち，ほとんどの建物が平屋であり，基本的に中庭式住宅である（左上の2つの図参照）．

### iii. 街区分割パターン

街区がどのように分割細分化されてきたかは，臨地調査による現況から明らかである（図 III-5-16）．街区数および宅地数は，中心部における数で，すなわち分析の対象とした地区における数を示している．

### iv. 宅地の細分化

宅地分割の数を，各街区および基本宅地ごとにまとめたものが，図 III-5-17 および表 III-5-5 である．宅地規模には差があるが，分割数のみに着目すると，当初の宅地 71 のうち，全く分割されず，そのままのものが 18 ある．2 分割されたものが 15，3 分割されたものが 8，4 分割されたものが 12，最大 8 分割されるものが 2 宅地ある．また，4 宅地は広場に転換される．さらに，合筆などによって宅地割が変更されたものが 9 ある（図の中段，濃い色の部分）．たとえば，教会の北東部は 3 つの宅地がひとつになって，さらに 11 に分割されている．また，その東の街区北西の 2 つの宅地は合筆されて 6 つに細分されている．

当初の宅地が角地かどうかで分割数がどう変わるかについてみると，表から明らかなように，角地の方が分割数は多い．宅地に挟まれた敷地は，背後の敷地を利用するためにアプローチが必要となるから，当然といえば当然である．

教会西側の宅地を含めた調査対象地区の全宅地 236（173 + 63）について，その間口

# 第 III 章

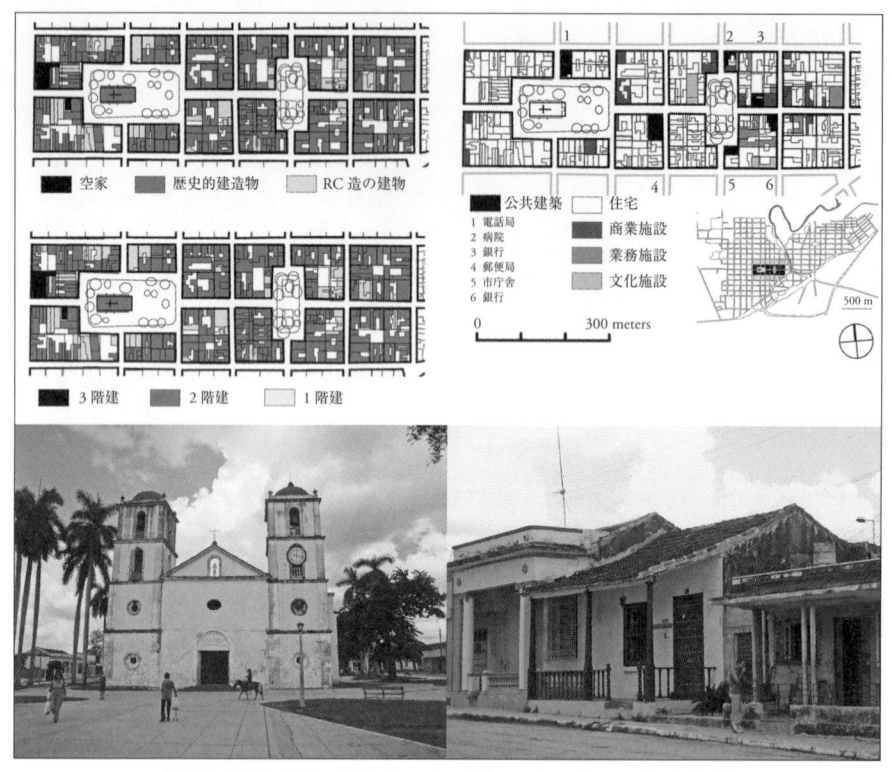

カリブ海（サント・ドミンゴ・アウディエンシア）

図 III-5-15　サン・アントニオ・デ・ロス・バニョスの中心部
写真　左　プラサ・マヨールに建つ教会　右　プラサ・マヨールに隣接する住居

| 街区 | 40×75 | 40×81 | 80×72 | 80×72 | 80×75 | 80×80 | 80×80 | 80×80 | 80×81 | 80×100 | 80×100 | 80×100 |
|---|---|---|---|---|---|---|---|---|---|---|---|---|
| | (2) | (2) | (6) | (2) | (2) | (2) | (1) | (1) | (2) | (1) | (1) | (1) |
| 宅地 | 25×40 (3) | 27×40 (3) | 24×40 (6) | 24×40 (5) | 25×40 (6) | 40×20 (2)<br>20×30 (8) | 20×30 (7)<br>40×20 (1)<br>20×20 (1) | 20×30 (2)<br>20×20 (1)<br>43×80 (1)<br>17×40 (1) | 27×40 (6) | 20×30 (10)<br>40×20 (1)<br>60×20 (1) | 20×30 (7)<br>40×20 (1)<br>60×20 (1)<br>25×30 (1)<br>40×15 (2) | 20×30 (8)<br>40×20 (1)<br>60×20 (1) |
| 街区数 | 2 | 2 | 2 | 2 | 0 | 0 | 1 | 1 | 0 | 1 | 1 | 1 |
| 宅地数 | 6 | 6 | 12 | 10 | 0 | 0 | 9 | 5 | 0 | 12 | 11 | |

図 III-5-16　サン・アントニオ・デ・ロス・バニョス：計画当初の街区分割のパターン

276

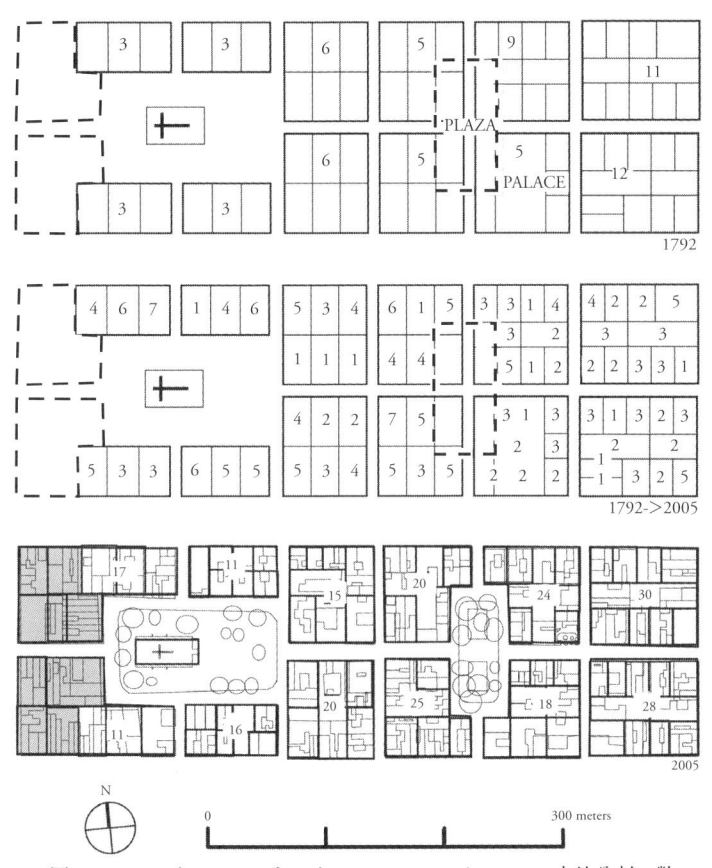

5
キューバ・スペイン植民都市群像

図III-5-17 サン・アントニオ・デ・ロス・バニョス：宅地分割の数

表III-5-5 サン・アントニオ・デ・ロス・バニョス：宅地分割数

| 分割 | 1 | 2 | 3 | 4 | 5 | 6 | 7 | 8 | 合計 |
|---|---|---|---|---|---|---|---|---|---|
| 角地 | 5 | 8 | 6 | 9 | 3 | 2 | 0 | 1 | 34 |
| 角地以外 | 13 | 7 | 2 | 3 | 2 | 0 | 0 | 1 | 28 |
| 計画宅地数 | 18 | 15 | 8 | 12 | 5 | 2 | 0 | 2 | 62 |
| 現況宅地数 | 18 | 30 | 24 | 48 | 25 | 12 | 0 | 16 | 173 |
| % | 10 | 17 | 14 | 28 | 14 | 6.9 | 0 | 9.2 | 100 |

277

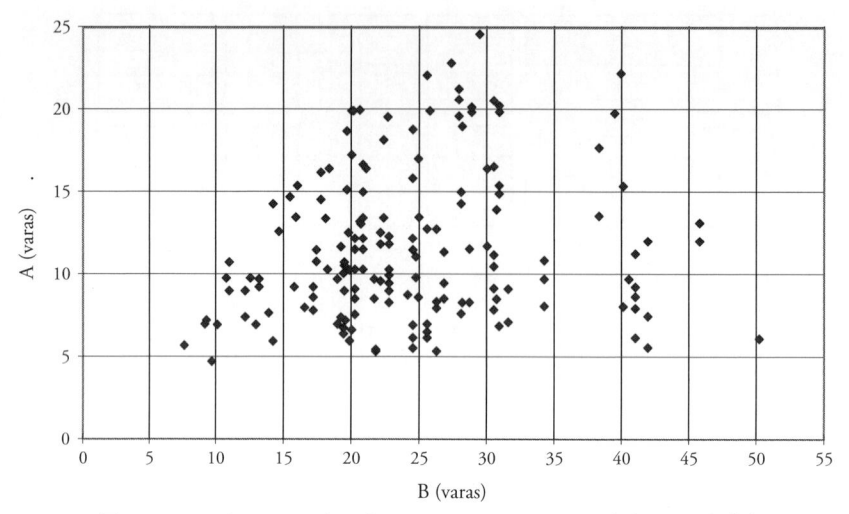

# 第 III 章
## カリブ海（サント・ドミンゴ・アウディエンシア）

図 III-5-18　サン・アントニオ・デ・ロス・バニョス：宅地の間口と奥行

と奥行きをプロットしたものが図 III-5-18 である．これによると，間口の平均は 11.85 ヴァラ（最小 4.7～最大 25.7），奥行きの平均は 25.0 ヴァラ（最小 7.6～最大 52)，平均面積は 303.87 ヴァラ（最小 43.1～最大 1027.7）である．

　サン・アントニオの場合，上述のようにそもそも当初の宅地の寸法にばらつきがあったが，それでもおよそ，20 ヴァラ，25 ヴァラ，30 ヴァラ，40 ヴァラ，60 ヴァラ，80 ヴァラが単位となっていた．間口，奥行きの寸法は，10 ヴァラ，12.5 ヴァラ，15 ヴァラ，20 ヴァラ，30 ヴァラ，40 ヴァラ近辺に集中している．基本的にヴァラを単位として分割が行われてきたことがわかる．このことは，他の地域の植民都市と比較する際の重要なポイントとなると考えられる．

　サン・アントニオ・デ・ロス・バニョスは，以上のように，インディアス法の規定に必ずしも沿わない都市モデルを基にしており，その姿を今日まで伝える貴重な例である．その特質を以下にまとめておこう．

①あらかじめ全体計画が行われずに建設が開始されている．
②そもそも，プラサ・マヨールが設定されてその周辺に教会など中心施設が建てられる通常のやり方がとられていない．教会がまず建設され，教会前広場とともに，のちにもうひとつ広場が設けられ，中心軸上に 2 つの広場を持つことになった．この形態は，スペイン植民都市として他に例をみない．
③数多くの街区割パターンを持つ点も他にほとんど例がない．

## 5-3　シエンフエゴス

シエンフエゴスは，当初はインディアス法を基礎にして計画された第 II 類型の都市であるが，その後，その都市核としてグリッドが次々に延長されてきた．その歴史的中心地区は，19 世紀初頭におけるスペイン植民都市計画の最良の例として世界文化遺産に登録(2005)されている．

### (1)　建設

シエンフエゴスは，現在，アブレウス Abreus，アグアダ・デ・パサヘロス Aguada de Pasajeros，シエンフエゴス，クマナヤグア Cumanayagua，クルス Cruces，ラハス・パウミラ Lajas Palmira，ロダス Rodas から構成されるシエンフエゴス州の州都である．シエンフエゴスは州の南部，カリブ海につながるハグア湾に接している[232]．ハグア湾は，スペインの上陸当初から，北海岸のハバナ湾と並ぶ良港として知られてきた．また，18 世紀初頭に同じ様に港湾都市として北海岸に建設されたカルデナスが「北の真珠 La Perla del Norte」呼ばれるのに対して，「ペルラ・デル・スル La Perla del sur」(南の真珠)と称される[233]．

シエンフエゴスへの入植は 16 世紀初頭から行われてきた．1705 年に作製されたハト・コラル図(図 III-5-19)によると，18 世紀初頭までに 3 つのハト[234]と 27 のコラル[235]が分譲されていたことがわかる．

シエンフエゴスは，ハグア湾に突き出たデマハグア Demajagua 半島の平坦な土地に位置する．ハグア湾は面積 25 km$^2$，入り口部分は幅 2 km ほどで閉じた形をしている．1494 年にコロンが訪れており，ハグアはインディオたちの呼称とされる．1508 年に，セバスチャン・オカンポ Sebastián de Ocampo が探検している．ラス・カサス

---

[232] シエンフエゴスを直接対象とする植民都市関連論文はない．本稿で用いる文献資料は，全て臨地調査において入手したものである．地図の大半と都市計画法(1856 年)の条文はシエンフエゴスの歴史博物館(MHC: Museo de Historia de Cienfuegos)で入手した．

[233] シエンフエゴス市の保存局の館長ミジャン Irán Millán 氏の教示による．以下，歴史的記述は主に氏へのヒアリングにもとづいている．

[234] ハバコア Jabacoa，フラグア Juragua，ガビラン Gavilán．

[235] オホ・デ・アギラ・デル・コラリージョ Ojo de Aguila del Corralillo，サンタ・ルシア Santa Lucia，グアササス Guasasas，オクヘス Ocujes，カヨ・エスピノ Cayo Espino，プエルト・エスコンディド Puerto Escondido，カオバス・ヴィエハス Caobas Viejas，カオバス・ヌエバス Caobas Nuevas，イェグアス Yeguas，マグダレナス Magdalenas，セイバ Ceiba，サン・マテオ San Mateo，カンデラリア Candelaria，クマナヤグア Cumanayagua，ソレダード Soledad，アリマオ Arimao，ラグニヤス Lagunillas，エル・ナルシソ El Narciso，マタグア Matagua，ヤグアナボ Yaguanabo，ナランホ Naranjo，サン・ブラス San Blas，サンタ・サビナ・デ・ラ・フルニア Santa Sabina de la Furnia，シグアネア Siguanea，バラハグア Barajagua，ラ・マンヂンガ La Mandinga，マハグア Majagua．

第 III 章

カリブ海（サント・ドミンゴ・アウディエンシア）

図 III-5-19　シエンフエゴス州のハトとコラル
Ricardo V. Rousset（1918）

の理想入植地計画については，Column 1 で触れたが，1512 年に，彼はハト・アリマオ Arimao 近くに入植地を建設している．

16 世紀から 17 世紀にかけて，ハグア湾は海賊やスペインの敵国の避難地となっていた．1560 年に湾岸に金あるいは銅の採掘を目的とした小さな集落ができるが，金も銅も発見されず，街へ発展することはなかった．

その中で，1694 年，キューバ総督であったセベリノ・デ・マンサネダ・イ・サリナス Seberino de Manzaneda y Salinas が，スペイン国王カルロス II 世にハグア湾周辺の都市建設を提案したが，許可されなかった．図 III-5-20 は，1690 年に彼によって作製された地図で，インディアス総合古文書館 AGI に残る最古の地図である．

1738 年に総督グエメス・イ・オルカシタス Güemes y Horcasitas が湾の入口に小さな要塞を建設し，1742 年に拡張している．ヌエストラ・セニョーラ・デ・ラス・アンヘレス・デ・ハグア Nuestra Señora de las Ángeles de Xagua 要塞と呼ばれ，図面が残っている（図 III-5-21）．1751 年に赴任した初代要塞長官カスティージャ・カベサ・デ・ヴァカ Castilla Cabeza de Vaca は，この地に最初の砂糖工場を建設している．

1762 年から 1802 年の間，王立グアンタナモ委員会による開発計画がモポックス Mopox 侯爵によって行われ，ハグア湾の開発も候補に選ばれている（図 III-5-22）．1798 年に，その委員会のメンバーであったアナスタシオ・エチェヴァリア Anastasio Echevarría が，シエンフエゴスの最初の計画図を描いている（図 III-5-23）．この最初の計画案で注目すべきは，プラサ・マヨールが 2 街区分を占めていることである．こ

キューバ・スペイン植民都市群像

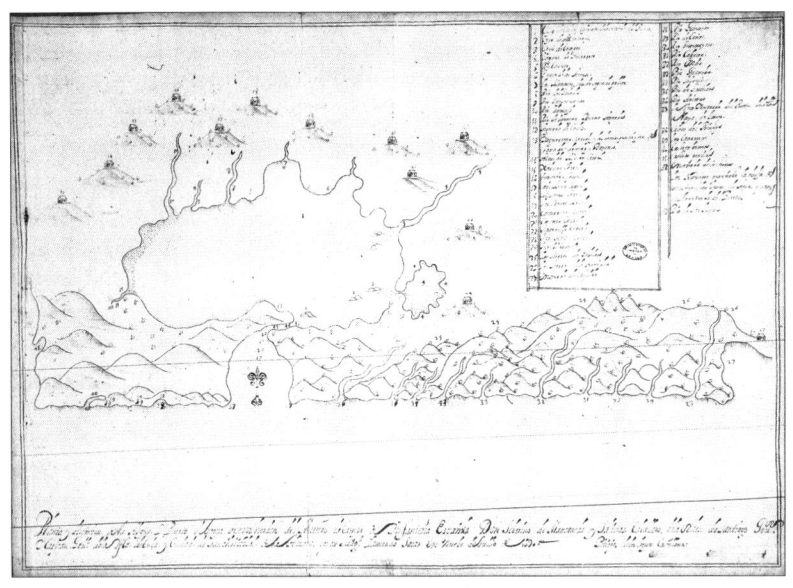

図 III-5-20　ハグア湾 1690

AGI, MP-Santo Domingo, 92

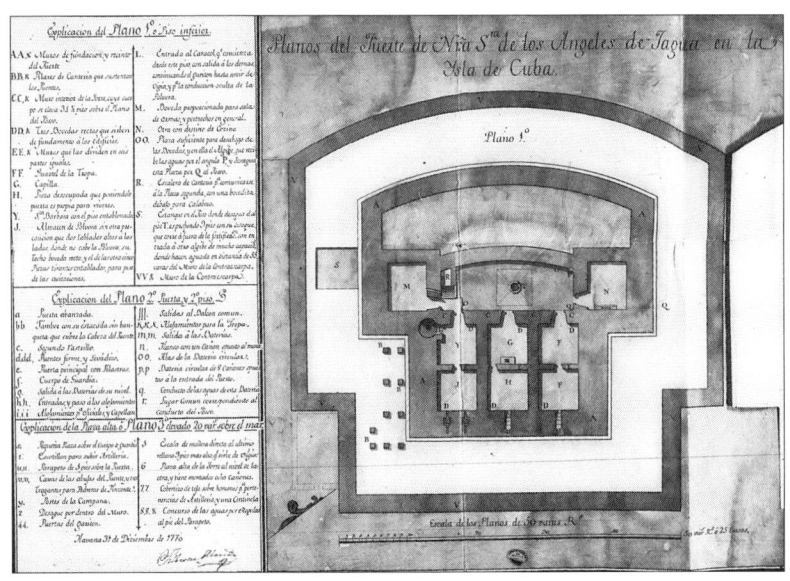

図 III-5-21　ヌエストラ・セニョーラ・デ・ラス・アンヘレス・デ・ハグア要塞 1770.

Silvestre Abarca. AGI, MP-Santo Domingo, 373.

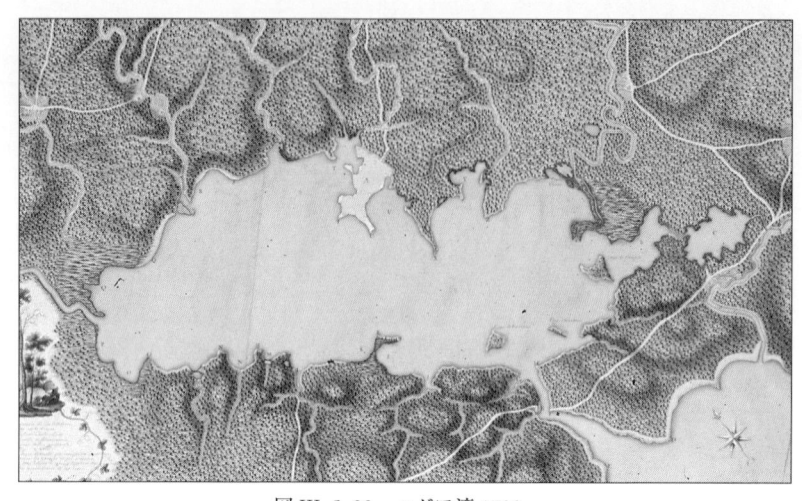

カリブ海 (サント・ドミンゴ・アウディエンシア)

図 III-5-22　ハグア湾 1798.
Anastasio Echevarría. MN. Ms552. MN-19-D-4.（Higeres Rodríguez, María Dolores (1991)）円がシエンフエゴス

れは今日まで引き継がれており，シエンフエゴスの特徴となっている.

　フランスのフアン・ルイス・ロレンソ・デ・クルーエ Juan Luis Lorenzo D'Clouet 大佐がルイジアナからハバナへやってきて，総督ホセ・シエンフエゴスにハグア湾への入植を申し入れたのは 1817 年のことである．入植計画は，40 家族を単位とし，植民地政府が旅費[236]と最初の月の収入を保証し，18 歳以上にそれぞれ 1 カバジェリアの土地を与えるというものであった．シエンフエゴス総督は提案を受け入れ，スペイン国王は，1817 年 10 月 21 日付の勅令で市の建設を許可している．

　1819 年 3 月 3 日付の図面が残されているが，デ・クルーエ大佐は，アグスチン・デ・サンタ・クルス Agustín de Santa Cruz の寄付による 130 カバジェリアの土地を得ている．1819 年 4 月 8 日，デ・クルーエ大佐は，フランスのボルドゥーから 46 名の入植者とともに到着した．医者のドミンゴ・モンヘニ Domingo Monjeni と土地測量士のドゥブログ Dubrog がすぐさま都市建設を開始している．1820 年には，さらに 382 名（フィラデルフィアから 50 名，バルチモアから 74 名，ニューオリンズから 13 名，ルイジアナから 12 名．229 名はキューバの他の地域から）が入植している．

　1824 年の最初の調査によると，人口は 1,283 人であった．1831 年には公営の屠殺場と刑務所が建てられている．以後，街灯 (1832)，教会 (1838)，墓地 (1839)，劇場 (1843)，市立学校 (1846) が順次建設された．鉄道がパルミラ Palmira まで敷かれたの

---

[236]　アメリカ大陸から入植者は 30 ペソ，ヨーロッパ大陸からの入植者は 60 ペソの旅費が支給され，最初の月は日当 3.5 レアル reales が支払われた．なお，1 ペソ = 50 レアルで，1 レアル = 34 マラヴェディス maravedis である．

キューバ・スペイン植民都市群像

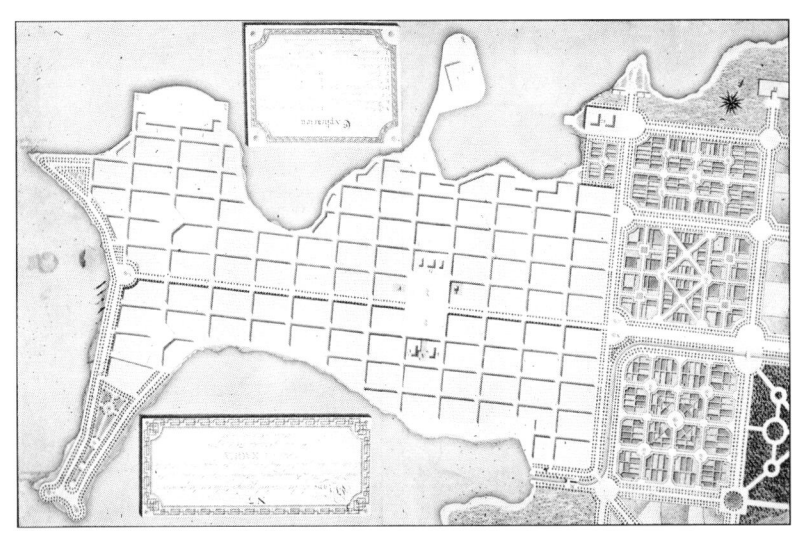

図 III-5-23　アナスタシオ・エチェヴァリアによる計画案 1798.
MN. Ms552. MN-19-D-5.（Higeres Rodríguez, María Dolores（1991））

は 1851 年のことであり，1860 年にサンタ・クララまで延びている．人口センサス・データとして，10,338（1861），30,038（1899），30,100（1907），37,241（1919），50,250（1931），52,910（1943），57,991（1953）という記録が残されている．なお，1981 年の人口は 10 万 2791 人である．

## (2) 基本モデル

アナスタシオ・エチェヴァリアの最初の計画案（1798）から 18 年後の 1816 年，フランス人のブヨン Boujon が計画案を描いているが，これはほぼエチェヴァリアの図面と同じでコピーといってよい．いずれも実際には用いられていない．1956 年にフロレンティーノ・ロペス Florentino López が，自ら測量した地図の上に，1820 年当時の記録をもとに主要建物をプロットした図を作製している（図 III-5-24）．当初の街区割，宅地割は，この図のようであったと推測される．

街区規模は，100 ヴァラ四方で，街路幅は 15 ヴァラである．そして，各街区は，1,000平方ヴァラの 10 個の宅地に分割される．宅地は，東西南北の向きと角地かどうかを考慮すると以下の A，B と C，D および E，F に類型化される．

A…東西 25 ヴァラ×南北 40 ヴァラ：角地
B…東西 25 ヴァラ×南北 40 ヴァラ：短辺で接道
C…東西 40 ヴァラ×南北 25 ヴァラ：角地
D…東西 40 ヴァラ×南北 25 ヴァラ：短辺で接道

第 III 章

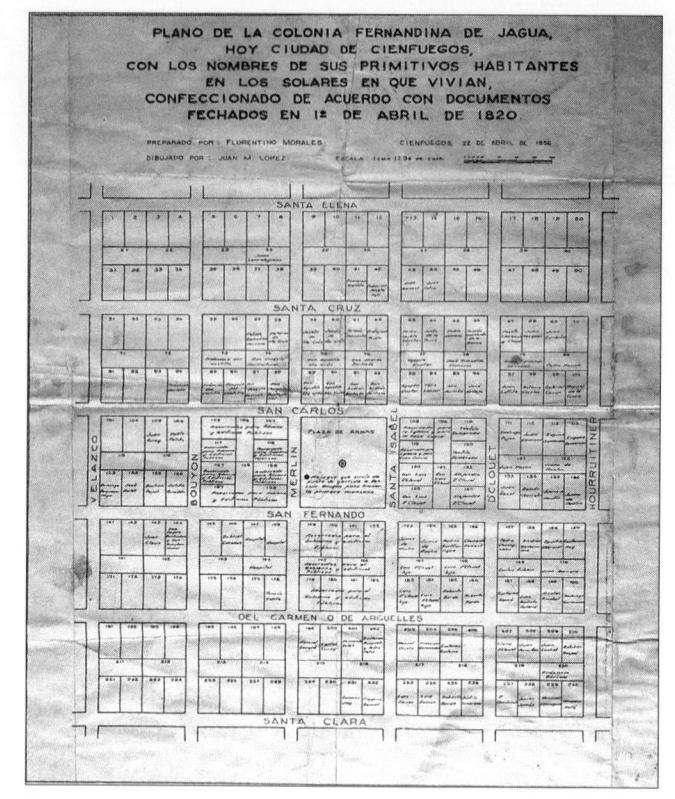

カリブ海（サント・ドミンゴ・アウディエンシア）

図 III-5-24 フロレンティーノ・ロペスによる基本計画モデル案（1820）復元図（1956）（MHC）

E…東西 20 ヴァラ×南北 50 ヴァラ：短辺で接道
F…東西 50 ヴァラ×南北 20 ヴァラ：短辺で接道
　このE, Fの街区中央に位置する宅地はクニャcuñas と呼ばれる.
　しかし，臨地調査の結果は，このロペスの復元案とは異なっている．現地調査にもとづく宅地割を示す図 III-5-25 と図 III-5-24 とを比較すると，ロペスの復元が，プラサ・マヨールが1つなのに対し，実際には2つの街区が使われており，その規模は，街路幅も合わせて 230 ヴァラ×30 ヴァラであった．プラド Prado, ドロレス Dolores, レイナ Reina, アランゴ Arango と呼ばれる広場周辺の街路には，4 ヴァラ幅のアーケードが回廊として設けられている．西側の街区は当初税関（アドゥアナ Aduana）関係の建物に割り当てられていたが，実際は，港に近い場所に建設された.
　臨地調査によると，広場が西に1街区広げられている．またその西の街区の宅地割

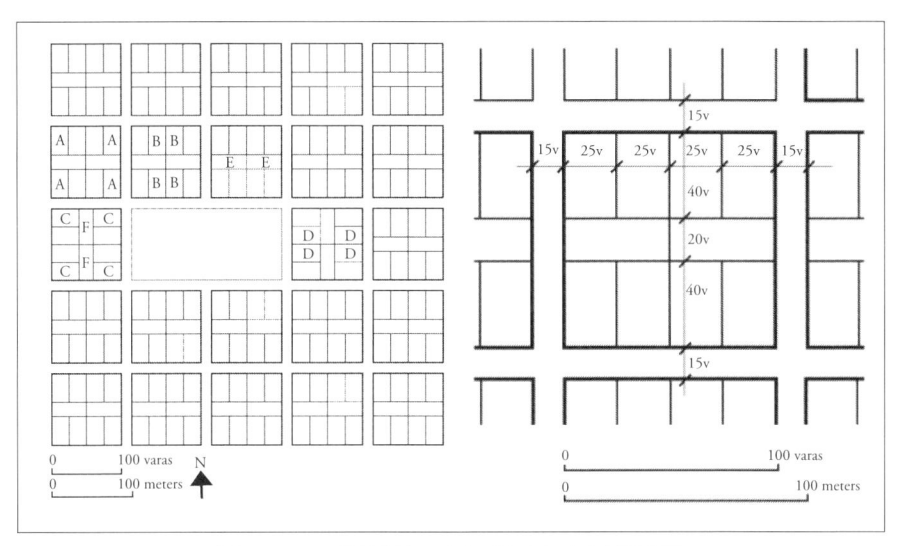

図 III-5-25　臨地調査にもとづく当初宅地割推定図

も，ロペスのものとは異なっている．おそらくは，図 III-5-25 が当初の計画案を示すと考えられる．

### (3) 都市計画法と都市の発展

　シエンフエゴスに関する 18 世紀末以降の都市計画図を表 III-5-6 に示し，主な図を図 III-5-26 に示した．この都市計画図群と現況から，およその都市発展過程を明らかにできる．

　1839 年には基本モデルから市域の拡大がはじまっている．さらに大きく市域が拡大しはじめるのは 19 世紀末以降であり，アドルフォ・ガルシアによって，順次 4 期（1879，1882，1905，1914）の計画案（図中，2 図～5 図）が立てられている．いずれも，100 ヴァラ×100 ヴァラの街区を基本としており，1820 年当初の基本計画におけるシステムが一貫して用い続けられていることがわかる．市域の拡張は，グリッドを延長するかたちで行われ，1839 年に斜めに直行する道路がつくられ，1879 年にほぼ 45 度回転した街区が東北部につくられた．都市発展過程をまとめると図 III-5-27 のようになる．

　アドルフォ・ガルシアに先立って，1856 年に都市計画法が施行されている[237]．そ

---

[237] Garrigo Roque (1922) "Don José de la Pazuela y Ceballos. Su mando político y militar en Cienfuegos", La Habana.

第 III 章
カリブ海(サント・ドミンゴ・アウディエンシア)

表 III-5-6　シエンフエゴスに関する都市計画図

| 年 | 著者 | コード |
|---|---|---|
| 1798 | Anastasio Echevarría | MN. Ms552. Mn-19-D-5 |
| 1816 | O. Boujon | MN |
| 1820 | Florentino López (1956) | MHC |
| 1839 | Alejo Helvecio Lanier | BN- Jose Marti |
| 1879 | Adolfo García | MHC |
| 1882 | Adolfo García | MHC |
| 1905 | Adolfo García | MHC |
| 1914 | Adolfo García | MHC |

の全体像は不明であるが，それを引き継いだ 1895 年の都市計画法[238]は，市の地区区分（1 条～4 条，以下数字のみ示す），街灯規定（45～49），街路番号，街路幅員，街区規模（66～75），公衆衛生（229～233，263），学校（278～280，282～285），共同住宅シウダデラス Ciudadelas（335～344），樹木（504，508），建設方法（731～756，765～772），新築建物（773～799），改造（794～799），ファサード（800～810），煙突（811～817），階段（818～820），水道（821～828），廃屋（829～849），中心地区での建設（850～858），周辺地区での建設（859～861），特別建造物（市庁舎，教会，劇場など．862～865），農村部での建設（866～871），公道（872～876）などを規定している．

その規定の内，街区構成に関わる条項を抜き出しておこう．

第 17 条　工場・倉庫など非衛生的施設は，市当局が指定する郊外に配置する．違反したものは 15～20 ペソの罰金を課せられ，追放される．

第 86 条　ファサードの装飾として通りの上に 6 ヴァラの高さに日除けを吊るす場合，視界が遮られる家々の許可を必要とする．違反したものは 1～3 ペソの罰金を課せられ，日除けを撤廃される．

第 112 条　新築する場合は市当局の許可を必要とする．その場合，ファサードのラインを揃える必要がある．違反した場合 25～50 ペソの罰金を課せられ，建物は解体される．

第 114 条　建物の高さは揃えなければならない．違反すれば解体される．

第 115 条　歩道に柱を立ててはならない．また，階段を設けてはならない．違反した場合 3～5 ペソの罰金を課せられ，撤去される．

第 116 条　廃屋は解体する義務がある．所有者が解体できない場合，市当局はそ

238)　市の保存修景事務所から入手した．

キューバ・スペイン植民都市群像

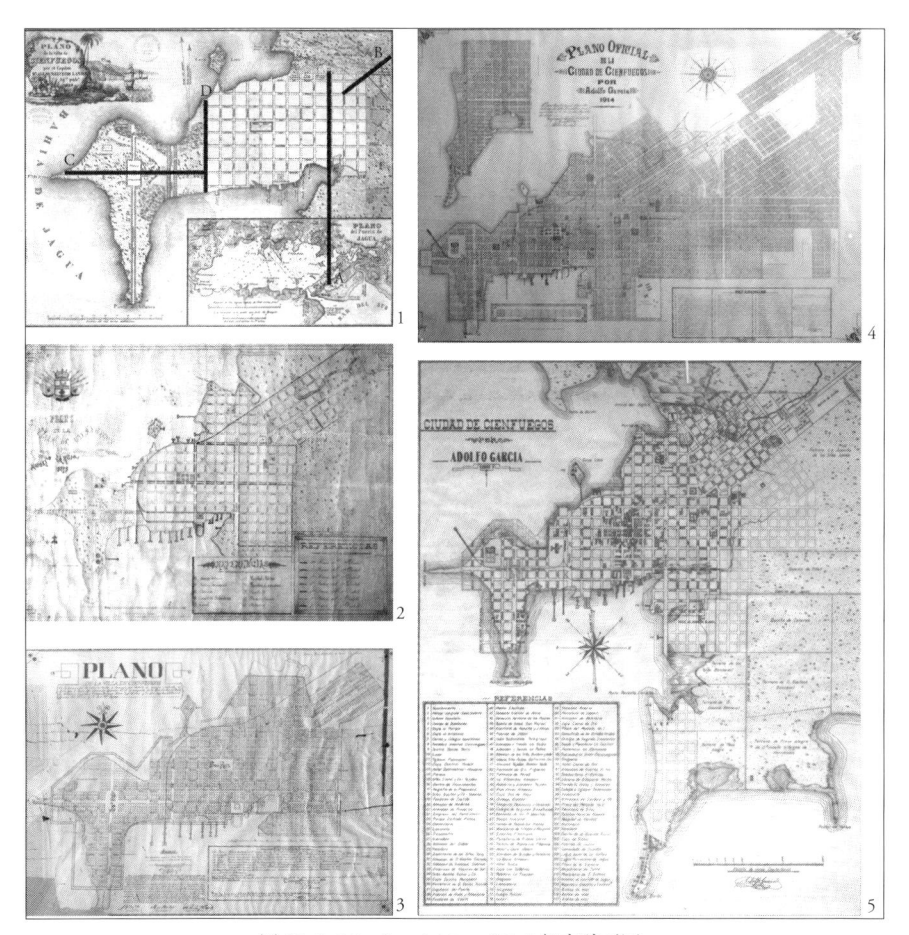

図 III-5-26　シエンフエゴスの都市計画図
1.（1839）Alejo Helvecio Lanier. BN. José Martí.（A-プラド Prado，B-ドロレス Dolores，C-レイナ Reina，D-アランゴ Arango）　2.（1879）Adolfo García. MHC.　3.（1882）Adolfo García. MHC.　4.（1905）Adolfo García MHC.　5.（1914）Adolfo García. MHC.

　　の土地と建物を売ることができる．

第117条　雨水は，自分のパティオに貯め，街路のパイプに流さなければならない．違反すると5〜50ペソの罰金を課せられる．

第118条　窓，出入口は，ファサードのラインから飛び出てはならない．違反したものは1〜3ペソの罰金を課せられ，改善を義務づけられる．

第119条　建設材料は通りに置いてはならない．違反したものは3〜5ペソの罰金を課せられる．

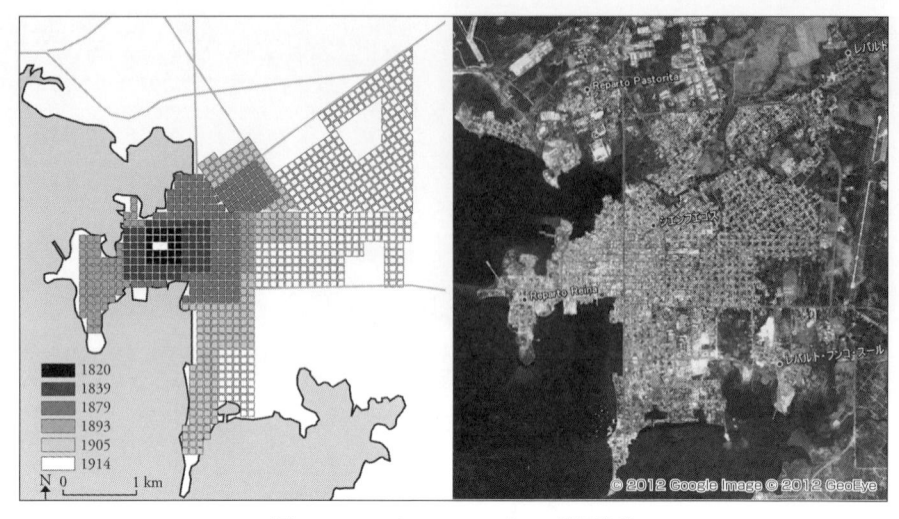

第III章
カリブ海(サント・ドミンゴ・アウディエンシア)

図 III-5-27　シエンフエゴスの発展過程

第 120 条　建設廃棄物は通りに置いてはならない．違反したものは 3〜5 ペソの罰金を課せられる．

第 121 条　建設中は建物の近くの通行を禁止する．違反したものは 3〜5 ペソの罰金を課せられる．

第 122 条　砂は市外から調達する．違反したものは 3〜5 ペソの罰金を課せられる．

第 151 条　樹木の伐採や都市施設の損傷を禁止する．違反したものは 3〜5 ペソの罰金を課せられる．

第 152 条　公園の草花の採取を禁止する．違反したものは 0.5〜2 ペソの罰金を課せられる．

　これらは，極めて厳しい規定であるといってよい．立法の経緯からすると，1895 年の都市計画法の時点で，このような規制があったものと考えられる．こうした厳しい形態規制が，街区構成が大きく変わらず維持されてきた要因になったといえるであろう．しかしそれでも，この 200 年における変化は大きい．以下に，街区の分割についてみたい．

## (4)　都市核の現況と街区分割

　図 III-5-29 に都市核の現況を示す．2 街区分のプラサ・マヨールの東に教会，南に市議会と博物館，北に劇場と学校，西に文化センターと市場，というように公共施設が位置する (図 III-5-28)．

今まで何度も触れたように，キューバに限らず，長さを幅の1.5倍とするインディアス法の規定（112条）に反し，プラサ・マヨールは正方形とすることが多い．シエンフエゴスの場合も，上述のように，100ヴァラ×100ヴァラという単純均一なグリッドを用いているが，プラサ・マヨールを2街区分としている点，また公共施設をプラサ・マヨールの周辺に配置している点において，インディアス法が前提とされていたことがうかがえる．建物の高さは平屋もしくは2階建てが基本で，モニュメンタルな建物でも現在も4層以下におさえられている．かつての景観をよく残しているといってよい．

　しかし，街区の細分化は，かなり顕著に進行している．図III-5-30に各宅地の分割数を示す．

　当初の計画では，23街区（5×5＝25街区からプラサ・マヨールの2街区を除く）230宅地が用意されていたわけであるが，当初の1,000ヴァラ平方のままで用いられているのは27宅地にとどまる．また，合筆する形で用いられているのが8区画である．その内訳は，2,000ヴァラ平方のものが3，3,000ヴァラ平方のものが5である．すなわち，分割されずにそのまま使われ続けてきたのは48宅地（現在のロット数は35）ということになる．

　元の1,000ヴァラの宅地が2分割されたものは37，3分割されたものは44，4分割されたものは32である．以上で161宅地となり，230の7割を占めることとなる．すなわち，都市の骨格においてはそう大規模な再開発は生じなかったことがわかる．

　宅地形態のタイプを上述のようにA，B，C，D，E，Fの6タイプに分けると，それぞれの当初の数は，表III-5-7に示すように，A（76），B（77），C（7），D（6），E（38），F（3）である．A，B，Eが基本であることがわかるが，8分割以上の分割が行われているのは，いずれもA，すなわち角地にある宅地である．同じく角地にあるCも分割数は多い．そして，分割数の多い宅地は，図III-5-30に示したようにプラサ・マヨールからの距離によらず，全体的に分布している．

　角地A，Cの場合，二面が接道しているから，分割は容易である．細分化が一貫して進行してきたであろうことは，現状からも推測できる．一辺のみ接道するB，D，E，Fタイプの宅地の場合，一般的には間口を分割する形となるから，2分割，3分割が普通で，せいぜい4分割程度である．7分割の宅地があるが，この場合は路地が必要となる．中庭パティオを囲んで住居が集合する形式が，シウダデラスである．調査地区には，27のシウダデラスがある．路地をつくる形で宅地の細分化が進行してきたことがわかる．

　シエンフエゴスは，キューバのスペイン植民都市のうち19世紀初頭に建設された都市のひとつの典型（第II類型）であるが，以下のような特性を持つ．

第 III 章

カリブ海（サント・ドミンゴ・アウディエンシア）

図 III-5-28　シエンフエゴス　プラサ・マヨール周辺の建物
1. アーケード　2. 教会（1833）　3. 市庁舎　4. テリーTerry 劇場 1890
ヒメネス・ベルデホ，ホアン・ラモン撮影

図 III-5-30　シエンフエゴス　宅地のタイプと宅地分割
ヒメネス・ベルデホ，ホアン・ラモン作成

① シエンフエゴスは，古くから南岸の良港として知られてきたが，本格的に都市建設が行われたのは，1819 年のフランス人デ・クルーエの入植以降である．基本的に，100 ヴァラ×100 ヴァラを街区の単位として，街路幅も 15 ヴァラの単純なグリッド・システムが採用された．また，最初の都市モデルとしては 5×5＝25 の街区が想定されていた．

② 街区モデルとして，1,000 ヴァラ平方を単位とする 10 分割システムが採用されている．たびたび登場した「ヴォーバン割」で，18 世紀末以降他の地域でもみられる．

③ 市域の拡張は，グリッドを延長する形で行われ，1839 年に斜めに直行する道路が造られ，1879 年にほぼ 45 度回

キューバ・スペイン植民都市群像

0  100 varas

0  100 meters

N

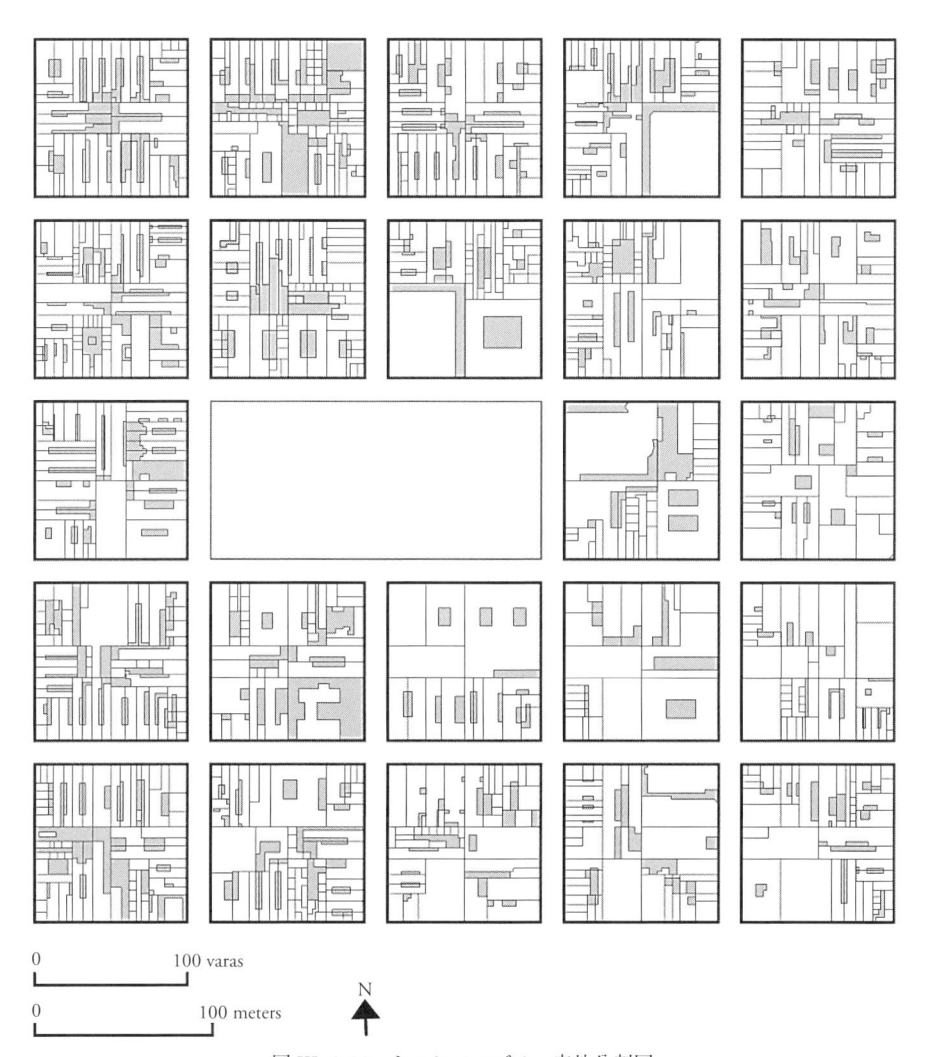

図 III-5-29　シエンフエゴス　宅地分割図

ヒメネス・ベルデホ，ホアン・ラモン作成

カリブ海（サント・ドミンゴ・アウディエンシア）

表 III-5-7　シエンフエゴス　宅地タイプ別分割数

| PLOTTYPES | | 1 | 2 | 3 | 4 | 5 | 6 | 7 | 8 | 9 | 10 | ORIGINAL PLOTS | CURRENT PLOTS |
|---|---|---|---|---|---|---|---|---|---|---|---|---|---|
| | A<br>25×40 varas | 4 | 5 | 5 | 9 | 13 | 12 | 9 | 11 | 4 | 4 | 76 | 429 |
| | B<br>25×40 varas | 10 | 19 | 21 | 18 | 6 | 2 | 1 | | | | 77 | 232 |
| | E<br>50×20 varas | 9 | 11 | 13 | 2 | 3 | | | | | | 38 | 93 |
| | C<br>40×25 varas | 2 | | 1 | 1 | 1 | 1 | 1 | | | | 7 | 27 |
| | D<br>40×25 varas | 1 | | 3 | 1 | 1 | | | | | | 6 | 19 |
| | F<br>50×20 varas | 1 | | 1 | 1 | | | | | | | 3 | 8 |
| | A+B<br>50×40 varas | 2<br>(4) | 1<br>(2) | | | | | | | | | 6 | 4 |
| | C+D<br>40×50 varas | 1<br>(2) | | | | | | | | | | 2 | 1 |
| | A+B+E<br>50×60 varas | 4<br>(12) | | | | | | | | | | 12 | 4 |
| | C+D+F<br>60×50 varas | 1<br>(3) | | | | | | | | | | 3 | 1 |
| ORIGINAL PLOTS | | 48 | 37 | 44 | 32 | 24 | 15 | 11 | 11 | 4 | 4 | 230 | |
| CURRENT PLOTS | | 35 | 72 | 132 | 128 | 120 | 90 | 77 | 88 | 36 | 40 | | 818 |

転した街区が東北部に作られた.

④以上の発展をコントロールする都市計画法は，1856年に作られ，改定を繰り返すかたちで今日まで維持されている.

⑤街区分割，宅地分割は一貫して進行してきている．しかし，街区全体の影響を及ぼす合筆などは起こらず，大きな景観上の変化は少ない．

⑥宅地の細分化は角地において著しい．それに対して，他の宅地に挟まれて一面のみ接道する宅地は，変化に対する抵抗力が強い．②の街区分割パターンは，比較的安定性が高いと考えられる．ただし，④で挙げた都市計画法との関係も無視できない．

⑦宅地の再分割のかたちとして新しく現れてきたのが共同住宅シウダデラスの形である．伝統的な中庭式住宅とともに密度が高まるとともに生み出されてきたのがシウダデラスであると考えられる．

## 5-4 カルデナス

カルデナスはマタンサス州[239]の22の自治体のひとつで，マタンサス港（18レグア西）とサグア・ラ・グランデ Sagua la Grande 港（50レグア東）の間にある港町である．面積は 33 km$^2$，現在はカンテル Cantel，フンディシオン Fundición，グアシマス Guásimas，マリナ Marina，メンデス・カポテ Méndez Capote，プエブロ・ヌエヴォ Pueblo Nuevo，ヴァラデロヴァラ Varaderovara，ヴェルサジェス Versalles の8つのバリオ（居住区）からなる（図 III-5-31）．

### (1) 歴史的形成

カルデナスの歴史については，カルデナス歴史博物館において，歴史家である館長のエルネスト・アルバレス・ブランコ Ernesto Álvarez Blanco の教示を得た．また，その著書 Blanco (1991) の他，Chávez (1930)，Blanco (1991)，Anonimus (1838)，Resumen (1842) といった文献を入手することができた．以上の文献をもとに，歴史的経緯を整理しよう．

カルデナス周辺は大部分が湿地帯であり，耕作が難しく，16世紀初頭には入植者はほとんどいなかった．16世紀半ば以降，プンタ・ヒカコス Punta Hicacos と呼ばれる海岸地域で，塩の精製と軍艦製造のための材木の伐採が行われる．そして，17世紀には黒人奴隷が導入されるが，牧畜や耕作は極めて困難であった．

ただし，この地もハト・コラル制の対象となっていた．図 III-5-32 および表 III-5-8 に示すように，カルデナスは17世紀から18世紀にかけて，8つのコラルからなっていた（Rousset (1918)）．

もともとサン・フアン・デ・ラス・シエガス San Juan de las Ciegas と呼ばれていたこの地域がカルデナスと名付けられたのは，1709年であり，この地での牧畜を許可したハバナの総督マテオ・デ・カルデナス・グエヴァラ Mateo de Cárdenas Guevara に因む．

カルデナスが発展しはじめるのは19世紀に入ってからである．1821年には，カルデナス地域には，ベルナルド・カリージョ Bernardo Carrillo[240] に割り当てられたハトがひとつあるだけであった．1820年代に，スペイン人およびフランス人の入植者がコーヒー，トウモロコシ，野菜などの栽培をはじめる．1823年から1825年にかけて，ラホンチョロ Lajonchoro というチャールストン出身のアメリカ人によって，ハバナから海岸沿いに道路が建設されると，1827年に植民地政府は，マタンサスの管理官

---

239) マタンサス州は，ハバナ州とラス・ヴィジャス州の間に位置し，面積は 8444 km$^2$ である．
240) Jose Sotolongo のコラル Cárdenas（1714，表 III-5-8 の 4）と同一の土地である．1714年から1821年の間にコラルからハトになったと考えられる．

## 第 III 章

カリブ海（サント・ドミンゴ・アウディエンシア）

図 III-5-31　カルデナス　1943 年
Cardenas Municipaly Map. Direccíon General de Censo. 1943. Barrios　1. Cantel.　2. Fundición.　3. Guasimas.　4. Lagunillas.　5. Pueblo Nuevo.　6. Marina.　7. Varadero.

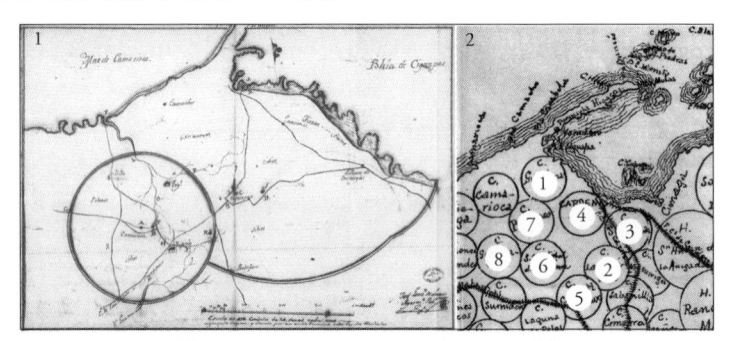

図 III-5-32　カルデナス　ハト・コラル図
1. カルデナスのコラル：AGI, MP-Santo Domingo, 72,　2. プンタ・ヒカコス図　1817：Ricardo V. Rousset.（1918）

表 III-5-8　カルデナスのハト・コラル

| 番号 | 名前 | 年 | 所有者 |
|---|---|---|---|
| 1 | Guásimas | 1628 | Antonio Raminrez |
| 2 | Lagunillas | 1635 | Martín R. De Oquendo |
| 3 | Siguapas | 1702 | Diego Sotolongo |
| 4 | Cárdenas | 1714 | José Sotolongo |
| 5 | Nuevo | 1719 | Bernabé Orta |
| 6 | San Cristobal | 1724 | Francisco Sotolongo |
| 7 | Precioso | | |
| 8 | Guanajayabo | | |

ホアン・ホセ・デ・アラングレン Juan José of Aranguren による新港建設を決定している．カルデナスの都市計画図が作製されるのはこの直後のことである．

　道路建設の後，キューバ第2の鉄道線がカルデナスに敷かれたのは1841年である．鉄道の敷設は市の発展の大きな基礎となった．1841年には教会と墓地が建設されている．1842年には人口2,008人，住戸数293という記録[241]がある．139人が商業に従事し，周辺に38の煙草工場と40のコーヒー・プランテーション，さらに223の放牧場があった．1844年にはカルデナス港がつくられ，砂糖プランテーションはますます盛んになった．1846年に消防署が建設され，1857年にはガス灯が導入されている．1859年に市庁舎が建設され，1862年には港が拡張されている．人口は12000人を数え，キューバで11番目の大都市となった．この時，砂糖工場は147にのぼった．水道が設置されたのは1872年である．1880年以降，瓦，ビール，石鹸，鋳物などの工場が建設され，19世紀末には人口2万1,940人（1899），キューバ第6位の都市へと発展した．

　しかし，共和国時代（1901〜59）になると産業の発展は低迷し，1943年には人口3万7,059人，第9位に後退している．現在の市域は，キューバ革命の時点とそう大きくは変わっていない．

## (2) 都市計画

　カルデナスの都市計画は，土地測量士アンドレス・ホセ・デル・ポルティージョ Andrés José del Portillo によってなされた（図III-5-33）．彼はスペイン人であったが，北米で学んだ技師であった[242]．このスペイン人の詳細は不明であるが，カルデナスの都市計画が，当初からインディアス法の規定するモデルとは異なった，延長可能なグリッド・システムを採用していることは，全くの推測であるが，19世紀の世界的な都市計画の動向，とりわけ北米の都市計画の趨勢とも関連があると考えられる．以下，詳しく検討しよう．

### i. 全体計画

　計画図には，海岸部から街路ナンバー（I〜XI）が振られている．宅地に付された番号をみると，まず，プラサ・マヨールの北（北東部）と南（南西部）で大きく二分されていることがわかる．ただし，グリッドに沿うかたちではなく，グリッドを斜めに割るかたちで，折れ線でその境界が引かれている．北が1期，南が2期という表記と

---

241) Anonimus (1838) "Historia Estadística del pueblo y puerto de Cárdenas. Memorias de la Real Sociedad Patriótica de La Habana". No. 28.
242) Resumen, M. G. R. (1842) "Historico del Pueblo de Cárdenas desde al año 1822 hasta 1842.", Faro Industrial de La Habana.

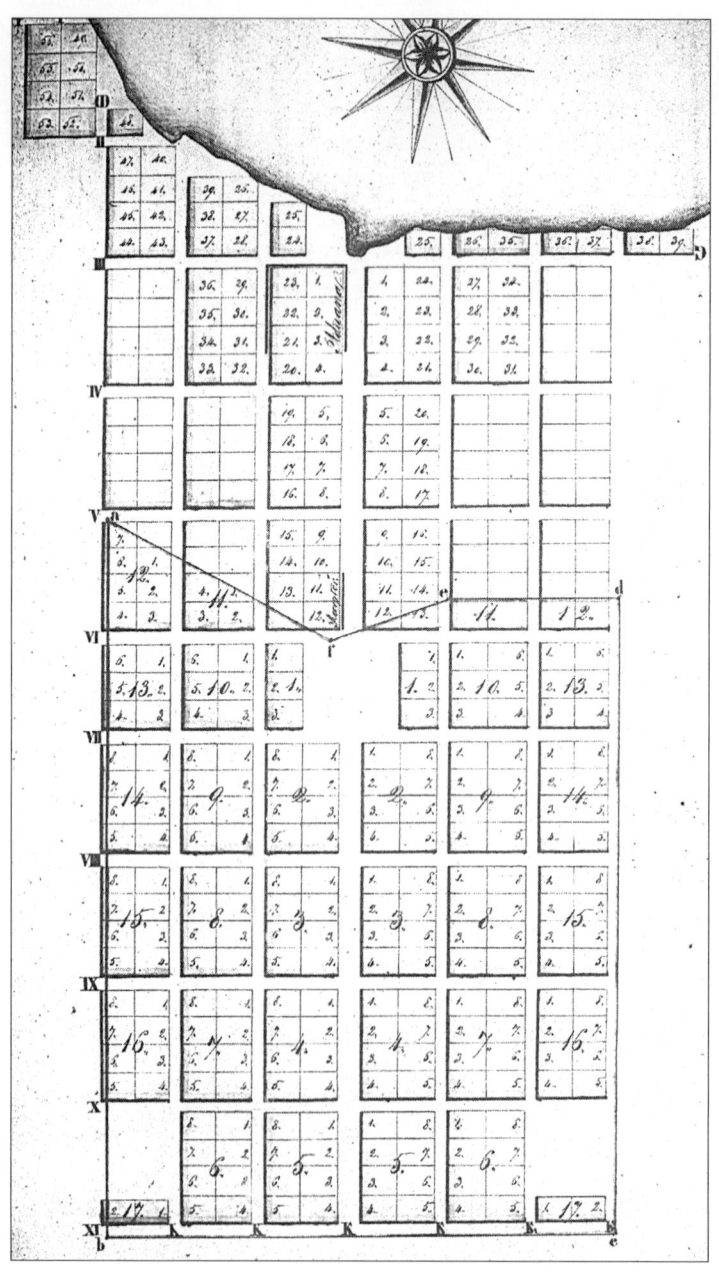

第 III 章
カリブ海（サント・ドミンゴ・アウディエンシア）

図 III-5-33　Andrés José del Portillo. カルデナスの都市計画図.
AGI, MP-Santo Domingo, 797（1830.06.05）

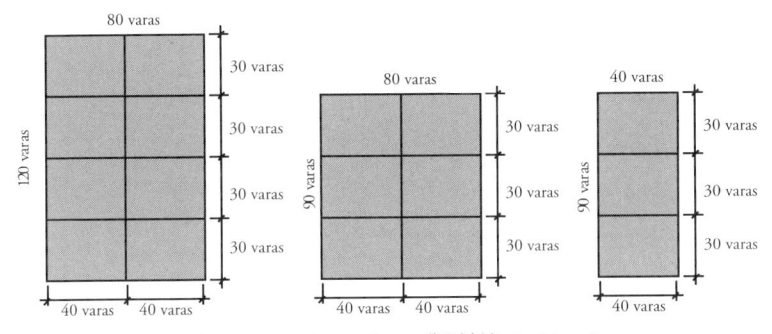

図 III-5-34　カルデナス　街区割りのパターン

思われる．北は宅地番号のみが振られ，中央軸線の左右で分けられている．東（東南部）は，軸線にそって1〜12まで南へ，そして逆方向に戻りながら13〜24，海岸部にはみ出て以下39までリニアに振られている．西（北西部）も同様に，1〜56まで振られている．計95宅地であるが，空き地がかなりみられる．2期と思われる南は，左右でまずブロック番号がそれぞれ1〜17，計34振られている．そして各街区の宅地番号は原則として西は時計回りに，東は反時計回りに振られている．このように，グリッドという整然とした形をとりながら，いささか奇妙な秩序を形成している．

地図に付された文章によると，まず海岸線から400ヴァラの距離までが王室のものとされ，折れ線より北の海岸部が宅地割りされ（1828），続いて南も王室によって取得され，全体計画がなされたことがわかる．さらに地図をみると，折れ線より南は2カバジェリア[243]からなる，とある．中央幹線道路の幅員を20ヴァラ，他の道路を14ヴァラとして計算すると，ほぼ2カバジェリアとなる[244]から，2カバジェリアの土地を買収して街区割りをしたと推測される．

M・G・ルスメン Resumen（1842）によると，沿岸部の宅地は200ペソ pesos，角地は150ペソ，他の宅地は100ペソで売買され，王立財務局（レアル・アシエンダ）には毎年売買価格の5％支払う規定が定められていた．

## ii. 街区単位

1830年の計画案にみられる街区割は極めて単純である（図 III-5-34）．基本的に間

---

[243]　ここでは1カバジェリア＝18コルデレス cordeles で，1コルデレ＝24ヴァラである．
[244]　1カバジェリアは，18 × 24 ＝ 432ヴァラ四方で，186,624ヴァラである．ヴァラを単位として，縦（南北）＝14 ＋ 90 ＋ 14 ＋ 120 ＋ 14 ＋ 120 ＋ 14 ＋ 120 ＋ 14 ＋ 120 ＋ 14 ＝ 654ヴァラ，横（東西）＝7 ＋ 80 ＋ 14 ＋ 80 ＋ 14 ＋ 80 ＋ 20 ＋ 80 ＋ 14 ＋ 80 ＋ 14 ＋ 80 ＋ 7 ＝ 570ヴァラ．面積＝654 × 570/2 ＝ 186,390となり，ほぼ1カバジェリアである．

口 30 ヴァラ×奥行 40 ヴァラ＝1,200 平方ヴァラの宅地を単位とし，8 (2×4) 宅地（すなわち 80 ヴァラ×120 ヴァラ）ないし 6 (2×3) 宅地（80 ヴァラ×90 ヴァラ）を 1 つの街区とする構成である．当初の計画の全体は，海岸部の不整形街区を除くと，6 街区×8 街区の構成となる．中央幹線道路の幅員は 20 ヴァラ，他の道路は 14 ヴァラである．

### iii. 広場

他のスペイン植民都市と比べて変わっているのは広場で，プラサ・マヨールの他に南端部の東西に 2 つ，計 3 つの広場が配されている．第 II 章でもみたように，当初から 3 つの広場を持つスペイン植民都市の例は極めて珍しい．

広場を核として，街区が東西，南に拡張していくことが想定されていたと考えることができる．また，プラサ・マヨールを貫く形で，中央幹線道路が計画されているのも特徴的である．「フェルナンド VII 世広場 Plaza de Fernando VII」と名づけられたプラサ・マヨールは，90 ヴァラ×90 ヴァラ，他の 2 つの広場は 80 ヴァラ×90 ヴァラである．

広場の西にはサン・シプリアノ・デ・グアマカロ San Cipriano de Guamacaro 教会（1846），東にはエステバン・パロディ Esteban Parodi 邸（1834〜36）とセシリオ・アイジョン Cecilio Ayllon 邸（1840），南にはアレハンヅロ・カポテ Alejandro Capote 邸（1847〜49）とゲラ・ナヴァッロ Guerra Navarro 邸（1849），北にはレアル・クアルテル Real Cuartel 邸（1836〜38）とフランシスコ・コロメル・エスプリル Francisco Colomer Espriru 邸（1830）が建てられた．

都市は北から南に発展していった．カルデナス市の都市計画局において入手したその発展過程を示す地図（図 III-5-35）によると，まず 1840 年まではプラサ・マヨールより北が開発され，19 世紀後半に南が宅地化されて当初の計画域を超えて発展をはじめている．市域は，軸線上に拡大していくというよりは，軸に対して対角線上に菱形に拡張しているのが興味深い．実は当初計画案の軸線は，東西南北の軸からほぼ 45 度傾いており，菱形に拡張することで，東西南北を向くことになる．第 2 次世界大戦後，当初の街路パターンを対角状に横切る道路が敷設されていることは，東西南北軸が意識されていることの証左である．

現在の街区割を示すのが図 III-5-36 と 37 である．これらをみると，都市周辺部には，上述の 30 ヴァラ×40 ヴァラの宅地を単位とする街区構成とは異なったパターンがある．すなわち，時代が下るとともに異なった街区規模と形状が採用されてきているのである．

### (3) 街区分割のパターン

当初の宅地割図と，都市計画局で入手した地図（図 III-5-38）および航空写真（図

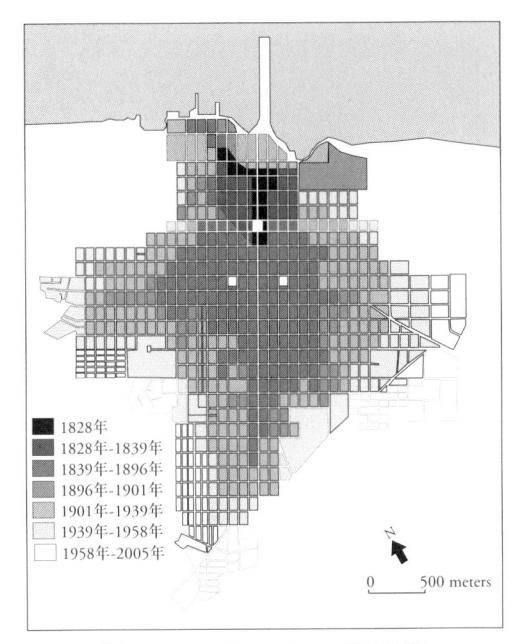

図III-5-35　カルデナスの発展過程

III-5-39)とを比較することで，宅地分割の変化を知ることができる．街区全体がパティオ（中庭）式住居からなる街区 a と戸建て住宅からなる街区 b，そして集合住宅からなる街区 c がある．また，当然，abc が混在する街区がある．中心部の歴史的地区は，中庭式住居からなる街区 a が集中する（図III-5-40）．すなわち，当初は中庭式住居が一般的であったと考えられる．そして，宅地分割が行われることによって，中庭式住居とは別の形式として，戸建て住宅が建てられるようになる．また，細分化の進行とともに，街区の中に袋小路がつくられるケースが生じてきたと考えられる．

宅地分割パターンを示したものが図III-5-40 である．最初期の中心部 28 街区（8 (2×4) 宅地の 24 街区（192 宅地）と，6 (2×3) 宅地の 2 街区（12 宅地），および 3 宅地（40×90 ヴァラ）の 2 街区（6 宅地），計 210 宅地についてみると以下のようである．

分割が起こっていない宅地は全部で 9 あるが，そのうち 6 つはプラサ・マヨールに面している．サン・シプリアノ・デ・グアマカロ教会，エステバン・パロディ邸，アレハンヅロ・カポテ邸の敷地はそのまま使われ続けている．また，北部に 3 宅地あるが，それらも倉庫用地として使われ続けてきている．

9 分割された宅地が 2，8 分割された宅地が 3 ある．間口 30 ヴァラの角地でない宅地の場合，6 分割の宅地 1 を除くと，101 の宅地は 5 分割以下である．最も多いのは

## 第 III 章

### カリブ海（サント・ドミンゴ・アウディエンシア）

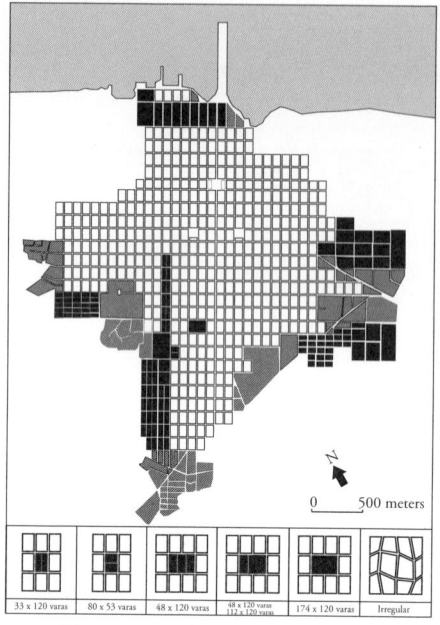

図 III-5-36　街区規模と形状の変化

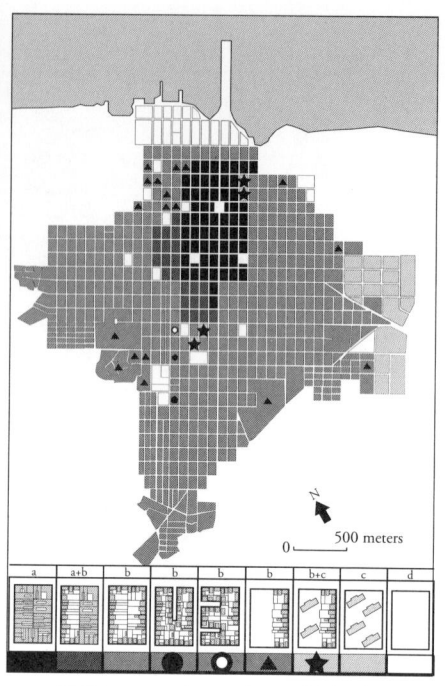

図 III-5-37　カルデナス　街区の類型

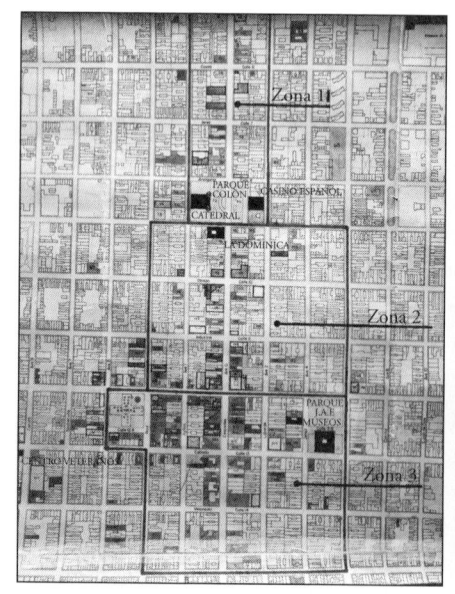

図 III-5-38　カルデナスの都市計画図

図 III-5-39　カルデナス 2006 年．Google Earth

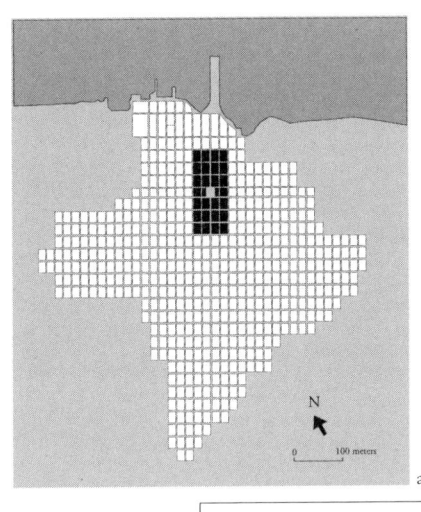

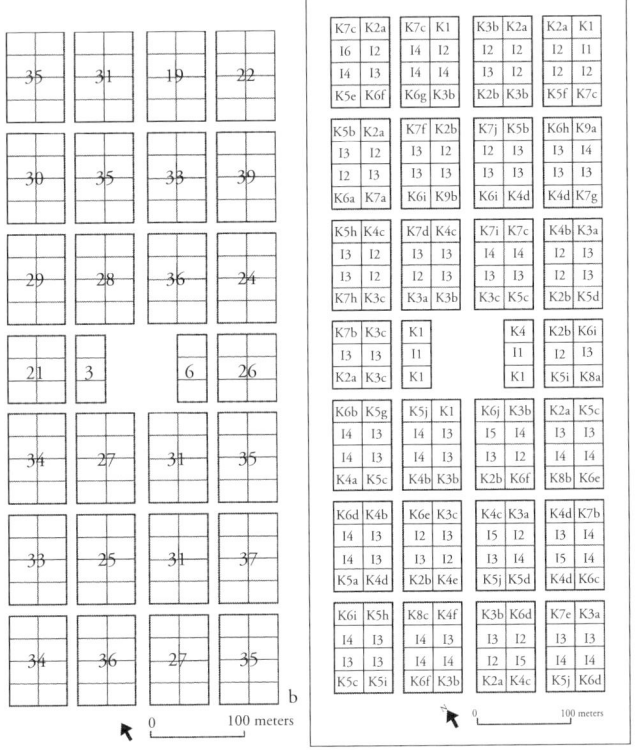

図 III-5-40　カルデナス
a. 詳細調査街区　b. 宅地分割数の分布　c. 街区の宅地数

第 III 章

カリブ海（サント・ドミンゴ・アウディエンシア）

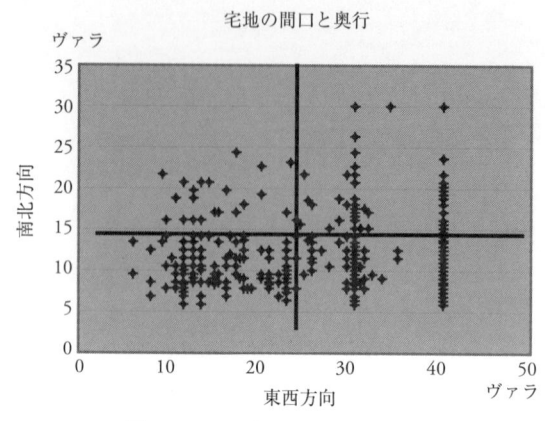

図 III-5-41　宅地分割のパターン

3分割で45（44.1％），4分割が25（24.5％），2分割が24（23.5％）である．角地の場合，7分割が14（角地108のうち13.0％，全体210の6.7％）ある．全体をみると，3分割が最も多く62/210（29.5％），続いて4分割41（19.5％），2分割37（17.6％）である．

各宅地の間口と奥行きをプロットすると図III-5-41のようになる．南北長さ（間口）については，平均10.16ヴァラで最小値4ヴァラ，最大値30ヴァラである．もともとの宅地の幅30ヴァラを3分割した敷地，間口10ヴァラ前後（9～11ヴァラ）の宅地は，31.4％（252/802）もある．その内東西方向が40ヴァラの宅地が104（全体では351宅地）である．また，東西長さ（間口）については，平均＝30.47ヴァラ，最小値4ヴァラ，最大値40ヴァラである．全体で，30ヴァラ前後（29～31ヴァラ）の宅地が216宅地ある．面積は，平均312.7平方ヴァラ，最小30平方ヴァラ，最大1200平方ヴァラである．

これらのことから，当初の30ヴァラ×40ヴァラ＝1200平方ヴァラという宅地が細分化され，10ヴァラ×30ヴァラないし，10ヴァラ×40ヴァラという宅地が標準となっていることがわかる．8（2×4）宅地（ないし6（2×3）宅地）で1街区とする極めて単純なシステムが用いられている．

すなわちカルデナスは，19世紀初頭に極めて整然と計画されたスペイン植民都市として，現在もその骨格をよくとどめているといえる．インディアス法にもとづく完結的な基本モデルは採用されず，当初よりグリッドの拡張が前提とされていた（第III類型）．この点，同じく19世紀初頭に建設された港市都市シエンフエゴスとは異なる．シエンフエゴスの場合は，完結的なモデルがあり（第II類型），それが必要に応じて延長していくかたちをとった．すなわち，カルデナスは，グリッドを拡張することを前提とした都市モデルにもとづいた第III類型の典型である．市域の拡大は，当初の単

純なグリッドを延長する形で行われ，後年，周辺部において当初と異なった街区割りも採用されるが，その当初のシステムによる骨格は今日にまで維持されている．カルデナスは，単純な街区割り，宅地割りの設定によって，グリッド・システムをかなり安定して維持してきた事例である．

# 第 IV 章

●

## メソアメリカ
*Meso America*

### ヌエヴァ・エスパーニャ副王領
*Virreynato de Nueva España*

*1*
先スペイン期の都市

*2*
廃墟の上のエルサレム ── メキシコ・シティ

*3*
幻のインディオ共同体 ── アシエンダ

*4*
エスカンドンの都市

*Column 6*
トマス・モア「ユートピア」

ヨーロッパが「発見」する以前（先スペイン期）のアメリカ大陸は，装飾品に銅が用いられていたものの，鉄は使われておらず，役畜や鋤，車付乗り物などもない新石器時代そのままの農耕生活が行われていたと考えられている．採集狩猟から農耕へ移行した時期も場所もはっきりしない．食用となる動物の家畜化も，生産性の高い穀物もなかった中で，トウモロコシが唯一旧大陸における穀物の代替を務めてきた（ベルウッド（2008））．

　その歴史は，大きく4つの文化生態学的領域—オアシスアメリカ，アリドアメリカ，メソアメリカ，南アメリカ—に分けて考えられている．

　オアシスアメリカは，現在のアメリカ合衆国南西部とメキシコ北部（ソラノ州北東部およびチワワ州北西部）をいい，サン・フアン川，コロラド川，リオ・グランデ川といった水量の乏しい河川の周辺に数多くの定住地が出現した．アリゾナ州，ニューメキシコ州，ユタ州，コロラド州およびその周辺に居住してきたプエブロ・インディアンの世界がその典型と考えられる．その南に広がる乾燥した平坦地に展開したのがカサス・グランデス文化である．カサス・グランデスでは主に，トウモロコシ，インゲン豆，カボチャ，トウガラシが栽培されてきた．

　アリドアメリカを代表するのが，現在のメキシコ北部に住んでいた半遊牧的民族のメヒカ（アステカ）である．生態系は，沿海，高原，平原，砂漠と多様であり，多様な生活様式が展開してきたが，かなり長期にわたって採集狩猟の生活を基礎としてきた．

　メソアメリカは，現在のメキシコ中央部および南東部，中央アメリカ北部をいう．オルメカ，マヤ，テオティワカン，サポテカ，ミシュテカ，トルテカ，トトナカ，ワステカ，プレペチャといった数々の古代文明が生起した核心的領域である．このメソアメリカがそのままヌエヴァ・エスパーニャの核心的領域となっていく．

　エルナン・コルテスがメキシコに向かった経緯については第Ⅰ章で触れた．コルテスは，タバスコに上陸し，拠点としてヴィジャ・リーカ・デ・ラ・ヴェラクルスを建設する．兵士たちによって構成されるアユンタミエント（カビルド）の最高司令官兼最高裁判官に任命されるかたちで，コルテスはサント・ドミンゴ総督ヴェラクルスの管轄から独立，メヒコ＝テノチティトランの征服に向かう．コルテスは，モクテスマ Moctezuma[245]に代わってメシカ族の指導者となったクアウテモクを捕らえ，テノチティトランを制圧することに成功する（1521年8月13日）．1523年に，コルテスはカルロスⅠ世（カールⅤ世）によって総督に任命される．

　1527年にメヒコにアウディエンシアが置かれ，1935年に副王制が施行されると，メキシコはヌエヴァ・エスパーニャ副王領の首都となる．その後，グアテマラ（ロス・

---

[245] 他に Montezuma, Moteuczoma, Motecuhzoma という表記も用いられる．ナワトル Nahuatl 表記に従えば，Motecuhzoma Xocoyotzin．

第IV章

メソアメリカ（ヌエヴァ・エスパーニャ副王領）

コンフィネス，1543），グアダラハラ（ヌエヴァ・ガリシア，1548）にアウディエンシアが置かれ，ヌエヴァ・エスパーニャは3つのアウディエンシアから構成されることになった．下位の行政組織は，ヌエヴァ・エスパーニャ，ヌエヴァ・ガリシア，ヌエヴァ・ヴィスカヤ，ヌエヴァ・レオン，ヌエヴァ・メヒコ，ユカタン，ソコヌスコ，グアテマラ，ホンデュラス，ニカラグア，コスタリカの11のゴベルナシオンからなる．その管轄域は，ほぼ今日のメキシコ（グアテマラ，ホンデュラス，エル・サルヴァドル，コスタリカ）に重なる（図 II-1-2 参照）．

## *1* 先スペイン期の都市

　スペイン植民都市と先スペイン期の中南米の都市の伝統との関係については，第I章の冒頭で触れたように，インディアス法に理念化される都市計画とオルメカ Olmeca 文明以降の都市の構成原理は明らかに異なっていた．テノチティトランと，それを破壊した上に建設されたメキシコ・シティの関係が象徴的である．この点を詳しく検討するために，ここではメソアメリカにおける都市の伝統，その都市計画の原理についてみておきたい．

　メソアメリカを下位区分すると，中央高原，メキシコ湾岸，オアハカ，マヤ，西部の5つに分けることができる．考古学の知見に従って，コルテス以前を先古典期（前2000～後200），古典期（200～900），後古典期（900～1521）に大きく時代区分し，それぞれの拠点となった都市を示したものが表 IV-1-1 である[246]．

　人類がベーリング海峡を渡ってアメリカ大陸へ到達するのは6～7万年前とされるが[247]，氷河期となった6万3,000～5万8,000年前，5万3,000～4万2,000年前，3万3,000～3万1,000年前の3つの期間に，人類は歩いて海峡を渡ることができた．南アメリカの南端に到達したのが2～3万年前で，3万～7,000年前に石器時代を迎える．紀元前3,000年頃までは，アメリカ先住民は全て採集狩猟民であったと考えられる．採集狩猟から農耕へ移行した時期と場所は明確ではない．アンデス高地でのリャマ，アルパカ，テンジクネズミなどの例を除いて，動物の家畜化がほとんどみられず，生産性の高い穀類もなかった．唯一トウモロコシが様々な穀類のかわりを務めることに

---

[246] Nieto-López (2004) をもとに，狩野千秋 (1990)，青山和夫 (2007) など，新たな考古学的知見を加えた．
[247] 移住が確認されるのは，紀元前1万5000年の遺構である．

先スペイン期の都市

表 IV-1-1　メソアメリカの古代都市

| 地域 | 先古典期<br>紀元前2000〜紀元200 | 古典期<br>200〜900年 | 後古典期<br>900〜1521年 |
|---|---|---|---|
| 中央高原 | コピルコ<br>クィクィルコ<br>サカテンコ<br>トラティルコ | テオティワカン<br>ショチカルコ<br>カカシュトラ | トゥーラ<br>テノチティトラン<br>（メシカ族） |
| メキシコ湾岸 | サン・ロレンソ<br>ラ・ベンタ<br>ラグーナ・デ・ロス・セロス<br>レス・サポテス | タイン | センポアラ |
| オアハカ | モンテ・アルバン | モンテ・アルバン | ヤグル<br>ミトラ（ミシュテカ族）<br>サアチラ |
| マヤ | ナクベ<br>ウアシャクトゥン<br>ティカル<br>ツィビルチャルトゥン<br>エル・ミラドール<br>Cival San Bartolo | コパー<br>ウシュマル<br>パレンケ<br>チチェン・イッツァー<br>コパン<br>ボナンパク | チチェンイツァー<br>マヤパン |
|  | エル・オペーニョ | イワツィオ<br>ツィンツゥンツァン | ツィンツゥンツァン<br>パツクアロ |

なる[248]．

メソアメリカでトウモロコシ栽培による定住が開始されるのは紀元前2,500〜2,000年頃と考えられている．集落が形成され，農耕儀礼が開始されて神殿が建設される．この最初期の文明がオルメカ文明である．古典期になると，都市国家が成立してくる．

## 1-1　オルメカ

メソアメリカ最古とされるオルメカ[249]文明は，メキシコ湾岸低地（メキシコ，ヴェラクルス州南部，タバスコ州西部）熱帯降雨林を流れる大河，パパロアパン Papaloapan 川，リオ・ブランコ川，グリハルヴァ川，カオツァコアルコス Caotzacoalcos 川，リオ・タナラ川の下流域の肥沃な平野に恵まれた土地で発達した（図 IV-1-1）．

---

248)　「第8章　アメリカ大陸における初期農耕」（ベルウッド（2008））
249)　ナワトル語で「ゴムの国の人」を意味し，スペイン植民地時代にメキシコ湾岸の住民を指す言葉として使われるようになった．

309

第 IV 章

メソアメリカ（ヌエヴァ・エスパーニャ副王領）

図 IV-1-1　オルメカ本土の遺跡分布図

狩野千秋（1990）

　大規模な土木工事と石造建造物，とりわけ巨石人頭像で知られる．遺構は，ミステキージャ Mixtequilla 地方，ロス・トゥスティアス Los Tuxtias 地方，テワンテペック Tehuantepec 地峡北部地方を中心に分布する．先古典期の最も古い時代に属する遺構がサン・ロレンソ San Lorenzo（前 1200〜前 900）で，先古典期後期はラ・ヴェンタ La Venta（図 IV-1-2），ラグナ・デ・ロス・セロス Laguna de Los Cerros（前 900〜前 400）が中心で，他にトレス・サポテス Tres Zapotes などに石彫遺構がみられる．オルメカ文明は，文字を持たず，都市もそう大きな規模ではなかった．周辺に居住域を持たず，王宮と祭祀施設を核とする形態であった．狩野千秋（1990）は，これを祭祀センターと呼び，共通の計画基準がみられることを指摘している．

①各センターは南北方向に基軸をとり，その両端に対峙する形でピラミッド型建造物を建てる．基軸の方向は多くの場合，真北より西へ 7〜8 度偏向している．
②基軸に沿って，東西左右対称の位置にプラットフォームあるいは祭壇その他の建造物が配置される．
③広場あるいは中庭を中心に建築物を集合させる「広場複合」を形成する．
④ピラミッド型建造物や広場には，必ず記念的石碑や丸彫りの石彫りを建立する．
⑤北側の外れに墳墓その他の埋葬施設をつくる．

　この中心核の基本構成は，オルメカ以降のメソアメリカの諸文明にもほぼ共通する．基軸の方向が真北より西へ 7〜8 度偏向するのは，ほぼ磁北が基準になっていることを意味するが，これはオルメカの場合で，メソアメリカ全体では，むしろ東に偏向す

310

# 先スペイン期の都市

る場合が多い．あとでテオティワカンに即して確認しよう．

オルメカ文明の核心域は，以上のようにメキシコ湾岸地域であるが，その影響は，メキシコ中央高原地帯，オアハカ地方，高地マヤ地域，チアパス─グアテマラ太平洋岸低地などメキシコ全域に拡がっており，それぞれの文明の基層を形成したと考えられる．

オルメカ文明が衰退すると，グアテマラ，そしてチアパス州の高地および太平洋岸にイサパ文化と呼ばれる先古典期後期の独自の文化が発達した．このイサパを通じて興ったのがマヤ文明で，オルメカーイサパーマヤは，象形文字，数字の表記，暦の計算法など密接な関係があり，ひとつの系統と考えられている．

## 1-2 マヤ

マヤ文明はメキシコ南東部から中央アメリカ北東部に起こった（図IV-1-3）．起伏が激しく針葉樹林に覆われた湿潤なマヤ高地，熱帯降雨林の低地南部，そして半乾燥の熱帯サバンナあるいはステップの北部に，トウモロコシ栽培を基盤とし，新石器を利器とする定住集落が形成されたのは紀元前1000年頃とされる．マヤ文明はゼロを発明した文明とされるが，共通のマヤ語は存在せず，30ものマヤ諸語が話され，現在にいたるまでその姿を残している．

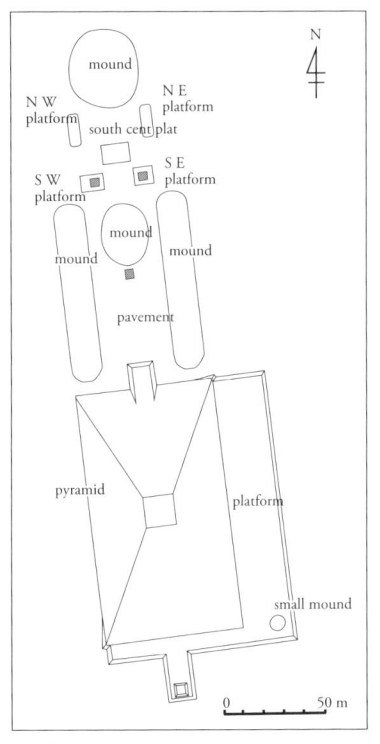

図IV-1-2 ラ・ヴェンタの敷地図
狩野千秋（1990）

グアテマラ北部の熱帯降雨林の中のナクベNakbeには，紀元前1000年頃定住が開始され，紀元前600〜400年に神殿ピラミッド，祭壇，球技場（トラチトリtlachtli）が建設され，紀元前400〜100年に最盛期を迎えた．

メソアメリカ最大の神殿ピラミッドは，グアテマラのエル・ミラドール El Mirador[250]にある．エル・ミラドールが繁栄しはじめたのは紀元前10世紀頃で

---

250) スペイン語で見晴らし台という意味である．この遺跡が最初に発見されたのは1926年であるが，ジャングルの奥深くにあったために，ほとんど注目されてこなかった．1978年にBruce DahlinとRay Mathenyの指揮するプロジェクトによって詳細な調査が行われた．面積16 km$^2$に及ぶ．大きいがあまり高くない基壇の上に築かれた3つの階段状ピラミッドの組み合わせが多数

## 第 IV 章

メソアメリカ（ヌエヴァ・エスパーニャ副王領）

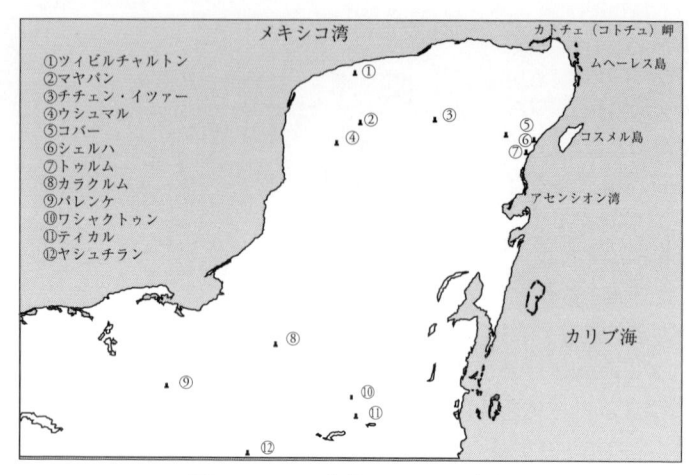

図 IV-1-3　16 世紀のユカタン半島
ランダ『ユカタン事物記』（大時代航海叢書第Ⅱ期 13，岩波書店，1982）

①ツィビルチャルトン
②マヤパン
③チチェン・イツァー
④ウシュマル
⑤コバー
⑥シェルハ
⑦トゥルム
⑧カラクムル
⑨パレンケ
⑩ワシャクトゥン
⑪ティカル
⑫ヤシュチラン

あり，全盛期は，紀元前 3 世紀から後 2 世紀にかけてで，人口は 8 万人に達したと考えられている．先古典期後期の遺構としては，他にワクナ，ティンタル，ティカル，ワシャクトゥン，シバル，ラマナイ，セロス，ヤシュナなどがあるが，それらの大神殿ピラミッドは，中央の主神殿の両側に小神殿を配置する共通の形式をとっている．この点はオルメカとは異なる．

　古典期マヤの中心はマヤ低地であった．コパン Copán，ティカル Tikal，ヤシュチラン，パレンケ Palenque，カラクムル Calakmul，ペカン，ウシュマル Uxmal，コバーなどの多くの都市国家が成立したが，マヤ低地が政治的に統一されることはなかった．しかし，最盛期の古典期後期（600〜800）には，ティカルは 120 km$^2$ に約 6 万 2,000 人，カラクムルは 70 km$^2$ に約 5 万人，コバーは 63 km$^2$ に約 4 万 3,000〜6 万 3,000 人を擁したと推測されている．ただし，数字からわかるように人口密度は低く，都市的集住の形態はテオティワカンとは異なる．サクベと呼ばれる舗装堤道によって周辺集落や拠点を結ぶネットワークが形成されていた．

---

分布する遺跡である．この構造の建造物のうち，もっとも著名で巨大な建築複合が 2 つ挙げられる．ひとつは「エル・ティグレ」と呼ばれるものである．「エル・ティグレ」の最も高いピラミッドは 55 m に達する．もう一方は，「ラ・ダンタ」と呼ばれて，最も高いピラミッドは 70 m に達し，マヤの建造物の中では最も高い．加えてこのピラミッドを支える巨大な基壇は，底辺 1 万 8,000 m に達する壮大なものである．エル＝ミラドールの建造物の大部分は切石を組み合わせて建てられており，表面は漆喰で象られたマヤの伝説上の神々の顔で飾られている．他には，モノス（高さ 40 m）などの巨大なピラミッド建築複合がある．石碑が多く残されているが，絶対年代を決定できる長期暦は刻まれていない．

また，マヤ低地のほとんどの都市が市壁を持っていなかったことは，特記すべき特徴である．

## 1-3　サポテカ

オルメカ—イサパ—マヤという系列とは別に，オアハカ盆地に起こったのがサポテカ文明であり，その首都モンテ・アルバンはメソアメリカ最初の都市とされる．

サポテカ文明は，現在までに確認されたところでは，メソアメリカで最初に文字を使用し（未解読），260日暦を使用したことで知られる．考古学の区分によれば，先古典期前期末，サン・ホセ・モゴテのティエラ・ラルガス Tierra Largas 相（前1400〜前1150）に発生したと考えられている．サン・ホセ・モゴテは面積 7.8ha，人口 1300〜1,400人ほどの集落であったが，オアハカ盆地の抗争によって紀元前500年頃に放棄されたと考えられている．そして，盆地の覇権を制する形で建設されたのがモンテ・アルバン（図 IV-1-4）である．

モンテ・アルバンI期（前500〜前100）で知られているのは，中央広場南西部隅にある「踊る人々の神殿 Temple of the Danzantes」である．モンテ・アルバンII期（前100〜後200）にかけて，都市の西部と北部に約3kmにわたって防御壁が築かれ，ダムおよび約2kmにわたる用水路が建設された．モンテ・アルバンの人口は紀元前100年頃には1万7,000人，オアハカ盆地全体では，5万人に達したと推定されている．モンテ・アルバンIII期（200〜750）には，6.5 km$^2$の領土に2万5,000〜3万人を擁し，盆地全体の人口は11万人を超えたと考えられている．モンテ・アルバンの中央広場はこの時期完全に建物で囲まれた．III期の後半（IIIb期）になると，広場の出入り口が3か所に限定されている．モンテ・アルバンIV期（750〜1000）には人口4,000人にまで衰退し，盆地全体の人口もまた7万人に減少している．

最盛期約3万人とはいえ，1200年以上にわたって存続したモンテ・アルバンは，メソアメリカ有数の古代都市である．ただし，中枢部を除くと居住域の拡がりはない．切石造りの路盤を並べた道路網をつくり各地をつないでいる．道路は，幹線道路（幅3〜8m）と副道路（幅2〜3m）からなり，主な居住区の中央を幹線道路が走ってお互いを結んでいた．

中枢部は，居住域とは区別された地域に置かれ，入口が限定されるなど，極めて防御的につくられている．高い丘の上に建設されており，丘陵そのものが防御の役割を果たしている上に，中枢域の内外に二重の石垣がめぐらされてもいる．長さ3km，高さ4〜5m，幅20m，2列の並行する切石積みの石塁で，北側と西側に設けられている．濠はない．

中枢部は，上述のように，創設後300〜500年後に形成されたと考えられるが，北

第 IV 章

メソアメリカ（ヌエヴァ・エスパーニャ副王領）

のプラットフォーム・南のプラットフォームと呼ばれる段台をつなぐ 1 km ほどの南北軸に沿って，公共的建造物や宮殿が配置される構成をとっている．これはオルメカとも共通する構成である．中枢広場に隣接する高官の住居用テラスがあり，工芸品を生産した場所が確認されるが，市場は発見されておらず，祭祀としての機能が中心であったと考えられる．北のプラットフォームには 3 つの小神殿がある．また中枢広場には 12 の一室式の神殿がある．内陣外陣からなる二室式が一般的であるが，モンテ・アルバン以外にもユカタン半島の東部で一室式をみることができる．

モンテ・アルバンで注目されるのが中央広場にある，五角形の野球のホームプレート様の構築物（「遺構 J」と呼ばれる）である．軸線に対して 45 度傾いており，他に例をみない．室内の壁に天体観測用のレリーフ図形があることから，天体観測施設と考えられている[251]．先端の南西方向は南十字星の出現する方向であり，反対の北東に位置する「P」と呼ばれる階段は夏至冬至の太陽の位置の測定と関連することが明

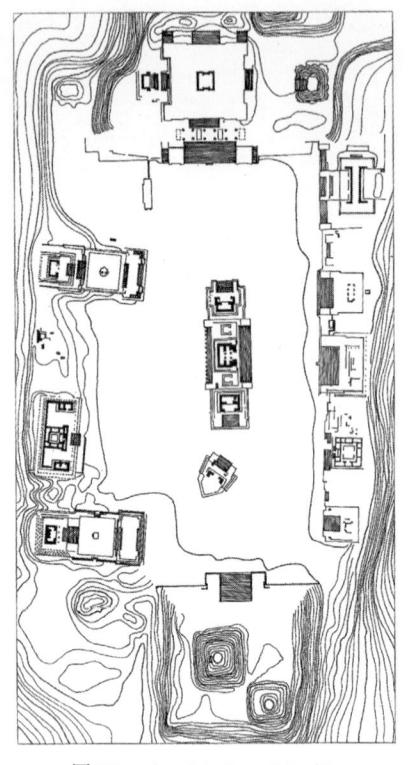

図 IV-1-4　モンテ・アルバン
Marquina, Ignacio. (1990) "Arquitectura Prehispánica", Instituto Nacional de Antropología e Historia, México

らかにされている[252]．

## 1-4　テオティワカン

メキシコ中央高地に都市が現れるのは紀元前先古典期後期である．テオティワカン[253]（前 100〜後 600）がそれで，最盛期の 200〜550 年には 23.5 km² の領域に人口 12

---

[251] Caso, A. 'Las exploraciones en Monte Albán, temporada 1934-1935, Instituto Panamericano de Geografía e Historia, 18, Mexico City.

[252] Aveni, A. F. and Linsley, R. M. 'Mound J. Monte Alba'n: Possible Astoromical Orientation', American Antiquity 37(4), pp. 528-531.

[253] ナワトル語で「神々の場所」という意味である．

万5,000〜20万人が居住する大都市となった.

　メキシコ盆地は標高2,200 mで,オアハカ盆地の1,500 mより高く,より冷涼な気候条件にあったが,モンテ・アルバンに匹敵する都市の発達は遅れた.降雨量が少なく,灌漑なしに大きな人口を支えることができなかったためと思われる.そうした中,クィクィルコが成長し,それに対抗しながらテオティワカンが成長し,盆地南西のシトリ火山の噴火の影響もあって,テオティワカンが盆地を制覇することになる.

　テオティワカン(図IV-1-5)の骨格をなすのは,「死者の大通り」と名づけられた南北の大通りと,それに直行する東西の大通りである.「死者の大通り」の幅は40〜60 m,長さは3,316 mに及ぶ.この南北軸線は東に15度28分傾いている.全体はグリッド・パターンによって構成され,周辺の集落もこのグリッドに従っている.

　南北,東西の大通りが直行する地点には,東に「城塞地区」,西に「大複合地区」が置かれている.「城塞地区」は官庁街で,大広場に面してケツァルコアトル[254]神殿があり,「大複合地区」には広大な市場がある.城塞地区の北,「太陽のピラミッド」「死者の大通り」の北端に,「死者の大通り」の東側に接して「月のピラミッド」が配される.「太陽のピラミッド」は,底辺224 m,高さ64 mを誇る,メキシコ盆地最大の神殿ピラミッドである.「月のピラミッド」は底辺が168 m×149 m,高さが45 mある.テオティワカンの建設はこの「月のピラミッド」周辺からなされたと考えられる.西側には,神殿の祭祀集団の管轄区域として壁で囲われた聖域が設けられていた.また「死者の大通り」に沿って,100を超える神殿あるいは宗教施設が設けられていた.

　テオティワカンは,天然の湧水による灌漑農耕を基盤としていた.極めて中央集権的な政治体制をとっており,ある時期に近隣地域から強制的な大量の人口流入があったことが知られている.市街地には,貝殻細工工房,黒曜石工房,陶磁器工房,宝石工房スレート工房,石彫工房など,500を超える工房があり,中庭式の共同住宅が2,000を超えて存在していたことが明らかになっている.職人たちは,職種別あるいは出身地別に60〜100人単位で共同住宅に居住していたとされる[255].各集団は固有の神を祀っており,住区にはそれぞれ神殿が設けられていた.このようにテオティワカンは,他のメソアメリカの神殿都市と同様,祭祀都市としての性格を持つ.その一方で,工房で生産したものを交易する商業的性格の強い都市であったことが大きな特徴である.市壁や防塞施設を持たないこともその特性を示している.

　明らかに周到に計画された都市であるテオティワカンの計画原理について興味深いのが,テオティワカンのみならずメキシコ盆地の各地で40以上も見つかっている円

---

254) 「羽毛の生えた蛇」を意味する.
255) Millon, R. (1976) 'Social Relations in Ancient Teotihuacan. in The valley of Mexico: Studies in Pre-Hispanic Ecology and Society', (ed. Wolf, E. R.), pp. 205-248, University of New Mexico, Albuquerque.

第Ⅳ章
メソアメリカ（ヌエヴァ・エスパーニャ副王領）

① 月の神殿
② 太陽の神殿
③ 城塞
④ ケツァルコアトルの神殿
⑤ 死者の大通り
⑥ 大複合地区

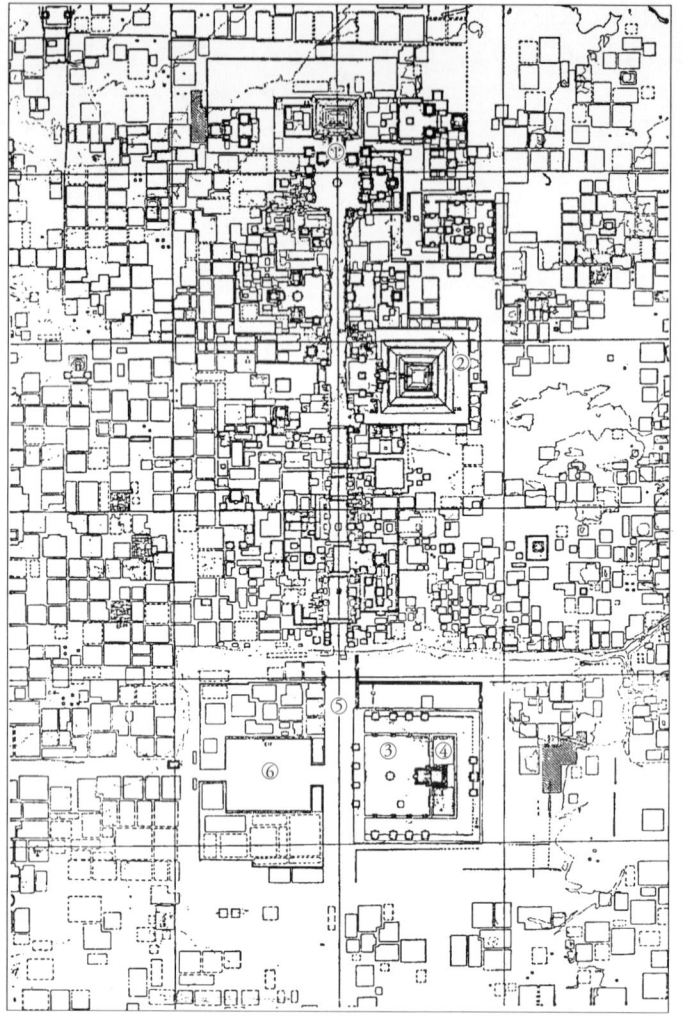

図Ⅳ-1-5　テオティワカン

狩野千秋（1990）

形十字形の方位標識である（図Ⅳ-1-6）．テオティワカンの南北軸・東西軸は，この方位標識と密接に関係している．テオティワカンの南北軸が真北から東に15度28分偏向していることはすでに述べたが，この偏向が方位標識と一致するのである．テオティワカンの西方3kmにあるセロ・コロラド Cerro Colorado 山の山頂の岩に方位標識が刻まれているが，これと「太陽のピラミッド」近くの建物の床に刻まれた方位

316

先スペイン期の都市

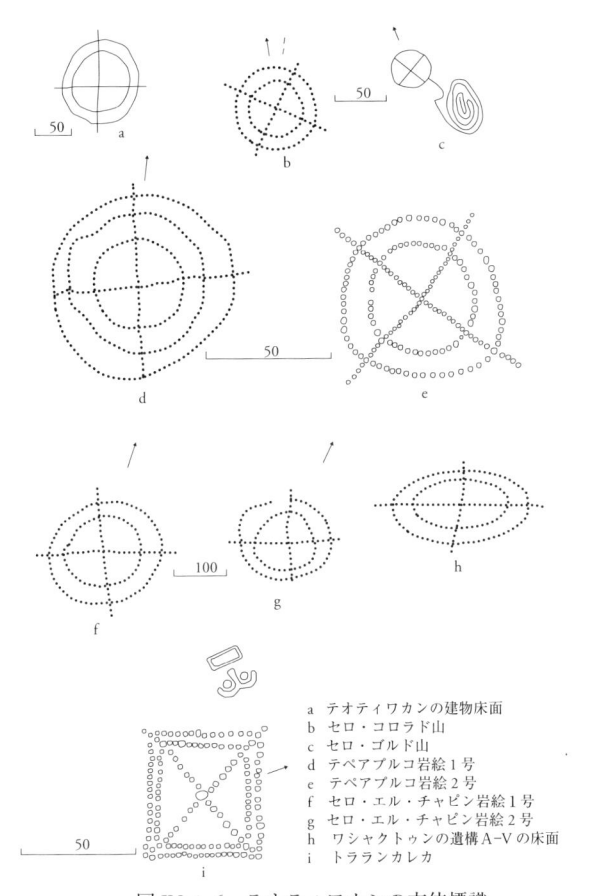

図 IV-1-6　テオティワカンの方位標識

a　テオティワカンの建物床面
b　セロ・コロラド山
c　セロ・ゴルド山
d　テペアプルコ岩絵1号
e　テペアプルコ岩絵2号
f　セロ・エル・チャピン岩絵1号
g　セロ・エル・チャピン岩絵2号
h　ワシャクトゥンの遺構A-Vの床面
i　トラランカレカ

狩野千秋（1990）

標識とを結んだ線は東西軸にほぼ一致し，北方約7kmにあるセロ・ゴルド Cerro Gordo 山の標識と結んだ線は東西軸に直交するのである．

　冬至の日になるとコロラド山頂の方角にはスバル座が出現する．方位標識が天体の動きと関連していることは，各地で明らかにされている．狩野の整理によると，この方位標識の特徴は以下のようになる．

① 二重の同心円で，中央で直交する2軸が刻印される形が多いが，三重円，二重方形，マルタ十字形などもある．
② 建物の床面に刻まれる場合と山頂の岩に刻印される場合があるが，山頂の場合，

317

東方の地平線の全景が見渡せる場所が選ばれている.
③ 2 軸は，夏至・冬至の日の出，日の入の方向を示す場合が多い.
④軸上に穿たれる穴の数には一定のパターンがあり，これは 1 か月 20 日とし 1 年を 18 か月，5 日の暗闇の日を加えて年 365 日とする太陽暦および天上界の 13 層と 20 日を掛ける 260 日の祭式暦と関係がある. 260 個の点からなる例も多くみられる.

このように，テオティワカンはコスモロジーにもとづく方位観によってその配置が決定されている. こうした例は他の地域でもみることができる. すでに指摘したが，テオティワカンのように南北の主軸が東へ偏向する例は，メソアメリカの遺跡の 90％を占めており，オルメカの場合のように西に変更する例は少ない.

## 1-5　トルテカ

古典期が終末に近づき，モンテ・アルバン，テオティワカンが衰退すると，メキシコ中央高原，オアハカ盆地などメソアメリカ全体が群雄割拠の状況になる.

そうした中で台頭したのが，メキシコ中央高地のトルテカ文明 (900〜1150) である. 中心都市はトゥラ Tura であった. 前期には，テオティワカンと同様約 17 度東に偏向した南北軸に沿って都市計画がなされ，後期には逆に西に約 15 度偏向した軸に沿って都市計画がなされた. 面積は 16 km$^2$，6〜8 万人を擁したとされる.

トゥラの中心部には 120 m × 140 m の人工的につくられた台地の広場があり，東にピラミッド C, 北にピラミッド B (東) と「焼けた宮殿」(西), 西に球技場がある. ピラミッド B の上には「戦士の石柱」が立ち並んでいる. ピラミッドの配置はテオティワカンと同様であるが，広場を囲む形式は異なっている. 広場には祭壇とともに生贄の首を陳列する「ツォンパントリ tzompantli」がある. テオティワカンにはない球技場が 5 つもあるのもトゥラの特徴である.

トルテカを引き継ぎながらメキシコ高地に強力な軍事国家をつくりあげたのがアステカである. 次節で詳しく検討しよう.

## 2　廃墟の上のエルサレム ── メキシコ・シティ

東西のシエラ・マドレ山脈と南の横断火山帯 Sistema Volcánico Transversal に囲われ

廃墟の上のエルサレム

た中央高原の南に，横断火山帯に接して位置するのがメキシコ盆地である．最低部でも海抜 2,240 m あり，かつてはその中央にテスココ Texcoco 湖が水を蓄えていた．中央高原の雨量は少なくなく，流れ出す河川のない閉鎖水系をなす．東のヴェラクルスから約 300 km，西南のアカプルコまで約 400 km の位置に，かつてのアステカ帝国の首都テノチティトランがあり，その上に築かれたのがシウダード・デ・メヒコ[256]である．

## 2-1　テノチティトランの空間構成

　アステカの建国伝説によれば，アステカ人は，自らをメシカ（ナワトル語では Mēxihcah）と称し，北方の起源の地アストランを出発し，狩猟などを行いながらメキシコ中央高原をさまよったのちに，メキシコ盆地にたどりつき，テスココ湖湖畔に定住したとされている．

　1325（または 1345）年，石の上に生えたサボテンに，蛇をくわえてとまっている鷲の姿をみて，町を建設すべき地を示す神の予言と考えたという．テノチティトランは，テスココ湖の小島に建設されたが，それはナワトル語で「石のように硬いサボテン」を意味する．その後，一部が分裂して北方にトラテロルコ Tlatelolco が建設された．

　メキシコ盆地には，当時，テスココ，アスカポツァルコ，クルワカン，シャルトカン，オトンパンといった都市国家が存在していたが，アステカは当初メキシコ盆地の最大勢力であるテパネカ王国（アスカポツァルコ）に朝貢してその庇護を受けていた．アステカは，1372 年頃にクルワカンからトルテカの血筋を引くアカマピチトリを招き，初代の王（在位 1372～96）とする．テパネカ王国はテソソモク王（在位 1371～1426）のもと，メキシコ盆地全体を支配下に置いた．アカマピチトリは，アスカポツァルコの属国として領土を拡張することで国力を増加させ，1426 年にテソソモク王が死亡すると，第 4 代の王イツコアトル（在位 1427～40 年）が率いるアステカは，テスココと共闘してアスカポツァルコを倒し，トラコパンを加えて三国同盟を結成した．これがいわゆるアステカ王国（帝国）である．

　1460 年に，モクテスマ I 世が即位すると，メキシコ湾岸の熱帯地方に遠征を頻繁に行い，占領従属させて勢力を拡げた．1486 年に即位したアウィツォトゥル Ahuitzotl の代でも拡張が行われ，太平洋沿岸の熱帯地方までを支配した．1502 年，モクテスマ II 世（1466 頃～1519）が王位につくと南方の太平洋沿岸へ遠征を行い，ヨピ人などを服従させて新たな領土を獲得した．

---

[256]　メキシコ・シティの都市史については国本伊代「王宮の都市メキシコ市の 500 年」（国本伊代・乗浩子編（1991））が概観している．また，細野昭雄他（1983），山崎春成（1986），Jesus (1978) などがある．

# 第 IV 章

メソアメリカ（ヌエヴァ・エスパーニャ副王領）

　メシカの社会は，大きくピリと呼ばれる貴族階層と，マセウアルと呼ばれる平民階層によって構成されていたとされる．ピリを構成するのは，役人，軍人，神官，そしてポチテカとよばれる大商人で，マセウアルは，農民，職人，トラメメと呼ばれる荷役人，そして奴隷が含まれていた．商人には，トラメメを率いて長距離交易を行うポチテカの他に，日常品を扱うトラマカニがいた．

　メシカの土地は，カルプリ（大きな家）と呼ばれる共同体が所有する共有地と，貴族が所有する私有地，王・神殿・宮殿・裁判官・軍高官などの公有地に分けられる．ピリの所有地は，テクテクツィンとテクトリスの2種類に分けられ，前者は自らの区画も所有するテッカリェクと呼ばれる耕作者によって，後者はマイェケと呼ばれる自分の土地を持たない小作人によって耕作された．

　1519年にスペイン人が到来した時点で，アステカの支配は約20万 $km^2$ に及び，首都テノチティトランの人口は，諸説あるが，20～30万人に達していたとされる．テノチティトランは，先スペイン期メソアメリカ最大の都市であるのみならず，当時の世界最大級の都市であった．

　しかし，テノチティトランはエルナン・コルテスによって破壊されたため，その全容は必ずしも明らかではない．想像を膨らませることが許されるのならば，周囲の山々から流れ込む水を集めて形成されていたテスココ湖と，その水の恵みの上に成立していたテノチティトランは，多くの古代都市がそうであるように，地域の生態系にもとづくエコ・シティであったと考えられる．

　テノチティトラン（図 IV-2-1）は，テスココ湖の西岸近くに位置し，13.5 $km^2$ ほどの島に建設されていた．モクテスマⅠ世の治世下で，全長10数kmに及ぶネサワルコヨトル Nezahualcoyotl の堤防が建設され（1453），堤防内には塩分を含まない真水が貯水された．また，チャプルテペック Chapultepec の泉から二重の水道管で水が引かれ，洗濯，入浴など生活用水として用いられた．住民は日に2回の水浴びをし（モクテスマは4回という），石鹸としてコパルソコトル copalxocotl と呼ばれる木の根が用いられた．飲料水には，山麓から引かれた水が用いられた．水網が張巡らされた水郷都市，「水の都」である．

　市の中心には，壁で囲われた300 m四方ほどの祭祀広場の中に主神殿，ケツァルコアトル Quetzalcoatl 神殿，太陽神殿，ツォンパントリ，球技場など，45もの公共建築が建ち並んでいた（図 IV-2-2）．1913年，ソカロ広場から神殿の一部が発見されて掘り起こされ，野外博物館となっている．

　この広場の空間構成についても，天体観測，天文学との関連が指摘される．スペイン人神父トリビオ・モトリーナ Tribio Motolina の記事によると，春分・秋分の日に行われる月の祭りの時には，太陽は主神殿ウイツィロポチトリの中央，ピラミッドの上

2

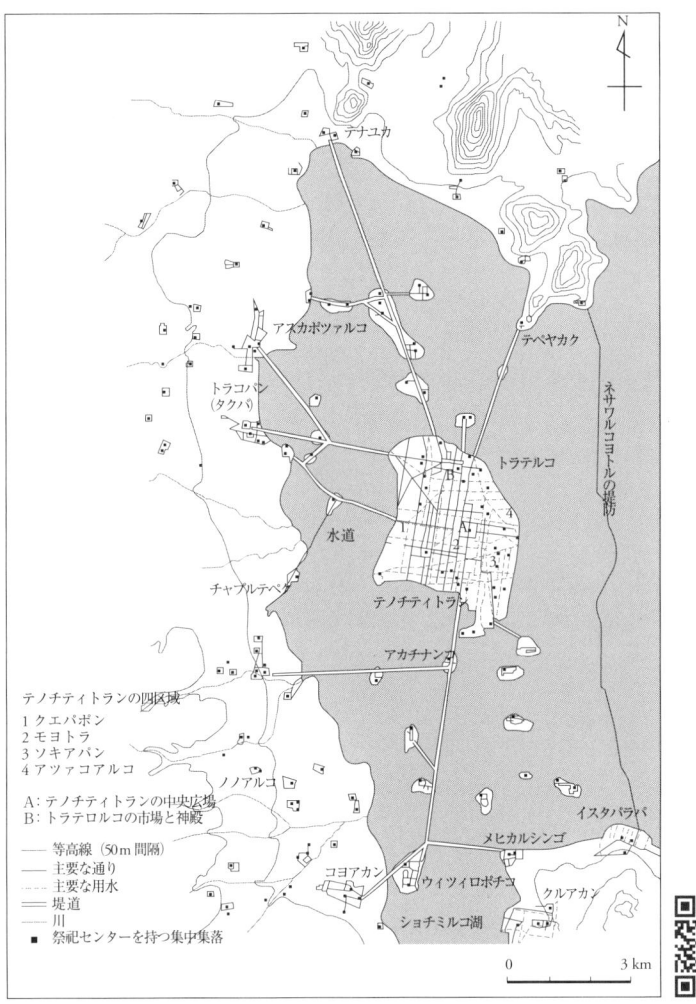

廃墟の上のエルサレム

図 IV-2-1　テノチティトラン周辺図
Sanders, Parsons & Santley (1979) をもとに梅谷敬三作図

の2つの建物の間から上ったという[257]．実測によると主神殿の軸は南に7度30分偏向しているが，その軸線上には円形のケツァルコアトル神殿があり，そこから日の出と日の入が観察されていたことがわかっている．

257)　狩野前掲書 p. 209 および，Maudslay, A. P. (1913) "A note on the position and extent of the Great Temple enclosure of Tenochtitlan, and the position, structure and orientation of the teocalli of Huitzilopochitli", 18 Acts of the International Congress of Americanists, London, pp. 173–175.

321

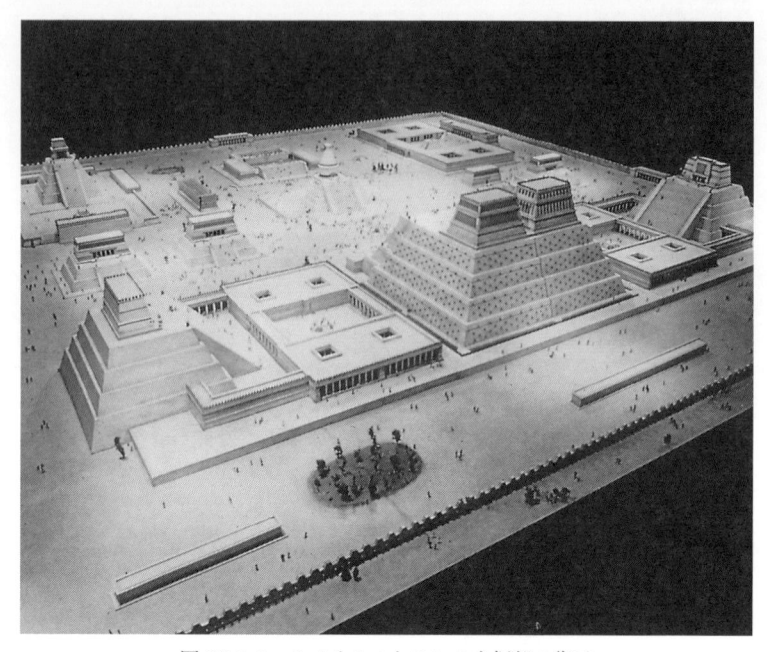

## 第 IV 章
メソアメリカ（ヌエヴァ・エスパーニャ副王領）

図 IV-2-2　テノチティトランの中枢部の復元
Museo Nacional de Antolopología, México (CEDEX (1997))

　広場の外にはモクテスマの宮殿があり，それぞれ浴室付の部屋が 100 もあったという．またその近くには音楽堂や病院があった．モクテスマ II 世の宮殿には動物園があり，300 人もの召使がその世話をしていたという．また植物園，そして水族池があって，真水と塩水それぞれ魚や水鳥が生息していた．このような宮殿の様子は，スペインがアステカを征服したのちに書かれた，コデックス・メンドーサの記録によって知ることができる[258]．こうした宮殿は，テスココ，チャプルテペック，ワステペック Huaxtepec Oaxtepec)，テスコツィンゴ Texcotzingo にもあった．

　都市は北から南に向かって形成され，現在のブカレリ Bucareli 通りまでが市域となっていた．街路網は堤道で構成され，水路網には橋が架けられて，小船でも歩いても通行が可能であった．

　全体は極めて整然と左右対称に計画されている．すべての建物の建設には，カルミミロカ calmimiloca と呼ばれる都市計画監の許可を要した．まさに計画都市としてコントロールされていたことを示している．

　市域は大きく 4 つのゾーン（カンパン campan）に分けられ，各カンパンは 20 のカル

---
[258]　Mendoza (1542) は，アステカの歴史，日常生活を記述する絵本で，カルロス V 世のために執筆された．その名は初代副王 Antonio de Mendoza に因む．

プジ calpullis（あるいはナワトル・カルポージ Nahuatl calpōlli）からなっていた．各カルプジはトゥラシルカジ tlaxilcalli と呼ばれる道路で区画され，各道路は都市を横切って陸地と結ぶ 3 つの幹線道路に繋がっていた．幹線道路は家 10 戸ほどの幅があったと，ベルナル・ディアス・デル・カスティージョ Bernal Díaz del Castillo（1492〜1585）は書きのこしている[259]．カルプジは運河で囲まれ，木の橋は夜間には取り外された．

各カルパリは，独自の市場ティヤンキストリ tiyanquiztli を持っており，トラテロルコ Tlatelolco に中央市場があった．コルテスは，セヴィージャの 2 倍，毎日 6 万人が商いをしていたといっている．ベルナルディーノ・デ・サハグン Bernardino de Sahagún はやや少なく，毎日 2 万人，祭りの際に 4 万人ぐらいとする．

一般の住宅にもトイレが設備され，通りに公衆トイレもあったことがわかっている．廃棄物はカヌーで収集され，肥料として用いられていたという．まさに，生態系にもとづく循環都市であったことは，こうしたトイレ・システムの存在が示している．

北岸，西岸，東岸にあった，テナユカ，アスポコサルコ，トラコバン，チャプルテペック，ウィツィロポチコといった町とは，数本の提道で繋がれていた．町は湖上にも高床式住居を建て，葦を組んだ筏に土や草を乗せた浮島（チナンパ chinampa）をつ

---

[259] ベルナル・ディアス・デル・カスティージョ（1496〜1584）は，『メキシコ征服記（Historia verdadera de la conquista de la Nueva España）』（1568 年）の著者として知られる．スペインのメディナ・デル・カンポ（Medina del Campo）に生まれ，1514 年にキューバに渡った．ユカタン半島を発見したコルドバの率いる遠征隊を経て，フアン・デ・グリハルヴァの率いる遠征隊に参加して，再びユカタン半島に渡ったのち，コルテス率いる船団に加わり，メキシコ征服に参加した．数々の功績により，サンティアゴ・デ・ロス・カバレロ（現在のグアテマラのアンティグア）のレヒドール（参事）に任命された．その後，メキシコ征服から 50 年にわたる自伝を書きはじめ，まで『メキシコ征服記』としてまとめ上げる．

原題は『Historia verdadera de la conquista de la Nueva España（ヌエヴァ・エスパーニャ征服の真実の歴史）』という．本書以前に，コルテスの従軍神父フランシスコ・ロペス・デ・ゴマラによって書かれた『インディアス全史（Historia general de las Indias）』の記述が，ほぼコルテスの賞賛に終始し，コルテスの部下や軍全体の功績についてほとんど触れていないことに，対抗的に，自分や戦友の戦功を残したいディアスの意図が原題には込められている．ただし，本書はディアスの生前には出版されず，1632 年にマドリード図書館で原稿が発見されたことを機に，ようやく出版された．本書は，ディアス自身が参加した 119 回もの戦闘について，彼自身や軍隊の仲間が目撃したこと，経験したことを，兵卒の観点からありのままに伝えている．今日，その首尾一貫した内容はアステカの崩壊およびスペインによるメキシコの征服に関する最も重要な出典の 1 つとなっている．関連文献に，Bernal (1963) [1632], J. M. Cohen (trans.) (1973) "Harmondsworth", England: Penguin Books., Díaz del Castillo, Bernal (2005) [1632] "Historia verdadera de la conquista de la Nueva España", Editores Mexicanos Unidos, S. A., México., Mayer, Alicia (2005) "Reseñas: Bernal Díaz del Castillo, Historia verdadera de la conquista de la Nueva España (Manuscrito Guatemala)", Prescott, William H. (1843) "History of the Conquest of Mexico, with a Preliminary View of Ancient Mexican Civilization, and the Life of the Conqueror, Hernando Cortes", Harper and Brothers, New York, Wilson, Robert Anderson (1859) "A New History of the Conquest of Mexico: In which Las Casas' denunciations of the popular historians of that war are fully vindicated", James Challen and Son, Philadelphia がある．

くって農地とすることで，さらに拡大していった．このチナンパによる干拓方式によってテスカカ湖はやがて埋め立てられることになる．

## 2-2　シウダード・デ・メヒコの建設

　エルナン・コルテスのテノチティトラン征服の経緯はよく知られるところである．コルテスがユカタン半島に上陸して先住民を破り，そこでマリンチェというナワトル語を話す有力な女性を得たこと，ヴィジャ・リーカ・デ・ラ・ヴェラクルスを建設して，司令官としての地位を手に入れたこと，ヴェラスケスがコルテス送還を目的にパンフィロ・デ・ナルヴァエスを送ったものの，コルテスに破れて逆に合流させられたことがその序章である．さらにコルテスが，アステカ族に抑圧・支配されていたトトナカ族トラスカルテカ族と同盟を結んだこと，モクテスマがコルテスをケツァルコアトルの再来だと信じたこと，メヒコ・テノチティトランの内部分裂によってモクテスマが権力を失ったこと，先住民が天然痘に襲われたことなどが，コルテスの「勝利」の理由である．もちろん，征服の最大の武器になったのは火器ひいては軍事力であり，砲兵隊と騎馬による精兵をコルテスが投入したことが大きかった．

　1519 年 8 月，メキシコ盆地に向けての進軍を開始し，11 月にテノチティトランに入城，1520 年 6 月に撤退の後，体制を立て直して 12 月に再び進軍，1521 年 5 月にテノチティトラン包囲，8 月 13 日にいたってついにメヒコ・テノチティトランを陥落させたのである．

　コルテスがみた，そして破壊したテノチティトランについては，コルテスが書いたという有名な地図（図 IV-2-3）が残されている．円形状のテスココ湖に円形状の島が浮かび，その中心に四角い神殿広場が描かれている．テノチティトランと陸地はいくつかのブリッジで繋がれている．このイメージ図は改変を加えながらコピーされ，16 世紀から 17 世紀にかけて多くの書物に用いられ，伝播していくことになる（図 IV-2-4）．図 IV-2-5 は，J・R・ベニテスによる図である．

　コルテスはテノチティトランを破壊して，テスココ湖南岸のコヨアカン Coyoacán に居を構えた．16 あった地区（村 lugare）の 1 つで，現在も当時の雰囲気を残している[260]．そして，都市の再建が開始される．都市計画官に任命されたのはアロンソ・ガルシア・ブラボ Alonso García Brabo である．アステカ時代のテノチティトランの基本的骨格は維持され，一部運河網は維持されたが，中心広場にはカテドラルや副王邸が

---

[260] ナワトル語でコヨーテ coyotes の場所という意味である．コヨアカンはメキシコ市に組み込まれず，1857 年にいたるまで独立した自治体であり続けた．20 世紀になってメキシコの拡張に飲み込まれることになるが，かつての村の空間構成を街区構成を維持しており，歴史的街区に指定されている．

廃墟の上のエルサレム

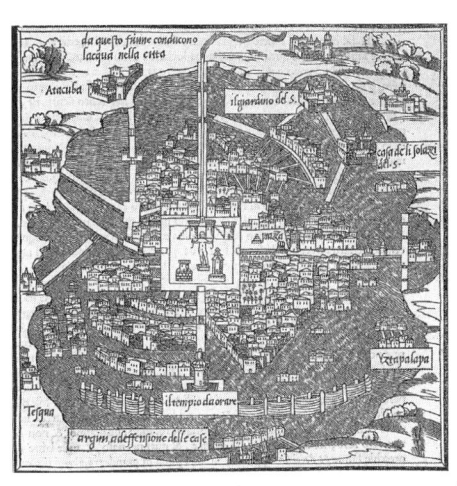

図 IV-2-3　シウダード・デ・メヒコ 1529
Benedetto Bordone, "La gran cittá di Temixtitan", 1529

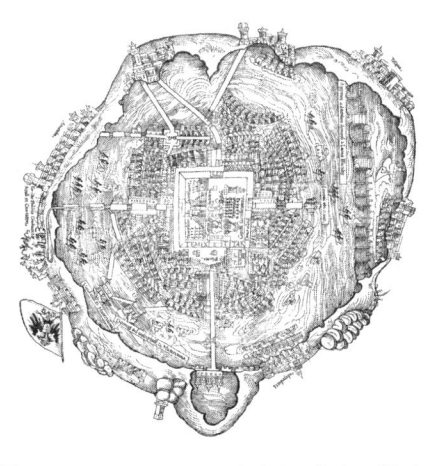

図 IV-2-4　コルテスのテノチティトラン（シウダード・デ・メヒコ）
Cartas de relación (1545), Nuremberg（図 II-3-1）

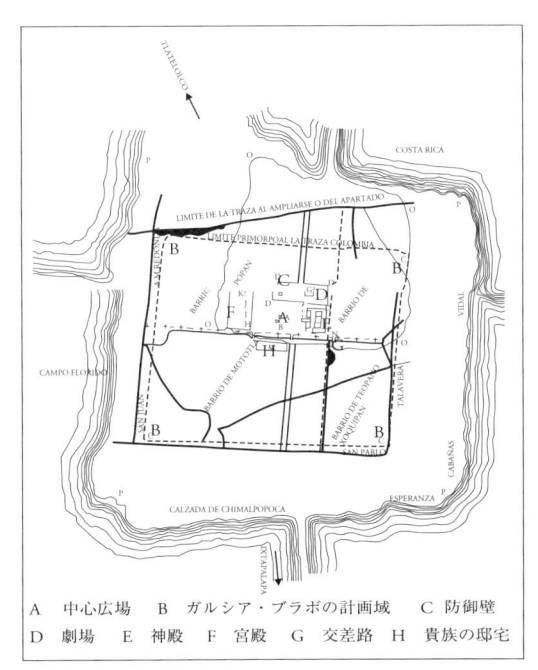

A　中心広場　B　ガルシア・ブラボの計画域　C　防御壁
D　劇場　E　神殿　F　宮殿　G　交差路　H　貴族の邸宅

図 IV-2-5　テノチティトラン中心部　1521-22
Mier (2005)

建設されることになる．図 IV-2-5 には，ガルシア・ブラボの計画域が示されている．シウダードはスペイン人居住区とインディオ居住区に分けられたが，スペイン人居住者が増加するに従ってスペイン人居住区は拡張され，インディオ居住区に食い込み，境界は不分明となっていく．

初期の建設については，その過程を克明に1年ごとに明らかにした Mier, Lucía y Rocha, Terán (2005) がある（図 IV-2-6）．さらに，Lascurain and Rita (1991) は，1524～34 年にシウダード・デ・メヒコに居住したスペイン人の名前とその宅地を明らかにしている（図 IV-2-7）．

これらの丹念な研究成果による

325

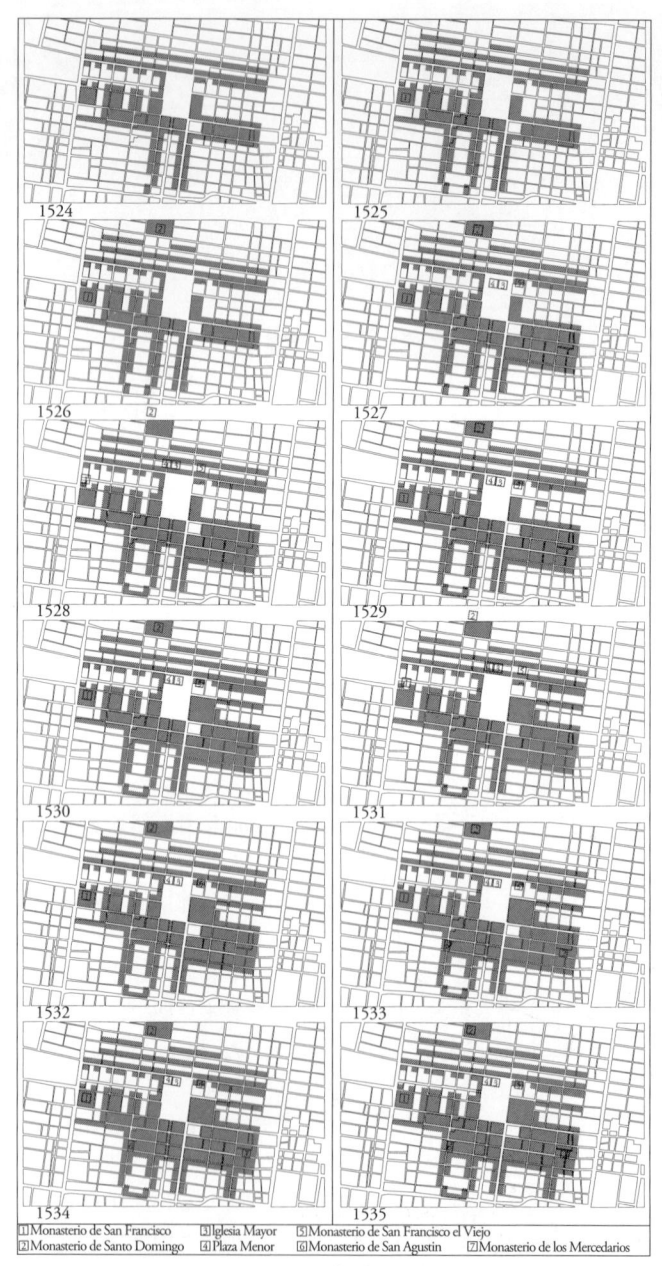

第 IV 章
メソアメリカ（ヌエヴァ・エスパーニャ副王領）

図 IV-2-6　シウダード・デ・メヒコ中心部の初期建設過程

Mier (2005)

326

2

廃墟の上のエルサレム

図 IV-2-7　シウダード・デ・メヒコ 1524-1534
Valero de García LasCurain (1991) をもとに梅谷敬三作図

と，まず，プラサ・マヨールの東西南北の各端を延長するかたちで，東西，南北 4 本の街路が設けられ，その街路に面するかたちで建設が行われたことがわかる（図 IV-2-6）．東西街路については，さらに南北に街路が設けられ，街区が形成されている（左上図，1524）．北側には発展の余地が少なく，1526 年に教会が建てられた段階で，ほぼそのかたちができている．南については，まず，翌 1527 年に広場の西南側に 1 本，南北街路が追加されている．1527 年以降は，広場の南東部にグリッド街区が形成されていく．南西部については 1535 年にいたっても街路は設けられていない．1527 年

327

## 第 IV 章
### メソアメリカ（ヌエヴァ・エスパーニャ副王領）

の段階で，当初のシウダード・デ・メヒコのかたちはできあがっていることがみてとれる．

　テノチティトランの中心には，上述のように，壁で囲われた祭祀広場の中に主神殿，ケツァルコアトル神殿，太陽神殿などの他，球技場や天文観測施設などが建ち並んでいた．「壁で囲われた中心」は，アステカのコスモロジーにもとづく「世界の中心」であった．コルテスは，まずその壁を破壊し，プラサ・マヨールに転換する．プラサ・マヨールの北にカテドラル，南にカビルド（市庁舎），西には総督（コルテス）邸が配され，ポルティコも設けられた．ここにはすでに，「フェリペ II 世の勅令」に定式化される都市核構成が採用されている．直交グリッドも採用されるが，しかし，ガルシア・ブラボはテノチティトランの街区割に依拠している．

　ヌエヴァ・エスパーニャ最大のスペイン植民都市となるシウダード・デ・メヒコは，サント・ドミンゴやハバナとは異なっている．それを明らかに示すのが，プラサ・マヨールの形状と，275 ヴァラ×290 ヴァラという規模である．前章で触れたように，イスパニョーラ島に 330 ヴァラ×330 ヴァラという巨大なプラサ・マヨールを持つ例（サン・ミゲル）がないわけではないが，最大 533 ピエ×800 ピエ（132 ヴァラ×200 ヴァラ）とする「フェリペ II 世の勅令」から考えると異例の規模といってよい．実際，サント・ドミンゴやハバナともまるでスケールが異なっている．

　街区の形状と規模も，100 ヴァラ，120 ヴァラ，135 ヴァラ，250 ヴァラと，その基準寸法はまちまちである．これは，シウダード・デ・メヒコの計画が，テノチティトランの街路体系を踏襲して行われたことを示す．すなわちメキシコでは，既存の先住民の都市を破壊し，その配置が意味していたコスモロジカルな秩序を解体した上で，フィジカルな空間秩序のみを利用する形で植民都市が建設されたのである．これをスペイン植民都市の第 IV 類型としよう．

　すでにみたように，1528 年に第 2 のアウディエンシアがメキシコに置かれ，1535 年にはヌエヴァ・エスパーニャ副王領が設置された．この副王領を支えることになったのは 1540 年代に次々に発見された銀鉱山である．この銀鉱山で働くインディオ労働者の供給を担ったのがメキシコにも持ち込まれたアシエンダ制である．アシエンダ制については次節で詳述したい．

　1545 年に描かれた前掲図 IV-2-4 とは別に，スケッチ・マップが 2 枚ある（図 IV-2-8，A・B 図）．ほぼ初期の状況を示していると思われる．広場の西南部にも家が描かれている点から，順次南へ開発が進んでいったことがわかる．1550 年の地図も略図ではあるが，南への発展を示している．

　次に残されているのは 1628 年のフアン・ゴメス・デ・トラスモンテ Juan Gómez de Trasmonte（1580 頃〜1645（47））による都市計画図と透視図である（同，C・D 図）．トラスモンテはメキシコ・カテドラルを設計した建築家である．透視図は都市計画図

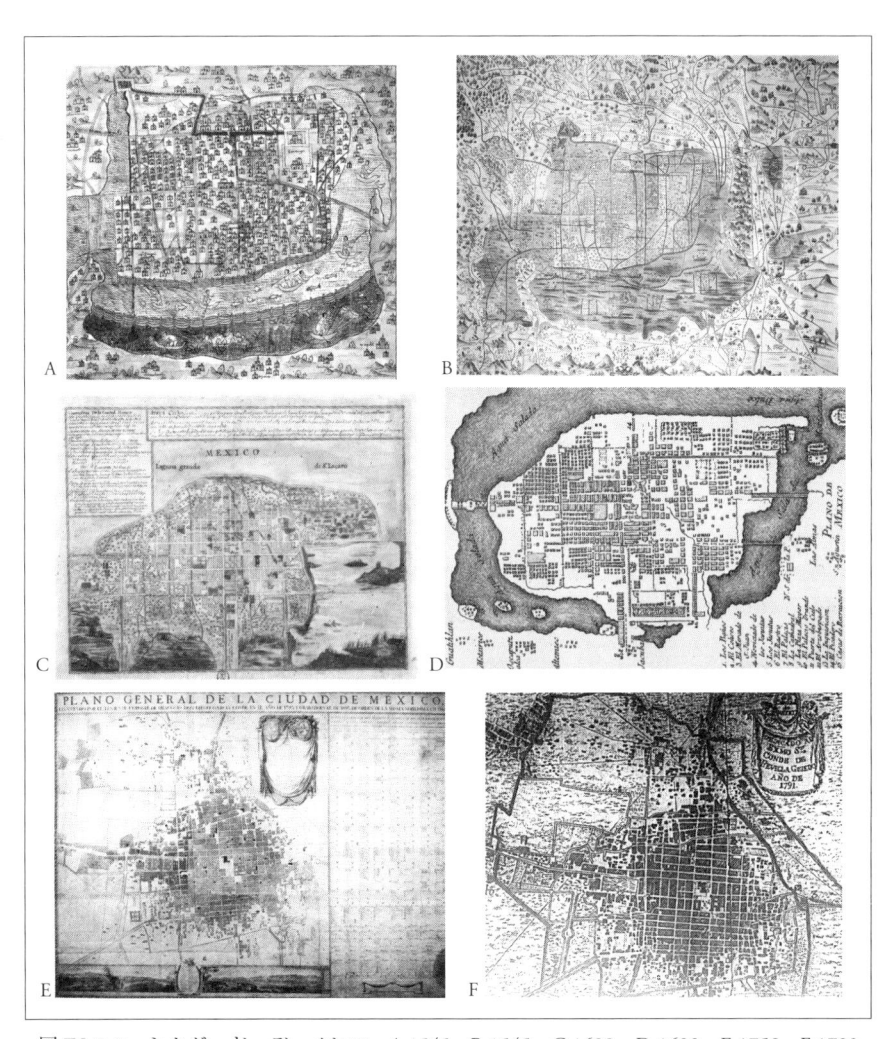

図 IV-2-8　シウダード・デ・メヒコ　A 1545　B 1545　C 1628　D 1628　E 1758　F 1793
A. Alonso de Santa Cruz（16世紀）：Biblioteca Nacional, Madrid　B. (1550)：Biblioteca de la ciudad de Uppsala, Suecia　C. Juan Gómez de Transmonte (1628)：Biblioteca Medicea Laurenziana, Florencia　D. Tomás López de Vargas (1758)：Museo Naval, Madrid（Kagan, Richard, L.（2000））　E. Diego García Conde (1793)：Museo de la Ciudad, Ciudad de México（Kagan, Richard, L.（2000））　F. (1816)：AGI, MP-México, 657

とは食い違っており，トラモンテのいささか誇張した理想のイメージが描かれている．フランシスコ会の修道士フアン・デ・トルクエマダ Juan de Torquemada は，1615年に出版した『インド君主国 Monarchia Indiana』の中で「テノチティトランは混乱と悪魔の共和国バビロンであったが，今やもうひとつのエルサレムであり，地域と王国の

## 第 IV 章
メソアメリカ（ヌエヴァ・エスパーニャ副王領）

母である」と書いている．また，シウダード・デ・メヒコをアメリカにおける教会を主導する新たなローマにたとえている．シウダード・デ・メヒコをエルサレムあるいはローマに見立てるイメージは，トラモンテのこの透視図のイメージとともにヨーロッパに伝えられた．そして何よりもアメリカのエルサレムあるいはローマというイメージは，メキシコに住むクレオールたちに圧倒的に受け入れられていく．

　実は，この都市計画図は，フランドル出身の軍事技術者アドリアン・ブート Adrián Boot が提案する下水道のための計画図であった．1634年にブートは，このトラモントの図面をオランダに持ち帰っている．図面は，当時よく知られていたアムステルダムの地図製作者ウイレム・ヨハネス・ブラエウ Willem Johannes Blaeu の手に渡った．ブラエウは，同じく当時の画家としてよく知られ，アジアの植民都市について数多くの都市絵画を描いたフィンブーン Vingboons に，トラモントの図面をもとにしたシウダード・デ・メヒコの絵を描かせることで，そのイメージをヨーロッパに広く伝えることになるのである．

　しかし，実態はいささか異なっていた．銀鉱業の繁栄は1世紀ほどで停滞期に入り，その人口は，17世紀中は数万人程度にとどまっている．15万人の人口を擁したとされるペルー副王領のポトシ（V章3節）とはかなり状況を異にする．それでも，17世紀末には，それなりにヌエヴァ・エスパーニャの首都としての風貌を整えていたと考えられる．シウダード・デ・メヒコを描いた図として17世紀末の屏風絵（La muy noble y lead ciudad de México（1690-92））があるが，整然とした街区に2階建ての建築物がびっしり建ち並んだ様子がパノラマ的に描かれている．シウダード・デ・メヒコを，偉大なキリスト教都市として描く意図がそこにはある．

　シウダード・デ・メヒコは，上述のように，火山帯に位置する標高5,000 mを超える山々に囲まれ，その水は流れ出す川を持たない閉鎖水系を形成していた．テスココ湖はその水が貯えられた湖であり，テノチティトランはその上に築かれていた．このことは，洪水の恐れが常にあったことを意味する．テスココ湖の干拓は1620年から開始され，のちに完全に陸地化されていくことになる．

　トラモンテの都市計画図（前掲D図）をみると，周囲は依然として水で囲われているが，透視図（同C図）には，シウダード・デ・メヒコを取り囲むテスココ湖の水が描かれていない．左上のほうに湖面らしきものがみえているだけである．奇しくもこの図が描かれた翌年の1629年から1634年にかけて，シウダード・デ・メヒコは大洪水に見舞われている．

　さらに下って1758年の地図（同E図）には，周囲を取り囲むテスココ湖がまだ描かれている．1793年の地図（同F図）には湖が消えている．テスココ湖が完陸化されたのは18世紀後半のことである．しかし，軟弱地盤であり，地下水を汲み上げることで地盤沈下も進行していく．20世紀初頭には9 mも沈下した場所があるという．18

世紀中頃から，新たな鉱脈が発見され，鉱山技術が改善されることによって，銀ブームが再燃すると，都市はさらに発展をはじめる．テスココ湖の干陸はその象徴である．征服以降激減してきたインディオ人口は，18世紀になると増加に転じ，18世紀末のシウダード・デ・メヒコの人口は13万人（1793）に達したとされる[261]．

なお，メキシコがスペインから独立するのは，コルテスがテノチティトランを征服した，ちょうど300年後のことであった．

## 2-3 ヌエヴァ・エスパーニャのスペイン植民都市

メキシコの初期の統治体制は，コルテスによってつくりあげられた．1522年10月にスペイン国王カルロスⅠ世は，コルテスをヌエヴァ・エスパーニャの総督に任命している．メキシコにアウディエンシアが置かれたのは1528年，副王制が敷かれてアントニオ・メンドーサが赴任するのが1535年である．この間，コンキスタドールたちはさらに「発見」を続けている．

テノチティトラン陥落後，コルテスはアステカ帝国領内の各地にスペイン人と帰順したアステカ兵士を送り込んだ．強大なアステカ王国を破ったスペイン人を神と考えた部族も多く，平定は比較的容易に進んだが，もともとアステカの支配が及んでいなかった北東部のパヌコ，西部のコリマ，南部のトゥトゥテペックでは激しい抵抗を受けた．コルテス自らはパヌコに向かい，クリストバル・デ・オリッド Cristóbal de Olid（1487〜1524）がミチョアカン Michoacán およびコリマの制圧に向かった（1522）[262]．ゴンサロ・デ・サンドバル Gonzalo de Sandoval（1497〜1528）[263]はコアツァコアルコス Coatzacoalcos[264]へ，ルイス・マルティンはオアハカとチアパス地方に向かった（1524）．1524年までにスペインはオアハカ，チアパス，ソコヌスコ，グアテマラを占領している．ここにいたって，ユカタン半島とグアテマラ以南を除くメソア

---

261) Keith A. Davies (1974) 'Tendencias demográficas urbanas durante el siglo XIX en México', in Edward F. Calnek et al (1974) "Ensayos sobre el desarrollo urbano de México", SepSetentas.

262) クリストバル・デ・オリッドは，ヴェラスケスの指示でグリハルヴァの探索に加わったのち，コルテスに同行してメキシコ征服に加わったコンキスタドールである．1523年のギル・ゴンザレス・デ・アヴィラ Gil Gonzáles de Avila によるホンデュラス征服に加わり，翌年，コルテスに反旗を翻してスペインから独立を宣言，トゥリウンフォ・デ・ラ・クルス Triunfo de la Cruz を建設する．その後，ナコ Naco に移り住んで農業をしながら金の採掘を行った．オリッド追討を命じられたフランシスコ・デ・ラス・カサス Francisco de Las Casas は苦戦するが，制圧に成功する．オリッドは，1524年に殺害されている．

263) コルテス軍において最年少であったが，ナルヴァエスを捕虜にするなど有能な兵士として知られた．コアツァコアルコスを平定した後，コリマ Colima も建設している．コルテスに従ってホンデュラスを占領後，スペインに帰国するが，まもなく死去した．

264) 蛇の巣を意味するナワトル語．ゴンサル・デ・サンドバルが Villa del Espíritu Santo と改称した．

第 IV 章

メソアメリカ（ヌエヴァ・エスパーニャ副王領）

メリカはスペインの支配下に入るのである．

　パヌコ総督となりメキシコ・アウディエンシア初代議長となったヌーニョ・ベルトラン・デ・グスマン（?～1550?）は，1529年に女人国アマゾンの発見を目指してミチョアカンから北上し，ハリスコ，ナヤリ，ソノラに向かってクリアカンを建設，その後南下してさらにチアメトラ，コンポステラ，グアダラハラで入植地の建設に着手して，インディオの激しい抵抗にあった．チアメトラは放棄せざるを得ず，グアダラハラは3度の移転を余儀なくされている．グスマンがインディオを無差別に奴隷化するなど残虐のかぎりを尽くしたことから，カスカン族は抵抗を続け，10年後には，植民地時代メキシコ最大の反乱が起こった．ミシュトン戦争（1541～42）として知られている．

　ユカタンのマヤ王国に向かったのはフランシスコ・デ・モンテホ Francisco de Montejo[265]父子（父 1479 頃～1553，子 1507～65）で，1527年に着手してようやく制圧を完了したのは，およそ20年後の1545年であった．直後に大規模な反乱が起こるなど，ユカタン半島南部はインディオの「避難所」として維持され続ける．

　コルテスがメヒコ・テノチティトランを征服するまでに拠点としたのは，Appendix 1 に示すように5つある．中でもヴェラクルスはメキシコの外港として，セヴィージャとの連絡の窓口として栄えていくことになる（図IV-2-9）．

　シウダード・デ・メヒコ建設から，メキシコにアウディエンシアが置かれる1528年までに，31の都市が拠点となった．たとえば上述のようにオアハカ[266]（図IV-2-10）への入植は，真っ先に手がつけられている．

　さらにヌエヴァ・エスパーニャ副王領が置かれた1535年までに25の拠点が建設されている．ヴェラクルスとメキシコを結ぶルートに位置するプエブラ[267]が，トゥラクサラ司教フリアン・ガルセス Julián Garcés によって建設されたのが1531年である（図IV-2-11）．グアダラハラ Guadarajara（図IV-2-12）の建設が開始されるのも同じ

---

265) 父は1479年サラマンカ生まれ．フアン・デ・グリハルヴァのユカタン半島沿岸探検調査に参加後，エルナン・コルテスの軍隊に加わりラ・ビジャ・リカ・デ・ベラ・クルス（ヴェラクルス）の建設を行う．1526年12月，スペイン王カルロス1世はモンテホをユカタンの総督に任命する．1528年ユカタン半島に戻り，東海岸の征服をこころみるが，トゥルムなど，マヤ族の抵抗にあって撤退した．1530年メキシコ湾から回りこんでタバスコ州にあたる地域を制圧したが，マヤ族の激しい抵抗に苦しみ，1535年ユカタン半島から2度目の撤退を余儀なくされた．その子モンテホ二世はユカタン半島の征服を進め，1541年にカンペチェを，翌年にはメリダを建設した．1546年，モンテホは再びユカタン半島の総督に任命されたが，1550年に解任されスペインへ帰国した．

266) モンテ・アルバンとともに1987年世界文化遺産に登録された．その名はナワトゥル語の地名 Huaxyacac が訛ったとされる．

267) 蛇が脱皮する場所という意味．メキシコを代表するスペイン植民都市として世界文化遺産に登録された（1987年）．

2

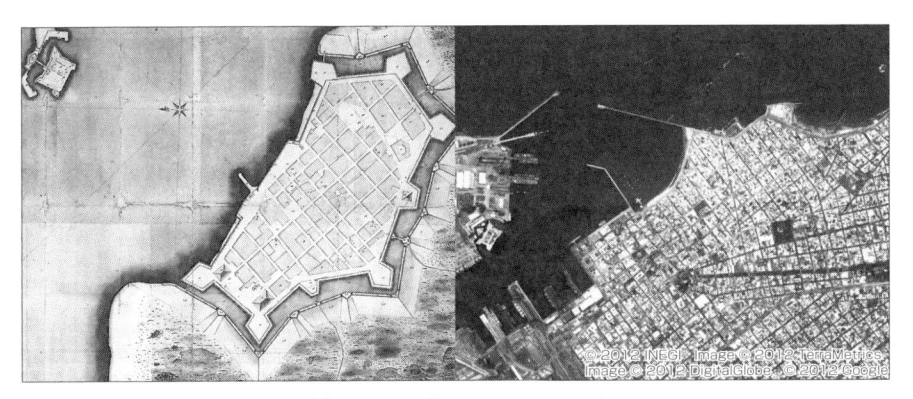

廃墟の上のエルサレム

図 IV-2-9　ヴェラクルス　1764

AGI, MP-México, 224

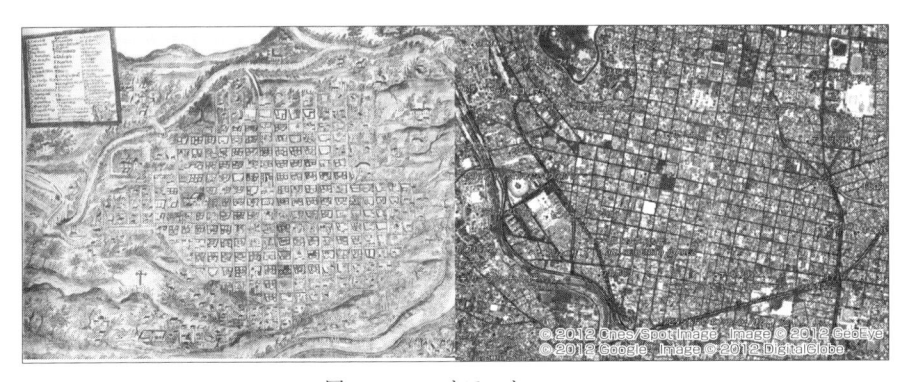

図 IV-2-10　オアハカ　1777

AGI, MP-México, 543

年である．

　それからグアテマラ Guatemala にアウディエンシアが置かれた 1543 年までに 9 増え，さらにグアダラハラにアウディエンシアが置かれた 1548 年までに 8 つ増えている．

　主要な都市としては，コリマ Colima（1523），ケレタロ Santiago de Querétaró（1531），グアダラハラ（1539），サカテカス Zacatecas（1548），グアナファト（1557），ドゥランゴ（1563），アグアスカリエンテス（1575）が挙げられる．16 世紀末には，メソアメリカの全域にスペイン人は居住することになった．

　この地に関して，セヴィージャのインディアス公文書館 AGI および陸軍博物館 SHM/SGE に収蔵される植民都市関連地図は意外に少ない．表 II-3-3 に示しているが，サント・ドミンゴ・アウディエンシアの 12 都市を除くと，わずか 29 枚しかない．

333

第 IV 章

メソアメリカ（ヌエヴァ・エスパーニャ副王領）

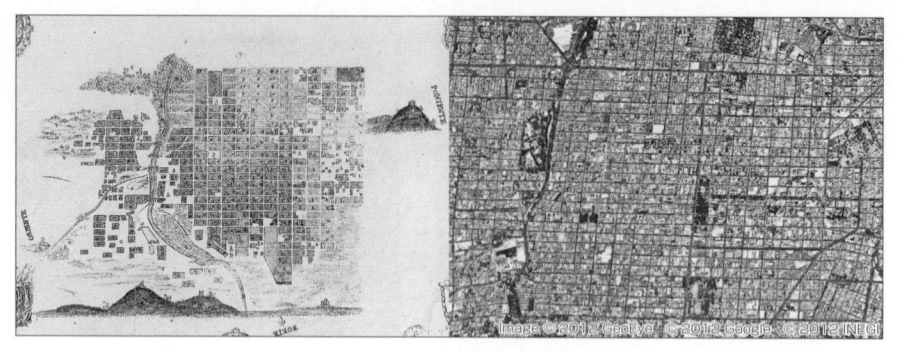

図 IV-2-11　プエブラ　1794

AGI, MP-Méxilo, 457

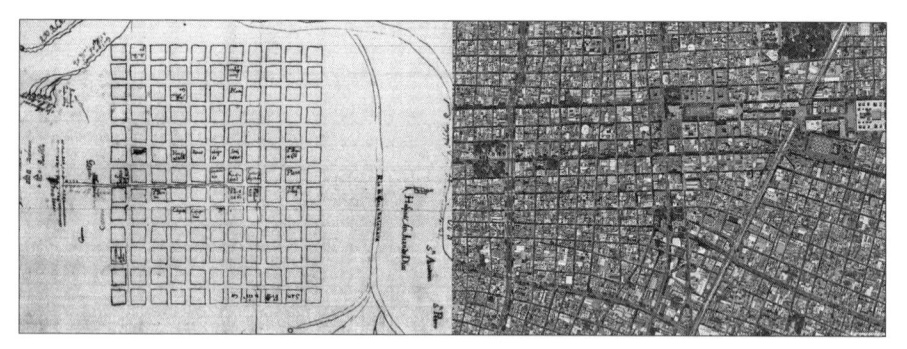

図 IV-2-12　グアダラハラ　1732

AGI, MP-México, 127

しかもそのうち 15 枚は，4 節で扱うホセ・デ・エスカンドンによる，ヌエヴァ・サンタンデールの 15 都市の計画図である．それ以外の 14 都市は，メキシコ・アウディエンシアのヴェラクルス（Buitrón, 1521），オリサバ Orizaba（1521），メキシコ（1521），メリダ（1528），プエブラ Puebla（1531），ヴァジャドリード（1531），グアダラハラ（1531），カンペチェ（1540），サラヤ Concepción de Salaya（1570），フエルテ・バカラ Fuerte Bacalar（1727）および，グアテマラ・アウディエンシアの 4 都市である．この 4 都市（ノンブレ・デ・ヘスス（カルタゴ）（1571），サルサハ（トトニカパン），グアテマラ（1776），イサバル（1807））はいずれも，それぞれ 5×5（東西端の 1 列は半分の街区という珍しいパターン），9×5，13×13，6×7 という完結型グリッドのパターン（第 II 類型）の都市群である．

　フアン・デ・グリハルヴァが，1518 年にベルナル・ディアス・デル・カスティージョらとともに上陸したのは，ヴェラクルスが建設される陸地の対岸の島である．ヨハネの祭日に島に上陸したため，サン・フアン・デ・ウルアと名づけられた．「デ・

ウルア de Ulúa」はアステカ人を意味する．翌年，コルテスの船団が訪れて，フランシスコ・デ・モンテホ Francisco de Montejo らとともに，ラ・ビジャ・リカ・デ・ラ・ヴェラ・クルス La Villa Rica de la Vera Cruz（聖十字の豊かな町の意）と名づけるメキシコ最初のスペイン植民都市を建設することになる．

ヌエヴァ・エスパーニャが設立されたのち，ヴェラクルスはアメリカで産出された銀や，マニラ・ガレオンの交易によって太平洋岸のアカプルコに運ばれたアジア産の製品を，大西洋岸からスペインへ運び出す最も重要な港市として発展していくことになる．

ヴェラクルスの最も古い都市図（1590）には，ナイン・スクエア（3×3＝9）の正方形グリッドのパターンが示されている．現況と照らし合わせてオリジナル・グリッドを判断すると，プラサ・マヨールは 120 ヴァラ×120 ヴァラ，街区は 100 ヴァラ×100 ヴァラの規模である．おそらく，ハバナと同じように，プラサ・マヨールを中心に拠点の建設が開始されたと考えられる．ヴェラクルスもハバナと同様，海賊の襲撃に悩まされることになった．1590 年には，スペイン植民都市の要塞化に大きな役割を果たしたバウティスタ・アントネッリ（Column 7）が訪れ，サン・フアン・デ・ウルア要塞の計画を立案している．彼の手になるものではないが，スペイン植民都市地図の中で最も美しい透視図（1615）が残されている．

ヴェラクルスは，メキシコ，そしてガレオン貿易によってアジアと繋がる要の港市であった．それゆえ，西欧列強の攻撃の的となる．1653 年と 1712 年の 2 度にわたって海賊に占拠されており，港付近の島にはサン・フアン・デ・ウルア要塞が建設され，市壁が建設されることになる．続いて残されているのは 18 世紀の都市図（1764, 1766）で，稜堡付きの市壁で囲まれ，対岸に要塞が建設されている．イントラムロスは，グリッド・パターンであるが，必ずしも街区の単位は明快ではない．

オリサバ（ヴェラクルス州）は，コルテスの時代から拠点として知られ，カルロス III 世の時代に町 villa の地位を与えられているが，残されているのは 19 世紀中葉の都市図（1862）である．正方形の整然としたグリッドであるが，当初の形態は不明である．街区規模は 110 ヴァラ×100 ヴァラ，広場の規模は 120 ヴァラ×70 ヴァラと変則的である．

続いて，ユカタン州の州都メリダは，フランシスコ・デ・モンテホによって本格的に建設され（1542），今もソカロ（中央広場）の南側にはモンテホの宮殿が残され，現在は銀行として利用されている．六角形の要塞図面が残されているが，全体は正方形グリッドで，現在も整然としたグリッドが維持されている．

グアダラハラについては，11×13 という正方形グリッドを示す手書きの単純な都市図（1732）が残されている．広場の位置が中央になく，3 つあるのが特徴である．そして，1741 年の同じように手書きの地図は，12×16 にグリッドが広がり，全体の

形態は崩れている．グアダラハラのプラサ・マヨールの形状・規模は 124 ヴァラ×124 ヴァラ，街区規模は 100 ヴァラ×100 ヴァラで，まさしくスペイン植民都市の平均的・規範的姿をとっている．

同じ 1531 年に建設されたプエブラについては，1698 年，1754 年，1794 年作製の都市図が残されているが，グアダラハラ同様，また，上述のオアハカも同様であるが，単純なグリッドが延長していくパターンをみることができる．ただ，プエブラの場合，街区形状が長方形であることが特徴である．長方形街区が 2×4＝8 に分割されることも示されている．すなわち，プラサ・マヨールの縦横の比は 1：2 である．しかし，街区規模は 100 ヴァラ×200 ヴァラであり，100 ヴァラ単位で街区を設定するやり方は同じである．

グアダラハラ，プエブラが示すのは，グリッドが必要に応じて，場所に応じて延長していくシステムである．1530 年代初頭には，こうしたシステムが共有されていたと考えてよい．

## 3 幻のインディオ共同体 ── アシエンダ

### 3-1 ヴァスコ・デ・キロガ

スペイン王室そして副王は，司法，立法，経済，宗教，軍事といったアステカ王国の骨格そのものは解体しながら，地方の行政組織は温存する政策をとった．間接統治の手法といってよい．スペイン人社会とインディオ社会を基本的に分離し，キリスト教の教義，その法，慣習に反しないかぎりで，インディオの共同体にある程度の自治権を認めるのが，少なくとも建前であった．統治の基本単位はアルテペトル altepetle と呼ばれ，市場を持つ都市核カベセラといくつかの集落スヘートで構成されていた．アルテペトルは 1 人もしくは複数の首長トラトアニ tolatoani によって治められ，カルプリと呼ばれる血縁集団を最も小さい単位として，カベセラはいくつかのカルプリからなっていた．

トラトアニは，カリブの場合と同様カシーケと呼ばれ，エンコメンドーロ，コレヒドール，聖職者らスペイン人世界とインディオ世界を媒介する役割を果たしたが，行政組織は次第にスペイン化されていくことになる．たとえば 1530 年代に各地に総督（ゴベルナドール）職が設けられるが，当初こそカシーケが兼職したものの，次第に分離され，ゴベルナドールがカシーケの職権を吸収していった．また，16 世紀半ばには，

スペインの地方自治体ムニシピオをモデルとして，アルテペトルは再編され，カビルドが設けられるようになる．詳しくは第II章を参照されたい．

　キリスト教徒の働きも重要である．コルテスらによって「発見」が継続されるかたわら，本国からは修道士たちが送られてきた．まず1523年にペドロ・デ・ガンテなど3人のフランシスコ会の修道士たちが到着する．翌年には12人の修道士が加わり，ミチョアカンとハリスコに拠点を置いた．1526年にはドミニコ会士が派遣され，オアハカなど南部中心に活動を開始した．1533年にはアウグスティノ会士7人が到着する．結果，16世紀半ば過ぎには，3つの修道会合わせて26の修道院が建設され，800人強の修道士が布教に当たっていた．ただし，その過半はフランシスコ会が占めていた（Ricardt (1974), 染田 (1989))．

　以降，イエズス会（1572），カルメル会（1585），メルセス会（1594），ベネディクト会（1602），聖イポリト会（1604），聖ヨハネ会（1604），聖アントニウス会（1628），聖フェリペ会（1657），聖ベツレヘム会（1674），聖カミロ会（1755）と続々と修道会が送り込まれてくる．先住民に福音を説くために，教会は先住民の集落に，その神殿を破壊した上でその材料を用いて建てられるのが一般的であった．

　さて，当初，既存の都市集落組織（カベセラースヘート）を拠点として入植が行われたことはすでに述べたが，やがてインディオを強制的に集住化させる政策がとられるようになる．レドゥクシオン Reducciones[268] あるいはコングレガシオン Congregaciones[269] と呼ばれる．インディオ集落は，防衛を考慮して山間に立地するものが多く，改宗，徴税といった行政管理が困難であった．この施策はイスパニョーラ島へ赴任したインディアス初代総督ニコラス・デ・オヴァンドへの指令（1503）にすでに示されているが，本格化するのは16世紀半ばのヌエヴァ・エスパーニャにおいてである．第2代副王ルイス・デ・ヴェラスコの治世（在位1550〜64）において行われ，さらに16世紀末から17世紀初頭にかけて大々的に行われた．なお，ポポカテペトル山腹の16世紀初頭の修道院群は世界文化遺産に登録（1994）されている．

　その先駆とされる興味深いレドゥクシオンが，メキシコのミチョアカン教区の司教で，1531年から35年までオイドールでもあったヴァスコ・デ・キロガ Vasco de Quiroga (1470-78 ?〜1565)[270] によるものである．レドゥクシオンの建設は，ペルー

---

[268] スペイン語で「削減・制定」を意味する．ブルゴス法（1512）のメキシコに関する規定では，インディオがレドゥクシオン後に再び離散するのを防ぐために，古い村 pueblo を差配することも定められていた．税・労働力の搾取とカトリック宣教のしやすさから，レドゥクシオンはおし進められた（「Reduccion」『ラテン・アメリカを知る事典』，項目執筆者山本徹）を参照）．

[269] 「集合・信徒団」を意味する．

[270] ヴァスコ・デ・キロガに関する文献には，以下のものがある．Verastique, Bernardino (2000) "Michoacan and Eden: Vasco de Quiroga and the Evangelization of Western Mexico", University of Texas Press, Austin, Gomez Herrero, Fernando (2001) "Good Places and Non-Places in Colonial Mexico: Vasco

## 第IV章
### メソアメリカ（ヌエヴァ・エスパーニャ副王領）

副王領でも同様に展開される．レドゥクシオンの建設を担ったのは布教に当たった宣教師たちであり，教団であった．第V章でみるが，フランシスコ会，そしてイエズス会のレドゥクシオンは主としてペルー副王領で建設され，とりわけイエズス会のパラグアイのレドゥクシオンは成功を収めた例とされている．

ヴァスコ・デ・キロガは，ガリシア出自の貴族の生まれで，法律そして神学を学び，法律家として南スペインそしてアルジェリアのオランで働いた（1520～26）後，しばらく宮廷で仕事をしており，インディアス会議のメンバーとの密接な関係があったことから，1531年に再建されたアウディエンシアのオイドールに指名されたと考えられている．

オイドールとしてヴァスコ・デ・キロガがまず行ったのは，病院の建設であった．自費で，タクバ Tacuba 近くのサンタ・フェ・デ・メキシコ Santa Fe de México とパツクアロ Pátzcuaro 近くのサンタ・フェ・デ・ラ・ラグナ Santa Fe de la Laguna の2か所に病院を建てている．ヴァスコ・デ・キロガは，インディオの奴隷化に強く反発し，エンコメンドーロを激しく批判する書簡をカルロスV世宛てに送っている[271]．

ミチョアカン教区の司教に任命されると（1536），タラスカン Tarascan 地方の中心パツクアロ Patzcuaro 湖付近に拠点を移す．そして，カテドラルと神学校を建設してインディオを集住させる．インディオの共同体の建設を目指した．

ヴァスコ・デ・キロガはトマス・モアの『ユートピア』に大きな影響を受け，その原理を導入しようとしたとされる[272]．先のカルロスV世宛ての書簡にそのスペイン語訳が付されていたとされるが，見つかっていない．彼は，インディオの共同体をレプブリカ・デ・インディオス Republicas de Indios（インディオ共和体）と呼んだ．

トマス・モアの『ユートピア』における都市計画の詳細は Column 6 を参照していただきたい．ヴァスコ・デ・キロガは，レプブリカ・デ・インディオスの基礎単位を家長 padre de familia に統括される家族とした．まさにモアのいう家族長 Paterfamilias

---

de Quiroga (1470～1565)", University Press of America and Edition, Reichenberger, Warren, Fintan B (1963) "Vasco De Quiroga and His Pueblo-Hospitals of Santa Fe", Academy of American Franciscan History, Washington. D. C, Zavala, Silvio (1995) "Ideario de Vasco de Quiroga. México", Colegio de México, Centro de Estudios Históricos.

271) 1535年1月付の "Información en Derecho" という文書．おそらくインディアス会議議員のベルナール・ディアス・デ・ルコ Bernal Díaz de Luco 宛てであったと考えられる．その中でトマス・モアの『ユートピア』にもとづく新施策についての言及がある．Paulino Castañeda Delgado (ed.) (1974) "Información en derecho del licenciado Quiroga sobre algunas provisiones del Real Consejo de las Indias.", Madrid: Ediciones José Porrúa Turanzas. (1999) "Ordenanzas de Santa Fe de Vasco de Quiroga"/introducción, paleografía y notas por J. Benedict Warren Morelia, México: Fimax, (1997) "Testamento del Obispo Vasco de Quiroga"/introducción, paleografía y notas por J. Benedict Warren Morelia, Mexico: Fimax.

272) Zavala, Silvio (1955) "Sir Thomas More in New Spain: A Utopian Adventure of the Renaissance", London, Canning House.

である．30戸ごとにフラド jurado が配されるが，これもモアの『ユートピア』のフィラーチあるいはシポグラント Syphograntに相当する．そして約 10 フラドごとにレヒドールが置かれるが，これはモアのチーフ・フィラーチ（あるいはトラニボーア tranibore）である．最上位には 2 人のアルカルデ・オルディナリオと 1 人のタカテクル tacatecle が置かれるが，これら全てはインディオが想定されていた．ただし，最高位の行政官コレヒドールはスペイン人であり，アウディエンシアによって任命される．

このようなヴァスコ・デ・キロガのこころみは，成功を収めたと評価が高い．インディオたちは毎日 6 時間働き，教えを受け，手に技能を身につけ，自ら共同体を運営する能力を身につけていったとされる．現地では，ヴァスコ・デ・キロガは，インディオたちにタタ・ヴァスコ Tata Vasco（ヴァスコ父さん）と呼ばれたという話が伝えられている．

ヴァスコ・デ・キロガは，1547 年にインディオとともにスペインに帰国し，インディアス会議に意見を具申している．1554 年にはミチョアカンに戻り，1565 年に 90 歳前後で死去するまでインディオとともに生活した．その名声は今日にも伝えられ，ヴァスコ・デ・キロガは，ミチョアカンでは聖者として崇められている．

しかし，ヴァスコ・デ・キロガのこころみは例外的な，実験的なこころみでしかなかったといわねばならない．多くのコングレガシオン，レドゥクシオンは失敗に終わった．エンコミエンダ制を批判し続けたラス・カサスにしても，具体的なインディオ共同体の実現には失敗し続けたのである．

## 3-2　アシエンダ

エンコミエンダ制については，コルテスもメキシコには導入を避けようとしたとされるが，多くのコンキスタドールに報いるためには実施せざるを得なかったようだ．エンコミエンダ制は「インディアス新法」（1542）が出された以降も存続し続けた．ヌエヴァ・エスパーニャ中央部の場合，1550 年以降，レパルティミエント制に移行していくが，地域によっては 18 世紀末まで存在し続けた．

レパルティミエント制は，ペルーにおいてインカのミタ労働制を利用する形で開始されたように（第 V 章），アンデスのコアテキトル（労働割当）制を利用する形ではじめられるが，インディオの抵抗も強く，軌道に乗り出したのは 1560 年代後半といわれている[273]．レパルティミント制は，各インディオ集落に 2〜4％（農繁期には 10％）

---

273) Gibson, Charles (1964) "The Aztecs under Spanish Rule", Stanford, Zavala, Silvio (1984-87), "El servicio personel de los indios en la Nueva España I (1521-1550), II (1550-1575), III (1576-1599)", Mexico, および篠原愛人「I　スペイン領アメリカ―ヌエヴァ・エスパーニャ副王領―」（染田秀藤編 (1989)）．

の労働者の提供を義務づけていた．

　スペイン植民地帝国におけるインディオ労働制度の変遷は，インディオ人口の減少と関わっている．コルテスがユカタン半島に上陸した段階のインディオ人口については諸説[274]あって必ずしも定かではないが，戦死，天然痘，はしかなどの疾病，飢饉，重労働，重税などで急速に減少していったことは厳然たる事実である．インディオ人口は17世紀半ばに最低になり，徐々に回復したのち，18世紀後半以降急激に増加していったことがわかっている．

　インディオ人口が減っていく中で，インディオ自身が自由にスペイン人雇主と契約できる制度が模索され，1632年に正式に鉱山労働以外にレパルティミエント制が廃止されると，自由賃金労働制（債務奴隷制）に移行していく．そして，スペイン人が農業生産に関与していく過程で生まれたのが，大土地所有を基礎とするアシエンダ制であった．起源はコルテスの時代に遡るとされるが，本格化するのは17世紀半ばである．家父長的な大土地所有者アセンダードのもとに，債務奴隷などインディオ労働者がいて，粗放な牧畜と自給自足的な農業を行うというのが一般的形態である．アシエンダ社会の最上位に位置する小集団を除くと，あとは日雇労働者，農民，ヴァケロスvaquerosとかガウチョgauchosと呼ばれた様々な従業員でアシエンダは構成された．日雇労働者はアセンダードの土地で働き，農民は小規模な土地を所有した．18世紀を通じて，物々交換が主で，貨幣はほとんど用いられず，アシエンダを律する訴追裁判所もなかった．富はアセンダードに集中し，膨大な蓄積がなされた．中でも異常に収益を上げたアシエンダとして知られるのが，メキシコ近くのイエズス会のサンタ・ルシアで1576年に設立して1767年まで存続している．アシエンダ制によって，カトリック教会，特にイエズス会は膨大な蓄積をなした．

　南アメリカでは，植民地支配が崩壊する19世紀初頭に，同時にアシエンダ制も崩壊するが，メキシコの場合，1917年の法律でアシエンダ制が廃絶されるまで存続した．それどころか，今日においても，その残滓があるとする指摘もある．他にも，ボリヴィアでは1952年までアシエンダは一般的であったし，ペルーでは1969年の農業改革法まで存続した[275]．驚くほどの潜在力を保ち続けたシステムといわねばならない．

---

274) 320万から450万というのが従来の説であるが，1,000万人，さらには2,500万人，さらには3,000〜3,750万人と見積もる研究者もいる．
275) フィリピンのアシエンダ制は20世紀後半の土地改革によってゆるやかに解消されつつあるとされる．

## Column 6　トマス・モア「ユートピア」

　ラス・カサスが『一四の改善策』を提案したのと同じ 1516 年，トマス・モア（1478 ～1535）[276] が『ユートピア Utopia』をラテン語で出版する．1515 年アントワープ滞在中に第 2 巻が書かれ，翌年第 1 巻がロンドンで書かれた．正式なタイトルは "Dē optimō reī pūblicae statū dēque novā īnsulā Ūtopiā（最良の共和国と新島ユートピア）" である．

　ユートピアは，ギリシャ語のオーou（οὐ）（"no" "not" = 無，否）とトポス topos（τόπος）（"place" 場所）に由来し，接尾語 iā (-ía) がついた語 Outopía（Οὐτοπία，ラテン語で Ūtopiā）である．近代初期の英語では "Utopie" あるいは "Utopy" と綴られる．発音は "Eutopia" で，第 2 音節にアクセントがある．要するに，「何処にもない場所 no-place-land, Nowhere」という意味である．

　『ユートピア』は，トマス・モアがアントワープ滞在中に知り合ったラファエル・ヒスロディ Raphael Hythlodaye の物語として語られる．ヒスロディとは，「おしゃべりが得意」という意味である．このヒスロディは，アメリゴ・ヴェスプッチの 4 回の航海に全て参加したのち，最後の航海で帰国せずにいろんな国をみてまわったあげく，ついにユートピア島にいたったという設定である．

　トマス・モアは，プラトンの『国家』，そしてアウグスティノの『神の国』を徹底して読んだという．すなわち，古代以降の哲学者や神学者のテーマであった「理想国家」について考え抜いた上で，彼自身が構想する「理想国家」が描かれるのである．

　その『ユートピア』の仕組みについて，まずはユートピア島およびその首都アモロートのフィジカルな形態をみてみよう．初版本あるいは以後の版に掲載された木版画や，A・オルテリウス Abraham Ortelius（1527～98）[277] が描いた図などがあるが，こ

---

276）ロンドン生まれ．法律家の息子で，大司教・大法官のジョン・モートンの家で書生（ページ）として教育を受けた．『ユートピア』でも，そのことが触れられている．オクスフォード大学に入学するが断念．ロンドンのニュー法院，リンカーン法学院に移って法律家となる．1499 年，21 歳の頃エラスムスと知り合う．1504 年に下院議員となり，1515 年以降ヘンリーVIII 世に仕えた．スペインとネーデルラントとの調整のために，ロンドン市民代表として派遣され，アントワープに数か月滞在し，その期間に書き上げたのが『ユートピア』である．1529 年，官僚では最高位の大法官に就任したが，ヘンリーVIII 世が離婚問題でローマ教皇クレメンス VII 世と反目すると，大法官を辞任．トマス・クロムウェルが主導する 1534 年の国王至上法に反対し，査問委員会にかけられ，ロンドン塔に幽閉，1535 年 7 月に処刑された．

277）アントウェルペン生まれ．地理学者，地図制作者．ゲラルドゥス・メルカトルとともに近代的な地図の製作者として知られる．1564 年に "mappemonde" という 8 枚組の世界地図を完成した．1565 年には，エジプトの 2 枚の地図を出版した．さらに 1568 年にオランダの海岸の Brittenburg 城の計画図を，1567 年にアジアの 8 枚組の地図と，6 枚組のスペイン地図を出版した．1570 年 5 月 20 日に，世界初の近代的地図である「Theatrum Orbis Terrarum」を出版．これは 53 枚組の大部であった．1595 年の版には日本地図が追加される．ヨーロッパにおける最初の日本地図で

# 第 IV 章
## メソアメリカ（ヌエヴァ・エスパーニャ副王領）

こでは筆者の手によって復元をこころみている（図 Column 6-1）.

まず，ユートピア島は以下の形状をとっている.

① 中央部の一番広い所で幅が 200 マイル．この幅は，島の大部分を通じてそのままであるが，両端に近づくに従って次第に狭くなっていく．この両端は 500 マイルにわたる環状の線を描いている．つまり，前提の形状はちょうど新月のような形になっている．

② 島の 2 つの端部から海流が流れ込んでおり，その幅は 11 マイルで，内部は内海のように—淀んだ湖のように—なっていて，陸地のあらゆる地点に船舶が投錨できる．

③ 海水が流れ込む 2 つの岬の前浜および磯部には浅瀬と砂州があって航路標識がないと入りにくく，中間に大きく突き出た岩の頂上に塔が建てられていて，常に守備隊が守っている．島の外側にも港は多いが，天然の要害に守られていて，わずかの守備隊で多勢の敵軍を撃退できる．

④ ユートピア島ははじめから島であったのではなく，内陸の土地を 15 マイルほどの幅で開削して，海水で取り囲んだ人工島である．

⑤ ユートピア島には，54 の都市（首都および州都）があり，全て同じように作られている．都市（州都）間の距離は，最少で 24 マイル，最大でも徒歩一日である．首都はアモロートで国のちょうど真ん中当たりに位置している．各州（の管轄区域）は州都を中心として，少なくとも四周 20 マイルの土地を有している．

⑥ 各州の農村部には農家が建てられ，農家には 2 名の奴隷の他，40 人の男女が住み，主人夫妻によって統率される．30 戸（もしくは家族）ごとに一人のフィラーチ philarch（戸長，家族長）がいる．州民（市民）は農家に 2 年滞在し，毎年半数の 20 人ずつ交替する．

首都アモロート市については，以下のように構想されている（図 Colimn 6-2）.

⑦ 低い丘の中腹に位置し，形はほぼ四角で横幅は約 2 マイル，丘の頂上のすぐ下からアナイダ河まで，縦幅は河に沿って 2 マイルをやや超える．

⑧ アナイダ河は，アモロート市の上手 24 マイルにある泉に発し，いくつかの支流を集めて，アモロート市の地点で幅半マイル，60 マイル下流で大洋に注ぐ．6 時間ごとに海水が満ち引きし，河口から 30 マイルが汽水域となる．

⑨ 市の端から端まで船が自由に航行できるよう，市の上手に石橋が築かれている．市の中央を小川が流れ，アナイダ河に注ぐ．水源は市域にあり，坊柵，防壁の内部に囲われている．この水は煉瓦でつくられた水道で四方八方に引かれている．

---

あるとされている．1575 年には，Arias Montanus の推薦によりスペイン王（フェリペ II 世）お抱えの地理学者となった．

*Column 6*

トマス・モア「ユートピア」

500マイル

11マイル

15マイル

200マイル

100マイル

100マイル

400マイル

海

4区から成る
1区＝30戸×50＝1500世帯
30戸：1フィラーチ
300戸：チーフ・フィラーチ

0.5mile

2mile

2mile+α

City wall（市壁）
moat（堀）
marchet（市場）

16　30戸

8

Hallフィラーチ

2

4

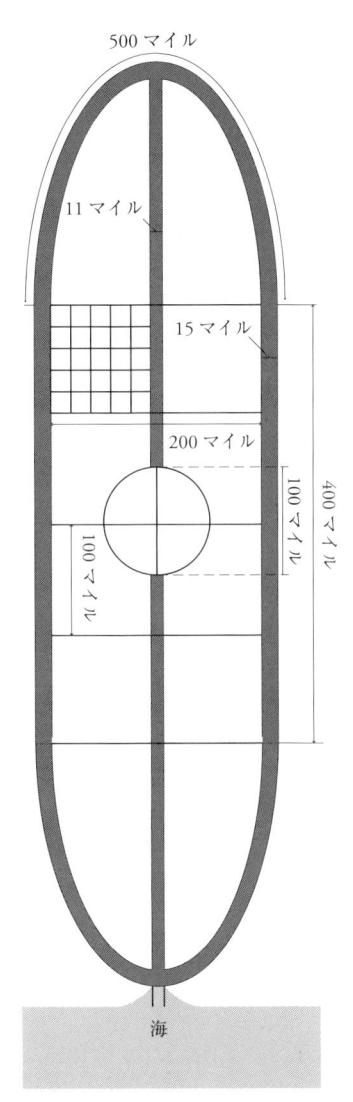

図 Column 6-1　トマス・モア　ユートピア島

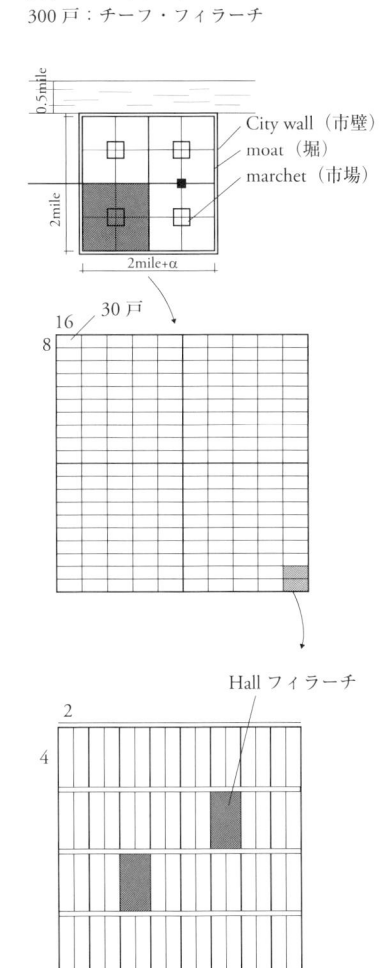

図 Column 6-2　トマス・モア　アモロート市

布野修司作成＋ヒメネス・ベルデホ，ホアン・ラモン・梅谷敬三作図

導水できない場所では水槽に雨水を溜めている．

⑩市の四方は，厚く高い，櫓や堡塁の並んだ市壁で囲われている．また，濠が市の三方を囲い，一方はアナイダ河が濠を兼ねている．

⑪市街は，風と交通を考慮して，便利に美しく設計されている．家屋は壮麗な建築で，街路の端から端まで櫛の歯のごとく整然と少しの切れ間もなく並んでいる．街路の幅は 20 フィートである．家の裏側には庭が続いていて，他の街路に取り囲まれている．各住居には，したがって，2 つの入口があることになる．住居はもともと泥壁，藁葺きの羊飼小屋然としたものであったが，現在は石造，煉瓦造の 3 階建である．窓にはガラス，もしくはリンネル切地が用いられている．

⑫30 戸ごとに 1 人の役人フィラーチが選出される．フィラーチ 10 人ごとに，すなわち 300 戸に 1 人，主族長チーフ・フィラーチが置かれる．そして，200 名の家族長が 4 人の候補者から 1 人の市長を選出する．なお市は 4 つの区に分けられており，各区から 1 名の候補者が選ばれる．労働を免除されている家族長 (Paterfamilias)，主族長，司祭，市長は 500 名以下である．

⑬市は，30 戸（世帯）×200 = 6,000 戸（世帯）からなる．1 戸（世帯）は，全て 14 歳前後の子どもを常に少なくとも 10 人以上，16 人以下持っていなければならない．人口は，全体で調整される．

⑭市は 4 つの区に分けられ，各区の中心に市場がある．

⑮各街路にはそれぞれ会館が一定の距離のもとに建てられており，家族長が住み，それぞれの名前がついている．1 つの会館には左右両側にそれぞれ 15 軒ずつ，計 30 軒の世帯が割り当てられる．会館には，数人の賄い係が配置され，市民は，昼食，夕食は会館に集まって食事をとる．市場から自分の食べ物を自宅に持ち帰ることは自由である．

⑯市壁外に 4 つの病院が設置される．

# 4 エスカンドンの都市

## 4-1 ホセ・デ・エスカンドン

ホセ・デ・エスカンドンは，1700年5月19日，カスティージャ・ラ・ヴィエハ地方のサンタンデール Santander のソト・ラ・マリナ Soto la Marina 村で，フアン・デ・エスカンドン・イ・デ・ルモロソ Juan de Escandón y de Rumoroso とフランシスカ・デ・ラ・エルゲラ・イ・デ・ラ・ジャタ Francisca de la Helguera y de la Llata の息子として生まれた．L・D・Platt (1982) を参照しながら，その生涯を以下にまとめておこう．

ソト・ラ・マリナで幼少期を過ごしたホセ・デ・エスカンドンは，15歳の時に，ユカタンの総督となるホセ・デ・ヴェルティス・イ・オンタノン José de Vertiz y Hontanón の船隊とともに，ヌエヴァ・エスパーニャに渡った．コンパニア・デ・カバジェロス・モンタドス・デ・メリダ Compañía de Caballeros Montados de Mérida で5年間見習い修行したのち，叔父のアントニオ・デ・ラ・エルゲラ・カスティージョ Antonio de la Helguera Castillo 大尉の指揮下で，騎兵隊員となる．カンペチェ海岸で英国軍の攻撃を撃退してその名を挙げ，その軍功によってエスカンドンは，ケレタロに転属される (1721)．1724年あるいは1727年にスペインに帰国し，アナ・デ・アロヨ Ana de Arroyo 大尉の娘アグスティン・デ・オシオ・イ・オカンポ Agustín de Ossio y Ocampo と結婚している．一説によると，彼らはケレタロの貴族の出だという (Zorilla (1984))．

1727年にセラヤ Celaya の叛乱を平定し，彼は，インファンテリア・カバジェリア・デ・ラス・コンパニアス・ミリシアナス・ケレタロ Infantería y Caballería de las Compañías Milicianas de Queretaró 軍の最上級曹長に昇進する．5年後，レアル・デ・ミナス・デ・グアナファト Real de Minas de Guanajuato 近くでのインディオの叛乱を鎮圧し，さらに続けてイラプアト Irapuato でも戦果を挙げている．その最大の軍功は，1734年のサン・ミゲル・エル・グランデ San Miguel el Grande 地方の1万人蜂起の制圧である．その軍事的な戦果のみならず，400人の捕虜を人道的に扱ったことでもその名を高めたという．

1740年，上司であったホセ・デ・ウルティアガ José de Urtiaga 大尉の死後，その跡を継いで昇進し，シエラ・ゴルダ Sierra Gorda 地方の総督に任命されている．任期中に4度にわたって，メキシコ副王政府に頼らず独力で領内を遠征し治めたこと，また，

## 第 IV 章
メソアメリカ（ヌエヴァ・エスパーニャ副王領）

1742 年にも独力で英国軍のヴェラクルス攻撃に備えたことで，ホセ・デ・エスカンドンはさらに賞賛を受けている．さらにハウマヴェ Jaumave (1743) とパルミージャ Palmillas (1745) の司教区をそれぞれ再建している．

以降彼は，ヌエヴォ・サンタンデールの入植と都市建設を指揮することになる．エスカンドンがメキシコで死去したのは，1770 年 9 月 10 日，享年 70 歳であった．

### 4–2　ヌエヴォ・サンタンデール入植地の建設

ヌエヴォ・サンタンデールはメキシコ北東部に位置し（図 IV-4-1），面積 7 万 8,932 km$^2$，北はアメリカ合衆国と 370 km にわたって接し，東は 420 km にわたってメキシコ湾に接している．この地域は，1540 年にはスペインによって知られてはいたが，メキシコ市から離れていたために，18 世紀のはじめまで入植者はほとんどなく，現地先住民が住み続けていた地域である．また，北から常に英国とフランスが攻撃を仕掛けてくる地域でもあった．

そこでエスカンドンに託されたのが，セノ・メキシカノ Seno Mexicano[278]地方の併合であり，ヌエヴォ・サンタンデールへの入植である．彼はまず，シエラ・ゴルダとリオ・ヴェルデ Río Verde の司教区を調査し，牧師の財務管理の問題点を指摘，ハウマヴェとパラミジャスと同様，司教区の再編を行った．地域を完全に支配するために，当初はセノ・メキシカノの制圧に集中している．そして，1747 年に大規模な踏査を行う．その際，ケレタロ，タンピコ Tampico，ヴァジェス Valles，リナレス Linares，セラルヴォ Cerralvo，コアウイラ Coahuila，バイア・デ・エスピリトゥ Bahía de Espíritu の入植者たちが従軍していた．彼らはこの時，エスカンドンがかつて踏査した道をたどりながら，地形，気候，動植物，鉱物などの知識を得ている．新たな入植地やインディアン居住地，司教区を決めるためのみならず，入植地に最も相応しい作物を決定するためでもあった．

得られたデータをもとに，エスカンドンは，14 都市を建設する広大な地域計画を立てた．後に総計 25 都市に増加されるが，およそ 7～8 レグアごとに都市を建設する計画である．間隔が一定なのは，敵の強襲の際に相互に協力して防御するためであった[279]．司教区の設定は現地人の支配の強化を目的としていた．こうして，入植のために具体的な都市モデルが検討されるのであるが，その事業費および維持管理費[280]は他の都市建設に比べると極めて少額で，スペイン王室は大いに評価した．

計画案は，1748 年 5 月 8 日から 13 日にかけた，副王ドン・フアン・フランシスコ・

---

278)　メキシコ湾岸部．Seno は乳房の意．湾曲した部分をいう．
279)　実際には，7 レグアから 45 レグアまでの幅がある．
280)　当時の金額で 115 万ペソとされる．

ゲメス Don Juan Francisco de Guemes y Horcasitas らが参加した国家会議（メキシコ）で，フェルナンデス・デ・ハウレギ Fernández de Jauregui，バルキン・デ・モンテクエスタ Barquín de Montecuesta，ラドロン・デ・グエヴァラ Ladrón de Guevara らの案とともに提案されたが，満場一致でエスカンドン案が採択された．

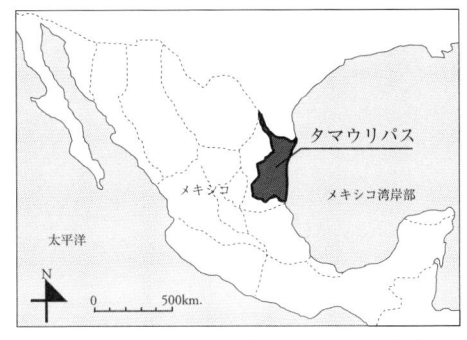

図 IV-4-1　メキシコとタマウリパス地域

翌 6 月から 12 月にかけて，副王領全体で入植者を募る一大キャンペーンが行われる．入植者には世帯あたり 100 ペソから 200 ペソが支給され，宅地と耕作地，牧羊地が与えられる条件であった．ケレタロ，ポトシ，チャルカス，ウアステカス Huastecas，コアウイラ Coahuila，ヌエヴォ・レイノ・デ・レオン Nuevo Reino de León といった都市での宣伝活動が功を奏し，11 月末までには，第 1 段階の入植を完遂するに足る集団が集まった．12 月半ば，3,000 人を超える一隊がエスカンドンの指揮のもとでケレタロを出発し，現地人の反乱を避ける安全なルートを確保しながら，トゥラ Tula，パルミジャス，ハウマヴェを通り，シエラ・マドレ・オリエンタル Sierra Madre Oriental の付近で地域の中央部に位置する，シエラ・デ・タマウリパス Sierra de Tamaulipas に到達する．以降，エスカンドンは次々と，25 の入植地（都市）を開拓することになる（図 IV-4-2）．

最初の都市ジェラは，エスカンドンの妻の名に由来する．エスカンドンは，当初から入植地の中心に相応しい土地を探していたが，最終的に，フレハドレス Flechadores 川北東部にシンコ・セノレス・サンタンデール Cinco Señores de Santander を建設することが決定したのは 1749 年 2 月のことであった．当初の入植者は 426 人であった．サンタンデールという名は，エスカンドンの故郷の名に因んだものである．のちに，この首都は西に移動する．

こうして，1775 年までの 7 年間で，21 の入植地が建設されている．入植地の選定に際し第一に考慮されたのは，それぞれの土地の地質と資源量である．また，土着のインディオとの関係など，入植者を保護するための軍事的観点も考慮された．トゥラ，マルミジャス，ハウマヴェ，サンタ・バーバラの入植地は鎖状に連結され，現地人の反乱の際の避難・退避のルートとして機能していた．アルタミラ Altamira（9），オルカシタス Horcasitas（10），エスカンドン（17），ジェラ（1），アグアヨ Aguayo（15），オヨス Hoyos（18），レアル・デ・ロス・インファンテス Real de los Infantes（12）からなる線は，シエラ・マドレ Sierra Madre へ逃げ込もうとする「反抗的」な現地人を食い

第 IV 章

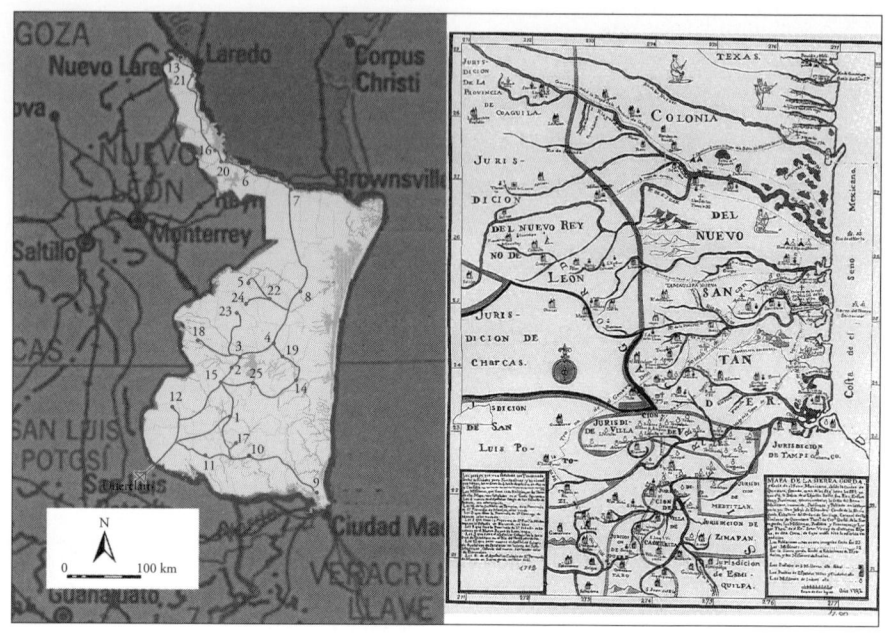

メソアメリカ（ヌエヴァ・エスパーニャ副王領）

図 IV-4-2　ホセ・デ・エスカンドンの入植ルートと建設した 25 都市　左：ヌエヴォ・サンタンデール（タマウリパス地域）ヒメネス・ベルデホ，ホアン・ラモン作成　右：Mapa de la Sierra Gorda y Costa del Seno Mexicano desde la ciudad de Queretaró（1792），Herrera Pérez, Octavio（1990）．

1. ジェラ Llera（1748/12/25）　2. ゲメス Guemez（1749/1/1）　3. パディージャ Padilla（1749/1/6）　4. サンタンデール Santander（1749/2/17）　5. ブルゴス Burgos（1749/2/20）　6. カマルゴ Camargo（1749/3/5）　7. レイノサ Reinosa（1749/3/14）　8. サン・フェルナンド San Fernando（1749/3/19）　9. アルタミラ Altamira（1749/5/2）　10. オルカシタス Horcasitas（1749/5/11）　11. サンタ・バーバラ Santa Barbara（1749/5/19）　12. インファンテス Infantes（1749/5/26）13. ドロネス Dolores（1750/8/22）　14. ソト・ラ・マリナ Soto la Marina（1750/9/3）　15. アグアヨ Aguayo（1750/10/6）16. レヴィージャ Revilla（1750/10/10）　17. エスカンドン Escandon（1751/3/15）　18. オヨス Hoyos（1752/5/19）　19. サンティジャナ Santillana（1752/12/16）　20. ミエル Mier（1753/3/6）　21. ラレド Laredo（1755/5/15）　22. クルイジャス Cruillas（1766/5/9）　23. サン・カルロス San Carlos（1766/6/6）　24. サン・ニコラス San Nicolas（1768/4/10）25. クロア Croix（1769/6/3）太字が都市図の残されている 15 都市：（）内建設年．

止める防御線とされた．ゲメス（2），パディージャ Padilla（3），サンタンデール（4），サンティジャナ Santillana（19），ソト・デ・ラ・マリナ（14），ブルゴス（5），サン・フェルナンド San Fernando（8）といった入植地は，現地人との接触，連合を避けるための，新旧のタマウリパスを分割する線を形成する．そしてレイノサ（7），カマルゴ（6），ミエル Mier（20），レヴィージャ Revilla（16），ラレド Laredo（21）を結ぶ線は，ヌエヴォ・レイノ・デ・レオンとの接触を避けて，隣接する現地人を鎮圧する線とされた．

　入植地の軍事的性格は，それぞれの入植地の首長が同時に軍隊における地位も与えられていたことが示している．すなわち，入植地は一種の軍事キャンプ，さらには前

線キャンプとして計画されたのである.

　初期に建設された都市が発展しはじめると，新たな入植者が現れる．特に，ヌエヴォ・レイノ・デ・レオンから入植が多かったが，こうした入植地のひとつが，1757年，ドミンゴ・デ・ウンガサ Domingo de Ungaza 大尉が160人を率いてサンティアゴ丘の麓に建設したヴィジャ・レアル・デ・ボルボン Villa Real de Borbon である．

　一方，エスカンドンによる入植の成功は，妬み嫉みを招いたようである．その不手際に対する告訴もあり，副王は査察を要求している．ホセ・ティアンダ・デ・クエルボ José Tienda de Cuervo とアグスティン・ロペス・デ・ラ・カマラ・アルタ Agustín López de la Cámara Alta によって1757年に行われた査察は，エスカンドンに対して概ね好意的であったものの，さらに3つの入植地の建設が要求された．それに従って建設されたのがヌエストラ・セノラ・デ・モンセラ・デ・クルス Nuestra Señora de Montserrat de Cruis（22, 現ロス・エンシノス Los Encinos）とレアル・デ・サン・カルロス・デ・ボロメオ Real de San Carlos de Borromeo（23）[281] である．また，続いてレアル・デ・サン・ニコラス（24）が建設されるが，この3番目の都市については，中傷のためにエスカンドンはほとんど関わることができなかった[282]．さらに，エスカンドンは，アグアヨ，ジェラ，ゲメスからの入植者のために，テティジャス Tetillas にプリシマ・コンセプシオン・デ・クロア Purísima Concepción de Croix の建設を依頼されるが，このエスカンドン最後の都市はその死後の1806年頃，洪水のためにパエ・デ・ピエドラス Paso de Piedras へ移転を余儀なくされている．

## 4-3　ホセ・デ・エスカンドンの都市モデル

　セヴィージャのインディアス総合古文書館 AGI には，ホセ・デ・エスカンドンに関する16枚の地図，都市図が残されている（図IV-4-3）．うち1枚は，ソト・デラ・マリナの地形図であり，残りが都市図である．1751年までに建設された17の都市のうちインファンテス（図IV-4-2, 12）とドロレス（同, 13）が欠けている．図に示すのは，AGI. Mapas y planos Santo Domingo と題された資料群の189，194，179，183，185，187，184，191，182，180，190，188，186，192，193で，サイズはいずれも410mm×300 mm，羊皮紙に羽ペンで書かれている．

　一見，全てよく似ている．以上の建設過程と併せて考えたとき，これらが一定のモデルをもとに各都市が建設されたことは一目瞭然である．

---

281）リナレス，ブルゴス，レアル・デ・ボルボンから200人が参加している．
282）都市建設が依頼された時点で，エスカンドンは首都メキシコに呼び戻されており，ほとんど関わっていない．実際に現場を担当したのは，フアン・フェルナンド・デ・パラシオ卿 sir Juan Fernando de Palacio とホセ・オソリオ・デ・ジャマス Jose Osorio de Llamas であった．

## 第 IV 章

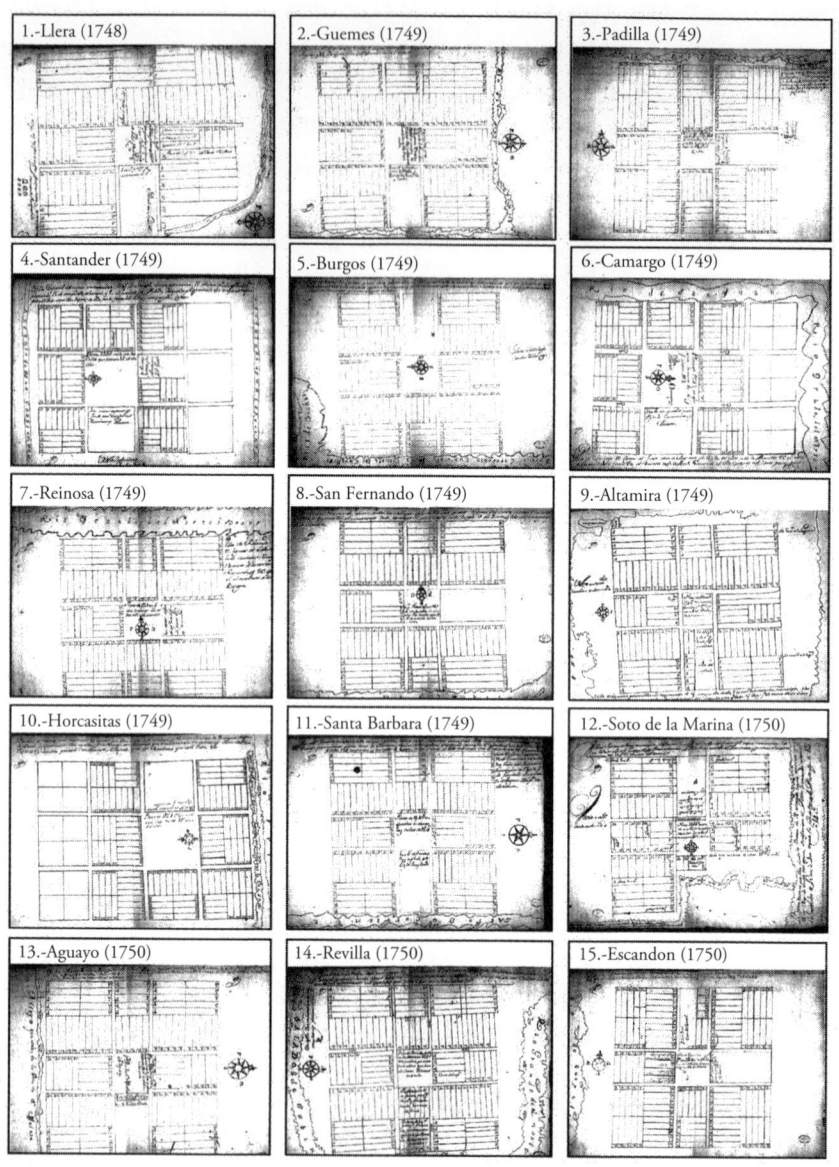

メソアメリカ（ヌエヴァ・エスパーニャ副王領）

図 IV-4-3　ホセ・エスカンドンの 15 の都市計画図

AGI, MP-México, 189, 194, 179, 183, 185, 187, 184, 191, 182, 180, 190, 188, 186, 192, 193.

## (1) 都市建設過程

エスカンドンは，入植の単位を家族とし，都市建設に必要な数は，50～100家族とした．都市計画以前に入植者の構成が決定されているのが基本で，ともにその土地を訪れ，建設地を決定している．スペイン人と現地人との融和統合は，宗教的教化を基本とし，そのために伝道師たちを都市の近くに居住させた．必要な資源は，各家族の経済活動が地域社会内で可能となるよう考慮して配置された．住居を建設し，食物を植え，家畜を飼う土地が都市内に与えられ，都市外に牧草地も与えられた．社会は大きく，行政担当者および軍人，聖職者，市民の3つの層から構成された．地域社会の安全が最優先事項であり，前述のとおり，防御のための軍隊が大きな位置を占めていた．たとえばサンタンデールのような都市では，エスカンドンは全住民と300頭の馬が籠城できる要塞を建造している．

エスカンドンは，都市建設に際して，平らで充分な広さが確保できる土地，農耕に適した肥沃な土壌，水の豊富な川の存在，住宅建設用の資材の存在などを考慮しながら選地している．常に都市間の連絡を考慮し，距離を計算しており，註279で述べたように，実際7レグアから45レグアの範囲に収まっている．また，カマルゴ，サンタンデール，オルカシタスという南北，中央に3つの中核都市を設定している．

各都市の建設は，G・グアルダによれば，インディアス法にもとづきながら，およそ，以下のような手順で行われたという（Guarda（1983））．

①選地：自然資源，気候，風通し，日当たりなどが考慮された上で，建設用地が選定される．
②建設儀礼：入植者や現地人の参加する中で，神と王の名において領域を確保することが公的に宣言される．また，市会の成員が選ばれる．
③命名：同時に都市の名前が決められる．都市名は，入植者に縁があるスペインの都市や場所の名，王や政府関係者の名，聖人などの他，現地人の言葉からとられた例もある．
④広場の位置と規模の確定：通常，②③と同日に，場合によっては前日に行われる．中央にロジョRolloと呼ばれる「都市柱」が，その都市の象徴として建造される．このロジョは，都市が移転される場合には新たな広場の中心に移される．
⑤教会用地の決定：プラサに続いて教会用地が決定され，十字架が立てられ，最初のミサが行われる．エスカンドンは100ヴァラ×200ヴァラか，200ヴァラ×200ヴァラとしている．
⑥カビルドの確定：続いて，市庁舎の用地が決定される．
⑦街区の分割と配置：さらに宅地が割り当てられる．有力者はプラサに近接して宅地を所有する．

⑧地図の作製：建設の記録とともに地図が作製される．

## (2) 都市モデル

　エスカンドンが残した 15 の都市図 (図 IV-4-3) を，方角を揃えて整理したものを図 IV-4-4 に掲げた．地図のみをみると，一見よく似ているわけだが，実は大きく 2 つのモデル (A・B) があることがわかる (図 IV-4-5)．

　街区の大きさは，200 ヴァラ×200 ヴァラと基本とするが，プラサの大きさ (A：100 ヴァラ×100 ヴァラ，B：200 ヴァラ×200 ヴァラ) と宅地の大きさ (A：20 ヴァラ×100 ヴァラ，B：25 ヴァラ×100 ヴァラ) が異なっている．

　モデル A では，中央のプラサ (100 ヴァラ×100 ヴァラ) の東西南北に，幅員 12 ヴァラの 4 本の大通りが走っている．街区は，中央に長方形の区画 (100 ヴァラ×200 ヴァラ) と四隅の正方形の区画 (200 ヴァラ×200 ヴァラ) の 2 種類 (各 4 区画) からなる．このうち，長方形の 1 街区は教会用地とされる．宅地は，20 ヴァラ×100 ヴァラを単位とし，カビルド用地は，その 2 倍 (40 ヴァラ×100 ヴァラ) とされる．したがって宅地は 20 宅地×4 ＋ 10 宅地×2 ＋ 8 宅地＝108 となる．

　このモデル A を用いた都市の中で，最も多いのは教会用地をプラサの東に，カビルド用地を北東に配置する A-1 のタイプである．ゲメス (2)，パディージャ (3)，ブルゴス (5)，サンタ・バーバラ (11)，アグアヨ (13)，レヴィージャ (14) の 6 都市で用いられている (A-1.1)．カビルド用地の位置と大きさ，また一部の宅地の規模が異なるのがエスカンドン (15) である (A-1.2)．アルタミラ (9) は，カビルド用地をプラサの南西とし，さらに教会用地の規模が小さく，それにともなって一部の宅地の規模が異なっている (A-1.3)．さらに，北東部の大通りが宅地化され，またその宅地割りが乱れているのがジェラ (1) であり (A-1.4)，東南部が大きく欠けたのがソト・デ・ラ・マリナ (A-1.5) というように，A-1 はさらに 5 タイプに分かれる．

　また，カビルドをプラサの北東角に置く A-1 に対して，カビルドを教会の向かい，プラサの北西に置くのがサン・フェルナンド (A-2.1) およびレイノサ (A-2.2) である．

　モデル B は，中央のプラサ (200 ヴァラ×200 ヴァラ) の東西南北に幅員 12 ヴァラの 4 本の大通りが走る構造をとる．いわゆるナイン・スクエア (3×3＝9) の分割である．8 つの街区は，200 ヴァラ×200 ヴァラで，このうち 1 街区は教会用地とされる．宅地は 25 ヴァラ×100 ヴァラを単位とし，基本的に 1 街区 16 宅地からなる．カビルド用地は，街区の半分 (100 ヴァラ×200 ヴァラ) とされる．したがって，16 宅地×6 ＋ 8 宅地＝104 の宅地で構成されることとなる．

　このモデル B は，カマルゴ (6)，サンタンデール (4)，オルカシタス (10) の 3 都市で用いられている．前述のように，この 3 都市は南北，中央の中心都市として建設されたものであり，宅地割りが行われていない街区も残されている．

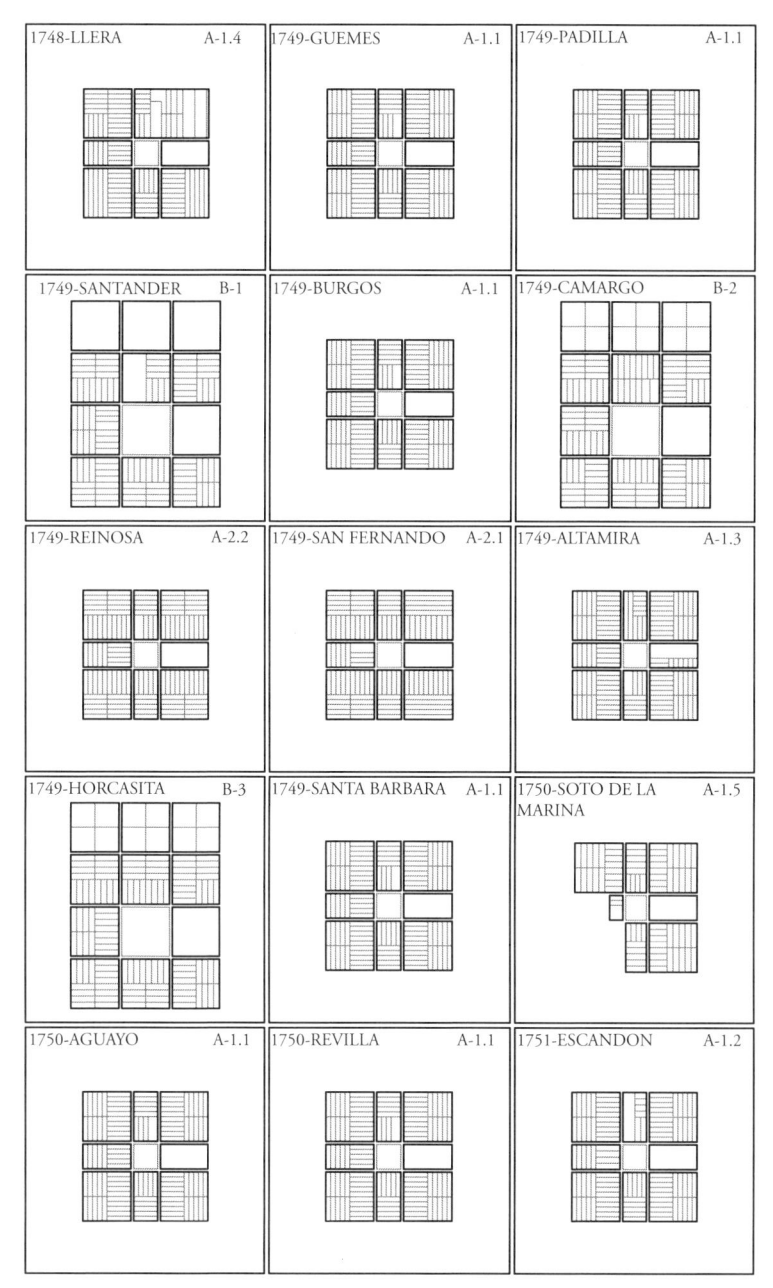

図 IV-4-4　ホセ・エスカンドンの 15 都市の街区分割図

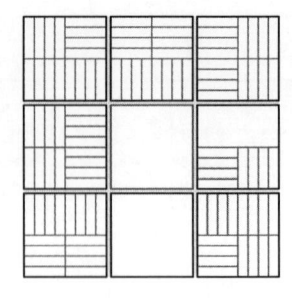

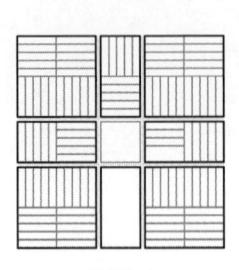

第 IV 章

メソアメリカ（ヌエヴァ・エスパーニャ副王領）

モデル A
中央プラザ 100vara × 100vara

モデル B
中央プラザ 200vara × 200vara

図 IV-4-5　ホセ・エスカンドンの都市モデル

## (3) 空間分割システム

　ホセ・デ・エスカンドンがヌエヴォ・サンタンデールで用いた都市モデルは，概ねスペイン植民都市計画の流れの中に位置づけることができる．II 章で行った植民都市関連地図の全体についての分析を手掛かりに，このエスカンドンの都市モデルの特徴についていくつか指摘しておきたい．

　第 II 章で明らかにしたマジョルカの王ハイメ Jaime II 世の法令 (1300) とエクシメニスの理想都市モデル (1385) を比べると，エスカンドンの都市モデルは極めて具体的であり，広場の配置を最初とする建設のプロセスが示されている点が貴重であった．また，都市の境界，市壁がなく，グリッドの延長が想定されている点では，全体像をあらかじめ想定するエクシメニスとは異なっていた．さらに，教会，市庁舎を中心に集中させるエスカンドンのモデルと，市庁舎を市門近くに置いて，政治的権力と宗教的権力を分離するエクシメニスのモデルとは異なっている．

　「フェリペ II 世の勅令」と比較すると，その幾何学的分割パターンについては，以下を指摘できる．

①エスカンドンのモデルが正方形であるのに対して，インディアス法は 2：3 の長方形を推奨している．
②プラザからは，エスカンドンのモデルは 8 本，インディアス法は 12 本の通りが延びる．
③プラザの規模は，エスカンドン・モデル（特に A タイプ）が基本的に小さい．
④エスカンドン・モデルのプラザにはアーケードが設けられない．
⑤都市全体の規模はほぼ同じであるが，街区の規模はエスカンドン・モデルが大きい．
⑥宅地の規模もエスカンドン・モデルの方が大きい．

⑦エスカンドン・モデルは，画一的に宅地を分割するが，インディアス法の場合，4分割した上で，四分の一を建設者に，四分の三を入植者に割り当てるのが一般的である．

以上のように，ホセ・デ・エスカンドンを検討することで，スペイン植民都市計画の展開を極めて具体的に知ることができる．その都市計画モデルは，インディアス法に大きくは従うとしても，空間分割のシステムとしてはひとつのヴァリエーションをなしているといってよい．

## 4-4　ホセ・デ・エスカンドンの都市の変容

　ホセ・デ・エスカンドンが計画建設した15の都市の，現在にいたる過程と現状は様々である．ホセ・デ・エスカンドンによる計画都市は，理念と実態，「計画都市」と「生きられた都市」「変わるもの」と「変わらないもの」について考察する絶好の素材といってよい．
　タマウリパス県エスタド Estado は，メキシコの北西部に位置している．メキシコ最長のブラヴォ Bravo 川が北を流れ，アメリカ合衆国との境界となっている．タマウリパス地域の現在の経済活動は，基本的に，開拓地，灌漑農業地域，石油採掘地域の3つに集中している．タマウリパスは，基本的に牛，山羊，豚，馬などの牧畜地帯で，農作物としてはトウモロコシ，大豆，砂糖など，またアヴォガド，レモン，マンゴなど果物を産する．また，中低木の森も有し，木材も伐採できる．漁業は，タピコ Tampico，マタモロス Matamoros といった港を中心に行われている．
　メキシコの人口は，2000年現在約1億人（97,483,412人）で，その73％は大都市に住む．メキシコ・シティに約1,900万人，西部の商都グアダラハラ Guadalajara に約500万人，北西部の工業都市モンテレー Monterrey に約500万人が居住するのである．全土の人口密度は，49.91人／km$^2$にすぎない．20世紀初頭においては，1万5,000人以上の都市に住む人々は約1割であり，1940年から1970年にかけて，都市への人口集中が急激に起こっている．1970年の段階で都市人口は44.9％であるから，さらにこの30年間で都市化は加速されている．
　メキシコにおける20世紀における都市化の進展は，発展途上国のひとつの典型とみなされる．鉄道による公共輸送機関が発達する前にモータリゼーションが進展したことが，都市化の大きな要因と考えられる．エスカンドンが建設した15の都市の20世紀における変化は，メキシコの地方の状況を具体例として示している．
　ホセ・デ・エスカンドンが建設し，当初の計画図の残る15都市の現在の人口規模は以下のようである．

# 第 IV 章

メソアメリカ（ヌエヴァ・エスパーニャ副王領）

  A：人口 40 万人程度の都市：レイノサ
  B：人口 25 万人程度の都市：アグアヨ（現ヴィクトリア Victoria）
  C：人口 3 万人程度の都市：サン・フェルナンド，アルタミラ
  D：人口 1 万人程度の都市：カマルゴ，エスカンドン（現ヒコテンカトル Xicotencatl）
  E：人口 5,000 人程度の都市：パディージャ，レヴィージャ（現ヌエヴォ・ゲレロ Nuevo Guerrero），サンタンデール（ヒメネス），オカンポ（現サンタ・バーバラ），ソト・ラ・マリナ，ジェラ
  F：人口 2,000 人以下の都市：オルカシタス（現マジスカツィン Magiscatzin），ゲメス，ブルゴス

以下，15 都市の歴史の概要と現況をまとめた（図 IV-4-6）．

(1) ジェラ（1748.12.25, モデル A）：1980 年に 4,152 人であった人口は減少傾向にある．1831 年に市役所の移転が州政府によって決定されるが，反対のために断念，火災などによる変転はあるが，都市の骨格は維持されている．20 世紀初頭に 803 人，1940 年でも 1,050 人であるから，建設当初の姿が 2 世紀以上も維持されてきたと考えられる．もともと北西を東から西に流れる川によって挟まれ，モデルどおりの建設はならなかった．主として，西および西南部にグリッドが延長されている．

(2) ゲメス（1749.01.01, モデル A）：20 世紀初頭に 2,612 人であった人口は，2000 年に 1,739 人と減少している．エスカンドンは 300 人の家族，79 家族（1757）とともに入植し，18 世紀中は大きく変わらないが[283]，1843 年でも 944 人である．19 世紀末にかけて 2 倍以上増えたことになるが，規模は大きくは変わっていない．都市の骨格も奇麗に残り，川の南に整然とグリッドが拡大されている．新市街地の東南部に南西から北東にかけて 45 度傾いた道路が建設されているのが目立つ．

(3) パディージャ（1749.01.06, モデル A）：20 世紀初頭には 559 人であり，当初の姿を長く維持してきたことがわかる．しかし，ダム建設（1970）によって都市全体が移転し，跡地には教会と市庁舎が残されている．新都市の人口は 5,202 人（2000）である．

(4) サンタンデール（1749.02.17, モデル B）：人口 5,145 人（2000）．20 世紀初頭に 1,373 人，1950 年に 1,966 人なので，増加したのは近年である．都市計画図はモデル B であるが，拡張部も含めて，現況の街区割りは 100 ヴァラ×100 ヴァラが基本になっている．入植当初（1751）に洪水に見舞われており，位置を移したことも影響している．中心部の広場と教会の規模と配置もモデル A の配置に近く，混乱がみられる．

(5) ブルゴス（1749.02.20, モデル A）：人口は，20 世紀初頭に 1052，21 世紀初頭でも 1,166 人と変わらない．1950 年には 541 人に半減しているから，規模については建設当初より大きく変わっていない．広場や教会の位置も当初のままであるが，グリッド

---

[283] 1770 年には 60 家族に減少している．

のかたちは大きく崩れている．つまり，当初の計画が完成されなかった可能性が高い．
(6) カマルゴ（1749.03.05，モデル B）：人口は，1752 年に 637 人，1770 年に 1,008 人，20 世紀初頭に 2,194 人であった．しかし，1950 年には 3,433 人，以後半世紀で 1 万人程度（2000 年に 9,329 人）まで増加している．南西部を川で挟まれ，計画図通りに建設は行われていない．川の東岸に市街地が展開するが，市北部へは，比較的整然とグリッドが拡張されているものの，全体は崩れている．
(7) レイノサ（1749.03.14，モデル A）：20 世紀初頭に人口 1,915 人であった都市は，現在 40 万人を超える大都市に成長している．入植後まもなく洪水に襲われ，1764 年に場所を移している．さらに，1800 年に大洪水に見舞われ，現在の場所に移されている．したがって，レイノサの建設当初の骨格は残っていない．1926 年に，地方自治体のランクが上げられ，広域の拠点都市となったことが，その後の発展の基礎になった．
(8) サン・フェルナンド（1749.03.19，モデル A）：もともと現地人の集落が存在しており，入植まもなくの洪水で位置は変更されている．76 家族 393 人と 150 人の現地人で建設が行われ，20 世紀初頭には 1,127 人が居住した．オリジナル・グリッドに従って拡張が行われているが，川の西岸はグリッドが崩れている．人口は，1970 年 6,086 人，1980 年 1 万 3,105 人，1990 年 2 万 737 人，2000 年 2 万 7,053 人と増加を続けている．
(9) アルタミラ（1749.05.02，モデル A）：20 世紀初頭に 1,127 人だった都市は，現在 2 万 7,053 人（2000）にまで成長している．オリジナルのグリッドは残っているが，都市の発展は平面的に連続はせず，分散的に形成されていった点が特徴である．また，街区の大きさは，振子が位置ではモデルとは異なるものが用いられている．
(10) オルカシタス（1749.05.11，モデル B）：人口は 1900 年に 1,375 人，2000 年に 1,045 人と変わってない．300 家族のコミュニティが維持されている．当初モデル B で計画されたが，街区は 100 ヴァラ×100 ヴァラを単位とするかたちに変更されている．
(11) サンタ・バーバラ（1749.05.19，モデル A）：人口は 1757 年時点で 479 人，洪水があって場所が移され，1770 年には 550 人．他の入植地と同様，農業と牧畜を基本とする農村的都市であった．1898 年に自治体のランクを上げられ，1900 年には 3,599 人の規模にまでなったが，今日も 4,784 人（2000）と大きくは変わっていない．市域は，基本的にオリジナル・グリッドに従って拡張している．
(12) ソト・ラ・マリナ（1750.09.03，モデル A）：当初の計画図は東南部が欠けたかたちであったが，その部分も含めてグリッドの骨格をよく残している．ただし，1810 年に黄熱病が発生したため，中心部を北に移している．人口は，1900 年時点では建設当初と変わっていない（252 人）が，ここ 20 年で，約 9,000 人の都市に発展している．
(13) アグアヨ（1750.10.06，モデル A）：地方拠点都市として発展し，20 世紀初頭にすでに約 1 万人の人口規模を有していた．20 世紀前半までは，オリジナル・グリッ

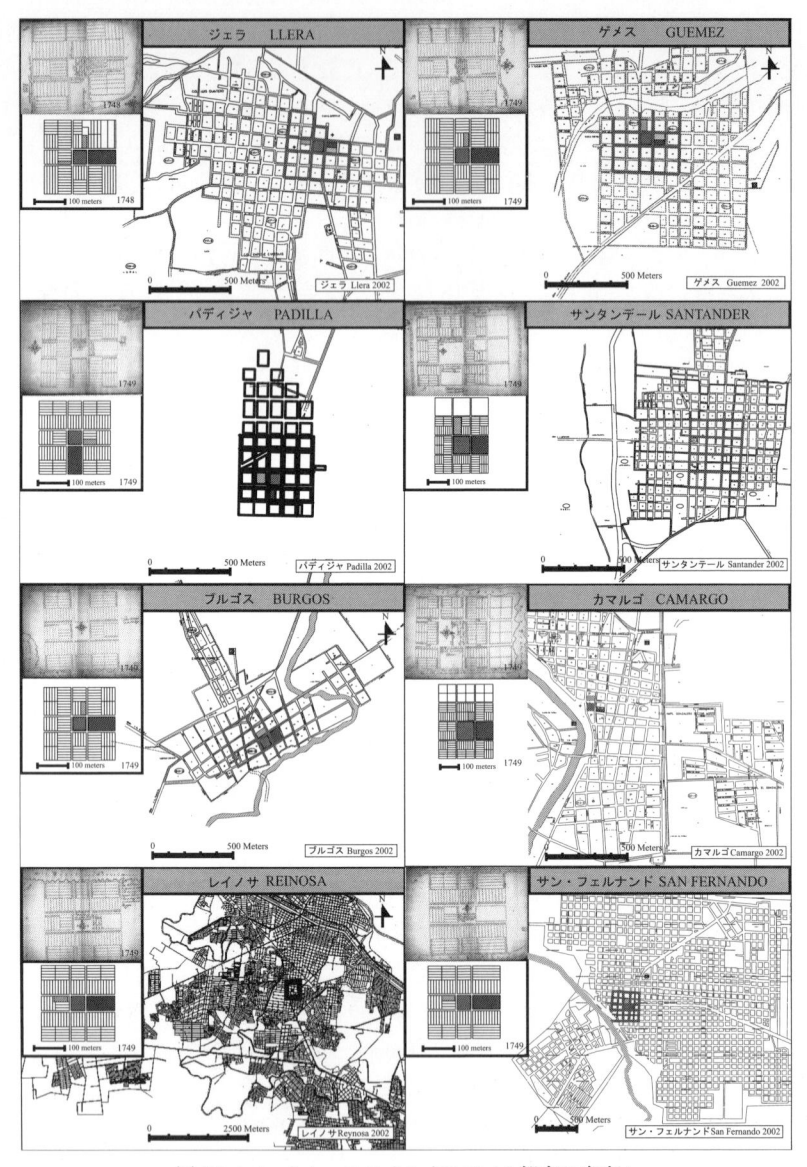

## 第 IV 章
### メソアメリカ（ヌエヴァ・エスパーニャ副王領）

図 IV-4-6　ホセ・エスカンドンの 15 都市の変容 1

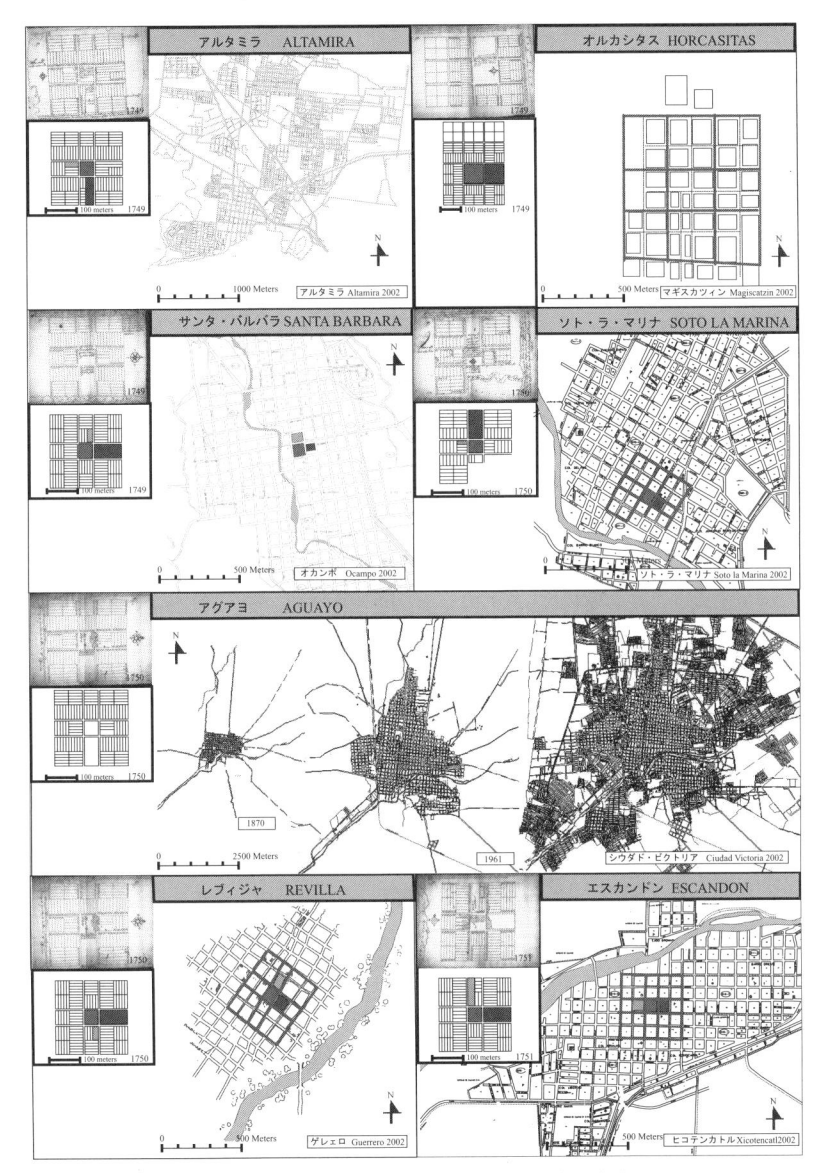

図 IV-4-6　ホセ・エスカンドンの 15 都市の変容 2

## 第 IV 章

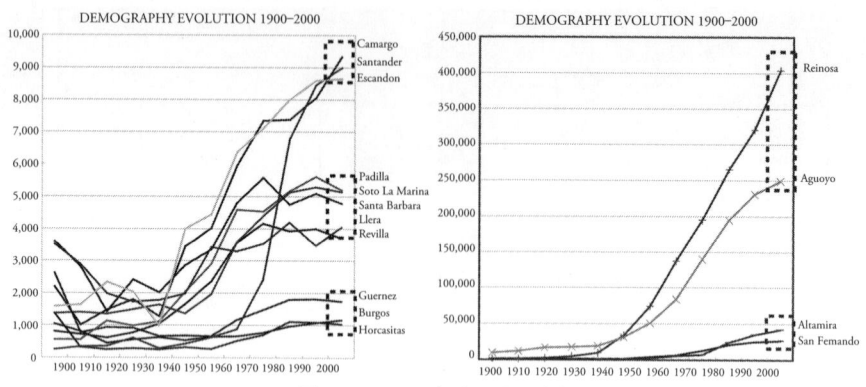

### メソアメリカ（ヌエヴァ・エスパーニャ副王領）

図 IV-4-7　15 都市の人口変化

ドに従って，整然とした形を維持していたが，その後，人口が 1950 年に 3 万 1,815 人，1960 年に 5 万 797 人，1970 年 8 万 3,897 人，1980 年 14 万 161 人，1990 年 19 万 4,996 人，2000 年 24 万 9,029 人と増加するにつれ，市域も不定形に広がっていった．

(14) レヴィージャ (1750.10.10, モデル A)：20 世紀初頭に人口規模は 3,504 人，2000 年が 4,055 人と，大きな変化はない．建設当初の骨格は若干崩れているが，概ね維持されている．ただし，1,844 年にテキサスからの攻撃を受けたこと，そして 1852 年のダム建設によって，町自体の中心は移されている．

(15) エスカンドン (1751.03.15, モデル A)：人口はこそ 20 世紀初頭の 1,584 人から 8,645 人 (2000) にまで増加しているが，オリジナル・グリッドは奇麗に残っている．

　人口推移をまとめたものが図 IV-4-7 である．104～108 宅地，現地人を含めて数百人の規模で出発したエスカンドンの入植地は，以上のように，20 世紀初頭においても大半は，小規模の都市であった．建設当初と変わらない 1,000 人以下のものがジェラ，パディージャ，ソト・ラ・マリナ，1,000～2,000 人規模のものがサンタンデール，ブルゴス，サン・フェルナンド，アルタミラ，オルカシタス，2,000～3,000 人規模のものが，ゲメス，カマルゴ，レイノサ，エスカンドン，レヴィージャ (3,504 人)，サンタ・バーバラ (3,599 人) である．唯一，アグアヨが 1 万 86 人と，都市と呼べる規模に発展している．

　エスカンドンが建設した都市は，いずれも，当初は数百人から千人規模の町であった．ほぼ同じ都市モデルから出発して，250 年を経た現況は，都市の変容過程を様々な角度から考察する大きな素材となるであろう．人口 2,000 人規模の都市がある一方，地方中核として発展した都市もある．

　しかし，広場を中心とする都市核のグリッドはほとんど変化していない．大半は，現在も 1 万人以下の都市であり，エスカンドンの都市モデルの骨格を確認することが

できる．大きな変化は交通手段が大きく変わった20世紀後半に引き起こされたものである．エスカンドンの選地がいかに的確であったか，オルカシタスを除いて，15の都市のうち14が各地域ムニシポ Municipo（郡）の中心都市（郡都 Cabecera de Municipo）として存在し続けていることがそれを示している．エスカンドンが建設した道路網もまた今日まで維持されている．しかし，都市のヒエラルキーは時代によって異なってきた．エスカンドンが当初，ヌエヴォ・サンタンデールの地域拠点としたのは，サンタンデール（4），カマルゴ（6），オルカシタス（10）の3都市であるが，これらは現在，いずれも1万人以下の都市にとどまっている．一方，40万人の大都市に成長したのはアメリカ合衆国の境界に位置するレイノサ（7）であり，内陸の中心都市となったのが州都ヴィクトリア（アグアヨ，13）である．ヴィクトリアについては，前掲図IV-4-6によってその拡張過程をある程度明らかにすることができる．これらの変化は経済構造の変化が要因である．

規模の変化とともに，都市の立地，都市核の位置も変化を遂げている．その原因は，基本的には自然条件の変化であり，洪水（レイノサ（7），サン・フェルナンド（8），サンタ・バーバラ（11）），疾病（ソト・デ・ラ・マリナ（12）），ダム建設（パディージャ（3），レヴィージャ（14））である．

これら移転した都市の場合も，大都市となったレイノサなどを除いて，コミュニティそのものは連続的に維持されてきた．小規模の都市の場合，牧畜業，農業を営む家族の小コミュニティは未だに残存しており，伝統的な民家が残されている都市もある．

都市モデルの骨格についてまず指摘できるのは，モデルAを用いた都市の全てで，100ヴァラ×200ヴァラの長方形街区が2分割され，100ヴァラ×100ヴァラの街区のみによる単純グリッドに変更されていることである．また，モデルBにもとづく2つの都市（サンタンデール，オルカシタス）についても，100ヴァラ×100ヴァラの街区を基本とする形に変化していることがわかる．これは計画と現実のずれである．

インディアス法と比較したエスカンドンのモデルの特徴については前節でまとめたが，インディアス法が長方形のプラサを推奨するのに対しエスカンドンは，ABともに正方形を採用する．しかし，実際には，エスカンドンは，さらに極めて画一的で単純な建設方法をとったわけである．

街区の全体構成の変化（拡張）の概要は，以上のように明らかにできるが，街区における宅地構成の変容については，個々の都市について詳細にみる必要がある．残された課題であるが，ゲメスのような小規模の都市の場合は，平屋の住宅が残っており（図IV-4-8），宅地分割にも大きな変化はない．サン・フェルナンドの例を示すと，各ムニシポ（自治体）ごとに歴史的建造物のインヴェントリー[284]が作られている（図IV-

---

284) Instituto Nacional de Antropología e Historia, Dirección de Monumentos Históricos (1984), "Ficha Nacional de Catálogo de Bienes Inmuebles".

第 IV 章

メソアメリカ（ヌエヴァ・エスパーニャ副王領）

図 IV-4-8　ゲメスに残る伝統的民家
ヒメネス・ベルデホ，ホアン・ラモン撮影

4-9)．

　15 都市を実際に訪れてみると，極めて単純な街区構成と宅地分割による秩序が，250 年近く，強く維持されてきたことを確認できる．アグアヨ（ヴィクトリア）など大きな変化が起こった都市についての分析は別で行いたい．

　このように，ホセ・デ・エスカンドンがヌエヴォ・サンタンデールに建設した諸都市のほとんどは，その当初の骨格を歴史的な建造物とともに現在にまで残している．広場を中心とする都市核は，20 世紀初頭まで大きな変化は少なく，急激な変化・都市化が起こったのは 20 世紀後半である．大きな変化要因となったのは，自然の条件であり，洪水，黄熱病，治水のためのダム建設などであった．

　また，計画段階で 2 つのモデルが使い分けられていたにもかかわらず，実際の建設に際しては結果的に 100 ヴァラ×100 ヴァラの単純なグリッドが採用されたことは，計画と現実のずれを象徴的に示している．

　ホセ・デ・エスカンドンによるスペイン植民都市計画と計画の実践とその結果は，スペイン植民都市の理念，方法，実際を最もよく示す歴史的実践である．

# 第 V 章

## アンデス
*Andes*

### ペルー副王領
*Virreinato del Perú*

*1*
古代アンデスの都市

*2*
インカ帝国の聖都 ── クスコ

*3*
銀の帝都 ── ポトシ

*4*
レドゥクシオン

*5*
王たちの都 ── リマ

*Column 7*
アントネッリ・ファミリー

古代アンデスの都市

　アンデス Andes は，南アメリカ大陸の西側に沿っておよそ北緯 10 度から南緯 50 度まで，幅 200 km～700 km，長さ 7,500 km にわたって連なる世界最長の山脈である．最高峰はアコンカグア Aconcagua (6,962 m)，世界最高峰の火山オホス・デル・サラド Ojos del Salado (6,893 m) をはじめ，6,000 m を越える火山が 50 以上聳える．この世界最大の褶曲山脈は，太平洋プレート，ナスカプレート，そして南米大陸のぶつかり合いで隆起してできたと考えられている．

　このアンデスに栄えたのが，古来アンデス文明であり，その絶頂に君臨したのがインカ帝国である．そしてそのインカ帝国を征服し，滅亡させたのがスペインである．スペイン植民地帝国のペルー副王領，その支配領域となった．今日，アンデス山脈はヴェネズエラ，コロンビア，エクアドル，ペルー，ボリビア，アルゼンチン，チリの 7 か国にまたがる．本章では，アンデス地域のスペイン植民都市を対象に，その都市構造と変遷を明らかにしたい．

# *1*　古代アンデスの都市

　中央アンデス地域に人類が居住しはじめたのは最終氷河期の末，1 万 1000 年前頃とされる．そして，紀元前 6000 年から 4000 年にかけて，農耕と牧畜が開始されたと考えられている．南アメリカ大陸での農耕の発生は，エクアドルの南海岸，半乾燥地のバルディビア遺跡，レアル・アルト，ローマ・アルタから，長円形の住居址とともにトウモロコシのプラントオパールが出土している[285]ことで確認できる．

　アンデスは，生態学的に，海岸沿いの乾燥した砂漠地帯としてのコスタ，そして山岳地帯シエラ，さらにアマゾン源流部の熱帯雲霧林モンターニャに大きく分けられるが，古来，集落が形成されてきたのはコスタである．乾燥地帯とはいえ，アンデス山脈の西斜面を流れる河川沿いに緑地帯ローマス（オアシス）が形成され，採集狩猟生活を支えてきた．海抜 500 m から 2,300 m はユンガと呼ばれるが，河岸平野は限られるため階段畑が発達する．階段畑耕作は，シエラに入って 2,300 m を超えたケチュアと呼ばれる領域でも，スニ (3,500 m～4,000 m) およびプナ (4,000 m～4,800 m) と呼ばれる高地でも行われた．古代アンデス文明は，主としてケチュアとユンガで発達した．

　紀元前 3000 年頃にアンデスに大きな変化が現れ，神殿建設が開始される．アンデ

---

285)「第 8 章　アメリカ大陸における初期農耕」(P・ベルウッド (2008))．

365

# 第 V 章

## アンデス（ペルー副王領）

図 V-1-1　古代アンデスの都市
梅谷敬三作図

ス考古学では，従来，紀元前1800年頃に農耕定住，土器制作の開始とともに神殿建設もはじまったと考えられてきたが，コトシュ遺跡で発見された「交差した手の神殿」が紀元前2500年に遡り，その後も神殿の発見が相次ぐことから，編年をみなおす動きがある（大貫良夫・加藤泰建・関雄二編 (2010)）．

ただし，都市の発生となるとはるかに遅く，紀元2世紀のモチェMoche以降と考えられている．もちろん，宗教的中心としての神殿の発生を都市の起源と考えれば，以上のように紀元前に遡るが，居住区域の遺構がみられず，神殿が孤立的に建設されてきたのがアンデスである．そうした意味では，紀元8世紀のワリを最初の都市遺構とみなす見方もある．ただ，日干煉瓦の遺構は残らないということもあり，古代アンデスにおける都市の発生については不明の点が多い（図 V-1-1）．

## 1-1　モチェ

モチェは，ペルー北海岸のモチェとチカマChicama両河谷地帯を中心に紀元2世紀から8世紀にかけて栄えた．「鐙型注口土器」と呼ばれる独特の陶器で知られる．

モチェの小河川の河谷一帯には夥しい数の住居址が発見されている．ただ，日干煉瓦の建物はほとんど残っていない．コスタでは灌漑技術の発達に従って，水源から水の引ける土地は順次耕地として開発されてきたと考えられる．水路は石を敷き詰めたものが多く，流量のコントロールのために水門も設けられている．

住居集落は，狩野 (1990) によると，以下のようないくつかのタイプがある．

図 V-1-2　パンパ・グランデ

狩野千秋（1990）

①不規則型集落：直径 20 m から 70 m 程度で，数室の住居から 100 室以上ある大型建物まで，住宅の規模に違いがある．
②規則型集落：数十～百メートル四方の範囲に中庭を囲んで大小の部屋が整然と並ぶ．多くはみられない．
③独立型大家屋：集落の近くに，分離した形で存在する．複数の大型家屋がまとまる場合もある．
④周壁を持つ集落：矩形の周壁に囲まれた中に，中煮を囲んだ部屋が配置される．集落の幅は数十～百メートル．
⑤邸宅：堅固な壁に囲まれている．直径 20 m 程度，高さ 3 m 程度のものから 200 m，高さ 7 m に及ぶ巨大なものまである．大半のものには内側に建物がなく，集会施設とも考えられる．

以上のように，集落といっても，小規模な共同住宅が散在する形である．

神殿，宮殿として，トルヒージョ近郊のワカ・デル・ルナ Huaca de la luna（月の神殿），ワカ・デル・ソル Huaca del sol（太陽の神殿）が知られる．日干煉瓦で建造され，前者は基底部約 95 m × 85 m，高さ 21 m のピラミッドで頂部に多彩色の壁画を持つ宮殿が建てられていた．後者は基底部 342 m × 159 m，高さ 40 m の上に 5 層の階段状ピラミッドがつくられている．2 つの神殿は約 500 m の間隔で向かい合っている．ピラミッド状の建造物は他にもあり，また，海岸から 3 km 程度離れた小高い地点に要塞が数多く築かれている．

モチェは紀元 550～650 年に衰退期を迎える．535～6 年頃には，エルニーニョ現象による洪水に見舞われたと考えられている．なお，この時期の都市として知られるのがランバイェケのパンパ・グランデ（図 V-1-2）である．海岸から 6 km ほど内陸，農地と灌漑水路の要衝に位置する．中央部に 600m × 400 m という巨大な壁に囲まれたワカ・フォルタレーサ Huaca Fortaleza と呼ばれる基底部 275 m × 180 m，高さ 55 m の大ピラミッドがあり，基壇の周辺には銅器や織物を製作する工房が並ぶなど，周辺に住居が密集する．

### 1-2　ナスカ

ナスカの地上絵は著名であるが，その住居，集落，都市の形態は必ずしも明らかでない．地上絵は紀元前 400 年～紀元 800 年に描かれたとされるが，集落遺構が確認されるのは紀元 200～800 年である．

最初期のナスカ川流域のカワチ Cahuachi 遺跡には 150ha ほどの範囲に大小 40 余りの基壇状建物が建ち並んでいる．最大のものは 47 m × 75 m，高さ 20 m ある．また，円錐形の日干煉瓦造の住居が出土している．時代は下るが，カワチ付近の砂漠の中に大径木の木杭の列柱が残っている．2 m 間隔で 20 本 × 12 列という長大な建物であるが，詳細は不明である．ナスカの人々も，砂漠の下に切石や角材で造られたトンネルを掘って所々に清掃や修理のための穴を設けた，幾筋もの水路を引いて砂地を耕作地に変える技術を発達させている．イカ川流域，ピスコ川流域には，神殿を持つ大規模な集落址がみつかっている．

後代になると，ナスカの中心はナスカ台地に移る．東西 20 km，南北 15 km にも及ぶ広大な乾燥台地に 1,000 を超える地上絵が残されている．大きな謎であるが，夏至と冬至に太陽が日没する方向に一致するものがあることから天体観測，あるいは暦法に関わるという説，先端の多くがナスカ台地周辺の山に向かっていることから山への信仰を示すという説，あるいは山から流れる水系を象徴するという説，さらに雨乞いの儀礼の道だという説などがある．

古代アンデスの都市

興味深く想起されるのは，インカの首都クスコが一定の地点からの放射状の線をもとにして計画されていることである．

## 1-3　ティワナク

ティワナク Tiwanaku (Tiahuanaco)[286] 遺跡[287]はティティカカ湖畔，南東約 20 km，海抜 3,845 m の高地に位置する．紀元前のいわゆる「形成期」と呼ばれる時代から，ティティカカ盆地の湿地帯に盛土して水路をめぐらす，アイマラ語でスカ・コリュ suka kollus (ケチュア語でワル・ワル) といった「盛り畑」農耕や，灌漑池・階段畑による農業を基盤として定住が行われてきたと考えられるが，神殿が建設開始されたのは紀元 300～500 年で，最盛期は 500～1000 年と想定されている．

ティワナクはひとつの宗教センターであって都市ではないという見解がこれまで一般的であった．たしかにティワナクからの移民が想定される飛び地 (モケグワ) が存在し，ティワナク関連遺物の分布が中央～南アンデスにおいて幅広く確認されているけれども，ティワナク社会は，中央集権的官僚的な権力によって広大な領域を，面として恒常的に支配するような性格を持った社会ではなかったという見方が強調されてきた．しかし，近年の発掘調査によって，遺跡の周辺にかなりの住居址が発見され，都市的集住状況を呈していたことがわかってきている．

遺跡の中心部の面積は 4.2 km$^2$，遺跡中心部におけるかつての人口は 1 万 500 人～5 万人程度[288]と想定されている．周囲には巨大な堀がめぐり，建造物の集中する区域とその外部とを隔てていたこともわかってきた．都市全体は，ほぼ方位軸に沿う東西南北の大通りを中心に形成され，それらを基準にピラミッド状基壇，神殿，宮殿などが配置されるが，計画の基本原理は明らかでない．1970 年代に行われた復元は，強引で間違っていることが指摘されている．

建造物はティワナク産地で採れる砂岩を主な素材としている．遺跡で最も目を引くのが，アカパナと呼ばれる 7 段の階段状ピラミッドで，基底部 197 m×257 m，高さ 16.5 m ほどの規模を有している．階段は東側につけられ，東に向かって凸形をしている．中央頂部には植民地時代に盗掘されたと考えられる巨大な穴が開けられている．アパカナにほぼ接して，その北西にカラカササヤ Kalakasasaya と呼ばれる，約 130 m×120 m の長方形をした基壇構造物がある．現在の復元は全く誤っており，こ

---

[286]　アイマラ Aymara 語の taypiqala (Taypi Kala)（「石の中心 (宇宙の中心石)」に由来するという説がある．

[287]　ティワナク遺跡については，コンキスタドールで年代記作家，ペドロ・シエサ・デ・レオン Pedro Cieza de León が 1549 年に訪れたことを記している．

[288]　Ponce Sanginés, Carlos (1972) 'Tiwanaku: espacio, tiempo y cultura', Academia Nacional de Ciencias de Bolivia, Publicación 30, La Paz.

こには半地下式の神殿が埋もれていたことが明らかになっている．その東側に幅 6 m の巨岩でつくった階段があり，基壇上西隅には安山岩の一枚岩を繰り抜いた「太陽の門」がある．カラカササヤの東，アサパラの北には，中央部が 1 段低い半地下式構造になった，26 m×28 m，深さ 1.7 m の広場がある．これが神殿と考えられる．カラカササヤの西には「石棺の宮殿」と呼ばれる区域がある．また，主要建物群の南西 1 km あまりの地点に，プマプンクと呼ばれるアカパナと似た基壇構築物がある．基底部は 167 m×117 m，高さは約 5 m である．アカパナとは逆に西側を向いており，基壇上には半地下式広場を持つ．「月の門」他複数の門があった．

このティワナクの各所に残されている石彫りの図像については渡部（2010）が詳細な分析を加えている．

## 1-4　ワリ

モチェが衰退するとアヤクチョ Ayacucho 河谷を中心にワリ Huari（Wari）が台頭する[289]．かつてのナスカの領域を含み，ティワナクと勢力を分け合う形になる．ティワナクとの境界は，おおよそモケグワあたりであったといわれている．実際モケグワには，ワリの地方遺跡であるセロ・バウルと，ティワナク政体の飛び地であるオモ遺跡群が併存している．なお，アンデス考古学では，紀元 700～1000 年をワリ期としている[290]．

その中心都市ワリは，アヤクチョの北東 11 km に位置する．ワリ遺跡の周辺のチクラヨ Chiclayo や，モケグア Moquegua のセロ・バウル Cerro Baul で近年遺構が発見されている．また，ピキジャクタ Pikillaqta の遺跡もよく知られている．ワリはティワナクより集権的であり，各地の行政が中心となって周辺の農村を組織したと考えられる．階段状畑を開拓し，道路網も整備している．

中庭式住居が連続する居住形式は，考古学で「直行する細胞建築」と呼ぶが，外周壁で囲われた広大な空間に中庭型建物が密集する形式がワリの特徴である．中には 2

---

[289]　かつてはワリの進入がモチェ政体の衰退をうながしたと議論されていたが，現在ではこの説を否定する研究者が多い．

[290]　ワリ遺跡については以下の文献がある．Isbell, William H. (1991) "Huari Administrative Structure: Prehistoric Monumental Architecture and State Government", Dumbarton Oaks Research Library and Collection, McEwan, Gordon F (2005) "Pikillacta: The Wari Empire in Cuzco", University Of Iowa Press, Menzel, Dorothy (1968) "La cultura Huari, The series of Las grandes civilizaciones del Antiguo Peru.", Peruano Suiza, Lima. Schreiber, Katharina J. (1992) "Wari Imperialism in Middle Horizon Peru", Anthropological Papers, Univ. of Michigan Museum, Wendell C. Bennett (1953) "Excavations at Wari", Ayachucho, Peru, Gordon F. McEwan (1987) "The Middle Horizon in the Valley of Cuzco, Peru: The Impact of the Wari Occupation of the Lucre Basin", William H. Isbell and. Gordon F. McEwan, eds. (1991) "Huari Administrative Structure: Prehistoric Monumental Architecture and State Government".

階建ての建物や地下を持つ建物があり，高度な都市的集住形式を発達させている．しばしばアンデスにおける都市がワリにはじまるとされるのは，この点による．

## 1-5　チムー

　ワリが衰退すると再び地方ごとに国家が形成され，覇を競う時代となるが，その代表が北海岸のシカン Sicán（ランバイェケ）やチムー Chimú である．シカン[291]はモチェの末裔と考えられ，750年～1350年頃にかけて栄えた．都市形成は早く，800年頃，ラ・レチェ渓谷のバタン・グランデ Batán Grande にポマ Poma という都市が作られている．1100年頃，バタン・グランデの地は放棄され，新たな中心地はトゥクメに移る．30年以上続いた旱魃のせいとされている．そして，1375年頃，チムー王国によって征服された．

　チムーは，850年頃から，1470年にインカに征服されるまで存在した．首都はチャン・チャン Chan Chan（ムクチ語表記 Jang-Jang）である．やはりモチェの流れを引き，ワリ文化の影響を大きく受けている．

　トルヒージョ近郊にあるチャン・チャン遺跡[292]は，南米最大の都市遺構とされ，全体は約 20 km² の範囲に及ぶ（図V-1-3）．都市核となる地区に限っても，6 km² の広さを誇っている[293]．3万人が居住したと推定されている．都市核の周囲には，広大な耕作地のためにモチェ川から水を引く運河が張りめぐらされている[294]．

　都市核は，高さ 9～15 m，厚さ 1 m の巨大な周壁で囲われた10の区画を中心に構成されている．スペイン語でシウダデーラ（城砦）と呼ばれる各区画は王宮と考えられ，神殿，宮殿，謁見の間（アウディエンシア），広場，王墓，住居，貯水池，倉庫，耕作地，灌漑水路などからなっている．シウダデーラ群は大きく2つに分かれ，南北2つの広場を囲む形で配置されている．

　また，シウダデーラ以外に居住区があり，大きくは貴族階層と一般庶民層の2つの階層ごとに異なった区画が形成されている（図V-1-4, 5）．小区画が，広場や中庭などとともにいくつかの建物から構成されるのは王宮と基本的に同じである．一般庶民の居住区には多くの工房が存在し，職人層が数多く居住していたと考えられている．数メートル角の部屋が密集するかたちをとる．小部屋を中庭の周りにコの字形に配置する建物（U字形建物）が数多くみられるのが特徴である．こうした都市核の構成は，

---

291)　「月の神殿」を意味するという．
292)　フランシスコ・ピサロによって発見された．
293)　Moore, J. D. (2005) "Cultural Landscapes in the Ancient Andes", Gainesville, University Press of Florida.
294)　運河網が整備される以前は 15 m 程の深さの井戸によって灌漑が行われていた．

第 V 章
アンデス（ペルー副王領）

図 V-1-3　チャン・チャンの都市核

図 V-1-4　チャン・チャン　リベロ区

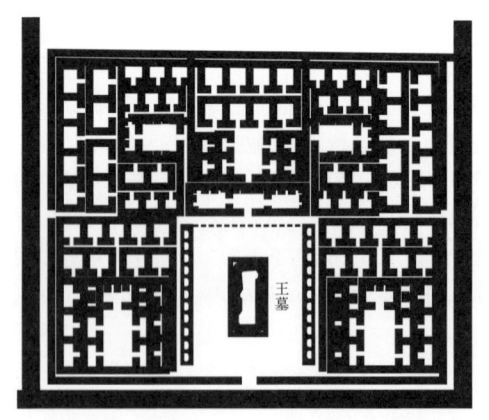

図 V-1-5　チャン・チャン　ウーレ地区

狩野千秋（1990）

ワリの発展型とみなすことができるだろう．

　チャン・チャンの10の王宮，シウダデーラの建設時期については，南の広場を南東から反時計回りに建設され，続いて北側に同じように建設されていったことがわかっている．各シウダデーラの建物の構成についての比較も行われており，中央西のラベリントと呼ばれる区画（1000〜1150）は王宮ではない，したがって王宮は9つと考えられている．チャン・チャンの都市設計については狩野（1990）に詳しい．

　チムー王国の版図は，最盛期には，北はツンベスから南はチョン河谷までおよそ1,300 kmに及ぶ．チャン・チャンはそのほぼ中央に位置する．チムー王国には，セク，オルモス，ムチク，キングナムという少なくとも4つの言語集団が含まれており，マンチャン，ファルファンといった各地に，地方拠点が置かれていたことがわかっている．このシウダデーラ型の区画構成は地方都市でもみられる．

　高い周壁は強い南西風を避けるためと考えられる．北側には周壁を持たず日差しを得る配慮もみえる．日干煉瓦で建造されるが，部屋の間仕切は風通しを考慮して，空隙をつくり網目状に積まれている．

## *2* インカ帝国の聖都 ── クスコ

### 2-1　インカ帝国の都市

　先スペイン期あるいは先コロンビア期の最後にアンデスを統治したのがインカである．インカの築き上げた政治体制はスペイン人によって「インカ帝国」と呼ばれる．インカは，もともとクスコ（ケチュア語：Qusqu', Qosqo）周辺を拠点とする集団で，12世紀頃部族として成立，クスコに小規模の都市国家（クスコ王国）を築いたとされる．「インカ」という語は，ケチュア語でインティ（太陽）の子という意味で，本来は王の名称を指すが，スペイン人によって民族名，帝国名として用いられるようになった．

　ケチュア族は自らをタワンティン・スーユ Tawantin Tahuantinsuyo と呼んだ．「タワンティン」は「4」，「スーユ」とは，州，地方，クニ（国）を意味する．「4つのクニ（スーユ）」とは，クスコの北，旧チムー王国領やエクアドルを含む北海岸地方のチンチャ・スーユ Chinchasuyu（北西），クスコの南，ティティカカ湖周辺，ボリビア，チリ，アルゼンチンの一部を含むコジャ・スーユ Collasuyu（南東），クスコの東，アマゾン川へ向かって下るアンデス山脈東側斜面のアンティ・スーユ Antisuyu（北東），クスコの西側へ広がる太平洋岸までの地域のクンティ・スーユ Contisuyu（南西）の4

# 第 V 章

## アンデス（ペルー副王領）

つを指す．

スペイン征服後にクロニスタ Cronista[295] によってまとめられた歴史（伝説）によれば，ピサロが 1532 年に捕虜にし，処刑したインカ王アタワルパ，そのアタワルパが殺害した王ワスカル以前に，初代のマンコ・カパック以下 12 代の王が王朝を継承してきたとされる．植民地時代においては，インカ王の末裔であることを認められた 12 の王家パナカが，各王家から 2 名の代表を出して「24 選挙人会」という団体を構成し，貴族としての集団性を誇示してきた，という事実がある．インカは文字を持たなかった．記憶の媒体としてキープ quipu と呼ばれる縒り糸，紐が用いられてきただけである．したがって，この王統については，様々な疑義が呈されている．

伝説によれば，インカ発祥の地は，クスコ南方のパカリクタンプ Pacaric Tampu の洞窟タンプ・トコだとされる．実際には，マウカリャクタとプマウルクの遺跡がその地に比定されるが，初代マンコ・カパックがその洞窟から出現して王都クスコを築いたのが，1250 年頃のことである．これもまた考古学的には確定されず，その発祥を 1000 年頃に遡らせる見方もある．少なくとも，インカがチムーなどアンデス各地に大小様々な諸族が割拠するアンデス全域に向けて拡大を開始したのが 15 世紀初頭であることは確実視されている．実在が確実視される第 9 代パチャクティがティティカカ湖地方の征服をはじめたのが 1445 年とされているのである．

インカが 4 つのスーユへ向けて道路網を築き，見事な駅伝制度を構築していたことはよく知られている．道路は，北部のキトからチリ中部のタルカにいたるまで 5,230 km に及ぶが，1 トポ（約 7 km）ごとに里程が置かれ，約 19 km ごとにタンボ tambo（宿駅）がつくられた．チャスキ（飛脚）が約 8 km ごとに設置され，1 日当たり約 240 km もリレー連絡することができた．

インカ帝国の聖都クスコの空間構成についてみてみよう．首都クスコの郊外には地方の領主や首長，その家臣の住居があり，インカ時代の遺構として残っているが，クスコ市内と同様，タワンティン・スーユの 4 つの区画に分けられていた．要塞や見張り台なども随所につくられていた．ウルバンバ Urbamba 川流域に，ピサック Pisac，オジャンタイ・タンボ Ollantay Tambo といった都市遺構があるが，最も著名なのが，

---

[295] 征服の実録としては，まず，ペドロ・ピサロの『ペルー王国の発見と征服 Relación del descubrimiento y conquista de reinos del Perú』（1570〜71）がある．これにオカンポ Baltazar de Ocampo の『ビルカバンバ地方についての記録 Descripción de la provincial de San Francisco de la Victoria de Vilcabamba』とアリアーガ Pablo José de Arriaga の『ピルーにおける偶像崇拝の根絶 Extirpación de la idolatría del Perú』を合わせたものを，『ペデロ・ピサロ・オカンポ・アリアーガ　ペルー王国史』（岩波書店，1984 年）として日本語で読むことができる．征服後の記録として著名なのが，シエサ・デ・レオン Cieza de León の『インカ帝国史 El Señorío de los Incas』（岩波書店，1979 年）である．その他，ホセ・デ・アコスタ José de Acista の『新大陸の自然文化史 Historia natural moral de las Indias』，ベルナベ・コベ Bernabé Cobo の『新大陸の歴史 Historia del Nuevo Mundo』など，イエズス会を中心とする神父たちの記録がある．

1983年，クスコとともに世界文化遺産に登録された山岳都市マチュ・ピチュMachu Pichuである．

マチュ・ピチュがアメリカの探検家ハイラム・ビンガム Hiram Bingham（1875～1956）によって発見されたのは，なんと1911年のことである[296]．スペイン人によって追い詰められたインカ最後の砦ではないかとも考えられたが，そういう記録はない．スペイン人が全く知らなかったことは驚くべきことであるが，実際，それほど人跡が及ばない立地にあった．標高は海抜2,400 m，渓谷から600 m上がった花崗岩の山頂部を切り開いてつくられている．マチュ・ピチュとは「古い峰」を意味し，北側にはさらに険しいワイナ・ピチュHuayna Piccu「若い峰」が聳えている．

インカの王パチャクティPachacutiの時代，1440年頃に建設が開始され，スペイン人により征服されるまでの約80年間存続していたと考えられている．40 haほどの敷地に神殿，王宮，邸宅，倉庫など200棟ほどがびっしりと建ち並んでいる．そして周囲の丘には段々畑がつくられ，灌漑設備も完備していた．

町（図V-2-1）は，南の城門から入るとほぼ南北の軸に沿って構成され，中央の広場の西側には円形の大塔，王陵，宮殿，神殿，祭壇，インティワタナ Inti Huatana（太陽の石）などが並び，東側は一般の居住地区となっている．円形の大塔は，クスコのコリカンチャ（太陽の神殿）を模したかたちであるが，巨石は繰り抜かれて洞窟のようになっており，陵墓と考えられている．インティワタナとは「太陽を縛るもの」という意味で，最も高い聖所に角柱が建てられている．日時計として用いられていたと考えられる．実際に太陽の神殿には，東側の壁が2つ作られていて，左の窓から日が差し込む時は冬至，右の窓から日が差し込む時は夏至と区別できるようになっている．

円形の大塔の横には「女王の宮殿」と呼ばれる2階建ての建物があり，その北側には「水道街」と呼ばれる石段の坂道があり，その北には「皇帝の宮殿」がある．一番高いところに「水番人の小屋」があり，尾根伝いに石樋によって水が引かれている．「水道街」とは石の階段に沿って水が引かれているところから名づけられたものである．17か所に水汲み場が確認されている．

マチュ・ピチュは，要塞都市というより，太陽観測を中心として暦を司る祭祀都市であり，インカの王族や貴族のための避暑地として，冬の都（離宮）あるいは田舎の別荘といった性格の都市であったと考えられており，最大でも約750名の住民しか居住していなかったとされる．

ハイラム・ビンガムはマチュ・ピチュを，スペインの侵略に対して最後まで抵抗した砦ビルカバンバ Vilcabambaだと思い込んでいた．それに対して1977年，エスピリ

---

[296] ビンガムは1915年までに3回の発掘を行っている．その解説『失われたインカの都市』（1913）で脚光を浴びる．イェール大学の教職を辞したのち，コネチカット州の副知事，知事を経て上院議員になった．

第 V 章
アンデス（ペルー副王領）

図 V-2-1　マチュ・ピチュ

Laurencich Minelli (1992)

トゥ・パンパ（インカの魂が宿る平原）をビルカバンバに比定したのが，狩野千秋を団長とする日本の調査団である．標高は 1,400 m ほどであるが，クスコからは 4,000 m 級の山をいくつも越えていかなければならない要崖の地にある．遺跡の大きさは，長さ 10 km，幅 5 km に及ぶという．狩野（1990）に簡単な記述があるが，詳細はわかっていない．

## 2-2　インカ帝国の征服と都市建設

パナマ地峡が基地となり，アンデス高地の征服が開始される．その指揮をとったのがフランシスコ・ピサロであり，ディエゴ・デ・アルマグロやエルナンド・デ・ルク

らが同行した．

　フランシスコ・ピサロは，1502年のニコラス・デ・オヴァンド総督の着任航海でイスパニョーラ島へ渡る．そして，1513年にバルボアのパナマ遠征に同行し，太平洋に到達している．

　第Ⅰ章で触れたように，太平洋の発見者として知られるヴァスコ・ヌニェス・デ・バルボアが，このアメリカ大陸最初の植民都市パナマにたどり着くのは，ニクエサが建設を開始したばかりの1510年である．バルボアは1505年にイスパニョーラ島に耕作者・養豚家として入植するが，経営に失敗し，債権者から逃れるように向かった先がヌエヴァ・アンダルシアであった．インディオの酋長から南方にある黄金の産出地の情報を得たバルボアは，1513年9月に180人の隊を組織して探索を開始，パナマ地峡を横断し，9月25日に隊は海に到達した．バルボアはこの海を「南の海（マル・デル・スール）」と命名する．この時の部下の1人がフランシスコ・ピサロであった．

　太平洋を発見したバルボアは，フェルナンドⅡ世に大規模な船団派遣を要請するが，国王の方はその指導力を疑い，ダリエン総督の任を解いている．代わりに初代パナマ総督として送ったのが，ペドラリアス・ダヴィラである．ペドラリアス・ダヴィラは，セゴビア生まれのコンヴェルソ（改宗ユダヤ人）で，北アフリカおよびグラナダでのイスラームとの戦いに従軍した経験を持つ長老である．19隻，1,500人の遠征隊を率いてサンタ・マルタ（コロンビア）に到達した1514年，すでに74歳であった．この船団には，インカ帝国征服の母胎となるディエゴ・デ・アルマグロなど上述のペルー征服の立役者たちが含まれていた（図V-2-2）．

　ダリエンに赴いたペドラリアス・ダヴィラは，バルボアとの対立を深め，結局は反逆罪でバルボアを処刑してしまう（1519）．その後パナマを建設し，1524年には拠点を移している（図V-2-3）．バルボアも略奪や虐殺の残虐行為の悪名が知られる人物であるが，ペドラリアス・ダヴィラもまた，インディオを大量に奴隷とし虐殺したコンキスタドールの象徴として，ラス・カサスの激しい非難の対象となった人物である．ダリエンを放棄したペドラリアス・ダヴィラは，ギル・ゴンザレス・ダヴィラやフランシスコ・エルナンデス・デ・コルドバに北方探索を命じるが，1526年には，ペドロ・デ・ロス・リオス Pedro de los Ríos にパナマ総督の地位を奪われ引退し，死ぬまでレオン（ニカラグア）に住んだ．

　フランシスコ・ピサロは，ペドラリアス・ダヴィラの下でパナマ市の市長 Alcalde（1519〜23）に任命される．その時，ペルーのインカ帝国の存在を知り[297]，南アメリカ

---

297）南アメリカへの最初の探検はパスカル・デ・アンダゴヤ Pascual de Andagoya によって1522年に行われ，ピル Pirú と呼ばれる川沿いに黄金豊かなヴィルという地域があるという情報を得る（Garcilaso de la Vega (1609)）．アンダゴヤ自身はエクアドルとコロンビアの境界まで達するものの，病にかかってパナマに戻り，エル・ドラド伝説を流布させることになる．

## 第 V 章

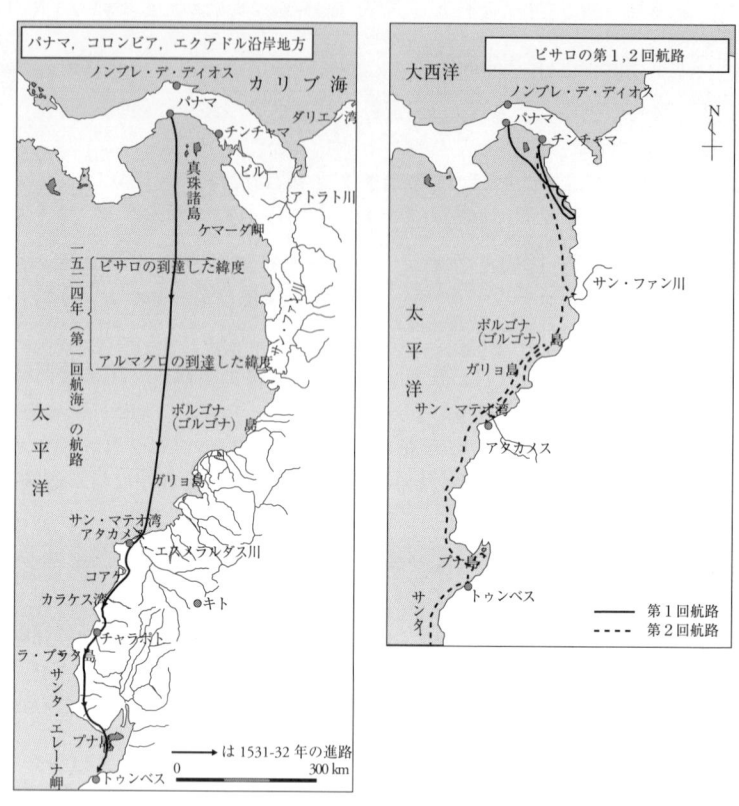

アンデス（ペルー副王領）

図 V-2-2　ピサロの航海
ペドロ・ピサロ，オカンポ，アリアーガ（1984）をもとに梅谷敬三作図

征服に向かうことになった[298]．

インカ帝国については，1524 年，1526 年と，まず 2 回の探索[299]が行われた．この探索によって，アンデスにインディオの巨大な社会が存在していることを確信したピ

---

[298] インカ帝国征服については，1534 年に出された，1 人の無名コンキスタドールによる『ペルー征服記』とフランシスコ・デ・ヘレスによる『ペルーおよびクスコ地方征服実録』（『アコスタ新大陸自然文化史　下』所収）がある．

[299] 第 1 回は，80 名，40 頭の馬と共に西海岸を船で南下したが，天候と食糧不足，インディオの抵抗で失敗に帰す．第 2 回は，新しい総督ペドロ・デ・ロス・リオス Pedro de los Ríos の許可を得て，参加者は 160 名を数えた．水先案内人バルトロメ・ルイス Bartolomé Ruiz は赤道を越えて南下，インディオたちが金，銀，テキスタイルなどを所有していることを確認した．ただ，上陸することはできなかった．さらに南下をこころみようとするピサロに対して，パナマへの帰還を求める総督とで議論がなされるが，ピサロに従って南下を決意したのがいわゆる「著名な 13 人 "Los trece de la fama"」である．パナマから取って返すアルマグロ，ルケとともにトゥンベス Tumbes に達したのは 1528 年 4 月であった．

インカ帝国の聖都

図 V-2-3　パナマ　1673 年

AGI, MP-Panamá, 84

　サロは，1528 年にスペインに戻り，カルロス I 世からペルー支配の許可を得て，1530 年に兄弟のフアン・ピサロ，エルナンド・ピサロ，ゴンサロ・ピサロ，従兄弟のペドロ・ピサロらとともにパナマに戻ってくる．そして，1530 年 12 月 27 日，約 180 人の手勢と 37 頭の馬を引き連れて，ペルーへの侵入を開始した[300]．

　フランシスコ・ピサロ率いる 200 人ほどの一団（第 3 次遠征）は，3 隻の船で，1531 年初頭にペルーに到達する[301]．ペドロ・ピサロ『ピルー王国の発見と征服』によると，およそ以下のような経路をとってインカ帝国を征服し，植民拠点を築いていくことになる[302]．

　パナマを出航，まず，コアケと呼ばれる町を襲う．戦利品をパナマに送り，数か月の滞在ののち，増援の船を待って出航．トゥンベスに向かって近くのプナ島に上陸する．インカに組み込まれていなかった島民は，当初ピサロの一行を歓迎したとされる．しかし，滞在が長引くにつれて様々な軋轢が生じてくる．住民が逃亡したトゥンベスに上陸，インカについての情報を得る．1532 年 5 月トゥンベスを出発，タンガララー

---

[300) ピサロのインカ帝国征服の過程は，1524 年 11 月から 1554 年 10 月までの 30 年間を扱い，1571 年に脱稿したペドロ・ピサロ『ピルー王国の発見と征服』などによってうかがうことができる（註 303 参照）．ペドロ・ピサロはフランシスコ・ピサロの従弟．父マルティン・ピサロはゴンサール・ピサロの兄弟である．ペドロ・ピサロは,常にフランシスコ・ピサロの傍らにあり，エルナンド，フアン，ゴンサロとは近い関係にあった．

301) クロニスタによるクロニカについては染田（1998）がある．

302) 山瀬（2007）は，諸クロニカを利用しながらフランシスコ・ピサロの軌跡からインカ帝国の崩壊（1572 年）までを再構成している．

379

## 第V章
### アンデス（ペルー副王領）

へ向かい，そこにサン・ミゲル・デ・ビウラを建設する．ペルー最初のスペイン人町である．サン・ミゲルを拠点として守備隊の隊長を務めたのはセバスチャン・ベナルカサールである．彼は，黄金を目当てに南下してくるスペイン人たちをその部隊に吸収していく．

タンガラーでサン・ミゲルの建設とレパルティミエントを済ますとカハマルカ（図V-2-4）に向けて進軍（9月），インカ皇帝アタワルパを捕虜にする（11月）．身代金として，莫大な金銀を受け取るが，アタワルパが存在するかぎり先住民が彼をリーダーに担いで反乱を起こす可能性があると判断し，1533年7月26日に処刑する．カハマルカ滞在中にアルマグロが到着する（1533年4月）．

そして，8月11日，ピサロ軍はカハマルカを出発，11月15日，2万のインカ軍を敗走させ，クスコに無血入城，インカ帝国は滅亡へ向かうことになった．クスコ市の設立が宣言されるのは1534年3月23日である．ピサロは，クスコをエルナンド・デ・ソトに委ね，インカ軍の反抗をおさえるべく，新拠点建設のためにハウハに向かい，レパルティミエントを行っている．

ピサロがインカ帝国を征服し，莫大な黄金を手に入れたという情報はヌエヴァ・エスパーニャに伝えられ，多くのスペイン人がペルーへ向かうことになる．コルテスとともにアステカ王国を征服したペドロ・デ・アルヴァラドもその1人である．グアテマラから南下してきたペドロ・デ・アルヴァラドに対して，アルマグロはいち早くキトに向かい，先有権を認めさせている．すなわち，ディエゴ・デ・アルマグロはサンティアゴ・デ・キト（図V-2-5）の建設者ということになる．1534年，204名とともに居住を開始し，すぐに，最初のカトリック教会エル・ベレン El Belén を建て，翌年にはサン・フランシスコ修道院を建設した．キト市設立が宣言されるのは1541年であり，1545年にキト教区が設けられている．1556年にサン・フランシスコ・デ・キトと改名，1563年にキトはアウディエンシアとなり，リマを首都とするペルー副王領に組み入れられた．コンキスタドールたちがアマゾン各地などに出陣する拠点として栄えた．

ハウハを拠点としてインディオたちを制圧したピサロは新首都としてリマ市を建設することを決断する（1535年6月）．彼らは，リマ市を「ラ・シウダード・ロス・レイス（王たちの都）」と呼んだ．リマにはペルー副王領の首都が置かれ，大きく発展していくことになる．ピサロは同年，リマ建設と平行して，さらにトルヒージョ（図V-2-6）を建設している．

ピサロは，クスコを一旦エルナンド・デ・ソトに委ねた後，すぐさまその副官の役割を身内のフアン・ピサロに交替させる．キトからクスコへ帰還したアルマグロにその役は委ねられるのであるが，その役は再度フアン・ピサロに代えられる．パナマ以来のピサロとアルマグロの主導権争いは次第に激しさを増し，支配地，特にクスコの

2

インカ帝国の聖都

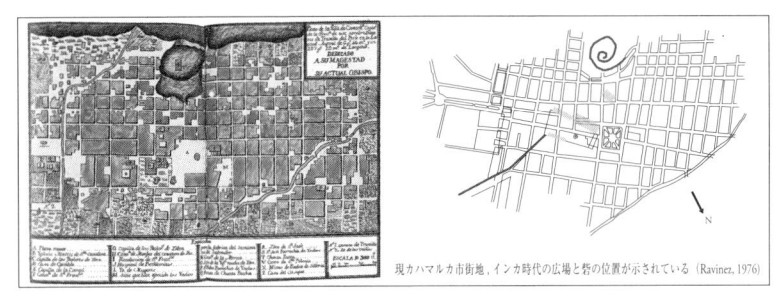

図 V-2-4　カハマルカ

現カハマルカ市市街地．インカ時代の広場と砦の位置が示されている（Ravinez, 1976）

Biblioteca del Palacio Real, 112, Tl

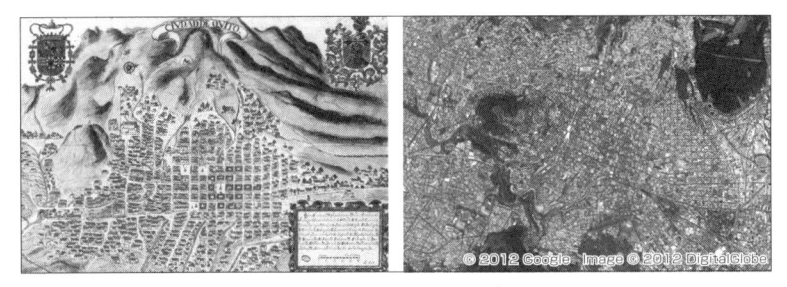

図 V-2-5　キト　1743 年

AGI, MP-Panamá, 134

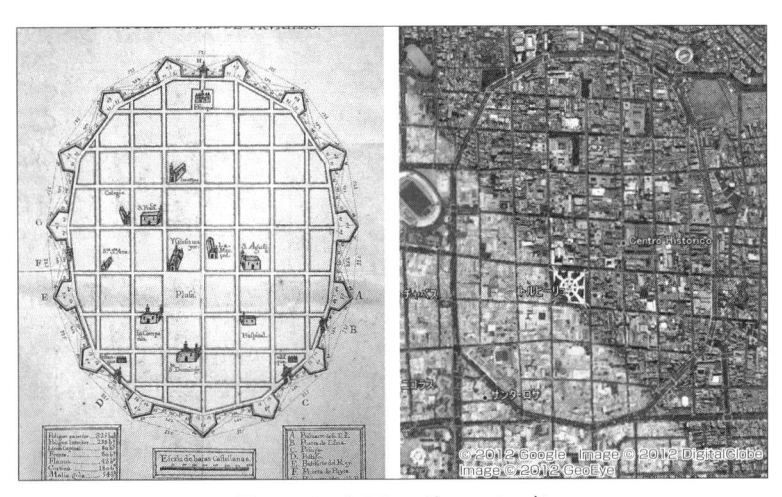

図 V-2-6　トルヒージョ　1687 年

AGI, MP-Perú Chile, 14, 39

381

## 第 V 章

### アンデス(ペルー副王領)

　領有権をめぐってピサロとアルマグロは決定的に対立することとなった．フアン・ピサロがクスコの総督代理となったのち，アルマグロは新たな王国を求めてチリに赴く(1535年7月)．その間にマンコ・インカが蜂起した．探索に見切りをつけてチリから帰還したアルマグロは，その混乱に乗じてクスコを急襲，制圧し，エルナンド・ピサロとゴンサロ・ピサロを捕虜にする(1537年4月18日)．内戦状態はサリナスの決戦(1538年4月26日)で決着，ピサロが勝利し，アルマグロは処刑される(6月8日)．

　マンコ・インカは，ビルカバンバ地方を拠点として抵抗を続けることになる．フランシスコ・ピサロは，追討軍を派遣しながら，ラプラタ(チュキサカ)の町とアレキパを建設している．リマに戻ったピサロは，1541年6月26日にアルマグロの遺児一派(チリ党)に暗殺される．

　ペルー副王領が置かれるのは，このような混乱を経た1542年である．「インディアス新法」(1542)を実行すべく，カルロスⅠ世に任命された初代副王ブラスコ・ヌニェス・ベラ Blasco Núñez de Vela(在位1544〜46)がリマに到着したのは1544年のことである．

　「インディアス新法」は，ペルー征服によって一財産を得たエンコメンドーロにはすこぶる評判が悪く，ゴンサロ・ピサロは副王に反旗を翻す．ゴンサロ・ピサロは副王軍に敗北，処刑されている(1548)．フランシスコ・ピサロが殺害される以前，1539年にスペインに帰国していたエルナンド・ピサロは，アルマグロ処刑の責任を問われ国王によって幽閉されていた(1540)が，ゴンサロ・ピサロの死によって，ペルーとのつながりを失うことになる．しかしその後，スペインに渡ってきた兄ピサロの娘フランシスカ・ピサロと結婚(1552)し，その遺産を自らの管理下においたことはよく知られる．このインカ皇女の娘であったフランシスカ・ピサロの数奇な運命については，マリア・ロストウォロフスキ(2008)が明らかにするところである．

　ゴンサロ・ピサロの死後，ヌエヴァ・エスパーニャ初代副王を務めたアントニオ・デ・メンドーサが第3代ペルー副王として赴任(在位1551〜52)，先住民の使役を禁止すると，ドン・セバスチャン，そしてフランシスコ・フェルナンデスの反乱が起きる．ペドロ・ピサロ『ピルー王国の発見と征服』が記すのはここまでである．

　ペルー副王は，以降，ビルカバンバにたてこもったインカ軍に対して懐柔策をこころみるが成果は上がらなかった．その後，剛腕と呼ばれたフランシスコ・デ・トレド Francisco de Toledo(在位1569〜81)が赴任，インカ皇帝トパック・アマルを処刑(1572)し，ようやくインカ帝国は崩壊することになる．このインカ帝国の崩壊については，ワシュテル(2007)がインカ社会の構造を析出しながら論ずるところである．この間，チャルカス(1559)，キト(1563)，チリ(1563)にアウディエンシアが設置されたことは第Ⅰ章でみたとおりであるが，フランシスコ・デ・トレド赴任以前のペルー副王領は，以上のように極めて不安定な状況にあったといってよい．

## 2-3 インカ帝国の首都クスコ

　ピサロが1534年にスペイン植民都市として設立を宣言した時点のインカ帝国の聖都クスコの空間構成についてみよう．スペイン人は，クスコ占領の過程で，また，マンコ・インカとの度重なる戦闘の過程で，クスコを徹底して破壊したとされる．しかし，ハトゥン・ルミヨック通りやロレト通りなど，剃刀の刃も通さないといわれるインカ時代の石壁は現在もそこかしこに存在しており，それによってかつての街区割りを復元することができる（図V-2-7）．

　スペイン人によって破壊される以前のクスコについて残されている記録の中で最も詳しいのは，ピサロの秘書としてクスコ占領に加わったペドロ・サンチョの記録である[303]が，クスコの中心部の骨格が大きくは変わっていないことを理解することができる．

　クスコの平面形態は，しばしばプーマとの類似が指摘される．北西のサクサイワマン Sacsayhuaman の丘がプーマの頭，2つの川が合流するプマチュパン Pumachupan 地区が尻尾で，中心広場ハウカイパタ Huacaypata が腹部にあたる（図V-2-8）．

　古代アンデスでは，猫科動物であるプーマあるいはジャガーは聖獣とみなされ，神として崇拝されてきた．メソアメリカのオルメカにもみられるが，アンデスでは紀元前800年以前，プレ・チャビン期にその萌芽が認められる．トウモロコシ栽培にともなう定住生活に随伴する農耕儀礼と結びつくとされるが，その祭祀体系について必ずしも明らかにされているわけではない．しかし，プーマあるいはジャガーが神として，あるいは権力と支配のシンボルとして崇拝されてきたことははっきりしており[304]，ナスカの地上絵の例もあり，都市の形をプーマの形にしたという説は興味深い．IV章でみたテノチティトランでは，東西南北の方位と結びついたグリッド・システムによって全体計画がなされていたのであるが，クスコの場合，グリッド・システムで全体が覆われているわけではない．また，あらかじめプーマの形を前提にして設計がなされたという確証があるわけでもない．プーマ説は，後付けの解釈ないし説明と考えた方がよいと思われる．

　プーマ説の当否はともかく，クスコがインカの人々の一定のコスモロジーにもとづいて計画されていたことははっきりしている．クスコは，タワンティン・スーユ全土を縮小するミニチュアとみたてられ，アナン Hanan（上）クスコとウリン Urin（下）クスコの2つに，そしてさらに4つの地区，すなわちチンチャ・スーユ（北西），アンティ・スーユ（北東），コンティ・スーユ（南西），コラ・スーユ（南東）に分けられる

---

[303]　増田義郎「征服者の目に映じたクスコ」『ペドロ・ピサロ，オカンポ，アリアーガ　ペルー王国史』補注四．
[304]　「アンデスの猫神儀礼とシャーマニズム」，狩野（1990）

第 V 章
アンデス（ペルー副王領）

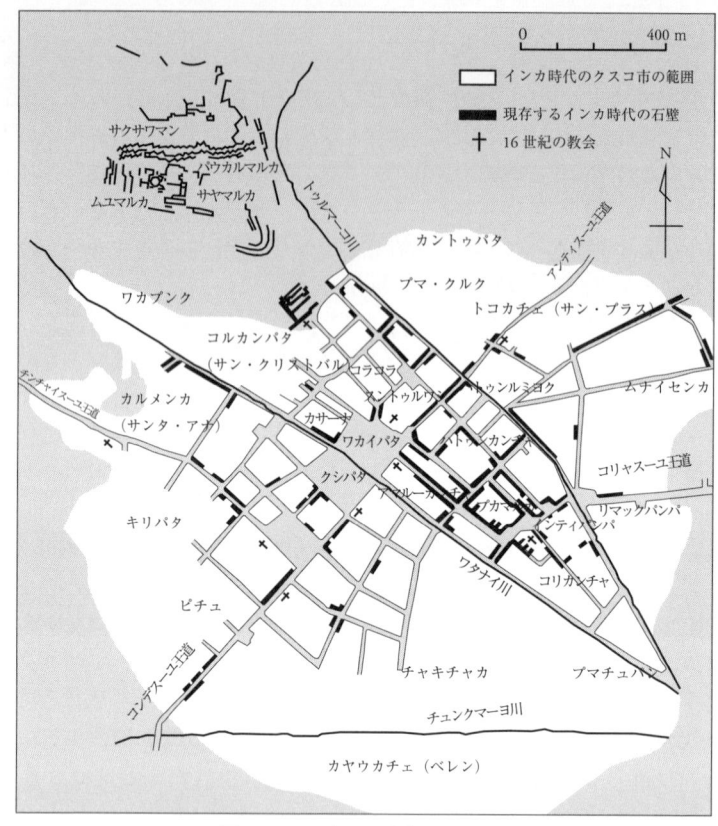

図 V-2-7　インカ時代のクスコ
ペドロ・ピサロ，オカンポ，アリアーガ（1984）をもとに梅谷敬三作図

図 V-2-8　クスコ　1643 年
Gaspar de Villagra, Cusco: Instituto Nacional de Cultura, 1989

ていた．フワカイパタを中心に，王，そして高官など身分の高いものが居住し，それぞれの地区にはそれぞれのスーユ（地方）の出身者が住んだという．

クスコの町は歴代の王によって徐々に整備され，第9代のパチャクティ王の時に完成したとされるから，その都市計画の理念は強力な力を持ってきたことになる．クスコの町は北西から南東に流れるワタナイ Huatanay 川とトゥルマヨ Turmayo 川の2つの川に挟まれた区域に中心部が置かれているが，川は付け替えられており，計画的意図ははっきりしている．

クスコの都市計画に関連して興味深いのがザウデマの『クスコのセケ体系――インカの首都の社会組織』[305]である．このオランダ構造人類学の博士論文を踏まえて新たなインカ社会と王権論を展開する渡部 (2010) によれば，セケ体系とは以下のようである．

セケについて記録するのはクロニスタであるイエズス会士ベルナベ・コボ神父[306]である．クスコのコリカンチャ（太陽の神殿）から四方に伸びる不可視の直線がセケである．それぞれのセケ上に複数のワカ（聖なる物体，礼拝の場所）が存在し，クスコの町の親族集団によって管理されている[307]．

このセケ体系は，上述のように，4つのスーユに分割される．すなわち，インカ帝国とクスコの周辺，そしてクスコは，同じようにコリカンチャを中心に4分割されるのである．素朴には，クスコは，フワカイパタという世俗的王権の中心，コリカンチャは宗教的中心という2つの中心を持つと理解できるだろう．

しかし，セケ体系には，歴代インカ王のパナカが対応するセケがそれぞれひとつずつ存在している．パナカとは，歴代インカ王が即位時に新しく創設した親族集団である．実際にセケ体系に存在するのは10のパナカであり，第11代とされるワイナ・カパック以降のパナカは存在しないが，すでに述べたように，スペイン植民地時代に「24選挙人会」としてその集団性を誇示していくことになる．問題は，インカの歴代王の実在がはっきりしないことである[308]．単一王朝としてインカ帝国史を記録してきたクロニスタに対して，双分制，双分王朝の可能性を示唆したのが上記のザウデマであり，さらにインカ王3人（系統）説も提出されている．

セケ体系の存在からわかるのは，コリカンチャを中心とした，天体（太陽）の運行，ワカの位置，東西南北あるいは山川（上・下）といった方位観にもとづきながらも，

---

305) Zuidema, R. T. (1964) "The Ceque System of Cuzco: The Social Organization of the Capital of the Inca", E. J. Brill, Leiden.
306) ベルナベ・コベ Bernabé Cobo 前掲書（『新大陸の歴史 Historia del Nuevo Mundo』）
307) セケのオリジナルのリストは発見されていない．コボの記録によれば，セケは合計41本あり，328のワカが含まれている．
308) 第9代パチャクティ王以降は実在したと考えられるが，第8代ヴィラコチャ以前は疑問視されている．

第 V 章

アンデス（ペルー副王領）

パナカという親族集団の社会力学的関係がクスコの計画の基礎になっていることである．クスコは，タワンティン・スーユ全土とその王朝の歴史のミニチュアとみたてられた，極めてユニークな都市である．

## 2-4 スペイン植民都市クスコ

ピサロはクスコ市設立を宣言すると，兵士たちおよび入植者たちのための街区[309]を計画する．ただし，山麓近くに手をつけたのみで，クスコの市街地全体を大きくグリッド街区に改変することはしていない．インカ人たちはもとの街区に住み続けた．ただし，教会あるいは修道院といった象徴的な建物は中心広場ハウカイパタ周辺に建設された（図 V-2-9）．カテドラル[310]が建設されたのはかつてインカの宮殿ヴィラコチャ Viracocha の場所である．ハウカイパタは，しかし，スペイン植民都市の基準として大きすぎたためであろう，3つに分割された．プラサ・マヨール（現アルマス広場），プラサ・デル・カビルド（現レゴシーヨ Regocijo），プラサ・デ・サン・フランシスコである．一番大きいプラサ・マヨールは，ほぼ 300 ヴァラ四方である．

ピサロがすぐさまリマを首都とすることによって，クスコは，行政的にも宗教的にも，その地位を相対的に減じていくことになるが，聖なる都市として，あるいはスペイン人とインカ人の統合の象徴として，偉大な都市 la gran ciudad de Cuzco であり続ける．第 IV 章で扱ったメキシコのテノチティトランとクスコの違いは，この点にはっきりとみられる．クスコは，プラサ・マヨールをスペイン風に整え，ケチュア語の Qosqo からスペイン語の Cuzco と綴りも変更される．すなわちここにみられるのは，破壊解体から再構築というプロセスではないのである．しかし，クスコはインディオの襲撃を度々受け，また内戦が続いたことや，飲料水の問題もあり，16世紀半ば時点では数百のスペイン人が居住していたにすぎない．クスコが安定的に発展するようになるのは，以下に述べるように，フランシスコ・デ・トレドが着任し，インカ帝国を完全に滅亡させて以降である．リマの外港であったカジャオとポトシ Potosí 銀山を結ぶ中継地としてクスコは栄えた．1556年に，実に整然としたグリッド・パターンの都市として描かれたクスコの都市図が残されている（図 V-2-10）．この図は，クスコのステレオタイプ化されたイメージをヨーロッパ人に植えつけることになるが，以上のように，インカ帝国の首都クスコは大きく改変されたわけではない．その人口の大半はインディオであった．17世紀はじめにクスコは 11 の教区に分かれていたが，そのうちの 8 つはインディオの教区であり，人口は 2 万人，スペイン人の 4 倍であっ

---

[309] 88 宅地（あるいは 84 宅地）が計画されたとされる．
[310] 1538 年に着工されるが，地震で倒壊を重ね，竣工するのは 1654 年である．

*2*

インカ帝国の聖都

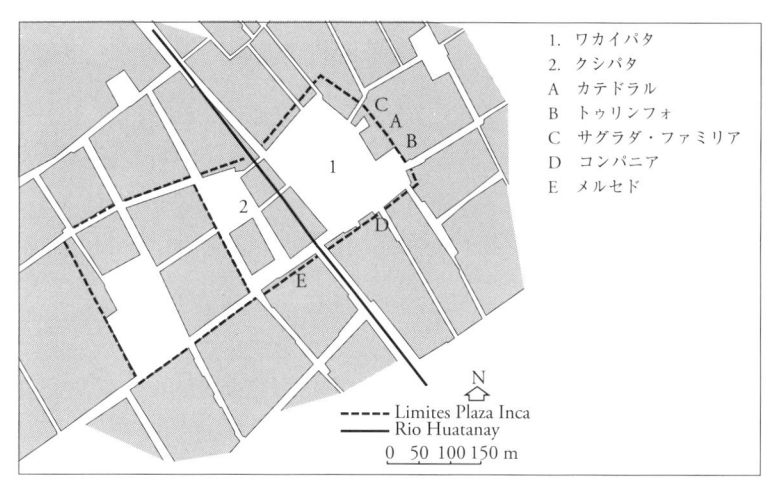

1. ワカイパタ
2. クシパタ
A カテドラル
B トゥリンフォ
C サグラダ・ファミリア
D コンパニア
E メルセド

------ Limites Plaza Inca
—— Rio Huatanay

図 V-2-9　クスコ広場

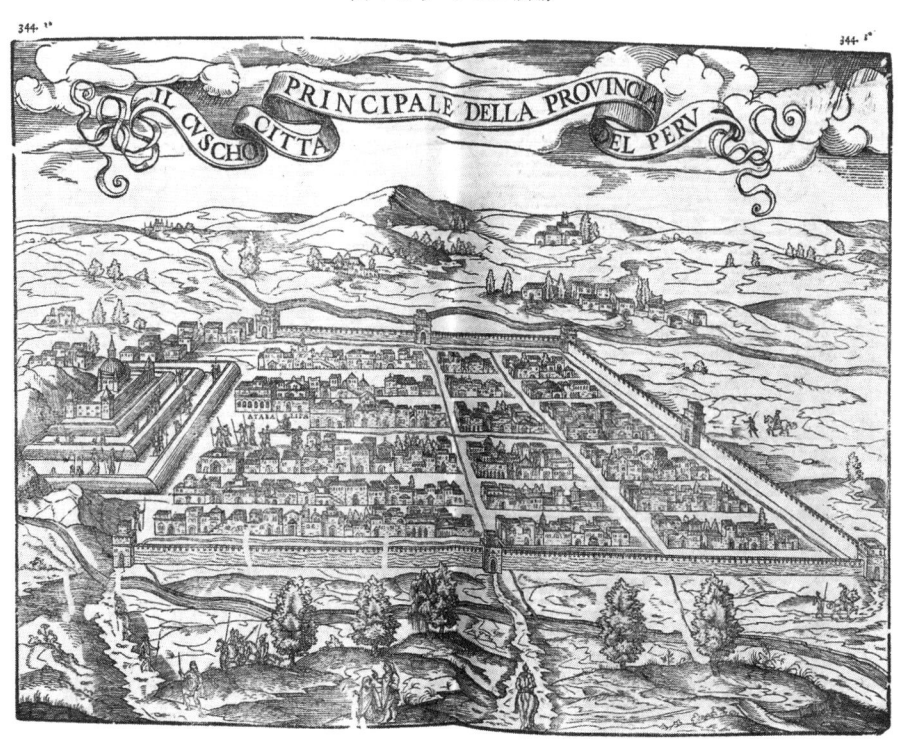

図 V-2-10　クスコのイメージ　1606年
ペドロ・サンチョの記録のイタリア語版に付せられた空想的なクスコの光景

Ramusio (1606)

第 V 章
アンデス（ペルー副王領）

図 V-2-11　クスコの現況

たと推計されている[311]．1643 年の地図（水彩）が残されているが，市の北西の教区（サン・ペドロとサンタ・アナ）には草葺きのインディオの住居が建ち並んでおり，入植後 100 年を経てもインディオの町の雰囲気が維持されていたのでる（図 V-2-11）．

こうしてクスコは，メキシコ・シティのように土着の都市を破壊せず，改造利用するかたちのスペイン植民都市となる．いわばクスコは，スペイン植民都市の第 V 類型ということになる．

## 3　銀の帝都 —— ポトシ

### 3-1　ミタ労働制

エンコメンドーロを掌握すること，ビルカバンバにたてこもるインディオを帰順させること，ペルーでの布教体制を確立すること，鉱山業の振興によって王室歳入を増

---

311) クロニクラーが 1649 年に 3,828 人という記録を残しているが，余りにも少ない．おそらく子どもの数をカウントしていないと考えられる．

3

銀の帝都

加させることなどを指示されたフランシスコ・デ・トレドは，リマに着任以降，着々とその指示を実行していくことになる．各地の要塞を強化し，海軍も増強した上で，ビルカバンバのインカ軍を制圧，インカ帝国を滅亡させると，副王領内の巡察（ヴィシタ・ヘネラル）を行い（1570～75），インディオ人口を把握し，領内の再編，統合を行った．年貢，徴税の基礎を築くとともに，インディオへの布教体制を再構築し，スペイン人に対しても異端審問所を設置，徹底化するなど教会体制を一新した．中でも，ポトシ銀山[312]に，ミタ労働制と水銀アマルガム法[313]を導入（1573）したことで，とりわけその名が歴史に残ることとなった．

水銀アマルガム法自体は，セヴィージャ生まれのバルトロメ・デ・メディーナが1555年にメキシコのパチュカ鉱山で完成させていたものである．副王トレドは，その情報を得て，銀の溶解職人ペデロ・フェルナンデス・デ・ベラスコに命じて実験させ，ウアンカベリカ水銀鉱山を接収し，水銀の専売化を実現した上で本格導入をはかるのである．水銀アマルガム法はまさに，ポトシ銀山の発展と不可分である．

ミタとはケチュア語で「輪番」を意味する．トレドはインカ社会の労働慣行として行われてきたミタ制を強制労働の仕組みとして鉱山開発に導入するのである．このミタ労働制をめぐっては，批判，告発が続けられる中で，改革もこころみられるが，1819年にシモン・ボリーバルによって廃止されるまで，250年にわたって存続することになる．

銀の生産地として古くから知られるのはアナトリア地方である．ギリシャ時代には，アテネの近くのラウリオン Laurión 鉱山で銀が採掘され，紀元前8世紀頃にはギリシャの銀が小アジアから北アフリカ一帯にまで及んでいたことが知られている．その後，カルタゴ人がスペインで銀の鉱山を開発し，スペインがヨーロッパの主要生産地になる．しかし，8世紀以降はハンガリー鉱山やドイツのランメルスベルグやフライベルグの銀の鉱山が開発され，ヨーロッパ中央部に生産地が移動していた．そうした中で，水銀アマルガム法とともに，銀の中心地となったのがメキシコのサカテカス Zacatecas[314] とポトシなのである．

---

312) ポトシという名称については，「銀の出る山」「美しい山」など諸説ある．『ペルー誌』を書いたシエサ・デ・レオンによれば「山」「高く聳えるもの」を意味する．

313) 銀は，一般に鉛の鉱石である方鉛鉱 galena に多く含まれ，加熱して鉛を取り出すと，その鉛の中に銀も溶け出す．その銀を含んだ鉛を加熱して溶かすと銀は溶けずに残るというのが灰吹法 cupellation process である．紀元前3000年頃すでに，鉛から銀の分離が行われてきたと考えられている．それに対して，鉱石を粉砕し，銀を含んだ粒子と岩石を分離し，水銀を加えてアマルガムを作り，不純物を濾過，洗浄した後，水銀を加熱蒸発させて除去する，というのが水銀アマルガム法である．

314) メキシコで，モルシーリャ（1525），スムパンゴ，スルテペック（1530），タスコ（1534）といった銀鉱山が相次いで発見されたのち，ポトシ（1545）に続いて，サカステス（1546），グアナフアト（1548），パチュカ（1552）など大鉱山が発見された．

第 V 章

アンデス（ペルー副王領）

## 3-2　ヴィジャ・インペリアル

　銀は，スペイン植民地を支える最大の資源，財貨となる．そして，ヨーロッパに大量に流入することによって，世界史の構造を変える大きな契機になる．そうした意味では，ポトシは，そしてサカテカスは，スペイン植民都市のひとつの典型ということができる．実際ポトシは，「銀なくしてペルーなし」といわれ，16世紀半ばには人口16万人を擁すインディアス最大の都市となった[315]．

　ポトシ銀山が発見されるのは，ペルー副王領が設置されてまもなくの1545年のことである．すぐさま近くのチュキサカ（ラプラタ）からスペイン人が移住し，3,000人のインディオが採掘に当たった．ポトシの人口は，1547年には1万4,000人（スペイン人2,000人），1549年には2万人〜2万5,000人にのぼったという（青木康征（2000））．

　ペドロ・シエサ・デ・ペロンの『ペルー誌』(1553) の挿画（木版）「ポトシ山 Cerro de Potosi」（図V-3-1，1図）をみると，山の南側を流れる川を挟んで，川の北側に2つの教会らしき建物の他，比較的しっかりした建物が並んで描かれ，南側はより小さな建物が並んでいるようにみえる．スペイン人の住居とインディオの小屋を分けられていたのであろう．ただ，南側には広場と教会があるから町の中心はすでに南側に設定されていたと考えられる．

　ポトシは，当初はラプラタの管轄下にあったが，1562年に帝国町 Villa Imperial de Potosí となりカビルドが組織された．そして，フランシスコ・デ・トレドによる水銀アマルガム法とミタ労働制の導入を経て，さらに発展する．人口は増え続け，1604年にはインディオだけで6万人が住んでいた[316]．さらに1611年には11万4,000人，1650年には16万人を擁すインディアス最大の都市となった[317]．まさにポトシは「銀の帝国町」である．

　1600年頃に描かれた地図によると，プラサ・マヨールを中心にグリッド状の街区が形成され，さらに当初のグリッド街区を越えて都市が拡張していることがわかる（2図）．このオリジナル・グリッドは，今日まで維持されている．

　したがって，ポトシのスペイン植民都市としての類型は，第II類型（→第III類型）ということになる．

---

[315] 2007年の市域人口は164,481人である．

[316] 誇張と考えられるが，1603年には5万〜8万人のインディオに加えて4,000人のスペイン人が居住していたという数字もある（Bakewell (1984)）.

[317] Arzáns de Orsúa y Vela, Bartolomé. (1965) "Historia de la Villa Imperial de Potosí.", Edición de Lewis Hanke y Gunnar Mendoza, Providence, R. I., Brown University Press，青木康征 (2000)．

図 V-3-1　ポトシ

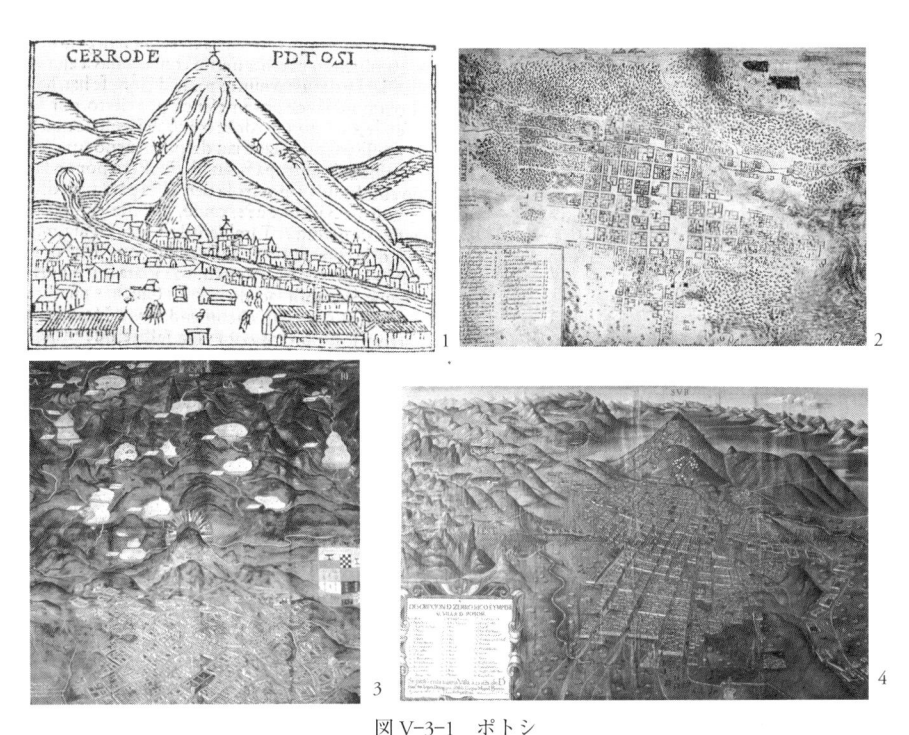

1. De Pedro Cieza de León (1553), Crónica de la conquista del Perú, Sevilla.　2. Plano de Potosí (ca, 1600), Hispanic Society of America (MS. K3 Atlas of the Sea Charts).　3. 1709, Museo del Ejército, Madrid.　4. Gaspar Miguel de Berrio (1758), Museo de Charcas, Sucre.

## 3-3　銀経済圏

　ポトシで精錬された銀は，ポトシ財務局を通じて，五分の一はスペインに運ばれて王室の歳入に組み込まれた．ポトシの銀はリマの外港カジャオからパナマに向かい，そこから大西洋側のポルトベロ港（1584年まではノンブレ・デ・ディオス）へ陸上輸送され，セヴィージャに送られた．15世紀末に人口4万人程度であったセヴィージャは，人口16万人の大都市に成長する．ただし，16世紀半ばになると，インディアス交易の中心は海港のカディスに移ることになる．

　もちろん，残りの五分の四の銀の全てが，ペルー副王領にとどまったわけではない．その他，ポトシ財務局が捕捉できなかった銀も少なくないとされる．

　確かに，インディオに，ポトシを中心とする銀経済圏が成立することになった．ポトシ銀山における銀を精錬抽出するための原材料や資材（水銀，鉛，錫，銅，石炭，木材，……）は，ほとんど現地で調達することができた．ヨーロッパから移入されたのは鉄

と鋼のみである．ただし，ポトシ周辺は荒地であり，食糧など生活物資の全ては外部に依存せざるを得なかった．そのため物価はリマの2倍もしたとされる．上述のように，ポトシの住民の大半はインディオであったが，ポトシのインディオたちはスペイン人と同じ服を着るようになったという．「インディオがものを買えば買うほど，銀が生産される」「スペインからの商品が売れれば売れるほど五分の一税が増える」という循環が，初期においては成立したのである．

　スペイン王室は，当然，ポトシの銀の増産に努めようとする．同時に，ヌエヴァ・エスパーニャ副王領における鉱山開発を目指した．たとえば，ウアンカベリカ水銀鉱山における余剰の水銀をメキシコに送る一方，ペルー副王領に対して様々なかたちで増税をはかり，資金調達に努めるのである．結果として，ポトシの銀はメキシコに流れることになった．当初は，ノンブレ・デ・ディオスからヴェラクルスに向かい，ハバナも中継点としながら，スペインとの交易ネットワークは強固に成立することになるのである（3，4図）．

　ポトシの銀は，一方で，アンデスを越えて黒人奴隷の交易拠点であったブエノス・アイレスに流れるのであるが，ブエノス・アイレスから直接セヴィージャへの移送は認められておらず，ポトシへの経済物資を供給するのが主目的であった．

　ポトシ銀山に水銀アマルガム法が導入された1573年は，アカプルコとマニラを結ぶガレオン船交易が開始された年でもある．中国の絹製品などが「新世界」に流れ出すと同時に，銀も「東洋」に流れ出すことになった．

## 4　レドゥクシオン

　フランシスコ・デ・トレドは，丸5年に及ぶ巡察によって副王領のインディオを掌握すると，その人口107万7,697人を614の集落に再編，統合した．このインディオの集住化（コングレガシオン）はレドゥクシオンと呼ばれる[318]．

---

318）　関連文献として，Bakewell, Peter John (2004) "A History of Latin America: c. 1450 to the present", Wiley-Blackwell, Caraman, Philip (1976) "The lost paradise: the Jesuit Republic in South America", Seabury Press, New York, Cunninghame Graham, R. B. (1924) "A Vanished Arcadia: Being Some Account of the Jesuits in Paraguay 1607 to 1767", William Heinemann, London, Barbara Ganson (2003) "The Guarani under Spanish Rule in the Rio de la Plata", Stanford University Press, Richard Gott (1993) "Land Without Evil: Utopian Journeys Across the South American Watershed", Verso, Lippy, Charles H, Robert Choquette, and Stafford Poole (1992) "Christianity comes to the Americas: 1492-1776", Paragon House, New York, de Ventós, Xavier Rubert (1991) "The Hispanic labyrinth: tradition and modernity in

レドゥクシオン

第IV章でみたように，メキシコのミチョアカンの司教でオイドール（1531～35）でもあったヴァスコ・デ・キロガのレドゥクシオンがその嚆矢とされる．ただし，持続性のあるレドゥクシオンが建設されたのはペルー副王領においてである．とりわけイエズス会のパラグアイのレドゥクシオンは「成功」を収めた例とされる．

ペルー副王領では，リマ・アウディエンシアの議長であった総督ラ・ガスカの1550年の発案で，1567年に一部実施され，トレドが大々的に実施することになるのである．

トレドは，インディオがばらばらに山岳地帯に居住しているのでは，キリスト教の教義（カテキスモ）を教えることも，文明生活（ポリシーア）を身につけさせることもできない，というのであるが，徴税のためにもレドゥクシオンは必要であった．

## 4-1　イエズス会

イエズス会の最初のレドゥクシオンがパラグアイに設立されたのは1609年である（図V-4-1）．イエズス会がイグナチオ・デ・ロヨラ，フランシスコ・ザビエルら7人によって結成されたのは1534年のことである．教皇から修道会の認可を得たのが1540年．アジアへの布教活動はすぐさま開始され，翌年には，フランシスコ・ザビエルがインドのゴアへ赴き，さらに，よく知られるように1549年には日本を訪れている[319]．

それに対して「新大陸」への伝道活動は遅れ，上述のように，ようやく1572年に開始されている．そして，フェリペIII世の勅令に従ってアスンシオン総督がイエズス会にパラグアイへの布教，レドゥクシオン建設を依頼したのが1609年である．3人のイエズス会士がサン・イグナチオ・グアス San Ignacio Guazú に最初のレドゥクシオンを建設，以降の四半世紀の間に15のレドゥクシオンをグアイラ Guairá 地域に建設している．この南米イエズス会の活動をめぐっては伊藤（2001）がある．

イエズス会のレドゥクシオンの場合，キリスト教への改宗は求めるが，必ずしもヨーロッパ文化の受容を強制しない点に他の教団との違いがあった．イエズス会とともにインディオの首長カシーケによる支配も認められ，経済的にも自立した自律性の高いコミュニティが維持された．

しかし，この自立性の高いイエズス会のレドゥクシオンはやがてポルトガルとスペインとの領土争いに巻き込まれることになる．アマゾン盆地，そしてアマゾン川流域などインカ帝国の隣接地域は，その名を名づけたフランシスコ・デ・オレジャーナ

---

the colonization of the Americas", Transaction Publishers がある．
319)　ゴアはアジアにおけるイエズス会の重要な根拠地となり，イエズス会が禁止になった1759年までイエズス会員たちが滞在していた．

## 第 V 章
### アンデス（ペルー副王領）

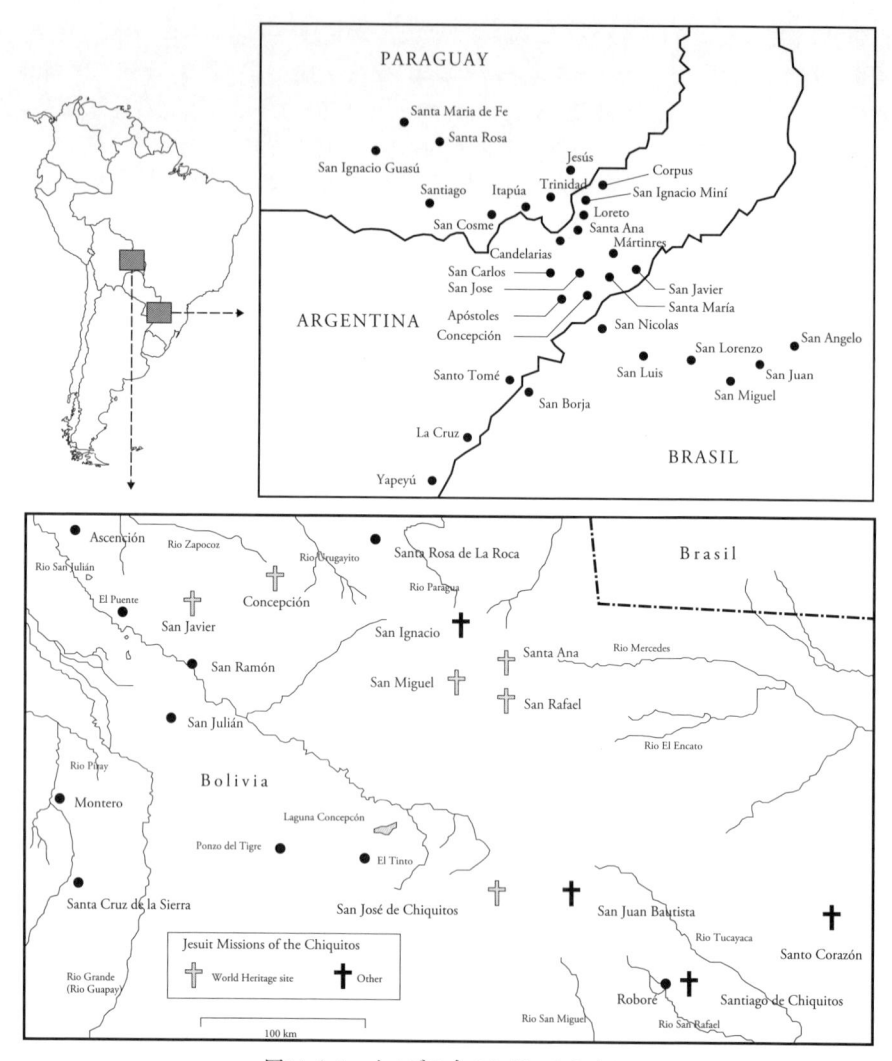

図 V-4-1　イエズス会のレドゥクシオン

梅谷敬三作成

Francisco de Orellana（1511〜46）[320] 以来，トルデシーリャス条約にもとづいてスペイン

---

[320] アマゾン川を最初に下ったのはフランシスコ・デ・オレジャーナ Francisco de Orellana（1511〜46）である．トルヒージョ生まれでフランシスコ・ピサロの親戚とされるこのコンキスタドールは，1527 年に 17 歳でインディアス（ニカラグア）に渡り，ピサロの第 3 次ペルー遠征（1533）に加わって，アルマグロとの抗争に決着がついたのち，ラ・クラタ La Culata 総督に任命され，ピ

レドゥクシオン

の領域と考えられていた．そして，スペインがポルトガルを併合していた1580年から1640年の間は，境界線自体が意味を持たなかった．しかしその間，アマゾン盆地にはバンデイランテ Bandeirantes と呼ばれるブラジルからの奴隷商人たちが侵入し，奴隷狩りを活発に展開する．その最前線に位置したイエズス会のレドゥクシオンは，しばしば彼らの標的となった．バンデイランテに対して，イエズス会はインディオ軍を組織して戦うなど抵抗したが，1631年には，ほとんどのレドゥクシオンはウルグアイに移転する事態となっている．なお，ブラジルでインディオ相手に宣教・教育事業を行いながら都市建設に当たった神父として，マヌエル・ダ・ノブレガ Manoel da Nóbrega やジョゼ・デ・アンシエタ José de Anchieta が知られる．その中にはサンパウロ，リオ・デ・ジャネイロなどのちに大都市になったものも含まれている．バンデイランテは，17世紀末以降（1670～1750）になると，金，銀，ダイヤモンドなど鉱物資源に目を向けはじめることになる．

インディオの権利を主張し，奴隷制に抗議し続けたイエズス会[321]は，奴隷商人およびそこから利権を得る政府高官にとっては目障りな存在であり，迫害の対象となった．ついに1767年，カルロス III 世の勅令によってイエズス会はスペイン植民地帝国から追放されるにいたる．イエズス会の中心で最大のレドゥクシオンだったのはアルゼンチンのコルドバであったが，その運営は1767年にフランシスコ会に委ねられることになった．

イエズス会のレドゥクシオンは150年あまりにわたって自立的コミュニティを維持し続けたが，最終的には自壊し，スペイン人社会に吸収されていくことになる．多くのレドゥクシオンは廃墟となったが，いくつかは世界文化遺産に登録されている．ボリビアのチキトス Chiquitos の6つの伝道所遺跡（1990）[322]，グアラニ Guaraní のイエズス会伝道所群[323]，パラグアイのラ・サンティシマ・トリニダード・デ・パラナ

---

サロが築いたグアヤキルを再建している（1538）．Guayaquil は，正式には Muy Noble y Muy Leal Ciudad de Santiago de Guayaquil（= Most Noble and Most Loyal City of St. James of Guayaquil）という名称であった．現在は Santiago de Guayaquil．2009年時点で人口約330万人を数える，エクアドル最大の港市都市である．このグアヤキルに，1540年にゴンサロ・ピサロ Gonzalo Pizarro がキト総督として着任，フランシスコ・ピサロからシナモンを求めて東方探検を命じられるとその遠征に副官として加わり（1541），アマゾン川河口に達した（1542）．オレジャーナは，その発見を宮廷に報告，ヌエヴァ・アンダルシアと名づける新たな入植地の建設許可を得るが，結局は建設に失敗，病没している．

321）18世紀前半にレドゥクシオンを指導したイエズス会士としてマーチン・シュミット Martin Schmid（1694～1772）神父が知られる．建築家であり，作曲家でもあった．

322）サン・フランシスコ・ハビエル（サン・ハビエル San Xavier），コンセプシオン Concepción（Santa Cruz），サンタ・アナ Nuestra Señora de Santa Ana，サン・ミゲル，サン・ラファエル，サン・ホセの6か所．

323）ブラジルのサン・ミゲル・ダス・ミソンイスの遺跡群 Ruins of Sao Miguel das Missoes（1983/1984）および，アルゼンチンのサン・イグナシオ・ミニ San Ignacio Mini，ヌエストラ・

第 V 章

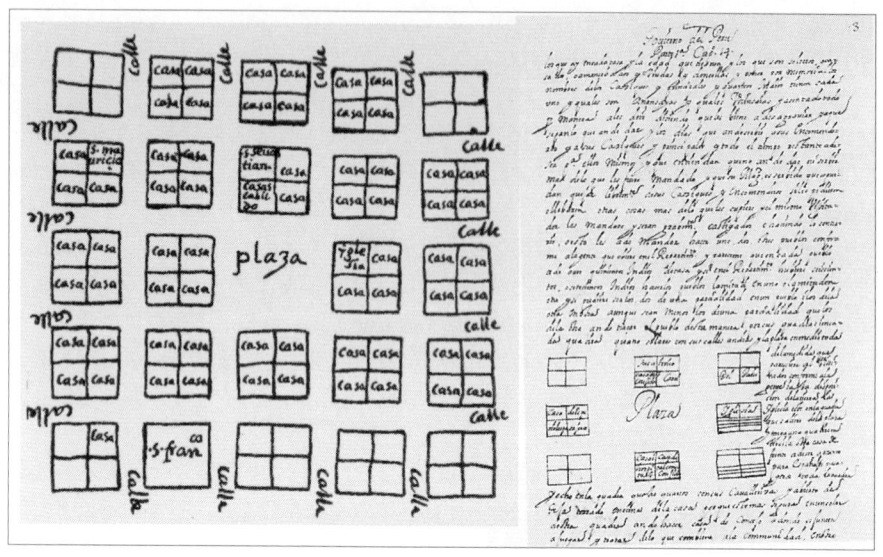

アンデス（ペルー副王領）

図 V-4-2　レドゥクシオンのモデル

Juan de Matienzo, New York Public Library.

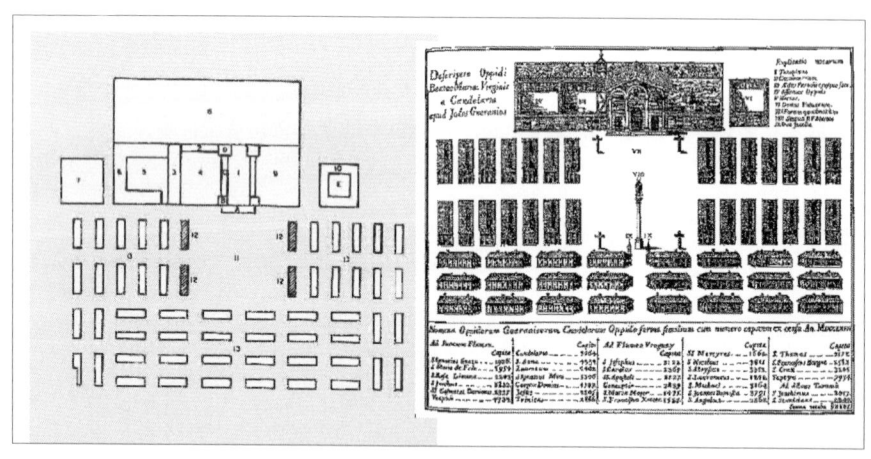

図 V-4-3　レドゥクシオンのモデル

Misiones, Candelaria（1767）

Santísima Trinidad del Parana とヘスース・デ・タバランゲ Jesús del Tavarengue のイエズ

セニョーラ・デ・サンタ・アナ Nuestra Señora Santa Ana、ヌエストラ・セニョーラ・デ・ロレート Nuestra Señora de Loreto、サンタ・マリア・ラ・マヨール Santa María la Mayor。

ス会伝道所群 (1993)，アルゼンチンのコルドバのイエズス会伝道所とエスタンシア群 (2000) などがある．

## 4-2 レドゥクシオンの構成

　その最盛期には 40 のレドゥクシオンに，15 万人のインディオが居住した．大半はグアラニ族，トゥピ Tupi 族，チキトス族である．上述のように，レドゥクシオンは，イエズス会士の指導のもと，インディオの首長によって統括された．レドゥクシオンは極めてうまく編成され，自給自足が可能であった．余剰物の交易によって利益を得るレドゥクシオンも少なくなかった．人口は 2,000～7,000 人，小規模な場合，2 人のイエズス会士がひとつのレドゥクシオンを指揮し，インディオの労働から得られる利益を監理した．レドゥクシオンによっては，居住者のインディオのアーティストによる図入りの印刷物を出版する例もあった．

　レドゥクシオンは，基本的に標準プランに従って建設された．その図面も残されているフアン・デ・マティエンソの計画図（図 V-4-2）をみると，これはスペイン植民都市の基本モデルといってよい。アルゼンチンのカンデラリア Candelaria の計画図（図 V-4-3）によると，プラサ・マヨールには四隅に十字架が立てられ，聖者の像を載せた柱が建てられている．また，プラサ・マヨールに隣接して教会と教会広場，学校が設けられ，他の三辺に面して住居が並ぶ構成である．インディオたちが居住したのは，集合住宅であり，一棟に 100 世帯程度が住むのが一般的であった．寡婦向けの住居，病院，倉庫なども居住地に設けられた．

　マヌエル・ダ・ノブレガやジョゼ・デ・アンシエタは 16 世紀のブラジルでインディオ相手に宣教・教育事業を行いながら，いくつもの街をつくった．その中にはサンパウロ，リオ・デ・ジャネイロなどのちに大都市になったものも含まれている．

第 V 章

アンデス（ペルー副王領）

## Column 7 アントネッリ・ファミリー スペイン植民都市建設家群像

　最初のスペイン植民都市，サント・ドミンゴの建設に関わった建築家，軍事技術者として，オメナへ塔 (1507) を設計したイタリア人建築家フアン・ラベ，1543年に市壁を建設したスロドリゴ・リエンド，そして，1589年にサント・ドミンゴを訪れ，わずか 20 日間の滞在中に市壁再建計画を立てたバウティスタ・アントネッリの 3 人を挙げた（第 III 章 3 節）．

　このバウティスタ・アントネッリは，本書の随所に顔を出す．サント・ドミンゴの他，ハバナ，プエルト・リコ，パナマ，ポルトベロ，ノンブレ・デ・リオス，サン・フアン・デ・ウルア San Juan de Ulúa，プエルト・デ・カバジョス，カルタヘナ，サンタ・マリア，フロリダなどでも仕事をしているのである．

　ややこしいことに，ハバナの要塞建設について触れたように（第 III 章 4 節），息子フアン・バウティスタ・アントネッリ，従弟クリストバル・デ・ロダ・アントネッリ (1560～1631) という建築家の存在もある．実際，複数のアントネッリをめぐって歴史家の間でこれまで混乱がみられた．バウティスタ・アントネッリ (1547～1616) は 5 人兄弟で，20 歳年上の兄はフアン・バウティスタ・アントネッリ (1527～88) という．そして，息子もフアン・バウティスタ・アントネッリ (1585～1649) というのである．そして妹カテリーナの 2 人の息子，クリストバル (1550～1608) とフランシス (1557～93) のロス・グラヴェリ・アントネッリ Los Garavelli Antonelli も建築家である．

　アントネッリ・ファミリーは，代々ハプスブルグ家に仕えた著名なイタリア人軍事技師の家系とされるが，スペイン植民都市の城塞建築に携わったのがイタリア人建築家，軍事技師のファミリーであったことは，記憶されていい．布野編 (2005) では，オランダにおける都市計画理論と併せて，オランダ植民都市計画を担ったエンジニアや建築家について，その養成機関などとともに触れた．オランダの場合も，当初は北イタリアの技術を導入し，低地における都市計画技術を確立することになるのである．ここでは，バウティスタ・アントネッリの仕事を中心にまとめておきたい[324]．

　アドリア海に近いガテオ Gatteo という村で育った兄弟がなぜスペインを訪れることになったのかは必ずしも定かではないが，長兄のフアンは，それ以前にイタリアでの要塞建設に関わったことが知られており，その技術を買われての移住であったと思

---

[324] 主として以下の文献を参照した．Camara, Alicia (1998) "fortification and city in the reigns of Philip II", Nerea, Madrid, Blanes, Tamara (1998) "Castillo de los Tres Reyes del Morro of Havana", Cuban letters, Hardoy, Jorge E. (1968) "The classical model of the Spanish-American city", Instituto Torcuato Di Tella, Buenos Aires, Llaguno Amirola, Eugene and, Bermudez Cean (1829) "News Architects and Architecture of Spain since its restoration", Royal Press, Madrid, Angle Iñiguez, Diego (1942) "Bautista Antonelli, the sixteenth-century fortifications American", Hamer and Menet, Madrid.

Column 7

アントネッリ・ファミリー

われる．フアンがスペインに来たのは 1559 年，32 歳の時で，フェリペ II 世に仕えることになるが，最初の 20 年（1560〜80）は，もっぱらヴァレンシアの沿岸部および北アフリカ沿岸部において要塞建設に従事している．そして，1580 年代には，トレドとリスボンを結ぶ河川整備に当たった．すなわち，フアン・バウティスタ・アントネッリは，「新大陸」には行っていない．混乱の第一は，孫が同じ名前であったことによる．

「新大陸」で最も活躍することになるバウティスタ・アントネッリ（1547〜1616）は，兄のフアンに呼ばれて，1568 頃スペインに来るのであるが，イタリアでの仕事は知られない．年齢を考えるとそう大きな実績はなかったであろう．すぐさまヴァレンシア副王サッビオネータ侯ヴェスパシアーノ・ゴンサガ Vespasiano Gonzaga（1531〜91）のもとで働く機会を得て（1570〜78），むしろ彼から訓練を受けたと考えられる．イタリア人貴族ヴェスパシアーノ・ゴンサガは，外交官であり文筆家であり，軍事技術者として，また芸術の庇護者として知られる．

バウティスタ・アントネッリがフェリペ II 世に呼び出され，マガリャンイス（マゼラン）海峡の両端に 2 つの要塞の建設を命じられるのは，34 歳の時である．以降，バウティスタ・アントネッリは 4 回大西洋を渡ることになる．

第 1 航海はしかし大失敗であった．1581 年にカディスを発ち，翌年リオ・デ・ジャネイロに着くのであるが，船が難破，多くの技術者，建設労働者，工具類などを失い，全く任務を果たせず帰国するのである（1583）．1585 年に息子のフアンが生まれているが，第 2 航海まで何をしていたのかはわかっていない．

1586 年，フェリペ II 世は再びバウティスタ・アントネッリに対して，「新世界」を探索し，「しかるべき場所に要塞を建設するためのプロジェクトを立案すべし」という勅令（Doc. No. 15）を発する（2 月 15 日）．具体的に立案が求められた都市は，カルタヘナ，パナマ，チャグレ（ノンブレ・デ・ディオス），ポルトベロ，ハバナ，サント・ドミンゴ，プエルト・リコ，フロリダである．ただ，第 2 航海で全てを訪れられたわけではない．バウティスタ・アントネッリは，キューバ総督に任命されたフアン・デ・テハダ Juan de Tejada とともに出立し，フランシス・ドレイクに襲われたばかりのカルタヘナ・デ・インディアスにまず到達する．防御施設の欠如がもたらした被害の大きさを確認したことは，バウティスタ・アントネッリのその後の計画提案を大きく規定することになる．

バウティスタ・アントネッリは，防御のためには自然の地形が重要であることを認識し，この時すでに，パナマ地峡を調査して，大西洋岸のチャグレをポルトベロに移すことを提案している．続いて，ハバナを訪れ（1587），7 か月にわたって，要塞建設について検討するが，突然サント・ドミンゴ，プエルト・リコ，フロリダの調査を中断して帰国している（1588）．兄のフアンが死去した年であるが，それは偶然であり，

第 V 章
アンデス（ペルー副王領）

　キューバ総督テハダが同行していることから，緊急性が高かったからだと考えられる．すなわち，パナマ地峡，ハバナ防衛が極めて重要であることを宮廷に訴える必要があったのである．バウティスタ・アントネッリは，実際，カルタヘナ，ポルトベロ，チャグレ，ハバナについての多くの計画図，青図（実施図面），提案書を直接の監督官であったスパノッチ・ティブルシオ Spannocchi Tiburcio に提出している．1588 年は，スペイン無敵艦隊が英海軍に破れ，制海権を失った年である．

　提案を受けて，プエルト・リコ，サント・ドミンゴ，フロリダ，ハバナ，カルタヘナ，サンタ・マルタ，チャグレ，ポルトベロ，パナマに要塞建設を行うことを命ずるフェリペ II 世の勅令がバウティスタ・アントネッリに出される（1588.11）．第 3 航海は，10 年の長き滞在（1589～99）となる．

　まず，バウティスタ・アントネッリとフアン・テハダは，サン・フアン・デ・プエルト・リコに寄港し，その要塞化を指示，サン・フェリペ・デル・モロ城建設の提案をしている．その指示・提案は，ペデロ・デ・サラザールによって実施されることになる（1591）．

　続いて，バウティスタ・アントネッリは，サント・ドミンゴを訪れる．20 日間滞在して，市壁の計画案を提示したことは第 III 章 2 で触れたが，この時すでに，サント・ドミンゴは，スペイン植民地における相対的地位を低下させていた．1586 年には，フランシス・ドレイクに襲われ，荒廃もしていた．

　そしてハバナに到着したのは 1589 年の 5 月であった．様々な指示を出したと思われるが，この時の滞在はわずか 7 か月であり，1590 年 1 月には，サン・フアン・デ・ウルア（ヴェラクルス）に向かう．第 2 航海のパナマ地峡の調査も含めて，スペインにとって，ガレオン船貿易の維持が最大の関心事であったことを示している．

　バウティスタ・アントネッリは，2 つの稜堡を持つ要塞の計画案を描いている．彼の手になるものではないが，スペイン植民都市計画図の中で最も美しいパース（透視図）が残されていることは本文（第 IV 章 2 節）で触れたとおりである．バウティスタ・アントネッリは，ヴェラクルスとメキシコをつなぐルートの確保を目指すのであるが，この時代は，パナマ―ポルトベロがスペインとフィリピンをつなぐ主要なルートであった．

　バウティスタ・アントネッリは，1590 年 9 月にハバナに戻り，4 年間ハバナに滞在する．助手としての人材が欲しかったのであろう．従弟のクリストバル・デ・ロダ・アントネッリを呼び寄せている（1591）．ハバナで集中したのはモロ要塞の建設である．このモロ城塞が，バウティスタ・アントネッリの代表作ということになる（図 Column 7-1）．

　興味深いことに，バウティスタ・アントネッリの要塞デザインは，グリッド・パターンを基調とするスペイン植民都市計画とは異なり，不整形である．ハバナについていえば，フランシスコ・カロナの計画案のような幾何学的な空間構成を優先的な理念と

Column 7

アントネッリ・ファミリー

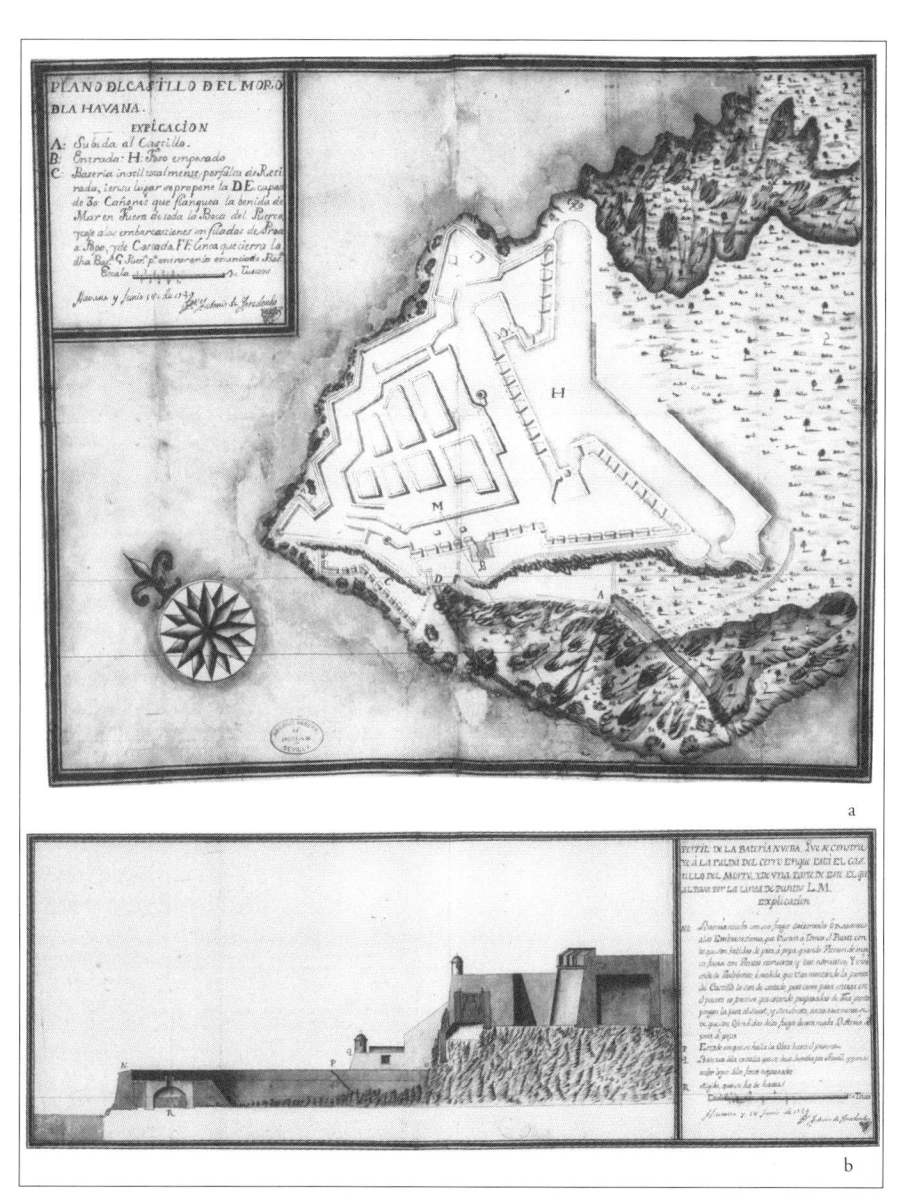

図 Column 7-1　モロ城塞
Antonio Arredondo (1739): AGI, MP-Santo Domingo, 201 + AGI, MP-Santo Domingo, 202.

してはいない．ルネサンスの築城術を身につけていたことは確かであるが，場所の地形を重視し，ア・プリオリに左右対称といった形態を当てはめることなく場所ごとの解答を求めている．Blanes, Tamara (1998) によれば，その築城術は，15世紀後半のイタリアの伝統を引き継ぐものという．モロ城塞の対岸のサン・サルヴァドル・デ・ラ・プンタ要塞の計画図は 1588～89 年に描かれているが，1595 年，呼び寄せたクリストバル・デ・ロダ・アントネッリによって仕上げられている．

バウティスタ・アントネッリは，モロ城塞とラ・プンタ要塞の建設をクリストバル・デ・ロダ・アントネッリに委ね，1594 年にはパナマ地峡に移動する．そこでまずカルタヘナの要塞化に着手している．また，ノンブレ・デ・ディオス，ポルトベロ，そしてパナマの要塞化に従事する．ノンブレ・デ・ディオスがポルトベロに移されるのは 1597 年である．この年，バウティスタ・アントネッリは，サン・フェリペ要塞，サンティアゴ・ソトマヨール要塞建設のためにクリストバル・デ・ロダ・アントネッリをハバナからポルトベロに呼んでいる．バウティスタ・アントネッリは，1599 年まで丸 5 年ポルトベロ建設に関わっている．

1599 年にマドリードに帰ったバウティスタ・アントネッリは，すぐさま，ジブラルタルあるいはモロッコを訪れている（1600）．大西洋を股にかけての活躍である．そして，1603 年，第 4 の最後の航海を行う．この時は 19 歳になったフアン・バウティスタ・アントネッリ（1585～1648）が一緒であった．ミッションは，当時しばしばオランダの襲撃にあっていた，ヴェネズエラ東海岸アラヤの製塩場の防衛である．バウティスタ・アントネッリは，アラヤを視察したのち，ハバナに寄って息子をクリストバル・デ・ロダ・アントネッリに委ね，1604 年にマドリードに戻った．以降，「新大陸」に渡ることはない．死んだのは 1616 年である．

ハバナに残ったフアン・バウティスタ・アントネッリは，1608 年にロダとともにカルタヘナに移動し，市壁の建設を行う．そして，1610 年に一度スペインに戻って宮廷に状況報告を行っている．また，1618 年にハリケーンによる被害状況の報告に帰国している．そして 1622 年にはアラヤに移動して城塞建設開始，9 年滞在することになる．1630 年にクマナ総督クリストバル・デ・エギノはフアンをマドリードの宮廷に送ってアラヤ城塞建設がほぼ完了したことを報告させている．

宮廷はアラヤ城塞の完工とともに，帰途プエルト・リコに寄港して都市建設の監督を行うよう命じている．ロダが死んだのはスペイン帰国中の 1631 年である．フアン・バウティスタ・アントネッリは 1633 年にアラヤに戻り，1636 年にプエルト・リコとキューバを訪れるが，以降，10 年間は，カルタヘナとポルトベロの要塞化に従事した．

このように，スペイン植民都市の要塞化に大きく寄与した存在として，イタリア出自のアントネッリ・ファミリーを無視することはできない．

# 5 王たちの都 — リマ

　1535年1月18日，リマが「王たちの都 "Ciudad de los Reyes"」と名づけられてフランシスコ・ピサロによって建設宣言がなされたことは上述のとおりである．リマはペルー副王領（1542〜1821）の首都として，南アメリカのスペイン帝国全体の首都として，16世紀から18世紀にかけて君臨した．王立教皇庁立サン・マルコス大学が置かれ，全ての銀はリマを通じてパナマ地峡経由でセヴィージャに送られるなど政治経済宗教の中心であり続けた．

## 5-1　ペルー副王領のスペイン植民都市

　スペイン植民地帝国におけるアウディエンシアの設置については第II章でみた．南アメリカについて年代順にみると（記号については後述），パナマ（第1次1538〜1543，第2次1564〜1751），リマ（1543）*，ボゴタ Santa Fe de Bogotá（1548）*，ラプラタ La Plata de los Charcas（1559）†，キト（1563）*，チリ（1563〜73；1606），ブエノス・アイレス（1661〜72；1776）†，クスコ（1787）にアウディエンシアが設置される[325]．この広がりは植民地化の進展を示している．

　ペルー副王領が大きく再編成されるのは，18世紀のブルボン改革によってである．1717年にボゴタ，キト，パナマのアウディエンシアからなるヌエヴァ・グラナダ副王領（*印）が設置される．1724年に廃止されるが，1739年に再設置される．1776年に，チャルカス，ブエノス・アイレスのアウディエンシアに代わって，今日のアルゼンチン，ボリビア，パラグアイ，ウルグアイの領土からなるリオ・デ・ラプラタ Virreinato de Río de la Plata 副王領（†印）が設置される．そして，チリは1789年に独立した総督領となる．

　都市図の残されているペルー副王領のスペイン植民都市（59都市）のうち，主要なものを以下に検討しよう．

　市壁に囲われた都市として興味深いのがパナマ（1519），トルヒージョ（1533），リマ（1535），カジャオ（1537）である．いずれも，初期のサント・ドミンゴ，ハバナとは異なって，イントラムロス（市壁内）が整然と区画割りされている．リマとその外港カジャオについてはのちにさらに具体的にみるが，パナマは，プラサ・マヨールの

---

[325]　ティエラ・フィルメ（ヴェネズエラなど）はサント・ドミンゴ・アウディエンシアに含まれる．

## 第V章

アンデス（ペルー副王領）

各辺の中央から主要が伸びるかたちが意識されている．また，トルヒージョは唯一多角形の市壁を持ち，スペイン植民都市の中でも最も幾何学的な設計都市である．第II章でみたように（表II-3-7），いずれも市壁の建設は都市建設の後である．市域が市壁ではっきり境界づけられているという意味で，第II類型をなすといえる．他のカルタヘナ（1532），コロニア・デル・サクラメント（1680）は，不整形グリッドの城塞都市で第I類型に属する．ポルトベロ（1594）については2×3のグリッドで，細かい街区割が示されているが現況は確認できない．このポルトベロの建設に当たったのは，サント・ドミンゴ，ハバナの要塞建設にも関わったバウティスタ・アントネッリ（Column 7）である．アントネッリは，パナマ地峡の太平洋岸の港市として古くから機能してきたノンブレ・デ・ディオス（1510，パナマ）をポルトベロに移している．

要塞を持つ都市としてモンテヴィデオ（1726，ウルグアイ）とコンセプシオン（1794，アルゼンチン）がある．前者はコアの部分は5×5の正方形グリッドであるがそれから街区が延長されているパターン，後者は7×7の正方形グリッドで正方形の四隅稜堡という極めて図式的な計画図（1794）が残されているが，両者ともオリジナル・グリッドはよく残っている．

残る50都市は，全てグリッド・パターンであるが，22都市は正方形グリッドである．また，39都市は，第II章の分類でいう，プラサ・マヨールA型のパターンである．さらに正方形街区のみからなる都市が32ある．ペルー副王領の都市が総じてワン・パターンである印象があるが，それは以上のような概況からもうかがい知ることができる．

代表的なのは，ブルボン改革によってラプラタ（ブエノス・アイレス）副王領が設置される（1776）ブエノス・アイレスである（図V-5-1）[326]．

ブエノス・アイレスについては，ペドロ・デ・メンドーサによって建設されたこと，それに先立ってフアン・ディアス・デ・ソリスがラプラタ川周辺を探索したこと，先住民の抵抗に会いアスンシオンに撤退，そこから再建されたことなど，断片的に触れてきた．その都市形成の歴史を，残された都市図から整理してみよう．

最古の都市図は1536年のものである（1図）．5×6街区の基本モデルとなっている．しかし，次の段階になると，9×15のグリッド・パターンの都市計画図となる（2図）．しかも，上下左右が延長される表現をとっている．まさにスペイン植民都市の第III類型である．所有者名，教会，プラサ・マヨールなどが記入されているから，実施計画図とみてよい．ブエノス・アイレスがフアン・デ・ガライによって再建され，ラ・トリニダードと命名されたのが1580年である．まさに，この後の建設のための計画

---

326）ブエノス・アイレスの都市形成史については，松下マルタ「ブエノスアイレス―南米のパリからラテン・アメリカ型首都へ」（国本伊代・乗浩子（1991））が概観している．また，Romero, Jose Luis y Luis Romero (eds.) (1983), Ross, Stanly and Thomas McGann (eds.) (1982) がある．

5

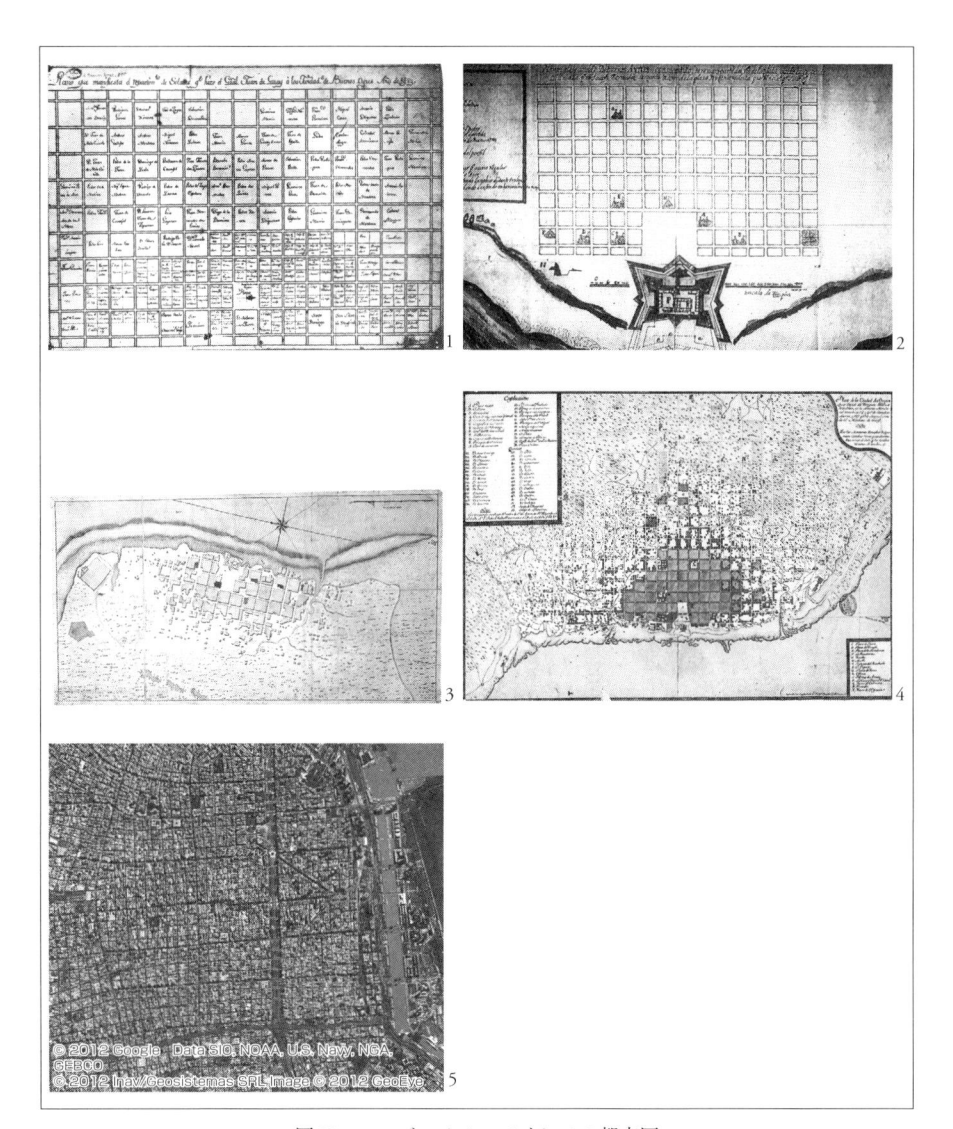

王たちの都

図 V-5-1　ブエノス・アイレスの都市図
1. Juan de Garay (1583)：AGI, MP-Buenos Aires, 11　2. José Bermudez (1708)：AGI, MP-Buenos Aires, 38　3. (1720)：SGE J-9-2-25（CEDEX (1997)）．4. Joseph María Cabrer (1776)：SH 6268（Ministerio de Defensa (1990)）　5. 現況

第 V 章
アンデス（ペルー副王領）

図である．

　単純な正方形グリッドで街区規模は 140 ヴァラ×140 ヴァラ，街路幅 11 ヴァラでプラサ・マヨールは 162 ヴァラ×162 ヴァラである．正方形街区は 2×2 = 4 分割される．140 ヴァラ×140 ヴァラという街区規模は，第 II 章でみたように，スペイン植民都市の中では大きい方である．ブエノス・アイレスは，ラプラタ流域の産物，皮革などの輸出港として発展する．ただ，ペルー副王は，スペインとの貿易をリマに限定したため，イギリスやフランス，オランダとの密貿易を主とした．上述のように，黒人奴隷の交易拠点ともなった．

　次に古いのは 1708 年の都市図である（3 図）が，これには要塞が描かれ，その前に 3 街区分の大きな広場がとられている．何故か，全体は 9.5×16 の街区となっている．これは新たに描かれた計画図とみられる．続く 1720 年の都市図（4 図）は，実際に建設された既成市街地が示されている．しかしその範囲は 9×15 の計画にはるかに満たないし，要塞も 1 街区規模にすぎない．建て詰まっているのは 4×9 の範囲で，その周辺に建物が徐々に拡がりつつある．境界ははっきりせず，当初計画のガイドラインであるグリッドに沿った成長過程を示している．

　ポルトガルの侵攻に対処するために，1776 年，ラプラタ副王領がペルー副王領から分離するかたちで設置され，ブエノス・アイレスはその首都として正式に開港される．1784 年の地図（5 図）がその成長過程をそのまま示している．加えて，製作年代不明の 2 枚の都市図があるが，その後のさらなる拡張過程を示している．

　19 世紀末の都市図（1885）の都市図（6 図）をみると，ほぼ一定の範囲が市街地されているのを確認できる．ブエノス・アイレスは，グリッドの最も典型的なパターン（第 III 類型）を示した例といえるだろう．

## 5-2　王都リマ

　リマ市の設立は，公式には 1535 年 1 月 18 日である．フランシスコ・ピサロがハウハ Jauja の町をリマ（王たちの都市 La Ciudad de los Reyes）と名づけるのである．リマの地は，インカ帝国以前の諸文明の興亡の中で，必ずしも中核的な地域ではなかった．フランシスコ・ピサロが何故リマを首都の場所として選定したかについては，水質のよい水と燃料が得られ，リマク川を通じての海路交通の便がよかったこと，また，地元のインディオのカシーケたちが敵対的でなかったことが理由としてあげられる．リマの外港としてカジャオが建設されたのは 1537 年である．

　リマは，1539 年頃には 350 人ほどのエンコメンドーロが居住していただけだとされる．1540 年以降の内戦の最中に副王領の首都となり（1542），アウディエンシアが設置（1543）され，リマは発展しはじめる．プラサ・マヨールが設けられ，カテドラ

ルの建設が開始されたのは1544年である．プラサの周辺にはピサロの邸宅が建設され，16世紀後半には副王の邸宅が同じ敷地に建設され，さらに市庁舎も建設された．そして，リマは，ポトシ銀山が発見（1545）されて以降，大きく発展していくことになる．南米最古の大学である上述のサン・マルコス大学が創設されたのは1551年である．

リマは1615年には人口2万5,000人を数えたとされる．ただ，1619年に描かれた絵をみると，そう巨大な都市のようにはみえない．その人口の過半はインディオ，メスティーソ，黒人であった．1599年から1606年にかけてリマに住んだヒエロニムス会士ディエゴ・デ・オカーニャDiego de Ocañaは，リマは村のようだと書いている（Carrasco, Julio Guerrero(ed.) (1969)）．大半の住居は平屋もしくは2階建ての日干煉瓦造であった．ベルナベ・コボは，1599年にリマを訪れ，1630年代にメソアメリカのイエズス会を訪問した以外は，1657年に死ぬまでリマに住んだが，同じように，リマが不整形になりつつあり，郊外にインディオの居住地が無秩序に広がりつつあると書いている（『新世界の歴史』(1639)）．ただ，コボによると，プラサ・マヨールはスペインでもみたことのないほどすばらしいものであった．すなわち，17世紀の前半には，少なくとも中心街区はスペイン風の景観を整えたと思われる．プラサ・マヨールの中心に，ペルー副王マルキス・デ・モンテスクラロスによって噴水が建設されたのは1606年である．バロック・スタイルのカテドラルの再建が開始されるのは1626年である．

当初の計画図は残されてはいないが，1626年の図（図V-5-2，1図）には，7(8)×11のグリッド街区が描かれている．半円形に大砲が配置されているのはユニークである．リマク川に近接してプラサ・マヨールが設けられ，北に副王邸，西にカビルド，東に主教会Iglesia Mayorが配されている点は「フェリペII世の勅令」に適している．当初の計画は，単純な正方形グリッドのパターンである．

しかし，リマは，その後安定的に発展しなかった．1655年には大地震に見舞われている．また，インディオとの関係は必ずしも良好とはいえず，1656年頃にはインディオの暴動が起こっている．さらに，1665年から1668年にかけては，鉱山主が植民地政府に反乱を起こしている．

スペイン王室が海賊対策のために主要な都市に要塞建設資金を供給し，1558年に，ハバナに「新世界」最初の本格的石造要塞（レアル・フエルサ要塞）が建設されたことは第III章で触れたが，ペルーに赴任した副王たちも，フランス，イギリス，オランダの海賊の攻撃に悩まされ，この間，太平洋岸のヴァルディヴィア Valdivia，ヴァルパライソ Valparaíso，アリカ Arica，カジャオといった港を要塞化している．カジャオの要塞化は1624年である．

そして，リマ（1682年）とトルヒージョ（1685〜1687年）に市壁が設けることになる．

# 第 V 章
アンデス（ペルー副王領）

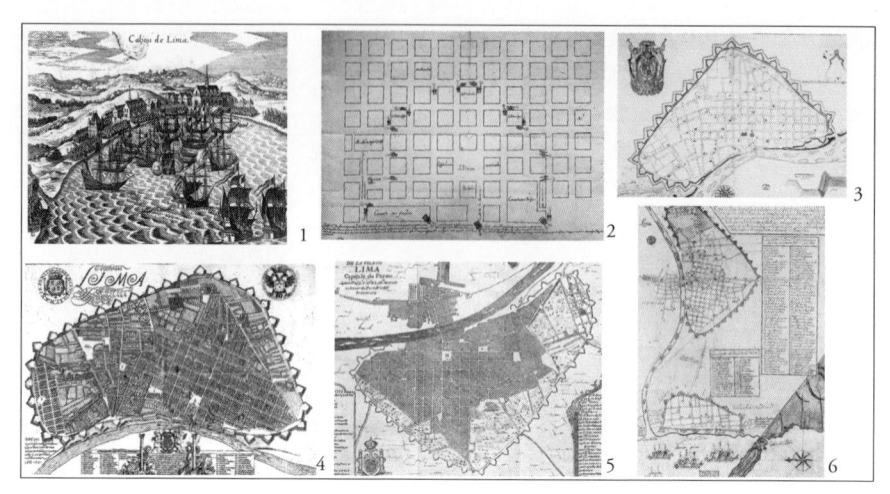

図 V-5-2　リマの都市地図

1. Theodor De Bry (1614) : Grands voyages, tomo 11, parte II, Francfort　2.　(1624) : AGI, Perú y Chile, 7　3. Juan Ramón Conock (1682) : AGI, Perú y Chile 11　4. Fr. P. Nolasco (1687) : AGI, Perú y Chile 13　5. Amédée François Frézier (1716) : "Relation du Voyage de l'Amérique du Sud aux Côtes du Chily et du Pérou, fait pendant les années 1712, 1713 et 1714", Paris　6. Dionisio de Alcedo y Herrera (1740) : AGI, Perú y Chile 22

　すなわち，サント・ドミンゴ，ハバナ，ヴェラクルス，パナマに続いて，リマは市壁を持つ14のスペイン植民都市のうちのひとつになるのである．1682年，1685年，1687年と都市図が残されているが，1682年の市壁計画にともなうものである．1682年の都市図（2図）はフアン・ラモン・コニニック Juan Ramón Koninick によるものであるが，不正確であり，1688年のフランシスコ・デ・エスタヴェ・イ・アス Francisco de Estave y Assu の図（3図）は定規で一見精密に仕上げられているが，余白には珍しい動物が描かれるなどイメージ図に近い．2つは市壁の形や稜堡の数など全く異なっている．一連の都市図をみると，オリジナル・グリッドは整然としている．街区規模は150ヴァラ×150ヴァラと他と比べると大型である．注目すべきは，畑や果樹園など郊外に余地を含んで市壁が建設されていることである．スペイン植民都市の第II類型といっていいが，そのヴァリエーションとなる．カジャオも同様である．

　1687年と1746年の大地震は多くの建築物を破壊し，カジャオは前述（第II章3）のように1764年に津波にも見舞われ壊滅してしまう．市壁が破壊され，五角形の要塞が描かれた都市図（1761）が残っている．しかし，リマの栄華は失われなかった．1761年に着任した副王アマトは大規模な都市計画や演劇の振興を行い，知識人の文化が栄えた．一方，リマにはアフリカから連行された奴隷や，都市に流入した先住民系の住民，メスティーソなどの人々も存在し，白人上流階級の文化とは別に彼ら独自のクレオール文化が育まれた．

5　王たちの都

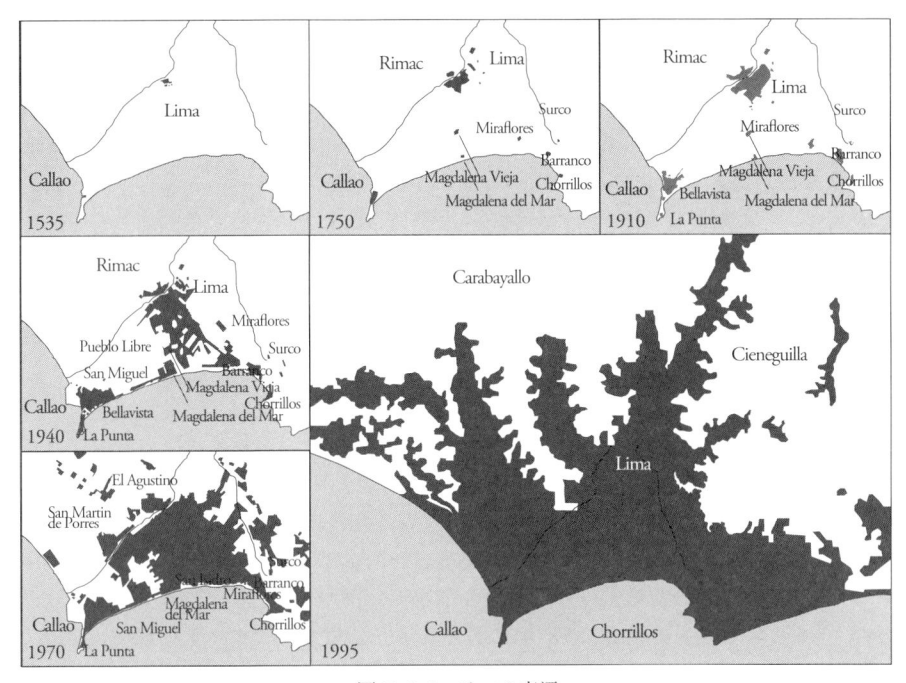

図 V-5-3　リマの変遷

図 V-5-4　リマの現況

## 第 V 章
### アンデス（ペルー副王領）

　18世紀末のリマの人口は約5万人にすぎない．1808年のナポレオン・ボナパルトが自身の兄をスペイン王ホセI世として即位させると，それに反発する民衆蜂起からスペイン独立戦争が勃発，イスパノアメリカのクレオールたちは，ホセI世への忠誠を拒否し，ラテン・アメリカ大陸部の独立戦争が始まった．リマのクレオールは特権を失うことを恐れて独立に消極的だったが，1821年にアルゼンチンからホセ・デ・サン＝マルティンがリマを解放し，独立宣言を発した．その後リマは独立勢力の混乱の中で再びスペイン王党派軍に奪回されたが，最終的にシモン・ボリーバルとアントニオ・ホセ・デ・スクレがアヤクチョの戦いでホセ・デ・ラ・セルナ率いる王党派軍を壊滅に追いやったことにより，ペルーの独立は確定した．独立後のペルーの政治は安定せず，各地でカウディージョCaudillo（総統）が跋扈していたが，ラモン・カスティージャが一定の安定を実現すると，ペルーはグアノの輸出によって近代化を実現しはじめ，ガス灯や鉄道が建設され，1872年に都市計画のためにリマの市壁は破壊された．また，19世紀の半ばからヨーロッパや清国からの移民がペルーに導入され，19世紀末には日本人移民も導入された．これらの移民はコスタの大農園で労働者として働いたのちに，多くはリマに流入して小商店主などになる．

　しかし，19世紀末においてもリマの人口はせいぜい10万人（1875）にとどまる．リマが大きく変貌するのは20世紀に入ってから，それも1930年代以降である．1940年には大地震が起き，以降スラムが拡大していった．また，同年に生じた満州事変以来，高まる反日感情を背景に，排日暴動が勃発している．第2次世界大戦後にはペルー各地から人々が移り住んできたことから市街が急速に拡大し，一大都市へと変貌していく．人口は33万人（1931），66万人（1940），190万人（1961），342万人（1972），484万人（1981），643万人（1993），728万人（2004），847万人（2007）と増加し，現在では1,000万人にならんとする大都市にまで発展し，それに応じて市域も拡大の一途をたどっている（図V-5-3）．ペルーの総人口が約3,000万人であるから，典型的な発展途上国のプライメイト・シティ（単一支配型都市）といえるだろう．1988年にサン・フランシスコ修道院とその聖堂が世界遺産に登録された．1991年に，その登録範囲はかつてのプラサ・マヨール周辺の歴史地区全体に広げられ，そのオリジナル・グリッドを今日に伝えてくれている（図V-5-4）．

# 第 VI 章

●

## フィリピン
*Philippines*

### マニラ・アウディエンシア
*Manila Audiencia*

*1*
ラス・イスラス・フェリピナス

*2*
アジアへの橋頭堡 ── セブ

*3*
スペイン東インドの首都 ── マニラ

*4*
バハイ・ナ・バトの都市 ── ヴィガン

*Column 8*
最初の世界周航者

ラス・イスラス・フェリピナス

　フィリピン諸島にネグリート系と考えられる人類が居住しはじめたのは2万5,000〜3万年前で，その後，台湾あるいは中国南部を原郷とするオーストロネシア語族が移り住んで水田耕作を行ってきたとされる．ポルトガルのマラッカ攻略（1511）以前にイスラームは広まっており，中国や東南アジア各地との交易も行われていた．すなわち，小規模な港市は成立していたが，フィリピン諸島を統一する国家はもとより，土着の諸集団を束ねる核となる都市も存在していなかった．スペインは，フィリピンに全く新たに都市の伝統を植えつけることになる．
　フィリピンのスペイン植民都市はイベロアメリカとは全く異なる背景において建設される．先住民を異にしているのはもちろんであるが，フィリピン諸島がアステカやマヤ，インカのような都市文明の歴史を持たなかったことが大きい．また，中国，インドの都市文明はフィリピン諸島には及んではいなかったけれど，中国，日本との交易のネットワークがすでに成立していたことは，スペイン植民都市を大きく規定することになる．そして，イスラームがすでに及んでいたことも重要である．
　スペインにとって，フィリピンは，ポルトガルとの熾烈な「世界分割」競争の最前線となる．コロン以来目指してきたアジア交易の拠点は，フィリピンに築かれることになった．

# *1* ラス・イスラス・フェリピナス

　ポルトガル生まれの[327]マガリャンイス（1480頃〜1521）の船隊が世界周航をめざしてフィリピンに到達したのは，まさにコルテスがテノチティトランを壊滅させた1521年のことである．
　フィリピンという名称は，フェリペⅡ世に由来する．すなわち，マガリャンイスの後，時をおいて1543年にフィリピン諸島を訪れたヴィジャロボス Ruy López de Villalobos（1500頃〜44）がレイテ島とサマル Samar 島を「ラス・イスラス・フェリピナス Las Islas Filipinas[328]」と名づけたことに始まる．

---

[327] ポルト近くのヴィジャ・ノヴァ・デ・ガイア，あるいはヴィジャ・レアル近くのサブロサ Sabrosa で生まれたとされる．
[328] フィリピナスが定着する前には，西諸島 Islas del Poniente あるいはサン・ラサロとも呼ばれた．

413

# 第 VI 章

フィリピン（マニラ・アウディエンシア）

## 1-1　ポルトガルの海外進出

　この地域におけるスペインの植民地化の過程を明らかにするためには，同時に世界戦略を展開していたポルトガルの動向をおさえておかねばならない．ポルトガル[329)]が，他のヨーロッパ諸国に先駆けていち早く海外へ目を向けることになったのは，布野編（2005a）で指摘したように，1492年のレコンキスタ完了のはるか以前，1250年に領内からイスラーム勢力を一掃していたこと（というより，そもそもポルトガル王国自体が，イスラームに対するレコンキスタの過程で生まれたことは第I章で述べた），大国カスティージャに接して常に圧迫を受け，活路を海に求めざるを得なかったこと，地勢的にも漁業，海外貿易の伝統を持っていたこと，さらに豊富な資金を持つ騎士団[330)]が存在していたことが大きい．建国以来，イベリア半島に，カスティージャ，アラゴン，グラナダ王国などが割拠し，抗争が絶えない中で，ジョアンI世（在位1384〜1433）が，ポルトガル領へ侵入してきたカスティージャ軍を撃破（1385），アヴィス王朝（1385〜1580）を建てて，ポルトガルはヨーロッパで最初の国民国家となる．1415年には，アフリカへの進出を企図し，ドゥアルテ，エンリケ両王子の指揮する大軍を送ってモロッコの港セウタを占領させている．『ギネー発見征服誌』（アズララ（1967））は，航海王子として知られるエンリケ王子（1394〜1460）[331)]の偉業の歴史を讃えているが，ポルトガルの海外進出の歴史は，このセウタ占領が嚆矢となる．そして，ジョアンI世は，マデイラ Madeira，アソーレス，カナリア諸島への植民を進めることになった[332)]．

　エンリケは，1449年にアルギン島（モーリタニア）に商館を建設し，さらにポルトガル南端のラゴスにギネア館を設置（1450）して，貿易活動を管轄した．エンリケが死去した1460年に航海を行ったペドロ・デ・シントラは，シエラ・レオネにまで達している．ギニア湾が大きく東へ湾入していることがわかると，アフリカは迂回しう

---

329)　トレド攻略に参加したブルゴーニュのアンリー（エンリケ）がポルトガル伯領を与えられ，その子アフォンソがポルトガル王の称号と権利を得た（1143年）のがポルトガル王国の始まりである．13世紀半ばまでにイスラーム勢力を国内から追放し，国内統一を果たした（1250）．
330)　この騎士団の団長がエンリケ航海王であった．
331)　エンリケは，ポルトガル西南の突端サグレス岬に居を構え，1418年以降，発見上必要な地理，航海術，数学などの研究をはじめ，組織的に資料を収集し，多くの航海経験者を集め，実際に航海を行った．多くの航海士が養成されたが，その中にはヴァスコ・ダ・ガマやマガリャンイスもいた．兄ドゥアルテが即位（在位1433〜38）すると，アフリカ大陸沿岸で行う交易，植民活動などに対する税（五分の一税）を免除される特権を与えられ，それまで航海の限界とされてきたボジャドール岬を超えて積極的な海外進出を行った．1441年，アンタム・ゴンサルヴェスは西サハラ沿岸から黒人を連れ帰り，エンリケに献上する．これが奴隷貿易の始まりとされる．
332)　マデイラ島は甘蔗，アソーレスは小麦，葡萄酒，砂糖，家畜，ヴェルデ岬諸島は綿花と砂糖を産し，エンリケの発見・交易事業は，アントウェルペンに中継商館ができるほど多くの利益を得た．

図 VI-1-1　ポルトガルの海外進出
コロンブス，アメリゴ，ガマ，バルボア，マゼラン (1965) をもとに梅谷敬三作図

る大陸と考えられはじめる (図 VI-1-1).

　エンリケの死後，海外交易事業を引き継いだジョアン II 世 (在位 1481～95) はギニア海岸に金と奴隷交易のためにエルミナ城 (ガーナ共和国エルミナ) を建設 (1480)，ギネア館をリスボンに移し，ギネア・ミナ館と称した．ジョアン II 世のもと，1482 年に，ディオゴ・カンがコンゴ川河口を探索し，1486 年にはさらに南にいたっている．そして，1488 年，ついにバルトロメウ・ディアス (?～1500) が喜望峰に到達，インド洋を眼前にする．コロンに続いてマヌエル王の時代 (在位 1495～1521)，1498 年に，ヴァ

# 第VI章

## フィリピン（マニラ・アウディエンシア）

　スコ・ダ・ガマがインド，カリカットに到達し，1500年にブラジルが「発見」され[333]，本格的海外植民地建設[334]の時代が来る．ポルトガルのアジア領はインディア領 Estado da India と呼ばれることになる（1505）が，その初代艦隊司令官兼総督に任命されたのがフランシスコ・デ・アルメイダ（1450〜1510）である[335]．

　ポルトガルは，以降，ゴア Goa（1510），マラッカ（1511），セイロン（1518），広州（1517）とアジアに次々と植民拠点を築いていく．その過程は，スペインがサント・ドミンゴを拠点とし（1502），キューバ征服に向かい（1511），さらにメキシコ征服に向かう（1519）過程と並行している．

　1505年25歳の時，フランシスコ・デ・アルメイダの艦隊に乗船することになった[336]マガリャンイスは，ゴア，コーチン Cochin，キーロン Quilon に8年滞在し，様々な戦闘に参加している．そして，1509年には，ディオゴ・ロペス・デ・セケイラ Diogo Lopes de Sequeira の船隊に加わってマラッカに向かうことになる．従弟のフランシスコ・セラン Francisco Serrão も一緒であった．

　マラッカ占領に成功するのは第2代総督アルフォンソ・デ・アルブケルケ Alfonso de Albuquerqe（1456〜1515, 在位1509〜15）である．この時の艦隊にもセランとマガリャンイスは参加する[337]．マラッカ攻略後，マガリャンイスは，1512年にマレー人エンリケを伴ってポルトガルに帰国する．セランがその後モルッカ諸島へ向かい，アンボイナの女性と結婚し，テルナテのスルタンのもとに滞在，モルッカ諸島が豊富な香料

---

[333]　マヌエル王は即位すると1497年にヴァスコ・ダ・ガマをインドに送る．ガマがカリカットの王との接触に成功して1499年に帰国すると，1500年には第2回目の船隊をペドロ・アルヴァレス・カブラルを指揮官として送る．カブラルは，途中ブラジルを発見したのち，カリカットの少し南のコーチンの王との間に友好関係を築く．ギニア・ミナ館はインディア館 Casa da India に改称され，以降，毎年インドに船隊が派遣されることになる．

[334]　マヌエル王は，1500年にガスパル・コルテ・レアルを北西方に，1501年にはゴンサロ・コエリョとアメリゴ・ヴェスプッチを南西方に，スペインの勢力範囲を突き抜けてインドに到達すべく派遣するが失敗，西回り航路は断念される．1502年ヴァスコ・ダ・ガマが司令官として再び派遣され，カナノールとコーチンに商館を建設，この時からインド洋にポルトガル艦隊を常駐させ，海上交通を武力で支配するようになる．1505年には，アフリカ東海岸およびインドに設けられた商館や要塞はインディア領として統合された．

[335]　活動の拠点は当初コーチンに置かれ，ヌーノ・ダ・クーニャ総督（在位1529〜38）が1530年にゴアにインディア領の首都を移す．インディア領の最高責任者は副王あるいは総督で，任期は3年，派遣艦隊の司令官を兼ねた．1506年のトリスタン・ダ・クーニャ，アフォンソ・デ・アルブケルケの派遣から筆を起こし，1515年の死までを綴ったのがジョアン・デ・バロスの『アジア史』第2編である．

[336]　マガリャンイスは，両親の死後10歳でポルトガルの宮廷に入ってレオノール女王の小姓となったというから，それなりの家系であったと考えられる．その後の経歴はよくわからない．

[337]　アルブケルケは，インドへの途次，紅海入口のソコトラ島，ペルシア湾入口のホルムズ島の占領に成功する．オルムズに要塞を建設した（1515）のもアルブケルケである．アラビア半島のアデン，カリカット攻撃には失敗するが，ゴア占領（1510），そしてマラッカ占領（1511）に成功する．

416

ラス・イスラス・フェリピナス

を産することを伝えたことはよく知られている．そして，このエンリケは，マガリャンイスの世界周航の航海に参加し，セブ島にいたったエンリケであり，最初の世界周航達成者と目される人物である．

マガリャンイスは，許可なく任務を離れたことで，また，モロッコのムスリムとの違法取引を咎められ，しばらく航海の機会を得られなかった．1517 年にポルトガル王マヌエル I 世にモルッカ諸島への西回り航路開拓を訴えたが拒否されている．そこで，セヴィージャに移住，カルロス I 世に直訴することになる．この点，クリストバル・コロンの場合と似ている．トルデシーリャス条約による境界線が妨げとなる中で，西回り航路の開拓はスペインにとっては大きな魅力であった．

## 1-2 マニラ・ガレオン

### (1) サラゴサ条約

マガリャンイスの航海以降の航路開発の展開と，その影響をまとめておこう．

マガリャンイス以降，世界周航を実現した船員たちが帰国すると，カルロス V 世はすぐさまマガリャンイス（マゼラン）海峡を回りこむ西回り航路をとってモルッカ諸島へいたる船団を組織させる．

指揮官に命じられたのはガルシア・ホフレ・デ・ロアイサ García Jofre de Loaísa（1490〜1526）で，前述のエルカーノが筆頭水先案内人を務めた．7 隻 450 名を超える規模のロアイサ遠征隊がア・コルーニャを出発したのは 1525 年 7 月，航海は困難を極め，モルッカ諸島にたどり着いたのは，旗艦サンタ・マリア・デ・ラ・ヴィクトリア号のみただ 1 隻で（1526 年 9 月），ロアイサもこのエルカーノも航海の間に死亡している．1527 年にマガリャンイス隊，ロアイサ隊の消息確認，救出とモルッカ諸島探索を目的としてサーベドラ隊がナヴィダー（メキシコ）を出航，1528 年モルッカ諸島に到達するが，帰路の探索に失敗して艦隊は崩壊した．

生き残って香料諸島に到達した 24 名はポルトガルに捕らえられるが，この 24 名の中に後にマニラ・ガレオン貿易を拓くことになるアンドレス・デ・ウルダネタ Andrés de Urdaneta[338] がいた．そして，ウルダネタら数名は，テルナテを脱出，1528 年にスペインに帰還している．

この間一貫してスペインとポルトガルの間で争点になってきたのはトルデシーリャス条約が規定するアジアにおける境界線であった．そして，モルッカ諸島はちょうど

---

338) 1498 年バスク，オルディジア生まれ，1568 年死去．聖アウグスティヌス修道会修道士，航海士，探検家．ラテン語と哲学を学ぶ．入隊し，イタリア戦争中に大尉に昇進した．スペインに戻ってからは数学，天文学を学んだが，それをきっかけに海に生きることへのあこがれを抱くようになった，とされる．

その境界に位置した．この問題をめぐる交渉の結果，1529 年に締結されたのがサラゴサ条約である[339]．この条約で，モルッカ諸島はポルトガルに，フィリピンはスペインにそれぞれ属することがとりあえず定められたものの，当時の経度測定の精度を考えても，その分割線は極めて曖昧であった．

### (2) ヴィジャロボス

メキシコからモルッカ諸島への航路を求めて次に太平洋へ出帆したのがルイ・ロペス・デ・ヴィジャロボスである．発見した諸島をフィリピン（ラス・イスラス・フェリピナス）と名づけたことは冒頭に触れた．ヴィジャロボスは 1541 年，ヌエヴァ・エスパーニャの初代副王アントニオ・デ・メンドーサに東インド諸島への航海を命じられ[340]，1542 年に 4 隻の船でメキシコを出航，北太平洋を横断し多くの小島を発見した後，まずルソン島の南海岸，続いてサマル島，レイテ島に到達したのである（1543）．しかし，先住民に島を追い出され，モルッカへの脱出をこころみたが，ポルトガル人との争いに敗れて捕虜となる．ヴィジャロボスは 1544 年にアンボイナ島（アンボン島）で捕われたまま死んだが，残った乗組員は生き残り，脱走してヌエヴァ・エスパーニャに戻った[341]．

このヴィジャロボスの航海については，清水（2012）が日本の「鎖国形成史」を問う中で，Consuelo Varela（1983）に依拠しながら詳細を明らかにしている．この時点では，依然としてフィリピンはスペイン，モルッカ諸島はポルトガルという線引き，そして日本その他については，交易の実績を積んだ方に優先的な権利を認めるという原則は維持されており，双方カトリック教国としての立場から，イスラームに対しては協力して敵対するということは貫かれていた．

ヌエヴァ・エスパーニャ副王ルイス・デ・ヴェラスコ Luis de Velasco[342] が，ミゲル・ロペス・デ・レガスピ[343] に対し，太平洋に出航し香料諸島への遠征を命じたのは，

---

[339] 16 世紀中に，イニゴ・オルティス Yñigo Ortiz de Retez によるニューギニア到達（1545 年），ペドロ・サルミエント Pedro Sarmiento de Gamboa てによるソロモン諸島到達（1568 年），アルヴァロ・デ・メンダーニャ Álvaro de Mendaña de Neira によるマルケサス Marquesas 諸島到達（1595 年）など，多くのスペイン船団が太平洋の島々を探索するが，これらを植民地化するにはいたらなかった．

[340] この航海は，ペドロ・デ・アルヴァラードがカルロス I 世に許可を申請し，メンドーサと共同出資の協定を結んでいたものである．アルヴァラードの不慮の事故によってメンドーサがその遺志を引き継ぐことになった．

[341] ロペス・デ・ヴィジャロボスの太平洋艦隊には，のちにイエズス会に入会して日本布教に従事した宣教師コスメ・デ・トーレスも同乗していた．トーレスはモルッカでフランシスコ・ザビエルと出会い，ゴアでイエズス会に入会する．

[342] 1511 年ヴァレンシア生まれ〜1564 年死去．第 2 代ヌエヴァ・エスパーニャ副王（1550〜64 年）．

[343] レガスピは，1502 年にバスク地方のスマラガ Zumárraga で生まれ，1526〜27 年市会議員を務めたのち，1528 年「ヌエヴァ・エスパーニャ」に渡ることを決意する．1559 年まで，財務部局

ラス・イスラス・フェリピナス

失敗に終わったヴィジャボラスの航海から20年後の1564年初頭のことであった．レガスピに従った2人の副官がマルティン・デ・ゴイティ Martín de Goiti とフェリペ・デ・サルセドであった．5隻500名からなるレガスピの艦隊は，1565年にセブ島に到達，フィリピン諸島を征服し初代フィリピン総督となった．この経緯については，次節で詳しく述べることとする．

### (3) ウルダネタ

マニラ・ガレオン（あるいはアカプルコ・ガレオン）貿易は，レガスピの艦隊に参加したアンドレス・デ・ウルダネタによって創始される．そして，1565年から1815年まで250年間にわたって維持された．記録によるとその間110隻がマニラ―アカプルコを往復している[344]（図VI-1-2）．

ウルダネタはどうにかヨーロッパに帰り着いたのち，ヌエヴァ・エスパーニャに渡って聖アウグスティノ修道会に入会するが，有能な航海士として，とりわけインド方面に強いと考えられており，フェリペII世によってミゲル・ロペス・デ・レガスピの船隊への参加を命じられることになる．

セブに到達すると，レガスピはフィリピンに残り，ヌエヴァ・エスパーニャに帰るための航路開拓と，フィリピン植民地への増派を求めるために，ウルダネタを帰航させる．ウルダネタはセブ島のサン・ミゲルを1565年7月に出航，14名を失う困難な旅の末，1565年10月アカプルコに入港する．彼は，太平洋の貿易風が大西洋と同様に輪を描いているのではないかと考え，北に向かい東への貿易風をとらえることで，北米西海岸に行き着くと想定した．そこで，北緯38度まで北東に進み，そこから進路を東にとり，カリフォルニアのメンドシノ岬付近にたどり着き，そこから海岸に沿って南に進んでアカプルコに着いた．このマニラ・ガレオン航路は，「ウルダネタの航路」と呼ばれる[345]．

16世紀の間，ガレオン船は平均1,700～2,000トンで1,000人の乗客を運ぶことができた[346]．ほとんどの船はフィリピンで建造され，メキシコで建造されたものは8隻にとどまる．マニラから太平洋を渡ってアカプルコに着くまで4か月を要した．

マニラ・ガレオン船によって，香料諸島の香辛料，中国・東南アジアの磁器，象牙，漆器，絹製品がを南米に運ばれた．中でも中国産の絹織物が多くの割合を占めたため，

---

評議会のリーダーとして，メキシコ市の市長を務めた．

344) 1593年までは，両港から毎年3隻ずつ以上の船が出ていたが，マニラ貿易が優勢になってセヴィージャの商人たちが異議を唱え，1593年の法律で，年間2隻ずつの運航に制限された．

345) ウルダネタは，航海に関する手記を2つ残している．ロアイサの遠征については出版され，帰還について記録したものは，手稿がインディアス総合古文書館（AGI）に収蔵されている．ウルダネタは1568年に，メキシコ・シティで死去している．

346) 1638年に沈んだコンセプション号は全長140～160フィート，排水量2000トンであった．

## 第 VI 章

フィリピン（マニラ・アウディエンシア）

図 VI-1-2　アカプルコ
a. 1619：Adrian Boot, Biblioteca Apostólica Vaticana　b. 1712：AGI, MP-México, 106

　アカプルコ行きの船は「絹船」とも呼ばれた．一方，中国では，サカテカスとポトシで産出する銀が求められた．銀はアカプルコからマニラに運ばれ，マニラ行きの船を「銀船」と呼んだ．「新大陸」の銀のおよそ三分の一がマニラ・ガレオン航路で中国に運ばれたと考えられている．日本の鎖国以前には，日本との貿易も行われた．積荷はアカプルコからメキシコを横断し，カリブ海に面した港ヴェラクルスまで陸送され，そこからスペイン財宝艦隊に積み込まれスペインにいたった．

　マニラ・ガレオン交易は 1821 年のメキシコ独立で終焉を迎え，以後フィリピンはスペイン王の直接統治領となる．1800 年代半ばになると，蒸気船の発明とスエズ運河開通によってスペインからフィリピンまでは 40 日で行くことができるようになる．メキシコ独立後も，米西戦争中を除いて貿易は続けられた．

### 1-3　マニラ・アウディエンシア

#### (1)　レガスピ

　スペインによるフィリピンの領有が開始されるのは，前述のとおり，マガリャンイスのセブ島到達から 44 年後の 1565 年のことである．

　レガスピは，旗艦「サン・ペドロ」以下 4 隻の船団を編成，500 人の武装した兵士と聖アウグスティノ修道会およびフランシスコ会の修道士を引き連れ，1564 年 11 月 21 日メキシコ太平洋岸のプエルト・デ・ラ・ナヴィダーを出港，マリアナ諸島およびヴィサヤ諸島を経て 1565 年 4 月 27 日にセブ島に到着する．レガスピは，フマボ

ンの息子，ラジャ・トゥパスの砦を砲撃し，スグボ Sugbo（セブ）[347] の町を破壊するとともに，トゥパスら土地の首長たちとスペインの主権を確立する条約を締結することになる．レガスピは，フィリピン諸島初代総督でエル・アデランタード El Adelantado の称号を得ることになった．また「エル・ヴィエホ（El Viejo, 老人）」とも呼ばれた．

レガスピとともに，フィリピンにおける植民都市建設が開始される．彼らはまずセブの町を再建し，ヴィジャ・デル・サンティシモ・ノンブレ・デ・ヘスス Villa del Santísimo Nombre de Jesús（イエスの最も聖なる御名の村）と命名する．1569 年に，この町はフィリピン最初のシウダードとして認められている．

しかし，セブは深刻な食糧不足に見舞われ，また，常にポルトガルによる脅威にさらされていた[348]．レガスピ自身，ヌエヴァ・エスパーニャ副王もセブ島周辺の海域がポルトガルに属することは認識しており，1569 年にパナイ Panay 島に拠点を移している．その地は，パナイ島北部の現在のロハス Roxas 市である．レガスピは，さらに各地に遠征隊員を派遣し，より適切で強固な拠点を探し続ける．まず孫のフアン・デ・サルセドを北へ送って，マニラ湾に進入することはできなかったものの，ミンドロ島の沿岸部やルバン島の近辺を探らせている（1570）．また同年，ゴイチ Martín de Goiti には，パナイ島の西に位置するクヨ Cuyo 諸島を探らせた後，翌年 5 月 8 日にはマニラに向かわせている．当時のマニラは，ブルネイのイスラーム王国の支配下にあり，スレイマン Sulayman に率いられていたことが知られる．ゴイチが率いるスペイン・ヴィサヤ傭兵軍は，朝貢を要求したスレイマンが船隊に砲撃したのに対して，要塞に突入，マニラの町を焼き払った上で，パナイに引き上げている．このような経緯をたどり，レガスピはマニラを本拠地とすることを決意，1571 年 5 月 16 日，自ら 20 数隻の船団を率いてマニラに向かい，マニラとその近郊トンド Tondo の首長らと協定を結んで，砦の建設を開始した．6 月 24 日に市制を敷き，アユンタミエントあるいはカビルドを設置して，レヒドール regidor（議員）とアルカルデ・マヨールを任命している．8 月 14 日にセブ（ヴィラ・デル・サンティシモ・ノンブレ・デ・ヘスス）はマニラの司教区から離れ，独立した司教区となった．レガスピは，マニラに本拠地を移したのちも，セブを見放さず守備隊と知事を置いて町を管理させ，兵士の半分はセブに残した．

このようにして，橋頭堡としてのセブ，仮の本部パナイ，永久根拠地マニラの 3 つの植民拠点が相互に異なる役割を担いながら，スペインは太平洋地域における支配のネットワークを広げていく（図 VI-1-3）．マニラ占領とともに，レガスピは，ルソン

---

347) 当時はズブ Zubu，あるいはヴィサヤ語でスグボ Sugbo と呼ばれた．
348) たとえば 1568 年 9 月 30 日，ゴンサロ・ペレイラ Goncalo Pereira に率いられたポルトガル船 7 隻がセブに入港し，トルデシーリャス条約を根拠に東経 130 度以西がポルトガル領であることを主張している．

# 第 VI 章
## フィリピン（マニラ・アウディエンシア）

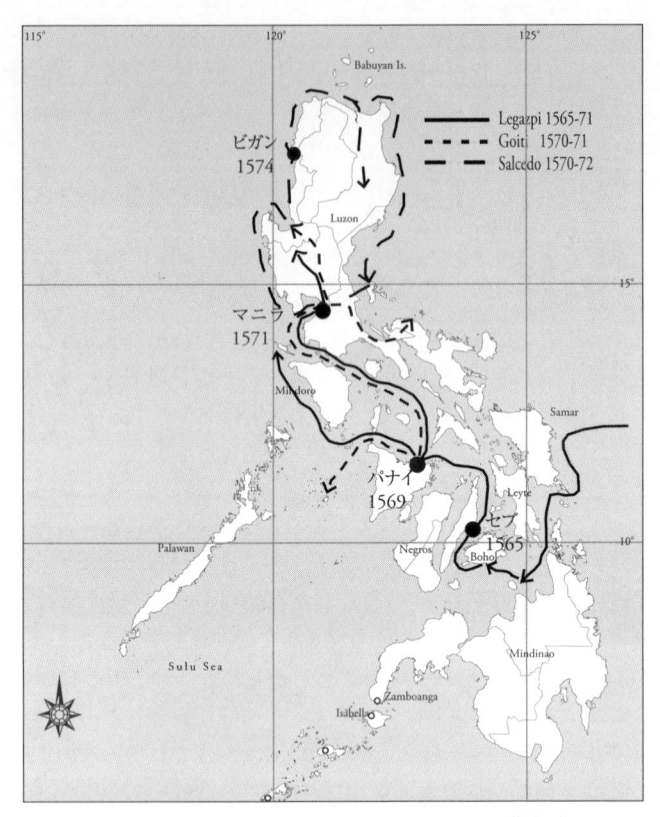

図 VI-1-3　フィリピンにおけるスペインの初期拠点
ヒメネス・ベルデホ，ホアン・ラモン作成

島各地の勢力を掃討するためにゴイチを陸路内陸へ派遣し（1571），サルセドをルソン島沿岸部一周する遠征に派遣する（1572）．ルソン島はわずかの期間でレガスピによって平定されるが，北ルソンの拠点として選ばれたのがヴィガンである．

### (2)　統治システム

ただし，1565 年のレガスピのセブ到達と領有宣言，1571 年のマニラ建設を経ても，スペインは，ポルトガルとの関係上，フィリピン支配の正統性を必ずしも確立していなかった．スペインがフィリピン統治に本格的に乗り出すのはスペインがポルトガルを併合した 1580 年以降で，実際，マニラにアウディエンシアが設立されたのは 1583 年のことである．1589 年にフィリピン統治に関する勅令が出され，ゴメス・ペレス・ダスマリニャスが新総督に指名されるが，フィリピン統治が組織化されるのは，このダスマリニャス新総督の下に副総督としてアントニオ・デ・モルガ Antonio de Morga

ラス・イスラス・フェリピナス

(1559〜1631)[349]が赴任して以降のことである．フィリピンの初期スペイン統治については，モルガ自身が『フィリピン諸島誌』(1609)[350]を書き残している．

このように，スペインのフィリピン領有過程は，イベロアメリカにおける「征服」の過程とは明らかに異なっている．第1に，ポルトガルとの分割線をめぐって，トルデシーリャス条約，サラゴサ条約があり，法の遵守が拘束力になっていたことがある．第2に，平和裏に，友好的に「平定（パシフィケーション）」を行うようにという「フェリペⅡ世の勅令」も，スペイン人の行動を大きく規定したと考えられる．第3に，フィリピン先住民が抵抗戦をせず，逃散することが多かったことも大きな違いである．そもそも地域の社会集団の規模が小さく，大規模な反乱は不可能であった．インディオを絶滅させた要因となった伝染病の蔓延のような事態も起こらなかった．そして第4に，何よりも中国，日本の存在が大きかった．

モルガは，総督（ゴベルナドール）兼司令官（アデランタード）以下，アルカルデ・マヨール，コレヒドールなど，当時の行政組織について記しているが，基本的にはヌエヴァ・エスパーニャと同様である．そもそもマニラ・アウディエンシアは，ヌエヴァ・エスパーニャ副王領の下部組織として位置づけられた．ただし，国王直属でもあり，独立性は高かった．会計は国王によって管理され，支出権はマニラ総督にのみ認められた．副王はマニラ・ガレンオン船の運行を管理し，アカプルコにおいて関税の徴収を行うことによって，マニラ・アウディエンシアの維持費を賄った．

フィリピン諸島を軍事的に制圧すると，エンコミエンダ制を導入し，先住民および土地を植民者に分与している．先住民から貢納させているからレパルティミエント制といってもよいが，そう大きな差はない．悪名高いレパルティミエント制であるが，この地では金銀鉱山などが発見されなかったこともあり，住民構成に大きな変化を与えるまでにはいたっていない．とはいえ，徴税の基本組織としてのエンコミエンダ制をめぐっては，統治組織にとっての大きな課題であり続けた．

スペインはマニラを拠点としながら，各地に教会とプラサを建設し，そのまわりに現地住民を集住させ，都市（シウダード），集落（プエブラ）を編成した．イベロアメリ

---

349) モルガは，1559年セヴィージャに生まれ，サラマンカ大学，オスナ大学で学んだ秀才として知られる．35歳まではフェリペⅡ世の下で司法関係の職に就いていたとされる．モルガは，フェリペⅡ世によってマニラのオイドールそして代理総督に指名され，1595年に着任し，1603年までその職を務めた．その後，メキシコのアウディエンシアに転出し，アカプルコで『フィリピン諸島誌』を執筆，メキシコで出版した．1614年キトのアウディエンシアに異動し，1636年にキトで没している．

350) 正式なタイトルは，『Sucesos de las Islas Filipinas（フィリピナス諸島で起こった様々なことども）』(1609). 神吉敬三・箭内健次編（1966）の邦訳を参照した．全8章からなり，第1章から第7章が，マガリャンイスそしてレガスピから1606年の総督ペドロ・デ・アクーニャ Pedro de Acuna の死までの植民地経営の編年史で，第8章はフィリピン諸島の自然，先住民の生活，習俗，スペイン人の統治，伝道の実態，貿易の状況などをまとめたものである．

第 VI 章

フィリピン（マニラ・アウディエンシア）

カにおけるレドゥクシオンあるいはコングレガシオンと同様の手法である．この都市には中心部カベセラ[351]とその郊外の周辺村ヴィシタ visita[352]が含まれた．

さて，第 II 章でリストアップした都市図の残る 172 都市の中には，フィリピンの 26 都市が含まれている（図 II-3-3）．大半は 18 世紀後半に製作されたもので当初の計画は不明であるが，スペイン植民都市の特性をかなり残している．たとえば最も初期に建設されたバドック（1572）は，5×5 ないし 5×6 のグリッドが描かれており，現在もそのオリジナル・グリッドを維持しているようにみえる．現在，一定の人口規模を持つ村や町は，レドゥクシオンをその起源とするものが多い．

### (3) 布教と交易

フィリピンにおける植民地建設に際しても，宣教師たちは大きな役割を果たした．布教については，まずアウグスティノ会の修道士がその任に当たった．上述のように，レガスピとともにセブに上陸したのはウルダネタ他 4 名のアウグスティノ会士であった．彼らはセブ島を拠点としてパナイ島，サマル島，ルソン島に布教範囲を広げていった．続いてフランシスコ会（1577），ドミニコ会（1581），イエズス会（1581）が来島，彼ら宣教師たちが植民都市建設の大きな担い手となる．「地震バロック」と呼ばれる各地の教会建築の設計建築を指揮したのも宣教師たちである．

スペインは，征服領有の過程をみてもわかるように，当初から先住民の平定，改宗に熱心であったわけではない．1529 年のサラゴサ条約で分割線は確定したとはいえ，モルッカ諸島への関心は大きいものであり続けた．加えて，中国，日本との交易に大きな期待があった．ヴィガン建設は，明らかに中国，日本との交易を意識したものである．フィリピン諸島の資源がスペイン人にとって低く評価されていたこともあり，フィリピンそのものよりは，フィリピンを拠点にした交易圏の拡大にその関心は集中していた．

実際，フィリピン先住民の教化について，スペインが大々的に取り組んだ形跡はみられない．投入された宣教師の数もそう多くなく，受洗者の数も少なく，ほとんどは子供であったとされる．宣教師の関心は，むしろ中国に向けられ，実際，多くが明への渡航をこころみている．

しかし，フィリピンにおける植民地経営の実は全くあがらず，終始赤字経営であった．ガレオン貿易は，中国の絹とイベロアメリカの銀を主たる商品として活発化するが，フィリピン植民地がそれによって潤うことはなかった．それどころか，必要物資

---

351) カベセラは「首部・首座」を意味する．地域行政の中心となるスペイン植民都市で，市場・教会・市役所を持つ．

352) スペイン語で「訪問・巡察」の意味．フィリピンでは司祭の在住しない周辺村の意味でカベセラの教会の常任司祭が定期的に訪れた．ヴィシタよりも更に小規模の集落は sitio と呼ばれた．

の補給も福建の華僑に依存せざるを得ない状況となる．その前線であったヴィガンに居住する中国人の数は急速に増大していった．スペイン植民地政府は，中国人を集団的に居住させ，関税徴収を行うなど管理を行うことによって収入を得るようになる．マニラ，セブにおける中国人居住区はパリアン Parian[353] と呼ばれた．

　スペイン植民地としてのフィリピンは，マニラを一極とする中継基地という性格が強い．16～17世紀のマニラを「スペイン帝国」と「中華帝国」の邂逅ととらえるのが平山（2012）である．平山は，「チナ事業」と呼ばれた，明のカトリック化を目的とした軍事・宣教・統治の複合計画を明らかにし，それをめぐる言説・議論を分析した上で，マニラにおける中国人について焦点を当てている．

　フィリピンのスペイン植民都市は，南シナ海，東シナ海の交易ネットワークに包摂され，先住民のみならず，中国人，日本人，そして，シアム，ジャワ，カンボジアなどアジア各地とつながる多くの人種，民族の共住した点で，極めてユニークといえる．この歴史的経緯は無論，その都市形成と密接に関わっていると考えられる．個々の都市に即して検討していこう．

---

[353] パリアンの語源は，メキシコ語説，イロコス語説，中国語説あって定かではない．メキシコでは東洋物産の市場をパリアンと呼ぶ．もともとスペイン語のアルカイセリア，すなわち生糸市場をパリアンといい，中国産の生糸の市場を意味したと考えられる．中国語ではパリアンに「澗」あるいは「澗内」という漢字をあてているが，発音は異なる．

第 VI 章

フィリピン（マニラ・アウディエンシア）

## *Column 8* 最初の世界周航者

　マガリャンイスの世界周航について参照に値する記録は 8 種あり，そのうち最も信頼される[354]記録がイタリア人アントニオ・ピガフェッタ（1491～1534）[355]の記録[356]である．ピガフェッタは，世界周航をなし遂げた 18 人の生き残りの 1 人である．以下，これによりながら，マガリャンイスの世界周航の経路をフィリピン到達まで振り返っておきたい（図 Column 8-1）．

　スペイン王・カルロス I 世がマガリャンイスの世界周航の企図を承認し，一緒に海図研究をしてきたルイ・ファレイロとともに司令官に指名したのは 1518 年 3 月 22 日であった．マガリャンイスの船団[357]が，セヴィージャを出発したのは 1519 年 8 月 10 日，サンルカル港を出港したのは 9 月 20 日である．ポルトガル人，スペイン人の他，イタリア人，ドイツ人，ギリシャ人，イギリス人，フランス人，フランドル人の混成部隊であった[358]．マヌエル I 世の追跡隊を避けながらカナリー諸島に到達，ヴェルデ岬諸島から大西洋を横断，11 月 27 日赤道を通過，12 月 6 日視認した南アメリカ大陸に沿って南下して 12 月 13 日今日のリオ・デ・ジャネイロ（サンタ・ルシア湾）に停泊する．そして，ラプラタ川の河口に到着したのが 1520 年 1 月 9 日であった．バルボアがパナマ地峡を横断し太平洋を発見した 1513 年以降，太平洋への迂回路が

---

354) コロンブス，アメリゴ，ガマ，バルボア，マゼラン（1965）の解説によれば，「もっとも描写が網羅的でかたよらず，また記録者の息がかよって読み応えのある」のはピガフェッタの記録である．
355) ヴィチェンツァ生まれ．天文学，地理学，地図学を学び，聖ヨハネ騎士団のガレー船で働き，1519 年に教皇使節フランチェスコ・キエレガーティのスペイン行きに随行してセヴィージャでマゼランの航海計画を知ったとされる．
356) アントニオ・ピガフェッタ「マガリャンイス最初の世界一周航海」長南実訳・増田義郎注（Pigafetta, Antonio (1928) "Relazione del primo viaggio intorno al mondo", a cura di Camillo Manfroni, Milano）（コロンブス，アメリゴ，ガマ，バルボア，マゼラン（1965）所収）．一部は 1525 年にパリで出版されたが，全体が出版されるのは 18 世紀後半になってからである．原本は残っていない．マガリャンイスの世界周航についての最初の著作は，生還者へのインタビューをもとにしたマクシミリアヌス・トランシルワヌスの 1523 年の著作である．
357) 旗艦トリニダード号（司令官マガリャンイス，110 トン，乗船員 55 名）以下，サン・アントニオ号（司令官フアン・デ・カルタヘナ，120 トン，乗船員 60 名），コンセプシオン号（司令官ガスパー・デ・ケサダ，90 トン，乗船員 45 名），ヴィクトリア号（司令官ルイス・デ・メンドーサ，85 トン，乗船員 43 人），サンティアゴ号（司令官フアン・セラノ，74 トン，乗船員 32 名）の 5 隻のカラベル船に 265 名の乗組員という編成であった．
358) スペイン王室およびインディアス通商院は，マガリャンイスが集めたポルトガル人乗組員の大半をスペイン人に入れ替えたが，それでも，義弟のドゥアルテ・バルボサ，ホアン・セラン，親戚のフランシスコ・セラン，エステヴァン・ゴメスなど約 40 人のポルトガル人が船団に含まれた．そして，マガリャンイスがマラッカから連れ帰った従僕エンリケが乗船していた．旅行計画を立てたファレイロは乗船を断念している．

Column 8

最初の世界周航者

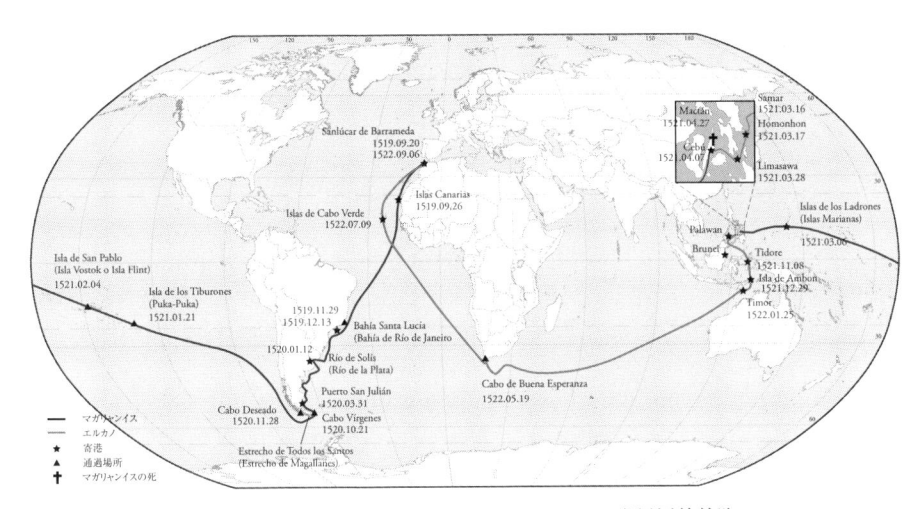

図 Column 8-1　マガリャンイス・エルカーノの世界周航航路 A

平沢陽作図

探索されていたが，当時，その入り口だと思われていたのがラプラタ川の河口である．

しかし，単なる河口と判明し，サン・フリアン San Julián で越冬する．そこでマガリャンイスに対する不満から，大規模な反乱が起きている[359]．さらに，調査航行に出したサンティアゴ号が難破して失われてしまう．

4隻となった艦隊は，1520年8月24日に航海を再開，南下を続けて，ついに西の海へと抜ける海峡を発見する（1520年10月21日）．有名なマガリャンイス（マゼラン）海峡[360]である．しかし海峡を抜ける途中でさらに事件が勃発する．艦隊最大のサン・アントニオ号（エステバン・ゴメス船長）が反乱分子の手に落ち，多くの食料を積んだまま逃亡，スペインに帰国してしまう（1521年5月6日）[361]．艦隊は3隻となった．

1520年11月28日，艦隊は海峡を抜けて大海に達する．マガリャンイスはこの海が穏やかなことを喜んでマール・パシフィコ El Mare Pacificum（平和の海，太平洋）と名づけた．しかし，これから先が再び地獄の航海となった．海峡を抜けた後はひたすら何もない海が続き，途中ふたつの無人島を発見したが，ほぼ100日間にわたって食糧補給の機会を得られず，船団は飢餓に苛まれた．1521年3月6日，太平洋に出て99日目にして有人島を発見，島の村落を襲って島民らを殺し，食料を強奪する．

---

359) アントニオ・ピガフェッタは，ガスパー・ケサダ（コンセプシオン号船長），フアン・デ・カルタヘナ（サン・アントニオ号船長），ルイス・デ・メンドーサ（ヴィクトリア号船長），司祭のサンチェス・デ・ラ・レイナが処刑されたと記している．

360) トドス・ロス・サントス海峡 Estrecho de todos los Santos と当初名づけられた．

361) この船は喜望峰に向かう途中にサン・アントン諸島を発見している．

# 第 VI 章

## フィリピン（マニラ・アウディエンシア）

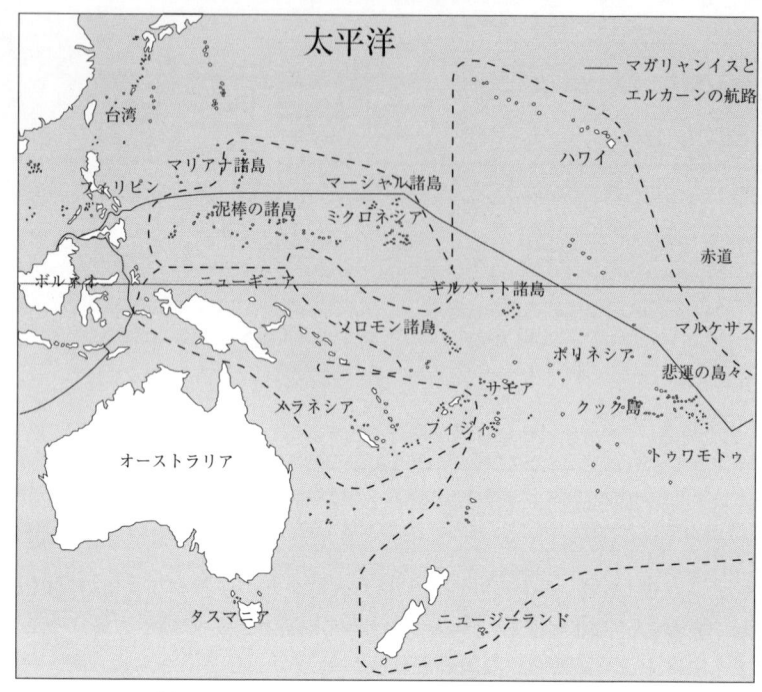

図 Column 8-2　マガリャンイスの世界周航航路 B
コロンブス，アメリゴ，ガマ，バルボア，マゼラン（1965）をもとに平沢陽作図

マガリャンイスは焼き討ちをかけ，ここをラドロネス Ladrones 諸島（泥棒諸島）と名づけた[362]．上陸したのは現在のグアムだとされる．

そして，フィリピンのサマル島最南端のホモンホン Homonhon 島に上陸したのは10 日後のことである（1521 年 3 月 17 日）．これがフィリピン諸島への第一歩であった（図 Column 8-2）．その後，レイテ島南端沖のリマサワ島で最初のミサを行ったとされる．リマサワ島を経てセブ島に着いたのは 4 月 7 日である．マレー人のエンリケが通訳を務めた[363]．すなわちマレー語が通じたのである．レイテ島を回りまっすぐ西へ進み，セブ島に上陸したのが 3 月 28 日である．マガリャンイスは，大砲を撃って武力を誇示し，丘の上に木の十字架を立てた．セブを拠点としていた首長フマボンは，すぐさまキリスト教に改宗，洗礼名はスペイン王に因んでカルロス，妻はフアナである．妻にはサント・ニーニョ（幼子イエス）の像が贈られた．この時の十字架を象徴す

---

[362] トリニダード号のボートが盗まれたのだという．
[363] エンリケは，マガリャンイスが死亡すれば解放される契約を結んでいた．残された船団はそれを無視したが，ラージャ・フマボンによって解放されている．

図 Column 8-3　エルカーノの航路
コロンブス，アメリゴ，ガマ，バルボア，マゼラン（1965）をもとに平沢陽作図

# 第 VI 章

## フィリピン（マニラ・アウディエンシア）

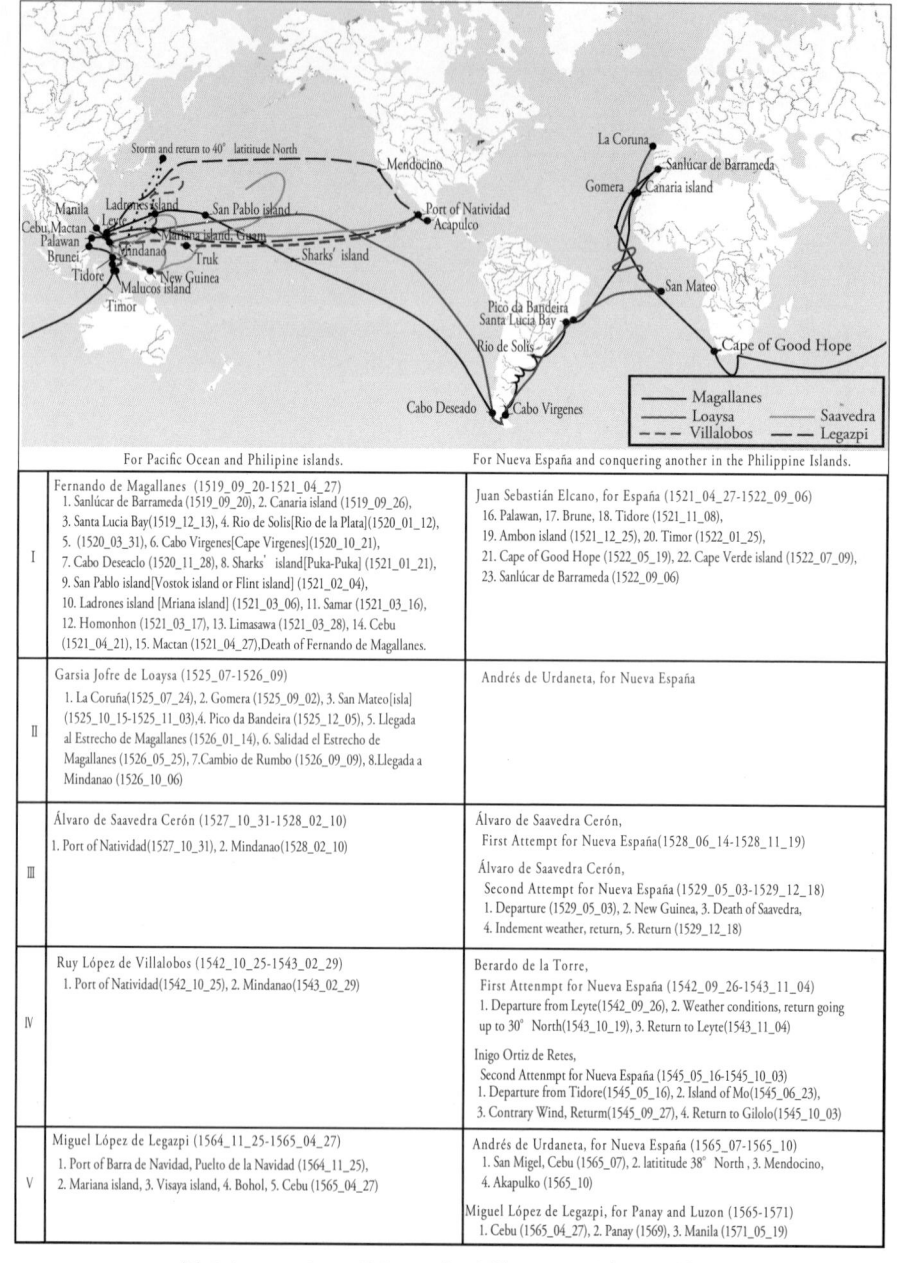

| | For Pacific Ocean and Philipine islands. | For Nueva España and conquering another in the Philippine Islands. |
|---|---|---|
| I | Fernando de Magallanes (1519_09_20-1521_04_27)<br>1. Sanlúcar de Barrameda (1519_09_20), 2. Canaria island (1519_09_26), 3. Santa Lucia Bay(1519_12_13), 4. Rio de Solis[Rio de la Plata](1520_01_12), 5. (1520_03_31), 6. Cabo Virgenes[Cape Virgenes](1520_10_21), 7. Cabo Deseaclo (1520_11_28), 8. Sharks' island[Puka-Puka] (1521_01_21), 9. San Pablo island[Vostok island or Flint island] (1521_02_04), 10. Ladrones island [Mriana island] (1521_03_06), 11. Samar (1521_03_16), 12. Homonhon (1521_03_17), 13. Limasawa (1521_03_28), 14. Cebu (1521_04_21), 15. Mactan (1521_04_27),Death of Fernando de Magallanes. | Juan Sebastián Elcano, for España (1521_04_27-1522_09_06)<br>16. Palawan, 17. Brune, 18. Tidore (1521_11_08), 19. Ambon island (1521_12_25), 20. Timor (1522_01_25), 21. Cape of Good Hope (1522_05_19), 22. Cape Verde island (1522_07_09), 23. Sanlúcar de Barrameda (1522_09_06) |
| II | Garsia Jofre de Loaysa (1525_07-1526_09)<br>1. La Coruña(1525_07_24), 2. Gomera (1525_09_02), 3. San Mateo[isla] (1525_10_15-1525_11_03),4. Pico da Bandeira (1525_12_05), 5. Llegada al Estrecho de Magallanes (1526_01_14), 6. Salidad el Estrecho de Magallanes (1526_05_25), 7.Cambio de Rumbo (1526_09_09), 8.Llegada a Mindanao (1526_10_06) | Andrés de Urdaneta, for Nueva España |
| III | Álvaro de Saavedra Cerón (1527_10_31-1528_02_10)<br>1. Port of Natividad(1527_10_31), 2. Mindanao(1528_02_10) | Álvaro de Saavedra Cerón,<br>First Attempt for Nueva España(1528_06_14-1528_11_19)<br>Álvaro de Saavedra Cerón,<br>Second Attempt for Nueva España (1529_05_03-1529_12_18)<br>1. Departure (1529_05_03), 2. New Guinea, 3. Death of Saavedra, 4. Indement weather, return, 5. Return (1529_12_18) |
| IV | Ruy López de Villalobos (1542_10_25-1543_02_29)<br>1. Port of Natividad(1542_10_25), 2. Mindanao(1543_02_29) | Berardo de la Torre,<br>First Attenmpt for Nueva España (1542_09_26-1543_11_04)<br>1. Departure from Leyte(1542_09_26), 2. Weather conditions, return going up to 30° North(1543_10_19), 3. Return to Leyte(1543_11_04)<br>Inigo Ortiz de Retes,<br>Second Attenmpt for Nueva España (1545_05_16-1545_10_03)<br>1. Departure from Tidore(1545_05_16), 2. Island of Mo(1545_06_23), 3. Contrary Wind, Returm(1545_09_27), 4. Return to Gilolo(1545_10_03) |
| V | Miguel López de Legazpi (1564_11_25-1565_04_27)<br>1. Port of Barra de Navidad, Puelto de la Navidad (1564_11_25), 2. Mariana island, 3. Visaya island, 4. Bohol, 5. Cebu (1565_04_27) | Andrés de Urdaneta, for Nueva España (1565_07-1565_10)<br>1. San Migel, Cebu (1565_07), 2. latititude 38° North , 3. Mendocino, 4. Akapulko (1565_10)<br>Miguel López de Legazpi, for Panay and Luzon (1565-1571)<br>1. Cebu (1565_04_27), 2. Panay (1569), 3. Manila (1571_05_19) |

図 Column 8-4　マガリャンイス以降のフィリピンへの航海

塩田哲也作成・作図

る記念碑マガリャンイス・クロスは現在のセブ市庁舎の前に立てられている．サント・ニーニョの像は，後にフィリピンにスペインの拠点を築くことになるミゲル・ロペス・デ・レガスピ（1502～72）が発見し，この地で大切に扱われてきたことを確認することになる[364]．そのサント・ニーニョの像を祀るのがサント・ニーニョBasilica Minore del Santo Niño教会である．

マガリャンイスは，セブ対岸のマクタンMactan島によっていたムスリム首長ラプ・ラプDatu Lapu-Lapu率いる部隊を制圧しようとして戦死する（4月27日）．その戦死の様子はピガフェッタが詳細に記している．ラプ・ラプ像とマガリャンイス記念碑は，マクタン・セブ国際空港の近くの入江に面した公園に並んで立てられている．

マガリャンイス亡き後，指揮官となったのが船長のフアン・セバスティアン・エルカーノJuan Sebastián Elcano（1486～1526）であった．戦闘で激しい損傷を受けたコンセプシオン号を焼き捨て，2隻で航海を続け，目的地であったモルッカ諸島へたどり着いたのは1521年11月8日である．ティドーレ島でトリニダード号が破損，残された最後の1隻ヴィクトリア号が香辛料を大量に詰め込んでスペインへ向かったのは1521年12月21日，喜望峰を回ってスペインに帰還したのは1522年9月6日である．出港時の5隻235名のうち，エルカーノに率いられたヴィクトリア号と一緒に帰国した者は18名に過ぎなかった[365]（図Column 8-3）．

マガリャンイス自身，1511年のマラッカ攻略に参加しており，ほぼ世界一周を果たしたといってよい．実際に，最初の世界周航者となったのは，エルカーノら18人ということになる．しかし正確には，マガリャンイスの死後セブ島に残ることになるものの，ヴィサヤVisaya出身であり，マラッカ攻略の際にマガリャンイスの奴隷となり，航海に同行してフマボンとの交渉で活躍したエンリケ（デ・マラッカ）こそ，最初の世界周航者ということになる．マガリャンイスの世界周航以降，いくつもの船団が西回りでアジアへのアプローチをこころみることになった（図Column 8-4）．

---

364) 焼け跡に，火事を免れた大きなわら小屋を見つけ，中に入ってみると，あのサント・ニーニョの像が大切に布に包まれて安置されていたという．

365) 船内ではビタミンC不足による壊血病で多くの船員が死んだ．帰路ヴェルデ岬でポルトガルに捕えられた12名，トリニダード号の生き残り5名ものちに帰国している．また，マガリャンイス海峡で本国へ逃亡したサン・アントニオ号に60名が乗っていた．

第 VI 章

フィリピン（マニラ・アウディエンシア）

## 2　アジアへの橋頭堡 ── セブ

　セブは，スペインがフィリピンを植民地化するに当たって最初に拠点を置いた都市であり，すなわちスペイン東インドの最初の植民都市，フィリピン最古の都市ということになる．

　スペインのフィリピン実効支配は，中部諸島のセブ，パナイを拠点として，ルソン島南部さらには同島北部へと北上する形で展開していく．いずれも太平洋に面する東海岸ではなく，西海岸のスールー海，南シナ海の沿岸部に位置する．セブに拠点が置かれた根拠は，第 1 にマガリャンイスの世界周航，ヴィジャロボスの航海から得られた情報があったことが考えられる．そもそも，マガリャンイスは，中部諸島に居住するヴィサヤ人から物資補給のための最大・最良の港があるとの情報を得てセブ島を訪れた．確かにセブ島は，この一帯の交易の中心地であり，中国・ムスリム・東南アジアの商人たちが定期的に来航していた[366]．また，金鉱や砂金の採取場があるという情報もあったようだ[367]．また，東の太平洋を襲う夏の台風を避けて，より静穏な西海岸を選択したということも考えられる．しかし，セブ島には南方からのポルトガルに加え，ミンダナオ島方面からのイスラーム勢力の脅威にさらされていた．結局，最大の島であるルソン島のマニラに拠点は移されるが，セブ島は放棄されず，南方に対する防御および交易の拠点として維持され続ける．

　セブに関する既往の研究は極めて少ない．フィリピンにおけるスペイン植民都市計画の概要については，Reed（1978）がある．また，伝統的住居バハイ・ナ・バト bahay na bato[368] を主題として，フィリピン都市の変容をを明らかにする論文に Yamaguchi（山口潔子）（2004）がある．これはアメリカ期に焦点が当てられ，都市史というよりは建築様式史であるが，セブ島を中心的な対象としている．セブの中国人街パリアンの形成については Mojares（1983）および Concepción G. Briones（1983）がある．

---

366)　Reed（1978）はセブ市海岸一帯には約 2000 人の先住民が生活していたと推定している．
367)　モルガ（1966）は「セブ島には主要集落のそばに，あらゆる種類の帆船が入れるすばらしい港がある．……食糧が豊富で金鉱や砂金採取場もあり……」と書いている．
368)　バハイ・ナ・バト（タガログ語で「石 bato の家 bahay」）とは，フィリピン都市で 19 世紀後半から 20 世紀はじめに多く建てられた都市富裕層の都市住宅をいう．先住民，スペイン人，中国人の技術が混合した様式で，現在は「フィリピン的な歴史住宅様式」とされている．木骨，石・煉瓦造の一階部（あるいは構造的には木造であるが壁材として石・煉瓦が用いられた一階部）と木造の二階部で構成された二階建住宅でカピス Capiz 貝がはめ込まれた格子状の窓が外観の特徴である．「バハイ・ナ・バト」というタガログ語が資料に見えるのは 1880 年代にいたってからである．

## 2-1　セブ島の植民地化

　セブ島[369]はヴィサヤ諸島[370]の中心に位置する．周辺167の島を加えたセブ州[371]の首都セブ市は80万人ほど[372]の都市であるが，周辺諸都市とともにセブ大都市圏[373]を形成している．

　都市形成の歴史の理解に必要な範囲で，セブ島を中心とするフィリピンの植民地化の過程を，多少重複するが，もう少し詳しくまとめておこう．

　スペインが来到する以前，セブは，すでに後背地における農業，そして漁業を基盤とする中国，東南アジアなどアジア各地と交易を行う港市であり，製鉄，窯業，織物も行って栄え，かなりの人口を擁していたと考えられる．13世紀から16世紀にかけて，セブには，ラージャあるいはダトゥとよばれる首長によって率いられるヒンドゥー教徒，ムスリム，そしてアニミズムを信仰する先住民など，いくつかの集団が存在していたことが知られる[374]．

　フィリピン諸島に足を踏み入れた最初のヨーロッパ人はマガリャンイスとその船団員である[375]．ピガフェッタは，セブには多くの高床式住居からなる多くの集落があっ

---

[369] セブ島は細長い島で南北225 kmあり，石灰岩の高原と沿岸平野からなる．最高峰はラバラLabala山（1,013 m）である．

[370] 中央ヴィサヤはフィリピンの17地域のうちのひとつ（Region VII）であり，ボホールBohol，セブ，ネグロス・オリエンタルNegros Oriental，シキジョールSiquijorの4つの州からなる．面積は15,875 km²．2007年のセンサスで人口は6,398,628人である．

[371] 79州のひとつで人口2,439,005人，面積4,932.79 km²，6都市，47町，1,066のバランガイbarangaysからなる．バランガイ（タガログ語：baranggay）とは，タガログ語で「集落・街区」の意味．ムスリムやスペイン人到来以前から存在したフィリピンの村落共同体の呼び名に由来し，元々は首長datuと30〜100家族からなる．スペイン人はbarrioバリオと呼び名を変えたが，1972年マルコス大統領戒厳令体制下に再びバランガイが採用された．フィリピンの都市と町を構成する最小の地方自治単位であり，村，地区または区を表す独自のフィリピン語である．また，以前はバリオbarrioという名称が用いられていた．バランガイはしばしばBrgyまたはBgyと略される．2006年12月31日現在，フィリピンには合計41,995のバランガイがある．

[372] 798,000人（2000年）．

[373] セブ市の他，ダナオDanao市，ラプ・ラプLapu-Lapu市，マンダウエMandaue市，タリサイTalisay市，カルカルCarca市，およびコンポステラCompostela，コンソラシオンConsolacion，コルドヴァCordova，リ・オアンLi oan，ミングラニーリャMinglanilla，サン・フェルナンドSan Fernandoの各町からなる．

[374] セブの王国として，スリ・ルマイSri Lumayあるいはラージャ・ムダRajamuda Lumayaと呼ばれる王によって統治された王国が知られる．南インドのチョーラ朝がスマトラに侵攻しており，その流れを汲むと考えられている（Jovito Abellana, Aginid, Bayok sa Atong Tawarik (1952)）．

[375] ポルトガルは1511年にマラッカを攻略し，1517年にマカオに到達しているから，マラッカあるいは中国とフィリピンの島々との交易関係を考えるとポルトガル人たちが中国人商人あるいはイスラーム商人とともに今日のフィリピンのいずれかの島を訪れていた可能性はある．

## 第 VI 章
### フィリピン（マニラ・アウディエンシア）

たと記述している[376]．

　すでに触れたように，マガリャンイス以後，ヌエヴァ・エスパーニャ総督が 4 度にわたって編成したメキシコからの遠征隊がいずれも失敗に終わったのち，1565 年 4 月にウルダネタとともにセブ島を訪れたレガスピがスグボの町を破壊し，最初の植民拠点を建設した．セブはスペイン東インドの最初の首都である．当初ヴィジャ・デ・サン・ミゲル Villa de San Miguel（聖ミカエルの村）と名づけたこの都市は，1571 年 1 月 1 日，マニラに拠点を移した際に，ヴィジャ・デル・サンティシモ・ノンブレ・デ・ヘススと改名している．

　スペインは，セブに続いて，パナイを拠点としたのち，マニラを首都とすることになる．このため，セブの都市計画はその後 2 世紀以上にわたって未完のまま放置されることになる．マニラを拠点としたスペインはさらに北上し，ヴィガンを植民拠点とする．マニラについてはその都市核であるイントラムロス Intramuros[377]が復元されており，ヴィガンは世界文化遺産に登録され（1999），その歴史的街並みを今日に伝えている．

　いわゆるガレオン貿易は 1565 年以降 19 世紀初頭まで存続するが，セブは 1590 年代に独自のガレオン船をメキシコに送るなど短い期間栄えたのち，1604 年までに参加を停止している．その後は，中国及び東南アジアとの伝統的な交易拠点としての役割を維持した．

　19 世紀になると，セブは，ネグロス Negros，パナイ，レイテ Leyte，サマル，ミンダナオ Mindanao の農業生産物を集積する重要な港市都市に成長する．1860 年代には，蒸気船の登場とともに，英国，米国，スペインとつながって世界経済に包摂され，経済的にも発展し，都市化も進展した[378]．

　米西戦争（1899～1902）によってスペイン統治は終焉を迎え，フィリピンは米国に服属することになるが，セブについては 1936 年に信託統治市の地位を獲得し，フィリピン人によって独立的に運営された．第 2 次世界大戦における日本軍の占領を経て，独立を獲得するのは 1946 年である．

---

376) ピガフェッタは，集落には集会用の広場があり，椰子の葉のマットに王が座す宮殿があったという．また，住居は木造あるいは竹造で高床式で，階段で出入りが行われていた．そして，床下には豚，山羊，鶏が飼われていた．これについては考古学的にも裏付けられている．
377) 市壁内という意．マニラに建設されたスペイン人街．
378) 当初はセブ島南部のタリサイ Talisay，カルカル Carcar における砂糖プランテーションが栄え，1860 年以降，北部のボゴ Bogo およびメデリン Medellin のアバカ Abaca（マニラ麻）と砂糖が主力輸出品目となった．1868 年から 1883 年にかけて，その輸出量は 1,181,050 ペソから 2,429,048 ペソと，2 倍以上に達した．

## 2-2　都市形成

　インディアス総合古文書館 AGI に収蔵されたフィリピン関係の地図は 299 枚あるが，セブについては 1 枚（MP-FILIPINAS, 199, 1801）しかない．陸軍博物館 SHM 所蔵の地図は，140 枚のうち，図 VI-2-1 に掲載した 5 枚[379]がセブの地図である．こうした地図資料にもとづいて，諸文献で補いながらセブの都市形成過程を明らかにしよう（図 VI-2-2）．

　マガリャンイスがセブ島に到達した頃の状況として，前述のピガフェッタによるという図がミラノのアンブロシアーノ図書館に残されている（図 VI-2-1，a 図）[380]．セブのあたりに十字（教会）と家のようなものが転々と描かれるだけであるが，考古学によって，セブの集落が，湿地に囲われた現在のマガリャンイス，フアン・ルナ Juan Luna，マナリリ Manalili，クエンコ Cuenco の各通りで区切られる 6 ha ほどの土地に海岸に沿って線状に形成されていたことを明らかにしている（Díaz-Trechuelo（1959））．

　レガスピの時代から 17 世紀末まで，セブに関する地図や都市図は残されていない．上述のように，マニラに拠点が移るものの，しばらくはガレオン船の拠点としてセブは機能していた．ディアス・トゥルチェロ Díaz-Trechuelo（1959）によると，レガスピが来島した頃，沿岸部には 14 から 15 の集落があり，セブには 300 を越える住居が密集している状況であったが，16 世紀末頃には，スペイン人が居住するシウダードの西に先住民の集落，北に中国人居住区パリアンが形成されていたという．パリアンが形成されるのは 1590 年頃であり，三角江によって海につながっていた．サント・ニーニョ Sto. Niño 教会は，木と竹でつくられ，ニッパ椰子で葺かれており，たびたび台風で倒壊している．1595 年に，イエズス会が読み書き算盤，キリスト教の教義を教える小学校を設置し，1599 年までに中国人は自前のキリスト教会を建設している．1588 年にセブにはわずか 30 人のスペイン人が居住するだけであり，16 世紀の間はせいぜい数十名，100 人に満たなかった．

　歴史的建造物の建設年代を調べると（図 VI-2-2 の b 図にその位置を示す），中央広場プラサ・マリア・クリスティナ Plaza María Cristina（現独立広場）に面するサン・ペドロ San Pedro 要塞は，1600 年に石造に建て替えられている．1614 年に，第 2 代セブ司教ペドロ・デ・アルス Fr. Pedro de Arce は，教区をシウダードのスペイン教区とパリアン教区に分けている．パリアンにサン・フアン・デ・パリアン San Juan de Parian

---

379) 1699：AHN, Exp. 43, Legajo 2174，1840：SGE Q-3-3-353，1843：AHN MR/22，1873：SH 14132，1880：SH6790 の 5 枚である．

380) アンブロジアーナ図書館 Biblioteca Ambrosiana は，フェデリーコ・ボッローメオによって 1607 年に設立され，1609 年から公開された．公開の図書館としては，オックスフォード大学ボドリーアン図書館（1602 年公開），ローマ・アンジェリカ図書館（1604 年公開）に次いで，西洋史上 3 番目とされる．

第 VI 章

フィリピン（マニラ・アウディエンシア）

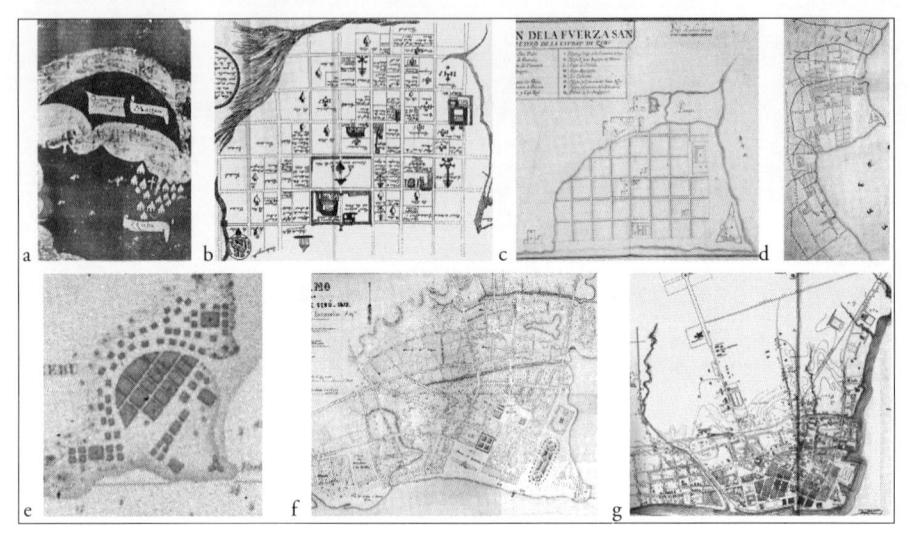

図VI-2-1　セブの都市図

a. 1521：Pigafetta. Ambrosian Mussuem, Milan　b. 1699：AHN, Exp.43, Legajo 2174, Madrid　c. 1739：BN, MSS/19217 (H. 85V-86R), Madrid　d. 1840：SGE Q-3-3-353, Madrid　e. 1843, E. Bregante：AHN MR/22, Madrid　f. 1873, Domingo de Escondrillas: SH 14132, Madrid　g. 1914：Pedro Rivera-Mir Falek's Printing House, Cebu.

教会が建設されたのは1614年である．1621年にエルミタ Ermita 地区に修道院が建てられ，1627年に木造のサン・ニコラス教会が建てられた．しかし，1628年に大火災があり，サント・ニーニョ教会，サン・ニコラス教会を含めて市の大半が焼け落ちている．コリン P. Francisco Colin によれば，17世紀半ばのセブには約3,000人が居住していたという[381]．また，フランシスコ・アルシナ Francisco Alcina によれば，市街の海岸沿いには1リーグ半にわたって高床の杭の跡が並んでおり，集落は山岳部に向かう平野部に点々とみられたという[382]．

さて，図VI-2-1のb図は，17世紀末（1699）の都市図である．グリッド状の街区に主要建造物，土地の所有者が書き込まれている（図VI-2-3，それぞれの数字に対応する建物は，表VI-2-1参照）．主要なのは，サント・ニーニョ Santo Niño（アウグスティノ会），カテドラル（イエズス会）そして市政府（シウダード）の土地で市街地の70％を占めていたことである．要塞の西に広場が設けられ，広場の北にカテドラル，その西に総督邸が置かれている．この構成は，スペイン植民都市の基本的構成であるが，要塞が近接するのは初期の形といってよい．後述するマニラもほぼ同じかたちをとっている．

381) Padre Francisco Colin (1663) "Labor Evangèlica, Ministerios Apostolicos de los Obreros de la compañía de Iesus", Tomo II. Cap. X. 63. pag. 36. Madrid.
382) The Muñoz Text of Alcina's History of the Busayan Islands (1688)

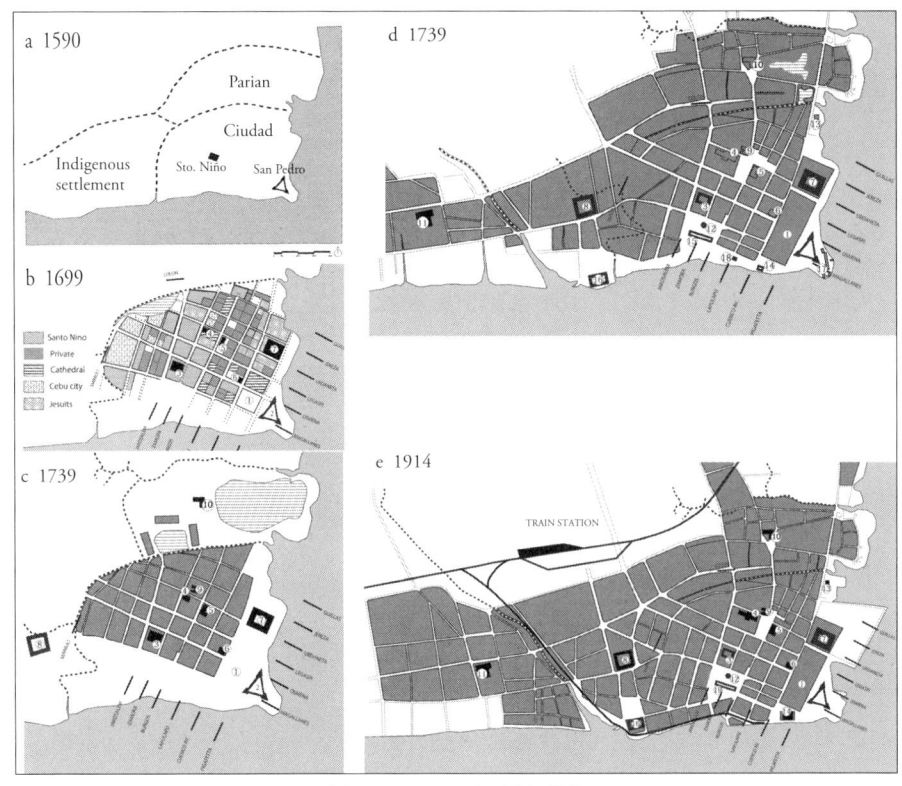

図 VI-2-2　セブの都市形成

1. Plaza María Cristina　2. Fuerte de San Pedro（1600）　3. Santo Niño（1565,1737-39）　4. Catedral（1699, 1829-1863）　5. Palacio Obispal（17世紀）　6. Casa de Gobernación（17世紀）　7. 教会，セミナリオ（1725）　8. Convento de Recoletos 修道院（1621）　9. Casa Parroquial（17世紀）　10. San Juan de Parian 教会（1614-1828）　11. San Nicolás 教会（1627）　12. Templete de la Cruz（19世紀）　13. 裁判所（19世紀）　14. 港の事務所（18世紀）　15. 刑務所と市場（19世紀）　16. 軍隊の施設（19世紀）　17. 海軍の施設（19世紀）　18. Garita de Resguardo（19世紀）　19. 市役所（1885）

ヒメネス・ベルデホ，ホアン・ラモン作成

ただし，カテドラルは，この図が描かれた1699年に北東部に移転し，広場がその前に造られる．マニラにしてもヴィガンにしても，複数の広場を持つのがフィリピンのスペイン植民都市の特徴である．市域の北部をイエズス会，西部をアウグスティノ会が占め，カテドラル用地は中央部に点在しているのがみて取れる．市政府が所有するのは周辺部である．

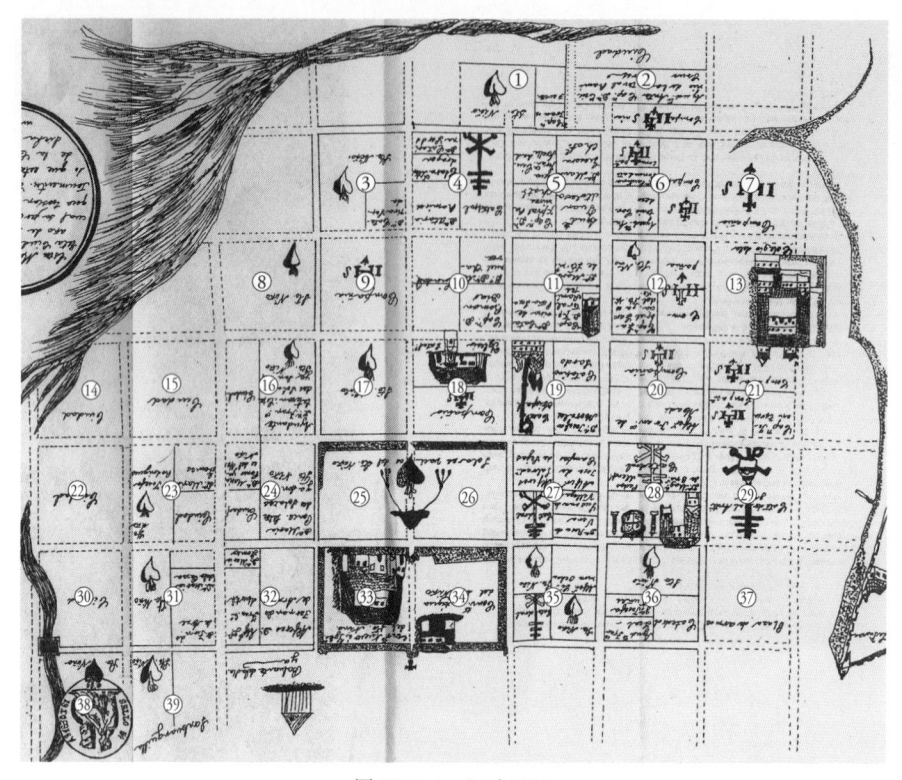

第 VI 章
フィリピン（マニラ・アウディエンシア）

図 VI-2-3　セブ 1699
①〜㊴は，表 VI-2-1 の 1〜39 に対応．
AHN, Exp. 43, Legajo 2174, Madrid（Mojares, Resil B.（1983））

　18 世紀の停滞期においては，1725 年にイエズス会がプラサ・マリア・クリスティナの北角近くに石造の教会とセミナリオを建設する[383]．図 VI-2-1 の c 図をみると，パリアンについてはほとんど細かな記載がなく，シウダードが中心であるように見えるが，一定の住民が居住していたと考えられる．シウダードに，1738 年までは，行政官と軍人，司祭を除くと一般のスペイン人はほとんど居住していなかったとされる．パリアンは 1755 年から 1849 年まではシウダードから分離されていた．
　19 世紀半ば以降，蒸気船の時代となり，セブはマニラ，イロイロに次ぐ港市都市となる．この時，パリアンから移住する層も含めて新たな都市核が形成された．この新たな移入層によって，この段階で土地所有のパターンが大きく変化したとされる．図 VI-2-1 の d 図（1840）および e 図（1842）をみると，基本的にはシウダードとパリ

[383]　E. C. MacCough (1917) "Reseña Historica del Seminario-Colegio de San Carlos de Cebú, 1867-1917.", Manila, p. p. 4-5, 20-22, 30-32.

表 VI-2-1　セブ：1699 年の所有者

| N. | 名前 | | 分割 | N. | 名前 | | 分割 |
|---|---|---|---|---|---|---|---|
| 1 | Juan | 長官 | / | 19 | Josefa Morales | 女性 | 1/4 |
| | Feves | 男性 | / | | Catalino Sardo | 男性 | 1/4 |
| | Santo Niño（アウグスティノ会） | | / | | Catedral　カテドラル | | 2/4 |
| 2 | Compañia de Jesus（イエズス会） | | / | 20 | Francisco de Moadi | 大将 | 2/4 |
| | Antonio de la Cruz | アシスタント | / | | Compañia de Jesus（イエズス会） | | 2/4 |
| | Cristoval Ramirez | 長官 | / | | Cap. Joan Zevu | 長官 | 1/4 |
| 3 | Santo Niño（アウグスティノ会） | | 3/4 | 21 | Compañia de Jesus（イエズス会） | | 1/4 |
| | Catalina Fernanda | 女性 | 1/4 | | Compañia de Jesus（イエズス会） | | 2/4 |
| 4 | Catedral　カテドラル | | 2/4 | 22 | Ciudad 市政府 | | 4/4 |
| | Antonia Ramirez | 女性 | 1/4 | 23 | Ciudad 市政府 | | 1/4 |
| | Clara Mondragon | 女性 | 1/8 | | Santo Niño（アウグスティノ会） | | 1/4 |
| | Catalina Fernanda | 女性 | 1/8 | | Maria Torres | 女性 | 1/4 |
| 5 | Juan Molesa | アシスタント | 1/4 | | Josefa Rodriguez | 女性 | 1/4 |
| | Maria Guesera | 女性 | 1/4 | | Maria Ponce | 女性 | 2/4 |
| | Cristoval Ramirez | 長官 | 1/4 | 24 | Ciudad 市政府 | | 1/4 |
| | Juan Avella | アシスタント | 1/4 | | Doña Maria Ponce | 女性 | 1/4 |
| 6 | Compañia de Jesus（イエズス会） | | 2/4 | 25 | Santo Niño（アウグスティノ会） | | 1 |
| | Antonio Cordero | アシスタント | 1/4 | 26 | Santo Niño（アウグスティノ会） | | 1 |
| | Paulina Ponondiato | 女性 | 1/8 | | Rosa de Vera | 女性 | 1/8 |
| | Compañia de Jesus（イエズス会） | | 1/8 | | Susana de Villegas | 女性 | 1/8 |
| 7 | Compañia de Jesus（イエズス会） | | 1 | 27 | Jose de Campos | 大将 | 1/4 |
| 8 | Santo Niño（アウグスティノ会） | | 1 | | Salvador de Sejas | 大将 | 1/4 |
| 9 | Compañia de Jesus（イエズス会） | | 1 | | Catedral　カテドラル | | 1/4 |
| 10 | Roman Diaz | 長官 | 1/4 | | Gobernacion | 市政府 | 2/4 |
| | Manuel Chavez | 男性 | 1/4 | 28 | Margarita de Bro. | 女性 | 1/4 |
| | Ciudad 市政府 | | 2/4 | | Pedro Mend. | 男性 | 1/4 |
| 11 | Cristoval Ramirez | 長官 | 1/4 | 29 | Catedral　カテドラル | | 1 |
| | Catalina de Peñaloza | 女性 | 1/4 | 30 | Ciudad 市政府 | | 1 |
| | Maria de Sto. M. | 女性 | 1/4 | 31 | Santo Niño（アウグスティノ会） | | 2/4 |
| | | | 1/4 | | Fernando de Arce | 大将 | 1/4 |
| 12 | Compañia de Jesus（イエズス会） | | 2/4 | | Maria de la Pazza | 男性 | 1/8 |
| | Gabriel Garcia | 長官 | 1/4 | | | | 1/8 |
| | Santo Niño（アウグスティノ会） | | 1/4 | 32 | Fernando de Arce | 大将 | 2/4 |
| 13 | Compañia de Jesus（イエズス会） | | 1 | | Francisco Martin | 大将 | 3/8 |
| 14 | Ciudad 市政府 | | 1 | | Maria Gomez | 男性 | 1/8 |
| 15 | Ciudad 市政府 | | 1 | 33 | Santo Niño（アウグスティノ会） | | 1 |
| 16 | Francisco Esteban | アシスタント | 2/4 | 34 | Santo Niño（アウグスティノ会） | | 1 |
| | Ciudad 市政府 | | 2/4 | 35 | Santo Niño（アウグスティノ会） | | 1/4 |
| 17 | Santo Niño（アウグスティノ会） | | 1 | | Catedral　カテドラル | | 1/4 |
| 18 | Compañia de Jesus（イエズス会） | | 2/4 | | Simon Ochoa | 大将 | 1/4 |
| | Catedral　カテドラル | | 2/4 | | Santo Niño（アウグスティノ会） | | 1/4 |
| 19 | Josefa Morales | 女性 | 1/4 | 36 | Catedral　カテドラル | | 2/4 |
| | Catalino Sardo | 男性 | 1/4 | | Francisco Leal | アシスタント | 1/8 |
| | Catedral　カテドラル | | 2/4 | | Josefa Nuñez | 男性 | 1/8 |
| 20 | Francisco de Moadi | 大将 | 2/4 | | Santo Niño（アウグスティノ会） | | 1/4 |
| | Compañia de Jesus（イエズス会） | | 2/4 | 37 | Plaza de Armas 市政府 | | 1 |
| 21 | Cap. Joan Zevu | 長官 | 1/4 | 38 | Santo Niño（アウグスティノ会） | | 1 |
| | Compañia de Jesus（イエズス会） | | 1/4 | 39 | Sanbuanguilla | | 1/2 |
| | Compañia de Jesus（イエズス会） | | 2/4 | | Santo Niño（アウグスティノ会） | | 1/2 |

アン，そしてサン・ニコラスの3つの区域からなっていることがわかる．チャイニーズ・メスティーソの人口は，1840年代に2,500人に増えている．1850年以降，中国人の移住が急増し，経済活動の中心を担うことになる．1860年以降，スペイン人の人口も増加する．そして，1860年代後半に蒸気船が登場すると，港湾部を中心に都市改造が為され，市域も拡大する．f図をみると，プラサ・マヨールに港湾事務所が設置され，マガリャンイス通りの南に祠堂 Templete de la Cruz（1834，マガリャンイス・クロス）および刑務所，さらに市場が建てられている．1891年時点でのセブ市の人口は14,099人で，そのうち中国人は7%を占めた．

20世紀初頭のセブの人口は約2万人（都市部に18,330人，サン・ニコラスに1,160人）であり，その多数を占めていたのはチャイニーズ・メスティーソであった．1903年のセンサスでは31,079人に膨れ上がるが，その約半数はシウダード内のパンパンゴ Pampango，サン・ロケ San Roque，ピリ Pili，カニパーン Kanipaan，パリアン，エルミタ Ermita，ルタオ Lutao，マオコ Maoco，ラグナ Laguna，リコッド Likod，パンティン Panting，ティナゴ Tinago と呼ばれる地区に居住していた．図VI-2-1g図（図VI-2-2eは略図）をみると，鉄道が敷設され，シウダード，パリアン，サン・ニコラスの3地域は連坦し，港湾部も建て詰まっている．刑務所と市場は市役所に建て替えられ（1885），新たなプラサ・マヨールがその前に形成されている．

以上のように，19世紀末以降，セブは大きな変化を遂げている．しかし，その都市核シウダードについては，現在もその骨格を引き継いで維持してきている．

### 2-3　中心街区の空間構成

セブの歴史的都市核，現在の中心街区の空間構成について，臨地調査[384]をみると，施設分布，建築類型の分布（用途，構造，階数，アーケードの有無）をもとに，大きく3つの地区を区別できる．

調査対象地区としたのは，行政単位であるサント・ニーニョ，パリアンとサン・ニコラスの一部であり，建物総数は1224，内訳は店舗兼住宅（200），店舗兼オフィス（71），オフィス兼住宅（1），店舗兼オフィス兼住宅（3），住宅＋工場（2），店舗（256），住宅（412），オフィス（100），公共施設（36），工事中（4），空き家（21），空き地（11），工場（42），駐車場（12），倉庫（34），宿泊施設（6），ガソリンスタンド（7），廃屋（2），学校・教育施設（1），市役所（1），教会（2）であった（図VI-2-4）．

3つの地区を順にみていこう．

---

384）臨地調査は，2009年9月11日～24日（ヒメネス・ベルデホ，布野，飯田敏史，若松堅太郎），2010年7月30日～8月15日（ヒメネス・ベルデホ，塩田哲也，山口健太，山田聖）の2度にわたって行った．

アジアへの橋頭堡

図VI-2-4 セブの都市核の現況 ヒメネス・ベルデホ、ホアン・ラモン作成

第 1 の地区は，ヘレス Jerez 通りの北部，パリアン地区である．他の地区と比べると，明らかに 1 つの敷地の面積が小さい．また基本的に，住宅・店舗併用住宅や住宅＋家内工業といった，住居系の建物から構成されている．大半は 2 階建てであり，木造建築が数多くみられる．また，川沿いにはバラック様の住宅群もみられる．かつてはバハイ・ナ・バトが立ち並んでいたが，現在は，カーサ・ゴロド Casa Gorordo（19 世紀中葉建設）とジェスイット・ハウス Jesuit House（1730 年建設）の 2 棟が残されているのみである．コロン通りの東端部には，ティアンタム tiamtam と呼ばれる瓦屋根のショップハウスが建ち並んでいたが，現在は失われ，標識のみが残されている．

第 2 の地区は，ヘレス通りの南，ハコサレム Jakosalem 通りの西に位置するグリッド状の街区，かつてのシウダード地区である．要塞などの歴史的建造物，市役所などの公共施設，2 つの教会などが建つセブの中心地区である．南の海沿いには倉庫群がみられる．2 階建て (644)，3 階建て (337)，4 階建て (120)（計 1,001），RC 造 (913) が多い．

第 3 の地区は，ハコサレム通りの西，西から北へ大きく湾曲するコロン通りの南，現在の商業中心，繁華街である．4〜6 階建て，RC 造の商業ビル，オフィスビルが主で，アーケードが設けられているのが特徴的である．このアーケードは，1920 年代から 1930 年代にかけて中国系移住者によって形成されたものである．

## 2-4　初期都市計画

スペイン植民都市としてのセブの都市計画について，すなわちセブの初期都市計画について，その特徴をまとめると以下のようになる．

セブは，アジアにおける最初のスペイン植民都市であるが，数年にしてマニラが中心拠点とされることになったため，その都市計画は完全なかたちでは実施されることはなかった．また当初の計画図も残されていない．

当初の計画が窺えるのが，1699 年の都市図である（図 VI-2-3, 図 IV-2-1b 図）である．これによると，スペイン植民都市の特徴とされるグリッド状の街区パターンが意識されていることがわかる．図 VI-2-1c 図 (1739) もそれを示している．これらの図から，18 世紀末頃までは，当初のシウダードの範囲が市域として維持されてきたと考えられる．

図 VI-2-3 は，当初の計画概念と実態をよく示している（天地を逆としているのは，他の図と合わせ，上を北とするためである）．各街区の所有者を詳細にみると表 VI-2-1 のようになる（便宜上街区に番号をふった）．第 1 に，街区は基本的に 2×2 に 4 分割され，敷地は街区の四分の一を単位にしていることがわかる．民有地についてみると，所有者の固有名詞が書かれており，その身分も記されている．長官 Capitan は 4 名記

載があるが，ほとんどが複数の土地を所有している．また，女性名が多いのが目立つ．図VI-2-3は，スペイン植民都市の初期の入植状況をしめす貴重な図といえる．

一方臨地調査によると，図VI-2-1のb・c図が表すような正確な測量にもとづいた街区割りが，実際にはなされなかったことを示唆している．レガスピがセブ島に到達した段階で「フェリペII世の勅令」はまとめられてはいない．カリブ海，ラテン・アメリカにおける最初のスペイン植民都市であるサント・ドミンゴの形成過程については第III章で明らかにしたが，要塞と海の関係など都市の立地，方位，すなわち東，南を海に囲まれ，東南の角に要塞を建設している点，東側から内陸部へ河川が通じている点，また，広場を中心とした主要施設の構成など，サント・ドミンゴとセブはよく似ている．セブの都市建設はサント・ドミンゴから4半世紀遅れるが，ほぼ同様にスペイン植民都市の最も初期の段階における都市計画が行われた例と考えることができる．ただしセブは，上述のように数年で拠点都市としての役割を失うので，サント・ドミンゴのように市壁の建設にいたるその後の展開はみられない．

セブの中心街区の街路寸法，街区寸法を検討するために，街路中心間の寸法を測ると図VI-2-5のようになる．明快な基準寸法を見出すことができない点が，むしろ都市形成の特徴を物語る．広場の各辺は143.72 m，104.20 m，137.38 mおよび109.15 mである．オリジナル・グリッドと考えられるブルゴス，ラプ・ラプ，クエンコの各南北通りと，マガリャンイス，オスメナ，レガスピ，ウルダネタ，ヘレスの各東西通りで構成されるグリッドをみると，東西は107.50 m～87.78 m, 108.29 m～100.92 m，南北は97.24 m～87.84 m, 105.16 m～84.52 m, 95.13 m～93.97 m, 118.99 m～109.15 mの範囲である．1フィリピン・ヴァラ＝0.8479 mとして換算すると，街区は最大140.33ヴァラ～最小99.68ヴァラ，広場については，当初の規模は不明といわざるを得ないが，およそ125ヴァラ×165ヴァラである．広場の規模は，第II章で明らかにしたように124ヴァラ×124ヴァラが最も多くみられる標準的規模であった．サント・ドミンゴのプラサ・マヨールと同様，セブのプラサ・マヨールもほぼ同様の規模に設定されたと考えられる．街区については，サント・ドミンゴでは，時代が下ると100ヴァラ（芯々）となるが，セブの場合，はっきりしない．新たな市街地計画が行われなかったからである．

後述するマニラと比較すると，方位は異にするものの，川で区切られた島状の立地，要塞と広場の位置関係，カテドラル，総督邸の配置などよく似ている．ただしマニラの場合，市壁で完全に囲まれ，セブよりはるかに整然とした街区割りがなされている．

以上，セブの歴史的都市核について，残されている地図をもとに都市形成過程を明らかにし，さらに臨地調査によって空間構成の現況を明らかにすることで，その特性を明らかにした．初期の都市計画について指摘した主要な点をまとめておこう．

# 第 VI 章

フィリピン（マニラ・アウディエンシア）

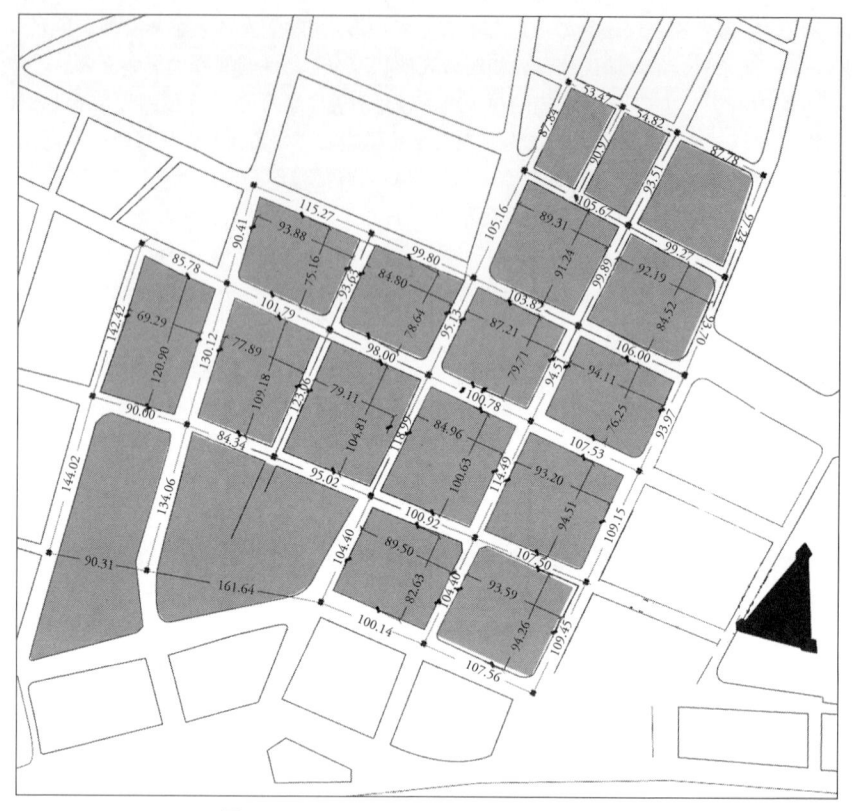

図 VI-2-5　セブ　シウダードの街区割と寸法

ヒメネス・ベルデホ，ホアン・ラモン作成

①フィリピン最初のスペイン植民都市であるセブの建設に当たって，あらかじめその全体を想定した都市計画は存在しなかった．また，建設着手後数年でマニラに拠点が移されたため，当初は計画的な都市整備は行われなかった．

②しかし，17世紀末までにはある程度計画的な整備がなされ，グリッド・パターンの街区が構成された．そして，そのパターンは今日にまである程度維持されている．

ただし，

③現在の街区の縦横幅を測ると，残された地図が明快に示すような厳密なグリッド・パターンによる街区割りはなされていないと考えられる．

④以上から，セブの初期の都市建設に当たっては，まず要塞の建設，広場の設定と教会の建設が先行して行われる素朴なやり方がとられたと考えられる．インディ

444

アス法の規定が成文化される以前の都市計画を示す例である．同じような立地が選択されたマニラを完成形とするならば，そのエチュードであったと位置づけることができる．

残念ながら，特にパリアンにおける変化は激しく，かつてのバハイ・ナ・バトは上述のように2軒しか残っていない．また，川の周辺は環境条件が劣悪となり，居住環境の改善も喫緊の課題となっている．

# 3 スペイン東インドの首都 — マニラ

1568年9月，ポルトガル船団7隻がセブに入港しレガスピに撤去を要求したことで，レガスピの船団が，パナイ島への転進，さらには，マニラへの北上を余儀なくされたことはすでに述べた．当時のマニラには，親族関係にある2人のムスリム王がパシグPasig川を挟んでそれぞれに村を統治しており，木造の砦があったとされる（モルガ (1966))．レガスピは，マルティン・デ・ゴイチを隊長，レガスピの孫であるフアン・デ・サルセドを副隊長とするマニラ攻撃隊を結成し，1571年5月19日にはレガスピみずからマニラに上陸，新たな拠点を築いた．

マニラは，第II章3節でみたように，市壁で囲われた14都市のひとつで，パナマ，ヴェラクルス，トルヒージョとともに最も整然としたグリッド都市（第II類型）である．

## 3-1 マニラの変遷

セヴィージャのインディアス総合古文書館 AGI にあるフィリピン植民都市関連地図資料299枚のうち，マニラに関連するものが105枚を占める．陸軍博物館資料 SGE / SHM の140枚の中には43枚含まれている．その他，作製者は不明であるが，1640年から1650年にかけてのマニラを描いたとされる絵図（メキシコのプエブラにあるホセ・ルイス・ベロー美術館 Museo de Arte José Luis Bello 所蔵），アントニオ・フェルナンデス・ロハス Antonio Fernández Rojaz によって1715年から1720年にかけて描かれたとされる絵図（ヴァジャドリードのシアマンカス古文書館 AGS 所蔵），1738年のヴァルデス・タモン Valdes Tamon の時代 (1729〜39) の都市図，アメリカ統治期の建築家

# 第 VI 章

## フィリピン（マニラ・アウディエンシア）

ダニエル・ハドソン・バーナム Daniel Hudson Burnham[385]の都市計画図がある．

　植民地関連地図が，A．一般地図，B．軍事用地図，C．領域計画図，D．都市一般図，E．都市計画図，F．建築計画図，G．都市建築要素の詳細図，H．その他の8種に分類されることは第 II 章で述べたが，マニラのイントラムロスについては，要塞に関する図面資料が多く，F の建築計画図を，F1 一般建築計画図（教会，各種施設，住居など）と F2 要塞図（要塞，市壁，門，塔など）に分けることができる．その上で，マニラに関する地図類を分類すると，D．都市一般図が 42 枚，E．都市計画図 6 枚，F1．一般建築計画図 39 枚，F2．要塞図が 66 枚となる．D．都市一般図と E．都市計画図の合計 48 枚（表 VI-3-1）[386]はさらに，イントラムロスのみ街区構成が描かれた都市図 I，イントラムロスも周囲の町も街区が描かれている都市図 II，およびイントラムロスが描かれず，もしくは一部のみで，周辺の町の街区が描かれた都市図 III の 3 つに分けることができる．

　地図資料と諸文献[387]をもとに，イントラムロス内に建設された建物の年代に着目し（表 VI-3-2），イントラムロスの建設過程とその変容をまとめると，以下のようになる（主要な段階の地図を図 VI-3-1 に，また，以下の A～I に対応したイントラムロスの構成を，GIS データをベースマップとして図 VI-3-2 に示す）．

- A：マニラのイントラムロスは，バイ湖 Laguna de Bay からマニラ湾に注いでいるパシグ川の氾濫により土砂が堆積して形成された三角州に位置する．10 世紀頃には居住が認められ，バランガイ Barangay が形成され，農耕や狩り漁業を営み，中国や東南アジアと交易を行っていたとされる．13 世紀から 16 世紀にかけて，バランガイは，ラカン Lakan あるいはラージャ Rajahs，ダトゥと呼ばれる王や首長によって統一され，パシグ川河口の南岸にソリマンが治めるマイニラ Maynila[388]，北側にはラカン・ドゥーラ Lakan Dula が治めるトンド Tondo と呼ばれる集団があり，港市として栄えていた．
- B：1571 年，プラサ・マヨールとなる場所に木の幹を埋め，上陸の記念式典が行われた．この広場の南に教会（マニラ大聖堂），東にカサス・デ・カビルド Casas de Cabildo（市庁舎），西に総督邸 Real Palacio を割り当てた．当初，総督邸はソリマ

---

385) 1846 年 9 月 4 日～1912 年 6 月 1 日．アメリカ人建築家であり，都市計画プランナー．シカゴで行われた世界博覧会のディレクターを務め，シカゴとワシントンの都市計画や，フラットアイアンビルやニューヨークのユニオン駅を設計している．
386) イントラムロスも周辺の町も街区は描かれず，簡略化されて描かれた都市図 5 枚を除く．
387) マニラについての基本的文献として，Reed (1978)，サラゴーサ (1996)（Zaragoza (1990)），菅谷 (2002) および (2005)，ホアキン (2005)，平山 (2012) の他，清水展「植民都市マニラの形成と発展—イントラムロス（城塞都市）の建設を中心に—」『東洋文化』72 などがある．
388) マイニラッド Maynilad とする文献もある．

表 VI-3-1　マニラの都市図一覧

| | 地図コード | 地図年代 | 地図の分類 | | 地図コード | 地図年代 | 地図の分類 |
|---|---|---|---|---|---|---|---|
| 1 | MP-FILIPINAS, 10 | 1671 | 都市一般図 / 都市図 I | 23 | AGI, MP-FILIPINAS, 131 | 1796-06-28 | 都市一般図 / 都市図 II |
| 2 | AGS | 1685-1687 | 都市一般図 / 都市図 II | 24 | AGI, MP-FILIPINAS, 189 | 1796-12-31 | 都市一般図 / 都市図 II |
| 3 | Antonio Fernández Rojaz | 1715-1720 | 都市一般図 / 都市図 II | 25 | SH 6499 (Hoja 1) | 1799 | 都市一般図 / 都市図 II |
| 4 | Valdés Tamón | 1738 | 都市一般図 / 都市図 II | 26 | SGE Q-1-3-87 | 1802 | 都市一般図 / 都市図 II |
| 5 | AGI,MP-FILIPINAS, 31 | 1746-05-14 | 都市一般図 / 都市図 III | 27 | SH 7414 | 1806 | 都市一般図 / 都市図 III |
| 6 | AGI, MP-FILIPINAS, 42 | 1763-07-29 | 都市一般図 / 都市図 III | 28 | AGI, MP-FILIPINAS, 191 | 1814-01-03 | 都市一般図 / 都市図 III |
| 7 | AGI,MP-FILIPINAS, 43 | 1764-01-04 | 都市一般図 / 都市図 II | 29 | AGI, MP-FILIPINAS, 133 | 1814-01-04 | 都市一般図 / 都市図 II |
| 8 | AGI, MP-FILIPINAS, 160 | 1764-07-12 | 都市計画図 / 都市図 II | 30 | SH 6521 | 1814 | 都市一般図 / 都市図 II |
| 9 | SH 6676 (Hoja 16) | 1766 | 都市一般図 / 都市図 III | 31 | SH 6658 | 1831 | 都市一般図 / 都市図 II |
| 10 | SH 6520 (Hoja 3) | 1767 | 都市一般図 / 都市図 II | 32 | SH 13878 (Hoja 1) | 1831 | 都市一般図 / 都市図 III |
| 11 | AGI, MP-FILIPINAS, 51 | 1767-09-30 | 都市一般図 / 都市図 II | 33 | SH 13975 (Hoja 2) | 1831 | 都市一般図 / 都市図 III |
| 12 | AGI,MP-FILIPINAS, 63 | 1770 | 都市一般図 / 都市図 II | 34 | SH 13993(Hoja 2) | 1831 | 都市一般図 / 都市図 II |
| 13 | AGI, MP-FILIPINAS, 232 | 1771-12-15 | 都市計画図 / 都市図 II | 35 | SH 13966 (Hoja 3) | 1834 | 都市一般図 / 都市図 II |
| 14 | AGI, MP-FILIPINAS, 72 | 1772-07-01 | 都市計画図 / 都市図 II | 36 | SH 13955 | 1838 | 都市一般図 / 都市図 III |
| 15 | SGE Q-1-3-65 | 1777 | 都市一般図 / 都市図 II | 37 | SH 6685 | 1842 | 都市一般図 / 都市図 II |
| 16 | AGI, MP-FILIPINAS, 93 | 1779 | 都市一般図 / 都市図 II | 38 | SH 6502 | 1843 | 都市計画図 / 都市図 III |
| 17 | AGI, MP-FILIPINAS, 229 | 1783-06-26 | 都市一般図 / 都市図 I, 宅地 | 39 | SH 6659 | 1859 | 都市一般図 / 都市図 III |
| 18 | SH 6583 (Hoja 1) | 1784 | 都市一般図 / 都市図 II | 40 | SGE Q-1-3-94 | 1898 | 都市一般図 / 都市図 I |
| 19 | AGI,MP-FILIPINAS, 123 | 1785-05-31 | 都市一般図 / 都市図 II | 41 | Daniel Hudson Burnham | 1904 | 都市計画図 / 都市図 II |
| 20 | SH 6676 (Hoja 6) | 1785 | 都市一般図 / 都市図 II | 42 | SGE Q-1-3-66 | 1780? | 都市一般図 / 都市図 II |
| 21 | AGI,MP-FILIPINAS, 185 | 1793-05-12 | 都市計画図 / 都市図 II | 43 | SH7316 | 18—? | 都市一般図 / 都市図 II |
| 22 | AGI,MP-FILIPINAS, 188 | 1795-12-23 | 都市一般図 / 都市図 II | | | | |

ン期の砦の中に建設されたが，1645年に起きた地震によりこの地に移された．

C：初期のマニラの建造物は木造であった．1574年中国人海賊林鳳による攻撃を受け，総督ラベサレス Guido de Labezares（1572〜75）は，木の柵でマニラを囲む計画をする．次の総督サンデ Francisco de Sande（1575〜80）の時代に完成し，カバレロス Caballeros と呼ばれる木造の見張り台も建設された．ロンキジョ Gonzalo Ronquillo de Peñalosa 総督期（1580〜83）に，中国人居住地パリアン[389]が創設され

---

[389] マニラ・パリアンの創設は1582年である．マニラにおいては，中国人居住地とするが，実際，マニラの場合は生糸工場すなわちパリアンとすると創設当初の記録に残されている．マニラなどの都市に舶載する商品の中で最も重要なのは中国人の生糸であった．しかしながらパリアンの建設には，多くの事情を抱えている．モルガ（1966）によれば，エスパーニャ人とシナ人の関係の悪化，課税の問題などの不正が相次ぎ，離れて住むように命じ，そこにシナ人のために店舗などが建設されたが，そこで売られる商品には高価で売られたという．つまり中国人隔離居住地の創設すなわちパリアンである．

# 第 VI 章

## フィリピン（マニラ・アウディエンシア）

### 表 VI-3-2　マニラ・イントラムロスの建設年表

Intoramuros の建築年表

| 位置（街区） | 要塞・門・建物名 | 建設年 | 建設者 | 用途 | 概要 |
|---|---|---|---|---|---|
| 9 | Plaza Roma(Plaza Mayor) | 1571 | Miguel López de Legazp | 広場 | 中心広場． |
|  | Plaza McKinley | 1797 |  |  | 公園化する．ガーデン．この名前がかわる． |
|  | Plaza de Roma | 1960 |  |  | Archbishop Rufino J. Santos の着任を記念して改名． |
| A | Fort Santiago | 1571 | Miguel López de Legazpi | 要塞 | Raja Soliman(Maynilad) の要塞を補修．木造． |
|  |  | 1589–1592 |  |  | 1574年海賊リマホンによる破壊と，大火災による石造化 |
|  |  | 1658–1663 |  |  | 1645年の地震の補修． |
| A-i | Baluarte de Santa Barbara | 1593 |  | 稜堡 | 木造．Fort Santiago の先端部． |
|  |  | 1599 |  |  | 石造．Fort Santiago の先端部． |
|  |  | 1715 |  |  | 陸軍による補修，改修． |
| A-ii | Baluarte de San Miguel |  |  | 稜堡 | 稜堡 Fort Santiago の中． |
| A-iii | Baluarte de San Francisco |  |  | 稜堡 | Fort Santiago の中． |
| A | Rizal Shrine | 1593 |  | 陸軍施設 | Fort Santiago の中．現在は美術館 (1953)． |
| A | Real del Palacio | 1571 | Miguel López de Legazpi | 総督邸 | Palacio Real．Fort Santiago の近くにあった．1645年の地震までは． |
| 8 |  | 1645 | Manuel Estaccio de Venegas |  | Plaza Roma の西側に移す．Diego Fajardo 総督時代． |
|  |  | 1850 |  |  | スペイン風のファサードが付け加えられたが1863年の地震で崩壊． |
|  |  | 1863 | Rafael de Echague |  | Santa Potenciana 通りに移動するが，のちに Malacanang に移動する． |
|  |  | 1902 |  | 広場 | アメリカ統治時代には，広場になる． |
|  |  | 1976 |  | 政府施設 | Palacio del Gobernador Building |
| 14 | Manila Cathedral | 1571 |  | 教会 | 最初のミサが行われる． |
|  |  | 1581 | Fray Francisco Domingo de Salazar |  | フライ・ドミンゴ・デ・サラサルの司教座聖堂．竹とニッパヤシで造られた．1583年の大火災で焼け落ちる． |
|  |  | 1593 |  |  | 木造と石造で再建． |
|  |  | 不明 |  |  | 3度目のカテドラルも1645年の地震で崩壊する． |
|  |  | 1654–1662 | Archbishop Miguel de Poblete |  |  |
|  |  | 1879 |  |  | 1863年の地震で再建．|
|  |  | 1953–1956 | Rufino Cardinal Santos |  | 5度目のカテドラルを建設．1945年の戦争までたっていた．再建される．Fernando Ocampo がデザインする． |
| 33 | San Agustin Church | 1571 |  | 教会 | 竹とニッパヤシで建設． |
|  |  | 1574 |  |  | 中国人海賊リマホンに攻撃．すぐ再建される． |
|  |  | 1583 |  |  | 前総督 Gonzalo Ronquillo de Peñalosa の葬式の途中で出火，マニラ全域に広がる． |
|  |  | 1586 |  |  | 火災． |
|  |  | 1604 | Juan Macias |  | 石造で再建される． |
|  |  | 1953 |  |  | フィリピンの絶対的な評議会が開催される． |
|  |  | 1965 | Angel Nakpil |  | ミュージアムを建設． |
|  |  | 1993 |  |  | UNESCO 世界遺産登録となる． |
| 6（街区 10 の向かい） | Hospital Militar | 1575 |  | 病院 | マニラの最初の病院．最初は兵士の治療所であった． |
|  |  | 1587 |  |  | フランシスコ会が経営する． |
|  |  | 1685 |  |  | 政府が，フランシスコ会から運営を委託される．莫大な資金が必要になるため． |
| 46 | San Francisco Church | 1578–1583 |  | 教会 | 竹とニッパヤシで建設． |
|  |  | 1602 |  |  | 石造で再建． |
| 39 | the Hospital de San Juan de Dios | 1578 | Franciscan | 病院 | フランシスコ会が病院を建設． |
|  |  | 1583 | Franciscan |  | 火事になるが，すぐ再建される． |
|  |  | 1586 | Juan Fernandez de Leon |  | 3度目の病院が建設．1603年の地震で壊れる． |
| C | Baluarte de San Diego | 1586 | Antonio Sedeno | 稜堡 | 最古の石造要塞． |
|  |  | 1593 |  |  | 壊れていた要塞を，城壁と合体させる形で再建された． |
|  |  | 1764 |  |  | 1762年イギリスによって破壊された要塞を再建． |
| 48（北側） | Church of Santa Ana | 1587 |  | 教会 | イエズス会の最初の教会．木造． |
|  |  | 1589–1596 | Antonio Sedeno |  | 石造で再建． |
| I | Hospital de San Gabriel | 1587 | Dominicans | 病院 | この辺りは，最初のパリアンがあった場所．1587年に到達したドミニコ会が中国人のために建設した病院． |
| 17 | Santo Domingo Church | 1588 | Dominicans | 教会 | 最初の教会は，竹とニッパヤシでつくられるがわずか2年の崩壊する． |
|  |  | 1592 | Dominicans |  | 石造とニッパヤシで再建するが，1603年火事になる． |
|  |  | 1613 | Dominicans |  | 石造で再建されるが1645年の地震により崩壊． |
|  |  | 不明 | Dominicans |  | 4度目の教会は，1864年の地震までたっていたが1753年から約10年はイギリスにより支配． |
|  |  | 1864–1868 | Felix Roxas(Filipino architect) |  | ネオゴシックデザインの建物． |
|  |  | 1954 |  |  | Quezon City に移る．1941年に日本軍の空爆により破壊，その後はイントラムロス内に建てていない． |

448

# スペイン東インドの首都

| | | | | | |
|---|---|---|---|---|---|
| 4 | Almacenes Reales(Royal Warehouse) | 1591 | | 倉庫 | Plaza Morione の南側に建設。その後 Puerta de Almacenes の側に移動。 |
| | | 1690-1701 | Fausto Cruzat y Gongora | | Fausto Cruzat y Gongora 総督の時代に再建。 |
| | | 1739 | | | 1863年の地震後は陸軍倉庫として改修。 |
| 42 | Colegio de Santa Potenciana | 1591 | Gomez Perez Dasmarinas | 学校 | フィリピンで最初の女学校。 |
| | | 1762 | | | イギリスにより破壊され、場所を移す。最初の女学校は取り壊され、Plasz de los Ingenieros となる。 |
| G | Baluarte de San Francisco de Dilao | 1592 | | 稜堡 | |
| I | Baluarte de San Gabriel | 1593 | Dominicans | 稜堡・病院 | Hospital de San Gabriel の地に病院の邪魔にならない形で建設。 |
| | | 1595 | Dominicans | | Luis Perez Dasmarinas 総督の許可を得て木造の建築を建設。しかし1597年の火事で、病院もバリアンもなくなる。 |
| a | Puerta del Parian | 1593 | | 門 | イントラムロスの最初の門 |
| | | 1765 | | | イギリスの攻撃により、Puerta Real が壊れてからは王室の門となる。 |
| b | Puerta Real | 1593 | | 門 | 初期の門は、Baluarte de San Andres の右側にあった。 |
| | | 1663 | | | 再建。 |
| | | 1780 | | | 1762年にイギリスに破壊され、再建する。 |
| | Reducto de San Pedro | -1593 | | 稜堡 | |
| d | Postigo del Palacio | | | 門 | かつての Postigo del Palacio は数m離れていた。 |
| | | 1662 | | | 現在の位置に移動。 |
| | | 1782 | Tomas Sanz | | 陸軍エンジニアによる再建。 |
| | | 1968 | | | 第二次世界大戦後、復旧された。 |
| 49 (南側) | Colegio Maximo de San Ignacio | 1596 | Jesuit | 学校 | スペイン人の子供のためにイエズス会が建設した学校。 |
| 53 | Colegio San Jose | 1601 | Jesuit | 学校 | スペイン人の子供とメスチソのためにつくられた学校。 |
| c | Puerta de Santa Lucia | 1603 | | 門 | |
| E | Baluarte de San Andres | 1603 | | 稜堡 | Puerta Real を守るために建設。1733年には、陸軍施設を建設。 |
| | | 1762年以降 | | | 1762年にイギリスに破壊され、イギリスの占領後、再建する。 |
| H | Revellin del Prian | 1603 | | 稜堡 | 中国人の反乱を抑えるために建設。 |
| | | 1739 | 陸軍 | | 陸軍による補修、改修。 |
| 10 | Casas Consistoriales(Ayuntamiento) | 1607 | | 市庁舎 | 初期建築。 |
| | | 1738 | | | 地震により崩壊するが、再建。 |
| | | 1879-1884 | Eduardo Lopez Navarro | | 1863年の地震より再建。 |
| | | 1945 | | | 戦争により破壊。 |
| 54 | Recoletos Church(San Nicolas de Tolentino) | 1608 | Augustinian Recollect | 教会 | 最初の教会は、1606年に Bagumbayan に建てられた。 |
| B | Baluarte Plano Luneta de Santa Isabel | 1609-1632 | | 稜堡 | 沿岸部。 |
| 10 (西側) | University of Santo Tomas | 1611 | Archbishop Miguel de Benavides | 学校 | アジアで最も古い大学。最初の名前は、Colegio Seminario de Santo Tomas de Nuestra Senora del Rosario。 |
| | | 1618 | | | フェリペ2世により、正式に許可が下りる。その後、1785年に Charles3世に、1902年 Pop Leo13世に認められる。 |
| | | 1927 | Sampaloc | | 法学部と医学部が開設。 |
| | | 1945 | Sampaloc | | 1945年の戦争で破壊、戦後に再建。 |
| 24 (東側) | Colegio de San Juan de Letran | 1620 | Juan Alondo Jeronimo Guerrero | 学校 | 元々は、Colegio de los Ninos Huerfanos de San Juan de Letran |
| | | 1632 | Fray Diego de Santa Maria | | Colegio de los Ninos Huerfanos de San Pedro y San Pablo を開く。 |
| | | 1640 | Guerrero + Maria | | 2人の学校を合わせて、Colegio de San Juan de Letran を建設。 |
| 24 (西側) | Beaterio-Colegio de Santa Catalina | 1633 | Venerable Mother Francisca del Espiritu Santo | 学校 | 最初の女学校。Santa Clara の修道女の反対がひどかったが1696年に成功する。 |
| 6 (西側) | Monasterio de Santa Clara | 1621 | Mother Jeronima de Asuncion | 教会 | 女性のための教会。 |
| | | 1950 | | | 1945年の戦争で破壊、その後は Cubao に移動、1059年に建設するが1996年の高速道路の建設のため取り壊される。 |
| Puente | Puente de Espana | 1623 | | 橋 | パッシグ川の南北を結んだ橋。バリアンからビノンドを結んだ。 |
| | Puente Principal | | | 橋門 | パッシグ川にかけられた橋につけられた門。 |
| 16 | Plaza Santo Tomas | 1627 | Dominicans | 広場 | サント・ドミンゴ教会の広場。1708年に Colegio de Santa Rosa が購入、1861年には政府が購入している。 |
| 16 (南) | Colegio de Santa Rosa | 1750 | Mother Paula de la Santissima Trinidad | | フィリピンの孤児のための学校。Beaterio y Casa Ensenanza、Beateriode Santa Rosa と改名。1774年には女学院も開設。 |
| | | 1949 | | | 1882年の地震までに3度再建されている。また1941年の日本軍による空爆により破壊、終戦後に再建する。 |
| 48 | San Ignacio Church | 1632 | Gianantonio Campioni | 教会 | Church of Santa Ana の跡に建設。Plaza de los Jesuitas を Victoria 通りにつくる。 |
| 26 | Colegio de Santa Isabel | 1632 | Hermandad de la Santa Misericordis | 学校 | 女性のための学校。1733年に王室の保護を受ける。 |
| | | 1882 | Franciscan friar Ft. Felix de Huerta | 銀行 | Colegio de Santa Isabel の1階に銀行 Monte de Piedad y Caja de Ahorros が開設。 |
| | | 1932 | | 学校 | 火事になるが、すぐ再建される。 |

449

# 第 VI 章

## フィリピン（マニラ・アウディエンシア）

| | | | | | |
|---|---|---|---|---|---|
| 3 | Capilla Real(Royal Chapel) | 1636 | Sebasian Hurtado de Coruera | 王室教会 | Plaza Morione の東側. |
| vi | Baluartillo de San Francisco Javier | ~1645 | | 稜堡 | 1645 年の地震で，初期の城壁と宮殿は壊れる. |
| | | 1662 | | | 再建される．避難所 Reducto が Diocisio O Kelly によって建設 (1773-1775) |
| | | 1950-1983 | | | 第二次世界大戦後，復旧された．1993 年に Intramuros Visitors Center |
| 12 | Palacio Arzobispal | 1653 | Archbishop Miguel de Pardo | 大司教邸 | 大司教の住宅．フィリピンのカトリック教会. |
| | | 1697 | Don Diego Camacho | | 改修している. |
| | | 1911 | Jesuits | ホール | Xavier Hall としてイエズス会が使用する．1932 年火事になる. |
| | | 1980s | | 大司教邸 | Arzobispado de Manila として使用する. |
| 橋門 | Puerta de Postigo | 1662 | | 門 | パッシグ川にかけられた橋につくられた門. |
| J | Baluarte de Santo Domingo | 1671 | | 稜堡 | |
| | | 18th | | | 川辺の再編の際につくられた．1903 年アメリカ統治時代に壊される. |
| 47 | Beaterio de la Compania de Jesus | 1684 | Mother Ignacia del Espiritu Santo | 修道女施設 | |
| e | Puerta de Almacenes | 1690 | | 門 | 1903 年（アメリカ統治期），門と城壁の一部が取り壊され，波止場となる. |
| 7 | Seminario Concilair de San Clemente | 1705 | Don Manuel Suarez de Oliviera | 学校 | 学校．Don Diego Camacho 大司教のプロジェクトの１つ. |
| | Real Colegio de San Felipe | 1712 | King Philip V | 学校 | Seminario Concilair de San Clemente を取壊し，建設. |
| | Plaza Willard | 1925 | Charles G. Willard | 広場 | Real Colegio de San Felipe の跡地 |
| A | Casa del Castellano | 1718 | | 住宅 | Fort Santiago の中，かつての総督邸. |
| | Revellín de Bagumbayan | 1764 | | 稜堡 | |
| 52 | Parian de San Jose | 1784 | Jose Basco | 市場 | 市場中国人のイントラムロスにおける最後のマーケット．1860 年の取り壊される. |
| | Manila High School | 1864 | | 学校 | Parian de San Jose の跡地に設立. |
| | | 1906 | | | アメリカ統治時代に再び設立される. |
| f | Puerta de Santo Domingo | 18th | | 門 | 川辺の再編の際につくられた．1903 年アメリカ統治時代に壊される. |
| 25 (北側) | Ateneo de Manila | 1816 | Don Pedro de Vivanco | 学校 | Escuela Pia de Manila として知られている．男子校である. |
| | | 1830 | | | 政府により Escuela Municipal de Manila と改名. |
| | | 1859 | Jesuits | | 1 階に Casa Mision が開設，Ateneo Municipal de Manila と改名. |
| | | 1932 | | | 火事．Ermita の Padre Faura St に移動する. |
| | | 1941 | | | 再び元の場所に再校する. |
| | | 1950 | | | Quezon City に移動する．個人に土地を売る. |
| 25 (南側) | Augustinian Provincial House | 1896 | Juan Hervas | 住宅 | 1932 年に火事. |
| | Adamson University | 1939 | Augustinian | 住宅・学校 | 学校 Adamson University を開設する. |
| | ECJ building | 1980s | | オフィス | Augustinian Provincial House の場所. |
| 11 | Aduana | 1823-1829 | Tomas Cortes | 税関 | 1863 年地震により損傷．1872 年に取り壊され，対岸の San Nicolas に移動. |
| 50 | Banco Espanol-Filipino de Isabel II | 1851 | Junta de Autoridades | 銀行 | 最初のオフィス. |
| g | Puerta Isabe II | 1861 | Francisco Sabatini | 門 | 1796 年にデザインされ，1837 年に建設を開始．1903 年アメリカ時代に取り壊される. |
| 20 | Escuela Normal de Maestros | 1863 | Royal Decree | 学校 | 最初は学校として開設. |
| | | 1880 | Jesuit Father | | 1880 年に起きた地震により崩壊し，建物を捨て，Santa Ana にあるイエズス会の修練場に移動する. |
| | San Carlos Seminary and Cathedral | 1896 | Archbishop Bernardio Nozaleda | 教会 | 学校自体は 1 年しか開校されなかった．Escuela Normal de Maestros の場所. |
| | U.S. Army provost marshal's office | 1903 | Civil Commission | 軍事施設 | 1905 年まで使われた．Escuela Normal de Maestros の場所. |
| | Saint Paul's Hospital | 1905 | | 病院 | Escuela Normal de Maestros の場所. |
| | | 2000 | | | 第二次世界大戦で崩壊するが，2000 年に再建. |
| 11 | Intendencia General de Hacienda(Aduana) | 1876 | | 税関，宝庫 | 税関の本部と宝庫として再建された．Aduana の場所．アメリカ時代に移動. |
| 49 | Lourdes Church | 1886-1891 | | 住宅 | フランシスコ会修道士の住宅. |
| | | 1892 | Manuel Flores | 教会 | 初期の教会．木造で建設. |
| | | 1898 | Federico Soler | | 再建. |
| A | Jose Rizal | 1896 | | 教会 | Fort Santiago の中. |
| 11 の前 | Plaza Espana | 1897 | | 広場 | 元々は Plaza Aduana．アメリカ統治時代 1902 年に改名. |
| 6 | Army-Navy Club | 1926 | | 軍事施設 | Hospital Militar は 1863 年の地震により，崩壊．その後は，アメリカ政府により土地の買い占め，軍事施設になる. |
| | | 1930s 後半 | | ホテル | ホテルになるが，1945 年の戦争で破壊される．Hospital Militar の場所. |
| 17 | Philippine Amerian Insurance | 1946 | | 保険会社 | サント・ドミンゴ教会の後には，アメリカの保険会社が入る. |
| | Far East Bank | 19- | | 銀行 | サント・ドミンゴ教会の後には，アメリカの保険会社が入り，次に銀行が入る. |
| viii | Baluartillo de San Juan | 不明 | | 稜堡 | とても小さい. |

スペイン東インドの首都

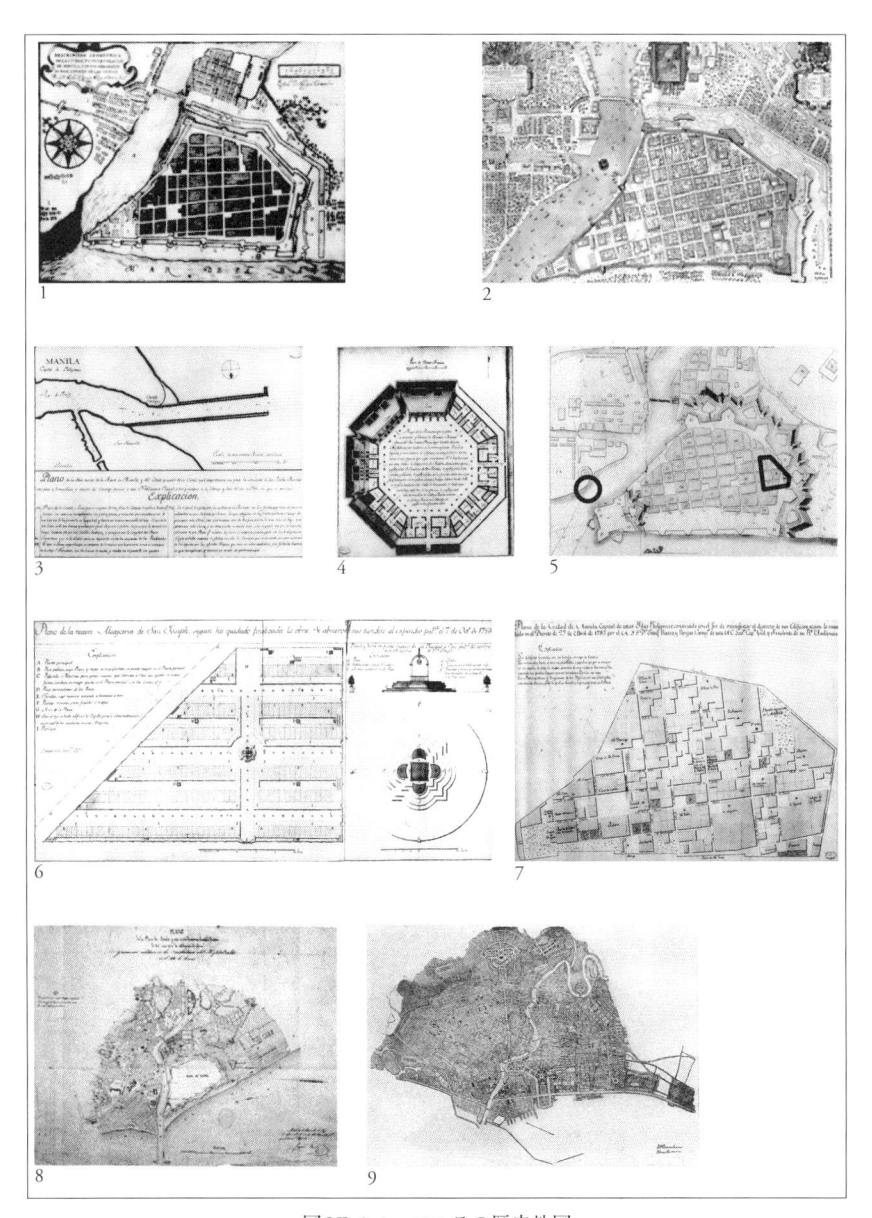

図 VI-3-1　マニラの歴史地図
1. 1671：AGI, MP-Filipinas, 10　2. Antonio Fernández Rojas, 1715-1720　3. 1757：AGI, MP-Filipinas, 40　4. 1756：AGI, MP-Filipinas, 38　5. 1764：AGI, MP-Filipinas, 160　6. 1783：AGI, MP-Filipinas, 225　7. 1783：AGI, MP-Filipinas, 229　8. 1842：SH 6685　9. Manila Master Plan Daniel Hudson Burnham, 1904 from *Plan of Chicago*, the Commercial Club, 1909.

# 第 VI 章

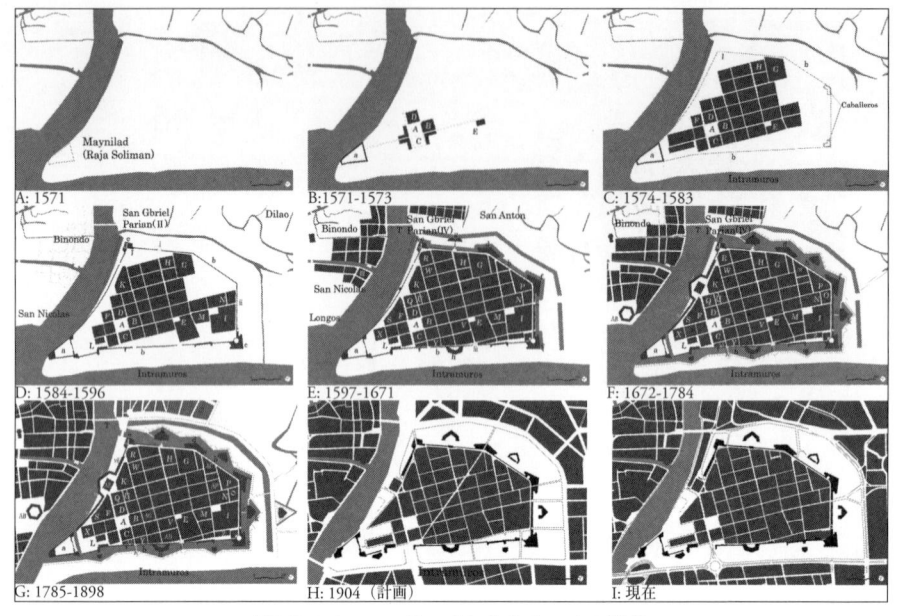

フィリピン（マニラ・アウディエンシア）

図 VI-3-2　マニラ・イントラムロスの形成

塩田哲也作成

る（1582）．1583 年，ロンキジョの死後，サン・アウグスティン教会で葬式中に出火し，マニラは焼け落ちた．

D：1584 年に総督に即位したヴェラ Santiago de Vera（1584〜90）は，マニラの大火災を受け，石造化を命じた．最古の石造建築物は，イエズス会士アントニオ・セデーニョによるサン・イグナシオ San Ygnacio 教会であった．沿岸部にヌエストラ・セニョーラ・デ・ギア Nuestra Señora de Guía 要塞も建設している（1586）．またパシグ川河口にあった木造の砦は石造化され，サンティアゴ要塞（1589〜92）と名づけられた．次総督であるゴメス・ペレス・ダスマリニャス Gómez Pérez Dasmariñas（1590〜93）と息子のルイス・ペレス・ダスマリニャス Luis Pérez Dasmariñas（1593〜96）期に，木の柵も石造の城壁へと再建される（レオナルド・トリアノの計画）．ヌエストラ・セニョーラ・デ・ギア要塞もサン・ディエゴ要塞に再建される．

E：マニラの城塞化が完成すると，1603 年からは，城壁の外側に堀を築く計画が

スペイン東インドの首都

行われる．同時に，城壁にサン・アンドレス要塞 Baluarte de San Andrés（1603），パリアン要塞 Revellín del Parian（1603），サンタ・イザベル要塞 Baluarte de Santa Isabel（1609～32）が建設され，軍事面での強化が図られた．1611年には，現在アジアで最も古い大学であるサント・トマス大学が建設される．パシグ川には，1623年にエスパーニャ橋が架けられ，同時に，橋門プリンシパル門 Puente Principal もつくられた．1671年の都市図でイントラムロスの完成が確認できる．この時までに，54街区，城壁には5つの門が設置された（図VI-3-1, 1図）．

F：1718年にはサンティアゴ要塞に堀がつくられ，独立する（2図）．1757年には，パシグ川の護岸工事が開始され，北部トンド地区は海岸線の埋め立てが始まる（3図）．また八角形のパリアンの市場であるレアル・アルカイセリア・デ・サン・フェルナンド Real Alcaicería de San Fernando は，1754年に建設された（4図）．1756年から始まる英仏七年戦争に参戦したことを受けて，イギリスはスペイン植民地にも攻撃を加え，マニラを占領下に置く．1763年のパリ条約で戦争が終結し，マニラはスペインに返還されるが，さらなる軍事強化のため都市改造計画が行われた（5図）．イントラムロスの街区構成は，1671年の都市図以降ほとんど変化することはないが，1784年には，アルカイセリア・デ・サン・ホセ Alcaicería (Parian) de San Jose と呼ばれる中国人市場が建設されることで街区が変化する（6図）．また1770年以降の都市図から，広場が拡大している．唯一宅地が描かれている都市図は1783年に描かれた7図のみである．

G：パリアンは1860年に廃止され，北部ビノンドなどに移される．サン・ガブリエル地域は公園として整備された．1818年には，パコ・パーク（墓）が建設され，パシグ川には，第2のケソン Quezon 橋も架けられた．

1789年のフランス革命以降，スペイン植民都市でも独立運動が相次ぐ．米西戦争の結果，1898年，セブの植民地支配から333年を経て，スペインの統治は幕を閉じた（8図）．

H：アメリカ軍による評議会は，1904年までにパシグ川沿いの城壁を完全に取り壊すことを決めていた．しかし，マニラの都市計画を行った建築家バーナムによってイントラムロスは守られた．バーナムは，城壁など，中世の防御システムの遺産として価値を評価し，イントラムロスの都市構造を保存した．彼の都市計画は，実際はあまり実現しなかったが，トンドやビノンド地区など，パシグ川より北部の地域では計画の街区形状をみることができる（9図）．1934年，タイディング・マクダフィー法可決により，フィリピンは10年後の完全独立を約束される．しかしその前の1941年12月8日には太平洋戦争が勃発，日本軍はフィリピン侵略を開始した．1942年1月2日には首都マニラに進行し，翌日には軍政を開始した．これ以降1945年8月の終戦までフィリピンは3年8カ月に及ぶ日本の占

領支配を受ける．この間アメリカからの攻撃にさらされた，マニラを中心とした諸都市は壊滅的な被害を受ける．

I：1951年にエルピディオ・キリノ Elpidio Quirino 大統領によってイントラムロスの修復が宣言され，1966年，アレハンドロ・ロセス Alejandro Roces を議長とするイントラムロス復興委員会 Intramuros Restoration Committee（IRC）が設立，一部の城壁と6つの門，サンティアゴ要塞が修復された．1979年，フェルディナンド・マルコス Ferdinand Marcos 大統領は，イントラムロス管理局（IA）を設立，法律を制定して管理した．イントラムロス管理局は，イントラムロスの監視と維持，修復，管理を主な責務としている．現在，城壁はパシグ川部分を除いて再建されている．イントラムロス管理局は，イントラムロスのみならず，ヴィガンやイロコス，ネグロスなどルソン島全域を管轄するようになっている．

復興は，基本的にそれ以前の街区構成を採用しており，現在にいたるまで街区構成はほとんど変化していない．

## 3-2　イントラムロスの空間構成

### (1)　建築物の分布

復興によって再現されたイントラムロスの構造を分析してみよう（図VI-3-3, 3-4, 3-5）．GISデータによると，現在イントラムロス内には，街区が54，建築物は746棟ある．臨地調査によって確認できなかった建物が219棟あるが，そのほとんど（135棟）は図VI-3-5の図中20の街区に含まれる．街路に接しない，いわゆる「あんこ」の部分に建物が密集しており，個々の建物の用途を確認できなかった．おそらく全て，専用住宅もしくは店舗併用住宅と考えられる．もうひとつ小規模住居が密集する街区（同，図中25）があるが，同様に専用住宅もしくは店舗併用住宅である．これらを不明としても，全体の分布傾向は把握できる．建築物の構造，用途，階数を示すと図VI-3-3の3つの図のようになる．

伝統的な住居形式であるバハイ・ナ・バトは存在せず，RC造がほとんどである（329棟）．その他に木造98棟，木造＋コンクリート造25棟，石造12棟，ブロック造11棟などが確認できた．専用住居144棟，店舗併用住居113棟，商業施設113棟，教育施設43棟，工場・倉庫・ガレージ36棟，政府関連施設27棟，公共施設21棟，宗教施設16棟，廃屋10棟，建設中4棟が確認できた．階数は，大半が1階〜3階である（1階137棟，2階199棟，3階106棟）．学校など教育関係施設は3階や4階であり，8階建ての高層は，政府関係施設である．

住居はイントラムロスの内部に位置し，政府関連施設や教育施設，宗教施設などは

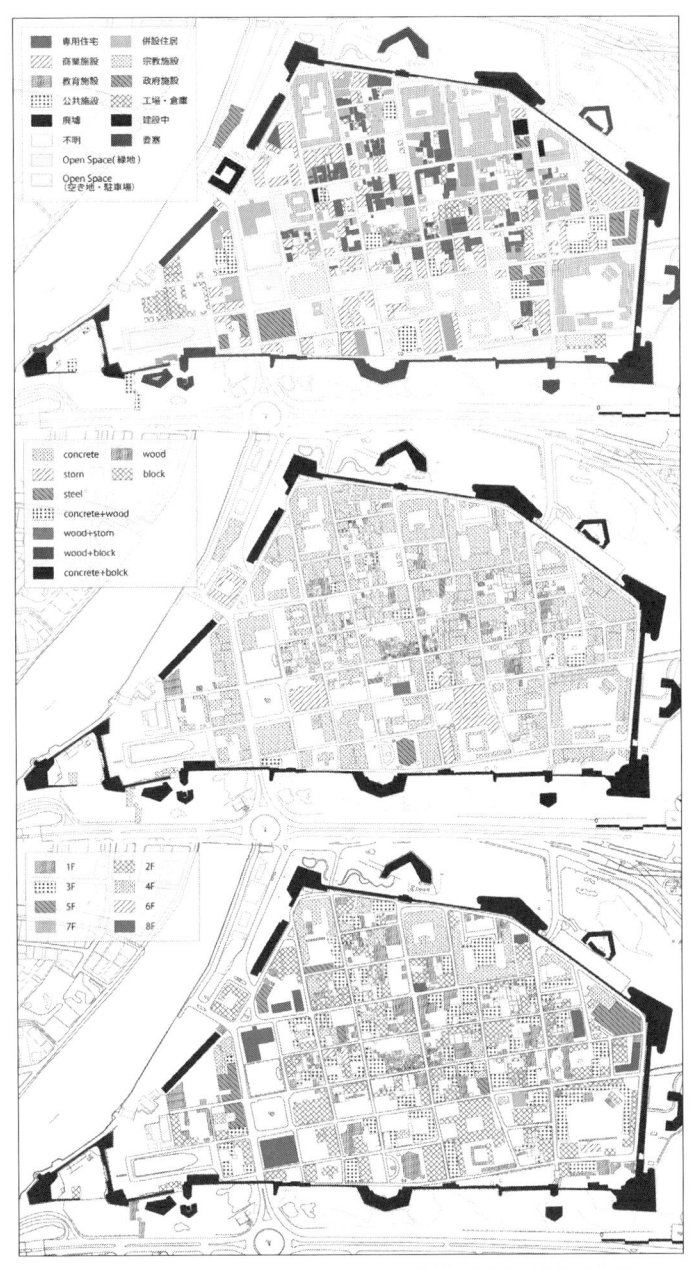

図 VI-3-3　マニラ・イントラムロス　施設・構造・階数の分布
塩田哲也作成

第 VI 章

フィリピン（マニラ・アウディエンシア）

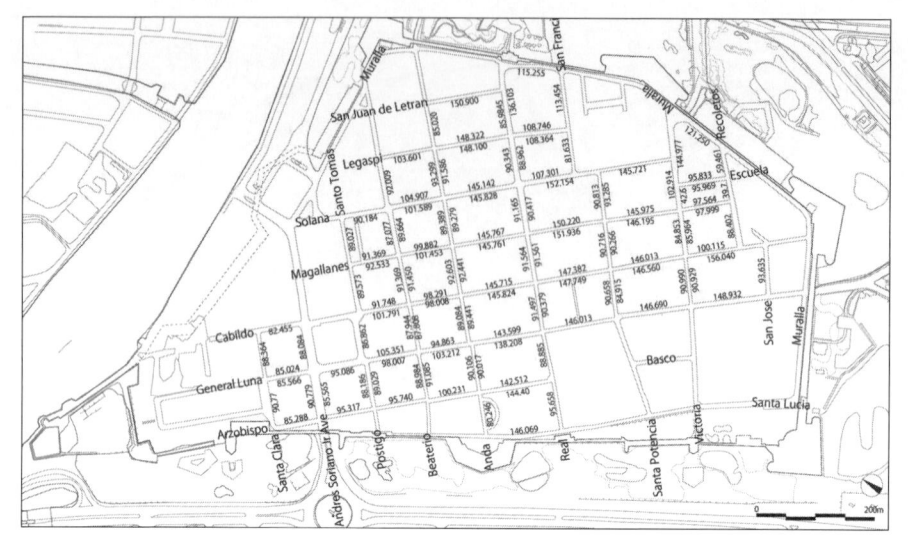

図 VI-3-4　マニラ・イントラムロス　街路体系と街区寸法

塩田哲也作成

城壁に沿うように分布している．商業施設は，全体に広がっているが，店舗併用住居は中央部に位置している．

　歴史的建築物は，教会や市庁舎，学校などいわゆる公共施設に限られている．総督邸や大司教邸などの建設記録を除いて個人住宅などの建設年はほとんど不明であるが，建設当初から住宅地はイントラムロスの中央部に配置されていたと考えられる．

　教会は，20世紀初頭，第2次世界大戦までは，スペイン統治期と変わらず7つ（マニラ大聖堂，サン・アウグスティン教会，サン・フランシスコ教会，サン・イグナシオ教会，サント・ドミンゴ会，リコレクトス教会）存在した．現在は，マニラ大聖堂とサン・アウグスティン教会のみが残っている．教会の跡地には，学校が建てられていることが多い．イントラムロスの学校として，スペイン統治期からそのまま存在するものに，サント・トーマス大学（戦後にキアポ郊外へ移動），サン・フアン・デ・レトラン大学，サンタ・ロサ大学，マニラ高校がある．戦後の教会跡地に建設された学校に，アプア工科大学（サン・フランシス教会跡），マニラ市立大学（サン・イグナシオ教会跡），その他教会関連施設（サン・フアン・デ・ディオス San Juan de Dios）の跡地にラシウム大学がある．アメリカ統治期にサント・ドミンゴ教会跡はアメリカ投資銀行に，リコレクトス教会跡は出版社へと変わっている．

　イントラムロスには，プラサと呼ばれる広場が，ローマ広場（中央広場）とモリオネス広場 Moriones と2つ存在する．プラスエラと呼ばれる小規模広場は，サン・ア

図VI-3-5 マニラ・イントラムロス 宅地分割過程

塩田哲也作成

ウグスティン教会前，サンタ・イザベル Plaza de Santa Isabel，エスパーニャ広場，サント・トマス Plaza Santo Tomás の 4 か所ある．セブ同様，複数の広場を持つ都市である．

### (2) 街路体系

続いて図 VI-3-4 を検討しよう．GIS データから交差点における街路幅員を測ると，6.33〜16.98 ヴァラであった．アメリカ期に拡幅されたアンドレス・ソリアノ・ジュニア通りが最も広い．マニラの街路幅員はプラサ・マヨールを中心に広くとられており，広場から延びる 8 本の道路を中心に測ると 6.33〜12.56 ヴァラ，平均は東西方向で 9.5852 ヴァラ，南北方向が 8.9147 ヴァラとなる．

イントラムロスは，大きく 2 種類の街区（プラサ・マヨール中心街区と南の長方形街区）により構成されている．基本的に南北軸にその違いがみられ，東西軸はそれほど変化がない．

東西軸の規模は，80.25〜93.3 ヴァラであり，平均 89.65 ヴァラであった．東西軸街区は 90 ヴァラで計画されたと考えられる．

プラサ・マヨールを中心に都市建設を行うスペイン植民都市においては，通常，広場周辺街区をオリジナルに近いものと考えることができる．しかし，マニラの場合，1767 年以前の都市図（表 VI-3-1 No. 14 の地図）では広場，周辺街区は正方形に描かれており，1771 年以降の都市図（同表 No. 16）では広場が長方形で描かれている．つまり 1771 年の段階でオリジナルが変化しているのである．イントラムロスの街路体系は直交グリッドであるが，細かくみれば，一部で不整形グリッドが存在する．これらは，おそらく再建を繰り返す過程で徐々に変化したと考えられる．

逆に，旧サント・ドミンゴ教会周辺街区（広場の南東）は変化していない．規模は東西南北 90 ヴァラ×90 ヴァラであり，1767 年以前の都市図とも一致する．この街区がオリジナルであると考えると，当初の街区は 90 ヴァラ×90 ヴァラで計画されたといってよい．なお，ヴィガンの街区構成も東西南北 90 ヴァラ×90 ヴァラであり，マニラと同じである．

一方，長方形街区の南北の長さは，138.21 ヴァラ〜156.04 ヴァラであり平均は，146.93 ヴァラとなる．戦後に拡幅されたレアル Real 通りを除いて考えると長方形街区は東西南北 90 ヴァラ×150 ヴァラで計画された可能性が高い．

### (3) 街区分割

さらに図 VI-3-5 をみよう．都市図の中には宅地割を描いた資料がある（前掲図 VI-3-1，7 図）．また宅地の形状が分かる俯瞰図としては，1715〜20 年頃に描かれたロハスの絵図がある（同，2 図）．建設初期の宅地割を示す都市図はないため，ロハスの絵

表 VI-3-3　マニラ・イントラムロスの宅地分割一覧

| 街区番号 | 1715-1720 | 1783 | 現在 | 街区番号 | 1715-1720 | 1783 | 現在 |
|---|---|---|---|---|---|---|---|
| 1 | 3 | 1 | ① | 18 | 16 | 18 | 24 |
| 2 | 1 | 1 | — | 19 | 14 | 17 | 17 |
| 3 | 6 | 8 | 4 | 20 | 12 | 12 | 5以上（一部不明） |
| 4 | 4 | 4 | 4 | 21 | 9 | 8 | 9 |
| 5 | 1 | 1 | 2 | 22 | 7 | 20 | 2 |
| 6 | 4 | 4 |  | 23 | 14 | 12 | 16 |
| 7 | 1 | 1 | 1 | 24 | 10 | 12 | 12 |
| 8 | 2 | 3 | 2 | 25 | 15 | 14 | 16以上（一部不明） |
| 9 | 9 | 16 | 27 | 26 | 12 | 15 | ⑨/⑦ |
| 10 | 4 | 4 | 3 | 27 | 13 | 23 | 40 |
| 11 | 4 | 7 | ① | 28 | 15 | 17 | 22 |
| 12 | 7 | 7 | 20 | 29 | 12 | 12 | 7 |
| 13 | 5 | 7 | 7 | 30 | 8 | 4 | ①/⑮ |
| 14 | 7 | 14 | 18 | 31 | 6 | 9 | 18 |
| 15 | 4 | 5 | 5 | 32 | 10 | 12 | 6 |
| 16 | 6 | 6 | 4 | 33 | 11 | 11 | 1 |
| 17 | 14 | 20 | 20 |  |  |  |  |

　図を基準に，1783年の都市図および現在の3つの時期を間口，奥行き，面積について比較したものが図VI-3-5である[390]．比較可能な街区は33街区である．各街区の宅地数の変遷を一覧表にまとめた（表VI-3-3）．

　ロハスの絵図（図VI-3-5，上図）をみると，プラサ・マヨール周辺街区では，縦横2分割する4分割が最も多い．また，分割されていない街区も多く，建設初期の宅地割に近いと考えられる．長方形街区については様々なパターンがあるが12分割，14分割が多い．基本的には，まず，東西（厳密には北西―南東）に2分割され，続いて南北（北東―南西）に宅地分割を行うシステムである．前述のように，広場中心街区は90ヴァラ×90ヴァラ，長方形街区は90ヴァラ×150ヴァラで計画されたとすると，その奥行きの規模を45ヴァラとする分割が基本となる．この分割線は，現在も残されている（中図・下図中の太線）．

　1783年になるとさらに細分化されていく（中図）．が，街区の分割パターンである．

---

390) 教会がある街区，または台形街区は，間口，奥行きに一定の基準がないため除いている．街区分割を描いた図IV-3-1の7図から読み取れる街区分割を現在のGISデータに落とし込み，これをもとにロハスの描いた街区分割を割り出した．

## 第 VI 章
### フィリピン（マニラ・アウディエンシア）

プラサ・マヨール周辺街区では，角地がさらに2～4分割され，長方形街区も全体的に2～7分割されている．細分割された街区は，特にパリアン門とサンタ・ルシア門を結んだレアル通りに多く，中心街路として商業施設などが立ち並んだと考えられる．広場など人々が集まりやすい通りに面して分割が細かくなっている．1715～1720年から1783年にかけての宅地分割の変容は，ほとんど変化がない宅地が多いが，変化がみられる宅地のうち角地では35の宅地が，2分割（19），3分割（11），4分割（4），7分割（1）と分割され，街区中央では16の宅地が，2分割（15），3分割（1）に分割されている．特に2分割が多いといえる．

現在の街区構成をみると（下図），戦争被害などにより，以前の宅地割が基準となっているパターンは少なくなる．そして宅地面積も小さくなり，より細分化された宅地割になっている．上述のように，街区20および25は小規模住宅や併設住居が超過密密集している街区で，宅地割を判断できなかった．

人口増加などの理由から細分化が進行するのが一般的であるが，街区番号21，23，25，30は，1783年の段階ですでに分割数が減少している．特に街区30は減少が大きいが1784年に建設されたパリアンの市場アルカイセリア・デ・サン・ホセが建設された街区である．

スペイン植民都市の中で城壁を建設した14都市の中で，マニラは11番目の都市である．第III章で述べたように，サント・ドミンゴ（1494）やハバナ（1515）が必ずしもグリッド・パターンの都市ではないのに対し，マニラは整然としたグリッド・パターンの街区割をしている．パナマ（1519），ヴェラクラス（1519）のような先行事例はあるが，「フェリペII世の勅令」によって植民都市計画が体系化される直前の事例である．すなわち，マニラは初期スペイン植民都市の16世紀を代表するひとつのモデルと考えることができる．

以上，マニラ・イントラムロスの現在の空間構成は，第2次世界大戦によって大きく破壊されたにもかかわらず，初期スペイン植民都市の空間構成をその骨格において今日に伝えるものと考えることができる．ここで明らかにしたことをまとめると以下のようになる．

① イントラムロスの街路体系は，多くの地域において建設初期からほとんど変化がない．街区が大きく変化したのは，スペイン統治時代においてパリアンの市場を建設した際で，サンティアゴ要塞付近の街区については無くなった街区もある．アメリカ統治時代にパシグ川沿いの城壁が一部取り壊されたことで，その近辺の街区が一部変化している．

② 初期のプラサ・マヨール周辺の街区は，街路の中心間は東西南北100ヴァラ×

100 ヴァラ（芯々）のグリッド，街区は東西南北 90 ヴァラ×90 ヴァラ，街路幅員は 10 ヴァラで計画されている．この基準寸法は，次に触れるヴィガンと同じである．プラサ・マヨールも 100 ヴァラ×100 ヴァラ（芯々）で計画されているが，これはインディアス法の規定とは異なっている．
③マニラ・イントラムロスのユニークな点は，もうひとつ，長方形街区が計画されていることである．長方形街区は，東西南北 90 ヴァラ×150 ヴァラで計画されたと考えられる．
④建築物の建設年代から，教会，修道院，市庁舎，病院などの公共の施設はプラサ・マヨール周辺とイントラムロスの周辺街区に多く建設された．イントラムロスの中央部，南東側の長方形街区には個人の店舗や住居が建設されていたと考えられ，この分布は現在も同じである．
⑤宅地割の奥行きは，各街区を東西（北西―南東）に 2 分割した 45 ヴァラが基本である．この奥行きの分割線は現在も宅地割の境界線として残されている．

## 3-3 パリアンと日本町

ここまでみてきたように，スペイン植民都市の中で，フィリピンの諸都市は明らかにユニークな特性を持っている．そのひとつの象徴が，バハイ・ナ・バトと呼ばれる住居形式である．第 2 次世界大戦のために，マニラ・イントラムロスには残っていないが，次節でみるヴィガンには数多くのバハイ・ナ・バトが残っており，東西融合のユニークな町並みを今日に伝えている．この住居形式を生み出したのは，中国人あるいはチャイニーズ・メスティーソである．すなわち，インディオの基層文化を破壊するかたちで建設されたイベロアメリカのスペイン植民都市とは異なり，中国，東南アジア，日本との交易を担う中国人や倭寇が植民地建設に大きな役割を果たすのである．今度は，マニラにおけるパリアンと日本町に視点を据えて，この地域の歴史を振り返っておこう．

### (1) 南シナ海の興亡

スペインとポルトガルのモルッカ諸島をめぐる世界分割戦において，スペインはフィリピンを拠点として中国，日本をうかがうことで，極めて複雑な関係に巻き込まれることになる．

モルガのマニラ着任時代をみても，豊臣秀吉によるフィリピン招撫，サン・フェリペ号事件など様々な事件が起こっている．豊臣秀吉がフィリピン総督に対して降伏要求の書を送る（1591）に当たって進言したとされるのが，平戸松浦氏のもとでフィリピン貿易に従事していたとされる，洗礼名をパブロと名乗るキリシタン原田喜右衛門

# 第 VI 章
## フィリピン（マニラ・アウディエンシア）

である．彼の素性についてはよくわかっていないが，1587 年にフィリピン大司教ドミンゴ・デ・サラサールが日本の国情聴取のために召集した 11 名の中にパブロ・ファランダ・ヒエムとして記されている人物がそれだとされる[391]．秀吉の書簡への答礼使としてドミニコ会派のフアン・コボが翌年来日，喜右衛門は帰国するコボとともに，第 2 回の遣使としてフィリピンに渡っている．喜右衛門は，加藤清正にフィリピンへの貿易船派遣の斡旋しており，薩摩の島津とも関係を持っていた．文禄 1（1592）年，秀吉は朝鮮出兵を開始，フィリピン遠征にはいたらない．また，その余裕もなかった．

サン・フェリペ号事件[392]とは，1596 年 7 月，マニラを出航してアカプルコを目指していたガレオン船が東シナ海で台風に会い土佐に漂着した事件（10 月）のことである．秀吉は，スペイン人たちが武力制圧のための測量に来たとし，積荷と船員の所持品を全て没収してしまう．サン・フェリペ号には，船員以外に当時の航海の通例として 7 名の司祭が乗船していた．秀吉は 12 月に禁教令を再度公布[393]，石田三成に京都に住むフランシスコ会員とキリスト教徒全員を捕縛して処刑するよう命じる[394]．捕らえられた 26 人は長崎へ送られ，1597 年 2 月に処刑された（二十六聖人殉教）[395]．

フィリピンにおけるスペインの活動は，こうして東シナ海を通じて日本にも影響を及ぼしていく．17 世紀に入り，明，李氏朝鮮，徳川政権のいずれもが海禁政策をとるなか，オランダが参戦してくることになる．オランダ船リーフデ号が豊後の臼杵湾

---

391) 原田喜右衛門については，アビラ・ヒロン『日本王国記』大航海時代叢書 XI，岩生成一他訳，岩波書店が詳しい．

392) 事件について記した日本側の一次資料としては『長曾我部元親記』(1632)，『土佐物語』，『甫庵太閤記』，『天正事録』などがある．この航海の航海日誌は日本で没収されたため現存しない．船長のランデーチョが後に記した『サン＝フェリペ号遭難報告書』がセヴィージャのインディアス総合古文書館に残されている．

393) 秀吉は，キリシタン大名によって寺社が焼かれ，僧侶が迫害される事件が頻発する中で，1587 年にバテレン追放令を発布している．しかし，南蛮貿易の実利を重視しており，宣教師たちの活動については黙認する構えをとっていた．また，禁止したのは布教活動であり，信仰そのものは禁止されず，各地のキリシタン大名が迫害されたり，信仰を制限されたりすることはなかった．サン・フェリペ号事件が起こったのはそうした状況においてであった．

394) 二十六聖人のうちフランシスコ会会員とされているのは，スペインのアルカンタラのペテロが改革を起こした「アルカンタラ派」の会員達であった．大阪と京都でフランシスコ会員 7 名と信徒 14 名，イエズス会関係者 3 名の合計 24 名が捕縛された．長崎への道中でイエズス会員の世話をするよう依頼され付き添っていたペトロ助四郎と，同じようにフランシスコ会員の世話をしていた伊勢の大工フランシスコも捕縛された．26 人のうち，日本人は 20 名，スペイン人が 4 名，メキシコ人，ポルトガル人がそれぞれ 1 名であり，すべて男性であった．

395) サン・フェリペ号の船員たちは，その後，船の修繕が許され，1597 年 4 月に浦戸を出航し，5 月にマニラに到着している．マニラでは植民地政府によって本事件の詳細な調査が行われ，船長のランデーチョらは証人として喚問された．そして，1597 年 9 月にスペイン使節としてマニラからドン・ルイス・ナバレテらが秀吉の元へ送られ，サン・フェリペ号の積荷の返還と二十六聖人殉教での宣教師らの遺体の引渡しを求めたが，果たせなかった．

に漂着して（1600）以降の日本の対外関係については布野（2005）で詳しく紹介した.

　広州に到達し（1517），1550年に平戸との交渉を開始し，1557年にはマカオに居住権を得て，中国・日本貿易の主導権を握りつつあったポルトガルに対して，マニラを拠点とした（1571）スペインが，メキシコ銀を武器に，華南—マニラ—メキシコという貿易ルートの開拓を目論みながら，日本貿易も虎視眈々とねらっていた．その過程で起こったのが秀吉のスペイン降伏勧告書簡事件であり，サン・フェリペ号事件である．そして，ポルトガルとスペインとの間に割って入ったのがオランダであった．さらにそこにイギリスが加わり，事態はさらに複雑な様相を帯びる[396]．

　幕府が略奪行為と武器輸出の禁止（1621）[397]を命ずると蘭英連合艦隊は解散し，1623年にイギリス商館は閉鎖される．スペインは，この間，布教活動をともなう交易を求め続けるが，1624年のスペイン船来航禁止令により，日本から完全に締め出されてしまう．

　江戸幕府は，1633年に最初の孤立令（鎖国令），続いて35年にもうひとつの孤立令を出し，日本人の海外渡航を禁止する．さらに36年，ポルトガル人混血児とその母親の追放令が出される．1939年になると，ポルトガル人は完全に国外に追放され，マカオとの交易は禁止され，オランダと中国が日本での貿易を独占することとなる．

　オランダが台湾南部を支配したのは，マカオ攻略失敗後に商館建設を行った1624年から鄭成功[398]の水軍によって追い払われる1662年までの期間である．オランダが台湾を拠点とするにいたったきっかけは，スペイン・ポルトガルとの休戦協定の期限が切れたまさにそのタイミングにクーンが仕掛けたマカオ攻略（1622）であり，その失敗であった．

　スペインは，中国—マニラ貿易を切断しようと目論むオランダに対抗すべく，台湾北端の東岸から西岸にかけて，1626年にサンティアゴ Santiago（漢訳されて三貂角，現・三貂堡），サン・サルヴァドル（鶏籠＝基隆湾内の社寮島，現・和平島），1629年にサント・

---

396) 1609年にオランダ国王マウリッツの親書を携えた商船2隻が平戸に入港すると，同年，平戸の崎方にオランダ商館が設置されることになる．1613年にイギリスが平戸に商館を設置したことで，両国間に貿易摩擦が生じ，1618年にオランダ船がイギリス船を拿捕するなどエスカレートしていくが，1619年にバタヴィアで両国の東インド会社間でスペイン，ポルトガルを共同敵国とする同盟が結ばれ，オランダ・イギリス連合艦隊が編成される．

397) 日本人に大砲をつくらせ，日本人を傭兵として海外に連れ出すこともあった．幕府は，外国船に商売の機会均等と安全を保障した将軍の威信が犯されていること，日本人や日本の武器が国外に持ち出されていること，この2点を憂慮し，1621年の貿易制限令を出した．この法令は，外国船による日本人の海外渡航や武器の輸出を禁止するものであった．

398) 寛永元年／大明天啓4年7月14日～大明永暦十六年5月8日（1624年8月27日～1662年6月23日）．中国明代の軍人，政治家．清に滅ぼされようとしている明を擁護し抵抗運動を続け，台湾に渡り鄭氏政権の祖となった．台湾では，民族的英雄として描かれる．倭銃隊と呼ばれた日本式の鎧を身に纏った鉄砲隊や騎馬兵などの武者を巧みに指揮した．

第Ⅵ章
フィリピン（マニラ・アウディエンシア）

ドミンゴ Santo Domingo（滬尾，現・淡水）と称する要塞をそれぞれ建設した[399]．こうして，台湾は，オランダ，スペイン，漢族系海賊という三大武装貿易集団がそれぞれに拠点をもって活動し，それら三大集団に対して，秀吉によって朱印船貿易として制度化された日本商人たちが取引をこころみるという，競合と棲み分けの舞台となる．

オランダがゼーランディア建設を確固として進めたのに対して，スペインは，結局，台湾での競争から脱落していった．彼らが入植をこころみた台湾北部にはとりわけ勇猛な先住民のアタイヤル族がおり，マニラからの補給も台風に妨げられ，植民地経営もカトリック伝道もままならなかったのである．1638 年にはサント・ドミンゴ要塞（淡水）を破壊して放棄し，残されたサン・サルヴァドル要塞（基隆）も 1642 年の VOC 艦隊の攻撃により陥落している．

(2) パリアン

最終的には「海禁政策」をとる明王朝であったが，華夷秩序にもとづく朝貢を交易制度として組み込んでおり，マニラ建設が行われた 16 世紀末から 17 世紀初頭にかけては，南シナ海海域はむしろ活発な交易活動が展開されていた．スペインのガレオン航路の開拓によって，南シナ海海域の交易ネットワークは，メキシコそしてスペインと結びつけられることになった．その要になったのがマニラである．アジアからは，特に中国産の絹織物，「新大陸」からは，主に銀が運ばれることになる．マニラを経由した銀は漳州へ運ばれた．アカプルコ―マニラ―漳州が幹線ルートであった．すなわち，マニラ・ガレオン交易は，ほとんどが福建地方，それも廈門，漳州の中国人によって仲介されていたのである．19 世紀中頃，広東地方の商人が移住してくるようになるまで，フィリピンに住む中国人の約 8 割を占めた．

マニラは中国帆船の寄港地となり，中国人移住者が急増する．フィリピンにおける中国人社会の形成とその活動については，平山（2012）が「フィリピーナス諸島居留華人数・来航船数」（1570～1678）をアウディエンシア関連の通信文書，修道会年代記，先行研究などをもとに整理している．スペインによる植民地経営が本格化する 1680 年代後半には 2,000～4,000 人の中国人が滞在し，1630 年代には 1 万 4000～2 万人にのぼっている．17 世紀初頭には，スペイン人の人口をはるかに上回る 3 万人の中国人が居住していたという記録もある[400]．

---

[399] このサント・ドミンゴ砦から淡水河を遡って台北平野への植民もこころみたようであるが，痕跡らしいものは残っていない．

[400] Bauzo, L. E. の「Deficit Government. Mexico and the Philippine Situado」（1606-1804）と Schurtz, William, L. の「The Manila Galleon, Nueva York」（1939/1959）をもとに立岩礼子が作成したところによると，1571 年に 150 人，1581 年に 6,000 人，1586 年に 1 万 2,000 人，1621 年 1 万 5,000 人，1636 年の 3 万人をピークに，17 世紀中葉には 2 万人と減少し，1749 年に 4 万人と再び増加．1755 年には 3,413 人となっている．

フィリピン諸島はいたる所が開かれており，自由に出入可能であったから，その活動を把握しコントロールすることは容易ではなかった．事実，ガレオン交易に投資するスペイン人とそれを具体的に担う中国人との間には様々な軋轢，抗争が起こっている[401]．

マニラにいた中国人のカトリックへの改宗事業を受け持ったのはドミニコ会であり，中国大陸への布教活動も視野に収められていたといってよい．ただし，前述のとおり，中国の絹への経済的関心を優先し，改宗は必ずしも強制してはいない．しかし，急速に増加する中国人移民がスペインの植民地支配を脅かすことを警戒し，ゴンサロ・ロンキジョ・デ・ペニャロサ総督によって，中国人の指定住居区パリアンが創設される（1582）．上述したように，パリアンの語源は，メキシコ語説，イロコス語説，中国語説があって定かではないが，メキシコではアジア物産の市場をパリアンと呼ぶ．マニラにおけるパリアンの創設には，スペイン人と中国人との関係悪化，関税に関する問題[402]が要因のひとつであると，マニラ初代司教フライ・ドミンゴ・デ・サラサールは書いている．パリアンは，スペイン人と中国人の2人の首長によって，監理運営された．裁判所があり，司法官，公証人がいて，刑務所もあった．

パリアン創設以降も，植民地政府と中国人の間には争いが絶えず，1603年，1639年，1686年，1745年に大きな争議が生じている．1755年には，ペドロ・マヌエル・デ・アランディア・サンティステバン Pedro Manuel de Arandia Santisteban（1754～59）総督が，非カトリック中国人を追放する命令を下すにいたっている．1755年に中国人人口が激減する背景には，こういった事情があった．

マニラ・パリアンは1582年の創設以降，1860年に破壊を命じられるまで，約300年近く存続したが，所在地域は5期9回にわたり移り変わる（図VI-3-6，表VI-3-4[403]）．この図にもとづきながら，パリアンの変遷の概要を明らかにする．

第 I 期（1582～93）：イントラムロス内

第 I 期の間にも，3度の火災のたびにパリアンの位置は変わったが，いずれも城内にあった．創建当初パリアンが置かれたのは，マガリャンイス通り周辺（図中①）であった．2度目の位置は，サント・トマス広場周辺にある[404]（図中②）．これも1583年のマニラ大火災で焼失し，3度目のパリアンは，ドミニコ会（1587マニラに到着）が

---

401) 18世紀中頃までに14回の暴動が起こっている．その内，特に大きい1603年の第1次暴動，1639～40の第2次暴動については，平山（2012）が詳細に検討を加えている．
402) 1581年，スペイン植民地政府は中国人商人に対し，3％の課税を加えたが，中国人商人はそれを支払おうとはしなかった．
403) この図の作製に際しては，はじめてパリアンの街区構成が描かれる時代（1671）の地図を用いた．
404) Teresita (2005). "Tsinog—The Storg of the Chinese in Philippine Life," Kaisa Para Sa Kaunlaran, Inc. Manila.

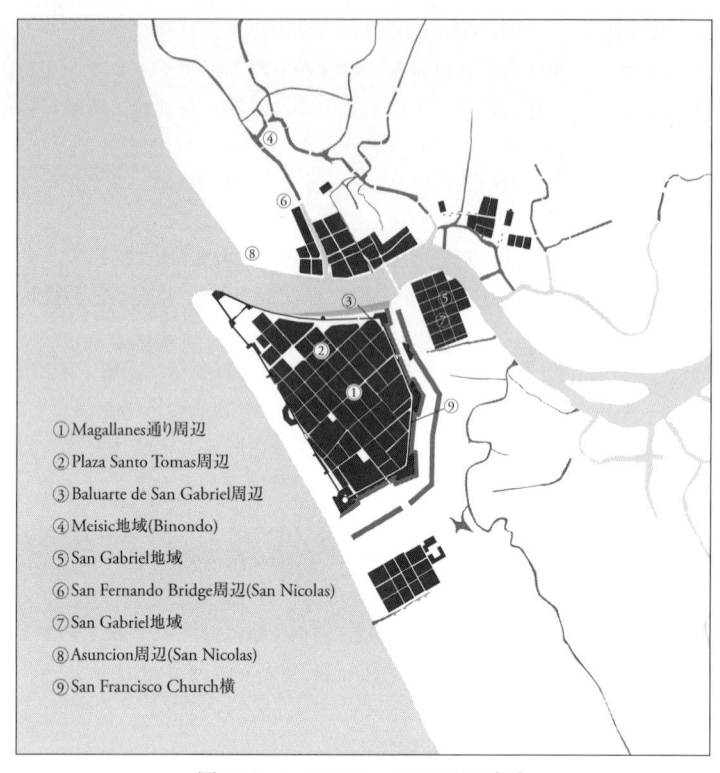

# 第 VI 章
フィリピン（マニラ・アウディエンシア）

図 VI-3-6　マニラ　パリアンの立地

① Magallanes 通り周辺
② Plaza Santo Tomas 周辺
③ Baluarte de San Gabriel 周辺
④ Meisic 地域(Binondo)
⑤ San Gabriel 地域
⑥ San Fernando Bridge 周辺(San Nicolas)
⑦ San Gabriel 地域
⑧ Asuncion 周辺(San Nicolas)
⑨ San Francisco Church 横

塩田哲也作成

表 VI-3-4　マニラ・パリアンの立地

| | | | |
|---|---|---|---|
| I | イントラムロス内 (1582-1593) | ① | マガリャンイス Magallanes 通り周辺 |
| | | ② | サント・トマス広場 Plaza Santo Tomas 周辺 |
| | | ③ | サン・ガブリエル要塞 Baluarte de San Gabriel 周辺 |
| II | ビノンド，サン・ガブリエル地域 (1593-1639) | ④ | メイシス Meisic 地域（ビノンド Binondo） |
| | | ⑤ | サン・ガブリエル San Gabriel 地域 |
| III | サン・ニコラス地域 (1640-1642) | ⑥ | サン・フェルナンド橋 San Fernando Bridge 周辺（サン・ニコラス San Nicolas） |
| IV | サン・ガブリエル地域 (1643-1784) | ⑦ | サン・ガブリエル San Gabriel 地域 |
| V | サン・ニコラス地域 (1758-1860) | ⑧ | アサンション通り Asuncion 周辺（サン・ニコラス San Nicolas） |
| | イントラムロス，ビノンド地域 (1785-1860) | ⑨ | サン・フランシスコ教会 San Francisco Church 横 |

中国人の改宗事業を受け持っていたことから，サント・ドミンゴ教会のすぐ側に置かれた（図中③）．ドミニコ会が中国人のために建設したサン・ガブリエル病院 Hospital de San Gabriel (1587) も隣接していた．この病院は，のちにサン・ガブリエル要塞 Baluarte de San Gabriel (1593) となる．1591年には，約 200 軒が立ち並んでいたとされる．しかし，1593年に起きた暴動をきっかけに，パリアンは，イントラムロス外へ追い出されてしまう．

第II期（1593〜1639）：ビノンド，サン・ガブリエル地域

この時期，パリアンは，パシグ川の対岸，ビノンドの北部メイシス地域（図中④）と，マニラ城外の東側，パシグ川沿いに位置していた（図中⑤）．サン・ガブリエル地域にあったパリアンは，全盛期にあった（モルガ (1966)）が，1593年，ゴメス・ペレス・ダスマリニャス総督がモルッカ遠征を行った際に，中国人漕ぎ手であったパン・ホー・ウ Pán Ho Wu が，250 人以上の中国人とともに暴動を引き起こしたことが移転の理由である．ゴメス・ペレス・ダスマリニャス総督をはじめスペイン人多数が殺害され，パン・ホー・ウらは逃亡した．1592年以降の日本の入貢強要にともなう治安対策も移転の理由である．

この第II期にも，パリアンは幾度も焼失と再建を繰り返す（1597，1629 に焼失）．ゴメス・ペレス・ダスマリニャス総督殺害以降，スペイン植民地政府は，中国人に対する不信や不満をつのらせる．そして，1603年には，ゴメス・ペレス・ダスマリニャスの息子であるルイス・ペレス・ダスマリニャスによる，初の中国人大虐殺が行われ，パリアンは焼き払われる．人口は 7,000 人ほどにまで減少するが，1605年にパリアンが再建されると，やがて規模も人口も拡大することにある．

1639年のバイ湖畔のカランバ Calamba における中国人農業労働者による蜂起事件をきっかけに，再びパリアンの位置は移動する．

第III期（1640〜42）：ビノンド地域

スペイン植民地政府は，フィリピンにおける食糧増産のために数千人の中国人を使って，カランバの開拓を行った．しかし，マラリアによって数か月で 300 人以上の中国人が死亡する事態も起り，過酷な労働や迫害などが続いたことで，1639 年 11 月 20 日に反乱が発生する．周辺のラグナ，リサール，カビテなどでも暴動が発生し，合わせて 2 万 5 千〜3 万人以上の中国人が殺される事件となった．この事件によりパリアンは焼き払われ，ウルタド・デ・コルクエラ総督 Sebastián Hurtado de Corcuera（在任 1635〜44）は，パシグ川対岸のビノンド地域に移動させた（図中⑥）．このパリアンは 1642 年の火災で焼失する．

第IV期（1644〜1784）：サン・ガブリエル地域

1642年の焼失後，パリアンはサン・ガブリエル地域に再建された（図中⑦）．その後約 100 年この地に維持される．この時代のパリアンの街区構成は，1671 年以降の

第VI章

フィリピン（マニラ・アウディエンシア）

都市図で確認できる．

　鄭成功がオランダから台湾を奪取したことは，隣国フィリピンを統治するスペイン植民地政府を恐れさせ，植民地政府に中国人への警戒をうながした．そして，1662年鄭成功の使者が派遣されたのをきっかけに事件が起きた．スペインの守備隊が，暴動を恐れて，約9千人が暮らしていた居住地をめがけ攻撃するのである．

　たびたび起きる中国人の暴動[405]に対して，ペドロ・マヌエル・デ・アランディアは，フィリピン経済に占める中国人の優越性と勢力を削ぐため，非カトリック教徒の中国人を追放する（1755）．この追放政策の背景には，清朝の「遷界令」[406]がある．これにより，中国人は激減する．

　一方で，パリアンの中国移民社会は，カトリック化することによって，その存続をはかった．また，パンパンガPampanga地域に移動したものもいた[407]．残ったものは，改宗し，教会に認知された現地女性との結婚が許され，子孫（中国系メスティーソ）を残した．植民地支配の正当性の根拠であったカトリシズムを受容し，教会支配を受け入れ，洗礼，婚姻などを通して，植民地社会の正当な構成員となっていくのである．

　その一方で，福建地方から毎年マニラにやってくる「異教徒」中国人のために，新たにパシグ川河口近くサン・ニコラス地域にパリアンが建設された（第Ｖ期）．

　この「中国人の移住者を原則としてカトリック教徒に限る」という受け入れ方針は，ホセ・バスコ・イ・ヴァルガスJosé Basco y Vargas（在任1778〜87）総督の時代にフォーマルな制度となる．

　1784年には，パリアンの教会や住宅の取り壊しが命じられ，ビノンド，イントラムロスの中に最後のパリアンが建設されることになった．

**第Ｖ期**（1785〜1860）：サン・ニコラス，ビノンド地域に混住

　ペドロ・マヌエル・デ・アランディアによって，サン・ニコラス地域に「異教徒」のための交易，宿泊施設，市場としてレアル・アルカイセリア・サン・フェルナンドが建設された（1756〜58，図中⑧および図Ⅵ-3-7右下部）．そして，1784年，ホセ・バ

---

405) Tingco集団の暴動（1686），1745年の暴動，中国人大虐殺（1762），スールSuluでの暴動（1773）など．
406) 1661年に清王朝が実施した住民の強制移住政策のこと．1644年に北京を占領した清王朝は，1659年に雲南地方を征圧し，中国のほぼ全域を統治していたが，現代の福建省沿岸地域では，清に滅ぼされた明王朝の復興を唱える鄭成功が幅を利かせており，日本との海上交易で得た利益を元手に軍備を整え清王朝を苦しめていた．清王朝は鄭成功を苦しめるため1661年，遷界令によって，現代の広東省から山東省までの海岸線に住む全住民を強制的に内陸部に移住させ，沿岸部を無人化した．
407) ルソン島中部．中国人への迫害などスペイン人が中国人への対応は，首都マニラへ行けばいくほど厳しかったとされる．セブやヴィガンなども厳しかったがマニラほどではなかった．さらに田舎へ行けばそれほどでもなかったという．そのため，パンパンガ地方やスールーに最初から移住する中国人もいたとされる．

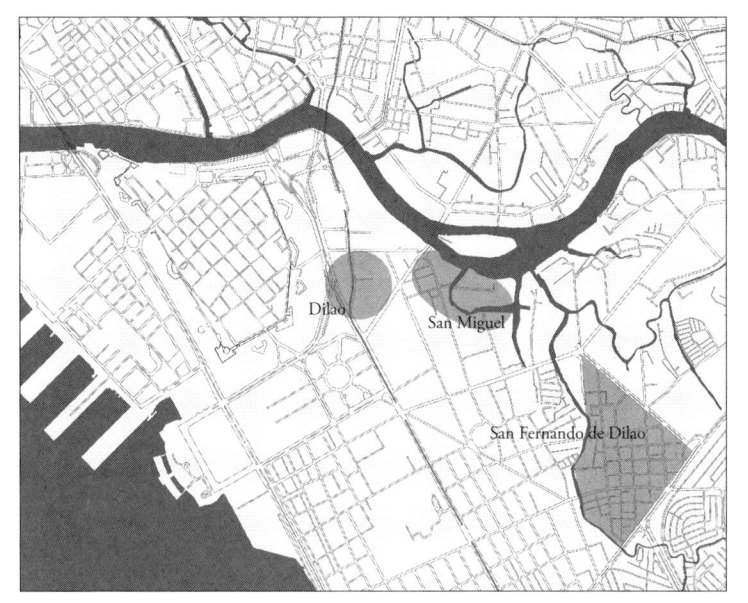

図 VI-3-7　マニラ　日本町の立地

塩田哲也作成

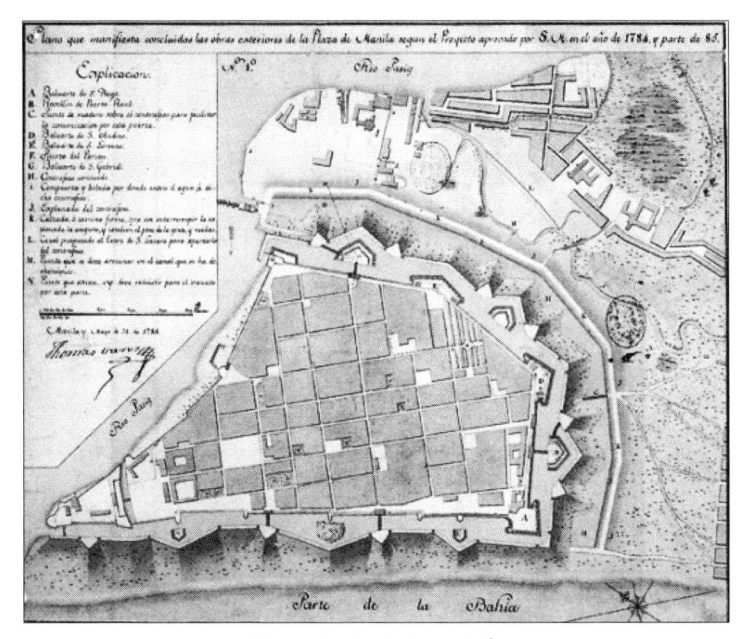

図 VI-3-8　マニラ　1785 年
SH 6676（Hoja 6）：Ministerio de Defensa（1996b）

スコ José Basco によって，イントラムロス内に，アルカイセリア・デ・サン・ホセ（図中⑨および図 VI-3-8）と呼ばれる中国人市場（1860 年のパリアン廃止まで）が建設された．アルカイセリア・デ・サン・ホセは「改宗」した中国人のための市場であったと考えられる．ビノンドは，外国商館が建ち並ぶ，金融・商業の中心地として発展し続け，戦前のフィリピンにおいて随一といわれるまでに繁栄する．1800 年頃には，中国人組合グレミオ・デ・チノス Gremio de Chinos が設立されている．

パリアンは，1860 年 8 月 30 日の廃止をもって，約 300 年の歴史の幕を閉じる．1860 年のパリアン廃止の後，イントラムロスから再び中国人は追放される．めまぐるしく変遷をみせたパリアンであったが，現在のビノンドやサンタ・クルスへの移動が多かった．これが現在のパリアンの基礎となっている．

### (3) 日本町

日本町あるいは 16 世紀における日本の対外進出に関する文献資料は，少なくない．二次文献でも菅沼貞風[408]の『大日本商業史』[409]，日本町についての岩生成一（1966, 87）の一連の研究があり，モルガ（1966）『フィリピン諸島誌』（大航海時代叢書 VII）のような基礎文献から，川淵久左衛門が記録した『呂宋覚書』[410]，マニラの日本町の発生を記したと思われるゴメス・ペレス・ダスマリニャス総督の指令，フランシスコ・ロドリゲス Francisco Rodríguez により作成された『フランシスコ会年代記』，アウグスティノ会教父マヌエル・ブセタ Manuel Buzeta が作成した『フィリピン諸島の地理，歴史，政治，辞典』，1658 年のイグナシオ・デ・パス Ygunacio de Paz の『フィリピン諸島状況報告』[411]，さらに，1786 年マニラに渡り，約 30 年間伝道活動を行った，アウグスティノ会のマルチネス・デ・スニガ Martínez de Zúñiga の記録[412]など，豊富な史料が残っている．清水（2012）は，「インディアス総合文書館所蔵ルソン総督府日本関係文書」（翻刻文）を掲げるとともに，「ルソン総督府」に関わる史料を整理している．

南蛮貿易や朱印船貿易によって日本人の東南アジアへの進出が盛んになるにつれ，

---

408) 1865 年 4 月 5 日～1889 年 7 月 6 日．日本の経済史家，著述家，南進論者．弟に海軍少将で西海中学（現西海学園高等学校）創立者の菅沼周次郎がいる．専修学校（現専修大学）法律学と経済学を修し卒業．1883 年に『平戸貿易志』，1888 年『大日本商業史』などがある．1884 年には東京大学古典科入学している．1889 年 4 月フィリピン・マニラに渡航，フィリピン独立運動指導者ホセ・リサールと面会している．1889 年フィリピンでコレラを患い没した．

409) 1891 年初版．昭和 10 年に再販され，昭和 59 年 8 月に五月書房から再度公刊されている．

410) 呂宋（ルソン）に航海した川淵久左衛門の記録（寛文一一（1671）年辛亥歳 8 月 18 日）．この記録を，立原翠軒が写したものが同志社大学に所蔵されている．長崎から当時呂宋へ航海する航路・地理・風俗・習慣から，海航の技術，更には唐船の船役について書いている．

411) Ygunacio de Paz (1658). "Description of the Philippinas Island", Mexico

412) Joaquín Martínez de Zúñiga (1893). "Estadismo de las Islas Filipinas o Mis Viajes por esta País", W. E. Retana, Madrid

スペイン東インドの首都

現地に留まり集団で居住する日本人が増加していく．これがいわゆる日本町であるが，中でもフィリピンのマニラの日本町は，最も古く，規模も最大であった．マニラを発見したマルティン・デ・ゴイチの報告（1570）によれば，その時点ですでに 20 人ほどの日本人が居住していたという．またそれ以前にレガスピも，中国人と日本人が毎年来航し，現地のイスラーム商人と交易をしていると報告している（清水（2012））．

日本とマニラとの交易が公式にはじまるのは 1584 年 6 月，スペイン人が乗った船がはじめてマニラから平戸に入港してからのことである[413]．この時，アウグスティノ会士フランシス・マリンケが乗船しており，イエズス会以外の修道会の存在が日本に伝わるとともに，宣教師派遣の要請を受けることになる．イエズス会の日本宣教独占を命じるグレゴリオ XIII 世の勅書があり，ポルトガルとスペインの間に宣教をめぐる抗争も，交易関係の背景にある．キリシタンが宣教のみならず，交易に果たした役割は大きい．1586 年 6 月 26 日サンティアゴ・デ・ベラ総督は，スペイン国王に送った書状に「ポルトガル人が交易をする主要な港長崎より，キリシタン大名大村純忠（ドン・バルトレメ）の家臣 11 名が来着した．……彼らは，平和に来航した最初の日本人である」と記している[414]．日本から持ち込まれたのは刀，槍，武具などの武器，食糧，屏風，装身具などの工芸品であり，日本が持ち帰ったのは，金，臘，中国産商品，レアル貨などである．

マニラへの移住者は，1593 年には 300 人，1596 年には 1,000 人，1606 年には 1,500 人，1624 年には 3,000 人と急増している．フィリピンの鉱山資源に眼をつけるなど，単なる交易以外を目的としてマニラにやってくるものも少なくなかった．1590 年には，豊臣秀吉の家臣である原田喜右衛門，原田孫七郎，原田米次郎らが渡航し（1590～94），スペインの軍備を調査している．そして 1591 年，豊臣秀吉による降伏強要事件が起きる．これに対し，1592 年ゴメス・ペレス・ダスマリニャス総督は，軍務当局と市会に，「……日本人敵兵襲来の懸念は各方面において確認され，かつゲルマン人海賊は現に当地あって，日々沿岸を劫掠しつつあれば，市内に在住せる多数の日本人に対する不安を除去するため，彼らの武器を没収した後，彼らに市外の居住地即ち一定地区を指定して，同地に居住して商貨を販売するべし．……」と命令している．

1592 年にゴメス・ペレス・ダスマリニャス総督によって設置された日本町は，イントラムロスの外側につくられ，ディラオと呼ばれた．それ以前はイントラムロス内に居住，すなわち城外に排除されたのである．

---

413) 松浦氏がサンティアゴ・デ・ベラ総督に，交易を望んでいると書状と贈り物を送っている（Copia de una carta de Pablo Rodríguez al Gobernador de Filipinas,—Firando, 7 de Octobre 1584.［Archivos de Indias. 67-6-34］．Copia de una carta del Rey de Firando al Gobernador de Filipinas,—Firando, 17 de Septiembre 1584.［Archivos de Indias. 67-6-34］）．

414) Colin-Pastells. Op. cit. TomoI. p358; Pastells Historia. TomoII.

第 VI 章

フィリピン（マニラ・アウディエンシア）

表 VI-3-5　マニラ　日本町の人口

| 年号 | 移民数 | 備考 |
| --- | --- | --- |
| 1570 年 5 月 | 20 | マルティン・デ・ゴイチによる報告 |
| 1593 年 6 月 | 300 | |
| 1593 年 6 月 | 400 | |
| 1595 年 5 月 | 1,000 | |
| 1597 年 6 月 | | 大多数追放 |
| 1603 年 10 月 | 500 | |
| 1606 年 5 月 | 1,500 | 日本人店舗数 91 軒 |
| 1607 年 | | ディラオ日本町廃止 |
| 1608 年 6 月 | | 多数追放 |
| 1615 年 | | サン・ミゲル創設 |
| 1616 年 3 月 | | 500 人追放 |
| 1619 年 | 2,000 | |
| 1620 年 5 月 | 3,000 | |
| 1621 年 7 月 | 3,000 | ディラオ再建 |
| 1622 年 12 月 | 3,000 | |
| 1623 年 | 3,000 | |

　ディラオという名前が出る都市図は 2 枚ある．AGI, MP-FILIPINAS, 10（1671）は，街区構成は，不明であるがイントラムロスの南東に位置し，「e：Dilao」とある．AGI, MP-FILIPINAS, 191（1799）は，街区構成もはっきりし，タイトルにサン・フェルナンド・デ・ディラオのプランであるとしている．その位置は現在のパコ Paco という地区にある．ディラオの位置について，アントニオ・デ・モルガは，「中国人のパリアンとラギオ Laguio 地区の間にあり，ラ・カンデラリヤ La Candelaria 修道院に接している．フランシスコ会の教父がその改宗に当たっている.」と書いている（モルガ前掲書）．

　このラギオが，ディラオの位置特定の鍵となる．フィリピン独立運動を指揮したホセ・リサールは，ラギオ地区は，現在のパコにあり，パシグ川に近いところとし，ラ・カンデラリヤもパコにあると述べている[415]．都市図 AGI, MP-FILIPINAS, 10（1671）をみるとその位置は，現在のマニラ市役所やフィリピン・ノーマル大学周辺である（前掲図 VI-3-7 中央部）．

　1606 年 5 月 29 日の高等法院検査官ロドリゴ・ディアス・ギラール Rodrigo Diaz Guiral の報告によれば，ディラオにある日本人の店舗を数えると，住宅と長屋の他に，91 軒の店舗があるとしている．日本人の人口は，1603 年に 500 人，この時には 1,500 人ほどいたとされる（表 VI-3-5）．

　しかし，スペイン人が 1 人の日本人を殺害するという事件をきっかけに，日本人

---

415）　José Rizal（1890）"Sucesos de las Islas Filipinas por el Antonio de Morga", Paris.

1,500人が一斉に暴動を起こすにいたる．暴動は，クリストバル・デ・アスクェタ・メンチャカ Christoual de Azcueta Menchaca によって鎮圧され，ディラオは焼き払われてしまう．

アウグスティノ会神父マヌエル・ブセタ Manuel Buzeta の『フィリピン諸島の地理，歴史，政治，辞典』の中には，当時総督代理であったドン・クリストバル・テジョ・デ・アルマンサ D. Cristóbal Tello de Almanza は，この事件を取り上げて，「再び日本人が暴動を起こしたので，総督はこれを鎮圧し，ディラオを完全に破壊して，1621年までは彼らに集団生活を営むことを許可しなかった．」と記録している（Buzeta (1850)). つまり 1607年に一時廃止されたディラオは，十数年後に再建されたことになる．

スペイン植民地政府は，日本人への警戒をさらに強め，日本人を多数追放するとともに，江戸幕府，将軍徳川秀忠宛てに，年間6隻と決められていた貿易船を4隻に制限すると通告している．しかし，幕府はキリシタンの弾圧を強め，1614年の「キリシタン禁令」と「宣教師の国外追放令」によって，300人以上がマニラに送られている．マニラに送られた日本人の中には，キリシタン大名である高山右近や，安藤徳庵ほか，イエズス会をはじめとする各会の教父，修道士などがいた[416]．こうした改宗した日本人は年々数が増えていったが，1618年頃，イエズス会は，サン・ミゲルに日本人を住まわせ，修道院も建設している（1630年代）．その位置については，1658年イグナシオ・デ・パスの『フィリピン諸島状況報告』が，「ディラオに隣接してサン・ミゲルという小さな村がある」と述べている．さらに，1786年マニラに渡り，約30年間伝道活動を行った，アウグスティノ会のマルチネス・デ・スニガは，「コンバレセンシヤ Convalecencia 島は，島の中にあるサン・フアン・デ・ディオス San Juan de Dios 教会が管轄する病院からとった名である．……この島は，マニラのパシグ川の真ん中にあり，治療者たちの慰安場となっている．その南側の川の対岸には，イントラムロスまでに，ディラオとパリアン，ならびにサン・ミゲルとアロセロス Arroceros の町がある．ディラオは，サンタ・アナ Santa Ana 路に移転し，今ではパコ Paco と呼ばれている．サン・ミゲルは，川の対岸に移転している」と記している．

残念ながらサン・ミゲルの地名が書かれている地図資料を特定することはできないが，マルチネス・デ・スニガがマニラに渡る1年前の1785年の都市図（前掲図 VI-3-8）で，コンバレセンシヤ島の南側の対岸にある町が，1806年の都市図（図 VI-3-9）ではなくなっている．2枚の都市図を重ねて，その位置を特定すると，現在のアヤラ Ayala 橋の前あたりであったと思われる（前掲 VI-3-5図，中央右）．

このイエズス会が創設した日本町サン・ミゲルに不満を抱いていたのが，日本人の

---

416) 高山右近は，翌年2月3日マニラで死亡している．

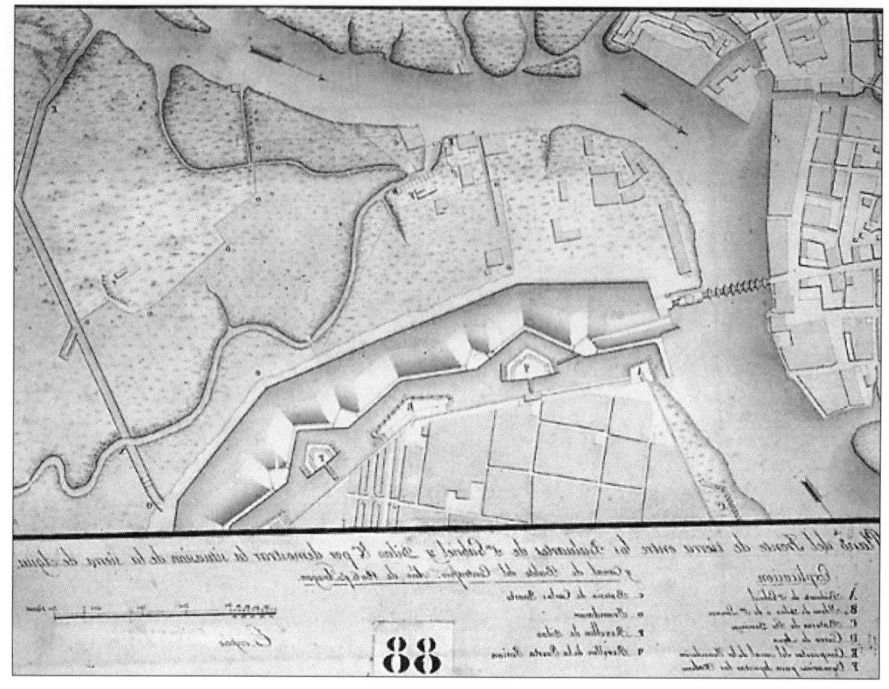

# 第VI章
## フィリピン（マニラ・アウディエンシア）

図 VI-3-9　マニラ　1806 年

SH 7414：Ministerio de Defensa (1996b)

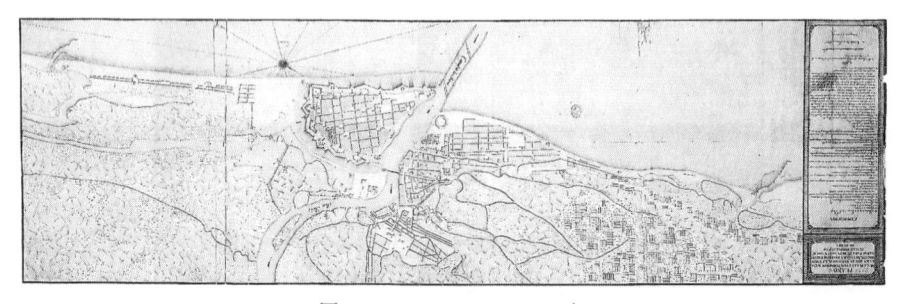

図 VI-3-10　マニラ　1799 年

SH 6499 (Hoja 1)：Ministerio de Defensa (1996b)

改宗を担当していたフランシスコ会である．フランシスコ会は，日本人のためにディラオを再建し，1639 年には，サン・フェルナンド・デ・ディラオを現在のパコ地域に創設し移転させ，サン・フェルナンド・デ・ディラオ教会を建設している．このサン・フェルナンド・デ・ディラオこそ，マルチネス・デ・スニが記録した「ディラオは，サンタ・アナ路に移転し，今ではパコと呼ばれている．」という記述にある日本

町である．その町の構成は，1799年の都市図（図VI-3-10）にみることができる．
　1671年に描かれたディラオは，1592年に創設された日本町「ディラオ」の位置にあったと思われる．すなわち1671年には，コンバレセンシヤ島の南岸の対岸にあったサン・ミゲルと，パコ地区のサン・フェルナンド・デ・ディラオに日本町があったことになる．

## *4* バハイ・ナ・バトの都市 — ヴィガン

　マニラから北に425km離れたイロコス地方のヴィガン（美岸）[417]は，スペインによって，セブ（1565），パナイ（1569），マニラ（1571）について建設されたフィリピン第4のスペイン植民都市である．戦災等で大きくその骨格を変えたセブ，パナイ，そして復元されたイントラロムスのみ残るマニラと異なり，ヴィガンはスペインによって建設されたアジアのユニークな植民都市として，その歴史を今日に伝えている．
　ヴィガン中心部は1999年にユネスコの世界文化遺産に登録された．公式申請書は「インディアス法に準拠したスペイン的都市計画を明示するフィリピン唯一の現存例」「イロコス・フィリピン・中国・スペイン諸要素を融合させた統一的な建築景観」[418]を強調している．この「インディアス法に準拠」という点については疑問がある．そもそもヴィガンの建設は1572年に開始されており，1573年の「フェリペII世の勅令」にもとづいて建設されたとは考えられない．たしかに，第II章で指摘したように，インディアス法は15世紀末以降の植民地建設の経験の集大成であり，そういう意味では「準拠した」ということは不可能ではない．しかし，そこに都市の状況に応じた様々な形態がありうることは，ここまでの議論から自明であろう．実際，インディアス法を逸脱しているように思われる点が少なくとも2つある．ひとつは，広場が近接して2つあること，そして，街区が，他のスペイン植民都市ではあまり例がない，$3 \times 3 = 9$のナイン・スクエアの分割パターンを採用しているように思われることである．
　そして何より，ヴィガンの建設に中国人あるいはチャイニーズ・メスティーソが積極的に参加していること，その象徴として，バハイ・ナ・バトという都市型住居が生

---

[417] ヴィガンの名は，この地方の川辺に植生する葉の広い植物ヴィガン bigan（alocasia indica）に由来する．
[418] Villalón, A. F. (1996) "The nomination dossier for the historic town of Vigan", UNESCO, National Commission Philippines, pp. 4-5.

み出されたことは，ヴィガンの大きな特徴である．

　ヴィガンに関する既往の都市研究は極めて少ない．そうした中でスペイン植民地期に生まれたバハイ・ナ・バトについては，フィリピン大学の修士論文 Fátima N. Rabang-Alonzo (1990) が，ヴィガンの歴史については Damaso Q. King (1990) がある[419]．

## 4-1　ヴィジャ・フェルナンディナ

### (1)　フアン・デ・サルセド

　ヴィガン建設に当たったのは，レガスピの孫，フアン・デ・サルセド[420]である．サルセドは 1567 年にメキシコからセブに派遣される[421]．1572 年にフィリピン—メキシコ間のより短い航路を求めてルソン島西岸を北上し，発見したのがヴィガンであった．

　ヴィガンは，中央山脈から南西流してきたボキド Boquid 川がゴヴァンテス Govantes 川とメスティーソ川[422]に分流する地点に位置する．両分流は，ともにヴィガンから3〜5 km下流で南シナ海に注いでいる．ヴィガンはもともと港市村落であったと考えられている（モルガ (1966)）．現在，河口部近くにはカカヤン Cacayan という町があり，さらにバリオ・ファウルテ Barrio Faurte（プエルテ Puerte）と併記された臨海集落がある．その名は，もとはスペイン語で，Faurte は Fuerte（「要塞」），また Puerte は Puerto（「港」）に由来すると考えられる（応地 (2004)）．すなわち，ヴィガンはボキド川で運ばれてくる内陸の物資を，メスティーソ川を通じて南シナ海に運ぶ中継点にあった．

　サルセドは，しばらく滞在したのち，27人のスペイン人兵士を残し，ルソン島北部における新たな拠点を求めて一旦ヴィガンを離れるが，1574年1月にイロコス地方のエンコメンデーロとなり，またフスティシア・マヨール Justicia Mayor（司法長官）の地位をスペイン王から与えられ，ヴィガンに戻る．ヴィガンは，フェリペII世の王子に因んでヴィジャ・フェルナンディナ Villa Fernandina と名づけられた．サルセ

---

[419]　施設分布調査，住宅類型調査および街区幅の測定を主とする臨地調査は，1997年7月（脇田祥尚），1998年9月（安藤正雄，布野修司，脇田祥尚，柳沢究，平田隆行），そして2000年8月（山口潔子）の三次にわたる調査である．資料収集，様々なヒアリングについては，キング氏とラバン女史の協力を得た．

[420]　メキシコ生まれ，1576年3月11日熱病により死去．

[421]　Aluit, Alfonso J. (1995) "Sward and Fire-the Destruction of Manila in World War II, 3 February - 3 March 1945", Bookmark.

[422]　メスティーソ川の名は，中国系メスティーソが多かったことに由来して，スペイン植民時代につけられた．

476

ドが一度ヴィガンを離れたため,ヴィガンの設立年については1572年と74年の2説がある.

サルセドは,現地住民に森林を伐採させ,まず砦と宿泊施設,その後に教会,市役所を建設した[423].1574年のサルセドの帰還には,アウグスティノ修道会の宣教師たちが随行しており[424],彼らが1575年に聖パウロを町の守護聖人として聖パウロ教会[425]と修道院を建設する.

ヴィガンの歴史について書かれた資料はほとんどが教会資料[426]であるが,その中には,1579年,中国へ向かう途中であったフランシスコ会の宣教師会たちの船が,嵐によってイロコス地方に漂着し,宣教活動を行ったとする記録がある.フランシスコ会は宣教活動の便宜上,点在していた村々を集め,宣教拠点である教会や修道院の周りに人々を集住させ,新しく町をつくった.スペイン人植民者と宣教師たちによるこの先住民の集住・移住計画は,フィリピンにおいてもレドゥクシオンと呼ばれた.レドゥクシオンの結果,自立的なバランガイはスペインの統治機構の中に組み込まれるが,これはまたカトリック教区司祭がスペイン植民地権力の代表として日常生活のあらゆる面で住民を監視下に置くことを意味した[427].その後,1591年に教会を修道会無所属の司祭[428]たちに託し,フランシスコ会はイロコス地方を去っている.一時的にイロコスを離れていたアウグスティノ会は,1586年1月5日よりイロコスでの宣教を本格的に開始する[429].

## (2) ヌエヴァ・セゴビア

スペインのねらいは,当初から北ルソンの南シナ海に直接面するルソン島最大の河

---

423) 現在ヴィガンの要塞・砦の遺構は残っていない.
424) 1494年のトルデシーリャス条約によってスペインとポルトガルは新世界を分割し,その領有権を獲得したが,同時にそこに住む現地住民をキリスト教徒に改宗する義務をローマ教皇に負うことになった.Foronda, Juan A. (1971) 'The establishment of the First Missionary Center in Ilocos, 1572-1612', Ilocos Review, Vol. III, No. 1 and 2, Christian Beginnings in Ilocandia (January-December).
425) 建設された当初の聖パウロ教会は木造・椰子葺きであった.
426) マニラ以外の地域ではスペイン人官吏の絶対数が少なく,カトリック宣教師が村や町の唯一のスペイン人であることが多かった.小教区教会の司祭が,同時にその教区範囲の公務執行を行い,洗礼・堅信・結婚・死亡など,教会の秘蹟記録がそのまま人口記録や歴史資料となっている.Cullinane, Michael (1998) 'Accounting for Souls: Ecclesiastical Sources for the Study of Philippine Demographic History, Population and History-The Demographic Origins of the Modern History', Ateneo de Manila University Press, pp. 281-346. 本稿ではアウグスティヌス修道会の保管する資料を含めた,現代のイロコス地方アウグスティヌス修道会士達による歴史資料 (Ilocos Review Vol. III, No. 1 & 2, 1971. 1-12) を参考にした.
427) 菅谷成子 (2001)「スペイン植民都市マニラの形成と発展」,『アジアの大都市 [4] マニラ』,日本評論社, pp21-47.
428) 在俗司祭 secular clergy といい,特定の修道会に属さない小教区付きの司祭を指す.
429) Foronda, Juan A. (1971), ibid. pp. 10-20 (注424参照).

川カガヤン Cagayan 川の河口部であった．中国，台湾，カンボジアなどとの交易に重要な拠点であり，広東，漳州，福州などから来航船が数多く訪れていた（モルガ（1966））．そして，倭寇が根拠地としていたのがカガヤン川河口部であった．

　ヴィガン建設と平行して，スペインは1582年に，それまで苦慮していたカガヤン川河口部の港の占領に成功する[430]．そして，その跡地にヌエヴァ・セゴビア市[431]を建設する．1592年6月にフェリペII世は，ヴィガンではなく，ヌエヴァ・セゴビアに司教座となる大聖堂を建てることを決定する．つまりヴィガンは，その建設まもなく，その地位をヌエヴァ・セゴビアにとって代わられることになる．

　モルガによれば，16世紀末のマニラを除くフィリピン各都市の人口は，ヌエヴァ・セゴビアで200，カセレスで100，セブに約200，アレバロ町に80であった．ヌエヴァ・セゴビアは，建設後10年余りの間に最初の植民都市セブと並んでいる．一方，モルガはヴィガンについて「ヴィジャ・フェルナンディナはルソン島北部イロコス州に建設された教会を持つ町であるが，スペイン人の数は大変少ない」と記している．当時，マニラ以外のフィリピン地方都市は，スペイン人の建設した町であっても，宣教師以外のスペイン人は少なかった．ヴィガンにも小教区教会と司教代理人としての教区司祭，州のアルカルデ・マヨールはいたが，居残っているスペイン人はほとんどいなかったのである．

### (3) チャイニーズ・メスティーソ

　それでも，1613年のイロコス地方の司教記録によれば，ヴィガンの人口は2,000人に増えている．町が成長するにつれ，マニラと同様，人種別の居住区が形成された．カトリック小教区によるヴィガン最古の史料リブロ・デ・カサミエント Libro de Casamiento（婚姻届録）によれば，1645〜60年には，先住民地区，スペイン人地区，中国人（主に福建省出身）のパリアンシージョ pariancillo[432] 又はロス・サングレイ・デル・パリアン los sangleys del parian[433] と呼ばれる地区に分かれていた（King, Damaso Q,（1990））．ただ，プラサのある中心部に宗教施設が集中していること，現在のリサール通りの東側がメスティーソ[434]地区，西が現地住民地区とされていたことは記され

---

[430]　「ルソン島の南シナ海に面したカガヤン州（プロビンシア）が，ホアン・パブロス・デ・カリオン隊長の手によってはじめて平定された．カリオンはそこにエスパニャ人の居留地（ポブラシオン）を建設し，ヌエバ・セゴビア市と命名すると共に，若干の船を率いて港を占領し，そこに砦を作って守りを固めていた日本人の海賊をその地から追い出した」（モルガ（1966），p. 52）

[431]　カガヤン川から約12km内陸に位置する．後にラロ Lalo と改められる．

[432]　小さなパリアンを意味する．-cillo はスペイン語の縮小辞．

[433]　Sangleys はフィリピン在住スペイン人による中国人の呼び名．

[434]　主に福建省出身の中国系男性とマレー系現地住民の女性との混血を，「中国系メスティーソ Chinese Mestizo/Mestizo de Sangley（Chinos）」と呼ぶ．スペイン植民政府，華僑の経済力を恐れ，改宗した中国人にのみ長期滞在や土地の売買を許可したので，華僑たちは改宗してキリスト教徒

ているが，かつての中国人地区やスペイン人地区の位置ははっきりしていない[435]．

　ヴィガンの町の建設を指導したのは小教区担当のスペイン人宣教師である．1630年にアウグスティノ修道会士，ファン・デ・メディナ Juan de Medina はイロコス地方の建造物について，「家は木造でよく火災にあうのだが，修道院は燃えない．アウグスティノ会のメルカド Francisco de Mercado 神父の指導により，火災対策として家屋を瓦で葺くことをはじめている」[436]と述べており，頻繁な火災に悩まされていたことが知られる．そして，植民初期において，アウグスティノ会士達がヴィガンの教会，司祭館あるいは修道院，学校，裁判所，墓地，道，橋などの建材として煉瓦を導入していったのであった．

　17世紀前半には，カトリックに改宗した中国人の移動が許されたため，スペイン人が設立した町々に中国人が移住をはじめる[437]．このうち，イロコス地方ではヴィガンが中国人の主な移住先であった．セブには中国人居住区パリアンが形成され，アレバロ Arevalo（パナイ島），カピス Capiz（パナイ島），ナガ Naga（カマリネス地方），ヴィガンには「小さなパリアン」を意味するパリアンシージョが形成された（Wickberg, Edger（1965））．

　18世紀になると，東アジア海域世界の交易中継センターとしての台湾の成長などを理由にヌエヴァ・セゴビア市の経済活動も停滞期に入り，さらにはヌエヴァ・セゴビアの2代目司教がヴィガンを好んだこともあり，1758年9月にスペイン王室の承認のもと，ルソン島北部の司教座はヌエヴァ・セゴビア市からヴィガン市に移される．聖職者が権力を握っていたフィリピンにおいて，ヴィガンの教会が小教区教会から司教区聖堂に昇格したことは政治的にも大きな意味を持っており，1778年には行政上でも町 villa から都市 ciudad に昇格し，名称もシウダード・デ・フェルナンディナとなる[438]．1764年のヴィガン市には21のバリオがあったが，そのいくつかは18世紀中に都市から分離し，新しく町になる．

---

　　の現地女性と結婚し，同時に名も西欧化させた．こうして他地域における華僑，華人とは異なり，「中国人」（短期滞在の商人など）ではない「中国系メスティーソ」というあらたな区分が生まれた．

435) King, Damaso Q. 氏への2000年8月31日インタビュー．ナトゥラレスであっても富裕層ならメスティーソ地区に住むこともあった．メスティソ川より東の市街にも中・下層メスティーソが住んでいたといわれている．

436) Diaz, Casimiro (1973) 'The Augustiniansin the Philippines, 1670-1694', in Blair and Robertson (1973) pp. 277-278.

437) 1750年，中国人の居住はマニラ周辺に限られることになり，ヴィガンから退去を命じられる．

438) Foronda (1971) および，Villalon, Augusto F. Medina, Eva Marie. Mayor of the Municipality of Vigan. SAVAI. Kai Vigan, Unesco National Commission of the Philippines. Vigan Heritage Village Commission, et al. (1998) "The Nomination Dossier for the Historic Town of Vigan", World Heritage Center, Documentation Unit, p. 14.

## (4) シウダード・デ・フェルナンディナ

　司教座となり都市（シウダード）に昇格したことによってヴィガンは急速に成長を遂げる．ボスコ Basco 総督によってフィリピン財政再建のために 1782 年より推進された，タバコの強制栽培・専売制度の導入も大きい．マニラ郊外のビノンドに続いて，ヴィガンとカリマネスにタバコ工場が新設され（De Jesús (1980)），イロコスを含むルソン島北部一帯がタバコの強制栽培地帯となった．また，イロコスは国内消費用の米，小麦の産地であり，ガレオン貿易向けには，布地，材木，ワックス（蜜蝋）が交易品であった．ヴィガンを含む主要な交易都市のバハイ・ナ・バトの1階床材には，中国からの交易船のバラスト[439]が使用される場合もあった．また，マニラには主としてイロコス産の綿と綿製品が出回った（Legarda Jr. (1999))．

　1803 年にはヴィガンの人口は 1 万 585 人を数え，先住民は農業に，中国系メスティーソはマニラ，ヨーロッパ，中国，ボルネオ，マレーシアとの交易に従事した．

　19 世紀中頃には海外輸出物産として，イロコス地方の米・藍・タバコ・綿織物が注目を浴び（Brangaza (1971))，その利益をもとにして煉瓦や瓦を使用した豪華な住宅としてバハイ・ナ・バトがヴィガンに増えた（King (1990))．バハイ・ナ・バトの建設主体は中国系メスティーソである．1797 年に大火が起こったことも大きい．教会から 100 ヴァラ以内の家屋のほとんどが燃えたことから，以降，司教は，教会付近にバハイ・ナ・バト以外の建設を禁止している[440]．すなわち，教会付近に現存するバハイ・ナ・バトはこの火事以降，19 世紀に建てられたものがほとんどである[441]．また，ヴィガン大聖堂の聖像やレリーフには中国の影響が強く残っているのは，中国人職人の技術によるからである[442]．1797 年には，スペイン名をトマス・アレナス Tomás Arenas，アレハンドロ・アレナス Alejandro Arenas という，2 人の中国人熟練工の存在が記されている．彼らは，建設の専門家としてヴィガンの聖堂を検査し，袖廊の天井，説教壇，墓地が未完成であると判定した．1799 年までに聖堂の建設作業は進み，1800 年にヴィガンの司教はスペインに聖堂の平面図を送っている[443]．

　ヴィガンを中心としたイロコス地方の人口は増え続け，1810 年のイロコスの人口

---

439）　これは堅個な白色の石で，中国の石 piedra china と呼ばれた．大型の交易船が立ち寄る町にバラストが降ろされ，床材として再利用された．
440）　Rabang-Alonzo (1996), p. 139, 256.
441）　もちろん，1797 年以前に石や煉瓦を用いた家がなかったとはいえない．火事の同年，まさに直後に建てられた家（レオナ・フロレンティノの生家）がバハイ・ナ・バトのスタイルをしていることからも，火事以前からそのようなスタイルがある程度完成していたと考えられる．
442）　Ávila, Vicente (1971) 'Ilocos Religious Imagery', Ilocos Review Vol. III, No. 1 & 2, Christian Beginnings in Ilocandia (January- December), p. 133.
443）　Lacsamana, Alberto (1971) 'Church in Ilokandia', Ilocos Review Vol. III, No. 1 & 2, Christian Beginnings in Ilocandia (January-December), p. 278.

は 361,270 人にまで達している[444]．19 世紀前半には，綿に加え，布地と藍をマニラへの交易品として，ヴィガンの中国系メスティーソたちは富を得ていた．富裕メスティーソたちが，その経済力に見合った煉瓦や瓦を用いたバハイ・ナ・バトを次々に建てるのである（McCoy and de Jesús（1982））．

経済的に成長するヴィガン市とイロコス地方であったが，信徒数に対して司祭は不足していた．これに対応するために，1822 年にヴィガン聖堂の横に神学校が建てられた[445]．これを契機に，ヴィガンはイロコス地方の政治・経済の中心であるだけではなく，宗教教育の中心地として，各地からヴィガンの神学校で学ぶ者が集まっている．1837 年にはブルゴス神父 Padre José Burgos[446]，1847 年には詩人フロレンティーノ Leona Florentino[447] など，フィリピン史において著名な人物がヴィガンで生まれている[448]．

1850 年頃のイロコス地方は，農業や産業の盛んな地方として有名であった．米，小麦，砂糖，綿，綿製品，蜜蝋，酢，藍，皮革，牛，布地などをマニラに供給していた[449]．また，19 世紀後半のヴィガンの商人にとって，自宅の敷地内の倉庫は中国から輸入した藍，石灰，リョウゼツラン maguey などを入れておく場所であった[450]．イロコス地方の中心であるヴィガンの商人達は，これらの産品の交易を通して利益を上げていた．

強制栽培制度を契機として繁栄を続けていたイロコス州であるが，19 世紀後半に

---

444) 同年，イロイロは 167,895 人，セブは 151,905 人，カマリネスは 150,900 人，パンガシナンは 159,900 人，ブラカン Bulacan は 143,910 人，バタンガス Batangas とパンパンガはそれぞれ 128,000 人ほどであった．これらスペイン期のフィリピンにおける各地方の中では，イロコスの人口が最も高かった．
445) Villalón, Augusto F. Medina, Eva Marie. Mayor of the Municipality of Vigan. SAVAI. Kai Vigan, Unesco National Commission of the Philippines. Vigan Heritage Village Commission, et al. (1998) "The Nomination Dossier for the Historic Town of Vigan" World Heritage Center, Documentation Unit, p. 9. また，この司祭館は，現在，ヴィガンの博物館にある絵によれば，オレンジ色の瓦屋根とカピス窓を持つ，バハイ・ナ・バトのスタイルをした大きな建物であったが，1968 年に全焼した．
446) ブルゴス神父は 1872 年 1 月 20 日に，マニラ湾口のスペイン海軍基地カビテ港で発生した「カビテ反乱」の指導者の一人．1837 年 2 月 9 日ヴィガン生れ．スペイン系メスティーソ．1872 年 2 月 17 日にマニラ郊外，バグンバヤンで処刑された．鈴木（1997），p76, 79．
447) フロレンティーノは 1847 年 4 月 19 日，ヴィガンのエリート層の家系に生まれた女流詩人で，スペイン語だけでなくイロカノ語でも作品を残した．ヴィガンのアバジャ E. Abaya 叙任司祭の指導により，スペイン文学を学ぶ．1887 年のマドリード展覧会や 1889 年のパリ博覧会などで，国際的な賞を受けた．ヴィガン市長と結婚し，5 人の子供をもうけた．息子のイザベロ Isabelo de los Reyes はスペイン権力に対抗するジャーナリストとなっている（Quirino, Carlos (1955) "Who's Who in Philippine History- Over 500 Names Covering 400 Years", Makati: Tahanan Books, p. 72, 88）．
448) Quirino, Carlos (1955), ibid. p. 52, 88
449) Legarda Jr (1999), p. 176.
450) Rabang-Alonzo (1996), p. 107.

なると，このタバコ単一耕作の強制が，逆にイロコス地方の多角的村落経済を解体させ，農村を窮乏化させていく．その対策として，植民地政府による国土開発計画の一環とした，農民を対象とした新たな農業開拓地への移住計画がはじまる．イロコス人たちは当時の農業開拓地であった中部ルソンやネグロス島に移住しはじめた[451]．この影響により，1870年にはイロコス地方で人口の減少がみられ，北イロコス州では1850年の15万7,559人から15万947人に，ヴィガンのある南イロコス州では19万2,272人から17万9,305人に人口が減少している．そして1880年には，これらの結果を招いた，タバコの生産から流通・加工・販売にいたるまでの政府独占への批判が高まり，タバコ専売制は撤廃されることとなる．

一時期，退去が命じられた中国人であるが，1850年に中国人の地方在住が再び認められ[452]，その頃から中国系メスティーソがヴィガンにも回帰する．彼らはタバコに関心を持ち，1870年には疲弊農民への前貸し制で生産過程に参入し，土地集積を開始する．1880年の専売制度廃止後，ヴィガンを拠点に，彼らはタバコの生産・集散・輸送を掌握する．

ヴィガンのバハイ・ナ・バトの図面集（Rabang-Alonzo（1996））の各図面に付属している家主歴をみると，この時代もヴィガンの富裕層同士の結婚が続いていることがわかる．富裕層が住む町の中心部については，1873年にはマニラから，北はヴィガンまでを範囲として電報がはじまるなど，通信も発達しはじめていた．また，19世紀後半には，高等教育のため，子弟をマニラに国内留学させる富裕層もいた．例えば，後のフィリピン大統領，キリノ Elpidio Quirino は1890年ヴィガン生まれだが，1908年にアメリカ系の高校で学ぶ為にマニラに行き，1915年にフィリピン大学を卒業している．なお，妻のアリシア・シキア Alicia Syquia もヴィガン出身であるが，元シキア邸（1880年築，現チャン Rodolfo Chan 邸）も歴史的博物館，バハイ・ナ・バトである．前述したように，農民はイロコス地方から移出していたが，一方でバハイ・ナ・バトの建設は続いており，住人である富裕層の移住は少なかったと考えられる．

しかしながら，後背地の人口減少にともない，徐々にヴィガンの繁栄にかげりがみえはじめる．1893年のヴィガンは，「大変貧しい地方であるが，石の建造物が多く様相は良い．マニラから鉄道が延びているため，地理的には重要地点」[453]であった．そのため，1890年代末には，ヴィジャモール Juan Villamor 将軍の率いるフィリピン革命軍，その後1899年にはパーカー James Parker 将軍率いるアメリカ軍によって占領さ

---

451) McCoy, Alfred W. (1982) "A Queen Dies Slowly: The Rise and Decline of Iloilo City. In Philippine Social History- Global Trade and Local Transformations", Quezon: Ateneo de Manila University Press, p. 6.
452) Wickberg (1965), pp. 62-63.
453) Diaz, Casimiro (1973), ibid, pp. 276-277.

れる．なお，1903 年におけるヴィガンの人口は 1 万 4,945 人であった[454]．

## 4-2　インディアス法とヴィガンの都市空間構成

　「フェリペⅡ世の勅令」が公布された 1573 年は，植民都市マニラの建設開始の 2 年後であり，ヴィガン建設開始とほぼ同時期である．スペインの文書がフィリピンへ渡るのは，貿易風を利用した年 1 回のガレオン船によってのみであったことを考えると，マニラやヴィガンの建設当初において，インディアス法を参照できなかった可能性は十分にある．また，「フェリペⅡ世の勅令」の指針がフィリピンでも適用されたという明確な記録もない．

　しかし，フィリピンで建築・都市計画の指導を実際に行った修道士たちは，メキシコでの宣教活動を経てきたものたちであった[455]．また，第Ⅱ章3で確認したように，「フェリペⅡ世の勅令」は数々の先例にもとづいており，その規定がヴィガンの形態を解読する大きな手掛かりとなることに変わりはない．

　フィリピンにも「町が市に昇格しスペイン帝国の副王領下の機構に組み込まれ承認されるためには，スペイン王室の法令の基準を満たさなければいけない」とする指令が伝わっていた記録もある（Cortes（1990））．その「基準」は，「フェリペⅡ世の勅令」の都市計画の構成要素とほぼ重なっている．ヴィガンについての資料はないが，同じくルソン島で，ヴィガンとマニラの間に位置するパンガシナン Pangasinan 州における都市計画基準がある．市としての承認を受けるための条件が，マニラのサント・ドミンゴ司祭館所蔵の「1840 年パンガシナン州に公布されたスペイン王室法令 Real Cédula」として以下のように記されている．

「市の中心部となるべき地区の地理的・環境的考察が必要である．市中心部は洪水の恐れが少ない場所が選ばれるべきである．また中心部にはプラサ・教会・市役所・司祭館・学校を配置する．町が市に承認される前に政治的・宗教的活動が可能となる公共建築が建ちあがっていなければならない．市の将来成長のため他の町々とある程度の距離を置かねばならない．市の中心から他の行政区域まで最低半径 1 〜2 レグア離さなければならない．距離を測る基点は，教会の中央ドアから直線状にある，プラサの中央に立てられた木の十字架とする．新しい市となるべき街・区

---

[454]　Municipal Planning and Development Office, Vigan, Ilocos Sur (1995) "Municipality of Vigan- Socio-Economic Profile", Vigan: Municipal Planning and Development Office, p. 35.
[455]　16 世紀末にフィリピンに来たアウグスティヌス修道会士たちの出生地はスペイン本国であった．当時のガレオン船の航路を考慮すると，彼らはスペイン—メキシコ—フィリピンというルートでマニラやイロコス地方にやって来た．Nieto, Marcelino (1971) 'The Work of the Augustinians in Ilocos', Ilocos Review Vol. III, No. 1 & 2, pp. 166-22, 1-12.

## 第 VI 章
フィリピン（マニラ・アウディエンシア）

域には，増加する人口を見越して，充分な住宅地や農地となるべき土地と，農業・家畜の飼料用の水源がなければならない．市の土地は市民のみの使用にかぎり，市民は遠隔地に住んだり，土地を売買したり抵当に取ったりしてはならない．もし住民が自分の土地を廃棄した場合は，市の所有に戻り，市は他の開墾者に与えることができる．市の経営や小教区司祭の出費を支えるために，納税人口は，最低500人必要である．」（Cortés（1990））

市中心部の公共施設の建造，土地の確保，市区域内での住宅地・農地計画が，その中心的な3か条である．補足として，街路の配置・各戸間の距離・火災防止のため各戸間の植樹などについても記述がある．「市の中心から他の行政区域まで最低半径1～2レグア離さなければならない」という指令は，キューバにおけるハト・コラル・システムとの類似性を想起させる．

マニラの石造建造物は，スペインやメキシコの建築をモデルとしていた．教会建築に限らずフィリピンにおける建築計画は，イエズス会・フランシスコ会・アウグスティノ会などのスペイン人宣教師たちが指導に当たっていた[456]．アウグスティノ会のスペイン本部は修道士達に，宣教前の心構え・現地語の習得・協力体制などに加え，建築計画について以下のように記している．

「町の構成：より効率的な社会発展のために，住民は可能なかぎり従来の点在した村々から町に集住させられるべきである．新しい町の建設に当たっては，交通の便のよい川辺か海辺を選択すべきである．既存の開墾された土地と淡水魚池に隣接し，集落がすでに形成されているところも良い．
宣教師の恒久的住居：1572年のアウグスティノ会令により，宣教の拠点となる恒久的な司祭館を構えることが奨励される．これにより司祭のいる中心町カベセラと，カベセラの周辺村ヴィシタを行政地区の単位として定める．教育指導：宣教以外の一般教育も修道会活動の一部であり，修道院や司祭館は学校を併設し，町の社会・文化的事業の中心となる．」（Nieto（1971））

教会や司祭館など宗教施設のあるプラサ周辺は，地域社会の中心的役割を担う空間であった．宣教の為に「恒久的建造物を」という項目は，従来の木造高床式の建造物ではなく石造の教会や修道院の建設を意味していた．

---

[456] たとえば代表的なサン・アグスティン教会 San Agustín（1607）などは，16世紀メキシコの教会・修道院建築の「正確な復元」をこころみたものだとされている（Foronda（1986））．

## (1) 2つの広場

　ヴィガンの都市空間構成は，しかし，必ずしもインディアス法に従っているようには見えない．最大の相違は2つの広場が隣接してあることであり，また，グリッド街区が広場を中心として設定されていないことである．

　2つの河川が分流する地点という選地は，インディアス法の規定にはみられない珍しい形態であるが，水運路としての河川利用と防御のための河川崖利用が可能であり，周到な調査にもとづく判断であったといってよい．しかし，上述のように2つの広場が隣接して，しかもずれて設置されているのは異例である．

　2つの広場は，北の大広場がプラサ・サルセド Plaza Salcedo，その南東角に接する小広場がプラサ・ブルゴス Plaza Burgos である．ともに人名に由来する．

　プラサ・サルセドには，東辺には司教座教会＝聖パウロ大聖堂，北辺には修道院と司祭館，西辺には州政庁（Cantol），南辺には市庁舎が建つ．一応，沿岸部におけるプラサ・マヨールの構成を準拠しているといってよいだろう．しかし，2つの広場とも現況では正確な矩形をしてはいない．大聖堂の入口が面するプラサ・サルセドは，南・西の街路を含めずに，東西が148 m（南）〜154 m（北），南北が64 m（東）〜72 m（西）である．大聖堂の南のプラサ・ブルゴスは，東西南北の街路を含めて，東西が87 m（北）〜120 m（南），南北が87 m（東）〜95 m（西）である．規模はともかく，プロポーションについては2つの広場とも，理想的形態に従っているわけではない．

　プラサ・ブルゴスは，もともと市場であったと応地利明は推測している．広場をとりまく四辺に威信顕示のための施設がないこと，2つの川の分流点に近く経済活動に最適であること，広場から富裕な商人層がバハイ・ナ・バトの軒を連ねた目抜き通りであるクリソロゴ Crisologo 通りとプラリデル Praridel 通りが伸びていることなどが，根拠として考えられる．ヴィガンの周辺地帯からの諸産品を集散する市場で取引された産品は，バハイ・ナ・バトの1階倉庫へと運搬され，格納されていった．結果としてプラサ・ブルゴスは，祭政一体的なプラサ・サルセドに隣接した位置に建設されることになったのである．この仮説が正しければ，プラサ・マヨールが市場機能を持っており，それを担ったのがプラサ・ブルゴスということになる．

　プラサの構成が異例なかたちとなったのは，これも応地利明の指摘であるが，初期の建設過程と関わっている．すなわち，ヌエヴァ・セゴビアの台頭によって，ヴィガンの港市としての役割が減じ，その発展が阻害されたことが大きいと考えられる．

## (2) 建造物の分布

　ヴィガンは現在，イロコス・スール州の州都である（図VI-4-1）．ヴィガン市の全面積は2740ヘクタールで，そのうち60.7%が農地である．市全体は39のバランガ

第 VI 章
フィリピン（マニラ・アウディエンシア）

イ行政区に分かれており，そのうち，市街地バランガイ数は9[457]，農村バランガイ数は 30 である[458]．

　現在のヴィガン市の中心部（図VI-4-2）は，北をゴヴァンテス Govantes 川，東をメスティーソ川によって区切られている．当初，南東部に港と要塞が設けられ，のちに，北側に中心部が移動したと考えられている．北側中央に，サルセド広場があり，その東に聖パウロ大聖堂，西に州庁舎，北に司祭館と修道院，南に市役所などが配されている．大聖堂の南にはブルゴス広場がある．この2つの広場から，東西・南北にグリッド状に街路が走るが，入手した測量図によると街区規模，街路幅にはばらつきがある．軸も南北軸から時計回りにおよそ 14.6～16.5 度傾いている．

　伝統的なバハイ・ナ・バトは，街の東側に位置し，スペイン植民地時代の中国系メスティーソの居住区内であるクリソロゴ通り沿いに多く残されている．この通りは近年，石畳敷きが再現され，観光写真やフィリピン歴史映画のロケ地として利用されている．

　2007 年の調査によると，調査棟数 1996 のうち，住居が 1406 棟（70.4%）と最も多く，全体の約 7 割を占める．続いて商業施設（294 棟，14.7%），住居兼商業施設（96 棟，4.8%），公共・宗教施設（68 棟，3.5%）である（図 A）．

　一方，商業施設に着目すると，多く確認できるのはバランガイ I（100 棟，同バランガイ内の 36.8%），II（29 棟，21.6%），III（55 棟，18.9%），VIII（45 棟，16%）である．バランガイ I と II の接線にあたるクリソロゴ通りは，多くの歴史的建造物が建ち並ぶ通りであり，石畳に整備されている．この通りを含むバランガイ I, II に商業施設数が多いのにはツーリズムの影響も考えられる．また，バランガイ III の東辺をなすケソン通りはポブラシオンの中で最も交通量が多い通りであり，近代的な建物が並び，その多くがオフィスや店舗として活用されている．一方，バランガイ VIII には大規模なマーケットがあり，その周辺にも展開をみせ，市街地周縁の地域にもかかわらず多くの商業施設が確認できる．公共・宗教施設については，プラザ・コンプレックスを含むバランガイ I（19 棟）および III（15 棟）に分布する．またホテルについても同様，バランガイ I に 5 棟，II に 6 棟と多い．

　ヴィガン中心部における構造別の建物分布をみると，調査棟数 1996 のうち，木造（812 棟，40.7%）と RC 造（767 棟，38.4%）が最も多く，両方とも全体の 4 約割を占める（図 B）．そしてヴィガンにおいて特徴的なのが木骨煉瓦造（143 棟，7.2%），あるいは 1 階木骨煉瓦で 2 階が木造（141 棟，7.1%）の建築である．これら煉瓦造りの建築の多くは，外壁の内側に木の柱梁が組まれており，実質的な構造体は木組みである．

457) 2007 年のセンサスによると，ヴィガン中心市街地，ポブラシオンを構成するバランガイの数は 9 （barangayI～IX）から 6 （barangayI～VI）に減少している．
458) Vigan Tourism Council (2000), "Vigan—A Unesco World Heritage Site".

4
バハイ・ナ・バトの都市

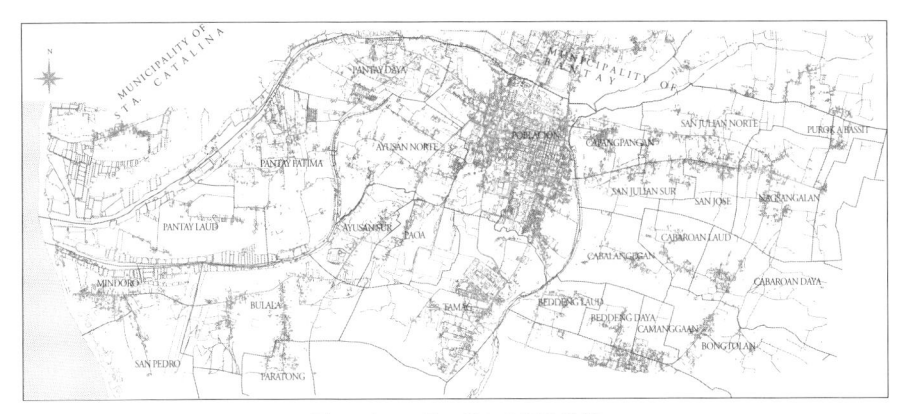

図 VI-4-1　ヴィガンの行政単位
ヒメネス・ベルデホ，ホアン・ラモン＋飯田敏史作成

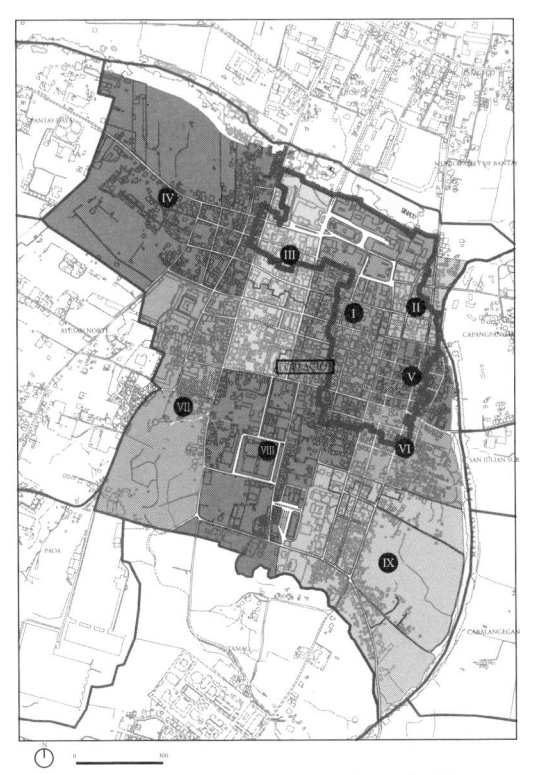

図 VI-4-2　ヴィガン中心部の街路と街区割
ヒメネス・ベルデホ，ホアン・ラモン＋飯田敏史作成

487

these が要するにバハイ・ナ・バトである．構造別に分布をみる．RC 造はバランガイ I（143 棟），III（131 棟），VIII（140 棟）に多く，それぞれのバランガイの約 50％を占める．バランガイ I と II を東西に分割するケソン通りを軸に，沿うように RC 造の建物が分布していることがわかる．木造の建物はバランガイ IV（135 棟，同バランガイ内の 57.7％），VII（155 棟，62.8％），IX（111 棟，55.5％）の市街地周縁部に多くみられ，各バランガイの 50％以上を占める．これらのほとんどは住居である．

　煉瓦造および 1 階煉瓦 2 階木造の建築は，都市中心部から近いバランガイ I（それぞれ 60 棟，30 棟），II（19 棟，21 棟），III（14 棟，19 棟），V（30 棟，17 棟）に多く分布している．特にプラサ・コンプレックスと目抜き通りであるクリソロゴ通りの大部分を含むバランガイ I には煉瓦造の建築物が集中しており，調査で確認出来た煉瓦造建築 143 棟のうち 42％がバランガイ I に分布している．バランガイ II，V も西辺をなすクリソロゴ通り沿いに多くの煉瓦造が確認できる．

　煉瓦造の建物は，上記以外のバランガイ IV に 2 棟，VI に 9 棟，VII に 0 棟，VIII に 8 棟，IX に 1 棟と，周縁部のバランガイではほとんどみられないが，一方で 1 階煉瓦 2 階木造の建物はそれぞれ，バランガイ IV に 12 棟，VI に 20 棟，VII に 3 棟，VIII に 9 棟，IX に 7 棟と，煉瓦造より多くみられる．調査地区において確認できたそれぞれの棟数は，煉瓦造 143 棟，1 階煉瓦 2 階木造 141 棟とほぼ同数であるが，都市周縁部では 1 階煉瓦 2 階木造のほうが，煉瓦造の 2 倍以上多く残されている．

　また，1 階コンクリート 2 階木造の建物は，バランガイ VI に 30 棟でこのバランガイの 22.6％を占めるが，全体的にみてまんべんなく分布しており，特に際立った性格は見当たらない．ただし，バランガイ VI は東部のメスティーソ川を望む川縁の広い土地を含む．敷地境界の曖昧な土地に建てられたバラックの多くが，この工法で建てられたと考えられる．

　ヴィガン中心部における階数別の建物分布数である．調査棟数 1996 のうち，2 階建ての建物が 1332 棟（66.7％）と最も多く，全体の 6 割以上を占める．続いて 1 階建てが 536 棟（26.9％），3 階建てが 90 棟（4.5％），そして 4 階建て，5 階建て以上の建物は極めて少ないがそれぞれ 25 棟（1.3％），13 棟（0.7％）が確認できた．

　4 階建て，5 階建て以上の建物は両方ともバランガイ I（4 階：9 棟，5 階以上：3 棟），III（14 棟，9 棟），IV（2 棟，1 棟）においてのみ確認できる．また，3 階建てが多いのもバランガイ III（30 棟）であり，3 階以上の建物は，近代化が進むケソン通りとその西のピラー通り沿いに多く分布する．その他，2 階建て，1 階建てに関しては各バランガイとも似かよった割合を示している．

　以上のように現在の施設分布図からは明瞭な空間的分化が読み取れる（特に用途・構造）．ヴィガンには 17 世紀にはリサール通りを境に東西をメスティーソ地区・現地住民地区に分割されていたが，その時の民族的・機能的分化が現在の都市構造に結び

ついているのである．

## (3) 街路体系と街区構成
### i. 街路幅員

　交差点を主に，183ケ所の街路幅員を測定した（測定個所は図VI-4-3および表VI-4-1参照）．街路は現在，車道と歩道からなっており，敷地境界は必ずしも明確ではない．ここでは建物と建物の間（内法）を街路幅員とし，両側歩道部分を含めた幅を測定した．同じ通りでも街路幅員は場所によってばらつきがある．当初は一定の街路幅員で計画されていたとしても，歴史的に変化してきたことが推測される．東の南北街路キリノ通りは緩やかにカーブしている．平均街路幅は8.82 mであるが，6.80 mから10.60 mの幅がある．また，歴史的街区の中心街路として石畳の街路整備が行われた馬車道クリソロゴ通りは，平均8.70 mであるが，これも7.12 mから11.51 mまでの幅がある．

　比較的グリッドが維持されているようにみえる3つの南北街路V・ロス・レイエス通り（平均8.46 m，最小6.30 m，最大11.04 m，以下同様），プラリデル通り（6.97 m，6.30 m，7.51 m），A・レイエス通り（9.13 m，6.80 m，12.43 m）と5つの東西街路ボニファシオ通り（10.32 m，8.00 m，14.49 m），ルナ通り（8.80 m，5.93 m，12.09 m），サルセド通り（8.56 m，6.31 m，13.84 m），マビニ通り（8.99 m，6.58 m，11.92 m），リベラシオン通り（11.30 m，7.00 m，16.49 m）をみても，ばらつきは大きい．

　ただ，現在の目抜き通りであるリサール通り，ケソン通り，またリベラシオン通りなどが車の交通のために拡幅されていることを考慮し，比較的グリッドが維持されているようにみえる旧市街のみに着目して平均値をみると，興味深い数値が得られる．キリノ通りからリサール通りまでの9本の南北街路の平均は9.33 m，ハシントJacinto通り以西を除く5本の平均は8.43 mである．また，ブルゴスBurgos通りからアバジャAbaya通りまでの8本の平均は10.38 m，広場北のブルゴス通りとリベラシオン通り以南を除く5本の平均は9.05 mである．

　現地における実測調査は以上であるが，その後，ヴィガン市から入手したGISデータ[459]から，計測地点数をはるかに増やし，東西街路計185地点，南北街路計197地点のデータから，飯田（2010）がさらに研究の精度を高めている．

　飯田によれば，ヴィガンの東部を南北に貫くキリノ通りの平均幅員は9.09 mであるが，最大16.19 mから最小6.84 mまでの差がある．多くの歴史的建造物が現存し，石畳が整備された馬車道クリソロゴ通りは平均幅員8.99 mであるが，測定地点による差は12.94 mから6.74 mと大きい．その他，ほとんどの街路において幅員の最大

---

[459] 街路は車道と歩道からなっており，敷地境界は必ずしも明確ではないが，データには街区と宅地の分割線が示されており，街路の幅員が明確に読み取れる．

第 VI 章
フィリピン（マニラ・アウディエンシア）

値と最小値の間に差がみられ，同じ街路でも地点による幅員のばらつきが大きい．比較的計画当初のグリッドが維持されていると思われる中心部についても，3 つの南北街路 V・デ・ロス・レイエス通り（平均幅員 8.21 m，最大幅員 13.04 m，最小幅員 5.97 m（以下同様）），プラリデル通り（7.15 m，7.99 m，6.31 m），A・レイエス通り（8.86 m，11.38 m，6.94 m），5 つの東西街路ボニファシオ通り（9.68 m，11.42 m，7.53 m），ルナ通り（8.58 m，12.05 m，6.76 m），サルセド通り（9.43 m，14.35 m，6.22 m），マビニ通り（7.67 m，10.04 m，6.26 m），リベラシオン通り（9.94 m，13.33 m，6.73 m）をみても，他の街路と同様に計測地点によるばらつきが大きい．

　しかしながら，興味深いのはこれら幅員の平均値である．計測を行った東西街路 17 本，南北街路 16 本それぞれの平均幅員を示すと，東西街路の平均幅員は 8.76 m，南北街路の平均幅員は 8.82 m である．ブルゴス Burgos 通りとリベラシオン通り以南を除く 6 本の平均は，8.68 m である．南北街路についても，ハシント Jacinto 通り以東の 8 本の南北街路にのみ着目して平均値をみると平均幅員は 8.24 m である．1 フィリピン・ヴァラは 0.8479 m とされるが，街路はおよそ 10 ヴァラの幅員を基準に計画されたと考えてよさそうである．

　この街路幅のスケールをめぐっては以下の街区規模のスケールとともに以下に検討したい．

### ii. 街区規模

　次に街区の規模について，測量図（1/3000）をもとに街路の芯々距離について計測した結果，ばらつきはあるものの，ある程度一定の街区規模を確認できる（図 VI-4-4）．まず，目につくのは南北街路キリノ通り，V・デ・ロス・レイエス通り，東西街路ボニファシオ通り，ルナ通りに囲われた一街区である（図中右上 A）．83 m，83 m，83 m，85 m（北，南，東，西：以下同様）のほぼ正方形をしている．また，ルナ通り，サルセド通りで囲まれたその南の街区も 83 m，83 m，88 m，80 m のほぼ正方形である．すなわち，南北街路キリノ通りと V・デ・ロス・レイエス通りの芯々距離はほぼ一定である．ボニファシオ通りからリベラシオン通りまで北から 83 m，83 m，83 m，83 m，79 m，78 m，79 m，79 m，80 m で平均は 81 m である．また，ボニファシオ通りとルナ通りの芯々距離の平均およびルナ通りとサルセド通りの芯々距離の平均は，キリノ通りから A・レイエス通りまでの間で，それぞれ 86.8 m，77.4 m である．

　興味深いことに，クリソロゴ通りを考慮せず，V・デ・ロス・レイエス通りとプラリデル通りの間の芯々距離をみるとボニファシオ通りから南にリベラシオン通りまで，81 m，83 m，84 m，82 m，82 m，84 m，84 m，84 m，85 m である．

　以上を念頭に，スペイン植民地で用いられた単位を検討すると，以下のような推論が可能となる．スペイン植民地関連の文献で頻繁に用いられるのがレグアであること

図 VI-4-3　ヴィガン　街路幅測定地点
柳沢究作成

表 VI-4-1　ヴィガン　街路幅員測定値

| 南北道路名 | 測定地点数 | 平均 [m] | 最大 [m] | 最小 [m] |
|---|---|---|---|---|
| Quirino | 11 | 8.82 | 10.6 | 6.80 |
| V. delos los Reyes | 12 | 8.46 | 11.04 | 6.30 |
| Crisologo | 10 | 8.78 | 11.51 | 7.12 |
| Plaridel | 13 | 6.97 | 7.51 | 6.30 |
| Gov. A. Reyes | 12 | 9.13 | 12.43 | 6.80 |
| Jacinto | 4 | 9.38 | 10.35 | 8.45 |
| Quezon | 13 | 13.08 | 17.00 | 8.75 |
| DelPilar | 10 | 9.76 | 12.32 | 6.72 |
| Rizal | 7 | 10.23 | 11.40 | 8.60 |
| 東西道路名 | | | | |
| Burgos | 3 | 18.26 | 31.30 | 9.04 |
| Florentino | 12 | 8.57 | 10.20 | 6.40 |
| Bonifacio | 19 | 10.23 | 14.49 | 8.00 |
| Gen. Luna | 19 | 8.80 | 12.09 | 5.93 |
| Salcedo | 14 | 8.56 | 13.84 | 6.31 |
| Mabini | 7 | 8.99 | 11.92 | 6.58 |
| Liberacion | 8 | 11.30 | 16.49 | 7.00 |
| Abaya | 9 | 8.25 | 13.00 | 6.13 |

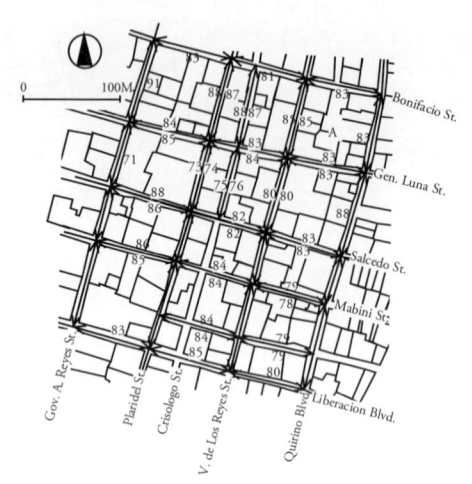

# 第 VI 章
フィリピン（マニラ・アウディエンシア）

図 VI-4-4　ヴィガン　街区寸法
柳沢究作成

表 VI-4-2　ヴィガン　街区の縦横の分割数

| 街区記号 | 街区内法の東西幅（約〜vara） | 北辺の分割数 | 南辺の分割数 | 街区内法の南北幅（約〜vara） | 東辺の分割数 | 西辺の分割数 |
|---|---|---|---|---|---|---|
| A | 90 | 3 | 4 | 90 | 4 | 4 |
| B | 90 | 2 | 2 | 90 | 2 | 1 |
| C | 90 | 4 | 3 | 60 | 2 | 2 |
| D | 90 | 3 | 2 | 90 | 4 | 2 |
| E | 90 | 3 | 2 | 60 | 3 | 3 |
| F | 30 | 1 | 1 | 90 | 3 | 3 |
| G | 30 | 1 | 1 | 90 | 3 | 3 |
| H | 30 | 1 | 1 | 60 | 2 | 2 |
| I | 30 | 1 | 1 | 60 | 2 | 2 |
| J | 30 | 1 | 1 | 30 | 1 | 1 |
| K | 30 | 1 | 1 | 60 | 2 | 2 |
| L | 60 | 2 | 2 | 90 | 2 | 4 |
| M | 60 | 1 | 2 | 90 | 3 | 3 |
| N | 60 | 2 | 3 | 60 | 2 | 2 |
| O | 60 | 2 | 2 | 60 | 2 | 1 |
| P | 60 | 2 | 2 | 30 | 2 | 1 |
| Q | 60 | 2 | 2 | 60 | 2 | 2 |
| R | 90 | 3 | 4 | 90 | 5 | 4 |
| S | 90 | 3 | 3 | 90 | 5 | 2 |
| T | 90 | 4 | 2 | 60 | 2 | 3 |
| U | 90 | 4 | 3 | 60 | 3 | 2 |
| V | 90 | 3 | 3 | 30 | 1 | 1 |
| W | 90 | 4 | 2 | 60 | 2 | 2 |

はColumn 4でも触れた．実際，トルデシーリャス条約におけるポルトガルとスペインの分割線も，ヴェルデ岬から370レグア東と決められていた．また，中南米では100レグアごと，150レグアごとの要塞，町の建設が薦められている．秀吉の時代に日本に来た宣教師の記録でもレグアが用いられている．しかし，建造物については，フィリピンでも主にヴァラが使用されていた．事実，先に注目した正方形の区画はほぼ100ヴァラ四方なのである．また，街路幅もほぼ10ヴァラ程度となる．基本的に100ヴァラ四方を街区の単位とし，街路幅10ヴァラを基本として計画がなされたのではないかというのが仮説である．これまでみてきたように，100ヴァラ四方はスペイン植民都市でしばしば目にする街区構成である．おそらくこの仮説は間違っていないと思われる．

### iii. 街区の敷地分割

各街区がどのように宅地に区分されていたかは明らかでないが，現況から検討してみたい．各街区の縦横が何分割されているか，すなわち通りに面した土地が何戸の宅地に分割されているかを，約100ヴァラの幅を持つボニファシオ通りとルナ通り間，ルナ通りとサルセド通り間，キリノ通りとV・デ・ロス・レイエス通り間，V・デ・ロス・レイエス通りとプラリデル通り間，プラリデル通りとA・レイエス通り間について，南北ボニファシオ通りリベラシオン通り間，東西キリノ通りA・レイエス通り間の街区についてみると表VI-4-2のようになる．

まず上記のように，3分割の例が極めて多いことが分かる．可能性として，街区を3×3の9分割する理念が原則としてあったのではないかと考えられる．すなわち，100ヴァラから街路幅の計10ヴァラを引いた90ヴァラを3分割した30ヴァラ×30ヴァラの宅地に分割する計画理念である．実際，現在2分割や4分割のかたちをとっていても，地図をみると「元々3分割であった宅地の1つをさらに2で割ったために，現在4分割であるもの」や「元々3分割であった宅地2つ分を，現在1つに併合しているために2分割であるもの」があるように思われる．

以上の推測，仮説に対し，興味深い中南米の事例がある．1781年に描かれたボリビアの都市ラ・パスLa Pazである（図VI-4-5）．ラ・パスはヴィガンに先立つ1546年に建設されている．プラサ・マヨールが中央に位置しているのは異なるが，2辺に川が接しているのはヴィガンに似ている．ラ・パスの街区は一辺約84 mであり，これはほぼ100ヴァラの近似値である．スペイン植民都市の街区規模が100ヴァラであった一例となる．

さらに図をみると，プラサ・マヨールの下（北東）の街区が3×3の9分割をなしている．しかし，他の分割パターンは様々である．整然とした区割りとしては，9分割の街区がもう1つあり，他に4×4の16分割がある程度である．また，この絵が描

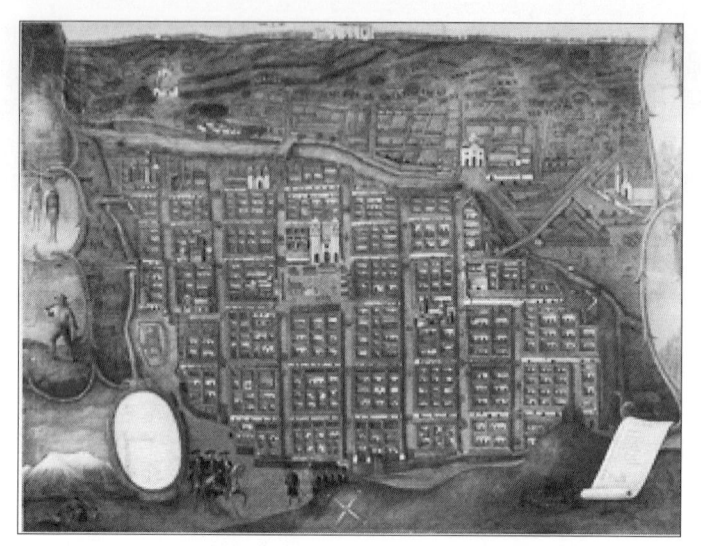

第 VI 章
フィリピン（マニラ・アウディエンシア）

図 VI-4-5　ラ・パス　1781 年
Casa de Murillo, La Paz

かれた時点で，建設から 200 年以上経過しており，当初から 30 ヴァラ×30 ヴァラが単位であったかどうかは不明である．

　この絵からは，4×4 の 16 の分割パターンもあったとも考えられる．ひとつの根拠は面積の単位である．スペイン植民地において面積の単位として用いられた単位にロアン loan（= 279 m²）というものがあり，これはちょうど 20 ヴァラ×20 ヴァラの面積をあらわす．すなわち，もう 1 つの可能性として，10 ヴァラ（街路幅）+ 20 ヴァラ×4 + 10 ヴァラ（街路幅）で 100 ヴァラという分割方法が考えられる．すなわち 1 街区が 16 ロアンの面積を持つことになる．ただしこの場合，街区中央部へのアクセスの問題があるから，中南米の都市図に多くみられるように，街区をまず十字形に分割する（2×2 = 4 分割．すなわち 40 ヴァラ×40 ヴァラ = 4 ロアン）パターンであったと考えた方がよいだろう．

　さて，ヴィガンに話を戻そう．中心部（東西ボニファシオ通りからディエゴ・シラン通り，南北キリノ通りから A・レイエス通り）の敷地について，全宅地の規模を測量図から計測すると平均 643.9312 m² となる（図 VI-4-7）．ロアン単位の分布をみると，2 ロアン前後のものが最も多いことが注目される．また，4 ロアン単位の分割もみられる．

　測量図から，街区の秩序を考察してみよう（図 VI-4-6）．は芯々間を 100 ヴァラとして設定した可能性が高い．ナイン・スクエア（3×3 = 9）分割を第 1 の仮説としたいが，問題は中央の敷地（いわゆる「あんこ」の部分）へのアクセスである．裏庭として共用されていたと考えられるが，具体的にそれを明らかにする資料はない．一方，

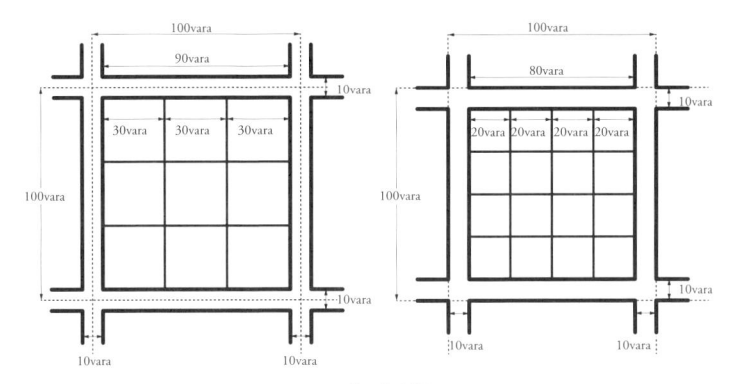

図 VI-4-6　ヴィガン　街区分割の2つのパターン
布野修司作成

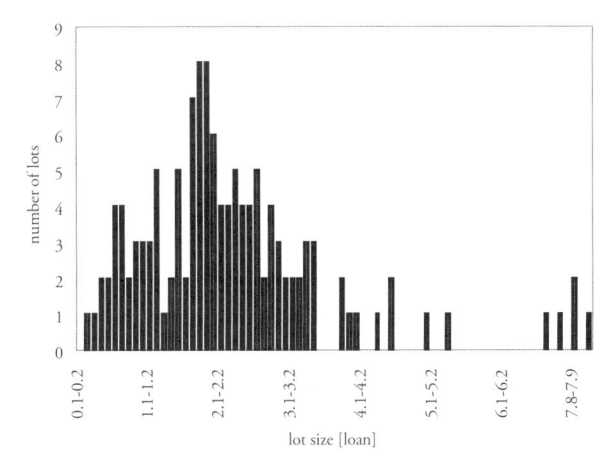

図 VI-4-7　ヴィガン　中心部の宅地規模（単位：ロアン）
飯田敏史作成

4×4分割についても中央部分へのアクセスの問題は同様である．後に，われわれが「ヴォーバン割」と呼ぶような街区割パターンが生まれるのも中央部分へのアクセスの問題である．

ヴィガンの街路体系・街区構成に関する以上の考察をまとめると以下のようになる．

　①ヴィガンの建設が開始された1572〜74年は，フェリペII世のインディアス法の出された1573年と同時期である．このインディアス法は16世紀初頭からの植

495

民統治経験の集大成である．従って，フィリピンに 1573 年の法が即座に伝わらなかったとしても，スペイン植民都市の構成原理が何らかの形で用いられた可能性は高い．

② ヴィガンの場合，プラサを近接して 2 つ持っており，中南米で一般的な中央にプラサ・マヨールを持つ都市とは異なる．しかし，インディアス法も港湾都市の場合は港に接して広場を設けるとしており，広場の規模やプロポーションも逸脱しているわけではない．

③ 現状の街路幅，街区規模のばらつきは大きいが，旧市街の街区規模が 80 m～85 m の正方形をしていることが注目される．スペイン植民都市で用いられた単位ヴァラを元にすると，街区は芯々で 100 ヴァラ四方，街路幅は 10 ヴァラとしていたと考えられる．

④ 各街区がどのように宅地分割されていたかについて，現況の宅地割りをもとに考察すると街区の各辺は 3 分割される例が多く 3×3 のナイン・スクエアの分割が基本であったことが考えられる．寸法体系としても，100 ヴァラから街路幅の計 10 ヴァラを引いた 90 ヴァラを三分割した 30 ヴァラ×30 ヴァラの宅地に分割する計画理念は考えやすい．

⑤ しかし，中南米の植民都市の場合，2×2 の 4 分割が基本となっており，40 ヴァラ×40 ヴァラもしくは 20 ヴァラ×20 ヴァラ（1 ロアン）が単位となった可能性もある．

### 4-3　バハイ・ナ・バトの類型

バハイ・ナ・バト（図 VI-4-8）は，すでに説明したように，都市富裕層であった中国系メスティーソを施主として，19 世紀後半に数多く建設された．

スペインのフィリピン植民地化の当初は，スペイン人も現地住民と同様に，木造高床式住居に住んだ．屋根はニッパ椰子葺き，壁はバンブーマットの簡素な壁の高床式住居で，バハイ・クボ bahay kubo（箱の家）と呼ばれる[460]．しかし，木造家屋が密集したスペイン人の町は頻繁に火災におそわれ，耐久性にも問題があった[461]．1583 年のマニラの大火ののち，スペイン人たちは石，煉瓦，瓦を用いた恒久的建造物を建てはじめた．石造建築によってインディオたちにスペイン帝国の威光を誇示するのも目的であった[462]．

---

460) Javallana, Rene (1997) "Foreign Influences", In Tettoni, et al., Filipino Style, 93.
461) Zialcita, Fernando Nakpil (1997) "Traditional Houses", In Tettoni, et al., Filipino Style, 49.
462) 公的な報告書でも，教会や市庁舎などが石造であることが重要視されている．Cortes (1990), p. 64.

図 VI-4-8　ヴィガンのバハイ・ナ・バト

布野修司撮影

　フィリピンに入植したスペイン人の中に，建築家は含まれていなかったが，聖職者の中には建設にかかわる専門技術を持つ人々がいた．イエズス会のセデーニョ神父は1581年にマニラに派遣され，石造建築の建設のために，石灰・煉瓦・瓦の製造を中国人職人に指導している（Zaragoza（1990））．また，1595年の報告書には，マニラ司教サラサール Salazar が「中国人は煉瓦・瓦その他の建築材料輸入交易で利益をあげており，メキシコからの煉瓦輸入は途絶えた」と記している（Javallana and Zialcita（1997））．マニラにおける中国人の経済的成長の一因は，石造のスペイン植民都市建設にもあった．

　1640年代には，5m高の石壁で囲まれたイントラムロスの住宅600軒のほとんどが大型の石造2階建て住居に建て替わり，当時のマニラの町並みは，メキシコを思わせたという．しかし，熱帯気候下における石造家屋は，高床式木造家屋の快適さには及ばなかった．

　17世紀に続いた大地震による石造建築の被害から，街の再建のために木構造の耐震性が見直された．1670〜1694年頃には，耐震性のない石や煉瓦の組積壁の中に，構造的には独立した木の柱を建てる工法がみられはじめた[463]．つまり，バハイ・ナ・バトは，正確には石造建築ではなく，木構造を石や煉瓦で覆ったもの（「木骨石造」）である．1740年頃には，1階部分を火事に強い「石造」とし，2階居住部分は通風に優

---

463) Díaz, Casimiro (1973) "The Augustinians in the Philippines, 1670-1694", In Blair and Robertson (1973).

## 第 VI 章
### フィリピン（マニラ・アウディエンシア）

れた木造とする形態が生まれた (Foronda Jr (1986))．1・2 階ともに「石造」である場合も含まれるが，主にこの石・木の混合構造体が，のちにバハイ・ナ・バトと呼ばれるフィリピン固有の都市住宅となる．

バハイ・ナ・バトの 1 階には物置や車庫，湿気の少ない 2 階に接客用階段ホール caida・サラ sala（居間，広間）・食堂 comedor・台所 cocina・寝室 cuarto・祈祷室 oratorio・アソテア azotea（奥行きのあるバルコニー）などが設けられ，1 階と 2 階は屋内大階段で結ばれる．2 階を居住空間とするのは高床式住居に似ているが，梯子や簡単な階段ではなく，見せ場としての大階段はスペインの影響だと考えられている．2 階に設けられたアソテアの代わりに，通りに面し奥行きが浅いバルコニーを持つ家があり，これはカナリア諸島やキューバにみられるものと類似している．バハイ・ナ・バトの他の特徴としては，45 度にまで急勾配の場合もある寄棟屋根，2 階のカピス窓（中国，日本の影響といわれる木格子枠に，ガラスの代用として加工した貝殻をはめ込み，採光を可能にした引き戸）と窓下の通気窓などが挙げられる．カピス窓と居室の間にヴォラダ volada（屋内バルコニー）が設けられる場合もある．

バハイ・ナ・バトは，高床式住宅に比べ建設費用がかかるため，スペイン人・スペイン系メスティーソ・中国人・中国系メスティーソなど都市の富裕層が施主であった．建築の細部や家具のデザインは，スペイン風というよりむしろ中国風である．元来スペイン威光を示す目的も持っていた都市部の石造建造物であるが，次第に現地住民や中国人の文化と折衷を重ねた「石の家」＝バハイ・ナ・バトとなっていく．

マニラで始まったバハイ・ナ・バト建設は，19 世紀には地方都市にも広がった．この頃の大工や家具職人などの工芸職人は，中国人にかぎらず，現地住民や中国系メスティーソ，日本人もいた．日本人職人によって菊のレリーフや引き戸のかんぬきがもたらされたともいわれる．バハイ・ナ・バトは，施主と大工が「どこかでみた」「以前に建てた」記憶をもとに計画・施工を行った，「建築家なしの建築」であった[464]．

度重なる地震の被害から，1880 年にスペイン植民地政府の公共施設課は建設物基準法を設けた．壁の補強と壁厚規定，コンクリート・煉瓦・石の使用，良質モルタルの製造と使用など，地震に対して頑強な「石造」工法が推奨されている (Zialcita and Tinio Jr (1996))．1886 年の地震の後，植民地政府は，地震の被害の大きい従来の半円型瓦に代わって，イギリス人によって導入された亜鉛塗鉄板の波板を屋根材に用いることを勧めた (Zaragoza (1990))．現存するバハイ・ナ・バトのほとんどが亜鉛塗鉄板葺きである．

---

[464] ほとんどの住宅は，大工の棟梁 maestro de obras たちによって建てられた．「ゆがんだ」住宅が多かったことと，1863 年，1880 年の大地震による被害から，スペイン政府は，専門家の必要性を考慮しはじめ，1890 年，マニラ，パンパンガ，パナイの 3 地域に芸術・商業学校 Escuela Práctica y Profesional de Artes y Oficios を開設した．Zialcita and Tinio Jr. (1980), p39.

中国系メスティーソたちは，19世紀末（スペイン期末期）より子弟をヨーロッパに，その後のアメリカ占領期にはアメリカに留学させた．海外で教育を受けた者たちは，イラストラド ilustrado[465]と呼ばれるエリート層を形成した．彼らは，スペインから独立を勝ち取った中南米クレオールとの交流から，「フィリピン人」としての自覚を持ち，フィリピン革命（1896）のリーダーとなった．これらナショナル・ヒーローたちの多くは，バハイ・ナ・バトで生まれ育った富裕層であった．現在，地方都市において保存されている数少ないバハイ・ナ・バトは，革命指導者の生家として博物館化されている場合が多い．

第2次世界大戦までのアメリカ支配期には，バンガローやシャレーchaletなどの住宅様式，RC構造やガラスなどが導入され，建材・人材・工期のかかるバハイ・ナ・バト建設は終結をむかえた．しかし，1960年代以降，特にマルコス政権は歴史的建造物の文化財登録を推進し，80年代には「バハイ・ナ・バト」というタガログ語の呼称が文面に表れはじめる（Dacanay Jr (1988)）[466]．新たに「フィリピン的な建築」とされた住宅様式バハイ・ナ・バトは，国民史的な価値を見出され，バハイ・ナ・バトを数多く保有するルソン島北部の旧スペイン植民都市ヴィガンは，1999年末にユネスコの世界文化遺産に登録された．

### (1) ヴィガンのバハイ・ナ・バト

ヴィガンのバハイ・ナ・バトについて，その基本型とそのヴァリエーション，諸類型を明らかにしたい．分析の第一次資料として用いるのはラバンらによる実測図面（Rabang-Alonzo (1996)）である．この図面集は，ヴィガン市の歴史的建造物120棟を世界文化遺産に申請する際に作製されたもので，平面図，立面図，所有者名，所在通り名（番地なし），建設年が記されている．この資料をもとに，120棟の所在地と家屋の東西南北を確認したのち，市中心部における歴史的建造物の分布と敷地規模と家屋規模の関係をみるために，市街地図を作製し敷地面積などを計算した．また，地方史家ダマソ・キング氏の協力を得て，1～2世代前までの家屋の使用状況に関するヒアリング調査を行った．

Rabang-Alonzo (1996)に従って，120棟の歴史的建造物の分布をみると（図VI-4-9），120棟の中には，学校2棟，教会1棟，刑務所1棟，体育館1棟，そして平屋の倉庫

---

465) スペイン語で「啓発・教化された人々」を意味する．
466) マルコス大統領夫妻はフィリピン文化の「再編成」に意欲的であり，イントラムロスを重要文化財にする方針は1956年のマグサイサイ大統領による法令で決められた．National Commission for Culture and the Arts, Public Information Office, and Supreme Court of the Philippines (2001) "Laws and Jurisprudence on Built Heritage, Manila", National Commission for Culture and Arts. バハイ・ナ・バトという語句自体は，1900年代はじめのアメリカ占領期に，スペイン時代の様式として区別するために用いられはじめたと考えられている．

# 第 VI 章

フィリピン（マニラ・アウディエンシア）

14棟，合わせて19棟が含まれている．それらを除く101棟のバハイ・ナ・バトがここでの分析対象となる（a図）．

101棟のうち，現在専用住居として使われているのは83棟である．18棟は改造され，ホテル，博物館，事務所など住居以外の用途に使われている．たとえば，1885年に専用住宅として建てられたものが，後にカトリック神学校となり，現在はホテルとして使用されている．プラザ近くに位置し，規模が大きいものは，日本軍占領期に軍施設に使用された．穀物倉庫は平屋で戸口が多いために居住に適さず，商業施設や小工場に転用されている．また，近年に観光化が進み，1階を家具や土産物などの工芸場・飲食店に使用し，2階は住宅として利用する併用住宅が増えている．

120棟のうち，18世紀末までに建設されたのは9棟である．そのうち最古の建造物は1657年の刑務所であり，バハイ・ナ・バトで最古のものは1740年代築のものである．建設年代は，19世紀前半が21棟，19世紀後半が58棟，20世紀前半で1930年代までが37棟である．

元々の居住者はドン Don やドニャ Doña など敬称のつく富裕層，市長やその子供など社会的上層部に属する，主に中国系メスティーソである．バハイ・ナ・バト建設のはじまった18世紀末は，追放された中国人に代わって地方都市とマニラを結ぶ交易に従事した中国系メスティーソが経済力を伸ばした時期である．また，スペイン植民地政府によるタバコの独占栽培がはじまり，ルソン島北部を代表するタバコ工場がヴィガンに建てられた時期でもあった．多くの地方都市でバハイ・ナ・バトが建設されていたが，ヴィガンのように街並みとして残っている例は少ない．その理由として，19世紀中頃より顕著になったイロコス州からの人口流出が考えられる．スペイン支配下の1834年，フィリピンの港はイギリス船やアメリカ船に開港された．それに従い，商品作物の大規模栽培が各地で行われ，人口の多いイロコスから新農地であるルソン島中部やビサヤ諸島への移住がはじまったのである．イロコスからの移住は，1920年代にはミンダナオ島，その後にはアメリカ西海岸にまで及んだ[467]．つまり，ヴィガンでバハイ・ナ・バトが多く建てられた時期は，中国系メスティーソが経済力を伸ばしはじめてから，イロコス地方の繁栄が止まった時期までの期間と重なっている．マニラやセブのように，アメリカ期以降の経済発展による都市開発がみられず，バハイ・ナ・バト以降の新しい建築様式が移入されなかったこと，アメリカ軍・日本軍による破壊が行われなかったことも，バハイ・ナ・バト群がヴィガンに現存している理由である．

---

[467] McCoy（1982）：6；「イロカノ」『東南アジアを知る事典』

4
バハイ・ナ・バトの都市

▫ 1階建て  ▪ 2階建て  ▪ 3階建て  ▪ 4階建て  ▪ 5階建て〜

図 VI-4-9a　ヴィガン　施設・階級・構造の分布

飯田敏史作成

# 第 VI 章
## フィリピン（マニラ・アウディエンシア）

RC　　RC+Wood　　Wood　　Brick　　Brick+Wood　　Steel

図 VI-4-9b　ヴィガン　施設・階級・構造の分布

飯田敏史作成

バハイ・ナ・バトの都市

| | | | |
|---|---|---|---|
| Resident | Resident&Commercial(or Office) | Commercial, Office | Public, Education, Religious |
| Hotel | Warehouse(Granary), Factory | Deserted, Vacant | Under Construction |

図VI-4-9c　ヴィガン　施設・階級・構造の分布

飯田敏史作成

## (2) バハイ・ナ・バトの基本型

バハイ・ナ・バトについては以上に触れてきたが，その基本的特徴を確認すると以下のようになる．

① 構造形式（b図）は，1階は「石造」，2階は木造の混合構造である．1，2階とも「石造」あるいは木造のものもあるが混合構造のものを典型とする．101棟のうち1，2階とも木造であるのはわずか1棟である．また，混合構造は46棟であり，1，2階とも「石造」であるのは55棟である．総「石造」が多いのは，ヴィガンのバハイ・ナ・バトの特徴である．上述したように，ここで「石造」には「木骨煉瓦造」が含まれている．大半は，この「木骨煉瓦造」であると考えられる[468]．

② 基本的に2階にサラ（居間・広間）を持つ．サラは大きな開口部であるカピス窓を持ち，バハイ・ナ・バトの外観を特徴づける．101棟のうち，用途変更で不明のもの5棟を除くと，2階にサラがないのは6棟で，内2棟はサラを持たず，4棟は1階にサラを持つ（そのうち1棟は食堂が2階にある）．バハイ・ナ・バトは2階居住が基本である．

　サラは，方位に関わらず，道路に面するのが基本である．フィエスタ[469]週間に，サラの窓から，集った親戚・友人が聖像のパレードを眺めることがこの形式に関わっている．道路に面しているものは，不明の5棟を除くと96棟中88棟である．

③ 台所も基本的に2階に置かれる．また，表道路，ファサードの反対側，敷地の奥，裏庭側に置かれ，別棟・付属棟である場合が多い．台所のないもの，不明を除く87棟のうち74棟は2階に台所がある．裏側に置かれるものは71棟である．台所は「石造」とする例が70棟あり，2階が木造であっても火を使う台所だけは「石造」にするのが一般的である．

④ 台所に接してアソテアがあり，そこから外階段が地上に繋がるのが基本である．101棟のうち，アソテアを持つものは71棟あり，53棟が台所に近接し，外階段が直結するのは27棟である．井戸水を汲み上げられるつるべ，トイレ，使用人室をアソテアに設けているものがみられる．裏庭としてのアソテアは，魚の処理や加工，煙の出る料理など，屋外調理の場でもあった．

---

468) 従来のバハイ・ナ・クボ（木の家）に対し，バハイ・ナ・バト（石の家）は，2階部分が木造であっても，少なくとも1階には「石」が使用されていることが特徴である．ストーン・ハウスと呼称されていても「木造高床式に対して」という意味であり，厳密には「石造」でない場合も含まれる．バハイ・ナ・バトが多く建設されたマニラ・マニラ近郊地域にくらべると，ヴィガンでは純粋な「石造」ではなく，木の柱を軸として煉瓦を積み，表面にプラスターを塗ったものが多い．この煉瓦造を本稿では「石造」に含めている．

469) 年1回行われる町の守護聖人の記念日に，聖像を掲げたパレードが町を練り歩く祭り．各都市によって時期が異なり，ヴィガンでは1月末に行われる．

バハイ・ナ・バトの都市

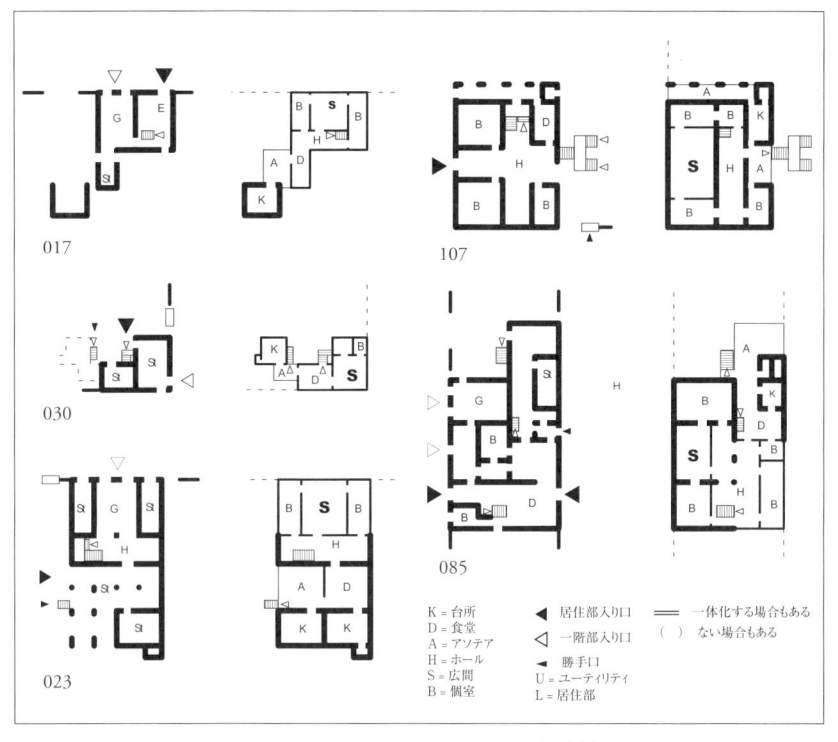

図 VI-4-10　バハイ・ナ・バトの基本型

　以上全ての特徴を持つ基本型は17例挙げられるが，規模には違いがある．間口の違いを考慮して代表的なものを挙げ（図 VI-4-10），また，2階の平面構成の図式を示す（図 VI-4-11）．

(3) **類型**

　以上を基本型とするが，規模，敷地形等によってバハイ・ナ・バトにはいくつかの類型がある．

　まず，街路との関係で特異なのは，プラリデル通りとクリソロゴ通りに両方に面にした10棟である．街路との関係をみると，1面のみ街路に接するもの，角地に立地するもの，前後2面が街路に接するもの，3面が街路に接するものに分けられるが，以上の接道の形式によって平面構成は変わらない．平面構成に影響するのは，間口の幅，奥行きなど結局住居の規模である．一般的には，サラと各部屋の関係によって類型化できる．また，1階を居住空間にするかどうかで大きく分かれる．

505

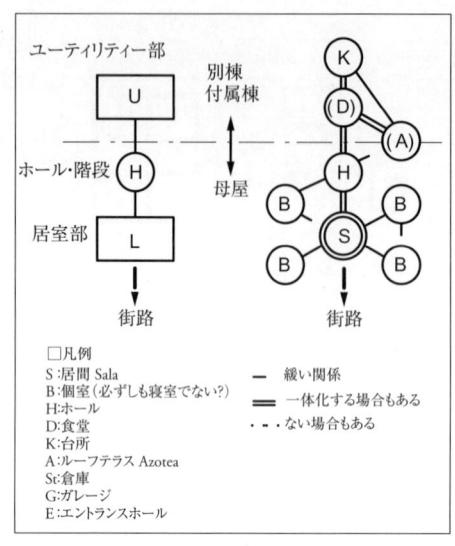

第 VI 章
フィリピン（マニラ・アウディエンシア）

図 VI-4-11　バハイ・ナ・バトの2階の基本平面

サラが街路に面するもの（86 例）のみに着目すると，まず，柱間が 1 列のもの，2 列のもの，3 列のものを区別できる．2 列型，3 列型は奥行き，敷地に余裕がある場合，それぞれ L 字型，コ字型の変化型を持つ．

1 列型，2 列型，3 列型とは異なり，街路に並行に 1 列の構成をとり，間口は広いものがある．これを 1 字型とする．さらに，サラと部屋が分離しているものを区別できる．これを分離型とする．

以上の代表例を示すと，それぞれの住居類型の数は 1 列型が 1 例，2 列型が 36 例，3 列型が 34 例，1 字型が 7 例，分離型が 5 例である（図 VI-4-12）．その他の 3 例は改築が行われており，分類することができない．1 列型，3 列型が一般的であることがわかる．

## （4）　住居類型と街区割

バハイ・ナ・バトは極めて安定的な型を持っていることが明らかとなった．では，住居類型と街区割の関係はどうであろうか．街区割については，敷地割りについての検討から 100 ヴァラ（1 ヴァラ = 0.8359 m）を 3 分割もしくは 4 分割したこと，すなわち，敷地間口は 30 ヴァラもしくは 20 ヴァラを単位としているという仮説をすでに述べた．

101 の事例について，間口と奥行きの関係（図 VI-4-13）および，間口と敷地面積の

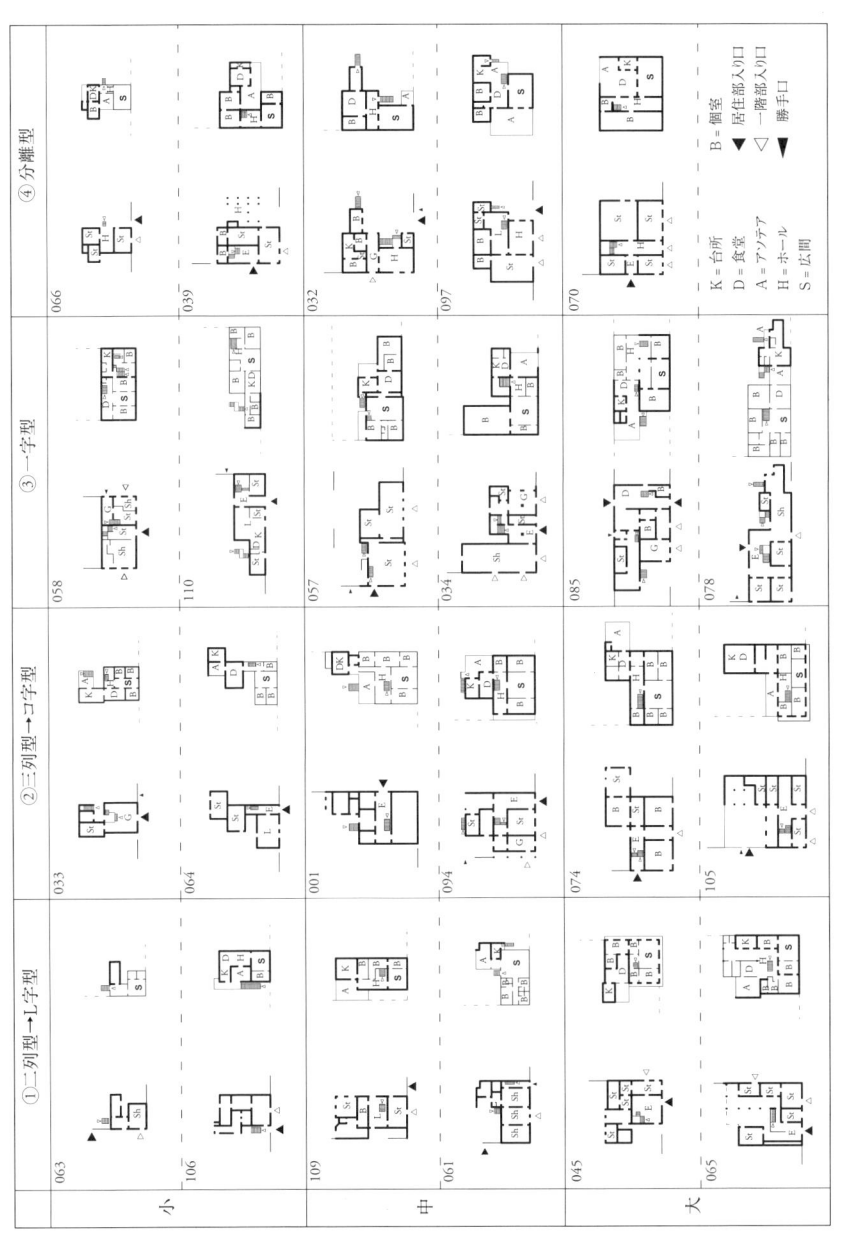

図 VI-4-12　バハイ・ナ・バト平面の類型

K = 台所
D = 食堂
A = アンテア
H = ホール
S = 広間

B = 個室
▼ = 居住部入口
▽ = 一階部入口
△ = 勝手口

第 VI 章

フィリピン（マニラ・アウディエンシア）

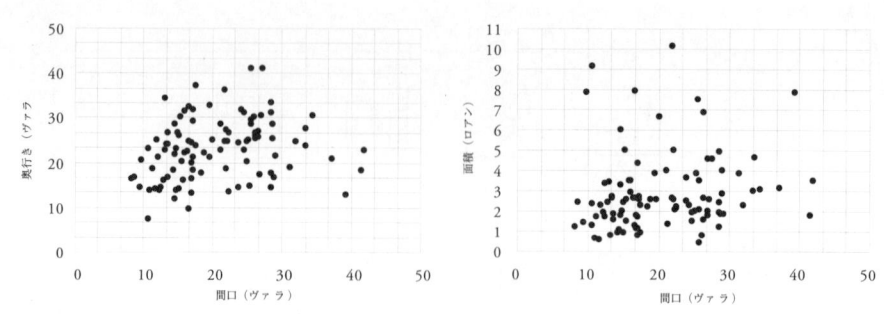

図 VI-4-13　バハイ・ナ・バトの間口と奥行き　　図 VI-4-14　バハイ・ナ・バトの間口と敷地面積

関係（図 VI-4-14）をみると，建物の場合，1 ピエ（= 0.2786 m）が下位単位（1 ヴァラ＝3 ピエ）として使われていたと考えられる．間口の平均が 20.70 ヴァラ（最大 42.11 ヴァラ，最小 8.25 ヴァラ），奥行きの平均が 23.07 ヴァラ（最大 41.21 ヴァラ，最小 7.42 ヴァラ），ほぼ 1 ロアン（約 279 m$^2$）建築面積の平均であることは興味深い．前節と合わせると 2 ロアンの敷地に 1 ロアンの建築面積が平均的イメージとなる．建築面積の平均が 1 ロアン，即ち，20 ヴァラ×20 ヴァラであるとすると，1 ブロックを 4×4 に分割する仮説は，なおのこと考えにくくなる．当初は，40 ヴァラ×40 ヴァラ（20 ヴァラ×40 ヴァラ）もしくは 30 ヴァラ×30 ヴァラが基本であったのではないかと推測できる．

そこで建設年度が古いバハイ・ナ・バトについてみると，1740 年代建設のバハイ・ナ・バト（No. 46）は 16.75 ヴァラ×32.54 ヴァラ（間口×奥行），1758 年建設のバハイ・ナ・バト（No. 32）は 28.95 ヴァラ×25.36 ヴァラ，1788 年建設のバハイ・ナ・バト（No. 1）は 37.38 ヴァラ×20.82 ヴァラである．18 世紀に建設された事例に，間口が 30 ヴァラを超える例がすでに存在している．

図 VI-4-14 に戻ると，間口 30 ヴァラを超える例は全部で 9 例ある．奥行きが 30 ヴァラを超える例は 17 例ある．間口 40 ヴァラ，奥行き 40 ヴァラを超える例はそれぞれ 2 つ，4 例のみである．40 ヴァラ×40 ヴァラという敷地面積であれば，ほぼ全ての住居が収まることになる．

住居の間口，奥行きからみると，当初，街区は大きく 2×2 = 4 分割（1 単位＝ 40 ヴァラ×40 ヴァラ＝ 4 ロアン）されていたと考えれば無理がない．一方，中南米のスペイン植民都市図には 4 分割が頻出する．スペイン人はメキシコ経由で渡航してきたことを考え合わせると，フィリピンのスペイン植民都市建設が，中南米での経験にもとづいていた可能性は高い．ヴィガンの街区にみられる 4 分割の可能性からも，スペイン人は，植民初期のフィリピンにも中南米と同じ街区割りのシステムを持ち込んだと考えられる．

以上，フィリピンのスペイン植民都市における住居，バハイ・ナ・バトの基本型を明らかにした．1階「石造」，2階木造で基本的に2階を居住空間とし，サラを中心に構成される．続いて，バハイ・ナ・バトの類型化を，サラと各部屋との関係を軸としてこころみた．結果として，間口，敷地面積によって類型化が可能であったが，基本的な構成は大きくは変わらない．

　そして，以上をもとに住戸間口と奥行きの関係，敷地面積と建築面積の関係に関する考察から街区割についての仮説を検討した．その仮説は3×3分割（1単位＝30ヴァラ×30ヴァラ）もしくは4×4分割（1単位＝20ヴァラ×20ヴァラ）であった．しかし，バハイ・ナ・バトの規模（間口×奥行き）を考察すると，間口が30ヴァラを超える例が2割弱あり，上記の分割パターンが当初からなされていた可能性は少ない．最も可能性があるのは，2×2＝4分割（1単位＝40ヴァラ×40ヴァラ）である．基本的には，中南米で行われた街区分割システムが，ヴィガンを一例とするスペイン期のフィリピン低地都市でも踏襲されたと考えられる．

　前述のとおり，1898年の米西戦争後のアメリカ統治を経て，一度は完全独立の約束を得るものの，太平洋戦争で日本軍がフィリピン侵略を開始，首都マニラは制圧され，この間，マニラを中心とした各スペイン植民都市は壊滅的な被害を受ける．

　にもかかわらず，ヴィガンは奇跡的に戦禍を逃れた．郷土史家ダマソ・キングによると，太平洋戦争中，アメリカ軍は旧日本軍の侵攻に対抗して，ヴィガンを砲撃しようとしていたが，クレカンフ Joseph Klecamf 司教が，「もうこの街周辺には日本軍兵士はいない」と米軍に確約をしたため，砲撃は取りやめられた[470]という．アメリカ軍や日本軍の占領時に建造物の大きな破壊がなされず，戦後急激な都市化が進行しなかったことはヴィガンの歴史的景観を現存させている大きな理由である．

　ヴィガン旧市街は現在バハイ・ナ・バトが建ちならぶ景観を誇る．その建設は17世紀中期に始まるが，今日のヴィガンを構成するバハイ・ナ・バトが建設されたのは19世紀後半から1930年代にかけてである．建設の主たる担い手は，ヴィガンの活発な経済活動を手中に収めていた中国系メスティーソであった．バハイ・ナ・バトのディテールにスペイン的要素とともに中国的な要素が見いだされるのはそれ故にである．

　インディアス法にもとづく建築指針がその後のヴィガンのバハイ・ナ・バト群による統一的な都市美観を生みだした要因となったということはできるが，世界文化遺産

---

[470]　クレカンフ司教は，2人の日本人将校「高橋フジロウ」と「ナリオカ・サカエ」から，「現地で結婚した私たち日本兵士達は愛する家族を残して敗走するので，戦争によってこの美しい街が爆撃・破壊・略奪されることのないようお願いします」と懇願されたという．1943年に憲兵隊長として赴任してきた高橋大尉はアデラ・トレンティーノ Adela Tolentino というフィリピン女性と，ナリオカ将校は，ベレン・カスティージョ Belen Castillo という女性と結婚していた．Jose Vanzi, Sol (2003) "Philippine Headline News Online"

に登録する際のインディアス法とヴィガンの都市建設とは必ずしも対応してはいないことは以上のとおりである．

　基本的に現在の都市の骨格をつくったのは，スペイン人というより，中国人や中国系メスティーソ達であり，その居住区は，現地住民地区とメスティーソ地区に設定されており，その都市構造には，スペイン人―イロコス先住民の二項対立に中国系住民が介入する都市という複合社会の構図を今なお明瞭に読み取ることができる．

# 終　章

●

## 非グリッド都市の方へ
*Towards Non-Grid Cities*

*1*
インディアス法 ── スペイン植民都市の理念モデル

*2*
ハト・コラル・システム ── スペイン植民都市の原像

*3*
イデアとヴァリアント ── スペイン植民都市の類型

*4*
インディアスとスペイン ── 布教と交易

*5*
アジアン・グリッド ── 都市とコスモロジー

*6*
アーバン・ティッシュ ── 街区と住居類型

本書が明らかにしたこと，あるいは，明らかにしえなかったことについて振り返って，残された課題についてまとめておきたい．

　本書では，まず，グリッドをめぐる大きな議論を都市計画の起源に遡って確認した上で，ヨーロッパのグリッド都市の伝統およびイベリア半島における都市の歴史を幾層かに分けて明らかにした．焦点となるのは，ギリシャ・ローマ都市の伝統とアンダルス（スペイン・イスラーム）都市の伝統の交錯である．『ムガル都市──イスラーム都市の空間変容』（布野修司・山根周（2008））ではイベリア半島の都市までは触れることができなかったけれど，西方においてイスラームの都市の空間変容，すなわちヨーロッパ都市とイスラーム都市が邂逅する最前線となったのがイベリア半島である．そもそも，レコンキスタからコンキスタへ，というのが本書の出発点である．しかし，スペイン・イスラーム都市の伝統は「新世界」には持ち込まれなかった．カトリックの布教が目的である「征服」において，「イスラーム都市の構成原理」が入り込む余地はなかったのである．

　スペイン植民都市の大きな起源になったのは，ヨーロッパにおけるグリッド都市の伝統である．その伝統として，フランス南西部におけるバスティード（Column 2）とともに，直接的な起源として，ハイメⅡ世の都市建設，エクシメネスの理想都市，サンタ・フェ建設（1492）に光をあてたのは，本書の成果のひとつである．

　本書では，続いて，スペインが「スペイン植民地帝国」に建設した全植民都市をリストアップした（Appendix 1）．CEDEX（1997）の作業をもとにしているが，そこに完全に欠落していたフィリピンのスペイン植民都市を加えることで，ほぼ網羅できたと考える．そして何よりも，スペイン植民都市植民都市関連の地図・都市図を全体的にリストアップし，その全容を明らかにすることが本書の第一の目的であった．すなわち，インディアス総合古文書館 AGI 所蔵の地図類のうち，4,480 ラベル（7,152 枚）をマイクロ・フィルムのかたちで入手することができたことが本研究の出発点である．AGI のみならず陸軍博物館 SHM / SGE の地図資料などを加えて，紙数の許す範囲で紹介に務めた．

　さらに，本書にフェリペⅡ世の『インディアスの発見，植民，平定に関する新法令』（1573 年 7 月 13 日）の全文を掲載した（Appendix 2）．その作業のほとんどを加嶋（2007）に負うが，原語との対応を明確にし，若干の変更を加えた．スペイン植民都市計画研究の基礎資料としての情報は本書に含まれていると考えていただいてよい．

　本書で扱ったあるいは触れたスペイン植民都市のうち，ハバナ旧市街とその要塞群（1982），シエンフエゴスの都市歴史地区（2005），サント・ドミンゴの植民都市（1990），パナマ・ヴィエホとパナマ歴史地区（1997，2003），パナマのカリブ海側の要塞化都市ポルトベロとサン・ロレンソ（1980），メキシコ・シティ歴史地区とソチミルコ（1987），オアハカ歴史地区とモンテ・アルバンの古代遺跡（1987），プエブラ歴

終 章
非グリッド都市の方へ

史地区（1987 年），サカテカス歴史地区（1993），キト市街（1978），クスコ市街（1983），リマ歴史地区（1988, 1991），ポトシ市街（1987），ヴィガン歴史地区（1999）などがユネスコの世界文化遺産に登録されている[471]．スペイン植民都市の歴史的評価と保全への要求の高さを意味している．ただし，キリスト教諸会派が建設した修道院・レドゥクシオン遺構の世界遺産登録に象徴されるように，その指定の評価基準の根底には〈ヨーロッパ文明⟷土着文化〉という対抗軸があることは強調しておく必要がある．世界文化遺産登録は「二重の植民地化」であるという指摘もある．植民都市研究はけっして歴史研究にとどまるものではない．

## 1 インディアス法 — スペイン植民都市の理念モデル

　インディアス法，その植民都市経営の核として集大成された「インディアスの発見，植民，平定に関する新法例」（「フェリペ II 世の勅令」）については，本書でその全体像を明らかにした．都市計画に関する項目のみ断片的に引用されることが多いが，フィジカルな計画について書かれていることは第 II 章 3 節 2 項で図化したことに尽きている．これまでに書かれたインディアス法にもとづく都市モデル図は，必ず作製者の解釈を含みこんでいる．
　インディアス法が規定するのは，第 1 に，中心がプラサ・マヨールである，ということである．最初にプラサ・マヨールを創設する．その規模とかたちが細かく規定されるのは，その証左である．そこで執り行われるカトリックの儀礼，祭礼が最も重視されているということである．続いて，教会・修道院など宗教施設が建設される．プラサ・マヨールには教会は建てない，また別の建物が近接しない，とあるから，小規模の都市の場合，プラサ・マヨールに隣接して設けられるのが基本モデルとなる．そして，寺院とプラサ・マヨールに近い場所に王室，参事会，カビルド，税関の建物が障害物にならないように配置される（第 124 条）．要するに，宗教，政治，経済の中心がプラサ・マヨールの周辺に配置されるというのがスペイン植民都市の実に単純なモデルである．

---

[471] 他に，サンティアゴ・デ・キューバのサン・ペドロ・デ・ラ・ロカ城塞（1997），カルタヘナの港・要塞と建築群（1984），カンペチェ歴史的要塞都市（1999），サンタ・クルス・デ・モンポスの歴史地区（1995），コロニア・デル・サクラメントの歴史的街並み（1995），ケレタロの歴史史跡地区（1996），カラカスの大学都市（2000），バルパライソの海港都市の歴史的街並み（2003），カマグエイ歴史地区（2008）が世界文化遺産に登録されている．また，本書で挙げた修道院レドゥクシオン群が登録されている．

プラサ・マヨールの周辺にポルティコ（アーケード）が設けられるのは市場の機能も果たしていたと考えることができる．アーケードで覆われた街路は，地中海世界のバザールに広くみられる屋根付き商店街路——英語ではカヴァード・バザール covered bazar——である[472]．沿海部に立地する場合は沿海部にプラサ・マヨールを設置せよ，というのは港と市場の関係を重視するからである．ただ，インディアス法は，商業施設に関しては，商人の店舗つき住宅つまり店屋（ショップハウス）について述べるのみである（126条）．大規模な卸売商業機能を含む市場は想定されていないのである．

この極めて単純な都市理念を示すのが「エスカンドンの都市」（第IV章4節）であった．選地の後，レケリミエントの規定にもとづいて，神と王の名において領域を確保することが公的に宣言される．また，市会の成員が選ばれる．さらに，都市名が決められる．そして，プラサの位置・規模が確定される．以上は同じ日，場合によっては前日に行われた．インディアス法の規定には見当たらないが，エスカンドンの都市では，中央にロジョRolloと呼ばれる「都市柱」がその都市の象徴として建てられた．このロジョは，都市が移転される場合には新たな広場の中心に移される．プラサ・マヨールは，単なる規定を超えた，それだけ重要な意味を持っていた．続いて教会用地が決定され，十字架が立てられて，最初のミサが行われる．さらに続いて，市庁舎の用地が決定される．以上を決定した後，宅地が割り当てられる．エスカンドンが街区規模を100ヴァラ×200ヴァラか，200ヴァラ×200ヴァラとしたことはみたとおりである．プラサ・マヨールの比例関係を除けば教科書どおりといえるだろう．

この都市の中心のあり方が，古今東西のグリッド都市を比較する上でのポイントとなる．

そしてインディアス法の規定の第2の特徴が，市壁のあり方，すなわち境界のあり方を規定しない点である．プラサ・マヨールを中心として，グリッド・パターンの街路体系が東西南北，前後左右に延長していく，というのがインディアス法の都市イメージである．グリッド都市の本質は，世界を覆う空間システムとして，あらゆる方向に延長可能であるというこの特性である．エスカンドンの都市が単純なグリッドで構成されるように，プラサ・マヨールの規模も単なる街区と同じになっていく．方向性をもたない等質の空間が無限に延長していくのが近代のグリッド都市である．グリッド・パターンが象徴するのは，世界を「均質空間」[473]化していく圧倒的な力なのである．

---

472) 屋根によって暑熱，寒冷，風雨，日射，塵埃を防ぎ，通路両端の入口門扉を閉ざすと，たとえ個々の店舗を施錠しなくてもバザール全体を完全閉鎖できるという安全性にも優れている点にある．こうしたcovered bazarは，西はスペイン・モロッコから東はインドのデリーまで分布する（応地利明（1991）「バザールの諸相」「大学と科学」公開シンポジウム組織委員会編『都市文明イスラームの世界』所収，70-92頁）．
473) 原広司（1987）『空間〈機能から様相へ〉』岩波書店など一連の均質空間論を参照．

終 章

非グリッド都市の方へ

## *2* ハト・コラル・システム ── スペイン植民都市の原像

　世界を覆う空間システムということでは，キューバ島で，入植者に一定の囲い地，牧畜のための土地ないし農地を与える場合にとられた，ハト（半径2レグア）とコラル（半径1レグア）による空間分割システムは，ほとんど知られていない，驚くべきシステムである．

　最も体系的にグリッド・パターンを採用したスペインが，ハト・コラル・システムを導入したのはなぜだろうか．なぜキューバにしかみられないのか．都市計画の歴史において，ハト・コラル・システムのような円形による土地分割システムを採用した事例はあるのか．興味深い研究テーマである．

　われわれが知っている一般的な土地の分割システムは，グリッド・システムである．マイル・グリッドと呼ばれる北アメリカの農地分割システムはその代表である．これは，スペイン植民都市のグリッド・パターンの継承である．古代に遡って，中国の井田制，阡陌制，代田制，均田制そして日本の条里制もまた，基本的にはグリッド・システムである．ただ，例えば中国古代において，理想的と考えられた田制あるいは土地制度としての井田制は，明らかに均質なグリッドではなく，ヒエラルキカルな秩序を前提としていた．方300歩の土地を井桁，ナインスクエア（3×3＝9）に分割し，中央の区画100畝を公田とし，残りの8区画を100畝ずつ8家の私田とする．公田は10畝ずつ8家に給し，残り20畝は廬舎とするのである[474]．阡陌（せんぱく）とは，縦横，東西・南北の道のことである．この「阡陌」あるいは「開阡陌」「為田開阡陌（封疆）」[475]をめぐっては古来様々な解釈が行われ議論されてきた．ここでは議論に踏み込むことはしないが，「阡陌」制も基本的にはグリッド・システムである．しかし，これもまた，均質なグリッド・システムではおそらくない．日本の条里制も含めて，アジアのグリッド・システムについて明らかにする作業は残されている．そうした意味では，スペイン植民都市の計画原理，空間分割のシステムとして，ハト・コラル・システムが歴史的に存在したことは，極めて示唆的で興味深い．

　ハト・コラル・システムは，第Ⅲ章3節で示したように，19世紀前半にはキュー

---

474) ただし，周代にそれが実施されていた証跡は現在のところほとんど見出されていない．しかし，一夫百畝を保障する井田法の理念は儒家の土地制度の理想として大きな力を持った．新の王莽の王田制や，北魏に始まる均田法の範となったのは井田法である．
475) 他に，「田を為（おさ）め，阡陌を開き，疆（さかい）に封（つちもり）す」，「田の為には阡陌封疆を開く」，などという読み下し方が提示されている．

バ島全体を覆うにいたり，ハト・コラルの内部分割が始まっている．あらかじめ測量などの手間がかからない仕組みであったが，境界の調整を相隣関係に委ねることができなくなるのは容易に想像できる．街区や宅地の分割を考える上では，少なくとも，管理する側にとってはグリッドの優位性があるといえるであろう．

1時間に歩ける距離レグアを単位としたハト・コラム・システムは，基本的には身体尺度と身体感覚にもとづいている．もちろん，街路幅員や街区寸法の単位となる尺度は，ピエやヴァラがそうであるように，古今東西，身体寸法を基にしている．しかし，丸く円形に囲むという領域感覚は，マイル・グリッドや阡陌制，あるいは日本の条里制といった機械的なグリッド・システムとは根底から異なっている．ハト・コラム・システムの基礎にあるのは，具体的に身体を介在させて，相隣関係を調整することが前提にされているシステムなのである．

インディアス法について指摘したように，プラサ・マヨールの形を長さが幅の1.5倍の長方形とするのは，騎馬による祝典その他の催しに好都合だからであった（第112条）．そして当然であるが,土地や農地の単位として用いられるペオニアやカバジェリアは，単なる面積ではなく，大麦や小麦，トウモロコシや樹木の栽培用地，果樹園，さらに豚，雌牛，雌馬，羊，山羊の放牧が可能な牧草地など，自給自足が可能な生活が可能な環境条件を備えた空間が単位になっていた．

ラス・カサスのいくつかの提案，トマス・モアのユートピアの実現を目指したヴァスコ・デ・キロガの実践，イエズス会の宣教師たちの自立コミュニティとしてのレドゥクシオンの設立が示すように，スペインのコンキスタドールたちは，単なるワンパターンのグリッド都市の実現を目指したわけではない．「新世界」に理想の都市，ユートピアを建設したいという希望も，「黄金郷」幻想には含まれていたのである．

# *3* イデアとヴァリアント ── スペイン植民都市の類型

序章冒頭であらかじめ指摘したように，「フェリペII世の勅令」に忠実に従う都市は皆無である．とりわけ，プラサ・マヨールの比例関係は遵守されない．単純な正方形グリッドが現場で選択される理由は理解できる．とはいえ，全体として，インディアス法が規定する都市モデルが共有されていたことは本書でみてきた通りである．

しかし，都市図の分析において明らかにしたように（第II章3節），理念や計画がそのまま実現するとは限らない．繰り返せば，①都市の理念は理念であって，実際建設するとなると，立地する土地の形状や地形など様々な条件のためにそのまま実現され

終　章
非グリッド都市の方へ

るとは限らない．②都市の理念が理念通りに実現したとしても，時代を経るに従って，すなわち，人々に生きられることによってその形状は様々に変化していく．この基本テーゼを再び確認しておきたい．

「理念としての都市」と「生きられる都市」は一般的には次元が異なることを確認した上で，本書では，スペイン植民都市の「かたち」についてテーマにしてきた．本書の第1の貢献は，スペイン植民都市の全貌を，数多くの都市図資料をもとに類型化し，その歴史的，地域的ヴァリエーションを明らかにしたことであろう．広場，街区および宅地の規模と分割パターンをめぐる考察はいささか煩瑣に思われるかもしれないが，支配と被支配が具体的には土地の所有をめぐって争われること，建築家，都市計画家にとっては，その配分が都市計画の基礎になるが故に，全体形態をも規定する決定的な空間要素であることは，本書をお読みいただければ了とせられるのではないかと思われる．

本書でスペイン植民都市の大きな類型として，以下のパターンを示した．

第Ⅰ類型：プラサ・マヨールを中心とする，必ずしも整然としたグリッド・パターンをとらない，市壁を持つ植民都市であるサント・ドミンゴ，ハバナなど，スペイン植民都市の原型．

第Ⅱ類型：整然としたグリッド・パターンによって幾何学的に構成されるパナマ，ヴェラクルス，マニラ，そしてトルヒージョなど，スペイン植民都市の理念モデル．市壁の有無に関わらず，境界を持つという点で，$m \times n$というかたちのグリッドで表せる完結的なグリッド都市も第Ⅱ類型に含まれる．

第Ⅲ類型：インディアス法が理念化する，グリッドが四方に延長していく都市モデル．何度も述べるように，インディアス法が規定する広場の形状（縦横比 1：1.5）を遵守する事例はせいぜい1例であり，プラサ・マヨールのかたち（C型）に従うものと合わせると皆無である．ただし，単純な正方形グリッドも大きくはインディアス法に従うとするならば，$m \times n$の第Ⅱ類型が四方に延長していくこの類型が，もっともインティアス法の理念に忠実であることとなる．当初から延長を意識していた典型的な都市計画案にブエノス・アイレス計画がある．

第Ⅳ類型：既存の先住民の都市を破壊し，その配置が意味していたコスモロジカルな秩序を解体した上で，フィジカルな空間秩序を利用する形で建設された都市．メキシコ・シティがその代表である．

第Ⅴ類型：先住民の土着の都市を破壊せず，改造利用するかたちのスペイン植民都市．クスコがその代表である．

以上のようなグリッド都市の形態類型が，それぞれの地域の自然社会文化の生態学

的基盤において，どう実現し，どう変容してきたかは，本書の第III章～第VI書で みてきた通りである．

## *4* インディアスとスペイン ── 布教と交易

　植民都市研究の基本テーマ，フレーム，視角については，布野修司（2005）において「あらゆる都市は植民都市である」と題して論じている．以上のグリッド都市の類型化が，何より土着の地域社会あるいは都市との関係を考慮しているように，植民都市研究は〈支配⟷被支配〉〈ヨーロッパ文明⟷土着文化〉の2つを拮抗基軸とする都市のアカルチャレーション（文化変容）を明らかにすることを目指している．植民都市は，非土着の少数者であるヨーロッパ人による土着社会の支配をその本質としている．西欧化，そして近代化を推し進めるメディア（媒体）として機能してきたのが近代植民都市である．

　スペインの場合，〈キリスト教社会⟷非キリスト教社会〉が明快な軸になる．キリスト教の伝道，キリスト教の強化がインディオ社会を領域支配していく錦の御旗であり続けた．イベリア半島における8世紀初頭以降の〈キリスト教社会⟷イスラーム社会〉の対立構図（異化・同化の葛藤）を引きずりながらの800年にも及ぶレコンキスタの過程の延長として「新世界」のコンキスタが行われたことも，スペインという国家の全活動を特徴づける．交易をベースとする重商主義的なオランダあるいはイギリス，「未開の文明化」を謳ったフランスとは異なっている．

　そして，スペインの場合，インディオ社会との関係が植民都市の性格を大きく規定することになる．サント・ドミンゴを拠点として，イスパニョーラ島，キューバ島，そしてティエラ・フィルメへ，カリブ海沿岸を探索していた時代，インディオ社会との関係は徹底して敵対的であり，支配⟷被支配の隷属関係は明確であった．植民活動とインディオ社会との激しい軋轢が，ラス・カサスという象徴的な人物とその活動を孕み落としたことはColumn 3でみた通りである．カリブのインディオはまもなく絶滅するにいたり，ラス・カサスですらアフリカの黒人奴隷を容認していたこと，メキシコやティエラ・フェルメで奴隷狩りがなされたことは本文で触れた通りである．まさしく布教という名の征服である．ラス・カサスのスペイン植民社会の改善策がなぜ受けいれられなかったのか，インディオ共同体の創出のこころみがなぜ失敗し続けたのかは，スペイン植民地に内在する本質的問題に関わっている．

　一方，メキシコ，ミチョアカンのヴァスコ・デ・キロガのこころみや，ペルー副王

## 終 章
### 非グリッド都市の方へ

領におけるイエズス会のインディオ共同体を目指すレドゥクシオンのこころみなど，ユートピア（理想都市）の実現をめざした一連の運動がスペイン植民地建設と並行して展開されたことは忘れられてはならないだろう．スペイン植民都市において大きな役割を担ったのは，フランシスコ会，ドミニコ会，アウグスティノ会，イエズス会など様々な修道会に属する伝道師である．

アメリカ大陸では，アステカ帝国，そしてインカ帝国の存在がスペイン植民都市の性格を大きく規定することになる．上述の第Ⅳ類型，第Ⅴ類型の差異は，それぞれの帝国とスペイン帝国との関係に関わっている．スペインは，テノチティトランを徹底的に破壊したのに対して，クスコを大きく改変せず，インカ人たちはもとの街区に住み続けた．クスコは，聖なる都市として，スペイン人とインカ人の統合の象徴であり続けるのである．

スペインがインディオ社会の支配システムとして採用したのは，エンコミエンダ制であり，アシエンダ制であり，レパルティミエント制であり，ミタ労働制である．それぞれについては本文で触れてきたが，地域社会管理の手法としては，アステカの傭役制を基礎にしたレパルティミエント制やインカの輪番制をもとにしたミタ労働制のように伝統的な労働慣行を利用する場合，植民地化の深度は深いことになる．

フィリピンの場合も，先住民は同じようにインディオと呼ばれ，エンコミエンダ制，アシエンダ制がとられる．しかし，フィリピン諸島にはアメリカにおける銀のような，スペインが触手を伸ばすに足る資源がなかった．

ポトシ，サカテカスの両銀山などから掘り起こされ，アメリカ大陸からヨーロッパへ流失した銀こそが，資本主義社会の成立を促す大きな要因（本源的蓄積）となったとされる．海外進出の先鞭をつけたポルトガルの場合，現地社会との関係はそれぞれ個別の交易関係に過ぎなかった．スペインの場合，「新大陸」は帝国の拡張空間であった．オランダは，アジアにすでに成立していた各地域の域内交易ネットワークをつないだ．そして，イギリス，フランスによる世界を帝国主義的に分割する段階が来るが，その前段階として，ポルトガルとオランダに互して，アジアとヨーロッパをつないだのがスペインであり，それを中継したのがフィリピン，すなわちマニラである．アカプルコ―マニラ―漳州を繋ぐネットワークを通じて，銀は中国に流れ，絹が太平洋を渡った．すなわち，スペイン帝国の拡張空間の辺境において接したのが中華帝国であった．

こうした背景において，フィリピンのスペイン植民都市は，イベロアメリカとは全く異なる特性を持つ．マニラにおけるパリアン，日本町がその特性を示す．都市住民の構成という観点を加えれば，第Ⅵ類型ということになる．

## 5　アジアン・グリッド —— 都市とコスモロジー

　プラサ・マヨールを中心とし，街区が四方に延長する都市モデルとは異なる都市計画の系譜がどのようにありうるかは大きなテーマである．すでに，そのひとつの大きな系譜が「イスラーム都市」の系譜であることは布野修司・山根周（2008）で議論しているところである．ただ，「イスラーム都市」の構成原理がグリッド・パターンと無縁というわけではない．「イスラーム都市」とグリッドあるいは幾何学については，バグダードが円城であったように，あるいはアッバース朝のイスファハンが精緻な幾何学によって設計されたように，「イスラーム都市」もまたグリッドを用いてきた．ただ，グリッドで全体を覆うことよりも，ディテールの「都市組織 Urban Tissue」に拘るのが「イスラーム都市の原理」である．世界を均質に覆うグリッド・パターンではなく，「イスラーム都市」の原理の方へ，という方向性については，同書ですでに示したところである．

　しかし，その前に残された作業がある．イスラーム都市がグリッド・パターンと無縁ではないように，また，中国都城とインド都城がまさにそうであるように，古来アジアにもグリッド都市がある．隋・唐長安城のような中国都城のグリッド・パターンの空間構成は，日本に移入されて，藤原京，平城京，長岡京，平安京という具体的な都城を生んできたから，われわれには極めて親しい．それとスペイン植民都市の違いを明らかにする必要がある．

　『周礼』「考工記」匠人営国の条が中国都城の理念型を示すものとしてよく知られている．また，よく参照される文献として，清代に刊行された『周礼』の注釈書『欽定礼記義疏』の付録「礼器図」の「朝市廛里」の条[476]がある．一方，インド都城については布野（2006）で，その理念型について明らかにした．『アルタシャーストラ（実理論）』（カウティリヤ）の中に都市の理念型が書かれているし，『マーナサーラ』『マヤマタ』といった建築書がある．後者は，極めて機械的で幾何学的な空間分割の方法を述べている．

　都城の全体構成，その理念型は，中国都城とインド都城では異なっている．そして，

---

[476]　「古人，国都を立てるに，また井田の法を用いる．画して九区と為す．中間の一区は王宮と為す．前の一区は朝と為し，而して宗廟を左にし，社稷を右にしてここに在り．後の一区は市と為し，而して商賈万物ここに聚（あつま）る．左右の各三区は皆，民の居所にして，民廛と為す．……」という．那波利貞は，この2つの文献をもとに，中国都城の理念を中央宮闕，前朝後市（面朝後市），左祖右社，左右民廛という4字の成句にまとめた．

## 終 章
### 非グリッド都市の方へ

　プラサ・マヨールを中央に置くスペイン植民都市，ひいては中央にフォーラムを置くローマ都市の伝統とも中国，インドの都城理念は異なっている．アジアの都城，すなわち中国，インド，イスラームの都城をめぐっては，応地利明『都城の系譜』(2011)が壮大なパースペクティブを提示している．

　応地 (2011) によれば，中国都城とインド都城の違いは，第 1 に中央が「宮闕」であるか，「神殿 (神域)」であるか，の違いがある．古代インドでは，都城の中心部に所在する核心施設は，神殿 (寺院) すなわち宗教施設であった．一方，中国都城では核心部に所在するのは宮城と皇城である．つまり「中央宮闕」である．両者の間には，都城の要となる核心部に立地する施設が全く異なるのである．

　相違は，都城建設者としての王の権威と権力がよってたつ基盤，すなわち王権思想の違いを反映する．古代インドにおける王権は，第 2 ヴァルナのクシャトリアによって担われ，首座に立つのは，サンスクリット文献と祭式によって代表される文字と知の独占者バラモンである．王権はバラモンの持つ教権に従属する存在であった．インド都城の「中央神域」という理念は，この王権と教権との分離，そして王権の教権への従属という古代インドの王権思想を反映する．

　他方，中国の王権思想は，天命思想にもとづく．「天なる天帝の地上における子としての天子」が王権を持つ．王権は教権をも包摂する超越的な存在であり，神聖王であった．当然，中国都城では，王権の所在地は都城の核心部であり，まさに「中央宮闕」である．

　スペイン植民都市の場合，中央に位置するのはプラサ・マヨールである．そして，プラサ・マヨールの周辺に教権の象徴としてのカテドラルと王の代理としての総督邸，そしてカビルドが建てられる．プラサ・マヨール周辺は，王権，教権，そして政治行政，経済の中心が集まるコンプレックスである・王によって建設されるべき都城は，その王権が立脚する王権思想の相違を都城の核心施設においてもっともよく表現するのである．

　さらに，応地によれば，中国都城とインド都城とでは，そもそもコスモロジーと都城の立地の関係が異なる．古代中国では，都城の立地は，〈天の中心―地の中心〉というコスモロジーによって決定されるのに対して，古代インドでは，都城の立地については，水辺など局地的な聖性の強調が為される．また，古代中国の都城思想がコスモロジーに対応する都城内部の編成についてはなにも語らないのに対して，古代インドでは都城の内部編成をコスモロジーのミニァチュアであるマンダラと対応させて考える．

　すなわち，都市の内部構造も中国都城とインド都城では異なっている．インド都城は，いわば「中央神域」をとり囲む 3 つの囲帯が周辺にむかって等方的にグラデーションしていく構成，つまり等方性をもった「同心囲帯」を基本としている．そこに

は，方向的なバイアスはない．これに対して中国都城は，南北方向にのびる左・中・右からなる3つの縞状の帯が並列する構成である．それは，「中央宮闕」からの非等方的な空間編成である．いいかえれば，方向的バイアスをもった非等方的な「南北縞帯」にもとづく都城編成である．

　以上のような古代中国，古代インドの都城に比較すると，スペイン植民都市の場合，インディアス法は，都市の内部構造については，ほとんど何も語らない．そもそも，市壁について語らない．すなわち，市域は原理的に延長可能であって境界によって区切られない．グリッド都市の本質がここに示されている．

## 6　アーバン・ティッシュ —— 街区と住居類型

　グリッド都市をテーマとして，本書でもっぱら問題にし，具体的に焦点を当ててきたのは，街路体系であり，街区割パターンである．スペイン植民都市の場合，確かにワンパターンといえばワンパターンであるが，同じ矩形の街区でもその分割の仕方にはいくつかの方式があり，それなりに多様であった．地形に起伏がある場合は，サン・フランシスコのように，真上からみれば整然としたグリッドでも，街区の景観は全く異なる．要するに，グリッド・パターンの街区構成といっても実に多様でありうる．本書で扱った数多くのスペインの植民都市は，むしろ，その多様性を示しているとみるべきである．グリッド都市の問題は，身近な都市の街区や居住地の画一性と多様性の問題に直接関わっている．

　本書では，スペイン植民都市について，街区の規模および宅地分割パターンについてはほぼ網羅的に明らかにした．このレヴェルでは，世界中の都市との比較が可能となりつつある．たとえば，「ヴォーバン割」と本書で名づけた分割パターンは，他の植民都市でもみることができる，というよりむしろ，フランス植民都市のパターンが広まったものとも考えられる．それどころか，古今東西，古代アジアの街区の分割パターンとも比較可能である．

　なぜ，街路の幅，街区の規模，さらには住居の間口や奥行きなど，細かい寸法に拘わるのか．われわれはそうした街区，住居の集合形態をテーマにする研究を「都市組織（アーバン・ティッシュ）」研究と呼んでいる．

　「都市組織」とは，都市を建築物の集合体と考え，集合の単位となる建築の一定の型を明らかにする建築類型学（ティポロジア）で用いられている概念である．また，建築物をさらにいくつかの要素（建築部品，部屋……）あるいはいくつかのシステム（躯

## 終章
### 非グリッド都市の方へ

体，内装，設備……）からなるものと考え，建築から都市を構成する建築都市構成理論において用いられる概念である．

都市をひとつの（あるいは複数の）組織体とみなすのが「都市組織」論であり，一般的にいえば，国家有機体説，社会有機体説のように，都市を有機体に喩え，遺伝子，細胞，臓器，血管，骨様々な生体組織からなっているとみる．ただ，都市計画学や建築学の場合，第一にそのフィジカルな基盤（インフラストラクチャー）としての空間の配列（編成）を問題とし，その配列（編成）を規定する諸要因を明らかにする構えをとる．「都市組織」という場合，コミュニティ組織のような社会集団の編成がその規定要因として意識されているといっていい．集団内の諸関係，さらに集団と集団の関係によって規定される空間の配列（編成）を問題とするのである．

具体的に問題とするのが，都市を構成する街区，あるいは居住地である．あるいは，それらが集合して成り立つ都市の全体である．わかりやすくいえば，都市を構成する単位としての住居とその集合形態としての街区のあり方である．住居の空間構成を規定する諸要因としては様々なものを挙げることができるが，ここで主として焦点を当てるのは，土地（宅地）のかたち（地形）とその所有関係である．また，地形を前提として成り立つ建築類型（住居の型）である．

なぜ，そうした微視的な都市のディテールに拘るのか．それは結局，都市全体の問題も身近な相隣関係に還元される，と考えるからである．全体は部分を規定し，部分は全体を構成している．そのメカニズム，構成原理を明らかにする必要があると考えるからである．

寸法の問題はけっして瑣末な問題ではない．それを決定しなければ，建築家は線が引けない．空間のあり方を決定できないのである．また，たとえ1cmでも，所有をめぐる争いの原因となるのである．

そうした意味で，スペイン植民都市の現在にいたる変容過程をみると何がいえるのであろうか．スペイン植民都市の計画理念と実態については，172都市について第II章であらかじめみたが，ここでも，ホセ・デ・エスカンドンの都市が大きなヒントを与えてくれる．「計画都市」と「生きられた都市」「変わるもの」と「変わらないもの」について否応なく考えさせられるのである．

第IV章4節で詳しくみたように，エスカンドンが18世紀半ばに建設した都市は，いずれも当初は数百人から千人規模の町であった．ほぼ同じ都市モデルから出発して，250年を経た現況は，人口2,000人規模の都市がある一方，地方中核として人口40万人に発展した都市もある．

第1に指摘できるのは，プラサ・マヨールを中心とする都市核のグリッドがほとんど変化していないことである．小規模の都市の場合，牧畜業，農業を営む家族の小コミュニティは未だに維持されており，伝統的な民家が残されている都市もある．15

都市を実際に訪れてみると，極めて単純な街区構成と宅地分割による秩序が，250年近く，強く維持されてきたことが確認できる．

第2に指摘できるのは，洪水，黄熱病，治水のためのダム建設などによって大きな変化を被った事例はあるが，大きな変化は20世紀後半以降に引き起こされたことである．キューバの諸都市と他地域のスペイン植民都市と比べても，20世紀後半の急激な変化は決定的である．

土地（宅地）のかたち（地形）とその所有関係は，想像以上に持続的である．しかし，地形を前提として成り立ってきた住居類型は，鉄とガラスとコンクリートによる近代建築技術の発展によってこの1世紀の間に大きく変化した．地形と建築との分離がその根本にある．

ここで，われわれは，ラス・カサスのいくつかの提案，トマス・モアのユートピアの実現を目指したヴァスコ・デ・キロガの実践，イエズス会の宣教師たちの自立コミュニティとしてのレドゥクシオンの計画実践を繰り返し想い起こすべきであろう．これらはスペイン植民都市の第0類型である．

その構想を持続的に支える都市組織とはどのようなものか，というのは今日のわれわれにとっても大きなテーマである．回答は，単なるグリッド・パターンではない．直感的にいうなれば，地域ごとに多様な，生態学な循環系をネットワーク化するスマート・グリッドになるのではないか．もちろん，都市組織を構成する個々の住居類型も循環系を内蔵している必要がある．

# Appendix 1

# スペイン植民都市年表：Chronicle of Spanish Colonial Cities

## 凡例

(1) インディアス（イベロ・アメリカ）の都市計画に関する文書，規定，法令等リストは，Fracisco de Solano (1996ab) "Normas y Leyes de la Ciudad Hispanoamericana 1492-1600 I, 1601-1821 II", Consejo Superior de Investigaciones Científicas Centro de Estudios Históricos, Madrid にもとづく．

(2) 都市については，建設年，都市名（アウディエンシア / 現在の国名）の順に記している．

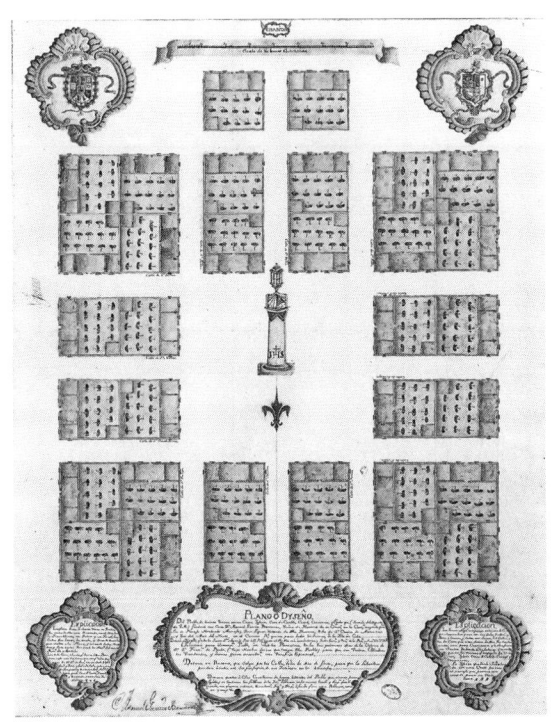

マナハイ（キューバ）　1768
プラサ・マヨールに立つのはピコタ（都市柱）

AGI, Santo Domingo, 354

Appendix 1

スペイン植民都市年表

## I. カトリック両王（カスティーリャ女王イサベルI世・アラゴン王フェルナンドII世）(1479〜1516)

| 年 | 事項 | 都市建設および関連する法令・文書 |
|---|---|---|
| 1479 | 1.19 アラゴン王フェルナンドII世即位：9.4 アルカソヴァス条約 | |
| 1480 | 9 セヴィージャに異端審問所開設 | |
| 1482 | 2 カトリック両王，グラナダ戦争開始 | |
| 1483 | ドミニコ会士トルケマーダ，初代異端審問長官就任：カトリック両王，ガリシア地方平定 | |
| 1484 | モンタルボ『カスティージャ法令集』編纂 | |
| 1487 | 5〜8 カトリック両王，マラガ攻略 | コロンのカラベラ船 (De insulis in mate Indico nuper viventis. Basilea, 1493-1494) |
| 1490 | カトリック両王，グラナダ包囲戦開始 | |
| 1492 | 1. グラナダ王国陥落，ナスル朝滅亡（レコンキスタ完了）：3.11 ユダヤ人追放令発布：4.17 サンタ・フェ協約：10.21 コロン，グアナハニー（サン・サルバドル）島上陸：12.25 ナヴィダー（クリスマス）砦建設 | Navidad (Sto. Domingo/R. Dominicana) 修道士バルトロメ・デ・ラス・カサス「クリストバル・コロンによる最初の入植地ナビダー要塞の建設」Fray Bartolomé de Las Casas. Fundación del Fuerte Navidad, primer asentamiento español en el Nuevo Mundo, por Cristóbal Colón. 1492-1493 （ラス・カサス，『インディアス史』一〜五，大航海時代叢書第二期 21-25，岩波書店 1981 年 -92 年） |
| 1493 | 1.4 コロン帰国，ディエゴ・デ・アラーナを指揮官に，サンタマリア号乗組員 39 人が残留：3.15 コロン，リスボン着：3.31 パロス帰港：9.25 コロン，カディス出航 | Isabela (Sto. Domingo/R. Dominicana) 修道士バルトロメ・デ・ラス・カサス「スペイン入植地におけるイサベル市および要塞の建設，孤立そして放棄」Fray Bartolomé de Las Casas. Fundación de La Isabela y de otras fortalezas en La Española. Desarrollo, desamparo y abandono de La Isabela. 1493-1499 |
| 1494 | 1.2 イサベラ建設開始：3 サント・トマス砦建設：4.24 コロン，キューバ探索：6.7 トルデシーリャス条約：8 バルトロメ・コロン，イスパニョーラ着<br><br>クリストバル・コロン，アメリカに到達 (De Bry. Collectiones peregrinationum in Indiam orientalem et Indium occidentalem. Frankfurt and Oppenheim. 1594-1634) | Santo Domingo, Concepcion de la Vega (Sto. Domingo/R. Dominicana) ジェロニモ・コマ「新たに発見された島のイサベル市の特徴」Características de La Isabela, en la Relación de Guillermo Coma (traducida al latín por Nicolás Esquilache), sobre las islas recientemente descubiertas.<br>ディエゴ・アルヴァレス・チャンカがセヴィーリャの市会議員に宛てた手紙「バホニコ川を分流させ，畑を開拓することについて」Carta del Dr. Diego Álvarez Chanca al Cabildo de Sevilla, sobre la fundación de La Isabela, junto al río Bajobonico; obras para desviar un brazo del río y siembra de hortalizas. |
| 1495 | ポルトガルのペロ・デ・バルセロスとジョアン・フェルナンデス・ラブラドル，グリーンランド発見：3.1 第 1 次神聖同盟成立 | ミゲル・クネオのイサベル市への意見「200 の小屋の集落」Opinión de Miguel Cuneo sobre la Isabela, aldea de doscientas chozas. |

Appendix 1

スペイン植民都市年表

| 1496 | 3.10 コロン,イサベラ出航：6.11 コロン,カディス帰航：8 バルトロメ,オサマ川西岸にサント・ドミンゴ建設：12.19 教皇アレクサンデル VI 世,「カトリック両王」の称号付与 | |
|---|---|---|
| 1497 | 5.10 ブリストル（英）のマタイ号,ヴェネチア人ジョバンニ・カボット出航：5.10 フアン・ディアス・デ・ソリスの船隊,カディス港を出航.コスタリカ付近に到達.北上してチェサピーク湾にいたる.アメリゴ・ヴェスプッチ同行か：6.24 アメリカ北東部海岸に上陸：ニューファウンドランド沖にタラの大漁場を発見 | |
| 1498 | 5 バスコ・ダ・ガマ,喜望峰経由でインドのカリカットに到達（～1499.9）：カボット,2度目の北米探検に出発：イサベラでフランシスコ・ロルダンが反逆：5.30 コロン,第3次航海にカディス出航：8.31 サント・ドミンゴに入港 | クリストバル・コロン (Ridolfo Ghirlandaio, c.1520. Museo del mar y la navegación, Génova) |
| 1499 | 5 イサベル女王,フランシスコ・デ・ボバディージャをインディアス総督に任命：5.16 アロンソ・デ・オヘダ,カディスを出航,フアン・デ・ダ・コサ同乗,アメリゴ・ヴェスプッチが案内：6.27 アメリゴ,サンタ・ロケ岬到達：6 オヘダ,オリノコ河口付近で新大陸に上陸：ペラロンソ・ニーニョとクリストバル・ゲーラ,インディアス探検に出航,マルガリータ島と本土の間の海岸で真珠の産地を発見：8 オヘダ,ティエラ・フィルメ探索,パラグアナ半島近くの島に上陸,ヴェネズエラ（小ベニス）と命名：11.19 ビセンテ・ヤニェス・ピンソン,パロス出航：12.18 ブラジル探検に出航 | 父提督（クリストバル・コロン）によるディエゴ・コロンへのイスパニョーラ島の土地と水の寄贈「建物と庭園建設」Donación de tierras y aguas a Don Diego Colón por su padre, el Almirante, en la isla Española, para hacer huertas y edificios.<br>カトリック両王の裁定「都市建設に寄与する者またそれを援助する者全てに対する税,売上税の 20 年間免除」Real Provisión de los Reyes Católicos eximiendo durante veinte años de alcabalas e impuestos a todos aquellos pobladores que contribuyeran a la formación de núcleos urbanos, así como a todos los que ayudasen a su aprovisionamiento. |
| 1500 | 1.26 ピンソンの船団,ペルナンブコのカボ・デ・サント・アゴスティーニョ（現プンタ・グルエサ）に到着,北上しティエラ・フィルメ到達：3 ピンソン,アマゾン河口到達.ガンジス河と誤解,リオ・サンタマリア・デ・ラ・マール・ドゥルセと命名.ペラロンソ・ニーニョ,ティエラ・フィルメで真珠の交易活動：3.08 カブラルを司令官とする第2次インド遠征隊,リスボンを出航,ブラジルのサンタクルス（現バイア州ポルトセグロ）へ上陸,ベラクルス島と名付け,トルデシーリャス条約に基づきポルトガル領を宣言（ブラジル発見）：5.01 オヘダ帰航：5.01 ピンソン,パリア湾（ヴェネズエラ）に到達,ウィンドワード海峡,プエルト・リコを経由して帰国：6 アメリゴ・ヴェスプッチ帰航：8.23 ボバディーリャ,イスパニョーラ島到着：9 ピンソンの船団パロス港帰航：10 コロン兄弟を解任,財宝没収,本国へ送還：10 ロドリーゴ・デ・バスティーダとフアン・デラ・コサ,カディス出航,南米北岸を探検,サンタマルタからウラバ湾を経て,パナマ北岸のノンブレ・デ・ディオス近くに到達 | アメリゴ・ヴェスプッチ<br>(不明, Uffizi Gallery, Florence.) |

529

## Appendix 1
### スペイン植民都市年表

| | | |
|---|---|---|
| 1501 | ロドリゴ・デ・バスティダス，パナマ北岸ポルトベロからダリエンにかけて探検．マグダレナ河を発見．バスコ・ヌニェス・デ・バルボア同行：フアン・デラ・コサの船団，南米北岸を探検．ダリエンとウラバとの交易を開始：5.10 ポルトガル，ゴンザロ・コエリョ，ブラジル探検，アメリゴ・ヴェスプッチ随行：8.15 ポルトガル探検隊，サンロケ岬に到達：9.03 ニコラス・デ・オヴァンド，イスパニョーラ島新総督に任命 | ニコラス・デ・オヴァンドへの訓令「イスパニョーラ島により適した強固な入植地と要塞の建設」Instrucción a Nicolás de Ovando para que haga poblaciones y fuertes en los lugares mas idóneos de la isla Española.<br>カトリック王のヘレス・デ・ラ・フロンテラへの文書「インディアスにおける要塞建設のための石工，大工，道具の調達」Real cédula de los Reyes Católicos al corregidor de Jerez de la Frontera, para que procure albañiles y carpinteros, así como herramientas, para la construcción de fortalezas en Indias. |
| 1502 | オヘダ，第2次南米大陸探検．サンタ・クルスに上陸し植民地を建設：4.15 オヴァンド，サント・ドミンゴ着任．ラス・カサス，フランシスコ・ピサロ同行：5.11 コロン，第4次航海出航：9.7 アメリゴ・ヴェスプッチの指揮するポルトガル船団，南緯50度まで進出，新大陸"Mundus Novus"と報告 | Seibo (Sto. Domingo, R. Dominicana), Santa Cruz (Nueva Granada/Colombia), Santa Maria de Belen (Panama/Panama) |
| 1503 | 1.20 セヴィージャにインディアス通商院設置：3.12 イサベル女王，エンコミエンダ制導入を認可：10.30 イサベル女王，キリスト教徒に反抗する食人種を捕獲し奴隷化することを許可．<br>![遺言を告げるイサベル女王](Eduardo Rosales Gallinas,1864, Museo Nacional del Prado,Madrid)<br>遺言を告げるイサベル女王 (Eduardo Rosales Gallinas,1864, Museo Nacional del Prado,Madrid) | Villanueva de Yaquino (Sto. Domingo/Haiti), Xaragua (Sto. Domingo/Puerto Rico), Santa Maria de la Verapaz (Sto. Domingo/Haiti), Sa e lvatierra (Sto. Domingo/R. Dominicana)<br>司令官ニコラス・デ・オヴァンド，イスパニョーラ島およびティエラ・フィルメ総督への訓令「分散する先住民を集住させる方法手段」Instrucción al Comendador Nicolás de Ovando, gobernador de las Islas y Tierra Firme, sobre el modo y manera de concentrar en pueblos a la población indígena dispersa.<br>ニコラス・デ・オヴァンド総督への訓令「新入植地および土着の鉱山に近接して建設される集落の共有地と周辺農地の分割について」Instrucción al gobernador Nicolás de Ovando para que se repartan ejidos y propios en las nuevas poblaciones y que se construyan aldeas para indígenas junto a las minas. |
| 1504 | バスティダス，ダリエンをふたたび探検：6.18 アメリゴ・ヴェスプッチ，ブラジル探検から帰国：11.7 コロン帰国：11.12 イサベラ女王死去，フランドルでフアナI世即位 | Cotvi, Azua o Compostela, Bonao o Buenaventura, Puerto de Plata, San Juan de la Maguana, Yaguana, Banica (Sto. Domingo/R. Dominicana), Lares de Guahaba (Sto. Domingo/Haiti), Magdalena (Sto. Domingo/Puerto Rico) |
| 1505 | ヤニェス・ピンソン，プエルト・リコに前進基地を建設 | Salvaleon de Higuey, Santa Cruz (Sto. Domingo/R. Dominicana)<br>ヴィセント・ヤンツ・ピンソンとの契約と合意「サン・フアン・デ・プエルト・リコ島への植民」Asiento y capitulación con Vicente Yáñez Pinzón para poblar la isla de San Juan de Puerto Rico. |

Appendix 1

スペイン植民都市年表

| 年 | 出来事 | 都市 |
|---|---|---|
| 1506 | ペドロ・ダテンサ，カナリア諸島から砂糖をエスパニョーラへ移入：5.20 コロン死去 | *Puerto Real* (*Sto. Domingo/R. Dominicana*) |
| 1507 | オヴァンド総督，本国へ召還：アフリカ人奴隷の輸入開始 | |
| 1508 | セバスチアン・デ・オカンポ，キューバ島周囲探索：オヴァンド総督，約15の町にカビルド（市議会）創設：フェルナンド国王，ブルゴスに会議を召集．ティエラ・フィルメ地方への本格的植民を決議．ウラバ湾を境にティエラ・フィルメ（現ヴェネズエラ，コロンビア），ヴェラグア（現パナマ，コスタリカ，ニカラグア）の2地方に分ける．ティエラ・フィルメはアロンソ・デ・オヘダ，ヴェラグアはディエゴ・デ・ニクエサを総督に任命：7.29 フアン・ディアス・デ・ソリスとビセンテ・ヤニェス・ピンソン出航，ホンデュラスからベリーズを経由してユカタン半島に到達：8 ポンセ・デ・レオン，ボリンケン（プエルト・リコ）占領，プエルト・ビエハ建設 | *Villa Caparra* (*Sto. Domingo/Puerto Rico*) 「平定，入植地，先住民によって行われる賦役に関するサント・ドミンゴ市およびイスパニョーラ島の諸都市に対する特典の付与」 Privilegios de divisas y escudos de armas a la ciudad de Santo Domingo y otros núcleos urbanos de la isla Española, en razón de la pacificación y poblamiento de la isla y otros servicios realizados por los vecinos. |
| 1509 | フアン・デ・エスキベル，ジャマイカ占領：イスパニョーラ島，バハマのルカヤン島から島民4万人を強制連行：カボット，3回目の北米探検．ハドソン湾に至る：ラス・カサス，回心しドミニコ会に入る，所有した原住民奴隷を解放．翌年，司祭の資格を獲得：1 アロンソ・デ・オヘダ，ウラバ湾一帯探索，5 カルタヘナ付近に上陸：9.13 ウラバ湾東岸に要塞サン・セバスティアン・ウラバ建設：7 オヴァンド総督退任．ディエゴ・コロン第2代総督に任命：11.14 ヤニェス・ピンソンとフアン・ディアス・デ・ソリス，ユカタン探索 | *Sevilla la Nueva* (*Sto. Domingo/Jamaica*), *Santiago de Cabelleros* (*Sto. Domingo/R. Dominicana*), *San Sebastian de Buenavista* (*Nueva Granada/Colombia*) イスパニョーラ島総督ディエゴ・コロンへの訓令「インディオの集落での訓練の続行，インディオたちが彼らの土地を売ることの監視，親の所有権を得るために現地で結婚したスペイン人の排斥」Instrucciones a Diego Colón, gobernador de La Española, para que continúe con la formación de pueblos de indios, vigile que éstos no vendan sus propiedades e impida que algunos españoles casados con indígenas, se apropien de la heredad de sus suegros. |
| 1510 | フェルナンド王，サント・ドミンゴの鉱山にスペイン在住のアフリカ人奴隷を輸送：エンシソ，ウラバ放棄，サンタ・マリア・デ・ラ・アンティグア・デル・ダリエン建設：サン・フアンを建設：プエルト・ベリョ西方チャグレス河口にノンブレ・デ・ディオス建設：11 ドミニコ会派，エスパニョーラ島に上陸 | *San Juan de Puerto Rico, Agueda* (*Sto. Domingo/Puerto Rico*), *Nueva cadiz* (*Sto. Domingo/R. Dominicana*), *Oristan* (*Sto. Domingo/Jamaica*), *Santa Maria la Antigua del Darien/San Sebastian de Uraba, Nombre de Dios* (*Panama/Panama*) |
| 1511 | ポンセ・デ・レオンインディオ大虐殺：ディエゴ総督，キューバ遠征を企画．ディエゴ・ヴェラスケスを指揮官に任命：10.15 アウディエンシア設置の勅令発布．サント・ドミンゴに最初のアウディエンシア設置：12.25 ドミニコ会のアントニオ・デ・モンテシーノス，サント・ドミンゴでのクリスマス・ミサにおいてスペイン人入植者の先住民虐待を激しく非難する説教．インディアス論争の発端となる：ラス・カサス，黒人奴隷の輸入を提唱 | *Santigo de Cuba, Salvatierra de la Sabana* (*Sto. Domingo/Cuba*), *Acha* (*Sto. Domingo/Venezuela*) |
| 1512 | アメリゴ・ヴェスプッチ死去．フアン・デ・ソリスが後任の首席王室パイロットに就任：イスパニョーラ島に司教区創設．カパラに最初の司教が到着：ラス・カサス，従軍司祭としてキューバ征服に参加．広大なエンコミエンダを入手：ナルバエス，ヴェラスケスのキューバ征服隊に加わる：サント・ドミンゴで天然痘の大発生：12.27 ブルゴス法公布 | オサマ城塞 サント・ドミンゴ 写真 ヒメネス ベルデホ ホアン ラモン |

531

Appendix 1

スペイン植民都市年表

| 1513 | 4.18 プエルト・リコ総督ポンセ・デ・レオン，第1回目のフロリダ探索．4.2 サン・アウグスティンに上陸，フロリダと命名：7.27 スペイン王室，ティエラ・フィルメをカスティージャ・デル・オロ（黄金のカスティージャ）と改称．総督兼総司ホンデュラスリアス・ダビラ任命：9.29 バルボア隊，太平洋岸に到達：ポルトガル王室，奴隷貿易に最初の許可証発行：キューバで先住民が次々死亡，ホンデュラス沖のバイア諸島で奴隷狩り開始：レケリミエント（勧降伏）成立

ディエゴ・コロンの邸宅、サント・ドミンゴ、写真　布野修司 | *Bayamo* (*Sto. Domingo/Cuba*)
ティエラ・フィルメ総督ペドラリアス・ダヴィラへの勅令「都市住民の特性に従って，整然と分配を行う空間構成」Instrucción al gobernador de Tierra Firme, Pedrarias Dávila, para que la formación de nuevas poblaciones se haga ordena¬damente, repartiendo los solares urbanos según la calidad de los vecinos.
ティエラ・フィルメ総督ペドラリアス・ダヴィラへの勅令「征服者と入植者との間でカバレリアス caballerías とペオニアス peonías という単位に基づいて，公平に土地区画を分配すること」Instrucción al gobernador de Tierra Firme, Pedrarias Dávila, declarando el modo de repartir solares y tierras entre conquistadores y pobladores, y medidas de las caballerías y peonías.
通商院への勅令「ティエラ・フィルメ探検のために，新入植地建設までに用いるテントとプレファブの監獄を用意することについて」Real cédula a la Casa de Contratación para que facilite tiendas de campaña y cárceles prefabricadas para la expedición de Tierra Firme, para que sirvan hasta que se funden nuevas poblaciones.
ティエラ・フィルメ総督への勅令「住民は所有してから4年後に土地を売却できる．開始時期は到着時とする．」Real cédula al gobernador de Tierra Firme permitiendo que los vecinos puedan vender sus casas y tierras al cuarto año de detentadas：contándose este tiempo desde el dia de su llegada. |
| 1514 | 1.18 バルボア，ダリエンに帰投：4.12 ペドラリアス，バラメダ出航，エンシソ，フェルナンデス・デ・オビエド，ベルナル・ディアス・デル・カスティーリョらが同行，キュラソーを経てダリエンに着任．バルボアを更迭軟禁：ファン・デ・ソリス，南米東岸を南進：ラス・カサス，自らのエンコミエンダを返還．原住民虐待を批判する説教を開始 | *Sancti Spiritus* (*Sto. Domingo/Cuba*), *Melilla* (*Sto. Domingo/Jamaica*), *Acla* (*Panama/Panama*) |
| 1515 | ラス・カサス，キューバを離れスペインに戻る：プエルト・リコ黒人奴隷による最初の反乱発生：スペイン船，新大陸から最初の砂糖の積み荷を持ち帰る

ハバナ発祥の地　セイバの木
写真　ヒメネス・ベルデホ，ホアン・ラモン | *Puerto Principe* (*Camaguey*), *San Cristobal de la Habana*, *Nuestra Senora de la Asuncion de Barracoa* (*Sto. Domingo/Cuba*)
都市名についての勅令「サンタ・マリア・ラ・アンティグア・デル・ダリエンに紋章と認可状」Real cédula concediendo título de ciudad, escudo y privilegios a Santa María la Antigua del Darién.
ペドラリアス・ダヴィラからの手紙の要約「パナマ建設の初期段階」Resumen de carta del gobernador Pedrarias Dávila describiendo los primeros tiempos de la construcción de Panamá. |

532

Appendix 1

スペイン植民都市年表

## II. カルロス　Carlos I 世（1516-1556）ハプスブルグ朝 Casa de Habsburgo

| | | |
|---|---|---|
| 1516 | 1.23 フェルナンド王死去：カルロス I 世即位（在位〜56），ハプスブルグ朝成立：ラス・カサス，インディアスの改革に関する覚書「14の改善策」：9.17「インディアスのすべてのインディオの保護官」に任命されエスパニョーラに赴任：イパニョーラ島に最初の砂糖工場建設：ペドラリアス，コスタリカのニコヤ地方にエルナン・ポンセラを派遣：フランシスコ会，現在のヴェネズエラ領クマナに伝道のための教会設立：ポルトガル，ペルナンブコに最初の基地・交易所を建設，砂糖栽培開始：フアン・ディアス・デ・ソリス，ラプラタ川河口到達 | ヒエロニムス会修道士への訓令「スペイン総督の支配，政策，行政」Instrucción dada a los frailes de la Orden de San Jerónimo, gobernadores de La Española, reglamentando sobre los pueblos que debían fundarse：así como directrices políticas y administrativas. |
| | | カルロス　Carlos I 世．Tiziano (1548). Alte Pinakothek. Munich |
| 1517 | | Nata (Panama/Panama)<br>ヒエロニムス会修道士への勅令「ディエゴ・ヴェラスケスによって切り開かれたキューバ島の諸都市および鉱山の立地する山間への派遣」Real cédula a los frailes Jerónimos para que se promuevan caminos en la isla de Cuba, sobre los creados por Diego Velázquez, entre ciudades y hacia la sierra, donde se localizan las minas.<br>ヒエロニムス会修道士への勅令「サン・ジェルマン，プエルト・リコ，その他沿岸部都市への移転について」Real cédula a los frailes Jerónimos sobre el traslado de la ciudad de San Germán, en Puerto Rico, a un otro emplazamiento más cerca del mar. |
| | ラス・カサス (Archibo general de Indias, Sevilla) | |
| | 2.9 フランシスコ・エルナンデス・デ・コルドバ，ユカタン半島に漂着，マヤの神殿都市を発見「新カイロ」と命名：ルター，95か条の宣言 | |
| 1518 | 4 ホアン・デ・グリハルバ指揮，第2次メキシコ探検隊が出航，ペドロ・デ・アルバラード，フランシスコ・モンテロ参加，ユカタン半島東北岸の神殿都市トゥルムに上陸，カトーチェ，カンペチェ，チャンポトンに到達，制圧：6 タバスコ，ホアン・デ・ウルア島，アステカ王国の使者と接触，11帰航：8.18 カルロス I 世奴隷貿易を許可：11.18 エルナン・コルテスがメキシコ探索にサンチアゴ・デ・キューバ出航，ベルナル・ディアスがクロニスタとして参加，ペドロ・アルバラード兄弟，クリストバル・デ・オリドらが参加：ヌエヴァ・グラナダにアウディエンシア設置 | San Juan de la Ulua (Mexico/Mexico) |
| | | 大アンティル諸島と南アメリカ，バスコ・ヌーニェス・デ・バルボア (1518, Wolfenbüttel, Herzog August Bibliothek, Cod. Guelf. 103 Aug.) |

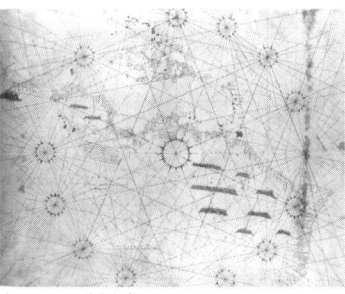

533

# Appendix 1

## スペイン植民都市年表

| | | |
|---|---|---|
| 1519 | 1.21 バルボア処刑：8.10 フェルナン・デ・マガリャンイス世界周航開始：9.15 パナマ市建設，サンタマリア住民パナマに移転：ジャマイカ総督フランシスコ・ガライ，アロンソ・デ・ピネーダに北米探検を指示，メキシコ湾をフロリダから西進し，タンピコに達する：エルナン・ポンセ・デ・レオンとフアン・デ・カスタニェーダが，コスタリカの太平洋岸探索：2.10 コルテス，ハバナを出港，ユカタン半島のコスメル島上陸，アギラールは通訳として参加：3 タバスコで勝利：4.22 ウルア島に基地サンフアン・デ・ウルア建設：5 ビリャ・リカ・デ・ラ・ベラ・クルス建設：8.20 メキシコ中央高原：9.23 トラスカラ：10.3 チョルーラ：11.8 コルテス，テノチティトランに無血入城 | *Panama la Vieja*, *Nuestra Senora de Asunsion* (Panama, Panama), *Veracruz* (Mexico, Mexico), *Victoria de Tabasco* (Guatemala, Mexico)  |
| 1520 | 10.21 マゼラン海峡を発見：バハマ原住民絶滅：カルロスI世，エンコミエンダ制廃止宣言：ラス・カサス，ヴェネズエラでの伝道活動開始：イスパニョーラから砂糖輸出開始：3 キューバのヴェラスケス総督，コルテス討伐隊を組織，ナルバエス司令官：5.16 アルバラード，テノチティトランで神官・貴族を大虐殺：5.29 コルテス軍はナルバエス軍撃破：6.24 コルテス，テノチティトラン入城：6.29 モクテスマ死亡．コルテス・テノチティトランから撤退：6.30 アステカ軍が総攻撃：9 天然痘大流行：12.28 コルテス，テスココ湖畔に陣地を設営：カスティージャ諸都市でコムニダデスの反乱（〜1521） | マガリャンイス (1848, Museo Naval, Madrid: Higeras Rodríguez, María Dolores (1991)) <br><br> *San Sebastian del Puerto o Panuco*, *Segura de la Frontera* (Mexico, Mexico), *Jamaica o Santiago* (Sto. Domingo, Jamaica), *Santa Ines de Cumana* (Sto. Domingo, Venezuela) |
| 1521 | 3.16 マガリャンイス，フィリピン到達：4.26 マクタン島攻略，首長ラプラプ，マガリャンイス殺害：8.13 テノチティトラン落城：ポンセ・デ・レオン，フロリダ植民を試みるが殺害される． | *Mexico* (Mexico/Mexico), *Chepo* (Panama/Panama) |
| 1522 | 9.8 フアン・セバスチアン・デルカーノ（マガリャンイス船隊）セヴィーリャ帰還：10.15 コルテス，ヌエヴァ・エスパーニャ総督兼軍司令官（アデランタード）に任命されカビルドを組織，アカプルコ探索：イスパニョーラ島で最初の黒人奴隷反乱：フアン・デ・グリハルバ，タバコをスペインに持ち込む：ラス・カサス帰国，ドミニコ会加入，イスパニョーラに戻る：ルイス・マリン・チアパン侵入：ペルー王国第11代インカ，ワイアナ・カパック没，ワスカル即位（位：1522-32） | *Coatzacoalcos*, *Medellin*, *Oaxaca*, *Goazacoalco* (Mexico/Mexico) <br><br> ナタ市（パナマ）の建設法「市議会および閣議の構成，市の境界，アーバン・デザイン，宅地および共有地の規模と分配，街路の名前と番号」Acta de fundación de la ciudad de Nata (Panamá). Composición del cabildo y primeros acuerdos, límites municipales, traza urbana, reparto y medidas de los solares, nombres y medidas de las calles, ejido. |

テオティワカン　左　太陽の神殿越しに月の神殿を望む　右　太陽の神殿のディテール　写真　布野修司

Appendix 1

スペイン植民都市年表

| 1523 | 6 カルロスⅤ世，ヌエバ・イスパーニャでのエンコミエンダ制度禁止：12 ペドロ・デ・アルバラード・オアハカ，グアテマラ征服，クリストバル・オリド・ホンジュラス征服に向かう：アステカ王国領の平定，ほぼ完了：フランシスコ会ペドロ・デ・ガンテら，トラスカラで布教開始：アンドレス・ニーニョ，中米太平洋岸北上，フォンセカ湾到達：ジョバンニ・デ・ヴェラザノ，カロライナからノヴァ・スコティア沿岸探索：キューバで砂糖栽培開始 | *Villa de la Vega* (*Sto. Domingo/Jamaica*), *Granada/Leon de Nicaragua* (*Guatemala/Nicaragua*)/*Espiritu Santo*, *Zacatula* (*Mexico/Mexico*), *Trujillo* (*Guatemala/Honduras*), *Truinfo de la Cruz* (*Guatemala/Guatemala*)<br>ヌエヴァ・エスパーニャ総督エルナン・コルテスへの訓告「開発計画について，都市核建設の規範，征服者と入植者の間での土地分割の秩序，およびその条件」Instrucción a Hernán Cortés, gobernador de la Nueva España, sobre el programa urbanizador：normas sobre fundación de núcleos urbanos y orden que habría de llevarse en el repartimiento de solares y tierras entre los conquistadores y pobladores, y condiciones.<br>国王の裁定「インディアスの土地は如何なる者にも譲渡してはならない」Carta provisión de los Reyes comprometiéndose a no enajenar territorio alguno de la Indias española. |
|---|---|---|
| | テノチティトランの中心神殿跡　メキシコ・シティ<br>写真　布野修司 | |
| 1524 | 5.13 マルティン・デ・バレンシアらフランシスホンジュラスに上陸：8.1 インディアス枢機会議設置：10 ホンジュラス遠征軍クリストバル・オリド，コルテスに反乱：ルイス・マリン，ツォツィルの要塞チャムーラ攻撃：ピサロ第1回ペルー遠征：ペドロ・デ・アルバラード，グアテマラ征服 | *Santiago de los Caballeros de Guatemala*, (*Guatemala/Guatemala*), *Huehuetan* (*Guatemala/Mexico*), *Pazcuaro o Michoacan* (*Mexico/Mexico*), *Naco*, *San Gil de Buenavista* (*Guatemala/Honduras*), *Santa Marta* (*Nueva Granada/Colombia*)<br>アントニオ・デ・レメサル修道士「征服の結果としてのグアテマラ市の建設：最良の土地の選択，住宅建設．最初に都市核（名前，議会の構成，配置），街区，病院，墓地」Fray Antonio de Remesal. Fundación de la Ciudad de Guatemala, después de concluida la Conquista：búsqueda del mejor lugar, construcción de las casas. Primeros momentos del núcleo urbano (nombre, composición del cabildo, reubicación), traza, hospital y enterramiento. |
| | エルナン・コルテス Tiziano (ca. 1488-1576) | |

535

# Appendix 1

## スペイン植民都市年表

| | | |
|---|---|---|
| 1525 | ルカス・バスケス・デ・アイヨン，フロリダから北上し，南カロライナ一帯探索：最初の王室関税官がメキシコに到着：ワイナ・カパック死去<br><br>マヤの本（Dresden Codex．1880．Förstemann） | *Choluteca o Jerez de la Frontera, Puerto Caballos (Guatemala/Honduras), San Salvador, San Miguel (Guatemala/El Salvador), Margarita, Nuestra Senora de la Ascension, Cordoba de Cumana (Sto. Domingo/Venezuela), Mexico Viejo (Guatemala/Guatemala)*<br>ティエラ・フェルメ総督への勅令「インディアスに近いティエラへのスペイン人の入植について」Real cédula al gobernador de Tierra Firme para que se instalen poblaciones de españoles en tierras cercanas a los indios.<br>ティエラ・フェルメ総督への勅令「異なった集落への二重の贈与を避けること，入植者に土地を分配すること，その土地に統治機関を設けること」Real cédula al gobernador de Tierra Firme alertando que no se dupliquen las donaciones de solares en pueblos diferentes, y ordenando que los repartos de solares a pobladores y autoridades sean otorgados en un sólo lugar. |
| 1526 | 王室裁判官ルイス・ポンセ・デ・レオン，メキシコ到着：ドミニコ会がメキシコに入り，オアハカなど南部で伝道活動：ルカス・バスケス，現サウスカロライナ州ピーディ河口にサン・ミゲル・ガウデーペ建設，黒人奴隷の反抗により放棄：ピサロ第2回ペルー遠征：4イタリア人セバスチャン・カボットラ，プラタ川遡上，テルソーロ川に要塞建設 | *San Juan del Rio, Fresnillo, Acambaro, Villalta de San Ildefonso de los Zapotecas (Mexico/Mexico), Valladolid o Comayagua (Guatemala/Honduras), Chiapa de Indias (Guatemala/Mexico)*<br>カルロスI世のサント・ドミンゴ市議会への勅令「フアン・サンチェス・サルミエントへの宅地の代わりに女好きな男性のための公的施設を建設すること」Real cédula de Carlos I al Cabildo de Santo Domingo para que se destine un solar a Juan Sánchez Sarmiento para hacer una casa de mujeres públicas. |
| 1527 | 9フランシスコ・デ・モンテホ，マヤ王国遠征，トルムとチェトマルを制圧：12メキシコにアウディエンシア設置：コルテスを本国に召還．ポンセ・デ・レオン総督の地位に就く：フランシスコ会士フアン・デ・スマラガ，メキシコの初代司教に任命：ディエゴ・デ・マサリエゴス，チアパンとツォツィル征服：パンフィロ・デ・ナルバエス，フロリダの先遣都督（アデランダード）に任命：ペドラリアス，ニカラグアのレオンに移住：ラス・カサス，サント・ドミンゴで「インディアス史」執筆開始 | *Espiritu Santo de Chiametla (Nueva Galicia/Mexico), San Critobal de las Casas (Guatemala/Mexico), Almolonga (Guatemala/Guatemala), Antequera (Mexico/Mexico)* |
| 1528 | コルテス，ヌエヴァ・エスパーニャ総督の地位を解かれ，メキシコは王室直轄となる：モンテホ・ベリーズ，マヤ一帯を征服：コルテスの従弟アルバロ・デ・サアベドラ・セロン，アカプルコ出航，太平洋を横断しモルッカ諸島到達：3.27 カールI世が，ヴェルザー家にヴェネズエラ開発権を授与 | *Ciudad Real (Guatemala/Guatemala), Merida del Yucatan (Mexico/Mexico), Santa Ana de Coro (Sto. Domingo/Venezuela)* |

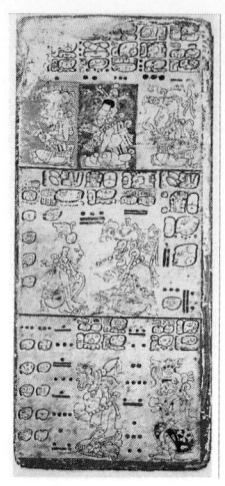

Appendix 1

スペイン植民都市年表

| 1529 | サラゴサ協定．太平洋上のトルデシーリャス線は東経145度に定められる：メキシコに最初の砂糖工場建設

チャン・チャン、(Laurencich Minelli(1992)) | *San Ambrosio* (*Mexico/Mexico*), *Brusela* (*Guatemala/Costa Rica*)
エルナン・コルテスへの勅令「メキシコ市のモクテスマの住居，その他の敷地，土地の授与」Real cédula a Hernán Cortés otorgándole las casas de Moctezuma en la Ciudad de México, así como otros solares y tierras.
サンチャゴ・デ・グアテマラ市議会の審議「街区の中に宅地建物を建て，家畜（犬，豚，馬）を放し飼いにしない規則をつくること」Sesión del cabildo de Santiago de Guatemala en la que se ordena completar las edificaciones de solares dentro de la traza y se dictan normas para que los animales domésticos (perros, cerdos, yeguas, caballos) no anden sueltos por las calles. |
|---|---|---|
| 1530 | メキシコ・サカテカスで銀発見：1ヌエヴァ・エスパーニャ大司教フアン・デ・スマラガ，アウディエンシアの全メンバーを更迭．第二次アウディエンシア発足：7コルテス，オアハカ侯としてメキシコに戻る：インディアス枢機会議，インディオの奴隷化を禁ずる勅令公布：クリストバル・オニャーテ，ハリスコ地方に進出 | *San Sebastian de Chiametla* (*Nueva Galicia/Mexico*), *Nebaj*, *Uspatan*, *Tezulutan* (*Tucuru*), *Mita*, *Chiquimula*, *Esquipulas* (*Guatemala/Guatemala*), *Copan* (*Guatemala/Honduras*), *San Miguel de la Frontera* (*Guatemala/El Salvador*)
ヌエヴァ・エスパーニャ・アウディエンシアへの勅令「緊急時のため，また，首都を飾るため，水源から水をメキシコの主要な広場に引くこと」Real cédula a la Audiencia de Nueva España para que la fuente de agua se traslade a la plaza principal de México, como solución a una urgente necesidad y como ornato de la capital. |
| 1531 | ニカラグアのペドラリアスが死亡：インディオによるグアダルーペ信仰始まる：フランシスコ会士バスコ・デ・キロガ，メキシコ市近郊のサンタフェ・デ・ロス・アルトに教化集落の建設を目指す：ピサロ第3回ペルー遠征

フランシスコ・ピサロの銅像　トルヒージョ（スペイン）
写真　ヒメネス・ベルデホ，ホアン・ラモン | *Puebla de los Angeles*, *Santiago de Queretaro*, *Guadalajara*, *Valladolid o Guayangareo*, *Salamanca* (*Mexico/Mexico*), *San Miguel Culiacan*, *Compostela de Jalisco*, *Compostela*, *Espiritu Santo de Tepique*, *La Purificacion* (*Nueva Galicia/Mexico*), *La Plata* (*Nueva Granada/Colombia*), *S. Miguel de Piura o S. Frnsco. de Buenaesperanz* (*Lima/Peru*), *Cajamarca* (*Lima/Peru*)
カルロスI世のサンタ・マルタ総督への勅令「土地とその特性，都市核，先住民とその資源についての情報を送ること，インディアス会議が建てるべき必要な計画をつくること」Real provisión de Carlos I al gobernador de Santa Marta para que se envíen noticias sobre la tierra y sus calidades, núcleos urbanos, población aborigen y recursos para, por ellas, realizar la necesaria programación política del Consejo de Indias. |

537

# Appendix 1
## スペイン植民都市年表

| | | |
|---|---|---|
| 1532 | ヴァスコ・デ・キロガ，サンタフェ・デ・ロス・アルトスに，新大陸最初の病院を建設：ポルトガル，フランス人植民者を駆逐しサンビセンテに植民地を建設：1 グスマン，グアダラハラを首都とする王領ヌエバ・ガリシア創設，初代総督となる：ディエゴ・ウルタード・デ・メンドーサ，メキシコ太平洋岸を探検：カハマルカの戦い：ペルー王国アタワルパ，インカ王となる：ピサロ，アタワルパ拘束：ペルー，ピサロ総督兼アデランタード（1532〜41） ![メンドーサ] メンドーサ (Crónica de América, Quinto Centenario, 1991) | *San Jorge Olancho* (*Guatemala/Honduras*), *Taangarara* (*San Miguel*), *San Miguel de Tanara* (*Lima/Peru*), *Cartagena de Indias* (*Nueva Granada/Colombia*)<br>イサベル女王のヌエヴァ・エスパーニャ・アウディエンシアへの勅令「建設に従事するインディオを適切に遇し，報酬を与えること」Real cédula de la Reina Doña Isabel a la Audiencia de Nueva España ordenando que los indios que trabajan en la construcción sean bien tratados y pagados.<br>プエブラ・デ・ロス・アンジェルス市の認可についての勅令「その建設を援助するため30年間税金を免除する」Real cédula otorgando título de ciudad a Puebla de los Ángeles y eximiéndole de impuestos, durante treinta años, a fin de ayudar a su desarrollo. |
| 1533 | 8 グアダラハラ，トナラ近郊へ首都を移転：11.15 ピサロ，アタワルパ処刑，クスコを占領，インカ帝国滅亡：第2次ユカタン遠征：フォルトゥン・ヒメネス，太平洋岸を北上，カリフォルニア到達：アウグスティヌス会，メキシコで布教開始 | *Realejo* (*Guatemala/Nicaragua*), *Rio Bamba*, *Santiago de Guayaqui* (*Quito/Ecuador*), *Trujillo* (*Lima/Peru*)<br>サンタ・マルタの王室吏員への手紙「宮廷の構造仕様（形，材料）」Carta de los Oficiales Reales de Santa Marta (Nuevo Reino de Granada) al Rey, dando las características constructivas de las casas reales (traza, forma, materiales). |

アウグスティヌス会，メキシコ 写真 布野修司

Appendix 1

スペイン植民都市年表

| | | |
|---|---|---|
| 1534 | イグナチウス・ロヨラらイエズス会創設：インディアス会議．身請けによる奴隷を認める | *Jauja (Lima/Peru), San Francisco de Borja, San Francisco de Quito (Quito/Ecuador), Santiago de Tolu, Maria (Nueva Granada/Colombia), Cuzco, Arequipa (Lima/Peru)*<br>ヌエヴァ・エスパーニャ・アウディエンシアへの勅令「インディオたちの近隣住区に教会所属の聖職者の住居を建設すること」Real cédula a la Audiencia de Nueva España, para que se construyan en los barrios de indios casas para los clérigos, anejas a las iglesias.<br>エンコメンドーロへの勅令「集落々に石造あるいは煉瓦造の住居を建設することについて」Real cédula ordenando que los encomenderos edifiquen en los pueblos de su-residencia casas de piedra o adobe.<br>ペルー総督フランシスコ・ピサロへの勅令「5年間有効の征服者と入植者の間の土地，宅地，耕地の分配」Real cédula a Francisco Pizarro, gobernador del Perú, permitiendo que se repartan tierras, solares y caballerías entre los conquistadores y pobladores, con la condición de cinco años de residencia.<br>王の手紙「地域に分散するインディオを集めて都市核をつくる，市のレヴェル，名前はミチョアカン」Carta regia ordenando se levante un núcleo urbano, con rango de ciudad y nominación de Michoacan, formado con los indios dispersos de la zona. |
| | イグナチウス・ロヨラ（William Holl the Younger） | |
| 1535 | 副王制導入（1535～1821），ヌエヴァ・エスパーニャ副王領設置：1.18 リマ市建設：12 バカラ，リオグランデ川を遡りカリフォルニア湾到達：モンテホ・ユカタン撤退：アルマグロ，チリ遠征：ヌエヴァ・エスパーニャの初代副王 Antonio de Mendosa（～1550） | *Rancheria (Sto. Domingo/Venezuela), Villaviciosa o Puerto Viejo, San Gregorio Portoviejo, Manta (Quito/Ecuador), Cienaga de Carapote (Nueva Granada/Colombia), Lima (Lima/Peru)*<br>ペドロ・シエサ・デ・レオン，王都リマ「建設，街区，都市性」Pedro Cieza de León. Ciudad de los Reyes de Lima：fundación, traza y rasgos urbanos.<br>ヌエヴァ・アウディエンシアへの勅令「メキシコ市に水を引くチャプルテペック水道の建設」Real cédula a la Audiencia de la Nueva España para que se concluya el acueducto de Chapultepec, que llevaba agua a la Ciudad de México.<br>ヌエヴァ・アウディエンシアへの勅令「新しい修道院の建設は副王の許可を得ること」Real cédula a la Audiencia de Nueva España ordenando que la edificación de nuevos conventos deberá contar con expresa licencia del virrey. |
| | カジャオの風景（De Bry, Kagan (2000)） | |

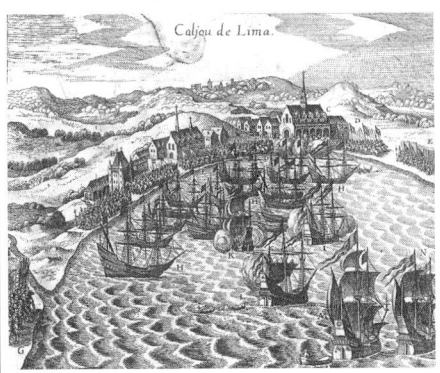

539

# Appendix 1
## スペイン植民都市年表

| 1536 | フランシスコ会士がヌエヴァ・ガリシアに到着：メンドーサ副王グスマンを解任：ラス・カサス，グアテマラにわたりインディオへの伝導開始：マンコ・インカ，クスコ包囲（〜1537）：バスク人ペドロ・デ・メンドーサ，ブエノス・アイレス建設 | Villa de San Juan, S an Pedro de Sula, Gracias a Dios (Guatemala/Honduras), Minas de Avino (Nueva Galicia/Mexico), Tenerife, Mariquita, Popayan, Santiago de Cali (Nueva Granada/Colombia), Chachapoyas o San Juan de la Frontera, Santiago de Almagro, Santo Lorenzo el Real de la Frontera (Lima/Peru), Buenos Aires (Charcas Argentina) |
|---|---|---|
| | クスコ (Biblioteca Nacional, Madrid, Kagan(2000)) | アデランタード・ペドロ・デ・アルヴァラドへのサン・ペドロ・デ・プエルト・カバリョス（ホンデュラス）建設の証書「街区，宅地規模，都市柱，官庁，市域界」Testimonio de la fundación de la villa de San Pedro de Puerto Caballos (Honduras), que hizo el Adelantado Pedro de Alvarado：traza, tamaño de solares, picota, autoridades, términos. 王の勅令「市長は，公正に強制的に選挙されること，読み書きができること」Real cédula precisando que sean elegidos como alcaldes personas honradas y competentes, y que sepan leer y escribir. カルロスⅠ世の裁定「ペルー副王領に分配されたインディオたちは，市街地では石造，モルタル仕上げ，もしくは泥壁塗りの住居を建設すること」Provisión de Carlos I ordenando que quienes tuviesen indios de repartimiento en el virreinato del Perú construyan casas ——de piedra, argamasa, tapiería, etc.— en los núcleos urbanos. フアナ女王とカルロスⅠ世の裁定「リマ渓谷のハウハ市の名前を王の都に変更」Real provisión de Doña Juana y Carlos I confirmando el traslado de la ciudad de Jauja al valle de Lima, con el nombre de Ciudad de los Reyes. |
| 1537 | ピサロ，クスコに入城：フェルナンド・グリハルバ，太平洋岸を探検，反乱によって殺害される：ローマ法王パウロⅢ世，インディアンは人間であり，カトリック信仰を理解する能力を持つと宣言 | San Jose de Cravo, Choconta (Nueva Granada/Colombia), Santiago de Cali, Toro (Quito/Colombia), Asuncion, Buena Esperanza (Charcas/Paraguay) |
| | ウルダネータのモルッカ報告 手記 1537年2月26日 ヴァジャドリード | アントニオ・デ・メンドーサ副王による承認「耕地面積，宅地面積の計測に当たって，メキシカン・ヴァラをを用いること」Certificación sobre las medidas de la vara mexicana para medir caballerías y suertes de tierras, dadas por el virrey Antonio de Mendoza. 王の都（リマ）への勅令「説教師の事務所の設置」Real cédula a la Ciudad de los Reyes autorizando el oficio de pregonero de dicha ciudad. |

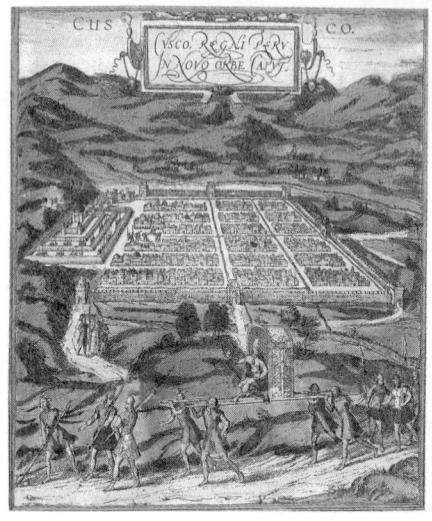

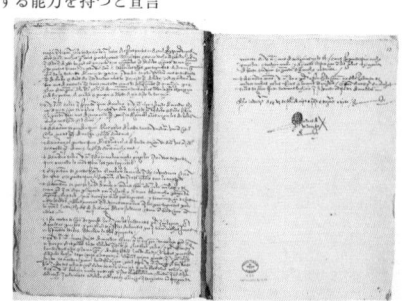

スペイン植民都市年表

| 1538 | ニカラグア征服：ラス・カサス，グアテマラからメキシコへ移る：ボゴタ建設：パナマにアウディエンシア設置，一旦廃止され64年に再確立：ブラジルに最初の黒人奴隷が到着：7.8 アルマグロ，クスコで処刑 | Timana o Guacallo, Velez, San Justino, Tunja, Santa Fe de Bogota (Nueva Granada/Colombia), Guarambare, Atira, Aregua (Charcas/Paraguay) グアテマラ総督および司教への勅令「分散するインディオの集合化」Real cédula al gobernador y al obispo de Guatemala ordenando la concentración en pueblos de la población indígena dispersa. ヌエヴァ・エスパーニャ副王への勅令「メキシコ市に監督を置いて公共事業を監理すること，インディオたちは，しばしば変更したり，石灰に灰を混ぜなかったり，建物に損害を与えるから」Real cédula al virrey de Nueva España ordenando que exista un regidor que vigile en Ciudad de México la construcción de las obras públicas; porque los indios acostumbran a cambiar en las mezclas cal por cenizas, con detrimento para las construcciones. グアテマラ総督への勅令「市議会ではなく，第三者としての総督に土地を分配する権限を与える」Real cédula al gobernador de Guatemala facultándole para dar y repartir tierras, y no los cabildos, siendo siempre sin perjuicio de terceros. グアテマラ総督への勅令「都市のエヒード（共有地）と山を他に損害を与えず，インディオの土地も邪魔しない範囲で決めること」Real cédula al gobernador de Guatemala ordenando sean señalados ejidos y montes para la ciudad, sin perjuicio de terceros, ni de las heredades indígenas. |

フェルナンド・デ・ロハスの戯曲　ラ・セレスティーナの表紙　トレド　1538 年（Biblioteca Nacional, Madrid）

| 1539 | 3 メンドーサ副王，ランシスコ会修道士のマルコス・デ・ニサ（Niza）を隊長とするアリゾナ探検隊を組織：5.28 デ・ソト，タンパ湾に上陸，フロリダ半島からジョージア地方：ウリョア，カリフォルニア半島の存在を確認し領土編入：ローマ教皇，イエズス会創設認可，ポルトガルのコインブラに神学校を創設 | Yuriria (Mexico/Mexico), San Juan de la Victoria de Guanuco (Ayacucho), Leon de Guanico (Lima/Peru), San Juan de Pasto o Villaviciosa (Quito/Colombia), Plasencia (Nueva Granada/Colombia) ヌエヴァ・カスティージャ（ペルー）総督への勅令「マキと木材が地方に足りないため，森林を再生させることについて」Real provisión al gobernador de Nueva Castilla (Perú) ordenando la repoblación forestal con sauces, por la carestia de leña y madera que padece la provincia. |

# Appendix 1

## スペイン植民都市年表

| | | |
|---|---|---|
| 1540 | 1.6 副王メンドーサ, フランシスコ・バスケス・デ・コロナドにアリゾナの本格的探検を要請：2.23 コロナド隊, メキシコ西海岸のコンポステラに集結：3 デ・ソト, ジョージア中部に進出, アパラチア山脈を横切りテネシー州に到達：7.7 コロナド隊, アウィク占領, グラナダと名づける：第3次ユカタン遠征, 制圧完了：黒人奴隷貿易を認可するアシエントが中断 (81 年再開)：ペルーに最初の砂糖工場建設 | *Cordoba, Badajoz (Guatemala/Costa Rica), Zamora, San Francisco de Campeche (Mexico/Mexico), Santa Cruz de Mopox, Altagracia (Nueva Granada/Colombia), Santa Ana de Ancelma o Santa Ana de los Caballeros, Cartago (Quito/Ecuador), Charcas o Chiquisaca o La Plata (Charcas/Bolivia)* グアダラハラの共有地の分配 Asignación y reparto de los ejidos de Guadalajara (México). グアテマラ総督および司祭への勅令「先住民の集住化」 Real cédula al gobernador y al obispo de Guatemala ordenando la concentración de la población indígena en pueblos. |
| 1541 | カベサ・デ・バカ, アスンシオンからクスコ到達：6.26 ピサロ, リマで暗殺：5 デ・ソト, テネシー川を下りアラバマ到達：ミシシッピ川本流を発見：7 コロナド, アーカンサス到達：ミシュトン戦争：ペルーでクリストバル・バカ・デ・カストロ総督に (～1544) | *San Juan de la Cruz (Guatemala/Costa Rica), Maleva, Malaga o Agreda, Tequia o San Jeronimo de Malaga, Santiago de las Atalayas (Nueva Granada/Colombia), Barbudo, Antioquia (Quito/Colombia), Santiago de Nuevo Extremo, Las Serena o Coquimbo (Chile/Chile), Abangoui (Charcas/Paraguay)* |
| 1542 | ラス・カサス, スペイン人による先住民への虐待を記録した報告書をカルロスに提出：2.14 アダラハラ, 4度目の移転 (現ハリスコ州)：ヌエバ・ガリシア, ヌエヴァ・エスパーニャに併合：6.27 アン・ロドリゲス・カブリリョとバルトロメ・フェレーロ, カリフォルニア探検：9.16 アルマグロの子ディエゴ, クスコで処刑：10 コロナド, メキシコに戻る：11 ロペス・デ・ビリャロボス, ナヴィダー港を出発, フィリピンに向かう：11.20 カルロスⅠ世, インディアス会議を再編成：インディアス新法公布 (インディオ奴隷化の禁止と既存奴隷の解放を確定, 第 35 条でエンコミエンダの世襲相続を否定)：フランシスコ・モンテホ (息子), ユカタン制圧 | *Loyola o Cumbinama, Santa Cruz de San Luis de Loyola (Quito/Peru), San bartolome de Aburra, Santiago de Arma (Nueva Granada/Colombia), Santa Fe de Antioquia (Quito/Colombia), Madrigal (Quito/Ecuador)* ヌエヴァ・エスパーニャ副王の司令「テペアカのバルタザール・インディオにトソコンゴ渓谷の入植地建設の許可」 Mandamiento del virrey de Nueva España concediendo licencia al indio Baltasar, de Tepeaca, para hacer una población en el valle de Tozocongo. |
| 1543 | ビジャロボス, フィリピン到達, フィリピナスと命名：カブリージョ, サンフランシスコからカリフォルニア州北端のメンドシーノ岬まで北上：セヴィージャに新大陸貿易の商人ギルド (コンスラード) 創立：ラス・カサス, チアパスの司教に任命：ペルー副王領設置：リマとグアテマラにアウディエンシア設置：コペルニクス, 天球回転論：ポルトガル人, 種子島に漂着 (鉄砲伝来) | *Valladolid de Yucatan (Mexico/Mexico), Nueva Segovia (Guatemala/Guatemala), Santiago (Guatemala/Costa Rica), Caloto (Quito/Colombia)* カルタヘナの宅地と土地をインディオに分配する勅令「インディオあるいは誰にも偏見なく, 5年間の居住を条件として」 Real cédula ordenando que se repartan solares y tierras en Cartagena de Indias, sin perjuicio de los indios, ni de terceros; y con condición de cinco años de residencia. |

542

Appendix 1

スペイン植民都市年表

| | | |
|---|---|---|
| 1544 | ゴンサロ・ピサロ，副王に反乱：モンテホの副官ガスパル・パチェコ，チェトマル地方制圧，ヴァジャドリードを新都：マンコ・インカ殺害：グアテマラ総督領設置：ペルー初代副王にブラスコ・ヌニェス・ベラ（〜1546） | *Nueva Sevilla* (Guatemala/Guatemala), *San Francisco* (Guatemala/Costa Rica), *Nuestra Senora de la Paz* (Charcas), *Tamalameque, Santiago de Sompallon* (Nueva Granada/Colombia)<br>ヌエヴォ・レイノ・デ・グラナダ総督への裁定「サンタ・フェ・デ・ボゴタ市とその周辺において個人に宅地を分配」Provisión del gobernador del Nuevo Reino de Granada concediendo un solar a un particular en la ciudad de Santa Fe de Bogotá y de tierras en las proximidades. |
| 1545 | ヌエヴァ・エスパーニャにチフス大流行：アルト・ペルー（ボリビア）でポトシ銀山発見：トレント公会議始まる | *Coban* (Guatemala/Guatemala), *Concepcion o Penco, Tocaina* (Chile/Chile), *Rio del Hacha, La Ramada o Nueva Salamanca* (Nueva Granada/Colombia), *Potosi* (Charcas/Bolivia) |
| 1546 | メキシコ・サカテカスで銀山発見：1.18 ゴンサロ・ピサロ反乱：11.8 ユカタン東部で反乱：ペルー副王にペドロ・デ・ラ・ガスカ（〜1550） | *Santiago de Sana de Miraflores* (Lima/Peru), *Loja* (Quito/Ecuador) |

ペドロ・デ・メディナ (ca.1493-1567) の宇宙論　16c，（Colomar Albajar (2003)）

| | | |
|---|---|---|
| 1547 | チアパスのラス・カサス，スペインに帰国．国王に対しインディオ保護を訴える：12.2 コルテス・カスティリア・デ・グエスタ死亡：グアダラハラにアウディエンシア創設：ペルー副王ラ・ガスカ，アウディエンシア議長就任（〜1550） | *Cadiz* (Isla de Cubagua) (Sto. Domingo/Venezuela), *San Martin* (Nueva Galicia/Mexico), *Santisima Trinidad de Musos* (Nueva Granada/Colombia)1548<br>ヌエヴァ・サラマンカ（ヴェラパス，グアテマラ）への勅令「政治的，宗教的理由で放置されてきたモンテホの建設について」Real provisión ordenando que Nueva Salamanca (Verapaz, Guatemala), fundada por los Montejo, sea despoblada por razones de política religiosa. |
| 1548 | シナロアで銀山発見．続いてチチメカ族居住地の北方サカテカスにメキシコ最大のサルガード銀山発見（46年説も）：ユカタン，正式にヌエヴァ・エスパーニャに併合：4.9 ラ・ガスカ，ゴンサロの反乱鎮圧，ペルーを平定：グアダラハラにアウディエンシア設置 | *Zacatecas* (Nueva Galicia/Mexico), *Nu estra Sra. de la Paz o Chuquiaro o Pueblo Nuevo* (Lima/Peru), *Caramanta* (Quito/Colombia) |

543

Appendix 1

スペイン植民都市年表

| 1549 | ヌエヴァ・ガリシア（現グアダラハラ）にアウディエンシア設置：ブラジル総督府，サルバドル（バイア）に設置：フランシスコ・ザビエル鹿児島上陸 | *Chachapoyas* (*Charcas/Argentina*), *Jaen Bracamoros* (*Quito/Peru*), *Zamora, Valladolid, Zaruma* (*Quito/Ecuador*), *Pamplona* (*Nueva Granada/Colombia*)<br>アントニオ・レメサル修道士「インディオの集落の創建，分散した集落を集中させる，宣教師とカシーケの覚書」Fray Antonio de Remesal. Invención del pueblo de indios: cambio del habitat disperso por el concentrado. Papel del misionero y del cacique.<br>ラ・サレナ（チリ）の建設「コンキスタドールを代表して，ペドロ・デ・ヴァルディアによる最初の市議会設置」Fundación de La Serena (Chile), por delegación del conquistador Pedro de Valdivia, y constitución del primer ayuntamiento.<br>ヌエヴァ・エスパーニャ・アウディエンシアへの勅令「インディオの集落は近隣地区から選出された地方機関によってつくられる」Real cédula a la Audiencia de Nueva España ordenando sean hechos pueblos de indios, con autoridades municipales elegidas entre el vecindario. |
|---|---|---|
| | ガレオン船の模型 16c，(Colomar Albajar (2003)) | |
| 1550 | 4.16 カルロス I 世，新法公布，征服事業の一時停止命令：8.15 ラス・カサスと神学者デ・セプルベダ，ヴァジャドリード大論戦：スペイン，フロータス制度開始：セヴィージャを唯一の貿易港とし，商務館（カサ・デ・コントラタシオン）を設置：11.25 新副王ヴェラスコ着任：フライ・ディエゴ・デ・ランダ，ユカタン半島イサマルの修道院に赴任：ヌエヴァ・エスパーニャ第 2 代副王に Luis de Velasco y Ruiz de Alarcón（〜1564）：ペルー副王 Andrés de Cianca（〜1551） | *San Miguel el Grande, San Felipe* (*Mexico/Mexico*), *San Bonifacio de Ibaque, Ciudad de los Reyes del Valle de Upar* (*Nueva Granada/Colombia*), *Almager* (*Quito/Colombia*), *Santiago de Estero, Barco* (*Charcas/Argentina*), *La Concepcion del valle de Neiva* (*Nueva Granada/Colombia*) |
| 1551 | ボゴダにアウディエンシア設置：10 月リマで最初の教会会議：ペルー副王アントニオ・デ・メンドーサ（〜1552） | *Guadiana o Durango* (*Nueva Galicia/Mexico*), *Aucayama* (*Lima/Peru*), *Almaguer* (*Quito/Colombia*), *La Imperial* (*Chile/Chile*), *San Sebastian de la Plata, Tudela* (*Nueva Granada/Colombia*)<br>勅令「分散した先住民を集中させる村の創設と土地と財産の委託について」Real provisión por la que se ordena la creación de pueblos con la población indígena dispersa, y con la que se encuentra encomendada, dotándoles de tierras y bienes. |
| | 天文観測器，ポルトガル，16c，(Colomar Albajar (2003)) | |

Appendix 1

スペイン植民都市年表

| 1552 | グアナファト，パチュカで銀鉱発見：ペルー副王に Andrés de Cianca（〜1553） | *Colima* (Nueva Galicia/Mexico), *Trinidad o Sonsonate* (Guatemala/El Salvador), *Nueva Segovia o Barquisimeto* (Sto. Domingo/Venezuela), *Santiago de Giron, Nuestra Sra. De los Remedios, San Antonio de Gibraltar* (Nueva Granada/Colombia), *Tucupel, Valdivia, Villa Rica, Arauco* (Chile/Chile) ヌエヴァ・エスパーニャ・アウディエンシアへの勅令「メキシコ大聖堂建設に貢献した国，メキシコ市民，インディオへの報酬の分配」Real cédula a la Audiencia de Nueva España distribuyendo las cuotas que el Estado, los vecinos de México y los indios debían contribuir para la construcción de la catedral de México. |
| --- | --- | --- |
| | バルトロメ・デ・ラス・カサス，インディアスの破壊についての簡潔な報告（Blibliotecа General de la Universidad de Sevilla） | |
| 1553 | メキシコにサンパウロ大学創立：ペルー，セバスティアン・デ・カスティジャの反乱：フランシスコ・エルナンデス・ヒロンの反乱（-54）：ポルトガル艦隊平戸入港：ペルー副王に Melchor Bravo de Saravia（〜1556） | *Nirua del Collao* (Sto. Domingo/Venezuela), *Nuestra Senora de la Victoria* (Mexico/Mexico), *Caloto o Nueva Segovia, San Antonio de Toro* (Nueva Granada/Colombia), *Angol, Ciudad de los Confines o Mogol* (Chile/Chile), *Salazar de las Palmas, Caguan, La Victoria* (Nueva Granada/Colombia) グアテマラ・アウディエンシアへの勅令「都市に時計を設置する」Real cédula a la Audiencia de Guatemala ordenando se instale un reloj en la ciudad. |
| 1554 | フランシスコ・デ・イバラ，ヌエヴァ・ガリシア北方のヌエヴァ・ビスカヤ地方征服 | *Sombrerete* (Nueva Galicia/Mexico), *Guanajuato* (Mexico/Mexico), *San Miguel de Salazar de las Palmas, Santiago de Sompallon* (Nueva Granada/Colombia) ヌエヴァ・エスパーニャ副王ルイス・デ・ヴェラスコの王宛の手紙「メキシコ大聖堂の建設について，地盤が悪く，高層の石造建築にはコストがかかる，王立アシエンダの修道院や教会もお金がかかる」Capitulo de carta del virrey de Nueva España, Luis de Velasco, al Rey sobre la construcción de la catedral de México, las dificultades que representa el subsuelo de la capital para las edificaciones altas y de piedra, y los elevados costos que sufraga la Real Hacienda edificando conventos e iglesias. |
| | 複雑な鍵付船箪笥　16c (Colomar Albajar (2003)) | |
| 1555 | 水銀アマルガム法がメキシコで実用化：ヌエヴァ・エスパーニャ司教会議でインディオ，メスティーソ，黒人の司祭就任禁止． | *Nueva Valencia, Tocuyo* (Sto. Domingo/Venezuela), *Loreto, San Ignacio-Miri* (Charcas/Paraguay), *San Juan de los Llanos* (Nueva Granada/Colombia) |

545

スペイン植民都市年表

| | III. フェリペ FelipeII 世（1556〜1598） | |
|---|---|---|
| 1556 | 1 フェリペII世即位 (-98)：ビルガニョン，リオに上陸し仏領宣言：ペルー副王 Andrés Hurtado de Mendoza, II Marqués de Cañete (〜1560)<br><br>フェリペII世 (Museo del Prado) | ペルー副王の新しい発見と入植地に関する訓令「場所の規範，スペイン人の都市核の建物の建設，先住民の入植地のルール」Instrucciones al virrey del Perú para hacer nuevos descubrimientos y poblaciones. Normas sobre ubicación, construcción de edificios del núcleo urbano para españoles y directrices sobre población indígena. |
| 1557 | スペイン王室，銀行に対する支払い停止．実質上の破産：ポルトガル，マカオ居住権獲得 | *Trujillo o La Paz (Sto. Domingo/Venezuela), Saltillo (Nueva Galicia/Mexico), Ciudad Real (Charcas/Paraguay), Santa Ana de Cuenca, Cuenca o Tomebamba (Quito/Ecuador), La Concepcion (Panama/Panama), San Juan del Oro (Lima/Peru)*<br>リマ市のマスター・ビルダーの義務と給料 Arancel y salario del alarife de la ciudad de Lima. |
| 1558 | フェリペII世の判子 (Archibo Segreto Vaticano, Parker,2010)<br>1.5 インカ・サイリ・トゥパク，ビルカバンバからリマへ，ウルバンバのユカイにエンコミエンダを与えられる | *San Juan de Sinaloa, San Sebastian (Nueva Galicia/Mexico), Canete (Chile/Chile), Merida (Nueva Granada/Colombia), Guadalajara de Buga (Quito/Colombia), San Fernando de Catamarta (Charcas/Argentina)*<br>ヌエヴァ・エスパーニャ・アウディエンシアへの勅令「放浪民をインディオの集落に，白人とメスティーソとともに住まわせること」Real cédula al virrey de la Nueva España ordenando que cese la población vagabunda y sean creados, con ella, pueblos tanto para indios como para blancos y mestizos. |
| 1559 | アンヘル・デ・ビリャファニェ，カロライナ入植を試みるが失敗：9.24 フェリペII世，メキシコ副王ベラスコにフィリピン征服命令：スペイン，水銀を国家専売品目にする：チャルカスにアウディエンシア創設 | *Escambia Sto. Domingo, San Cristobal Sto. Domingo, San Mateo Sto. Domingo (USA/Florida), Londres (Charcas/Argentina), Baeza (Quito/Ecuador), Osorno (Chile/Chile)*<br>メキシコ市議会への勅令「副王の許可によるメキシコ・シティの街区外の土地の分配」Real cédula al Cabildo de México ordenando que los repartos de solares fuera de la traza de la Ciudad de México los otorgue el virrey, y nunca la ciudad. |

Appendix 1

スペイン植民都市年表

| | | |
|---|---|---|
| 1560 | メキシコ司教モントゥファル，スペイン国王宛に黒人奴隷貿易異議申立て：ブラジルで旧世界からの病気が最初の流行：サイリ・トゥパク死去 | *Tampico* (Mexico/Mexico), *Castillo de Austria* (Guatemala/Costa Rica), *San Francisco* (Sto. Domingo/Costa Rica), *Mendoza* (Chile/Argentina), *Nuestra Sra. De la Parma o Ronda* (Nueva Granada/Colombia), *San cristobal* (Maracaibo), *San Vicemte de los Paez*, *La Trinidad* (Nueva Granada/Venezuela), *Canete o Guarco* (Lima/Peru), *Mendoza* (Chile/Chile) |
| | | ヌエヴァ・エスパーニャ副王への勅令「先住民の土地の所有権を維持しながら集住化を進めること」Real cédula al virrey de la Nueva España insistiendo en que se junten en pueblos los indígenas dispersos, resguardándoles la propiedad de los lugares que abandonaban. |
| | | エスパニョーラ島の新入植地の建設に関する法令 Ordenanzas para fundar nuevas poblaciones en la isla Española. |
| 1561 | ペルー副王に Diego López de Zúñiga y Velasco, Conde de Nieva (〜1564) | *Garcimunoz, Real de la Ceniza* (Guatemala/Costa Rica), *Canete* (Charcas Argentina), *San Cristobal* (Nueva Granada/Colombia), *Santa o Parrilla* (Lima/Peru), *San Juan de la Frontera* (Chile/Argentina), *Talamaleque* (Nueva Granada/Colombia), *La Antigua o Santa Cruz de la Sierra* (Charcas/Bolivia) |
| 1562 | ユグノー戦争始まる，ジャン・リボー率いるユグノー教徒，サウスカロライナ入植：フランシスコ・デ・イバラ，ヌエバ・ビスカヤ（現米国西海岸）征服を開始． | *Portilla do Corora, Gibraltar* (Sto. Domingo/Venezuela), *San Felipe* (Mexico/Mexico), *Cacicazgos Votos, Los Reyes* (Guatemala/Costa Rica), *Cara* (Quito/Ecuador), *Nieva* (Charcas/Argentina) |
| 1563 | キトおよびチリにアウディエンシア設置 | *Nombre de Dios* (Mexico/Mexico), *Cocto* (Guatemala/Costa Rica), *Alcala del Rio, Paeces* (Quito/Ecuador), *Arnedo* (Lima/Colombia), *Valverde* (Lima/Peru), *Oropesa o Cuchabamba* (Charcas/Bolivia) |
| | | 王立アウディエンシアの法令「飲料水，水飲み場，草地，土地，宅地の分配方法」Ordenanzas de las Reales Audiencias：sobre el modo de repartir aguas, abrevaderos, pastos, tierras y solares. |
| | | リマ・アウディエンシア長官への勅令「エンコメンデーロはインディオに自宅の建設を強制してはならない」Real cédula al Presidente de la Audiencia de Lima ordenándole que los encomenderos no obliguen a sus indios a construirles sus casas. |

サン・フアン・デ・ラ・フロンテーラ（AGI, MP-Buenos Aires, 9, 1562）

銀鉱山　ペルー　（Antonio-Miguel Bernal (2003)）

547

# Appendix 1

## スペイン植民都市年表

| 1564 | ロペス・デ・レガスピとアンドレス・デ・ウルダネダ、フィリピンに向けて出発：ルネ・ロドニエール、ユグノー教徒、フロリダのセント・ジョンズ河口にカロリーヌ砦を建設：10.18 スペイン、新大陸貿易のための定期護送船団制度を確立：ペルー：ロペ・ガルシア・デ・カストロ総督（～1569）：ペルー副王に Hernando de Saavedra (Oidor decano de la Real Audiencia de Lima)：ペルー副王に Lope García de Castro（～1569） | Chirripo, Cartago, Ciudad del Lodo (Guatemala/Costa Rica), La Palma (Nueva Granada/Colombia), Ica (Lima/Peru) |
|---|---|---|
| 1565 | 4.28 レガスピ・セブ島上陸：8.25 ペドロ・メネンデス・デ・アビレスらフロリダにセント・オーガスティンを建設：イエズス会、フロリダでインディアンへの布教開始：9.20 メネンデス、カロリーヌ砦を襲撃．フランス人全員を虐殺．アンドレス・デ・ウルダネータ、東アジアーメキシコ北回りルート開拓：フェリペⅡ世、ペルーでの銀貨鋳造許可．リマに造幣局を設置． | San Agustin de la Florida (Sto. Domingo/USA (Florida)), Nuestra Sra. De los Angeles (Quito/Ecuador), Tucuman (Charcas/Argentina), Cebu (Manila/Philippines) |
| 1566 | スペインの統治に対するオランダの反乱が始まる：ヌエヴァ・エスパーニャ第3代副王に Gastón de Peralta（～1568） | San Felipe (Sto. Domingo/USA (Florida)), Caracas (Sto. Domingo/Venezuela), La Trinidad (Panama/Panama) |
| 1567 |  | Santa Barbara (Mexico, Mexico), Tegesta, Tocovaye, San Antonio (Sto. Domingo/USA (Florida)), Castro de Nueva Galicia (Nueva Galicia/Mexico), Inde (Mexico/Mexico), Castro, Chacao (Chile/Chile)<br>キト・アウディエンシアへの勅令「インディオの建設労働には支払わなければならない」Real cédula a la Audiencia de Quito ordenando que el trabajo indígena en la construcción de edificios sea remunerado.<br>ヌエヴァ・エスパーニャ副王ガストン・デ・ペラルタ、ファルセス侯爵の指令で、ホセ・サンス・エスコバルが開拓した土地に関する法令 Ordenanzas de tierras, compuestos por José Sanz Escobar, por orden del virrey de Nueva España D. Gastón de Peralta, marqués de Falces. |
| 1568 | フェリペⅡ世のエレーラのスケッチへの書き込み 1562 (Parker (2010))<br><br>ヌエヴァ・エスパーニャ第4代副王に Martín Enríquez de Almansa（～1580） | Nuestra Senora de Caravellada (Sto. Domingo/Venezuela), Santa Catalina, Orista, (Sto. Domingo/USA (Florida)), Mazapil (Mexico/Mexico), Aranjuez (Guatemala/Costa Rica)<br>ヌエヴァ・エスパーニャ・アウディエンシアへの訓令「レドゥクシオンの実施に当たっては適切な人物とカシーケは話し合うこと」Instrucción a la Audiencia de Nueva España para que realice una junta entre personas competentes y caciques, determinándose la necesidad de reducir a nuevos pueblos la población indígena aun dispersa.<br>ペルー副王の新入植地に関する訓告 Instrucción al virrey del Perú orientando sobre nuevas poblaciones. |
| 1569 | ペルー副王に Francisco de Toledo（～1581） | Liberia (Guatemala, Costa Rica), Llerena (Nueva Galicia, Mexico), Huancavelica (Lima, Peru) |

Appendix 1

スペイン植民都市年表

| | | |
|---|---|---|
| 1570 | シエラ・レオネとブラジルとのあいだに大規模な奴隷貿易路が作られる. | *Santa Maria de los Lagos, Jerez* (Nueva Galicia/Mexico), *Valle de San Francisco, Concepcion de Salaya* (Mexico/Mexico), *Campamento La Misa* (Guatemala/Costa Rica), *Villarrica* (Charcas/Paraguay)<br>ペルー副王フランシスコ・デ・トレドの法令「フアマンガのレドゥクシオンについて」 Ordenanza del virrey del Perú D. Francisco de Toledo, para la reducción de los indios de Huamanga. |
| 1571 | レパントの海戦(スペイン,教皇・ヴェネツィア・トルコ艦隊撃破):9.24 インディアス枢機会議の権限強化.新大陸の実質的支配権を委ねられる.フィリピンとアカプルコとのあいだに交易路開く.ラス・カサス,スペイン本国で死亡.インディアス会議総裁のフアン・デ・オヴァンドは,ラス・カサスの書籍が流布することを恐れ,厳重に保管し,閲覧を制限するよう措置. | *Maracaibo o Nueva Zamora* (Sto. Domingo/Venezuela), *Celaya* (Mexico/Mexico), *Mision del Padre Segura* (Sto. Domingo/USA (Florida)), *San Juan, San German* (Sto. Domingo, Puerto Rico), *Nombre de Jesus* (Guatemala/Costa Rica), *Manila, Cavite* (Manila/Philippines)<br>インディオは1ケ月前に裁判所に届け公表することで自分の土地を売ることを可能とする勅令 Real cédula aprobando que los indios puedan vender sus tierras, tras un mes de pregón, en almoneda pública y con autoridad de justicia. |
| 1572 | イエズス会,ヌエヴァ・エスパーニャにおける布教開始,リマに最初のイエズス会士が入る. | *Nuestra Sra. De Leiva, Ocana* (Nueva Granada/Colombia), *San Francisco de la Victoria* (Lima/Peru), *Batac* (Manila/Philippines)<br>勅令「インディオが自らの所有物を売ることを認める.但し,30ペソ以上の場合,裁判所の許可が必要」Real cédula permitiendo que los indios puedan vender sus bienes, mas si su valor sobrepasase de treinta pesos deberá procederse con autoridad de justicia. |
| 1573 | *[Libro II. Titulo XV の書影]*<br>インディアス法 第二書 15条<br>インディアス法(フェリペII世の勅令)公布 | *Charcas* (Mexico/Mexico), *Cordoba, San Salvador, Santa Fe* (Charcas/Argentina)<br>「インディアスの発見,植民,平定に関する新法令」Nuevas ordenanzas de Descubrimiento, Población y Pacificación de las Indias.<br>ペルー副王 D. フランシスコ・デ・トレドへの裁決「レドゥクシオン(集落の集合化)の実施」Provisión del virrey del Perú D. Francisco de Toledo para llevar a la práctica las reducciones a poblado.<br>勅令「インディの集落に位置する村の特性,共有地の広さについて決めること」Real cédula señalando la calidad de los lugares donde se ubiquen los pueblos de indios y la extensión que deben tener los ejidos. |

549

# Appendix 1
## スペイン植民都市年表

| | | |
|---|---|---|
| 1574 | パトロナスゴの勅令発布．修道会系のレグラより在俗のセクラを優遇する方針を確認：新大陸における人口調査，16万のスペイン人が200の町に住み，そのうち400人がエンコメンデーロ． | *Espiritu Santo, Esparza, Garabito (Guatemala/Costa Rica), Santa Angela, San Vicente (Nueva Granada/Colombia), Sinait (Manila, Philippines)* |
| 1575 | スペイン，債務増大のため国庫破産．支払停止令を発す．ヌエヴァ・エスパーニャとグアテマラのエスパーニャ人に10％税（アルカバラ）を課す．ポルトガル，アルカサル・エル・キビールの戦闘で惨敗．国王ドン・セバスチアンは戦死． | *Jolo (Manila/Philippines)*<br>エンコメンデーロにエンコミエンダのインディオの村に住むことを禁じ，インディオにエンコメンデーロの農地で働くことを禁ずるユカタン総督への勅令 Real cédula al gobernador de Yucatán para que los encomenderos no vivan en los pueblos de su encomienda, ni lleven a estos indios a labrarles sus tierras y propiedades.<br>サンタ・マルタの再建およびその他の集落の建設に関するロペ・デ・オロスコとの協定 Capitulación con D. Lope de Orozcó para la reedificación de Santa Marta (Nuevo Reino de Granada) y fundación de otros pueblos. |
| 1576 | カディス (Hoefnagal, Georges(1564)"Gades ab occiduis insulae partibus") | *Monclova (Nueva Galicia/Mexico), Barinas o Altamira de Caceres, La Grita (Sto. Domingo/Venezuela), Aguas Calientes, Leon (Mexico/Mexico), Puerto Suerre (Guatemala/Costa Rica), Esteco o Nuestra Sra. De Talavera (Charcas/Argentina), Caramanta, San Agustin de Caceres o San Martin del Puerto (Nueva Granada/Colombia)*<br>タクスコ（ヌエヴァ・エスパーニャ）への指令「共有地は，適切で便利な距離にあり，第三者の利害を損ねてはならない」Orden para que en Taxco (Nueva España) se haga ejido en terrenos idóneos y a distancia conveniente, que no perjudique, ni dañe, intereses de terceros. |

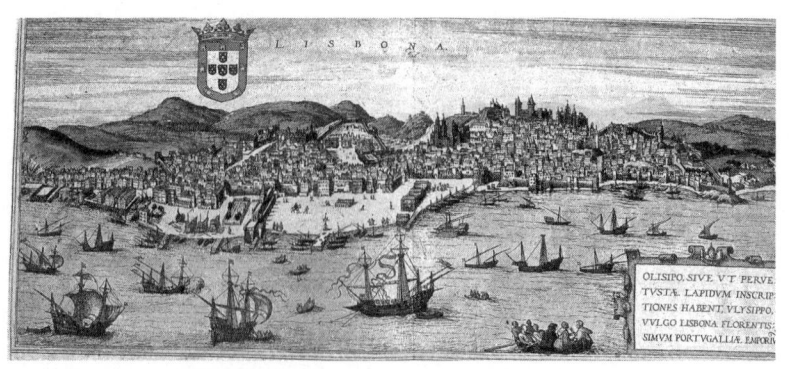

リスボン（Braun and Hogenberg(1572)"Civitates orbis terrarum"）

# Appendix 1

スペイン植民都市年表

| | | |
|---|---|---|
| 1577 | | *Artieda* (*Guatemala/Costa Rica*), *Saltillo* (*Mexico/Mexico*), *Puerto Caldera* (*Guatemala/Costa Rica*) キト・アウディエンシアへの勅令「寺院の修復」Real cédula a la Audiencia de Quito ordenando su colaboración en la restauración de los templos. 勅令「インディオ集落の他民族が居住する地域への立地禁止」Real cédula prohibiendo que en los pueblos de indios vivan personas de otras razas. ヌエヴァ・エスパーニャ副王，マルケス・デ・ファルセスの法令「様々なタイプの土地の類型（敷地，鉱床，耕地，宅地，耕地）および計測の際従うべきその尺度」Ordenanzas del virrey de Nueva España Marqués de Falces, sobre la categoría de diferentes modalidades de tierras (sitios, criaderos, caballerías, solares, suertes), sus medidas y las atenciones que debían seguirse en dichas mediciones. 勅令「都市における馬車や荷馬車の使用を禁止する。馬は領域境界の防御に用いる」Real cédula prohibiendo el uso de coches y carrozas en las ciudades, porque presupone abandono de los ejercicios ecuestres, tan vitales para la defensa de los territorios. |

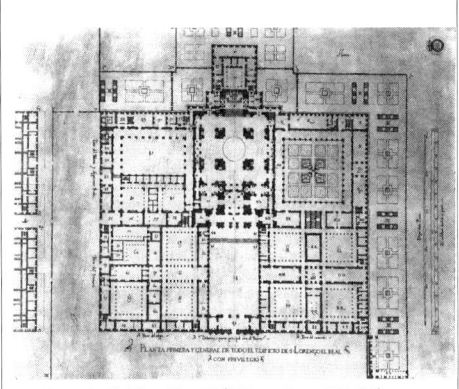

エル・エスコリアル　1563-1586（Biblioteca Nacional, Madrid）

| | | |
|---|---|---|
| 1578 | | *Cutro Cienagas* (*Mexico/Mexico*), *Batangas* (*Manila/Philippines*) 勅令「市民と聖職者が協力して分散する先住民を減らす必要」Real cédula por la que se urge la necesidad de reducir a pueblos la población indígena dispersa, contando con la colaboración entre los poderes civiles y eclesiásticos. |
| 1579 | | *Tegucigalpas* (*Comaragua*) (*Guatemala/Honduras*), *San Blas de Coamo* (*Sto. Domingo/Puerto Rico*), *Santa Cruz de Loyola* (*Chile/Chile*) 指令「集落の農地，共有地をどこにするかについてはテポツトランの裁判官に依頼すること」Orden por la que se conmina al juez de Tepotzotlán para que señale espacios donde ubicar ejido y dehesa concejiles de dicho pueblo. |

ノンブレ・デ・ディオス　1580
（The Pierpoint Morgan Library, Colomar Albajar（2003））

| | | |
|---|---|---|
| 1580 | 9.11　フェリペⅡ世，ポルトガル王フェリペⅠ世として即位；ブエノス・アイレス再建；ヌエヴァ・エスパーニャ第5代副王に Lorenzo Suárez de Mendoza（〜1583） | *San Sebastian de los reyes* (*Sto. Domingo/Venezuela*), *San Bartolome de Gamboa de Chillan* (*Chile/Chile*), *Los Altos* (*Charcas/Paraguay*), *Salvador de Jujuy*, *Baradero* (*Charcas/Argentina*) |

551

Appendix 1

スペイン植民都市年表

| | | |
|---|---|---|
| 1581 | フェリペ II 世，ポルトガル王を兼任．黒人奴隷貿易権を握ったスペイン王室は，アシエント制度を復活．ポルトガル商人ガスパル・ペラルタにアシエントが与えられる：オランダ独立宣言：ペルー副王に Martín Enríquez de Almansa (〜1583)<br><br>フランシス・ドレイク (1543-1596) (Colomar Albajar,2003) | *Zaragoza* (*Nueva Granada/Colombia*)<br>勅令「アシエンダとインディオの集落の間は少なくとも半レグアの距離を置くこと」Real cédula por la que se ordena que entre haciendas y pueblos de indios exista, por lo menos, una distancia de media legua.<br>ペルー副王カネーテ公爵の法令「リマ市のマスター・ビルダーの仕事」Ordenanzas del marqués de Cañete, virrey del Perú, sobre cometidos del alarife de la ciudad de Lima.<br>勅令「インディアスにおける全ての度量衡をカスティーリャ王国と同じとする」Real cédula disponiendo que todas las pesas y medidas de las Indias se adecúen a las de los Reinos de Castilla. |
| 1582 | 1 天正遺欧使節出発（〜1590） | *Nombre de Dios* (*Chile/Chile*), *Salta* (*Charcas/Argentina*) |
| 1583 | 西インド諸島でタバコの商業栽培が始まる．マニラにアウディエンシアが創設されるヌエヴァ・エスパーニャ第6代副王 Pedro Moya de Contreras (〜1585) | |
| 1584 | スペイン船平戸に来航：ペルー副王 Cristóbal Ramírez de Cartagena (〜1585) | *Portobelo* (*Panama/Panama*), *Filipopolis, Rey don Felipe* (*Chile/Chile*), *San Nicolas* (*Manila/Philippines*)<br>勅令「徴税局と市職員の兼職禁止」Real cédula ordenando la incompatibilidad de los funcionarios de Hacienda para ocupar cargos municipales. |
| 1585 | 天然痘流行（クスコ，リマ，キト）：ウォーター・ローリー，ロアノークに最初の植民地を建設：ヌエヴァ・エスパーニャ第7代副王に Álvaro Manrique de Zúñiga (〜1590)：ペルー副王に ernando Torres y Portugal, Conde del Villar Dompardo (〜1589) | *Yaguaron, Yta* (*Charcas/Paraguay*), *San Miguel del Puerto* (*Nueva Granada/Colombia*), *Yumbel* (*Plaza*), *Nombre de Jesus, Colchagua* (*Chile/Chile*) |
| 1586 | ラオアク (SGE-Q-2-Independiente-170, 1874) | *Castro* (*Quito/Ecuador*), *Concepcion del Bermejo* (*Charcas/Argentina*), *Laoag, Quiapo* (*Manila/Philippines*)<br>副王および総督が新入植民に土地と宅地を与える勅令 Real cédula para que virreyes y gobernadores den tierras y solares a los nuevos pobladores. |
| 1587 | ロアノークに植民地を再建．3年後には廃墟と化す：秀吉，宣教師国外退去令 | *San Sebastian* (*Sto. Domingo/USA* (*Florida*)) |
| 1588 | スペイン無敵艦隊，英に敗れ制海権失う：英国で，奴隷貿易のための「ギニア会社」が設立される． | *Santo Tome de Guayana* (*Sto. Domingo/Venezuela*), *Corrientes, Itati, Santa Lucia* (*Charcas/Argentina*), *Guaceras* (*Charcas/Paraguay*) |

Appendix 1
スペイン植民都市年表

| | | |
|---|---|---|
| 1589 | ペルー副王に García Hurtado de Mendoza III Marqués de Cañete (〜1596) | ペルー副王の手紙「市議会が土地を分割することを禁止したことの承認」Capítulo de carta al virrey del Perú aprobando su actuación en revocar la facultad que tuvieron los cabildos de las ciudades repartiendo tierras en sus términos. |
| 1590 | ニューヨーク近郊の5つの部族がイロクオイ連合を形成、英仏交易の窓口となる：ヌエヴァ・エスパーニャ第8代副王に Luis de Velasco y Castilla (〜1595) | Oruro o San Felipe de Austria (Charcas/Bolivia), Bacarra (Manila/Philippines) グアヤキル市の法令 Ordenanzas municipales de Guayaquil. |
| 1591 | | Predaza La Vieja, San Jose de Oruna (Sto. Domingo/Venezuela), Alanje (Guatemala/Costa Rica), Castrovirreyna (Lima/Peru), San Bernardo de Tarija (Charcas/Bolivia), Todos los Santos de Nueva Rioja o La Rioja (Charcas/Argentina), Badoc, Dupax (Manila/Philippines) |
| 1592 | 壬申倭乱（文禄の役）：秀吉、朱印貿易制制定 | Santiago (Charcas/Argentina) |
| 1593 | | Paoay (Manila/Philippines) |
| 1594 | | San Luis Potosi (Mexico/Mexico), San Luis, San Lorenza el Real de la Frontera (Charcas/Argentina), San Luis de Loyola o de la Punta (Chile/Chile) |
| 1595 | ヌエヴァ・エスパーニャ第9代副王に Gaspar de Zúñiga y Acevedo (1595〜1603) | Santo Domingo de Asoa, Tolomato (Sto. Domingo/USA (Florida)), Santa Cruz de Coya (Chile/Chile) |
| 1596 | 日本、26聖人殉教：ペルー副王にルイス・デ・ベラスコ Luis de Velasco y Castilla, Marqués de Salinas desde (〜1604) | Panzacola o Santa Maria de Galve, Monterrey (Mexico/Mexico) ペルー副王カネテ公爵の裁定「リマに20レグアの管轄区域を与える（例外を含む）」Provisión del marqués de Cañete, virrey del Perú, concediendo veinte leguas de jurisdicción a Lima, con ciertas excepciones. |
| 1597 | 丁酉再乱（慶長の役） | San Miguel de Ibarra (Quito/Ecuador) |

セヴィージャ (Sánchez Coelo, Museo de América, Madrid)

553

# Appendix 1
スペイン植民都市年表

## IV. フェリペ Felipe III 世（1598〜1621）

| | | |
|---|---|---|
| 1598 | 9.13 フェリペ II 世没．フェリペ III 世が即位（〜1621）．オランダ艦隊，アフリカのサントメ・プリンシペを攻撃．このあとポルトガルの海外拠点に攻撃を集中する：秀吉死去 フェリペIII世（Museo del Prado） | リマ市の薪伐採の法令 Ordenanzas para la corta de leña en la Ciudad de Lima. メキシコ市の清掃条例 Ordenanzas para la limpieza de la Ciudad de México. インディアス会議の意見「集落を出て移動したインディオについては税金を減免する」Consulta del Consejo de Indias para rebajar los tributos de los indios que se redujeren a pueblos. ヌエヴァ・エスパーニャ副王への勅令「インディオの集約化を急ぐこと，土地を接収する際には，公正に支払うこと」Real cédula al virrey de la Nueva España ordenando que se agilice la formación de reducciones de indios. Caso de expropiación de tierras a españoles, serían justamente recompensados. ヌエヴァ・エスパーニャ副王への勅令「スペイン人がインディオを追い出してその集落に住む場合，インディオのための集落を平等に建設すること」Real cédula al virrey de la Nueva España disponiendo que sean expulsados los españoles que viven en los pueblos de indios, fundando incluso una villa para ellos. |
| 1599 | オランダ，南米のギアナ海岸に最初の植民：オランダ，胡椒の値上げ．対抗して英国は独自の東インド会社を設立，80 の商社が参加：この時点で約 90 万の黒人奴隷がアメリカに．ほとんどが砂糖生産に従事． | Santa Fe (Mexico/USA), San Juan de la Laguna de Uriche (Sto. Domingo/Venezuela), Puerto Despensa (Guatemala/Costa Rica) リマの水道と噴水についての裁決 Auto sobre cañerías y fuentes de Lima. ペルー副王の確認「リマ市提供の石灰，煉瓦の値段」Confirmación por el virrey del Perú de las ordenanzas de los precios de la cal y ladrillos, dadas por la ciudad de Lima. |
| 1600 | イベロ・アメリカからの銀の輸出が年 270 トンに達し，最高となる．英東インド会社設立：リーフデ号，豊後国臼杵（佐志生）に漂着 | San Rosendo, Santa Fe (Chile/Chile), Arica (Lima/Peru), Pasquin (Manila/Philippines) ペルー副王領への勅令「インディオが集落と土地を放棄するのを防ぐこと」Real cédula al virrey del Perú para que se extremen las atenciones para evitar que los indios abandonen sus pueblos y tierras. |
| 1601 | スペイン王室，工業以外でのレパルティミエント制廃止：徳川家康，朱印船制度創設 | ヌエヴァ・エスパーニャ副王のミチョアカンのアルカルデ・マヨール（郡総督）への訓令「小さな集落に住むインディオたちを中心地に移すこと」Instrucción del virrey de Nueva España al alcalde mayor de Michoacán, para que verifique el traslado de la población indígena —ubicada en pequeñas aldeas— a los pueblos cabeceras de dicha alcaldía mayor. |

Appendix 1

スペイン植民都市年表

| | | |
|---|---|---|
| 1602 | 3.20 オランダ東インド会社設立（〜1795） | *David, Pacaqua Nueva (Guatemala/Costa Rica), Calbuto (Chile/Chile)* サラマンカ市の建設「手続き，近隣，領域」 Fundación de la villa de Salamanca. Procedimientos, vecinos, territorio. |
| 1603 | 徳川幕府開幕：ヌエヴァ・エスパーニャ第10代副王に Juan de Mendoza y Luna（〜07） | *San Pedro (Chile/Chile), Mizque o Salinas (Charcas/Bolivia)* ヌエヴァ・エスパーニャ副王の先住民のコングレガシオンの裁判官への指令 Orden del virrey de Nueva España a los jueces de congregación de la población indígena. |
| 1604 | スペイン，ロンドン条約でインディアスの独占的領有を断念：ペルー副王にガスパール・デ・スニガ・イ・アセベード Gaspar de Zúñiga y Acevedo, Conde de Monterrey（〜06） | *Puerto de Santo Tomas de Castilla (Guatemala/Guatemala), Maulin (Chile/Chile)* ペルー副王の裁定「20レグアのリマの管轄区域の確認，カビルドとコレヒドールの領域の明確化」Provisión del virrey del Perú corroborando la jurisdicción de Lima a veinte leguas, pero precisando los ámbitos del cabildo y los de los corregidores. |
| 1605 | | *Santiago de Talamanca (Guatemala/Costa Rica), Bangui (Manila, Philippines)* |
| 1606 | ヴァージニア英植民地成立：ペルー副王に Diego Núñez de Avendaño：ペルー副王に Juan Fernández de Boán | *Encarnacion de Boroa (Chile/Chile)* |
| 1607 | 英，ジェイムスタウンにヴァージニア植民地建設：ヌエヴァ・エスパーニャ第11代副王に Luis de Velasco y Castilla（〜1611）：ペルー副王 Juan de Mendoza y Luna, Marqués de Montesclaros（〜1615） | *Loreto (Mision) (Nueva Galicia/Mexico), Caazapa (Charcas/Paraguay), Medina (Nueva Granada/Colombia), Nuestra Sra. De Halle (Chile/Chile)* |
| 1608 | | *Guaura（Lima/Peru）* |
| 1609 | 家康，オランダに朱印状与える：オランダ東インド会社雇員英国人ヘンリー・ハドソン，ニューヨーク近郊を探検．ハドソン川発見：西オランダ休戦成立（〜1621）：オランダ，平戸に商館開設 | *Bambang (Manila/Philippines)* インディオ集落建設の勅令「共有地と近隣，遠隔地から鉱山への船荷輸送の制限」Real cédula ordenando sean fundados pueblos de indios, con sus tierras comunales y vecinales, para limitación de los traslados de población, desde zonas alejadas a las minas. |
| 1610 | サンパウロから奴隷狩り部隊（bandeiras）が次々と進出．イエズス会はこれに対抗し，パラグアイに教団国家の建設を計画，イエズス会最初のレドゥクシオン | *Monterrey（Chile/Chile）* |
| 1611 | 家康，切支丹禁令：ヌエヴァ・エスパーニャ第12代副王に Fray García Guerra（〜1612） | *Guamo (Nueva Granada/Colombia)* キト市の請求「リマ市の橋梁建設に関わる費用および税」Reclamación del ayuntamiento de Quito sobre la sisa y derrama que ha hecho la ciudad para la construcción de un puente en Lima. 監督官任命の合意「キト市の建設技術と建築物」Acuerdos sobre el nombramiento del veedor que se ocupe, en Quito, de la construcción técnica de los edificios en la ciudad. |

555

Appendix 1
スペイン植民都市年表

| | | |
|---|---|---|
| 1612 | 3.12 家康，キリシタン禁教令：ヌエヴァ・エスパーニャ第 13 代副王に Diego Fernández de Córdoba（～1621） | Yuti（Charcas/Paraguay）<br>キト市議会の公共時計塔建設に対する貢献 Contribuye el cabildo de Quito a la adquisición de un reloj público. |
| 1613 | 慶長遣欧使節団（支倉常長（長経）他 30 名）出発，アカプルコ，ベラクルス，セヴィージャ，マドリードを経てローマに（～1620） | Guadalcazar, Lerma（Mexico/Mexico）， |
| 1614 | | Itapua（Charcas/Paraguay）<br>リマ会議「教会の墓地の形，黒人とインディオの埋葬禁止」Sínodo de Lima. Constitución ordenando la forma de la sepultura en las iglesias, y prohibiendo que en la catedral se entierren negros o indios. |
| 1615 | 支倉常長像　クロード・ドゥルエ作<br>（Koichi Oizumi, Jose, Gil Juan (2011)） | Belen, San Luis（Sto. Domingo）, anta maria de la Guardia, San Ignacio Guazu（Charcas/Paraguay） |
| 1616 | ペルー副王に Francisco de Borja y Aragón, Príncipe de Esquilache（～1621） | |
| 1617 | | Cumanacoa（Sto. Domingo/Venezuela） |
| 1618 | 11.8 ウォーター・ローリー，英国において処刑される | Nuestra Sra. De la Concepcion（Quito）<br>パラグアイ地方のインディオ統治のための法令 Ordenanzas para el gobierno de los indios de las provincias de Paraguay. |
| 1619 | | Cordoba（Mexico/Mexico） |
| 1620 | ピューリタン，マサチューセッツ州プリマスの植民地建設． | Concepcion（Charcas/Argentina）, Guanacas（Nueva Granada/Colombia）<br>ペルー副王の裁決「リマ市での行商禁止」Auto del virrey de Perú prohibiendo la venta ambulante en Lima. |

### V. フェリペ FelipeIV 世（1621～1665）

| | | |
|---|---|---|
| 1621 | フェリペ IV 世即位（-65）：オランダ，西インド会社を設立．アフリカや新大陸のポルトガル権益への介入を図る：ペルー副王 Juan Jiménez de Montalvo（～1622）<br>フェリペ IV 世（Museo del Prado） | Nuestra Senora del Rosario de Huamacoro（Sto. Domingo/Venezuela）, Chepo（Panama, Panama）<br>巡察官アロンソ・ヴァスケス・デ・シスンクロスによるメリダ，マラカイボ地域へのインディオ法令 Ordenanzas de indios para el distrito de Mérida de Maracaibo, realizadas por el visitador Alonso Vázquez de Cisncros.<br>勅令「ヌエヴァ・エスパーニャの諸都市の地図および計画図をインディアス議会へ送ること」Real cédula para que se envíen al Consejo de Indias mapas y planos de las ciudades de la Nueva España. |
| 1622 | ヌエヴァ・エスパーニャ第 14 代副王に Diego Carrillo de Mendoza y Pimentel（1622-24）：ペルー副王に Diego Fernández de Córdoba, Marqués de Guadalcázar（～1629） | Raudal, Casa del Diablo o Castillo（Guatemala/Costa Rica）, Corpus（Charcas/Paraguay） |

Appendix 1

スペイン植民都市年表

| | | |
|---|---|---|
| 1624 | 英仏の植民団，リーワード諸島のセントキッツ島に入植：3.24 日本，スペイン船の来航禁止：ヌエヴァ・エスパーニャ第 15 代副王に Rodrigo Pacheco y Osorio（～1635） | *Acarai*（*Charcas/Paraguay*）<br>勅令「国王以外に，いかなる機関にも新入植地も，都市も町も建設することを禁ずる」<br>*Real cédula prohibiendo que alguna autoridad pueda autorizar la fundación de nuevas poblaciones, como tampoco dar títulos de ciudad o villa : atributos del Rey, ambos.* |
| 1625 | グロティウス，国際法の必要性を提唱． | *Zaculco*（*Guatemala/Guatemala*），*Moquehua*（*Lima/Peru*），*Santa Maria la Mayor*（*Charcas/Argentina*） |
| 1626 | オランダ，ニューネザーランド（現在のニュージャージーとマンハッタン）を建設． | *Yapeyu*（*Charcas/Argentina*） |
| 1627 | クスコのカテドラル 17c (Gutiérrez (1997)) | *Candelaria*（*Charcas/Argentina*），*San Nicolas*（*Charcas/Brasil*） |
| 1628 | 6 ピート・ハインの率いるオランダ艦隊，スペインの船団をキューバのマサンタス沖で捕獲 | *El Clavellino o Concepcion de Coquisas*（*Sto. Domingo/Venezuela*），*San Gregorio*（*Quito/Ecuador*），*Santiago de Guadalcazar*（*Charcas/Argentina*） |
| 1629 | ペルー副王に Luis Jerónimo Fernández de Cabrera y Bobadilla, Cuarto Conde de Chinchón（1629-39） | *Sitio Caite*（*Sto. Domingo*），*Barraquilla*（*Nueva Granada/Colombia*），*La Cruz, San Javier*（*Charcas/Argentina*） |
| 1630 | 2 オランダ，70 隻，7 千人の兵力でペルナンブコ占領，東北部一帯を支配下におさめる | |
| 1631 | | *El Parral*（*Mexico/Mexico*），*Nuestra Sra. De la Concepcion de Tonua*（*Lima/Peru*），*San Carlos*（*Charcas/Argentina*） |
| 1632 | | *San Miguel, Santo Tome*（*Charcas/Paraguay*） |
| 1633 | レパルティミエント制廃止：アシエンダ制が主流となる． | *San Jose, Santa Ana, Apostoles*（*Charcas/Argentina*）， |
| 1634 | オランダ，キュラソー島占拠．カリブ進出の拠点に：仏，マルティニーク，グアダルーペ占領 | *Barcelona*（*Sto. Domingo/Venezuela*），*San Cosme*（*Charcas/Paraguay*） |
| 1635 | 仏，タバコの販売を制限，医師の処方箋が必要となる：ヌエヴァ・エスパーニャ第 16 代副王に Lope Díez de Aux de Armendáriz（～1640） | |
| 1636 | オランダ，砂糖キビをブラジルからバルバドスに持ち込む | *San Fernando de Dilao*（*Manila/Philippines*） |
| 1637 | オランダ，ポルトガルからエルミナを奪取．黒人奴隷の集散地として黄金海岸沿いに複数の基地を建設． | *Cadereita*（*Mexico/Mexico*） |

557

# Appendix 1
## スペイン植民都市年表

| 年 | | |
|---|---|---|
| 1638 | | *Martires* (*Charcas/Argentina*), *Martires* (*Charcas/Argentina*), *Tarragona* (*Nueva Granada/Colombia*), *Maria* (*Quito/Ecuador*) ブエノス・アイレスの街区についての許可 Merced de una cuadra en la traza de Buenos Aires；petición y título. |
| 1639 | 7.4 日本，ポルトガル船の来航禁止：ペルー副王 Pedro de Toledo y Leiva, Marqués de Mancera（〜1648）：12 ポルトガルでブラガンサ王朝の流れを引く貴族が反スペイン蜂起，スペインより分離，ブラガンサ公がジョアン II 世として即位（ポルトガル独立） | *Bayombong* (*Manila/Philippines*) |
| 1640 | ヌエヴァ・エスパーニャ第 17 代副王に Diego López de Pacheco（〜1642） | |
| 1641 | 英領バルバドスにおいて，本格的な砂糖プランテーション開始：英領西インド諸島の黒人奴隷は 2 万に達する：ポルトガル拠点マラッカ陥落. | |
| 1642 | ポルトガル英友好通商条約：ヌエヴァ・エスパーニャ第 18 代副王に Juan de Palafox y Mendoza（〜1642）：第 19 代副王に García Sarmiento de Sotomayor（〜1648） | *San Vicente Lorenzana* (*Guatemala/Guatemala*) |
| 1643 | | ガブリエル・ロペス・デ・ペラルタの土地の提供の申し出「サルヴァティエラ市の建設。世襲のコレヒドールの任務および優位を条件として 」Ofrecimiento de Gabriel López de Peralta de sus tierras al Estado, para fundar en ella la ciudad de Salvatierra (México), a condición del cargo de corregidor hereditario y otras ventajas. |
| 1644 | セヴィージャ通商院に関する勅令 1647 (Francisco de Lyra) | *Santa Barbara de Cravo* (*Nueva Granada/Colombia*) |
| 1645 | | *Mancera* (*Chile/Chile*) |
| 1647 | | *Cruces* (*Chile/Chile*) |
| 1648 | 1.30 スペイン，オランダの独立承認：ヌエヴァ・エスパーニャ第 20 代副王に Marcos de Torres y Rueda（〜1649）：ペルー副王に García Sarmiento de Sotomayor, Conde de Salvatierra（〜1655） | |
| 1650 | ヌエヴァ・エスパーニャに第 21 代副王 Luis Enríquez de Guzmán（〜1653） | キト市議会の決定「共有地の柵の撤廃」Resolución del cabildo de Quito para que se demuelan unas cercas que hay en el ejido. キト市議会の同意「イエズス会への水の提供。ロイヤル・ストリートの水道管および杭の修繕」Acuerdo del cabildo de Quito sobre donación de aguas a la Compañía de Jesús y reparación de cañerías y pilas de la calle Real. キト市議会の任命「排水路および水道管の設置」Nombramiento por el cabildo de Quito de un sobrestante que atienda las acequias y cañerías de la ciudad. |
| 1652 | 6.30 第 1 次英オランダ戦争開始（〜1654） | |
| 1653 | ヌエヴァ・エスパーニャに第 22 代副王 Francisco Fernández de la Cueva y Enríquez de Cabrera（〜1660） | *Tabapy* (*Charcas/Paraguay*) |

Appendix 1

スペイン植民都市年表

| 1654 | 仏, マルティニークに砂糖栽培を導入：ポルトガル, オランダとの海戦に勝利：ブラジル, アンゴラの植民地を回復. | *Campo Elias* (*Sto. Domingo/Venezuela*) |
| --- | --- | --- |
| 1655 | 英, ジャマイカを占拠, ポート・ロイアルは海賊の一大基地となる：ペルー副王に Luis Enríquez de Guzmán, Conde de Alba de Aliste (～1661) | キト市議会が牧草地を貸与する場合の合意 *Acuerdo del cabildo de Quito arrendando parte de su dehesa.*<br>チャルカス・アウディエンシア長官への勅令「ポルトガルの侵入を防ぐためにイエズス会のミッション（レドゥクシオン）の中に, 川に沿ってパラマとウルグアイという2都市を建設すること」 *Real cédula al presidente de la audiencia de Charcas sobre fundación de dos ciudades, a orillas de los ríos Paraná y Uruguay, en medio de las misiones jesuíticas, a fin de evitar las entradas de portugueses.* |
| 1656 | | *Concepcion de Piritu* (*Sto. Domingo/Venezuela*), *Nacimiento de Nuestro Senor* (*Chile/Chile*) |
| 1657 | | *Duao* (*Chile/Chile*) |
| 1658 | | *San Diego* (*Sto. Domingo/Venezuela*), *Nuestra Senora del Pilar* (*Sto. Domingo/Venezuela*), *Andalgala* (*Charcas/Argentina*) |
| 1659 | 11.17 西仏戦争, スペイン敗北：仏私兵団, エスパニョーラ島の西部（現ハイチ）を占拠. | *Angeles de Roamainas* (*Quito/Peru*) |
| 1660 | ヌエヴァ・エスパーニャ第23代副王に Juan Francisco de Leyva y de la Cerda (～1664) | *San Francisco de Gayes* (*Quito/Peru*) |
| 1661 | ペルー副王に Diego de Benavides y de la Cueva, Conde de Santisteban del Puerto (～1666) | *Lota* (*Chile/Chile*), *Nuestra Sra. Del Pilar* (*Nueva Granada/Colombia*) |
| 1662 | | *Airicos, Macaguane, San Faustino* (*Nueva Granada/Colombia*), *Colcura* (*Chile, Chile*) |
| 1663 | スペイン, ポルトガル遠征 | |
| 1664 | ヌエヴァ・エスパーニャ第24代副王に Diego Osorio de Escobar y Llamas (～1664)：第25代副王に Antonio de Toledo y Salazar (～1673) | *Santo Domingo de Soriano* (*Charcas/Uruguay*) |

### VI. カルロス Carlos II 世（1665～1700）

| 1665 | カルロスII世即位(～1700)：仏, ネーデルランド戦争開始：第2次英オランダ戦争, 英国, ニューネザーランドを奪取, オランダ, 英領スリナム占領：スペイン, フェリペIV世死去, カルロスII世即位. 仏, サン・ドマングへの入植を奨励：2.22 第2次英オランダ戦争 (～1674) | *Abigiras, Abigiras* (*Quito/Peru*)<br>サンタ・フェ・デ・ボゴタ・アウディエンシアへの勅令「放棄されたインディオの集落に住む白人とメスティーソは, スペイン人集落に移動させる」 *Real cédula a la audiencia de Santa Fe de Bogotá ordenando que los blancos y mestizos que viven en los pueblos de indios los abandonen, pasando a los pueblos para españoles.* |

559

Appendix 1

スペイン植民都市年表

| 1666 | ペルー副王 Bernardo de Iturrizarra (Oidor decano de la Real Audiencia de Lima) (〜1667)<br><br>カルロスⅡ世 (Harrach Collection, Schloss Rohrau, Austria) | *Castillo de Austria* (Guatemala/Costa Rica), *San Francisco Javier de Macaguana*, *San Joaquin de Atari* (Nueva Granada/Colombia), *Oas* (Quito/Ecuador)<br>キト・アウディエンシア長官への勅令「インディオの白人、黒人、メスティーソ、ムラートとの共住禁止。但し、スペイン人が昔から住んできたチャンボ集落は例外」Real cédula al presidente de la audiencia de Quito insistiendo en la prohibición de que en los pueblos de indios habiten blancos, negros, mestizos ni mulatos; pero se sobresee en el pueblo Chambo, donde viven familias españolas desde muy antiguo. |
|---|---|---|
| 1667 | 第2次英オランダ戦争終結。ブレダ条約締結。英、ニューネザーランド獲得、チャールスⅡ世はニュー・アムステルダムを弟のヨーク公に与える：オランダ、スリナム獲得：ペルー副王 Pedro Antonio Fernández de Castro, X Conde de Lemos (〜1672) | *Caigua*, *San Antonio de Clarines* (Sto. Domingo/Venezuela) |
| 1668 | 2.13 ポルトガル独立承認 (スペイン・ポルトガル和平条約) | |
| 1670 | | *San Francisco Javier de Chamicuros*, *Santa Maria de Ucayaloe*, *San Lorenzo de Tibilos*, *San Antonio de Aguanos* (Quito/Ecuador) |
| 1671 | | *San Juan Bautista de Duara*, *Carrito de Santa Rosa* (Sto. Domingo/Venezuela), *Yarutagua* (Sto. Domingo/Venezuela), *Callao* (Lima/Peru), *San Juan* (Lapo) (Manila/Philippines) |
| 1672 | 3.17 第3次英オランダ戦争 (〜1674)：ペルー副王 Álvaro de Ibarra (〜1674) | |
| 1673 | ヌエヴァ・エスパーニャ第26代副王 Pedro Nuño Colón de Portugal y Castro (〜1673)：第27代副王 Payo Enríquez de Ribera (〜1680) | *Itape* (Charcas/Paraguay) |
| 1674 | 海賊モルガン船長、ジャマイカ副総督に任命：ペルー副王 Baltasar de la Cueva Henríquez, Conde de Castellar (〜1678) | *Nuestra Senora del Pilar Guaymacuar* (Sto. Domingo/Venezuela) |
| 1675 | | *San Francisco de Guere*, *San Lorenzo* (Sto. Domingo/Venezuela), *San Nicolas de Manabobos* |

Appendix 1

スペイン植民都市年表

| 1676 | | ヌエヴァ・エスパーニャ副王への勅令「都市に居住するインディオはその近隣を離れてはならない」Acuerdo del cabildo de Quito arrendando parte de su dehesa. Real cédula al virrey de Nueva España para que los indios que habitan en las ciudades no salgan de sus barrios.<br>クマナ（ヴェネズエラ）のカプチノ会ミシオネス長官への勅令「カナリア諸島の家族をスペイン人町を建設するために，フランスの攻撃がなくなったサン・カルロス地域に移動させること」Real cédula al prefecto de las misiones capuchinas de Cumaná (Venezuela), comunicándole el envío de familias canarias con las que hacer una villa de españoles, en la región de San Carlos, destrozada por incursiones francesas. |
|---|---|---|
| | リマ　1680 (Kagan(2000)) | |
| 1677 | | *San Juan de Aveocular* (*Sto. Domingo/Venezuela*), *Guilmes* (*Charcas/Argentina*) |
| 1678 | ペルー副王に Melchor de Liñán y Cisneros (Arzobispo de Lima), Conde de la Puebla de los Valles. (～1681) | *Tirgua, Las Vegas* (*Sto. Domingo/Venezuela*) |
| 1679 | | *San Jose de Curatoquiche* (*Sto. Domingo/Venezuela*), *Colonia* (*Charcas/Uruguay*) |
| 1680 | カルロス III 世，全9編218章6377か条からなる『インディアス法規集』Recopilacion de las Leyes de Indias（『1680年法集成』）を公布：ニューメキシコでプエブロ族先住民の反乱　ヌエヴァ・エスパーニャ第28代副王に Tomás Antonio de la Cerda y Aragón (～1686) | *Cotua, Nuestra Senora del Amparo de Pozuelos* (*Sto. Domingo/Venezuela*),<br>クマナ総督への勅令「大司教の資格を得る以前に，新都市をそれぞれ2レグアの距離を置いて建設することを認める」Real cédula al gobernador de Cumaná, permitiendo a los misioneros capuchinos la fundación de nuevos pueblos, previos el consentimiento y licencia del obispo, y que estén localizados entre sí a una distancia de dos leguas. |
| 1681 | | *Casanay, Charayave, Santa Cruz de Cumana* (*Sto. Domingo/Venezuela*), *Belen* (*Charcas/Paraguay*)　ペルー副王 *Melchor de Navarra y Rocafull, Duque de la Palata* (1681–89)<br>アウディエンシア長官への勅令「各地域に存在する都市地域（スペインおよびインディオ）の数と特性および人口について提出すること」Real cédula a los presidentes de las audiencias para que envíen listas con el número y calidad de los núcleos urbanos (de españoles y de indios) existentes en sus distritos, así como los censos poblacionales. |
| | インディアス法規集（『1680年法集成』） | |
| 1682 | | *Nuestra Senora de Tabage* (*Sto. Domingo/Venezuela*), *Nuestra Sra. De Tabage* (*Nueva Granada*), *Poman* (*Charcas/Argentina*) |

Appendix 1

スペイン植民都市年表

| | | |
|---|---|---|
| 1683 | | *San Diego de Alcala de la Sabana de Ocumare* (*Sto. Domingo/Venezuela*)，*Catamarca* (*Charcas/Argentina*) |
| 1685 | | *Jesus* (*Charcas/Paraguay*) |
| 1686 | ヌエヴァ・エスパーニャ第29代副王に Melchor Portocarrero Lasso de la Vega（〜1688） | カナリア諸島の総督および長官への勅令「カナリア諸島の家族を境界を守り，ミシオネスを保護する集落を建設するためにクマナ（ヴェネズエラ）に移住させること」Real cédula al gobernador y capitán general de Canarias ordenándole que anime el envió de familias canarias para que sean llevadas a Cumaná (Venezuela), a fin de fundar con ellas un pueblo, como defensa de la frontera y protección de las misiones. |
| 1687 | リマのカテドラル 16c〜18c (Gutiérrez (1997)) | *Bagacis Vieja* (*Guatemala/Costa Rica*)<br>カラカス司教区におけるベル，チャイム，鐘の使用規則<br>メキシコ副王およびアウディエンシアへの勅令「インディオの集落の行政区域は半径600ヴァラとし，農場は1,100ヴァラ離すこと。その場合，集落の中心からではなく，集落の外れの家からの距離とする」Real cédula al virrey y audiencia de México ampliando a 600 varas a la redonda los términos del pueblo de indios y a 1.100 varas los límites de fijación de las estancias. Y que dichas medidas se cuenten a partir de la última casa del pueblo, y no desde el centro de él.<br>勅令「クマナのいくつかの集落を調査する査察官を任命し，カプチノ会宣教師とともに，多くのインディオを他の地域に移すこと」Real cédula nombrando un visitador que investigue en algunos pueblos de Cumaná, misionados por capuchinos, el traslado de muchos de sus indios a otras zonas. |
| 1688 | ヌエヴァ・エスパーニャ第30代副王に Gaspar de la Cerda Sandoval Silva y Mendoza（〜1696） | *Bordones* (*Sto. Domingo/Venezuela*)<br>ヴェネズエラ内部のフランシスコ会修道士によるインディオ集落建設の手続きと段階 Procedimientos y diligencias para fundar un pueblo de indios infieles por parte de frailes fraciscanos en el interior de Venezuela. |
| 1689 | ルイXIV世，英国の王位継承問題に介入，ウィリアム王戦争開始：ペルー副王に Melchor Portocarrero Lasso de la Vega, Conde de la Monclova（1689〜1705） | *Catauro* (*Sto. Domingo/Venezuela*), *San Lorenzo* (*Charcas/Brasil*)<br>メキシコアウディエンシアと副王への勅令「インディオのアルカルデおよびコレヒドールの選出に当たってはスペイン語が話せることが望ましい」Real cédula al virrey y audiencia de México ordenando que en las elecciones de alcaldes y regidores indios serán preferidos los que sepan español. |

Appendix 1
スペイン植民都市年表

| | | |
|---|---|---|
| 1690 | ロイヤル・アフリカ会社の独占事業だった英国の黒人奴隷貿易がすべての英国籍の会社に開放 | El Alto, Santo Domingo de Araguita, Cua, San Fernando (Sto. Domingo/Venezuela), San Pedro de Piedra Gorda (Mexico/Mexico), San Francisco de Borja (Charcas/Bolivia), San Gil o Santa Cruz (Nueva Granada/USA), El Alto (Charcas/Argentina) |
| 1691 | | San Francisco Chacarumar, San Diego Putucual, El Rincon (Sto. Domingo/Venezuela) |
| 1692 | | Nuestra Senora del Pilar de Ararue (Sto. Domingo/Venezuela), Ponce (Sto. Domingo/Puerto Rico), San Agustin de Tucson (Nueva Galicia/USA), Rio Claro, Talca (Chile/Chile) |
| 1693 | | Camatagua (Sto. Domingo/Venezuela), Famatina (Charcas/Argentina), Cobos (Fortaleza) (Chile/Argentina)<br>パリアグアナ村のインディオはラ・ギアナ・デ・パラコトスへの移転に抵抗．バルタ（カラカス）の町に属することを要求 Los indios del pueblo de Pariaguaná protestan por su traslado a La Guaira de Paracotos, solicitando ser agregados al pueblo de Baruta (Caracas). |
| 1694 | | Santa Catalina de Siena de Parapara (Sto. Domingo/Venezuela), Cachi (Charcas/Argentina) |
| 1695 | | Malloa, Colhoe, Chimbarongo（Chile/Chile）<br>メキシコアウディエンシアへの勅令「農民の訴えを認め，インディオの村と農場との距離を中心間の距離で 600 ヴァラから 1,100 ヴァラ離すこと」 Real cédula a la audiencia de México admitiendo las reclamaciones de los labradores y corrigiendo las medidas entre pueblo de indios y estancias, debiendo medirse las 600 y 1.000 varas establecidas entre ambos desde el centro de los pueblos de indios. |
| 1696 | ブラジル，ミナスジェライス州奥地のボルバ・ガトーで金鉱発見：ヌエヴァ・エスパーニャに第 31 代副王に Juan de Ortega y Montañés（～1696）：第 32 代副王に José Sarmiento y Valladares（～1701） | |
| 1697 | 9.30 プファルツ戦争およびウィリアム王戦争終結：ライスワイク（Rijswijk）で停戦条約．スペインはエスパニョーラ島西半分を仏に割譲．サン・ドマング（ハイチ）設立 | San Carlos, San Lorenzo（Sto. Domingo/Venezuela）<br>ユカタン総督への勅令「白人，メスティーソ，黒人，ムラートがインディアンの集落に住むことを禁ずる」 Real cédula al Gobernador de Yucatán reiterando las órdenes que prohiben que vivan blancos, mestizos, negros ni mulatos en los pueblos de indios. |
| 1698 | | Santa Rosa（Charcas/Paraguay） |
| 1699 | | Aparicion de nuestra Sra. de Coromoto de Tucupido (Sto. Domingo/Venezuela), San Pablo, San Javier (Mision) (Nueva Galicia/Mexico) |

築城術　1675　セヴィージャ（Gutiérrez（2005））

563

Appendix 1

スペイン植民都市年表

## VI. フェリペⅤ世（1700〜1724）ブルボン朝 Casa de Borbón

| 年 | 事項 | 都市 |
|---|---|---|
| 1700 | フェリペⅤ世即位（〜1724），ブルボン王朝開始 フェリペⅤ世（Museo del Prado） | *Tumacori* (*Mexico/Mexico*), *San Francisco de Cogede* (*Sto. Domingo/Venezuela*), *Terraba* (*Guatemala/Costa Rica*), *San Dionisio* (*Nueva Galicia/Mexico*) ホセ・ラミレス・デ・アレリャーノ軍曹によるクマナ地方のミシオネスに関する法令 Ordenanzas para los pueblos de las misiones de la provincia de Cumaná (Venezuela), realizadas por el sargento mayor don José Ramírez de Arellano. |
| 1701 | 9 スペインの王位継承戦争勃発（〜1713），スペイン，ハプスブルグ家断絶：スペイン，フランス王立ギニア会社にアシエント権を供与＝ヌエヴァ・エスパーニャ第33代副王 Juan de Ortega y Montañés（〜1702） | *Santa Barbara de Capadare*, *Santa Cruz de Paicarigua de Guatire* (*Sto. Domingo/Venezuela*) |
| 1702 | 3.8 北米，アン女王戦争開始：ヌエヴァ・エスパーニャ第34代副王にフランシスコ・フェルナンデス・デ・ラ・クエヴァ・イ・デ・ラ・クエヴァ Francisco Fernández de la Cueva y de la Cueva（〜1710） | |
| 1703 | 英ポルトガルメスエン条約締結，英ブラジルへ進出 | *Chihuahua*（*Nueva Galicia/Mexico*） |
| 1704 | 2 英仏アン女王戦争 | |
| 1705 | 北米，ヴァージニア黒人法制定：ペルー副王 Juan Peñalosa y Benavides (Oidor decano de la Real Audiencia de Lima)（〜1707） | *San Juan Motibat* (*Mision*) (*Nueva Galicia/Mexico*) |
| 1706 | | *Cubujuqui* (*Guatemala/Costa Rica*), *Trinidad* (*Charcas/Paraguay*) |
| 1707 | ペルー副王 Manuel de Oms y de Santa Pau, Marqués de Castelldosrius（〜1710） | *San Angel* (*Charcas/Brasil*) |
| 1708 | | *San Juan de Canando* (*Mision*) (*Nueva Galicia/Mexico*) |
| 1709 | | *San Francisco Javier de Aguas Culebras* (*Marin*) (*Sto. Domingo/Venezuela*) |
| 1710 | ヌエヴァ・エスパーニャ第35代副王 Fernando de Alencastre Noroña y Silva（〜1716）：ペルー副王 Miguel Núñez de Sanabria (Oidor decano de la Real Audiencia de Lima)（〜1710）：ペルー副王 Diego Ladrón de Guevara (Obispo de Quito)（〜1716） | |
| 1712 | | *San Fernando*（*Nueva Galicia/Mexico*） |

| | | |
|---|---|---|
| 1713 | 4.11 王位継承戦争およびアン女王戦争終結，ユトレヒト条約締結．英海上覇権を確立，新大陸への黒人奴隷貿易独占 | *San Antonio del Rio Colorado* (*Sto. Domingo/Venezuela*)<br>チリ・アウディエンシアへの勅令「海賊の攻撃を避けるため，コキンボ市を現在の場所から20レグア内陸に移転する」Real cédula a la audiencia de Chile sobre la conveniencia del traslado de la ciudad de Coquimbo veinte leguas de su actual emplazamiento a tierra adentro, para librarla de los ataques de piratas. |
| 1714 | オランダ，インドネシアのコーヒーをスリナムに移植：フィリップⅤ世，インディアス相を新設 | *Santa Ana*, *Rio Piedras* (*Sto. Domingo/Venezuela*), *San Felipe Borbon* (*Charcas/Paraguay*) |
| 1715 | | *Curuguaty* (*Charcas/Paraguay*) |
| 1716 | ヌエヴァ・エスパーニャ第36代副王 Baltasar de Zúñiga y Guzmán (〜1722)：ペルー副王 Mateo de la Mata Ponce de León (Oidor decano de la Real Audiencia de Lima) (〜1716)：ペルー副王 Diego Morcillo Rubio de Auñón (Arzobispo de La Plata y Charcas) (〜1716)：ペルー副王 Carmine Nicolao Caracciolo, Príncipe de Santo Buono (〜1720) | *Agua Blanca*, *San Felix* (*Sto. Domingo/Venezuela*) |
| 1717 | ボゴタにヌエバ・グラナダ副王配置（ヴェネズエラ，コロンビア，エクアドルを統轄）：通商院，セヴィージャからカディスに移動：北米，スコットランド系アイルランド人の移民開始 | *Angel Custodio o Capire*, *San Luis de Cura* (*Sto. Domingo/Venezuela*), *Pueblo Nuevo de los Dolores* (*Mexico/Mexico*), *Betoies* (*Nueva Granada/*), *Quillota* (*Chile/Chile*)<br>プエルト・リコ大司教への勅令「サン・ロレンソ・マルティール村（クマナ）をカプチノ会宣教師の管理下に置くこと」Real cédula al obispo de Puerto Rico pidiendo sobre si el pueblo de San Lorenzo Mártir (Cumaná, Venezuela) pueda seguir estando bajo la administración de los misioneros capuchinos. |
| 1718 | | *San Antonio* (*Texas*) (*Mexico/USA*), *San Francisco de Paula de Yare* (*Sto. Domingo/Venezuela*), *Arecutacua* (*Charcas/Paraguay*)<br>ロポパンの所有に関する裁決「クマナのカプチノ会によるインディオの集落サン・フェリックス・デ・カンタリシオの建設」Auto de la toma de posesión en el sitio de Ropopan, para la fundación en él del pueblo de indios San Félix de Cantalicio, por parte de misioneros capuchinos de Cumaná. |
| 1719 | | *Loiza* (*Sto. Domingo/Puerto Rico*) |
| 1720 | エンコミエンダ制正式に廃止，農奴の使役権を認めるアシエンダ制へ：ペルー副王 Diego Morcillo Rubio de Auñón (Arzobispo de La Plata y Charcas) (〜1724) | *Villa Rosario de Perija* (*Sto. Domingo/Venezuela*), *Guadarte* (*Mision*), *Purisima* (*Mision*) (*Nueva Galicia/Mexico*), *Lapas* (*Mision*) |
| 1721 | | *San Francisco de los Senis*, *Dolores*, *Santiago* (*Mision*) (*Nueva Galicia/Mexico*) |

造船建築書　1719-1756　カディス (Colomar Albajar(2003))

Appendix 1

スペイン植民都市年表

| 1722 | ヌエヴァ・エスパーニャ第37代副王 Juan de Acuña y Bejarano（～1734） | *Santa Margarita*（*Sto. Domingo/Venezuela*）ペリハ市（カラカイボ）の建設「敵意あるインディオの土地であり，最初の入植者に寄付と特権付与」 *Fundación de la ciudad de Perijá (Maracaibo), en tierra de indios hostiles. Y donaciones v privilegios al concesionario y a los primeros pobladores.* |
|---|---|---|
| 1723 | | *Guadalupe del Carrizal, Guachara, Santisima Trinidad o Mision Alta* (*Sto. Domingo/Venezuela*), *Puren* (*Chile/Chile*), *Santa Rosa de Ocopi* (*Nueva Granada/Colombia*) |

**VII. ルイスⅠ世（1724），フェリペ FelipeV 世（1724～1746）**

| 1724 | フェリペV世復位（～1746）：ペルー副王 José de Armendáriz, Marqués de Castelfuerte（～1736）<br><br>フェリペV世（Museo del Prado） | *San Antonio de Padua de Jajure o Turen, Purisima Concepcion del Coroni o S. Felix Guayana, San Joaquin del Piritu, Santa Rosa de Ocopi, Concepcion de Suay* (*Sto. Domingo/Venezuela*) |
|---|---|---|
| 1725 | | *Cabugao* (*Manila/Philippines*) |
| 1726 | | *Todos los Santos del Calbozo, San Rafael de Onoto* (*Sto. Domingo/Venezuela*), *San Martin de las Conchas o Quillota* (*Chile/Chile*), *Montevideo* (*Charcas/Uruguay*) |
| 1727 | コーヒー，スリナムからブラジルへ移植． | |
| 1728 | スペイン，カラカス会社（Guipzcoa）設立 | *Chuguaramar, San Francisco Javier de Punceres* (*Sto. Domingo/Venezuela*), *San Ignacio* (*Mision*) (*Nueva Galicia/Mexico*), *Anasco* (*Sto. Domingo/Puerto Rico*) |
| 1730 | アルトペルー（ボリビア）のコチャバンバで，反乱 | *San Ignacio de Loyola de Coburuta, an Felipe, Santa Maria de Yacuario, San Juan Bautista de Soro* (*Sto. Domingo/Venezuela*), *San Jose del Cabo* (*Mision*) (*Nueva Galicia/Mexico*), *Areco, Arecife, Baxada* (*Charcas/Argentina*), *Maldonado, Rosario* (*Charcas/Uruguay*) |
| 1731 | | *Caicara* (*Sto. Domingo/Venezuela*), *San Fernando* (*Nueva Galicia/USA/Texas*), *Sabana de Ocumare* (*Sto. Domingo/Venezuela*) |

566

Appendix 1

スペイン植民都市年表

| 1732 | モラビア派，カリブの英語圏で布教開始：北米 13 植民地独立 | *Nuestra Senora Altagracia* (*Sto. Domingo/Venezuela*), *Santa Trinidad de Tepaquis* (*Lima/Peru*) カサ・バヨナ伯爵への提案文書許可の勅令「キューバの都市を建設する免許の交付」Real cédula aceptando las capitulaciones presentadas por el conde de Casa Bayona y concediéndole licencia para fundar una ciudad en Cuba. グアヤナのアンゲレス・デ・アマルカの女王のためのインディオ集落の建設の保証 Certificación de la fundación y estado del pueblo de indios Nuestra Señora de los Angeles de Amaruca, Guayana. |
|---|---|---|
| 1733 | | *San Jose de Cupapuy, Bobare, San Fidel de Teresen* (*Sto. Domingo/Venezuela*) |
| 1734 | ヌエヴァ・エスパーニャ第 38 代副王に Juan Antonio Vizarrón y Eguiarreta（～1740） | *Todos los Santos* (*Mision*) (*Nueva Galicia/Mexico*), *Altagracia* (*Mision*), *Nuestra Senora de Altagracia de Iguana, San Miguel del Palmar* (*Sto. Domingo/ Venezuela*) 勅令「ポルトベロ村をサンカルロス・デ・ポルトベロという名前の城壁村へ移動する。城壁の設計はフアン・デ・エレーラによる。移転のために，税金を50％免除する。移転はパナマ商人の管理によって黒人労働力によっておこなわれる」Real cédula ordenando el traslado de Portobelo al nuevo emplazamiento, ya casi amurallado, con el nombre de San Carlos de Portobelo：Recomendando gran atención a la construcción de las defensas proyectadas por Juan de Herrera. El financiamiento del traslado se ayudaría sobre un gravamen del medio por ciento de las mercancías que por alli pasaren, pero las obras serían controladas por los comerciantes panameños, como la manutención de la mano de obra negra. |
| 1735 | マドリードの新王宮着工 | *Puerto Cabello* (*Sto. Domingo/Venezuela*), *San Felipe de Puerto Plata* (*Sto. Domingo/R. Dominicana*) |
| 1736 | ペルー副王に José Antonio de Mendoza Caamaño y Sotomayor, Marqués de Villagarcía（～1745） | *Irapa* (*Mision*) (*Sto. Domingo/Venezuela*), *Guayana, Yubucoa* (*Sto. Domingo/Puerto Rico*), *Tuyupan* (*Guatemala/Costa Rica*) |
| 1737 | | *San Luis* (*Mision*) (*Nueva Galicia/Mexico*) |
| 1738 | | *Santa Magdalena Currucay, San Carlos de Amacuro, Santo Domingo Guzman de Mayoral, Nuestra Senora de Candelaria de Panoquire* (*Sto. Domingo/ Venezuela*), *Manati* (*Sto. Domingo/Puerto Rico*) |
| 1739 | 1.14 スペイン，コロンビアにヌエヴァ・グラナダ副王領創設：10.19 英国，スペインに宣戦布告（～1748） | *Utuado* (*Sto. Domingo,/Puerto Rico*), *San Juan Francisco Regis* (*Nueva Granada/Colombia*) |

マニラ、ガレオン船、16c、（AGESA, Colomar Albajar,2003）

マドリードの新王宮（Morales y Marín（1986））

567

Appendix 1

スペイン植民都市年表

| | | |
|---|---|---|
| 1740 | フェリペV世，フロータ船団制貿易を中断：ハバナ会社設立：ヌエヴァ・エスパーニャ第39代副王に Pedro de Castro Figueroa y Salazar（～1741） | *Cantavra* (Sto. Domingo/Venezuela), *Embocada* (Charcas/Paraguay), *Santa Cruz de Triana o Rancagua, San Felipe de Real* (Chile) |
| 1741 | ヌエヴァ・エスパーニャ第40代副総督に Pedro de Cebrián y Agustín（1742～1746） | *San Fernando* (Chile/Chile), *Bagabag* (Manila/Philippines) |
| 1742 | メキシコの独立運動，英に援助を依頼：ペルーのアンデス山間部でサントス・アタワルパ Juan Santos Atahualpa の反乱が始まる：ヌエヴァ・エスパーニャ第40代副王 Juan O' Donojú y O' Ryan（～1742） | *Santisimo Cristo de Piraguan* (Sto. Domingo/Venezuela), *Fuerte San Fernando, San Jose Pejibuy* (Guatemala/Costa Rica), *Jesus del Monte, an Jose de Buenavista o Curico, San Jose de Logrono o Melipilla, San Francisco de la Selva o Copiapo, Nuestra Sra. De la Mercedes de Manso Cauquenes, San Fernando de Tingiririca* (Chile/Chile) |
| 1743 | スペイン，制限つきで植民地の自由交易を認める | *Rancagua* (Chile/Chile), *San Javier* (Charcas/Paraguay) |
| 1744 | イエズス会 | *Texas* (Nueva Galicia/USA), *Altamira, El Baul, Concepcion de Pao, Aragua* (Sto. Domingo/Venezuela)<br>チリ総督への勅令「集中化を遂行するために王立入植地会議を創設する。ミッション達成のために大きな権限を与え，新入植地の構成と維持の規則を定める」Real cédula al gobernador de Chile creando la Real Junta de Poblaciones, para que realizara la desruralización, otorgándole amplias atribuciones para lograr su cometido：con normativas para la formación de nuevas poblaciones y su sostenimiento.<br>メキシコの全ての受階者への勅令「市の本部の部局に従い，罪と暴力を抑制すること」Real cédula ordenando que se extremen en México las rondas, según la división en cuarteles de la ciudad, a fin de limitar delitos y violencias. |
| 1745 | ペルー副王 José Antonio Manso de Velasco, Conde de Superunda（～1761） | *Guenes* (Nueva Galicia/Mexico), *Toa Baja* (Sto. Domingo/Puerto Rico), *Angeles, Nuestra Sra. De Velilla, Tingiririca* (Chile/Chile)<br>チリ王立入植地会議の裁決「規定の手段に従って，新入植地建設を促進し，農村住民の抵抗を克服すること」Auto de la Real Junta de Poblaciones, de Chile, con medidas acordadas para facilitar la fundación de nuevos poblados, venciendo la resistencia de la población rural.<br>チリ総督の政令「開発者の計画を受入れる白人への特権と権利を認める」Decreto del gobernador de Chile otorgando privilegios y concesiones a los pobladores blancos que se acogieran al programa urbanizador. |

# Appendix 1
## スペイン植民都市年表

| | VIII. フェルナンド FernandoVI 世（1746～1759） | |
|---|---|---|
| 1746 | フェルナンドVI世即位（～1759）：ヌエヴァ・エスパーニャ第41代副王に Juan Francisco de Güemes y Horcasitas（～1755） | *Los Dolores de Quiamare* (Sto. Domingo/Venezuela), *San Joaquin* (Charcas/Paraguay) |
| 1747 | | *Presidio de San Felipe de Jesus* (Nueva Galicia/Mexico), *Cabagra* (Guatemala/Costa Rica), *San Jose de Bellavista* (Lima/Peru) |
| 1748 | パナマ行きの最後のガレオン船団，メキシコ行きのフロータス船団は残る． | *Nuestra Senora de Monserrat de Miamo, San Lucas de las Palmillas* (Sto. Domingo/Venezuela), *Padilla, Nuevo Santander, Vizarron, San Juan Bautista de jaumave, Hoyos, San Fernando, Escandon, Real Borbon, Aguayo, Piedramellera* (Nueva Galicia/Mexico), *San Jose Pejiban* (Guatemala/Costa Rica), *San Jeronimo* (Charcas/Paraguay), *Nuestra Sra. De los Angeles* (Chile/Chile)<br>インディアス会議の承認「黒人鉱員の居住するサン・ロレンソ（イスパニョーラ島）の建設と保存」Acuerdo del Consejo de Indias para que se conserve y fomente a San Lorenzo (isla de Santo Domingo), poblado de negros minas. |
| 1749 | | *Nuestra Senora del Carmen de Buria, Santa Cruz de Cachipo, San Juan Unare, Atapirire* (Sto. Domingo/Venezuela), *San Miguel de Horcasitas, Reinosa* (Nueva Galicia/Mexico), *Tres Rios* (Guatemala/Costa Rica), *Quirihue o San Antonio Abad* (Chile/Chile), *Cayasta* (Charcas/Argentina), *San Estanislao, San Nicolas* (Charcas/Paraguay) |
| 1750 | マドリード条約締結．スペイン，サクラメント獲得，シエテ・ミシオネスをポルトガルに割譲：ブラジル，アマゾン，パラナの領有を認められる：ジョゼI世即位．カピタニア制を廃止． | *Santa Clara de Caramacate, El Platanal* (Sto. Domingo/Venezuela), *Altamira, Burgos, Camargo, Pueblo Nuevo de los Dolores, Llera, Mier, Sotolamarina* (Nueva Galicia/Mexico), *Juan Fernandez o San Juan Bautista, Chilpoelemo, Jesus de Coelemo* (Chile/Chile), |
| 1751 | スペインの新大陸行政制度改革が始まる．アウディエンシア制廃止． | *Divina Pastora o Lagunillas* (Sto. Domingo/Venezuela), *Jachal* (Chile/Argentina) |
| 1752 | | *San Fernando de Cachicamo* (Sto. Domingo/Venezuela), *San Gernando Monte Cristo* (Sto. Domingo/R. Dominicana), *Santa Gertrudis* (Mision) (Nueva Galicia/Mexico), *Arauco, Illapel* (Chile/Chile) |
| 1753 | | *La Union o San Jaime* (Sto. Domingo/Venezuela), *Santa Ana Briviesca* (Chile/Chile), *Mogrin* (Charcas/Argentina), *Casablanca, Santa Rosa de Huasco, Alhue, Santa Barbara de la Reina de Casablanca, Petorca* (Chile/Chile), *Mogna* (Chile/Argentina) |

フェルナンドVI世 (Museo Naral, Madrid)

# Appendix 1

## スペイン植民都市年表

| | | |
|---|---|---|
| 1754 | イエズス会，マドリード条約に反対し，パラナ河流域のグアラニー族をスペインとポルトガルに対して武装蜂起させる（グアラニー戦争）：メキシコ行きのフロータス船団が復活． | Nuestra Senora de la Asunsion de Atapiriri, Guayuca o Boca de Pao, Mucuras, Santa Barbarba, Sarare (Sto. Domingo/Venezuela), Natividad, San Antonio de la Florida, Perquilauquen, La Ligua o Santo Domingo de las Rosas (Chile/Chile) |
| 1755 | リスボン大震災：第 42 代副王 Agustín de Ahumada y Villalón（〜1760）<br><br>リスボン大震災 (Juan Kozak Collection: KZ128) | San Luis de Aribi (Mision) (Sto. Domingo/ Venezuela), Santa Maria de Coelnhango, Bella Isla, Valle de Uco (Chile/Chile), San Miguel de las Lagunas (Chile/Argentina), San Miguel (Charcas/ Brasil), San Lorenzo Martir (Chile/Argentina)<br><br>チリ総督への勅令「P. ホアキの指示に従って，ビオ・ビオ川周辺にいくつかの集落を再定住地として建設すること．」Real cédula al gobernador de Chile ordenando la fundación de varios pueblos próximos al río Biobío, como medida repobladora, tal como sugería el P. Joaquín Villarreal. |
| 1756 | 2.10 グアラニー族の蜂起．：5.17 英，仏に宣戦布告，七年戦争開始（〜63） | Santa Barbara de Samana (Sto. Domingo/R. Dominicana), San Fernando de Atabapo (Sto. Domingo/Venezuela), San Buenaventura Rere, Gualqui, Negrete o San Francisco de Borja, Tarcamavida, Sant Barbara, Nacimiento de Nuestro Senor (Chile/Chile) |
| 1757 | | Santa Ines del Altar, Nuestra Senora del Rosario de Guasipati (Mision), San Fernando de Hospino (Sto. Domingo/Venezuela) |
| 1758 | | San Francisco del Monte (Chile/Argentina) |

### IX. カルロス Carlos III 世（1759〜1788）

| | | |
|---|---|---|
| 1759 | カルロス III 世即位（〜88）：ポルトガル，イエズス会を王国全域より追放． | Ciudad Real, Corona Real, San Nicolas de Sarare (Sto. Domingo/Venezuela), San Juan Dajabon, San Miguel de la Atalaya (Sto. Domingo/R. Dominicana) |
| 1760 | ヌエヴァ・エスパーニャ第 43 代副王に Francisco Cagigal de la Vega（〜1760）：第 44 代副王に Joaquín Juan de Montserrat y Cruïlles（〜1766） | San Lucas Tadeo de Maturin, Tucupido, San Rafael de la Angostura, Bani, Las Caobas, Nieva, Sabana de la Mar (Sto. Domingo/Venezuela), Valle Fertil (Chile/Argentina) |
| 1761 | 8.15 カルロス III 世，仏王室と「家門協約」（フォンテーヌブロー条約），仏ルイジアナをスペインに譲渡：ペルー副王 Manuel de Amat y Juniet Marqués de Castellbell（〜1776） | San Francisco Javier de Araguita, Santo Domingo de Guzman de Araguita, Amana, San Juan de Areo (Mision), Santa Teresa Jesus (Sto. Domingo/ Venezuela)<br><br>サンタ・マルガリータ島総督への勅令「受階者をアスンシオン近隣に穏やかに移住させること．」Real cédula al gobernador de la isla de Santa Margarita ordenándole que inste, por medios moderados, a los vecinos de Asunción a que vivan en la ciudad. |

Appendix 1
スペイン植民都市年表

| 年 | | |
|---|---|---|
| 1762 | 1.2 スペイン，フォンテーヌブロー条約にもとづき対英宣戦布告．七年戦争に参入．ポルトガルとのマドリード条約破棄：8 英海軍，ハバナ，サント・ドマング占領：ベリーズ地方，英領ホンデュラスとして植民地化：英国軍マニラ陥落 | *Villa Borbon, San Antonio de Upata (Sto. Domingo/Venezuela), San Borja (Mision) (Nueva Galicia/Mexico)* |
| 1763 | 2.10 七年戦争終結．パリ条約締結．英，キューバ返還，フロリダ獲得．仏，ミシシッピ以西のルイジアナをスペインに割譲．仏，北アメリカ大陸から全面撤退：7 英軍，ハバナ撤退：ブラジル南境をめぐってスペインとポルトガルの戦闘．スペイン，リオグランデ・ド・スル，サンタカタリナ占領．ポルトガル，ブラジル総督府をサルバドルからリオに移転． | *Genaro de Bocono, San Ramon de Curuachi, San Pedro de Alcantara de Maria (Sto. Domingo/Venezuela), Peumo (Chile/Chile)*<br>新大陸における都市と植民地の建設「ヌエヴォ・サンタンダール植民地の創設」*Fundaciones urbanas y colonización de tierras nuevas：Creación de la colonia del Nuevo Santander (Nueva España).*<br>副王のメキシコ市住民への告示「街路を照明するために各家の窓に灯を点すこと。点さない場合，罰金を課す」*Bando del virrey ordenando a los vecinos de la Ciudad de México que coloquen luces en las ventanas de sus casas, para que queden iluminadas las calles, con penas a los remisos.* |
| 1764 | カルロスⅢ世（Museo del Prado）<br>カルロスⅢ世による植民地制度改革開始．カリブ海貿易，カディスの独占状態から，9 港（バルセロナ，サンタンデル，ラ・コルニャなど）に拡大． | *Cruillas (Nueva Galicia/Mexico), Talcahuaco, San Carlos de Chonchi, Chonehi (Chile/Chile)*<br>チリ総督への勅令「モチャをコンセプシオン市の最終移転地とする。移転後 10 年の免税を行う」*Real cédula al capitán general de Chile aprobando la elección del sitio de la Mocha como el traslado definitivo de la ciudad de Concepción, concediendo exención de impuestos durante diez años a quienes se avecindaran en el nuevo lugar.* |
| 1765 | カルロスⅢ世，巡察吏ホセ・デ・ガルベスをメキシコ派遣．メキシコ副王と正面衝突，カルロスはメキシコ副王を更迭：キトで財政圧力強化に対する反乱：3.23 英，印紙法発布に北米植民地反抗：10.16 インディアス諸都市との貿易一部自由化． | *Nueva Guayana de Angostura (Sto. Domingo/Venezuela), San Rafael de Alvarado, Rere, Santa Juana (Chile/Chile)* |
| 1766 | 英，マルビナス諸島を占領：第 45 代副王に Carlos Francisco de Croix（〜1771） | *Yumbel (Chile/Chile)* |
| 1767 | 3.17 カルロスⅢ世，全イエズス会派を新大陸から追放．南北アメリカ全体で 2630 名の僧が追放され，120 にのぼる学校が教師を失って機能停止．約 70 万のインディオが教化集落を失う． | *Buenavista, San Jose de Leonisa de Cunabiche (Sto. Domingo/Venezuela), Santa Maria (Mision) (Nueva Galicia/Mexico), Solano (Manila/Philippines)* |

571

# Appendix 1
## スペイン植民都市年表

| | | |
|---|---|---|
| 1768 | ホセ・デ・ガルベス，タバコ専売制とアルカバラ税導入：5.25 クック，南太平洋調査（～71）<br><br>クックの船　1768（Thomas Luny, National Library of Australia） | Camaguan, Santa Barbara de Guarda Tinajas, San Juan de Payara, San Rafael de Atamaica (Sto. Domingo/Venezuela), San Carlos de Ancoud, Yerbas Buenas o San Javier de Bella Isla (Chile/Chile), Coronda (Charcas/Argentina), Santa Rosa Nueva (Moxos) (Charcas/Bolivia)<br>査察官ドン・ホセ・デ・ガルヴェスの調令「国境防御と入植のためのカリフォルニアに新集落を建設すること」Instrucción dada por el visitador don José de Gálvez para la creación de nuevos pueblos en California, como defensa de la frontera, con incentivos a los pobladores. |
| 1769 | | San Diego (Alta California) (Nueva Galicia/USA), Aguasay (Sto. Domingo/Venezuela), Nuestra senora de los Dolores Puedba<br>メキシコ市の清掃衛生条例 Ordenanzas sobre limpieza e higiene de la Ciudad de México. |
| 1770 | | San Pedro de Bocas (Sto. Domingo/Venezuela), San Carlos (Alta California) (Nueva Galicia/USA), Monterrey (Alta California) Nueva Galicia USA, Tucuquen (Sto. Domingo), Gorzas (Charcas/Argentina) |
| 1771 | 第46代副王 Antonio María de Bucareli y Ursúa（～1779）<br><br>Mathara Bare（Falmouth），(1793, SH-5346: Ministerio de Defensa (1990)) | San Antonio (Alta California), San Grabiel (Alta California) (Nueva Galicia/USA), San Buenaventura de Guri (Sto. Domingo/Venezuela)<br>ギアナ司令官，ドン・マヌエル・セントゥリオンの指令「インディオスの村の独立，先住民の改宗，司祭の保護を目的とするアルト・オリノコのミシオネス建設のための軍隊の派遣」Órdenes del comandante general de Guayana, don Manuel Centurión, al destacamento destinado para proteger a las recién fundadas misiones del Alto Orinoco：ayudando con su presencia tanto a consolidar dichos pueblos de indios y la evangelización de las etnias bárbaras, como a la defensa de los religiosos. |
| 1772 | | San Fernando (Mexico/Mexico), San Luis Obispo (Alta California) (Nueva Galicia/USA), Nuestra Senora de la Paz de Guaranito (Sto. Domingo/Venezuela)<br>オリノコ河畔のギアナのボルボン町建設の承認「フェリペII制の勅令1573年に従うこと」Real confirmación de la fundación de la villa de Borbón, en Guayana, a orillas del rio Orinoco, realizada por un promotor, siguiendo las normativas de 1573. |

Appendix 1

スペイン植民都市年表

| 年 | | |
|---|---|---|
| 1773 | 7.21 ローマ法王クレメンテ XIV 世，イエズス会解散宣言． | グアテマラのカプチーノ修道会修道院長からの手紙「グアテマラの大地震の状況描写と新首都の建設」Carta de la abadesa del convento de capuchinas de Guatemala a la abadesa de Oaxaca, describiéndole pormenores de la destrucción de Guatemala por un terremoto y las tentativas de construcción de una nueva capital. |
| 1774 | 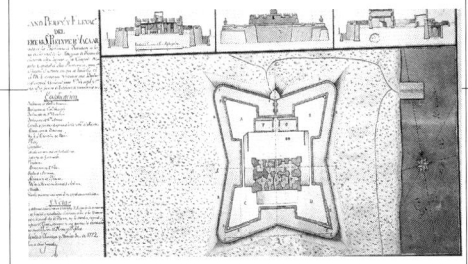 Fuerte San Felipe de Bacalar (Juan de Dios González (1772), AGI, MP-México, 271) | *Santa Barbara de Achaguas* (*Sto. Domingo/Venezuela*) ギアナ総督への勅令「独，仏，英との国境に位置するインディオの集落は，白人とインディオが混住することが望ましい」Real cédula al gobernador de Guayana sobre los pueblos de indios que se fundan en la frontera de los establecimientos holandeses, franceses e ingleses, y de la conveniencia de que fuesen núcleos mixtos de población india y blanca. |
| 1775 | カルロス III 世，ホセ・デ・ガルベスをインディアス長官に任命，ガルベス，インテンデンテ制立案，行政，司法，軍事の権限を大幅に委譲：4.19 米独立戦争開始（〜1783） | *San Miguel de Daripe* (*Sto. Domingo/Venezuela*) |
| 1776 | メキシコ行き最後のフロータス船団，護送船団方式消滅：ラプラタ副王庁設置，チリ，カラカス，グアテマラ，サント・ドミンゴに総督庁：7.4 大陸会議，独立宣言，共同戦争開始（独立記念日）：7.4 米独立宣言：ペルー副王 Manuel de Guirior, Marqués de Guirior（〜1780） 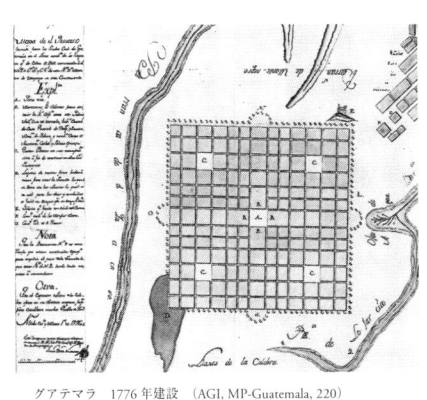<br><br>グアテマラ 1776 年建設 （AGI, MP-Guatemala, 220） | *Villanueva de Petaca, San Carlos Salcaja, La Hermita, San Luis* (*Guatemala/Guatemala*), *San Francisco* (*Alta California*), *San Juan Capistrano* (*Nueva Galicia/USA*), *Santa Clara de Aribi, Capanaparo* (*Mision*), *San Antonio Bucarelli de Cohahuila* (*Sto. Domingo/Venezuela*), *Jolojolo, San Francisco, San Juan Nepomuceno, San Jacinto, Zerete, Tacamocho, Santo Tomas de Cantuarense, Sinse, Sinsilejo, Pincharroi* (*Nueva Granada/Colombia*), *Arjona, Nuestra Sera. De la Concepcion de Piritu, San Basilio, San Bernardo Abad, San Cayetano, Chini, Carmen, Calamanta, San carlos de Colocina, San Edmigio, San Agustin de la Playa Blanca, San Nicolas de la Paz* (*Nueva Granada/Colombia*), *San Cristobal* (*Cartagena*), |

573

Appendix 1
スペイン植民都市年表

| | | |
|---|---|---|
| 1777 | ポンバル, 首相解任失脚：スペイン, 新大陸植民地に民兵制を導入, 各地方でインテンデンテの指揮の下に民兵隊が組織される：10.1 サン・イルデフォンソ条約締結, マドリード条約追認, ウルグアイ, パラグアイはスペインに帰属, 内陸部はブラジル領とすることで妥結. | Santa Clara (Alta California), San Jose (California) (Nueva Galicia/Mexico), San Agustin de Mesamavida (Chile/Chile), Aritao (Manila/Philippines) グアテマラ長官の裁決「アンティグア・グアテマラ入植地の住民を2週間以内にヌエヴァ・グアテマラに移動させること」Auto del capitán general de Guatemala conminando a la población de Antigua Guatemala a que la abandone y desampare totalmente, pasando a Nueva Guatemala en el plazo de dos meses. |
| | パラグアイのイエズス会士 (Florián Paucke.Hin und Her). | |
| 1778 | 10.12 自由貿易令, スペインのすべての港と, ヌエヴァ・エスパーニャ, ヴェネズエラ以外の植民地すべての港が直接交易を許可される | Arecibo (Sto. Domingo/Puerto Rico), Canelon (Charcas/Uruguay), San Carlos (Charcas/Paraguay) ギアナ総督への勅令「入植地の設立　不法占拠地」Real orden al gobernador de Guayana para que sea establecida una población que contrarreste los intentos franceses de ocupación indebida del territorio. |
| 1779 | 6.16 スペイン, ジブラルタル包囲作戦を開始：ヌエヴァ・エスパーニャ第47代副王に Martín de Mayorga (～1783) | Santa Barbara de Zulia, Santa Clara de Yagarabana (Sto. Domingo/Venezuela), Pilar Neembuco (Charcas/Paraguay), San Jose (Charcas/Argentina) グアテマラ総督の訓令「ヌエヴァ・グアテマラ」Instrucciones al capitán general de Guatemala sobre la forma, modo y cuidado que debería llevarse en el traslado de Nueva Guatemala. |
| 1780 | 11 ペルーでツパク・アマル (インカ皇孫) による反乱：ペルー副王に Agustín de Jáuregui y Aldecoa (～1784) | San Francisco Arenosa (Mision), San Jose de Tiznados (Sto. Domingo/Venezuela), Arroyo de la China, Pergamino, Gualegaichu (Charcas/Argentina) |
| 1781 | 3.16 ヌエヴァ・グラナダで, 重税と独占に抵抗するコムネーロスの反乱 | Santa Cruz de Zulia (Sto. Domingo/Venezuela), Los Angeles (Alta California) (Nueva Galicia/USA), Rionegro, Floridablnacas (Charcas/Argentina), San Jose (Charcas/Uruguay), Santa Lucia (Charcas/Uruguay) |

Appendix 1

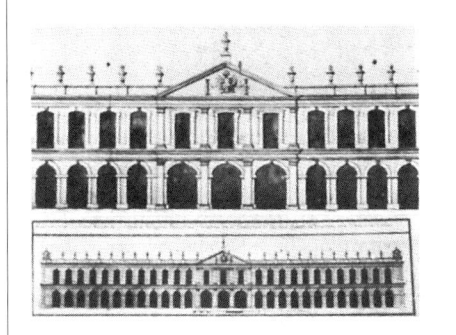

スペイン植民都市年表

| 1782 | オアハカの宮廷 ニコラス・ラフォラ設計 1781 (Gutiérrez (1997)) | *La Lajuela* (*Guatemala/Costa Rica*), *San Buenaventura* (*Alta California*) (*Nueva Galicia/ USA*), *San Antonio y Carmen Patagones* (*Charcas/ Argentina*)<br>勅令「メキシコ市の4つの修道院に，また全ての財産所有者に，街路の舗装化，貧困の撲滅，教化に貢献すること」Real cédula ordenando que cuatro conventos de México debían contribuir, como todos los propietarios de inmuebles de la ciudad, al empedrado y enlosado de las calles, y no rehuir de esta obligación arguyendo pobreza u otras eclesiásticas intenciones.<br>メキシコ市の兵営地の分割「副王の承認に基づいてメキシコ・シティのバリオ長による暴力，盗難，犯罪を抑制する規則」División de la Ciudad de México en cuarteles；reglamento de los Alcaldes de Barrio de la Ciudad de México, con la intención de erradicar violencias, robos y delincuencias, y aprobación por el virrey. |
| --- | --- | --- |
| 1783 | 9.3 ベルサイユ条約締結：米13州独立：スペイン，フロリダ奪還，英領ホンデュラスやバハマ諸島占拠：ヌエヴァ・エスパーニャ第48代副王に Matías de Gálvez y Gallardo (〜1784)<br><br>ベルサイユ条約締結式 (Carl Wilhelm Anton Seiler 画) | *San Juan Bautista de Avelchica*, *San Miguel de Buenavista*, *Santa Magdalena de Currucay* (*Sto. Domingo/Venezuela*), *Rosario Cuarepoti* (*Charcas/ Paraguay*), *Gualeguay* (*Charcas/Argentina*), *Minas* (*Carcas/Uruguay*)<br>副王の告示「メキシコ市の公共建築をバリオ当局によって照明すること」Bando del virrey dando instrucciones para que se iluminen los edificios públicos de la Ciudad de México, siendo cuidados por las autoridades de los barrios.<br>ペドロ・メロ総督の訓示「ポルトガルの侵入に備えるパラグアイの解放パルド(混血)の集落の建設」Fundación de un pueblo de pardos libres en Paraguay para vigilancia y freno de invasiones portuguesas. Instrucción y normativas del gobernador D. Pedro Meló. |
| 1784 | ペルー副王 Teodoro de Croix, Caballero de Croix (〜1790) | *San Luis de Carreras* (*Gatemala San Salvador*), *Guadalupe* (*Guatemala/Costa Rica*), *San Pedro Ycua- Mandiyu* (*Charcas, Paraguay*) |
| 1785 | インテンデンシア制導入：ヌエヴァ・エスパーニャ第49代副王に Bernardo de Gálvez y Madrid (〜1786) | *San Carlos* (*Gatemala San Salvador*), *La Victoria* (*Sto. Domingo/Venezuela*)<br>サンタ・フェ・デ・ボゴタ市長への告示「街路の清掃と乞食とインディオの確認」Bando de los alcaldes de Santa Fe de Bogotá para que se saneen las calles y sean recogidos los mendigos y los indios. |

575

Appendix 1

スペイン植民都市年表

| | | |
|---|---|---|
| 1786 | | *Santa Barbara* (*Nueva Galicia/USA*)<br>グアテマラ長官D・ホセ・エスタチェリアへの調令「ヌエヴァ・グアテマラの建設（総督邸，大聖堂，水道）と財政およびアンティグア・グアテマラに居住する者への罰則」Instrucciones a D. José Estachería, capitán general de Guatemala, sobre financiamiento y las obras de Nueva Guatemala (palacio de gobierno, catedral, conducción de agua) así como castigos a la población que permaneciera en Antigua Guatemala.<br>インテンデント法令「都市におけるその目的と義務」Ordenanzas de intendentes: alcances de sus objetivos y obligaciones en materia urbana. |
| 1787 | | *La Purisima Concepcion* (*Alta California*) (*Nueva Galicia/USA*)<br>ホセ・デ・ガルヴェスのグアテマラ長官への通達「サン・フアン川河口（ニカラグア）にリオ・ティント，カボ・グラシャス・ア・ディオス，ブレムフィールドの4つの集落を建設する」Oficio de D. José de Gálvez al presidente de Guatemala ordenando se formen cuatro poblaciones en Río Tinto, Cabo Gracias a Dios, Blemfields y embocadura del rio San Juan (Nicaragua).<br>クスコ総督ドン・ベニト・デ・ラ・マタ・リナレスへの告示「都市の街路の舗装化」Bando de Don Benito de la Mata Linares, gobernador de Cuzco, sobre empedrados de las calles de la ciudad. |

ナポレオンのアルプス越え (Jacques-Louis David,1801, Charlottenburg Palace)

| | | |
|---|---|---|
| | 9.17 米合衆国憲法制定：ヌエヴァ・エスパーニャ第50代副王にAlonso Núñez de Haro y Peralta (〜1787)：第51代副王にManuel Antonio Flores Maldonado (〜1789) | |

### X. カルロス Carlos IV 世（1788〜1808）

| | | |
|---|---|---|
| 1788 | カルロスIII世死去，カルロスIV世即位 (〜1808) | *Santa Rosa de Bocagrande* (*Sto. Domingo/Venezuela*), *Villa Cura, Parral* (*Chile/Chile*) |
| 1789 | 仏革命 (〜99)：スペイン，ヌエヴァ・エスパーニャ，ヴェネズエラも自由貿易に開放，ラテンアメリカ全域で奴隷貿易の独占廃止：メキシコ行きのガレオン船最終的に廃止：4.30 ワシントン，米初代大統領就任：ヌエヴァ・エスパーニャ第52代副王にJuan Vicente de Güemes Pacheco y Padilla (〜1794) | *San Francisco de Borja, Vallenar, San Francisco Javier de Combarbara* (*Chile/Chile*)<br>市政府および教会当局への勅令「衛生と景観の観点から墓地を郊外へ移転すること」Real cédula a las autoridades civiles y eclesiásticas comunicando la necesidad de hacer cementerios fuera de poblado por razones higiénicas y solicitando pareceres sobre dicho asunto.<br>サンタ・フェ・デ・ボゴタ市長の意見「売春の根絶のために，売春婦をダリエンの新しい施設に移住させること」Parecer del alcalde de Santa Fe de Bogotá para erradicar la prostitución de la ciudad, enviando las mujeres a poblar los nuevos establecimientos del Darién. |

カルロスIV世 (Museo del Prado)

Appendix 1

スペイン植民都市年表

| | | |
|---|---|---|
| 1790 | カディスの通商院廃止．287年の歴史を閉じる：ペルー副王に Francisco Gil de Taboada y Lemos（〜1796） | *Bagaces Nueva* (*Guatemala/Costa Rica*), *San Antonio, San Carlos, Guamalata, Rio Bueno* (*Chile/Chile*)<br>メキシコ市の照明を破壊する者に罰則を与える告示 Bando del virrey anunciando las penas que se aplicarían a los que destruyeran el alumbrado de la Ciudad de México. |
| 1791 | ハイチ革命開始 | *Nuestra Senora de la Soledad* (*California*), *Santa Cruz* (*Alta California*) (*Nueva Galicia/USA*), *Santa Rosa de los Andes* (*Chile/Chile*)<br>メキシコ市における歩行についての軍事監視の指令「乞食，盗人の進入禁止，アラマダとパセオ・ヌエヴォ・デ・ブカレリにおける交通規制」Órdenes para que exista vigilancia militar en los paseos de la Ciudad de México：para que impidan la entrada de mendigos y malvestidos; y se regule el tráfico rodado por la Alameda y el Paseo Nuevo de Bucareli. |
| 1792 | 奴隷船 1789 (Gonzalez Garcia (1995)) アダム・スミスの国富論，西周訳 | *Nuestra Senora del Pilar de Catambo* (*Mision*) (*Sto. Domingo/Venezuela*), *San Jose de Maipo* (*Chile/Chile*)<br>トゥクマン，パラグアイ当局への質問「チャコ・インディアンとの境界における軍事部隊について」Cuestionario a las autoridades de Tucumán y Paraguay sobre guarniciones militares en la frontera de los indios Chaco.<br>ヌエヴァ・ガリシア長官，ドン・ヤコブ・ウガルテ・ロヨラの報告「インディオの集落の農園と共同体と同様，都市や町でも所有物を認める最低」Relación del intendente de Nueva Galicia, Don Jacobo Ugarte Loyola, sobre providencia tomadas sobre arbitrios y propios en ciudades y villas, así como sobre bienes de comunidad y fundo legal de los pueblos de indios. |
| 1793 | 2.13 第1次西仏大同盟：3.7 仏革命政府，スペインに宣戦：国民公会戦争開始（〜95） | *Vallenar, Chanco* (*Chile/Chile*)<br>メキシコ市における公共サーヴィス車設立（車の種類，運転手，値段などの詳細な規則付帯）の告示 Bando comunicando la creación del servicio público de coches, en Ciudad de México, con los pormenores de su reglamento (características de los coches, cocheros, precios, etc.). |
| 1794 | ヌエヴァ・エスパーニャ第63代副王 Juan O' Donojú y O' Ryan（1821〜1821） | *San Fernando de Guadalupe* (*Sto. Domingo/Venezuela*), *Linares, Nueva Bilbao* (*Chile/Chile*) |
| 1795 | 7.22 西仏講和（バーゼル条約） | *Jesus Nazareno* (*Charcas/Argentina*), *Melo* (*Charcas/Uruguay*) |

577

Appendix 1

スペイン植民都市年表

| 年 | 出来事 | 都市 |
|---|---|---|
| 1796 | 10.5 仏西同盟成立，スペイン，英に宣戦布告（〜97），英海軍，全てのスペイン植民地を海上封鎖，トリニダード島を占拠，仏，オランダ占領，英全ギアナを領有：ペルー副王に Ambrosio O'Higgins Marqués de Osorno（〜1801） | San Carlos de Puren (Chile/Chile) |
| 1797 | スペイン，戦費調達のため中立国に対しスペイン領アメリカとの貿易を許可，ラテンアメリカの独立運動家，ミランダの提唱により革命下のパリで政務委員会設置 | Branciforte (California) (Nueva Galicia/Mexico), San Fernando (Alta California), San Jose (Alta California), San Juan Bautista (Alta California) (Nueva Galicia/USA), Macul, Lleopeu (Chile/Chile) |
| 1798 | 7.1 ナポレオン，エジプト占領：ヌエヴァ・エスパーニャ第 54 代副王 Miguel José de Azanza（〜1800） | San Luis Rey (Alta California) (Nueva Galicia/USA) |
| 1799 | 6.1 第 1 次西仏大同盟：6.5 プロシアの科学者アレクサンダー・フンボルト，南米北岸のクマナに上陸，5 年間にわたりラテンアメリカ全土を探検 | Escazo (Guatemala/Costa Rica) |
| 1800 | 10.1 スペイン・ルイジアナ地方を仏に譲渡：ヌエヴァ・エスパーニャ第 55 代副王に Félix Berenguer de Marquina（〜1803） | Rosita (Guatemala/Guatemala), San Carlos de Itibue (Chile/Chile), Rocha, Santo Grabiel de Batovi, Nuestra Sra. De Belen (Charcas/Uruguay) |
| 1801 | 5.19 スペイン，ポルトガル攻撃：6.8 バダホス条約締結：ペルー副王 Manuel Arredondo y Pelegrín (Oidor decano de la Real Audiencia de Lima)（〜1801）：ペルー副王 Gabriel de Avilés y del Fierro, Marqués de Avilés（〜1806） | |
| 1802 | | Valparaiso (Chile/Chile) |
| 1803 | 米，ナポレオンよりルイジアナを買収：ヌエヴァ・エスパーニャ第 56 代副王に José de Iturrigaray Aréstegui（〜1808） | |
| 1804 | 1.1 ハイチ（仏領サン・ドマング）独立，黒人共和国，ラテンアメリカ最初の独立：12.12 西英戦争（〜07）：12.22 ナポレオン戴冠 | Santa Ines (Alta California) (Nueva Galicia/USA), Salamanca, Santa Maria (Chile/Chile) |
| 1805 | 4-8 第 3 次西仏大同盟：10.21 トラファルガー沖海戦，西仏連合艦隊，英に大敗 | |
| 1806 | ナポレオン大陸封鎖例：神聖ローマ帝国解体：英軍・ブエノスアイレス占領：英議会・奴隷貿易廃止決議：ペルー副王に José Fernando de Abascal y Sousa, Marqués de la Concordia（〜1816） | |
| 1807 | 8.6 神聖ローマ帝国滅亡：11 ポルトガル王室，ブラジル亡命 | Achao (Chile/Chile) |

## XI. フェルナンド FernandoVII 世・ホセ JoseI 世（1808〜1813）

| 1808 | 3.17〜19 カルロス IV 世退位，フェルナンド VII 世即位：6.4 ジョセフ・ボナパルト，スペイン王即位（〜1814）：米国・奴隷貿易廃止決議：ポルトガル王室，ブラジル亡命：メキシコ市参事会の抗争始まる，副王が 3 度交替：ヌエヴァ・エスパーニャ第 57 代副王 Pedro de Garibay（〜1809） | |

フェルナンド VII 世 (Museo del Prado)

Appendix 1

スペイン植民都市年表

| 1809 | エクアドルのキトで新大陸初の自治委員会が成立：スペイン政府，国民議会を開催，スペイン王国における本国人と植民地人の対等の資格を認める：1サント・ドミンゴ，再びスペインの支配下に戻る：ヌエヴァ・エスパーニャ第58代副王 Francisco Javier de Lizana y Beaumont（〜1810） | *Quenac*（*Chile/Chile*） |
|---|---|---|
| 1810 | 1.29 中央評議会解散：9.23 カディス議会開催（コルテス設置，インディアス枢機会議解散）：カラカスでフェルナンドへの忠誠を誓う政務委員会設置：メキシコのイダルゴ神父，独立戦争を開始：ヌエヴァ・エスパーニャ第59代副王に Francisco Javier Venegas y Saavedra（〜1813） | *Potresillo*（*Guatemala/Guatemala*） |
| 1811 | 7.5 ヴェネズエラ独立：パラグアイ独立：エクアドル独立 | |
| 1812 | 3.19 カディス憲法公布：6.19 米英戦争勃発（〜14）：7.22 英軍がスペインのサラマンカで仏軍を破る：8.12 英軍，マドリード占拠，スペイン王ジョゼフ・ボナパルト逃亡：9.19 スペインの仏軍が，ブルゴスから撤退：11.02 ジョゼフ・ボナパルトがマドリードを再び占拠． | 各州への議会の政令「インディオスにおける私有物を住民の間に分配することは推奨するが，土地そのものに触れてはならない」Decretos de las Cortes Generales, que envía la Regencia, para que se potencie la propiedad privada en el indio repartiéndose las tierras de los pueblos entre su población activa, aunque sin tocar las tierras comunales. |

### XII. フェルナンド FernandoVII 世（1813〜1833）

| 1813 | 2.22 カディス議会，異端審問所廃止：2.24 米英戦争，英船ピーコック，米船に撃沈される：スウェーデン，オランダ，奴隷制廃止：ヌエヴァ・エスパーニャ第60代副王に Félix María Calleja y del Rey（〜1816）<br><br>フェルナンドⅦ世（Museo del Prado） | 王国統治令「議会を代表して，特定の領域に荒地と共有地が集中するのを抑制し，土地の少ない隣人たち，スペインとラテン・アメリカの独立戦争に参加した軍人に，土地を分配することを命ずる」Decretos de la Regencia del Reino, en nombre de las Cortes Generales, reduciendo los baldíos y terrenos comunes al dominio particular y ordenando la distribución de tierras entre los vecinos que careciesen de ella, así como entre los militares que tomaron parte en la guerra de independencia española y en la hispanoamericana. |
|---|---|---|
| 1814 | フェルナンドVII世即位（〜31）：カディス憲法破棄，議会，マドリードに移動：パリ条約でサント・ドミンゴ，正式にスペイン領に復帰：11.1 ウィーン会議 | |
| 1815 | 米，ラテンアメリカ諸国の独立戦争に対し中立宣言：ポルトガル，ブラジル及びアルガルヴェ連合王国（首都リオ・デ・ジャネイロ） | |
| 1816 | 7.9 アルゼンチン独立：ヌエヴァ・エスパーニャ第61代副王 Juan José Ruiz de Apodaca y Eliza（1816〜1821）：ペルー副王 Joaquín de la Pezuela（Teniente General）（1816〜1821） | サンティアゴ・デ・チリ（1854）（*Crónica de América, Quinto Centenario, 1991*） |
| 1817 | 英西両国間で奴隷貿易廃止に関する協定 | |
| 1818 | チリ独立：11.28 英海軍将校コクラン，チリ海軍の司令官を委託受理 | |

579

Appendix 1

スペイン植民都市年表

| 1819 | ノヴァグラナダ（大コロンビア共和国）独立，ボリバル大統領就任：2.22 スペイン，フロリダを米国に割譲：2.24 オニス・アダムス条約締結 |
|---|---|
| 1820 | 1.1 スペイン本国で自由主義革命勃発：ブラジル帝国，ポルトガルから独立宣言 |
| 1821 | メキシコ独立：ペルー独立宣言：9.15 中央アメリカ 5 国（グアテマラ，ニカラグア，ホンデュラス，コスタリカ，エル＝サルバドル）独立（メキシコと連合～1823）：ポルトガル宮廷リスボンに帰還：ヌエヴァ・エスパーニャ第 62 代副王に Pedro Francisco Novella y Azabal（～1821）：第 63 代副王に Juan O' Donojú y O' Ryan（～1821）：ペルー副王に José de la Serna e Hinojosa（Teniente General）（～1824） |
| 1822 | マドリードで絶対主義擁護派軍事蜂起，鎮圧：10.12 ブラジル帝国独立宣言：12 米国，メキシコとグランコロンビアの独立を承認：ポルトガル，1822 年憲法 |
| 1823 | 中央アメリカ連邦独立（首都グアテマラ）（～1838）：12.2 モンロー米大統領，モンロー宣言 |
| 1824 | アヤクチョの戦いでスペイン軍大敗：12.7 ボリバル，ラテンアメリカ 5 原則提示：ギニアを除く南米諸国，全て独立 |
| 1825 | 8.6 ボリビア独立 |
| 1826 | ボリバル，パナマにラテンアメリカ諸国を召集，連合同盟を呼びかける，アルゼンチン，チリ，ブラジルボ，コット． |
| 1829 | 世界恐慌 |
| 1830 | ボリバル死去：コロンビアよりヴェネズエラとエクアドル分離 |
| 1831 | カルロ・アルベルト，スペイン王即位（～1849） |
| 1832 | 米海兵隊，フォークランド諸島に上陸． |

ハバナ、19 世紀、(Museo Naral, Madrid, Terán (1997))

ブエノス・アイレス、1829、Pellegrini (Crónica de América, Quinto Centenario, 1991)

| XIII. | イサベル Isabel II 世（1833～1870） |
|---|---|
| 1833 | イサベル II 世即位（～1870） |
| 1834 | スペイン，英仏ポルトガルと四国同盟：8.1 ギリス，全植民地での黒人奴隷制廃止：インディアス会議廃止：中央アメリカ連邦，サン・サルバドル遷都 |
| 1835 | スペイン，修道会廃止令：テキサス州の米国人入植者，メキシコ政府に対する反乱開始．翌年 3 月には独立を宣言：ペルー・ボリビア連合成立 |
| 1836 | 12.10 ポルトガル，アフリカ植民地からの奴隷の輸出禁止 |
| 1837 | スペイン，1837 年憲法発布 |
| 1838 | 中央アメリカ連邦崩壊 |
| 1839 | グアテマラ，ニカラグア，ホンデュラス，コスタリカ，エル＝サルバドル独立 |
| 1840 | スペイン初の労働組合結成 |
| 1845 | ドミニカ共和国独立 |

イサベル II 世（Museo del Romanticismo, Madrid）

Appendix 1

スペイン植民都市年表

| 1846 | 米国・メキシコ戦争，メキシコは敗れ国土の北半を割譲（～48），オレゴン（現在のオレゴン，ワシントン州），米国に併合．リンカーンらのホイッグ党左派は「弱国に対する強盗戦争」とポーク大統領を強く非難． |
|---|---|
| 1848 | 仏，仏領西インド諸島で奴隷制を廃止，マルティニークだけで7万4千人の奴隷が解放される：スペイン初の鉄道開通 |
| 1849 | ヴィットリオ・エマヌエルⅡ世即位（～61）：マドリードで民主党創設 |
| 1850 | 4.19中米地峡地帯の中立をうたったクレイトン＝バルワー条約締結． |
| 1851 | ポルトガル「刷新」開始 |
| 1854 | メキシコの自由主義者，独裁と腐敗を極めるサンタアナを追放，その後内戦に移行． |
| 1855 | パナマ地峡横断鉄道完成． |
| 1856 | サンチアゴで，アメリカ大陸会議．米国の侵略に対する防衛手段が討議される． |
| 1860 | 11 リンカーン，大統領に当選：ファレス，メキシコ大統領に就任，レフォルマ始まる：日ポルトガル修好通商条約調印 |
| 1861 | アルフォンソⅩⅡ世即位（～81）：4米国，南北戦争（～65）：スペイン，ドミニカ共和国再併合 |
| 1863 | 仏，メキシコを占領，マクシミリアンを皇帝とする：ファレスの抵抗運動を米国が支援：リンカーン，奴隷解放宣言 |
| 1864 | スペイン，ペルーへ軍事遠征 |
| 1865 | パラグアイとブラジル，アルゼンチン，ウルグアイの戦争勃発：ドミニカ共和国再独立 |
| 1867 | 米，ロシアよりアラスカを購入 |
| 1868 | マドリードで革命評議会結成：イサベルⅡ世，仏へ亡命（スペイン・ブルボン朝崩壊）：カルロス・マヌエル・セステペス，キューバ独立闘争開始（第一次キューバ独立戦争） |
| 1869 | スエズ運河開通 |

米国・メキシコ戦争．Battle_of_Veracruz.1851(Crónica de América,Quinto Centenario,1991)

モンテヴィデオ、19世紀、(Terán,1997)

ラ・パス、19世紀(Crónica de América,Quinto Centenario,1991)

### XIV. アマデオ AmadeoⅠ世（1870～1873）

| 1870 | アマデオⅠ世即位（～1873）：仏第三共和制（～1940） |
|---|---|
| 1871 | パリ・コミューン |
| 1873 | スペイン第1次共和制（～1875） |

### XV. アルフォンソ AlfonsoⅫ世（1875～1885）

| 1875 | アルフォンソⅫ世即位（～1885），ブルボン朝復古：ラテンアメリカ諸国への中国移民の導入，国際的問題となり受入れ中止：ドミニカ共和国，ハイチと平和条約締結 |
|---|---|
| 1877 | メキシコにディアス独裁政権登場 |
| 1878 | スペイン，キューバとサンホン条約締結，十年戦争終結 |

581

## Appendix 1
### スペイン植民都市年表

| 1879 | 5.2 スペイン社会労働党創立；チリとペルー・ボリビア，硝石資源をめぐって太平洋戦争：レセップス，コロンビアとパナマ運河建設契約 |
|---|---|
| 1880 | パンパス平原で大規模なインディオ狩が行なわれ，エスタンシア制が確立. |
| 1881 | パナマ運河着工：11.22 米国務長官ジェームス・ブレーン，ラテンアメリカ諸国を汎米会議に招請. |
| 1882 | 11.19 アルゼンチン，ブエノスアイレス州の州都として，ラ・プラタ市を建設 |
| 1884 | 11 ベルリン会議，14 カ国が参加しアフリカ分割議論 |

Filipin revolution. Malolos congress (Almario, 2009)

| XVI. | アルフォンソ AlfonsoXIII 世（1885〜1931） |
|---|---|
| 1885 | アルフォンソ XIII 世即位（〜1931）：レセップス，パナマ運河開削を開始. |
| 1886 | キューバ奴隷制廃止 |
| 1888 | 5.13 ブラジル，黄金法，西半球最後の奴隷制を廃止 |
| 1889 | 10 米州諸国会議開催，ドミニカを除くすべてのラテンアメリカ 18 ケ国が参加：ブラジル共和制革命，帝政廃止 |
| 1891 | 12.31 スペイン，保護関税策強化 |
| 1893 | グアテマラへ日本初のラテンアメリカ移民 |
| 1895 | 英領ギアナとヴェネズエラの国境に金鉱発見：ホセ・マルティ，キューバ独立を目指す蜂起開始（第 2 次キューバ独立戦争） |
| 1896 | ホンデュラス，ニカラグア，エルサルバドルによる中米大共和国 Republica Mayor de Centroamerica の結成（〜1898） |
| 1897 | フィリピン革命政府樹立 |
| 1898 | 4.20 米西（米西キューバ）戦争，8.12 交戦終結，12.20 パリ条約：キューバ独立，米国，フィリピン，グアムおよびプエルト・リコを含むスペイン植民地のほとんどすべてを獲得（キューバを保護国化） |

アルフォンソ XIII 世, (Soroya, Palacio Real, Madrid)

## Appendix 2

## 「インディアスの発見，植民，平定に関する新法令」
## (『フェリペ II 世の勅令』(1573 年))

・以下の邦訳は，マニュスクリプトをディエゴ-フェルナンデスが活字化したもの (Ordenanzas de Descubrimiento, Nueva Población y Pacificación de las Indias (Diego-Fernandez Sotelo, Rafael, "Mito y Realidad en las leyes de poblacion de Indias", Icaza Dufour, F. et al (eds.) (1987), "Recopilacion de Leyes de los Reynos de las Indias", Mexico, 1987)) を用いた．加嶋章博 (2007)「スペイン植民地法「フェリーペ 2 世の勅令」に関する基礎的考察―全文邦訳ならびに都市計画規範への解題，註解作業を主体として―」建築史学第 48 号 2007 年 3 月) による．
・スペイン語訳は，フランシスコ・デ・ソラノ (Nuevas Ordenanzas de Descubrimiento, Población y Pacificación de las Indias：Bosque de Balsain, 13 de julio de 1573 (Fracisco de Solano (1996a) "Normas y Leyes de la Ciudad Hispanoamericana 1492-1600 I", Consejo Superior de Investigaciones Cientificas Centro de Estudios Históricos, Madrid) による．
・加嶋章博 (2007) 訳を前提に，原語との対応を確認するために，原則として，以下のような訳語を機械的に当てるとともに若干の言い回しの変更を加えた．() は加嶋の訳あるいは補遺である．
・法令は 148 条からなるがマニュスクリプト版には第 91 条が存在しない．また，第 111 条が 2 つある．第 111 条と第 111 条の 2 とするが，条文総数は 148 で変わらない．さらに，第 69 条に改行があり，2 つの条に分ける主張がある．ソラノはこの主張に従っており，条文総数は 149 となる．

・凡例

descubrir 発見する, descubrimiento 発見, descubridore 発見者：pacificar 平定する, pacificación 平定：poblar 入植する, población 入植, 入植地：poblador 入植者：加嶋は, población を入植, 町建設, 時に町そのものを指すとし, 町 pueblo を建設 poblar することを意味するとしている．そして,「町」を指す語として, población, pueblo, villa があるとして, さらに, 前後の脈略により, 入植, 入植地とも訳される, とする．ここでは, 以上のように原語との対応を表示している．

# Appendix 2

「インディアスの発見，植民，平定に関する新法令」

ciudad 都市：ciudad metropolitana 首都：villa 町：lugare 村（場所，土地）：この3つの語は，多くの場合 las ciudades, villas o lugares, ciudad, y villa o lugar というかたちでセットで用いられている．：lugare cabecera (sujeto) 中心村，拠点村（地域の行政中心地）：pueblo 集落：pueblo cabecera (sujeto) 中心集落（地域の行政中心地）：colonia 居留地，居留民：provincia 地方：region 地域：comarca 地区
ejido エヒード（共有地）：plaza mayor プラサ・マヨール（中央広場）：calle 街路：camino 道路：pasto 牧草地：solares 土地，宅地，地所：labor 小農場，労働：estancia 農場，牧場，大農園：edificado 建造物
virrey 副王：gobernadore ゴベルナドール（総督）：presidente 長官：capitán general 総監：alcaldes mayor アルカルデ・マヨール（市長，州知事・郡総督，奉行）：alcalde ordinario アルカルデ・オルディナリオ（判事）：コレヒドール corregidor（王室代理官，地方監督官，代官）：regidor レヒドール（議員）：adelantado アデランタード（先遣総督・辺境総督）：clérigos 司祭（聖職者）：religiosos 修道士：naturales 先住民
Concejo インディアス枢密会議 Concejo Real y Supremo delas Indias: audiencia アウディエンシア（聴訴院）：cabildo カビルド（市議会）：regimiento 参事会：republica 共和政体：concejo 市（町村）議会：comunidades 共同体：ordenanza 法令
宅地，農地の班給の単位である peonia, caballeria を，加嶋は，分与地，恩賞地とするが，他の単位にそろえ，ペオニア，カバジェリアとカタカナ表記とした．ペオニアとは，幅50ピエ，長さ100ピエの宅地，100ファネガの大麦または小麦の栽培用地，10ファネガのトウモロコシの栽培用地，2ウエブラの果樹園，8ウェブラのその他の乾燥した樹木の栽培用地，そして豚10頭，雌牛20頭，雌馬5頭，羊100頭，山羊20頭の放牧が可能な牧草地を言う（第105条）．カバジェリアとは，幅100ピエ，長さ200ピエの宅地とペオニア5つ分の土地を言う．すなわち，500ファネガの小麦，大麦の栽培用地，50ファネガのトウモロコシの栽培用地，10ウエブラの果樹園，40ウエブラのその他の乾燥した樹木の栽培用地，そして豚50頭，雌牛100頭，雌馬20頭，羊500頭，ヤギ100頭の放牧が可能な牧草地を言う（第106条）．すなわち，カバジェリアは，イオニアの，宅地は4倍，その他の土地は5倍である．ペオニアはペオン peon＝歩兵，カバジェリアはカバジョcaballo＝馬を語源とする．歩兵と騎馬兵とのランク分けに由来すると考えられる．

## フェリーペⅡ世国王から，

我が海外領土における副王，長官，アウディエンシア，ゴベルナドール，そして以下に言及する者，また関係者すべてに向けて．
インディアス［の大陸およぼ地方］での発見（探索），新入植，平定は何のために行う

のかをよく理解した上で，効率よく，また神の思し召しにしたがって先住民のために（意義ある方法で）発見（探索），入植，平定を行うこと．次にあげる法令はとりわけ遵守せねばならない

**Don Felipe**, rey.

A los virreyes, presidentes, audiencias y gobernadores de nuestras Indias del mar océano y a todas las otras personas a quien lo infrascrito toca y atañe, y puede tocar y atañer, en cualquier manera.

Sabed que para que los descubrimientos, nuevas poblaciones y pacificaciones de las tierras y provincias que en las Indias están por descubrir, poblar y pacificar se hagan con mas facilidad y como conviene al servicio de Dios y nuestro, y bien de los naturales. Entre otras cosas hemos mandado hacer las ordenanzas siguientes:

［発見］[475]

【第1条】

何人も，いかなる身分や条件下にあっても，自己の一存で海洋，陸地の新たな発見（探索）を行ってはならず，進入，新入植，野営も行ってはならない．発見（探索）した土地やこれから行う予定の土地においても，許可および備蓄なくして，あるいは我々が委任する者からの承諾なしにそれらの行為に及んではならない．それらを実行した者は死刑および全財産を国庫に没収する．また副王，アウディエンシア，ゴベルナドールや他の司法官吏にあっては，新たな発見（探索）については我々にまず相談し，我々の承認を得ずして許可を出してはならない．しかし，既に発見（探索）された土地においては，ここで定める規律に従い，秩序を保ち，価値ある入植を行う許可を出すことを認める．そうして発見（探索）された土地への入植を行った後，我々に報告書を提出する．

Ninguna persona, de cualquier estado y condición que sea, haga por su propia autoridad nuevo descubrimiento por mar, ni por tierra, ni entrada, nueva población ni ranchería en lo que estuviere descubierto o se descubriere, sin licencia y provisión, o de quien tuviere nuestro poder para darla so pena de muerte y de perdimiento de todos sus bienes para nuestra cámara. Y mandamos a nuestros virreyes, audiencias y gobernadores y otras justicias de las Indias que no den licencia para hacer nuevos descubrimientos sin enviárnoslo primero a consultar y tener

---

475）原文にこの章題はない．加嶋訳は，「探索」．

「インディアスの発見，植民，平定に関する新法令」

para ello primero licencia nuestra. Pero permitimos que lo que estuviere ya descubierto puedan dar licencia para hacer las poblaciones que convengan, guardando la orden que en el hacerlas se manda guardar por estas leyes, con que de la población que se hiciere en lo descubierto luego nos envíen relación.

## 【第2条】

インディアスにおいて統治を行う者は，宗教的にも世俗的にも，自らの土地および地方（領地およびその周辺地区）において，発見（探索），平定すべき場所があるか，またそれは価値あることなのか，どの様な国にどの様な民衆が住んでいるのかを常に詳しく把握するよう務めなければならない．ただし，決してそのために兵員を派遣したり，争いや騒動が起こるような手段を取ってはならず，最良の方法で情報を集めること．同様に，発見（探索）を行うのに都合の良い人物を調べ，先住民（原住民）に危害を加えることなく，公正に遂行されたなら，礼遇し恩賞を与えるという協定を結ぶ．協定を結ぶ内容や調査内容については，それらを実行に移す前に副王，アウディエンシアに報告し，インディアス諮問会議にも提出する．そこで承認され，許可を得たうえで，以下の法にしたがって発見（探索）を実行に移すことが出来る．

Los que tienen la gobernación de las Indias, así en lo espiritual como en lo temporal, se informen con mucha diligencia si dentro de su distrito en las tierras y provincias que confinaren con el hay alguna por descubrir y pacificar, y de la sustancia y calidades de ellas, y de las gentes de guerras y las naciones que las habitan: sin enviar a ellas gente de guerra, ni otra que pueda causar escándalo sino informándose por los mejores medios que pudieren. Y asimismo se informen de las personas que les pareciesen mas convenientes tomen asiento y capitulación ofreciéndoles las honras y aprovechamientos que justamente y sin injuria de los naturales se les pudieren ofrecer. Y sin ejecutarlo de lo que hubieren capitulado y de lo que averiguaren, y de la relación que tuvieren la den al virrey y a las audiencias y envíen al Consejo. Y habiéndose visto en el, y dado licencia para ello puedan hacer el descubrimiento de ellas, guardando la orden siguiente.

## 【第3条】

陸地の発見（探索）を行うにあたっては，平穏なところであり，家臣のインディオの土地でもないのであれば，適切な場所であって，その隣接地で我々の裁量によることが可能に利便性の高いところ lugar に，安全な方法によってスペイン人村（街）をまず設ける．

Appendix 2
「インディアスの発見,植民,平定に関する新法令」

Habiéndose de hacer el descubrimiento por tierra, en los confines de la provincia, pacífica y sujeta a nuestra obediencia, en lugar convincente se pueble lugar de españoles si hubiere disposición para ello, si no sea de indios vasallos, de manera que sean seguros.

## 【第4条】

その隣接地の入植した集落(町)から,取引,物々交換 rescates を通じて,土地を発見する(土地の探索を行う)ために,家臣で現地語を話すインディオをまず派遣する.そして修道士やスペイン人を送り込み,物々交換,贈与,親睦を通してその土地の民の主観,実体,性質,そこに住む民族,中でもそこを統治する者についての知識を得,理解に努める.把握したすべてを記述し,常に報告書にまとめ,ゴベルナドールに送り,ゴベルナドールはそれをインディアス諮問会議に送るものとする.

Desde el pueblo que estuviere poblado en los confines por vía de comercio y rescate entren indios vasallos lenguas a descubrir la tierra, y religiosos y españoles con rescates. Y con dadivas y de paz procuren de saber y de entender el sujeto, sustancia y calidad de la tierra, y las naciones de gentes que la habitan; y los señores que la gobiernan; y hagan descripción de todo lo que se pudiere saber y entender, y vayan enviando siempre relación al gobernador, para que la envié al Consejo.

## 【第5条】

インディオに損害を与えずに,スペイン人の入植が可能である村 lugares(地域),場所 puestos(位置)をよく観察する.

Miren mucho por los lugares y puestos en que se pudiere hacer población de españoles, sin prejuicio de indios.

## 【第6条】

海洋で発見(探索)を行う場合は,以下に掲げる規定に従わねばならない.許可あるいは我々の準備金を得た者は海洋発見(探索)に出なければならない.その際,小型の軍船あるいはカラベル船あるいは容積 70 トンを超えない船舶で,湾内航行や沿岸航行,河川や河口の航行も可能で浅瀬に対し問題がないものを少なくとも 2 隻用意する.

En los descubrimientos que se hubieren de hacer por mar se guarde la instrucción siguiente: el que con licencia o provisión nuestra, o de quien tuviere nuestro poder hubiere de ir a hacer

「インディアスの発見，植民，平定に関する新法令」

algún descubrimiento por mar se obligue a llevar por lo menos dos navíos pequeños, carabelas o bajeles que no pasen de sesenta toneladas, que se puedan engolfar y costear, entrar por cualquier ríos y barras, sin peligros de los bajos.

## 【第 7 条】

前述の船舶は，常に2隻で航行せねばならない．なぜなら，1隻が2隻目を援助することが出来，片方が故障した場合にはもう片方の船に人々を収容できるからである．

Los dichos navíos vayan siempre de dos en dos: porque el uno pueda socorrer al otro, y si alguno faltare, se pueda recoger la gente en el que quedare.

## 【第 8 条】

前述した規模の船の船員数は，1隻につき船員と発見（探索）者あわせて30人とする．食料不足に備えてそれより多くなってはならず，操船をしっかりするためにそれ以下でもいけない．

En cada uno de los dichos navíos, del dicho porte, vayan treinta personas entre marineros y descubridores y bo mas: porque puedan ir bien avituallados, ni menos porque puedan ser bien gobernados.

## 【第 9 条】

船1隻につき操縦士2名，可能であれば司祭あるいは修道士2名を搭乗させ改宗に従事させる．

Vayan en cada uno de los dichos navíos dos pilotos, si se pudieren haber, y dos clérigos o religiosos, para que entiendan en la conversión.

## 【第 10 条】

船舶には，出発の日から最低12ヶ月分の食糧を積み込む．また，ろうそく，アンカー，引き綱，その他の漁具，艤装品を調達し，2隻航行する．

Vayan avituallados por lo menos por doce meses, desde el día que portaren, bien proveídos de velas, anclas, cables y las demás jarcias y aparejos necesarios para la navegación, con los timones doblados.

## 【第 11 条】

船で到着した土地のインディオたちと取引を行うために，あまり価値のない商品を船に積んでおく．例えば，はさみ，櫛，刃物，釜，釣り針，色帽子，鏡，鈴，ガラスビーズ，その他同じような価値のもの．

Para contratar y rescatar con los indios, y genes de las partes donde llegasen, se lleven en cada navío alguna mercaderías de poco valor, como tijeras, peines, cuchillos, hachas, anzuelos, bonetes de colores, espejos, cascabeles, cuentas de vidrio y otras cosas de esta calidad.

## 【第 12 条】

前述の船の操縦士や水兵たちは，常に船の位置を測定し，航路や潮流，風向き，増水，飲料水補給地，年間を通じての季節を注意深く観察しながら進む．礁ゃ浅瀬では水深調査を手で行い，発見したもの，水面下の地形，島，沿岸の地形，河川，港，入江，小さな湾に出くわした場合は状況をよく観察し書き留める．その航海日誌はそれぞれの船が持ち，常に全ての記録内容についてそれがあった海抜，位置を互いの船で確認しあい，日時を書き留める．互いの調査結果に違いが生じた場合に，可能ならどちらが事実なのかを究明し，結果を統一させることが目的である．それが無理な場合は，最初の記録をそのまま残しておかねばならない．

Los pilotos y marineros que fueren en los dichos navíos vayan echando sus puntos, y mirando muy bien sus derrotas, las corrientes, aguajes, vientos, crecientes y aguadas que en ellas hubiere, y los tiempos de ano. Y con la sonda en la mano vayan notando los bajos y arrecifes que toparen: descubiertos y debajo del agua; las islas, tierras, ríos y puertos y ensenadas, encones y bahías que toparen. Y en el libro que para ello cada navío llevare lo asiente en todo en las alturas y puntos que hallaren, consultándose con los del otro las mas de las veces que pudieren y el tiempo que diere lugar: para que lo que entre ellos hubiere diferencia se concuerden si pudieren y se averigüe lo mas cierto y si no, se quede como lo hubieren primero escrito.

## 【第 13 条】

水陸とも，発見者（探索に出た者）は，辿り着いた土地において，その地方，地区すべての土地を我々の名の下に所有する．そして信頼が得られるよう公衆の面前で必要な儀式や聖史劇を行い，信仰と誓いを立てる．

Las personas que fueren a descubrimientos por mar o por tierra tomen posesión en nuestro nombre de todas las tierras de las provincias y partes a donde llegaren y saltaren en tierra, haciendo la solemnidad y autos necesarios de los cuales traigan fe y testimonio en pública forma, en manera que haga fe.

## 【第14条】

発見者（探索に出た者）は，発見した土地やその地方，その地の主要な山河，その地にある或いは自ら築いた集落（村）や都市（町）に名前を付けるものとする．

Luego que los descubridores lleguen a las provincias y tierras que descubrieren, juntamente con los oficiales, pongan nombre a toda la tierra, a cada provincia por si, a los montes y ríos más principales que en ellas hubiere; y a los pueblos y ciudades que hallaren en la tierra y ellos fundaren.

## 【第15条】

発見（探索）者はとの土地に行くにも，通訳のため何人かのインディオを最も相応しいと思われる所から連れて行く．あちこちの土地を発見（探索）しに地方へ行った場合もそのようにすればよいが，とにかく通訳者は厚遇する．彼らの言葉を介して，あるいは出来る限りの手段によって現地の人々と会話をし，その土地の習慣や会話，人々の生活を理解するよう努める．またその土地の宗教，彼らが崇める偶像，どのような供犠，崇拝方法があるのか，文書になった教理や流儀があるのかどうか，どのように統治，支配しているのか，王は存在するのか，また，それは選挙なのかあるいは世襲によって選ばれるのか，共和政体として統治されているのかあるいは血統によるものか，どういう収入源や税収があるのか，またそれはどの様に，誰に対してなのか，その地で何が最も貴重とされているのか，また彼らが高く評価するもののうち何がその土地で作られ，何が他の土地から仕入れられているものなのかを調べること．たとえば金属は採れるのか，どんな質の金属なのか，スパイス類あるいは薬品や芳香性のものはあるのかを調べる．そのためにコショウ，クローブ，シナモン，生姜，ナツメグなど幾種類かのスパイスを用意し，彼らに見せたり，それらを知っているかどうかを尋ねる．同様に，わが国で高く評価される類の石などはあるのかどうか，その地の家畜や野生動物の性質，栽培植物，樹木および自然のものの質，そしてそれらによって利益は生じるのかどうか，といったことを調査しなければならない．そして記述を残したものは全てそれが何なのか把握していなければならない．

Procuren llevar algunos indios para lenguas a las partes donde fueren, de donde les pareciere ser mas a propósito, y lo mismo puedan hacer en las provincias que desabrieren de unas tierras a otras, haciéndoles todo buen tratamiento. Y por medio de las dichas lenguas o como mejor pudieren, hablen con los de la tierra y tengan platicas y conversación con ellos, procurando entender las costumbres, calidades y manera de vivir de la gente de la tierra y comarcanos: informándose de la religión que tienen, ídolos que adoran; con que sacrificios y manera de culto; si hay entre ellos alguna doctrina y genero de letras; como se rigen y gobiernan; si tienen reyes, y si estos son por elección o derecho de sangre, o si se gobiernan como republica o por linajes; que cosas son las que ellos mas aprecian; que son las que ellos mas aprecian; que son las que hay en la tierra y cuales traen de otras partes que ellos tengan en estimación: si en la tierra hay metales y de que calidad; si hay especería o alguna manera de drogas y cosas aromáticas, para lo cual lleven algunos géneros de especias, así como de pimienta, clavos, canela, jengibre, nuez moscada y otras cosas por muestra para mostrárselo y preguntarles por ello. Y asimismo sepan si hay algún genero de piedras, cosas preciosas de las que nuestro reino se estiman y se informen de la calidad de los animales domésticos y salvajes, de la calidad de las plantas y árboles cultivados e incultos que hubiere en la tierra y de las de aprovechamientos que de ellas se tienen; y finalmente, de todas las cosas contenidas en el titulo de las descripciones.

## 【第16条】

土地にある食糧を把握しておき，そのうち味の良いものは遠征時のために備える．
Informarse de las comidas y vituallas que hay en la tierra y que fueren buenas se provean para su viaje.

## 【第17条】

人々が外部の人間に慣れており，そして彼らの中にある何か宗教的な考え方によって我々の宗教や良好な習慣の植付けを無駄と考えるような場合には，そのままにし，1年もしくは出来ればそれまでに再びその地に戻ってくることを約束する．
Si vieren que la gente es domestica y que con seguridad puede entre ellos algún religioso y hubiere alguno que huelgue de quedar para adoctrinarlos y poner en buena policía, lo dejen prometiéndole de volver por el dentro de un ano, y antes si pudieren.

## 【第18条】

発見（探索）者は，どのような理由があってもその地内に留まってはならず，食糧が

「インディアスの発見，植民，平定に関する新法令」

底を突くのを待ち受けてはいけない．出発時の蓄えの半分を消費した時点で帰路につき，調査した事，発見したこと，関わりをもつた人々について把握していること，情報があればその他近辺の人々に関しても見聞したことを報告する．

Los descubridores no se detengan en la tierra, ni esperen en su viaje a que las vituallas se les acaben, en ninguna manera ni por alguna causa sino que en habiendo gastado la mitad de la provisión con que hubieren salido den la vuelta a dar razón de lo que hubieren hallado y descubierto, y alcanzado a entender, si de las gentes con que lloverán tratado como de otras comarcas, de quien pueden haber noticia.

## 【第 19 条】

海から発見（探索）する場合，前に挙げた運搬品を積んだ船舶で多景に搭載した船がある場合は，まず注意して沿岸航行し，安全な港を探し，そこに船を停泊する．そこから小さいほうの船舶で別の安全な港を発見するまで沿岸を（沿岸航行で探索）測深しながら進む．そうして戻って大きいほうの船を安全な箇所を通って移動させる．更に同じ様に次の安全な港を見つけて前進する．

Si para descubrimiento por mar allende de los navíos del porte que esta dicho que se han de llevar, fueren algunos navíos e mucho porte llevase mucho aviso, que en comenzando a costear se les busque puerto seguro. Y dejándolos en el a buen recaudo, los navíos menores y bajeles pasen costeando descubriendo y sondando hasta que hallen otro puerto seguro. Y de allí vuelvan por los navíos gruesos, llevándolos por la parte segura que hubieren descubierto al puerto siguiente. Y así sucesivamente vayan pasando adelante.

## 【第 20 条】

水陸の発見（探索）を行う者は，いかなる場合も戦争を引き起こしたり征服をおこなったりしてはならない．また対立し合うインディオ衆の一方に味方したりしてはならず，彼ら同士の問題や小競り合いに介入してはならない．またいかなる理由があっても，彼らに危害を加えてはならない．物々交換あるいは彼ら自らの好意による場合を除き，彼らの意に反して所有物を取得してはならない．

Los descubridores por mar o por tierra no se empachen en guerra ni conquista en ninguna manera, ni ayudar a unos indios contra otros, ni se revuelvan en cuestiones de contiendas con los de la tierra por ninguna razón que sea, ni les hagan dañó, ni mal alguno, ni les tomen contra su voluntad cosa suya si no fuese por rescate o besándolos ellos de su voluntad.

## 【第 21 条】

発見（探索），視察 viaje を終えた者は帰ってから派遣されたアウディエンシア及びゴベルナドールへの報告を行わねばならない．

Habiendo hecho el descubrimiento y viaje los descubridles vuelvan a dar cuenta a las audiencias y gobernadores que los hubieren despachado.

## 【第 22 条】

海においても陸においても発見（探索）者は見たもの，調査したこと，起こったことすべてに関して日毎に解説，記録をつけ，記録誌を作成する．毎日記入後にその発見（探索）に関する内容をすべて人前で読み上げる．何人かの主要な人物の署名を求め，そうして書かれた内容の信憑性を高める．その記録誌は安全に保管し，戻った時に発見（探索）の認可を受けたアウディエンシアに提出せねばならない．

Los descubridores por mar o por tierra hagan comentario y memoria por días, de todo lo que vieren y hallaren y les aconteciere en las tierras que descubrieren, todo lo vayan asentando en un libro. Y después de asentado se lea en público cada día, delante de los que fueren al dicho descubrimiento, porque se averigüe más lo que pasare y pueda constar de la verdad de todo aquello, firmándolo de alguno de lo principales. El cual libro se guardara a mucho recaudo, para que cuando vuelvan le traigan y presenten ante la Audiencia, con cuya licencia hubieren ido.

## 【第 23 条】

海および陸地におけるいかなる発見（探索）を行った者でも，戻ってから何を発見したのか，何を行ったのかをアウディエンシアに届け出，それらすべてを完璧で十分な報告書にまとめインディアス諮問会議に送る．そうして報告書を見て，主イエスおよび我々にとってそれらが有益かどうか，発見（探索）者に発見（探索）した土地への入植を委託するかどうか，それまでの仕事や出費に相応しい謝金を与えるかどうか，あらかじめ取り決められた内容が遂行されたかどうかを審議する．

Las personas que hicieren cualesquier descubrimientos por mar o por tierra vuelvan a dar cuenta a las Audiencias de lo que hubieren descubierto y hecho en los dichos descubrimientos; los cuales nos envíen relación de todo ello larga y cumplida al nuestro Consejo de las Indias, para que se provea sobre ello lo que convenga al servicio de Dios nuestro señor nuestro. Y al descubridor se le encargue la población de lo descubierto, teniendo las partes necesarias para

「インディアスの発見，植民，平定に関する新法令」

ello o se le haga la gratificación que mereciere por lo que hubiere trabajado y gastado, o se cumpla lo que con el se hubiere asentado, habiendo el de su parte cumplido su asiento.

## 【第 24 条】

海，陸地を発見（探索）する者は，インディオを連れ帰ってはいけない．彼らから奴隷として売るという申し出や同伴したいという希望があっても，それがいかなる状況であっても許されない．違反した者には死刑を科す．ただし，3～4名までの現地語通訳者は例外とし，彼らを厚遇し，その奉仕に対して報酬を与えるものとする．

Los que hicieren descubrimientos por mar o por tierra no puedan traer, ni traigan, indio alguno de las tierras que descubrieren, aunque se los vendan por esclavos o ellos se quieran venir con ellos, ni de otra manera, so pena de muerte, excepto hasta tres o cuatro personas para lenguas, tratándolos bien y pagándoles su trabajo.

## 【第 25 条】

すべてはインディアスを発見（探索）するという我々の強い熱意や願望による探検なのであり，それはまた，キリスト教の福音書を広め，先住民（原住民）が我々のキリスト教信仰に理解を示すよう行うものである．そのような敬虔な目的を掲げた事業に対しては，国庫よりその費用を支出する．しかし，これまでの報告を注意して見ると，多額の資金を費やしたものや，十分に注意深い発見（探索）が行われていなかったり，手続きが不足していたりする．目的を達成するための王室財源の有効活用から逸脱してまで職務を遂行しょうとするのなら，発見（探索），航行，入植は王室財源の負担で行わない．また総督府も，国の出費でそれらを実行できる特別な権限が与えられていない場合は，たとえ発見（探索），航行に関する我々の代理権や指示を受けていてもそれらの出費を負担してはならない．

Aunque según el celo y deseo que tenemos de que todo lo que cuesta por de las Indias se descubriese para que se publicase el santo Evangelio y los naturales viniesen al conocimiento de nuestra santa fe católica, tendríamos en poco todo lo que se pudiese gastar para tan santo efecto, pero atento que la experiencia ha demostrado en muchos descubrimientos y navegaciones que se han hecho por nuestra cuenta, se hacen con mucha costa y con mucho menos cuidado y diligencia de los que van a hacer procurando mas de aprovecharse de la hacienda real que de que se consiga el efecto a que van, mandamos que ningún descubrimiento nuevo, navegación ni población se haga a costa de nuestra hacienda, ni los que gobiernan puedan gastar en esto cosa alguna de ella, aunque tengan nuestros poderes e instrucciones para hacer descubrimientos y navegaciones, si no tuvieren poder especial para hacerlo a nuestra costa.

## 【第 26 条】

インディアスに渡ることが許される教団の修道士で，神に仕えるために土地を発見（探索）しキリスト教福音書を流布したいという意志をもつ者は，他の者に先立ってインディアスで発見（探索）を行う．またそのための許可も与えるものとし，その申し分ない任務に必要なもの全てを我々の出費のもとに援助，供給する．

Habiendo frailes y religiosos de las Ordenes que se permiten pasar a las Indias que con deseo de emplearse en servir a nuestro Señor quisieren ir a descubrir tierras y publicar en ellas en santo evangelio, antes a ellos que a otros se encargue el descubrimiento y se les de licencia para ello. Y sean favorecidos y proveídos de todo lo necesario para tan santa y buena obra a nuestra costa.

## 【第 27 条】

新発見（探索）の任務を負う者は，キリスト教で認められたもので神の栄光をたたえる熱心で良心のある者であること．また，平和を愛する者で，インディオに危害を一切くわえることなく彼らがまったく満足するような方法で改宗を行う者であること．善と美徳によって我々の希望および，自らの務めを果たすよう信心と節度をもって努めること．

Las personas a quien se hubiere de encargar nuevos descubrimientos se procure que sean aprobadas en cristiandad y de buena conciencia, celosas de la honra de Dios y servicio nuestro, amadoras de la paz y de las cosas de la conversión de los indios: de manera que haya entera satisfacción que no les harán mal ni daño, y que por su virtud y bondad satisfagan a nuestro deseo y a la obligación que tenemos de procurar que esto se haga con mucha devoción y templanza.

## 【第 28 条】

我が王国に属さない外国人やインディアス入国を許可されていない者は発見（探索）の任務を追うことはできない．また，そのような者を連れて行ってはならない．

No se puedan encargar descubrimientos a extranjeros de nuestros reinos, ni a personas prohibidas de pasar a las Indias, ni a las personas a quien se encargaren las puedan pasar.

「インディアスの発見，植民，平定に関する新法令」

## 【第29条】

発見（探索）の任務を果たしても称号や名声を与えられるものではない．それは平和と慈善による発見（探索）を我々は望むのであって，名声を上げることが，インディオに強要したり，損害を与えたりする機会を与えたり，その口実になることのないようにするためである．

Los descubrimientos no se den con titulo y nombre de conquista, pues habiéndose de hacer con tanta paz y caridad como deseamos no queremos que el nombre de ocasión ni color para que se pueda hacer fuerza, ni agravio a los indios.

## 【第30条】

発見（探索）者は本書の法令，特にインディオの利益に関わる法令，彼らに関係する特別な指示を遵守すること．これらは，発見（探索）する土地や地方の性質に相応しくなるよう解釈すること．

Los descubridores guarden las ordenanzas de este libro y especialmente las hechas en favor de los indios, y las instrucciones particulares que se les dieren: y estas se les den convenientes y acomodadas a la cualidad de la provincia y tierra a donde han de ir.

## 【第31条】

他の者が発見した（探索を行った）場所やこれから発見（探索）されることになっている所では，いかなる発見（探索）者も入植者も，発見（探索）や入植のためにその地に入ってはならない．発見（探索）者の間で境界線に関して疑問や認識に違いがある場合は，両者とも当該地の発見（探索）や入植を取り止め，当該地を管轄するアウディエンシアに報告する．そしてどのアウディエンシアに該当するかが不明な場合や異なったアウディエンシアにまたがっている場合には，双方のアウディエンシアおよびインディアス諮問会議に報告する．それらのアウディエンシア間で合意，もしくは双方のアウディエンシアが合意しない場合には〔インディアス〕諮問会議が決定し合意が得られるまでは，発見（探索）および入植を進行させてはならず，諮問会議またはアウディエンシアによる決定事項を遵守しなければならない．さもなければ死刑および財産没収が科される．

Ningún descubridor ni poblador pueda entrar a descubrir, ni poblar, en los términos que a otros estuvieren encargados o hubieren descubierto. Y en caso que haya duda o diferencia sobre los límites de ellos por el mismo caso los unos y los otros cesen de descubrir y poblar en la parte o partes sobre que hubiere la duda y competencia, y den noticia a la Audiencia en cuyo distrito cayeren términos. Y si fuere la duda y diferencia en termino de diferentes Audiencias se de noticia entrambos y en el Consejo de las Indias, y hasta haberse determinado en las dichas Audiencias y proveído lo que convengan pasen adelante en el descubrimiento y población y guarden lo que se determinare en el Consejo o en las Audiencias, con pena de muerte y perdimiento de bienes.

## 新入植

### 【第32条】

発見（探索）行為の承認を得るまでに，発見（探索）が済んだ土地あるいはこれから発見（探索）を行う場合には新入植が許可されるまでに，どのよう入植し，平穏にスペインの支配下におくのか，いかにしてスペイン人とインディオの町を築くのかしっかりと計画を立てておく．そして入植すると，特に第4，5巻[476]の人植と地域の安定化を扱った箇所で規定されるように，スペイン人およびインディオの共和政体（双方社会）の安定化をはかる．

Antes que se concedan descubrimientos ni se permita hacer nuevas poblaciones, así en lo descubierto como en lo que se descubriere, se de orden como lo que esta descubierto pacifico y debajo de nuestra obediencia se pueble así de españoles como de indios. Y en lo poblado se de asiento y perpetuidad en entre ambas republicas como se dispone en el libro cuarto y quinto y asiento de la tierra.

### 【第33条】

発見（探索）が済み平穏にスペイン支配下におさめることが出来た土地への入植が終わり安定化すると，周辺地区の発見（探索），入植を試みる．そのようにして新たな発見（探索）を進めていく．

Habiéndose poblado y dado asisto en lo que esta descubierto pacifico y debajo de nuestra obediencia se trate de descubrir y de poblar lo que con ellos confina y de nuevo se fuere descubriendo.

---

476)「フェリペⅡ世の勅令」が組み込まれていたオバンド法典の他の巻をさす．第4，5巻はそれぞれインディオ社会，スペイン人社会に関する法律集．第2巻まで編纂は完了していない．

Appendix 2

「インディアスの発見，植民，平定に関する新法令」

## 【第 34 条】

発見（偵察）後平穏にスペイン支配下におさめることができた土地や時間の都合によりこれから発見（偵察）および平定（和平交渉）を行う場所において，入植を行うにあたっては以下に挙げる規定を遵守すること．入植すべき，地方，土地，地区（地域）は，次のようなことに留意して選定する．すなわち衛生的な土地で，多くの年寄りから若者までがバランスよく集っており，健康で充分な大きさの動物や体によい食べ物が豊富にあり，その地から有害なものが育たず，また空は透明で空気は温暖で澄んでおり，気候の乱れもなく，過度に暑くもなく寒くもない場所であること．日が沈むと寒くなる場所のほうが良い．

Pera haber de poblar, así lo que esta descubierto pacifico y debajo de nuestra obediencia como en lo que por tiempo se descubriere y pacificare, se guarde el orden siguiente: Elíjase la provincia, comarca y tierra que se ha de poblar, teniendo consideración a que sean saludables. Lo cual se conocerá en la copia que hubiere de hombres viejos y mozos, de buena complexión, disposición y color y sin enfermedades, y en la copia de animales sanos y de competente tamaño y de sanos frutos y mantenimientos y no se críen cosa ponzoñosa y nocivas, de buena y feliz constelación: el cielo claro y benigno, el aire puro y suave, sin impedimento ni alteraciones y de buen temple sin exceso de calor o frió; y habiendo de declinar, es mejor que sea frió.

## 【第 35 条】

また入植地は土地が肥えており，果実など食料が豊富にあり，種蒔きや収穫に適した土地が豊富であること．家畜を飼育するための牧草地や住宅その他の建築物 edificios の建設に用いる薪や資材を採るための山や森，そして飲料用および灌漑用の良質な水にも豊富に恵まれていなければならない．

Y que sean fértiles y abundantes de todos frutos y mantenimientos, y de buena tierras para sembrarlos y cogerlos, y de pasto para criar ganados de montes y arboledas para leña, y materiales de casas y edificios, de muchas y buenas aguas para beber y regadíos.

## 【第 36 条】

また入植する土地にはキリスト教の教えを広めることが可能なインディオや先住民（原住民）が居住していること．これは我々が発見（偵察）および入植を命ずる主要な目的である．

Y que sean pobladas de indios y naturales a quien se pueda predicar el Evangelio, pues este es el principal fin para que mandamos hacer los nuevos descubrimientos y poblaciones.

## 【第 37 条】

また人植地は出入りに都合の良い海路，道路を確保できる場所でなければならない．入港，脱出，取引，政務，救援，防衛を容易にするためである．
Y tengan buenas entradas y salidas, por mar y por tierra, de buenos caminos y navegación para que se pueda entrar fácilmente y salir, comerciar y gobernar, socorrer y defender.

## 【第 38 条】

地域，地方，地区が熟練の発見（偵察）者によって選定されると，次にインディオに損害を与えないよう中心集落（主都）を築く場所を選ぶ．彼らを占有してはならない．それは彼らの意志によるものであってもいけない．
Elegida la región, provincia, comarca y tierra por los descubridores expertos, elíjanse los sitios para fundarse pueblos cabeceras y sujetos, sin prejuicios de los indios, por no los tener ocupados o porque ellos lo consientan de su voluntad.

## 【第 39 条】

集落（町）の位置，用地は，集落と近くの田畑で活用できる水源が近くにある場所を選定する．また，集落（町）の建設に必要な材料，農耕や放牧を行う土地が近くある場所がよい．これらがもし遠くにあると非常に骨が折れるからである．
Los sitios, plantas de los pueblos se elijan en parte a donde tengan el agua cerca y que se pueda derivar para mejor aprovecharse de ella en el pueblo y heredades cerca de el. Y que tenga cerca los materiales que son menester para los edificios, y las tierras que han de labrar y cultivar, y las que se han de labrar y cultivar, y las que se han de pastar para que se excuse mucho trabajo y costa que en cualquiera de estas cosas se habrá de poner estando lejos.

## 【第 40 条】

非常に高い所にある土地 lugare は，風が強く不快で運搬その他に支障をきたすため選んではならない．また低い土地も同様に，いつも病んだ土地となり不快であるため選定しない．適度な標高にあり，特に北側からと南側から快適な風を受ける土地がよい．

「インディアスの発見，植民，平定に関する新法令」

もし山地や斜面がある場合は，東または西の方向にあるのがよい．何らかの理由で標高の高い場所に村（町）を建設しなければならない場合は，霧による問題が起こらない所とする．土地の状況や一時的な偶発現象もよく調査すること．どの河川でも川沿いに集落（町）を建設する場合にはその東側で行わなければならない．そうすることで，水面よりも先に集落の方角から太陽が昇ることになる．

No se elijan lugares muy altos, porque son molestados de los vientos y es dificultoso el servicio y acarreo; ni lugares muy bajos, porque suelen ser enfermos. Elijan lugares medianamente levantados que gocen de aires libres y especialmente de los del norte y del mediodía. Si hubieren de tener sierras o cuestas, sean por la parte del poniente y de levante. Y si por alguna causa se hubieren de edificar en la ribera de cualquier rió sea de la parte de oriente, de manera que en saliendo el sol de la parte del oriente de primero en el pueblo que en el agua.

## 【第 41 条】

集落 pueblos en lugares（町）の建設場所としては，海辺を避ける．海賊による危険性が高く，健康的でもないからである．また土地を耕したりすることもなく，それほど良い習慣を形作ることもなくなるだろうからである．ただし良好で重要な港となる場所は除く．そこだけは陸地との出入り，商業および防御に必要であるため入植を行わねばならない．

No se elijan sitios para pueblos en lugares marítimos por el peligro que en ellos hay de corsarios y por no ser tan sanos, y porque no se da en ellos la gente a labrar y cultivar la tierra, ni se forma en ellos tan bien las costumbres, sino fuere donde hubiere algunos buenos y principales puertos. Y de estos solamente se pueblen los que fueren necesarios para la entrada. Comercio y defensa de la tierra.

## 【第 42 条】

中心村 lugares cabeceras が選定されると，次に農園，農場，牧場，畑として利用できる中心村 lugares sujetos の管轄地を近隣地域の中から選定する．ただし，インディオや先住民（原住民）に損害を与えてはならない．

Elegidos los sitios para lugares cabeceras elíjanse en su comarca los sitios que pudiere haber para lugares sujetos y de la cabecera para estancias, chacras y granjas, sin perjuicio de los indios y de los naturales.

「インディアスの発見，植民，平定に関する新法令」

## 【第 43 条】

新入植を行う土地，地方［，村］を選定し，その地で行う利点を調査すると，ゴベルナドールはその該当する土地および周辺地区に対して集落（町）を建設する旨，そしてそれが都市，なのかあるいは町なのかそれとも村なのかを表明すること．その内容に応じた地方自治体，共和政体，それを構成する役人や議員を「スペイン人共和政体（社会）」の書（オバンド法典の第 5 巻「スペイン人社会 Republica de los Espanoles」をさすと考えられる．公刊されず．）に従って任命する．そして首都となる場合には，アデランタードあるいはゴベルナドールもしくはアルカルデ・マヨール，もしくはコレヒドール，もしくはアルカルデ・オルディナリオの称号をもった判事を任命し完全な支配権をもつものとする．また参事会と連携して以下の者で自治体の行政監理を行う．すなわち，公共財産監視官 3 名，レヒドール（議員）12 名，視察官 2 名，陪審員 2 名，そして教区ごとに弁護士 1 名，財産監視官 1 名，議会書記官 1 名，公証人 2 名（鉱山に関する者 1 名と登記に関する者 1 名），触れ口上する役人 1 名，商品取引所の仲買人 1 名，守衛 2 名を選出する．また司教管区あるいは首都大司教に属する地区である場合には，レヒドールは 8 名とし，その他は上記の通り役人を選出する．町や村にはアルカルデ・オルディナリオ，レヒドール 4 名，警吏 1 名，参事会および公証の書記官 1 名，そして財産管理人 1 名の任命を行う．

Elegida la tierra, provincia y lugar en que se ha de hacer nueva población, y averiguada la comodidad de aprovechamientos que pueda haber el gobernador en cuyo distrito estuviere, o con cuyo distrito confinare, declare el pueblo que se ha de poblar: si ha de ser ciudad, villa o lugar. Y conforme a lo que declarare se forme el concejo republica y oficiales y miembros de ella, según se declara en el libro de la republica de españoles. De manera que si hubiese de ser ciudad metropolitana tenga un juez con titulo y nombre de adelantado, o gobernador o alcalde mayor, o corregidor o alcalde ordinario que tenga la jurisdicción in solidum y juntamente con el regimiento tenga la administración de la republica: tres oficiales de la hacienda real, doce regidores, dos fieles ejecutores, dos jurados de cada parroquia, un procurador general, un mayordomo, un escribano de concejo y dos escribanos públicos: uno de minas y registros; un pregonero mayor, un corredor de lonja, dos porteos. Y si diocesana o sufragánea, ocho regidores y los demás dichos oficiales perpetuos para las villas y lugares: alcalde ordinario, cuatro regidores, un alguacil, un escribano de concejo y público y un mayordomo.

「インディアスの発見，植民，平定に関する新法令」

## 【第44条】

入植地における参事会および共和政体（自治体）の構成，組織化が済むと，いずれか1つの都市，町あるいは村がその地方の統治を担当するものとし，居留地として自治体をつくる．

Habiendo formado e instituido el concejo y republica de la población que hubiere de hacer, encargue a una de las ciudades, villas o lugares de su gobernación que saquen de ella una republica formada por vía de colonia.

## 【第45条】

司法および参事会の役割として，参事会の書記官に新入植を希望する者全員を記録させなければならない．ただし，宅地，牧草地，小農場といった土地がない居留地を離れてきた（都市の）夫婦やその子孫はすべて受け入れるものとする．そういった土地に恵まれている所の者は受け入れてはならない．既に入植した土地の過疎化をなくすためである．

Dando cargo a la justicia y regimiento de ella que por ante el escribano de concejo hagan escribir todas las personas que quieren ir a hacer la nueva población, admitiendo a todos los casados, e hijos y descendientes de los pobladores de la ciudad donde hubiere de salir la colonia que no tenga solares, ni tierras de pasto y labor. Y a los que lo tuvieran, no se admitan, porque no se despueble que esta poblado.

## 【第46条】

入植者が定員一杯になった時点で，そのうち最も適切な者で司法および参事会を組織する．そして司法および参事会が組織されると，新入植に参画する者全員に財産登録をさせねばならない．

Estando lleno el número de los que han de ir a poblar elijan de los más suficientes de ellos justicia y regimiento. Y la justicia y regimiento así elegido mande que cada uno registre el caudal que tiene para ir a emplear en la nueva población.

## 【第47条】

植民地での建設地，牧草地，小農場のレパルティミエントは，各植民者の植民活動に対する出資金額に応じて行う．また，インディオその他の労働力については，彼らを

扶養し，建設，耕作，栽培の道具を貸し与えることができる者に分配されねばならない．

Conforme al caudal que cada uno tuviere para emplear a la misma proporción se le de repartimiento de solares y tierras de pasto y labor y de indios a otros labradores, a quien pueda mantener y dar pertrechos para poblar, labrar y criar.

## 【第 48 条】

共和政体（自治社会）における必要な役割を担う者には，公的に給与が与えられる．

Los oficiales de oficios necesarios para la republica vayan asalariados de público.

## 【第 49 条】

貴族は，自らの負担で農民を連れていくものとし，彼らを扶養し農耕栽培のための土地を提供する責任がある．農民は彼らに収穫物を収めるものとする．

A los labradores lleven los nobles a su costa, con obligación de mantenerlos y darles tierras en que labrar y críen sus ganados; y los labradores les den a ellos de los frutos que cogieren.

## 【第 50 条】

インディオは自らの意志により新入植における農民や役人として働くことができる．ただしそのインディオは住民で家や土地を所有している者でないものとする．それは入植地の人口やレパルティミエントのためのインディオの人口が減少しないようにし，エンコメンデーロに不利益を与えないようにするためである．ただし耕作地がないためにレパルティミエントでインディオの余分が生じた場合で，エンコメンデーロが承認した場合は除く．

Para labradores y oficiales de la nueva población puedan ir indios de su voluntad con que no sean de los que están poblados y tienen casa y tierra, porque no se despueble lo poblado; ni indios de repartimiento, porque no se haga agravio el encomendadero, excepto si de los que sobran en algún repartimiento por no tener en que labrar quisieren ir con consentimiento del encomendadero.

## 【第 51 条】

インディアスにおいて十分な居留民を獲得することが可能なスペイン人村（町）がな

くとも，新しい入植地（町）建設に相応しい場所がある場合には，参事会が，スペイン本国のいずれかの都市や地方からどのように集めるか計画をたてるものとする．

No habiendo ciudad u otro lugar de españoles en las Indias que pueda sacar colonia en tierra, y habiendo lugar competente para haber nueva población el Consejo de orden como saque de alguna ciudad de las principales de España o de alguna provincia de ella.

## 【第 52 条】

新入植を行うための居留民を円滑に集められる都市がインディアスにも本国スペインにもない場合は，アデランタード，アルカルデ，マヨール，コレヒドールもしくはアルカルデ・オルディナリオの役職の者が個人と協定を結んで，指定された村（地区）への新入植を委託する．

No habiendo ciudad en las Indias, ni en estos reinos de España que cómodamente pueda sacar de si colonia para nueva población tómese asiento con personas particulares que se encarguen de ir a hacer las nuevas poblaciones, para que estuvieren señalados lugares con titulo de adelantado, o de alcalde mayor o de corregidor, o de alcalde ordinario.

## 【第 53 条】

アデランタードは，指定された期間内に少なくとも教会管区の都市と首都大司教区に属する教区の 2 都市，計 3 都市の創設，建設，教化，植民化を達成する旨の協定を結ぶ．

El adelantado, haciendo capitulación en que se obligue que dentro del tiempo que le fuere señalado tendrá erigidas, fundadas, edificadas y pobladas por lo menos tres ciudades: una provincial y dos sufragáneas.

## 【第 54 条】

アルカルデ・マヨールは，ある一定期間内に 3 つの都市を建設する．1 つは司教管区の都市，他の 2 つは首都大司教に属する都市とする．

El alcalde mayor, haciendo capitulación en que se obligue que en cierto tiempo erigirá, fundara y poblara, por lo menos, tres ciudades: Una diocesana y las dos sufragáneas.

「インディアスの発見，植民，平定に関する新法令」

## 【第 55 条】

コレヒドールは，ある一定期間中に，首都大司教に属する都市とその管轄地区内に農耕，栽培に十分足りる 2 箇所の村（土地）を選定し，建設，入植を行う旨の協定を結ぶ.
El corregidor haciendo capitulación en que se obligue que en cierto tiempo tendrá erigida y poblada una ciudad sufragánea y los lugares con su jurisdicción que bastaren para la labranza y crianza de los términos de la ciudad.

## 【第 56 条】

発見，植民，平定に関する協定を遂行したアデランタードには，アデランタード，ゴベルナドール，総監の称号を一生涯において認める．その息子あるいは後継者，もしくはアデランタードが指名した者についても同様の資格を認める．
El adelantado que cumpliere la capitulación de nuevo descubrimiento, población y pacificación que con el se tomaren, se le concedan las cosas siguientes: titulo de adelantado y de gobernador y capitán general por su vida y de un hijo o heredero, o persona que el nombrare.

## 【第 57 条】

アデランタードあるいはその息子もしくは後継者には，ゴベルナドール，総監，大審院長官の役職を担っている間は毎年妥当な給与を当該地方に充てられた王室財源から支給する．
A el o a su hijo heredero por todo el tiempo que fuere gobernador, capitán general y justicia mayor se le dará salario competente, en cada un ano, de la hacienda real que en aquella provincia nos perteneciere.

## 【第 58 条】

アデランタードあるいはその息子もしくは後継者は，既に入植したスペイン人都市（町）においては 2 世代にわたって，そしてこれから入植する都市では 3 世代にわたって，エンコミエンダの対象となっていないインディオのエンコミエンダを授かることができる．ただし，主な港や中心地（都市）においては王室に権限があるものとして，そのままにしておく．
Puedan encomendar los indios vascos y que vacaren en los distritos en los distritos de las

ciudades de españoles que ya estuvieren pobladas por dos vidas; y en los de las que las que se poblaren, por tres vidas, dejando los puertos y cabeceras para Nos.

## 【第59条】

アデランタードあるいはその息子もしくは後継者には市長alguacilazgo mayorの役職が与えられ，既に入植している地区やこれから入植せんとする村（地区）において市長alguacilesを任命，解雇する権利がある．

Concedédseles el alguacilazgo mayor de toda la gobernación para el y su hijo o heredero, y que pueda poner y quitar los alguaciles de los es poblados y que se poblaren.

## 【第60条】

アデランタードもしくはその息子もしくは後継者には3つの要塞建設を認める．建設するとそれらを維持管理し，当人および後継者が永久に所有する．彼らには国家財源から妥当な給与，そして我々の管轄地方（地域）からの収穫物が与えられるものとする．

El o su hijo o heredero puedan hacer tres fortalezas, y habiéndolas hecho y sustentándolas tenga la tenencia de ellas el y sus sucesores perpetuamente. Y se les dará con ellos salario competente de nuestra hacienda y frutos de la tierra que en aquella provincia nos pertenecieren.

## 【第61条】

アデランタードは，既に入植した，もしくはこれから入植するスペイン人集落（町）において，2代にわたってインディオのレパルティミエントを自ら選び取ることが出来る．選別してからも状況を改善させるためレパルティミエントの一部を放棄したりまた新しく入れ替えたりして，カバジェリア（恩賞地），牧草地，農場を嫡出子または先住民（原住民）に贈与，分配してもよい．獲得したインディオのレパルティミエントは，長男に相続させるか，あるいは長男とその他の嫡出子に，もしくは嫡出子のいない場合は先住民（原住民）たちに分配する．そうして各々のレパルティミエントは最後は分割されたままではなく，アデランタードが任命する息子にすべて残るようにする．嫡出女子にあっては相続法を遵守させる．

Puedan escoger por si, por dos vidas, un repartimiento de indios en el distrito de cada pueblo de españoles que están poblados o se poblaren. Y habiendo escogido mejorarse dejando aquel y tomando otro que vacare pueda dar y repartir a sus hijos legítimos o naturales, solares, caballerías de tierras y estancias. Y los repartimientos de indios que hubieren tomado para si dejarlos a su hijo mayor o repartirlos entre el y los demás legítimos o entre los naturales no teniendo legítimos: con que cada repartimiento quede entero par el hijo que señalare sin dividirse, y dejando mujer legítima se guarde la ley de la sucesión.

## 【第 62 条】

アデランタードは，エンコミエンダを既に委託されている，あるいはこれから委託されるインディオを他地方（地域）において所有してもよい．その場合アデランタードは代理の者を指名し，居住権を与えて送り込むこと．アデランタードはこの者を解任してはならない．

Pueda tener los indios que estuvieren encomendados en otra provincia, o se le encomendaren, poniendo en ellos escudero que por el haga vecindad, al cual no se le puedan remover

## 【第 63 条】

アデランタードとその息子もしくは後継者もしくは相続者は，烙印，打印器をつくり入植の行われたあるいはこれから入植するスペイン人集落（町）に流通させる．ただし金属に烙印するものとする．

El y su hijo o heredero o sucesor en la gobernación puedan abrir marcas y punzones y ponerlas en los pueblos de españoles que estuvieren poblados, y se poblaren, con que marquen los metales.

## 【第 64 条】

王室財源に関わる役人がいない場合，国王によって補填されるまで，アデランタードがそれらの者を指名して補充することができる．

No habiendo oficiales de hacienda real los pueda nombrar y proveer, entre tanto que los proveemos o que van los por Nos Proveídos.

## 【第 65 条】

アデランタードおよびその息子もしくは第 1 後継者や相続者は，王室財源に携わる役人全員あるいは大半の同意があれば，いかなる蜂起でもそれを鎮圧するために必要な

「インディアスの発見，植民，平定に関する新法令」

資金を王室財源から使用することが許される．

El y su hijo o heredero primero sucesor, con acuerdo de los oficiales de la hacienda real, o la mayor parte, puedan librar de nuestra hacienda real lo que fuere menester para reprimir cualquier rebelión.

## 【第66条】

アデランタードは，その土地や鉱山の労働の統制に関して，その権限の域を出ない範囲で，法例を発布することができる．ただし，それらの効力は2年間とし，その間に限って遵守されるものとする．

Pueda hacer ordenanzas para la gobernación e la tierra y labor de las minas, con que no sean contra derecho y lo que por Nos esta ordenado. Y se confirmen dentro de dos anos, y entretanto se guarden.

## 【第67条】

アデランタードは，所有する地方をアルカルデ・マヨール，コレヒドール，アルカルデ・オルディナリオの管轄州として分割し，それぞれアルカルデ・マヨール，コレヒドールを設置することができる．また，それぞれへの報酬をその土地の収穫物により決定し，参事会が選出するアルカルデ・オルディナリオの承認を行う．

Puedan dividir su provincia en distritos de alcaldías mayores y corregimientos y alcaldías ordinarias, y poner alcaldes mayores y corregidores y señalarles salario de los frutos de la tierra, y confirmar los alcaldes ordinarios que eligieren los concejos.

## 【第68条】

アデランタードおよび後継者もしくは相続者は，ゴベルナドールやアルカルデ・マヨール，コレヒドールおよびアルカルデ・オルディナリオによる控訴審で参事会に送る必要がないものにおいては，民事司法権および刑事司法権を掌るものとする．

El y su hijo o heredero sucesor en la gobernación tengan la jurisdicción civil y criminal en grado de apelación del teniente de gobernador y de los alcaldes mayores, corregidores y alcaldes ordinarios que no hubiere de ir ante los concejos.

## 【第 69 条】

アデランタード，後継者，相続者は，政治，司法面においてインディアス諮問会議に直属した権限をもち，いかなる副王や近在のアウディエンシアもその管轄区内には，職権によっても，当事者の要請があっても，控訴であっても干渉することはできず，また判事を用意することもできない．

El y su hijo o heredero sucesor en la gobernación y jurisdicción en inmediatos al Consejo de Indias, de manera que ninguno de los virreyes, ni Audiencias comarcanas se puedan entrometer en el distrito de su propiedad, de oficio, ni de pedimento de parte, ni por vía de apelación, ni proveer jueces de comisión.

## 【第 69 条の 2[477]】

行政に関する事柄は職権によって，あるいは当事者の要請に応えて，あるいは控訴としてインディアス諮問会議が審理するものとする．地域間の裁判の場合，インディアス諮問会議は罰金 6,000 ペソ以上の民事訴訟，あるいは，死刑もしくは手足の切断の刑罰が科される刑事訴訟の控訴審を扱うものとする．

El Consejo de Indias puede conocer de las cosas de gobernación de oficio o a pedimento de parte, o por vía de apelación. Y en caso de justicia entre partes conozca por vía de apelación de las causas civiles de 6.000 pesos arriba; y en las causas criminales de las demás en que se pusiere pena de muerte o mutilación de miembro.

## 【第 70 条】

アデランタードの地区統治を我々が承認する以前に指名された判事は，別の判事が選出されるとすぐに司法権の行使をやめ，当該地区をそのままにして離れること．ただし，司法権を枚棄し，入植者として当該地区に定住し留まることを希望する場合はこの限りでない．

Los jueces que tuvieren proveídos en la provincia y gobernación del adelantado antes que se la concediésemos luego que entre en ella y proveyere otros no usen mas de jurisdicción y se salgan de la tierra y se la dejen libre, excepto si habiendo dejado la jurisdicción se quisieren avecindar en la tierra y quedar en ella como pobladores.

---

477) マニュスクリプトに改行があり，フランシスコ・デ・ソラノは 69 条を 2 つに分ける主張に従っている．

「インディアスの発見，植民，平定に関する新法令」

## 【第71条】

アデランタードおよびその息子もしくは後継者は，新たに入植する集落（町）には，国家が指定した土地でない場合，カビルド（市議会）の意向に従い，エヒード（共有牧草地），水のみ場，道路や小道を設けることができる．

Puedan dar ejidos, abrevaderos, caminos y sendas a los pueblos que nuevamente se poblaren, no estando por Nos nombrados, juntamente con los cabildos de ellos.

## 【第72条】

アデランタードおよびその息でもしくは後継者は，新たに入植がなされる集落（町）の共和政体（自治体）において，レヒドールはじめ他の役人を国王が任命していない場合には，これらを選任することができる．その選任された者は4年間は国家の保障を受けるものとする．

Puedan nombrar regidores y otros oficiales de republica de los pueblos que de nuevo se poblaren, no estando por Nos nombrados, con tanto que dentro de cuatro anos los que nombraren lleven confirmación y provisión nuestra.

## 【第73条】

アデランタードあるいはその息子もしくは後継者には，次のような権利を認める．入植，平定のために，カスティーリャ王国およびレオン王国より軍勢を徴兵し，そして派遣軍を公に発表し，さらに軍を拡充する権利をもつ指揮官を任命することができる．

Dénsele cedulas para que pueda levantar gente en cualquiera parte de estos nuestros Reinos de la Corona de Castilla y de León para la población y pacificación y nombrar capitanes para ello que puedan enarbolar banderas y tocar tambores y publicar la jornada, sin que a ellos ni a los que en ella hubieren de ir se les pida alguna cosa.

## 【第74条】

指揮官が派遣軍を統率することになる前述の都市や町，村のコレヒドールは，彼らを妨害したり障害を与えたりしてはならない．むしろ軍を拡充しょうとする指揮管や指揮官との協同に同意する人々を援助，協力する．そしてコレヒドールはそこから利益を得ようとしてはならない．

Los corregidores de las dichas ciudades, villas y lugares a donde los capitanes hicieren la dicha gente no les pongan impedimento, ni estorben, antes les ayudan, favorezcan para que la levanten y a la gente que se asentare para que vaya con ellos y que no les lleven intereses ninguno de ello.

## 【第75条】

アデランタードによる新入植のための派遣軍参加に同意した者は，彼に従い指示された方針を変えてはならない．また，アテランタードとの服従関係から逸脱したり，許可無く新たな入植に出向してはならない．これに違反した場合には死刑が科される．
Los que una vez se hubieren asentado para ir a la jornada y nuevas poblaciones que el adelantado hubiere de hacer obedézcanle, y no se derroten, ni aparten de su obediencia, ni vayan a otra jornada sin su licencia, so pena de muerte.

## 【第76条】

アデランタードおよびその息子もしくは後継者は，派遣軍が遠征する地区周辺や通過する地区において，あらゆる支援，援助を受け，危害を被ることなく，また公正で手ごろな価格で船や食糧など必要物資の提供を受けられる権利を司法的に認める．カスティーリャ王国より出向する派遣軍に対し，セビリアのインディアス通商院の役人たちが彼らを援助し必要物資を用意し，渡航に便宜を図り，協約に見合った報告を強要したりしてはならない．また法令により禁止された者でなく公正な者を送り出すよう努める．
Dénsele cedulas para que las justicias de las tierras comarcanas de la de a donde hubiere de salir a hacer jornada, y por las donde hubiere de pasar, le den todo favor y ayuda y no le pongan impedimento, y le hagan dar de los bastimentos y provisiones que hubiere menester, justos y moderados precios. Y habiendo de salir de este menester, a justos y moderados precios. Y habiendo de salir a estos reinos de Castilla se la den para los oficiales de la Contratación de Sevilla para que le favorezcan, apresten y acomoden, y faciliten su viaje. Y que no le pidan información de la gente que llevare, conforme a su asiento. Y el procure de llevar gente limpia y que no sea de los prohibidos por ordenanza.

## 【第77条】

同様に，家畜の導入は入植のために必要であり，その協定を結ぶ時にも義務付けられるであろうが，それが近隣地区の司法によって妨げられることのないよう，またイン

611

ディオであろうとスペイン人であろうと入植を祈願する者が司法により妨げられることがなく，たとえ彼らが違反を犯した者であっても，原告側がいない場合には罰せられないものとする．

Ítem, se le den cedulas para que las justicias comarcanas no impidan meter el ganado que hubiere menester para la población de su provincia, que estuviere obligado a llevar por su asiento y capitulación. Y para que las justicias no estorben a la gente que quisiere ir, ora sea indios o españoles, aunque hayan cometido delitos, no habiendo parte no puedan ser castigados por ellos.

## 【第78条】

アデランタードおよびその息子もしくは後継者は，協定に従って，あらゆる税を免除するものとして，使用人を送り込んでもよい．その場合，これを明記した証書を作成する．

Puedan llevar los esclavos conforme al asiento, libres de todos derechos: para lo cual se le de cedula.

## 【第79条】

アデランタードは，農耕や鉱山労働に備えた武器や食糧を積載した船舶を，本国からティエラ・フィルメ（大陸）またはヌエバ・エスパーニヤへ向かう船団と同行させることを条件に，毎年2艘送り込むことができる．そして，これらの準備が整った場合，あるいは認可が下りた場合には，インディアスで支払うことになっている輸出入関税は免除される．

Puedan llevar cada ano dos navíos con armas y provisión para la tierra y labor de las minas, libres de almojarifazgo de lo que se ha de pagar en las Indias, con que salgan con las flotas que de estos reinos fueren a Tierra Firme o Nueva España, estando prestas o cuando para ello se le diere provisión.

## 【第80条】

アデランタードおよびその息子もしくは統治権を継承する第1後継者ならびに入植者は，10年間，貴金属や宝石で10分の1税を支払うがそれ以外の税は免除する．

El adelantado, su hijo o un heredero primer sucesor en la gobernación, y los pobladores no paguen más de la décima parte de los metales y piedras preciosas por tiempo de diez anos.

Appendix 2
「インディアスの発見,植民,平定に関する新法令」

## 【第 81 条】

同様に,売り上げ税に関しては,20 年間,支払いを免除する.
No paguen alcabala por tiempo de veinte anos.

## 【第 82 条】

またインディアスで支払う輸出入関税についても,居住備品に対してかかるものはすべて 10 年間免除する.そして,アデランタードおよびその息子もしくは統治権を継承する第一後継者に限っては,輸出入関税を 20 年間免除する.
Ni el almojarifazgo que se paga en las Indias de todo lo que llevaren para el aprovechamiento de sus casas por tiempo de diez anos. Y el adelantado y su hijo o primer sucesor en la gobernación no lo paguen por tiempo de veinte anos.

## 【第 83 条】

アデランタードに対する査問を行う場合には,それまで如何に任務を遂行してきたかを検討し,権限を剥奪するか,あるいは駐在が継続する期間中そのままにするかを判定する.
Cuando hubiere de tomar residencia al adelantado se tenga consideración como ha servido, para ver si ha de ser suspendido de la jurisdicción o dejarle en ella el tiempo que durare la residencia.

## 【第 84 条】

遠征を成功させ協定を十分に成し遂げたアデランタードに対して,終身仕える家臣,そして侯爵あるいは別の称号を与えるかどうかを検討する.
Con el adelantado que hubiere hecho bien su jornada y cumpliendo bien su asiento tendremos cuenta para darle vasallos con perpetuidad y titulo de marques u otro.

## 【第 85 条】

同様に,それらの新しい発見(探索)者,入植者,平定者ならびに彼らの子孫には,地所 solares,牧草地,小農場 labor,農場 estancias の付与を検討する.そしてそこへの入植,定住を 5 年間行った場合にはそれらの永久所有を認める.また,製糖工場を

613

「インディアスの発見，植民，平定に関する新法令」

設立しそれを維持管理する者に対しては，彼らやその使用人ならびに農業に活用する工具，器具の差し押さえを行ってはならない。「スペイン人共和政体（社会）」の書[478]に定められた特権，独占権や開発権にすべて従うものとする。

Asimismo tendremos cuenta de favorecer y hacer merced a los nuevos descubridores, pobladores y pacificadores, y con sus hijos y descendientes, mandándoles dar solares, tierras de pasto y labor y estancias. Y con que a los que se hubieren dado y hubieren poblado y residido tiempo de cinco anos los tengan en perpetuidad; y a los que hubieren hecho y poblado ingenios de azúcar y los que tuvieren y mantuvieren no se les pueda hacer ejecución en ellos, ni en los esclavos y herramientas y pertrechos, con que se labraren y mandamos que se les guarden todas las preeminencias, privilegios y concesiones de que disponemos en el libro de la republica de los españoles.

【第86条】

アデランタードの資格のもとに認められる発見（探索），入植，平定は，副王またはアウディエンシアが既に管轄する地方（地域）すなわち難なく統治，発見（探索），入植ならびに平定が可能で，かつ，上訴や不利益による不服申立てが副王またはアウディエンシアを通じて行える地方（地区）においてではなく，そうした地方（地区）に隣接していない地域においてその任務を認める。

Descubrimientos, población y pacificación con titulo de adelantado solamente se de y conceda de las provincias que no confinan con distrito de provincia de virrey y o audiencia real, de donde cómodamente se pueda gobernar y hacer el descubrimiento nueva población y pacificación, y para donde se pueda tener recurso por vía de apelación y agravio.

【第87条】

副王の管轄州またはアウディエンシア管轄州に隣接または含まれる地方の発見（偵察），入植，平定にあっては，アルカルデ・マヨール，コレヒドールの権限を持つものがインディアスあるいは王国のいずれかの都市の居留地として行う場合，あるいは，アルカルデ・マヨール，コレヒドールの権利を持った者が協定者となる場合に認められる。アルカルデ・マヨールあるいはコレヒドール，そしてその息子もしくは後継者もしくは任命された者には，前述のアデランタードあるいは，息子，後継者，もしくは任命を受けた者に認めたものと同等の権限を認める。ただし，行政に関しては，そ

478)　オバンド法典の第5巻を指す。

の当該地もしくは隣接地を管轄する副王あるいはアウディエンシアに従属するものとする．また，司法に関しては，他のアルカルデ・マヨールやコレヒドールと同様に，不服申し立ては告訴や上告としてアウディエンシアに対して行うものとする．報酬は他のアルカルデ・マヨールやコレヒドールの同意のもとに与えられる．

Descubrimiento, población y pacificación de la provincia o provincias que confinaren, o estuvieren inclusas en provincias de virrey o de audiencias, se den y concedan con titulo de alcaldía mayor o corregimiento por vía de colonia de alguna ciudad de las Indias o de estos reinos; o por vía de asiento con titulo de alcaldía mayor, corregimiento y alcalde mayor o corregidor. Y a su hijo heredero y a la persona que el nombrase se les conceda lo mismo que de suso esta dicho se conceda el adelantado o a su hijo heredero o persona que nombrare, excepto que han de estar subordinados en lo que toca a gobernación al virrey o audiencia en cuyo distrito estuviere inclusa o con cuyo distrito confinare. Y en lo que toca a la justicia que por vía de apelación y querella se ha de tener recurso a la audiencia, como se tiene de los otros alcaldes mayores y corregidores, y se les han de tomar residencia. Y el salario se les de conforme a los otros alcaldes mayores y corregidores.

## 【第 88 条】

新たな入植準備が整わない場合は，居留地として，もしくはアテランタードあるいはアルカルデ・マヨールもしくはコレヒドールの管轄地として行う．ある町への任期1年間のアルカルデ・オルディナリオ，レヒドール，役人からなる参事会の設立準備ならびにそこに入植する協定締結を志願する者が整えば，以下の規定に従って入植を行う．

No habiendo disposición para la nueva población se haga por vía de colonia o asiento de adelantamiento, alcaldía mayor o corregimiento, y habiendo disposición para doblar alguna villa con concejo de alcaldes ordinarios y regidores y oficiales anales, y hubiere alguna persona que quiera tomar asiento para poblarla se tome con la capitulación siguiente:

## 【第 89 条】

スペイン人集落（町）の建設責任を担った者は，定められた期間内に，少なくとも居住者30人を確保し，各人につき家1軒，雌牛10頭，去勢牛4頭もしくは去勢牛2頭と若い雄牛2頭，雌馬1頭，豚5頭，雌鳥6羽，雄鶏1羽，雌羊20頭，以上スペイン産のものを所有させること．そしてサクラメントの儀を執り行う聖職者を選び，祭壇用具その他神聖な礼拝に必要なものが整った教会堂を用意し，資金を与える．こ

615

「インディアスの発見，植民，平定に関する新法令」

れらは申し渡された期間中に遂行しなければならない．遂行しなかった場合は，それまでに建築した建造物（建物），収穫物，所有物を没収し，金貨1000ペソの罰金を科す．また，土地柄により4レグア（1レグア＝5573m）平方の正方形の土地を与える．いずれにしても，正方形の形をした計4レグア平方の土地になるように境界線を明確にする．その境界線は近隣にあるそれまでに入植されたいかなるスペイン人の都市，町，村から，少なくとも5レグア離れていなければならず，既にあるスペイン人やインディオの集落（村）へ損害を与えることのない場所とする．

Al que se obligare a poblar un pueblo de españoles, dentro del término que le fuere puesto en su asiento, que por lo menos tenga treinta vecinos. Y que cada uno de ellos tenga una casa, de diez vacas de vientre, cuatro bueyes, y dos novillos y una yegua de vientre, cinco puercas de vientre y seis gallinas y un gallo, veinte ovejas de vientre de Castilla. Y que tendrá clérigo que administre los sacramentos y proveerá la iglesia de ornamentos y cosas necesarias al servicio del culto divino. Y dará fianzas que lo cumplirá dentro del dicho tiempo, si no lo cumpliere que pierda lo que hubiere edificado, labrado y granjeado y que sea para Nos y mas que incurra en pena de 1000 pesos de oro. Se le den cuatro leguas de termino y territorio en cuadra, o prolongando según la calidad de la tierra acaeciere a ser, de manera que en cualquier manera que se deslinde venga a ser cuatro leguas en cuadro con que por lo menos disten los limites del dicho territorio cinco leguas de cualquier ciudad, y villa o lugar de españoles que antes estuviere poblado. Y con que se en parte a donde no pare perjuicio a cualesquier pueblos de españoles o de indios que antes estuvieren poblados, ni de ninguna persona particular.

## 【第90条】

前述の領地は以下のように分配する．まず，集落（町）の建設用地，適当なエヒードや居住者が所有義務をもつことになる前述した多量の家畜の放牧に必要な牧草地，集落（町）の公有資産として活用する土地solaresを指定する．残りの領地を4分割する．4分の1を集落（町）の建設責任を担った者にあて，4分の3を30人の居住者のために30区画に分割する．

El dicho término y territorio se reparta de la forma siguiente: sáquese primero lo que fuere menester para los solares del pueblo y ejido competente, y dehesa en que pueda pastar abundantemente el ganado que esta dicho que han de tener los vecinos y más otro tanto para los propios del lugar. El resto del dicho territorio y termino se haga cuatro partes: la una de ellas que escogiere sea para el, que esta obligado a hacer el dicho pueblo, y las otras tres se repartan en treinta suertes para los treinta pobladores del dicho lugar.

## 【第91条】

〔原文には第91条は存在しない〕

## 【第92条】

新入植する領地とその境界が，海港やまた短期間でも我々王室あるいは共和政体（スペイン人町）に不利となる場合にはそれを承認してはならない．そのような領域は，王室のために別にとつておくものとする．

Territorio y termino para nueva población no se pueda conceder ni tomar en puerto de mar, ni en parte que en algún tiempo pueda redundar en perjuicio de nuestra corona real, ni de la republica, porque los tales queremos que queden reservados para Nos.

## 【第93条】

入植者の息子，娘，子孫も入植者として認める．結婚し自らの家をもった別世帯を形成する場合は，最初の入植者の4親等をこえた親族も入植者として認められる．

Declaramos que se entienda por vecino el hijo o hija, o hijos del nuevo poblador o sus parientes, dentro o fuera del cuarto grado, teniendo sus casas y familias distintas y apartadas, y siendo casado y teniendo cada uno casa de por si.

## 【第94条】

入植者が不可抗力な要因のため，協定を結んだ期間内に前述の入植を遂行できなかった場合は，それまでに入手，建設した建造物（建物）を没収されることはなく，罰も受けない．当該地区の統治者は，申請状況をみて期限の延長を行うことができる．

Si por caso fortuito los pobladores no hubieren acabado de cumplir la dicha población en el término contenido en el asiento, no hayan perdido ni pierdan, lo que hubieren gastado, ni edificado, ni incurra la pena de muerte el que gobierne la tierra, lo pueda prorrogar según el caso se ofreciere.

## 【第95条】

前述した領地内の牧草地は，町が所有する放牧地 dehesa を除いて，収穫物が取り入れされれば公共のものとなる．

Los pastos de dicho termino sean comunes alzados los frutos, excepto la dehesa boyal y concegil.

## 【第 96 条】

前述の入植責任者ならびに息子もしくは後継者はそれらの代にわたって，民事および刑事裁判の第一審における裁判権を有するものとする．また，当該入植地の在住者の中からアルカルデ・オルディナリオ，レヒドール，参事会の他の役人を選任できる．控訴審の場合には，その裁判権は当該入植地を管轄するアルカルデ・マヨールまたはアウディエンシアに帰属する．

El que se obligare a hacer la dicha población tenga la jurisdicción civil y criminal en primera instancia por los días de su vida y de un hijo o heredero, y pueda poner alcaldes ordinarios, regidores y los otros ofciales de concejo de los vecinos de dicho peblo. Y en grado de apelacion vayan las causas ante el alcalde mayor o audiencia en cuyo distrito cayere la dicha poblacion.

## 【第 97 条】

協定を遵守し入植を遂行した者には，その任務の内容によって，長子相続権を与え，それまでに建てられた建造物や植樹，建築を行った土地のうち認められた部分を長子に相続させることができる資格と権限を与える．

Al que hubiere cumplido con su asiento y hecho la tal poblacoin conforme a lo que estuviere obligado, le damos licencia y facultad para hacer mayorazgo o mayorazgos de lo que hubiere edificado, y de la parte que del termino se le concede y en ello hubiere plantado y edificado.

## 【第 98 条】

同様に，当該領地にある金山，銀山などの鉱床，また塩田や真珠が採れる漁場の所有を認める．そして入植者や他の住民は費用を差し引いた 5 分の 1 の租税を，採取した金，銀，真珠などでもって，我々および我々の後任者に支払っていくものとする．

Item, le concedeos las minas de oro y plata y otros mineros y salinas y pesquerias de perlas que hubiere en el dicho termino, con tanto que del oro y plata, perlas y todo lo demas que sacaren de los dichos metales y minas el tal poblador y los moradores del dicho pueblo, u otra cualquiera persona, paguen para Nos y para nuestros sucesores el quinto de todo lo que sacaren horro toda costa.

「インディアスの発見，植民，平定に関する新法令」

## 【第99条】

同様に，前述の入植者や住民が最初の渡航で運ぶ居住準備品や食料品については，輸出入関税および一切の税を免除する．

Item, le concedemos al dicho poblador y a los vecinos de la poblacion que de todo lo que llevaren para sus casa y mantenimientos en el primer viaje que pasaren no paguen derechos de almojarifazgo, ni otros algunos que nos pertenezcan.

## 【第100条】

前述の入植責任を担った者が入植を完了させ協定を遂行した場合には，入植者とその子孫に名誉を与える．最初の入植者として賞賛に値するものとし，入植者とその嫡出の子孫には，その土地の郷士，名門貴族としての名を授与する．そして，当該入植地およびインディアスのどの地域においてもそれを称することができるものとする．そして，カスティーリャ王国の兵士や郷士や貴族が法律，習慣によって保障されているあらゆる名誉や特権を，彼らも同様に享受するものとする．

A los que se obligaren de hacer la dicha poblacion y le hubieren poblado y cumplido con su asiento, por honrar sus personas y de sus descendientes, y que de ellos como de primeros pobladores quede memoria loable, les hacemos hijosdalgo de solar conocido de ellos y a sus descendientes legitimos para que en el pueblo que poblaren, y en oras cualesquier partes de las Indias, sean hijosdalgo y personas nobles de linaje y solar conocido. Y por tales sean habidos y tenidos, y gocen de todas las honras y preeminencias, y puedan hacer todas lsa cosas que todos los hombres hijosdalgo y caballeros de los reinos de Castilla sgan fueros, leyes y costumbres de Espana pueden y deben hacer y gozar.

## 【第101条】

上に示した入植の任務を志願する者が30人前後揃う場合は，前述の条件のもと，その期間や領地に関してこれを認める．10名以下の場合は承認しない．

Y habiendo quien quiera obligarse a hacer nueva poblacion en la forma y manera dicha, de mas vecinos de treinta o de menos, con que no sean menos de dies, se le conceda al termino y trritorio al respecto y con las mismas condiciones.

619

「インディアスの発見，植民，平定に関する新法令」

## 【第 102 条】

新入植を行うために協定を結び責務を果たすことが出来る者がいない場合，どの土地へ指定されても構わない結婚している大人が大勢いれば，それが 10 人以上であることを条件に入植が認められ，前述の領地が与えられるものとする．また，彼らの中から前述したアルカルデ・オルディナリオや年間の参事会の役人を選出すること力できる．

No habiendo personas que hagan asiento y obligacion para hacer nueva poblacion si hubiere copia de hombres casados que se quieran concertar a hacer nueva poblacion a donde le fuere senalado, con que no sean menos de diez casados, lo puedan hacer y se les de termino y territorio al respecto de lo que esta dicho. Y ellos puedan elegir entre si alcaldes ordinarios y oficiales del concejo anales.

## 【第 103 条】

居留地，アデランタード管轄地，アルカルデ・マヨール管轄地，コレヒドール管轄地，町，村としての入植協定が結ばれても，インディアス諮問会議およびインディアス統治に関わる者は同協定締結後も，統治，行政を継続するものとし，現地で何が起こっているのかを常に把握しなければならない．

Habiendose tomado asiento para nueva poblacion por via de colonia, adelantamiento, alcaldia mayor, corregimiento, villa o lugar, el Consejo y los que gobernaren las Indias no se contenten con haber tomado y hecho el dicho asiento, sino que siempre los vayan gobernando y ordenando como los pongan en ejecuccion, y tomandoles cuenta de lo que fuera haciendo.

## 【第 104 条】

ゴベルナドールが，都市（町），あるいは，入植地のアデランタード，アルカルデ・マヨールまたはコレヒドールと新入植（入植）の協定を結ぶと，都市（町）やその協定を結んだ者は，同様に新入植に登録される個人 1 人ずつと契約を結ぶ．この契約では，入植協定者が指定地への入植に協働する者に対して，宅地（住宅建設用地），牧草地，農場（農耕地）を与える義務がある．それは入植者 1 人 1 人がどれだけ建設の任務を希望するかによってペオニア（分与地）およびカバジェリア（恩賞地）として提供する．ただし，1 人につきペオニア（分与地）は 5 ヶ所，カバジェリア（恩賞地）は 3 ヶ所までとする．

Habiendo hecho el gobernador asiento de nueva poblacion con ciudad, adelantado, alcalde

Appendix 2
「インディアスの発見，植民，平定に関する新法令」

mayor o cerregidor de nueva poblacion, la ciudad o personas con quien se tomare el dicho asiento, tomara asimismo asiento con cada uno de los particulares que se hubieren registrado, o vinieren a registrar, para la nueva poblacion. En el cual asiento, la persona a cuyo cargo estuviere la dicha poblacion se obligara de dar a la persona que con el quisiere poblar el pueblo designado solares para edificar casas y tierras de pasto y labor en tanta cantidad de peonias y caballerias en cuanta cada uno de os pobladores se quisiere obligar de edificar, con que no excedan, ni se den, a cada uno mas de cinco peonias, ni de tres caballerias a los que se dieren caballerias.

## 【第 105 条】

ペオニア（分与地）とは，幅 50 ピエ，長さ 100 ピエの宅地，100 ファネガ fanega[479] の大麦または小麦の栽培用地，10 ファネガのトウモロコシの栽培用地，2 ウエブラ huebras[480] の果樹園，8 ウェブラのその他の乾燥した樹木の栽培用地，そして豚 10 頭，雌牛 20 頭，雌馬 5 頭，羊 100 頭，山羊 20 頭の放牧が可能な牧草地を言う．

Es una peonia solar de cincuenta pies de ancho y ciento en largo, cien fanegas de tierra de labor de trigo o cebada, diez de maiz, dos huebras de tierra para huerta y ocho para plantas de otros arboles se secadal; tierra de pasto para dies puercas de vientre, veinte vacas y cinco yeguas, cien ovejas y veinte cabras.

## 【第 106 条】

カバジェリア（恩賞地）とは，幅 100 ピエ，長さ 200 ピエの宅地とペオニア（分与地）5 つ分の土地を言う．すなわち，500 ファネガの小麦，大麦の栽培用地，50 ファネガのトウモロコシの栽培用地，10 ウエブラの果樹園，40 ウエブラのその他の乾燥した樹木の栽培用地，そして豚 50 頭，雌牛 100 頭，雌馬 20 頭，羊 500 頭，ヤギ 100 頭の放牧が可能な牧草地を言う．

Una caballeria es solar para casa de cien pies de ancho y doscientos de largo; y de todo lo demas como cinco peonias: que seran quinientas fanegas de labor para pan de trigo o cebada, cincuenta de maiz, diez huebras de tierra para huertas, cuarenta para plantas de otros arboles de secadal; tierras de pasto paracincuenta puercas de vientre y cien vacas, veinte yeguas, quinientas ovejas, cien cabras.

---

479) 穀物の体積あるいは作付面積の単位．1fanega = 55.5l（リットル）（地方によって 22.5l）約 64.4a（アール）
480) 1 日に耕せる土地の広さ．

「インディアスの発見，植民，平定に関する新法令」

## 【第107条】

カバジェリア（恩賞地）は，宅地や農耕地も境界線を定め，測量し，周囲を囲う．ペオニア（分与地）は，宅地，農耕地とも境界線を定め，分割して与える．牧草地は共有地 cumun として与える．

Las caballerias, asi en los solares como en las tierras de pasto y labor, se den deslindadas y apeadas en termino cerrado; y las peonias, los solares y tierras de labor y plantas se den deslindadas y divididas; y en pasto se les de en comun.

## 【第108条】

カバジェリア（恩賞地）およびペオニア（分与地）に居住する協定を認めた者は，宅地に住宅を建設し居住しなければならない．農地は耕して分割し栽培を行い，牧草地には家畜を放牧しなければならない．これらは場所によって定められた期間内に実行しなければならず，またそれぞれの土地に関する規程を公に開示しなければいけない．これを遂行しなかつた場合は，分配された宅地や農耕地を失うと同時に，罰則金を共和政体（自治体）に支払うものとする．これらは公に平民の保証人を立てて行う義務がある．

Los que aceptaren asiento de residir las caballerias y peonias se obliguen de tener edificados los solares y poblada la casa, y hecha y repartida las hojas de las tierras de labor, y haberlas labrado y haberlas puesto de plantas y poblado de ganado las de pasto dentro de tanto tiempo, repartido por sus plazos y declarando lo que en cada uno de los plazos ha de estar hecho, con pena de que pierda el repartimiento de solares y tierras y mas cierta cantidad de maravedis de pena para la republica. Y ha de hacer obligacion en forma publica con fianza llana y abonada.

## 【第109条】

協定を結び，カバジェリア（恩賞地）に建設や農耕，家畜の放牧を行おうとする者は，建設，農耕に協力してくれる農民たちと，その入植，農耕，放牧が簡単にいくよう互いの義務を協議し協定を結ぶことができる．

Los que hubieren hecho asiento y se hubieren obligado se edificar, labrar y pastar caballeria puedan hacer, y hagan, asiento con labradores que les ayuden a edificar y labrar y pastar conforme a como se concertaron, obligandose los unos a los otros para que con mas facilidad se haga la poblacion se haga la poblacion y se labre y paste la tierra.

「インディアスの発見，植民，平定に関する新法令」

## 【第 110 条】

新入植を認め，司法権を承認するゴベルナドールは，職務として訴訟を起こしてでも，新入植に関して義務付けられたこと全てを熱心に，また用心して行わねばならない．そして，参事会のレヒドールおよび訴訟代理人は，指定された期間内に任務を遂行しなかった入植者に対して要請書を出し，あらゆる策を講じて任務の完了を強制する．また，いなくなった者に対しては，捕らえて入植地に連れて戻り，任務を遂行させる．もし当事者が他の司法管轄区域にいる場合には召喚請求を出し，司法機関はすべてこれに従うものとする．そうでなければ王室は支持をとりやめる．

El gobernador que concediere la nueva poblacion y la justicia del pueblo que de nuevo se poblare, de oficio o a pedimento de parte, hagan cumplir los asientos de todos los que estuvieren obligados por las nuevas poblaciones con mucha diligencia y cuidado. Y los regidores y procuradores de concejo hagan instancia contra los pobladores que a sus plazos en que estan obligados no hubieren cumplido, y se compelan con todos remedios para que se cumplan; y a los que se ausentaren procede contra ellos; y se prendan y traigan a las poblaciones para que cumplan su asiento y poblacion, y si estuvieren en jurisdiccion ajena se den requisitorias y todas las justicias las cumplan, so pena de la nuestra merced.

## 【第 111 条】

発見（探索）が済むと，入植する地方，地区，土地（新しい町）を建設する場所 lugares を選定し，協定を結び，次に示す方法に従って実行する．入植は空いた土地で行うものとし，我々の裁量により入植を行っても，先住民（原住民）に損害を与えず，もしくは，彼らの自発的な同意を得られる場所でなければならない．その入植する場所が定まると，広場，街路（道路），宅地を直線状に規則正しく配列し計画図を作成する．プラサ・マヨール（中央広場）を起点とし，そこから市門までの街路（道路）および他の主な道路を設ける．建設する町の周囲に空地を残しておき，村が大きく成長しても，常に同じ形式に則って拡張していけるようにする．計画は以下に示すように行わねばならない．

Habiendose hecho el descubrimiento, elijase la provincia, comarca y tierra que se hubiere de poblar, y los sitios de os lugares a donde se han de hacer las nuevas poblaciones. Y poniendose el asiento sobre ello los que fueren a cumplir, los ejecuten en la forma siguiente. Llegando al lugar donde se ha de hacer la poblacion, el cual mandamos que sea de los que estuvieren vacantes y que por disposicion nuestra puede tomar sin prejuicio de los indios y naturales o con su libre consentimiento, se haga la planta del lugar repartiendola por sus plazas, calles y

623

「インディアスの発見，植民，平定に関する新法令」

solares a cordel y regla, comenzando desde la plaza mayor. Y desde alli sacando las calles a las puertas y caminos principales, y dejando tanto compas abierto que aunque la poblacion vata en crecimiento se pueda siempre proseguir en la misma forma; y habiendo disposicion en el sitio y lugar que se escogiere para poblar se haga la planta en la forma siguiente:

## 【第 111 の 2 条[481]】

入植する場所が選択されると村（町）の建設を行う．そこは，隆起した地域にあり，衛生状態が良く，要塞として機能し，土地が肥沃で，多くの農地や牧草地，材木や薪その他の資材，淡水，先住民に恵まれ，運搬や出入りに都合が良い場所であること．北風の方角には広々としたヒ地があること．沿岸地の場合，港の位置には注意を払い，海が南面，西面に来ない位置を，また可能なら，有害動物が棲息していたり，空気や水の腐敗の原因となるような渇や沼地が付近にない場所を選ばねばならない．

Habiendo hecho la eleccion del sitio a donde se ha de hacer la poblacion, que como esta dicho ha de ser en lugares levantados a donde haya sanidad, fortaleza, fertilidad y copia de tierras de labor y pasto, lena y madera y materiales, agua dulce, gente natural, comodidad de acarretos, entrada y salida; que este descubierto de viento norte. Siendo en costa tengase consideracion del puerto y que no tenga al mar al mediodia, ni al poniente; si fuera posible, que no tenga cerca de si lagunas ni pantanos en que se crien animales venenosos y corrupcion de aire y aguas.

## 【第 112 条】

入植にあたっては（町建設においては）プラサ・マヨール（中央広場）が起点となる．これは海岸線の土地の場合には港の上陸地点に，内陸の場合には入植地（町）の中央に配置する．広場は長さが少なくとも幅の 1・5 倍の長方形とする．なぜなら，この形式の方が，騎馬による祝典やその他の催し物に好都合だからである．

La plaza mayor de donde se ha de comenzar la poblacion siendo en costa de mar se debe hacer al desembarcadero del puerto, y siendo en lugar mediterraneo en medio de la poblacion. La plaza sea en cuadro prolongada, que por lo menos tenga de largo una vez y media se du ancho, porque este tamano es mejor para las fiestas a caballo y cualquier otras que se hayan de hacer.

---

481) 原文では，内容の異なる条文に第 111 条が繰り返されている．すなわち，第 111 条が 2 つある．2 番目を第 111 の 2 条とする．

## 【第113条】

広場の大きさは，住人数に見合ったものに設定する．インディオの集落も今より増加することを考慮する．広場は人口増加を見越して設定すること．規模については，幅200 ピエ，長さ300 ピエ以上，かつ長さ800 ピエ，幅532 ピエ以下とする．中間値で，良い比率となるものは，長さ600 ピエ，幅400 ピエのものである (96)．

La grandeza de la plaza sea proporcionada a la cantidad de los vecinos; teniendo consideracion que en als poblaciones de indios como son nuevas, se va con intento de que han de ir en aumento y asi se hara la eleccion de la plaza teniendo respecto a que la poblacion puede crecer, no sea menor que de doscientos pies de ancho y trescientos de largo, ni mayor de ochocientos pies de largo y quinientos y treinta y dos de ancho; de mediana y de buena proporcion es de seiscientos pies de largo y cuatrocientos de ancho.

## 【第114条】

主要街路を広場4辺の中央から，そして4隅のそれぞれから2本ずつの〔普通〕街路（道路）を設ける．広場の4隅が，4つの主要な風向きを指すように向ける．こうすることで，各コーナーから延びる街路（道路）が，4つの主要な風向きにさらされることがなく，かなりの不都合を回避できる．

De la plaza salgan cuatro calles principales, una por medio de cada costado de la plaza, y dos calles por cada esquina de la plaza. Las cuatro esquinas de la plaza miren a los cuatro vientos principales: porque de esta manera saliendo las calles de la plaza no estan expuestas a los cuatro vientos principales, que seria de mucho inconveniente.

## 【第115条】

どの広場も，周囲と各辺から延びる4本の主要街路（道路）には，そこに常に集まる商人たちに好都合であるポルティコを設ける．広場の4隅から延びる8本の道からは，ポルティコにあたることなくそのまま広場に流れるようにする．そこにはポルティコを設けず，広場と街路（道路）の家並みをまっすぐに揃える．

Toda la plaza a la redonda y las cuatro calles principales que de ellas salen tangan portales, porque son de mucha comodidad para los tratantes que aqui suelen concurrir. Las calles que salen de la plaza por las cuatro esquinas lleguen libres a la plaza, sin encontrarse con los portales, retrayendolos de manera que hagan acera derecha con la calle y plaza.

「インディアスの発見，植民，平定に関する新法令」

## 【第 116 条】

寒い土地 lugar（地域）では街路（道路）の幅員を広く，熱い土地（地域）では狭くとる．しかし防衛対策上，馬が集められる場所では，街路（道路）の幅員は広い方がよい．

Las calles en lugares frios sean anchas y en los lugares calientes sean angostas; pero para defensa a donde hay caballos son mejores anchas.

## 【第 117 条】

街路（道路）はプラサ・マヨール（中央広場）から伸ばし，それを延長していく．そうすることで，入植地（町）が肥大化しても，醜い再建設を誘発したり，或いは，（都市の）防衛性や快適性を損なうといった不都合が生じないようにする．

Las calles se prosigan desde la plaza mayor, de manera que aunque la poblacion venga en mucho crecimiento no venga a dar en algun inconveniente que sea causa de afear lo que se hubiere reedificado, o perjudique su defensa y comodidad.

## 【第 118 条】

入植地（町）の所々に小広場を割合よく設け，布教した町ではそこに大聖堂，教区教会堂，修道院を良好な割合で設けていく．

A trechos de la poblacion se vayan formando plazas menores en buena proporcion, a donde se han de edificar los templos de la iglesia mayor, parroquias y monasterios; de manera que todo se reparta en buena proporcion por la doctrina.

## 【第 119 条】

広場および街路（道路）を設定した後，最初に大聖堂，教区教会堂，修道院の敷地を決定する．これらの敷地は街区全体を占有するものとし，利便性や装飾のためのものを除いて，別の建物が近接しないようにする．

Para el templo de la iglesia mayor, parroquia o monasterio se senalan solares los primeros, despues de las plazas y calles. Y sean en isla entera, de manera que ningun otro edificio se les arrime, sino el perteneciente a su comodidad y ornato.

## 【第 120 条】

入植地（町）が沿岸にある場合には，大聖堂は海から望めるよう配置する．同時に建物が港の防衛に役立つような造りとする．

Para el templo de la iglesia mayor, siendo la poblacion en costa, se edifique en parte que en saliendo de la mar se vea; y su fabrica que, en parte, sea como defensa del mismo puerto.

## 【第 121 条】

次に，王室，参事会，カビルド，税関および造船所のための地区，敷地を決定する．それらは，必要時に互いに有利に機能するよう，同じ寺院 templo や港の近くに建設する．貧困者や病人のための施療院は，伝染病患者以外の病人のためのものは，寺院のすぐそばに回廊のように建設する．また伝染病患者のためには，吹き抜ける風によって入植地（町）の他の部分に悪影響が出ない場所に施療院を設ける．高台の場所があればその方が良い．

Senalese luego sitio y solar para la casa real, casa de concejo y cabildo y aduana y atarazana junto al mismo templo y puerto, de manera que en tiempo de necesidad se puedan favorecer las unas a ls otras. El hospital para pobres y enfermos de enfermedad que no sea contagiosa se ponga junto al templo, y por claustro de el; para los enfermos de enfermedades contagiosas se ponga hospital en parte que ningun viento danoso, pasando por el, vaya a herir en las demas poblacion; y si se levantare en algun lugar levantado sera mejor.

## 【第 122 条】

肉屋，魚屋，製革所など汚物やごみの出る施設は，それらを始末し易い所に建設せねばならない．

El sitio y solares para carnicerias, pescaderias, tenerias y otras oficinas que se causan inmundicias se den en parte que con facilidad se puedan conservar sin ellas.

## 【第 123 条】

海から離れた内陸では，航行可能な河川沿岸に入植地（町）を建設するのが大変便利である．さらに，沿岸が北風が吹く位置にあるような場所にあること．汚物やごみを出す施設はすべて川に面した最も低い場所に配置する．

Las poblaciones que se hicieren fuera del puerto de mar, en es mediterraneos, si pudieren ser en ribera de rio navegable sera de mucha comodidad. Y procurese que la ribera quede a la parte del cierzo, y que a la parte del rio y mar baja de la poblacion se pongan todos los edificios que causan inmundicias.

## 【第 124 条】

内陸の場合，寺院はプラサ・マヨール（中央広場）に配置するのではなく距離をとる．そして他の建物を併置せず独立した建物とし，4周から見渡せるようにすることで，装飾をより良く見せ，権威を象徴する．地面からのレベルを上げ，階段を登って建物に入るようにする．そして寺院とプラサ・マヨール（中央広場）に近い場所に王室，参事会，カビルド，税関の建築物を，障害物とならないよう，むしろ寺院に重みを添えるように配置する．また，伝染病患者施設ではない施療院は寺院の回廊のように付近に設ける．伝染病患者の施療院は北風が吹く所に設け，南面を享受できるように配置する．

El templo en ligares mediterraneos no se ponga en la plaza, sino distante de ella y en parte que este separado de edificio que a el se llegue, que no sea tocante a el, y que de todas partes sea visto, porque se pueda ornar mejor y tenga mas autoridad. Hase de procurar que sea algo levantado del suelo, de manera que se haya de entrar en el por gradas y cerca de el entre la plaza mayor, y se edifiquen las casas reales, y del concejo y cabildo, aduana, no de manera que den embarazo al templo sino que lo autoricen. El hospital de los pobres que no fueren de enfermedad contagiosa se edifique a la par del templo y por claustro de el; y el hospital de enfermedad contagiosa a la parte del cierzo con comodidad suya, de manera que goce del mediodia.

## 【第 125 条】

この計画はどんな内陸地においても，たとえ水辺がなくとも遵守しなければならない．従って，その上地の利点をよく調査せねばならない．

La misma planta se guarde en cualquier lugar mediterraneo en que no haya ribera, con que se mire mucho que haya a las demas comodidades que se requieren.

## 【第 126 条】

広場に面して個人用の敷地を設けてはならず，教会堂や王室関係施設，都市の公共建築，商店や商人のための住宅を建設せねばならない．これらははじめに建築しなけれ

ばならず，入植者全員が分担する．その建設を行うため，商品には適当な税金を課す．
En la plaza no se den solares para particulares: dense para fabrica de la iglesia y casas reales, y propios de la ciudad, y edifiquense tiendas y casas para tratantes, y sea lo primero que se edifique para lo cual participen todos los pobladores, y se imponga algun moderado derecho sobre las mercaderias que se edifiquen.

## 【第 127 条】

他の土地はプラサ・マヨール（中央広場）に通じる土地から順に区画し入植者に分配していく．残余地は国家の所有地とし，後の入植者への恩恵地 merced あるいは我々が活用する土地として残しておく．これらをきちんと遂行するために，必ず町の平面図を作成して実行する．
Los demas solares se repartan por suerte a los pobladores, continuandolos a los que corresponden a la plaza mayor. Y los que restaren queden para Nos hacer merced de ellos a los que despues fueren a poblar, o lo que la nuestra merced fuere. Y pasa que se acierte mejor llevese siempre hecha la planta de l poblacion que se hubiere de hacer.

## 【第 128 条】

町の平面図作成，入植者各々へ建設用地の分配が済むと，テントを持っている者はそれぞれ所有する区画に張る．ゴベルナドールは，これを持参するよう入植者に勧める．持っていない者は，その地で容易に入手できる材料を使って小屋を建築する．出来る限り敏速に広場周辺を柵で囲い込み，先住の（土地の）インディオに危害を加えられないようにする．
Habiendo hecho la planta de poblacion y repartimiento de solares, cada uno de los pobladores en el suyo asienten su toldo, si lo tuviere. Para lo cual los capitanes le persuadan que los lleven. Y los que no lo tuvieren hagan su rancho de materiales que, con facilidad, puedan haber adonde se puedan recoger. Y todos, con la mayor presteza que pudieren, hagan alguna palizada o trinchera en cerco de la plaza de manera que no puedan recibir dano de los indios naturales.

## 【第 129 条】

入植地には適当な大きさのエヒード（共有地）を指定し，たとえ入植地（町）が拡大した場合でも，いつでも人々が出て行って気晴らしができ，家畜を放しても問題ないよ

Appendix 2
「インディアスの発見，植民，平定に関する新法令」

うな十分な空間を残しておかねばならない．
Senalese a la poblacion ejido en tan competente cantidad que aunque la poblacion vaya en mucho crecimiento siempre quede bastante espacio a donde la gente se pueda salir a recrear, y salir los ganados sin que hagan dano.


## 【第 130 条】

そのエヒード（共有地）に隣接して，役牛や馬，肉屋の家畜などのほか，入植者が法令によって保有が義務付けられている家畜用の牧草地を指定する．また参事会が所有する広大な土地を指定しておく．残余地は農耕地に指定し，入植時の宅地と同様の大きさに区画する．灌漑可能な土地があれば，同じように区画する．その他の土地は，後々の植民者に対する国家からの報酬地として残しておく．
Confinando con los ejidos se senalen dehesas para los bueyes de labor y para los caballos, y para los ganados de la carniceria, y para el numero ordinario de ganados que los pobladores por ordenanza han de tener; y en alguna buena cantidad mas para que se acojan para propios del concejo. Y lo restante se senale en tierras de labor, de que se hagan suertes en la cantidad que se ofreciere: de manera que sean tanta como solares que puedan haber en la poblacion. Y si hubiere tierra de regadio, se haga de ellas suertes y los demas queden para Nos, para que hagamos merced a los que despues fueren a poblar.


## 【第 131 条】

入植者は農耕地が配分されるとすぐに，持参した種や入手できる種すべてをそこに蒔く．そのため入植者はそれらを準備して現地に向くのがよい．そして特に牧草地では，家畜が成長して増殖するよう，持参した家畜で一緒にできるものはすべて寄せ集めて飼う．
En las tierras de labor repartidas luego inmediatamente siembren los pobladores todas las semillas que llevaren y pudieren haber: para lo cual conviene que vayan muy proveidos. Y en la dehesa senaladamente todo el ganado que llevaren y pudieren juntar, para que luego se comience a criar y multiplicar.


## 【第 132 条】

着実に種を蒔き，相当数の家畜を収容すると，食料を豊富に獲得できることを期待して，入植者は慎重に質の高い住宅建設に着手する．建築物は基礎と壁が丈夫なものに

する．日干しレンガ壁やそれを作るための板材，その他あらゆる工具を支給し，廉価で迅速な建設を行う．

Habiendo sembrado los pobladores y acomodado el ganado en tanta cantidad y con tan buena diligencia de que esperen haber abundancia de comida, comiencen con mucho cuidado y valor a fundar sus casas y edificar de buenos cimientos y paredes, para lo cual vayan apercibidos de tapiales o tablas para hacerlos y todas las otras herramientas para edificar con brevedad y a poca costa.

## 【第 133 条】

宅地や住宅の配置は，部屋が最も良い風である南風と北風に恵まれるようにする．町を不快にしたり荒らし回ったりするものに対処するため，町の住宅はすべて，防衛性を考慮し強度をあげる．個人住宅では，馬や作業用動物を飼えるようにし，衛生面や清掃のことを考えてパティオや飼育場を出来るだけ大きくとる．

Dispongan de solares y edificios que en ellos hicieren, de manera que en la habitacion de ellos se pueda gozar de aires de mediodia y del norte por ser los mejores. Dispongasen los edificios de las casas de toda la poblacion generalmente, de manera que sirvan de defensa y fuerza contra los que quisieren estorbar o infectar la poblacion. Y cada cosa en particular la labren, de manera que en ella puedan tener sus caballos y bestias de servicio, con patios y corrales, y con la mas anchura que fuera posible por la salud y limpieza.

## 【第 134 条】

町の美観のために，建築物は可能な限り 1 形式にそろえる (98)．

Procuren en cuanto fuese posible que los edificios sean de una forma, por el ornato de la poblacion.

## 【第 135 条】

入植実行者，検査官，建築技師やその他ゴベルナドールが任命した者は，ここに挙げることを完遂するため注意して監督を務め，そして，慎重に迅速に農耕や建設をすすめ，入植を出来るだけ早期に完了する．

Tengan cuidado de andar viendo como esto se cumple los fieles ejecutores y alarifes, y las personas que para esto diputare el gobernador. Y que se den prisa en la labor y edificio, para que se acabe con brevedad la poblacion.

「インディアスの発見，植民，平定に関する新法令」

## 【第 136 条】

もし先住民（現地の住民）が入植を妨害する姿勢を見せた場合，入植は彼らに不利益を与えるものではなく，彼らの財産を取り上げようとするものでもないことを伝える．これは彼らと友好関係を築くための手段であること，政治社会を築くことを示し神とその戒律を伝達するためであること，またそれによって救われることを理解させる．これらは，ゴベルナドールが選出する修道士や司祭を介して善良な語法で行う．あらゆる善良な手段を講じて，同意の下に平和に入植をすすめる．それにもかかわらず彼らが容認しない場合には，ここに挙げる手段を何度も試みて彼らに要請する．入植者はインディオの個人所有物を接収したりせずに入植を履行するのであって，入植者の護衛や入植妨害の対策のため必要とされる以上の損害をインディオ側に生じさせてはならない．

Si los naturales quisieren poner en defender la poblacion se le de a entender como se quiere poblar alli, no para hacerles algun mal, ni tomarles sus haciendas sino por tomar amistad con ellos y ensenarlos a vivir politicamente y mostrarles a conocer a Dios, y ensenarles su ley por el cual se salvaran, dandoseles a entender por medio de los religiosos y clerigos y personas que para ello diputare el gobernador, y por buenas lenguas, y procurando por todos los buenos medios posibles que la poblacion se haga con su paz y consentimiento. Y si todavia no lo consintieren habiendoles requerido por los dichos medios diversas veces, los pobladores hagan su poblacion sin tomar de lo que fuere menester para la defensa de los pobladores y para que la poblacion no se estorbe.

## 【第 137 条】

新入植が終わり，集落（町）や住宅の建設が完了するまで，入植者はできる限りインディオとのコミュニケーションや交渉は避け，彼らの村に行ったり周辺地域に出回ったりせず，彼らを周囲に寄せ付けたりもしない．そうして，それが後にインディオの目に初めて写った時に驚嘆し，スペイン人の 1 時的な滞在ではなく定着であり，またインディオに危害を加えることを目的とするものではないことを納得させ，スペイン人に対して恐怖の念を抱き，敬い，友好関係を望むようしむける．入植を委託されたゴベルナドールは，担当者を選んで，食糧確保に向けて穀類や野菜の田畑の稗蒔きや耕作を行わせる．また，家畜の放牧も，農地やインディオの所有物に被害が及ぶ心配がない安全な所で行わせ，それらの家畜，養殖を入植地に役立たせる．

Entretanto que la nueva poblacion se acaba los pobladores, en cuantofuere posible, procuren de evitar la comunicacion y trato con los indios, y de no ir a sus pueblos, ni divertirse, ni derramarse por la tierra, ni que los indios entren en el circuito de la poblacion hasta tenerla hecha y puesta en defensa y las casas, de manera que cuando los indios las vean les cause admiracion y entiendan que los espanoles pueblan alli de asiento y no de paso, y los teman para no osar ofender y respeten para desear su amistad. U en comenzandose a hacer la poblacion el gobernador reparta alguna persona que se ocupe en sembrar y cultivar la tierra de pan y legumbres, de que luego se puedan socorrer para sus mantenimientos; y que los ganados que metieren se apacienten, en parte donde esten seguros y no hagan dano en heredad y cosa de los indios, para que asimismo de los susodichos ganados y sus crias se puedan servir, socorrer y sustentar la poblacion.

## 平定

Pacification
［Comportamiento con los aborigenes 先住民との行動］

## 【第138条】

入植地（町）および建築物の建設を確実に終えると，ゴベルナドールおよび入植者は慎重かつ熱心に地方（地域周辺）の先住民（原住民）全てをカトリック教会ならびに我々との平和な関係に導く．以下にあげる内容に従い最善を尽くす．

Habiendo acabado de hacer la poblacion y edificios de ella, y no antes, el gobernador y pobladores, con mucha diligencia y santo celo, traten de traer de paz al gremio de la santa iglesia y a nuestra obediencia a todos los naturales de la provincia y sus comarcas por los mejores medios que supieren y entendieren. Y por los siguientes:

## 【第139条】

　　土地の民族 naciones，言語，そして地方（地域）の先住民（原住民）の間で宗派や派閥の違いがあるかどうか，また，彼らが誰に服従しているのかといつたことをよく調べる．商売や物々交換を通じて，彼らと友好な関係を築き，愛情ある態度を示す．彼らと軽く触れ合うようにしたり，彼らが関心を持つ品は物々交換によって与えたりする．彼らの品に強欲になってはならない．また，その土地の平定に向けて最も適すると思われるインディオや重要人物たちと友好関係を結び，同盟を確立する．

Informarse de la diversidad de naciones, lenguas y sectas y parcialidades de naturales que hay en la provincia, y de los senores a quien obedecen. Y por via de comercio y rescates traten

「インディアスの発見,植民,平定に関する新法令」

amistad con ellos mostrandoles mucho amor, y acariciandoles y dandoles algunas cosas de rescates a que ellos se aficionaren. Y no mostrando codicia de sus cosas asientese amistad y alianza con los senores y principales que parecieren ser mas parte, para la pacificacion de la tierra.

## 【第 140 条】

先住民 asentado やその共和政体（共同体）全体との和平および同盟が成立すると努めて一緒に集まるようにする．そして説教師たちは，厳粛に，そして慈善に満ちた心をもって彼らがカトリックの理解を望むように説教を行う．第 1 巻[482]のカトリックに関して書かれた規律にしたがって，慎み深く穏健な手段で伝授する．はじめは彼らの悪習や偶像崇拝をとがめたり，女性や偶像を奪ったりしてはならず，彼らが憤慨しキリストの教えに敵対心を持つことのないよう，ただ伝授することから始める．彼らが得た知識をみせ，自分たちの教義が我々のカトリック教義と正反対であると悟り，自らの意志でそれを放棄するよう説いていかねばならない．

Habiendo asentado paz y alianza con ellos y sus republicas, procuren que se junten y los predicadores, con la mayor solemnidad que pudieren y con mucha caridad, les comiencen a persuadir quien entender las cosas de la santa fe catolica, y se las comiencen a ensenar con mucha prudencia y discrecion, por el orden dicho en el libro primero, en el titulo de la santa fe catolica, usando de los medios mas suaves que pudieren para aficionarlos a que las quieran deprender: para lo cual no comenzaran reprendiendoles sus vicios e idolatrias, ni quitandoles las mujeres, ni sus idolos, porque no se escandalicen, ni tomen enemistad con la doctrina cristiana, sino ensenasela primero y despues que esten instruidos en ella los persuadan a que por su propia voluntad dejen aquello que es contrario a nuestra santa fe catolica y doctrina evangelica.

## 【第 141 条】

土地と権限は神が与えてくれたものであり，それは我が国がもたらしたカトリック教義に従うことによって保護されていることをインディオによく理解させる．西インドのすべての先住民（原住民），我々がこれまでに送ってきた，あるいは，これから送る艦隊や海軍，そして国家の管轄となった多くの地方（地区）とその民族，多くの財産や利潤，これらは神から授かつたものであり，特にカトリック教義とその信仰はイ

---

[482] オバンド法典の第 1 巻.

ンディオを救うものであって，これを説く者を受け入れることはとりわけ神の恩恵を蒙っているということを理解させる．すべての土地は国王に従属するものであり，誰かが誰かに危害を加えたりすることのないように，我が国は司法においてこの地全てを管理する．幾つかの地方で見られたように互いに殺しあったり，食べたり，生贄を捧げたりすることのないよう平和を保ち，安全に道路（道）を歩くことができ，交渉，契約，商売ができるようにする．そして公安の概念，服を着て靴を履くことを教える．パン，ブドウ酒，油その他たくさんの食品，毛織物，絹織物，馬その他の動物，工具，武器その他スペインで手に入るもの，職業やその方策をインディオに伝授する．こうして豊かな生活を送るすべを紹介し，それがカトリックの教えを理解すること，国王への従属心をもつことから導かれることを説く．

Deseles a entender el lugar y el poder en que Dios nos ha puesto, y el cuidado que por servirle habemos tenido de traer a su santa fe catolica a todos los naturales de las Indias Occidentales; y flotas y armadas que habemos enviado, y enviamos, y las muchas provincias y naciones que se han sujetado a nuestra obediencia, y los grandes bienes y provechos que de ello han recibido, y reciben, especialmente que les hemos enviado quien les ensene la doctrina cristiana y fe en que se pueden salvar. Y habiendola recibido en todas las provincias que estan debajo de nuestra obediencia los mantenemos en justicia, de manera que ninguno puede agraviar a otro, y los tenemos en paz para que no se maten, ni coman, ni sacrifiquen, como en algunas partes se hacia; y puedan andar seguros por todos los caminos, tratar y contratar, y comerciar. Haseles ensenando policia, visten y calzan y tienen otros muchos bienes que antes les eran prohibidos; haseles quitando las cargas y servidumbres, haseles dado uso de pan, vino, aceite y otros muchos mantenimientos: pano, seda, lienzo, caballos, ganados, herramientas, armas y todo lo demas que de Espana ha habido, y ensenado los oficios y artificios con que viven ricamente. Y que de todos estos bienes gozaran los que vinieren a conocimiento de nuestra santa fe catolica y a nuestra obediencia.

## 【第142条】

説教師およびキリスト教の教義が平穏にインディオに受け入れられても，用心し，慎重にかつ安全な方法で彼らの集落（町）に出向く．横柄な態度をとる者がでてきても，説教師に背かせないようにする．彼らに対する尊敬の念を失わせないため，説教師に背いた者には処罰を与える．それは入植および改宗において大きな障害物となるからである．こうした警告をしながら彼らに布教していくものとするが，理解しない者が出てきたとしても，それを黙認し，恐怖感を抱かせないようにする．そして教育を行う．衣装を支給する，歓待するという口実をつけ，カシーケや主要人物の子供たちを

「インディアスの発見，植民，平定に関する新法令」

まずスペイン人入植地（町）に人質として連行する．他にも都合の良いやり方で，すべてのインディオの集落（村）や共同体が和平を手に入れたいと思わせるように布教を行う．

Aunque de paz quieran recibir, y reciban, los predicadores y su doctrina vayase a sus pueblos con mucha cautela, que aunque se quieran descomedir no se puedan desacatar a los predicadores, porque no se les pierda el respeto; y desacantandose contra ellos obliquen a hacer castigo en los culpados, porque seria gran impedimento para la pacificacion y conversion; Y aunque se haya de ir con este aviso a predicarles y doctrinar sea con tan buena disimulacion que no entiendan se recaten de ellos, porque no esten con sobresalto. Lo cual se podra hacer trayendo priero a la población de españoles los hijos de caciques y principales, y dejándoles en ella como rehenes, so color de los ensenar, vestir y regalar, y usando de otros medios que parecieren convenientes. Y asi se procedera en la predicación por todos los pueblos y comunidades de indios que la quisieren recibir de paz.

## 【第143条】

キリスト教の教義を平穏に受け入れようとしない土地 lugares（地区）では，次に述べるような順序で説教を行う．即ち，当該地の首長に対して，近隣の敵対するところ（町）からその地へ気晴らしに進入しようと企んでいる者がいる等，何か注意を引き付けるようなことを伝える．そこで，味方のインディオとともにスペイン人を安全な方法で密かに送り込む．その者たちは，機会を見計らって，自分たちは招かれた者であると表明し，人々を集め当地の言語で通訳者がキリスト教教義を説く．尊敬の念をもってそれを賞賛させるため，少なくとも，説教者はアルバ（102），スペルペリティウム（103），ストーラ（104）をまとい，手には十字架を持つこと．人々が崇拝して耳を傾け，不信心者も熱意をもって教えを聞き入れるよう，キリスト教信仰者はそのような格好をする．不信心者には，更に賞賛の念や関心を呼び起こさせるため，便利なものを見せたり歌を謡ったり楽器を弾いたりして彼らを集合させ，あらゆる手段を講じて敵対心をもつインディオたちを落ち着かせて従属させる．インディオたちの方から入植や布教を望み，説教者がその土地に招かれた場合でも，同様に，警戒して慎重にこれらのことを実行する．そして，教育という口実のもと，味方の土地ではあるが，まず人質という形で彼らの子供たちを連れてくるよう要請する．そのため，最初に教会堂を建て，安全に行き来できるようになるまで，そこで彼らを教育する．このような方法や他に好都合な手段があればそれにより，先住民の平定や教宥を続けるが，彼らに危害を加えるようなことは一切行ってはならない．国家が望むことは，彼らの福利と改宗のみである．

En las partes y lugares a donde no quisieren recibir la doctrina cristiana de paz se podra tener el orden siguiente: En el predicar conciertese con el senor principal que estuviere de paz, que confinare con los que estan de guerra, que quieran venir a su tierra holgarse u otra cosa a que los pudiere atraer. Y para entonces esten alli los predicadores con algunos españoles e indios amigos, secretamente, de manera que esten seguros. Y cuando sea tiempo se descubran a los que estan llamados y a ellos, juntos con los demas, por sus lenguas e interpretes comiencen a ensenar la doctrina cristiana. Y para que la oigan con mas veneracion y admiracion esten revestido a lo menos, con albas y sobrepellices y estolas y con la cruz en la mano. Y yendo apercibidoc los cristianos que la oigan con grandisimo acatamiento y veneracion, para que a su imitación los infieles se aficionen a ser ensenados; y si para causar más admiracioń y atencion en los infieles le pareciere cosa conveniente podran usar de música de cantores y ministriles, altos y bajos, para que les pareciere para amansar y pacificar a los indios que estuvieren de guerra. Y aunque parece que se pacifican y pidan que los predicadores vayan a su tierra, sea con la misma cautela y prevención que esta dicho, pidiendoles a sus hijos so color de los enseñar y a que queden como por rehenes en la tierra de los amigos y entreteniendoles, persuadiendoles que hagan primero iglesias a donde los puedan ir a ensenar hasta tanto que puedan entrar seguros. Y por este medio, y otros que parecieren mas convenientes, se vayan siempre pacificando y doctrinando los natrales, sin que por ninguna via, ni occasion puedan recibir dano, pues todo lo que deseamos es su bien y conversion.

## 【第 144 条】

先住民の土地（インディオの町）を平定し彼らが我々に対し服従の姿勢を見せるようになると，ゴベルナドールの同意のもとに入植者各人へのその土地の分配を行う．それぞれの入植者は，自分の担当する土地のインディオを防衛，保護する．そしてキリスト教の教義を説き，サクラメントを授け，秩序ある生活を送る術を教育する聖職者を用意しなければならない．また彼らに良い習慣を築かせ，レパルティミエントについて規定した法令に従って，エンコミエンダ制度によって担った役割をレパルティミエントのインディオとともに果たすよう務める．

Estando la tierra pacífica y los señores y naturales de ella reducidos a nustra obediencia, el gobernador con su consentimiento trate de la repartir entre los pobladores, para que cada uno de ellos se encargue de los indios de su repartimiento de los defender y amparar y proveer de ministro que les ensene la doctrina cristiana y administre los sacramentos; y les ensene a vivir en policia y hagan con ellos todo lo demas que estan obligados a hacer los encomenderos con los indios de su repartimiento segun se dispone en el titulo que de esto trata.

「インディアスの発見，植民，平定に関する新法令」

## 【第 145 条】

レパルティミエントとして国王に従属するインディオには，国家の統治権がインディアスにもおよぶことは認知されたことであって，土地の収穫物による適度な税を課すことで収益を産み出すことは税に関する書において規定されている通りであることを納得させる．国家に収められた税はエンコミエンダ制度により委任されたスペイン人が任務遂行のために運用することが望ましい．国家の中心集落（主要な町）や港市（港町）への配分や，インディオの土地の支配，防衛ならびに国庫の管理に従事する者への配分は別にとっておく．

A los indios que se redujeran a nuestra obediencia y se repartieren se les persuada que en conocimiento del senorio u jurisdiccion universal que tenemos sobre las Indias nos acudan con tributos en moderada cantidad de los frutos de la tierra segun y como se dispone en el titulo de los tributos que de esto trata. Y los tributos que asi nos dieren queremos que los lleven los espanoles a quienes se encomendaren, porque cumplan con las cargas que estan obligados, reservando para Nos los pueblos cabeceras y los puertos de mar, y los que se repartieren cantidad que fuere menester para pagar los salarios a los que han de gobernar la tierra, y defenderla y administrar nuestra hacienda

## 【第 146 条】

より良く先住民（原住民）を平定するため，税の支払いを免除する必要性がある場合には，ある一定期間それを承認し，他の特権や義務の免除を認め，彼らに都合の良い手段を講ずる．

Si para que mejor se pacifiquen los naturales fueren menester concederles inmunidad de que no pagan tributos por algún tiempo se les conceda, y otros privilegios y exenciones. Y lo que se les prometiere, se les cumpla.

## 【第 147 条】

インディオを平定し，改宗させ，平穏をもたらすためのキリスト教説教師が十分いる所には，その他の者の移入を認めない．改宗や平定の障害を引き起こす可能性がある．

En las partes que mejor que bastaren los predicadores del Evangelio para pacificar los indios y convertirlos y traerlos de paz, y no se consienta que entren otras personas que puedan estorbar la conversión y pacificación.

## 【第 148 条】

インディオに関するエンコミエンダを委託されたスペイン人は，慎重に彼らの注意を呼び寄せ集落（町）に集める．そしてキリスト教教義が定着し，秩序ある生活を送れるようにするため，彼らに教会堂を建築させる．

Los españoles a quien se encomendaren los indios soliciten con mucho cuidado que los indios que les fueren encomendados se reduzcan a pueblos y en ellos edifiquen iglesias para que sean doctrinados y vivan en policía.

ここにあげた勅令をよく理解し，それらを組み合わせながら，述べられている通りに遵守，履行しなければならず，また，させなければならない．これに反する行動はとってはならず，またそのような行為を認めてもならない．これに違犯する者に我々は一切支援しない．＊ソラナは，この段落の文章を訳していない．

## セゴビア，1573 年 7 月 13 日，国王．

〈副署〉書記官アントニオ・デ・エラッソ，〈発布〉議長ファン・デ・オバンド，弁護士ガルシア・デ・カストロ，ゴメス・サパータ，ボテジョ・マルドナード，ルイス・オタローラ

# あとがき

　何故，スペイン植民都市なのか．自ら顧みて不思議である．

　正直，近代植民都市のあり方を問う『近代世界システムと植民都市』（布野修司編：京都大学学術出版会，2005）をまとめて，一定の仕事をし終えたと思っていた．都市計画学会賞も受賞し，後の個々の都市や地域を緻密に掘り下げる作業は若い世代に委ねればいいと思ったし，今でもそう思う．以降，関心は専らアジアの前近代都市へ向かった．実際，『曼荼羅都市——ヒンドゥー都市の空間理念とその変容』（京都大学学術出版会，2006），『Stupa & Swastika』（Shuji Funo & M.M.Pant, Kyoto University Press + Singapore National University Press, 2007），『ムガル都市——イスラーム都市の空間変容』（布野修司＋山根周，京都大学学術出版会，2008）を上梓し，今は，中国都城の系譜を明らかにする『大元都市』（仮）の執筆にかかっている．僕は，スペイン語を話せないし，ワンパターンのスペイン植民都市計画という先入観があったから，スペイン植民都市に興味を抱く理由がない．加えて，フィールドワークのためにはラテンアメリカはあまりに遠い．

　本書もまたひとつの出会いが出発点となっている．

　セヴィージャ大学の建築学部で修士号と建築家の資格を得た後，神戸芸術工科大学の博士課程に入学するために来日したヒメネス・ベルデホ，ホアン・ラモン青年に初めて会ったのは 1999 年である．神戸芸術工科大学は，僕の師である吉武泰水・鈴木成文の両先生が創設されたのであるが，非常勤講師として通っていて，何かの機会に紹介されたのである．以降，僕はホアンさん，ホアンさんと呼んでいる．ホアンさんに確かめると，淡路島で開かれた，今や世界的建築家となった安藤忠雄さんが主催したシンポジウムの懇親会が最初の出会いだったという．ホアンさんは，まもなく京都大学の研究室を訪ねてくれた．

　その頃，われわれは植民都市研究をスタートさせ，『植えつけられた都市　英国植民都市の形成』（ロバート・ホーム著：布野修司＋安藤正雄監訳：アジア都市建築研究会訳，Robert Home: Of Planting and Planning The making of British colonial cities，京都大学学術出版会，2001）を前提に，英国植民都市研究，オランダ都市研究を開始しつつあった．ホアンさん自身も，来日時にはスペイン植民都市を研究テーマにすることなど夢にも考えていなかった．後になって聞くと，テーマを決めるに当たっては，われわれのオランダ植民都市研究が大いに刺激になったのだという．

　ホアンさんがスペイン植民都市研究を展開するに当たって最大の武器になったのが

あとがき

　セヴィージャのインディアス総合古文書館 AGI に収蔵された植民都市関連地図・図面全 7152 枚である．その中に，いくつも円を画いた地図（ハト・コラル図）があった．一体これは何だ！というのが僕にとってのスペイン植民都市研究の出発である．ただ，僕もホアンさんもこの図に気がついたのはずいぶん後のことである．

　ホアンさんがまず注目したのは，ホセ・デ・エスカンドンによるヌエヴォ・サンタンデールの 15 の都市の都市図である．同じような都市図が 15 枚もある．調べてみると，エスカンドンは，25 もの都市を建設していた．ホアンさんがホセ・デ・エスカンドンの都市をテーマにして学位論文（Jimenez Verdejo, Juan Ramon (2005)）を書いたのはごく自然であった．

　その後，ホアンさんは日本学術振興会の外国人特別研究員として滋賀県立大学に客員研究員として通うことになった．最初に出会いがあり，研究遂行にあたってアドヴァイスもしてきたし，学位請求論文の審査にも外部委員として加わった縁である．毎週一回，ホアンさんは神戸から彦根に通ってきた．夜遅く終電近くまで議論し，作業するのは実に楽しかった．面白いのは，エスカンドンが A, B ふたつのモデルを用いていることであり，そのモデルが必ずしも「インディアス法（「フェリペⅡ世の勅令」1573 年）」の基本モデルに一致しないことであった．

　ホアンさんとの共同研究「ラテンアメリカにおけるスペイン植民都市に関する研究—キューバ島を焦点として—」（日本学術振興会・外国人特別研究員奨励費：2006〜2008 年）が本書のもとになっているのは言うまでもないが，並行して，住宅総合研究財団の研究助成（「スペイン植民都市の形成，変容，土着，保全に関する研究—キューバ島を焦点として—」布野修司．ホアン・ヒメネス・ベルデホ・ラモン，応地利明，2007〜2008 年）を得られたことも大きい．キューバの諸都市，そしてサント・ドミンゴを一緒に訪れる機会を得たのである．

　旅の日誌を取り出してみる．当時は全く日記などつける習慣はなかったが，旅に出ると，フィールドノートとは別に一冊のノートに記録をつける．1991 年のロンボク島調査から数えると 82 冊，ダンボール 3 箱になる．ノートと言っても，字数は少なく，領収書やチケットの半券，名刺や各種パンフレットがべたべた貼ってあって，大抵 3 倍ぐらいにノートは膨れ上がっている．

　キューバ行は，2006 年 8 月 13 日〜24 日，同行者はホアンさんの他，僕のフィールドワークの師匠である応地利明先生と京都大学布野研究室に所属していた山田協太君（現在，京都大学アジアアフリカ地域研究研究科）であった．飛行機の都合で，珍しく成田発で，前日に東京に一泊している．成田空港には苦い思い出があり，可能であれば使わないようにしてきたけれど，ほぼ 20 年ぶりの成田であった．

　成田でホアンさんと合流，「8.13　Juan さんと合流，全て順調．席はバラバラ．11 時間．……『老人と海』を一気に読んだ．……『コロンブスからカストロまで—カリ

642

ブ海峡史 1492〜1969』を読む．……9:05 テキサス上空，朝食，クロワッサンにぶどうパン，キーウイ / パイナップル / オレンジ……粗末な感じ」などと機上のメモがある．ダラスからメキシコのカンクン経由でハバナに着いたのは，日付は同じ 8 月 13 日の深夜で，そこで応地先生と合流する．7 階建てアパートの一戸で余分の部屋を貸し出す民宿である．宿主はレーニンとカロリーナさん．キューバの民宿システムは実に興味深いものであった．ホアンさんがレンタカーを 2 週間分借り切った．スペイン語が通じるのでまるで母国スペインのようで，こんな楽なセッティングはこれまでになかった．調査ノートを読み返すと，様々な出来事が蘇ってくる．フリオ・セザール・ペレス教授（ハバナ大学建築学部）の案内でハバナを隈なく歩き回った後，応地先生は別行動であったが，レンタカーで，サン・アントニオ・ロス・バニョス，サンティアゴ・ラス・ベガス，サン・フェリペ，ギネス，ヌエヴァ・パス，シエンフエゴス，トリニダード，カルデナス，マタンサス，ハルコと回った．数百キロ走ったことになる．ハバナに戻って，僕は帰国の途につくのであるが—メキシコ・シティからダラスへ向かって入管で指紋検査に引っ掛かり，あやうく日本への飛行機に乗り遅れそうになったことが生々しく記録されている—，ホアンさんは単独調査を続行している．

　この時の調査と収集した資料をもとに 2 人で関連論文に挙げるいくつかの論文を書いた．サン・アントニオ・デ・ロス・バニョス，ヌエヴァ・パス，シエンフエゴス，カルデナスについては，本書で取り上げている通りである．

　翌年は，9 月 3 日から 10 日，ドミニカ共和国へ飛んだ．レンタカーで，コロンやラス・カサスゆかりの地をめぐりたかったけれど，地図など資料の収集に手間取り，結局，サント・ドミンゴのみに集中することになった．調査ノートはやけにそっけない．専ら作業をしたことが思い起こされる．Google Earth がその場でみられるのだから，調査環境も調査ツールも随分変わったものである．

　結局，この 2 度のカリブ調査とホアンさんのエスカンドンについての論文が本書の核になっている．その後，ホアンさんは研究室の学生たち（若松賢太郎，塩田哲也，菅野愛実）とともにハバナを再訪，詳細調査を行った（2009 年 10 月 21 日〜29 日）．その成果は，若松賢太郎君の修士論文（若松賢太郎（2010））にまとめられたが，その作業は本書に十分生かされている．

　もちろん，中南米大陸の諸都市についても臨地調査を行いたかったことはいうまでもない．地図資料が数多く残されているのはヴェネズエラ，チリ，アルゼンチンである．ヴェネズエラは，オランダ植民都市研究の実施過程で訪れたことがあり，カラカスについては調査したかった．しかし，メキシコも含めて調査環境が悪く，臨地調査実施には至らなかった．本書の第 IV 章，第 V 章がいささか迫力と密度を欠くのはそのせいである．

　そこで集中したのがフィリピンである．ホアンさんが，「フィリピンのスペイン植

## あとがき

民都市の起源・変容・保全に関する研究」をテーマに科学研究費補助金（2010～2012 年度を得たのが大きい．セブ，マニラ，ヴィガンが主要なターゲット都市になったのは言うまでもない．布野は，既にヴィガンについては臨地調査の実績があったし，論文も書いていた．マニラは何度も訪ねたことがある．セブについては，京都大学布野研究室出身の山口潔子さんの学位請求論文（Yamaguchi (2004)）がある．2009 年 9 月 11 日～24 日には，セブ，マニラ，ヴィガンを駆け足で訪れることになった．同行したのは若松賢太郎君と飯田敏史君で，飯田君はヴィガンについて修士論文を書くことになる（飯田敏史 (2011)）．そして，続いて行った臨地調査をもとに山田聖君と山口健太君がセブについて，塩田哲也君がマニラについて，それぞれ修士論文（塩田哲也 (2012)）をまとめることになった．いずれも本書に活かされている．特に，塩田君の膨大な作業は，本書を力強く支えてくれた．ホアンさんは，フィリピンについての臨地調査を続行中であり，梅谷敬三君，平沢陽君がそれぞれ修士論文を準備中である．両君には，とりわけ梅谷君には，本書の膨大な図表の作製を手伝ってもらった．感謝の意を書き留めておきたい．

こうしてスペイン植民都市を追いかけて，「新世界」における都市形成と都市計画の具体的展開について，ギリシャ・ローマの都市計画の伝統をも視野に入れて作業を行ったおかげで，世界都市史，世界都市計画史が完全に射程に入ってきた．イベリア半島の都市史と『ムガル都市』のインド・イスラームを中心に置いたイスラーム都市についての作業もつながった．細かく，それぞれの境界をしっかり埋めていく作業は膨大に残されているが，次なる作業としてまずは中国都市の系譜を描き切る必要がある．これについては，応地先生の『都城の系譜』（応地利明 (2011)）が上梓されて，およその見通しはついている．その次に，店屋すなわちショップハウス，あるいは都市型住宅の形式の起源と形成をめぐって世界中を糸で縫い合わせれば世界都市史の概略図は完成するだろう．

こうして，ロバート・ホームの『植えつけられた都市　英国植民都市の形成』の翻訳をお願いして引き受けて頂いたときには想像だにしなかった地平にまで僕らの作業を導いて下さったのは鈴木哲也さんである．この翻訳を含めると，この 12 年で，実に 7 冊もの著書を出版して頂くことになった．自ら振り返って，手前味噌ながら，これはすごいことではないか，と思う．

鈴木哲也さんがいつものように大きな指針を下さった．教科書的な情報も最低限盛り込もうとつい冗長になるのであるが，今回もその大鉈が貴重なガイドとなった．そして今回，編集者を志す若き渕上皓一朗さんという力強い援軍を得た．まずは丁寧に原稿に目を通し，全体の構成について的確なアドヴァイスをくださった．また，細かく原稿にも手を入れて頂いた．編集者としての才能は疑いないところである．光栄なことに，本書は，彼が手がける最初の本ということになる．

あとがき

　図表やレイアウトについては，これまでの著書において，最終的に詰め切れないところが残ったが，今回はホアンさんの粘りもあって，また，QRコードを埋め込むという斬新な試みの提案もあって，随分楽しんだ．鈴木哲也さんと渕上皓一朗さんに心より感謝したい．

　本書の刊行については，平成24年度科学研究費補助金（研究成果公開促進費，課題番号245268）の補助を受けた．末尾ながら，本書刊行の意義を認めて頂いた審査員の諸先生には心より感謝したい．

布野修司

# 参考文献

単行本を中心として，主要な参考文献を挙げる。

## A

Abba, Artemio (2010) "Metrópolis argentinas agenda política, institucionalidad y gestión de las aglomeraciones urbanas interjurisdiccionales", Café de las Ciudades

アコスタ，ホセ・デ (1966)『アコスタ　新大陸自然文化史』上・下，大航海時代叢書 III・IV，増田義郎訳註解説，会田由・飯塚浩二・井沢実・泉靖一・岩生成一監修，岩波書店．José de Acosta (1590) "Historia natural y moral de las Indias"

アコスタ，ホセ・デ (1992)『アコスタ　世界布教をめざして』青木康正原典翻訳＋解説，岩波書店

安達かおり (1997)『イスラム・スペインとモサラベ』彩流社

アゴンシリョ，テオドロ (1977)『フィリピン史物語：政治・社会・文化小史』岩崎玄訳，井村文化事業社

Agurto Carbo, Santiago (1984) "Lima Prehispanica", Municipalidad de Lima, Empresa Financiera

相澤正雄，青砥清一試訳 (2011)『アルフォンソ十世賢王の七部法典：スペイン王立歴史アカデミー1807年版．第1部　第4篇（逐文対訳試案，その道程と訳注）Las siete partidas del Rey Don Alfonso 10 el Sabio』

Akpedonu, Erik & Saloma, Czarina (2011) "Casa Boholana; vintage houses of Bohol, Ateneo de Manila University, Quezon

Alcina Franch, José (1997) "La ciudad hispanoamericana. El sueño de un orden, El pasado prehispánico y el impacto colonizador", CEHOPU, CEDEX. Madrid

アレクサンダー，マッキー (1991)『コロンブス四大航海記』，早川麻百合訳，心公社

Aliata, Fernando (2006) "La ciudad regular arquitectura programas e instituciones en el Buenos Aires posrevolucionario: 1821-1835", Universidad Nacional de Quilmes

Alracón, Norma I (1991) "Philippine Architecture During the Pre-Spanish and Spanish Periods", Santo Tomas University Press, Manila

Almario, Virgilio S. (1999) "100 Events: that shaped the philippines", Adarna House

Alomar, Gabriel (1987) "De Teotihuacán a Brasilia: estudios de historia urbana iberoamericana y filipina", Instituto de Estudios de Administración Local

Álvarez, Estévez Rolando (2001) "Huellas Francesas en el Occidente de Cuba (siglos XVI-XIX)", Ediciones Boloña, Editorial José Martí

Álvarez, Gutieŕrez Luis (1988) "La Diplomacia Bismarckiana Ante la Cuestion Cubana", Consejo Superior de Investigaciones Científicas Centro de Estudios Históricos

Alva Rodríguez, Inmaculada (1997) "Vida municipal en Manila Siglos XVI-XVII", Universidad de Córdoba

Álvarez Blanco, Ernesto (1991) "Apuntes Históricos sobre la ciudad de Cárdenas y su centro urbano antiguo"

網野徹哉（2008）『インカとスペイン帝国の交錯』興亡の世界史 12，講談社

Andel, J. D. van (1985) "Caribbean traditional architecture, the traditional architecture of Philipsburg, St. Martin (N. A.), Leiden", Department of Caribbean Studies, Royal Institute of Linguistics and Anthropology

Ang see, Teresita (1992) "The Chinese immigrants", Kaisa Para Sa Kaunlaran and Chinese Studies Program de la University

Ang See, Teresita (2004) "Chinese in the Philippines: volume III" Kaisa Para sa Kaunlaran

Ang See, Teresita et al. (2005) "Tsinoy: the history of the Chinese in Philippine life", Kaisa Para Sa Kaunlaran

Anonimus (1838) "Historia Estadística del pueblo y puerto de Cárdenas", Memorias de la Real Sociedad Patriotica de La Habana, No. 28

アンチオープ，G.（2001）『ニグロ，ダンス，抵抗——17〜19 世紀カリブ海域奴隷史』石塚道子訳，人文書院

余部福三（1992）『アラブとしてのスペイン——アンダルシアの古都めぐり』第三書館

青木康正（1989）『コロンブス——大航海時代の起業家』中公新書

青木康正（1993）『コロンブス航海誌：完訳』平凡社

青木康正（1998）『海の道と東西の出会い（世界史リブレット）』山川書店

青木康征（2000）『南米ポトシ銀山——スペイン帝国を支えた"打出の小槌"』中公新書

青山和夫（2007）『古代メソアメリカ』講談社選書メチエ 393，講談社

青山和夫，猪俣健（1997）『メソアメリカの考古学』（世界の考古学 2）同成社

新木秀和編（2006）『エクアドルを知るための 60 章』明石書店

Aramburu-Zabala, Miguel Ángel (ed.) (1993) "Juan de Herrera y su Influencia", Fundación Obra Pía Juan de Herrera & Universidad de Cantabria

Arcaute, Agustín Ruiz de (1997) "Juan de Herrera", Institute Juan de Herrera, Escuela Técnica Superior de Arquitectura de Madrid

アリストテレス（2009）『政治学』田中未知太郎・北嶋美雪・尼ケ崎徳一・松居正俊・津村寛二訳，中央公論新社

Armus, Diego (2011) "The Ailing City health, tuberculosis, and culture in Buenos Aires, 1870-1950", Duke University

アンドレス・アラウス，セレスティーノ＆ピッツルノ・ヘロス，パトリシア（1995）『スペイン植民地下のパナマ——1501〜1821』若林庄三郎訳，近代文芸社

Artega Zamaran (1985) "La ciudad iberamericana, La Urbanización hispanoamericana en las Leyes Indias", Actas del Seminario, Buenos Aires

アタリ，ジャック（2009）『1492　西欧文明の世界支配』（斎藤弘信訳）ちくま学芸文庫．（『歴史の破壊　未来の略奪——キリスト教ヨーロッパの地球支配』朝日新聞社，1994）Attali,

Jacques, (1991 / 1992) "1492", Fayard
アズララ，カダモスト（1967）『西アフリカ航海の記録』大航海時代叢書 II，岩波書店

## B

ベイリン，バーナード（2007）『アトランティック・ヒストリー』名古屋大学出版会
Bakewell, P. J. (1984) "Miners of the Red Mountain", Albuquerque
Bakewell, P. J. (1997) "A History of Latin America Empires and Sequels 1450-1930", Blackwell, Oxford
坂東省次編（2005）『スペイン関係文献目録』行路社
坂東省次・川成洋編（2010）『日本・スペイン交流史』れんが書房新社
Barrantes Moreno, Vicente (2004) "Guerras Piráticas de Filipinas 1570-1806", Algazara
バロス，ジョアン・デ・（1980～81）『ジョアン・デ・バロス　アジア史　一，二』大航海時代叢書第 II 期 2, 3，生田滋・池上岑夫訳註，生田滋・越智武臣・高瀬弘一郎・長南実・中野好夫・二宮敬・増田義郎編集，岩波書店
Bascara, Cornelio R. (2010) "A history of Bataan (1578-1900): scanning its geographic, social, political and economic terrain", UST Publishing House
Basso Gianni, mg Vega, Pérez Hernández Julio César, Taschen Angelika (2006) "Inside Cuba", Taschen
Bauer, Brian S. (1992) "The Development of the Inca State", Universiy of Texas Press, Austin
Bauer, Brian S. (2004) "Ancient Cuzco", Universiy of Texas Press, Austin
Bauer, Brian S. and Dearborn, David S. P. (1995) "Astronomy and Empire in the Ancient Andes: The Cultural Origins of Inca Sky Watching", Universiy of Texas Press, Austin
BAUZON, Leslie España, (1970) "Deficit government: Mexico and the Philippine situado, 1606-1804", Universidad de Duke (EU), Doctor thesis.
Bedoya Pereda, Francisco (2008)"La Habana desaparecida". Ediciones Boloña
ベルウッド，P.（2008）『農耕起源の人類史』長田俊樹・佐藤洋一郎監訳，京都大学出版会。Bellwood, Peter (2005), "First Farmers, The Origin of Agricultural Societies", Blackwell Publishing.
ベネボロ，レオナルド（1983）『図説都市の世界史 1～6』相模書房
Bennasar, Bartolomé (1993) "Obras Hidráulicas en América colonial. El agua en el nuevo mundo", M. O. P. T. M. A. Madrid
ベナサール，B.（2003）『スペイン人—16-19 世紀の行動と心性』彩流社
Benavides Solís, Jorge (1998) "La ciudad ortogonal hispanoamericana, un verdadero aporte al urbanismo. El otro urbanismo", Padilla Libros, Sevilla
ベンローズ，B.（1985）『大航海時代 —— 旅と発見の二世紀』荒尾克巳訳，筑摩書房
Bergaza, Nelsa (1952) "Tania González y Estela Pérez", Autobiografía de San Antonio de los Baños. Trabajo del Museo Municipal de Historia de S. A. B.
Berthe, Jean-Pierre (1994) "Estudios de historia de la Nueva España: de Sevilla a Manila, Colección de documentos para historia de Jalisco 3", Universidad de Guadalajara
バード，R.（1995）『ナバラ王国の歴史—山の民バスク民族の国』彩流社

Blair, Emma Helen and Robertson, James Alexander (eds.) (1973) "The Philippine Islands", 1493-1898, 55 vols. Manila: Cacho Hermanos, INC. 1973 (1903-1909)

Bochhiardo, Livia, Aranda, Mario, Álvarez Lenzi, Ricardo (1987) "Las Leyes Indias en la urbanización de la banda oriental, La ciudad iberamericana", Actas del Seminario Buenos Aires, CEHOPU, Madrid

Bonet Correa, Antonio et al. (2005) "Endangered: Fil-Hispanic Architecture", Instituto Cervantes

Borrinaga, Rolando o., and Kobak, Cantius J. (2006) "The colonial odyssey of Leyte, 1521-1914", New Day Publishers

ブーチエ，カミーニャ，マガリャンイス，ピガフェッタ（1984）『ブーチエ，カミーニャ，マガリャンイス，ピガフェッタ　ヨーロッパと大西洋』大航海時代叢書第II期1，細川哲士・池上岑夫・河島英昭・松園万亀雄訳註解説，生田滋・越智武臣・高瀬弘一郎・長南実・中野好夫・二宮敬・増田義郎編集，岩波書店

ブーガンヴィル（1990）『ブーガンヴィル　世界周航記』17・18世紀大旅行記叢書2，山本淳一・中川久定訳解説，中川久定・二宮敬・増田義郎編，岩波書店

Boxer, C. R. (1953) "South China in the Sixteenth Century", Hakluyt, London

Boxer, C. R. (1969) "The Portuguese Seaborne Empire, 1415-1825", Hutchinson, London

Bremer, Fredrika (2002) "Cartas desde Cuba", Fernando Ortíz

Briones, Concepcion G. (1983) "Life in Old Parian", University of San Carlos, Cebu

Burger, Richard L. And Salazar, Lucy C. (2004) "Machu Picchu: Unveiling the Mystery of the Incas", Yale University Press, New Heaven

Burgos, and Villalba, Manuel (2009) "De Barcelona a Filipinas: impresiones de un viaje en 1898", Miraguano

ビュテル，ポール（1997）『近代世界商業とフランス経済：カリブ海からバルト海まで』深沢克己，藤井真理訳，同文舘出版

Buzeta, Manuel (1850) "Diccionario Geográfico Histórico de las Islas Filipinas", Estadístico, Madrid.

# C

Calderón Quijano, José Antonio (1984) "Fortificaciones en Nueva Espana", C. S. I. C., Madrid

Calles, Doce (1994) "Cuba la perla de las Antillas: Actas de las I Jornadas sobre: Cuba y su historia", Ateneo de Madrid CSIC

Capablanca, Enrique (1998) "La Habana Vieja Trinidad", Editorial Letras

Carasa Pereira Jorge, Gallardo Alpízar José (1985) "Atlas demográfico nacional", Comité estatal de estadísticas, Inst. cubano de geodesia y cartografiá

カルメン，ベルナン（1991）『インカ帝国―太陽と黄金の民族―』大貫良夫監訳，創元社

Castillo Utrilla, Maria José del, and Portillo Muñoz, José Luis "Temas iconográficos de las fundaciones franciscanas en Américas y Filipinas en el siglo XVI", Anuario de estudios americanos., Sevilla, Vol. 38, 1981, pp. 599-646

カストロ，アメリコ（2012）『スペイン人とは誰か：その起源と実像』本田誠二訳，水声社

Catellanos Escudier, Alicia (1998) "Filipinas: de la insurrección a la intervención de EE. UU., 1896-1898", Sílex

CEDEX (1987) "La Ciudad Iberoamericana", Biblioteca CEHOPU Madrid

CEDEX (1997) "La Ciudad Hispanoamericana El sueño de un orden", CEHOPU Madrid

Centro de Publicaciones (1987) "La ciudad Iberoamericana Actas del seminario Buenos Aires 1985", Centro de Estudios y Experimentación de Obras Públicas

Cespedes del Castillo (1997) "Vecinos, magnantes, cabildos y cabildantes en la América española, La ciudad hispanoamericana, El sueño de un orden", CEHOPU, CEDEX, Madrid

Chávez, Leonardo García (1930) "Historia de la Jurisdicción de Cárdenas"

Chez, Checo José (1988) "Casas Reales, Núm. 18"

千葉芳広（2009）『フィリピン社会経済史―都市と農村の織り成す生活世界』北海道大学出版会

Chirino P. Pedro (1604) "Relación de las islas Filipinas: i de lo qve en ellas an trabaiado los padres de la compañia de iesvs", Estevan Paulino

Chirino, P. Pedro (1890) "Relación de las islas Filipinas y de lo que en ellas han trabajado los padres de la compañia de jesús", Imprenta de D. Esteban Balbas

Chirino, P. Pedro (1890), Relación de las Islas Filipinas. 1604. Imprenta de Esteban de Balbas, Manila

Chu, Richard T. (2010) "Chinese merchants of Binondo in the nineteenth cetury", UST Publishing House

シエサ・デ・レオン，ペドロ（1979）『シエサ・デ・レオン　インカ帝国史』大航海時代叢書第II期15．増田義郎訳註解説，生田滋・越智武臣・高瀬弘一郎・長南実・中野好夫・二宮敬・増田義郎編集，岩波書店．シエサ・デ・レオン，ペドロ（2007［1553］）『インカ帝国地誌』増田義郎訳，岩波文庫

チポラ，C. M.（1996）『大砲と帆船　ヨーロッパの世界制覇と技術革新』大谷隆昶訳，平凡社

Cleland, James Edward / 2nd ed. (2009) "The silence sentinel: San Pablo de Cabagan Church reveals 300 years of secrets of the Philippines", Author House

Cobo, Juan (1986) "Pien Cheng-Chiao Chen-Ch'uan Shin-Lu", UST Press. Manila

Colomar Albajar, María Antonia (2003) "España y América Un océano de negocios Quinto Centenario de la Casa de la Contratación", Sociedad Estatal de Conmemoraciones Culturales

コロンブス（2011）『全航海の報告』林屋永吉訳岩波書店

コロンブス，アメリゴ，ガマ，バルボア，マゼラン（1965）『コロンブス，アメリゴ，ガマ，バルボア，マゼラン航海の記録』大航海時代叢書I．林屋栄吉・野々山ミナコ・長南実・増田義郎訳註解説，会田由・飯塚浩二・井沢実・泉靖一・岩生成一監修，岩波書店

Cómez, Rafael (1989) "Arquitecturá y feudalismo en México", Universidad Nacional Autóctona de México, México. D. F

Comité de estadísticas (1985) "Instituto cubano de geodesia y cartografía. La Habana", Atlas demográfico Nacional Cuba

Connolly, Michael J. (1992) "Church lands and peasant unreset: in the Philippines Agrarian conflict in the 20th-century Luzon", Ateneo de Manila University Press

コンラ，フィリップ（2000）『レコンキスタの歴史』有田忠郎訳，文庫クセジュ，白水社
クック（1992〜94）『クック　太平洋探検　上下』，17・18世紀大旅行記叢書3，4，増田義郎訳解説，中川久定・二宮敬・増田義郎編，岩波書店
Cordero-Fernando, Gilda / 7th ed. (2006) "Phililline ancestral houses", GCF Books
Coyula, Mario (1993) "La Habana Colonial", Junta de Andalucía. Ciudad de La Habana
Crespo, Hernán (1987) "Reino de Quito. Historia Urbana de Iberoamerica II-1. La ciudad Barroca, Análisis regionales. 1573 / 1750. Consejo Superior de los Colegios de Arquitectura de España", Comisión Nacional Quinto Centenario, Junta de Andalucía, Madrid
クロノン，W.（1995）『変貌する大地 ── インディアンと植民者の環境史 ──』佐野敏行・藤田真理子訳，勁草書房
クエバ，A.（1981）『ラテンアメリカにおける資本主義の発展』アジアアフリカ研究所訳，大月書店
Cunningham, Charles Henry (1919) "The Audiencia in the Spanish Colonies as Illustrated by the Audiencia of Manila (1583-1800)", University of California Press, Berkeley

# D

Dacanary Jr., Julian E. (1988) "Ethnic Houses and Philippine Artistic Expression", One Man Show Studio, Pasig.
D'Altroy, Terence N. (1992) "Provincial Power in the Inca Power", Smithsonian Institution Press, Washington. D. C.
ダンピア（1992）『ダンピア　最新世界周航記』17・18世紀大旅行記叢書1，平野敬一訳解説，中川久定・二宮敬・増田義郎編，岩波書店
De Jesus, Ed. C. (1980) "The Tobacco Monopoly in the Philippines-Bureaucratic Enterprise and Social Change 1766-1880", Quezon, Ateneo de Manila University Press
De la Costa, H. S. J. (1967) "The jesuits in the Philippines 1581-1768", Harvard University
De la Rosa, Rolando V. (1990) "Beginnings of the Filipino Dominicans History of the Filipinization of the Religious Orders in the Philippines", University of Santo Tomas
Dery, Luis Cámara (2005) "Pestilence in the Philippines: a social history of the Filipino people, 1571-1800", New Day Publishers
De Viena, Lorelei D. C. (2001) "Three centuries of Binondo architecture 1594-1898: a socio-historical perspective", UST Publishing House
Diañes Rubio, Pablo (1995) "Territorio y ciudad en Andalucía: siglos XVI al XVII, Andalucía en América, El legado de ultramar, Junta de Andalucía, Lunwerg, Barcelona.
Diañes Rubio, Pablo (1999)"Estudios sobre urbanismo ibero-americano.
Diañes Rubio, Pablo (1999) "Estudios sobre urbanismo ibero-americano. Siglos XVI al XVIII", Plaza y espacio público en la Baja Andalucía, J. A. Sevilla
ディーアス・デル・カスティーリョ，ベルナール（1986〜87）『ベルナール・ディーアス・デル・カスティーリョ　メキシコ征服記　一〜三』大航海時代叢書エクストラ・シリーズ

III〜V，小林一宏訳，生田滋・越智武臣・高瀬弘一郎・長南実・中野好夫・二宮敬・増田義郎編集，岩波書店．Díaz del Castillo, Bernal (1568) "Historia verdadera de la conquista de la Nueva España" (Manuscrito Guatemala)

Díaz-Trechuelo, Lourdes (2001) "Filipinas: la gran desconocida, 1565-1898", Universidad de Navarra, S. A.

Díaz Trechuelo Spinola, María Lourdes (1959), Arquitectura Española en Filipinas 1565-1800. Publicaciones de la Escuela de Estudios Hispano-Americanos de Sevilla

Direccíon General de Arquitectura y Vivienda, Asamblea Provincial del Poder Popular (2002) "Oriente de Cuba guía de arquitectura", Consejería de Obras Públicas y Transportes

Dirección General del Censo (1943) "Direccíon General del Censo de 1943: Estados contentivos de habitantes y electores clasificados por provincias, municipios y barrios", Editorial Guerrero Casamayor Y Comp, Cuba.

Dizon, Arnel Antonio S. (2007) "Images in between ages: Filipino Augustinian Impressions of Dominador M. Besarea, O. S. A", Basilica Minore del Santo Niño de Cebu

Dizon, Lino L. (2001) "An epistle of a friar-prisoner 1898-1900", The Juan D. Nepomuceno Center for Kapampangan Studies

Doeppers, Daniel F. and Xenos, Peter (1998) "Population and History—The Demographic Origins of the Modern Philippines", Quezon: Ateneo de Manila University Press

Domínguez Ortíz, Antonio (1995) La Conquista y la Ocupación del territorio, Andalucía en América, El legado de ultramar. J. A. Barcelona

ドルネー，ズヴィ（1992）『コロンブス—大航海の時代』上下，小林勇次訳，日本放送出版協会

デュフルク，Ch.（1997）『イスラーム治下のヨーロッパ—衝突と共存の歴史』芝修身・芝紘子訳，藤原書店

Dym, Jordana & Offen Karl Offen (1992) "Mapping Latin America", The University of Chicago Press

Dym, Jordana (2006) "From sovereign villages to national states city, state, and federation in Central America, 1759-1839", University of New Mexico

# E

Early, James (1994) "The Colonial Architecture of Mexico", Southern Methodist University Press, Dallas

Eaton, Ruth (2001) "Ideal Cities utopianism and the (Un) Built Environment", Thames & Hudson

エルキンズ，S.（1978）『アメリカ大陸の奴隷制 —— 南北アメリカの比較論争』創文社

El Legado Andulsí (1996) "Arquitectura en al Anduls", Lumwerg Editores S. A.

エリオット，J. H.（1975）『旧世界と新世界 1492-1650』越智武臣・川北稔訳，岩波書店

エリオット，J. H.（1988）『リシュリューとオリバーレス—17世紀ヨーロッパの高宗』藤田一成訳，岩波書店，1982年

エリオット，J. H.（2009）『スペイン帝国の興亡 1469-1716』藤田一成訳，岩波書店，1982年．

653

Elliot, John H. (1963) "IMPERIAL SPAIN 1469-1716", Edward Arnold, London, 1963, Penguin Books, 1971. "Espana Imperial 1469-1716", Editorial Vicens, Barcerona, 1965.

Eslao-Alix, Louella (2010), Balaanong Bahandi. The Cathedral Museum of Cebu and The University of San Carlos Press, Cebu

エイサギルレ，ハイメ（1998）『チリの歴史 ── 世界最長の国を歩んだ人びと』山本雅俊訳，新評論

# F

ファウスト，ボリス（2008）『ブラジル史』/ 鈴木茂訳，明石書店

Felix, Alfonso (1999) "The Chinese in the Philippines: 1570-1770 Vol. 1", Solidaridad Publishing House

Fenner, Bruce L. (1985) "Cebu under the Spanish flag (1521-1896): an economic and social history", San Carlos Pubulications

フェルナンデス＝アルメスト，フェリペ（2011）『1492 コロンブス：逆転の世界史』関口篤訳，青土社

Fernández Álvarez, Manuel (1998) "Felipe II y su Tiempo", Espasa

Fernández, Isacio Pérez (ed.) (1992) "Bartolomé de Las Casas Brevísima relación de la destruición de las Indias"

Foronda Jr., Marcelino A. (1986) "Insigne Y Siemple –Essays on Spanish Manila", De La Salle University

Fraile, Pedro (1997) "La otra ciudad del Rey", Celeste, Madrid

Francia, Luis H. (2010) "A History of the Philippines from Indios Bravos to Filipinos", overlook

Fry, Howard T. / Rev ed. (2006) "A history of the mountain province", New Day Publishers

藤田一成（1999）『皇帝カルロスの悲劇―ハプスブルグ帝国の継承』平凡社

布野修司（1991）『カンポンの世界』パルコ出版

布野修司編＋アジア都市建築研究会（2003）『アジア都市建築史』昭和堂（『亜州城市建築史』胡恵琴・沈謡訳，中国建築工業出版社，2009 年 12 月）

布野修司編（2005a）『近代世界システムと植民都市』京都大学学術出版会

布野修司編（2005b）『世界住居誌』昭和堂（『世界住居』胡恵琴訳，中国建築工業出版社，2010 年 12 月）

布野修司（2006）『曼荼羅都市―ヒンドゥー都市の空間理念とその変容』京都大学学術出版会

Funo, Shuji & Pant, M. M. (2007) "Stupa & Swastika", Kyoto University Press + Singapore National University Press

布野修司・山根周（2008）『ムガル都市―イスラーム都市の空間変容』京都大学学術出版会

布野修司＋韓三建＋朴重信＋趙聖民（2010），『韓国近代都市景観の形成―日本人移住漁村と鉄道町―』京都大学学術出版会

## G

ガレアーノ，エドゥアルド（1986）『収奪された大地 —— ラテンアメリカ五百年』大久保光夫訳新評論，東京，1986 年

Galende, Pedro G. (1987) "Angels in stone: architecture of Augustinian churches in the Philippines", G. A. Formoso Publishing

Galende, Pedro G. (2007) "Philippine Church Façades", San Agustin Museum

Galende, Pedro G. and Jose, Regalado Trota (2000) "San Agustín: art and history 1571-2000", San Agustin museum

Galende, Pedro G. and Javellana, Rene B. (1993) "Great churches of the philippines", bookmark

Galván Guijo, Javier (2004) "Arquitectura y Urbanismo de origen español en el Pacifico Occidental", Universidad Politecnica de Madrid

García, P. G. (ed.) (1995) "Archivo General de Indias", Lunwerg

García Fernández, José Luis (1987) "Análisis dimensional de los modelos teóricos ortogonales de las ciudades españolas e hispanoamericanas desde el siglo XII al XIX, La ciudad iberamericana", Actas del Seminario Buenos Aires, CEHOPU, Madrid

García Fernández, José Luis (1997) "Trazas urbanas hispanoamericas y sus antecedentes, La ciudad hispanoamericana, El sueño de un orden", CEHOPU, CEDEX, Madrid

García Saiz, Maria Concepción (1987) "Audiencia de Santo Domingo. Historia Urbana de Iberoamerica II-1. La ciudad Barroca. Análisis regionales. 1573 / 1750", Consejo Superior de los Colegios de Arquitectura de España, Comision Nacional Quinto Centenario, Junta de Andalucía, Madrid

García Saiz, Concepción (1997) "Vida y escenario en la ciudad hispanoamericana, La ciudad hispanoamericana, El sueño de un orden", CEHOPU, CEDEX, Madrid

ガルシラーソ・デ・ラ・ベーガ，インカ（1985～86）『インカ・ガルシラーソ・デ・ラ・ベーガ　インカ皇統記　一，二』大航海時代叢書エクストラ・シリーズ I・II，牛島信明訳，生田滋・越智武臣・高瀬弘一郎・長南実・中野好夫・二宮敬・増田義郎編集，岩波書店．Inca Garcilaso de la Vega (1609) "Comentarios Reales de los Incas"

Gaspar de San Agustín (1998) "Conquistas de las Islas Filipinas 1565-1615", San Agustín Museum. Manila

Gasparini, Graziano (1978) "Caracas La Ciudad Colonial Y Guzmancista", Ernesto Armitano Editor

Gatbonton, Eseranza B. (1984) "Bastion de San Diego", Intramuros Administration Ministry of Human Settlements

ギブソン，C.（1981）『イスパノアメリカ—植民地時代』染田秀藤訳，平凡社

ギエン，エドムンド（1977）『インカ最後の都　ビルカバンバ』時事通信社

ヒル，フアン（2000）『イダルゴとサムライ　16・17 世紀のイスパニアと日本』法政大学出版局．Gil, Juan (1991) "Hidalgos y Samurais España y Japón en los siglos XVI y XVII", Alianza Editorial, Madrid

Giniebra, Enrique, Ramos Gómez María de las Nieves (2003) "El Faro Roncali", Ediciones Loynaz, Pinar del Río

Gispert, teresa y Mesa, Jose de (1987) "Audiencias de Lima y Charcas (la Paz). Historia Urbana de Iberoamérica II-1. La ciudad Barroca. Analisis regionales. 1573 / 1750", Consejo Superior de los Colegios de Arquitectura de España, Comision Nacional Quinto Centenario, Junta de Andalucía, Madrid

Go, Bon juan & Sy, Joaquin (2000) "The Chinese in ancient Chinese maps", Kaisa Para Sa Kaunlaran

Goda, Toh (2009) "Urbanization and formation of ethnicity in sooutheast asia", New Day Publishers

Gómez-Ferrer, Álvaro (1987) "Estrategia de la colonización; lineas de penetración y desplazamiento; Áreas de colonización española y portugesa hasta 1573. Historia Urbana de Iberoamérica I. La ciudad Iberoamericana hasta 1573", Consejo Superior de los Colegios de Arquitectura de España, Comision Nacional Quinto Centenario, Junta de Andalucia, Madrid

五野井隆史（1990）『日本キリスト教史』吉川弘文堂

五野井隆史（2002）『日本キリシタン史の研究』吉川弘文堂

五野井隆史（2003）『支倉常長』吉川弘文堂

González García Carrasco, Julio, Pedro et al (1988) "Archivo General de Indias, Manisterio de Educación y Cultura", Lunwerg, Barcelona

González García, Pedro (ed.) (1995) "Archivo General de Indias", Madrid: Ministerio de Cultura S. A.

González Garcia, Pedro et al (1998) "Archivo General de Indias", Manisterio de Educación y Cultura, Lunwerg, Barcelona

González, Julio (1968) "Catálogo de mapas y planos de Venezuela", AGI, D. G. A. B., Madrid, CIDA

González, Julio (1973) "Catálogo de mapas y planos de Santo Domingo", Servicio de Publicaciones del Ministerio de Educación y Ciencia. Artes Gráficas Soler, Valencia, AGI. D. G. A. B., Madrid

González, Julio (1973) "Catálogo de mapas y planos de La Florida y La Luisiana", AGI, D. G. A. B., Madrid. CIDA

González, Julio (1985) "Catálogo de mapas y planos de Santo Domingo", AGI, D. G. A. B., Madrid

González Salas, Carlos (1990) "Geografia misional y eclesiástica de Tamaulipas, Cartografiá Histórica de Tamaulipas", Instituto Tamaulipeco de Cultura, Mexico. D. F.

González Tascon, Ignacio (1997) "Las infraestusturas de ultramar (XVI-XIX). La ciudad hispanoamericana. El sueño de un orden", CEHOPU, CEDEX, Madrid

Goslinga, C. H. (1985) "The Dutch in the Caribbean and the Guianas 1680-1791", Van Gorcum, Assen / Maastricht

Gosner, Pamela (1996) "Caribbean Baroque Historic Architecture of the Spanish Antilles", Passeggiata Press, Pueblo, Colorado

後藤政子（1993）『新現代のラテンアメリカ』時事通信社

Goulart Reis Filho (1987) "Brasil. Historia Urbana de Iberoamérica II-1. La ciudad Barroca. Análisis regionales. 1573 / 1750", Consejo Superior de los Colegios de Arquitectura de España, Comisión Nacional Quinto Centenario, Junta de Andalucía, Madrid

Groussac, Paul (2010) "Mendoza y Garay Prólogo del Arq. Juan Manuel Borthagaray", nobuko

Guarda, Gabriel (1983), "Tres reflexiones en torno a la fundación de la ciudad Indiana, Estudios sobre la ciudad iberoamericanas", C. S. I. C., Madrid

Guerrero (ed.) (1969) "Un viaje fascinante por la América hispana del siglo xvi", Madrid
グティエレス，グスタボ（1991）『神か黄金か：甦るラス・カサス』染田秀藤訳，岩波書店
Gutiérrez, Ramón (1987) "Ciudades y pueblos: ocupación espacial y diferencias socio-económicas. Historia Urbana de Iberoamefica I, La ciudad Iberoamericana hasta 1573", Consejo Superior de los Colegios de Arquitectura de España, Comisión Nacional Quinto Centenario, Junta de Andalucía, Madrid
Gutiérrez, Ramón (1990) "Estudios Sobre Urbanismo Iberoamericano siglos XVI al XVIII", Sevilla Equipo 28
Gutiérrez, Ramón (1995) "Espacio y fortificación en América (siglos XVI al XVIII). Andalucía en América. El legado de ultramar", Juanta de Andalucía. Lunwerg, Barcelona
Gutiérrez, Ramón (1997a) "La ciudad Iberoamericana en el siglo XIX. La ciudad hispanoamericana. El sueño de un orden", CEHOPU, CEDEX, Madrid
Gutiérrez, Ramón (1997b) "Arquitectura y urbanismo en Iberiamérica", Manuales Arte Cátedra, Madrid
Gutiérrez, Ramón (1999) "La Ciudad Hispanoamerican, El sueño de un orden", Ministro de Fomento, Secretaría Técnica, Centro de Publicaciones
Gutiérrez, Ramón (2005) "Fortificaciones en Iberoamérica", Ediciones el Viso
Gutiérrez, Ramón y Esteras, Cristina (1993) "Arquitectura y Fortificación de la ilustración a la independencia Americana", Ediciones Tuero
Gutiérrez, Ramón y Esteras, Cristina (1999) "Los pueblos indios. Una realidad singular en el urbanismo americano. Estudios sobre urbanismo iberoamericano. Siglos XVI al XVIII", Junta de Andalucía, Sevilla
Gutiérrez, Ramón y Esteras, Cristina (1999) "La vida en la ciudad andaluza y americana de los siglos XVI al XVIII. Estudios sobre urbanismo iberoamericano. Siglos XVI al XVIII", Junta de Andalucía, Sevilla
Gutman, Margarita, Hardoy, Jorge Enrique (2007) "Buenos Aires 1536-2006 Historia urbana del Área Metropolitana", Ediciones Infinito

# H

ホール，バート・S（1999）『火器の誕生とヨーロッパの戦争』市場泰男訳，平凡社
Hall, Peter (1996) "Ciudades del Mañana", Serbal, Barcelona
浜忠雄（1998）『ハイチ革命とフランス革命』北海道大学図書刊行会
浜岡究（2006）『「ブラジルの発見」とその時代　大航海時代・ポルトガルの野望の行方』現代書館
Hamelberg, J. H. J. (1901〜1909) "De Nederlanders op de West-Indische eilanden (The Dutch on the West Indian islands, part III: the Dutch Windward Islands St. Eustatius Saba St. Maarten)", De Bussy, Amsterdam
ハムネット，ブライアン（2008）『メキシコの歴史』土井亨訳，創土社．Hamnet, Brian (2002) "A

Concise History of Mexico", Cambridge University Press
ハンケ，L.（1979）『スペインの新大陸征服』染田秀藤訳，平凡社
Hardoy, Jorge E. (1983) "La forma de las ciudades colonials en la América Española Estudios sobre la ciudad iberoamericanas", C. S. I. C., Madrid
Hardoy, Jorge E. y Aranovich, Carmen (1983) "Escalas y funciones urbanas de la América Española hacia 1800. Un ensayo metodológico. Estudios sobre la ciudad iberoamericanas", C. S. I. C., Madrid
Hardoy, Jorge E. y Gutiérrez, Ramón (1987) "La ciudad Hispanoamericana en el siglo XVI. La ciudad iberamericana", Actas del Seminario Buenos Aires 1985, CEHOPU, Madrid
Hardoy, Jorge E. (1987) "El diseño urbano de las ciudades prehispanicas. Historia Urbana de Iberoamérica I. La ciudad Iberoamericana hasta 1573", Consejo Superior de los Colegios de Arquitectura de España, Comisión Nacional Quinto Centenario, Junta de Andalucía, Madrid
Hardoy, E. Jorge (1997) "Las ciudades de América latina a partir de 1900. La ciudad hispanoamericana. El sueño de un orden", CEHOPU, CEDEX, Madrid
Hartog, J. (1964) "Geschiedenis van de Nederlandse Antillen (History of the Netherlands Antilles, part IV: the Dutch windward islands)", Aruba, De Wit N. V.
支倉常長顕彰会編（1991）『支倉常長伝』
幡谷則子（1999）『ラテンアメリカの都市化と住民組織』古今書院
ハワース，デイヴィッド（1994）『パナマ地峡秘史 ── 夢と残虐の四百年』塩野崎宏訳，リブロポート
Hellberg, Carlos (1957) "Historia estadística de Cárdenas, 1893", Comite pro-calles de Cárdenas
ヘミング，ジョン（2010）『アマゾン─民族・征服・環境の歴史』国本伊代・国本和孝訳，東洋書林
Hernández de Lasala, Silvia (1997) "Venezuela entre dos Siglos La arquitectura de 1870 a 1930", Armitano Editores C. A.
Hernández Sanchez-Barba, Mariano (1987) "Sociedad y Población Urbana. Emigración y nacimiento de la sociedad de castas. (1573 / 1750). Historia Urbana de Iberoamérica II-1. La ciudad Barroca 1573 / 1750", Consejo Superior de los Colegios de Arquitectura de España, Comisión Nacional Quinto Centenario, Junta de Andalucía, Madrid
Herrera Pérez, Octavio (1990) "Historia de las juridicciones políticas de Tamaulipas a través de la cartografía. Cartogtafía Histórica de Tamaulipas", Instituto Tamaulipeco de Cultura, México. D. F.
日端康雄（2008）『都市計画の世界史』講談社
日端康雄（2009）『都市の格子状街割に関する研究』第一住宅建設協会
Higeras Rodríguez, María Dolores (1991) "Cuba Ilustrada, Real comision de Guantanamo 1796-1802", Lunwerg, Madrid
樋口智幸（2009）『ハバナ旧市街地における二層の街路空間システムの再開発とその評価』東京大学修士論文
Hildebrand, Arthur Sturges (1924) "Magellan", New York: Harcourt, Brace & Co
Hilton, Silvia L. (1987) "Las ponencias no-ibéricas en América. Historia Urbana de Iberoamérica II-1.

La ciudad Barroca 1573 / 1750", Consejo Superior de los Colegios de Arquitectura de España, Comisión Nacional Quinto Centenario, Junta de Andalucía, Madrid
平山篤子(2012)『スペイン帝国と中華帝国の邂逅= Encuentro del Imperio español y el Imperio chino: 十六・十七世紀のマニラ』法政大学出版局
Holguín, Carlos Venegas Fornias (2002) "Cuba y sus pueblos censos y mapas de los siglos xviii xix", Centro de investigación y desarrollo de la cultura cubana Juan Marinello
ホーム，ロバート(2001)『植えつけられた都市 英国植民都市の形成』布野修司＋安藤正雄監訳，アジア都市建築研究会訳，京都大学学術出版会．Robert Home (1997) "Of Planting and Planning The making of British colonial cities", Taylor & Francis Books, London
本田創造(1991)『アメリカ黒人の歴史』岩波新書
堀部洋生(1985)『ブラジルコーヒーの歴史』いなほ書房
細野昭雄他(1983)『メキシコ市の都市発展—都市首位性拡大の諸要因に関する学際的研究』文部省科学研究費報告書
細谷広美編(2004)『ペルーを知るための62章』明石書店
堀田英夫(2011)『スペイン語圏の形成と多様性』朝日出版社
ヒューズ，R.(1994)『バルセロナ―ある地中海都市の歴史』田澤耕訳，新潮社
ヒューム，ピーター(1995)『征服の修辞学：ヨーロッパとカリブ海先住民，1492-1797年』岩尾竜太郎他訳，法政大学出版局

# I

イアンニ，O(1981)『奴隷制と資本主義』，神代修訳，大月書店
イバン・モリーナ，スティーヴン・パーマー(2007)『コスタリカの歴史』明石書店
Icaza Dufour, F. et al (eds.) (1987), "Recopilación de Leyes de los Reynos de las Indias", México
市ノ瀬敦(2000)『ポルトガルの世界 —— 海洋帝国の夢のゆくえ』社会評論社
飯塚一郎(1981)『大航海時代へのイベリア スペイン植民地主義の形成』中公新書
池上岑夫他編(1992)『スペイン・ポルトガルを知る辞典』平凡社
飯田敏史(2011)『フィリピン・ヴィガンの都市空間構成とその変容に関する考察』修士論文，滋賀県立大学，私家版
飯島幸人(2000)『大航海時代の風雲児たち』成山堂書店
伊川健二(2007)『大航海時代の東アジア：日欧通交の歴史的前提』吉川弘文館
池端雪浦編(1996)『日本占領下のフィリピン』岩波書店
池端雪浦，生田滋(1977)『世界現代史6 —— 東南アジア現代史II』山川出版社
池端雪浦編(1999)『新版世界各国史6 —— 東南アジア史II』山川出版社
池本幸三(1987)『近代奴隷制社会の史的展開 チェサピーク湾ヴァジニア植民地を中心として』ミネルヴァ書房
池本幸三(1992)『近代世界における労働と移住—理論と歴史の対話』阿吽社
池本幸三・布留川正博・下山晃(1995)『近代世界と奴隷制 大西洋システムの中で』人文書院

生田滋他（1983）『大航海時代』福武書店
生田滋・増田義郎（1992）『ヴァスコ・ダ・ガマ―東洋の扉を開く』大航海者の世界 II，原書房
生田滋（1998）『大航海時代とモルッカ諸島：ポルトガル，スペイン，テルナテ王国と丁字貿易』中央公論社
生田滋・岡倉登志編（2001）『ヨーロッパ世界の拡張　東西交易から植民地支配へ』世界思想社
今道友信（2004）『アリストテレス』講談社学術文庫
INEGI (2000) "Tamaulipas XII Censo General de Población y Vivienda", INEGI. Mexico.
Isac, Ángel (2007) "Historia Urbana de Granada", Publicaciones Diputación de Granada, Granada.
石井章編（1988）『ラテンアメリカの都市と農業』，アジア経済研究所
石塚道子編（1991）『カリブ海世界』世界思想社
伊東章（2000）『ラス・カサスの世界　コロンブスの発明とその遺産』島影社
伊東章（2003）『マゼランと初の世界周航の物語』島影社
伊東章（2008）『マニラ航路のガレオン船　フィリピンの征服と太平洋』島影社
伊藤滋子（2001）『幻の帝国―南米イエズス会士の夢と挫折』同成社
伊藤章治（2008）『ジャガイモの世界史　歴史を動かした「貧者のパン」』中公新書
伊藤伸幸（2011）『中米の初期文明オルメカ』同成社
伊藤毅編（2009）『バスティード　フランス中世新都市と建築』中央公論美術出版
岩生成一（1958）『朱印船貿易史の研究』岩波書店
岩生成一（1966）『南洋日本町の研究』岩波書店
岩生成一（1987）『続・南洋日本町の研究』岩波書店
岩根圀和（2002）『物語　スペインの歴史　海洋帝国の黄金時代』中公新書
泉靖一（1959）『インカ帝国』岩波新書

# J

ジェームズ，P. E.（1979）『ラテンアメリカ II』山本正三・菅野峰明訳，二宮書店
ジェームズ，C. L. R.（2002）『ブラック・ジャコバン　トゥサン＝ルヴェルチュールとハイチ革命』青木芳夫監訳，大村書店
Javallana, R, Reyes, E. V. and Zialcita F. N. (1997) "Filipino Style", Edition Didier Millet
Javellana, René B. (1997) "Fortress of empire Spanish colonial fortifications of the Philippines 1565-1898", Bookmark
Jiménez Duharte, Rafael, Portuondo Zúñiga, Olga, Sónora Soto Ivette (2001) "Tres Siglos de historiografía santiaguera", Oficina del Conservador de la Ciudad
Jiménez Martín, Alfonso (1987) "Antecedentes: España hasta 1492. Historia Urbana de Iberoamérica I. La ciudad Iberoamericana hasta 1573", Consejo Superior de los Colegios de Arquitectura de España, Comisión Nacional Quinto Centenario, Junta de Andalucía, Madrid
Jiménez Verdejo, Juan Ramón (2005) "The Spanish-American City Study of the urban model used by

José de Escandón to create the Colong of Nuevo Santander", Ph. D Dissertation, Kobe Design University
Joaquín Martínez de Zúniga (1893)"Estadismo de las Islas Filipinas o Mis Viajes por este País". W. E. Retana. Madrid
ホアキン，ニック（2005）『物語マニラの歴史』宮本靖介監訳，明石書店
Joyner, Tim (1992) Magellan, Camden, Me.: International Marine Publishing
Joyce, Jessica, Sarro, Patricia Joan (2006) "Palaces and Power in the Americas, From Peru to the Northwest Coast", The University of Texas Press

# K

樺山紘一・川北稔・岸本美緒・斉藤修・杉山正明・鶴間和幸・福井憲彦・古田元夫・木村凌二・山内昌之編（1997）『環大西洋革命』岩波講座「世界歴史」17，岩波書店
角山栄（1980）『茶の世界史』中公新書
Kagan, Richard L. (2000) "Urban Images of the Hispanic World 1493-1793", Yale University Press. Kagan, Richard L. (1988) "Imagenes urbanas del mundo hispanico 1493-1780", El Viso.
Kaisa Para Sa Kaunlaran (2005) "Tsinoy-The Story of the Chinese in Philippine Life", Manila
カメン，H.（1976）『スペイン—歴史と文化』丹羽光男訳，東海大学出版会
Kamen, Henry (1977) "Philip of Spain", Yale University Press
Kamen, Henry (1988) "Golden Age Spain", Palgrave Macmillan
Kamen, Henry (2003) "Empire: How Spain became a World Power, 1492-1763", Harper Collins Publishers Inc., New York
ケイメン，ヘンリー（2009）『スペインの黄金時代』立石博隆訳，岩波書店．
加茂雄三（1978）『ラテンアメリカの独立』世界の歴史 23，講談社
加茂雄三（1996）『地中海からカリブ海へ』平凡社
金七紀男（1996）『ポルトガル史』彩流社
金七紀男（2004）『エンリケ航海王子―大航海時代の先駆者とその時代』刀水書房
狩野千秋（1990）『中南米の古代都市文明』
加藤泰建・関雄二（編）（1998）『文明の創造力―古代アンデスの神殿と社会』角川書店
Katzman, Israel (1993) "Arquitectura del Siglo XIX en Mexico", Editorial Trillas
川淵久左衛門（1985）『呂宋覚書』成山堂書店
クリストバル・カイ（2002）『ラテンアメリカ従属論の系譜　ラテンアメリカ：開発と低開発の理論』吾郷健二監訳，大村書店
加嶋章博（2003）『スペイン植民都市計画法に関する研究』学位請求論文（京都工芸繊維大学），私家版
川北稔（1996）『砂糖の世界史』岩波書店
ケドゥリー，E. 編（1995）『スペインのユダヤ人―1492 年の追放とその後』平凡社
Kelly, Annie (2006) "Casa Mexicana Style", Stewart, Tabori & Chang, New York
木村悼（1944）『フィリピンの歴史』大東亜出版

661

木村英造（1971）『大航海時代の創始者─航海者エンリケ伝』青泉社
King, Damaso Q. (1990) "Ciudad Fernandina O Vigan", Vigan Convent Archives,
King, Damaso Q. (1991)'Parish Church and Cathedral of St. Paul, Vigan', The Ilocos Review, Vol 23, pp. 2-32
Kinsbruner, Jay (2005) "The Colonial Spanish-American City Urban Life in the Age of Atlantic Capitalism", University of Texas Press, Austin
Klassen, Winand (1986) "Architecture in the Philippines—Filipino Building in a Cross-Cultural Context", Cebu City: University of San Carlos
近藤仁之（2004）『スペイン・ユダヤ民族史─寛容から不寛容へいたる道』刀水書房
近藤仁之（2011）『ラテンアメリカ銀と近世資本主義』行路社
Konvitz, J. W. (1978) "Cities & the Sea", John Hopkins University Press, Baltimore / London
Kostof, S (1991) "The City Shaped: Urban Patterns and Meanings through History" Thames and Hudson, London
コウ，M., スノウ，D., ベンソン，E.（1989）『古代のアメリカ』寺田和夫監訳，朝倉書店
神代修（2010）『キューバ史研究　先住民社会から社会主義社会まで』文理閣
工藤庸子（2003）『ヨーロッパ文明批判序説─植民地・共和国・オリエンタリズム』東京大学出版会
国本伊代・乗浩子編（1991）『ラテンアメリカ─都市と社会』新評論
国本伊代（1992）『概説ラテンアメリカ史』新評論
国本伊代・中川文雄編（1997）『ラテンアメリカ学への招待』新評論
国本伊代（2002）『メキシコの歴史』新評論
国本伊代（2004）『コスタリカを知るための55章』明石書店
国本伊代（2008）『メキシコ革命』世界史リブレット，山川出版社
国本伊代（2009）『メキシコ革命とカトリック教会─近代国家形成過程における国家と宗教の対立と宥和』中央大学出版部
Kunst, A. J. M. (1981) "Recht, commercie en kolonialisme in West Indië", Walburg Pers, Zutphen

## L

ラクラウ，E.（1979）『ラテンアメリカにおける封建制度と資本主義』柘植書房
Lample, P. (1968) "Cities and Planning in the Near East" George Braziller, New York. ポール・ランプル（1983）『古代オリエント都市─都市と計画の原型─』北原理雄訳，井上書院．
Lápidus, Luis (2005) "La Encrucijada del Tiempo", Fundación Luis Lápidus
Larrua Guedes, Salvador (2005) "Sobre la fundación de la villa de San Cristóbal de la Habana en el Puerto de Carenas", Gabinete de Arqueología, n. 4, pag. 135-139. Oficina del Historiador de la Ciudad de la Habana
ラス・カサス（1976）『インデイアスの破壊についての簡潔な報告』染田秀藤訳，岩波文庫
ラス・カサス（1977）『コロンブス航海誌』林屋永吉訳，岩波文庫
ラス・カサス（1981～1990）『ラス・カサス　インデイアス史　一～五』大航海時代叢書第II

期 21～24，長南実・増田義郎訳註解説，生田滋・越智武臣・高瀬弘一郎・長南実・中野好夫・二宮敬・増田義郎編集，岩波書店 Fray Bartolomé de Las Casas, "Historia de las Indias", edicion por Juan Peres de Tudela Bueso, Biblioteca de Autores Espanoles, 1957-61, Madrid.

ラス・カサス（1992）『裁かれるコロンブス』長南実訳，岩波書店

ラス・カサス（1995）『インディオは人間か』染田秀藤訳，岩波書店

ラテン・アメリカ協会（1984）『ラテン・アメリカ事典』ラテン・アメリカ協会

Laurel R. Kwan (2008) "Ongpin stories", Kaisa Para sa Kaunlaran

Laurencich Minelli, Laura (1992) "The Inca World The Development of Pre-Columbiang Peru, A. D. 1000-1534"

ミネリ，ラウレンチック編（2002）『インカ帝国歴史図鑑―先コロンブス期のペルーの発展 紀元 1000～1534 年』増田義郎・竹内和世訳，東洋書林

Lavallé, Bernard (2009) "Bartolomé de Las Casas Entre la espada y la cruz", Ariel

Layug, Benjamin Locsin (2007) "A Tourist Guide to Notable Pholippine Churches", New Day Publishers

Leal Spengler, Eusebio (2005) "Lest We Forget volume two Testimony to the restoration of the centre of the city of Havana", Ediciones Boloña, Publications of the Office of the City Historian of Havana

Legarda Jr., Benito J. (1999) "After the Galleons, Quezon", Ateneo de Manila University Press

Leibsohn, Dana (2009) "Script and glyph pre-hispanic history, colonial bookmaking and the historia tolteca-chimeca", Dumbarton Oaks

レオン＝ポルティーヤ，ミゲル（1985）『古代のメキシコ人』山崎真次訳，早稲田大学出版部

Levinton, Noberto (2008) "La arquitectura jesuitíco-guaraní", Editorial SB

Levinton, Noberto (2009) "San Ignacio Mini la indentidad arquitectónica" Contratiempo Ediciones

ルイス，オスカー他（2007）『キューバ革命の時代を生きた四人の男 スラムと貧困 現代キューバ史』江口信清訳，明石書店．Lewis, Oscar, Lewis, Ruth M. Lewis & Susan M. Rigdon (1977) "Four Men: the Revolution An Oral History of Contemporary Cuba", Susan Rigdon

Llamazares Martin, Vicente (1990) "Santo Domingo" Ediciones de Cultura Hispanica

Llaverias y Martínez, Joaquín (1951) "Catálogo de los mapas, planos, croquis y árboles genealógicos tomo primero a-b"Archivo Nacional de Cuba

Llaverias y Martínez, Joaquín (1952) "Catálogo de los mapas, planos, croquis y árboles genealógicos tomo segundo c-ch"Archivo Nacional de Cuba

Llaverias y Martínez, Joaquín (1956) "Catálogo de los mapas, planos, croquis y árboles genealógicos tomo cuatro i-o"Archivo Nacional de cuba

Llaverias y Martínez, Joaquín (1961) "Catálogo de los mapas, planos, croquis y árboles genealógicos tomo quinto p-r"Archivo Nacional de cuba

Llaverias y Martínez, Joaquín (1961) "Catálogo de los mapas, planos, croquis y árboles genealógicos tomo sexto s-z"Archivo Nacional de cuba

Lobo Montalvo, María Luisa (2000) "Havana History and Architecture of a Romantic City", The Monacelli Press

Lockbart, James, Scbroeder, Susan, and Namala, Doris (2006) "Annals of his time Don Domingo de San Antón Muñon Chimalpahin Quauhtlehuanitzin", Stanford University Press

Lombardi & Associati (2003) "Plan Estratégico de Reavilitación integral de la ciudad colonial de Santo Domingo", Banco Internacional de desarrollo, Secretariado de la Presidencia de la Republica Dominicana.

Lora, Quisqueya (2002) "Igancio Aybar Acosta.", Atlas Hirtorico de la Republica Dominicana, Santillana, Santo Domingo

Lora, Quisqueya & Acosta, Ignacio Aybar (2006) "Atlas histórico de la República Dominicana", Santillana

Lucena Giraldo, Manuel (1987) "Venezuela. Historia Urbana de Iberoamerica II-1. La ciudad Barroca. Analisis regionales. 1573 / 1750", Consejo Superior de los Colegios de Arquitectura de España, Comisión Nacional Quinto Centenario, Junta de Andalucía, Madrid

# M

Macías, Isabelo (1978) "Cuba en la Primera Mitad del Siglo XVII", Escuela de Estudios Hispano-Americanos de Sevilla

Madeline (2007) "La Casa Habanera", Ediciones Boloña

マリアンヌ・マン・ロト（1983）『イスパノアメリカの征服』, 染田秀藤訳, 文庫クセジュ, 白水社, 1984年 Mahn-Lot, Marianne, "La Conquete de l'Amerique Espagnole", Coll.《Que Sais-Je?》No. 1584, P. U. F. 2e ed.

Malamud Rikles, Carlos (1987) "La demografía indígena antes de 1492. Historia Urbana de Iberoamérica I. La ciudad Iberoamericana hasta 1573", Consejo Superior de los Colegios de Arquitectura de España, Comisión Nacional Quinto Centenario, Junta de Andalucía, Madrid

Malamud Rikles, Carlos (1987) "Emigrantes: procesos de población, repercusión en España del descubrimiento y conquista, Historia Urbana de Iberoamerica I. La ciudad Iberoamericana hasta 1573", Consejo Superior de los Colegios de Arquitectura de España, Comisión Nacional Quinto Centenario, Junta de Andalucía, Madrid

Mallat, Jean (1994), "The Philippines History, Geography, Customs, Agriculture, Industry and Commerce of the Spanish Colonies in Oceceania", National Historical Institute, Manila

真鍋周三（1995）『トゥパック・アマルの反乱に関する研究—その社会経済史的背景の考察』神戸商科大学経済研究所

眞鍋周三（2006）『ボリビアを知るための68章』, 明石書店

Mandigma, Kristine E. (2010) "Philippine cartography", Vidal Foundation

Manrique, Jorge Alberto (1987) "Virreinato de Nueva España. Historia Urbana de Iberoamérica II-1. La ciudad Barroca. Análisis regionales. 1573 / 1750", Consejo Superior de los Colegios de Arquitectura de España, Comisión Nacional Quinto Centenario, Junta de Andalucía, Madrid

Manso Porto, Carmen (1997) "Cartografía Histórica de América Cátalogo de Manuscritos (Siglos XVIII-XIX)", Real Academia de la Historia, Servicio de Cartografía y Bellas Artes

マルコ・ポーロ（1970）『東方見聞録』1，2，愛宕松男訳，平凡社東洋文庫
Mario Coyula, Roberto Segre and Joseph I. Scarpaci (1997) "HABANA Two Faces of The Antillean Metropolis", Jhohn WIley & Song
マルモンテル（1992）『インカ帝国の滅亡』湟野ゆり子訳，岩波文庫．Marmontel, Jean-Francois (1777) "Les Incas".
Márquez Moreno, Cárlos. (2005): "Córdoba romana: dos décadas de investigación arqueológica", Revista Mainake, Málaga
Marquina, Ignacio (1990) "Arquitectura Prehispánica", Instituto Nacional de Antropología e Historia, México
Marrero, Levi (1951) "Geografia de Cuba", Alfa
Martín Cerezo, Saturnino (2002) "La Pérdida de Filipinas", Dastin
Martín Zequeira, María Elena & Rodorigues Fernández, Eduardo Luis (1995) "La Habana Colonial 1519-1898", Junta de Andalucía, La Habana-Sevilla
増田義郎（1961）『インカ帝国探検記─その文化と滅亡の歴史』中央公論社（中公文庫，1975 年，文庫新版，2001 年）
増田義郎（1963）『古代アステカ王国─征服された黄金の国』中公新書
増田義郎（1964a）『太陽の帝国インカ─征服者の記録による』角川書店
増田義郎（1964b）『太陽と月の神殿』沈黙の世界史 12，新潮社
増田義郎（1968）『メキシコ革命─近代化のたたかい』中公新書
増田義郎（1971）『新世界のユートピア：スペイン・ルネサンスの明暗』研究社（中公文庫，1989 年）
増田義郎（1977）『インディオ文明の興亡』世界の歴史 7，講談社
増田義郎（1984）『大航海時代』ヴィジュアル版世界の歴史 13，講談社
増田義郎（1989a）『新世界のユートピア』中公文庫
増田義郎（1989b）『黄金郷に憑かれた人々』日本放送出版協会
増田義郎（1989c）『略奪の海カリブ─もうひとつのラテン・アメリカ史』岩波新書
増田義郎（1990）『太陽と月の神殿─古代アメリカ文明の発見』中公文庫
増田義郎監修（1992）『スペイン』世界の歴史と文化，新潮社
増田義郎（1993）『マゼラン─地球をひとつにした男』大航海者の世界 III，原書房
増田義郎（1997）『黄金の世界史』小学館（講談社学術文庫，2010 年）
増田義郎（1998）『物語　ラテン・アメリカの歴史　未来の大陸』中公新書
増田義郎編（2000）『新版世界各国史 26　ラテン・アメリカ史 II　南アメリカ』山川出版社
増田義郎（2002）『アステカとインカ─黄金帝国の滅亡』小学館
増田義郎（2004）『太平洋 ── 開かれた海の歴史』集英社新書
増田義郎（2008）『図説　大航海時代』河出書房新社
増田義郎・青山和夫（2010）『古代アメリカ文明』山川出版社
増田義郎・山田睦男編（1999）『ラテン・アメリカ史 1　メキシコ・中央アメリカ・カリブ海』山川出版社
増田義郎，柳田利夫（1999）『ペルー─太平洋とアンデスの国 ── 近代史と日系社会』中央公

論新社
松田毅一（1970）『南蛮のバテレン』日本放送協会
松田毅一（1992）『慶長遣欧使節』朝文社
松浦章（1995）『中国の海賊』東方書店
松浦章（2003）『中国の海商と海賊』世界史リーフレット 63，山川出版社
アルベルト松本（2005）『アルゼンチンを知るための 54 章』明石書店
Mazzoli-Guintard, Christine (2000) "Ciudades de Al-Andalus, España y Portugal en la época musulmana (S.VIII-XV)", Ediciones ALMED, Granada
McCoy, A. W. and de Jesus E. C. (1982) "Philippine Social History – Global Trade and Local Transformation", Ateneo de Manila University Press
Medina, Isagana R. (2002) "Cavite before the revolution 1571-1896", University of the Philippines Press and the Cavite Historical Society
メジャフェ，R.,『ラテンアメリカと奴隷制』清水透訳，岩波書店
Megged, Amos (2010) "Social Memory in Ancient and Colonial Menéndez, Madeline (2007) "La Casa Habanera", Ediciones Boloña.
Mendoza Cortés, Rozarion (1990) "Pangasinan 1801-1900 —The Beginning of Modernization", New Day Publishers
Mendoza, Sandra Reina (2008) "Traza Urbana y Arquitectura en Los Pueblos de Indios Del Altiplano Cundiboyacense: Siglo XVI a XVIII, el Caso de Bojacá, Sutatausa, Tausa y Cucaita", Univ. Nacional de Colombia.
マリア・ロサ・メノカル（2005）『寛容の文化—ムスリム・ユダヤ人・キリスト教徒の中世スペイン』足立孝訳，名古屋大学出版会
Mercene, Floro L. (2007) "Manila Man in the New World", The University of the Philippines Press
モリソン，サミュエル（1992）『大航海者コロンブス —— 世界を変えた男』大航海者の世界 I，原書房
Mier, Lucía y Rocha, Terán (2005)"La primera traza de la ciudad de México 1524-1535 ", FCE, Universidad Autónoma Metropolitana
見市雅俊（1994）『コレラの世界史』晶文社
ミルトン，G.（2000）『スパイス戦争—大航海時代の冒険者たち』松浦伶訳，朝日新聞社
Ministerio de Defensa (1980) "Cartografía y Relaciones Históricas de Ultramar. Tomo V. Colombia, Panamá, Venezuela". Ministerio de Defensa. Madrid
Ministerio de Defensa (1983) "Cartografía y Relaciones Históricas de Ultramar. Tomo I. América en General,". Ministerio de Defensa. Madrid
Ministerio de Defensa (1989) "Cartografía y Relaciones Históricas de Ultramar. Tomo II. Estados Unidos y Canadá". Ministerio de Defensa. Madrid
Ministerio de Defensa (1990a) "Cartografía y Relaciones Históricas de Ultramar. Tomo III. Méjico". Ministerio de Defensa. Madrid
Ministerio de Defensa (1990b) "Cartografía y Relaciones Históricas de Ultramar. Tomo IV. América Central". Ministerio de Defensa. Madrid

Ministerio de Defensa (1990c) "Cartografía y Relaciones Históricas de Ultramar. Tomo VI. Venezuela". Ministerio de Defensa. Madrid
Ministerio de Defensa (1992) "Cartografía y Relaciones Históricas de Ultramar. Tomo VII. Río de la Plata". Ministerio de Defensa. Madrid
Ministerio de Defensa (1996a) "Cartografía y Relaciones Históricas de Ultramar. Tomo VIII. Perú". Ministerio de Defensa. Madrid
Ministerio de Defensa (1996b) "Cartografía y Relaciones Históricas de Ultramar. Tomo X. Filipinas". Ministerio de Defensa. Madrid
Ministerio de Defensa (1999) "Cartografía y Relaciones Históricas de Ultramar. Tomo IX. Grandes y Pequeñas Antillas". Ministerio de Defensa. Madrid
宮野啓二(1992)『スペイン人都市とインディオ社会』青木書店，1992 年
宮崎正勝(2000)『ジパング伝説：コロンブスを誘った黄金の島』中央公論新社
Mojares, Resil B. (1983) "Casa Gorordo in Cebu: urban residence in a Philippine province", Ramon Aboitiz foudation
Montero Vallejo, Manuel (1996) "Historia del Urbanismo en España I Del Eneolítico a la baja Ebaja Media", Ediciones Cátedra, S. A., Madrid
Morales Folguera, José Miguel (2001) "La construcción de la utopía", Universidad de Málaga, Madrid
モルガ(1966)『フィリピン諸島史』大航海時代叢書 VII，神吉敬三訳，岩波書店．de Morga, Antonio (1609) "Sucesos de las Islas Filipinas" México.
守川正道(1978)『フィリピン史』同朋舎
Morse, Richard M. (1983) "Introducción a la historia urbana de Hispanoamerica, Estudios sobre la ciudad iberoamericanas", C. S. I. C., Madrid
モトリニーア(1979)『モトリニーア　ヌエバ・エスパーニャ布教史』大航海時代叢書第 II 期 14，小林一宏訳註解説，生田滋・越智武臣・高瀬弘一郎・長南実・中野好夫・二宮敬・増田義郎編集，岩波書店
Mundy, Bárbara E. (1996) "The Mapping of New Spain Indígenous Cartography and the Maps of the Relacíones Geográfícas", The University of Chicago Press

# N

永井丑蔵(2010)『呂宋国漂流記と開成丸航海日誌：幕末天保年間の唐喜平衛を尋ねて』私家版
長友栄三郎(1976)『ゲルマンとローマ』創文社
中川文雄，松下洋，遅野井茂男(1985)『世界現代史 34　ラテンアメリカ現代史 II』山川出版社
中川文雄・三田千代子編(1995)『ラテンアメリカ人と社会』新評論
中川和彦(2000)『ラテンアメリカ法の基盤』千倉書房
Navarro, Jose Kanton (2001) "History of Cuba", SI-MAR S. A., La Habana
Nebenzhal, Kenneth (1990) "Atlas de Colón y los Grandes Descubrimientos", Magisterio, Madrid

日墨協会日墨交流史編集委員会（1990）『日墨交流史』PMC 出版 Nieto-López, José de Jesúsé et al (2004), "Historia de México", Editorial Santillana, S. A. de C. V., Mexico: 国本伊監訳，島津寛訳（2009）『メキシコの歴史　メキシコ高校歴史教科書』明石書店

Nicetas Rabang-Alonzo, Fátima (1990) "Conservation of the Historic Core of Vigan", Master of Architecture Thesis, University of the Philippines Diliman, 1990.3

Nicetas Rabang-Alonzo, Fatima (1996)"An Inventory of 120 Ancestral Houses in Vigan, Ilocos Sur, Philippines, Save Vigan Ancestral Homes Association INC

日本ポルトガル友好 450 周年記念行事実行委員会（1993）『VIA ORIENTALIS「ポルトガルと南蛮文化」展 ── めざせ，東方の国々 ── 』展図録

野々山真輝帆（2002）『スペインを知るための 60 章』明石書店

Núñez Jiménez, Antonio (1995) "San Cristóbal de la Habana", Ediciones Caribbean's colors S. A.

Nunn, George E. (1932) "The Columbus and Magellan Concepts of South American Geography"

## O

尾原悟編（1981）『キリシタン文庫』イエズス会日本関係文書，南窓社

Obras (1993) "Hidráulicas en América colonial", Ministerio de Obras Publicas, Transportes y Medio, Ambiente

織田武雄（1974）『地図の歴史─世界編─』講談社現代新書

Oficina del Historiador de la Ciudad de la Habana (2008) "Regulaciones Urbanisticad de la Ciudad de la Habana", La habana Vieja. Centro Histórico. Dirección General de Planificación Física, Ciudad de la Habana

オイテンブルグ，トマス（1980）『一六～一七世紀の日本におけるフランシスコ会士たち』石井健吾訳，中央出版社

岡田裕成・斎藤晃（2007）『南米キリスト教美術とコロニアリズム』名古屋大学出版会

岡本良和（1974）『一六世紀日欧交渉史の研究』原書房，復刻版

大垣貴志郎（2008）『物語　メキシコの歴史　太陽の国の英傑たち』中公新書 1935，中央公論新社

大井邦明（1985a）『消された歴史を掘る─メキシコ古代史の再構成』平凡社

大井邦明（1985b）『ピラミッド神殿発掘記：メキシコ古代文明への誘い』朝日新聞社

大泉光一（1994）『慶長遣欧使節の研究─支倉六右衛門常長使節一行を巡る若干の問題について─』文眞堂

大泉光一（1999）『支倉常長　慶長遣欧使節の悲劇』中公新書

大泉光一（2002）『メキシコにおける日本人移住先史の研究：伊達藩士ルイス・福地蔵人とその一族』文眞堂

大泉光一（2005）『支倉常長　慶長遣欧使節の真相　肖像画に秘められた実像』雄山閣

大泉光一（2008）『捏造された慶長遣欧使節記』雄山閣

大貫良夫編（1984）『民族交錯のアメリカ大陸』民族の世界史第 13 巻，山川出版社

大貫良夫編（1987）『マヤとインカ』世界の大遺跡第 13 巻，講談社

大貫良夫（2000）『アンデスの黄金―クントゥル・ワシの神殿発掘記』中公新書
大貫良夫・落合一泰・国本伊代・恒川恵市・福嶋正徳・松下洋（1987, 1999, 2006）『ラテン・アメリカを知る事典』新訂増補版，平凡社
大貫良夫・加藤泰建・関雄二編（2010）『古代アンデス　神殿から始まる文明』朝日選書
応地利明（2004）「フィリピン　ビガン市でのフィールドノート―植民都市建設とインディアス法」『立命館大学文学部紀要』
応地利明（2007）『地図は語る「世界地図」の誕生』日本経済新聞出版社
応地利明（2011）『都城の系譜』京都大学学術出版会
大内一・染田秀藤・立石博高（1994）『もうひとつのスペイン史―中近世の国家と社会』同朋社出版
太田尚樹（2007）『ヨーロッパに消えたサムライたち』ちくま文庫
Oliveras Samitier, Jordi (1998) "Nuevas Poblaciones en la España de la Ilustración", Arquitesis, Madrid
オルティス，A. ドミンゲス（2006）『スペイン　三千年の歴史』立石博高訳，昭和堂
Ortíz Armengol, Pedro (1958) "intramuros de manila ―de 1571 hasta su destrucción en 1945―", Madrid, Ediciones de Culyura Hispanica
Ortíz de la Tabla Ducasse, Javier (1974) "El Marqués de Ovando gobernador de Filipinas, 1750-1754", Escuela de Estudios Hispano-Americanos de Sevilla
オビエード（1994）『カリブ海植民者の眼差し』，染田秀藤，篠原愛人訳，岩波書店
J. オーエンズ（1992）『古代ギリシャ・ローマの都市』松原國師訳，国文社，Owens, E. J. (1991) "The City in the Greek and Roman World", Routledge, London.

# P

Palm, Erwin Walter (1984) "Los Monumentos Arquitectónicos de la Española, Sociedad Dominicana de bibliófilos", Santo Domingo
Palm, J. P. H. de (ed.) (1985) "Encyclopedie van de Nederlandse Antillen (Encyclopedia of the Netherlands Antilles)", Walburg Pers, Zutphen,
Parker, Geoffrey (2010) "Felippe II La biografía definitiva", Planeta
Parr, Charles M. (1953), So Noble a Captain: The Life and Times of Ferdinand Magellan, New York
Parry, J. H. (1970) "The Spanish Seaborne Empire, Knopf", New York
Paske Smith, M. T. (1930) 'The Japanese Trade and Residence in the Philippines, before and during the Spanish Occupation', Kobe & Osaka Press, Ltd.
パステルス，パブロ（1994）『日本・スペイン交渉史：16-17 世紀』松田毅一訳，大修館書店
Patanñe, E. P. (1996) "The Philippines in the 6th to 16th centuries", LSA Press
Paula, Alberto de (1987) "La escala comarcal en el planeamiento indiano: estructura territorial y evolución de la campaña bonaerense, 1580-1780, La ciudad iberamericana", Actas del Seminario Buenos Aires 1985, CEHOPU. Madrid
Paula, Alberto de (1995) "Espacios oceánicos y puertos de ultramar en la América Española, Andalucía en América, El legado de ultramar. Junta de Andalucía", Lunwerg, Barcelona

ピース，フランクリン（1988）『図説インカ帝国』増田義郎，小学館
ピーティー，M.（1996）『植民地』浅野豊美訳，読売新聞社
ペンダーグラスト，マーク（2002）『コーヒーの歴史』樋口幸子訳，河出書房新社
ペンローズ，ボイス（1985）『大航海時代：旅と発見の二世紀』荒尾克己訳，筑摩書房
Peralta, Jesust T. / 2nd ed. (2005) "Glimpses: peoples of the Philippines", Anvil Publishing
Pérez Herrero, Pedro (1987) "Defensa de las Indias: Castillos, Alcázares, murallas, bastiones, arquitectura militar, Historia Urbana de Iberoamerica II-1. La ciudad Barroca 1573 / 1750", Consejo Superior de los Colegios de Arquitectura de España, Comisión Nacional Quinto Centenario, Junta de Andalucía, Madrid
ペレ，J（2002）『カール5世とハプスブルグ帝国』遠藤ゆかり訳，創元社
Pérez-Mallaína, Pablo E. (1998) " Spain's Men of the Sea: Daily Life on the Indies Fleets in the Sixteenth Century, trans", Carla Rahn Phillips, Baltimore: Johns Hopkins University Press
Pérez Montás, Eugenio (1980) "casas coloniales de santo domingo", Museo de las Casas Reales, General Gráfic, S. A., Barcelona
Pigafetta, Antonio (1928) "Relazione del primo viaggio intorno almond", a cura di Camillo Manfroni, Milano. ピガフェッタ，アントニオ（1965）「マガリャンイス最初の世界一周航海」長南実訳，増田義郎注（『コロンブス，アメリゴ，ガマ，バルボア，マゼラン航海の記録』大航海時代叢書I, 岩波書店）．
Phelan, John Leddy (1959) "The Hispanization of the Philippines", Madison: University of Wisconsin Press
ペドロ・ピサロ，オカンポ，アリアーガ（1984）『ペドロ・ピサロ，オカンポ，アリアーガ ペルー王国史』大航海時代叢書第II期16, 旦啓介・増田義郎訳註解説，生田滋・越智武臣・高瀬弘一郎・長南実・中野好夫・二宮敬・増田義郎編集，岩波書店．Pedro Pizarro (1571) "Relación del descubrimiento y conquista de los reinos del Perú"
Plantilla, Jefferson R., and Yokoyama, Masaki (1998) "Development and democracy: Philippinés'
Platt, Lyman D. (1982) "The Escandón Settlement of Nueva España", St. George, UT84770
Ponce de León, Pedro (1946) "Historia del Término Municipal de Nueva Paz", Editorial "Clipper
Prat Puig, F. (1947) "El Pre-Barroco en Cuba", Diputación de Barcelona

## Q

Quijano, Calderón y Antonio, José (1984) "Fortificaciones en Nueva Espana". C. S. I. C. Madrid
Quisqueya Lora, Igancio Aybar Acosta (2002)"Atlas histórico de la República Dominicana", Santillana, Santo Domingo

## R

Ramírez Martín, Susana María (2006) "El terremoto de Manila de 1863: Medidas politícas y económicas", Consejo Superior de Investigaciones Cientìficas

Ramon Aboitiz Foundation, Philippine (2004) "Cebu heritage frontier: Argao-Dalaguete-Boljoon-Oslob", Ramon Aboitiz Foundation
Regalado Trota, Jose (2005) "Illocos norte: a travel guidebook", Gameng Foundation
Ramón, Armando de (1987) "Reino de Chile. Historia Urbana de Iberoamérica II-1, La ciudad Barroca, Análisis regionales. 1573 / 1750", Consejo Superior de los Colegios de Arquitectura de España, Comisión Nacional Quinto Centenario, Junta de Andalucía, Madrid
Ramos Pérez, Demetrio (1983) "La doble fundacion de las ciudades y las huestes, Estudios sobre la ciudad iberoamericanas", C. S. I. C., Madrid
Ramos, Grace C. et al. (ed) (2000) "The National Symposium on Filipino Architecture and Design 1995", Quezon, University of the Philippines
ラペール，アンリ（1975）『カール5世』染田秀藤訳，白水社
ラウス，アーヴィング（2004）『タイノ人：コロンブスが出会ったカリブの民』杉野目康子訳，法政大学出版局
リード，アンソニー（2002）『大航海時代の東南アジア：1450-1680年．1，2』平野秀秋，田中優子訳，法政大学出版局．
Reed, Robert R. (1978) "Colonial Manila—The Context of Hispania Urbanism and Process of Morphogenesis", University of California Press
Reed, Robert R. (1999) "City of pines: the origins of bagio as a colonial hill station and regional capital", a Seven Publishing
歴史教育者協議会編（2004）『知っておきたいフィリピンと太平洋の国々』青木書店
歴史学研究会編（1993）『南北アメリカの500年（第3巻）』青木書店
Resumen, M. G. R. (1842) "Historico del Pueblo de Cárdenas desde al año 1822 hasta 1842", Faro Industrial de La Habana
Reyes, D. Isabelo de los, and Florentino (1890) "Historia de Ilocos", Establecimiento tipográfico la Opinión
Reyes, Robie R. (2010) "Península of Faith and Valor Batan through the centuries", Thomas Pinpin
Ricard, Robert (1974), "The Spiritual Conquest of Mexico", Berkley
Ricard, Tirso Mejía, Delgado Eduardo, Luis (1990) "Santo Domingo", Ediciones de Cultura Hispánica, Colección Ciudades Iberoamericanas, Agencia Española de Cooperación Internacional", Egraf, S. A, Spain
Ricardo V. Rousset (1918) "Historia de Cuba", La Habana
Roditi, Edouard (1972), Magellan of the Pacific, London: Faber & Faber
Rodriguez, Felice Noelle (2001) "Recuerdos de Filipinas", Cacho Publishing House
Rodriguez Vicente, Encarnación (1987) "El comercio entre España e Indias, Historia Urbana de Iberoamérica. Consejo Superior de los Colegios de Arquitectura de España", Junta de Andalucía. Madrid
ローマックス，D. W.（1996）『レコンキスタ　中世スペインの国土回復運動』林邦夫訳，刀水書房
Romero, Catalina (1997) "Fundaciones españolas en América: una sucesión cronológica, La ciudad

hispanoamericana, El sueño de un orden", CEHOPU, CEDEX, Madrid

Romero, dolores y Saenz, Amaya (1995) "Puertos y barcos para la navegación de la España moderna, Andalucía en América, El legado de ultramar. Junta de Andalucía", Lunwerg, Barcelona

Romero Flores, Jesús (1978) "México, historia de una gran ciudad", B. Costa-Amic, Mexico

Romero, José Luis y Luis Romero (eds.) (1983) "Buenos Aires, Historia de cuatro siglos", Editorial Abril

ロウズナウ，ヘレン（1979）『理想都市　その建築的展開』，西川孝治監訳，鹿島出版会　Rosenau, Helen (1974) "THE IDEAL CITY: ITS ARCHITECTURAL EVOLUTION", Studio Vista, Macmillan Publishers Ltd., London

Ross, Stanly and Thomas McGann (eds.) (1982) "Buenos Aires, 400 years", University of Texas Press, Austin

ロストウォロフスキ，マリア（2003）『インカ国家の形成と崩壊』増田義郎訳，東洋書林

ロストウォロフスキ，マリア（2008）『征服者ピサロの娘　ドーニャ・フランシスカ・ピサロの生涯』染田秀藤監訳，世界思想社。Rostworowski, Mari'a (2004) "Dona～ Francisca Pizarro Una irustre mestiza 1534-1598", Institute de Estudios Peruanos, Lima

Rousset, Ricardo V. (1918) "Historial de Cuba" tomo segundo, Librería "Cervantes," de R. Veloso

Ruiz Naufal, Victor M. (1990) "Pueblos, villas y ciudades: una tardía colonización, Cartografía Histórica de Tamaulipas", Instituto Tamaulipeco de Cultura, México. D. F.

Ruiz, Teófilo F. (2001) "Spanish Society, 1400-1600", Pearson Education, Harlow

ルンブレラス，L. G.（1977）『アンデス文明—石器からインカ帝国まで—』増田義郎訳，東洋書林

リクワート，ジョーゼフ（1991）『〈まち〉のイデアーローマと古代世界の都市の形の人間学—』前川道郎・小野育雄訳，みすず書房　Rykwert, Joseph (1976) "The Idea of a Town –The Anthropology of Urban Form in Rome, Italy and the Ancient World-", Faber and Faber, London

## S

サアグン，コルテス，ヘレス，カルバハル（1980）『サアグン，コルテス，ヘレス，カルバハル　征服者と新世界』大航海時代叢書第II期12，小池祐二・伊藤昌輝・増田義郎・大貫良夫訳註解説，生田滋・越智武臣・高瀬弘一郎・長南実・中野好夫・二宮敬・増田義郎編集，岩波書店

坂井正人編（2008）『ナスカ地上絵の新展開—人工衛星画像と現地調査による』山形大学出版会

サイデ，グレゴリオ・F.（1973）『フィリピンの歴史』松橋達良訳，時事通信社

Salas, Juan Thomas de (ed.) (1991) "Crónica de América", Plaza & Janes

Salcedo, Jaime (1999) "El modelo urbano aplicado en la América Española: su génesis y desarrollo teórico práctico, Estudios sobre urbanismo iberoamericano, Siglos XVI al XVIII", Junta de Andalucia, Sevilla

Sanz-Pastor, Consuelo (1978) "Museum of the Casa Reales Santo Domingo"

Sariento, Ramírez Ismael (2004) "Cuba Entre la opulencia y la pobreza" Aldaba
Schaedel, Richard P. (1983) "El tema central del estudio antropologico de las ciudades hispanoamericanas, Estudios sobre la ciudad iberoamericanas", C. S. I. C., Madrid
シュライバ，H.（1977）『航海の世界史』杉浦健之訳，白水社
Schroeder, Anne Susan, Cruz, J., Roa-de-la-Carrera, Cristián, Tavárez, David E. (2010) "Chimalpahin's Conquest A Nahua Historian's Rewriting of Francisco Lopez de Gomara's La conquista de Mexico", Stanford University Press
Schurtz, William, L. (1939 / 1959) "The Manila Galleon, Nueva York"
Scott, William Henry (1968) "Prehispanic Source Materials for the Study of Philippine History", University of Santo Tomas
Scotto, Heidi V. (2009) "Contested territory Peru in the sixteenth and seventeenth centuries", University of Notre Dame
Sebastián, Santiago (1987) "Audiencia de Santa Fe., Historia Urbana de Iberoamerica II-1. La ciudad Barroca, Analisis regionales. 1573 / 1750", Consejo Superior de los Colegios de Arquitectura de España, Comisión Nacional Quinto Centenario, Junta de Andalucía, Madrid
Segre, Roberto, Cárdenas Eliana, Aruca Lohania (1988) "Historia de la Arquitectura y del Urbanisimo: América Latina y Cuba"Editorial Pueblo y Educación
Segre, Roberto (1999) "América Latina Fin de Milenio Raices perspectivas de su arquitectura", Editorial arte y literatura
関哲行・立石博高（1998）『大航海の時代—スペインと新大陸』同文館書店
関哲行（2003）『スペインのユダヤ人』世界史リブレット 59，山川出版社
関哲行・立石博高・中塚次郎（2008a）『スペイン史 1　古代～近世』山川出版社
関哲行・立石博高・中塚次郎（2008b）『スペイン史 2　近現代・地域からの視座』山川出版社
関雄二（1997）『アンデスの考古学』同成社
関雄二・青山和夫編（2005）『岩波アメリカ大陸古代文明事典』岩波書店
関雄二（2006）『古代アンデス—権力の考古学』京都大学出版会
関雄二・染田秀藤（2008）『他者の帝国—インカはいかにして「帝国」となったか』世界思想社
セーモ，E.（1994）『メキシコ資本主義史　その起源　1521-1763 年』原田金一郎監訳，大村書店
Sevilla Soler, Rosario (1996) "La Guerra de Cuba y la Memoria Colectiva la crisis del 98 en la prensa Sevillana", Escuela de Estudios Hispano-Americanos de Sevilla
芝紘子（2001）『スペインの社会・家族・心性』ミネルヴァ書房
芝修身（2003）『近世スペイン農業　帝国の発展と衰退の分析』昭和堂
芝修身（2007）『真説レコンキスタ〈イスラーム VS キリスト教〉史観をこえて』書肆心水
斯波義信（1995）『華僑』岩波書店
茂在寅男（1967）『航海術』中公新書
色摩力夫（1993）『アメリゴ・ヴェスプッチ　謎の航海者の軌跡』中公新書
島田泉・小野雅弘（1994）『黄金の都シカンを掘る』朝日新聞社

清水憲男（2010）『ドン・キホーテの世紀：スペイン黄金時代を読む』岩波書店
清水展（1990）『出来事の民族誌：フィリピン・ネグリート社会の変化と持続』九州大学出版会
清水有子（2012）『近世日本とルソン：「鎖国」形成史再考』東京堂出版
下中彌三郎編（1954）『ラテンアメリカ』世界文化地理体系 24，平凡社
塩田哲也（2012）『イントラムロス（マニラ）の空間構成とその変容に関する研究』，滋賀県立大学修士論文，私家版
シルバーブラット，アイリーン（2001）『月と太陽と魔女―ジェンダーによるアンデス世界の統合と支配』染田秀藤訳，岩波書店
Siomara Sanchez, Robert (2001) "La Habaua, puerto y ciudad, Historia y leyenda", Ediciones Boloñas. Oficina del Historiador de la Ciudad de la Habana. La Habana.
スケルトン，R.（1991）『図説　探検地図の歴史 ── 大航海時代から極地探検まで』増田義郎・信岡奈生訳，原書房
Solano, Francisco de (1983) "Urbanización y municipalización en la poblacion indígena, Estudios sobre la ciudad iberoamericanas", C. S. I. C, Madrid
Solano, Francisco de (1987) "Los inicios de la colonización sistemática, Historia Urbana de Iberoamerica II-1. La ciudad Barroca 1573 / 1750", Consejo Superior de los Colegios de Arquitectura de España, Comisión Nacional Quinto Centenario, Junta de Andalucía, Madrid
Solano, Francisco de (1990a) "Normas y Leyes de la ciudad Hispanoamericana 1492-1600 I", C. S. I. C., Madrid
Solano, Francisco de (1990b) "Normas y Leyes de la ciudad Hispanoamericana 1601-1821 II", C. S. I. C., Madrid
Solano, Francisco de (1990c) "Ciudades hispanoamericanas y pueblos de indios", C. S. I. C., Madrid
Sola-Morales I Rubio, Manuel de (1997) "Las Formas de Crecimiento urbano", UPC, Barcelona
染田秀藤（1989）『ラテンアメリカ史　植民地時代の実像』世界思想社
染田秀藤（1990）『ラス・カサス伝―新世界征服の審問者―』岩波書店
染田秀藤（1993）『ラテンアメリカ　自立への道』世界思想社
染田秀藤（1995）『大航海時代における異文化理解と他者認識 ── スペイン語文書を読む』渓水社
染田秀藤（1997）『ラス＝カサス』清水書院
染田秀藤（1998）『インカ帝国の虚像と実像』講談社選書メチエ
染田秀藤・友枝啓泰（1992）『アンデスの記録者ワマン・ポマ―インディオが描いた《真実》』平凡社
染田秀藤・関雄二・網野徹哉編（2012）『アンデス世界　交渉と創造の力学』世界思想社
Soria y Puig, Arturo (1999) "Cerdá, Las cinco bases de la teoría general de la urbanización", Electa, Barcelona
ソリタ（1982）『ソリタ　ヌエバ・エスパーニャ報告書　ランダ　ユカタン事物記』，大航海時代叢書第 II 期 13，小池祐二・林屋永吉・増田義郎訳註解説，生田滋・越智武臣・高瀬弘一郎・長南実・中野好夫・二宮敬・増田義郎編集，岩波書店

Sotomayor, Arturo (1974)"México, donde nací ", bibliografía de una ciudad, Libreria de Manuel Porrua, México

シュタットミュラー，G.（1989）『ハプスブルグ帝国史　中世から1918年まで』丹後杏一訳，刀水書房

スタインバーグ，デイビッド・J（2000）『フィリピンの歴史・文化・社会』明石書店

Stefoff, Rebecca (1990), Ferdinand Magellan and the Discovery of the World Ocean, Chelsea House Publishers

Stephenson, Harold E. (1920) "Censo de la República de Cuba"Dirección General de Censo

菅谷成子（2002）『スペイン植民地都市マニラの歴史研究―中国人移民，スペイン人および植民地社会』文部省科学研究費補助金研究成果報告書.

菅谷成子（2005）『スペイン植民地都市マニラの歴史研究：中国人移民，女性，中国系メスティーソおよび植民地社会』文部科学省科学研究費補助金研究成果報告書.

杉原薫（1996）『アジア間貿易の形成と構造』ミネルヴァ書房

杉原薫・玉井金吾編（1983）『世界資本主義と非白人労働』大阪市立大学経済学会

杉浦昭典（1979）『大帆船時代』，中公新書

杉山三郎・嘉幡茂・渡部森哉（2011）『古代メソアメリカ・アンデス文明への誘い』風媒社

Sus, Arturo (1985a) "Historia de la Arquitectura Española(1): Arquitectura prerromana y romana prerrománica y románica", Exclusivas de Ediciones, S. A

Sus, Arturo (1985b) "Historia de la Arquitectura Española(2): Arquitectura gótica, mudéjar e hispanomusulmana", Exclusivas de Ediciones, S. A

Sus, Arturo (1986a) "Historia de la Arquitectura Española(3): Arquitectura renacentista", Exclusivas de Ediciones, S. A

Sus, Arturo (1986b) "Historia de la Arquitectura Española(4): Arquitectura barroca de los siglosXVII y XVIII, arquitectura de los Borbones y neoclásica", Exclusivas de Ediciones, S. A

Sus, Arturo (1987a) "Historia de la Arquitectura Española(5): Arquitectura barroca del siglos XIX y, modernismo a 1936 y de a 1980", Exclusivas de Ediciones, S. A

Sus, Arturo (1987b) "Historia de la Arquitectura Española(7): Fachadas, plantas, secciones y alzados", Exclusivas de Ediciones, S. A

鈴木かほる（2010）『徳川家康のスペイン外交：向井将監と三浦按針』新人物往来社

鈴木静夫（1997）『物語フィリピンの歴史―「盗まれた楽園」と抵抗の500年』中央公論社

鈴木康久（1996）『西ゴート王国の遺産：近代スペイン成立への歴史』中公新書

# T

田所清克（2001）『ブラジル学への誘い　その民族と文化の原点を求めて』世界思想社

高橋信（1998）『世界資本主義システムの歴史理論』世界書院

高橋均・網野徹哉（1997）『ラテンアメリカ文明の興亡』世界の歴史18，中央公論社

高橋均（1998）『ラテンアメリカの歴史』山川出版社

高瀬弘一郎（1973）『キリシタン時代の研究』岩波書店

高瀬弘一郎（2002）『キリシタン時代の貿易と外交』八木書店
高瀬弘一郎（2006）『モンスーン文書と日本』八木書店
高瀬弘一郎（2011）『大航海時代の日本：ポルトガル公文書に見る』八木書店
玉置さよ子（1996）『西ゴート王国の君主と法』創研出版
Tan, Samuel K. / 3rd ed. (2008) "A history of the Philippines", The University of the Philippines Press
田中明彦（1989）『世界システム』東京大学出版会
田中英道（1993）『支倉六右衛門と西欧使節』丸善ライブラリー
田中英道（2007）『支倉常長　武士，ローマを行進す』ミネルヴァ書房
田中英道（2008）『支倉常長』ミネルヴァ書房
丹下敏明（1979）『スペイン建築史』相模選書
立石博高・若松隆編（1987）『概説スペイン史』有斐閣
立石博高・関哲行・中川功・中塚治郎編（1998）『スペインの歴史』昭和堂
立石博高編（2000）『スペイン・ポルトガル史』新版世界各国史 16，山川出版社
立石博高・中塚治郎編（2002）『スペインにおける国家と地域―ナショナリズムの相克』国際書院
テイラー，T, G. (1991〜92)『世界システムの政治地理』上下，高木彰彦訳，大明堂
田沢耕（2000）『物語カタルーニャの歴史 ── 知られざる地中海帝国の興亡』中公新書 1564，中央公論社
Teenstra, M. D. (1977) "De Nederlandsch West-Indische eilanden (The Dutch West Indian islands, part II: Curaçao; St. Maarten; St. Eustatius; Saba)", S. Emmering, Amsterdam (reprint of the original version of 1837)
Telkamp, G. J. (1978) "Urban History and European Expansion", Leiden Centre for the History of European Expansion
Tella, Guillermo (2009) "Buenos Aires Albores de una ciudad moderna", nobuko
Terán, Fernando de (1995) "Los límites territoriales del sueño de un orden, Andalucía en América, El legado de ultramar", Junta de Andalucía, Lunwerg, Barcelona
寺崎英樹（2011）『スペイン語史』大学書林
Tettoni, L. I., Sosrowardoyo, T. and Philippine Department of Tourism (1997) "Filipino Style", Edition Didier Millet, Singapore
トーマス，H. (2006)『黄金の川―スペイン帝国の興亡』岡部広治監訳，林大訳，大月書店
Tineo Marquet, Juan Antonio (1987) "Historia de un continente aislado. Historia Urbana de Iberoamérica I. La ciudad Iberoamericana hasta 1573", Consejo Superior de los Colegios de Arquitectura de España, Comision Nacional Quinto Centenario, Junta de Andalucía, Madrid
Tirso Mejía Ricard, Luis Eduardo Delgado (1990) "SANTO DOMINGO", Ediciones de Cultura Hispánica, Colección Ciudades Iberoamericanas, Agencia Española de Cooperación Internacional, Egraf, S. A, Spain
徳島徳朗（1986）『奴隷貿易と産業革命』杉山書店
東京外国語大学国際日本研究センター編（2010）『大航海時代の日本＝スペイン関係』東京外国語大学国際日本研究センター

Tolentino, Delfin JR. (2009) "Fragments of a city's history: a documentary history of Baguio", Cordillera Studies Center, University of the Philippines Baguio

富野幹雄・住田育法（1990）『ブラジル ―― その歴史と経済』啓文社

友枝啓泰他編（1997）『アンデスの文化を学ぶひとのために』世界思想社

Torayas, Juan de Las Cuevas (2001)"500 años de construcciones en Cuba. Chavin Sericios Gráficos y Editoriales, S. L. Madrid

Torrejón Cháves, Juan (1995) "Fortificación y fortificadores en la Andalucía moderna. Andalucía en América", El legado de ultramar, Juanta de Andalucía, Lunwerg, Barcelona

Torres, Jose Víctor Z. (2005) "A Walk Through Historic Intramuros"

Torres Lanzas, Pedro (1985) "Archivo General de Indias: catálogo de mapas y planos: Guatemala", Dirección General de Archivos y Bibliotecas, Madrid

Torres Lanzas, Pedro (1985a) "Archivo General de Indias: catálogo de mapas y planos de méxico", Dirección General de Archivos y Bibliotecas, Madrid

Torres Lanzas, Pedro (1985b) "Archivo General de Indias: catálogo de mapas y planos: Audiencias de Panamá, Santa Fe y Quito", Dirección General de Archivos y Bibliotecas, Madrid

Torres Lanzas, Pedro (1988a) "Archivo General de Indias: catálogo de mapas y planos: virreinato del peru (peru y chile)", Dirección General de Archivos y Bibliotecas, Madrid

Torres Lanzas, Pedro (1988b) "Catálogo de mapas y planos del Virreinato de Buenos Aires", Dirección General de Archivos y Bibliotecas, Madrid

都市史図集編纂委員会編（1999）『都市史図集』彰国社

Treib, Marc (1993) "Sanctuaries of Spanish New Mexico", University of California Press Berkeley and Los Angeles, California

## U

宇賀田為吉（1973）『タバコの歴史』岩波新書

宇野悠里（2000）『ハバナの位相』，東京大学修士論文

Urgello Miller, Lucy (2010) "Glimpses of old Cebu" The University of San Carlos Press. Cebu.

ウリョーワ，フアン（1991）『ウリョーワ，フアン　南米諸王国紀行』，17・18世紀大旅行記叢書 8，牛島信明・増田義郎訳解説，中川久定・二宮敬・増田義郎編，岩波書店

牛島信明，川成洋，坂東省次編（1999）『スペイン学を学ぶ人のために』世界思想社

臼井隆一郎（1992）『コーヒーが廻り，世界史が廻る　近代市民社会の黒い血液』中公新書

## V

Vail, Gabrielle & Hernández, Christine (ed.) (2010) "Astronomers, Scribes, and Priests Intelectual Interchange between the Northern Maya Lowlands and Highland Mexico in the Late Postclassic Period", Dumbarton Oaks Publications

Valcárcel, Leyva Nurys (2003) "Gibara Colonial historia de mar y tejas"Ediciones

バルデオン，J. 他（1980）『スペイン―その人々の歴史』帝国書院
Valero de García Lascurain, Ana Rita (1991) "La ciudad de México-Tenochtitlan su primera traza", Medio Milenio
Valladares, Ángel Luis y Morales (1947) "Urbanismo y Costrucción", P. Fernández y Cia, La Habana.
Varela, Consuelo (1983) "El viaje de don Ruy López de Villalobos a las islas del Poniente 1542-1548", Cisalpino-Goliardica, Milano
Vayassade, Martin Reyes (1990) "La cartografía como arte y como fuente de conocimiento. Cartografía Histórica de Tamaulipas", Instituto Tamaulipeco de Cultura, México. D. F
Vega Janino, Josefa (1997) "Las reformas borbónicas y la ciudad americana, La ciudad hispanoamericana, El sueño de un orden", CEHOPU, CEDEX, Madrid
ビセンス・ビーベス，J.（1975）『スペイン―歴史的省察』小林一宏訳，岩波書店
Vioque Cubero, R., Vera Rodríguez, I. M., López López (1987) "Apuntes sobre el origen y evolución morfológica de las plazas del Casco Histórico de Sevilla", Área de Infraestructura y Equipamiento Urbano del Ayuntamiento de Sevilla y Conserjería de Obras Públicas y Transportes de la Junta de Andalucía. Sevilla
ヴィラール，ピエール（1992）『スペイン史』藤田一成訳，白水社
Vires Azancot, Pedro A. (1987) "Iberoamérica y sus ciudades en los siglos XVII y XVIII. La ciudad iberamericana", Actas del Seminario Buenos Aires, CEHOPU, Madrid
Vives Azancot, Pedro A. (1987) "La ciudad Iberoamericana: Expresión de la expansión ultramarina. Historia Urbana de Iberoamerica I. La ciudad Iberoamericana hasta 1573", Consejo Superior de los Colegios de Arquitectura de España, Comisión Nacional Quinto Centenario. Junta de Andalucía, Madrid
Vives, Pedro A. (1987) "Región del Rio de la Plata. Historia Urbana de Iberoamerica II-1. La ciudad Barroca. Análisis regionales. 1573 / 1750", Consejo Superior de los Colegios de Arquitectura de España, Comisión Nacional Quinto Centenario, Junta de Andalucía, Madrid
Vives, Pedro A (1997) "Ciudad y territorio en la América colonial, La ciudad hispanoamericana, El sueño de un orden", CEHOPU, CEDEX, Madrid
"La ciudad iberamericana, La Urbanización hispanoamericana en las Leyes Indias", Actas del Seminario Buenos Aires 1985, CEHOPU. Madrid
Vuevas Toraya, Juan de las (2001) "500 años de construcciones en Cuba", Cuba. Chavin. Madrid

## W

若松賢太郎（2010）『ハバナ旧市街（キューバ）における空間構成とその変容に関する考察』滋賀県立大学修士論文
ウォーラーステイン，I.（1981）『近代世界システム I, II 農業資本主義と「ヨーロッパ世界経済」の成立』川北稔訳，岩波現代選書
ウォーラーステイン，I.（1991a）『ポスト・アメリカ』丸山勝訳，藤原書店
ウォーラーステイン，I.（1991b）『世界経済の政治学』田中治男他訳，同文館出版

ウォーラーステイン，I.（1991c）『史的システムとしての資本主義』川北稔訳，岩波書店
ウォーラーステイン，I.（1993）『近代世界システム　重商主義と「ヨーロッパ世界経済」の凝集　1600～1750』川北稔訳，名古屋大学出版会
ウォーラーステイン，I.（1997）『近代世界システム　大西洋革命の時代　1730～1840s』川北稔訳，名古屋大学出版会
ウォーラーステイン，I.（2002a）『叢書世界システム（1）ワールド・エコノミー』山田紀男他訳，藤原書店
ウォーラーステイン，I.（2002b）『叢書世界システム（2）長期波動』山田紀男他訳，藤原書店
ウォーラーステイン，I.（2002c）『叢書世界システム（3）世界システム論の射程』山田紀男他訳，藤原書店
ワンカール（1993）『先住民族インカの抵抗五百年史　タワンティンスーユの闘い』吉田秀穂訳，新泉社
Warren, James Francis (1981) The Sulu Zone 1768–1898. New Day Publishers, Quezon City
ワシュテル，N（2007）『敗者の想像力─インディオのみた新世界征服』小池祐二訳，岩波書店　Wachtel, Nathan (1971) "La Vision des Vaincus", Éditions Gallimard
渡部森哉（2010）『インカ帝国の成立─先スペイン期アンデスの社会動態と構造』南山大学学術叢書，春風社
渡部哲郎（1987）『バスク　もうひとつのスペイン─現在・過去・未来』彩流社
渡部哲郎（2004）『バスクとバスク人』平凡社
ワット，W. M.（1976）『イスラーム・スペイン史』黒田・柏木訳，岩波書店
Watson, J. B. (1982) "The West Indian Heritage: A history of the West Indies", John Murray Publishers Ltd., London
ウェイミュレール，フランソワ（1999）『メキシコ史』文庫クセジュ，染田秀藤・篠原愛人訳，白水社
Weiss, Joaquín E. (1996) "La Arquitectura Colonial Cubana", Junta de Andalucía, Instituto Cubano del Libro.
Wickberg, Edgar (1965) "The Chinese in Philippine Life 1580–1898", Yale University Press, New Haven
Wilford, J. N. (1981) "The Mapmakers", Vintage Books, New York: Knopf, 2000。ウィルフォード，J. N.（1992）『地図を作った人びと』鈴木訳，河出書房新社
ウィリアムズ，E.（1968）『資本主義と奴隷制　ニグロ史とイギリス経済史』中山毅訳，理論社
E. ウィリアムズ（1978）『コロンブスからカストロまで　I, II─カリブ海域史，1492-1696─』，川北稔訳，岩波現代選書．Williams, Eric (1970), "From Columbus to Castro The History of the Caribbean 1492–1969", Harper & Row Publishers, New York
Winchester, S. (2001) "The Map that Changed the World", Perennial
ウィットフィールド，P.（1998）『海洋図の歴史』，有光秀行訳，ミュージアム図書
ウルフ，K. B.（1998）『コルドバの殉教者たち─イスラム・スペインのキリスト教徒』林邦夫訳，刀水書房
Wurdemann, John G. (1989) "Notas sobre Cuba" Editorial de ciencias sociales", la Habana

## X

## Y

山田篤美（2008）『黄金郷伝説：スペインとイギリスの探険帝国主義』中央公論新社
山田憲太郎（1994）『香料の歴史：スパイスを中心に』，紀伊国屋書店
山田憲太郎（1995）『スパイスの歴史：薬味から香辛料へ』法政大学出版局
山田睦男・細野昭雄・高橋伸夫（2001）『ラテンアメリカの巨大都市 ―― 第三世界の現代文明』二宮書店
山田信彦（1992）『スペイン法の歴史』彩流社
Yamaguchi, Kiyoko (2004) "Philippine Urban Architecture History. Transformation of the Poblacion Architecture from the late Spanish Period of the American Period" Dotoral thesis dissertation
山本紀夫（2004）『ジャガイモとインカ帝国　文明を生んだ植物』東京大学出版会
山本紀夫（2008）『ジャガイモのきた道―文明・飢饉・戦争』岩波新書
山崎春成（1986）『メキシコ・シティ』世界の大都市 3，東京大学出版会
山瀬暢士（2007）『インカ帝国　その征服と破滅』メタ・ブレーン
矢守一彦（1975）『都市図の歴史　世界編』講談社
家島彦一（1991）『イスラム世界の成立と国際商業 ―― 国際商業ネットワークの変動を中心に』岩波書店
家島彦一（1993）『海がつくる文明 ―― インド洋海域世界の歴史』朝日新聞社
Ygunacio de Paz (Ca. 1658), Description of the Philipinas island. Mexico.
ユイグ，F & F B（1998）『スパイスが変えた世界史』藤野邦夫訳，八坂書房
ユパンギ，ティトゥ・クシ（1987）『インカの叛乱―被征服者の声』染田秀藤，岩波書店
湯澤誠（2004）『先史時代のフィリピン諸島について（1）』うらべ書房

## Z

サラゴーサ，ラモン・マリア（1996）『マニラ　都市の歴史』城所哲夫・木田健一訳，学芸出版社。Zaragoza, Ramon Maria (1990) "Old Manila, Singapore", Oxford University Press
Zendegui, Guillermo de (1997) "Las primeras ciudades cubanas y sus antecedentes urbanisticos", Cuban National Heritage, Miami
Zialcita, Fernand N. and Tinio Jr., Martin I (1996) "Philippine Ancestral Houses 1810-1930", GCF Books
Zweig, Stefan (2007), Conqueror of the Seas—The Story of Magellan, Read Books

# 関連論文

山口潔子，布野修司，安藤正雄，脇田祥尚，柳沢究（2002）「ヴィガン（イロコス，フィリピン）の街区構成に関する考察，Block Formation in Vigan, Ilocos, the Philippines」日本建築学会計画系論文集，第 553 号，pp. 209-215，2002 年 3 月

山口潔子，布野修司，安藤正雄，脇田祥尚（2003）「ヴィガン（イロコス，フィリピン）における住宅の空間構成と街区分割」日本建築学会計画系論文集，第 572 号，pp. 1-7，2003 年 10 月

Jiménez Verdejo, Juan Ramón (2005) "The Spanish-American City Study of the urban model used by José de Escandón to create the Colony of Nuevo Santander", Ph. D Dissertation, 2005（ヒメネス　ベルデホ・ホアン　ラモン，『ホセ・デ・エスカンドンがヌエヴォサンタンデール建設の際に用いたイスパノアメリカのモデル都市計画に関する研究』，神戸芸術工科大学学位請求論文 2005 年）

ヒメネス・ベルデホ，ホアン・ラモン，布野修司，齋木崇人（2007a）「ホセ・デ・エスカンドンの都市計画モデルに関する考察 Considerations on Urban Model by José de Escandón」日本建築学会計画系論文集，第 617 号 pp. 95-101，2007 年 7 月

ヒメネス・ベルデホ，ホアン・ラモン，布野修司，齋木崇人（2007b）「ホセ・デ・エスカンドンによる計画都市の変容に関する考察」日本建築学会計画系論文集，第 620 号 pp. 119-125，2007 年 10 月，Considerations on Transformation of Urban Model by José de Escandón, J. Archit. Plann. AIJ, No. 620, pp. 119-125

ヒメネス・ベルデホ，ホアン・ラモン，布野修司，山田協太（2008a）「キューバのスペイン植民都市モデルの類型に関する考察，Considerations on Typology of Spanish Colonial City Model in Cuba」日本建築学会計画系論文集，第 623 号 pp. 2008 年 1 月

ヒメネス・ベルデホ，ホアン・ラモン，布野修司，山田協太（2008b）ヌエヴァ・パス（キューバ）の都市形成と街区分割に関する考察，Considerations on Urban Formation and Block Division of Nueva Paz (Cuba)，日本建築学会計画系論文集，第 623 号 pp，2008 年 1 月

ヒメネス・ベルデホ，ホアン・ラモン，布野修司，山田協太（2008c）「ハトとコラル：キューバにおけるスペイン植民領域分割システムに関する考察，Hatos and Corrales: Considerations on Spanish Colonial Territory Division System in Cuba」日本建築学会計画系論文集，第 625 号 pp. 579-585，2008 年 3 月

ヒメネス・ベルデホ，ホアン・ラモン，布野修司，山田協太（2008d）「シエンフエゴス（キューバ）の都市形成と街区分割に関する考察 Considerations on Urban Formation and Block Division of Cienfuegos (Cuba)」日本建築学会計画系論文集，第 626 号，pp. 781-787，2008 年 4 月

Jiménez Verdejo, Juan Ramón, Shuji Funo & Kyota Yamada (2008) 'The Hatos and Corrals: Considerations on the Spanish Colonial Territorial Occupation System in Cuba' "JAABE Journal of Asian Architecture and Building Engineering. Vol. 7, No. 1, pp." May, 2008

ヒメネス・ベルデホ，ホアン・ラモン，布野修司，山田協太（2008e）サン・アントニオ・デ・

## 関連論文

ロス・バニョス（キューバ）の都市形成と街区分割に関する考察, Considerations on Urban Formation and Block Division of San Antonio de los Baños (Cuba)」日本建築学会計画系論文集, 第629号, pp. 1507-1512, 2008年7月

ヒメネス・ベルデホ, ホアン・ラモン, 布野修司, 山田協太 (2008f)「カルデナス（キューバ）の都市形成と街区分割に関する考察, Considerations on Urban Formation and Block Division of Cardenas (Cuba), 日本建築学会計画系論文集, 第633号, pp. 2373-2378, 2008年11月

Jiménez Verdejo, Juan Ramon, Shuji Funo, Shu Yamane Considerations on the Spanish Colonial Territorial Occupation System in Cuba, Proceedings of the 7th International Syposium on Architectural Interchanges in Asia, Beijing, 2008

ヒメネス・ベルデホ, ホアン・ラモン, 布野修司 (2009)「イスパニョーラ島のスペイン植民地図に関する考察 Considerations on Spanish Colonial Maps on Hispaniola Island」日本建築学会計画系論文集, 2009年10月, 第74巻, 第644号, pp. 2173-2180

ヒメネス・ベルデホ, ホアン・ラモン, 布野修司 (2010)「サント・ドミンゴ（ドミニカ共和国）の都市形成と空間構成に関する考察 Considerations on the Urban Process and Space Formation of the City of Santo Domingo (Dominican Republic)」日本建築学会計画系論文集, 2010年2月, 第75巻, 第648号, pp. 385-393

ヒメネス・ベルデホ, ホアン・ラモン, 布野修司 (2011)「セブ市（フィリピン）の都市形成とその都市核の空間構成に関する考察」, 日本建築学会計画系論文集, 76巻, No. 668, pp. 1867-1874, 2011年10月

ヒメネス・ベルデホ, ホアン・ラモン, 布野修司, 若松堅太郎,「ハバナ旧市街の都市形成と街路体系に関する考察 Considerations on Urban Formation and Street System of Habana Vieja」, 日本建築学会計画系論文集, 77巻, No. 675, pp. 1069-1076, 2012年5月

ヒメネス・ベルデホ, ホアン・ラモン, 布野修司, 若松堅太郎,「ハバナ旧市街の街区構成と住居類型に関する考察 Considerations on Block Formation and House Types of Habana Vieja」, 日本建築学会計画系論文集, 77巻, No. 682, pp. 2781-2788, 2012年月

塩田哲也, ヒメネス・ベルデホ, ホアン・ラモン, 布野修司「イントラムロス（マニラ）の形成と街路体系に関する考察 Considerations on Formation and Street System of Intramuros (Manila)」, 日本建築学会計画系論文集, 77巻, No. 681, pp. 2545-2552, 2012年月

# 索　　引（事項 / 人名 / 地名）

## ■事項索引

アーケード　59, 135, 248　→ポルティコ
アーバン・ティッシュ　3　→都市組織
アーバン・ファブリクス　3　→都市組織
アウディエンシア　18, 109, 111-112, 116
アウグスティノ会　96, 337, 341, 424, 436, 477, 484
アゴラ　14
アシエンダ制　328, 340
アステカ　66, 319
アストゥリアス王国　38
アスンシオン　93, 162, 393
アセンダード　340
アソテア　498, 504
アデランタード　90, 116, 127, 128
アポイキア　12, 13
『アマディス・デ・ガウラ』　65
アモロート　342
アユンタミエント　116, 307, 421
アランフェス条約　189
アルカサル（コルドバ）　33
アルカサル（セヴィージャ）　34
アルカソヴァス条約　70
アルカルデ・オルディナリオ　127, 130
アルカルデ・マヨール　117, 127, 421
『アルタシャーストラ』　521
アルテペトル　336
アルハンブラ宮殿　34
アルミランテ　68, 110
イエズス会　96, 337-338, 340, 393, 395, 424, 435-436, 438, 525
イサパ文明　311
イスラーム　513
インスラ　12
インディアス会議　110
『インディアス史』　91, 212
『インディアス誌』　100
インディアス事業　68, 74, 88, 95

インディアス諸問会議　111-112, 118, 146
インディアス新法　101, 112, 118, 339, 382
インディアス総合古文書館 AGI　5, 111, 145-146, 445, 513
インディアス通商院　88, 110-111, 128, 146
「インディアスの発見，植民，平定に関する新法令」（フェリペⅡ世の勅令）　119, 123, 513
インディアス法　3, 17-18, 94, 109, 117, 119, 278-279, 510, 514-515, 517
インディアス法令集　119
インディアス論争　98
インディオ　66, 72, 117, 125, 127, 340, 386, 388
インテンデンシア　109, 117
イントラムロス　434, 453-454, 456, 460
ヴァジャドリード論戦　102
ヴァラ　120, 517
ヴァンダル族　34
ヴィシタ　424
ウエブラ　122
ヴォーバン割　176, 273, 290, 495, 523
ウマイヤ朝　30
エクシメニス　42-43, 45, 354, 513
エル・ドラド　65
エンコミエンダ制　66, 72, 95, 117, 128, 339, 423
エンコメンドーロ　382, 388
オイドール　112
オヴァンド法典　118
オーヌ　64
オサマ要塞　168, 203
オピドゥム　25
オルメカ文明　308-310

カシーケ　72, 100, 102, 188, 336, 393
カスティージャ王国　34, 39, 414

683

# 索引

カスティージャ=レオン王国　39
カスティージャ諮問会議　110
カスティージャ法　109
カストルム　50
カストロ　25
カバジェリア　122, 129, 223, 517
カピス窓　498, 504
カビルド　116, 223, 351, 390, 421
カベセラ　336, 424
カルド　50, 61
ガレオン航路　19
ガレオン船　419
ガレオン貿易（交易）　335, 392, 424, 434
　　→マニラ・ガレオン貿易（交易）
ガレリア　251
キリシタン禁令　19
『キリスト教12書』　42-43
クアルテラダ　42
クアルトン　42
グノーモン　51
グリッド　3-4, 10, 513
　　グリッド・システム　516
　　グリッド・パターン　17, 135, 444, 516, 525
　　グリッド・プラン　5
　　グリッド都市　5, 12, 15-17
クレオール文化　408
グローマ　51
クロニスタ　374, 385
慶長遣欧使節団　19
ケチュア　386
ケルト族　24
ゲルマン民族　29
『建築十書』　140
コスタ　365
『国家』　341
コトシュ遺跡　366
ゴベルナシオン　109, 116-117
ゴベルナドール　68, 110, 126, 129, 133, 269, 336
コラル　18, 120, 232, 516
コレヒドール　86, 127-128
コレヒミエント　116, 117
コロニア　13, 25　→植民都市
コンヴェントゥス　26

コンキスタ　40, 513
コンキスタドール　18, 65, 66, 89, 95, 109, 517
コングレガシオン　337, 392

ザフアン　251
サポテカ文明　313
サラ　498, 504, 506
サン・フェリペ号事件　461-463
サンタ・フェ協約　68, 71, 109
ジーリー朝　34
シウダード　93, 423
シウダード（セブ）　436, 438
シウダデラス　289, 292
シエラ　365
ジャマーア　30
自由賃金労働制（債務奴隷制）　340
『一四の改善策』　341
『周礼』　521
シュノイキスモス　12
植民都市（コロニア）　12, 519
ショップハウス　→店屋
「新世界」　18
水銀アマルガム法　389-390, 392
ズィンミー　30
スーユ　373
スペイン
　　スペイン・イスラーム　513
　　スペイン継承戦争　55
　　スペイン植民地帝国　55
　　スペイン植民都市　522-523
　　スペイン帝国　55
　　スペイン東インド　4
スルタン　416
聖アウグスティノ修道会　420
『政治学』　5-7, 13
セケ体系　385

タイノ・インディアン　188
タイファ政権　34
ダクテュロス　10
チャイニーズ・メスティーソ　440, 461, 475, 478
チャンシジェリア　110
ティポロジア　523

684

索　引

ディラオ　　471-473, 475
デクマヌス　　50, 61
デスクブリール（発見する）　　65
天正少年遣欧使節団　　19
テンプルム　　51
「島嶼部とティエラ・フィルメの改革に必要な改善策に関する覚書」　　100, 105
『東方見聞録』　　67
都市計画法　　285-286, 288
都市組織（アーバン・ティッシュ　アーバン・ファブリクス）　　3, 521, 523-525
ドミニコ会　　96, 98, 111, 337, 424, 465
トラスパティオ　　251
トラトアニ　　336
トルデシーリャス条約　　71, 417, 477
トンド　　446, 453
ナイン・スクエア　　475, 516
ナヴィダー要塞　　57, 70, 188
日本町　　470-471

ハーラ　　33
ハイチ革命　　189
バザール　　515
バシリカ　　144
バスティード　　40, 59, 60, 62, 63, 513
パティオ　　251
ハト　　18, 120, 232, 516
ハト・コラル　　233
　　ハト・コラル・システム／ハト・コラル制　　19, 269, 293, 516
　　ハト・コラル図　　150, 279
バハイ・ナ・バト　　432, 445, 475, 480, 486, 496, 498-499, 509
ハプスブルグ　　54-55
バラート　　33
パラエストラ　　144
パラステー　　10
バランガイ　　433, 446
パリアン　　425, 432, 435, 438, 447, 453, 464-465, 467-468, 470, 520
バルアルテ　　167
パルマ　　122
パルムス　　10
バンデイランテ　　395
ハンマーム　　33

ピエ　　10, 120, 517
ヒエロニムス会　　99, 100
ヒッポダミアン・プラン　　5, 7, 11, 15
ビノンド　　453, 467
広場　　59, 162-163, 166, 266, 351, 456
ファネガ　　122
フィッシュ・ボーン　　13
フィラーチ　　344
プエブラ　　336, 423, 513
フェリペⅡ世の勅令　　70, 109, 118-119, 123, 134, 143, 237, 354, 407, 514, 517　→「インディアスの発見，植民，平定に関する新法令」
フォーラム　　143, 144
副王　　68, 112, 116
副王領　　109
フス戦争　　57
プラサ　　42, 120
プラサ　　352, 485, 515　→広場
　　プラサ・マヨール　　110, 131, 135, 159, 160, 206, 217, 247, 295, 327-328, 335, 397, 443, 446, 514-515, 524
ブラス　　64
フランシスコ会　　19, 96, 99, 337-338, 420, 424, 474, 477
フランス革命　　189
ブルガダ　　122
ブルゴス法（インディオの処遇に関する法令）　　95, 117
ブルボン改革　　111, 403-404
プレシデンテ　　111
プレディカドール　　133
プロヴィンシア　　25
ペオニア　　122, 129, 223, 517
ペス　　10, 120
ベルベル人　　30
『法律』　　15
ポブラール（植民する）　　65
ポリス　　7, 13, 14
ポルティコ　　131, 135, 515　→アーケード
ポルトガル王国　　36, 54

『マーナサーラ』　　521
マイル・グリッド　　517
マドラサ　　33

685

マニラ・ガレオン貿易（交易） 417, 419-420, 464 →ガレオン貿易
『マヤマタ』 521
マンスール 33
ミスル 29, 30
店屋（ショップハウス） 515
ミタ労働制 389, 390, 520
ムデハル 37
ムニシピウム 26
ムンドゥス 51
メスキータ 31, 33
メスティーソ 510
メソポタミア 9
メルセド 223-224
モサラベ 34, 37, 39
モスク 33
モロ城塞 400
モンターニャ 365
モンテシーノスの告発 117
『ユートピア』 96, 338, 341, 525

ユネスコ 514
レアレンゴ 223, 226
レイスウェイク条約 189
レオン王国 39
レグア 19, 120, 517
レケリミエント 515
レケリミエント（勧降状） 89, 117, 515
レコンキスタ 34, 36-37, 39, 56, 206, 414, 513
レドゥクシオン 338, 392-393, 395, 397, 477, 520, 525
レパルティミエント 66, 72, 127-128, 134, 339-340, 380, 423, 520
レヒドール 116, 129-130, 269, 421
レヒミエント 116
レプブリカ・デ・インディオス 338
ロアン 494
ローマ・クアドラタ 50-52
ロジョ 515

## ■人名索引

アイヨン, ルーカス・バスケス・デ 91
アウグストゥス 26
アタワルパ 374, 380
アブド・アル・ラフマーンⅠ世 31
アブド・アル・ラフマーンⅡ世 31
アブド・アル・ラフマーンⅢ世 33
アメリゴ・ヴェスプッチ 341
アリストテレス 5-7, 13, 14, 50
アルヴァラド, エルナンド・デ 92
アルヴァラド, ペドロ・デ 91, 380
アルフォンソⅠ世 36
アルフォンソⅢ世 40
アルフォンソⅦ世 36
アルフォンソⅩ世 45
アルブケルケ, アルフォンソ・デ 416
アルマグロ, ディエゴ・デ 92, 376-377, 380, 382
アルメイダ, フランシスコ・デ 416
アレクサンデルⅥ世 71
アロンソ・ニーニョ, ペドロ 75

アンシエタ, ジョゼ・デ 395
アントネッリ, クリストバル・デ・ロダ 237
アントネッリ, バウティスタ 168, 204, 237, 335, 398-400, 402, 404
アントネッリ, フアン・バウティスタ 237
イサベル女王 95
石田三成 462
ヴィジャロボス 413
ウィトルウィウス, マルクス・ポリオ 50, 140, 142-143
ヴェスプッチ, アメリゴ 75, 84
ヴェラスケス, ディエゴ, デ・クエジャル 90, 96, 98, 212, 220, 222-223, 233, 258, 324
ウジョア, フランシスコ・デ 92
ウルダネタ, アンドレス・デ 417, 419
エスカンドン, ホセ・デ 18, 176, 334, 345, 352, 360, 524
エスキヴェル, フアン・デ 90, 98
エラトステネス 58

エルカーノ，フアン・セバスティアン　431
エレーラ，フアン・デ　146
エンリキージョ　100
エンリケ　414, 416-417
オヴァンド，ニコラス・デ　49, 74, 88, 117, 95, 96, 194, 198, 200, 206, 377
オカンポ，セバスチャン・デ　90, 212, 279
オヘダ，アロンソ・デ　75, 89
オルダス，ディエゴ・デ　90

カールⅤ世　55
カトリック両王　54, 56, 66, 71-72, 74, 88
カブラル，ペドロ・アルヴァレス　85, 87
カブリロ，ホアン・ロドリゲス　92
カボット，ジョバンニ　74
ガマ，ヴァスコ・ダ　74, 416
カランサ，アンドレス・ドランテス・デ　91
カルタギネンシス　28
カルデナス，ガルシア・ロペス・デ　92
カルロスⅠ世　55, 66, 95, 100-101, 307, 379, 382, 417, 426
カルロスⅢ世　146
カルロスⅤ世　417
カンティーノ　84
ギュイエンヌ　60
キロガ，ヴァスコ・デ　337-339, 393, 519, 525
クーン　463
グリハルヴァ，フアン・デ　90-91, 98, 334
ゲーラ，クリストバル　75, 86
ゴイチ，マルティン・デ　445
コエジョ，ゴンサロ　85
コーサ，フアン・デ・ラ　75, 78, 79, 84-85
コルテス，エルナン　23, 65, 75, 90-91, 117, 149, 307, 324, 331, 380
コルドバ，フランシスコ・エルナンデス・デ　90, 93
コロナド，フランシスコ・バスケス・デ　91
コロン，クリストバル　18, 57, 65-67, 72, 74, 188, 200, 279
コロン，ディエゴ　90, 98, 194
コロン，バルトレメオ　200

ザビエル，フランシスコ　96, 393
サルセド，フアン・デ　445, 476

ジョアンⅠ世　414
ジョアンⅡ世　415
セケイラ，ディオゴ・ロペス・デ　416
セラン，フランシスコ　416
ソト，エルナンド・デ　380
ソリス，フアン・ディアス・デ　85

ダヴィラ，ペドラリアス　92-93, 201, 377
高山右近　19, 473
タモン，ヴァルデス　445
デ・ヴァカ，アルバル・ヌニェス・カベサ　91
ディアス，バルトロメウ　79, 415
ディラオ，サン・フェルナンド・デ　159
テハダ　400
ドゥアルテ　414
トゥーサン＝ルーヴェルチュール　189
トーレス，アントニオ・デ　72
トスカネリ，パオロ・ダル・ポッツォ　58
トマス・モア　96, 338, 341, 525
豊臣秀吉　19, 461-462
トレド，フランシスコ・デ　386, 389-390, 392

ナポレオン　56
ナルヴァエス，パンフィロ・デ　90-91, 98, 234, 324
ニクエサ，ディエゴ・デ　89
ノブレガ，マヌエル・ダ　395

バーナム，ダニエル・ハドソン　446, 453
ハイメⅠ世　36, 40
ハイメⅡ世　40-42, 354, 513
バスティーダ，ロドリゴ・デ　75, 84, 87
パソ　43
原田喜右衛門　461-462, 471
原田孫三郎　19
バルディビア，ペドロ・デ　93
バルボア，ヴァスコ・ヌニェス・デ　75, 377
ピガフェッタ，アントニオ　426, 431, 433, 435
ピサロ，ゴンサロ　65, 94, 96, 379-380, 382
ピサロ，フアン　380
ピサロ，フランシスコ　75, 88-89, 92,

687

376-377, 403, 406
ヒッポダモス　5
ビンガム, ハイラム　375
ピンソン, ヴィセンテ・ヤニェス　75, 85-86
フェリペⅡ世　55, 111, 146, 399, 413, 419, 478, 513
フェリペⅢ世　55, 393
フェルナンド王　36, 85, 95
フェルナンドⅠ世　35, 39
フェルナンドⅡ世　377
フェルナンドⅢ世　39
フォンセカ, フアン・ロドリゲス・デ　74, 99
プラトン　15-16, 50, 142, 341
ペニャ, ルイス・デ・ラ　224, 259
ベハイム, マルティン　58
ペリゴール　60
ボバディージャ, フランシスコ・デ　74, 88
ポルティージョ, アンドレス・ホセ・デル　295

マガリャンイス　94, 413, 416, 420, 426, 428, 431-432
マヌエルⅠ世　417
マヤ　308, 311
マルドナルド, アロンソ・デル・カスティー

　　ジョ　91
メンドーサ, アロンソ・ペレス・デ　75
メンドーサ, アントニオ・デ　92, 112, 331, 382, 418
メンドーサ, ペドロ・デ　93, 404
モクテスマ　307, 324
モクテスマⅠ世　319-320
モクテスマⅡ世　319
モルガ, アントニオ・デ　422
モンテ・エルモソ侯爵Ⅱ世　270
モンテシーノス, アントニオ・デ　98-99
モンポックス　259, 261-262

ラス・カサス, バルトロメ・デ　84, 88, 90-91, 95, 98, 100-101, 104-105, 212, 341, 377
ラベ, フアン　398
リエンド, スロドリゴ　398
ルク, エルナンド・デ　376
ルハン, ペドロ・デ・メンドーサ・イ　93
レオン, フアン・ポンセ・デ　88-89
レガスピ, ミゲル・ロペス・デ　19, 418, 420, 434, 445
レペ, ディエゴ・デ　75, 87
ロアイサ, ガルシア・ホフレ・デ　111, 417
ロハス, フアン・デ　269
ロヨラ, イグナチオ・デ　96, 393

■**地名索引**（国名・王朝名を含む）

アカプルコ　19, 419, 520
アグアヨ　352, 357
アクラ・レウケ　25
アストルガ　26
アソーレス　414
アテナイ（アテネ）　9, 15, 142
アッシリア　25
アッパード朝　34
アトチャ　162, 194, 197
アブデラ　25
アマゾン　393
アラゴン　36, 414
アリゾナ州　307

アリドアメリカ　307
アル・アンダルス　30
アルアカス　180
アルギン島　414
アルコス　34
アルゼンチン　365, 403
アルタミラ　352, 357
アルメニア　9, 57
アロニス　25
アンダルシア　26
アンダルス　30, 33, 513
アンティル諸島　98
アンデス　18, 365

アントワープ　341
アンボイナ　416
イオニア　12
イサベラ市　71-72, 188
イスパニア　25
イスパニョーラ島　57, 66, 70, 187-189
イスパノアメリカ　4
イスファハン　521
イタリカ　26
イフリーキヤ　29
イブン　162
イベリア半島（イベレス）　13, 54, 414, 513
イベロアメリカ　4, 24, 148, 234, 520
インカ　373
ヴァジャドリード　74
ヴァレンシア　37
ヴィガン　18, 425, 434, 476, 495-496, 509, 514
ヴェネズエラ　365
ヴェラクルス（ヴィジャ・リーカ・デ・ラ・ヴェラクルス）　19, 167, 171, 307, 332, 334-335, 392, 400, 518
ヴェルデ岬　493
ウラバ　89
ウルグアイ　86, 403
ウルテリオル　26
エクアドル　365
エシハ　26
エジプト　9
エスカンドン　360
エスタド　355
エトルリア　52
エメロスコペヨン　25
エル・アマルナ　9
エルサレム　59
エル・ミラドール　311
エンポリオン　25
オアシスアメリカ　307
オアハカ　92, 308, 332, 513
オヴィエド　39
オリサバ　162, 335
オルカシタス　352, 357

カイラワーン　29
カジャオ　167, 183, 386, 403, 408

カタイ　68, 72
カディス　25-26, 46
カディス港　71
カナリア諸島　414
カハマルカ　380
カフーン　9
カマルゴ　348, 352, 357
ガラエキア　28
カラカス　160
ガリア　50
カリカット　416
ガリシア　308
カリブ海　18, 66, 513
カルタゴ　24-25, 30
カルタゴ・ノウァ　25-26
カルタヘナ（カルタヘナ・デ・インディアス）　25, 167, 171, 399-400, 404
カルティア　26
カルデナス　160, 163, 219, 293, 302-303
カルモナ　34
カレナス　233-234
カンヌ　64
キーロン　416
キテリオル　26, 28
キト　93, 160, 380, 514
ギニア湾　414
キューバ　188, 212, 236
キューバ島　212
キンサイ（杭州）　68
グアダラハラ　308, 333, 335, 355
グアテマラ　150, 160, 307-308, 334
グアナハニ（サン・サルヴァドル）島　57, 70, 188
グアラニ　395
クスコ　23, 369, 373, 374, 514, 518
クマナ　97, 162
グラナダ　24, 28, 34, 36, 206
　　グラナダ王国　54, 56, 414
ゲメス　348, 352, 356, 361
ゴア　416
コインブラ　35
後ウマイヤ朝　31, 33
広州　416
コーチン　416
コスタリカ　308

689

コルドバ　24, 26, 30-31, 33, 36, 37
コロニア・デル・サクラメント　162, 167, 171, 404
コロラド　307
コロンビア　365
コンスタンティノープル　33
コンセプシオン　404
コンセプシオン・デ・ラ・ヴェガ　96

サーマッラー　31
ザイトゥン（泉州）　68
サカテカス　389-390, 420, 514
サマル島　413
サラゴサ　26, 28, 30, 36
サン・アントニオ・デ・ロス・バニョス　230, 263, 268-271, 278
サン・ドマング　189
サン・フアン・デ・プエルト・リコ　86, 162-163, 167, 171
サン・フアン・デ・ラ・フロンテーラ　180
サン・フェルナンド　348, 352, 357
サン・ミゲル　168, 197, 473, 475
サン・ミゲル・デ・アタラヤ　191-192
サン・ミゲル・デ・ビウラ　380
サン・ラファエル　191, 197
サン・ロレンソ　513
サンタ・クララ　183
サンタ・クルス　87
サンタ・バーバラ　192, 198, 352, 357
サンタ・フェ　57, 206, 513
サンタ・マルタ　162
サンタ・ローザ・デ・フアスコ　183
サンタンデール　347-348, 351-352, 356
サンティアゴ（国名）　188
サンティアゴ・デ・キューバ　18, 160, 171, 181, 197, 199, 214, 236
サンティアゴ・デ・コンポステーラ　33, 39
サンティアゴ・デ・ヌエヴァ・エクストレマドゥラ　94
サンティアゴ・デ・ラス・ヴェガス　162, 269
サンティアゴ・デ・ロス・カバジェロス　191
サント・ドミンゴ　18, 74, 111, 160, 162, 167, 171, 189, 191, 199-200, 400, 513, 518

サント・ドミンゴ・アウディエンシア　18, 187
ジェラ　347, 356
シエラ・レオネ　414
シエラネバダ山脈　34
シエンフエゴス　214, 219, 279, 289, 290, 302, 513
シバオ　72
ジパング　58, 67, 68, 72
ジパング島　188
ジブラルタル　29, 55
ジャマイカ　74, 87, 90
漳州　520
シリア　33
スミュルナ　9
スペイン　54
セイロン　416
セヴィージャ　5, 24, 26, 30, 34, 36-37, 110, 391
セクシ　25
セゴビア　134
セブ　18, 163, 419, 421, 432, 434, 444
セブ島　417, 428, 433
ゼルナキ・テペ　9
ソコヌスコ　308
ソト・デ・ラ・マリナ　348, 357

タキシラ　13
ダハボン　191-192, 194, 197
ダマスクス　30
タラコ　26
タラコネンシス　28
ダリエン湾　87
タルテッソス　24
チカマ　366
チキトス　395
チムー　371
チャルカス　403
チャン・チャン　371, 373
チュニス　30
チリ　365
ティエラ・フィルメ　89
ティムガド　50
ティワナク　369
テオティワカン　15, 314-316, 318

テスココ湖　324, 330-331
テノチティトラン　23, 319, 520
テルナテ　416
デロス　15
トゥラ　318
トゥリオイ　9-10
ドミニカ　188
トリニダード　18, 199
トルテカ　318
トルヒージョ　167, 190-191, 368, 380, 403-404, 518
トレド　29-30, 35, 37, 393

ナヴィダー　145, 417
ナスカ　368
ナスル朝　36
ニカラグア　308
西ゴート王国　29
ニュー・ガリシア　92
ニューメキシコ　92
ニューメキシコ州　307
ヌエヴァ・イサベラ　73, 188, 200
ヌエヴァ・エスパーニャ　19
ヌエヴァ・エスパーニャ副王領　18, 23
ヌエヴァ・サンタンデール　18, 334, 346
ヌエヴァ・セゴビア市　478-479
ヌエヴァ・パス　143, 214, 230, 259, 262-263, 266
ヌエヴィタス　163, 183, 214
ヌエストラ・セニョーラ・デ・ラ・アスンシオン・デ・バラコア　171
ノンブレ・デ・ディオス　391

ハイチ　188
バエザ　160, 180
バエティカ　26, 28
ハエン　36
バガバグ　162
バグダード　33
パシグ川　453, 467
バタヴィア　463
バタク　171
バダホス　36
バタンガス　159
パディージャ　348, 352, 356

パドック　163
パナイ　421
パナマ　163, 167, 377, 391, 400, 402-403, 513, 518
ハバナ　18, 160, 167, 171, 176, 212, 214, 234, 236, 255, 392, 400, 513, 518
ハバナ州　223, 259
バハマ諸島　70
バビロン　9
バヤジャ　197
バヤハ　194
バヤモ　199
パラグアイ　393, 403
バラコア　199
バルセロナ　28
パンパ・グランデ　368
パンプローナ　28
ビルカバンバ　375, 388
ピレネー山脈　24, 54, 59
ヒンチャ　191, 197
フィリピン　18, 513
フィリピン諸島　413
フェニキア　24-25
ブエノス・アイレス　93, 392, 403-404, 406, 518
プエルト・プラタ　194, 197
プエルト・プリンシペ　199
プエルト・リコ　86, 88, 90, 187, 400
フスタート　29
ブリタニア　50
ブルゴス　348, 352, 356
フロリダ　55, 89, 400
ペイライエウス　9-10
ペルー　100, 365
ペルー副王領　18, 23
ペルガモン　15
ヘレス・デ・ラ・フロンテラ　46
ポトシ　330, 390-392, 420, 514
ポトシ銀山　386, 389
ポトレシージョ　145
ホモンホン島　428
ボリビア　365, 403
ボルシッパ　9
ポルトガル　413
ポルトベロ　400, 402, 513

ホロ　163
ホンデュラス　308

マイナケ　25
マカオ　463
マグリブ　30
マジョルカ　40
マダガスカル島　88
マタンサス　214
マタンサス州　223, 259, 293
マチュ・ピチュ　375
マディーナ・ザヒーラ　33
マデイラ　414
マニラ　18, 167, 171, 419, 421, 434, 444-445, 452-453, 518, 520
マニラ・アウディエンシア　18
マラカ　25
マラガ　57
マラカイボ　89
マラケシュ　35
マラッカ　413, 416
マリーン朝　36
ミュケナイ　12
ミランド　63
ミレトス　5, 7, 11
ムラービト朝　36
ムワッヒド朝　36
メキシコ　162
メキシコ・シティ　15, 513
メキシコ湾　233
メギド　9
メソアメリカ　18, 307-308
メリダ　30, 335
メンドーサ　180, 183

モーリタニア　414
モチェ　366
モルッカ諸島　416
モロン　34
モンテ・アルバン　313-314, 513
モンテヴィデオ　163, 167, 171
モンテクリスティ　191-192, 198-199
モンパジェ　60

ユーフラテス　9
ユカタン　308
ユタ州　307

ラ・ヴェガ　98
ラ・パス　493
ラプラタ川　93, 426-427
リオ・グランデ　307
リスボン　85
リマ　93, 167, 380, 403, 406, 410, 514
ルイ・ロペス・デ・ヴィジャロボス　418
ルゴ　26
ルシタニア　26, 28
ルソン島　19
レイテ　413
レイノサ　348, 352, 357
レヴィージャ　348, 352, 360
レオン　26
ローデ　25
ロードス　10
ローマ　25, 50-52
ロンダ　34

ワリ　366, 370

## 【著者紹介】

**布野　修司**（ふの　しゅうじ）

滋賀県立大学大学院環境科学研究科教授　副学長

1949 年，松江市生まれ．工学博士（東京大学）．建築計画アジア都市建築史専攻．東京大学工学研究科博士課程中途退学．京都大学大学院工学研究科助教授 を経て現職．
『インドネシアにおける居住環境の変容とその整備手法に関する研究』で，日本建築学会賞を受賞（1991 年）．また『近代世界システムと植民都市』（編著，京都大学学術出版会，2005 年）で，日本都市計画学会賞論文賞（2006 年）を受賞．

主な著書

『カンポンの世界』（パルコ出版，1991 年）．『住まいの夢と夢の住まい：アジア居住論』（朝日新聞社，1997 年）．『曼荼羅都市』（京都大学学術出版会，2006 年），"Stupa & Swastika" Kyoto University Press ＋ Singapore National University Press，2007（M.M.Pant との共著），『ムガル都市：イスラーム都市の空間変容』（京都大学学術出版会，2008 年，山根周との共著）『韓国近代都市景観の形成』（京都大学学術出版会，2010 年，韓三建・朴重信・趙聖民との共著）など．

**Juan Ramón Jiménez Verdejo**（ヒメネス・ベルデホ　ホアン・ラモン）

滋賀県立大学大学院環境科学研究科准教授

1968 年，セヴィージャ生まれ．建築計画，都市計画学専攻．1996 年，セヴィージャ大学工芸学部大学院 E.T.S.A.S. 卒業．2003 年，神戸芸術工科大学大学院博士課程芸術工科研究科修了．Canon Foundation Fellowship（1998 年〜 1999 年），神戸芸術工科大学芸術工学研究所特別研究員（2003 年〜 2007 年），日本学術振興会外国人時別研究員（2006 年〜 2008 年）を経て現職．2010 年，'Considerations Concerning French Urban Influence on Spanish Colonial Cities on the Island of Cuba' で，JAABE Best Paper Award 2009 を受賞．

主な業績

"The Spanish-American City Study of the urban model used by José de Escandón to create the Colony of Nuevo Santander", Ph. D Dissertation, 2005（ヒメネス　ベルデホ，ホアン　ラモン『ホセ・デ・エスカンドンがヌエヴォサンタンデール建設の際に用いたイスパノアメリカのモデル都市計画に関する研究』神戸芸術工科大学学位請求論文，2005 年）

グリッド都市——スペイン植民都市の起源，形成，変容，転生
©Shuji Funo and Juan Ramón Jiménez Verdejo 2013

2013 年 2 月 28 日　初版第一刷発行

著者　布野修司
　　　ホアン　ラモン　ヒメネス　ベルデホ
　　　Juan Ramón Jiménez Verdejo

発行人　檜山爲次郎

発行所　京都大学学術出版会
京都市左京区吉田近衛町 69 番地
京都大学吉田南構内（〒 606-8315）
電　話（075）761-6182
FAX（075）761-6190
URL　http://www.kyoto-up.or.jp
振　替　01000-8-64677

ISBN 978-4-87698-268-4　　印刷・製本・装丁　㈱クイックス
Printed in Japan　　　　　　定価はカバーに表示してあります

本書のコピー，スキャン，デジタル化等の無断複製は著作権法上での例外を除き禁じられています。本書を代行業者等の第三者に依頼してスキャンやデジタル化することは，たとえ個人や家庭内での利用でも著作権法違反です。